普通高等教育"十三五"规划教材　园林与风景园林系列

园林树木学

刘庆华　刘庆超　主编

化学工业出版社

·北京·

"园林树木学"是园林、风景园林、观赏园艺专业的必修专业课程之一，《园林树木学》全书分为总论和各论两部分，总论着重理论论述，较系统地介绍了园林树木的分类、生态习性、群落发育规律、功能、配置和各种用途树种的选择与应用等基本知识。各论部分主要对不同科属植物的形态、生态习性、自然分布、园林应用与经济用途等方面进行阐述。全书共收录园林树种 79 科 269 属 620 种。其中裸子植物 9 科 26 属 67 种；被子植物 70 科 243 属 553 种，可满足全国不同区域高等院校园林专业、风景园林专业、观赏园艺专业及相关专业的课程需要，图文并茂，内容翔实。

《园林树木学》可作为高等院校园林、风景园林、观赏园艺、农学、林学、植物学等专业师生教材，也可作为园林植物选择与配置、园林植物栽培与养护管理、园林规划设计与施工、城市园林的管理人员以及园林植物爱好者的参考用书。

图书在版编目（CIP）数据

园林树木学/刘庆华，刘庆超主编 . —北京：化学工业出版社，2016.6（2023.1重印）

普通高等教育"十三五"规划教材·园林与风景园林系列

ISBN 978-7-122-26814-3

Ⅰ . ①园… Ⅱ . ①刘…②刘… Ⅲ . ①园林树木-高等学校-教材 Ⅳ . ①S68

中国版本图书馆 CIP 数据核字（2016）第 078415 号

责任编辑：尤彩霞　　　　　　　　　　　装帧设计：关　飞
责任校对：李　爽

出版发行：化学工业出版社（北京市东城区青年湖南街 13 号　邮政编码 100011）
印　　装：大厂聚鑫印刷有限责任公司
880mm×1230mm　1/16　印张 27　字数 947 千字　　2023 年 1 月北京第 1 版第 7 次印刷

购书咨询：010-64518888　　　　　　售后服务：010-64518899
网　　址：http://www.cip.com.cn
凡购买本书，如有缺损质量问题，本社销售中心负责调换。

定　　价：69.00 元
版权所有　违者必究

《园林树木学》编写人员

主　　编　刘庆华　刘庆超

副 主 编　姜新强　周天华　任秋萍

编写人员（按姓氏拼音排序）

郭　霄　姜新强　李　伟　刘　孟

刘庆超　刘庆华　任秋萍　孙迎坤

张翠萍　周天华

前　言

"园林树木学"是研究树木的分类、生态习性、繁殖、栽培管理及园林应用的一门综合性学科，是培养合格的园林、风景园林、观赏园艺专门人才必不可少的课程之一。

《园林树木学》以培养应用型人才为目标，以全面提高学生的综合素养为宗旨，以培养学生的创新精神和实践能力为重点。在编写过程中力求做到结构严谨、重点突出、内容广泛、知识新颖，尽量满足园林专业应用型人才培养的需求。本教材注重增加园林树木研究领域的新技术、新成果、新方法及国内外最新的树木种类、品种。

考虑到开设园林及园林相关专业的学校大多设置有独立的"园林植物栽植养护"课程，《园林树木学》一书在编写过程中不再讲述园林树木栽植、整形修剪、土肥水管理等方面的内容；并将园林树木的生长发育规律与群落发育规律以及园林树木的防护、生产与美化功能的相关内容进行了合并。

本教材各论中的树种选择以暖温带、寒温带树种为主，适当兼顾亚热带、热带树种，并补充了部分园林树木的新品种。全书共收录园林树木树种 79 科 269 属 620 种。其中裸子植物 9 科 26 属 67 种；被子植物 70 科 243 属 553 种。可满足不同区域高校开设"园林树木学"的需要，使用者可依据具体情况进行选择授课。

本教材中的分属检索表和分种检索表按照《中国植物志》进行了规范，对拉丁学名、性状描述等内容亦进行了全面修正，力求准确而简练。

为了便于学生全面了解所学知识并掌握和巩固重点内容，在每章的结尾均配有复习与思考题。本教材既可作为园林、风景园林、观赏园艺专业本专科学生的课程教材，也可作为从事园林、风景园林、林业、观赏园艺等行业工作人员的参考书。本教材的编写工作由青岛农业大学刘庆华、刘庆超、姜新强和菏泽学院周天华、聊城大学任秋萍负责组织，青岛农业大学孙迎坤、张翠萍、郭霄、李伟、刘孟参加编写。全书由刘庆华和刘庆超校改整理并最后统稿。书中各部分编写分工如下：

第 1 章、第 5 章、毛茛科、小檗科、悬铃木科、蔷薇科、百合科由刘庆华编写；第 2 章、苏铁科、银杏科、南洋杉科、松科、杉科、柏科、罗汉松科、三尖杉科、红豆杉科由姜新强编写；第 3 章、杜仲科、榆科、桑科、胡桃科、山毛榉科、桦木科、紫茉莉科、牡丹科由张翠萍编写；第 4 章、八角科、杜英科、椴树科、梧桐科、锦葵科、柽柳科、杨柳科、杜鹃花科、柿树科、安息香科、禾本科由郭霄编写；第 6 章、七叶树科、漆树科、槭树科、苦木科、楝科、五加科、夹竹桃科、茄科、马鞭草科、醉鱼草科、木犀科、玄参科、紫葳科由孙迎坤编写；第 7 章、第 9 章、木兰科、山茶科、茜草科、忍冬科、棕榈科由刘庆超编写；第 8 章、蝶形花科、胡颓子科、千屈菜科、瑞香科、桃金娘科、石榴科、蓝果树科、山茱萸科、卫矛科、冬青科、黄杨科、大戟科、鼠李科、葡萄科、无患子科由李伟编写；蜡梅科、樟科、茶薦子科由任秋萍编写；金缕梅科、猕猴桃科、藤黄科、芸香科由周天华编写；山矾科、紫金牛科、海桐科、绣球花科、含羞草科、云实科由刘孟编写。

《园林树木学》承蒙华中农业大学陈龙清教授、北京林业大学潘会堂教授审阅，在此表示衷心感谢。感谢青岛农业大学、聊城大学、菏泽学院相关单位和教师在本教材的编写过程中给予的大力支持和帮助；感谢青岛农业大学园林树木教研室全体教师的无私奉献；感谢出版、编辑人员为此书出版付出的大量辛勤劳动。

本教材得到了青岛农业大学教务处的大力支持与关注，在此表示衷心感谢。

本教材根据山东省特色专业建设及青岛农业大学应用型人才培养特色名校建设工程教学要求编写而成，教材的出版得到山东省特色专业建设及青岛农业大学应用型人才培养特色名校建设工程教材建设项目资金资助。

由于时间和编者水平所限，错误和不妥之处在所难免，敬请读者批评指正。

刘庆华、刘庆超

2016 年 5 月

目　　录

第一篇　总　　论

第二篇　各　论

第10章　裸子植物亚门 GYMNOSPERMAE ························· 82

第11章　被子植物亚门 ANGIOSPERMAE ························· 128

第一篇 总 论

第1章 绪 论

中国地域辽阔，有雄伟的高原、起伏的山岭、广袤的平原、低缓的丘陵、纵横的江川以及四周群山环抱、中间低平的大小盆地，陆地总面积约 960 万平方千米，仅次于俄罗斯、加拿大，居世界第 3 位。中国领土南北跨越的纬度近 50°，大部分在温带，小部分在热带、寒带。中国南北相距 5500km，东西相距 5200km，地势西高东低，呈阶梯状分布。山地、高原面积广大，大陆海岸线长达 18000 多千米，气候多样。从气候类型上看，东部属季风性气候（又可分为亚热带季风气候、温带季风气候和热带季风气候），西北部属温带大陆性气候，青藏高原属高寒气候。从温度带划分看，有热带、亚热带、暖温带、中温带、寒温带和青藏高原区。

丰富的地形地貌、多样的气候为各种植物的生长提供了不同的环境条件，因此中国植物资源极为丰富，仅高等植物就有 2.7 万多种，绝大多数都与人类的生活密切相关，其中木本植物近 8000 种，奇花异木种类繁多。

1.1 相 关 概 念

凡适于在各种城乡园林绿地和各类风景名胜区中栽植应用的木本植物，统称为园林树木。园林树木包括各种乔木、灌木和藤木，或花果兼美，或枝叶奇特，或干形奇异，或以芳香见长，种类丰富多彩，可以从不同角度激发人们的审美情趣。

当然，园林树木也包括那些形态虽不美观，但能在各种城乡环境，如城郊、工矿区、风景区以及铁路、高速公路或河道两侧起生态防护和环境改善作用的树种。

以城乡园林建设为目的，对园林树木的分类、习性、繁殖、栽培管理和应用等方面进行系统研究的学科称为园林树木学。由于教学和课程改革的需要，园林树木的栽培管理已作为单独的课程开设，所以本书不再包括树木的繁殖和栽培管理等内容。

1.2 园林树木的作用

1.2.1 改善城市环境

园林树木不仅可以通过光合作用吸收 CO_2，释放 O_2，维持城市生态系统的碳氧平衡；而且其浓密的枝叶还有降温、增湿、遮蔽强光、减弱噪声、阻滞粉尘、防沙固土、吸收有毒物质等多方面改善城镇生态环境的作用。

树木可通过树冠遮阴和花果飘香招引动物，创造出鸟语花香、生机勃勃的动态景观。"艺花可以邀蝶，垒石可以邀云，栽松可以邀风，储水可以邀萍，筑台可以邀月，种蕉可以邀雨，植柳可以邀蝉"。因此，在有限的城市空间内，合理利用和配置园林植物，不仅可以美化城市，而且可以充分发挥植物及其群落的生态作用，维持城市生态系统的生态平衡。

1.2.2 美化人居空间

园林树木是城市园林建设的重要材料，对城市景观具有美化功能。不同的树木各具不同的形态、色彩、风韵、芳香，并且随季节不同而变化。树木的茎干、枝、叶、花、果是植物色彩的主要来源，花色和果色随时间呈现明显的季节性变化。通过种植不同的树木，可以创造出各种景观，从线条、色彩等方面丰富城市园林的内容。

树木的质感，如树木的表皮质地、枝干的大小、叶片的形状与叶面性质等，也是重要的观赏要素。恰当地布置于某些背景中可以明显扩大空间范围。利用不同形态的园林树木组合在一起可构成各种类型的园林空间，包括封闭空间、覆盖空间、开敞空间、半开敞空间、垂直空间等。

园林树木与园林中的建筑、雕塑、溪瀑、山石等相互衬托，再加上艺术处理，更呈现出千姿百态、令人神往的迷人景观。

园林树木给人以美的感受，能陶冶性情，提高审美与爱美意识，培养爱护清洁、保护环境的美德。

1.2.3 创造经济价值

园林树木还具有极高的经济价值。柿树、板栗、胡桃、石榴、无花果、荔枝、芒果等可产生直接的经济效益；城郊大面积的森林公园，必须在一定时期内进行抚育间伐，间伐下来的树木也具有一定的经济价值；优美的园林树木景观，会吸引人们返璞归真回到大自然去享受无穷乐趣，可以带动旅游业发展，产生间接的经济效益；近年观赏苗木产业发展迅速，为人们带来了巨大的经济效益，甚至在一些地区已经成为支柱产业。

此外，在城市中栽植我国特有种、珍稀保护植物，或在园林中适当引种有特色的外来植物，不仅可美化环境，也是生动的科普教育和爱国主义教育素材。自古以来，许多植物已被人格化而赋予不同的品格，因此，培养欣赏园林植物的情趣也可熏陶良好品格。

总之，园林树木的改善生态和美化环境作用是主导的、基本的，生产和其他作用是次要的、派生的。要防止过分片面强调生产，导致破坏树木，使树木难以发挥其各种主要功能。在不影响园林树木美化、绿化和防护功能的前提下，可以从园林树木生产的植物产品中创造价值。要处理好二者的关系，分清主次，充分发挥园林树木的作用。

1.3 中国的园林树木资源及其特点

中国是世界上植物种类最丰富的国家之一，其数量仅次于巴西和印度尼西亚，位居世界第3位。以植物的生物多样性而论，巴西和印度尼西亚地处热带，大多为热带植物种类。而我国从南到北有温带、亚热带、热带等植物种类，从东到西有海滨、平原、低山、高山和沙漠植物种类。并且，因为中国有不少地方在地质演变过程中没有受到第四纪冰川的覆盖，许多古老而特有的植物种类被保存了下来。因此，我国植物的生物多样性如此丰富是任何一个国家所不能比拟的。

中国园林树木资源特点体现在生物多样性丰富、原产地分布集中、形态变异性大、特异种属多等几个方面。

1.3.1 生物多样性丰富

据不完全统计，原产我国的树种约8000种，其中许多名花以我国为分布中心。如山茶属，全球共约250种，其中90%产于我国；杜鹃花属全球共约800种，我国就有600余种；木兰科全世界共90种，我国有73种；丁香属约有30种，我国就有25种；槭树属共有250种，我国就有150种；毛竹属约有50种，我国有40种；蜡梅全世界共6种，也都原产我国；裸子植物全世界共有10科69属约750种，我国原产的有9科33属170种。

中国原产的园林树木在世界树木总数中所占比例极大。据陈嵘教授在《中国树木分类学》（1937）一书中统计，中国原产的乔灌木种类，竟比全世界其他北温带地区所产的总数还多。非中国原产的乔木种类仅有悬铃木属、刺槐属、酸木属、箬棕属、岩梨属、山月桂属、北美红杉属、落羽杉属、金松属、罗汉柏属、南洋杉属等11个属而已。

我国在长期的栽培实践中，培育出了大量观赏价值较高的品种和类型。如梅花的品种多达300种以上；牡丹园艺品种总数在600种以上；桃花品种在千种以上。此外，还有黄香梅、龙游梅、红花檵木、红花含笑、重瓣杏花等极珍贵的种质资源。

1.3.2　原产地分布集中

很多著名园林树木的科、属以中国为其世界分布中心，在相对较小的地域内，集中着众多原产的种类。从中国分布种数占世界总种数的百分比证明中国的确是若干著名树种的世界分布中心（表1-1）。

表1-1　部分木本植物属中国种数占世界总种数的百分比（数据来源：《中国植物志》）

属名	世界总种数	中国分布种数	中国分布所占比例	属名	世界总种数	中国分布种数	中国分布所占比例
山茶属	280	238	85.0%	木犀属	30	25（另有3变种）	83.3%
蔷薇属	200	82	41.0%	地锦属	13	10（含1种引种栽培种）	76.9%
杜鹃属	960	542	56.5%	泡桐属	7	7	100.0%
槭属	200	140	70.0%	李属	200	140	70.0%
蜡梅属	3	3	100.0%	绣线菊属	100	50	50.0%
蜡瓣花属	29	20（另有6变种）	70.0%	丁香属	19	16	84.2%
枸子属	90	50	55.5%	椴树属	80	32	40.0%
四照花属	10	10（含1种引种栽培种）	90.0%	紫藤属	10	5	50.0%
溲疏属	60	53	88.3%	南蛇藤属	30	24	80.0%
油杉属	11	9（均为我国特产）	81.8%	石楠属	60	40	66.7%
海棠属	35	20	57.1%				

1.3.3　形态变异性大

中国地域广阔，环境变化多，一些树种经过长期的影响形成了许多变异类型。以常绿杜鹃亚属而论，植株习性、形态特点、生态要求和地理分布等差别极大、变幅甚广。小型的平卧杜鹃高仅5～10cm，巨型的如大树杜鹃高达25m，径围2.6m。常绿杜鹃的花序、花形、花色、花香等差异很大，或单花或数朵或排成多花的伞形花序；花朵形状有钟形、漏斗形、筒形等；花色有粉红、朱红、紫红、丁香紫、玫瑰红、金黄、淡黄、雪白、斑点、条纹及变色等；在花香方面，则有不香、淡香、幽香、烈香等种种变化。

1.3.4　特异种属多

由于我国的冰川属于山地冰川，所以有不少地区未受到冰川运动的直接影响，因而保存了许多欧洲已经灭绝的科属。我国特有的科有银杏科、水青树科、昆栏树科、杜仲科、珙桐科等。特有的木本属有金钱松属、银杉属、水松属、水杉属、福建柏属、白豆杉属、青钱柳属、青檀属、拟单性木兰属、宿轴木属、蜡梅属、串果藤属、石笔木属、牛筋条属、枳属、金钱槭属、梧桐属、喜树属、通脱木属、鸭头梨属、秤锤树属、香果树属、双盾木属、猬实属、琼棕属、牛筋条属、棣棠属等。特有树种更是不胜枚举。一些我国特产的科、属、种树木在我国园林中也少见栽培，应设法繁育苗木、推广应用。

同时，中国还培育出许多独具特色的品种及类型，如黄香梅、龙游梅、红花檵木、红花含笑、重瓣杏花等，这些都是杂交育种工作中的珍贵种质资源。

此外，中国特有的一些园林树木资源还具备特殊的抗逆性和抗病能力，美国曾于1904年后大量用中国的板栗与北美板栗杂交，解决了大面积栗疫病灾难。近年来美国榆树大量罹病死亡，几至全部灭绝，后通过用中国的榆树与美国榆树杂交才培育出抗病的新榆树，避免了灭绝的灾难。

1.4　中国对世界园林的贡献

据统计，在英国邱园（Royal Botanic Gardens，Kew Gardens）引种驯化成功的种类中，中国种类远比世界其他地区的丰富。以耐寒乔灌木及松杉类而言，原产我国华西、华东及日本的共1377种，占该园引全球的4113种树木的33.5%；而引自北美的共967种，占总数的23.5%；至于引自北欧与南欧的仅587种，只占总数的11.8%。中国树木在墙园、杜鹃园、蔷薇园、槭树园、花楸园、牡丹芍药园、岩石园等专类园中都起了重要作用。邱园近60种墙园植物中有29种来自中国，其中重要的有紫藤、迎春、木香、火棘、连翘、蜡梅、红花五味子、凌霄等。邱园的槭树园收集了近50种来自中国的槭树，成为园中优美的秋色叶树种，如青皮槭、青窄槭、茶条槭、红槭、鸡爪槭等。岩石园中常用原产中国的植物来重现高山风光。英国公园中的春景是由大量的中国杜鹃、报春和木兰属植物美化的。冬天开花的木本观赏植物几乎都是来自中国，如金缕梅、迎春花、蜡梅花、郁香忍冬、香荚蒾等。

100多年来，仅爱丁堡皇家植物园中国原产的植物就有1500多种。就连英国人都承认，在英国花园中如果没有漂亮的中国植物，那是不可想象的。

在亚洲，中国园林树木最为丰富，尤以西南山区突出，这一地区的植物种类最为繁多，比毗邻的印度、缅甸、尼泊尔等国山地植物种类多4~5倍。事实上我国西南山区已成为世界著名园林树木的分布中心之一。

中国的园林植物资源在世界园林中也占有重要地位，被视为世界园林植物重要发祥地之一，被誉为"世界园林之母"。中国的各种名贵园林树木，几百年来不断传至西方，对西方园林建设和园林植物育种起了重大作用。许多著名的园林树木及其品种都是由中国先民培育出来并传至世界其他国家和地区的。例如，梅花在中国的栽培历史达3000余年，培育出300多个品种，在15世纪时先后传入朝鲜、日本，至19世纪才传入欧洲，美国20世纪才开始栽培梅花。桃花在中国的栽培历史也达3000年以上，培育出100多个品种，约在公元300年时传至伊朗，以后才辗转传至德国、西班牙、葡萄牙等国，至15世纪才传入英国，而美国则从16世纪才开始栽培桃花。至于号称"花王"的牡丹，其栽培历史达1400余年，远在宋代时品种就已达600~700种之多。

中国园林树木种质资源在世界性的观赏植物育种工作中做出了卓越贡献，如山茶花、月季花、杜鹃花等的育种。当今世界上风行的现代月季、杜鹃花及山茶花，虽然品种上百逾千，但大多数都含有中国植物的血缘。利用我国原产的玉兰和辛夷，19世纪在巴黎杂交育成的二乔玉兰，生长更旺，抗性更强，已广泛栽植于许多国家的庭院中。

1.5　园林树木学的内容与学习方法

园林树木学属于应用科学范畴，为城乡园林建设服务，是园林、风景园林、观赏园艺以及相关专业的一门重要专业基础课，学好这门课对园林规划设计、绿化施工、园林养护管理等园林实践工作具有重要意义。

1.5.1　园林树木学的内容

本书包括总论和各论两部分。总论部分包括园林树木的分类、生态习性、观赏特性与功能、植物群落基本知识、城市园林树种调查与规划、园林植物的配置等。各论部分讲授园林树木的形态特征、地理分布、生长发育特性、生态习性、园林用途、栽培养护管理要点等。通过对本课程的学习使学生掌握各种园林树木配置的科学性和艺术性，最大限度地发挥园林树木在城市绿化中的重要作用。

园林绿化工作的主体是园林植物，其中又以园林树木所占比重最大，目前世界园林发展的趋势是以植物造景为主体。当然，适当园林建筑、适度的地形改造等工程对园林景观更能起画龙点睛的作用。因此，学习园林树木学，对园林规划设计、绿化施工以及园林的养护管理等实践工作具有重大意义。

1.5.2　园林树木学的学习方法

要学好园林树木学，需要有相关学科的基础知识，要辨识树种、了解植物资源，必须有植物学、植物分类学知识；要掌握树木个体和群体的生长发育规律、生态习性和改善环境的作用，必须有植物生理学、土壤学、肥料学、气象学、植物生态学、植物地理学和森林学等知识。

要学好园林树木学，需要明确园林树木学在园林建设中的作用和地位，要具备应用树木来建设园林的能力，要具备使树木能可持续地和充分地发挥其园林功能的能力。为此，在学习时必须牢记树木的识别特点，掌握其生态习性、观赏特性、园林用途以及相应的栽培管理技术措施。同时，还要注意本课程与有关专业课程间的有机联系，这样才能收到更佳的学习效果。

要特别注意园林树木的配置应用问题，树木配置绝不是一般外行人所认为的仅仅是在图纸上画圈的问题，也不是仅画出一张美丽风景画的问题。优秀的园林师在应用树木配置时，应能预见到十几年或几十年以后各种不同树木所将表现的效果，而且这十几年或几十年之中尚需经园林师按照一定的意图进行精心的栽培与管理，才能最后实现其美好的理想效果，所以不学好园林树木学很难具有这种才能。

园林树木种类繁多，地域性差异使树种形态、习性各异，即使是同一个地区的种类也千差万别，给识别造成一定困难。因此在学习上要注意理论联系实际，做到"三勤"，即"勤于动腿、勤于动手、勤于动脑"。动腿就是要多走路，树木生活于自然和人居环境中，要到大自然中去，到城市园林中去，多观察、多认识，观察树木生活的环境，认知树木的特征和习性。动手就是要多解剖、多记录。动脑就是要多思考、多比较、多分析，善于归纳和总结，善于抓住要点兼及其他。

每个树种有独特的形态和习性，需要强化记忆。同时，又要通过察看实物去理解形态特征的描述，反复实践方能真正认识树木。如果仅熟记树种的特征而不看实物，可能"见君而不识君"。反之，若只知树种名称，而说不出特征，也不知道习性，则可能"知君而不懂君"，那就无法应用，也记不牢。因此，理论是实践的基础，实践又不断地证实理论、巩固理论、发展理论。

在整个学习过程中，树种的名称、形态、分布、特征、栽培繁育要点、观赏价值和园林用途都要记牢，应能熟练掌握园林树种 200 种以上。

复习与思考题

1. 简述园林树木的定义及包含的范围。
2. 如何理解"中国是世界园林之母"？
3. 简述园林树木学的学习方法。
4. 我国关于园林树木的古典文献著作有哪些？

第2章 园林树木的分类

2.1 植物分类研究简史

植物分类学的起源可追溯到人类接触植物的原始社会。现代植物分类学者根据人类认识植物的水平，根据人类认识植物的发展以及建立了什么样的分类系统而将植物分类学的发展历史划分若干阶段和时期。

英国植物分类学家杰弗雷（C. Jeffrey）在他所著的《An Introduction to Plant Taxonomy》（《植物分类学入门》）（1981）一书中，按植物分类系统的性质和时期而将植物分类学的发展历史划分为三个时期，即人为分类系统（artificial systems）时期、进化论发表前的自然系统（pre-evolutionary natural systems）时期和系统发育系统（phylogenetic systems）时期。

2.1.1 人为分类系统时期

这一时期实际应包括人类认识药用植物的本草时期在内，相当漫长，约从远古时期到 1830 年。

人类最初在寻找食物和治病药草的过程中，积累了认识植物的经验，尤其是药用植物。以我国为例，古书《淮南子》就有"神农尝百草，一日而遇七十毒"的记述。后汉（公元 200 年左右）时的《神农本草经》就是一部总结经验的药书，共记载药用植物 365 种，并进行分类，分为上、中、下三品。上品为有营养的、常服的药，有 120 种；下品为专攻病、攻毒的药，有 125 种；中品有 120 种。这是一种极初步的、从实用出发的分类。

自此以后历代都有本草书，如《唐本草》、《开宝本草》、《经史证类备急本草》、《本草纲目》、《本草纲目拾遗》等，共数十种，其中以明代李时珍所著《本草纲目》最为重要。《本草纲目》共收药物 1892 种，其中植物药 1195 种。此书将植物分为草、谷、菜、果、木 5 部，草部又根据环境不同分为山草、芳草、湿草、青草、蔓草、水草等 11 类；木部下分乔木、灌木等 6 类。此书虽然区分方法比较粗放，仍是从实用、生长环境和植物习性来分类，但已经大大前进一步，特别是乔木、灌木之分和现代观点相同，在当时起了很大的作用。

《本草纲目》传到国外，引起世界各国重视，第一次由波兰人博伊姆（Michael Boym）译成拉丁文，名叫《中国植物志》（《Flora Sinensis》），于 1659 年出版，对当时欧洲植物学的发展影响很大。很有意思的是，植物分类学历史上，通常认为是瑞典植物学家林奈全面创用了植物命名的双名法，但台湾学者夏雨人认为林奈是读了《本草纲目》的英文本后，才根据李时珍本草双名制而确定的。而李时珍之所以应用这一方法，是根据中国人姓名排行所为，因为中国人名的排行习惯，就是一种双名制。

《本草纲目》以后，清朝吴其濬著《植物名实图考》一书，记载我国植物 1714 种，比李时珍时期又多了数百种，而且书中图文对照。分类方法仍是从应用角度和生长环境出发分为谷、蔬、山草、湿草、石草、水草、蔓草、芳草、毒草、群芳、果、木 12 类。

综观上述各书，分类方法都是人为分类法（artificial method），没有很好地考虑到从植物自然形态特征的异同来划分种类，更看不到植物的亲缘关系。

欧洲植物分类发展史开始也与我国相似，但比我国要进步。希腊人切奥弗拉斯特（Theophrastus）（公元前 370 年—公元前 285 年）著《植物的历史》（《Historia Plantarum》）和《植物的研究》，记载当时已知植物约 480 种，分为乔木、灌木、半灌木和草本，并分为一年生、二年生和多年生，而且知道有限花序和无限花序、离瓣花和合瓣花，并注意到了子房的位置，这在当时已是很了不起的认识，因此后人称他为"植物学之父"。

13 世纪时，日耳曼人马格纳斯（A. Magnus）（1193—1280）注意到了子叶的数目，创用单子叶和双子叶两大类的分类法。瑞士人格斯纳（Conrad Gesner）（1516—1565）指出分类上最重要的依据应为植物的花和果的特征，其次才是叶与茎，并由此定出对于植物"属"（genera）的概念，成为植物学上"属"的创始人。而却古斯（Charles de l' Eluse）（1525—1609）对观察描述植物十分精确，最初有了"种"（species）的见解。

文艺复兴时期，意大利人凯沙尔宾罗（Andrea Caesalpino）（1519—1603）于 1583 年发表《植物》一书，记述了 1500 个种。认识了几个自然的科，如豆科、伞形科、菊科等，知道子房上、下位的不同。

18 世纪时，欧洲国家因为不断向外扩张，收集了世界各地，尤其热带地区的大量植物标本。由于当时仍无一个比较系统全面的分类系统，致使许多植物仍杂乱无章，无法归类。这时瑞典植物学家林奈对大量植物进行了研究，于 1735 年整理出《自然系统》（《Systema Naturae》）。由于林奈的系统以花为依据，故又称为性系统（sexual system）。许多学者认为林奈系统的人为性强，因为只根据雄蕊数目一个特征划分纲，常会把亲缘关系疏远的种类放到同一纲中。

林奈的分类法受到当时流行的物种不变的思想所支配，没有物种进化的思想，谈不上探讨物种间的亲缘关系。林奈晚年虽然思想有转变，相信物种有变异，但没有形成一个物种进化的思想体系，所以他的系统被后人认为是人为分类系统的典型。

2.1.2　进化论发表前的自然系统时期（1763—1920 年）

随着科技进步，人们对植物的认识越来越广泛和深入，许多分类学者努力寻求能够反映自然界客观植物类群的分类方法，并且从多方面的特征进行比较分析，走向了自然分类的途径，在这种思想指导下逐渐建立的分类系统，叫做自然系统（natural system）。

著名的自然系统有多个，如法国植物学者裕苏（A. L. de Jussieu）的系统（1789）；瑞士植物学家德堪多（A. P. de Candolle）的系统（1813）；英国的本生（Bentham）和虎克（Hooker）的系统（1862—1883）等。

2.1.3　系统发育系统时期（1883 年至今）

达尔文在《物种起源》（《Origin of Species》）一书中，提出了生物进化的学说，即任何生物有它的起源、进化和发展的过程，物种是发展变化的，各类生物间有或近或远的亲缘关系。进化论开阔了人们的眼界，分类学者重新评估已建立的系统，认识到要创立反映植物界客观进化情况的系统。系统应当体现出植物界各类间的亲缘关系，这样的系统叫做系统发育系统。

百余年来，建立的系统有数十个，著名的有德国艾希勒（A. W. Eichler）系统、恩格勒（A. Engler）系统；英国哈钦松（J. Hutchinson）系统等。

恩格勒系统是根据艾希勒系统而来。1887—1899 年，恩格勒与普兰特（Prantl）编著《植物自然分科志》，内容包括整个植物界，提出了自己编制的分类系统。称种子植物为有管有胚植物（Embryophyta Siphonogama），分为 2 亚门：

Ⅰ. 裸子植物亚门（Gymnospermae）有 7 纲

1. 苏铁蕨纲（Cycadofilicales）

2. 苏铁纲（Cycadales）

3. 本内苏铁纲（Bennettitales）

4. 银杏纲（Ginkgopsida）

5. 松杉纲（Coniferae）

6. 苛得狄纲（Cordaitales）

7. 买麻藤纲（Gnetales）

Ⅱ. 被子植物亚门（Angiospermae）

1. 单子叶植物纲（Monocotyledoneae）

2. 双子叶植物纲（Dicotyledoneae）

(1) 原始花被亚纲（Archichlamydeae）

a. 离瓣花区（Choripetalae）

b. 无瓣花区（Apetalae）

(2) 变形花被亚纲（Metachlamydeae）、合瓣花区（Sympetalae）

该系统认为柔荑花序类植物（即木本植物中花单性、无花瓣，有柔荑花序者，如壳斗科、杨柳科等）为双子叶植物中原始类型。这一观点今天为许多学者所反对。另外，系统中单子叶植物放在双子叶植物前面，也被认为不妥当。

1964 年，曼希尔（Melchior）将双子叶植物改排在单子叶植物前面。恩格勒系统是使用时间较长、影响较大的系统。许多国家的大植物标本室，如苏联彼得格勒的柯马洛夫植物研究所的植物标本室、中国科学院植物研究所植物标本室采用该系统，《苏联植物志》和《中国植物志》以及许多地方植物志都采用恩格勒系统。

哈钦松（J. Hutchinson）的被子植物分类系统，分双子叶植物系统和单子叶植物系统。该系统将双子叶植物分为木本支和草本支两大支，分别以木兰目（Magnoliales）和毛茛目（Ranales）为原始起点，平行进化。认为单子叶植物比双子叶植物进化，起源于双子叶植物中的毛茛目；认为柔荑花序类植物比较进化，而与恩格勒系统不同。

哈钦松系统发表以后，还有许多系统发育的分类系统，著名的如苏联塔赫他间（A Takhtajan）系统（1953，1966，1980）、日本田村道夫的系统（1974）及美国克朗奎斯特（A Cronquist）系统。

克朗奎斯特于1968年发表《有花植物的进化和分类》（The Evolution and Classification of Flowering Plants）提出一种被子植物分类系统，与塔赫他间系统有许多类似处。1981年克朗奎斯特出版了《有花植物的一个整合的分类系统》，1988年又出版了修订版的《有花植物的进化和分类》。他的系统将被子植物（有花植物）分为2纲11亚纲。双子叶植物纲（木兰纲）下设6亚纲，分别为木兰亚纲、金缕梅亚纲、石竹亚纲、五桠果亚纲、蔷薇亚纲、菊亚纲；单子叶植物纲（百合纲）下设5亚纲，分别为泽泻亚纲、棕榈亚纲、鸭跖草亚纲、姜亚纲和百合亚纲。该系统中"科"的范畴与哈钦松系统相似但比哈氏系统中的"科"的范围大。目前认为克氏的系统更为先进，内容也较之前的系统新颖，因而北京植物园、上海植物园、深圳仙湖植物园均采用了此系统；《中国高等植物》十四卷巨著中被子植物各科亦采用了此系统。

我国植物分类学家胡先骕于1950年发表《被子植物的一个多元的新分类系统》，他接受了 G. R. Wieland（1929）的被子植物多元发生的观点，并加以发展。

吴征镒1998年建立被子植物一个八纲系统，2003年出版了《中国被子植物科属综论》一书，对八纲系统作了详细论述。认为被子植物是单源起源的类群，在现存类群中，有些是多系-多期-多域的类群，有些是单系-单期-单域的，二者之间还有中间的类群。

2.2　植物检索表

植物检索表是鉴定植物种类的重要工具之一，应用植物分类检索表能方便快捷的检查、鉴定欲知植物的名称或归属类群。

检索表编制方法常用植物形态比较法，按照划分科、属、种的标准和特征，选用一对明显不同的特征，将植物分为两类，如双子叶类和单子叶类；又从每类中再找相对的特征再区分为两类，仿此下去，最后分出科、属、种。

根据植物分类单位的不同，一般分为分科、分属及分种三种检索表。根据植物分类检索表的编制形式的不同，可分为定距（二歧）检索表、平行检索表和连续平行检索表3种。常用的检索表是定距检索表和平行检索表。

2.2.1　定距检索表

这是最常用的检索表，每一对特征写在左边一定的距离处，前有号码如1，2……与之相对立的特征写在同样距离处，如此下去每行字数较少，距离越来越短，且到出现科、属或种。

这种检索表的优点是相对立的特征排在同样距离处，对照区别清楚，使用便当。不足之处是种类多时，项目也多，左边空白太浪费篇幅。

如植物界的分门检索表如下：

1 植物体无根、茎、叶的分化，没有胚胎 ·· 低等植物
　2 植物体不为藻类和菌类所组成的共生体
　　3 植物体内有叶绿素或其他光合色素，为自养生活方式 ························ 藻类植物门
　　3 植物体内无叶绿素或其他光合色素，为异养生活方式 ···················· 菌类植物门
　2 植物体为藻类和菌类所组成的共生体 ·· 地衣植物门
1 植物体内有根、茎、叶的分化，有胚胎 ·· 高等植物
　4 植物体有茎、叶、而无真根 ·· 苔藓植物门
　4 植物体有茎、叶，也有真根
　　5 不产生种子，用孢子繁殖 ·· 蕨类植物门
　　5 产生种子 ··· 种子植物门

2.2.2　平行检索表

平行检索表又称起头检索表或并列检索表。与定距检索表不同处在于每一对特征（相反的）紧紧

相连，易于比较。在一行叙述之后为一数字或为名称。此数字重新列于较低的一行之首，与另一组相对性状平行排列；如此继续下去直至查出所需名称为止。

如豆科分亚科检索表：

1 花小，花冠辐射对称，花瓣镊合状排列，花通常集成头状花序 ···（Ⅰ）含羞草亚科
1 花较大，花冠左右对称或略左右对称，花瓣覆瓦状排列，花通常不集成头状花序 ·····················2
  2 花冠左右对称，为蝶形花冠，上部的一片花瓣在其他花瓣之外 ·····································（Ⅱ）蝶形花亚科
  2 花冠略左右对称，非蝶形花冠，上部的一片花瓣被包于其他花瓣之内 ·····················（Ⅲ）苏木亚科

2.3　植物分类的单位

植物分类单位也称等级或阶层，包括界（Regnum）、门（Divisio）、纲（Classis）、目（Order）、科（Familia）、属（Genus）、种（Species）等。有时在各个阶层之下分别加"亚"（sub-）来表示，亚门、亚纲、亚目、亚科、族、亚族、亚属、亚种等阶层。每一阶层都有相应的拉丁词和一定的词尾，即是拉丁命名。

现以桃树为例说明如下：

界 ·· 植物界 Regnum vegetabile
门 ·· 种子植物门 Spermatophyta
亚门 ·· 被子植物亚门 Angiospermae
纲 ·· 双子叶植物纲 Dicotyledoneae
亚纲 ·· 离瓣花亚纲 Archichlamydeae
目 ·· 蔷薇目 Rosales
亚目 ·· 蔷薇亚目 Rosineae
科 ·· 蔷薇科 Rosaceae
亚科 ·· 李亚科 Prunoideae
属 ·· 桃属 *Amygdalus*
亚属 ·· 桃亚属 Subg. *Persica*
种 ·· 桃 *Amygdalus persica*

按照上述的等级次序，植物分类学家即以"种"作为分类的起点，把"种"定为基本单位，然后集合相近的种为属，又将类似的属集合为一科，将类似的科集合为一目，类似的目集合为一纲，再集纲为门，集门为界，这样就形成一个完整的自然分类系统。

此外，在应用科学及生产实践中，尚存在着大量由人工培育而成的植物，这类植物原来并不存在于自然界中而纯属人为创造出来的，所以植物分类学家均不以之作为自然分类系统的对象，但是这类植物对人类的生活非常重要，是园林、农业、园艺等学科的研究对象，这类由人工培育而成的植物，当达到一定数量成为生产资料时即可称为该种植物的品种（Cultivar）。

2.3.1　物种的概念

物种又简称为"种"（Species），是分类的基本单位。"种"是在自然界中客观存在的植物类群，这个类群中的所有个体都有着极其近似的形态特征和生理、生态特性，个体间可以自然交配产生正常的后代而使种族延续，它们在自然界占有一定的分布区域。"种"与"种"之间是有明显界限的，除了形态特征的差别外，还存在着"生殖隔离"现象，即异种之间不能交配产生后代，即使产生后代亦不能具有正常的生殖能力。

2.3.2　种下单位

"种"具有相对稳定的特征，但又不是绝对固定一成不变的，在长期的种族延续中会不断地产生变化。所以在同种内会发现具有相当差异的集团，分类学家按照这些差异的大小，又在"种"下分为亚种（Subspecies）、变种（Varietes）和变型（Forma）。

"亚种"是种内的变异类型，这个类型除了在形态构造上有显著的变化特点外，在地理分布上也有一定较大范围的地带性分布区域。

"变种"也是种内的变异类型，虽然在形态构造上有显著变化，但是没有明显的地带性分布区域。

"变型"是指在形态特征上变异比较小的类型，例如花色不同，花的重瓣或单瓣，毛的有无，叶

面上有无色斑等。

2.4　植物的命名法

林奈以前很长时期对植物的命名为多名法，即对一种植物，描述它的特征往往用多个字来表达，烦琐不便。林奈采用了双名命名法，这种方法在林奈以前有人用过，但国际上都公认林奈为首创双名命名的学者。并以林奈 1753 年发表的《植物种志》（《Species Plantarum》）一书所载的植物全部用双名法命名为起点，凡此书已命名的植物，均为有效名。

2.4.1　植物的国际名（学名）

《国际植物命名法规》规定，植物新种的刊布，必须有拉丁文的描述，否则无效。植物命名采用双名法，双名法指用拉丁文给植物的种起名字，需用两个拉丁词来表达，第一个词是属名，第二个词是种加词（即一般叫的种名），第三个词为命名人名和命名年份，但是在一般使用时，均将年份略去。例如：向日葵的拉丁名为：*Helianthus annuus* L. 第一个词为向日葵属，中文意为"太阳花"，第一字母要大写，第二个词中文意为"一年生的"，最后一词"L."为"Linnaeus"的缩写。

有些植物的拉丁学名是由两个人命名的，这时应将二人的缩写字均附上而在其间加上连词"et"或"&"符号。如果某种植物是由一人命名但是由另一人代为发表的，则应先写原命名人的缩写，再写一前置词 ex 表示"来自"之意，最后再写代为发表论文的作者姓氏缩写。又常有些植物的学名后附上二个缩写人名，而前一人名括在括号之内，这表示括号内的人是原来的命名人，但后来经后者研究后而更换了属名之意。

《国际植物命名法规》中规定，任何植物只许有一个拉丁学名，但实际上有的有几个学名，所以就将符合《国际植物命名法规》的作为正式学名而将其余的作为异名（Synonymus）。由于有些异名在某些地区或国家用得较普遍，为了查考或避免造成"异名同物"的误会起见，常在正式学名之后，附上简写词 syn.，再将其余的异名附上。

种以下级的命名：种下级有亚种（subspecies）、变种（varietas）、变型（forma）等。这 3 个词简写为 subsp. 或 ssp.（亚种）、var.（变种）、f.（变型）。

关于种以下的变种，则在种名之后加缩写字 var. 后，再写上拉丁变种名，对变型则加缩写字 f. 后，再写变型名，最后写缩写的命名人。例如红玫瑰的学名应写为 *Rosa rugosa* Thunb. var. *rosea* Rehd。

关于栽培品种，则在种名后加写 cv.，然后将品种名用大写或正体字写出；或不写 cv. 而仅大写或正体写于单引号内，首字母均用大写，其后不必附命名人。例如日本花柏的一个栽培品种叫绒柏的学名为 *Chamaecyparis pisifera* Endl. cv. Squarrosa 或写为 *Chamaecyparis pisifera* 'Squarrosa'。

自 1959 年 1 月 1 日以后制订的品种名称，不必用拉丁语，可用现代语，但从前已有的拉丁名称可不必改变。此后定新品种名称时，应正式在刊物上发表或正式印刷成文并向有关国际组织登记及分送适当的图书馆保存。发表新品种文章的内容，应有性状记载，与其他品种的异点、亲本植物、栽培历史、创造人或引种人；在国际上发表时，用任何国文字均为有效，但应附有英、法、德、俄、西等文字摘要。

2.4.2　植物的中文名

按《中国植物志》编委会对植物的中文名命名原则的意见，植物中文名称应遵循以下原则。

一种植物只应有一个全国通用的中文名称；至于全国各地的地方名称，可任其存在而称为地方名。

一种植物的通用中文名称，应以属名为基础，再加上说明其形态、生境、分布等的形容词，例如卫矛、华北卫矛。但是已经广泛使用的正确名称就不必强求一致，仍应保留原名，如丝绵木。

中文属名是植物中文名的核心，在拟定属名时，除查阅中外文献外，应到群众中收集地方名称，经过反复比较研究，最后采用通俗易懂、形象生动、使用广泛、与形态、生态、用途有联系而又不致引起混乱的中文名作为属名。

集中分布于少数民族地区的植物，宜采用少数民族所惯用的原来名称。

凡名称中有古僻字或显著迷信色彩会带来不良影响的可不用，但如"王"、"仙"、"鬼"等字，对已广泛应用，如废弃时会引起混淆者仍可酌情保留。

凡纪念中外古人、今人的名称尽量取消，但已经广泛通用的经济植物名称，可酌情保留。

2.5　植物拉丁文简介

拉丁文是世界上最古老的语言之一，现在国际植物的命名均采用拉丁文来表示，对植物拉丁文字母、语音分类、音节及拼音等的了解，可正确理解植物学名的组成结构和意义，更好地掌握更多的植物。

2.5.1　拉丁语字母表

拉丁语字母在古代只有21个，以后又加进了J、U、W、Y、Z 5个字母，因此现代拉丁语字母和英语完全一样，都是26个，书写形式也完全相同，但在发音上却有许多差异（表2-1）。

表2-1　拉丁语字母与发音

印刷体		国际音标		印刷体		国际音标	
大写	小写	名称	发音	大写	小写	名称	发音
A	a	[a]	[a]	N	n	[en]	[n]
B	b	[be]	[b]	O	o	[o]	[o]
C	c	[tse]	[k][ts]	P	p	[pe]	[p]
D	d	[de]	[d]	Q	q	[ku]	[k]
E	e	[e]	[e]	R	r	[er]	[r]
F	f	[ef]	[f]	S	s	[es]	[s]
G	g	[ge]	[g][d]	T	t	[te]	[t]
H	h	[ha]	[h]	U	u	[u]	[u]
I	i	[i]	[i]	V	v	[ve]	[v]
J	j	[jota]	[i]	W	w	[dupleksve]	[v]
K	k	[ka]	[k]	X	x	[iks]	[ks]
L	l	[el]	[l]	Y	y	[ipsilon]	[i]
M	m	[em]	[m]	Z	z	[zete]	[z]

注：1. c 在元音 a、o、u 双元音 au、一切辅音之前及一词之末发 [k]，如 Camellia（茶属）、Corylus（榛属）、Cupressus（柏木属）、Caudatus（尾状的）、Cryptomeria（柳杉属）。

2. c 在元音 e、i、y，双元音 ae、oe、eu 之前发 [ts]，如 Cedrus（雪松属）、Cinnamomum（樟属），Cycas（苏铁属）、Caesalpinia（云实属）、Coeruleus（天蓝色的）、Chartaceus（纸质的）。

3. 同理，g 在第 1 种情况下发 [g]，如 Gardenia（栀子花属）；g 在第 2 种情况下发 [ʤ]，如 Ginkgo（银杏属）。

4. q 永远与 u 连用，发 [ku]，如 Quercus（栎属）。

2.5.2　语音的分类

（1）元音
发音时气流自由通过口腔，不受任何阻碍发出的音称元音。
① 单元音
共有 6 个：a、e、i、o、u、y。
② 双元音
两个元音字母结合在一起，读成一个音或发连音，划音节时不能分开，通常有 4 个（表2-2）。

表2-2　拉丁语双元音与辅音发音

双元音	发音	例　词	双元音	发音	例　词
ae	[e]	E-lae-gnus（胡颓子属）	ae	[au]	Pau-low-ni-a（泡桐属）
oe	[e]	Phoe-nix（刺葵属）	au	[eu]	Eu-ca-lyp-tus（桉树属）

（2）辅音
发音时，气流通过口腔受到舌、唇等的阻碍发出的音称辅音。
① 单辅音
共有 20 个。发音时声带不振动的称清辅音，声带振动的称浊辅音。
② 清辅音
p、t、k、f、s、c、h、q、x。
③ 浊辅音

b、d、g、v、z、l、m、n、r、j、w。

④ 双辅音

两个辅音字母结合在一起发一个音，划音节时不能分开，共有 4 个（表 2-3）。

表 2-3 拉丁语双辅音发音

双辅音	发音	例　句	双辅音	发音	例　句
ch	[k]	*Mi-che-li-a*（白兰花属）	rh	[r]	*Rham-na-ce-ae*（鼠李科）
ph	[f]	*Phe-llo-den-dron*（黄檗属）	th	[t]	*The-a-ce-ae*（茶科）

2.5.3　音节及拼音

(1) 音节

音节是单词读音的发音单位，元音是构成音节的主体，每个音节必须有一个元音，一个单词中有几个元音就有几个音节。通常一个元音与一个或多个辅音构成一个音节。元音若前、后无辅音字母时可以单独构成一个音节，如云杉属 *Pi-ce-a*，冷杉属 *A-bi-es*。辅音（或双辅音）不能单独成为一个音节。

① 单音节词　*Rhus*（盐肤木属）、*Flos*（花）。

② 双音节词　*Ro-sa*（蔷薇属）、*Pi-nus*（松属）、*Ju-glans*（胡桃属）。

③ 多音节词　*Ma-gno-li-a*（木兰属）、*Po-pu-lus*（杨属）、*Currning-ha-mi-a*（杉木属）。

(2) 划分音节的规则

① 两个元音（或双元音）之间只有一个辅音时，该辅音与其后面一个元音划在一起成为一个音节，如 *Ma-lus*（苹果属）、*Pi-ce-a*（云杉属）、*Sa-bi-na*（圆柏属）。

② 两个元音（或双元音）之间如有两个或两个以上辅音时，只最后一辅音与其相邻的元音划成一个音节，其余的辅音划归前一音节，即元辅＋辅元，元辅辅＋辅元，如 *Eu-ca-lyp-tus*（桉树属）、*Gink-go*（银杏属）。

③ 第一音节之前或最后一音节之后有两个或两个以上辅音时，应把这几个辅音并在该音节内，如 *Pla-ta-nus*（悬铃木属）。

④ 辅音后连着 l 或 r 时，则此辅音与 l 或 r 划在一个音节内，如 *Ce-drus*（雪松属）、*E-phe-dra*（麻黄属）、*Ju-glans*（胡桃属）、*In-flo-res-cen-ti-a*（花序）。

⑤ 下列字母组合在分音节时永远划在一起：ch、ph、rh、th、gu、qu、gn。例如，*Ma-chi-lus*（润楠属）、*Phel-lo-den-dron*（黄檗属）、*Rho-do-den-dron*（杜鹃花属）、*Zan-tho-xy-lum*（花椒属）、*Bru-gui-e-ra*（木榄属）、*A-qui-fo-li-a-ce-ae*（冬青科）、*E-lae-a-gnus*（胡颓子属）。

(3) 拼音

就是把一个辅音字母和一个元音字母合并在一起发音，或是把一个元音字母和一个辅音字母合并在一起发音。前者称为顺拼音，后者称为倒拼音。例如，*Fu-ta-ce-ae*（芸香科）、*Fir-mi-a-na*（梧桐属）、*Al-nus*（赤杨属）、*Ul-mus*（榆属）。

2.5.4　音量

元音的长短称为音量。长元音的音量大约比短元音的音量长一倍，即读长元音所需的时间比短元音多一倍。元音长短的判断与重音节的判别有关。

(1) 长元音判别法（在该字母上方划横线 "-" 表示）

① 双元音都是长音，如 *Cratāegus*（山楂属）。

② 元音在两个或两个以上的辅音之前，如 *chinēnsis*（中国的）。

③ 元音在 x 或 z 之前，如 *Tāxus*（红豆杉属）、*Lespedēza*（胡枝子属）。

④ 下列的词尾都是固定的长音：

-ā le	-ā lis	-ā mus	-ā re	-ā ris
-ā rus(a，um)	-ā tis	-ā tus(a，um)	-ē bus	-ē mus(a)
-ē tis	-ī nus(a，um)	-ī quus(a，um)	-ī vus(a，um)	-ō na
-ō nis	-ō num	-ō sus(a，um)	-ū ra	-ū rum

(2) 短元音判别法（在该字母上方划 "√" 表示）

① 元音之前的元音或 h 之前的元音，如 *Tiliă*（椴属）、*hupĕhensi*（湖北的）。

② 元音在 ch、ph、rh、th、qu 之前如 *Măchilus*（润楠属）、*Zizўphus*（枣属）。

③ 元音在辅音 *b*、*p*、*d*、*t*、*c* 与 *t* 或 *r* 相组合之前，如 Pĭcrasma（苦木属）。

④ 下列词尾都是固定的短音：

-ĭbis	-ĭcus(a,um)	-ĭni	-ŏlus(a,um)
-ĭle	-ĭmus(a,um)	-ĭdus	-ĭlis
-ĭnis	-ĭne	-ŭlus(a,um)	

2.5.5　重音

在一个多音节的单词内，把某一个音节内的元音字母读得特别重一些称为重音。通常以"′"符号加在重读的元音字母上方表示。重读音节的规则如下。

(1) 单音节词无重音，如 *Rhus*（盐肤木属）。

(2) 双音节词，重音总是在倒数第二音节上，如 *Pí-nus*（松属）、*Má-lus*（苹果属）。

(3) 三个或三个以上音节的词，如果倒数第二音节的元音发长音时，重音就在倒数第二音节上，如 *Pla-ty-clá-dus*（侧柏属）、*Sa-bí-na*（圆柏属）、*Li-tho-cár-pus*（石栎属）。

(4) 三个或三个以上音节的词，倒数第二音节的元音发短音时，重音就在倒数第三音节上，如 *Cas-tá-ne-a*（栗属）、*Ta-xó-di-um*（落羽杉属）、*Cun-ning-há-mi-a*（杉木属）。

2.6　园林建设中的分类方法

园林树木的园林建设分类法是按照园林建设的要求，将树木进行分类的方法，是以树木在园林中的应用或利用为目的，以提高园林建设水平为主要任务的分类体系。

园林树木的园林建设分类法有多种多样，国际上没有统一的分类系统，但是总的原则均是以有利于园林建设工作为目的。

2.6.1　依树木生长类型

(1) 乔木类

树体高大（通常自 6m 至数十米），具有唯一明显高大主干。依高度不同而分为伟乔（31m 以上）、大乔（21~30m）、中乔（11~20m）和小乔（6~10m）等四级。

依其生长速度而分为速生树（快长树）、中速树、缓生树（慢长树）等三类。

依冬季或旱季落叶与否又分为常绿乔木和落叶乔木。

代表性植物：银杏、七叶树、香樟、毛白杨、悬铃木等。

(2) 灌木类

没有明显主干，常在基部发出多个枝干的木本植物，高度通常在 6m 以下，主干低矮。

代表性植物：丁香、珍珠梅、山茶、月季、玫瑰、牡丹等。

(3) 藤木类

茎长而不能直立，能缠绕或攀附它物而向上生长的木本植物。

依其生长特点又可分为绞杀类（具有缠绕性和较粗壮、发达的吸附根的木本植物可使被缠绕的树木缢紧而死亡）、吸附类（如地锦可借助吸盘，凌霄可借助于吸附根而向上攀援）、卷须类（如葡萄等）和蔓条类（如蔓性蔷薇每年可发生多数长枝，枝上生有钩刺故得上升）等类别。

依茎的性质可分为木质藤本和草质藤本两大类。

木质藤本代表性植物：紫藤、地锦、常春藤、铁线莲、西番莲等。

草质藤本代表性植物：茑萝、牵牛花、红花豌豆、珊瑚藤、肾叶打碗花等。

2.6.2　依对环境因子的适应能力

① 温度因子　根据树种自然分布区域内温度的状况，可分为热带树种、亚热带（暖带）树种、温带树种和寒带亚寒带树种。根据树种在某一地冬季越冬情况，可分为耐寒树种、不耐寒树种和半耐寒树种等三类。

② 水分因子　通常可分为耐旱树种（其中又可分为数级）、耐湿树种（其中亦可分为几级）以及湿生树种。

③ 光照因子　可分为阳性树种、中性树种、阴性树种（耐阴树种），每类中又可分为数级。

④ 空气因子　可分为抗风树种、抗烟害和有毒气体树种、抗粉尘树种和卫生保健树种（能分泌和挥发杀菌素和有益人类的芳香物质）等四类。每类别中又可细分为若干组。

⑤ 土壤因子　可分为喜酸性土树种、耐碱性土树种、耐瘠薄土树种和海岸树种等四类。每类中

可再分为若干级。

2.6.3 依树木的观赏特性

① 观形类 树木形体或体形具有较高观赏价值的一类树木。如金钱松、雪松、白皮松等。

② 观叶类 树木叶片的色彩、形态、大小等观赏价值较高。如鹅掌楸（马褂木）、银杏、鸡爪槭、七叶树、枫香等。

③ 观花类 树木花部包括花型、花色、花香等观赏价值较高。如梅花、蜡梅、玉兰、木棉、红花羊蹄甲等。

④ 观果类 树木果实的果色、果形等观赏价值较高，或果形奇特，或果色艳丽，或果实巨大等。如佛手、秤锤树、紫珠、海棠、柚子等。

⑤ 观干类 树木的枝干具有独特的风姿或具奇特的色彩。如红瑞木、白皮松、梧桐、红桦、木瓜等。

⑥ 观根类 树木根部观赏价值较高。如榕树、落羽杉、山乌龟、香龙眼、红树等。

以上各类别均可细分为若干类，详细内容将在其他章节专门叙述。

2.6.4 依树木的园林用途

① 独赏树 亦称孤植树、标本树、园景树、赏形树，形体高大挺拔、树姿优美可独立形成景观的树种。如金钱松、雪松、日本金松、南洋松、巨杉、银杏等。

② 庭荫树 树冠浓密，形成较大绿荫的树种。如朴树、香樟、国槐、合欢、栾树等。

③ 行道树类 栽植在道路两旁为道路遮阴并能形成街景的树木。如悬铃木、银杏、欧洲椴树属、欧洲七叶树属、鹅掌楸等。

④ 林带与片林类（防护树类） 在长度为 200m 以上，宽度为 20～50m 范围内，栽植 3 排以上的树木，构成林带。如白蜡、栾树、五角枫、合欢、刺槐等。

⑤ 花木类 以观花为主，兼具其他观赏性的树木。如海棠类、玉兰、碧桃、连翘、迎春等。

⑥ 藤木类 具有较高观赏性的攀援木本植物。如炮仗花、紫藤、凌霄、扶芳藤、葡萄等。

⑦ 植篱及绿雕塑类 植株低矮，侧枝发达耐修剪的灌木或小乔木。如大叶黄杨、小叶女贞、紫叶小檗、火棘、侧柏等。

⑧ 地被植物类 株丛密集、低矮，经简单管理即可用于覆盖地表、防治水土流失，达到吸附尘土、净化空气、减弱噪声、消除污染并具有一定观赏价值的植物。包括低矮匍匐型灌木和藤本植物。如络石、沙地柏、铺地柏、常春藤、扶芳藤等。

⑨ 桩景类 用于制作盆景或盆栽的植物。如五针松、枸骨、榕树、火棘、榔榆等。

⑩ 室内绿化装饰类 或称木本切花类，用于插花花艺的切花、切叶、切枝、切果类的植物。如牡丹、紫珠、梅花、蜡梅等。

2.6.5 依树木在园林结合生产中的经济用途

① 果树类 如柿树、石榴、梨、桃、木瓜等。

② 淀粉树类 如板栗、茅栗、麻栎、栓皮栎、蒙古栎等。

③ 油料树类 如核桃、乌桕、油茶、翅果油树、油桐等。

④ 木本蔬菜类 如香椿、刺槐、山杨、黄榆等。

⑤ 药用树类 如杜仲、黄檗、五加、木通、山茱萸等。

⑥ 香料树类 如肉桂、花椒、八角、土沉香、香樟等。

⑦ 纤维树类 如楮树、葛、紫穗槐、构树、杨树等。

⑧ 乳胶树类 如漆树、桑、光亮橡胶、三叶橡胶树、黑荆树等。

⑨ 饲料树类 如刺槐、构树、紫穗槐、柠条锦鸡儿、胡枝子等。

⑩ 薪材类 如栎、栲树、石栎、桉树、铁刀木、紫穗槐等。

⑪ 观赏装饰类 如山茶、牡丹、月季、玫瑰、栀子等。

2.6.6 依施工及繁殖栽培管理的需要

① 按移植难易 分为易移植成活及不易移植类。

② 按繁殖方法 分为种子繁殖类及无性繁殖类。

③ 按整形修剪特点　可分为宜修剪整形及不宜修剪整形类；其中又可依修剪时期及特点而细分。

④ 按对病害及虫害的抗性　可分为抗性类及易感染类。

复习与思考题

1. 简述植物分类学发展简史。
2. 简述恩格勒系统和哈钦松系统各有何特点。
3. 简述植物种、变种、品种的定义并举例说明。
4. 简述植物分类检索表的种类及应用。
5. 简述园林植物的命名应遵循的原则及注意事项。
6. 按照园林建设的要求，简述对园林树木的人为分类方法。

第3章　园林树木的生态习性

环境是指生物个体或群体以外的一切因素的总和，包括生物生存的空间及维持其生命活动的物质和能量。构成环境的各个因素称为环境因子。在环境因子中，能对植物的生长、发育和分布产生直接或间接影响作用的环境因子称为生态因子，如温度、水、CO_2、O_2等起直接作用的因子，以及地形、坡向、海拔高度等起间接作用的因子。生态因子是对具体的生物物种而言的。生物物种不同，对其起作用的生态因子就可能不同。例如空气中的氮气，对非固氮植物来说，只是环境因子而不是生态因子，但对固氮植物来说，就是生态因子。所有生态因子构成植物的生态环境。

实际上，植物环境不仅包括植物周围的各种无机环境因素，而且还包括生物有机体。对植物而言，其生存地点周围空间的一切因素，如气候、土壤、生物（包括动物、植物、微生物）等，都是该植物的环境。因此，不同种属甚至是同一种植物的群体或个体彼此之间也互为环境因素。

3.1　生态因子及其作用

在任一环境中，都包含着许多性质不同的生态因子，它们对植物起着主要或次要、有利或有害的生态作用，且随着时间和空间的不同而发生变化。

通常根据生态因子的性质，可将其分为若干类，一般分为以下五类，也有分为四类者。

3.1.1　气候因子

包括光照、温度、湿度、降水、雷电等。每个因子又可分为若干因子。如光因子可分为光的强度、光的性质和光周期性等。气候因子又被称为地理因子，因为它们随地理位置或海拔高度的改变而不同，如温度的纬度变化，降水量的地理分布。

3.1.2　土壤因子

包括土壤的结构、土壤的理化性质以及土壤生物等。土壤是气候因子和生物因子共同作用的产物，所以它本身必然受到气候因子和生物因子的影响，同时也对植物发生作用。

3.1.3　地形因子

是间接因子，其本身对植物生长并没有直接影响，但地形的变化能影响气候、水文和土壤特性等生态因子，从而影响植物的生长。

3.1.4　生物因子

包括动物、植物、微生物对环境的影响以及生物之间的相互影响。

3.1.5　人为因子

属于生物因子的一部分，把人为因子从生物因子中分离出来是为了强调人类作用的特殊性和重要性。人类通过对植物资源的利用和改造，以及对环境的破坏等行为已充分表明人类对环境及对其他生物的影响已越来越具有全球性，远远超出了生物的范畴，在城市环境中尤为明显。

3.1.6　生态因子的作用

植物与生态因子的相互作用存在着普遍性规律，这些规律是研究生态因子影响植物生长发育的基础，对植物的生产实践具有指导意义。

3.1.6.1　综合作用

植物赖以生存的环境是由气候、土壤、地理、生物等多种生态因子组合起来的综合体，对植物起综合性生态作用。一个生态因子对植物不论有多么重要，其作用也只能在其他因子的配合下才能表现出来。例如，水分是一个很重要的生态因子，但如果只有适宜的水分条件，而没有光照、温度、矿质营养等生态因子的适当配合，植物是不能正常生长发育的，水分因子的作用就无法显示出来。由此可见，对植物的影响是生态环境中各个生态因子综合作用的结果，绝不是个别生态因子单独起作用。不同生态因子是互相联系、互相促进、互相制约的。一个生态因子发生变化，常会引起其他生态因子的不同程度的改变，如光照强度增加后，会引起气温和土温的升高、空气相对湿度降低、地表蒸发增强、土壤含水量降低等一系列变化。

3.1.6.2　主导作用

组成生态环境的所有生态因子，都是植物生活所必需的，但这些因子对植物所起的作用是非等价的。在一定条件下，其中必有一些生态因子起决定性作用，这些生态因子即为主导因子。例如，水是植物生存和生态特性形成的主导因子；光周期现象中的日照长度、植物春化阶段的低温因子等都是主导因子。

主导因子往往是某一地区或某种条件下大幅度提高植物生产力的主要因素。准确地找到主导因子，在实践中具有重要意义。主导因子有两方面的含义：第一，从生态因子本身来说，主导因子的改变会引起其他生态因子的改变，如太阳辐射的变化会引起温度和湿度的变化；第二，对植物而言，主导因子的存在与否或数量上的变化，会使植物的生长发育发生明显变化。在植物对主导因子的需要得不到满足时，主导因子往往会变成限制因子。

3.1.6.3　不可替代性和补偿作用

植物在生长发育过程中所需要的生存条件，如光照、温度、水分、无机盐等，对于植物来讲虽然不是等价的，但都是同等重要而不可缺少的，是不可替代的。尤其是起主导作用的生态因子，如果缺少便会导致植物正常生理活动的失调，生长发育受阻，甚至死亡。所以从总体上说生态因子是不能代替和补偿的，这就是生态因子的不可替代性。一般在相对恶劣的环境条件下，更易发现某一生态因子的重要性。如几十年前，新西兰一个大牧场的大片牧草长得又矮又小，独有一小片长得十分茂盛，原来在这片"绿洲"附近有一个钼矿工厂，工人靴子上粘有钼矿粉，正是他们靴子踩过的地方，牧草才长得绿茵茵的。由此人们发现，钼能使牧草长得茂盛，而钼的这一作用是氮、磷、钾所不能替代的。

对植物而言，虽然它所需要的某种生态因子是不能完全被其他因子所替代的，但对于某一生态因子在一定范围内的不足或过多，是可以通过其他因子的量变加以补偿而获得相近的生态效应。这就是生态因子的补偿作用。例如，温室栽培花卉时，光强的减弱所引起的植物光合作用的下降可由 CO_2 浓度的增加得到补偿。需要指出的是，生态因子的补偿作用只能在一定范围内作部分补偿，而不能以一个因子替代另一个因子，且因子之间的补偿作用也不是经常存在的。

3.1.6.4　限制作用

植物的生存和繁殖依赖于生态因子的综合作用，但在有的环境条件下，其中一种或少数几种因子的数量过少或过多，超出其他因子的补偿作用和生物本身的忍耐限度时，就会限制生物的生存和繁殖，这些因子就是限制因子。如山茶和山茶属其他喜酸植物，若栽种到钙质土中，由于 pH 值过高，常生长不良甚至死亡。土壤的 pH 值就是限制因子。

如果植物对某一生态因子具有较强的适应能力，或者该因子在较宽的范围内对植物没有影响或影响不大，且在环境中该因子的数量适中而又比较稳定，那么这个生态因子一般不会对植物起限制作用；相反，如果植物对某一生态因子的适应能力较弱，或者只能在该因子的较窄范围内生存，且该因子在环境中变动较大，那么这个生态因子往往就是限制因子。如 O_2 在陆地上是丰富而稳定的，因此一般不会对植物起到限制作用；但 O_2 在水体中的含量有限且波动较大，因此常常成为水生植物分布的限制因子。

植物在较差环境中长势不好或不能生存，很大程度上是由于某种因子的限制作用。找到该因子，消除其限制作用，就能使植物生长状况发生明显的改变。因此，在实践中发现和消除限制因子具有重要意义。

限制因子的确定，要通过观察、分析、实验相结合的途径。首先，要通过野外观察和分析，找出起显著作用的因子；其次，要分析这些因子是如何对植物起作用的；随后，应设计室内实验去确定某一因子与植物的定量关系。

3.1.6.5　阶段性

植物在整个生长发育过程中，对各个生态因子的需求随着生长发育阶段的不同而有所变化，也就是说，植物对生态因子的需求具有阶段性。植物生长发育所依赖的是不断变化的生态因子，不仅不同年龄阶段或发育阶段的需求不同，而且不同器官或部位对同一生态因子的要求也不一致。例如，植物的生长期，温度太低往往会对植物造成伤害，但春化阶段低温又是植物所必需的。同样，在植物的生长期，光照长短对植物的影响不大，但在有些植物的开花、休眠期，光照长短则至关重要。植物发芽所需温度一般比正常营养生长所需温度要低，营养生长所需温度又常较开花结实时低。

3.1.6.6 直接作用和间接作用

在植物生存和发育所依赖的生态因子中，有些直接作用于植物，而有些是间接作用的。区分生态因子的直接作用和间接作用，对分析影响植物生长发育及分布的原因是很重要的。许多生态因子，如光照、温度、水分等，对植物的生长发育、分布起直接作用，但环境中的地形因子，如起伏、坡度、海拔高度及经纬度等，虽不能对植物起直接作用，但地形因子的变化能引起光照、温度、水分等多种生态因子的相应改变，从而影响植物的生长发育和分布，起到间接的生态作用。如一幢东西走向的高大建筑物的南北两侧，生态环境有很大差别。在北半球地区，建筑物南侧接受的太阳直射光多于北侧，因此南侧的光照较强、湿度较小，适合阳性植物的生长；北侧的光照弱、湿度要大一些，比较适合阴性植物的生长。建筑物南北朝向本身并不影响植物的新陈代谢，但却通过影响光照、空气湿度而间接影响植物的生长。

在实践中，直接作用和间接作用可从很多方面表现出来，而且会随环境的变化而变化，只有辩证地分析各生态因子，区分直接因素和间接因素，才能找出本质因素而去除非本质因素，从而更好地促进植物的生长发育。

3.2 园林树木与环境因子

各种植物对生存条件及生态因子变化强度的适应范围是有一定限度的，超出这个限度就会引起死亡，这种适应的范围，叫做生态幅。不同的植物以及同一植物不同的生长发育阶段的生态幅，常具有很大差异。在园林建设工作中，应了解园林植物与其环境具有相互作用的基本概念，掌握各生态因子对植物的影响规律，并应加以创造性的运用。

3.2.1 园林树木与温度

温度因子对于植物的生理活动和生化反应是极端重要的，而作为植物的生态因子而言，温度因子的变化对植物的生长发育和分布具有极其重要的作用。

3.2.1.1 季节性变温

地球上除了南北回归线之间和极圈地区外，根据一年中温度因子的变化，可分为四季。四季的划分是根据每五天为一"候"的平均温度为标准。凡是每候的平均温度为 $10\sim22℃$ 的属于春、秋季，在 $22℃$ 以上的属夏季，在 $10℃$ 以下的属于冬季。不同地区的四季长短是有差异的，其差异的大小受其他因子如地形、海拔、纬度、季风、降水量等因子的综合影响。该地区的植物，由于长期适应于这种季节性的变化，就形成一定的生长发育节奏，即物候期（Phenophase）。树木的物候现象是比较稳定的形态表现，可以反映过去一个时期内气候和天气的积累。因此，通过长期的物候观测，就可掌握物候变动周期，了解植物生长发育的季节变化与气候及其他环境条件的相互关系，为发挥植物的园林功能以及进行合理的栽培管理提供科学依据。

3.2.1.2 昼夜变温

气温在凌晨 4:00～5:00 接近日出时有最低值，在 13:00～14:00 间有最高值。一日中的最高值与最低值之差称为"日较差"或"气温昼夜变幅"。植物生长对昼夜温度变化的节律反应称为"温周期现象"（Thermoperiodicity）。

昼夜变温影响种子的萌发，主要是由于降温后可增加氧在细胞中的溶解度，从而改善萌发中的通气条件，因为当温度高于25℃时，O_2溶解于细胞液的速度迅速降低；温度的交替变化还能提高细胞膜的透性，从而促进萌发。因此，对某些发芽比较困难的种子，如每天给以昼夜有较大温差的变温处理后，则种子萌发良好，而在恒温条件下发芽反而略差。

昼夜变温有利于植物的生长，是因为白天适当的高温有利于光合作用，夜间适当的低温使呼吸作用减弱，光合产物消耗减少，有机物质积累增多，从而促进树木的生长。如火炬松的育苗试验表明，在昼夜温度不同的组合中，昼夜温差最大的一组生长最好，而在恒温状态下的一组生长最差。

昼夜变温影响植物的开花结实。植物在变温和一定程度的较大温差下，开花较多且较大，果实也较大，品质也较好。如生长在云南的山苍子含柠檬酸达 $60\%\sim80\%$，而产于浙江的山苍子只含有 $35\%\sim50\%$。生长在温差较小地区的苹果，其果实小，色泽不鲜，品质较差；反之就好。一般而言，生长旺盛植物的正常机能，花的开放及抗性发育等在高温差下进行得最正常，恒温反而是不正常的环境。

植物的温周期特性与植物的遗传性和原产地日温变化的特性有关。通常情况下，在日变幅为10～15℃条件下，原产于大陆性气候地区的植物生长发育最好；而日变幅为5～10℃条件下，原产于海洋性气候区的植物生长发育最好；热带植物能在日变幅很小的条件下生长发育良好。

3.2.1.3　突变温度

植物在生长期中如遇到温度的突然变化，会打乱植物生理进程而造成伤害，严重的会导致死亡。温度的突变可分为突然低温和突然高温两种情况。

(1) 突然低温

是指由强大寒潮所引发的突然降温，而使植物受到伤害，一般分为寒害、冻害、霜害、冻拔、冻裂五种。

① 寒害　是指喜温植物在零度以上的温度条件下受害或死亡。这种在零度以上的低温对树木的伤害称为寒害或冷害。例如，轻木的致死低温为5℃，热带地区的树种当温度在0～5℃时，呼吸代谢作用就会严重受阻。主要是由于在低温条件下，ATP减少，酶的系统紊乱，活性降低，导致植物的光合、呼吸、吸收和蒸腾作用以及物质运输、转移等生理活动的活性降低，彼此之间的协调关系被破坏。因此，寒害是喜温树种北移的主要障碍，也是喜温植物稳产高产的主要限制因子。

② 冻害　是指气温降至0℃以下使植物体温亦降至零下，细胞间隙出现结冰现象，严重时导致质壁分离，细胞膜或细胞壁破裂，植物就会死亡。

植物抵抗突然低温伤害的能力，因植物种类和植物所处于的生长环境而不同。例如，在同一个气候带内的植物间就有很大的不同，以柑橘类而论，柠檬在−3℃受害，甜橙在−6℃受害，而温州蜜橘及红橘在−9℃受害，但金橘在−11℃才受害。至于生长在不同气候带的不同植物间的抗低温能力就更不同了，例如生长在寒温带的针叶树可耐−20℃以下的低温。

同一植物的不同生长发育状况，对抵抗低温的能力有很大不同，休眠期最强，营养生长期次之，生殖期抗性最弱。此外，同一植物的不同器官或组织抗低温的能力亦不相同，胚珠最弱，心皮次之，雌蕊之外的花部又次之，果及嫩枝又次之，叶片再次之，而以茎干的抗性最强。但是以具体的茎干部位而言，以根颈，即茎与根交接处的抗寒能力最弱。

③ 霜害　指当气温或地表温度下降到零度，空气中过饱和的水汽凝结成白色的冰晶，形成霜而使植物受害。平流霜危害以挡风地段比较严重，辐射霜则以低洼地受害较重。早霜危害植物往往在其生长尚未结束，并未进入休眠状态时发生的，所以从南方引入的树种易受害。晚霜往往危害过早萌芽的树种，所以从北方引入的树种应栽植在比较阴凉的地方，抑制早期萌动。如果霜害的时间短，而且气温缓慢回升时，许多植物可以复原；如果霜害的时间长而且气温回升迅速，则受害的叶子反而不易恢复。

④ 冻拔　又叫冻举，是间接低温危害，是由土壤反复快速冻结和融化引起的。在纬度高的寒冷地区，当土壤含水量过高时，由于土壤结冻膨胀而升起，连带将植物抬起，至春季解冻时土壤下沉而植物留在原位造成根部裸露死亡。冻拔是寒冷地区植物危害之一，多发生在土壤黏重、含水量高、地表温度容易剧变的环境条件下，这种现象多发生于草本植物，尤以小苗为重。

⑤ 冻裂　是在寒冷地区的阳坡或树干的阳面由于白天阳光照晒，入夜气温迅速下降，而树木干材导热慢，造成树干内部与干皮表面形成较大温差，树干西南侧内热胀、外冷缩形成纵向开裂。当树液活动后，会有大量伤流出现，久之则易感染病菌，严重影响树势。树干易冻裂的树种有毛白杨、山杨、椴、青杨等树种，这类植物一般生长速度较快，材质较为松软。

(2) 突然高温

是指短期的高温。植物生活的温度范围有最高点、最低点和最适点。当温度超过最高点后，就会对植物产生严重伤害，甚至死亡。高温破坏了光合作用和呼吸作用的平衡，使呼吸作用超过光合作用，植物因长期"饥饿"而死亡。过高的温度还能促使蛋白质凝固和有害物质在体内积累，而使植株中毒。突然的高温还会使树皮灼伤甚至开裂，导致病虫害的入侵。

植物不同所能忍受的最高温度也不同，一般而言，热带高等植物有些能忍受50～60℃的高温，而大多数高等植物的最高点是50℃左右，其中被子植物较裸子植物略高，前者50℃，后者约46℃。

3.2.1.4　植物分布与温度

将椰子、羊蹄甲、荔枝、芒果、桂花、香樟等热带、亚热带树木引种到北方就会导致冻害死亡，把白桦、樟子松、桃、苹果等北方树种引种到亚热带、热带地方，会因高温引起生长不良甚至死亡。这是因为温度因子影响了植物的生长发育从而限制了植物的分布范围。园林建设中经常要在不同地区应用各种植物，因此应当充分了解和熟悉各地区所分布的植物种类及其对温度的适应性。

有些种类对温度变化幅度的适应能力特别强，因而能在广阔的地域生长、分布，这类植物称为"广温植物"或广布种；相反，适应能力小，只能生活在很狭小温度变化范围的种类称为"狭温植物"。

除温度变幅影响分布外，植物在生长发育过程中尚需要一定的温度量即热量。据此可将植物分为大热量种（其中又可按照水分状况分为两类）、中热量种、小热量种以及微热量种。

从温度因子角度判断一种植物能否在某一区域生长，应查看在其生长期中当地无霜期的长短、日平均温度的高低、日平均温度范围时间的长短、当地变温出现的时期以及幅度的大小、当地积温量以及当地最热月和最冷月的月均温度值及极端温度值和此值的持续期长短等资料，才能做出较准确结论。

园林实践中常需突破植物的自然分布范围，引种外地的奇花异木，要获得成功，不能只考虑到温度因子本身，需全面考虑所有因子的综合影响。

3.2.1.5 生长期积温

所谓积温是指植物整个生长期内或某一发育阶段内，高于一定温度度数以上的日平均温度总和。积温对植物的分布有重要影响，因为植物需要有一定的温度总量才能完成其生活周期。一般把积温分为有效积温和活动积温两种。有效积温是指植物开始生长活动的某一段时期内的温度总值。其计算公式为：

$$S = (T - T_0)n$$

式中，S 为有效积温，℃；T 为 n 日期间的日平均温度，℃；T_0 为生物学零度（即某种植物生长的最低温度）；n 为生长活动的天数，d。

生物学零度是某种植物生长活动的下限温度，低于此则不能生长活动。例如：某一树种发育的起始温度为 5℃，从平均温度达到 5℃ 起，到开始开花共需 30d，在这段时间内的平均温度为 15℃，该树种完成开花阶段的有效积温（S）为：

$$S = (15 - 5) \times 30 = 10 \times 30 = 300℃$$

生物学零度因植物种类、地区而不同，为方便起见，常根据当地大多数植物的萌动物候期及气象资料作概括的规定。温带地区生物学零度一般用 5℃，亚热带地区用 10℃，热带地区多用 18℃。不同树种在整个生长发育过程中要求有不同的积温总量。如柑橘需要有 4000~5000℃ 的有效积温才能完成整个生长发育过程，椰子需要 5000℃ 以上。紫丁香开花需要有效积温 202℃，刺槐则为 374℃。

活动积温则以物理零度为基础。计算极为简单，只需将某一时期内的平均温度乘以该时期的天数即得活动积温。

3.2.2 园林树木与水分

水是植物赖以生存和生长发育的必要因子，也是生命的组成物质。因此，水分在植物的环境因子中占有很重要的地位。不同树种及同一树种不同生长发育阶段对水的要求和适应能力不同。《中国植被》一书中以年降水量 500mm 作为全国湿润地区和干旱地区的分界线。

东部湿润地区以森林为主，西部干旱地区以草原和荒漠为主。东部生长的树木一般较喜湿润，西部生长的树木一般较耐干旱，但也并非绝对如此，其表现主要取决于其生态学特性。例如，刺槐怕水淹，若在水中浸泡 6~7d 就会死亡，而柳树却能长期生长在浅水中。又如沙枣、梭梭能长期生长在干旱沙漠地区，而红树却要求海滩浅水环境才能生长。另一些树种如旱柳、落羽杉既可以生长于湿润环境，也可以生长在干旱环境，被称为"两栖树"。

由于水分因子起主导作用，树木长期适应而形成不同的生态类型，可以将树种分为旱生、中生和湿生类型。

3.2.2.1 旱生树种

旱生树种是指在干旱的环境中能长期忍受干旱而正常维持水分平衡，且正常生长发育的树种。树木本身具有适应水分缺少、抵抗干旱的能力。在面临大气和土壤干旱时，或保持从土壤中吸收水分的能力或及时关闭气孔，减少蒸腾面积，以减少水分的损耗，或体内贮存水分和提高输水能力以度过逆境。因此，耐旱树种通常都具有以下形态和生理的适应特征。

① 根系发达　耐旱树种的根系一般都很发达，可以把根扎入土壤深层，以利用地下水。我国西北干旱区的柠条苗木根长为茎的 7~10 倍，骆驼刺的根可深达 30m。另有一些耐旱树种扎根并不深，但其侧根发达，形成伸展很宽且密集的根系。

② 高渗透压　耐旱树种根细胞的渗透压一般高达 40~60 个大气压，如梭梭根系的吸水力高达 51.5 个大气压，有的植物的渗透压可高达 100 个大气压。这类植物的细胞液浓度很高，吸水力特强，

细胞内有亲水胶体和多种糖类，抗脱水的能力甚高，故抗旱力强。

③ 具有控制蒸腾作用的结构或机能　耐旱树种的叶形大都较小，有的已退化为鳞片叶，如梭梭、柽柳、木麻黄等。有的通过减少叶数来抵御干旱，金雀花等木本植物在干旱时可随时落去叶子的五分之一至三分之一。有些树种的叶片有发达的角质层、蜡质层或茸毛，有的气孔下陷或气孔数目减少。所有这些构造都有利于降低蒸腾作用。但是，叶子形态上的特征对于表明植物的抗旱性能并不太可靠，而且低的蒸腾强度也不一定就是耐旱植物的标志，许多耐旱树种的蒸腾强度是相当高的，尤其是在水分充足的时候。另外，也并非所有的耐旱树种都具备以上各种特征，在自然界每种树种都有其固有的综合的耐旱特征。

3.2.2.2　中生树种

是指生长在水分条件适中的生境中的树木，大多数树木均属于此。这类树木不能忍受过干和过湿的条件，但是由于种类众多，因而对干与湿的忍耐程度具有很大差异。耐旱力极强的种类具有旱生性状的倾向，耐湿力极强的种类则具有湿生性状的倾向，中生树木形态结构及适应性均介于湿生与旱生之间。一般说来，中生树种具有一整套的保持水分平衡的结构和功能，其根系及输导系统均较发达；叶片表面有一层角质层，叶片的栅栏组织和海绵组织均较整齐；细胞液的渗透压在 5～25 个大气压；叶片内没有完整而发达的通气系统。

油松、侧柏、牡荆、酸枣等有很强的耐旱性，但仍然以在干湿适度的条件下生长最佳；而桑树、旱柳、乌桕、紫穗槐等则有很高的耐水湿能力，但仍然以在中生环境下生长最佳。

3.2.2.3　湿生树种

是指能够生长在土壤含水量很高，甚至水分饱和、大气湿度较大的环境中的树种。如水杉、赤杨、枫杨、落羽杉、水松等，其特点主要是根系不发达，分生侧根少，根毛也少，根细胞渗透压低，为 8～12 个大气压；叶片大而薄，角质层薄或缺，气孔多而敞开。因此，其枝叶摘下后很易萎蔫。此外，为了适应缺氧的生境，有些湿生树种的茎组织疏松，也有些树种着生板状根或气生根，有利于气体交换。

3.2.2.4　园林常见耐旱、耐涝树种

植物的适应性都是长期进化的结果。长期处于比较稳定的水分条件下的植物，如湖泊中的沉水植物或荒漠中的旱生植物，表现出高度特化的适应性结构。在园林绿化建设中，掌握树木的耐旱、耐涝能力是十分重要的。

（1）耐旱树种

关于树木的耐旱及耐涝研究，由于园林树木的体量及研究条件的不可控，迄今并无详细的资料，1959 年夏秋，武汉市经历 80 余天的大旱。当地对 3～10 年生的 266 种树进行了耐旱力调查，根据耐旱能力的强弱共分为 5 级。现将武汉市的调查结果介绍如下。

① 耐旱力最强的树种　指经受 2 个月以上的干旱和高温，其间未采取任何抗旱措施而生长正常或略缓慢的树种，有雪松、黑松、菝葜、响叶杨、加拿大杨、垂柳、旱柳、威氏柳、杞柳、化香树、小叶栎、白栎、栓皮栎、石栎、苦槠、椭榆、构树、柘树、小檗、山胡椒、狭叶山胡椒、枫香、檵木、桃、枇杷、石楠、光叶石楠、火棘、山槐、合欢、葛藤、胡枝子类、黄檀、紫穗槐、紫藤、臭椿、楝树、乌桕、野桐、算盘子、黄连木、盐肤木、飞蛾槭、野葡萄、木芙蓉、荛花、君迁子、秤锤树、夹竹桃、栀子花、水杨梅等 52 种。

② 耐旱力较强的树种　指经受 2 个月以上的干旱高温，未采取抗旱措施，树木生长缓慢，有叶黄落及枯梢现象者，有马尾松、油松、赤松、湿刚松、侧柏、千头柏、圆柏、柏木、龙柏、偃柏、毛竹、水竹、棕榈、毛白杨、滇杨、龙爪柳、青钱柳、麻栎、槲栎、青冈栎、板栗、锥栗、白榆、朴树、小叶朴、榉树、糙叶树、桑树、崖桑、无花果、薜荔、南天竹、广玉兰、樟树、溲疏、豆梨、杜梨、沙梨、杏树、李树、皂荚、云实、肥皂荚、槐树、波氏槐蓝、枸橘、香椿、油桐、千年桐、山麻杆、重阳木、黄杨、瓜子黄杨、野漆、枸骨、冬青、丝棉木、无患子、栾树、马甲子、扁担杆、木槿、梧桐、杜英、厚皮香、柽柳、柞木、胡颓子、紫薇、银薇、石榴、八角枫、常春藤、羊踯躅、柿、粉叶柿、光叶柿、白檀、桂花、丁香、雪柳、水曲柳、常绿白蜡、迎春、毛叶探春、醉鱼草、粗糠树、枸杞、凌霄、六月雪、黄栀子、金银花、六道木、香忍冬、红花忍冬、短柄忍冬、木本绣球等 98 种。

③ 耐旱力中等的树种　指经受 2 个月以上的干旱和高温不死，但有较重的落叶和枯梢现象者，有罗汉松、日本五针松、白皮松、落羽杉、刺柏、香柏、银白杨、小叶杨、钻天杨、杨梅、胡桃、核桃楸、山核桃、长山核桃、桦木、桤木、大叶朴、木兰、厚朴、桢楠、八仙花、山梅花、蜡瓣花、海桐、杜仲、悬铃木、木瓜、樱桃、樱花、海棠、郁李、梅、绣线菊属 4 种、紫荆、刺槐、龙爪槐、柑

橘、柚、橙、朝鲜黄杨、锦熟黄杨、大木漆、三角枫、鸡爪槭、五叶槭、枣树、枳棋、葡萄、椴树、茶、山茶、金丝桃、喜树、紫树、灯台树、楤木、刺楸、杜鹃花、野茉莉、白蜡树、女贞、小蜡、水蜡树、连翘、金钟花、黄荆、大青、泡桐、梓树、黄金树、钩藤、水冬瓜、接骨木、绣球花、荚蒾、锦带花等85种。

④ 耐旱力较弱的树种　指干旱高温期在1个月以内不致死亡，但有严重落叶枯梢现象，生长几乎停止，如旱期再延长而不采取抗旱措施就会逐渐枯萎死亡者，有粗榧、三尖杉、香榧、金钱松、华山松、柳杉、鹅掌楸、玉兰、八角茴香、蜡梅、雅楠、大叶黄杨、青榨槭、糖槭、油茶、斗霜红、结香、珙桐、四照花、小叶白辛树等21种。

⑤ 耐旱力最弱的树种　指旱期1个月左右即死亡，在相对湿度降低，气温高达40℃以上时死亡最为严重者，有银杏、杉木、水杉、水松、日本花柏、日本扁柏、白兰花、檫木、珊瑚树等9种。

（2）耐淹树种

根据武汉1931年及1954年两次大水后（持续时间平均为2个月，最久处达5个月以上，水深1～2m，最深处达38.3m），将116种树依树种耐淹力分为5级如下。

① 耐淹力最强的树种　指能耐长期（3个月以上）的深水浸淹，当水退后生长正常或略见衰弱，树叶有黄落现象，有时枝梢枯萎；又有洪水虽没顶但生长如旧或生势减弱而不致死亡者，有垂柳、旱柳、龙爪柳、榔榆、桑、柘、豆梨、杜梨、柽柳、紫穗槐、落羽杉等11种。

② 耐淹力较强的树种　指能耐较长期（2个月以上）深水浸淹，水退后生长衰弱，树叶常见黄落，新枝、幼茎也常枯萎，但有萌芽力，以后仍能萌发恢复生长。本类有水松、棕榈、栀子、麻栎、枫杨、榉树、山胡椒、狭叶山胡椒、沙梨、枫香、悬铃木属3种、紫藤、楝树、乌桕、重阳木、柿、葡萄、雪柳、白蜡、凌霄等23种。

③ 耐淹力中等的树种　指能耐较短时期（1～2个月）的水淹，水退后必呈衰弱，时期一久即趋枯萎，即使有一定萌芽力也难恢复生势。本类有侧柏、千头柏、圆柏、龙柏、水杉、水竹、紫竹、竹、广玉兰、酸橙、夹竹桃、杨类3种、木香、李树、苹果、槐树、臭椿、香椿、卫矛、紫薇、丝棉木、石榴、喜树、黄荆、迎春、枸杞、黄金树等29种。

④ 耐淹力较弱的树种　指仅能忍耐2～3周短期水淹，超过时间即趋枯萎，一般经短期水淹后生长也显然衰弱。本类有罗汉松、黑松、刺柏、百日青、樟树、枸橘、花椒、冬青、小蜡、黄杨、胡桃、板栗、白榆、朴树、梅、杏、合欢、皂荚、紫荆、南天竹、溲疏、无患子、刺楸、三角枫、梓树、连翘、金钟花等27种。

⑤ 耐淹力最弱的树种　指最不耐淹，水仅浸淹地表或根系一部分至大部分时，经过不到1周的短暂时期即趋枯萎而无恢复生长的可能。本类有马尾松、杉木、柳杉、柏木、海桐、枇杷、桂花、大叶黄杨、女贞、构树、无花果、玉兰、木兰、蜡梅、杜仲、桃、刺槐、盐肤木、栾树、木芙蓉、木槿、梧桐、泡桐、楸树、绣球花26种。

从上述耐旱、耐淹力分级情况看，树种的耐力与其原产地生境条件有关。对阔叶树而言，耐淹力强的（1～2级）树种，其耐旱力也表现得很强（1～2级），如柳类、桑、柘、榔榆、梨类、紫穗槐、紫藤、夹竹桃、乌桕、楝、白蜡、雪柳、柽柳、山胡椒等。

深根性树种大多较耐旱（1～2级），如松类、栎类、樟树、臭椿、乌桕、构树等，但檫木唯一例外。浅根性树种大多不耐旱（3～5级），如杉木、柳杉、刺槐等。

在针叶树类（包括银杏）中，其自然分布较广及属于大科、大属的树木比较耐旱，如多种松科、柏科的树种。反之，自然分布较狭及属于小科、小属，如仅为1科1属1种或仅有几种者，其耐旱力多较弱，如银杏科、三尖杉科（粗榧科）、红豆杉科（紫杉科）及杉科等。在阔叶树类中，也有上述趋势，但非必然。

在耐水力方面，不论针叶树或阔叶树，常绿者常不如落叶者耐涝，而松科、木兰科、杜仲科、无患子科、梧桐科、锦葵科、豆科（紫穗槐、紫藤等例外）、蔷薇科（梨属例外）等大多是耐淹性较差（3～5级）。

3.2.2.5　园林树木与水的其他形态

水在自然界有三种形态，即固态、液态和气态，不同形态的水对植物的影响和作用不同。对植物而言，降水是水分输入的主要形式，其次还有其他形态的水分输入方式，如雪、冰雹、雨凇、雾凇、雾等。这些特殊状态的水分除了作为植物水分的重要来源外，还具有一些特殊生态意义。

① 雪　作为特殊形态的水源对树木既有利也有害。雪不易传热，是很好的绝缘体，可以保护土壤，防止冻结过深。在寒冷的北方，降雪覆盖大地，增加土壤水分，保护土壤，防止土温过低，有利植物越冬。在早春干旱地区，雪是少雨季节的主要水分来源。但是在雪量较大的地区，会使树木受到

雪压，引起枝干倒折的伤害。一般言之，常绿树比落叶树受害严重，单层纯林比复层混交林为严重。雪还可以增加土壤中的氮肥，雪中含的氮化物要比雨水中的多5倍。另外，在生长季较短的地区，春季融雪降低了土温，从而缩短植物的生长期。

② 冰雹　是一种特殊的降水，且常在生长季内发生，对树木会造成不同程度的损害。通常草本植物受害比木本植物严重；枝叶茂密，叶面积大的植物受害更重。冰雹融化后虽然也能增加土壤水分，但与其危害树木的作用相比微乎其微。

③ 雨凇、雾凇　为固体形态降水，融化后能补充土壤水分，但也会使树木受到损害。雾凇是在空气层中水汽直接凝华，或冷却雾滴直接冻结在地物迎风面上的乳白色冰晶，而雨凇指的是冷却雨滴碰到冰点附近的地面或地物上，立即冻结而成的坚硬冰层，通常是透明的或毛玻璃状的紧密冰层。雨凇与地表水的结冰有明显不同，雨凇是边降边冻，能立即黏附在裸露物的外表而不流失，形成越来越厚的坚实冰层，从而使被附着物负重加大，发展到一定程度时会对附着物产生直接灾害并引发间接危害。一般以乔木受害较多，乔木中又因种类的不同而受害程度有很大差异，木质脆的最易受害，木质富弹性者则不易受害。

④ 雾　为水的气体状态，空气中的水汽主要来自海面、湖泊、河流蒸发及植物的蒸腾。通常用相对湿度来表示空气中水汽的含量。多雾即空气中的相对湿度大，虽然能影响光照，但一般对草木的繁茂有利。

3.2.3　园林树木与光照

光是植物光合作用的必要条件，绿色植物通过光合作用将光能转化为化学能，为地球上的生物提供生命活动的能源。光合作用是生物界赖以生存的基础，也是地球碳-氧平衡的重要媒介。

3.2.3.1　光质

太阳光可分为可见光和不可见光，人眼能看到的光波长在380～770nm之间，波长小于380nm的紫外光及大于770nm的红外光为不可见光。光能的99%集中在波长为150～4000nm的范围内，对植物起重要作用的光主要是可见光部分，但不可见的部分对植物也有作用。

一般说来植物在全光范围，即在白光下才能正常生长发育，但是白光中的不同光质即红光（760～626nm）、橙光（626～595nm）、黄光（595～575nm）、绿光（575～490nm）、青蓝光（490～435nm）、紫光（435～370nm）对植物的作用是不完全相同的。叶片对光的吸收是有选择性的，太阳辐射中，可见光具有最大的生态学意义，因为只有可见光才能在光合作用中被植物所利用并转化为化学能。可见光中的红光和不可见的红外线都能促进茎的加长生长和促进种子及孢子的萌发。

对植物的光合作用而言，红光的作用最大，其次是蓝紫光。红光有助于叶绿素的合成，促进CO_2的分解与碳水化合物的合成；蓝光则有助于有机酸和蛋白质的合成。绿光及黄光大多被叶子所反射或透过而很少被利用。青蓝紫光对植物的加长生长有抑制作用，对幼芽的形成和细胞的分化均有重要作用。青蓝紫光能抑制植物体内某些生长激素的形成进而抑制茎的伸长，并产生向光性；此外还能促进花青素的形成，使花朵色彩鲜丽，所以在高山上生长的植物，节间均短缩而花色鲜艳。

3.2.3.2　光周期

日照长度是指白昼的持续时间或太阳的可照时数。在北半球的春分到秋分是昼长夜短，夏至白昼最长；从秋分到春分是昼短夜长，冬至夜最长。在赤道的附近，终年昼夜平分。在两极地区则半年是白昼，半年是黑夜。在陆地表面上的不同地理区域和季节里，日照长度的周期性变化引起昼夜长短的周期性变化，这种周期性的变化称为光周期（Photoperiodism）。光周期对植物的生长发育有着极重要的生态作用。

植物长期生活在具有一定昼夜变化格局的环境中，形成了各自所特有的对不同昼夜长短交替的这种适应称为植物的光周期反应。有些植物需要在长日照条件下开花，另一些植物则需在短日照条件下才能开花。根据植物对光周期的反应不同，可把植物分为如下类型。

① 长日照植物（Long-day plant，LDP）　指在24h昼夜周期中，只有当日照长度超过某一临界日长，或者说暗期必须短于某一临界时数才能形成花芽的植物。如果满足不了这个条件则植物将仍然处于营养生长阶段而不能开花。对于长日照植物而言，日照越长开花越早，人为延长光照时间可促使这类植物提前开花。若延长黑暗则推迟开花或不能成花。山茶、杜鹃、桂花等均为长日照木本植物。

② 短日照植物（Short-day plant，SDP）　指在24h昼夜周期中，只有当日照长度短于某一临界日长时才能开花的植物。在一定范围内，暗期越长，开花越早，如果在长日照下则只进行营养生长而不能开花。许多热带、亚热带和温带春秋季开花的植物多属短日照植物，日照时数愈短则开花愈早，但每日的光照时数不得短于维持生长发育所需的光合作用时间。经试验，许多树木对光周期并不敏

感，其表现是迟钝的。黑醋栗等少数树种已证明是必须短日照的植物，当减少日照长度，则内生赤霉素水平降低，而一种内生的抑制物质提高。蜡梅、一品红为短日照花卉，生产中可以通过适当延长日照，则推迟开花。

③ 日中性植物（Day-neutral plant，DNP）　指对光照与黑暗的时间长短没有严格的要求，经过一段时间的营养生长后，只要其他条件适宜就能开花。或者说这类植物开花受自身发育状态的控制，日照长短对其开花结实无明显的影响，无论长日照条件或短日照条件下均能开花。如光周期不影响苹果和杏的成花，只是长日照下花芽多些。

④ 中日照植物（Intermediate-daylength plant，IDP）　指只有在某中等长度的日照条件下才能开花，而在较长或较短日照下均保持营养生长状态的植物，如甘蔗的成花要求每天有11.5～12.5h日照。

植物对光周期的不同反应类型是各种植物在长期的系统发育过程中所形成的特性，即对环境适应的结果，大多长日照植物发源于高纬度地区，短日照植物发源于低纬度地区，而中间性植物则各地带均有分布。

光周期不仅影响植物的开花，而且对植物营养生长和芽的休眠也有明显的影响。通常延长日照能使树木的节间生长速度和生长期增加，缩短日照则生长减缓，促进芽的休眠。如刺槐、白桦、槭树在长日照条件下保持生长。而在2～4周的短日照情况下生长即停止。春天的长日照往往可以使某些树种提前萌芽。事实上，植物的开花、生长和休眠一般都与其分布区域的光周期变化相适应。在高纬度地区，夏季长日照条件下，植物迅速生长开花，而到了秋季因日照时间缩短便及时进入休眠状态。在热带，全年的日照时间相差不大，植物可以终年生长，四季都有植物开花。

了解植物的光周期现象，对植物的引种驯化工作非常重要，引种前除需要考虑温度等因素外，还必须特别注意植物开花对光周期的需要。另外，在园林工作中常常利用光周期反应人为控制植物的开花时间，以便满足观赏需要。

3.2.3.3　光强

树木一般都需要在充足的光照条件下才能正常地生长发育，但不同树种对光的需要量和适应范围不同，一些树种能适应比较弱的光照条件，可在庇荫条件下生长，而另一些树种只能在较强的光照条件下才能正常发育。树种的耐阴性主要是指树种忍耐庇荫的能力。根据植物对光照强度需求的不同，可分为3种生态类型。

① 阳性植物（Heliophytes）　只能在全光照或强光照条件下才能正常发育，在荫蔽和弱光条件下生长发育不良。例如落叶松属、松属（华山松、红松除外）、水杉、桦木属、桉属、杨属、柳属、栎属的多种树木、臭椿、乌桕、泡桐，以及草原、沙漠及旷野中的多种草本植物。喜光植物的细胞壁较厚，细胞体积较小，木质部和机械组织发达，叶表有厚角质层，叶的栅栏组织发达，叶绿素a与叶绿素b的比值较大，气孔数目较多，细胞液浓度高，叶的含水量较低。

② 阴性植物（Sciophytes）　需要在较弱的光照强度下生长发育，不能忍耐强光的植物。生长于潮湿、阴暗密林中的强耐阴草本植物，如人参、三七、秋海棠属等只有在林冠的庇荫下才能正常生长发育。与草本植物不同，严格地说木本植物中很少有典型的阴性植物，而多为耐阴植物。阴性植物的细胞壁薄而细胞体积较大，木质化程度较差，机械组织不发达，维管束数目较少，叶子表皮薄，无角质层，栅栏组织不发达而海绵组织发达，叶绿素a与叶绿素b的比值较小，气孔数目较少，细胞液浓度低，叶的含水量较高。

③ 中性植物（耐阴植物）（Shade plants）　在充足的阳光下生长最好，但亦有不同程度的耐阴能力，在高温干旱时在全光照下生长受抑制。其耐阴程度因种类不同而有很大差别，过去习惯于将耐阴力强的树木称为阴性树，但从形态解剖和习性上来讲又不具典型性，所以归于中性植物为宜。

在中性植物中包括有偏喜光的与偏阴性的种类。如榆属、朴属、榉属、樱花、枫杨等为中性偏喜光；槐、木荷、圆柏、珍珠梅属、七叶树、元宝枫、五角枫等为中性稍耐阴；冷杉属、云杉属、福建柏属、铁杉属、粗榧属、红豆杉属、椴属、杜英、大叶楮、甜楮、阿丁枫、荚蒾属、八角金盘、常春藤、八仙花、山茶、桃叶珊瑚、枸骨、海桐、杜鹃花、忍冬、罗汉松、紫楠、棣棠、香榧等均属中性而耐阴力较强的种类，这些树种在温、湿适宜条件下仍以光线充足处生长健壮。同一株中性植物，阳光充足部位枝叶的解剖构造倾向于喜光植物，而处于阴暗部位的则倾向于阴性植物。

3.2.3.4　园林树木的耐阴性

在园林实践中，掌握各种树木的耐阴性对于植物造景、树种规划、园林树木养护管理都具有重要意义。

(1) 华北常见乔木耐阴能力顺序（从强到弱）

冷杉属、云杉属、椴属、千金榆、槭属、红松、裂叶榆、圆柏、槐、水曲柳、胡桃楸、赤杨、春榆、白榆、板栗、黄檗、华山松、白皮松、油松、红桦、辽东栎、蒙古栎、白蜡树、槲树、栓皮栎、臭椿、刺槐、黑桦、白桦、杨属、柳属、落叶松属。

（2）判断树木耐阴性的标准

树种的喜光性和耐阴性常因生长地区、环境、年龄不同而有所差异。同一树种幼年期较耐阴，生长在干旱条件下的树木则要求更多的光照。通过生理指标和形态指标可以判断树木耐阴性。

① 生理指标法

光补偿点和光饱和点是测定树种耐阴性的重要生理指标。但是植物的光补偿点和光饱和点是随其他生态因子以及植物本身的生长发育状况和不同的部位而改变的。如温度、湿度的变化可影响到呼吸作用和蒸腾作用的强度，从而影响到光补偿点和光饱和点的数值。因此在判断植物的耐阴性时需要综合考虑各方面的影响因素。

② 形态指标法

观测树木的外部形态也可以大致推测其耐阴性。一般说来，树冠呈伞形者多为喜光树，树冠呈圆锥形而枝条紧密者多为耐阴树种；树干下部侧枝早行枯落者多为喜光树，下枝不易枯落而且繁茂者多为耐阴树；树冠的叶幕区稀疏透光，叶片色较淡而质薄，如果是常绿树，其叶片寿命较短者为喜光树。叶幕区浓密，叶色浓而深且质厚者，如果是常绿树，则其叶可在树上存活多年者为耐阴树；常绿性针叶树的叶呈针状者多为喜光树，叶呈扁平或呈鳞片状而表、背区别明显者为耐阴树；阔叶树中的常绿树多为耐阴树，而落叶树多为喜光树或中性树。

喜光树的寿命一般较耐阴树为短，但生长速度较快，所以在进行树木配置时必须搭配得当。树木在幼苗、幼树阶段的耐阴性高于成年阶段，即耐阴性常随年龄的增长而降低。同样庇荫条件下，幼苗可以生存，幼树则感光照不足，例如红松幼苗在郁闭度 0.7～0.8 的条件下产苗量最多，但对幼树的健壮生长而言，以 0.3～0.5 的郁闭度为适宜。

同一树种生长在其分布区南界的比生长在分布区中心的耐阴，而生长在分布区北界的个体则较喜光。据维斯纳尔测定，英国槭的相对最低需光量在北纬 48°（维也纳附近）为 1/55，在北纬 61°处（挪威南部）为 1/37，而在北纬 70°处则为 1/5。同样的树种，海拔愈高，树木的喜光性愈增加。

土壤肥力也影响植物的需光量。例如榛子在肥沃土壤中相对最低需光量为 1/60～1/50，而在瘠薄土中则为 1/20～1/18。

3.2.4 园林树木与空气

空气成分非常复杂，在标准状态下（0℃，760mm 水银柱，干燥），按体积计算，氮约占 78%，O_2 约占 21%，氩、氢、氖、氦、氙、甲烷、O_3、CO 等约占 0.94%，CO_2 约占 0.032%。这些气体成分中，氮含量最高，但一般无法被树木直接吸收和同化，需通过根瘤菌将空气中的游离氮气固定后才能利用。

O_2 和 CO_2 是光合作用的主要元素，直接影响树木的生长发育。O_2 是树木光合作用的产物，也是呼吸作用所必需的。但空气中 O_2 含量基本不变，所以对植物的地上部分没有特殊作用，但是对根部的呼吸非常重要。土壤通气良好，O_2 供应充足地段，树木生长发育良好。如果土壤 O_2 不足，会抑制根的伸长以致影响到全株的生长发育。

CO_2 是植物光合作用必需的原料，以空气中 CO_2 的平均浓度为 320mg/L 计，从植物的光合作用角度来看，这个浓度仍然是个限制因子，生理试验表明，在光强为全光照 1/5 时，将 CO_2 浓度提高 3 倍，光合作用强度也提高 3 倍，但是如果 CO_2 浓度不变而仅将光强提高 3 倍时，则光合作用仅提高 1 倍。因此，在强光下，CO_2 的不足是光合生产率的主要限制因子，增加 CO_2 的浓度能直接增加植物的生长量。CO_2 施肥（固态 CO_2 干冰、液态 CO_2）可提高温室植物产量。也有研究证明 CO_2 可促进某些雌雄异花植物雌花分化率，提高果实产量。

空气中的氮不能被高等植物直接利用，只有固氮微生物和蓝绿藻可以吸收和固定空气中的游离氮。根瘤菌是与植物共生的一类固氮微生物，可将空气中的分子氮吸收固定，其固氮能力因所共生的植物种类而不同。

3.2.4.1 空气中的污染物质

随着经济的高速发展，人为排放的有害物质进入大气后，其数量超过了大气及其他生态系统的自净能力，破坏了大气中原来成分的物理、化学和生态的平衡体系，恶化大气质量，导致大气污染日益严重，伤害生物、影响人类健康。目前大气中污染有毒物质已达 400 余种，其中危害较大的有 20 余种，按其毒害机制可分为 6 个类型。

氧化性类型：如 O_3、过氧乙酰、硝酸酯类、NO_2、Cl_2 等。

还原性类型：如 SO_2、H_2S、CO、甲醛等。

酸性类型：如 HF、HCl、氰化氢、SO_3、SiF_4、硫酸烟雾等。

碱性类型：如 NH_3 等。

有机毒害类型：如 C_2H_4 等。

粉尘类型：按粒径大小又可分为落尘（粒径在 $10\mu m$ 以上）及飘尘（粒径在 $10\mu m$ 以下），如各种重金属无机毒物及氧化物粉尘等。

雾霾主要由汽车尾气经光化学作用变成浅蓝色的烟雾形成，其中 90% 为 O_3，其他为醛类、烷基硝酸盐、过氧乙酰硝酸酯，有的还含有为防爆消声而加的铅，这是大城市中常见的次生污染物质。

3.2.4.2 园林树种与空气污染物

空气中的 SO_2、HCl、HF 等有害气体直接危害人类健康，也危害树木的生存。据测定，空气中 HF 的浓度若高于 3×10^{-9} mg/L（3ppb）时，就会使树叶的顶端和边缘出现受害症状。若 HF 浓度为 1×10^{-9} mg/L（1ppb）时，在 $0.5\sim2$ 个月内可使杏、李、樱桃受害。若浓度达到 5×10^{-9} mg/L（5ppb）时在 $7\sim10$d 内就可使之受害。

不同树种对有害气体反应不一样，有些树种对有害气体抗性小，而另一些树种具有吸收某些有害气体的能力或称抗性强。

SO_2 主要来源于燃煤、硫铵化肥厂等排出的烟气。SO_2 气体进入叶片后遇水形成亚硫酸和亚硫酸离子，然后再逐渐氧化为硫酸离子。当亚硫酸离子增加到一定量时，叶片会失绿，严重的会逐渐枯焦死亡。当空气中含量达 $0.5\sim500$ mg/L 时就可对某些植物起毒害作用。

上海市园林局及上海师范大学调查统计了上海地区树种抗 SO_2 的情况，抗性强的树种有夹竹桃、女贞、广玉兰、樟树、蚊母树、珊瑚树、枸骨、山茶、十大功劳、冬青、油橄榄、棕榈、厚皮香、丝兰、月桂、无花果、丁香、石榴、胡颓子、柑橘、丝棉木、白榆、合欢、乌桕、苦楝、木槿、接骨木、月季、紫荆、小叶女贞、黄金条、梓、桑、刺槐、臭椿、加拿大杨、青冈栎、银杏、罗汉松、圆柏、龙柏等。抗性中等的树种有大叶黄杨、八角金盘、悬铃木、广玉兰等。抗性弱的树种有雪松。

日本以 O_3 为毒质进行的抗性试验表明：当 O_3 浓度为 0.25mg/L 时的结果如下：抗性极强的树种有银杏、柳杉、日本扁柏、日本黑松、樟树、海桐、青冈栎、夹竹桃、海州常山、日本女贞等。抗性强的树种有悬铃木、连翘、冬青、美国鹅掌楸等。抗性一般的树种有日本赤松、东京樱花、锦绣杜鹃、日本梨等。抗性弱的树种有日本杜鹃、大花栀子、大八仙花、胡枝子等。抗性极弱的树种有木兰、牡丹、垂柳、白杨、三裂悬钩子等。

Cl_2 及 HCl 源于塑料生产过程中造成的空气污染。根据 1960—1964 年北京林学院、北京市园林局及卫生部门在化工二厂的定点试验结果，在日常空气中 Cl_2 的含量为 $0.01\sim0.86$ mg/L，HCl 的含量在 $0.028\sim1.32$ mg/L 的条件下，经 $3\sim4$ 年的观察，结果表明：耐毒能力最强的树种有杠柳、木槿、合欢、五叶地锦等。耐毒能力强的树种有黄檗、伞花胡颓子、构树、榆、接骨木、加拿大接骨木、紫荆、槐、紫藤、紫穗槐等。耐毒能力中等的树种有皂荚、桑、加拿大杨、臭椿、二青杨、侧柏、复叶槭、树锦鸡儿、丝棉木、文冠果等。耐毒能力弱的树种有香椿、枣、红瑞木、黄栌、圆柏、洋白蜡、金银木、刺槐、旱柳、南蛇藤、银杏等。耐毒能力很弱的树种：有海棠、苹果、槲栎、毛樱桃、小叶杨、钻天杨、连翘、鼠李、油松、绦柳（垂柳）、栾树、馒头柳、吉氏珍珠梅、山桃等。不耐毒而死亡的树种有榆叶梅、黄刺玫、胡枝子、水杉、杂种绣线菊、茶条槭、雪柳等。

氟化物对植物危害很大，空气中的 HF 浓度如高于 3×10^{-3} mg/L 就会在叶尖和叶缘首先显出受害症状。例如 HF 浓度为 1×10^{-3} mg/L 时在半个月至 2 个月内可使杏、李、樱桃、葡萄等受害，如浓度达 5×10^{-3} mg/L 则在 1 周至 10 天就可使之受害。根据北京地区的调查结果，不同树木对 HF 的抗性不同。抗性强的树种有槐、臭椿、泡桐、绦柳、龙爪柳、悬铃木、胡颓子、白皮松、侧柏、丁香、山楂、紫穗槐、连翘、金银花、小檗、女贞、锦熟黄杨、大叶黄杨、地锦、五叶地锦等。抗性中等的树种有刺槐、桑、接骨木、桂香柳、火炬树、君迁子、杜仲、文冠果、紫藤、美国凌霄、华山松等。

抗性弱的树种有榆叶梅、山桃、李、葡萄、白蜡、油松等。

3.2.4.3 抗风树种

空气流动形成风。风有季候风、海陆风、焚风、台风等。在局部地区因地形影响有地形风或称山谷风。风对树木有直接影响，如风媒、风折、风倒和风拔等，风还能制约和影响环境中的温度、湿度和 CO_2 的浓度，从而间接地影响树木的生长发育。风速对树木的影响表现在低速的风有利，而高速风则会形成危害。

大多数树种靠风授粉，风媒花大多居于树梢，且有很多形态上的适应构造，如花丝突露在花被之外，花粉有圆滑的外膜并无黏性，有的有气囊等。银杏雄株的花粉可顺风传播到 5km 以外；云杉等生长在下部枝条上的雄花花粉，可借助于林内的上升气流传至上部枝条的雌花上。最适的风媒条件是微风、干燥的天气。潮湿的条件下花药不易张开，花粉粒不能散落出来。当花粉成熟季节遇到阴雨连绵的天气，就会影响授粉，导致减产。

风有利于果实和种子传播，这些种子或果实通常都很轻（柳、杨、山杨等），或者具有翅翼（桦属、松柏科、榆科等），也有些种子带絮（杨柳科），极易随风传播，可到达很远的地方。

风可导致树木的生理和机械伤害。风加速蒸腾作用，尤其是在春夏生长期的旱风、焚风、沿海边地区的海潮风，会给树木带来严重的生理破坏，导致树木受害。飓风、台风等可吹折树木枝干或使树木倒伏，相邻树木和枝干相互撞击、摩擦，也可引起树冠的撕扯和树皮损伤，大量的小枝及绿叶被折断、吹落造成机械损伤，并为病虫的侵入提供了机会。

不同类型的台风对树木的危害程度不一致，先风后雨的要比先雨后风的台风危害为小，持续时间短的比时间长的危害小。

不同树种抗风倒能力不同。树冠浓密且庞大的浅根性树种最易风倒；深根性树种一般不易风倒。但树种的抗风性还与环境条件有关，生长在肥沃深厚土壤上的浅根性树种，常扎根较深，抗风性也相应提高。在水湿地或黏重土壤上，即使是深根性树种，其根系也会分布较浅而易发生风害。繁殖方法、立地条件和配置方式的不同，树木的抗风能力也不同，用扦插繁殖的树木，其根系比用播种繁殖的浅，故易倒；在土壤松软而地下水位较高处亦易倒；孤立树和稀植的树比密植者易受风害，而以密植的抗风力最强。

树木的抗风力差别很大，根据 1956 年武汉市在台风以后的调查，抗风力强的树种有马尾松、黑松、圆柏、榉树、胡桃、白榆、乌桕、樱桃、枣树、葡萄、臭椿、朴、栗、槐、梅树、樟树、麻栎、河柳、台湾相思、木麻黄、柠檬桉、假槟榔、桄榔、南洋杉、竹类及柑橘类等。

抗风力中等的树种有侧柏、龙柏、杉木、柳杉、檫木、楝树、苦槠、枫杨、银杏、广玉兰、重阳木、榔榆、枫香、凤凰木、桑、梨、柿、桃、杏、花红、合欢、紫薇、木绣球、长山核桃、旱柳等。

抗风力弱，受风害较大的树种有大叶桉、榕树、雪松、木棉、悬铃木、梧桐、加拿大杨、钻天杨、银白杨、泡桐、垂柳、刺槐、杨梅、枇杷、苹果等。

3.2.5 园林树木与土壤

土壤与树木的关系十分密切，根系与土壤有极大的接触面积，树木和土壤之间进行着大量的物质交换，土壤条件影响其生长发育。而长期生长在一定土壤条件上的树木也形成了独有的生态类型。

自然界土壤酸度受气候、母岩及土壤中的无机和有机成分、地形地势、地下水和植物等因子所影响的。一般在干燥而炎热的气候下，中性和碱性土壤较多；在潮湿寒冷或暖热多雨的地方则以酸性土为多；母岩为花岗岩类则为酸性土，为石灰岩时则为碱性土；地形为低湿冷凉而积水之处则常为酸性土；地下水中富含石灰质成分时则为碱性土；同一地的土壤依其深度的不同以及季节的不同，土壤酸度会发生变化。此外，长时期施用某些无机肥料可逐渐改变土壤的酸度。

3.2.5.1 植物对土壤酸碱度的反应

通常按对土壤酸度的反应，将植物分为 3 类。

① 酸性土植物 在 pH 值 6.5 以下的酸性土壤上生长最好、种类最多的植物为酸性土植物。如杜鹃花、乌饭树、山茶、油茶、马尾松、石楠、油桐、吊钟花、马醉木、栀子花、大多数棕榈科植物、红松、印度橡皮树等。

② 中性土植物 在 pH 值在 6.5～7.5 之间的中性土壤上生长最佳的植物为中性土植物。大多数的树木均属此类。

③ 碱性土植物 在 pH 值 7.5 以上的碱性土上生长最好的植物为碱性植物。如柽柳、紫穗槐、沙棘、沙枣（桂香柳）、杠柳等。

每类植物又因种类不同而有不同的适应性范围和特点，故有人又将植物对土壤酸碱性的反应按更严格的要求而分为 5 类。需酸植物只能生长在强酸性土壤上，即使在中性土上亦会死亡；需酸耐碱植物在强酸性土中生长良好，在弱碱性土上生长不良但不会死亡；需碱耐酸植物在碱性土上生长最好，在酸性土上生长不良但不会死亡；需碱植物只能生于碱土中，在酸性土中会死亡；偏酸偏碱植物既能生于酸性又能生于碱性土上，但是在中性土壤上却较少，如熊果，这类植物少见。

3.2.5.2 植物对土壤含盐量的反应

土壤的含盐量对树木的生长也有极大影响。根据所含化学成分不同，可将土壤分为盐土和碱土，也统称为盐碱土。盐土中通常含有 NaCl 及 Na_2SO_4，因为这两种盐类属中性盐，所以一般盐土的 pH 值属于中性土，其土壤结构未被破坏。碱土中通常含 Na_2CO_3 或 $NaHCO_3$ 较多，又有含 K_2CO_3 较多的，土壤结构被破坏，变坚硬，pH 值一般均在 8.5 以上。中国盐土面积很大，碱土面积较小。

通常按对土壤含盐量的反应，将植物分为 5 类。

① 喜盐植物　主要分布于内陆的干旱盐土地区或沿海海滨地带。植物以不同的生理特性来适应盐土所形成的环境，一般植物土壤含盐量超过 0.6％时即生长不良，但喜盐植物却可在 1％，甚至在超过 6％ NaCl 浓度的土中生长。喜盐植物可以吸收大量可溶性盐类并积聚在体内，细胞的渗透压高达 40～100 个大气压，如黑果枸杞、梭梭等，对这类植物高浓度的盐分已成为其生理上的需要了。

② 抗盐植物　这类植物根细胞膜对盐类的透性很小，所以很少吸收土壤中的盐类，其细胞的高渗透压不是由于体内的盐类而是由于体内含有较多的有机酸、氨基酸和糖类所形成的。

③ 耐盐植物　这类植物能从土壤中吸收盐分，但并不在体内积累，而是将多余的盐分经茎、叶上的盐腺排出体外，即有泌盐作用。例如柽柳、红树等。

④ 碱土植物　这类植物能适应 pH 值达 8.5 以上和物理性质极差的土壤条件，如一些藜科、苋科等植物。

常见耐盐碱树种有柽柳、白榆、加拿大杨、小叶杨、食盐树、桑、杞柳、旱柳、枸杞、楝树、臭椿、刺槐、紫穗槐、白刺花、黑松、皂荚、槐、美国白蜡、白蜡、杜梨、桂香柳、乌桕、合欢、枣、复叶槭、杏、钻天杨、胡杨、君迁子、侧柏、黑松等。

⑤ 沙土植物　这类植物能适应沙漠半沙漠地带环境，具有耐干旱贫瘠、耐沙埋、抗日晒、抗寒耐热、易生不定根、不定芽等特点。如沙竹、沙柳、黄柳、骆驼刺、沙冬青等。

3.2.6　园林树木与地形地势

地形地势是间接生态因子，地形的变化引起水、肥、气、热的重新分配。在山地条件下，地形地势条件是影响植物生长发育的重要因素。因此，研究植物与地形地势的关系具有重要理论和实践意义。

3.2.6.1　海拔

海拔高度是山地地形变化最明显的因子之一。海拔高度对环境条件垂直变化有明显的影响，海拔由低到高则温度渐低，相对湿度渐高，光照渐强，紫外线强度渐增，从而影响植物的生长与分布。山地的土壤随着海拔的增高，温度渐低，湿度增加，有机质分解渐缓，淋溶和灰化作用加强，因此 pH 值渐低。由于各方面因子的变化，一个树种只分布在一定的海拔高度范围内，不同的海拔高度分布着不同的植被。通常，愈往高处，则北方的、较耐寒的成分就逐渐增加，到达一定高度后，由于温度太低，风力太大，不适宜树木生长，成为树木分布的上界，即高山树木线；同一树种，生长在高山上的与生长在低海拔的相比较，则植株高度变低、节间变短、叶的排列变密等变化。

3.2.6.2　坡向

不同坡向因太阳辐射强度和日照时数有别，山坡上的气候因子也随之有很大差异。北半球的北坡，日照时间短，接受的阳光较少，所获得的太阳辐射总量通常较南坡少，尤以冬季为甚，且愈北去，南北坡的生态差异就愈大。研究表明，在一定坡度范围内，南坡所获得的辐射总量比北坡多0.6～1.3 倍。表现出南坡比北坡温度高，湿度小，蒸发量大，土壤风化强烈，有机质分解迅速。而山的北坡则正相反。在北方，由于降水量少，所以土壤的水分状况对植物生长影响极大，因而在北坡可以生长乔木，植被繁茂，甚至一些喜光树种亦生于阴坡或半阴坡；在南坡由于水分状况差，所以仅能生长一些耐旱的灌木和草本植物，但是在雨量充沛的南方则阳坡（南坡）的植被就非常繁茂了。此外，不同的坡向对植物冻害、旱害等亦有很大影响。

3.2.6.3　地势

地势的陡峭起伏、坡度的缓急等不但会形成小气候的变化而且对水土的流失与积聚都有影响，因此可直接或间接地影响到树木的生长和分布。

坡度通常分为 6 级，即平坦地为＜5°，缓坡为 6°～15°，中坡为 16°～25°，陡坡为 26°～45°，急坡为36°～45°，险坡为 45°以上。坡面上水流的速度与坡度及坡长成正比，流速愈大、径流量愈大时，冲刷掉的土壤量也愈大。一般平坦地土壤深厚肥沃，宜于喜湿好肥的树种生长；缓坡和中坡土壤比较肥沃，排水良好，为树种生长理想区域；陡坡土层浅薄，石砾多，水分供应不稳定，树木生长较差；急险坡常常发生塌坡和滑坡，基岩裸露，林木稀疏或低矮。山谷的宽狭、深浅及走向变化也能影响树木的生长。

3.2.7　园林树木与其他生物

在植物生存的环境中，尚存在许多其他生物（如动物），它们与植物间有着各种或大或小、或直接或间接的相互影响，而植物与植物间也存在着错综复杂的相互关系。

动物与植物的关系，达尔文有许多研究，如每年每公顷面积，由于蚯蚓的活动所运到地表的土壤平均达 15t，这显著地改善了土壤的肥力，增加了钙质，从而影响着植物的生长。土壤中的其他无脊椎动物以及地面上的昆虫等均对植物的生长有一定的影响。例如有些象鼻虫等可使豆科植物的种子几乎全部毁坏而无法萌芽，从而影响该种植物的繁衍。

许多高等动物，如鸟类、单食性的兽类等亦可对树木的生长起很大影响。很多鸟类对散布种子有利，但有的鸟却因吃掉大量的嫩芽而损害树木的生长。松鼠可吃掉大量的种子；兔、野猪等每年都可吃掉大量的幼苗或嫩枝。松毛虫在短期内能将成片的松林针叶吃光。当然，有益动物亦为植物带来许多有利的作用，如传粉、传播种子以及起到害虫天敌的生防作用等。

植物间的互相影响更是密切，槲寄生、桑寄生会使寄主生长势逐渐衰弱。附生植物一般对附主影响不太大，但有些附生植物却可以成为绞杀植物使附主死亡，例如热带雨林中的绞杀榕、鸭脚木等。植物之间的共生现象对双方有利，例如豆科植物的根瘤以及罗汉松、木麻黄、胡颓子、沙棘、赤杨、杨梅等的根瘤。许多具有挥发性分泌物质的植物可以影响附近植物的生长，如苹果会受到胡桃叶分泌出的核桃醌影响而发生毒害；但将皂荚、白蜡树、驳骨丹种在一起，就会产生促进生长的作用。

自然界中发生的连理枝现象是由于植物间的机械损伤与愈合产生的现象。此外，在树林中发生的根部自然嫁接愈合现象，以及植物群落的形成与演替发展等也是物种本身及物种之间的直接、间接互相影响，以及外界的综合作用所致。

3.3 植物垂直分布和水平分布

我国地域辽阔，位于欧亚大陆的东南部，东南濒临太平洋，西北深处亚洲腹地，西南面又有"世界屋脊"的青藏高原与南亚次大陆接壤，境内山峦起伏，地势变化显著。这些地理环境因素导致我国的气候类型复杂且具明显的水平地带和垂直地带变化的规律，植被类型也非常丰富多样，并随着气候条件的变化，表现出明显的水平和垂直地带性。

3.3.1 垂直分布

在一定纬度地区的山地，植被类型随着海拔高度的变化而发生更替，这种现象称为森林分布的垂直地带性。植被分布的垂直地带性，是由于随着海拔的增高，年平均气温逐渐降低，降水量逐渐增加，太阳辐射增强，风速增大等综合因素造成的。这种垂直植被分布大致与山坡等高线平行，并具有一定的垂直厚度。山地植被垂直带依次出现的具体顺序，称为植被垂直带谱。各个山地由于所处的地理位置、山体的高度、距海的远近以及坡向、坡度的不同，垂直带谱是不同的，但仍可反映出一定的规律性。垂直分布的模式是从热带雨林过渡到常绿阔叶树带、落叶阔叶树带、针叶树带、高山灌丛带、高山草甸带、高山冻荒漠带直至雪线。如图 3-1 所示。

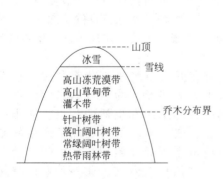

图 3-1 植被垂直分布模式图

图 3-2 中国西部某地植被垂直分布图

一般言之，除了热带的高山以外，极难见到全部各带的垂直分布，普通只能见到少数的几带，现在以中国西部某地的植被垂直分布状况为例图示。如图 3-2 所示。

3.3.2　水平分布

气候条件，其中特别是热量和水分条件，在地球表面沿纬度或经度有规律的递变，引起植被沿纬度或经度成水平方向有规律地更替，这一现象称为植被分布的水平地带性，包括了纬度地带性和经度地带性。

植被分布的纬度地带性，除水分的配合外，主要是地球表面的热量差异造成的。在南方低纬度地区，全年接受的太阳总辐射量大，季节分配又较均匀，终年高温，四季皆夏而无冬。随着纬度的增高，地面全年接受的太阳总辐射量减少，春夏秋冬四季分明。到了高纬度地区，地面受热量少，终年寒冷，长冬而无夏。这样，随着纬度的增加就形成了依次交替的各种热量带。与此相应，植被分布也成带状。在东部湿润的气候条件下，植被类型由低纬度到高纬度的顺序依次为热带雨林、亚热带常绿阔叶林、温带落叶阔叶林、寒温带针叶林，构成植被分布的纬度地带性。

植被分布的经度地带性在我国亦有明显的表现，主要与不同经度水分条件差异有关。我国位于欧亚大陆东南部的太平洋西岸，因受海洋季风气候的强烈影响，由近海走向内陆，降水量一般自东南向西北递减。这种由于海陆分布的地理位置所引起的水分差异，在昆仑山—秦岭—淮河一线以北的广大暖温带与温带地区表现更为明显，即从东南沿海的湿润区，经半湿润区到西北内陆的半干旱区、干旱区，植被类型依次更替为森林区、草原区和荒漠区。如果以 400mm 年降水量作为森林区的分界线，则从大兴安岭西坡经吕梁山—六盘山—西倾山向沿青藏高原外围到雅鲁藏布江以东一线为东南半部属森林区，这一线的西北半部属草原与荒漠区。

以上仅是水平分布规律概括性的模式，实际上，由于河湖、土壤、地形地势等的种种变化，会使树木的水平分布情况比模式所显示的要复杂得多。例如，以中国中部地区而言，在近海地带是温带、夏绿林带及草地带呈不规则的楔状嵌入分布；略向西进则为亚高山针叶林带及局部的草原、草地带。在中国西部，则为高原草地灌丛带、干荒漠及半荒漠带和高原冻荒漠带呈犬牙交错状分布。

此外，若就某个植物种的自然分布而言，它是依该种的生长发育特性及其对综合环境因子的适应关系而形成该种的垂直分布区和水平分布区的。各种植物生长分布的状况，除了生态方面的作用外，尚受地史变迁、种的历史发展以及人类生产活动的巨大影响。因此不同的种类，其分布区的大小，分布的中心地区以及分布的方式（如连续的分布区或间断的分布区）等，均有其各自的特点。

园林工作者在不同气候区，对大面积地形复杂区域进行绿化时，必须掌握上述总的规律作为基础。

3.4　园林树木与城市环境

在同一地理位置上的城市或居民区的环境条件与其周围的自然环境条件相比，有很大变化。通常比自然环境要恶劣，因此在进行园林绿化建设时必需根据城市环境的特殊情况加以考虑。

3.4.1　城市环境

城市是人口最集中，社会、经济活动最频繁的地方，也是人类对自然环境干预最强烈、自然环境变化最大的地方。除了大气环流、大的地貌类型、主要河流水文特征基本保持自然状态外，城市建筑景观、城市道路、城市各项生产、生活活动设施等，使城市的气候、土壤、水质等均发生不同程度的变化，而且这种变化通常是不可逆的。

城市密集的建筑物及水泥和沥青地面改变了土壤性质和城市空气垂直分布状况。化石燃料的大量使用，造成空气污染，改变了大气组成。同时城市人为热及人为水汽的影响，导致了城市内部气候的特殊性。高度密集的人口，在一个有限地区进行生产和生活的结果，使集中的能量放出大量的热。城市土壤的热容量大，蓄热较多。工业、汽车发动机的尾气所形成的城市雾障虽减弱了太阳辐射，但并未减少城市的热量，反而使城市土壤吸收累积和反射的热量以及生产、生活能源释放的热量不易得到扩散，从而使城市产生"热岛"效应。此外，城市有建筑物的交叉辐射，阻碍风的吹入，屋面与路面的存在，虽减少了深处的太阳辐射传播，但能较多的吸收热量，在日落后仍继续增温。尤其夏日傍晚，天气由晴转阴时和夜间更显得闷热。城市所降的雨，大部分为下水道排走；蒸发量又大，湿度小，使城市非雨季的夏日显得燥热。冬、春季较温暖，树木物候较早。

城市里的土壤是在地带性土壤的背景下，在城市化过程中受人类活动影响而形成的一种特殊的土壤。许多土壤的自然剖面被翻动，有的仅仅是土壤物质的堆积。由于人类活动的践踏或者重物挤压，一般城市土壤紧实度较大，土壤无结构或呈块状、片状结构，使土壤的通透性下降，大大减少了水分的积蓄，造成土壤中有机质分解减慢，加剧土壤的贫瘠化。透气、营养及水分极差的环境，严重影响了植物根系的生长，使得园林植物生长衰弱，抗逆性降低甚至死亡。如城市公园游人较多，地面受到践踏，土壤板结，密实度高，透气性降低，有的树干周围铺装面积过大，仅留下很小的树盘，影响了地上与地下气体交换，使植物生长环境恶化。城市土壤容重大、硬度高、透气性差，在这样的土壤中根系生长严重受阻，经调查，油松、白皮松、银杏在土壤硬度 $1\sim5kg/cm^2$ 时，根系多；$5\sim8kg/cm^2$ 时，根系较多；$8\sim15kg/cm^2$ 时，根系少；大于 $15kg/cm^2$ 时，无根系。根系发育不良甚至死亡，使园林植物地上部分得不到足够的水分和养分，长期下去，必然出现枯梢和焦叶，树木长势一年不如一年，甚至枯死。

城市中每时每刻都进行大量的物质流动和转化加工，包括各类原料、产成品、日用品和废弃物，同时消耗大量的能源，如煤、油、电等。城市内部的分工愈来愈细，各系统功能日益复杂，一旦有某一环节失效或比例失调，都会造成污染物的流失。当污染物进入水中，其总量超过水的自净能力时所引起的水质变坏现象称为水体污染。城市水环境质量下降以及由此引发的一系列问题，不但危害人体健康，而且还对城市湿度、温度及土壤均有相当影响。水污染物可以随水流运送到远处，也可以随蒸发被风带入大气。污染水可直接毒害动植物和人，或积累在动植物体中，经食物链危害人体健康，也可流入土壤，改变土壤性质，影响植物生长。

3.4.2 城市建筑方位和组合

城市中由于建筑的大量存在，形成特有的小气候。对以光为主导的诸因子起重新分配作用；其作用大小因建筑物大小、高低而异。建筑物能影响空气流通，具体有迎风、挡风、穿堂风之分。其生态条件因建筑方位和组合而不同。现以单体建筑各方位分析如下。

单体建筑由于建筑物的存在，形成东、西、南、北四个垂直方位和屋顶。在北回归线以北地区绝大多数坐北朝南的方形建筑，四个垂直方位改变了以光照为主的生态条件。这四个方位与山地不同坡向有相似又有不同。主要是下垫面为呈垂直角的二个砖砌或水泥面，反射光显著，局部地段光随季节和日变化较大。

东向一天有数小时光照，约下午 3：00 时后即成为庇荫地，光照强度不大，不会有过量的情况，比较柔和，适合一般树木。

南向白天全天几乎都有直射光，反射光也多，墙面辐射热也大，加上背风，空气不甚流通，温度高，生长季延长，春季物候早，冬季楼前土壤冻结晚，早春化冻早，形成特殊小气候，适于喜光和暖地的边缘树种。

西向与东向相反，上午以前为庇荫地，下午形成西晒，尤以夏日为甚。光照时间虽短，但强度大，变化剧烈。西晒墙吸收累积热大，空气温度小。适选耐燥热、不怕日灼的树木。

北向背阴，其范围随纬度、太阳高度角而变化。以漫射光为主；夏日午后傍晚有少量直射光。温度较低，相对湿度较大，风大，冬冷，北方易积雪和土壤冻结期长。适选耐寒、耐阴树种。

由于单体建筑因地区和习惯，朝向不同，高矮不同，建筑材料色泽不同，以及周围环境不同，生态条件也有变化。一般建筑愈高，对周围的影响愈大。

城市建筑群的组合形式多样，有行列式的，有四合院式的等。由于组合方式、高矮的不同，对不同方位的生态条件有一定影响。如：四合院式，可使向阳处更温暖；大型住宅楼，多按同向并呈行列式设置，如果与当地主风相一致或近于平行，楼间的风势多有加强。尤其是南北走向的街道，由于两侧列式建筑形成长长的通道，使"穿堂风"更大。东西走向的街道，建筑愈高，楼北阴影区就愈大；在寒冷的北方地区，带状阴影区更阴冷或会长期积有冰雪，甚至影响到两边行道树，应选用不同的树种。

城市环境较自然环境更为复杂，除较空旷处主要考虑土壤条件外，多需从地上环境（地物及其形成的小气候）和地下环境（包括管道等）两方面来加以分析。两方面对树木的影响都较大时（如：街道环境，尤其是土壤与大气都有严重污染的地段），除选择适合地上环境的树种外，往往只能采取改土的办法。

综上所述，城市的栽植环境是极其多样复杂的，既有自然形成的，又有人工造成或受干扰影响的。对重点地区，需进行精细的种植设计，在按主导因子划分立地类型时，更应注意局部小环境（如小地形、小气候等）的影响来考虑树种的选择和栽培养护管理措施。

复习与思考题

1. 简述生态因子分类及其作用特征。
2. 突变温度对植物有哪些影响？
3. 水分因子起主导作用下，树木形成哪几种生态类型？简述其形态生理特征。
4. 根据植物对光照程度的要求，说明不同类型植物特点，以及植物配置要点。
5. 从园林树木外部形态大致推测其耐阴性的标准有哪些？
6. 根据树木对土壤酸碱度的要求可将树木分几类？每类举 5 例。
7. 对 SO_2、HF、Cl_2 抗性强的树种有哪些？各举 5 个例子。
8. 如何理解环境因子对园林树木的综合作用？

第4章 园林树木群落

生态学上把覆盖地面的所有植物的总和称为植被。植被包括了单体植物、植物群聚和植物群落。近年来，许多学者把植被定义为覆盖地球表面的植物群落的总称。因此，植物群落成了植被组合的基本单元，对于某一地区来说，植被就是该地区植物群落的总称。

植物群落是指具有直接或间接关系的多种植物种群的有规律的组合，具有复杂的种间关系。我们把在一定生活环境中的所有植物种群的总和叫做植物群落，简称群落。组成群落的各种植物种群不是任意地拼凑在一起的，而有规律组合在一起才能形成一个稳定的群落。每个植物群落都具有一定的种类组成，具有一定的外貌，具有一定的结构，具有适应环境和改变环境的特殊作用，具有自己的发展变化和分布规律。

最初在裸地上自然生长起来的一群植物，虽然也是植物群落，但它们还不具备上述5大特点，所以只能是偶然的植物群聚。植物群聚经过一定的发展，通过自然选择才能形成植物群落。

自然生长起来的植物群落叫做自然植物群落。例如，天然的草场、松林、地衣斑块或浅海底的海藻丛等。人工栽植的植物群落叫做人工植物群落或栽培植物群落。例如栽培的农田、绿篱、花坛、草坪、单纯林、混交林以及各种树丛等。

人工栽植的植物群落是有选择性的，是人们在充分认识了植物本身的生物学和生态学特征以及栽培环境中的环境因子之后做出的选择，人工选择代替了自然选择。人工栽培的植物群落也具有一定的种类组成、外貌和结构，同裸地上最初生长起来的带有偶然性的植物群聚不同。可是，如果没有掌握好植物本身的特性以及栽植地点的生态环境，所栽植的人工植物群落就带有相当大的偶然性，类似裸地最初生长起来的植物群聚，要靠自然选择方能把它发展成为一个真正的植物群落。

目前，整个世界上很少有原始的自然植物群落，只是人为的影响有深有浅而已，因此，有时自然植物群落与栽培植物群落之间的界限并不是十分严格的。

不管是自然植物群落还是栽培植物群落，当加以人为的管理活动，其发展方向和结果就会受人的支配。如果人们掌握了群落的生长发育规律，就可以创造出更完美的植物群落来，并从中得到最大限度的效益，反之，植物群落就会遭到破坏或消失。群落虽然是由个体所组成，但其发展规律却不能完全以个体的规律来代替。至今，对群落的研究工作尚不够深入，尤其是在园林中的人工群落研究方面更是如此。本章仅对此作概括性的介绍。

4.1 植物的生活型与生态型

植物为了适应环境的变化，在形态、生理、生化等方面做出有利于生存的改变称为植物的生态适应。在与环境长期相互作用的过程中，植物形成了一些具有生存意义的特征。依靠这些特征，植物能免受各种环境因素的不利影响和伤害，同时还能有效地从其生境获取生存所需的物质和能量，以确保个体生长发育的正常进行。

植物的生态适应方式取决于植物所处的环境条件以及与其他生物之间的关系，在一般逆境时，生物对环境的适应通常并不限于一种单一的机制，往往要涉及一组（或一整套）彼此相互关联的适应方式，甚至存在协同和增效作用。这一整套协同的适应方式就称为适应组合。休眠是植物抵御暂时不利环境条件的一种非常有效的生理机制，因为休眠植物的适应性更强，如果环境条件超出了植物生存的适宜范围而没有超过其致死点，植物通常采用休眠的方式来适应环境的极端变化。

不同种类的植物，由于长期生存在相同或相似的环境条件下，常形成相同或相似的适应方式和途径，称为趋同适应。趋同适应常通过植物体的外部形态、内部生理结构和生长发育特性表现出来。如长期干旱条件下不同的植物往往都具有抵抗干旱的形态、行为或生理反应。而趋异适应则恰好相反，是指系统关系相近的植物，由于分布地区的间隔，长期生活在不同的环境条件，因而形成了不同的适应方式和途径。趋异适应常在变化的环境中得到不断地发展和完善，从而构成了生物分化的基础。

植物由于趋同适应和趋异适应而形成不同的适应类型：植物的生活型和生态型。

4.1.1　植物的生活型

不同种的植物，由于长期生存在相同的自然生态条件和人为培育条件下，在生态适应的过程中发生趋同适应，并经自然选择和人工选择形成了具有相似的形态、生理和生态特征的植物类群，这种相似的植物类群就称为生活型。

生活型是植物对外界环境适应的外部表现形式，同一生活型的植物种不但形态相似，而且其适应特点也是相似的。植物生活型是植物长期适应综合环境条件而在外貌上反映出来的植物类型，是植物对相同环境条件趋同适应的结果。

生活型是种以上的分类单位，所以在同一类生活型中，常常包括了在分类系统上地位不同的许多种，这是因为无论各种植物在系统分类上的分量如何，只要它们对某一类环境具有相同或相似的适应方式和途径，并在外貌上具有相似的特征，它们就都属于同一类生活型。世界各大洲环境相似地区，如草原或荒漠，由于趋同适应而具有相同生活型的植物，可以称为生态等值种。例如，生活于非洲、北美洲、澳洲和亚洲的许多荒漠植物，虽然它们可能属于不同的科，却都发展了叶片细小的特征。细叶是一种减少热负荷和蒸腾失水量的适应。

一个自然或半自然的群落，一般是由多种生活型的植物组成的，这些植物的外在形态就构成了群落的外貌。19世纪德国植物学家洪堡根据植物外貌特征进行植物生活型分类，其后又有一些学者建立了各种植物生活型分类系统，其中应用最广的是丹麦植物学家劳基耶尔的生活型分类系统。该系统以温度、湿度、水分（以雨量表示）作为揭示生活型的基本因素，以植物体在度过生活不利时期如冬季严寒、夏季干旱时，对恶劣条件的适应方式作为分类的基础，以休眠或复苏芽所处位置的高低和保护的方式为依据，把高等植物划分为五大生活型类群，其特点是简单、易于掌握和应用。在各类群之下，再按照植物体的高度、芽有无芽鳞保护、落叶或常绿、茎的特点以及旱生形态与肉质性等特征，细分为较小的类群。根据这一标准，陆生植物划分为5类生活型。

高位芽植物：休眠芽位于距地面25cm以上，又分为4个亚类，即大高位芽植物（高度＞30m），中高位芽植物（8～30m），低位芽植物（2～8m）与矮高位芽植物（0.2～2m）。

地上芽植物：更新芽位于土壤表面之上，25cm之下，多为灌木、半灌木或草本植物。

地面芽植物：又称浅地下芽植物或半隐芽植物，更新芽位于近地面土层内。冬季地上部分全部枯死，为多年生草本植物。

隐芽植物：又称地下芽植物，更新芽位于较深土层中或水中，多为鳞茎类、块茎类和根茎类多年生草本植物或水生植物。

一年生植物：植物只在良好的季节中生长，以种子形式越冬，多为一年生草本植物。

生活型谱是指生活在一区域各生活型的植物种数占该地区全部植物种数的比值关系。它能从侧面反映出该地区气候特点以及同一区域内各植物群落生存环境的差异。劳基耶尔生活被认为是植物在其进化过程中对气候条件适应的结果，因此，它们可作为某地区生物气候的标志。在天然状况下，每一类植物群落都是由几种生活型的植物组成的，但其中有一类生活型占优势。凡高位芽植物占优势的，反映了在植物生长季节中，群落所在地的气候具有温热多湿的特征；地面芽植物占优势的群落，反映了该地具有较长的严寒季节。地下芽植物占优势的，反映了该地环境比较冷、湿；一年生植物最丰富的，反映了该地气候干旱。

4.1.2　植物的生态型

瑞典生物学家杜尔松（Turesson）认为，生态型是"一个种对某一特定生境发生基因型反应的产物"。换言之，生态型（Ecological type）是同一种植物由于长期适应不同环境而发生的变异性和分化性的个体群，这些个体群在形态、生态特征和生理特性上均有稳定性并有遗传性。一个植物种，分布区越广，生态型就越多。不同生态型间的区别是否明显，则视其生境的变化是否具有连续性以及授粉方式而异。如果生境变化大而且不连续，授粉方式不是异花授粉和风媒传粉，而是自花授粉的种类，则其不同生态型间的区别就明显，否则就不太明显而不易被区别开来。同一个植物种的不同生态型，即使种植在同一环境中时，仍能保持一定的形态、生态和生理、遗传上的特征；当然，若经长期的、多世代的生长在同一环境内，则这些区别特征会变小以致消失。

生态型根据其所形成的主要影响因子，可分为：

① 气候生态型　主要是长期在不同气候因子（日照、温度、降水量等）的影响下形成的。

② 土壤生态型　主要是长期在不同土壤条件的影响下形成的。

③ 生物生态型　主要是在生物因子的长期作用下形成的。

合格的园林工作者不但能培育和栽培好不同的生态型植物，而且应善于应用不同生态型的植物去创造出不同的、丰富多彩的园林景色，取得非凡的园林艺术效果。

4.1.3 植物群落与环境的统一

在同一地区内相似的环境条件下，以及不同地区相似的环境条件下所形成的自然植物群落，它们的种类组成、外貌和结构等是相似的。不同地区不同的环境条件下，以及同一地区内不同的环境条件下所形成的自然植物群落，它们的种类组成、外貌和结构等相差都非常大。

在我国最北部的大兴安岭，气候寒冷而降水量低，主要生长着适应寒冷与干旱的针叶乔木群落。在我国中部的华北地区，夏季酷热、冬季严寒，降水量较少，但多集中在温暖季节，在低山区，生长着有明显季相更替的、适应冬寒而夏热多湿的落叶阔叶乔木群落。在华南地区，气候温暖而降水量高，但有明显的干季与雨季，其低山区主要生长着适应高温及干湿变化的季雨林。但是在我国中部和西部的甘肃、青海、四川、云南甚至于台湾地区，在平均海拔 3000～4000m 的亚高山地带，也分布着针叶乔木群落，生长着同北方大兴安岭针叶乔木群落相似的落叶松属、松属、云杉属和冷杉属等松科树种。在大兴安岭林区，有大片的沼泽地，其上的植物群落不是针叶木本植物群落而是水藓草本群落。

4.2 植物群落的组成结构

群落结构是群落中相互作用的种群在协同进化的过程中形成的，其中生态适应和自然选择起了重要作用，因此，群落外貌及其结构特征包含了重要的生态学信息。

4.2.1 自然群落的组成

各种自然群落均由一定的植物所组成，并有其形貌上的特征。

4.2.1.1 群落的组成成分

群落是由不同的植物种类（成分）所组成，但各个种类在数量上并不是均等的，在群落中数量最多或数量虽不太多但所占面积却最大的主要成分，即称为"优势种"（Dominant species）。优势种可以是一种或一种以上，有的生态学家称为"建群种"（Constructive species）。优势种是本群落的主导者，对群落的影响最大。

4.2.1.2 群落的外貌

① 优势种　占据群落最大面积的植物种类即为优势种。例如：杉木群落中的杉木，羊胡子草群落中的羊胡子草。有时优势种在群落中不一定是数目最多的种类，但一般它的盖度和密度都最大。它是群落中的主导者，对群落的影响最大。亚优势种是群落中面积居次的植物种，优势种和亚优势种制约着群落中的其他组成成分。植物群落的外貌主要取决于优势种的生活型。例如，当植物群落优势种为常绿的、有芽鳞保护的矮高位芽植物沙地柏（*Sabina vulgaris*）时，则形成一片低矮的、波涛起伏状的外貌。若优势种为落叶的、有芽鳞保护的大高位芽植物水杉，则形成高大、峭立突起的外貌。

② 密度　群落中植物个体的疏密程度与群落的外貌有着密切的关系。例如，稀疏的松林与浓郁的松林有着不同的外貌。此外，具有不同优势种的群落，其所能达到的最大密度也极不相同，例如沙漠中的一些植物群落常表现为极稀疏的外貌，而竹林则呈浓密的丛聚外貌。群落的密度一般均用单位面积上的株数来表示。与密度有一定关系的是树冠的郁闭度和草本植物的覆盖度，它们均可用"十分法"来表示。以树木而论，树林中完全不见天日者为10，树冠遮阴面积与露天面积相等者为5，其余则依次按比例类推。

③ 植物种类的多寡　群落中植物种类的多寡对外貌有很大影响，例如，单一树种组成的群落常形成高度近一致的林冠线，如果几种乔木、灌木和草本生长在一起，则无论是群落的立面或平面轮廓都可以有不同的变化。

④ 色相　群落所具有的色彩形象称为色相。例如，云杉群落为蓝绿色，落叶松群落为淡绿色，银白杨群落则为浓绿和银光闪烁的色相。

⑤ 季相　各种植物都有一定的物候期，不同季节，其生长发育阶段、生长繁茂程度以及色泽等都不同。植物外貌随季节变化而变化的现象叫植物的季相。群落的外貌也会因其组成植物的季相变化而呈现出季相。例如：北京香山的黄栌群落，早春一片嫩绿；初夏花后淡紫色羽毛状伸长花柱宿存枝梢，如万树生烟；秋季则层林尽染，满山红黄色；冬季叶落一片灰蒙蒙。春季在山旁、岸边到处可见

堇菜、二月兰等蓝色的花朵，不久则蒲公英黄色的花朵布满各处；入夏则羊胡子草的新穗形成一片褐黄色浮于绿色的叶丛上；暮秋则银色的白茅迎风飞舞，即在一年四季之中表现为不同的形、色。以同一个群落而言，一年四季中由于优势种的物候变化以及相应的可能引起群落组成结构的某些变化，也都会使该群落呈现出季相的变化。

⑥ 植物生活期的长短　由于优势种寿命长短的不同，亦可影响群落的外貌。例如多年生树种和一、二年生或短期生草本植物的多少，可以决定季相变化的大小。

4.2.2　栽培群落的组成

栽培群落完全是人为创造的，其中有采用单一种类的种植方式，亦有采用间作、套种或立体混交的各种配置方式，因此，其组成结构的类型是多种多样的。栽培群落所表现的外貌亦受组成成分、主要的植物种类、栽植的密度和方式等因子所制约。

4.2.3　植物群落的结构

对于自然植物群落结构的研究，有助于了解植物对环境的适应能力及其原理，并把这些原理应用到栽培的园林树木群落当中去。植物群落的结构主要包括植物群落的垂直结构和水平结构。

4.2.3.1　群落的垂直结构

在植物群落中依植物体的高度把群落划分成层，这些层叫做植物群落的层次或层。各地区各种不同的植物群落常存在着不同垂直结构的层次。例如，冻原中的地衣群落通常仅有一层。荒漠地区的植物也通常只有一层。亚热带乔木群落，通常可分4层，即乔木层、灌木层、草本层和地面层。热带雨林常分6～7层以上。层次的划分以乔木层、灌木层、草本层和地面层为4个基本结构层次，在各层中又可按植株的高度划分亚层。植物群落的成层现象是因植物种类本身高矮、生长快慢及对生态因子的要求不同而形成的。一般说来，第一层植物最喜光，其余依次次之。

在热带雨林中，藤本、附生和寄生植物较多，它们无直立主干而是依附于各层中的直立植物上，不能独立成层，特称这类植物为层间植物或层外植物。

除了地上部的分层现象外，在地下部，各种植物的根系分布深度也是有着分层现象的。一般说来，乔木根系最深，其次是灌木，草本植物再次之，苔藓、地衣等地面层植物根系最浅。这同地上部分分层现象相同。可是，在乔木、灌木、草本三大类植物之中，它们各自的根系深浅差异又很大。乔木中既有深根系树种，又有浅根系树种。

植物群落在垂直方向上除了层次外，还可以进一步划分出层群。

层群也称层片，是同一层次中，同一生活型所有植物种个体的总和。

层次仅具有高矮的形态学意义，层群不但具有高矮的形态学意义，而且还具有生态学意义。层群是在划分了层次的基础上又把具有相同生活型的个体归在一起。二者按较大的生活型类群划分时，层次与层群是相同的，例如，一片常绿树与落叶树混交群落，高位芽植物层群即乔木层。但从较细的生活型分类来分，乔木层又可分为常绿大高位芽植物层群和落叶大高位芽植物层群。层群的划分更好地表明了生态因子。因为落叶层群和常绿层群对其下部的光照及土壤的影响是不同的，因而也会导致层群下层的植物不同。

4.2.3.2　群落的水平结构

植物群落的结构特征不仅表现在空间垂直方向上的分层现象，而且也表现于地表水平方向上。

当对植物群落进行观赏时，经常可以发现，在群落的某些地点植物种类的分布是不均匀的。例如，在森林中，林下阴暗的地点有一些植物形成小型的组合，而在较明亮的地点是另外一些植物种类形成的组合；地面凸起地段是一些植物种类形成的小型组合，小坑洼处是另外一些植物种类形成的组合。植物群落内部这样一些小型的植物组合，可以叫做小群落（欧洲学者称为从属群丛），小群落形成的原因主要是环境因素在群落内不同地点的不均匀状况。例如，微地形的变化，土壤、温度、光照、营养状况以及盐渍化程度不同等。同时，植物种类本身的生物学、生态学特点也具有重要影响，它们决定了植物体在一定环境条件下的生存竞争能力。群落在水平方向上分化成许多小群落，各个小群落边缘并不是规则的，它们彼此互相镶嵌形成大的植物群落。

4.2.4　植物群落的大小及边界

无论是自然植物群落还是人工植物群落，都有大有小，大者可达几十平方千米，小者不足$1m^2$，其边界主要分下列4种类型。

4.2.4.1 显著边界

显著边界是指在外界条件显著更替或不显著更替的情况下，都可明显地看到不同类型群落的边界。如农田和树林。

4.2.4.2 镶嵌边界

镶嵌边界是指两个群落的接触，处处可见一个群落的个别片断嵌入到另一个群落之中的边界。如森林和草原，有几株树延伸到草原当中，也有几片草丛延伸到森林里。

4.2.4.3 补缀边界

补缀边界是指两个植物群落的接触处存在着一块或几块补缀群落。所谓补缀群落是指性质上不同于两个相接触群落的另外一些植物群落。

4.2.4.4 扩散边界

扩散边界是指一个群落的空间逐渐被另一个群落空间所代替。如高山上的针叶木本群落与夏绿木本群落之间有很大一部分针阔混交群落。

4.2.5 植物群落调查的最小面积

一份完整的植物种类名单，是植物群落主要特征的描述，是研究植物群落结构的首要步骤，也是在当地建立新的人工植物群落时必备的参考资料。

在植物群落学上采用最小面积法来调查自然植物群落的植物种类，在草本群落中 $1m^2$、木本群落中 $25m^2$ 大小的面积上，首先调查出现的植物种类，然后成倍扩大最初面积的边长，每扩大一次就把新增加的种类登记下来，直到扩大到基本没有新的植物种类出现为止，此时的面积为群落调查的最小面积。也有学者把它称之为群落的最小面积，它是包括组成群落的大多数植物种类的最小面积。实践表明：环境条件优越，群落的结构就复杂，组成群落的植物种类也更多，群落的最小面积也更大。

除了植物种类名单外，还有一些表示群落种类组成的数量方法，如多度、密度、频度及盖度等。

① 多度是某种植物的个体数目占群落中全部植物总数的百分率。

② 密度是单位面积上的植物株数。

③ 频度是某种植物在各调查单位中的出现率。

④ 盖度是群落中各种植物遮盖地面的百分率。

4.3 植物自然群落的分类和命名

植物自然群落的分类是个非常复杂的问题，许多国家均有不同的分类法，现在尚没有一致公认的分类系统。

我国生态学家在《中国植被》一书中，参照了国外一些地植物学派的分类原则和方法，采用了"群落生态"原则，即以群落本身的综合特征作为分类依据，对群落的种类组成、外貌和结构、地理分布、动态演替等特征及其生态环境在不同的等级均作了相应的反映。

主要分类单位分为三级单位：植被型（高级单位）、群系（中级单位）和群丛（基本单位）。每一等级之上和之下又各设一个辅助单位和补充单位：高级单位的分类依据侧重于外貌、结构和生态地理特征，中级和中级以下的单位的分类依据则侧重于种类的组成。因此，其分类系统可简介如下。

① 植被型组　凡建群种生活型相近而且群落外貌相似的植物群落联合为植被型组。这里的生活型是指较高级的生活型。如针叶林、草地、荒漠等。

② 植被型　在植被型组内，把建群种生活型（一级或二级）相同或相似，同时对水热条件的生态关系一致的植物群落联合为植被型。如寒温性针叶林、夏绿阔叶林、温带草原、热带荒漠等。

③ 植被亚型　是植被型的辅助单位。在植被型内根据优势层片或指示层片的差异来划分植被亚型。这种层片结构的差异一般是由于气候亚带的差异或一定的地貌、基质条件的差异而引起的。例如温带草原可分为三个亚型：草甸草原（半湿润）、典型草原（半干旱）和荒漠草原（干旱）。

④ 群系组　在植被型或亚型划分范围内，根据建群种亲缘关系近似（同属或相近属）、生活型（三级或四级）近似或生境相近而划分的。如草甸草原亚型可分出：丛生禾草草甸草原、根茎禾草草甸草原和杂类草草甸草原。

⑤ 群系　凡是建群种或共建种相同的植物群落联合为群系。例如，凡是以大针茅为建群种的任何群落都可归于大针茅系。以此类推，如兴安落叶松群系，红沙荒漠群系等。如果群落具共建种则称共建种群系，如落叶松、白桦混交林。

⑥ 亚群系　在生态幅较广的群系内，根据次优势层片及其反映的生境条件的差异而划分亚群系。如羊草草原群系可划出：羊草+中生杂类草草原（也叫羊草草甸草原），生长于森林草原带的显域生境或典型草原带的沟谷，黑钙土和暗栗钙土；羊草+旱生丛生禾草草原（也叫羊草典型草原），生于典型草原带的显域生境，栗钙土；羊草+盐中生杂类草草原（也叫羊草盐湿草原），生于轻度盐渍化湿地，碱化栗钙土、碱化草甸土、柱状碱土。

⑦ 群丛组　这是将层片结构相似并且其优势层片与次优势层片的优势种或标志种相同的植物群落联合而称的。例如兴安落叶松林群系内又可分为兴安落叶松-杜鹃群丛组。

⑧ 群丛　这是植被分类的基本单位，是所有层片结构相同，各层片的优势种或标志种相同的植物群落联合为群丛。例如在兴安落叶松-杜鹃群丛组中，可分为兴安落叶松-杜鹃花-越橘群丛和兴安落叶松-杜鹃花-红花鹿蹄草群丛。

植物自然群落（植物群落）的命名，通常应用的命名法有 2 种。

① 分层记载法　在命名时写出群落各层次优势种的名称，并在其间连以横线。如果同一层次中有几个优势种，则均应写出，但须在其间附以"+"号。例如樟子松（*Pinus sylvestris*)-越橘（*Vaccinium vitis-idaea*)-藓（*Pleurozium*）群落。

② 简要记载法　在群落中选出 2 种优势种来代替该群落。当使用学名表示时，应在最重要的种类之后加字尾"-etum"，在另一种类后加"-osum"字尾。例如云杉-蕨类群落可写为 *Piceetum dryopterosum*。

在一般应用上，多采用分层记载法，因为它可给人们以较明确的组成结构内容。

4.4　植物栽培群落的分类和命名

栽培群落又称为栽培植被。栽培群落的种类，由于经营目的不同而不同，即使目的相同，又因经营方式、自然条件、管理设备条件等而有不同。一般按经营目的的不同而分为多种类型，如粮食类型、果品类型、蔬菜类型、木材类型、特用经济植物类型和园林绿化类型等许多类型。在各种类型内又分为若干级，其分法可有多种形式。中国农、林业的发展虽有几千年的历史，积累有丰富的栽培与经营的经验，但仍有待从群落的角度进行系统的、科学的整理与研究。从各类型中，依其群落的组成成分而言，均可分成"单一群落"和"混合群落"两大类，而这两类又分别有其生长、发育规律，并结合生境与人工栽培技术措施的不同而有不同产品效益。因而综合各种因子进行栽培群落分类的研究并进一步掌握其规律是很有必要的。例如西双版纳热带植物研究所在橡胶林群落研究中创造了橡胶-茶叶、橡胶-砂仁、橡胶-可可、橡胶-金鸡纳-千年木等栽培群落，在生产上起了很大作用。

中国有几千年的园林建设历史，园林植物的配置、种类、方式和用途是多种多样的，但从未有系统的、科学的命名法，个别的配置分类名称亦存在混乱现象，园林界尚无统一规定，为此北京林业大学陈有民先生曾在 20 世纪 50 年代末提出园林植物群落的命名法。此命名法所依据的原则是园林植物群落的形成必须有园林效果（艺术的、功能的、生态的、经济的单一或综合效果，达到园林建设的目的要求），园林植物群落有其组成成分和结构，表现出一定的形貌和内部、外部的生理生态关系，从而导致对一定栽培技术措施的反应与需求性。关于具体的命名法，著者主张在园林中对组成配置结构单元的群落，首先记明各层次的主要种类和次要种类的名称，然后在前面标明园林配置结构和用途的专门名词，即成为该园林栽培群落的名称。例如单纯树种的栽培群落可有"自然风景式油松纯林"、"密植材用马尾松纯林"、"双行绿篱式圆柏群落"等；混交种植的群落有"林荫道式油松+槭树群落"、"团植树丛式垂柳+栾树-榆叶梅+连翘群落"和"镶嵌状花境式孔雀草+金盏菊群落"等。

总之，园林植物栽培群落的命名应充分体现园林植物配置的特点，能给人以明确的概念并具有较丰富的内容。

4.5　群落的生长发育和演替

生物群落如同生物个体一样，有其发生、发展、成熟直至衰老消亡的生命过程。在每一个群落消亡的过程中，即孕育着一个更适合当时当地环境条件的新群落的诞生。群落演替是指在一定区域内群落的组成、结构和功能随时间的推移而发展进化的过程，是从一个类型群落转变为另一类型群落，逐步向稳定群落发展的连续变化过程。这个过程是这一地区中的有机体和环境反复地相互作用，发生在空间、时间上的不可逆的动态变化。

群落的发展变化经常是伴随其周围环境同时进行的，所以也有人用生态演替的概念，来反应群落演替在生态系统发展变化中的位置和作用，因此，群落演替的研究无论在理论上还是在实践上，在生态学研究中都具有极其重要的意义，是生态系统演变研究中的重要课题。在实践中，生物资源的开发利用、森林的采伐和更新营造、牧场的管理、农田耕作制度的改革等，一切有关天然群落或人工培植群落的建立都与群落演替有着密切的关系。只有掌握了群落演替的规律，人们在利用自然资源时，才不至于违反客观规律行事，有意识地避免因生态逆退导致的生态失调和生态灾难，持久地最大限度地开拓自然界的潜力，为人类造福。每个生物群落从开始形成到发育成熟直至被另一个群落所代替，都有一个发育过程。群落发育过程大致可分为三个阶段，即群落发育的初期、盛期和末期。

4.5.1 发育初期

在这一时期内，植物建群种的良好发育是一个主要标志。动荡是群落发育初期总的特征。由于植物建群种在发育中的动态变化，影响到其他植物以及动物的生存与发展。首先是物种组成结构不稳定，每种植物的个体数量变化很大；其次是群落物理结构不稳定，植物间层次分化不明显，每一层的植物种类在不断变化；第三，群落生活型组成和群落特有的植物物候进程在形成的变动中，特点不突出；第四，群落所特有的生态环境及生境正在形成之中，还远未成熟。

4.5.2 发育盛期

在这一时期，群落的物种组成结构已基本稳定，每种生物都能良好的生长发育。群落的组成、结构已经定型，有着明显的群落自身特点，层次分化良好，每一层都有一定的植物以及依附其上的动物种类。群落中植物的生活型组成、季相变化以及群落环境都具有较典型的特征。

4.5.3 发育末期

群落内由于郁闭度增加，通风透光性能减弱，枯枝落叶层加厚，影响到土壤温度和腐殖质的形成，土壤质地和结构发生变化，土壤肥力和生存在土壤中的动物随之增加等。群落对内部环境的这种改造，渐渐对自身不利，为新种的迁入和定居创造了有利条件。此时，物种成分又开始混杂，原来群落的结构和环境特点逐渐减弱。这就孕育着下一个群落发展的初期。通常要到下一个群落的发育盛期，这一群落的特点才会完全消失。这样两个群落的末初两个发育阶段的交叉和逐步过渡，把群落演替系列有机地连接在一起。

4.5.4 群落的更新与演替

由于组成群落主要树种的衰老与死亡以及树种间竞争继续发展的结果，整个群落不可能永恒不变，而必然发生群落的演替（Community succession）现象。所谓植物群落的演替是指一种植物群落被另一种植物群落所取代的过程或一个植物群落在另一个植物群落中形成的过程。演替又分进展演替和逆行演替。一个群落如果向该自然区域内稳定性大的群落（称顶极群落或成型群落）方向发展，即从结构简单、生产率低的群落向结构复杂、生产率高的群落发展，称为进展演替。反之，则为逆行演替。演替的动力可以分为以下几类。

4.5.4.1 内动因演替（内源演替）

由于群落本身的原因引起的演替称内动因演替。群落形成以后，植物改变了群落内的生境，这种改变了的生境对群落优势种具有反作用，相反适合这种新生境的植物种则繁茂起来，变成了新的优势种，那么群落也就发生了演替。

4.5.4.2 外动因演替（外源演替）

群落以外的因素所引起的演替称外动因演替，又分为下几种类型。

① 气候性演替　由气候变化引起的演替。主要是干湿变化影响较大。如古时比现代湿润，森林覆被面积远比现代大，现在华北干旱区仍存有古代的森林遗迹。

② 土壤性演替　由于土壤条件向一定方向改变而引起的群落演替。如河流湖泊干涸而发生的水生群落的演替；土壤盐渍化、沙化引起的群落演替。

③ 动物性演替　由于动物的作用而引起的演替。如森林群落因放牧而变成高大草本群落再过度放牧则出现低矮草本群落。

④ 火成性演替　由于人为或自然火灾引起的演替。如云杉林火烧后被松林取代。

⑤ 人为因素演替 人类活动引起的植被演替。又可分为直接影响和间接影响。直接影响如森林采伐、开垦、割草、向自然植被中移栽新的植物成分等。间接影响如排水、灌水、施肥以及大面积砍伐森林后造成邻近区域土壤气候等自然生境改变等。人为因素有时可以超越几个进展演替阶段，直接建立稳定性较大的群落。人为因素也可造成逆行演替，使植被遭到破坏。

每一演替期的长短是很不相同的，有的仅能维持数十年（即少数世代），有的则可呈长达数百年的（即许多世代的）长期稳定状态。对此，有的生态学家曾主张植物群落演变到一定种类的组成结构后就不再变化了，故称为顶极群落（Climax community）的理论。其实这种看法是不正确的，因为环境条件不断发生变化，群落的内部与外部关系都永远在旧矛盾的统一和新矛盾的产生中不断地发生变化，因此只能认为某种群落可以有较长期的相对稳定性，但却绝不能认为它们是永恒不变的。

一个群落相对稳定期的长短，除了本身的生物习性及环境影响等因子外，与其更新能力亦有密切的关系。群落的更新通常用两种方式进行，即种子更新和营养繁殖更新。在环境条件较好时，由大量种子可以萌生多数幼苗，如环境对幼苗的生长有利，则提供了该种植物群落能较长期存在的基础。树种除了能用种子更新外，还可以用产生根蘖和发生不定芽等方式进行营养繁殖更新，尤其当环境条件不利于种子时更是如此。例如在高山上或寒冷处，许多自然群落常不能产生种子，或由于生长期过短，种子无法成熟，因而形成从水平根系发出大量根蘖而得以更新和繁衍的现象。由种子更新的群落和由营养繁殖更新的群落，在生长发育特性上有许多不同之点，前者在幼年期生长的速度慢但寿命长，成年后对于病虫害的抗性强；后者则由于有强大的根系，故生长迅速，在短期内即可长成。园林工作者应分别情况，按不同目的的需要采取相应措施，以保证群落的个体更新过程的顺利进行。

植物群落多次连续演替组成的一个系列，称为演替系列。演替系列有许多类型，现以一个森林演替系列为例进行说明。云杉是北方或西南山地的优良用材树种，云杉林被砍伐后，原来的森林群落环境完全改变，风大、光强，地表温度升高快，降温亦快，易形成霜冻。所以原来林下的耐阴植物很快消失，一些喜光的禾本科及莎草科杂草很快滋生，形成喜光杂草群落。此时，山杨、桦树等喜光树种的幼苗也开始在这种环境下生长，它们生长很快，又加之优越的土壤条件，很快就会形成郁闭的环境，从而形成喜光的杨、桦群落。由于杨、桦群落的郁闭，林下慢慢会有耐阴的云、冷杉幼苗生长，30年左右云、冷杉幼树就能在杨桦林下形成第二层。杨桦林随着年龄的增长，天然稀疏作用增强，林下通光度改善，更有利云、冷杉幼树的生长，大概80～100年，云杉就会组成森林上层，并严密地遮阴。云杉群落至此形成。杨及桦树不能适应荫蔽环境，在此之前就开始衰亡，至此仅剩少量单树，其幼苗也不能在云杉林下更新，杨、桦树群落消亡。

总之，通过对群落生长发育和演替的逐步了解，园林工作者的任务即在于掌握其变化的规律，改造自然群落，引导其向有利于我们需要的方向变化。对于栽培群落，则在规划设计之初，就要能预见其发展过程，并在栽培养护过程中保证其具有较长期的稳定性。但是，这是一个相当复杂的问题，应在充分掌握种间关系和群落演替等生物学规律的基础上，进行能满足园林的"改善防护、美化和适当结合生产"的各种功能要求。例如有的城市曾将速生树与慢长树混交，将钻天杨与白蜡、刺槐、元宝枫混植，而株行距又过小、密度很大，结果在这个群落中的白蜡、元宝枫等越来越受到抑制而生长不良，致使配置效果欠佳。若采用乔木与灌木相结合，按其习性进行多层次的配置，则可形成既稳定而生长繁茂又能发挥景观上层次丰富、美观的效果。例如人民大会堂绿地中，以乔木油松、元宝枫与灌木珍珠梅、锦带花、迎春等配置成层次分明又符合植物习性的树丛，则是较好的例子。

4.6 园林树木群落

园林树木群落是以观赏为主要目的的人工木本植物群落。当然，在这种群落的组成上，并不排斥草本植物的存在，正如自然森林群落中有很多草本地被及附生植物一样。园林树木群落又可称为风景林，它与一般的用材、经济林等不同，其特点首先在于有较高的艺术性，应给人以美感，令人赏心悦目、称奇叫绝、流连忘返。因此，在树种选择上应注意季相的变换、色彩的搭配、线条的协调及各项美学原理的巧妙运用。其次是创造性，不同园林中的园林树木群落应各有特色，不能千篇一律，更不宜生搬硬套，临摹他作；特别是同一作者为不同的地点的设计，切忌彼此雷同、因循守旧，而要不断开拓。第三是合理性，这里主要指的是树种选择要符合生态要求，适地适树，才能成功，如石山栽松，河边植柳，能够成功，反之则会失败。最后，应考虑应用性，如允许游人进入的群落应少用生长繁茂的灌木丛，反之可圈以茂繁的刺篱。

4.6.1 园林树木群落的类型

由于出发点不一，分类的依据不同，园林树木群落可以参照自然木本植物群落的结构分为各种各样的类型。

4.6.1.1 根据种类组成及外貌特征分

园林树木群落依其种类组成及外貌特征可分为纯林及混交林两种类型。

典型的纯林有松林、竹海、杏花林、桃花源等。纯林的面积不能太小，否则不能成林，但也不宜过大，否则又显得太单调，在小型庭院中宜避免造纯林，在较大的园林中配置纯林，则宏伟壮观，如南京梅花山的梅林，杭州西湖的桂花林，贵州黔西的天然百里杜鹃林，令人称绝。在较大的植物园中，也常有专类园，如蔷薇园、梅园、牡丹园、山茶园、木兰园、杜鹃园、丁香园等，但一个专类园，也不是只一种植物，实际上包含着同属的许多种、品种，甚至不同的属。所谓"纯"，是相对的。至于混交林，其组成就变化多端、不一而足了，如针阔混交、乔灌混交、常绿与落叶混交、彩叶与绿叶混交以及多树种混交等，可组成多层次、多种外貌等各种变化的优美景观。

4.6.1.2 根据生态环境或地理特点分

首先，地球上有热带、亚热带、温带、寒带之分，如热带地区，则可用南洋杉科、罗汉松科、番荔枝科、桃金娘科、夹竹桃科、棕榈科等的许多属、种组成热带群落；而寒冷地区，则可利用冷杉属、云杉属、落叶松属、桧属、桦木属、柳属、越橘属等组成寒带群落。在同一纬度，因地理位置及地势不同，降水状况各异，如在我国南方多雨湿润地区，可用杉科、罗汉松科、樟科、山茶科、大戟科中的许多树木组成热带湿润植物群落；在少雨干旱地区，如云南与四川部分地区，则应布置热带旱生性植物群落，选用常见的金合欢属、夹竹桃属、云南松等。

4.6.1.3 根据园林功能分

园林树木群落，可依其主要功能分为艺术型、生产型、抗逆型、保健型、知识型及文化型等几类。如为提供美丽的秋色，可多用银杏、枫香、黄栌、火炬树等组成秋色叶树艺术群落，如北京的香山。为在春季提供五彩缤纷的繁花，可以桃、李、梅、杏、海棠、樱花、棣棠等为主，组成春花树艺术群落。在机关、学校、家庭的庭院中可配置果树组成生产型群落。在空气污染严重的城市，北方可选用臭椿、木槿、构、桑、紫薇等，在南方可选用椿树、黄葛树、海桐、冬青卫矛、蚊母树、夹竹桃等抗性强的树种，组成抗逆型群落。在郊区或疗养区，可就地取材配置大面积森林，成为保健型群落。植物园、公园、自然保护区可从植物分类角度，栽植各科、属、种的代表，也可依其主要功能，刻意组成知识型园林树木群落，起到传播知识的作用。名胜古迹、寺院庙宇的树木配置则应根据各处的具体实际而选材，配置文化型群落。如在苏州寒山寺前江边，见到枫树，就会联想到古诗"月落乌啼霜满天，江枫渔火对愁眠。姑苏城外寒山寺，夜半钟声到客船"的诗句。

4.6.2 园林树木群落的建设

从园林树木群落的特点可以看出，人工园林树木群落的建设要比一般用材林、经济林要求更高，其设计与营造难度也更大。用材林或经济林可以选用在某一特定地点最适宜生长的树种，只注重其生长量或产量，极少考虑其多样性及艺术性，也可以用一个或极少数几个树种在广大地区或不同地区重复应用。而园林树木群落则不然。首先，在一般情况下，园林树木群落最好是多树种组成的多层次群落，在外貌、色彩、线条等方面才更丰富多样、更美丽，有更佳的艺术性与观赏性。生态要求不完全一致的各个树种，要在同一处很好地共存，一方面需深入了解每个树种的习性及对环境的适应性，另一方面还需知道各树种彼此间的相互影响。其次，在树种的选择搭配、栽植数目、距离等各个方面，既要照顾当前效果，更需着眼于未来。从当前看，树木形体大、数目多才能尽快产生效果；从长远看，从设计与施工起，就要预见到十几年、几十年甚至上百年后，当群落达到顶极群落时期，群落已基本稳定，不再有大的变化时的风景价值。初建的树木群落，所栽植的树木必然形体小、数目多、密度大，随着树木逐年的生长，彼此间的影响日益加剧，群落的结构在多方面都会发生变化。第三，人工园林树木群落的建设，需考虑到群落的季相变化。多树种的混交群落，希望做到一年四季有不同的外貌与色彩，四季各有特色。最后，人工园林树木群落多位于人口密集、污染严重的大中城市或工业区，在树种选定和配置上要充分估计其抗逆力，否则会造成失败。例如重庆市中区，由于空气污染严重及地下为岩石等恶劣环境，街道的行道树的树种选择，先后使用了樟、苦楝、泡桐、桉树等约 10 个树种，均生长不良或枯死，最后使用了抗性强的榕树及黄葛树才取得很好的效果。一些常见优良树种，如马尾松、核桃、梅等均极不抗 SO_2，城市栽植应谨慎。

要建设好一个人工园林植物群落，只有在充分了解各种园林树木的特性及当地的自然生态环境基础上，遵循自然植物群落的规律，才能达到。自然植物群落的原理和规律的各个方面对人工园林树木群落的建设都可以借鉴。如：植物群落与环境的统一，群落中种类成分的确定，群落的优势种、建群种的选择，群落外貌及季相的设计，群落层次的安排与树种选择，群落演替动态等方面的知识都可用在人工园林植物群落的营造和管理上。

复习与思考题

1. 植物的生活型与生态型是指什么？根据生活型可以将植物分为哪些类型？
2. 植物群落的组成成分有哪些？植物群落的外貌由哪些因素决定？
3. 植物自然群落是如何进行分类和命名的？
4. 群落发育过程可以分为哪些阶段？各个阶段都有哪些基本特征？
5. 根据不同的分类标准，园林树木群落可以分为哪些类型？

第5章 园林树木的功能

植物造景是当今世界园林的发展趋势，园林树木在植物景观中居于主导和骨干地位，起着核心作用。园林建设最主要的目的是创设一种舒适优雅的休憩环境，让人们在生态优美的氛围中体味自然带来的各种气息。由于园林树木通常体型比较高大，寿命较长，管理较为简便，又具有其典型的形态、色彩与风韵之美，因此，树木较其他园林植物发挥的作用更大。园林树木在园林中主要发挥生态、美化和生产功能。

5.1 生 态 功 能

园林树木作为城市生态系统的重要组成部分，广泛参与城市生态系统中物质、能量的高效利用和社会、自然协调发展，在城市生态系统发展的动态自我调节中，特别是在调节城市气候、降低噪声、改善及保护城市环境、疏导交通、促进经济发展等方面发挥着重要的作用。

5.1.1 改善空气质量

园林植物通过蒸腾、蒸散、吸收、吸附、反射等方式，达到降低温度、增加湿度、固碳释氧、抗污染（吸收粉尘、Cl_2、SO_2、CO 等）的功能，改善城市空气质量，在城市生态系统中具有不可替代性的作用。

5.1.1.1 释氧固碳

树木是环境中 CO_2 和 O_2 的主要调节器，在光合作用中每吸收 44g CO_2 可放出 32g O_2。通常每公顷森林每天可消耗 1000kg CO_2，放出 730kg O_2。$10m^2$ 的树林即可满足一人呼吸 O_2 的需要。而生长良好的草坪，每平方米每小时可吸收 CO_2 1.5g，即约合 $1hm^2$ 吸收 15kg，而每人每小时呼出 37.5g CO_2，所以每人需 $25m^2$ 草坪可以满足呼吸的平衡。

5.1.1.2 分泌杀菌物质

许多树木可分泌杀菌素，如桉树、肉桂、柠檬等树木体内含有芳香油，它们具有杀菌力。城镇闹市区空气里的细菌数比公园绿地中多 7 倍以上。据计算，$1hm^2$ 圆柏林 24h 内，能分泌出 30kg 杀菌素。挥发性物质除了有杀菌作用外，对昆虫亦有一定影响，例如采 3 片稠李的叶子，尽快捣碎后放入试管中，立刻放入苍蝇后将管口用透气棉絮塞住，在 5～30s 内最长 3～5min 内苍蝇即死亡。

5.1.1.3 吸收分解有害气体

一些树木的叶片可以将有毒气体吸收解毒或富集于体内而减少空气中的毒物质。忍冬、卫矛、旱柳、臭椿、榆、花曲柳、水蜡、山桃等既具有较大的吸毒力，又具有较强的抗性，是良好的净化 SO_2 的树种。这些树木叶片吸收 SO_2 后，在叶内形成亚硫酸和毒性极强的亚硫酸根离子，后者能被植物本身氧化转变为毒性小 30 倍的硫酸根离子，因此达到解毒作用而不受害或受害减轻。不同树种吸收 SO_2 的能力不同，一般来说，落叶树的吸硫力强于常绿阔叶树，更强于针叶树。

银柳、旱柳、臭椿、花曲柳、忍冬等都是净化 Cl_2 的较好树种。此外，银桦、悬铃木、柽柳、女贞、君迁子等均有较强的吸 Cl_2 力。

泡桐、梧桐、大叶黄杨、女贞、榉树、垂柳等均有不同程度的吸氟力；柑橘类可吸收较多的氟化物而不受害。

5.1.1.4 阻滞尘埃

空气中存在大量尘埃，尘埃包括土壤微粒、细菌、其他金属性粉尘、矿物粉尘、植物性粉尘、光化学颗粒等，对人体健康有很大危害。尘埃会使多雾地区的雾情加重，降低空气的透明度，减少紫外线含量。

树木的枝叶可以阻滞空气中的尘埃，相当于一个滤尘器，可以使空气清洁。各种树的滞尘力差别很大，一般而言，树冠大而浓密、叶面多毛或粗糙以及分泌有油脂或黏液者，均有较强的滞尘力。

5.1.1.5 降低气温

树冠能阻挡阳光，减少辐射热，形成凉爽宜人的小环境。因为树冠大小不同、叶片的疏密度、质地不同，所以不同树种的遮阴能力亦不同（表 5-1）。遮阴力愈强，降低辐射热的效果愈显著。当树木成片成林栽植时，不仅能降低林内的温度，而且由于林内、林外的气温差而形成对流的微风，使林外的热空气上升而由林内的冷空气补充，这种降温作用也影响到林外的周围环境。从人体对温度的感觉而言，这种微风也有利水分发散，降低皮肤温度，从而使人们感到舒适。

表 5-1 常见行道树遮阴降温效果比较
（引自陈有民《园林树木学》）

树　种	阳光下温度/℃	树阴下温度/℃	温差/℃	树　种	阳光下温度/℃	树阴下温度/℃	温差/℃
银杏	40.2	35.3	4.9	小叶杨	40.3	36.8	3.5
刺槐	40	35.5	4.5	构树	40.4	37.0	3.4
枫杨	40.4	36	4.4	楝树	40.2	36.8	3.4
悬铃木	40	35.7	4.3	梧桐	41.1	37.9	3.2
白榆	41.3	37.2	4.1	旱柳	38.2	35.4	2.8
合欢	40.5	36.6	3.9	槐	40.3	37.7	2.6
加拿大杨	39.4	35.8	3.6	垂柳	37.9	35.6	2.3
臭椿	40.3	36.8	3.5				

从降温的绿化效能来看，树木减少辐射热的作用要比降低气温的作用大得多。特别是在夏季，人们会由于辐射热而眩晕，因此以树木绿化来改善室外环境，尤其是在街道、广场等行人较多处是很有意义的。

5.1.1.6 增加空气湿度

树木也可以增加城市空气湿度。在园林树木的作用范围内，由于风速和乱流交换的减弱，使得植物蒸腾和土壤蒸发的水分再次进入底层大气中的逗留时间相对延长，因此，近地面的绝对湿度和相对湿度常常高于无林地。同时，由于树木的蒸腾作用，每天都要蒸腾大量的水分，据统计，一株中等大小的杨树，在夏季白天每小时可由叶部蒸腾 25kg 水至空气中，所以林冠下面的空气湿度要明显增加。因此，林下大气的相对湿度和绝对湿度均高于林外。

夏季森林里的空气湿度比城区高 38%，公园中的空气湿度要比城区高 27%。春天树木开始生长，从土壤中吸收大量水分，然后通过蒸腾作用散发到空气中去，使得绿地的相对湿度提高 20%～30%。据测定，1hm² 阔叶林，在夏季能蒸腾 2500t 水，相当于同等面积水库的蒸发量，比同等面积的土地蒸发量高 20 倍。

5.1.2　调节光照

树木可以调节绿地空间的光照。公园绿地中的光线不同于街道、建筑间的光线，阳光照射到树林上时，有 20%～25% 被叶面反射，35%～75% 被树冠吸收，5%～40% 透过树冠投射到林下，因此林中的光线较暗。由于树木叶片所吸收的光主要是红橙光和蓝紫光，反射的主要是绿色光，所以从光质上来讲，林中及草坪上的光线具有大量绿色波段的光。这种绿光比街道、广场铺装路面的光线要柔和得多，对眼睛保健有良好作用。同时，夏季的绿色光能使人感觉凉爽和宁静。

5.1.3　降低噪声

现代城市环境中充斥着各种噪声，当音量超过 70dB 时，就会对人体就产生不利影响，如长期在 90dB 以上的噪声环境中工作，就有可能发生噪音性耳聋。噪声还能引起其他疾病，如神经官能症、心血管疾病等。园林植物特别是乔灌木有散射声波、降低噪声的作用。声波通过时，枝叶摇动，使声波减弱并逐渐消失。据测定，道路两边栽植 40m 宽的林带，可以降低噪声 10～40dB；公园中成片的树木可降低噪声 26～40dB。

研究证明，隔声较好的树种是雪松、圆柏、杉、薄壳山核桃、鹅掌楸、柏木、臭椿、樟树、龙柏、水杉、悬铃木、梧桐、垂柳、柳杉、珊瑚树、海桐、女贞等。

5.1.4　涵养水源和保持水土

庞大、稠密的林冠可以截留部分降水，地面枯枝落叶可以吸收部分水分，从而减少地表径流，起到水土保持作用。据观测东北红松林冠可截留降水量的 3%～73.3%，福建的杉木林可截留 7%～24%，陕西的油松林可截留 37.1%～100%。这个百分数与降水量的大小有关，降水量越大截留率反而会降低。树种不同，其截留率也不同，一般说来，枝叶稠密、叶面粗糙的树种，其截留率大；针叶树比阔叶树大，耐阴树种比喜光树种大。总体而言，林冠的截留量为降水总量的15%～40%。

在城市建设中要达到涵养水源保持水土的目的，应选择树冠厚大、郁闭度高、截留雨量能力强、耐阴性强而生长稳定和能形成富于吸水性落叶层的树种。根系深广也是选择的标准之一，因为根系广、侧根多，有利于固着土壤；根系深则有利于水分渗入土壤的下层。如此，一般常选用柳、胡桃、枫杨、水杉、云杉、冷杉等乔木，以及榛子、夹竹桃、胡枝子、紫穗槐等灌木。在土石易于流失塌陷的冲沟处，最宜选择根系发达、萌蘖性强、生长迅速而又不易受病虫危害的树种。如旱柳、山杨、青杨、侧柏、白檀等乔木，沙棘、胡枝子、紫穗槐等灌木，以及紫藤、南蛇藤、葛藤、蛇葡萄等藤木。

5.1.5 防风固沙

园林树木通过阻碍、引导、转向和过滤作用来控制风速和风向，影响和控制的程度随树体的大小、形态、叶子的密度以及保持时间的长短、栽种地点、林分结构、树种组成的不同而变化。树木可以由其本身或与其他障碍物的联合，改变周围气体的流动。

树木可以降低风速，并且在林带的迎风面和背面都产生一个无风区和风速减弱区，其范围通常在林带前树高的2～5倍和林带背面树高30～40倍区域内，最大限度降低风速的范围是林带背风面树高的10～20倍远的地方，最高可降低风速75%～80%。风受到树木障碍后，风速会降低，其降低的程度取决于树木的高度、宽度、通透性以及树种，也与林带结构有着密切关系。

城市园林建设中，要达到防风固沙目的，应该选择根系伸展广，根蘖性强，能笼络地表沙粒，固定流沙，耐风吹，有生长不定根的能力的树种。如此，一般选用银杏、苦楝、女贞、柳杉、水杉、樟树、冬青、金银花、锦鸡儿、紫穗槐、柽柳等树种。

5.1.6 其他作用

在特定环境下，具有特殊结构和功能的园林树木常有特殊作用，如防火、防放射性污染、防雪、防浪、防海潮风。有宽厚木栓层和富含水分的树种，如苏铁、银杏、珊瑚树、棕榈、桃叶珊瑚、女贞、山茶、厚皮香、八角金盘等，可作为防火隔离带种植；杜鹃花科的酸木树抗放射性污染的能力尤强；海岸松、黑松、紫穗槐、柽柳、木槿、木麻黄、椰子等是很好地适应海风及含盐土壤的树种；白榆、柳树、栾树、蜀桧、池杉、黄连木等雪灾后平均每株断枝、干数均在10枝以下，具有较强抗雪压能力。

5.1.7 大气污染指示树木

前文已述及，有些树木对大气中有毒物质具有较强抗性及吸收净化毒物的能力，对园林绿化有重要意义。但是一些对污染物没有抗性和解毒作用的"敏感"树木在园林绿化中也有很大作用，可以利用树木的这种特性作为监测手段，来指示污染物种类及污染程度，以确保居民生活在符合健康标准的环境中。

5.1.7.1 监测 SO_2

SO_2 的浓度达到1～5mg/L时人才能感到其气味，当浓度达到10～20mg/L时，人就会有受害症状，例如咳嗽、流泪等现象。但是敏感树木在浓度为0.3mg/L时经几小时就可在叶脉之间出现点状或块状的黄褐斑或黄白色斑，而叶脉仍为绿色。常见树种有紫丁香、月季、枫杨、白蜡、连翘、杜仲、雪松、红松、杉等。

5.1.7.2 监测 F_2 及 HF

F_2 及 HF 的浓度在0.002～0.004mg/L时对敏感植物即可产生影响。叶子的伤斑最初多表现在叶端和叶缘，然后逐渐向叶的中心部扩展，浓度高时整片叶子会枯焦而脱落。监测树种有：榆叶梅、葡萄、杜鹃花、樱桃、杏、李、桃、月季、复叶槭、雪松等。

5.1.7.3 监测 Cl_2 及 HCl

Cl_2 是黄绿色气体，有臭味，比空气重。HCl 可溶于水形成强酸。氯有全身吸收性中毒作用，氯中毒可引起黏膜炎性肿胀、呼吸困难、肺水肿、恶心、呕吐、腹泻等。Cl_2 及 HCl 可使植物叶子产生褪色点斑或块斑，但斑界不明显，严重时全叶褪色而脱落。常见树种有石榴、竹、复叶槭、桃、苹果、柳、落叶松、油松等。

5.1.7.4 监测光化学烟雾

光化学烟雾中内有90%是 O_3。人在浓度为0.5～1mg/L的 O_3 下1～2h就会产生呼吸道阻力增加的症状。O_3 的嗅阈值是0.02mg/L，在浓度为0.1mg/L中短时间的接触，眼睛会有刺激感。若长期处于 0.25mg/L 下，会使哮喘病患者加重病情。在 1mg/L 中 1h，会使肺细胞蛋白质发生变化，接触 4h 则 1 天以后会出现肺水肿。光化学烟雾中的 O_3 可抑制植物的生长以及在叶表面出现棕褐色和黄褐色的斑点。试验表明浓度为 0.01mg/L 时，经 1~5h 烟草会受害，蔷薇、丁香亦敏感显黄褐色斑点；浓度为 0.25mg/L 时牡丹、木兰、垂柳有受害症状。此外，美国五针松、银槭、梓树、皂荚、葡萄等对 O_3 也很敏感。

5.1.7.5 监测其他有毒物质

女贞可监测汞；向日葵可监测 NH_3；棉花可监测 C_2H_4。

当然，对空气中有毒物质的监测最好是采用相关化学检测设施，但在设备不到位时，日常生活中采用园林植物监测是简便易行的有效方法。

5.2 美 化 功 能

高等植物特别是有花植物的出现为地球增添了丰富的色彩，美化了人类生活的世界。园林树木种类繁多，每个树种都有独具的形态、色彩、风韵、芳香之美。这些美又能随季节及年龄的变化而有所丰富和发展。如春季梢头嫩绿、花团锦簇；夏季绿叶成荫，树影婆娑；秋季果实累累、色香俱全；冬则白雪挂枝、银装素裹，一年四季各有风姿与妙趣。松树一生之中则幼时全株团簇似球，壮时亭亭如华盖，老时枝干盘虬而有飞舞之姿。

落叶树种的形、色，也随季节而变化，春发嫩绿，夏被浓荫，秋叶绚丽多姿，冬季则有枯木寒林的画意。常绿树种姿态各异、四季浓绿、生机盎然。江南有四时不谢之花，分别显示着不同的时节。花木开谢与时令的变化所形成的丰富的园林景观效果是其他造园材料所望尘莫及的。

园林树木不仅体现在个体之美，如娇艳的花、美丽的果、动人的叶、引人的干、具神韵的冠，更有林相葱郁，点缀巧妙，布局典雅的群体之美。树木的个体美与群体美是相互联系互为补充的，群体是个体按照习性艺术地组合，并不是个体的胡乱凑合，个体置于群体中可更能发挥其美感。如果说个体美主要着重于形体姿态、色彩光泽、韵味联想、芳香以及自然衍生美，群体美则更多的是讲究氛围、总体效果。

园林中的建筑、雕像、溪瀑、山石等，均需有恰当的园林树木与之相互衬托、掩映以减少人工做作或枯寂气氛，增加景色的生趣。例如庄严宏伟、金瓦红墙的宫殿式建筑，配以苍松翠柏，则无论在色彩和形体上均可以收到"对比"、"烘托"的效果；杭州灵隐大殿配置浓绿、淡绿、金黄色叶的楠木、银杏等大乔木，取得了体型和色彩的对比。园林建筑中的亭、廊、桥、榭、轩等，亦是依托绚丽多姿的花木映衬而显得明媚动人。庭前朱栏之外、廊院之间对植玉兰，春来万蕊千花，红白相映，会形成令人神往的环境。不同民族或地区的人民，由于生活、文化及历史上的习俗等原因，对不同的树木常形成带有一定思想感情的看法，有的更上升为某种概念上的象征，甚至人格化了。因此运用不同的树种可产生不同的意境。一般说来不规则的阔叶树可形成活泼、轻松的气氛，高大的针叶树能塑造肃穆的环境。如杭州的西泠印社，以松竹梅为主题，来比拟文人雅士清高、孤洁的性格；而在墓园、庙宇、祠堂、碑林、古迹等环境中种植低垂的盘槐象征哀悼。梅花于寒冬时节开放，故人们常将其比拟为有铮铮傲骨的君子；把竹子比拟为刚直脱俗；用石榴花来表达炽热的情感等。在欧洲许多国家均以月桂代表光荣，油橄榄象征和平。

本章只介绍园林树木的个体美，有关群体美及树木配置的方式将在"园林树木的配置"中叙述。

5.2.1 树木的姿态美

树木的姿态，因其种类不同而各异，均有其独特之美。姿态美主要体现在立体上，为树木在空间中的体态，所以在园林植物配置上占有极端重要的地位。树木的姿态成因也多种多样、各不相同，但归结起来有两个方面，其一是树木本身的遗传特性决定的，如树形、干形、叶形、花形等；其二是环境因子的影响或干扰，如修剪、建筑物等。

建筑物北侧的树木阳光照射时间短，建筑物周围的树种其生长空间要受其影响，也直接影响到其正常的树形。高山上或多风处的树形往往是偏冠的即风致形，老年树或复壮树往往有枯木逢春之意义。

人为可以把那些耐修剪的观赏树木，通过修剪等手段，艺术造型，形成各式各样的形态美。如蘑菇形、伞形、方形、卵形、树桩盆景形等。

5.2.1.1 树形美

树形由树冠及树干组成，而树冠由一部分主干、主枝、侧枝及叶幕组成，对树形的形成起着决定性作用。在植物配置中，树形是造景的基本因素之一，不同形状的树木经过巧妙的配置，可产生韵律感、层次感等艺术效果。如在小土丘的上方种植长尖形的树种，可加强小地形的高耸感，在山基栽植矮小、扁圆形的树木，借树形的对比与烘托可增加土山的高耸之势。为了突出广场中心喷泉的高耸效果，亦可在其四周种植浑圆形的乔灌木；但为了与远景联系并取得呼应、衬托的效果，又可在广场后方的通道两旁各植树形高耸的乔木一株，这样就可在强调主景之后又引出新的层次。

不同树种具有不同的树冠类型，这是树种的遗传特性如分枝方式、枝条性质和生长环境条件影响的结果，同一树种在不同的发育阶段树形也会发生变化。一般所说的树形是指在正常的生长环境下，成年树木整体形态的外部轮廓。园林树木的树形在园林构图、布局与主景创造等方面起着重要作用。目前树木育种学家正源源不断地培育出各种优良树形的种类，人工修剪也可以创造出优美的树形。通常各种园林树木的树形可分为下述各类型（图5-1）。

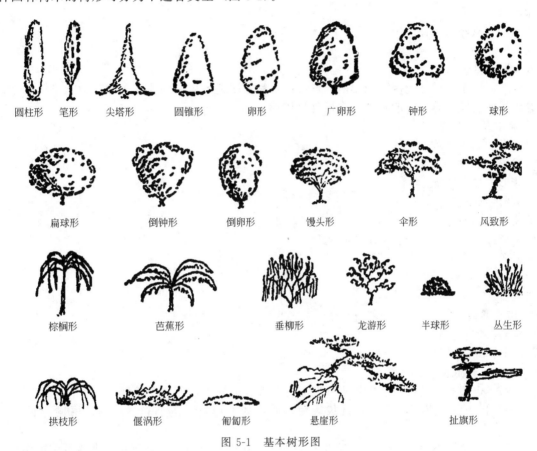

圆柱形　笔形　尖塔形　圆锥形　卵形　广卵形　钟形　球形

扁球形　倒钟形　倒卵形　馒头形　伞形　风致形

棕榈形　芭蕉形　垂柳形　龙游形　半球形　丛生形

拱枝形　偃涡形　匍匐形　悬崖形　扯旗形

图 5-1　基本树形图

(1) 针叶树类
针叶树的树形主要有塔形、圆柱形、圆锥形、广卵形、圆卵形等。
① 乔木类
圆柱形：如杜松、塔柏等。
尖塔形：如雪松、窄冠侧柏等。
圆锥形：如圆柏。
广卵形：如圆柏、侧柏等。
卵圆形：如球柏。
盘伞形：如老年期油松。
苍虬形：如高山区一些老年期树木。
② 灌木类
密球形：如万峰桧。
倒卵形：如千头桧。
丛生形：如翠柏。
偃卧形：如鹿角桧。

匍匐形：如铺地柏。

（2）阔叶树类

① 乔木类

a. 有中央主导干

圆柱形：如钻天杨。

笔形：如塔杨。

圆锥形：如毛白杨。

卵圆形：如加拿大杨。

棕榈形：如棕榈。

b. 无中央主导干

倒卵形：如刺槐。

球形：如五角枫。

扁球形：如栗。

钟形：如欧洲山毛榉。

倒钟形：如槐。

馒头形：如馒头柳。

风致形：由于自然环境因子的影响而形成的各种富于艺术风格的体形，如高山上或多风处的树木以及老年树或复壮树等，一般在山脊多风处呈旗形。

② 灌木及丛生类

圆球形：如黄刺玫。

扁球形：如榆叶梅。

半球形：如金缕梅。

丛生形：如玫瑰。

拱枝形：如连翘。

悬崖形：如生于高山岩石隙中之松树等。

匍匐形：如平枝枸子等。

③ 藤本类（攀援类）

如紫藤。

④ 其他类型

垂枝形：如垂柳。

龙枝形：如龙爪柳。

5.2.1.2 干形美

树木的干也很有观赏价值。以树干外形而言，大致可分为如下几个类型。

① 直立干　高耸直立，给人以挺拔雄伟之感，如毛白杨、落羽杉、水杉、梧桐、泡桐、悬铃木等。

② 并生干　两干从下部分枝而对立生长，如栎、刺槐、臭椿、楝、泡桐等萌生性强的树种。

③ 丛生干　由根部产生多枝干，如千头柏、南天竹、泡桐、金钟花、迎春、珍珠梅、李叶绣线菊、麻叶绣线菊等。

④ 匍匐干　树干向水平方向发展成匍匐于地面者，如铺地柏、偃柏，以及一般木质藤本。

此外，还有侧枝干、横曲干、光秃干、悬岩干、半悬岩干等各种形态。

5.2.1.3 叶形美

树木的叶形，变化万千，各有不同。

单叶叶形大致有以下几种基本形态。

① 针形　叶片细长如针，如油松、雪松、柳杉等叶片。

② 条形（线形）　叶片狭长，长约为宽的 5 倍以上，两侧边缘平行。如冷杉、紫杉等。

③ 披针形　叶基较宽，先端尖细，长度为宽度的 3～4 倍，如桃、柳、杉、夹竹桃竹的叶。如果是披针形倒转，称为倒披针形，如小檗、黄瑞香、鹰爪花的叶。

④ 椭圆形　形如椭圆，中部最宽，尖端和基部都是圆形，如樟树、橡皮树、桂花、茶树、柿的叶以及长椭圆形的芭蕉等。

⑤ 卵形　形如鸡卵，下部圆阔，上部稍狭，如女贞、桑的叶。如果是卵形倒转，称作倒卵形，如玉兰的小叶。

⑥ 圆形　包括圆形及心形叶，长宽接近相等，如山麻杆、紫荆、泡桐等的叶。

⑦ 掌状类　叶片三裂或五裂，形成深缺刻，全形如手掌，如槭树、梧桐、五角枫、刺楸等的叶。

⑧ 三角形类　包括三角形及菱形，基部宽平，三个边接近相等，如钻天杨、乌桕等。

⑨ 奇异形　包括各种引人注目的形状，如鹅掌楸、马褂木的鹅掌形或长衫形叶，羊蹄甲的羊蹄形叶，变叶木的戟形叶以及为人熟知的银杏的扇形叶等。

复叶叶形则有下列形态。

① 羽状复叶：包括奇数羽状复叶及偶数羽状复叶，以及二回或三回羽状复叶，如刺槐、锦鸡儿、合欢、南天竹等。

② 掌状复叶：叶轴缩短，在其顶端集生三叶以上小叶，呈掌状展开，如杜荆、发财树、七叶树等；也有呈二回掌状复叶者，如铁线莲。

此外，叶片除基本形状外，叶缘锯齿、缺刻以及叶片上的茸刺等附属物的特征，有时也起到丰富观赏内容的作用。

5.2.1.4　花形美

(1) 花形

花是大自然的精华，为被子植物所特有，也是园林树木观赏的重要客体。有各式各样的形状和大小，在色彩上更是千变万化，层出不穷。在以观花为主的园林树木中，单朵花的观赏性以花瓣数目多、重瓣性强、花径大、形体奇特为突出特点，如牡丹、鸡蛋花、鸽子树等。有些园林树木，单朵花小，形态平庸，但形成样式各异的花序，使形体增大，盛开期形成美丽的大花团，观赏效果倍增，如珍珠梅、接骨木、八仙花等。

园林树木的花是最引人注目的特征之一，其观赏效果体现在两个方面：一是由本身的遗传特性决定的形态特征，如花形；二是花或花序着生在树冠上表现出的整体状貌、叶簇的陪衬关系以及着花枝条的生长习性。

花的形态多种多样，根据花瓣数目、形状及离合状态，以及花冠筒的长短、花冠裂片的形态等特点，通常分为图5-2所示的主要类型。

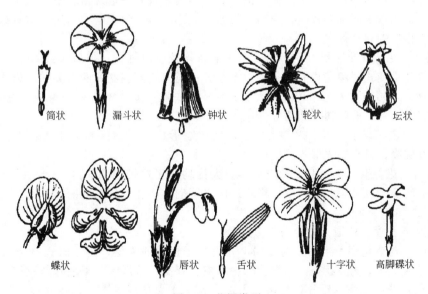

图 5-2　花冠类型

① 离瓣花冠　花冠中的花瓣彼此完全分离，称离瓣花冠。大致可分为如下几个类型。

a. 蔷薇形花冠：蔷薇科的花，花冠离瓣，5出，雄蕊多数，形成辐射对称形的花，又称作蔷薇形花冠。

b. 十字形花冠：4出，离瓣花冠，排成辐射对称的十字形，称为十字形花冠。十字形花冠是十字花科的特征之一，如二月兰。

c. 蝶形花冠：由5个分离花瓣构成左右对称花冠，如紫荆。最上一瓣较大，称旗瓣；两侧瓣较小，称翼瓣；最下两瓣联合成龙骨状，称龙骨瓣。豆科部分植物的花冠为蝶形花冠。

② 合瓣花冠　花冠的各瓣有不同程度合生的，称合瓣花冠。大致可分为如下几个类型。

a. 钟形：花冠筒短而粗、周边向外翻卷、形状如钟，称为钟形花冠。如柿、君迁子等。

b. 筒状：花冠大部分成一管状或圆筒状，如菊科植物头状花序的盘花。

c. 高脚碟形：花冠下部是狭圆筒状，上部突然成水平状扩大，如丁香花。

d. 漏斗状：花冠下部呈筒状，由此向上渐渐扩大成漏斗状，旋花科植物都具有漏斗状花冠。

e. 坛状：花冠筒膨大成卵形或球形，上部收缩成一短颈，然后略扩张成一狭口，如滇白珠树、石楠等植物。

f. 舌状花冠：基部成一短筒，上面向一边张开而成扁平舌状，如菊科植物头状花序的缘花。

g. 唇形：花冠呈对称的二唇形，即上面由二裂片合生为上唇，下面三裂片结合构成下唇。唇形花冠是唇形科的特征之一。

(2) 花相

花序的形式很重要，虽然有些种类的花朵很小，但排成庞大的花序后，反而比具有大花的种类还要美观。例如小花溇疏的花虽小，就比大花溇疏的效果还好。花的观赏效果，不仅由花朵或花序本身的形貌、色彩、香气而定，而且还与其在树上的分布、叶簇的陪衬关系以及着花枝条的生长习性密切有关。我们将花或花序着生在树冠上的整体表现形貌称为"花相"。

园林树木的花相，从树木开花时有无叶簇的存在而言，可分为两种形式。

a. 纯式花相：指先叶开放的花（在开花时叶片尚未展开，全树只见花不见叶）。

b. 衬式花相：指后叶开放的花（展叶后开花，全树花叶相衬）。

目前，划分花相类型的方法主要有两类。

① 按花或花序在树冠上的整体形态划分

a. 独生花相：本类较少、形态奇特，例如苏铁类。

b. 线条花相：花排列于小枝上，形成长形的花枝。由于枝条生长习性之不同，有呈拱状花枝的，有呈直立剑状的，或略短曲如尾状的等。简而言之，本类花相大抵枝条较稀，枝条个性较突出，枝上的花朵成花序的排列也较稀。呈纯式线条花相者有连翘、金钟花等；呈衬式线条花相者有珍珠绣球、三桠绣球等。

c. 星散花相：花朵或花序数量较少，且散布于全树冠各部。衬式星散花相的外貌是在绿色的树冠底色上，零星散布着一些花朵，有丽而不艳、秀而不媚之效。如珍珠梅、鹅掌楸、白兰等。纯式星散花相种类较多，花数少而分布稀疏，花感不强烈，但亦疏落有致。若于其后能植有绿树背景，则可形成与衬式花相相似的观赏效果。

d. 团簇花相：花朵或花序形大而多，就全树而言，花感较强烈，但每朵或每个花序的花簇仍能充分表现其特色。呈纯式团簇花相的有玉兰、木兰等；属衬式团簇花相的以大绣球为典型代表。

e. 覆被花相：花或花序着生于树冠的表层，形成覆伞状。属于本花相的树种，纯式有绒叶泡桐、泡桐等；衬式有广玉兰、七叶树、栾树等。

f. 密满花相：花或花序密生全树各小枝上，使树冠形成一个整体的大花团，花感最为强烈。例如榆叶梅、毛樱桃等；衬式如火棘等。

g. 干生花相：花着生于茎干上。种类不多，大抵均产于热带湿润地区。例如槟榔、枣椰、鱼尾葵、山槟榔、木菠萝、可可等。在华中、华北地区之紫荆，亦能于较粗老的茎干上开花，但难与典型的干生花相相比拟。

② 按照花朵或花序在树冠上的分布特点划分

a. 外生花相：花或花序着生在枝的顶端，并集中于树冠的表层，盛花时，整个树冠几乎被花所覆盖，远距离花感强烈，气势壮观，如夹竹桃、木棉、紫薇、凤凰木、复羽叶栾树。

b. 内生花相：花或花序主要分布在树冠内部，着生于大枝或主干上，花常被叶片遮盖，外观花感较弱，如桂花、白兰、含笑。

c. 均匀花相：花以散生或簇生的形式，着生在枝的节部或顶部，且在全树冠分布均匀，花感较强，如蜡梅、米仔兰、金银花、红千层、茶花。

5.2.1.5 果形美

果实形状的观赏体现在"奇、巨、丰"三个方面。"奇"指形状奇异，特别有趣，如铜钱树的果实形似铜钱。象耳豆的荚果弯曲两端浑圆相接，犹如象耳一般。腊肠树的果实酷似香肠。秤锤树的果实如秤锤一般，梓树的蒴果细长如筷，经冬不落。"巨"指单体果形较大，如柚、木菠萝、椰子、木瓜等。"丰"就全树而言，无论单果或果序均应有一定的数量，果虽小，但数量多或果序大，以量取胜，也可收到引人注目的效果，如花楸、接骨木、佛头花等。还有些树木的种子富有诗意的美感，如王维"红豆生南国，春来发几枝。愿君多采撷，此物最相思"的描写，赋予果实以深刻的内涵，产生意境美的效果。

5.2.1.6　根形美

树木裸露的根部也有一定的观赏价值，中国人民自古以来即对此有很高的鉴赏水平。因此，久已运用此观赏特点于园林美化及桩景盆景的培养。但是并非所有树木均有显著的露根美。一般言之，树木达老年期以后，均可或多或少地表现出露根美。很多树木的不定根具有较高的观赏价值。如榕树的气生根，可形成独木成林的森林景观；池杉的膝状呼吸根别有一番野趣。观根效果突出的树种有：松、榆、朴、梅、楸、榕、蜡梅、山茶、银杏、鼠李、广玉兰、落叶松等。在亚热带、热带地区有些树有巨大的板根，很有气魄；另外，具有气生根的种类，可以形成密生如林、绵延如索的景象，更为壮观。

5.2.2　树木的色彩美

园林树木随着一年四季的气象更替，呈现出各种各样的色彩，这种色彩及其变化产生了韵律，显露出其动态之美和生命之美。

5.2.2.1　叶色美

叶片内含有叶绿素、叶黄素、类胡萝卜素、花青素等色素，因受外界条件的影响和树种遗传特性的制约，相对含量处于动态平衡之中，因此导致了叶色变化多端、五彩缤纷。同时，叶色在很大程度上还受树木叶片对光线的吸收与反射差异的影响。如许多常绿树木的叶片在阳光下呈现出特有的绿色效果，而一些冬青属植物则呈现出银色或金属色。

(1) 基本叶色

绿色为树木的基本叶色，由于受树种及受光度的影响，叶的绿色有墨绿、深绿、浅绿、黄绿、亮绿、蓝绿等差异，且随季节变化而变化。各类树木叶的绿色由深至浅的顺序大致为常绿针叶树、常绿阔叶树、落叶树。常绿针叶树叶片吸收的光大于折射的光，因此叶色多呈暗绿色，显得朴实、端庄、厚重。常绿阔叶树叶片反光能力较常绿针叶树强，叶色以浅绿色为主。落叶树种叶片透光性强，叶绿素含量较少，叶色多呈黄绿色，不少种类在落叶前还变为黄褐色、黄色或金黄色，表现出明快、活泼的视觉特征。将不同绿色的树木搭配在一起，能形成美妙的色感。例如在暗绿色针叶树丛前，配置黄绿色树冠，会形成满树黄花的效果。现以叶色的浓淡为代表，举例如下。

叶色呈深浓绿色者油松、圆柏、云杉、青秆、侧柏、山茶、女贞、桂花、槐、榕、毛白杨、构树等。

叶色呈浅淡绿色者水杉、落羽松、金钱松、七叶树、鹅掌楸、玉兰等。

需加以说明的是，叶色的深浅、浓淡受环境及本身营养状况的影响会发生变化，所以上述的分类方法应以正常的情况为准。为深入掌握叶色的变化规律起见，在观察记载时应记录环境条件及植物本身的生长状况。

(2) 特殊叶色

树木除绿色外而呈现的其他叶色。特殊叶色既丰富了园林景观，又给观赏者以新奇感。根据变化情况，特殊叶色可分为以下几种类型。

① 常色叶类

有单色与复色两种。前者叶片表现为某种单一的色彩，以红、紫色（如红枫、红檵木、红叶李、紫叶桃、紫叶小檗等）和黄色（如金叶鸡爪槭、金叶雪松等）两类色为主；后者是同一叶片上有两种以上不同的色彩，有些种类叶片的背腹面颜色显著不同（如胡颓子、红背桂、银白杨等）。也有些种类在绿色叶片上有其他颜色的斑点或条纹（如金心大叶黄杨、银边黄杨、变叶木、金心龙血树、洒金东瀛珊瑚等）。常色叶类树木所表现的特殊叶色受树种遗传特性支配，不会因环境条件的影响或时间推移而改变。

② 季节叶色类

树木的叶片在绿色的基础上，随着季节的变化而出现的有显著差异的特殊颜色。季节叶色多出现在春、秋两季。

a. 春色叶类：春季新发生的嫩叶有显著不同叶色的，统称为"春色叶树"，例如臭椿、五角枫的春叶呈红色，黄连木春叶呈紫红色等。在南方暖热气候地区，有许多常绿树的新叶不限于在春季发生，而是不论季节只要发出新叶就会具有美丽色彩而有宛若开花的效果，如铁力木等，这一类统称为新叶有色类。为了方便起见，亦可将此类与春季发叶类统称为春色叶类。本类树木如种植在浅灰色建筑物或浓绿色树丛前，能产生类似开花的观赏效果。

b. 秋色叶类：凡在秋季叶片能有显著变化的树种，均称为"秋色叶树"。如银杏、金钱松、悬铃木、黄栌、火炬树、枫香、乌桕等。秋色叶树种以落叶阔叶树居多，颜色以黄褐色较普遍，其次为红色与金黄色，它们对园林景观的季相变化起着重要作用，受到各地园林工作者的高度重视。

秋叶呈红色或紫红色类者如鸡爪槭、五角枫、茶条槭、枫香、地锦、小檗、樱花、漆树、盐肤木、野漆、黄连木、柿、黄栌、南天竹、花楸、乌桕、红槲栎、石楠、卫矛、山楂等。

秋叶呈黄或黄褐色者有银杏、白蜡、鹅掌楸、加拿大杨、柳、梧桐、榆、槐、白桦、无患子、复叶槭、紫荆、栾树、麻栎、悬铃木、胡桃、水杉、落叶松、金钱松等。

实际上在红与黄中，又可细分为许多类别。在园林实践中，由于秋色期较长，故早为各国人民所重视。例如在我国北方每于深秋观赏黄栌红叶，而南方则以枫香、乌桕的红叶著称。在欧美的秋色叶中，红槲栎、桦类等最为夺目。而在日本，则以槭树最为普遍。

除了上述关于叶的各种观赏特性以外，还应注意叶在树冠上的排列，在上部枝条的叶与下部枝条的叶之间，常呈各式的镶嵌状，因而组成各种美丽的图案，尤其当阳光将这些美丽图案投影在铺装平整的地面上时，会产生很好的艺术效果。

5.2.2.2　花色美

花是主要的观赏要素，在色彩上更是千变万化。例如艳红的石榴花如火如荼，会形成热情兴奋的气氛；白色的丁香花就似乎赋有悠闲淡雅的气质；至于雪青色的繁密小花如六月雪、薄皮木等则形成了一幅恬静自然的图画。由于花器和其附属物的变化，形成了许多欣赏上的奇趣。例如金丝桃花朵上的金黄色小蕊，长长地伸出于花冠之外；金链花的黄色蝶形花，组成了下垂的总状花序；锦葵科的拱手花篮，朵朵红花垂于枝叶间，好似古典的宫灯；带有白色巨苞的珙桐花，宛若群鸽栖止枝梢。

劳动人民通过长期劳动，创造出园林树木的许多珍贵品种，这就更丰富了自然界的花形。有的甚至变化得令人无法辨认。例如牡丹、月季、茶花、梅花等，都有着大异于原始花形的各种变异。

除花序、花形之外，色彩效果就是最主要的观赏要素了。花色变化极多，无法一一列举，现仅将几种基本花色的观花树木列举于下。

a. 红色系花（红色、粉色、水粉）：海棠、桃、杏、梅、樱花、蔷薇、玫瑰、月季、贴梗海棠、石榴、牡丹、山茶、杜鹃、锦带花、夹竹桃、毛刺槐、合欢、粉花绣线菊、紫薇、榆叶梅、紫荆、木棉、凤凰木、刺桐、象牙红、扶桑等。

b. 黄色系花（黄、浅黄、金黄）：迎春、连翘、金钟花、黄木香、桂花、黄刺玫、棣棠、黄瑞香、黄牡丹、黄杜鹃、金丝桃、金丝梅、蜡梅、珠兰、黄蝉、金雀花、金链花、黄花夹竹桃、小檗、金花茶等。

c. 蓝色系花：紫藤、紫丁香、杜鹃、木兰、木蓝、木槿、泡桐、八仙花、牡荆、假连翘、薄皮木等。

d. 白色系花：茉莉、白丁香、白牡丹、白茶花、溲疏、山梅花、女贞、荚蒾、枸橘、甜橙、玉兰、珍珠梅、广玉兰、白兰、栀子花、梨、白碧桃、白蔷薇、白玫瑰、白杜鹃、刺槐、绣线菊、银薇、白花夹竹桃、络石等。

5.2.2.3　果色美

果实的颜色，有着更大的观赏意义。"一年好景君须记，最是橙黄橘绿时"，苏轼这首诗描绘出一幅美妙的景色，正是果实的色彩效果。一般果实的色彩以红、紫为贵，黄色次之。果实成熟多在盛夏和凉秋之际。在夏季浓绿、秋季黄绿的冷色系统中，有红紫、淡红、黄色等暖色果实点缀其中，可以打破园景寂寞单调之感，与花具有同等地位。在园林中适当配置一些观赏果树，美果盈枝，可以给人以丰富繁荣的感受；尤其在秋季，园林花卉渐少，树叶也将凋落，如配以果树，可打破园景萧条之感。根据果实不同的色彩举例如下。

a. 果实呈红色者：桃叶珊瑚、平枝栒子、山楂、冬青、枸杞、火棘、花楸、樱桃、郁李、枸骨、金银木、南天竹、珊瑚树、紫金牛、桔、柿、石榴等。

b. 果实呈黄色者：银杏、梅、杏、瓶兰花、柚、甜橙、佛手、枸橘、南蛇藤、梨、木瓜、榅桲、贴梗海棠、沙棘等。

c. 果实呈蓝紫色者：紫珠、葡萄、十大功劳、李、蓝果忍冬、桂花、白檀等。

d. 果实呈黑色者：小蜡、女贞、刺楸、五加、枇杷叶荚蒾、黑果绣球、毛梾、鼠李、常春藤、君迁子、金银花、黑果忍冬、黑果栒子等。

e. 果实呈白色者：红瑞木、芫花、雪果、花楸等。

果实的美化作用除色彩鲜艳外，它们的花纹、光泽、透明度、浆汁的多少、挂果时间的长短等均影响着园林景色。且大多数的果实均具有较高的经济价值，有的美味可口、营养丰富，为人们生活中不可缺少的副食品。在选用观果树种时，需要注意的是最好选择果实不易脱落而浆汁较少的树种，以便长期观赏。

5.2.2.4 干色美

干皮的颜色也具有一定的观赏价值，特别在冬季，具有更大的意义。如白桦树皮洁白雅致；斑叶稠李树皮黄褐色发亮；山桃树皮红褐色而有光泽。还有紫色干皮的紫竹、红色干皮的红瑞木、绿色树皮的梧桐、具斑驳色彩的黄金嵌碧玉竹等均很美丽。如将绿色枝条的棣棠、终年鲜红色枝条的红瑞木配置在一起，或植为绿篱，或丛植在常绿树间，在冬季衬以白雪，可相映成趣，色彩更为显著。而街道上用白色树干的树种，可产生道路变宽的视觉效果。

常见干皮有显著颜色的树种有：呈暗紫色的紫竹；呈红褐色的马尾松、杉木、山桃等；呈黄色的金竹、黄桦等；呈绿色的竹、梧桐等；呈斑驳色彩的黄金嵌碧玉竹、碧玉嵌黄金竹、木瓜等；呈白或灰色者白皮松、白桦、胡桃、毛白杨、朴、山茶、悬铃木、柠檬桉等；一般树种常呈灰褐色。

5.2.3 树木的联想美

通常易为人们注意的是前面各节所叙述的植物的形体美和色彩美，以及嗅觉感知的芳香美，听觉感知的声音美等。除此以外，树木尚具有一种比较抽象的，但却是极富于思想感情的美，即联想美，亦称"风韵美"、"象征美"。它与各国、各民族的历史发展、各地区的风俗习惯、文化教育水平等有密切关系。在我国的诗词、神话、歌赋及风俗习惯中，人们往往以某一种树种为对象，使其成为其他事物的象征，广为传颂，使树木"人格化"。

四季常青的松柏类，象征坚贞不屈的革命精神，《荀子》中有"松柏经隆冬而不凋，蒙霜雪而不变，可谓其贞矣"的描述。

花大艳丽的牡丹，国色天香、富丽堂皇，象征繁荣兴旺、总领群芳、唯我独尊。

花色艳丽、姿态娇美的山茶，象征长命、友情、坚强、优雅和协调。

花香袭人的桂花，象征庭桂流芳。

春花满园的桃、李，象征桃李满天下。

松、竹、梅三者配置一起，称之为岁寒"三友"，象征文雅高尚。

玉兰、海棠、牡丹、桂花配置一起，象征满堂富贵。

树木联想美的形成是比较复杂的，与民族的文化传统、各地的风俗习惯、文化教育水平、社会的历史发展等有关。中国具有悠久的文化，在欣赏、讴歌大自然中的植物美时，曾将许多植物的形象美概念化或人格化，赋予丰富的感情。事实上，不仅中国如此，其他许多国家亦均有此情况，例如日本人对樱花的感情，每当樱花盛开的季节，男女老幼载歌载舞，举国欢腾；加拿大以糖槭树象征着祖国大地，将树叶图案绘在国旗上。中国亦习惯以桑、梓代表乡里，出现于文学中。

植物的联想美也不是一成不变的，随着时代的发展会发生转变。例如"白杨萧萧"是由于旧时代，一般的民家多将其植于墓地而形成的，但是在现代却由于白杨生长迅速，枝干挺拔，叶近革质而有光泽，具有浓荫匝地的效果，所以成为良好的普遍绿化树种。即时代变了，绿化环境变了，所形成的景观变了，游人的心理感受也变了，所以当微风吹拂时就不会有"萧萧愁煞人"的感觉，相反地，如配置在公园的安静休息区中却会产生"远То鼓瑟"、"万籁有声"的安静松弛感而收到充分休息的效果。又如梅花，旧时代总是受文人"疏影横斜"的影响，带有孤芳自赏的情调，而现在却应以"待到山花烂漫时，她在丛中笑"的富有积极意义和高尚理想的情操去感受它。

总之，园林工作者应善于继承和发展树木的联想美，将其精巧地运用于树木的配置艺术中，充分发挥树木美对人们精神文明的培育作用。

5.3 生产功能

园林树木的生产功能是园林树木在满足其主要功能与作用的前提下，与生产相结合，发挥生产产品、创造经济价值的作用。如某些花卉在花后及时采集仍可食用、茶用或药用，"退役"的观赏或防护树木仍可材用或工艺用，其中许多甚至属于国家经济建设或出口贸易的重要物资，它们在生产上的作用是显而易见的。另一方面，由于运用某些园林树木提高了某些园林的质量，因而增加了游人量，增加了经济收入，并使游人在精神上得到休息，这亦是一种生产功能，不过它常为人们所忽略罢了，从园林建设的目的性和实质上来看，这方面的生产功能却是比前者更为重要的。园林绿地的主要任务是美化和改善生活居住和工作与游憩的环境，园林树木物质生产功能的发挥必须从属于园林主要任务的要求。

园林树木的生产功能，按其产品的经济用途可分为以下数类，对各类的具体运用必须视具体情况而定，决不应生搬硬套以致影响树木在园林中的美化、防护和改善环境的主要功能。

5.3.1 食用

果品类果实或种子中含多种营养，可直接食用或稍经加工后食用。

水果类食用部分为肉质的果皮及其附属物、假种皮等，水分含量较高。又可进一步细分为梨果，如苹果、梨等；核果，如桃、李等；柑果，如柑、橘、柚等；浆果，如葡萄、猕猴桃、柿、越橘等。

干果类食用部分为种子（种仁），水分含量较低，如板栗、榛子、核桃、红松（松子）、阿月浑子、银杏等。

5.3.2 油料

果实或种子富含油脂，经提、榨取后应用。

食用油料如油茶、文冠果、榛子、核桃等。

工业用油料如油桐、接骨木等。

5.3.3 香料

植物体含挥发性芳香油（精油），直接或经蒸馏、分离、提纯、调配后应用。

调味香料，如花椒、八角、五味子等。

食品用香料，如香叶（油）、月桂（油）等。

芳香中草药，如肉桂等。

5.3.4 淀粉

果实、种子富含淀粉，经加工后利用。

食用淀粉如板栗、枣、柿等。

工业用淀粉如栎类果实。

5.3.5 饮料类

幼叶、果实、种子或树液经加工调配后供饮用，如茶、沙棘、咖啡、白桦（树液）等。

5.3.6 纤维类

植物各部尤其嫩枝、树皮、根等纤维发达。

编织类如柳树、胡枝子的幼枝或萌条。

造纸类如杨树、冷杉等。

纺织类如南蛇藤、罗布麻等。

绳索类如棕榈、橡树皮等。

5.3.7 栓皮类

树皮木栓发达，可提取供工业用，如黄檗、栓皮栎、东北杏等。

5.3.8 鞣料、染料类

植物体富含单宁、染料，浸提后应用。

鞣料类如栎的树皮和壳斗、千金榆等。

染料类如山槐、黄栌、黄连木等。

5.3.9 树液、树脂类

树木流出的树液、树胶、树脂经提制后应用。

胶料类如杜仲、橡胶树等。

漆料类如漆树等。

树脂类如鱼鳞松、马尾松等。

糖料类如糖槭、糖棕等。

5.3.10 药用类

植物体内含有某种药物的有效成分，经加工或提纯后利用。

医药类如刺五加、刺参、紫杉、厚朴、杜仲、侧柏、枸杞等。

农药类如核桃楸、枫杨、苦参、杠柳、苦木等。

5.3.11 寄主树类

为经济昆虫的寄主树种，获取昆虫的分泌物或虫瘿等。如盐肤木为五倍子的寄主树，桑、栎为蚕的寄主树等。

5.3.12 野菜、饲料、肥料类

幼嫩植物体可作为食用野菜、牲畜饲料或绿肥原料等。

野菜如龙牙楤木、香椿、刺五加等。

饲料如榆、桑等。

肥料如紫穗槐、胡枝子、小叶锦鸡儿等。

5.3.13 蜜源类

花为蜜蜂提供蜜源，如松树、槐树等。

5.3.14 素类原料类

植物体内含有色素、维生素等，经提取后应用。

色素如蓝靛果、栀子、冻绿等。

维生素如猕猴桃、玫瑰等。

复习与思考题

1. 园林树木生态功能有哪些？
2. 园林树木的形态美体现在哪些方面？
3. 如何理解园林树木的生产功能？
4. 何谓园林树木的意境美？
5. 列出常见的彩叶植物种类。

第6章 园林树木的配置

园林绿地中植物景观是设计者通过模拟自然界的植被及植物群落结构，按照艺术的手法和生态学的原理，将植物科学合理的布置在一起，形成优美舒适的生态空间，给人以身心愉悦和感官享受，并通过联想进而产生意境之美。科学的植物配置不仅可以充分展现园林植物的个体美与群体美，同时也能体现不同民族的优秀文化。

6.1 配置的原则

园林树木的配置（Plant disposition）方式因民族、地域、环境、目的和需求的不同，存在多种多样的组合与变化。同时，由于树木是生命有机体，生长过程中会呈现不断的生长变化，因此同一种配置方式在不同的时间和地点能产生不同的景观效果。园林树木的配置是相当复杂而精细的工作，涉及面广、变化多，并且仍在不断发展与创新过程中。目前，树木配置的原则众多，说法各异，综合各家观点，主要有以下基本原则。

6.1.1 栽植上的科学性

园林树木作为活的有机体，有其独特的生长发育规律和生态适应性，与其所生存的环境有着密切的关系，所以在进行园林树木配置时，首先应考虑其生长特性和生态习性。同时，树木的生长受空气、水分和光照等多方面自然因素的影响，所以，在树种选择时，要因地制宜，结合当地的自然条件和环境特点，有针对性地进行选择，并综合利用现代科学技术措施保障树木良好生长，以发挥其最佳观赏效果。

园林实践中存在许多配置不科学的现象，如有的地区不了解园林树木的习性，盲目大量地从外地购入所谓名贵树种，结果使用的树种不能适应当地气候土壤条件而不能存活，造成人力物力的极大损失。有的忽视树木的生长规律，初植时树木间距过密，后期管理养护措施跟不上，导致树木生长不良，树冠不整、高低粗细杂乱无章，无法发挥树木应有的绿化效果。

6.1.2 功能上的综合性

园林树木具有美化、生态和生产三大功能，在进行植物造景、确定配置方案时，要根据总体要求和主要的目标，对树木在园林中的不同作用进行综合考虑，突出重点，体现特色，获得最佳的配置效果。

树木配置必须符合园林综合功能中主要功能的要求，以首都北京天安门广场的绿化为例，新中国成立10周年时，在许多配置方案中选中用大片油松林来烘托人民英雄纪念碑，表现中华儿女的坚贞意志和革命精神万古长青、永垂不朽的内容。

从园林树木配置的角度看，大片油松林对宏伟端庄肃穆的毛主席纪念堂也是很好的陪衬，因此，无论从内容还是从形式上，这个配置方案是成功的，选用油松树种是正确的。但若从树种的生态习性来考虑，圆柏和侧柏均比油松更能适应广场的生境，若选用这两类树种，就不会存在现在需换植一部分生长不良的枯松的麻烦，在后期养护管理上也更加省事和经济。但是，综合考虑各种与园林树木配置有关的因素后，天安门广场绿化的政治意义和艺术效果的重要性是第一位的，是本次树木配置的主要功能，油松的观赏特性比圆柏和侧柏更能满足这第一位的要求，所以即使油松在对广场的适应性方面不如后二者，但仍然被选中。此例很好地诠释了园林树木配置的综合性原则。

6.1.3 配置上的艺术性

无论何种园林树木，无论其在园林中的用途如何，配置上都应尽量体现其美学价值，遵循美学原则，合理布局，强调整体的协调一致，考虑个体与群体、平面与立面、色彩与季相的变化。注重近期与远期的关系，树种与树龄的关系，以及园林树木与山水、建筑等其他园林要素在美学方面的协调，达到长期稳定和谐的艺术效果。同时，在注重树木配置艺术性的前提下，要满足树木的生长发育特性和生态习性，将园林树木配置的艺术性与科学性相结合。

承德避暑山庄为塞外行宫，建园时为体现朴素的特点，充分利用塞外特有的乡土物种，以此来体现满清民族追求大自然粗犷豪放的性格。"沿堤插柳"是中国古典园林水溪岸边常用的植物配置手法，大多数为垂柳，柳丝垂垂随风飘摆别有诗意。山庄同样在一堤三岛及其他岛屿岸边栽有大量的柳树，但并非垂柳，而是北方特有的当地旱柳，该树树干粗壮挺拔，浑厚古朴，枝繁叶茂组成一簇簇蓬勃向上的绿云，体现了北方树种特有的性格——朴实无华，与江南垂柳柔弱随风摇摆形成鲜明的对比。

古代梧桐为庭院之吉祥佳木，上起皇家宫苑、下至百姓院落，都竞相植之。梧桐叶形阔大、树冠开展，夏日一树凉荫，古人喜植之于井旁，所以又名"井桐"。杜甫有"清秋幕府井梧寒"，王昌龄有"金井梧桐秋叶黄"。个园内清漪亭西南、宜雨轩后，有梧桐一株、古井一口，聊以金井梧桐意境；而秋山收尾处的丛书楼前，优雅小院中也植梧桐一株，主干斜出屋檐，与隔墙的芭蕉、蜡梅共同营造了又一种清净淡泊的秋之情趣。

6.1.4 经济上的合理性

经济条件是园林景观布置的重要基础，园林绿地设计在满足科学性、艺术性等基础上也要关注到经济效益，尽可能在最少的资金条件下对园林植物进行合理配置，在满足同样功能的情况下，尽量选择较为经济的植物材料，并合理地配置。同时，后期的管理和养护也是非常耗费财力的，所以，在进行植物选择与配置时也要充分考虑后期养护管理方面的问题，有效地降低资金投入。例如，在植物选择时应多选用寿命较长，生长速度中等，耐粗放管理和修剪的植物，尽量以乡土树种为主，这是绿化的基本原则，也有利于降低园林成本。同时，在保证经济性的同时也要考虑树木的观赏性，充分考虑当地特色，将各地可以使用的植物充分地结合起来，展现出不同的园林风采。

6.2 配置的方式

园林树木配置的方式多种多样，可谓千变万化，但总体来说，一般可分为以下几类。

6.2.1 按配置的平面关系分

园林植物配置从平面角度来分析，其配置效果可以分成三大类，即：规则式、自然式和混合式。

6.2.1.1 规则式（Formal sytle）

指园林树木的株行距和角度按照一定的规律进行种植。此方式又可分为左右对称及辐射对称两大类。

（1）左右对称

此种配置方式树木株型和数量要求左右对称，配置效果简洁、整齐（图6-1）。

① 对植　常用在建筑物门前、公园和广场出入口等处，用两株树形整齐美观、体量相近的树木，左右相对种植。

② 列植　树木呈行列式种植。此方式又有单列、双列、多列等方式，其株行距可以相同亦可以不同。多用于街道行道树、植篱、防护林带、整形式园林的透视线、果园、造林地绿化。这种配置方式有利于通风透光，也便于养护管理，但为了保证配置效果，应注意节奏和韵律的变化。

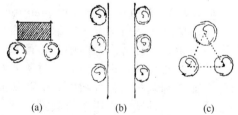

图6-1　规则式左右对称配置
(a) 对植；(b) 列植；(c) 三角形种植

③ 三角形种植　树木呈三角形种植。此方式又可分为等边三角形或等腰三角形等类型。实际上这种配置效果在大片种植后仍形成变体的行列式。等边三角形方式有利于树冠和根系对空间的充分利用。

（2）辐射对称

此种配置方式讲究树木的辐射对称性，多用于规则式的园林建筑和小品、广场等处的植物种植设计（图 6-2）。

① 中心式　以单株及单丛树形整齐美观的树木种植于花坛中心、广场中央等处。

② 圆形　树木呈圆形种植。此方式又包括环形、半圆形、弧形以及双环、多环、多弧等富于变化的方式，常用于花坛、雕塑和喷泉的周围，也可用于布置模纹花坛。

③ 多角形　树木呈多角形种植。此方式又包括单星、复星、多角星、非连续多角形等。

④ 多边形　树木呈多边形种植。此方式又包括各种连续和非连续的多边形。

6.2.1.2　自然式（Informal style）

自然式也称为不规则式，指园林树木的株行距和角度不按照一定的规律进行种植，种植后呈现自然的配置效果。根据树木的种类和数量，此种方式又可分为不等边三角形式和镶嵌式两种，如图 6-3 所示。

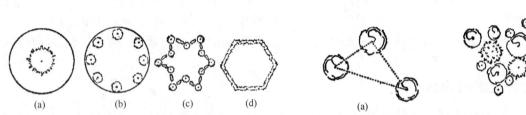

(a)	(b)	(c)	(d)	(a)	(b)

图 6-2　规则式辐射对称配置　　　　　　　图 6-3　不规则式配置
(a) 中心式；(b) 圆形；(c) 多角形；(d) 多边形　　(a) 不等边三角形式；(b) 镶嵌式

6.2.1.3　混合式（Mixed style）

指在一定绿化场地内采用规则式与不规则式相结合的种置方式。

6.2.2　按配置的景观分

园林树木配置后形成的景观效果各种各样，根据其景观效果特点，园林配置的方式包括以下几种。

6.2.2.1　孤植（Isolated planting）

又称单植，是为突出显示树木的个体美而采取的配置方式，孤植树种通常为体形高大雄伟或姿态奇异的植物，或花、果的观赏效果尤佳的树种。一般采用单株种植，中国习称独赏树，西方庭院中称为标本树；也可根据树木的形态特点采用 2～3 株同一品种的树木，紧密地种于一处，形成一个单元，给人们的感觉宛如一株多杆丛生的大树。

孤植的目的为充分表现其个体美，所以种植的地点不能孤立地只注意到树种本身而必须考虑其与环境间的对比及烘托关系。一般配置地点应开阔空旷，如大片草坪、花坛中心、道路交叉点、自然园路或溪流转弯处、缓坡、平阔的湖池岸边等处。

园林中常用作孤植的树种有雪松、白皮松、油松、圆柏、黄山松、侧柏、冷杉、云杉、银杏、南洋杉、栎类、悬铃木、七叶树、臭椿、枫香、槐、栾、柠檬桉、金钱松、凤凰木、南洋楹、樟树、广玉兰、玉兰、榕树、海棠、樱花、梅花、山楂、白兰、木棉等。

6.2.2.2　对植（Symmetry planting）

指两株或两丛树木按一定轴线左右对称的栽植方式，多用于园门、建筑入口、广场或桥头的两旁。对植在园林艺术构图中只作配景，起烘托主景的作用，动势向轴线集中。对植又可分为对称栽植和非对称栽植两种形式。对称栽植指树种相同、大小一致的乔灌木等距离种植于中轴线的两侧。非对称栽植指树种相同，但两株或两丛树的种植可稍自由些，但树姿的动势要向轴线集中，相互呼应。此种栽植常用于自然式园林入口、桥头、园中、园入口的两侧等。

6.2.2.3　丛植（Group planting）

指由 2～3 株至 10～20 株同种类的树种较紧密地种植在一起，组成一个景观单元，其树冠线彼此密接而形成一个整体外轮廓线的配置方式。一般地，丛植有较强的整体感，且少量株数的丛植亦有独赏树的艺术效果。

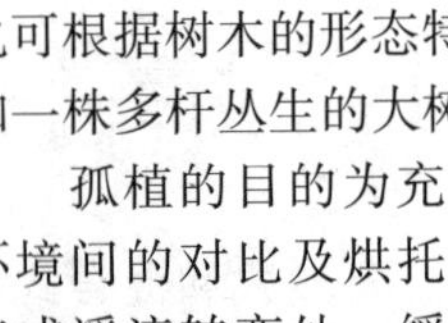

根据配置株数不同，丛植又可分为以下配置方式。

① 两株丛植　树木的配置在构图上应该符合多样统一的原理。两树应既有变化，又能组成不可分割的整体；树木的大小、姿态、动势可以不同，但树种要相同，或同为乔木、灌木、常绿树，动势呼应，距离不大于两树冠直径的 1/2（图 6-4）。

图 6-4　两株丛植

② 三株丛植　最好选用同一树种，但大小、姿态可以不同，栽植点不在同一直线上，一般要求平面为不等边三角形；一大一小者近，中者稍远较为自然［图6-5(a)］。如果选用两个树种，最好同为乔木、灌木、常绿树、落叶树，其中大中者为一种树，中者距离稍远，小者为另一种树，与大者靠近［图6-5(b)］。

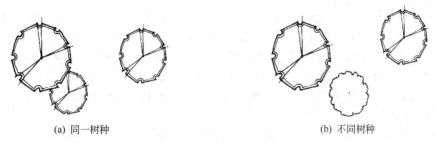

(a) 同一树种　　　　　　　　　　　　　　(b) 不同树种

图 6-5　三株丛植

③ 四株丛植　四株树可分为3∶1两组，组成不等边三角形或四边形，单株为一组者选中偏大者为好（图6-6）。若选用两个树种，应一种树植3株，另一种树1株，1株者为中、小号树，配置于3株一组中（图6-7）。

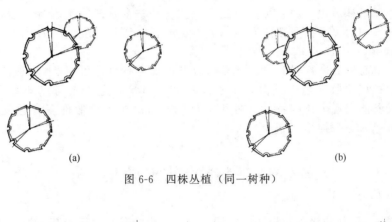

(a)　　　　　　　　　　　　　　　　　　(b)

图 6-6　四株丛植（同一树种）

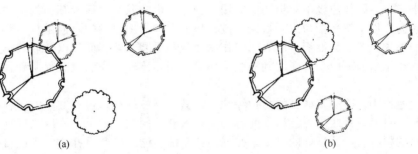

(a)　　　　　　　　　　　　　　　　　　(b)

图 6-7　四株丛植（不同树种）

④ 五株丛植　五株树可以分为3∶2或4∶1两组，任何三株树栽植点都不能在同一直线上。若用两种树，株数少的2株树应分植于两组中（图6-8）。

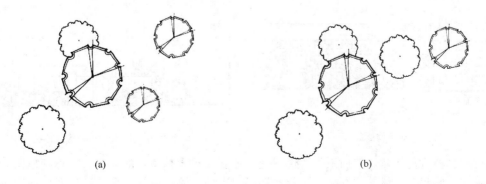

(a)　　　　　　　　　　　　　　　　　　(b)

图 6-8　五株丛植

丛植的目的主要在于发挥群体的作用，它既能表现出不同种类的个性特征又能使这些个性特征很好地协调地组合在一起，是在景观上具有丰富表现力的一种配置方式。它对环境有较强的抗逆性，在艺术上强调了整体美。应用时应从每个树种的观赏特性、生态习性、种间关系、与周围环境的关系以及栽培养护管理等方面综合考虑。

6.2.2.4 群植（Colonial planting）

又称树群，指由20株以上至数百株的乔、灌木成群种植的配置方式。树群可由单一树种组成，也可由不同树种组成，但树种种类不宜过多。树群由于株数较多，占地较大，在园林中可作背景、伴景用，在自然风景区中亦可作主景。两组树群相邻时又可起到透景框景的作用。树群不但能够形成风景林景观的艺术效果，还可以改善环境。在群植时应注意树群的林冠线轮廓以及色相、季相效果，并应注意树木种类间的生态习性关系，以使树群能够保持较长时期的相对稳定性。

6.2.2.5 林植（Forest planting）

指较大面积、多株数、成片的树林状的园林树木配置方式。在自然风景区和城市绿化建设中进行此类园林树木配置时，应综合考虑森林学、造林学的概念和技术措施以及园林的要求。工矿场区的防护带、城市外围的绿化带及自然风景区中的风景林等，都常采用此种种植方式。在配置时除防护带应以防护功能为主外，绿化带或风景林一般要特别注意群体的生态关系以及养护上的要求。

从树种组成方面分，林植通常有纯林、混交林等结构。从配置疏密程度分，林植又可以分为疏林（郁闭度一般为0.3~0.6）和密林（郁闭度一般为0.7~1.0）两种。在自然风景游览区中进行林植时应以营造风景林为主，注意林冠线的变化、疏林与密林的搭配、林中下木的选择与搭配、群体内及群体与环境间的关系以及按照园林休憩游览的要求留有一定大小的林间空地等。

6.2.2.6 散点植（Scattered planting）

指以单株在一定面积上进行有韵律、节奏的散点种植，有时也可以2~3株的丛植作为一个点来进行疏密有致的扩展。散点植不是对每个点的强调，而是着重于点与点间有呼应的动态联系。散点植的配置方式既能表现个体的特性又处于无形的联系之中，恰似许多音色优美的音符组成一个动人的旋律，可令人心旷神怡。

6.3 配置的艺术效果

从总的要求来讲，园林建设中对植物的应用，创造一个游憩、生活于其中的美的环境是其主要目的。也许有人认为应以生态平衡为主要目的，或以环境保护为主要目的，但是从客观事实来看，全世界的自然森林面积和人工造林面积、广大的农作物面积和果园、菜园面积以及放牧草原、草场面积所发挥的生态平衡作用与园林面积所能起到的改善环境作用相比较，我们就会很明确园林植物配置的目的了。

在园林绿化建设中，除了工矿区的防护绿地外，其他园林绿地，包括城镇的园林绿地及休养疗养区、旅游名胜地、自然风景区等，其树木配置均应要求有美的艺术效果，皆应当以创造优美环境为目标，去选择合适的树种、设计良好的方案，并采用科学的、能维护此目标或实现此目标的整套养护管理措施。园林树木不但可以独立成景，还可以与其他园林要素配合，弱化硬质景观的人工雕琢痕迹，丰富景观的自然效果。图6-9中示意建筑物在配置前后的外貌。配置前建筑的立面很简单枯燥，配置后则变为优美丰富。在建筑物屋基周围的种植叫基础种植，或屋基配置（图6-10）。园林树木的基础种植在园林中应用很广泛。

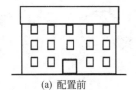
(a) 配置前

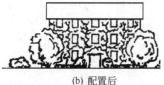
(b) 配置后

图6-9 建筑物配置图

图6-10 建筑基础种植

在进行园林植物配置时，我们不但要讲绿化，还要注重园林树木的美化，以体现出园林专业的特点。所谓美化，除包括一般的"香化"、"彩化"等内容外，还应包括地形改造以及园林建筑和其他必要的设施。如果只有地形改造和园林建筑而没有绿化，亦不能称为园林建设工作的全部。因此，园林建设工作必须既讲绿化又讲美化，缺一不可。

园林植物配置的艺术效果是多方面的、复杂的，需要长期细致的观察、体会才能领会其奥妙之处。园林树木配置的艺术效果，可以从以下美学构图原则进行分析。

6.3.1　统一与变化

同一处园林绿地中的园林植物虽然种类多样，形态多变，但在体形、体量、色彩、线条形成、风格等方面，配置都应有一定程度的相似性或一致性，给人以统一的感觉。统一的布局会产生整齐、庄严、肃穆的感觉，但过分一致又觉呆板、郁闷、单调，所以园林植物的配置效果要求统一中有变化、变化中有统一。

6.3.2　主体与从属

在园林树木配置中，要把握景区和景观的主体与从属关系。例如绿地以乔木为主体，则灌木和草本就为从属；或大片草坪为主体，则散植的乔木、花灌木等就为从属。

6.3.3　对比和调和

园林景观需要有调和，才能产生整体感；也需要有对比，才能使景观丰富多彩，生动活泼。植物色彩差异明显的，如绿与红，白与黄等就是对比；差异不大的就有调和效果。运用色彩的调和可获得宁静、稳定与舒适优美的环境，运用色彩对比则可获得鲜明而吸引人的良好效果，以加强某个景物，使其突出显现。此外，园林树木配置的调和与对比还表现在形象、体量、高低、明暗、虚实、开闭等方面。

园林中常用常绿针叶树，尤其是尖塔形的树种常形成庄严肃穆的气氛，例如莫斯科列宁墓两旁种置的冷杉产生很好的艺术效果。一些线条圆缓流畅的树冠，尤其是垂枝性的树种可形成柔和轻快的气氛，例如杭州西子湖畔的垂柳。

对于过分突出的景物，又能够用配置的手段使之从对比"强烈"变为"柔和"，即缓解。景物经缓解后可与周围环境更为协调，而且还可增加艺术感受的层次感。

6.3.4　节奏和韵律

园林树木配置中单体有规律的重复、配置间隙的变化，在序列重复中会产生节奏，在节奏变化中又能产生韵律。如路旁的行道树用一种植物的重复出现，形成简单韵律；两种树木尤其是一种乔木与一种花灌木相间排列或带状花坛中不同花色分段交替重复等，产生活泼的交替韵律。另外，植物色彩搭配以及随季节发生变化，会形成季相韵律；植物栽植高度由低到高，效果由疏到密，色彩由淡到浓等，都会形成渐变韵律。

6.3.5　均衡和稳定

均衡，又称平衡，指从平面上分析园林布局中的部分与部分的相对关系，可分对称的平衡和不对称的平衡两类，前者是用体量上相等或相近的树木以相等的距离进行配置而产生的效果；后者是用不同的体量以不同距离进行配置而产生的效果。

稳定一般指从立面上分析园林景观的适宜轻重关系。在园林局部或园景一角中常可见到一些设施物的稳定感是由于配置了植物后才产生的。如图6-11是园林中的桥头配置。配置前，桥头有秃硬不稳定感，配置之后则感觉画面稳定。实际上中国较

(a) 配置前　　　　(b) 配置后

图6-11　园林桥头配置

考究的石桥在桥头设有抱鼓尾板，木桥也多向两侧敞开，因而形成稳定感，而在园林中于桥头以树木配置加强稳定感则能获得更好的风景效果。

6.3.6　比例与尺度

比例是指园林中的景物在体形上具有适当的关系，其中既有景物本身各部分之间长、宽、厚的比例关系，又有景物之间个体与整体之间的比例关系。如面积较小的园林，在配置时，树木及其他园林要素都是小型的，使人感到亲切合宜；大型园林，在配置时，树木及其他园林要素都是大型的，使人感到宏伟壮观。尺度既有比例关系，又有匀称、协调、平衡的审美要求，其中最重要的是联系到人的体形标准之间的关系，以及人所熟悉的大小关系。例如，在绿地中配置一株孤植树做主景，周围草坪

的最小宽度就需以观赏视距为景物高度的 2~3 倍来限定，否则，就达不到对该树的最佳观赏效果。

6.3.7 意境美

　　园林植物具备形象美、色彩美以及联想美，园林工作者应该充分运用这些知识，按照一定的设想，将其组合起来，这种组合必须对园林植物若干年后的形象具有预见性，并结合当地具体的环境条件和园林主题的要求，巧妙地、合理地进行配置，构成一个景观空间，使游人置身其间，陶醉于美好的意境中。

　　对于园林景观空间意境的描述，古代早有记载。"几处早莺争暖树，谁家新燕啄春泥。乱花渐欲迷人眼，浅草才能没马蹄。最爱湖东行不足，绿杨阴里白沙堤。"这是著名诗人白居易对植物形成春光明媚景色的描绘。"独坐幽篁里，弹琴复长啸。深林人不知，明月来相照。"这是著名诗人王维对植物所形成的"静"的气氛的感受。各种植物的不同配置组合，能形成千变万化的景境，能给人以丰富多彩的艺术感受。配置上的意境效果，颇有"只可意会不可言传"之意，只有具有相当修养水平的园林工作者和游人能体会到其真谛，但是每个用心观摩的人却又都能领略其意味。

　　总之，要充分发挥树木配置的艺术效果，除应考虑美学构图上的原则外，还必须了解树木的生命性特征，根据其生长发育规律和各异的生态习性要求，在掌握园林树木自身和其与环境因子相互影响的规律基础上还应具备较高的栽培管理技术知识，并有较深的文学、艺术修养，才能做到合理配置，甚至高水平配置。此外，不同性质的绿地应运用不同的配置方式，例如公园中的树丛配置和城市街道上的配置要求是有区别的，前者大都要求表现自然美，后者大都要求整齐美，而且在功能要求方面也是不同的，因此所采取的配置的方式也就截然不同，如图 6-12 和图 6-13 所示。

 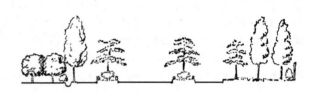

图 6-12　公园树丛配置　　　　　　　　　　　　　图 6-13　街道配置

复习与思考题

1. 居住区绿地中如何做好园林植物的配置？
2. 按配置的平面关系分，园林树木配置的方式有哪些？试举例说明。
3. 园林树木配置的景观效果包括几种方式？试结合实例和图示说明。
4. 运用所学知识，分析如何创造和表现园林植物配置的意境美？

第 7 章　园林中各种用途树种的选择与应用

当今世界人们要求园林具有更高效的防护功能，更优美的观赏效果，要求园林植物有更强的适应性，这就需要在符合生物学、生态学及美学原则的基础上，更科学地选择树木种类，以达到最佳的综合效果。

7.1　独赏树的选择与应用

独赏树亦称孤赏树、园景树、孤植树、标本树、赏形树或独植树等，指形体独特、冠姿优美，可独立成为景观的园林树种。在一些特殊场所，如花坛中心、大门两侧、照壁两侧、绿地中心，栽植一株或两株树木，即可点缀空间，形成独特景观。

7.1.1　独赏树的选择

独赏树主要表现树木的个体美，一般要求高大雄伟、树形优美、色彩鲜明、轮廓清晰端正、具有特色，可以是常绿树，也可以是落叶树。通常又可选用具有美丽的花、果、树皮或叶色的树种。独赏树的树冠应开阔宽大，呈圆锥形、尖塔形、垂枝形、风致形或圆柱形等。另外，独赏树还应具备生长旺盛、寿命长、病虫害少、能够充分适应当地的气候条件。

7.1.2　独赏树的应用

独赏树周围应有开阔的空间，最佳的栽植位置是以大草坪为基底，以蓝天为背景的地段。配置时应偏于一端布置在构图的自然中心，而不要置于草坪或广场的正中心。配置在开阔的水边，以明亮的水色为背景，还可以产生意想不到的倒影效果。独赏树一般采用单独种植的方式，但有时也可用 2～3 株合栽在一起以形成一个整体的树冠。

独赏树常植于庭院或公园中，应具有独特的观赏价值。如雪松，树冠圆锥形、树枝平展、叶如白雪覆盖，独具特色，具有美感；银杏树塔形树冠，独特短枝和叶形具有较高的独立观赏价值；花椒赏其满树银花，红果累累，光彩夺目；槭树科植物叶色富于变化，秋叶由黄变红，赏其叶色的美丽景色等。

常用的独赏树还有油松、白桦、圆柏、白蜡、悬铃木、无患子、七叶树、喜树、乌桕、糙叶树、木棉、珙桐、华北落叶松、凤凰木、大花紫薇、云杉等。

在管理上，应注意保持自然树冠的完整性，避免明显的机械损伤。树冠投影下的土壤表面避免践踏过实。在人流过多处，应在树干周围留出保护空间，其范围大小视树种类型、根盘及树冠直径而定。如属古树名木，应立牌说明。

7.2　庭荫树的选择与应用

园林绿地中以遮阴为主要目的的树木称为庭荫树，又称绿荫树、庇荫树。其作用主要在于形成绿荫以降低气温，并提供良好的休息和娱乐环境；同时由于庭荫树一般均枝干苍劲、荫浓冠茂，无论孤植或丛栽，都可形成美丽的景观。庭荫树多种植于路旁、池边、廊亭前后，或与山石建筑相配，或在局部小景区三五一组散植各处，形成自然之趣，亦可在规整的有轴线布局的区域进行规则式栽培。晋代诗人陶渊明诗："方宅十余亩，草屋八九间。榆柳荫后檐，桃李罗堂前。"描述的就是庭荫树的配置。

7.2.1　庭荫树的选择

庭荫树因其功能要求，主要选择枝繁叶茂、绿荫如盖的落叶树，其中又以阔叶树的应用为佳，如树干通直、高耸雄伟的梧桐，其树皮青绿光滑，树姿高雅出俗，是我国传统的优良庭荫树种。明朝陈继儒有"凡静室需前栽梧桐，后栽翠竹"之说，并谓梧桐之趣"夏秋交荫，以蔽炎烁蒸烈之威。"自古以来，我国就有"栽得梧桐树，引来金凤凰"的美好传说，故梧桐树成为了园林绿化树种中的首选。枝叶茂密的香椿，树干通直，冠大荫浓，嫩叶红艳，俏丽可人，且幼芽、嫩叶可食，在中性、酸性及钙质土壤均能生长良好，生长较快，对有毒气体抗性亦较强，为传统庭荫树种。

庭荫树一般要求生长健壮，树冠高大，枝叶茂密荫浓；荫质良好，荫幅（冠幅）大；无不良气味，无毒；少病虫害；根蘖较少；根部耐践踏或耐地面铺装所引起的通气不良条件；生长较快，适应性强，管理简易，寿命较长；树形或花果有较高的观赏价值等。需要注意的是，在庭院之中尽量不要过多使用常绿树种作为庭荫树，否则易导致终年阴暗有抑郁之感。建筑物窗前也不宜栽植树体高大树冠茂密的庭荫树，以免过度遮光导致室内阴暗。

中国常见的庭荫树，东北、华北、西北地区主要有毛白杨、加拿大杨、青杨、旱柳、白蜡树、紫花泡桐、榆树、槐、刺槐等；华中地区主要有悬铃木、梧桐、银杏、喜树、泡桐、榔榆、枫杨、垂柳、三角枫、无患子、枫香、桂花等；华南、台湾和西南地区主要有樟树、榕树、橄榄、桉树、金合欢、木麻黄、红豆树、楝树、楹树、凤凰木、木棉、蒲葵等。

7.2.2　庭荫树的应用

庭荫树的选用，如能兼具观叶、赏花或品果效能则更为理想。热带和亚热带地区多选用常绿树种，寒冷地区以选用落叶树为主。如主干通直、冠似华盖的榉树，其叶夏绿荫浓，入秋转红褐，且耐烟尘，抗有毒气体并能净化空气，抗风力强，是优良的庭荫树种。

著名观花庭荫树种白玉兰，树形高大端直，花朵先叶开放，洁白素丽，盛花时节，犹如雪涛云海，气势壮观，且对 SO_2、Cl_2 和 HCl 等有害气体有一定吸收能力，寿命可达千年以上，为古往今来名园大宅中的珍贵佳品。更有现代杂交品种的二乔玉兰，复色花，大而芳香；红运玉兰，色泽鲜红，馥郁清香；飞黄玉兰，色泽金黄；红元宝玉兰，花若元宝之状，花期延至夏开，均为玉兰属中的新贵。

再如，叶形雅致的合欢，其枝条婀娜，树冠开张，成荫性好，花似粉红色，细长如绒缨，极其秀美，盛夏时节，覆荫如盖，红花如簇，秀雅别致，为优良的观花类庭荫树种。还有根系发达，萌芽力强的柿树，枝繁叶茂，广展如伞，秋起叶红，丹实如火，夏可庇荫，秋可观色，既赏心悦目，又能饱口福，更对土壤要求不严，寿命较长，是观果类庭荫树栽培的上佳选择。

部分枝疏叶朗、树影婆娑的常绿树种，也可做庭荫树应用，但在具体配置时要注意与建筑物主要采光部位的距离，考虑树冠大小、树体高矮程度对光照的影响，不能顾此失彼，弄巧成拙。如树形整齐美观的枇杷，叶常绿有光泽，冬日白花盛开，夏日金果满枝，历来为常绿类庭荫树中的传统佳选。我国特有树种榉树羽叶清亮，"果"味甘美；竹柏秀叶光泽，姿形优美；叶面有白斑的薄雪竹柏以及叶面有黄色条纹的黄纹竹柏等变种，则更显珍贵。它们均为南方温暖湿润气候环境下常绿类庭荫树的优良选择。

攀援类树种作为庭荫树种，对提高绿化质量，增强园林效果，美化特殊空间等具有独到的生态环境效益和观赏效能。在开阔的庭院空间内设置廊架，因日照时间长，光照强度高，土壤水分蒸发量大，宜选用喜光、耐旱的紫藤、葡萄等。

由于庭荫树种类众多，在养护管理上，应根据特定植物的生态习性分别实施，不能"一刀切"。对其中的边缘树种或有特殊要求的树种，应该根据具体情况，制定特殊的栽植养护管理措施。

7.3　行道树的选择与应用

行道树是指栽植在道路两旁，给车辆和行人遮阳并构成街景的树种。落叶乔木和常绿乔木均可作行道树，但必须具有抗性强、耐修剪、主干直、分枝点高等特点。行道树的主要栽植场所为人行道绿带，分车线绿岛，市民广场游径，河滨林荫道及城乡公路两侧等。

行道树可以进行光合作用，吸收 CO_2、放出 O_2；叶面可以黏着及截留浮尘，并能防止沉积污染物被风吹扬，故有净化空气的作用。如悬铃木、刺槐林等可使降尘量减少 $37\% \sim 60\%$。行道树的树冠可以阻截、反射及吸收太阳辐射，也会经由林木的蒸发作用而吸收热量，借此调节夏天的气温。炎炎夏日里，行道树可遮阻烈日辐射，降低路面温度，既避免了路面由于日光强烈辐射造成损伤，也使行人得以免受日晒之苦。

行道树可阻挡、吸收噪声。亦可借由树体本身枝、干、叶的摇曳摩擦或生活在其间的鸟、虫等野生动物发出的声音来消除部分噪声。或仅仅是借着遮住噪声源的视觉效果达到减轻噪声的心理感受。

经过适当配置规划的行道树，具有诱导视线、遮蔽眩光等作用，使道路交通得以缓冲，增加行车安全。在城市道路两旁的楼房，颜色灰暗生冷，线条粗硬，行走其中，犹如置身水泥丛林，而行道树树形挺拔、风姿绰约，可以绿化、美化环境，软化水泥建筑的生硬感觉，为都市增添美丽的景色。

7.3.1　行道树的选择

理想的行道树，需满足几个方面的条件：

① 树形整齐，枝叶茂盛，树冠优美，夏季绿荫浓；
② 春季发芽早，秋季落叶迟，且落叶期持续时间短，花果不污染路面环境；
③ 树干通直，干性强，根系深，不易发生根蘖；
④ 无臭味，无毒无刺激，干皮不怕阳光暴晒；
⑤ 繁殖容易，生长迅速，栽培移栽成活率高；
⑥ 对有害气体抗性强，病虫害少，能够适应当地环境条件，耐修剪，养护管理容易；
⑦ 寿命长。

7.3.2　行道树的应用

行道树应用要考虑道路的建设标准和周边环境的具体情况。如在规划种植行道树上方有架空线路通过时，最好选择生长高度低于架空线路高度的树种，这样有利于修剪树木。树木的分枝点要有足够的高度，不得妨碍道路车辆的正常行驶和行人的通行。

由于行道树选择条件较为苛刻，完全合乎理想、十全十美的行道树树种并不多。就城市而言，巴黎行道树仅有 10 余种，伦敦不足 10 种，北京不过 40 余种；若依据地区或国家来统计，北美常用行道树 60 余种，法国与英国均 50 余种，日本 60 余种，中国由于幅员辽阔，经纬度跨度较大，气候差异明显，不同地区有较多具有地方特色的树种，因此常用行道树种类较多，100 种以上。

行道树代表着一个区域或一个城市的气候特点及文化内涵。任何植物的生长都与周围环境条件有着密切的联系，因此选择行道树时一定要考虑本地区的环境特点与植物的适应性，这样可避免行道树栽植上的盲目性。

以下城市行道树的选择就代表了当地生态环境的特点：比如北京的国槐、海南的椰树、南京的雪松与悬铃木、成都的银杏、福州的榕树、长沙的香樟、武汉的水杉、合肥的广玉兰以及桂林的桂花等。我国南北气候存在着很大差异，所以不同地方行道树的选择也不尽相同。南方温度高、湿度大、雨量充沛，植物终年生长，行道树种类繁多，适宜栽植的行道树有香樟、榕树、广玉兰、桂花、银杏、马褂木、七叶树、枫树及水杉等。而我国北方干旱少雨，气候干燥，空气湿度小，土壤瘠薄，所以适宜栽植的行道树较少，常见品种有法桐、国槐、银杏、合欢、栾树、水杉、柳树、马褂木、七叶树、枫树及女贞等。近几年来，由于全球气候不断变暖，一些南方植物经过人工驯化，逐渐适应了北方部分地区的生长，如广玉兰、桂花及棕榈等。表 7-1 为园林中常见的行道树。

表 7-1　常见行道树树种的基本情况

名　称	科　属	特　性
悬铃木	悬铃木科悬铃木属	生长迅速,叶大荫浓,树冠广展,气势雄伟,抗烟尘
国槐	豆科槐属	抗风力强,寿命长,枝叶茂密,抗烟尘
龙爪槐	豆科槐属	枝条蟠蜒下垂,姿态别致
合欢	豆科合欢属	树冠开阔,如亭似盖,纤叶似羽,昼开夜合,十分清奇
白蜡	木犀科白蜡树属	萌蘖力强,耐修剪,秋日叶色变黄
银杏	银杏科银杏属	姿态优美,叶片别具一格,形如折扇,入秋叶变金黄色
黄连木	漆树科黄连木属	入秋叶变橙黄色或深红色,果黄白色
杜仲	杜仲科杜仲属	树姿优美,枝叶繁茂,生长迅速,叶油绿发亮,能抗酷热
玉兰	木兰科木兰属	姿态婀娜,亭亭玉立,叶茂荫浓,笼盖一庭
山楂	蔷薇科山楂属	春季花繁叶茂,秋季红果累累

名 称	科 属	特 性
五角枫	槭树科槭属	层次叠累,叶果美丽奇特,入秋变黄
梧桐	梧桐科梧桐属	叶翠枝青,亭亭玉立,对 SO_2 和 HF 有较强的抗性
泡桐	玄参科泡桐属	冠大荫浓,繁花似锦,色彩绚丽
毛白杨	杨柳科杨属	树皮灰白,叶片翠绿,雄伟美丽
核桃	胡桃科核桃属	根深叶茂,寿命长,生长迅速
鹅掌楸	木兰科鹅掌楸属	叶形奇特,秋叶黄色,花如金盏,古雅别致
榆树	榆科榆属	抗风,生长快,寿命长,萌芽力强,耐修剪
垂柳	杨柳科柳属	枝条细长,柔软下垂,姿态优美
旱柳	杨柳科柳属	树冠丰满,落叶迟,形态优美,适应性强
刺槐	豆科刺槐属	素雅芳香,抗性强,生长迅速
臭椿	苦木科臭椿属	叶大荫浓,秋季红果满树
复叶槭	槭树科槭树属	入秋叶色金黄,颇为美观

行道树距车行道边缘应以 1～1.5m 为宜,最低不低于 0.7m,距房屋的距离不宜小于 5m。株间距速生树以 8～12m 为宜,慢长树以 4～8m 为宜（待长至适当规格后可通过间株移栽以增大空间）。树池通常 1.5m×1.5m,有条件的地方可配置植物带,带宽大于 1m,这种方式对行道树的生长较树池更为有利。种植穴（带）的中心与地下管道的水平距离不低于 2.5m,在地震频发区域植穴（带）的中心与煤气管道的距离不应低于 3～5m。行道树枝条最高点与地上部高压线的距离应在 3～5m 以上,必要时需要修剪和设立其他防护措施。行道树枝下高我国标准多为 2.8～3m,日本为 2.4～2.7m,欧美国家一般为 3～3.6m。值得注意的是,随着现代城市道路的持续变宽,原有的行道树枝下高标准已经不能满足城市绿化建设的需要,行道树枝下高有持续增高的趋势。例如在青岛部分道路区段行道树枝下高达到 5m 以上。

新植行道树一定要设立支架,以保证树干垂直于地面,一年以后撤除支架,以免影响树干生长,造成机械损伤,或根据具体情况重新设立支架。行道树的养护管理主要是注意树形的完整,以保证其充分发挥美化街景和遮阴功能。每年应及时清除干基萌蘖,修剪树冠中的枯枝、病枝、杂乱枝。注意枝条与电线的安全距离,台风等自然灾害来临之前应提前做好预防措施。适时进行肥水管理,预防病虫害,越冬前进行涂白、浇灌越冬水等管理。冬季多雪地区,应根据具体情况对行道树尤其是常绿行道树进行除雪工作。在粉尘污染较为严重的地区,应进行定期喷洗树冠。

7.4 片林、群丛的选择与应用

片林（Grove）是以乔木为主仅杂有少量灌木、丛木,进行成片绿化种植的方式。群丛（Bushy planting）是以灌木、丛木为主仅杂有少量乔木的绿化种植方式。片林与群丛在城市园林绿地中是经常应用的配置形式之一,尤其在大面积的风景区中更是占着极大的比重。由于群丛及片林的组成成分不同,及在园林中所担负的作用不同,所以在具体的选择与应用上有许多不同之处。如各种结构及组成的风景林、防护性片林及林带、游憩性及疗养性片林、水源涵养水土保持性林、杂木林、竹林等均有不同的要求。

7.5 观花树木的选择与应用

凡具有美丽的花朵或花序,其花形、花色或芳香有观赏价值的乔木、灌木、丛木及藤本植物均称为观花树木或花木。观花树木是绿化城市、美化庭院、香化环境、净化空气的重要植物材料,其观赏价值是由树木的形状,枝、叶的颜色,花朵、果实的形状和颜色以及香气等因素构成。因其种类繁多、花期不一、习性各异,园林规划进行植物配置时必须考虑其花期的衔接和颜色的搭配。

观花树木在园林中作用巨大,应用极广,具有多种用途。有些可作独赏树兼庭荫树,有些可作行道树,有些可作花篱或地被植物用。在配置应用的方式上亦是多种多样的,可以独植、对植、丛植、列植或修剪整形成棚架用树种。观花树木在园林中不但能独立成景而且可为各种地形及设施物相配合而产生烘托、对比、陪衬等作用,例如植于路旁、坡面、道路转角、座椅周旁、岩石旁,或与建筑相配作基础种植用,或配置湖边、岛边形成水中倒影。

另外，观花树木可依其特色布置成各种专类花园，也可依花色的不同配置成具有各种色调的景区，亦可依开花季节的异同配置成各季花园，又可集各种香花于一堂布置成各种芳香园；总之，将观花树种称为园林树木之宠儿并不为过。

应根据不同种类的习性，本着能充分发挥其观赏效果满足设计意图的要求为原则来进行水、肥管理和修剪整形、越冬、过夏，以及更新复壮、防治病虫害等工作。

7.6 藤本树木的选择与应用

藤本植物又称攀援植物，是一类不能自由直立、通过主茎缠绕或攀援器官攀援它物升高的植物的总称。木质藤本植物具有独特的适应性，不仅可以作为垂直绿化的主要材料，而且它的独特生长方式和适应特征可以作为行为生态学和进化生物学研究的优良素材。在城市垂直绿化中木质藤本植物具有其他植物难以替代的作用。

7.6.1 藤木的选择

随着我国城市建设的发展，城市绿化空间越来越少，在水平方向上发展绿地越来越困难，而垂直绿化却越来越展现出广阔的舞台。木质藤本植物在城市垂直绿化方面具有很强的优势。我国藤本植物资源丰富，其中木质藤本植物又占据了相当大的比例。但是，目前我国城市园林绿地中已应用的木质藤本植物（尤其是常绿木质藤本植物）存在着种类少、景观单一、乡土特色不明显等问题。

我国藤本植物资源丰富、种类繁多，就全国而言，在近3万种高等植物中，藤本植物有3000多种，分属于80个科300多属，其中大部分分布于华南、西南、华中和华东的热带、亚热带地区，加上有可能从国外引入的种类，其可利用的数量和前景，是相当丰富和可观的。

目前对木质藤本植物研究的深度和广度都远不及对其他类群的研究，直到近十几年来，对攀援植物的研究才又重新兴起。国内先后对不同地区木质藤本植物进行了初步研究，范围多涉及南亚热带。木质藤本植物的研究内容主要是针对繁育技术以及生理生态学特性的领域。

7.6.2 藤木的应用

园林上应用的木质藤本植物，一般分为两类：一类是为自身缠绕的木质藤本植物，这类植物不具有特化的器官，而是靠自身的主茎缠绕着其他植物或物体向上生长；另一类为依附它物的木质藤本植物，这类植物具有特化的器官，如钩刺、卷须、吸盘，靠这些特殊的器官，把自身固定在其他植物或物体上生长。

木质藤本植物总是依附于建筑或其他附属物而生长，占地极少，又不易受人或其他的无意破坏；适应性强，生长迅速。木质藤本植物多采用播种和扦插繁殖，苗木来源方便，且管理简单、粗放，利于推广；种类繁多，有吸附、缠绕、卷须、钩刺等攀援方式，可观叶、观花或观果；应用范围广，墙面、坡坎、棚架、凉廊、栅栏、拱门、灯柱、假山、石桥等均可应用，与建筑物既统一，又有生动活泼之变化；防暑降温，吸滞尘埃，减少噪音，净化空气。据测定，有绿化覆盖的比无覆盖的墙面温度低5～14℃。

木质藤本植物种类繁多，应用时要充分利用当地乡土树种，适地适树；应满足功能要求、生态要求、景观要求，根据不同绿化形式正确选用植物材料；应注意与建筑物色彩、风格相协调；为了丰富景观层次，应注意品种间的合理搭配；注意意境美的创造。

另外木质藤本植物在城市中应用的成功与否主要取决于三方面：一是植物原产地的自然条件与栽培地环境条件的相似程度；二是取决于植物种类对环境的适应能力；三是具体的栽植地点的小气候、土壤、地下环境等立地条件及相应的科学栽培管理措施等对植物的生存可能产生决定性影响。现代城市中出现越来越多的高、大型建筑物，这些建筑物在城市中形成了独特的小气候，冬季建筑物背风面风速降低50%～70%，夜间空气相对湿度增加7%～9%，春季完全解冻时间可提早约1个月等。在植物的配置与应用上如能够科学合理地利用这些城市中的局部小环境，不但能使植物得以生存，延长绿色期，软化建筑物界面，改善周围生态环境，而且还可丰富当地的绿化植物品种。

藤本植物在养护管理上除水肥管理外，对棚架植物主要着重在诱导枝条使之能均匀分布；对篱垣式整枝的应注意调节各枝的生长势；对吸附及钩搭类植物应注意大风后的整理工作。此外，为了形成特殊的景色亦可利用栽培及整形技术，将粗状性藤本整成灌木状，亦可将乔木整形成棚架状，在欧洲及日本均有此种做法。

7.7 绿篱植物的选择与应用

绿篱又称为植篱或树篱，在园林中主要起分隔空间、范围场地、遮挡视线、衬托景物、美化环境以及防护作用等。按特点又可分为花篱、果篱、彩叶篱、枝篱、刺篱等，按高矮可分为高篱、中篱、低篱，按形状有整形式及自然式等。

7.7.1 绿篱植物的选择

绿篱植物要求萌蘖和再生能力较强，枝叶繁茂，耐修剪，剪后容易恢复；叶小而密，有光泽，花果小而密，能大量繁殖，可以满足苗木的大量供应；整体生长不是特别旺盛，以免多次修剪。

7.7.2 绿篱的功能

城市园林中，绿篱的功能主要体现在以下方面。

（1）空间围合功能

人们生活中的场所一般都是近人尺度的，在大空间中划分出私密程度不一的小空间，限定了人活动的领域，创造了丰富的交往空间。空间围合兼有视线遮挡的功能，可以将环境中不美观的事物遮挡起来。在园林中，绿篱在一定程度上可以作为实体墙的良好替代品。如莎顿庄园中的露天音乐剧场，剧场的中心是草坪，周围是由高篱围合的包厢式的小空间，这种形式的空间围合，既符合人们对私密空间的需求，又极大地满足了人们与植物亲密接触的意愿。又如广州市中海名都小区的通风井周围用垂榕绿篱进行围合，将通风井这种与整体环境不相协调的事物遮挡起来，使整个环境更加自然、和谐。

（2）空间引导功能

园林空间有明确的序列流程：起始、发展、高潮和收尾。通过空间组织处理，引导人们行动的方向，让人们进入空间后，随着空间的布置自然而然地随其行动，从而满足空间的物质功能和精神功能。这种空间的引导可以采用同一或类似的视觉元素，如实体墙或一组相同的植物配置等。在园林空间中，绿篱墙以其高大整齐的特点，最适宜布置在道路的两侧，形成狭长的空间，引导游人向远端眺望，去欣赏远处的景点。如深圳特区荔香公园中用修剪成圆柱形的垂榕以近距离排列成绿墙，引导游客向前面的大草坪行走，当游人走到绿篱尽端时，会为眼前大面积的草坪所震撼，豁然开朗的感觉油然而生；又如某滨海酒店用绿墙形成狭长空间，仅供客人步行直达海滨和客房，永远见不到服务人员，当游人怀着好奇的心态走到绿墙尽端时，突然面朝大海，心中必然会有些许惊喜。

（3）空间主景功能

园林空间中，被人们集中视线、成为画面中心的重点景物即为主景。园林中的主景按其所处空间范围的不同而异，一般有两方面的含义：一是指整个公共绿地的主景区，另一个是指景区局部空间的主景。空间主景既有以金属、石材、混凝土等硬质材料构建的建筑或雕塑，也有以植物这种软质材料塑造的景观。随着园林植物造景的不断发展，绿篱这种常见的植物造景形式作为空间主景逐渐显示出其独特的优点。不同类型的绿篱，结合园景主题，运用灵活的种植方式和整形修剪技巧，能够营造出风格各异的景观。如德国汉堡国际园艺博览会中的瑞典花园中布置着一系列由绿篱修剪成的高低、大小不同的立方体，形成大小不一、功能各异的连续空间，从住宅内看花园，绿篱层层叠叠，视线非常深远。日本滨名湖国际园艺博览会中用波浪形的板材结合绿篱形成独特的景观造型，构成犹如奇岩巨石绵延起伏的园林景观。

（4）空间衬景功能

在园林空间中，只有主景是不够的，只有主从搭配适宜才能使景观丰富多彩，使游人兴致盎然、印象深刻。元代《画鉴》中说："画有宾有主，不可使宾胜主。有宾无主则散漫，有主无宾则单调、寂寞。"因此，除主景之外，园林空间中还需要起陪衬、烘托作用的衬景。园林中常用常绿树修剪成各种形式的绿墙，作为雕像的背景，其高度一般要与雕像的高度相称，色彩以选用没有反光的暗绿色树种为宜。如果有相应的绿篱作背景，则可将浅色的雕像衬托得更加鲜明、生动。如深圳特区中山公园内，以陈郁的雕像为主题，将龙柏绿篱作为衬景，以龙柏的四季常青来烘托革命烈士的永垂不朽；又如南京林业大学图书馆前梁希先生的雕像，用不同造型的绿篱来烘托梁希先生对我国林业发展所做出的不朽贡献。试想这些人物雕像如没有绿篱作衬景来烘托，其景观渲染力将失色不少。

各种不同类型的绿篱在植物选择方面的要求不同，但总的要求是该树种具有较强的萌芽更新能力和较强的耐阴力，以生长比较缓慢、叶片较小的树种为宜。在栽培养护方面，注意修剪时期与植物生长发育的关系，合理确定修剪时期和修剪强度，保持绿篱冠层表面的完整，避免枝下空秃。及时进行病虫害预防，避免病虫蔓延。合理选择植物，避免与周围的植物在病虫害上有生活史的联系。

7.7.3 绿篱的应用

绿篱在我国拥有悠久的应用历史，但其体现的功能主要是充当边界。战国时期，屈原在《招魂》中就有"兰薄屋户树，琼木篱些"的诗句，意思是门前兰花成丛，四周围着玉树篱。现代园林中绿篱的应用更是随处可见，除了作为边界以外，模纹绿篱、绿篱色块等应用形式在城市中也频频出现。目前我国园林绿地中绿篱的用量很大，但其主要功能局限于分隔道路、作为绿地边界以及模纹绿篱。

7.7.3.1 道路分车带绿篱

道路分车带绿篱主要有以下三种形式。

① 满铺绿篱 间种有大型花灌木或分枝点较高的乔木。这种形式绿化效果较为明显，绿量大，色彩丰富，高度也有变化。

② 两侧绿篱 中间是宿根花卉、小花灌木或草坪，间植常绿乔木，色彩丰富。

③ 图案式绿篱 即以不同色彩的灌木组合成简单的图案，有几何形也有自由曲线形，修剪整齐，色彩丰富，装饰效果好，十分流行。这类绿篱主要集中在城市的景观大道。

由于我国的街道一味追求宽度，道路分车带的绿化就成为城市建设者必须面对的问题。绿篱作为分车带绿化的常用形式，具有绿量大、效果明显的优点。然而，以绿篱为主的车带格局从生态学角度上讲有明显缺陷，从美学角度上看也存在诸多问题，如一些城市道路的绿篱存在断档、黄土裸露等问题，还有的道路上绿篱植物总是一副生长不良的状态。因此，园林部门不得不大规模改造一些重要道路的绿篱，解决道路绿化断档、裸露等问题，让城市的道路更耐看、更自然。这些问题的产生是由绿篱自身的缺陷造成的，如紧密排列的植物由于其内部得到的光照较少，再加上频繁的修剪，使得植株的生理代谢受到了很大的影响。所以，在新建道路绿化和原有道路绿地改造过程中，可增加草坪地被＋自然灌木、草坪地被＋整形灌木色块点缀、草坪地被＋乔木等绿化布局形式，以避免这种以绿篱为主的布局形式。

7.7.3.2 绿地边界绿篱

绿地边界绿篱主要有以下两种形式。

① 边界 园林绿地通常需要一定的边界，这种边界可以是实体墙，或是以植物材料构成的绿篱。随着居民对城市绿地需求的不断提高，越来越多的城市绿地推倒了原来的"高墙"，与城市进行了更好地融合。但为了在某些地段起到防范和防护作用，常以绿篱作为防范的边界，防止人们任意通行。

② 镶边 园林绿地常需要分割成很多几何图形或不规则形的小块以便观赏，这种观赏局部多以矮小的绿篱各自相围；有时花境、花坛和观赏性草坪的周围也需用矮小绿篱相围，这种作为边饰和美化材料的造景形式称为绿篱"镶边"。

绿篱作为园林绿地边界或镶边是从国外传入的，运用得好的确可以为园林绿化增添许多情趣，但盲目滥用就会破坏原有景观。如某幼儿园有一块草坪，中间有一组可爱的小鹿雕塑，草坪周围却围了一圈绿篱，高度已超过孩子们的视线。大量使用绿篱设定边界以及给绿地镶边，这种做法往往会使得绿地拒人千里之外，使人无法亲近，这也完全背离了中国传统园林的"天人合一"的精神。

7.7.3.3 模纹绿篱

模纹绿篱主要有以下两种形式。

① 具象式模纹绿篱 这类模纹绿篱具有具体、规整的几何图案，复杂、气势宏伟而庄重，并具有一定的主题。这一类型的模纹绿篱以文字、图案为主，如中山大学北门广场，设计者用 3 种不同颜色的绿篱植物构成模纹绿篱来表现中山大学校徽。例如青岛农业大学正门用龙柏、金叶女贞、紫叶小檗等组成大规模的模纹绿篱，其主题为"祥云"。

② 抽象式模纹绿篱 这类绿篱是由简洁流畅、灵活变化的直线或曲线配合丰富的植物色彩构成的，具有一定的视觉冲击力，但没有一定的主题。如深圳荔香公园内由黄金榕、九里香、福建茶、龙船花以及长春花 5 种不同植物构成不同颜色不同长度的直线，给人以一定的视觉冲击力，但却没有明确的主题。

我国的模纹绿篱主要是模仿西方文艺复兴时期的模纹绿篱形式。西方古典园林绿篱植坛的观赏点或是在台地上层或是在建筑物的上层，这样才能一览无余，充分领略它的图案美。而目前我国部分设计师们不顾地势，一概而论地将绿篱景观进行平面化处理，没有领会西方绿篱造景的本质。更有甚者，在当今园林公共绿地中绿篱的设计类似"见缝插针"，只要绿地中还有多余的空间未被利用，很多情况下，设计师会用大量的绿篱进行模式化填充，或形成色带，或形成色块。

7.8 绿雕塑植物选择与应用

绿雕塑亦称造型树，即利用修剪、蟠扎等措施，使园林树木育成预期优美造型，是植物栽培技术和园林艺术的巧妙结合，也是利用植物进行造园的一种独特手法。

7.8.1 绿雕塑植物选择

对树木进行造型时，我们必须首先选择易于实施的造型种类。所谓的易于实施是造型方法不违背植物的生长习性，树木的生长速度、分枝方向都在制作者的掌控中；其次，绿雕塑要满足植物生理生长需求，有利于通风透光，确保有足够的叶片进行光合作用，能满足绿雕塑的正常生长需要。对植物本身而言则要求植物生长速度快，萌芽力与成枝力均强，且耐修剪的园林植物，如红花檵木、榔榆、对节白蜡、黑松等，紫薇、小蜡、构骨、大叶黄杨等也都是作为造型树的理想材料。

7.8.2 绿雕塑植物应用

一般而言，绿雕塑的造型形式决定了其园林应用形式。满足植物生理特点是绿雕塑的首要条件，其后要考虑的是满足大众的审美情趣，这也是非常重要的。植物造型艺术是服务于人们的艺术，所以绿雕塑的形态美很大程度上决定了绿雕塑的观赏价值。绿雕塑的造型各有千秋，有的潇洒飘逸、有的苍劲有力、有的生趣活泼、有的古雅奇特等，可谓千姿百态，各具特色。造型树是园林景观中的重要组成部分，它具有独特的艺术性和观赏特性，常布置在公园入口、大型广场、空旷草坪等人流量较大的区域，主要起到强调主题、烘托气氛的作用，同时可以增强景观趣味性，结合周围环境的应用方式，形成形式多样、灵活多变的景观环境。绿雕塑常见以下形式。

(1) 几何造型

简单的几何造型在园林造型树中最为常见，通常有球形、半球形、塔形、锥形、柱形等，一般对乔灌类植物材料进行简单修剪就可以达到目的，稍复杂的几何造型需要进行前期的轻度修剪，这样可以刺激植物生长，使其枝叶更加密实，以便达到规则形状，有时为了造型的需要也借助尺子、金属丝等工具。修剪一般选在春秋季节较为适宜，此时，植物枝梢多叶，枝条密度大，易弯曲。对于粗和弯曲度大的枝干，则要加辅助物件弯曲固定。

(2) 动物造型

把桧柏等乔灌木进行长期整形修剪，使其呈现出飞龙、猛虎、鸡、鸭、狗、兔等动物造型，甚至其他人们所耳熟能详的文学形象，如孙悟空、猪八戒等，往往深受人们喜爱，尤其让小朋友们流连忘返。

(3) 植物建筑造型

植物建筑就是运用大量的植物进行大规模的植物造型，组成类似于亭台楼阁等建筑的各种造型。

(4) 拱门、棚架

攀援植物不仅可以创造各种植物雕塑造型，也可以在大型的植物建筑中使用。利用藤本植物的攀援特性，根据设计要求在事先搭好的拱门、棚架、支柱或者墙壁等植物可以攀援的物件上选择合适的藤本植物就可达到良好的景观效果，如形成窗格式、棚架式、干柱式、墙面式等造型。

(5) 其他复杂造型

越复杂的造型创作的难度就越大，应用乔灌类植物时通常需要进行多年的栽培、修剪、绑扎等，对修剪和维护的要求也更高。在植物雕塑中通常使用嫁接的办法来缩短对树冠的培养时间，此方法有很多优势，如嫁接用的砧木通常选择抗性强的树种，这样可以增强造型树的抗性；将不同花色的植株嫁接到同一株植物，可以产生一株植物不同花色的效果，大大增加造型植物的观赏性。此外还有利用植物的茎干愈合能力强的特点（如紫薇）编织出造型。

当然绿雕塑还有其他诸多形式，而且各种形式也并非独立应用，要根据造型树应用的环境，灵活地把几种形式结合在一起，创造出更好的植物景观效果。优美的园林绿雕塑具有很高的观赏价值，集多门学科（如园艺学、雕塑学、美学、建筑学等）于一身。

造型树对后期的养护管理要求也较严格，因此在进行创作的过程中要认真构思选取适宜的植物材料，既创造出好的作品，又尽量避免不必要的浪费，为城市建设做出贡献。

7.9　地被植物的选择与应用

凡能覆盖地面的植物均称地被植物，除草本植物外，木本植物中之矮小丛木、偃伏性或半蔓性的灌木以及藤木均可能作为园林地被植物应用。地被植物在改善环境，防止尘土飞扬、保持水土、抑制杂草生长、增加空气湿度、减少地面辐射热、美化环境等方面有良好作用。

7.9.1　地被植物的选择

园林常用地被植物一般包括以下类型。

① 低矮灌木类　植株高度不超过1m，或通过适当修剪可将其高度控制在1m以内的灌木，如小叶女贞、金叶女贞、平枝栒子、贴梗海棠、大叶黄杨、紫叶小檗、丰花月季和红王子锦带等。

② 匍匐灌木类　匍匐类灌木的枝条紧贴地面横向生长，高度极其有限，可以在较长时期内保持预期效果，基本不用修剪，是理想的园林地被植物。如铺地柏、沙地柏、地被月季、花叶长春蔓。

③ 木质藤本类　木质藤本类植物拥有独特的生物学特性和生态习性，能够生长土壤贫瘠或郁闭度较高的区域，其生长旺盛、覆盖地面迅速、耐阴性较好，是优良的林下地被和河渠护坡植物。常用植物包括五叶地锦、小叶扶芳藤、常春藤、枝条纤细的藤本月季及蔷薇品种等。

④ 地被竹类　地被竹类通常是指竹秆低矮、叶片密集的灌木竹类，其叶形秀丽、四季常青、覆盖效果好。该类植物目前常用的有阔叶箬竹、菲白竹、菲黄竹、鹅毛竹等。

7.9.2　地被植物的应用

地被植物的应用，要应充分考虑植物生态习性，了解栽培的立地条件，做到适地适树。除生态习性外，在园林中尚应注意其耐踩性的强弱以及观赏特性。在大面积应用时尚应注意其在生产上的作用和经济价值。

城市园林中的地被植物可区分为观赏地被及游憩地被，对前者应禁止游人进入，对后者则视游人数量及践踏情况可分期开放及封闭养护。平时的养护主要是去除杂草和清除枯枝落叶及适当的水、肥管理工作。至于对风景区中大面积的地被植物则可按群落学原理进行管理和调节。

复习与思考题

1. 园林树木种类繁多，应用形式亦多种多样，每种应用形式树种选择标准是什么？

2. 同一树种采用不同的修剪及造型方法会呈现出不同的景观效果，那么，在修剪造型过程中需要注意哪些问题？

3. 园林树木自然式整形与艺术造型的区别是什么？操作过程中应注意哪些问题？

第8章 园林树种调查与规划

园林树种调查与规划是城市绿地系统规划的重要组成部分，是科学选择、合理应用树木的主要依据。实践业已充分证明，树木是构成园林植物景观的主要材料，树种选择恰当、规划合理，是建设高质量、多功能、风格独特的城市园林的重要基础。如果选择不当，则树木生长不良，需多次变更，难以形成景观，既浪费时间又造成经济损失。所以任何一个城市都需要结合当地具体情况，筛选出一批能在当地生长良好，且充分发挥园林功能的树种，通过科学规划、合理应用，达到预期的效果。

所谓树种规划，就是对城市园林用树做一全面安排。也就是要按比例选择适应当地自然条件，在城市生态防护、环境美化及结合生产中功效良好，能较好地发挥其多种功能的优良树种。树种规划的基础是树种调查，首先应摸清家底，总结出各种树种在生长、管理及园林应用方面的成功经验和教训。然后，根据当地各种不同类型园林绿地对树种的要求订出规划。

8.1 园林树种调查

通过实地调查，对当地过去和现有树木的种类、生长状况、生态表现、绿化效果、功能体现等各方面作综合考察，为今后的规划工作奠定基础。调查必须按照实事求是的原则，采取认真细致的科学态度进行。

8.1.1 准备

准备工作是顺利完成树木资源调查的重要基础，是在调查开始前搜集和分析有关资料，准备调查工具，明确调查范围、调查内容和调查方法，制定调查计划的过程。较大型的调查，还应健全组织领导，落实责任制度，做好后勤准备工作。准备工作的内容主要包括资料的搜集分析、调查工具的筹备、人员组织与责任分配和制定调查工作计划等四方面。

8.1.2 调查

调查工作是通过对园林树木资源的种类、数量、分布等的实际调查，掌握树木资源状况第一手资料的过程。为了提高效率，应根据需要事先印制调查记录卡片（表8-1）。在测量记录前，应先由有经验者在该绿地中普遍观察一遍，选出具有代表性的标准树若干株，然后对标准树进行调查记录。必要时可对该标准树实行编号作为长期观测对象，但以一般普查为目的时则无须编号。

表 8-1　园林树种调查记录表　　　　　　　　　　　　年　月　日填

编号		树种名称		学名		科属	
类别	□落叶类、□常绿类、□半常绿类、□落叶针叶树、□乔木、□灌木、□丛木、□藤本、□吸附性、□匍匐性						
栽植地点		来源			树龄		
冠形	□椭圆、□长椭圆、□扁圆、□球形、□尖塔、□圆锥形、□开张、□伞形、□卵形、□倒卵形、□扇形						
干形	□通直、□稍曲、□弯曲	展叶期			花期		
果期		落叶期		生长势	□上、□中、□下、□秃顶、□干空		
其他重要性状							
调查株数		最大树高		最大胸径		最大冠幅	
		平均树高		平均胸径		平均冠幅	
栽植方式	□片林、□丛植、□列植、□孤植、□绿篱、□山石点景						
繁殖方式	□实生、□扦插、□嫁接、□萌蘖						
栽植要点							
园林用途	□行道树、□庭荫树、□防护树、□花木、□观果木、□色叶木、□篱垣、□垂直绿化、□覆盖地面						
生态环境	□山麓、□山脚、□坡地、□平地、□高处、□低处、□挖方处、□填方处、□路旁、□沟边、□林间、□林缘、□房前、□房后、□荒地、□熟地、□坡坎、□塘边、□土壤肥厚、□土壤中等、□土壤瘠薄、□林下受压木、□林下部分受压木、□南坡向、□北坡向、□东坡向、□西坡向、□风口、□背风、□精细管理、□粗放管理、□pH____左右						

编号		树种名称		学名		科属	
适应性	耐寒力	□强、□中、□弱		耐高温能力		□强、□中、□弱	
	耐旱力	□强、□中、□弱		耐风沙		□强、□中、□弱	
	耐瘠薄力	□强、□中、□弱		耐阴性		□喜光、□半耐阴、□耐阴	
	耐水力	□强、□中、□弱		病虫害危害程度		□严重、较重、□较轻、□无	
	耐盐碱	□强、□中、□弱					
抗有毒气体能力	抗 SO_2 能力		□强、□中、□弱	抗 Cl_2/HCl 能力		□强、□中、□弱	
	抗 HF 能力		□强、□中、□弱	抗粉尘能力		□强、□中、□弱	
绿化功能							
评价							
标本号		照片号			调查人		

注：仿陈有民《园林树木学》园林树种调查记录卡。

8.1.3 总结

外业调查结束后，应将资料集中进行分析总结，写出调查报告。报告一般包括以下述内容。

① 前言 说明调查的目的意义、调查范围、调查的方法步骤、组织情况以及参加工作人员等内容。

② 调查地区的自然环境情况 包括城市的自然地理位置、地形地貌、海拔、气候、土壤、水文、污染情况以及植被情况等。

③ 城市性质及社会经济简况 包括调查地区人口、劳动力、人民生活水平等概况。

④ 本市园林绿化现况 可根据建设部所规定的绿地类别进行叙述、附近有风景区时也应包括在内。

⑤ 树种调查总结表 包括行道树名录表、绿地公园中现有树种名录表、本地抗污染树种名录表、城市及近郊的古树名木名录表、边缘树种名录表、本地特色树种名录表、树种调查统计表、主要树种物候期观测表等。

在各种表格中，均需准确标明树种中文正名、拉丁学名、配置方式、高度、胸径冠幅、行株距、种植年代、生长状况、主要养护措施及存在问题等。

⑥ 专家和群众意见 国内外专家和当地人民群众的意见、要求等的综合。

⑦ 工作总结与展望 对调查结果的准确性、代表性做出分析和结论；对调查工作中存在的问题、今后要补充进行的工作要明确提出。

⑧ 参考文献 包括图书资料、科学研究成果等。

⑨ 各种附件 包括相关图片和腊叶标本名录。

8.2 园林树种规划

树种规划必须在科学、严谨、细致的树种调查基础上进行，没有树种调查的规划是主观且不符合实际的。然而一个好的树种规划，仅仅依靠对现有树种调查也是远远不够的，还应遵循以下几方面的原则才能制订出比较完善的规划。制定的规划还需随着社会的发展、科学技术的进步以及人们对园林建设要求的提高，作适时、适当的修正补充，以适应新形势的要求。

8.2.1 园林树种规划原则

树种规划既要符合当地自然森林植被的特点，又要充分发挥人的主观能动性。同时，要充分考虑该区域的气候、土壤、地理位置、自然和人工植被等因素。在分析自然因素与树种关系时，应注意最适条件和极限条件；在选择规划树种时，不仅应重视当地分布树种，而且应以积极态度发掘、引进有把握的新的外来树种资源，增加园林树木种类，丰富园林景观的多样性。

8.2.1.1 适地适树

树种规划要充分考虑到树种所处的地带性分布特点，根据园林绿化树种的生态特性和生长规律以及园林绿地所处的自然条件，选择能够适应区域土壤条件和小气候环境，做到适地适树。适地适树就是选择最适合当地自然环境的树种，通常多选用乡土树种。乡土树种经过长期的自然选择，能够很好地适应当地的气候条件、土壤条件等自然因子，应为树种选择的首选树种。此外，外来树种经过引种驯化后，能够良好的适应当地的环境条件，在城市绿化中可广泛应用，以增加树种的丰富度，可与乡土树种共同成为绿化的骨干树种。

8.2.1.2 符合城市的性质特征

一个城市在长期发展过程中，基于当地自然、政治、历史、文化的不断融合，形成了独有的城市性质和特质。其中植物景观也是塑造城市风情、文脉和城市特色的重要元素。园林树种规划要在满足城市园林综合功能的基础上，兼顾城市的性质特征，结合城市所处地区的自然条件、环境特点综合考虑，统筹规划。要充分保护和利用当地古树名木、树种文化景观、自然景观、历史文化景观和自然物种的多样性等资源，将民俗风情、传统文化、历史文物等融入植物景观之中，使城市在现代化建设中保留下独有的自然景观和历史文化风貌，最大限度地突出本地园林的地方景观特色。

8.2.1.3 可持续发展

可持续发展的原则就是要营建科学稳定的树木群落结构和植物景观，以自然环境为出发点，按照生态学原理，调节自然环境与人类社会之间的关系，实现社会、经济、环境的协调发展和物质、能量、信息的高效利用，以达到城市生态的良性循环。利用园林绿化树种的不同观赏特点、不同生态习性、不同经济价值和不同文化寓意来营造不同的植物景观，满足不同区域、不同自然环境条件的城市绿地需求。在树种多样性保护的同时，不断丰富城市园林绿化树种，构建适应城市环境的稳定的人工群落，保护和改善城市生态环境，使规划更具生态性、时效性和观赏性，为城市居民提供优美舒适的工作和生活环境，为城市的可持续发展奠定生态基础。

8.2.1.4 突出生态效益

城市园林植物系统具有三大效益：生态效益、景观效益与经济效益，其中生态效益为三大效益之首。而生态效益的体现，主要依靠以植物景观为主体的自然生态系统和人工植物景观环境，而植物景观的主体则是园林树木，故园林树种选择的科学与否，直接关系到植物景观的稳定与可持续发展，进而关系到整个系统的生态作用。因此，园林建设进行树种选择时不仅要根据栽植地的自然条件，而且要注意针阔叶相结合、常绿落叶相结合，选择抗性强、季相突出、树形优美、色彩丰富的园林绿化树种，注重生态效益，充分开发园林绿化树种形、姿、色等观赏特性，扩大观花、观叶、观干、观形及香味树种的应用范围，更好地美化市容、改善环境，最大限度地发挥树种的生态效益。

8.2.1.5 园林建设实践要求

园林绿化树种规划，注意协调城市园林绿化树种和城市环境、树种应用和城市建设的关系，构建良性的城市生态系统，使植物能够健康成长，使物种之间互为有利，景观浑然一体，充分发挥城市绿地的多种效益。因为树木的生长需要较长的时间，绿化景观需要较长的周期才初见成效，在树种选择中，根据园林绿化建设实践上的要求，综合考虑速生与慢生、常绿与落叶等的比例关系，针叶与阔叶树种的衔接，乔、灌、草的有机结合等问题，使城市园林始终保持健康有序的发展。并注意近期与远期的结合，注意树种选择的经济效益，考虑园林绿化树种在时间、内容等方面上的时效性，为将来园林绿化树种规划留有发展空间。

应注意园林建设实践上的要求，全面合理地安排好观赏树种。一个城市或地区的绿化，一般一开始就有许多希望和要求，如短期内能马上见效果，三季有花、四季常青，既要美化又要香化，既要丰富多彩又要有特色等。为了满足这些合理而又美好的要求，必须在选择观赏树种时要全面考虑、合理安排，如常绿树和落叶树的比例，乔木、灌木、丛木、藤本、木本地被植物之间的比例，基调树种和骨干树种选择的要求，速生树与生长缓慢树的关系，观赏性与生产性的结合等诸如此类的问题，要切实体现出科学性与实用性的结合，充分体现树种规划是为园林建设服务的宗旨。

树种规划可按园林用途、类型进行规划，通常可分为独赏树种、行道树种、庭院树种、防护树种、花木树种、观果树种、彩色叶树种、篱垣用树种、垂直绿化树种等。根据该地树种规划和本地的绿地系统规划，估算出总的树种用量，作为苗圃地建设和计划制定的指导性意见，这样可使园林建设工作避免盲目性，使园林建设工作稳步地向着高质量方向发展。

8.2.2 园林树种规划内容

树种规划的主要内容是重点树种和一般树种的确定，重点放在基调树种和骨干树种的选择及次序安排上。首先要提出基调树种名单和骨干树种名单。基调树种是整个城市绿化的骨架，是能充分表现当地植被特色，反映城市风格，能作为城市景观重要标志的树种，用来形成城市绿化的基调，一般以1~4种为宜。

骨干树种指在城市影响最大的道路、河流、广场、公园的中心点、边界等地应用的孤赏树、绿荫树及观花树木。骨干树种能形成全城的绿化特色，一般以20~30种为宜。

一般树种是在城市绿化中已经有应用，但是在应用方面还存在一些问题，适应性方面需稍加考虑，应用中可适当搭配选择的植物，以体现生物多样性，丰富城市色彩，包括一些边缘树种。潜在价值树种是具有较好的生态适应性，尚需经过应用推广研究，包括拟引种的植物及引种初步成功的新优园林树种，小气候条件下能很好地发挥绿化效果，应该结合环境对这类树种予以重视。也可以基调树种、骨干树种和一般树种相结合。但最终都要确定各种园林用途树种名单，区分出主次。各类园林用途树种主要以孤赏树类、绿荫树类、抗污染树类、观花树类及垂直绿化类等为主。

(1) 以青岛市园林绿地系统规划中树种规划为例

青岛地处北温带季风区，又濒临黄海，兼备季风气候与海洋气候特点，冬季气温偏高，春季回暖缓慢，夏季炎热天气较少，秋季降温迟缓。空气湿润，降水适中，雨热同季，气候宜人，年平均气温12.7℃，年平均降水量为662.1mm。红瓦绿树碧海蓝天是青岛市的特点。基于青岛市的城市特质，对青岛市树种进行规划，具体如下。

① 基调树种　黑松、雪松。

② 骨干树种　大叶黄杨、连翘、金叶女贞、紫叶小檗、紫叶李、黑松、紫薇、雪松、樱花、月季花、龙柏、石榴、紫荆、碧桃、火棘、海桐、木槿、玉兰、圆柏、国槐、石楠、银杏、女贞、蔷薇、凤尾兰、广玉兰、悬铃木、合欢。

③ 不同用途的主要绿化树种

a. 行道树：悬铃木、女贞、洋白蜡、樱花、国槐、水杉、楸树、元宝枫、栾树、龙柏、黑松、青桐等。

b. 抗污染绿化树：侧柏、国槐、栾树、洋白蜡、金叶女贞、丁香、木槿、连翘、迎春、胶东卫矛、紫薇等。

c. 水旁绿化树：水杉、池杉、绦柳、河柳、枫杨、桑树等。

d. 绿篱树：蔷薇、枸橘、龙柏、金叶女贞、紫叶小檗、火棘、石楠等。

e. 垂直绿化攀援植物：紫藤、凌霄、蔷薇、常春藤、络石、扶芳藤、地锦等。

f. 地被草坪植物：沙地柏、铺地柏、龟甲冬青、杜鹃、绣线菊等。

④ 常绿植物　凤尾兰、日本扁柏、日本花柏、线柏、侧柏、刺柏、杜松、圆柏、龙柏、翠蓝柏、龟甲冬青、枸骨、广玉兰等。

⑤ 彩叶植物　乌桕、枫香、臭椿、黄连木、盐肤木、石楠、卫矛、地锦、美国地锦、葡萄、鸡爪槭、元宝枫、石榴、南天竹、楝树、鹅掌楸、七叶树、美国红枫、金叶复叶槭、三角枫、黄栌、火炬树、山楂、栾树、全缘叶栾树、银杏等。

⑥ 竹类植物　淡竹、刚竹、早园竹、斑竹（湘妃竹）、碧玉间黄金竹、金镶玉竹等。

(2) 以杭州市园林绿地系统规划中树种规划为例

杭州处于亚热带季风区，四季分明，雨量充沛。全年平均气温17.8℃，平均相对湿度70.3%，年降水量1454mm。杭州市拟构建"两圈、两轴、六条生态带"的生态结构体系，实现将"森林引入城市，城市建于森林中"的目标。基于以上目标对杭州市树种进行规划，具体如下。

① 基调树种　樟树、桂花、水杉。

② 骨干树种　雪松、侧柏、红叶石楠、山茶、深山含笑、乐昌含笑、大叶女贞、厚皮香、珊瑚树、杜英、水杉、池杉、银杏、枫香等。

③ 不同用途的主要绿化树种

a. 行道树：悬铃木、香樟、银杏、枫杨、无患子、杜英、杨树、马褂木、珊瑚朴等。

b. 抗污染绿化树：榧树、樟树、紫楠、二球悬铃木、构树、无花果、枫杨、杨梅、海桐、槐、大叶黄杨、冬青、枸骨等。

c. 水旁绿化树：落羽杉、池杉、水杉、枫杨、柽柳、垂柳、乌桕、夹竹桃等。

d. 绿篱树：火棘、十大功劳、龙柏、南天竹、胡颓子、棣棠等。

e. 垂直绿化攀援植物：转子莲、铁线莲、薜荔、野蔷薇、木香、云实、紫藤、长春油麻藤、扶芳藤等。

f. 地被植物：铺地柏、小檗、紫叶小檗、金丝桃、朱砂根、绣球、火棘、锦鸡儿、紫穗槐、胡枝子、美丽胡枝子、芫花、东瀛珊瑚等。

④ 常绿植物　雪松、桂花、香樟、杨梅、深山含笑、大叶女贞、厚皮香、杜英等。

⑤ 彩叶植物　紫叶小檗、金叶女贞、银杏、红花檵木、洒金珊瑚、紫叶桃、水杉、红瑞木、枫香等。

⑥ 竹类植物　毛竹、刚竹、高节竹、罗汉竹、斑竹、金镶玉竹、早园竹、淡竹等。

复习与思考题

1. 树种规划的意义是什么？
2. 何谓基调树种、骨干树种和一般树种？
3. 树种调查工作的程序有哪些？
4. 城市树种规划应遵循哪些原则？
5. 根据你所在城市的历史文化渊源、环境条件、城市特质等因素，试做出可行的树种规划方案。

第 9 章　古树、名木

　　古树是历史的鉴证，是活着的文物，是有生命的国宝。在我国城市园林、名胜古迹和寺庙之中，处处可以发现历经沧桑岁月依然生机勃勃、苍劲有力、干性奇特优美的树木。这些树木或自然生长留存至今，或人工栽植并精心养护至今。

　　所谓古树是指树龄达 100 年及以上者。名木是与名人、历史事件相关，具有历史、文化、科学意义或其他社会影响的树木。

　　古树被誉为活化石，是适应生态环境和前人保护自然的结果。古树往往以姿态奇特，观赏价值高而闻名，如黄山的"迎客松"、泰山的"卧龙松"等；有的以历史事件而闻名，如泰山的"五大夫松"，据《史记》记载，秦始皇登封泰山，中途遇雨，避于大树之下，因此树护驾有功，遂封该树以"五大夫"爵位。有的以奇闻轶事而闻名，如北京市孔庙的侧柏，传说其枝条曾将权奸魏忠贤的帽子碰掉而大快人心，后人称之为"除奸柏"等。古树名木以其独具的科研、科普、历史、人文和旅游价值而日益为人们所重视，并成为一个地方的绿色名片和文化名片。

　　古树、名木是人类重要的文化遗产，是研究树木古自然史的重要资料，在树种规划中具有重要意义。古树常常是名木，当然也有名木不古抑或古树未名者。

9.1　古树、名木的作用

　　古树、名木是某地的绿色名片，是具有灵性的、鲜活的、生态状况和人文历史的重要标志。经过千百年来岁月的冲击，在古自然史、人文色彩、民族性和历史景观方面均发挥着重要的作用。

9.1.1　古树是研究自然史的重要资料

　　古树树龄长，漫长岁月所形成的年轮结构复杂，能反映古代气候变化情况。同时，由于人类寿命的限制，树木的生长、发育、衰老和死亡的规律无法用跟踪的方法加以研究，古树的存在把树木生长、发育在时间上的顺序展现为空间上的排列，使人们能以处于不同年龄阶段的树木作为研究对象，从中发现该树种从生到死的演化规律，并进而用于城市园林建设，特别是在树种规划方面，是树种规划的科学依据。

　　古树多为乡土树种，对当地气候和土壤条件有很高的适应性，因此古树是树种规划的最好依据，在城市绿化树种规划选择时，可作为基调树种或骨干树种加以合理应用。

9.1.2　名木具有历史和文化内涵

　　名木是历史的见证，我国有周柏、秦松、汉槐、隋梅、唐杏（银杏）、唐樟等传说，均可以作为历史的见证，当然对这些古树应进一步考察核实其年代。作为历史见证，北京颐和园东宫门内的两排古柏，在八国联军火烧颐和园时曾被烧烤，靠近建筑物的一面从此没有树皮，这是帝国主义侵华罪行的见证和记录。潭柘寺内的两棵树高近 30m 的古银杏，据说是清代乾隆皇帝来寺院拜佛御封其为"帝王树"。

　　不少古树名木曾使历代文人、学士为之倾倒，吟咏抒怀，在文化史上有其独特的作用。例如"扬州八怪"中的李鱓，曾有名画《五大夫松》，是泰山名木的艺术再现。此类以古树为主题而作的诗画，为数极多，都是我国文化艺术宝库中的珍品，为中华文化艺术增添了光彩，丰富了园林的人文色彩和民族性。

9.1.3　古树名木能独立成景

　　古树名木多树龄久长，苍劲古雅，姿态奇特，独成景观，令游人流连忘返。如北京天坛公园的"九龙柏"，团城上的"遮阴侯"，香山公园的"白松堂"，戒台寺的"活动松"等，都使人印象深刻，难以忘怀。

此外，陕西黄陵"轩辕庙"内的两棵古柏，一株是"黄帝手植柏"，树高近 20m，圆周长 10m，是目前我国最大的古柏之一。另一株称"挂甲柏"，枝干"斑痕累累，纵横成行，柏液渗出，晶莹夺目。"观者无不称奇，相传为汉武帝挂甲所致。这两棵古柏虽然年代久远，但至今仍枝叶繁茂，郁郁葱葱，毫无老态，此等奇景，堪称举世无双，成为名胜古迹的重要景观。

9.2　古树、名木树龄的判断

对古树、名木树龄的认定和判断能够为古树名木的保存、林业刑事案件的定性及判决提供可靠的科学依据。目前古树、名木的鉴定主要有以下几种方法。

① 古籍文献法　通过查阅地方史志、植物志等古籍文献以及有关金石碑文或对当地老人口述传说，查出古树的记载或栽植的基本年代，并据此推算古树名木的年龄。古典文献查阅及走访法对树龄的测定具有一定的可靠性，但也易受人为主观性的影响。

② 年轮读取法　年轮是指木本植物主干横断面上的同心轮纹。年轮是由于一年内不同季节，树干形成层分化所产生的木质部构造具有差别，导致木材色彩出现变化而形成的。北半球春夏两季生长旺盛，细胞较大，导管和管胞管孔大，木质较松散；秋冬两季生长缓慢，细胞较小，导管和管胞管孔小，木质较致密。南半球反之。这两层木质部形成同心轮纹，根据轮纹，可推测树木年龄，故称年轮。年轮读取法是根据被伐树木的树干横截面上的年轮直接进行读取的一种方法。年轮在亚热带、温带地区的树木中普遍出现，所以，依据年轮的数目，可以较准确地推测出这些地区树木的年龄。

利用树木生长锥可在树体微创的前提下，对活体树木特别是古树名木进行年轮读取，以确定树龄。一般在树干 1.3m 处获取 4 根树芯，然后读取年轮，再求平均值；或采用生长锥进行取样后，将所获得样本在专用高精度扫描仪上进行扫描成像，然后利用扫描分析软件判读其树龄大小。年轮读取法对古树名木树龄的测定具有一定的科学性，但易受古树树木生长的影响，多数树干非正圆形，古树的髓心位置、半径长度无法正确测量，另外生长锥无法取部分样，髓心位置及树轮宽度长度随时间而发生变化等都影响古树树龄估测的准确性。此种方法尽管是微创，但对树体也有损伤。

③ 仪器设备法　是指利用先进的仪器设备对古树名木进行树龄测定，主要是利用 ^{14}C 或者 CT 扫描、阻抗仪等对古树名木进行树龄测定。利用仪器设备进行树龄测定虽测定精度较高，但存在设备昂贵、技术复杂等现实问题。

此外，还可观察和测量古树的幼树在当地的生长规律，以便了解该树生长到取样部位所需要的年限。以银杏属为例：1 年生树高 15～30cm，2 年生树高 30～50cm，3 年生树高 70～100cm，4 年生树高 130cm 以上。

不同的测定古树名木树龄的方法可为树木树龄的判断提供相当科学的依据，但这些方法都存在一定的缺陷造成实际操作的局限性。在实际工作中，要根据古树名木的生长状态，摸清楚古树的生长规律，采取科学、合理的树龄测定方法，对其保护等级进行合理的划分。

9.3　古树、名木的调查

古树、名木是自然和人类历史沉淀的产物，是无价之宝。对古树、名木资源进行细致的调查，摸清古树资源情况、生长状况，为每株古树名木建档，做好古树、名木登记和存档工作，对于树种规划和园林建设具有重要意义。古树名木调查也是我国城市园林水平评价的必需条件，各地都非常重视，做了大量工作，出版了各种古树名木志书和图谱，为古树名木的保护利用、养护管理奠定了坚实基础。

古树名木调查的内容包括对树种、树龄、树高、冠幅、胸径、生长势、生长地的环境（土壤、气候等情况）的实地勘察、观测；以及在此基础上的对古树名木观赏性和应用的研究；对古树名木养护管理措施的制定与实施等。

同时，对古树名木相关历史、文化及其他资料的搜集，如有关古树名木的诗、画、图片及神话传说等也是调查的重要内容，以便于建立健全古树名木的资料档案。

在调查研究的基础上，可对古树名木进行分级，并采用不同的保护管理手段。对于生长一般，观赏及研究价值不大的树木，可视具体条件实施一般的养护管理措施；对于年代久远，树姿奇特兼有观赏和文史价值及其他研究价值的，应拨专款、派专人养护，并随时记录备案。一般情况下，古树名木的调查可与城市绿地树种调查与城市树种规划相结合同时进行。

9.4　古树衰老的原因

与其他植物一样，古树也是有一定生命期限的，经过一段时间的生长发育之后，也会衰老以至死亡。造成古树名木衰老枯死的原因，包括内因（树体本身）与外因（外界环境）两方面，是内外因共同作用的结果。内因多为树种的生理和遗传所致，外因则大多数属非生理性的原因影响，其中人为因素是重要的原因，这些非生理性的原因使得本就处于生长势下降阶段的古树加速了衰老和死亡的进程。

古树名木树龄大、生活力低，再加上树形较高大，因而抗病虫害侵染力低，抗风雨侵蚀力弱，是导致古树衰老的内因。

极端气候因素及人为干扰是引起古树名木衰老的外因之一。古树名木历经千百年风霜岁月，屡受严寒酷暑、大涝大旱等恶劣气候的侵袭，造成皮开干裂、根裸枝残等现象，使其生长不良，甚至濒临死亡。古树一般树冠高大，如遇雷击、闪电或火灾，轻则树体烧伤、断枝、折干，重则焚毁，造成树体严重损坏或整株死亡。

各种原因引起树木周围地下水位的改变，使树木根系长期浸于水中，可导致根系腐烂；或长期干涸，使其枯萎。

许多古树的根、皮、叶、花、果是野生动物和各种昆虫的良好食物，一些兽类和虫鸟凿树为洞，以洞为巢，以树根、树皮、树叶及花果为食，日积月累，树体受长年的虫蛀兽咬，导致树体残缺不全。

虽然古树经历了成百上千年的生长，其先天抗病虫害能力较强，但因其过于衰老，生长量小，也易遭病虫危害。同时，随着经济的发展，跨地区和国家的物质交流日益频繁，即使检疫也难免病虫的侵染传播，如松树线虫和美国白蛾。因此，决不能因古树先天抵抗力强而忽视了对病虫害的防治。

人为活动引起的土壤理化性质恶化、各类城市市政工程对古树名木的影响也是导致树木衰老的外部原因。

城市人口密集，地面受到大量践踏，土壤板结，密实度高，透气性降低，机械阻抗增加，对树木的生长十分不利。据测定：北京中山公园在人流密集的古柏林中土壤容重达 $1.7g/cm^3$ 时，非毛管孔隙度为 2.2%，天坛"九龙柏"周围土壤容重为 $1.59g/cm^3$ 时，非毛管孔隙度为 2%，在这样的土壤中，根生长受到抑制。另外，许多古树树干周围铺装面过大，有些地方用水泥砖或其他材料铺装，仅留很小的树池，影响了地下与地上部分气体交换，使古树根系处于透气性极差的环境中。

古树名木周边的污染，如化学废水废气的排放，不仅污染了空气及河流，也污染了土壤和地下水体，更有甚者在古树名木根部倾倒工业废料、有毒物质及各种污水垃圾等污染物，使树体周围土壤的酸碱浓度、重金属离子大量增加，土壤理化性能恶化，使其根系受到或轻或重的伤害。空气中的有害物质还会抑制叶片的呼吸、破坏光合作用，使其逐年衰败枯死。

市政工程造成古树名木断根过粗、过多，修剪过重，易造成衰败，直至死亡。

日常养护管理不当，修剪过重，超过了树的再生能力，施药浓度过大造成的药害，肥料浓度把握不当造成烧根，人为的破坏也会造成古树生长衰退。

诸如以上种种原因，使古树名木生长的基本条件日渐恶化，不能满足树木对生态环境的要求，树体如再受到破坏摧残，古树就会很快衰老，以至死亡。因此，加强古树名木的管理应不仅仅局限于挂牌、砌池、围栏、浇水及施肥，还应涉及植物生理、生态、气象、土壤及病虫害等方面，特别是古树复壮措施的研究。

9.5　古树、名木的保护与管理

古树是几百年乃至上千年生长的结果，不易移迁，一旦死亡则无法再现，应该非常重视古树的复壮与养护管理。古树是有一定生命期限的，在这一期限内采用各种有效的措施，以延长其寿命，是古树名木保护、复壮的理论基础。就古树衰败的现状来看，常表现为树干腐朽空洞、冠形残缺、顶梢枯萎、枝叶凋零、病虫害严重、根系生长不良等，而古树的复壮就是要针对这些衰败现象，采取相应措施，达到复壮的目的。

9.5.1 古树的复壮

目前古树的复壮，涉及地下及地上两部分。地下复壮措施包括古树生长的立地条件的改善，古树根系活力诱导。通过地下系统工程创造适宜古树根系生长的营养物质条件、土壤含水通气条件，并施用植物生长调节剂，诱导根系发育；地上复壮措施以树体管理为主，包括树体修剪、修补、靠接、树干损伤处理、填洞、叶面施肥及病虫害防治。结合复壮措施，同时进行古树生理生化指标测定，判断复壮措施的有效性。

对于古树的复壮，应该从其自身生长的特点和环境出发，针对限制或影响其生长发育的具体因素，加以改良，以利于其生命活动的正常进行。

9.5.1.1 改善立地条件

预先对古树的生长立地环境进行调查，之后针对其地上与地下部分的具体情况采取多种措施来改善其生长势。对于古树的地上部分，可通过对周边树木的迁移与疏剪，以解决其光照与通风问题。

对于古树的地下部分，一般可采用松土、覆土、覆沙等措施来改善树根的通气、透水状况，采用培土、砌石等措施来增加其根部的营养面积。但古树长期生长于某处，其土壤的肥力已大大下降，而有的土壤受压板结严重，光采用以上措施还远远不够，这就得对其根部采用打孔与换土的方法，来彻底改变其根部的生长环境。打孔的深度需要达到50cm以上，孔径在2cm以上为好。在树冠投影范围内打孔，同时再往孔内铺通通气性的固体颗料与有机肥。而换土是在通过打孔仍未能解决其土壤通透性的情况下所使用的措施。在树冠投影范围内，挖去约50cm深的土层，再回填通透性良好并富含有机质的土壤。为防止积水，还可在树冠投影外围开挖几条放射状的排水暗沟。

9.5.1.2 树体保护

古树经过漫长的岁月，其枝干难免会有人为、自然因素造成的伤口，如主枝死亡，木质部裸露、空洞等，为防止引发病害，就得对这些受过伤的躯干加以保护。设置护栏可防止人为践踏对古树名木生长地所造成的影响以及人为和其他生物特别是牲畜对其生长造成伤害。

对于由于管理疏忽和病虫侵袭导致的伤口木质爆裂、腐烂，所形成的树穴或树洞应进行修补，以免严重影响树木的生长和安全。对裸露处、空洞等，进行除朽清扫、杀菌、涂聚乙烯树脂漆。视情况轻重，还须进行补洞。对浅层受损的树干伤口，清除苔藓泥垢，用桐油反复涂抹，特别是对皮层交接处更应涂饱满，第二天再涂一遍。还可选择沥青来涂抹伤口，但此方法没有桐油美观；对深层树干中空者可插入钢筋，再用水泥、砂浆捣实，固封，可防折干。完全中空的树洞可用钢筋水泥来加固，修补之后，为了美观可将外表做成树皮状。填充树洞常用材料有水泥灰浆、沥青加锯木屑混合物、聚氨酯泡沫材料、木栓类产品等，要求填满、填实、不留空隙，不漏水，以免形成藏匿病虫害的场所。对一些新伤，要及时做好伤口消毒、并涂防腐剂，以防霉变腐烂。

如果伤口太大或成环状受损，难以愈合，可以通过桥接嫩枝来输送水分和养分。取同树种的健康树皮，切成同样大小形状，嵌入切口内，要求大小吻合；为促进愈合可在伤口部涂抹生长素。

在树干创伤伤口过大不易愈合时，可采用桥接法进行创伤修补。伤口下方有萌发枝时，可利用萌发枝进行桥接，将萌发枝与伤口长短相当处截断，削成马耳形斜面，插入伤口皮层；伤口下无萌发枝时，采用同树种的一年生枝或苗干，依伤口长度截制，将上下两端削成马耳形斜面，按上下方向插入伤口皮层内，为使形成层密接，可用防锈钉固定或包扎；伤口大时可接多根；接后最好将伤口涂抹保护剂。

靠接小树对古树进行复壮。对能靠接成活的树种，在古树旁栽种小树靠接，结合土壤管理可复壮受严重机械损伤的老树。根部受损生长不良的古树，可在其树干基部采用靠接法嫁接新根，以增强古树的吸收能力。

9.5.2 古树的管理

古树几百年甚至几千年固定生长在一个地方，土壤肥力有限，再加上人为踩实，通气不良，排水不畅，有些古树由于位置关系，栽植时只能在树坑中更换好土，树木长大后，根系的活动受到限制，加快树木的衰老。除了必要的保护措施，古树的管理措施也十分重要。古树的管理措施主要是古树的日常养护与病虫害防治。平时应做好水肥管理、防止水土流失和人为破坏，对人为活动频繁的树木周围应设置隔离，阻止人为活动，扩大其生存空间，为其创造稳定的生长环境。但古树大多根部吸收能力与枝的再生能力弱，因而对其施肥与修剪切不可盲目操作。可根据具体情况采取换土、浇水、增施有机肥等综合措施，以改善其营养条件，一般措施如下。

9.5.2.1 施肥

古树根系深广，对外源肥料需求一般不会太大。管理过程中视情况而定，一般只在冬季于树冠投影圈内侧，挖深约 20cm 的施肥沟，投放经沤熟的有机肥，生长期不再施肥。

除挖沟施肥外，也可对古树进行叶面施肥。叶面施肥能局部改善古树的营养状况，但稳定性较差。综合性的营养叶面施肥优于单一的营养叶面施肥。喷施包含植物必需的大量元素、微量元素、有机物以及调节植物生理的细胞分裂素和生长素的叶肥，6 月中旬喷施于叶面，每月一次，每次 500mL，共喷 3 次，叶黄枯落可推迟 15 天。对于生长过于衰败的，可能是因其根部受到严重伤害，可在生长旺季对叶面喷施叶面肥，每 10～15 天施 1 次。切不可盲目施用化肥。

部分古树的复壮可在根部混施生根粉。以树干为中心，在半径 7m 的圆弧上，挖长 0.6m，宽 0.6m，深 0.3m 的坑穴，穴距 5～8m，施腐熟肥 15kg，并加生根粉，有利于根系生长，后者优于前者。也可在根部及叶面施用一定浓度的植物生长调节剂，如细胞分裂素等，有延缓衰老的作用，但对于某种树种的最适浓度尚待进一步研究。

9.5.2.2 古树修剪

因为古树的再生能力有限，修剪就要格外谨慎。对其衰、老、病枝要逐年更新，做到适当适量。古树应尽量少修剪，在确定要修剪的情况下，可将古树分成常绿树与落叶树 2 类，对于落叶树种（如银杏），主要是将一些枯枝、危枝加以剪除，平时做好脚芽清除工作；对于常绿树种，又要分别对待，像松柏类，一般不修，为保古树原貌，对于树上枯枝一般是在上面涂聚乙烯树脂漆，对于像香樟、柳杉之类，修剪主要是对一些病虫枝与枯枝加以适当的缩剪，待树上长出新枝之后，再将其余的老枝叶给予剪去，这一过程一般要花费 2～3 年的时间。对树体被鸟兽凿洞的，应及时清巢填穴，避免巢穴进一步扩大，使树体造成更大损伤。对于开花结果类（如银杏、紫薇等）的古树名木，应尽可能地减少其开花与结果的量，因而要及时做好疏花疏蕾工作，减少古树的营养消耗，让它能集中更多的养分恢复树势。对于古树名木的病虫害防治，要做到综合防治，以防为主，用药合理。

9.5.2.3 加强树体管理

古树由于年代久远，主干或有中空，主枝常有死亡，造成树冠失去均衡，树体容易倾斜，因树体衰老枝条容易下垂，因而需用他物支撑。为了避免因大风而吹折枝干和引起树体倒伏，在利用正确的整形修剪方法改善树体结构的基础上，对古树名木还要用立架支撑的方法加以保护。可设立支架以防风折，如北京故宫御花园的龙爪槐，皇极门内的古松均用棚架式支撑。

对树体树形高大的古树名木多，可通过安装避雷针以防止自然闪电对古树名木造成的雷击伤害。

古树名木是城市历史发展变化的见证者，具有很高的科研文化价值，再加上其自身具有的改善城市生态环境的作用，更是突显了其独一无二的价值。古树名木保护与研究是个新的课题，也是一个相当紧迫、急待解决的问题。古树名木的复壮主要是通过其地上与地下部分，采取多种措施来促进其生长，以增强树势，延缓衰老。但古树生长缓慢，再加上对它的复壮、保护是一项综合性工作，不可能一劳永逸，这就需要持之以恒地做好古树复壮的各项工作，方能达到古树复壮的目的。只要我们共同努力，大自然和前人留给我们的这一自然和文化遗产——古树名木也定能流传给我们的子孙后代。

复习与思考题

1. 简述古树、名木的概念。
2. 简述古树、名木在园林建设中的作用。
3. 简述古树衰老的原因。
4. 简述古树树龄的判断方法。
5. 简述古树、名木的养护管理措施。

第二篇 各 论

第10章 裸子植物亚门 GYMNOSPERMAE

乔木、灌木，罕为藤木。叶多为针形、鳞片形、线形、椭圆形、披针形，罕为扇形。花单性、罕两性，胚珠裸露，不为子房所包被。种子有胚乳，胚直生，子叶一至多数。

本亚门多为高大的乔木，广布于北半球温带至寒带地区以及亚热带的高山地区。全世界共有12科71属约800种；中国有11科41属243种，包括自国外引种栽培的1科8属51种。

在裸子植物中，有很多重要的园林树种，某些还有特殊的经济用途。

10.1 苏铁科 Cycadaceae

常绿木本植物，茎干粗短，不分枝或很少分枝。叶有两种：一为互生于主干上呈褐色的鳞片状叶，其外有粗糙绒毛；一为生于茎端呈羽状的营养叶。雌雄异株，各成顶生大头状花序。无花被。种子呈核果状，有肉质外果皮，内有胚乳，子叶2，发芽时不出土。

全世界本科共有10属约200种，分布于热带、亚热带地区；中国有1属14种。

苏铁属 *Cycas* L.

主干柱状。营养叶羽状，羽状裂片（羽片）坚硬革质，中脉显著。花序球状，单生茎顶；雄球花序的小孢子叶呈螺旋状排列，小孢子叶扁平鳞片状或盾状；雌球花序的大孢子叶呈扁平状，全体密被黄褐色绒毛，上部呈羽状分裂，在中下部的两侧各生1个或2～4个裸露的直生胚珠。

本属约17种，分布于亚洲、大洋洲、非洲；中国有14种，园林中习见栽培的有1种。

各种苏铁可作园景树及桩景、盆景等用。干髓含淀粉，可供食用；种子及叶药用。

分种检索表

1 叶的羽状裂片（羽片）厚革质，坚硬，宽0.3～0.66cm，边缘显著向背面卷 ·············· (1) 苏铁 *C. revoluta*
1 羽片厚革质或薄革质，宽0.4～2.2cm，边缘扁平或微反卷。
  2 羽片革质，宽0.8～1.5cm；羽状叶上部愈近顶端处的羽片愈短窄，尽端处者仅长数毫米；大孢子叶边缘刺齿状或具细短的三角状裂齿 ·············· (2) 华南苏铁 *C. rumphii*
  2 羽片薄革质至厚革质，羽状叶上部的羽片不显著缩短；大孢子叶边缘深条裂。
    3 羽片薄革质。
      4 羽片宽1.5～2.2cm ·············· (3) 云南苏铁 *C. siamensis*
      4 羽片宽0.7～1.2cm ·············· 台湾苏铁 *C. taiwaniana*
    3 羽片厚革质。
      5 羽片宽0.6～0.8cm，叶脉在两面显著隆起，上面叶脉的中央干时有一条凹槽 ··· (4) 篦齿苏铁 *C. pectinata*
      5 羽片宽0.4～0.7cm，叶面中脉显著隆起 ·············· (5) 攀枝花苏铁 *C. Panzhihuaensis*

(1) 苏铁 *Cycas revoluta* Thunb. （图10-1）

【别名】 凤尾蕉、凤尾松、避火蕉、铁树。

【形态特征】 常绿木本植物，茎干高达2～5m。羽状复叶，长达0.5～2.4m，厚革质而坚硬，羽片条形，长达15～20cm，边缘显著反卷；小孢子叶球长圆柱形，小孢子叶木质，密被黄褐色绒毛，背面着生多数药囊；大孢子叶球略呈扁球形，大孢子叶宽卵形，有羽状裂，密被黄褐色绵毛，在下部两侧着生2～4个裸露的直生胚珠。种子卵形而微扁，长2～4cm。花期6～8月；种子10月成熟，熟时红色。

【分布】 原产于我国福建沿海低山区及其临近岛屿，在福建、台湾、广东各地均有；日本、印度尼西亚及菲律宾亦有分布。

【变种、变型及栽培品种】 '金叶'苏铁（'Aurea'）：与原种的区别是，羽状叶叶色金黄。

'金心叶'苏铁（'Picturata'）：与原种的区别是，羽状叶叶部中心金黄色。

【习性】 喜暖热湿润气候，不耐寒，在温度低于0℃时易受害。喜酸性土壤，生长速度缓慢，寿命长，可达200余年。

【繁殖栽培】 可用播种、分蘖、埋插等法繁殖。播种法为在秋末采种贮藏，于春季稀疏点播。在高温处颇易发芽。培养2~3年后可进行移植。分蘖法为自根际割下小蘖芽培养。如蘖芽不易发芽时，可罩一花盆于其上，使不见阳光，则易发叶。待叶发出后，再去除花盆，置荫棚下，以后逐渐使受充分日光。埋插法为将苏铁茎干切成厚10~15cm的厚片，埋于沙壤土中，待4周发生新芽，即另行分栽。用此法时应注意勿浇大水，否则易腐烂。移植以在5月以后气温较暖时为宜。

图10-1 苏铁

【观赏特性和园林用途】 苏铁体型优美，常布置于花坛的中心，长江流域及北方各城市用于盆栽观赏，树形高大者也可作为园景树，叶、果可供观赏。

【经济用途】 苏铁可入药，据传其叶煎水可治咳嗽；种子微有毒，亦可入药，有通经、止咳、疗痢之效，又可食；茎内淀粉可以加工食用。

（2）华南苏铁 *Cycas rumphii* Miq.（图10-2）

【别名】 刺叶苏铁。

【形态特征】 高4~15m，分枝或不分枝。叶丛呈较直上生长状，羽状叶长1~2m；羽片50~80对，宽条形，长15~38cm，宽0.5~1.5cm，叶缘扁平或微反卷，叶上部之羽片渐短，近顶端处者长仅数毫米，叶柄有刺。春夏开花，大孢子叶边缘细裂而短如刺齿。种子卵形或近球形。

【分布】 产于印度尼西亚、澳大利亚北部、马来西亚至非洲马达加斯加等地；广州、南京、上海有盆栽。

【习性】 同苏铁。

【繁殖栽培】 同苏铁。

【观赏特性和园林用途】 同苏铁。

（3）云南苏铁 *Cycas siamensis* Miq.

【形态特征】 植株较矮小，干茎基部粗大。叶长120~150cm，羽片40~120对以上；羽片薄革质而较宽，宽1.5~2.2cm，边缘平，基部不下延。

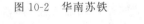

图10-2 华南苏铁

【分布】 产于广西、云南；缅甸、越南、泰国也有分布。

（4）篦齿苏铁 *Cycas pectinata* Griff.

【形态特征】 干茎粗大，高可达3m，叶长可达1.5~2.2m，通常直而不弯垂；羽片80~120对，厚革质，长达15~25cm，宽0.6~0.8cm，边缘平，两面光亮无毛，叶脉两面隆起，且叶表叶脉中央有1凹槽；羽片基部下延；叶柄短，有疏刺。

【分布】 产于亚洲热带；我国云南、西南部有分布。

（5）攀枝花苏铁 *Cycas panzhihuaensis* L. Zhou et S. Y. Yang

【形态特征】 干圆柱形，高2.5~4m，胸径30cm。羽状叶长70~120cm；叶柄两侧有刺；羽状裂片80~105对，厚革质，长6~22cm，宽0.4~0.7cm，边缘不反卷，中脉显著隆起。

【分布】 产于云南与四川交界的金沙江的干热河谷区的把关河一带石灰岩山地，在海拔1100~1500m间有自然群落。成都、昆明及广州等地有栽培。

10.2 银杏科 Ginkgoaceae

本科树木为孑遗树种（活化石）；在古生代及中生代很繁盛，至新生代第三纪时渐衰亡，而在新

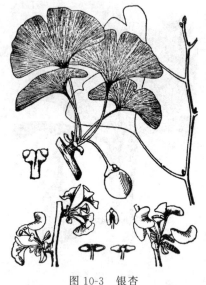

图 10-3　银杏

生代第四纪由于冰川期的原因，使中欧及北美等地的本科树木完全绝种成为化石。本科现仅存 1 属 1 种。

银杏属 *Ginkgo* L.

仅有 1 种遗存，为中国特产之世界著名树种。

银杏 *Ginkgo biloba* L.（图 10-3）

【别名】　白果树、公孙树。

【形态特征】　落叶大乔木，高达 40m，干部直径达 3m 以上；树冠广卵形，青壮年期树冠圆锥形；树皮灰褐色，深纵裂。主枝斜出，近轮生，枝有长枝、短枝之分。1 年生的长枝呈浅棕黄色，后则变为灰白色，并有细纵裂纹，短枝密被叶痕。叶扇形，有二叉状叶脉，顶端常 2 裂，基部楔形，有长柄；互生于长枝而簇生于短枝上。雌雄异株，球花生于短枝顶端的叶腋或苞腋；雄球花 4～6 朵，无花被，长圆形，下垂，呈柔黄花序状，雄蕊多数，螺旋状排列，各有花药 2；雌球花亦无花被，有长柄，顶端有 1～2 盘状珠座，每座上有 1 直生胚珠；花期 4～5 月，风媒花。种子核果状，椭圆形，径 2cm，熟时呈淡黄色或橙黄色，外被白粉；外种皮肉质，有臭味；中种皮白色，骨质；内种皮膜质；胚乳肉质，味甘微苦；子叶 2；种子 9～10 月成熟。

【分布】　浙江天目山有野生银杏，自沈阳至广州均有栽培，而以江南一带较多。宋朝时传入日本，18 世纪中叶又由日本传至欧洲，以后再由欧洲传至美洲。

【变种、变型及栽培品种】　黄叶银杏（f. *aurea* Beiss.）：与原种的区别是，叶黄色。

塔状银杏（f. *fastigiata* Rehd.）：与原种的区别是，枝向上伸，形成圆柱形或尖塔形树冠。

'斑叶'银杏（f. *variegata* Carr.）：与原种的区别是，叶有黄色或黄白色斑。

'裂叶'银杏（'Lacinata'）：与原种的区别是，叶形大，有深裂缺刻。

'垂枝'银杏（'Pendula'）：与原种的区别是，枝条下垂。

'叶籽'银杏（'Epiphylla'）：与原种的区别是，部分种子着生在叶片上，种柄和叶柄合生；种子小而形状多变。

【习性】　喜光树种，喜适当湿润而又排水良好的深厚沙质壤土，在酸性土（pH 4.5）、石灰性土（pH 8.0）中均可生长良好，而以中性或微酸性土最适宜；不耐积水之地，较能耐旱，但在过于干燥处及多石山坡或低湿之地生长不良。耐寒性强，能在冬季达 −32.9℃ 低温地区种植成活，但生长不良，在沈阳如种植在街道上在西晒方向常有因日灼使干皮开裂现象。能适应高温多雨气候，如在厦门、广州等地尚可正常生长。在华北、华中、华东及西南海拔 1000m 以下（云南地区 1500～2000m）地区均生长良好。

银杏为深根性树种，寿命极长，可达 1000 年以上。银杏发育较慢，每年仅生长一次，无抽生副梢的现象，长枝的顶芽及近顶端的数芽每年仍长成粗壮的长枝；在中部的芽长成细长枝或成短枝；在中下部的芽则常成为短枝；短枝的顶芽仍继续形成短枝或顶芽分化成混合芽而生长为结果枝。结果枝在叶腋开花结实。一般言之，各年所长的长枝间易于区别，而短枝由于叶痕密集，故不易区分各年间的界限，但通常寿命可达十余年。

银杏在大树的干基周围易发生成排、成丛的萌蘖，可用以繁殖。

银杏雌雄异株，其区分特征如表 10-1 所示。

表 10-1　银杏雌雄株区分特征

雄　　株	雌　　株
①主枝与主干间的夹角小，树冠稍瘦，且形成较迟	①主枝与主干间的夹角较大，树冠较大，顶端较平，形成较早
②叶裂刻较深，常超过叶的中部	②叶裂刻较浅，未达叶的中部
③秋叶变色期较晚，落叶较迟	③秋叶变色期及脱落期均较早
④着生雄花的短枝较长（1～4cm）	④着生雌花的短枝较短（1～2cm）

【繁殖栽培】　可用播种、扦插、分蘖和嫁接等法繁殖，但以用播种及嫁接法最多。

银杏甚易移栽成活，在移植或定植时，植株掘起后应将主根略加修剪。以在早春萌芽前移栽为宜。植株间一般可采用 6～8m 的间距。定植后每年于春季发芽前及秋季落叶后施肥 1 次，对生长发育可有良好效果。此外，不需特殊管理，通常无需修剪，只将枝条过密处或生长衰弱枯死处的病老枯枝适当剪除即可。

【观赏特性和园林用途】　银杏树干端直，树姿雄伟壮丽，叶形秀美，秋叶鲜黄，寿命既长，又少病虫害，最适宜作庭荫树、行道树、风景树或独赏树。

【经济用途】　银杏材质坚密细致、富弹性，易加工，是供作家具、雕刻、绘图板、建筑、室内装修用的优良木材。种子可供食用，含有丰富营养。种仁又可入药，有止咳化痰、补肺、通经、利尿之效。外种皮及叶有毒，有杀虫之效；花有蜜，是良好的蜜源植物。

10.3　南洋杉科 Araucariaceae

常绿乔木，大枝轮生。叶螺旋状互生，很少排成假二列状，披针形、针形或鳞形。雌雄异株，罕同株；雄球花圆柱形，单生或簇生叶腋或枝顶，雄蕊多数，螺旋状排列，上部鳞片状，呈卵形或披针形，下缘有花药4～20枚，下部狭窄，花药纵裂，花粉粒无气囊，雌球花单生枝顶，椭圆形或近球形，珠鳞螺旋状排列，每珠鳞有1倒生胚珠。球果大，直立，卵圆形或球形；种鳞木质，有1粒种子，通常在球果基部及顶端的种鳞内不含种子，球果2～3年成熟；种子扁平。

共2属约40种，分布于南半球热带及亚热带地区；中国引入2属4种。

南洋杉属 *Araucaria* Juss.

常绿乔木，大枝轮生。叶互生，披针形、鳞形、锥形或卵形。雌雄异株，罕同株；雄球花单生或簇生叶腋，或生枝顶；雌球花单生枝顶，胚珠与珠鳞基部结合。球果大，2～3年成熟，熟时种鳞脱落；种鳞先端有向外屈曲之尖头，每种鳞内有一扁平形种子，种子有翅或无翅；子叶2，罕为4，出土或不出土。

约18种，分布于大洋洲及南美等地；中国引入3种。

分种检索表

1 叶形小，钻形、鳞形、卵形或三角状；种子先端不肥大，不显露，两侧有翅，发芽时子叶出土。
　2 叶卵形或三角状锥形，上下扁或背部有纵棱；球果的苞鳞先端有长尾状尖头，尖头显著向后反曲 ……………………………………………………………………………………… 南洋杉 *A. cunninghamii*
　2 叶四棱状钻形，两侧扁；球果苞鳞先端有三角状尖头，尖头向上弯曲 ……… 异叶南洋杉 *A. heterophylla*
1 叶形宽大，卵状披针形，球果苞鳞先端具三角状尖头，尖头向后反曲；种子先端肥大而显露，两侧无翅，发芽时子叶不出土 …………………………………………………………… 大叶南洋杉 *A. bidwillii*

南洋杉 *Araucaria cunninghamii* Sweet（图10-4）

【形态特征】　常绿大乔木，高60～70m，胸径达1m以上，幼树呈整齐的尖塔形，老树成平顶状。主枝轮生，平展，侧枝亦平展或稍下垂。叶二型：生于侧枝及幼枝上的多呈针状，质软，开展，排列疏松，长0.7～1.7cm；生于老枝上的则密聚，卵形或三角状钻形，长0.6～1.0cm。雌雄异株。球果卵形，苞鳞刺状且尖头向后强烈弯曲；种子两侧有翅。

【分布】　原产于大洋洲东南沿海地区，如澳大利亚的北部、新南威尔士及昆士兰等州；中国的广州、厦门、云南西双版纳、海南等地均有露地栽培；在其他城市也常用做盆栽观赏。

【变种、变型及栽培品种】　'银灰'南洋杉（'Glauca'）：与原种的区别是，叶呈银灰色。

'垂枝'南洋杉（'Pendula'）：与原种的区别是，枝下垂。

【习性】　喜光，喜暖热的海洋性气候，不耐干燥及寒冷，喜生于肥沃土壤，较耐风。生长迅速，再生能力强，砍伐后易生萌蘖。

【繁殖栽培】　播种繁殖，但种子发芽率低，最好在播前先将种皮破伤，以促进发芽，否则常会因发芽迟缓而招致腐烂。也可行扦插繁殖，插条应选剪自主轴的或用徒长枝，如选用侧枝作插穗则插活后的苗木体形不易整正。

【观赏特性和园林用途】　南洋杉树形高大，姿态优美，与雪松、日本金松、金钱松、巨杉（世界爷）等合称为世界五大公园树。

图10-4　南洋杉

南洋杉树姿优美，其轮生的大枝形成层层叠翠的美丽树形，最宜独植为园景树或作纪念树，亦可作行道树用。南洋杉又是珍贵的室内盆栽装饰树种。

【经济用途】 木材可供建筑及制家具用，树皮可提取松脂。

10.4 松科 Pinaceae

常绿或落叶乔木，罕灌木，有树脂。叶针状，常 2、3 或 5 针成一束，或呈扁平条形，螺旋状排列，假二列状或簇生。雌雄同株或异株；雄球花长卵形或圆柱形，有多数雄蕊，每雄蕊有 2 花药，花粉粒有气囊或无气囊；雌球花呈球果状，有多数呈螺旋状排列之珠鳞，每珠鳞有 2 倒生胚珠，每珠鳞背面有分离的苞鳞。球果有多数脱落或不脱落的木质或纸质种鳞，每种鳞上有 2 粒种子，种子上端常有 1 膜质的翅，罕无翅或近无翅，胚具 2～16 枚子叶。

含 3 亚科 10 属 230 余种，大多分布于北半球；中国有 10 属 117 种及近 30 个变种，其中引入栽培 24 种及 2 变种。

分属检索表

1 叶条形或针形，螺旋状着生，不成束。
 2 叶条形，扁平或具四棱，枝仅一种类型；球果当年成熟 ……………………… Ⅰ. 冷杉亚科 Subf. Abietoideae
  3 球果生于叶腋，直立，成熟后种鳞自宿存中轴上脱落；叶扁平，上面中脉微凹；枝上无叶枕 … 1. 冷杉属 Abies
  3 球果成熟后种鳞宿存。
   4 球果生枝顶，小枝节间生长均匀，上下等粗，叶在节间着生均匀。
    5 球果直立，形大；种子（连种翅）几与种鳞等长；叶扁平，上面中脉隆起；雄球花簇生枝顶 ………
     ……………………………………………………………………………………… 油杉属 Keteleeria
    5 球果通常下垂，形较小；种子（连种翅）较种鳞短；叶扁平，上面中脉多向下凹或微凹，罕四棱状条形；雄球花单生叶腋。
     6 小枝有不明显叶枕；叶扁平，有短柄，上面中脉多下凹或微凹，多仅在下面有气孔线。
      7 球果较大，苞鳞伸出于种鳞之外，先端 3 裂；叶内具边生树脂道 2 枚；小枝不具或略具叶枕
      ………………………………………………………………………………… 黄杉属 Pseudotsuga
      7 球果较小，苞鳞多不外露，先端不裂或 2 裂；叶内维管束鞘下具树脂道 1 枚；叶枕隆起或略隆起
      …………………………………………………………………………………………… 铁杉属 Tsuga
     6 小枝有极显著隆起的叶枕；叶断面呈四棱形或扁平棱，至少叶之上下两面中脉隆起，无柄，四面或仅上面有气孔线 ……………………………………………………………… 2. 云杉属 Picea
   4 球果生叶腋，初直立，后下垂，苞鳞短，不外露；小枝节间的上端生长缓慢而较粗，叶排列紧密而成簇生状，下端则排列疏散；叶扁平条形，上端中脉下凹 ……………………… 3. 银杉属 Cathaya
 2 叶在长枝上螺旋状散生，在短枝上簇生，扁平条形或针状，落叶性或常绿性；球果当年或次年成熟 ………
  ………………………………………………………………………………… Ⅱ. 落叶松亚科 Subf. Laricoideae
  8 叶扁平条形，柔软，落叶性；球果当年成熟。
   9 叶形较窄，簇生叶长短相近；雄球花单生于短枝顶端；种鳞革质，成熟后不脱落 … 4. 落叶松属 Larix
   9 叶形较宽，簇生叶常长短不齐；雄球花簇生于短枝顶端；种鳞木质，成熟后自中轴脱落 …………
   ………………………………………………………………………………… 5. 金钱松属 Pseudolarix
  8 叶针状，坚硬，常绿性；球果次年成熟，种鳞脱落性 …………………………… 6. 雪松属 Cedrus
1 叶针形，通常 2、3 或 5 针一束，基部为叶鞘（脱落或宿存）所包围，常绿性；球果次年成熟，种鳞宿存，背面上方具鳞盾及鳞脐 ……………………………………………………… Ⅲ. 松亚科 Subf. pinoideae
………………………………………………………………………………………………… 7. 松属 Pinus

10.4.1 冷杉属 Abies Mill.

常绿乔木，树干端直，枝条簇生，小枝平滑或有纵凹槽，枝上有圆形叶痕；冬芽具多数芽鳞，芽鳞覆瓦状排列，常具树脂，罕无树脂。叶扁平、条形，叶表中脉多凹下，叶背中脉两侧各有 1 条白色气孔带，叶内有树脂管 2，罕为 4。雌雄同株，球花单生于叶腋；雄球花长圆形，下垂，花粉粒有气囊；雌球花长卵状短圆柱形，直立；苞鳞比珠鳞长。球果长卵形或圆柱形，直立，当年成熟；种鳞木质，多数，排列紧密，苞鳞露出或不露出。球果成熟时种子与种鳞、苞鳞同落，仅余中轴；种子卵形或长圆形，有翅；子叶 3～12，发芽时出土。

本属约 50 种，分布于亚、欧、北非、北美及中美高山地带；中国有 22 种及 3 变种分布于东北、华北、西北、西南及浙江、台湾的高山地带，另引入栽培 1 种。

分种检索表

1 叶缘不向下反卷，叶内树脂道多中生，或有其他情况。
  2 球果的苞鳞上端露出或仅先端尖头露出。
    3 小枝色较浅，1 年生枝淡灰黄色、淡黄褐色或浅灰褐色，无毛，凹槽内有毛或枝密被毛，球果熟时黄褐、灰褐、紫褐或紫黑色。
      4 1 年生枝淡黄褐色或淡灰褐色，密被淡褐色短柔毛；球果较小，长 4.5～9.5cm，熟时紫褐或紫黑色 ……………………………………………………………………………………………… (1) 臭冷杉 *A. nephrolepis*
      4 1 年生枝淡灰黄色，凹槽中有细毛或无毛；球果较大，长 12～15cm，熟时黄褐或灰褐色 …………………………………………………………………………………………… (2) 日本冷杉 *A. firma*
    3 小枝色较深，1 年生枝红褐色或微带紫色，无毛，罕凹槽内疏生短毛；球果熟时淡紫、紫黑或红褐色 …………………………………………………………………………………………… 巴山冷杉 *A. fargesii*
  2 球果的苞鳞不露出。
    5 果枝及营养枝之叶的树脂道中生，果枝之叶的上面近先端或中上部常有 2～5 条气孔线；种翅较种子长 …………………………………………………………………………… 杉松 *A. holophylla*
    5 营养枝上叶的树脂道边生，果枝上者中生或近中生，上面无气孔线；种翅较种子为短 …… 秦岭冷杉 *A. chensiensis*
1 叶缘向下反卷，叶内树脂道边生；球果熟时蓝黑色………………………………………………… (3) 冷杉 *A. fabri*

（1）臭冷杉 *Abies nephrolepis*（Trautv.）Maxim.（图 10-5）

【别名】 白果枞、白果松、华北冷杉、臭松、白松、臭枞。

【形态特征】 乔木，高 30m，胸径 50cm；树冠尖塔形至圆锥形。树皮青灰白色，浅裂或不裂。1 年生枝淡黄褐或淡灰褐色，密生褐色短柔毛。冬芽有树脂，叶条形，长 1～3cm，宽约 1.5mm，上面亮绿色，下面有 2 条白色气孔带，营养枝上之叶端有凹缺或 2 裂，果枝上之叶端常尖或有凹缺，下面无气孔线，罕见近先端有 2～4 条气孔线，叶内有树脂道 2，中生。球果卵状圆柱形或圆柱形，长 4.5～9.5cm，熟时紫黑色或紫褐色，无柄，花期 4～5 月。果当年 9～10 月成熟。

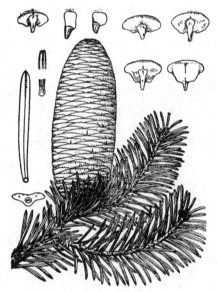

图 10-5 臭冷杉

【分布】 主产于东北小兴安岭至长白山山地，河北小五台山及山西五台山也有分布。

【习性】 耐阴，耐寒，喜生于冷湿的气候下，喜土壤湿润深厚之酸性土壤，但在排水不良处生长较差。根系浅，属浅根性树种，生长较缓慢。

【繁殖栽培】 用播种繁殖。由于种子成熟期只约半个月则鳞片开裂，种子脱落，故需及时采收球果。采果后晾晒约 1 周则种子裂出，可将鳞片等杂物去除。播种时可床播或宽垄播。幼苗期可行全光育苗或设荫棚，当年可不间苗而于次年间苗。为了促进根系发达，可对 2～3 年生苗进行换床移栽。移植应在芽萌动前进行以利成活。

【观赏特性和园林用途】 树形秀丽，叶色青翠，树冠尖圆形，宜列植或成片种植。可作为园景树或风景林应用，在海拔较高的自然风景区宜与云杉等混交种植。

【经济用途】 材质较软，可用于建筑、火柴杆、造纸等用；树干可提取松脂。

（2）日本冷杉 *Abies firma* Sieb. et Zucc.

【形态特征】 乔木，在原产地高可达 50m，胸径约 2m。树冠幼时为尖塔形，老树则为广卵状圆锥形。树皮粗糙或裂成鳞片状；1 年生枝淡灰黄或暗灰黑色，凹槽中有淡褐色柔毛，或无毛。冬芽有少量树脂；叶条形，在幼树或徒长枝长 2.5～3.5cm，端成二叉状，在果枝上者长 1.5～2.0cm，端钝或微凹。球果圆筒形，熟时黄褐或灰褐色，长 12～15cm，径 5cm。

【分布】 原产于日本。中国大连、青岛、庐山、南京、北京及台湾等地有栽培。

【习性】 耐阴性强，幼时喜阴，长大后则喜光，不耐烟尘。头 5 年幼苗生长极慢，6～7 年略快，至 10 年生后则生长加速成中等速度。每年可长高约 0.5m。寿命不长，达 300 龄以上者极少。

【观赏特性和园林用途】 本树树形优美，秀丽可观，为优美的庭院观赏树。但对烟害的抗性极弱。

（3）冷杉 *Abies fabri*（Mast.）Craib（图 10-6）

【形态特征】 乔木，高达 40m，胸径 1m；树冠尖塔形。树皮深灰色，呈不规则薄片状裂纹。1 年生枝淡褐黄、淡灰黄或淡褐色，凹槽疏生短毛或无毛。冬芽有树脂，叶长 1.5～3.0cm，宽

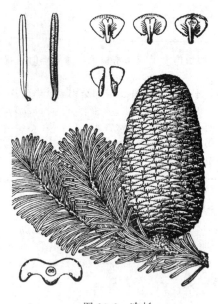

图 10-6　冷杉

2.0～2.5mm，先端微凹或钝，叶缘反卷或微反卷，下面有 2 条白色气孔带，叶内树脂道 2，边生，球果卵状圆柱形成短圆柱形，熟时暗蓝黑色，略被白粉，长 6～11cm，径 3.0～4.5cm，有短梗。花期 4 月下旬至 5 月，果当年 10 月成熟。

【分布】　分布于四川西部高山海拔 2000～4000m 间。为耐阴性很强的树种，喜冷凉而空气湿润，对寒冷及干燥气候抗性较弱，多生于年平均气温在 0～6℃，降水量 1500～2000mm 处。

【习性】　喜冷凉、湿润气候，喜中性及微酸性土壤。根系浅，生长慢，耐阴性强，生长繁茂，天然林中 50 年生者高约 18m，胸径约 30cm。

【繁殖栽培】　繁殖用播种法。常见之病虫害有冷杉毒蛾、树干小尖红腐病等。

【观赏特性和园林用途】　本树冠态优美，宜丛植、群植用，易形成庄严、肃静的气氛，是优良的庭院观赏树种。

【经济用途】　材质较软，可供板材及造纸等用。

10.4.2　云杉属 *Picea* Dietr.（Spruce）

常绿乔木，树皮鳞状剥裂；树冠尖塔形或圆锥形；枝条轮生，平展，小枝上有显著的叶枕，各叶枕间有深凹槽隔开，叶枕顶端呈柄状，宿存，在其尖端着生针叶。冬芽卵形或圆锥形，有或无树脂；小枝基部有宿存芽鳞。针叶条形或锥棱状，无柄，生于叶枕上，呈螺旋状排列，上下两面中脉均隆起，棱形叶四面均有气孔线，扁平的条形叶则只叶上面有 2 条气孔线，背面无。树脂道多为 2，边生，罕缺。雌雄同株，单性；雄球花常单生叶腋，椭圆形，黄色或深红色，下垂；雌球花单生枝顶，绿色或红紫色。球果卵状圆柱形或圆柱形，下垂，当年成熟，种鳞宿存，薄木质或近革质，顶部全缘或有细齿，或呈波状，每种鳞含 2 种子；苞鳞甚小，不露出；种子倒卵圆形或卵圆形，有倒卵形种翅；子叶 4～9，发芽时出土。

本属约 50 种，分布于北半球，由极圈至暖带的高山均有；中国有 20 种及 5 变种，另引种栽培 2 种，多在东北、华北、西北、西南及台湾等地区的山地，在北方城市及西南山区城市园林中也有应用。

分种检索表

1 叶横切面四方形、菱形或近扁平，四面有气孔线，罕下面无气孔线。

　2 叶四面之气孔线条数相等或几相等，或下面者较上面略少；横切面方形或菱形，多高宽相等或宽大于高。

　　3 1 年生枝少毛，罕无毛，色多较深，有白粉或无白粉；小枝基部宿存芽鳞或多或少向外反曲，或仅先端芽鳞外伸至略反曲。

　　　4 1 年生枝有或疏或密之毛，但非腺头毛，罕无毛。

　　　　5 1～3 年生枝褐色、粉红色；小枝不下垂；顶芽圆锥形。

　　　　　6 叶先端尖，或锐尖。

　　　　　　7 冬芽的芽鳞不反卷，或顶端芽鳞略反卷；1 年生枝黄褐或淡橘红褐色。

　　　　　　　8 1 年生枝多或少有白粉；球果较大，长 5～16（多为 8～10）cm；种鳞露出部分常有纵纹 ·· (1) 云杉 *P. asperata*

　　　　　　　8 1 年生枝无白粉；球果较小，长 5～8cm；种鳞露出部分较平滑 ··· (2) 红皮云杉 *P. koraiensis*

　　　　　　7 冬芽之芽鳞显著反卷；1 年生枝红褐或橘红色 ·············· (3) 欧洲云杉 *P. abies*

　　　　　6 叶先端略钝或钝。

　　　　　　9 球果熟前绿色；2 年生枝黄褐或褐色，无白粉 ················· (4) 白杆 *P. meyeri*

　　　　　　9 球果熟前种鳞上部边缘紫红色，背部绿色；2 年生枝粉红色，多被明显或略明显之白粉···········
　　　　　　·· 青海云杉 *P. crassifolia*

　　　　5 1～3 年生枝淡黄色；小枝下垂；顶芽圆锥状卵形；小枝基部宿存；芽鳞不反卷或仅顶端芽鳞微反曲 ·· 雪岭云杉 *P. schrenkiana*

　　　　4 1 年生枝密生微小腺头短毛，黄或淡褐色 ······················· 新疆云杉 *P. obovata*

　　3 1 年生枝多无毛，色较浅，无白粉；小枝基部宿存芽鳞不反曲，或顶端芽鳞外伸至略反曲。

　　　10 冬芽小，长不足 5mm，径 2～3mm，淡紫褐、淡黄褐或褐色，无光泽；小枝较细，叶枕较短。

　　　　11 1 年生枝淡灰、淡黄灰色。

12 叶较短细，长 0.8~1.8cm，宽约 1mm，球果较小，长 5~8cm，径 2.5~4.0cm ·············
·· (5) 青杆 *P. wilsonii*
　　12 叶较长粗，长 1.5~2.5cm，宽约 2mm；球果较大，长 8~14cm，径 5.0~6.5cm ····
·· 大果青杆 *P. neoveitchii*
　　11 年生枝淡黄褐或褐色；叶长 0.8~1.4cm；球果长 5~7cm，径 2.5~3cm ······ 台湾云杉 *P. morrisonicola*
　　10 冬芽大，长 5~10mm，径 3~6mm，淡红褐或淡黑褐色，有光泽；小枝粗壮，叶枕较长 ·············
·· (6) 日本云杉 *P. polita*
　2 叶上面每边气孔线较下面多 1 倍或更多，下面每边有 1~2 条，罕无之，或有数条不完整者；横切面菱形或
　　略扁 ··· 丽江云杉 *P. likiangensis*
　1 叶横切面扁平，下面无气孔线，上面有两条粉白色气孔带 ·············· 鱼鳞云杉 *P. jezoensis* var. *microcarpa*

（1）云杉 *Picea asperata* Mast.（图 10-7）

【形态特征】　常绿乔木，高 45m，胸径约 1m，树冠圆锥形。小枝近光滑或疏生至密生短柔毛，1 年生枝淡黄、淡褐黄或黄褐色，芽圆锥形，有树脂，上部芽鳞先端不反卷或略反卷，小枝基部宿存芽鳞先端反曲。叶长 1~2cm，先端尖，横切面菱形，上面有 5~8 条气孔线，下面 4~6 条。球果圆柱状长圆形或圆柱形，成熟前种鳞全为绿色，成熟时呈灰褐或栗褐色，长 6~10cm。花期 4 月，果当年 10 月成熟。

【分布】　产于四川、陕西、甘肃海拔 2400~3600m 山区。

【变种、变型及栽培品种】　'蓝粉'云杉（'Glauca'）：与原种的区别是，叶断面四棱状，具蓝粉。

【习性】　冷凉湿润气候而排水良好的酸性或微酸性深厚土壤，但对干燥环境有一定抗性。较喜光，有一定耐阴性，耐干冷，浅根性，要求排水良好，生长速度快，自然林中有 50 年生高达 12m 的植株，人工造林及定植的可生长更快。

【繁殖栽培】　用种子繁殖，苗期须遮阴。

【观赏特性和园林用途】　树形优美，树冠尖塔形，苍翠壮丽，材质优良，生长较快，故在用材林和风景林等方面，都可起重大作用。威尔逊于 1910 年将本种引至美国阿诺德树木园试种。

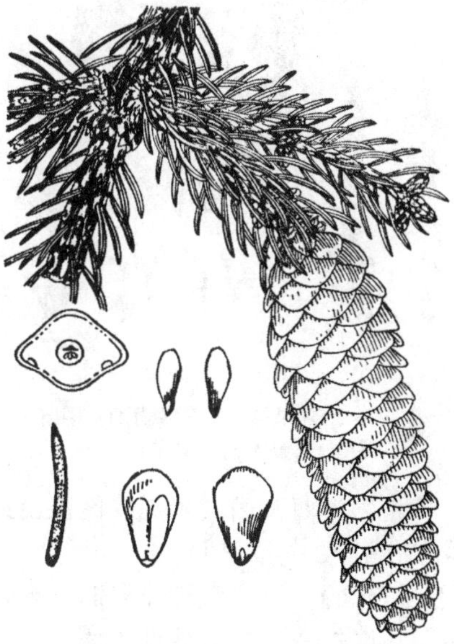

图 10-7　云杉

（2）红皮云杉 *Picea koraiensis* Nakai（图 10-8）

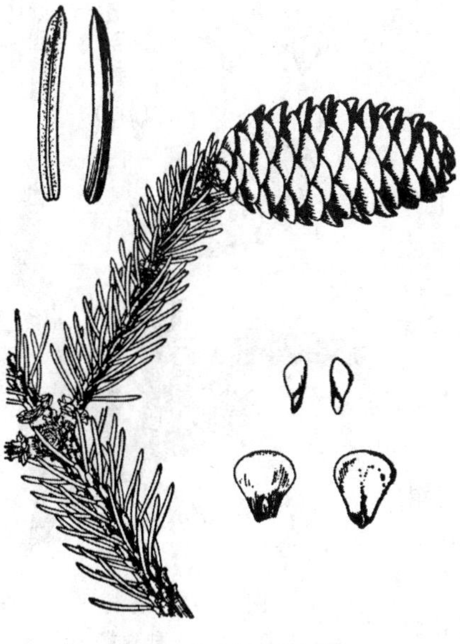

【别名】　红皮臭、虎尾松、高丽云杉、带岭云杉。

【形态特征】　常绿乔木，树高达 30m 以上；树冠尖塔形，大枝斜伸或平展，小枝上有明显的木针状叶枕；小枝常有短柔毛，淡红褐或淡黄褐色；无毛或几无毛，或有较密短柔毛；芽长圆锥形，小枝基部宿存芽鳞之先端常反曲。叶长 1.2~2.2cm，锥形，先端尖，多辐射伸展，横切面菱形，四面有气孔线。球果卵状圆柱形或圆柱状矩圆形，长 5~8cm，熟后绿黄褐色或褐色；种鳞薄木质，三角状倒卵形，先端圆，露出部分有光泽，常平滑，无明显纵纹；苞鳞极小；种子上端有膜质长翅。

【分布】　分布于东北山地，在小兴安岭、吉林山区海拔 400~1800m 地带常见。

【习性】　喜空气湿度大、土壤深厚而排水良好的环境，较耐阴，耐寒，耐干旱，浅根性，侧根发达，生长较快。适应性较强，在分布区内除沼泽化地带及干燥的阳坡、山脊外，在不同立地条件下均能生长。

【观赏特性和园林用途】　本种树姿优美，叶色青翠，既耐寒，又耐湿，生长亦较速，可作为独赏树或园景树。

图 10-8　红皮云杉

【经济用途】　木材轻软，纹理通直，系建筑、航空、造纸和制造乐器的重要用材，是营造用材林和用于风景区绿化的优良树种。

（3）欧洲云杉 *Picea abies*（L.）Karst.

【别名】　挪威云杉。

【形态特征】　乔木，高达 60m，胸径 4～6m；树冠窄尖塔形，大枝斜展，小枝常下垂，一年枝红褐色或橘红色；冬芽圆锥形，上部芽鳞显著反卷。针叶鲜绿色，横切面菱形，先端急尖，球果圆柱形，长 10～15cm，熟时褐色。

【分布】　原产于北欧至中欧；中国庐山和青岛有引种栽培，生长良好。

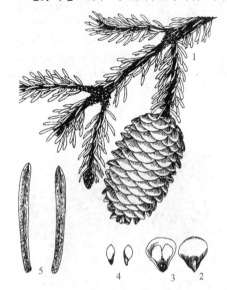

图 10-9　白杆
1. 球果枝；2. 种鳞背面；
3. 种鳞腹面；4. 种子；5. 叶

【习性】　喜凉润环境及深厚之酸性土壤。

【观赏特性和园林用途】　国外常栽培作为圣诞树，园林中可用于庭院布置，也可在岩石园中作为点缀应用。

（4）白杆 *Picea meyeri* Rehd. et Wils.（图 10-9）

【别名】　麦氏云杉、毛枝云杉。

【形态特征】　乔木，高约 30m，胸径约 60cm；树冠狭圆锥形。树皮灰色，呈不规则薄鳞状剥落，大枝平展，小枝常有短柔毛，淡黄褐色，被白粉。芽多圆锥形或卵状圆锥形，褐色，略有树脂，上部芽鳞先端常向外反曲，基部芽鳞常有脊，小枝基部宿存芽鳞的先端向外反曲或开展。针叶四棱状条形，横切面菱形，微弯曲，端钝，四面有气孔线，叶长 1.3～3.0cm，宽约 2mm，螺旋状排列，球果长圆状圆柱形，初期浓紫色，成熟前种鳞背部绿色而上部边缘紫红色，成熟时则变为有光泽的黄褐色，长 5～9cm，径 2.5～3.5cm；种鳞倒卵形，先端扇形，基部狭，背部有条纹；苞鳞匙形，先端圆而有不明显锯齿；种子倒卵形，黑褐色，长 4～5mm，连翅长 1.2～1.6cm。花期 4～5月；果 9～10月成熟。

【分布】　中国特产树种，是国产云杉中分布较广的种。产于河北、山西及内蒙古等省区高山地带。1908 年迈尔（F. E. Meyer）引种至美国阿诺德树木园，日本亦有引入。

【习性】　喜空气冷凉湿润气候，喜生于中性及微酸性土壤，但也可生于微碱性土壤中。幼树耐阴性强，性耐寒，生长速度较慢。

【繁殖栽培】　用种子繁殖，通常行春播，经 2～3 周即带种壳出土，再过 4～5 天壳脱落。幼苗生长极慢，当年高约 7cm。此后每 2～3 年移植一次，因其枝梢常向北部荫处伸长，故移植时应注意调节方向，以培养完整树冠。

【观赏特性和园林用途】　树冠优美，树形端正，枝叶茂密，下枝能长期存在，最适用于孤植，如丛植时亦能长期保持郁闭。

【经济用途】　材质轻软，可供建筑及造纸等用。

（5）青杆 *Picea wilsonii* Mast.（*P. mastersii* Mayr）（图 10-10）

【别名】　魏氏云杉、细叶云杉。

【形态特征】　乔木，高达 50m，胸径 1.3m；树冠圆锥形，1 年生小枝淡黄绿、淡黄或淡黄灰色，无毛，罕疏生短毛，2～3 年生枝淡灰或灰色。芽灰色，无树脂，小枝基部宿存芽鳞紧贴小枝。叶较短，长 0.8～1.3（～1.8）cm，横断面菱形或扁菱形，四面各有气孔线 4～6 条。球果卵状圆柱形或圆柱状长卵形，成熟前绿色，熟时黄褐或淡褐色，长 4～8cm，径 2.5～4.0cm。花期 4 月，球果 10 月成熟。

图 10-10　青杆
1. 球果枝；2，3. 种鳞背、腹面；
4，5. 种子；6. 叶及其横剖

【分布】　分布于河北小五台山、雾灵山，山西五台山，甘肃中南部，陕西南部，湖北西部，青海东部及四川等地区山地海拔 1400～2800m 地带。北京、太原、西安等地城市园林中常见栽培。

【习性】　喜温凉气候及湿润而排水良好的中性或微酸性土壤，性强健，适应力较强，耐阴性强，耐寒，生长缓慢。

【繁殖栽培】　种子繁殖，生长缓慢，自然界中 50 年生高 6～11m，干径 8～18cm。

【观赏特性和园林用途】　树形整齐，叶较白杆细密，为优美园林观赏树之一，可作为孤赏树或园景树。

【经济用途】　材质轻软，可供建筑、家具及造纸等用。1901 年威尔逊寄种子至英国试种。

(6) 日本云杉 *Picea polita*（Sieb. et Zucc.）Carr.

【别名】 虎尾枞。

【形态特征】 乔木，树高可达 40m，胸径 1～3m；1 年生小枝粗壮，淡黄褐色，无毛，基部宿存芽鳞不反曲。冬芽卵状圆锥形，长 0.6～1cm，有树脂。叶四棱状条形，微扁弯，长 1.5～2cm，端锐尖，四面有气孔线。球果长卵圆形，长 7.5～12.5cm，熟前淡黄绿色，熟时淡红褐色。

【分布】 分布原产于日本；中国山东青岛、浙江杭州有引种栽培。

10.4.3 银杉属 *Cathaya* Chun et Kuang

常绿乔木；小枝节间的上端生长缓慢，较粗。针叶条形，扁平，上面中脉凹下，较为密集，螺旋状排列，辐射伸展。雌雄同株，雄球花和雌球花分别生于不同龄枝条的叶腋，单生，但多 2～3 相邻，形成假轮生状，并为数枚短窄、尖顶而上面有细毛的变形叶所承托。球果初直立，后下垂，当年成熟，熟后种鳞宿存；苞鳞短小，三角状卵形，先端尖，不裂，不露出。

本属是中国的特有属，于 1958 年第 1 次发表。仅银杉 1 种，分布于广西北部及四川东南部等山区。

银杉 *Cathaya argyrophylla* Chun et Kuang（*C. nanchuanensis* Chun et Kuang）（图 10-11）

【形态特征】 乔木，高达 20m，胸径 40cm 以上；树皮暗灰色，老则裂成不规则薄片；大枝平展，小枝节间上端生长缓慢，较粗，或少数侧生小枝因顶芽死亡而成距状；1 年生枝黄褐色，密被灰黄色短柔毛，逐渐脱落；叶枕近条形，稍隆起，顶端具近圆形叶痕，冬芽卵形或圆锥状卵形，顶钝，淡黄褐色，无毛。叶螺旋状着生成辐射伸展，在枝节间的上端排列紧密，成簇生状，其下疏散生长，多数长 4～6cm，宽 2.5～3.0mm，边缘略反卷，下面沿中脉两侧具极显著粉白色气孔带；叶条形，略镰状弯曲或直，端圆，基部渐窄，上面深绿色，被疏柔毛；幼叶上面毛较多，叶缘具睫毛，旋即脱落。雄球花盛开时穗状圆柱形，长 5～6cm，生于 2～4 年生或更老枝之叶腋，基部有苞片承托，多 2～3 穗邻近而呈假轮生状；雌球花生于新枝下部或基部叶腋，其基部无苞片，长 8～10mm。球果熟时暗褐色，卵形、长卵形或长圆形，长 3～5cm，下垂；种鳞 13～16，蚌壳状，近圆形，不脱落，背面密被略透明的短柔毛；苞鳞长达种鳞 1/4～1/3；种子略扁，斜倒卵形，长 5～6mm，上端有长 10～15mm 的翅。

【分布】 中国特产的稀有树种，国家一级保护树种，分布于广西花坪、四川金佛山、贵州道真县及湖南新宁等地。

【习性】 喜光，喜温暖、湿润气候和排水良好的酸性土壤。

【繁殖栽培】 播种繁殖。亦可用马尾松苗作砧木进行嫁接繁殖。

【观赏特性和园林用途】 叶背的银白带观赏价值极高，树势如苍虬，壮丽可观。可用于园景树或作为孤植树。

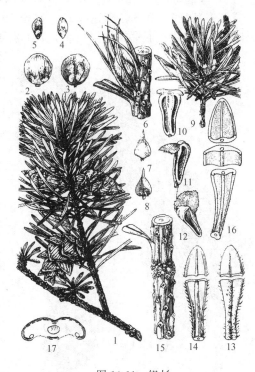

图 10-11 银杉
1. 球果枝；2，3. 种鳞背、腹面；4，5. 种子；
6. 雌球花枝；7，8. 苞鳞背腹面及珠鳞和胚珠；
9. 雄球花枝；10～12. 雄蕊；13，14. 幼叶；
15. 小枝；16，17. 叶及其横切面

10.4.4 落叶松属 *Larix* Mill.

落叶乔木，树皮纵裂成较厚的块片；大枝水平开展，枝下高较高，枝叶稀疏，有长枝、短枝之分；冬芽小，近球形，芽鳞先端钝，排列紧密。叶扁平，条形，质柔软，淡绿色，叶表、背均有气孔线，生长枝上螺旋状互生，在短枝上呈轮生状。雌雄同株，花单性，球花单生于短枝顶端，雄球花黄色，近球形；雌球花红色或绿紫色，近球形，苞鳞极长。球果形小，近球形、卵形或圆柱形，当年成熟，不脱落；种鳞革质，宿存；苞鳞显露或不显露；种子形小，三角状，有长翅；子叶 6～8，发芽时出土。

共 18 种，分布于北半球寒冷地区；中国产 10 种 1 变种，引入栽培 2 种。

分种检索表

1 球果卵形或长卵形；苞鳞比种鳞短，多不外露或微外露，小枝不下垂。
  2 球果种鳞上部边缘不反曲或略反曲；1 年生长枝呈黄、浅黄、淡褐或淡褐黄色，无白粉。
    3 球果中部的种鳞长大于宽，呈三角状卵形、五角状卵形或卵形。
      4 1 年生长枝较粗，径 1.2～2.5mm，短枝径 3～4mm；球果熟时上端种鳞略张开或不张开。
        5 1 年生长枝淡褐色或淡褐黄色，短枝顶端有黄褐或淡褐色柔毛；种鳞近五角状卵形，先端平截或微凹，鳞背无毛 ·· (1) 华北落叶松 *L. principis-rupprechtii*
        5 1 年生长枝淡黄灰、淡黄或黄色，短枝顶端密被白色长柔毛；种鳞三角状卵形、卵形或近菱形，先端圆，背部密生淡褐色柔毛，罕无毛 ····················· 西伯利亚落叶松 *L. sibirica*
      4 1 年生长枝较细，径约 1mm，短枝亦较细，径 2～3mm；球果熟时上端种鳞张开，种鳞五角状卵形，先端平截或微凹，背面无毛 ·························· (2) 落叶松 *L. gmelini*
    3 球果中部种鳞长宽近相等，方圆形或方状广卵形；1 年生长枝淡红褐或淡褐色，密生或散生长毛或短毛 ··· 黄花落叶松 *L. olgensis*
  2 球果种鳞上部边缘显著反曲；1 年生长枝淡黄或淡红褐色，有白粉 ·········· (3) 日本落叶松 *L. kaempferi*
1 球果长圆状圆柱形或圆柱形；苞鳞比种鳞长，显著外露，常直伸；小枝下垂，1 年生长枝红褐或淡紫褐色，罕淡黄褐色 ·· 红杉 *L. potaninii*

（1）华北落叶松 *Larix principis-rupprechtii* Mayr（图 10-12）

【形态特征】 乔木，高达 30m，胸径 1m。树冠圆锥形，树皮暗灰褐色，呈不规则鳞片状裂开，大枝平展，小枝不下垂或枝梢略垂，1 年生长枝淡褐黄或淡褐色，常无或偶有白粉，幼时有毛后脱落，枝较粗，径 1.5～2.5mm，2～3 年生枝变为灰褐或暗灰褐色，短枝顶端有黄褐或褐色柔毛，径亦较粗，2～3mm。叶长 2～3cm，宽约 1cm，窄条形，扁平。球果长卵形或卵圆形，长 2～4cm，径约 2cm；种鳞 26～45，背面光滑无毛，边缘不反曲，苞鳞短于种鳞，暗紫色；种子灰白色，有褐色斑纹，有长翅；子叶 5～7。花期 4～5 月；球果 9～10 月成熟。

【分布】 产于华北地区海拔较高的高山地带。此外，辽宁、内蒙古、山东、陕西、甘肃、宁夏、新疆等地亦有引种栽培。

【习性】 强喜光树种，1 年生苗能在林下生长，2 年生苗即不耐侧方庇荫。性极耐寒，在垂直分布上为乔木树种的上限；夏季能忍受 35℃ 的高温，但幼苗易受日灼伤而大量死亡。对土壤的适应性强，喜深厚湿润而排水良好的酸性或中性土壤，但亦能略耐盐碱；亦有一定的耐湿和耐旱力，亦耐瘠薄土地但生长极慢。在雨量为 600～900mm 地区生长良好。寿命长，可达 200 年以上；根系发达；生长迅速。

【繁殖栽培】 用种子繁殖。于 9 月采果后经摊晒、脱粒、去翅，即可干藏。每 100kg 球果可得种子 3～4kg。

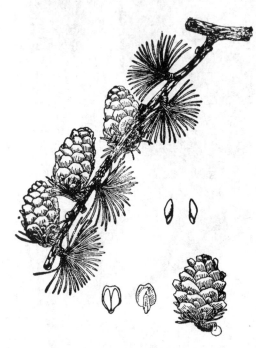

图 10-12 华北落叶松

每千克约 20 万粒，发芽率 65%～90%。通常多行春播，在气温达 10℃，5cm 土壤平均地温达 8℃ 时播种，播前可用 0.5% 硫酸铜溶液浸种 8h，再用清水冲洗后即可备用，亦可继续再行温水浸种 1～2d 行催芽处理后再在高畦上播种。

【观赏特性和园林用途】 树冠整齐呈圆锥形，叶轻柔而潇洒，可形成美丽的景区。最适合于较高海拔和较高纬度地区的配置应用。

【经济用途】 材质坚实耐腐，耐湿，抗压抗弯力强，为建筑、船、桥、坑木及地下、水下工程的良材，亦可作造纸原料。

（2）落叶松 *Larix gmelinii*（Rupr.）Kuzen.（图 10-13）

【别名】 兴安落叶松、意气松。

【形态特征】 乔木，高达 30m，胸径 80cm。树冠卵状圆锥形，1 年生长、短枝均较细，淡褐黄色，无毛或略有毛，基部有毛；短枝顶端有黄白色长毛。球果卵圆形，果长 1.2～3cm，鳞背无毛，幼果红紫色变绿色，熟时变黄褐色或紫褐色；苞鳞不外露但果基部苞鳞外露。

【分布】 分布于东北大、小兴安岭和辽宁，是东北林区主要森林树种之一。

【习性】 强喜光树种，极耐寒、能耐-51℃的低温；对土壤的适应能力强，能生长于干旱瘠薄的石砾山地及低湿的河谷沼泽地带；较耐湿，适应性强。

【观赏特性和园林用途】 树形优美，春季叶色青绿，园林中可用做园景树或独赏树。

图 10-13　落叶松

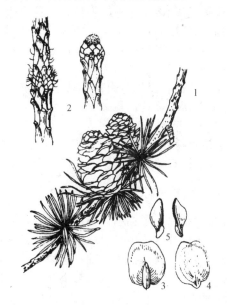

图 10-14　日本落叶松
1. 球果枝；2. 芽及小枝基部芽鳞；
3，4. 种鳞背、腹面；5. 种子

(3) 日本落叶松 *Larix kaempferi* (Lamb.) Carr. （图 10-14）

【形态特征】 乔木，高可达 30m，胸径达 1m，1 年生长枝淡黄或淡红褐色，有白粉。球果广卵形，长 2～3cm；种鳞上部边缘向后反卷。

【分布】 原产于日本；中国已引入栽培，在东北东部北纬 45°以南山区已成为主要的造林树种。在山东青岛崂山、河北的北戴河、河南的鸡公山、江西庐山以及北京、天津、西安等地均有栽培。

【习性】 本种适应性强、生长快、抗病力强，园林用途同华北落叶松。

【繁殖栽培】 红杉的繁殖和用途可参见前述的种类。

10.4.5　金钱松属 *Pseudolarix* Gord.

本属在全世界仅有 1 种，为中国所特产。

金钱松 *Pseudolarix amabilis* (Nels.) Rehd. （*Pseudolarix kaempferi* Gord.）（图 10-15）

【形态特征】 落叶乔木，高达 40m，胸径 1m。树冠阔圆锥形，树皮赤褐色，呈狭长鳞片状剥离。大枝不规则轮生，平展，1 年生长枝黄褐或赤褐色，无毛。冬芽卵形，锐尖，芽鳞先端长尖。叶条形，在长枝上互生，在短枝上 15～30 枚轮状簇生，叶长 2～5.5cm，宽 1.5～4mm。雄球花数个簇生于短枝顶部，有柄，黄色花粉有气囊；雌球花单生于短枝顶部，紫红色。球果卵形或倒卵形，长 6～7.5cm，径 4～5cm，有短柄，当年成熟，淡红褐色；种鳞木质，卵状披针形，基部两侧耳状，熟时脱落；苞鳞小，基部与种鳞相结合，不露出；种子卵形，白色，种翅连同种子几乎与种鳞等长。花期 4～5 月；果 10～11 月上旬成熟。子叶 4～6，发芽时出土。

【分布】 中国特产树种，分布于长江下游一带。产于安徽、江苏、浙江、江西、湖南、湖北、四川等地。

【变种、变型及栽培品种】 '垂枝'金钱松（'Annesleyana'）：与原种的区别是，小枝下垂，高约 30m。

'矮生'金钱松（'Dawsonii'）：与原种的区别是，树形矮化，高 30～60cm。

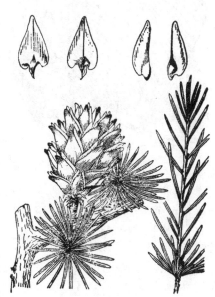

图 10-15　金钱松

'丛生'金钱松（'Nana'）：与原种的区别是，植株矮而分枝密，高 0.3～1.0m。

【习性】　强阳性，性喜光，幼时稍耐阴，喜温凉湿润气候和深厚肥沃、排水良好而又适当湿润的中性或酸性沙质壤土，不喜石灰质土壤。耐寒性强，抗风力强，不耐干旱也不耐积水；枝条萌芽力较强，生长速度中等偏快。

【繁殖栽培】　用播种法繁殖，发芽率达80%以上。每亩用种约15kg。播前可用40℃温水浸1昼夜。播后最好用菌根土覆土，约半月可出苗，当年苗高约10cm；2年生苗高约30cm。移栽或定植时，为了保护菌根应多带宿土或用菌根土打浆。在大面积绿化时，亦可用直播法。移植或定植树木，应在发芽前进行，否则不易成活。

【观赏特性和园林用途】　本树为珍贵的观赏树木之一，本种树体形高大，树干端直，树姿优美，叶态秀丽，秋叶金黄，与南洋杉、雪松、日本金松和巨杉合称为世界五大公园树。可孤植或丛植。在北京曾有少量种植。

【经济用途】　木材较耐水湿，可供建筑、船舶等用，为产区造林用材树种。根皮可药用，有止痒、杀虫与抗真菌之效。

10.4.6　雪松属 *Cedrus* Trew

常绿大乔木，冬芽小，卵形；枝有长枝、短枝之分。枝针状，通常三棱形，坚硬，在长枝上螺旋状排列，在短枝上簇生状。球果次年或第3年成熟，直立，甚大；种鳞多数，排列紧密，木质，成熟时与种子同落，仅留宿存中轴；苞鳞小而不露出，种子三角形，有宽翅；子叶6～10，发芽时出土。

共5种，产于喜马拉雅山与小亚细亚、地中海东部及南部和北非山区。中国栽培2～3种。

分种检索表

1 大枝顶部与小枝常略下垂，密被毛；叶长2.5～5cm，横切面常三角形；球果较大，长7～12cm，径5～9cm，顶端圆形 ·· 雪松 *C. deodara*
1 大枝顶部硬直，小枝多不下垂；叶长1.5～3.5cm，横切面四方形或近之；球果较小，长5～10cm，径4～6cm，顶端平截，常有凹缺。
　2 小枝被短毛；叶常短于2.5cm；球果长5～7cm ·················· 北非雪松 *C. atlantica*
　2 小枝光滑无毛或略有毛；叶长2.5～3cm；球果长8～10cm ·········· 黎巴嫩雪松 *C. libani*

雪松 *Cedrus deodara*（Roxb.）G. Don（*C. libani* Rich. var. *deodara* Hook. f.）（图10-16）

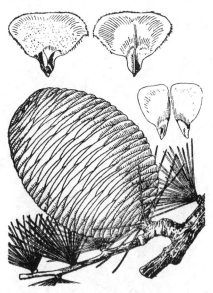

【形态特征】　常绿乔木，高达50～72m，胸径达3m；树冠圆锥形。树皮灰褐色，鳞片状裂；大枝不规则轮生，平展；1年生长枝淡黄褐色，有毛，短枝灰色。叶针状，灰绿色，长2.5～5cm，宽与厚相等，各面有数条气孔线，在短枝顶端聚生20～60枚。雌雄异株，少数同株，雌雄球花异枝；雄球花椭圆状卵形，长2～3cm；雌球花卵圆形，长约0.8cm。球果椭圆状卵形，长7～12cm，径5～9cm，顶端圆钝，熟时红褐色；种鳞阔扇状倒三角形，背面密被锈色短绒毛；种子三角状，种翅宽大。花期10～11月；球果次年9～10月成熟。

【分布】　原产于喜马拉雅山西部自阿富汗至印度海拔1300～3300m间；中国自1920年起引种，现各大城市中多有栽培。青岛、大连、西安、昆明、北京、郑州、上海、南京等地之雪松均生长良好。

【变种、变型及栽培品种】　'银梢'雪松（'Albospica'）：与原种的区别是，小枝顶梢呈绿白色。

'银叶'雪松（'Argentea'）：与原种的区别是，叶较长，银灰蓝色。

图10-16　雪松

'金叶'雪松（'Aurea'）：与原种的区别是，树冠塔形，高3～5m，针叶春季金黄色，入秋变黄绿色，至冬季转为粉绿黄色。

'密丛'雪松（'Compacta'）：与原种的区别是，树冠塔形，紧密，高仅数米；枝密集弯曲，小枝下垂。

'直立'雪松（'Erecta'）：与原种的区别是，是优秀的直立性生长品种，叶色更显银灰色，是英国品种。

'赫瑟'雪松（'Hesse'）：与原种的区别是，极矮生，高仅40cm；植株紧密，是德国品种。

'垂枝'雪松（'Pendula'）：与原种的区别是，大枝散展而下垂，在定植时应将中央领导枝绑直。

'粗壮'雪松（'Robusta'）：与原种的区别是，塔形，粗壮，高 20m；枝呈不规则地散展，弯曲。小枝粗而曲；叶多数，长（5）6～8cm，暗灰蓝色。

'轮枝粉叶'雪松（'Verticillata Glauca'）：与原种的区别是，树冠窄，分枝少而近轮生；小枝粗；叶在长枝上成层，呈显著的粉绿色。

'魏曼'雪松（'Weisemannii'）：与原种的区别是，塔形，植株紧密，枝密生，弯曲；叶密生，蓝绿色。

'曲枝'雪松（'Raywood's Contorted'）：与原种的区别是，小枝扭曲呈螺旋状。

【习性】 强阳性，耐一定程度地荫蔽，喜温和凉润气候，有一定耐寒性，对过于湿热的气候适应能力较差；不耐水湿，耐一定程度的干旱瘠薄，但以深厚、肥沃、排水良好的酸性土壤生长最好；亦能生于瘠薄地和黏土地，但忌积水地点。根系浅，抗风力不强；抗烟害能力差，幼叶对 SO_2 及 HF 极为敏感。

【繁殖栽培】 用播种、扦插及嫁接法繁殖。

【观赏特性和园林用途】 雪松树体高大，树形优美，终年苍翠，为世界著名的观赏树。最宜做园景树、孤植树。可孤植于草坪中央、建筑前庭之中心、广场中心或主要大建筑物的两旁及园门的入口等处。其主干下部的大枝自近地面处平展，长年不枯，能形成繁茂雄伟的树冠。而当冬季，皎洁的雪片积于翠绿色的枝叶上，形成许多高大的银色金字塔，则更为引人入胜。此外，也可列植于园路的两旁。雪松树冠下部的大枝、小枝均应保留，使之自然地贴近地面才显整齐美观，万万不可剪除下部枝条，降低其应有的观赏性。如果用作行道树，因下枝过长妨碍车辆行驶，常剪除下枝而保持一定的枝下高度。

【经济用途】 材质致密，坚实耐腐而有芳香，不易翘裂，宜供制家具、造船、建筑、桥梁等用。木材又可蒸制香油，涂抹皮茸，有防水浸之效。

10.4.7 松属 *Pinus* L.

常绿乔木，罕灌木。大枝轮生。冬芽显著，芽鳞多数。叶有两种：一种为原生叶，呈褐色鳞片状，单生于长枝上，除在幼苗期外，退化成苞片；另一种为次生叶，针状，即通常所见之针叶，常 2 针、3 针或 5 针为 1 束，生于苞片的腋内极不发达的短枝顶端，每束针叶基部为 8～12 个芽鳞组成的叶鞘所包围，叶鞘宿存或早落，针叶断面为半圆或三角形，有 1 或 2 个维管束。雌雄同株；花单性，雄球花多数，聚生于新梢下部，呈橙色，花粉粒有气囊；雌球花单生或聚生于新梢的近顶端处，授粉后珠鳞闭合。球果 2 年成熟，即第 1 年雌球花授粉后，次春始受精而于秋季成熟，球果卵形，熟时开裂；种鳞木质，宿存，上部露出之肥厚部分称为"鳞盾"，在其中央或顶端之疣状凸起称为"鳞脐"，有刺或无刺；种子多有翅；子叶 3～18，发芽时顶着籽粒出土。

共 100 余种，中国产 22 种 10 变种，分布几乎遍布全国；另自国外引入 16 种 2 变种。

分种检索表

1 叶鞘早落，针叶基部鳞叶不下延，叶内具 1 条维管束；种鳞的鳞脐顶生或背生，种子无翅或有翅 ……………………… Ⅰ. 单维管束松亚属 *Subgen. Strobus*

　2 种鳞的鳞脐顶生，针叶多 5 针 1 束。

　　3 种子无翅或具极短翅。

　　　4 球果成熟时种子不脱落；小枝密被褐色毛。

　　　　5 针叶粗长，长 6～12cm；球果大，长 9～14cm，直立乔木 ……………… (1) 红松 *P. koraiensis*

　　　　5 针叶细短，长 3～8cm；球果小，长 3.0～4.5cm，灌木，常呈伏卧状 ……… 偃松 *P. pumila*

　　　4 球果成熟时种鳞开裂，种子脱落；小枝无毛 …………………… (2) 华山松 *P. armandii*

　　3 种子具结合而生的长翅。

　　　6 针叶短，长 3.5～5.5cm；球果较小，卵圆形至卵状椭圆形，几无梗，长 4.0～7.5cm；种子具宽翅，翅与种子近等长 ………………… (3) 日本五针松 *P. parviflora*

　　　6 针叶细长，长 7～20cm；球果较大，圆柱形，长 8～25cm。

　　　　7 小枝无毛，微被白粉；针叶下垂，长 10～20cm ……………… (4) 乔松 *P. griffithii*

　　　　7 幼枝有毛，后脱落，无白粉；针叶不下垂，长 7～14cm ……… 北美乔松 *P. strobus*

　2 种鳞的鳞脐背生，种子具有关节的短翅；针叶 3 针 1 束，叶内树脂道边生；树皮白色，呈不规则薄片状剥落，鳞脐有刺 …………………… (5) 白皮松 *P. bungeana*

1 叶鞘宿存，罕脱落，针叶基部的鳞叶下延，叶内具 2 条维管束；种鳞的鳞脐背生，种子上部具长翅 ……………………… Ⅱ. 双维管束松亚属 *Subgen. Pinus*

　8 枝条每年生 1 轮，1 年生小球果生于近枝顶处。

9 叶 2 针 1 束，罕 3 针 1 束。
　　10 叶内树脂道边生，针叶粗或细，较短或较长。
　　　　11 针叶细软而较短，长 5～12cm；1 年生枝微被白粉；树干上部树皮红褐色；球果成熟时暗黄褐或淡褐黄色 ·· (6) 赤松 P. densiflora
　　　　11 针叶粗硬，或细软而较长；1 年生枝不被或罕被白粉。
　　　　　　12 针叶细软而较长，长 12～20cm；1 年生枝不被或罕被白粉；球果成熟时栗褐色 ·············· ··· (7) 马尾松 P. massoniana
　　　　　　12 针叶粗硬；1 年生枝不被白粉。
　　　　　　　　13 针叶短，仅长 3～9cm，常扭转；球果长 3～6cm，熟时淡褐灰色，熟后开始脱落 ············· ································· (8) 樟子松 P. sylvestris var. mongolica
　　　　　　　　　　14 鳞质色深，黄褐色 ············· (9) 欧洲赤松 P. sylvestris
　　　　　　　　　　14 鳞质色浅，淡褐灰色；树干上部金黄色；针叶细 ············· 长白松 P. sylvestriformis
　　　　　　　　13 针叶较长，长 10～15cm，不扭转；球果长 4～9cm，熟时淡黄或淡褐黄色，常宿存数年 ········ ··· (10) 油松 P. tabulaeformis
　　10 叶内树脂道中生，针叶较粗短，长 5～13cm。
　　　　15 冬芽深褐色；球果长 3～5cm，几无梗 ············· 黄山松 P. taiwanensis
　　　　15 冬芽银白色；球果长 4～6cm，有短梗 ············· (11) 黑松 P. thunbergii
　　　　　　16 叶 3 针 1 束，罕 3 针、2 针兼有。
　　　　　　　　17 冬芽红褐色，无树脂；叶内树脂道 4～5，中生及边生；球果较小，长 5～11cm ·············· ··· 云南松 P. yunnanensiss
　　　　　　　　18 叶内树脂道 3～7，内生或中生；球果较大，长 8～20cm。
　　　　　　　　18 冬芽银白色，无树脂；针叶长 20～45cm，树脂道 3～7，多内生；球果长 15～20cm ········· ··· (12) 长叶松 P. palustris
　　　　　　　　17 冬芽褐色，有树脂；针叶长 12～36cm，树脂道 5，中生；球果长 8～15cm ············· 西黄松 P. ponderosa
8 枝条每年生 2 至数轮；1 年生小球果生于小枝侧面。
　　9 叶 3 针 1 束，或 3 针、2 针并存，罕 2 针或 4～5 针 1 束，多较长而不扭曲。
　　　　19 针叶较长，长 12～30cm；球果较大，长 5～15cm；主干上无不定芽。
　　　　　　20 叶 3 针 1 束，罕 2 针 1 束，长 12～25cm，树脂道多 2 个（罕 3～4 个），中生；球果熟后种鳞张开迟缓 ··· (13) 火炬松 P. taeda
　　　　　　20 叶 3 针、2 针并存或 3 针 1 束，罕 4～5 针或 2 针 1 束；球果熟时种鳞张开。
　　　　　　　　21 叶 3 针、2 针并存，长 18～30cm，粗硬，树脂道 2～9（11），多内生；球果长 6.5～15.0cm；种翅易脱落；苗木新叶深绿色 ·············· (14) 湿地松 P. elliottii
　　　　　　　　21 叶 3 针 1 束，罕 2 针或 4～5 针 1 束，树脂道(2)3～4(9)，内生；球果长 5～10(12)cm；种翅不易脱落（古巴产原变种）或易脱落（洪都拉斯及巴哈马变种）；苗木新叶灰绿色或苍绿色 ·············· ·· 加勒比松 P. caribaea
　　　　19 针叶较短而粗硬，长 7～16cm，树脂道多 5～8，中生，球果常 3～5 聚生小枝基部，较小，长 5cm 或稍长，常宿存数年；主干及枝上常有不定芽 ·············· (15) 刚松 P. rigida
　　　　16 叶 2 针 1 束，叶粗而特短，长 2～4cm，常扭曲；球果窄长卵圆形，常内曲，长 3～5cm ·············· ·· (16) 北美短叶松 P. banksiana

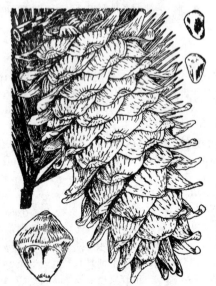

图 10-17　红松

(1) 红松 Pinus koraiensis Sieb. et Zucc.（图 10-17）

【别名】　海松、果松、红果松、朝鲜松。

【形态特征】　乔木，高达 50m，胸径 1.0～1.5m；树冠卵状圆锥形。树皮灰褐色，呈不规则长方形裂片，内皮赤褐色。1 年生小枝密被黄褐色或红褐色柔毛；冬芽长圆形，赤褐色，略有树脂。针叶 5 针 1 束，长 6～12cm，在国产的五针松中最为粗硬，直，深绿色，缘有细锯齿，腹面每边有蓝白色气孔线 6～8 条，背面无之，树脂道 3，中生。球果圆锥状长卵形，长 9～14cm，熟时黄褐色，有短柄，种鳞菱形，先端钝而反卷，鳞背三角形，有淡棕色条纹，鳞脐顶生，不显著。种子大，倒卵形，无翅，长 1.5cm，宽约 1.0cm，有暗紫色脐痕。子叶 13～16。花期 5～6 月；果次年 9～11 月成熟，熟时种鳞不张开或略张开，但种子不脱落。

【分布】　产于东北辽宁、吉林及黑龙江省，在长白山、完达山、小兴安岭极多，在大兴安岭北部有少量。朝鲜、俄罗斯及日本北部亦有分布。

【变种、变型及栽培品种】 ‘斑叶’红松（‘Variegata’）：与原种的区别是，叶上有黄白斑。嫁接繁殖，砧木用黑松。

‘温顿’红松（‘Winton’）：与原种的区别是，灌木，树冠宽大于高，冬芽较大；叶不直而气孔线更显明。

‘龙爪’红松（‘Tortuosa’）：与原种的区别是，针叶回旋呈龙爪状，小枝顶端之针叶尤其。用嫁接法繁殖，以黑松为砧木。

【习性】 喜光树种，但较耐阴，尤其在幼苗阶段能在 0.3 的郁闭度条件下生长良好，以后随着树龄的增长而提高喜光性。性喜较凉爽气候，耐寒性强，能耐－50℃左右的低温。喜空气湿润的近海洋性气候，对酷热及干燥的大陆性气候的适应能力较差，故在一定程度上限制了其分布范围。一般而言，其自然分布的北界约在北纬 50°，南界约在北纬 40°，东达沿海各岛，西界哈尔滨、沈阳、丹东一带。

红松喜生于深厚肥沃、排水良好而又适当湿润的微酸性土壤上，能稍耐干燥瘠薄土地，也能耐轻度的沼泽化土壤，能忍受短期流水的季节性水淹，但在不适宜的环境上则生长不良。

红松在自然界表现为浅根性，水平根系很发达，只有少数长根，故较易风倒。尤其幼树根系较弱，但壮龄树的水平根系很发达；根上均有菌根菌共生。

【繁殖栽培】 用种子繁殖，通常每球果含种子 80～200 粒，每千克约有 1780 粒；发芽率 50%～80%。采后经混沙埋藏者，春播 3～4 周可发芽；如采后放任干藏者，则春播后当年出土很少，需待次年始能出齐。故通常在播前进行催芽。由于红松幼苗较喜阴，侧方遮阴对加速生长有利，故育苗过程中应注意适当密播。一般以每平方米生有 2 年生苗 1000 株为准，故播时每平方米可播 0.75～1kg。播后覆土 2cm，并行遮阴，待出苗约 2 个月后始拆除。2 年生苗高约 10cm，可供造林用；园林绿化用者则应继续栽培成较大的苗木，此时可每 3 年移植 1 次。因红松春季萌动极早，故移植时应较其他树为早。

红松的病虫害有西伯利亚松毛虫、松梢螟、松象虫及根褐腐病、幼苗猝倒病等。

【观赏特性和园林用途】 树形雄伟高大，宜作北方森林风景区材料，或配置于庭院中。

【经济用途】 木材质软，易于加工，富含松脂，有防腐、耐久等优点。系优良用材树种，可供建筑、家具、车、船、电杆、造纸等用。针叶富含维生素 C（0.3%），又可作饲料；种子可食，含油达 70% 左右，又可入药，有祛风、补虚、滋养身体之效。自树干可割取松脂，自伐后之老根株中亦能提炼松节油。在北京郊区及山东山区引种，生长表现尚好。

（2）华山松 *Pinus armandii* Franch.（图 10-18）

【形态特征】 巨乔木，高达 35m，胸径 1m；树冠广圆锥形。小枝平滑无毛，冬芽小，圆柱形，栗褐色。幼树树皮灰绿色，老则裂成方形厚块片固着树上。叶 5 针 1 束，长 8～15cm，质柔软，边缘有细锯齿，树脂道多为 3，中生或背面 2 个边生，腹面 1 个中生，叶鞘早落。球果圆锥状长卵形，长 10～20cm，柄长 2～5cm，成熟时种鳞张开，种子脱落。种子无翅或近无翅，花期 4～5 月，球果次年 9～10 月成熟。

【分布】 山西、陕西、甘肃、青海、河南、西藏、四川、湖北、云南、贵州、台湾等地均有分布。在自然界大抵生于海拔 1000～3000m 处，有纯林及混交林。

【习性】 喜光树种，但幼苗略喜一定荫蔽。喜温和凉爽、湿润气候，自然分布区年平均气温多在 15℃ 以下，年降水量 600～1500mm，年平均相对湿度大于 70%。耐寒力强，在其分布区北部，甚至可耐－31℃ 的绝对低温。不耐炎热，在高温季节长的地方生长不良。喜排水良好，能适应多种土壤，最宜深厚、湿润、疏松的中性或微酸性壤土。不耐盐碱土，耐瘠薄能力不如油松、白皮松。生长速度中等而偏快，在北方 10 年后可超过油松，在南方可与云南松相比。15 年生华山松人工林，在云南安宁平均树高 8.5m，平均胸径 10.1cm，陕西秦岭为 4.7m 和 7.8m，河南嵩山为 4.2m 和 5.2m。据 1979 年底实测，中国科学院北京植物园 25 年生华山松孤植树树高 7.4m，冠幅 6.0m，胸径 21cm，孤植树开始结实年龄最早为 10～12 年，林内大部树木在 25 年生左右始果，30～60 年间系结实盛期。根系较浅，主根不明显，多分布在深 1.0～1.2m 以内，侧根、须根发达，垂直分布于地面下 80cm 范围之内。对 SO_2 抗性较强，在北方抗性超过油松。

图 10-18　华山松

【繁殖栽培】 播种繁殖。幼苗稍耐阴，也可在全光下生长。有松瘤病、华山松大小蠹、欧洲松叶蜂及鼢鼠等危害。

【观赏特性和园林用途】 华山松高大挺拔，针叶苍翠，冠形优美，生长迅速，是优良的庭院绿化树种。华山松在园林中可用做园景树、庭荫树、行道树及林带树，亦可用于丛植、群植，并系高山风景区之优良风景林树种。

【经济用途】 华山松亦为重要的用材树种，木材质地轻软，易加工，耐久用，适作建筑、家具、枕木、细木工等用。种子食用，亦可榨油。又系造纸良材；针叶可提芳香油。

（3）日本五针松 *Pinus parviflora* Sieb. et Zucc.

【别名】 五钗松、日本五须松、五针松。

【形态特征】 大乔木，高 10～30m，胸径 0.6～1.5m；树冠圆锥形。树皮灰黑色，呈不规则鳞片状剥裂，内皮赤褐色。1 年生小枝淡褐色，密生淡黄色柔毛。冬芽长椭圆形，黄褐色。叶较细，5 针 1 束，长 3～6cm，内侧两面有白色气孔线，钝头，边缘有细锯齿，树脂道 2，边生，在枝上生存 3～4 年。球果卵圆形或卵状椭圆形，长 4.0～7.5cm，径 3.0～4.5cm，熟时淡褐色；种鳞长圆状倒卵形；种子倒卵形，长 1.0～1.2cm，宽 6～8mm，黑褐色而有光泽；种翅三角形，长 3～7mm，淡褐色。

【分布】 原产于日本本洲中部及北海道、九州、四国等地；中国长江流域部分城市及青岛等地园林中有栽培，各地也常栽为盆景。

【变种、变型及栽培品种】 ‘银尖’五针松（‘Albo～terminata’）：日本品种，与原种的区别是，叶先端黄白色。

‘短针’五针松（‘Brevifolia’）：法国品种，与原种的区别是，直立窄冠形，枝少而短，叶细而硬，密生而极短，长 2～3cm。通常多作盆景用。

‘矮丛’五针松（‘Nana’）：日本品种，与原种的区别是，矮生品种，枝短而少，直立，叶较短、较细，密生。

‘龙爪’五针松（‘Tortuosa’）：日本品种，与原种的区别是，叶呈螺旋状弯曲。

‘斑叶’五针松（‘Variegata’）：日本品种，与原种的区别是，全株上混生有绿叶及斑叶 2 种针叶，斑叶中既有仅一部分具黄白斑者，亦有全叶均呈黄白色者。

【习性】 喜光树种，但比赤松及黑松耐阴。喜生于土壤深厚、排水良好适当湿润之处，在阴湿之处生长不良。虽对海风有较强的抗性，但不适于沙地生长。生长速度缓慢。

【繁殖栽培】 用种子、嫁接或扦插繁殖。但中国花农均用嫁接法繁殖。种子每千克约 8400 粒，播法同一般松属植物。嫁接繁殖时，多用切接法，腹接亦可，砧木用 3 年生黑松实生苗；如用赤松作砧木，则生长不良。用扦插繁殖者，可于 3 月下旬选剪 1 年生枝带一小部分老枝，插于半阴无风之处；经常向叶部喷雾，经 30 天后如叶不凋枯，则可望发根。以后逐渐使受阳光，当年可发新芽。国外一个较成功的办法是于 9 月上、中旬剪取当年嫩梢，将下部针叶去掉，将芽梢插于泥炭土与河沙的等量混合媒质中，深及一半，然后放入温室，加以遮阴，并注意适当灌水，以后则每日接受一定时间的阳光，经 1 年后即可发根，成活率可达 80%。亦可用嫩梢高接法，促成培养树桩，效果良好。在绿化实践中，应注意五针松是较难移栽成活的树种，必须充分注意操作和养护。

【观赏特性和园林用途】 该树为珍贵的树种之一，主要作观赏用，宜与山石配置形成优美的园景。但若任其自然生长则树形较普通，难以充分发挥其美丽针叶的特点，故通常均进行专门的整形工作。亦适作盆景、桩景等用。

（4）乔松 *Pinus griffithii* McClelland（图 10-19）

【形态特征】 高达 70m，胸径 1m 以上，树冠宽塔形；冬芽微被树脂。小枝无毛，微被白粉。针叶 5 针 1 束，细柔下垂，边缘有齿，下垂，长 10～20（26）cm。球果圆柱形，长 15～25cm，径 3～5cm；种子有长翅。

【分布】 产于云南西北及西藏南部，在海拔 1600～3300m 有纯林及与云杉类铁杉类混生的森林。尼泊尔、缅甸、巴基斯坦、印度、阿富汗也有分布。

【习性】 性喜温湿气候，宜生于山地棕壤、黄棕壤 pH 5.6～6.8 地区，亦较耐干旱瘠薄土地。

（5）白皮松 *Pinus bungeana* Zucc. ex Endl.（图 10-20）

【别名】 虎皮松、白骨松、蛇皮松。

【形态特征】 大乔木，高达 30m，胸径 1m 余；树冠阔圆锥形、卵形或圆头形。树皮淡灰绿色或粉白色，呈不规则鳞片状剥落。1 年生小枝灰绿色，光滑无毛；大枝自近地面处斜出。冬芽卵形，赤褐色。针叶 3 针 1 束，长 5～10cm，边缘有细锯齿，树脂道边生；基部叶鞘早落。雄球花序长约

10cm，鲜黄色；球果圆锥状卵形，长5～7cm，径约5cm，成熟时淡黄褐色，近于无柄；鳞背宽阔而隆起，有横脊，鳞脐有刺。种子大，卵形褐色，长1.2cm，宽0.7cm，翅长约0.6cm。子叶9～11枚。花期4～5月；果次年9～11月成熟。

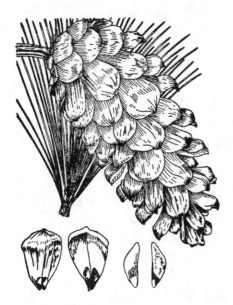

图10-19　乔松

图10-20　白皮松

【分布】　中国特产，是东亚唯一的三针松；在陕西蓝田有成片纯林，山东、山西、河北、陕西、河南、四川、湖北、甘肃等地均有分布，生于海拔500～1800m地带。辽南、北京、曲阜、庐山、南京、苏州、上海、杭州、武汉、衡阳、昆明、西安等地均有栽培。

【习性】　喜光树种，稍耐阴，幼树略耐半阴，耐寒性不如油松，喜生于排水良好而又适当湿润的土壤上，对土壤要求不严，在中性、酸性及石灰性土壤上均能生长，可生长在pH 8的土壤上。亦能耐干旱土地，耐干旱能力较油松为强。

白皮松是深根性树种，较抗风，生长速度中等，在初期不如油松，但在后期较油松快，20年生的高可达4m。在华北每年4月中旬开始萌动，5月中旬以后新叶开始伸长，但速度较慢，直至8月中旬始结束；5月中下旬始花，花期约半月；9月上旬树皮剥落较盛，至10月下旬始衰。孤植的白皮松，侧主枝的生长势较强，中央领导干的生长量不大，故形成主干低矮、整齐紧密的宽圆锥形树冠，直到老年期亦能保持较完整的体态。密植的白皮松或施行打枝的，则因侧主枝生长少而中央领导干高生长量较多，能形成高大的主干或圆头状树冠。但此时应注意，其干皮较薄，易在向阳面发生日灼病。

白皮松寿命很长，有千余年的古树，陕西西安市长安区黄良乡湖村小学（温国寺旧址）有约1300年生古白皮松，高26.5m，冠16m，胸径1.06m。北京北海团城上亦有古松，名"白袍将军"。此外，在常绿针叶树中，白皮松对SO$_2$气体及烟尘均有较强的抗性。据在北京地区的观察，其抗性较油松强。

白皮松在自然界有纯林亦有混交林，例如在秦岭和河南、山西交界的大松岭生有纯林，在山西吕梁山海拔1200～1850m处有与侧柏及栎的混交林。白皮松在华北能生长在平原亦能生长在海拔1800m左右的高山上；在四川、湖北等华西和华中地区，可见于海拔1000～1200m的山区。在白皮松的群体中，它可天然下种成林。

【繁殖栽培】　用种子繁殖。每百千克松果约可得种子5～8kg，每千克种子7000粒左右。发芽率60%。播前应行浸种催芽，适当早播，可减少立枯病的发生。播种覆土后可盖塑料薄膜或喷土面增温剂。幼苗出土后需注意防鸟、鼠危害，因为松属幼苗是带壳出土，大约20天壳脱落后即可避免鸟类啄食了。当年苗高仅3～4cm，冬初应埋土防寒过冬，次年春应除土灌水，当年可发生多数侧芽；2年生苗高10cm左右，应进行第1次裸根移植，株行距30cm×50cm；4～5年生苗高30～50cm，可行第2次移植，应带土团，株行距60cm×120cm；10年生苗高可达1m以上，可带土团再移植1次，以培养大苗，供城市园林绿化用。如行荒山绿化造林时，则用2年生苗即可。

白皮松之主根长，侧根稀少，故移植时应少伤根。白皮松对病虫害的抗性较强，较易管理。对主干较高的植株，需注意避免干皮受日灼伤害。

【观赏特性和园林用途】　白皮松是特产中国的珍贵树种，自古以来即用于配置宫廷、寺院以及名园之中。其树干皮呈斑驳状的乳白色，极为显目，衬以青翠的树冠，可谓独具奇观。宜孤植，亦宜团植成林，或列植成行，或对植堂前。古人曾云："松骨苍，宜高山，宜幽洞，宜怪石一片，宜修竹万竿，宜曲洞潀潀，宜寒烟漠漠。"这可谓真正体会到松类观赏特性的真知灼见。具体对白皮松而言，则张著的《白松》诗句："叶坠银钗细，花飞香粉乾。寺门烟雨里，混作白龙看。"

1846 年英国人将本种引入伦敦，现在邱园中有成长的大树。在北京，许多园林、古寺中都种植有白皮松，已成为北京古都园林中的特色树种。

【经济用途】 材质较脆，但纹理美丽，可供家具及文具用。种子可食。

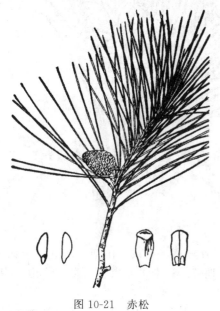

图 10-21 赤松

（6）赤松 *Pinus densiflora* Sieb. et Zucc.（图 10-21）

【别名】 日本赤松。

【形态特征】 乔木，高达 35m，胸径 1.5m；树冠圆锥形或扁平伞形。树皮橙红色，呈不规则状薄片剥落。1 年生小枝橙黄色，略有白粉。冬芽长圆状卵形，栗褐色。叶 2 针 1 束，长 5～12cm。1 年生小球果种鳞先端的刺向外斜出；球果长圆形，长 3～5.5cm，径 2.5～4.5cm，有短柄。花期 4 月，果次年 9～10 月成熟。

【分布】 产于黑龙江（鸡西、东宁）、吉林长白山区、山东半岛、辽东半岛及江苏北部云台山区等地；日本、朝鲜及俄罗斯亦有分布。

【变种、变型及栽培品种】 '千头'赤松，亦称'伞形'赤松、'多行'赤松（'Umbraculifera'）：与原种的区别是，大灌木，高可达 7～8m，树冠呈圆顶伞形，无主干，枝叶茂密，翠绿可爱，原产于日本，在南京中山陵等地有栽培，用嫁接法繁殖。

'球冠'赤松（'Globosa'）：与原种的区别是，矮生，树冠半球形，针叶较短。

'黄叶'赤松（'Aurea'）：与原种的区别是，绿色叶中夹有淡金黄色条斑。

'龙眼'赤松（'Oculus-draconis'）：与原种的区别是，绿叶上具交错的 2 个黄色区。

'垂枝'赤松（'Pendula'）：与原种的区别是，枝下垂或匍匐状。

'矮生'赤松（'Pumila'）：与原种的区别是，矮生灌木，高及宽均约为 4m；枝端小枝呈刷子状；叶鲜绿色。

【习性】 赤松性喜阳光；比马尾松耐寒；喜酸性或中性排水良好的土壤，在石灰质、沙地及多湿处生长略差。深根性，耐海潮风能力比黑松差，故在海岸栽培的多为黑松或黑松与赤松的杂交种。

【繁殖栽培】 用播种法繁殖。

【经济用途】 木材可供制家具用。

（7）马尾松 *Pinus massoniana* Lamb.（*P. sinensis* Lamb.）（图 10-22）

【形态特征】 乔木，高达 45m，胸径 1m；树冠在壮年期呈狭圆锥形，老年期则开张如伞状；干皮红褐色，呈不规则裂片；1 年生小枝淡黄褐色，轮生；冬芽圆柱形，褐色。叶 2 针 1 束，罕 3 针 1 束，长 12～20cm，质软，叶缘有细锯齿；树脂道 4～8，边生。球果长卵形，长 4～7cm，径 2.5～4cm，有短柄，成熟时栗褐色，脱落而不宿存树上，种鳞的鳞背扁平，横脊不很显著，鳞脐不突起，无刺。种子长 4～5mm，翅长 1.5cm。子叶 5～8。花期 4 月；果次年 10～12 月成熟。

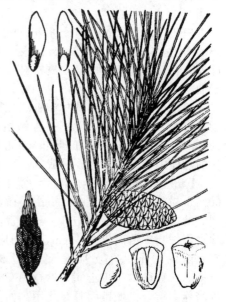

图 10-22 马尾松

【分布】 分布极广，北自河南及山东南部，南至两广、台湾，东自沿海，西至四川中部及贵州，遍布于华中、华南各地。一般在长江下游海拔 600～700m 以下，中游 1200m 以上，上游 1500m 以下均有分布。

【习性】 强喜光树种，幼苗亦不耐荫蔽。性喜温暖湿润气候，在年均温 13～22℃，年降水量达 700mm 以上地区才能生长良好。耐寒性差，在－13℃以下时叶端会受冻枯萎。喜酸性黏质壤土，对土壤要求不严，能耐干旱瘠薄土地，在沙土、砾石土及岩缝间均能生长，但因不耐盐碱故在钙质土上生长不良。土壤 pH 值的适应范围在 4.5～6.5 之间。

马尾松根系深广，主根发达可达 5m 以下，侧根繁多并有菌根共生，故能生于瘠薄的荒山及砾岩地区，是荒山绿化的先锋树种。但在土层极浅处生长的，干形常弯曲而树冠呈水平伞状；在土层深厚肥沃处生长的，主干通直且生长速度较快。

马尾松生长速度中等而偏速生，一般 20 年生者，高达 10～15m，胸径 14cm 左右；30 年生可达 18～25m，40 年生可达 25～29m，胸径约 35cm。一般言之，在 30 年生以后，高生长变慢而粗生长变快。在幼苗阶段，头 3 年生长缓慢，每年长 20～50cm，至 3～5 年以后则变快，每年高生长可达 50～200cm。马尾松在壮龄以前，侧枝轮生，一般每年生长 1 轮，但在亚热带气候暖热处可再发生副梢而每年生长 2 轮甚至 3 轮。

马尾松实生苗在 5～6 年时可开始结实，至 10 年以后逐渐增产，但一般是每隔 2～3 年丰产 1 次，在 30 龄前均属结实盛期，以后则产量下降。寿命约为 300 年。在自然界可天然下种更新。

【繁殖栽培】 用种子繁殖。每百千克球果可得种子 3kg，每千克种子约 80000 粒。发芽率的保持年限较短，当年可达 80%～90%，次年降为 50%～60%，第 3 年仅为 20% 左右。春播前种子应浸种 1 昼夜，并用 0.5% 的硫酸铜液浸泡消毒。当年苗可高达 15cm，第 2 年可达 30cm。幼苗期应注意防治立枯病。在大面积绿化时，现在不主张行纯林种植以免病虫危害严重，主张采用混植方式，常见的方式是以马尾松为栎树混植，栎树多为麻栎、栓皮栎、石栎等，或与枫香、黄檀、化香、木荷等混植。但在有松疡病的地区应避免与栎类混植。

主要虫害：①松毛虫每年可发生 2～4 代，能严重危害松林。防治法是避免纯林而多行混交，可应用寄生蜂，或采用喷洒白僵菌、青虫菌、苏云金杆菌等生防方法。②松干蚧也是一种严重的害虫。可放养中华草蛉或蒙古光瓢虫。

【观赏特性和园林用途】 马尾松树形高大雄伟，是江南及华南自然风景区和普遍绿化及造林的重要树种。1829 年，威尔斯（W. Wells）曾引入英国。

【经济用途】 木材耐腐，可供建筑、水下工程、家具、造纸等用，是产松脂的主要树种，马尾松脂是全国总产量的 90%。叶可提制挥发油，根可提取松焦油。干枝可供培养贵重的中药茯苓、松蕈等。花粉可入药或供婴儿褓褓中防湿疹保护皮肤用。

(8) 樟子松 *Pinus sylvestris* L. var. *mongolica* Litv.（图 10-23）

【别名】 海拉尔松、蒙古赤松。

【形态特征】 大乔木，高达 30m，胸径 1m；树冠呈阔卵形。1 年生枝淡黄褐色，无毛，2～3 年枝灰褐色。冬芽淡褐黄至赤褐色，卵状椭圆形，有树脂。叶 2 针 1 束，较短硬而扭旋，长 4～9cm，树脂道 6～11，边生，叶断面呈扁半圆形，两面均有气孔线，边缘有细锯齿。雌雄花同株而异枝，雄球花黄色，聚生于新梢基部；雌球花淡紫红色，有柄，授粉后向下弯曲。球果长卵形，长 3～6cm，径 2～3cm，果柄下弯。花期 5～6月，果次年 9～10 月成熟。本变种与原种的区别为叶较宽，树脂较少，鳞背特别隆起并向后反曲。

【分布】 产于黑龙江大兴安岭海拔 400～900m 山地及海拉尔以西、以南砂丘地区。蒙古亦有分布。

【习性】 喜光树种，比油松更能耐寒冷及干燥土壤，又能生于沙地及石砾砂地带，在大兴安岭阳坡有纯林。生长速度较快，尤以 10～40 年生期间高生长最旺。在自然界与之混交的种类视土壤条件而异。如在海拉尔一带沙地上，下木很少，只有耐旱性极强的小叶锦鸡儿等；在山地见有与兴安落叶松或白桦

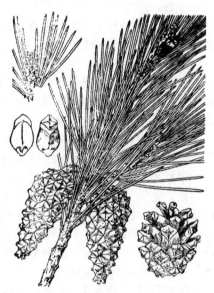

图 10-23 樟子松

混交者，林中并生有迎红杜鹃等灌木，在 4～5 月间开花，形成美丽景色。

【繁殖栽培】 用种子繁殖。

【观赏特性和园林用途】 樟子松是东北地区主要速生用材、防护林和"四旁"绿化的优良树种之一，亦适园林观赏等用。树干通直、材质良好，防风固沙作用显著，适应性强，能耐 -40～-50℃ 低温和严重干旱。新中国成立后发展迅速，在沈阳以北至大兴安岭山区沙丘地带以及东北、西北地区，如乌鲁木齐等城市作造林与园林绿化树种，颇有发展前途。

(9) 欧洲赤松 *Pinus sylvestris* L.

【形态特征】 巨大乔木，高达 40m，干皮红褐色，薄片状脱落。冬芽红褐色，有树脂。针叶 2 针

1束，蓝绿色，扭转状，长3～7cm，树脂道约7。球果圆锥状卵形，长3～6cm；种鳞的鳞盾扁平或呈三角状隆起，鳞脐小，有尖刺。

【分布】 原产欧洲，中国东北有引种栽培。

（10）油松 *Pinus tabulaeformis* Carr.（图10-24）

【别名】 短叶马尾松、东北黑松。

【形态特征】 大乔木，高达25m，胸径约1m；树冠在壮年期呈塔形或广卵形，在老年期呈盘状或伞形。树皮灰棕色，呈鳞片状开裂，裂缝红褐色。小枝粗壮，无毛，褐黄色；冬芽长圆形，端尖，红棕色，在顶芽旁常轮生有3～5个侧芽。叶2针1束，罕3针1束，长10～15cm，树脂道5～8或更多，边生；叶鞘宿存。雄球花橙黄色，雌球花绿紫色。当年小球果的种鳞顶端有刺，球果卵形，长4～9cm，无柄或有极短柄，可宿存枝上达数年之久；种鳞的鳞背肥厚，横脊显著，鳞脐有刺。种子卵形，长6～8mm，淡褐色，有斑纹；翅长约1cm，黄白色，有褐色条纹。子叶8～12。花期4～5月；果次年10月成熟。

【分布】 辽宁、吉林、内蒙古、河北、河南、山西、陕西、山东、甘肃、宁夏、青海、四川北部等地有分布。朝鲜亦有分布。

【变种、变型及栽培品种】 黑皮油松（var. *mukdensis* Uyeki）：

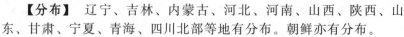

图10-24 油松

与原种的区别是，树皮深灰色，2年生以上小枝灰褐色或深灰色，产于河北承德以东至沈阳、鞍山等地。

扫帚油松（var. *umbraculifera* Liou et Wang）：与原种的区别是，小乔木，树冠呈扫帚形，主干上部的大枝向上斜伸，树高8～15m；产于辽宁省千山慈祥观附近，宜供观赏用。

【习性】 强喜光树，但1年生幼苗能在0.4郁闭度的林冠下生长，但随着苗龄的增长而需光性增加，最后成为群体的最上层，如在下层则生长不良。性强健耐寒，能耐−30℃的低温，在−40℃以下则会有枝条冻死，例如哈尔滨在遇大寒之年即会发生死枝现象。耐干燥大陆性气候，在平均年降水量300mm处亦能正常生长，但在平均年降水量700mm左右处生长更佳。对土壤要求不严，能耐干旱瘠薄土壤，能生长在山岭陡崖上，只要有裂隙的岩石大都能生长油松，也能生长于沙地上，但在低湿处及黏重土壤上生长不良，易使主枝早封顶，缩短寿命，更不宜栽于季节性积水之处。喜生于中性、微酸性土壤中，不耐盐碱，在pH达7.5以上时即生长不良。

油松在自然界的水平分布情况，大体在北纬33°～41°，东经102°～118°间，即是以华北为分布的中心，其垂直分布情况是在东北南部（辽宁）在海拔500m以下，在华北北部大抵在1500m以下，在南部则在1900m以下。油松的自然群落情况是在海拔1500m以下多与小叶椴、栓皮栎、白蜡、花楸、山杨等混生，在1500m以上多与蒙古栎、辽东栎、白桦等混生。

油松属深根性树种，垂直根系及水平根系均发达，在深厚土层中主根可达4m以上，但在土层瘠薄或平坦的地方，其水平根系吸收根群大抵分布在地表下30～40cm。在吸收根上有菌根菌共生。

油松的寿命很长，在很多名山古刹中均能看到寿达数百年的高龄古树，在泰山上有3株"五大夫"松，北海团城上之"遮阴侯"及潭柘寺、戒台寺均有非常著名的油松古树。如"活动松"牵一枝而动全身，已成为园林中的奇景，可惜在1985年其长枝被锯去。

【繁殖栽培】 用种子繁殖，每千克种子约2.5万粒，发芽率达90%以上。可保存2～3年。油松可天然飞播成林。当人工播种繁殖时应注意及时采播以免种子飞散。在华北可行春播、雨季播或秋播。春播、秋播的出苗率约为70%，均比雨季播种为高；可是雨季播及秋播的成苗率均比春播者高，但秋播者易遭鸟兽危害。秋播时宜迟不宜早，以免当年萌动，不利过冬，一般均在11月中下旬土壤结冻前播种，播前种子不必行预措处理。由于秋播者易受鸟兽害，故一般均行春播。春播宜早不宜迟，在3月下旬至4月上旬播种即可，一般均行催芽处理以便出土整齐。

油松育苗不忌连作，而且连作会使幼苗生长健壮。幼苗在5～6月时最易得立枯病，可每周喷波尔多液1次，连喷4次。幼苗怕水涝，应注意排水及加强中耕除草等措施。

定植后的油松可粗放管理；欲加速生长，应在5月底前注意灌溉、施肥。移栽时应带土团，并注意勿伤顶芽。

油松的病虫害：主要是幼苗期的立枯病，虫害主要是松毛虫和红蜘蛛的危害。

【观赏特性和园林用途】 松树树干挺拔苍劲，四季常春，不畏风雪严寒，故象征坚贞不屈、不畏强暴的气质，文学家们常以松树的风格来形容革命志士。松树树冠开展，年龄愈老姿态愈奇，老枝斜展，枝叶婆娑、苍翠欲滴，每当微风吹拂，有如大海波涛之声，俗称"松涛"，有千军万马的气势，能鼓舞振发人们的奋斗精神。由于树冠青翠浓郁，有庄严静肃、雄伟宏博的气氛。由于上述的多种优点，可能早在秦代，即曾用做行道树；在古典园林中作为主要的景物者更复不少，如《洛阳名园记》中载有"松岛"之境，承德避暑山庄中有"万壑松"风景区等。以 1 株即成一景者亦极多，如北京戒台寺的"卧龙松"等。至于三、五株组成美丽景物者则更多。其他作为配景、背景、框景等用者，尤属屡见不鲜。在园林配置中，除了适于作独植、丛植、纯林群植外，亦宜行混交种植。适于作油松伴生树种的有元宝枫、栎类、桦木、侧柏等。

油松于 1862 年或更早以前，即被引入欧洲。

【经济用途】 木材富含松脂，耐腐，适作建筑、家具、枕木、矿柱、电杆、人造纤维等用材。亦可采松脂供工业用。

(11) 黑松 *Pinus thunbergii* Parl.（图 10-25）

【别名】 白芽松、日本黑松。

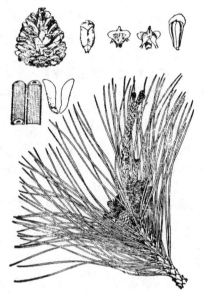

图 10-25　黑松

【形态特征】 乔木，高达 30～35m，胸径达 2m；树冠幼时呈狭圆锥形，老时呈扁平的伞状。树皮灰黑色，枝条开展，老枝略下垂。冬芽圆筒形，银白色。叶 2 针 1 束，粗硬，长 6～12cm，在枝上可存 3 年，偶有存 5 年的，树脂道 6～11，中生。雌球花 1～3，顶生。球果卵形，长 4～6cm，径 3～4cm，有短柄；鳞背稍厚，横脊显著，鳞脐微凹，有短刺；种子倒卵形，灰褐色，略有黑斑，长 3～7mm，径 2.0～3.5mm，种翅长 1.5～1.8cm。子叶 5～10，通常 7～8。花期 3～5 月，果次年 10 月成熟。

【分布】 原产于日本及朝鲜。中国山东沿海、辽东半岛、江苏、浙江、安徽等地有栽植。

【变种、变型及栽培品种】 '一叶'黑松（连叶松）（'Monophylla'）：与原种的区别是，2 叶愈合成 1 叶，或仅叶端分开。

'金叶'黑松（'Aurea'）：与原种的区别是，枝上绿叶与黄叶混生。

'万代'黑松（'Globosa'）：与原种的区别是，近地表处分生多数枝条，形成半球形树冠。

'旋毛'黑松（'Tortuosa'）：与原种的区别是，枝、叶呈螺旋状弯曲。

'篦叶'黑松（'Pectinata'）：与原种的区别是，枝、叶全着生小枝一侧。

'白发'黑松（'Variegata'）：与原种的区别是，纯黄白色的针叶与有黄白斑的叶混生，树势弱。

'垂枝'黑松（'Pendula'）：与原种的区别是，枝下垂。

【习性】 喜光树种，但比赤松略能耐阴，幼苗期比成年树耐阴。在原产地的自然分布较赤松偏南。性喜温暖湿润的海洋性气候。极耐海潮风和海雾；对土壤要求不严，喜生于干沙质壤土上，比赤松更能耐瘠薄土地，能生长于阳坡的干燥瘠薄土地上，能生长在海滩附近的砂地及 pH 8 的土壤上，但以在排水良好适当湿润富含腐殖质的中性壤土上生长最好。例如在山东栽培的，10 年生可高 7m，胸径约 10cm；20 年生高可达 12m，胸径约 16cm；30 年生高约 16m；40 年生高 18m。过去曾在南京地区试栽，初期生长尚佳，但十余年后即生长不良，10 年生者高仅 3m，胸径约 7.7cm，20 年生高仅 5.7m，胸径约 11cm，树冠秃顶。

黑松对病虫害的抗性较强，对松毛虫、松干蚧壳虫的抗力比油松及赤松都强。

黑松在山东栽培的经验是在海拔 700m 以下地区较好。黑松为深根性树种，1 年生苗的主根长达 30cm 以上，5 年生苗的根长达 1.5m 以上。本种的寿命也较长。在根上亦有菌根菌共生。

【繁殖栽培】 用种子繁殖，每 100kg 球果可得种子约 3kg，每千克种子约 6 万粒，千粒重约 18g，发芽率为 85%。春播前，种子应消毒和进行催芽。播种床土亦可用 40% 福尔马林的 300 倍液消毒。当年苗高 10～15cm。次春移植 1 次，将主根剪留 15cm，第 3 年再移植 1 次，株距 20cm，行距 30cm，每次移植后应施肥，4 年生苗可高 2m 多。

大面积山地绿化时，为了提高成活率，近年来多用 1～2 年生苗栽植，但在生长季应注意除草。在园林中则常用大苗定植。

黑松若任其自然生长，常难得整齐的树形，故欲得到主干修直的树作庭荫树时，必行整形修剪工作，修剪时期可在 4～5 月间或秋末。黑松在自然界达百年以上的大树，才有良好的体态可供欣赏。

【观赏特性和园林用途】 本树为著名的海岸绿化树种，可用做防风、防潮、防沙林带及海滨浴场附近的风景林、行道树或庭荫树。在国外亦有密植成行并修剪成整形式的高篱者，一般多为7～8m高，围绕于建筑或住宅之外，既有美化又有防护作用。

【经济用途】 木材富松脂，坚韧耐用，可供建筑、薪炭用。黑松又可作嫁接日本五针松及雪松的砧木用。

（12）长叶松 *Pinus palustris* Mill.

【别名】 大王松。

【形态特征】 巨乔木，高达40m，树冠阔长圆形，小枝橙褐色，冬芽长圆形，银白色。叶3针1束，暗绿色，长30～45cm，叶鞘宿存，丛聚于小枝先端，呈下垂状。树脂道内生。球果几无柄，圆柱形，暗褐色，长15～20cm，鳞脐有三角形反曲的短刺。

【分布】 原产于美国东南沿海一带。中国杭州、上海、无锡、福州、南京有引种栽培，生长迅速。

【习性】 性喜暖热湿润的海洋性气候。

【繁殖栽培】 用种子繁殖。

【观赏特性和园林用途】 在美国为重要的用材树种，每年冬季由东南部向北部城市运销大量枝条作室内装饰用，主要观赏其柔美纤长的针叶。

（13）火炬松 *Pinus taeda* L.

【形态特征】 乔木，高达30m，树冠呈紧密的圆头状，小枝黄褐色，冬芽长圆形，有松脂，淡褐色，芽鳞分离而先端反曲。叶3针1束，罕2针1束，叶细而硬，亮绿色，长16～25cm。球果常对称着生，无柄，果长圆形，浅红褐色，长8～14cm，鳞脐小，具反曲刺。

【分布】 原产于美国东南部，为重要的用材树种。本树是中国引种驯化成功的外国产松树之一。其树干通直无节，能耐干旱瘠薄土地，适应性较强，对松毛虫有一定的抗性；生长速度较马尾松为快，故为很有发展前途的松树。其推广范围大致是长江流域及其以南的马尾松生长地区。现已知在南京、庐山、马鞍山、富阳、闽侯、武汉、长沙、广州、南宁、资中等地生长良好。南京明孝陵有40多年生的火炬松，树高24m，胸径45cm。四川资中5年生的火炬松平均树高5.5m，平均胸径7.6cm。福建闽侯15年生幼林平均高11.5m，平均胸径27cm。

本种与湿地松较相似，但本种针叶多为3针1束，罕2针1束，树脂道多为2，中生；而湿地松则为3针与2针1束者并存，树脂道2～9（～11），多内生，可以区别。

（14）湿地松 *Pinus elliottii* Engelm.

【形态特征】 乔木，在原产地高30～36m，胸径90cm，树皮灰褐色，纵裂成大鳞片状剥落；枝每年可生长3～4轮，小枝粗壮；冬芽红褐色，粗壮，圆柱形，先端渐狭，无树脂。针叶2针、3针1束并存，长18～30cm，粗硬，深绿色，有光泽，腹背两面均有气孔线，叶缘具细锯齿，叶鞘长约1.2cm。球果常2～4个聚生，罕单生，圆锥形，长6.5～16.5cm，有梗，种鳞平直或稍反曲，鳞盾肥厚，鳞脐疣状，先端急尖；种子卵圆形，略具3棱，长约6mm，黑色而有灰色斑点，种翅长0.8～3.3cm，易脱落。花期在广州为2月上旬至3月中旬；果次年9月上中旬成熟；子叶7～9枚。

【分布】 原产于美国东南部暖热带潮湿的低海拔地区（600m以下）。中国山东平邑以南直至海南岛的陵水县，东自台湾，西至成都的广大地区内多处试栽均表现良好。

【习性】 性喜夏雨冬旱的亚热带气候，但对气温的适应性强，能耐40℃的绝对最高温和-20℃的绝对最低温。在中性以至强酸性红壤丘陵地以及表土50～60cm以下为铁结核层的沙黏土地均生长良好，而在低洼沼泽地边缘生长更佳，故名湿地松。但也较耐旱，在干旱贫瘠低丘陵地能旺盛生长；在海岸排水较差的固沙地亦能生长正常。湿地松的抗风力较强，在11～12级台风袭击下很少受害。

根系能耐海水灌溉，但针叶不能抵抗盐分的侵袭，故在华南海滨，应在迎海风方向种2～3行木麻黄作为屏障，湿地松即可不受海潮风危害。

湿地松为强喜光树种，极不耐阴，即使幼苗亦不耐阴。

【繁殖栽培】 用播种繁殖。种子应选自适当类型的优良母株，暴晒2～3天后，去翅净种，再稍日晒，使含水率不高于12％，置于密封容器中，在室温下可保存半年多。如将种子含水率降至9％，贮存于5℃以下低温处，则可保存发芽力达数年之久。在播种前，先用福尔马林1.5％～2％溶液浸种消毒20min，再用清水洗净后，用55～60℃温水浸种，令其自然冷却，经1昼夜后取出播种。

湿地松还可用扦插法育苗，6月上旬或10月中下旬，从1～2年生苗木上剪取侧枝扦插，成活率可达80％以上。

在园林中行独植或丛植时，可用3～5年生大苗，行带土团定植。但在育苗期间应经1～3次移栽。

苗期的病虫害，主要有松苗立枯病、大蟋蟀等。定植后则有松梢螟、日本松叶蜂等危害。松毛虫也吃湿地松的针叶，但更喜吃马尾松叶，故受害较少。

【观赏特性和园林用途】 湿地松苍劲而速生，适应性强。中国已引种驯化成功达数十年，故在长江以南的园林和自然风景区中作为重要树种应用，很有发展前途。

(15) 刚松 *Pinus rigida* Mill.

【形态特征】 大乔木，高达25m。树冠圆锥形；干皮有深纵裂纹；枝条每年可生长数轮。针叶3针1束，针长7～16cm，质地坚硬故名刚松。球果圆锥状卵形，长5～8m，熟后常宿存枝上数年不落；种翅长2cm，次年10月成熟。

【分布】 原产于美国东部。中国熊岳、大连、青岛、南京有引种。性喜较温暖湿润气候，在中国北方生长缓慢，在长江流域生长较快。

【变种、变型及栽培品种】 晚松［var. *serotina*（Michx.）Loud. ex Hoopes］：与原种的区别是，干皮浅纵裂。针叶较长，长15～25cm。本变种常生于低湿地或泥炭性沼泽地。南京、杭州、富阳等地曾引种栽培，生长速度较马尾松快。可供中国江南低湿地带绿化用。

(16) 北美短叶松 *Pinus banksiana* Lamb.

【别名】 短叶松、班克松。

【形态特征】 大乔木，高达25m，胸径80cm；树冠塔形；枝条每年生长2～3轮。小枝暗褐色。针叶2针1束，短粗，常扭曲，长2～4cm。球果椭圆形，长3～5cm，径2～3cm，常弯曲，熟后宿存枝上多年。

【分布】 原产于北美北部，极耐寒。中国东北熊岳、沈阳、哈尔滨均有栽培，生长一般。南方则江西庐山、河南鸡公山亦有引种。

10.5 杉科 Taxodiaceae

常绿或落叶乔木，极少为灌木；树干端直，树皮裂成长条片脱落；大枝轮生或近轮生；树冠尖塔形或圆锥形。叶鳞状、披针状、钻形或条形，多螺旋状互生，很少交叉对生。雌雄同株，单性；雄球花或单生、簇生或成圆锥花序状；雌蕊有花药2～9；雌球花单生顶端，其珠鳞与苞鳞结合着生或无苞鳞，每珠鳞有直立胚珠2～9。球果当年成熟，每种鳞有种子2～9；种子有窄翅；子叶2～9。

含10属16种，分布于东亚、北美及大洋洲塔斯马尼亚。中国产5属7种，引入栽培4属7种。

分属检索表

1 叶常绿性，无冬季脱落的小枝；种鳞木质或革质。

  2 叶由2叶合生，两面中央有1条纵槽，生于鳞状叶之腋部，着生于不发育的短枝顶端，呈伞状辐射开展；种鳞木质 ·· 金松属 *Sciadopitys*

  2 叶单生，在枝上螺旋状散生或小枝上的叶基扭成假二列状，罕对生。

    3 种鳞扁平，革质。

      4 叶条状披针形，缘有锯齿；球果较大，卵形，长2.5～5.0cm，种鳞小，苞鳞大，苞鳞缘有锯齿 ········· ··· 1. 杉木属 *Cunninghamia*

      4 叶鳞状钻形或钻形，全缘；球果较小，短圆柱形，长0.8～1.2cm，苞鳞退化，种鳞全缘 ········· ··· 台湾杉属 *Taiwania*

    3 种鳞盾形，木质。

      5 叶钻形；球果近无柄，直立，种鳞上部有3～7裂齿 ·············· 2. 柳杉属 *Cryptomeria*

      5 叶条形或鳞状钻形；球果有柄，下垂，种鳞无裂齿，顶部有横凹槽。

        6 叶鳞状钻形，辐射开展；冬芽裸露；有种鳞25～40，次年成熟 ············ 巨杉属 *Sequoiadendron*

        6 条形叶在侧枝上排成2列，鳞状叶螺旋状贴生；冬芽有芽鳞；球果有种鳞15～20，当年成熟 ········· ··· 北美红杉属 *Sequoia*

1 叶脱落性或半常绿性；有冬季脱落的小枝；种鳞木质。

  7 叶和种鳞均螺旋状着生。

    8 小枝绿色着生条形叶的小枝冬季脱落，有鳞叶的小枝不脱落；种子椭圆形，下端有长翅 ············ ··· 3. 水松属 *Glyptostrobus*

    8 小枝淡黄褐色，均条形或钻形，侧生小枝冬季脱落；种子不规则三角形，棱脊上有后翅 ············ ··· 4. 落羽杉属 *Taxodium*

  7 叶和种鳞均对生；叶条形，排成二列；种子扁平，周围有翅 ·········· 5. 水杉属 *Metasequoia*

10.5.1 杉木属 *Cunninghamia* R. Br.

常绿乔木，冬芽圆卵形，叶螺旋状互生，披针形或条状披针形，扁平，基部下延，边缘有锯齿。侧枝的叶扭转成二列状，叶上下两面均有气孔线。雌雄同株，单性，雄球花簇生枝顶，长圆锥状；雌球花单生或 2～3 簇生于枝顶，球形或卵形，苞鳞与珠鳞下部合生，互生，苞鳞大，珠鳞小而顶端 3 裂，每珠鳞有胚珠 3。球果苞鳞革质，缘有不规则细锯齿；种鳞形比种子小，在苞鳞之腹面端 3 裂，上部分离，每种鳞有种子 3 粒；种子扁平，两侧有狭翅；子叶 2；发芽时出土。果当年成熟。

本属有 2 种，为中国特产。

分种检索表

1 叶较长，长 2～6cm，宽 3～5cm，球果长 2.5～5cm ·············· (1) 杉木 *C. lanceolata*
1 叶较短，长 1.5～2cm，宽 1.5～2.5cm，球果长 2～2.5cm ·············· (2) 台湾杉木 *C. konishii*

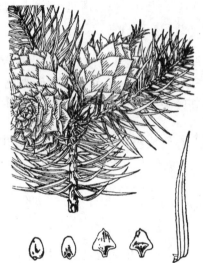

图 10-26　杉木

(1) 杉木 *Cunninghamia lanceolata* (Lamb.) Hook.（图 10-26）

【别名】　沙木、沙树、刺杉。

【形态特征】　大乔木，高达 30m，胸径 2.5～3.0m。树冠幼年期为尖塔形，大树为广圆锥形，树皮褐色，裂成长条片状脱落。叶披针形或条状披针形，常略弯而成镰状，革质，坚硬，深绿而有光泽，长 2～6cm，宽 3～5mm，在相当粗的主枝、主干上亦常有翻卷状枯叶宿存不落；球果卵圆至圆球形，长 2.5～5cm，径 2～4cm，熟时苞鳞革质，棕黄色，种子长卵或长圆形，扁平，长 6～8mm，暗褐色，两侧有狭翅，每果内约含种子 200 粒；子叶 2，发芽时出土，花期 4 月，果 10 月下旬成熟。

【分布】　分布广，北自淮河以南，南至雷州半岛，东自江苏、浙江、福建沿海，西至青藏高原东南部河谷地区均有分布，在 16 省（自治区、直辖市）均有生长，南北分布带约 800km，东西宽 1000km。垂直分布的上限因风土不同而有差异，如在大别山区为海拔 700m 以下，福建山区 1000m 以下，大理 2500m 以下。

【变种、变型及栽培品种】　'灰叶'杉（'深绿叶'杉木）（'Glauca'）：与原种的区别是，叶色比原种深，两面有明显的白粉，常混生于杉木林中。

'黄枝'杉（黄杉）（'Lanceolata'）：与原种的区别是，嫩枝及新叶黄绿色，有光泽，无白粉，叶片较尖梢硬，生长稍慢，抗旱性强。

'软叶'杉（柔叶杉木）（'Mollifolia'）：与原种的区别是，叶薄而柔软，先端不尖。

【习性】　喜光树种，喜温暖湿润气候，不耐寒，绝对最低气温以不低于−9℃为宜，但亦可抗−15℃低温。降水量以 1800mm 以上为佳，但在 600mm 以上处亦可生长，杉木的耐寒性大于其耐旱性。故对杉木生长起限制作用的主要因素首先是水湿条件，其次才是温度条件。杉木喜肥嫌瘦，畏盐碱土，最喜深厚肥沃排水良好的酸性土壤（pH 4.5～6.5），但亦可在微碱性土壤上生长。杉木为速生树种之一。20 年生者树高约 18.0m，胸径 18.5cm。但视环境而异，最速者 6 年生高达 9m；在土层瘠薄干燥的山脊，则 20 年升高仅 7m。其生长最速的时期，大抵在 4～14 龄。一般 5 年生的可开始结实，但林中生长的常在 15～20 龄始结实。寿命可达 500 年以上。杉木根系强大，易生不定根，萌芽更新能力亦强，虽经火烧，亦可生出强壮萌蘖；其在生长过程中，表现出很强的干性，各侧主枝在郁闭的情况下，自然整枝良好，下枝会迅速枯死。因此，萌蘖更新者也可长成乔木。

【繁殖栽培】　多用播种或扦插繁殖。种子可在 10 月从 15～30 年生的壮龄优良类型或优良单株母树采集，因此壮龄期的母树最能丰产。采后干藏，次年春播。每千克种子 12 万～15 万粒，发芽率 30%～50%，保存期一年。春播经 3～4 周发芽，在夏季炎热干燥时可略行轻度遮阴防旱，但注意勿过阴，否则会影响幼苗的生长发育。此外，在温暖地带亦可行秋播。每亩播种量 7.5～12.5kg。播前可用 0.5% 过锰酸钾液浸 30min，倒去药液，封盖 1h 后下种，杉苗要求一定的遮阴、较高的空气湿度和土壤水分，但又易患立枯病，故苗圃管理的一切措施，都应从有利于抗病、抗旱和培育壮苗出发。1 年生苗亩产 10 万～20 万株。当年苗高 20～30cm，次年及第 3 年均行移植。在大面积造林时，用 1 年生苗成活较好；在园林中则应用大苗。杉木亦可选充实之枝条或萌蘖，切成 40～50cm 长的插穗，于早春扦插繁殖。亦可分蘖繁殖，成活率可达 95% 以上。此外，近年杉木嫁接技术颇为发展，可于春季切接，春夏秋行方形片状芽接，成活率均可达 90%。

【观赏特性和园林用途】　杉木主干端直，最适于园林中群植成林丛或列植道旁。1804 年及 1844

年传入英国，在英国南方生长良好，视为珍贵的观赏树。美国、德国、荷兰、波兰、丹麦、日本等国植物园中均有栽培。

【经济用途】 材质优良，轻软而芳香，耐腐而又不受白蚁蛀食，不翘裂，易加工，最宜供建筑、家具、造船用，为中国南方重要用材树种之一。此外，杉树皮含单宁10%，可制栲胶。

(2) 台湾杉木 *Cunninghamia konishii* Hayata

【别名】 蛮大杉、广东杉。

【形态特征】 大乔，高可达50m；树干皮红褐棕色。叶较杉木之叶短且狭窄，长1.5～2cm，宽1.5～2.5mm。球果长约2cm。

【分布】 产于我国台湾。

【习性】 性喜暖湿气候，亦较喜光，生于台湾中部1000～2000m山地地区。材质细致有芳香，耐用，是建筑、造船等良好用材，亦是良好的风景绿化树种。

10.5.2 柳杉属 *Cryptomeria* D. Don

常绿乔木，树皮红褐色，裂成长条片脱落；枝近轮生，平展或略倾斜，树冠尖塔型或卵形；冬芽小，叶螺旋状互生，两侧略扁，钻形，有气孔线，叶基下延，雌雄同株，单性；雌球花多聚于枝梢，密集似短穗状花序，每球花单生叶腋，雄蕊各有花药3～6；雌球花单生枝端，每珠鳞2～5胚珠，苞鳞与珠鳞合生，仅先端分离。球果近球形，种鳞木质，宿存，上部边缘有3～7裂齿，中部或中下部有三角状苞鳞；种子三角状椭圆形，略扁，边缘有窄翅；子叶2～3，发芽时出土。

本属共2种，产于中国及日本。

分种检索表

1 叶端内曲；种鳞20左右，苞鳞尖头短，种鳞先端裂齿较短，每种鳞有种子2粒 ………… 1. 柳杉 *C. fortunei*

1 叶直伸，端多不内曲；种鳞20～30，苞鳞尖头及种鳞先端之裂齿较长，每种鳞有种子2～5粒 …………………………………………………………………………… 2. 日本柳杉 *C. Japonica*

(1) 柳杉 *Cryptomeria fortunei* Hooibrenk ex Otto et Dietr. （图10-27）

【别名】 长叶柳杉、孔雀松、木沙椤树、长叶孔雀松。

【形态特征】 乔木，高达40m，胸径达2m，树冠塔圆锥形，树皮赤棕色，纤维状裂成长条片剥落，大枝斜展或平展，小枝常下垂，绿色，四面有气孔线。雄球花黄色，雌球花淡绿色。球果熟时深褐色，径1.5～2.0cm。种鳞约20，苞鳞尖头与种鳞先端之裂齿均较短；每种鳞有种子2，花期4月，果10～11月成熟。

【分布】 产自浙江天目山、福建南屏三千八百坎及江西庐山等处海拔1100m以下地带，浙江、江苏南部、安徽南部、四川、贵州、云南、湖南、湖北、广东、广西及河南郑州等地有栽培，生长良好。

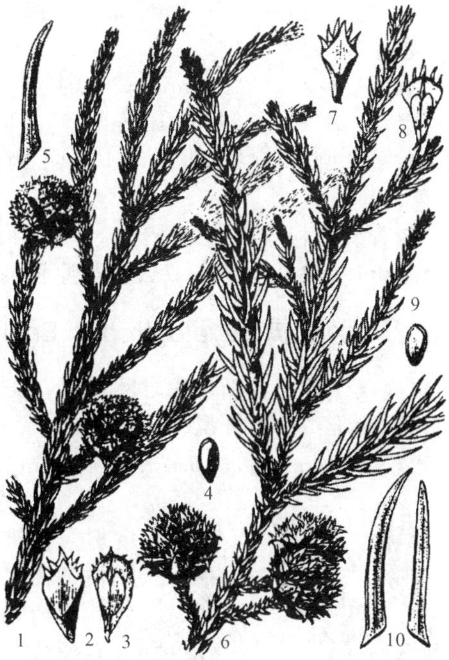

图10-27 1～5柳杉，6～10日本柳杉
1，6. 球果枝；2，3，7，8. 种鳞背、腹面；4，9. 种子；5，10. 叶

【习性】 为中等的喜光性数，略耐阴，亦略耐寒，在河南郑州及山东泰安均可生长。在年平均温度14～19℃，1月平均温度气温在0℃以上的地区均可生长。喜空气湿度较高，怕夏季酷热或干旱，在降水量1000mm左右处生长良好。喜生长于深厚肥沃的沙质壤土，若在西晒强烈的黏土地则生长极差。喜排水良好，在积水处极易腐烂。枝条柔韧，能抗雪压及冰挂。柳杉为浅根性树种，尤其在青年期以前，大部分根群密集于30cm以内的表土中，在壮年期后根系才较深；一般其水平根的扩展长度比入土深度大十余倍。由于根系不深故抗风暴能力不强。生长速度中等，年平均可长高50～100cm，一般在30龄后则高生长极少，但直径的生长可继续到数百年，故常长成极粗的大树。一般言之，50年生者，高约18m，胸径约35m。寿命很长，在江南山野中常见数百年的古树，如江西庐山及浙江天目山之古柳杉已成名景。云南昆明西山筇竹寺有500余年的古树，高30m，胸径1.53m，冠幅12m。

柳杉在自然界中，常与杉木、榧树、金钱松等混生。

【繁殖栽培】　可用扦插及播种法繁殖。母树每年均可结实，但常 2 年丰收一次。每百千克球果，可得种子约 5kg；每千克种子约 25 万粒；千粒重为 4g，发芽率 60％左右，成苗率 20％～30％。种子保存期 1 年。在江、浙多行春播，经 3～4 周发芽，出土后不带种壳。冬季设暖棚。当年苗高约 15m，次春移植。2 年生苗高约 30cm；3 年生苗高约 60cm。

柳杉喜湿润空气，畏干燥，故移植时注意勿使根部受干，在园林中平地初栽后，夏季最好设临时性荫棚，以免枝叶枯黄，待充分复原后再行拆除。

苗期在江南常可能发生赤枯病，即先在下部的叶和小枝上发生褐色斑点，逐渐扩大而使枝叶死亡，逐渐由小枝扩展至主茎形成褐色溃疡状病斑，终至全株死亡，且会传染至全圃。可在发病季节喷洒波尔多液防治，即用 1 份硫酸铜、1 份生石灰、200 份水来配制。

【观赏特性和园林用途】　树姿优美，绿叶婆娑，树形圆整而高大，树干粗壮，极为雄伟，最适独植、对植，亦宜丛植或群植。在江南习俗中，自古以来常用做墓道树，亦宜作风景林栽植。

【经济用途】　材质轻而较松，不翘曲，易加工，可供建筑、造船、家具和细工用；枝、叶、木材碎片可制芳香油；树皮入药，可治疮疥或制栲胶；叶磨粉可做线香。

（2）日本柳杉 *Cryptomeria japonica* (L. f.) D. Don（图 10-27）

【形态特征】　乔木，在原产地高达 45m，胸径达 2m 余。与柳杉之不同点主要是种鳞数多为 20～30 枚；苞鳞的尖头和种鳞顶端的齿缺均较长，每种鳞有 3～5 种子。

【分布】　原产于日本。中国有引入，在南京、上海、扬州、无锡、南通及庐山均有栽培。

【变种、变型及栽培品种】　‘猿尾’柳杉（‘Araucari-oides’）：与原种的区别是，灌木状，高 2～3m，小枝细长下垂如猿尾；叶较短（不足 1～1.5cm）而硬，通常长短不一，长叶和短叶在枝上交错成段分布。

‘扁叶’柳杉（‘Elegans’）：与原种的区别是，灌木状，分枝密，小枝下垂；叶扁平而柔软，长 1～2.5cm，向外开展或反曲，亮绿色，秋后变红褐色。

‘千头’柳杉（‘Vilmoriniana’）：与原种的区别是，灌木，高 40～60cm，树冠近球形，小枝密集，短而直伸；叶甚短小，长仅 3～5mm，排列紧密，深绿色。

‘鸡冠’柳杉（‘Cristata’）：与原种的区别是，小枝扁化成鸡冠状。

‘卷叶’柳杉（‘Spiralis’）：与原种的区别是，树高 4～5m，小枝扭曲，叶在枝上明显卷曲。

‘塔形’柳杉（‘Pyamidata’）：与原种的区别是，树冠呈塔形或柱形。

‘银芽’柳杉（‘Albo-spicata’）：与原种的区别是，灌木，高 1～2m，新芽在冬季银白色。

‘雪冠’柳杉（‘Aurea’）：与原种的区别是，春天新芽黄白色，后渐增加绿色，冬天先端仍残留黄色。

‘冬青’柳杉（‘Viridis’）：与原种的区别是，枝叶在冬天仍保持绿色。

‘矮生’柳杉（‘Nana’）：与原种的区别是，高不足 1m，平生枝枝端下垂。

10.5.3　水松属 *Glyptostrobus* Endl.

本属仅 1 种，在新生代时欧、亚、美均有分布　在第四纪冰期后，其他地方均已绝迹，现仅存于中国，成为唯一的特产属、种。

水松 *Glyptostrobus pensilis* (Staunt.) Koch（*Taxodium sinensis* Forb.）（图 10-28）

【形态特征】　落叶乔木，高 8～16m，罕达 25m，径可达 1.2m；树冠圆锥形。树皮呈扭状长条浅裂，干基部膨大，有膝状呼吸根。枝条稀疏，大枝平伸或斜展，小枝绿色。叶互生，有 3 种类型，鳞形叶长约 2mm，宿存，螺旋状着生主枝上；在 1 年生短枝及阴生枝上，有条状钻形叶及条形叶，长 0.4～3.0cm，常排成 2～3 列之假羽状，冬季均与小枝同落；雌雄同株，单性花单生枝顶；雄球花圆球形；雌球花卵圆形。球果倒卵形，长 0.2～2.5cm，径 1.3～1.5cm；种鳞木质，扁平，倒卵形，成熟后渐脱落；种子椭圆形而微扁，褐色，基部有尾状长翅，子叶 4～5，发芽时出土。花期 1～2 月；果 10～11 月成熟。

【分布】　中国特产，星散分布于华南和西南地区。

【习性】　强喜光树利，喜暖热多湿气候，喜多湿土壤，在沼泽地则呼吸根发达，在排水良好土地上则呼吸根不发达，干基也不膨大。性强健，对土壤适应性较强，仅忌盐碱土，最宜富含水分的冲

图 10-28　水松

渍土。根系发达，不耐低温。

【繁殖栽培】 用种子及扦插法繁殖。

【观赏特性和园林用途】 树形美丽，秋叶褐红色，最宜河边湖畔绿化用，根系强大，可作防风护堤树。1894年英国引入作为庭院珍品及室内盆栽观赏用；美国曾引入作标本树；日本及其他许多国家也有引种。

【经济用途】 材质轻软，耐水湿，可供桥梁等工程上应用。根部材质轻松，浮力大，广东渔民常作救生圈，亦可作瓶塞等用。球果及树皮均含有单宁，种子可作紫色染料，染纺织品及渔网等。叶可入药。

10.5.4　落羽杉属（落羽松属）*Taxodium* Rich.

落叶或半常绿性乔木；小枝有两种，主枝宿存，侧生小枝冬季脱落；冬芽形小，球形。叶螺旋状排列，基部下延，异型，主枝上的钻形叶斜展，宿存；侧生小枝上的条形叶排成2列状，冬季与枝一同脱落。雌雄同株；雄球花多数，集生枝梢；雌球花单生于去年生小枝顶部。球果单生枝顶或近梢部，有短柄，球形或卵圆形，种鳞木质，每种鳞有种子2；种子不规则三角形，有显著棱脊；子叶4～9，发芽时出土。

共三种，原产于北美及墨西哥；中国早已引入栽培。

分种检索表

1 落叶性。
 2 叶条形，扁平，叶基扭转排列成羽状2列；大枝水平开展 ·················· 1. 落羽杉 *T. distichum*
 2 叶钻形，在枝上螺旋状伸展，不成2列状，大枝向上伸长 ·················· 2. 池杉 *T. ascendens*
1 半常绿至常绿性；叶条形，扁平，排列紧密，羽状2列 ·················· 3. 墨西哥落羽杉 *T. mucronatum*

(1) 落羽杉 *Taxodium distichum* (L.) Rich. （图10-29）

【别名】 落羽松。

【形态特征】 落叶巨乔木，高达50m，胸径达2m以上，树冠在幼年期成圆锥形，老树则开展成伞形，树干尖削度大，基部常膨大而有屈膝状之呼吸根；树皮成长条状剥落；枝条平展；大树的小枝略下垂；一年生小枝褐色，生叶的侧生小枝排成两列。叶条形，长1.0～1.5cm，扁平，先端尖，排成羽状两列，上面中脉凹下，淡绿色，秋季凋落前变暗红褐色。球果圆球形或卵圆形，径约2.5cm，熟时淡黄褐色；种子褐色，长1.2～1.8cm，花期5月；球果次年10月成熟。

【分布】 原产于美国东南部，其分布区较池杉为广，在北美洲可分布到北纬四十度地带，有一定耐寒力。中国已引入栽培达半个世纪以上，在长江流域及华南大城市的园林中常有栽培，在北界已达河南南部鸡公山一带。

【习性】 强喜光树种；喜暖热湿润气候，极耐水湿，能生长于浅沼泽中，亦能生长于排水良好的陆地上。在湿地上生长的，树干基部可形成板状根，自水平根系上能向地面上伸出筒状的呼吸根，特称为"膝根"。土壤以湿润而富含腐殖质者最佳。在原产地能形成大片森林。抗风性强。

图10-29　1～3落羽杉，4～5池杉
1. 球果枝；2. 种鳞顶部；3. 种鳞侧面；
4. 小枝及叶；5. 小枝与叶的一段

【繁殖栽培】 可用播种及扦插法繁殖，种子每千克5000～10000粒，发芽率20％～60％。保存期较短，一般为一年。播前用温水浸种4～5d，每天换水，亦可用3％的硫酸铜溶液浸种，可提早发芽，免除病害。每100m²播种量约13kg种子。扦插繁殖时可用硬材插或软材插。硬材插的成活率受采穗母株年龄的影响很大，根据经验自1～2年生苗上所采的插穗成活率可达90％，而自近20年生树上采取者则虽采取各种处理法也很难生根。插穗也可在落叶后剪取，剪成10cm左右的插穗后成小捆沙藏，次春扦插。软材插可在5～10月间进行，在雨季扦插时，经20～30天即可生根。软材插的成活率受母株年龄影响较小。

定植后主要应防止中央领导干成为双干，在扦插苗中尤应注意，见有双主干者应及时疏剪掉弱干而保留强干，疏剪掉纤弱枝及影响主干生长的徒长枝。

【观赏特性和园林用途】 落羽杉树形整齐美观，近羽毛状的叶丛极为秀丽，入秋，叶变成古铜色，是良好的秋色叶树种。最适水旁配置，又有防风护岸之效。落羽杉与水杉、水松、巨杉、红杉同为子遗树种，是世界著名的园林树种。在广州、杭州、上海、武汉、南京、庐山、鸡公山以及北京小气候良好处均有栽植。总的来讲是在暖热地区低海拔的平原及丘陵地带生长良好，在近千米以上和年降水量在 800mm 以下以及各季最低温在 −20℃ 以下，则生长受阻。

【经济用途】　木材纹理直，硬度适中，耐腐，可供建筑、家具、电杆、造船使用。木材又耐虫蚁蛀蚀；木质虽次于杉木，但比水杉优良。

（2）池杉 *Taxodium ascendens* Brongn.（图 10-29）

【别名】　池柏、沼杉、沼落羽松。

【形态特征】　落叶大乔木，在原产地高达 25m；树干基部膨大，常有屈膝状的呼吸根（亦称膝根），在低湿地生长尤为显著。树皮褐色，纵裂，成长条片脱落；枝向上展，树冠常较窄，呈尖塔形；当年生小枝绿色，细长，常略向下弯垂，2 年生小枝褐红色。叶多钻形，略内曲，常在枝上螺旋状伸展，下部多贴近小枝，基部下延，长 4～10mm，先端渐尖，上面中脉略隆起，下面有棱脊，每边有气孔线 2～4。球果圆球形或长圆状球形，有短梗，向下斜垂，熟时褐黄色，长 2～4cm；种子不规则三角形，略扁，红褐色，长 1.3～1.8cm，边缘有锐脊。花期 3～4 月，球果 10～11 月成熟。

【分布】　产于美国弗吉尼亚州南部，沿墨西哥湾至亚拉巴马州及路易斯安那州东南部，常于沿海平原的沼泽及湿地海拔 30m 以下之处见到。中国自上世纪初引至南京、南通及鸡公山等地，后又引至杭州、武汉、庐山、广州等地，现已在许多城市尤其是长江南北水网地区作为重要造树和园林树种。

【变种、变型及栽培品种】　'垂枝'池杉（'Nutans'）：与原种的区别是，3～4 年生枝常平展，1～2 年生枝细长柔软，下垂或倾垂，分枝较多；侧生小枝亦分枝多而下垂。武汉等地引种栽培。

'锥叶'池杉（'Zhuiyechisha'）：与原种的区别是，叶绿色，锥形，散展，螺旋状排列，少数树干下部侧枝或萌发枝之叶常扭成 2 列状。树皮灰色，皮厚深裂。适宜在立地条件较好地段营造用材林。

'线叶'池杉（'xianyechisha'）：与原种的区别是，叶深绿色，条状披针形，紧贴小枝或稍散展。凋落性小枝细，线状，直伸或弯曲成钩状。枝叶稀疏，树皮灰褐色。抗性强，在土质差、干燥或易水淹处均能适应，是"四旁"植树和营造防护林、防浪林的较好材料。

'羽叶'池杉（'yuyechisha'）：与原种的区别是，叶草绿色，枝叶浓密，凋落性小枝再分枝多；树冠中下部之叶条形而近羽状排列，上部叶多锥型；树冠塔形或尖塔型。树皮深灰色。枝叶常呈团状，密集如云朵，生长快，为适用于城镇园林绿化的优良品种。

【习性】　喜温暖湿润气候和深厚疏松之酸性、微酸性土。强喜光性，不耐阴，耐涝，又较耐旱。对碱性土壤颇敏感，pH 值达 7.2 以上时，即可发生叶片黄化现象。枝干富韧性，加之冠形窄，故抗风力颇强，萌芽力强。速生树种，自 3～4 龄起至 20 龄以前，高、粗生长均快。7～9 年生树始结实。

【繁殖栽培】　池杉用播种和扦插繁殖，最好选用优良母树，建立种子园和采穗树园。江南一般在冬季或早春用 2 年生以上大苗栽植和造林，单行林植株距 1.2～1.6m，成片造林可采用 2m×2m 株行距。适地适树很重要。并应根据立地条件与植树目的选用适当的池杉品种与类型。

抚育管理以干旱季节注意浇水为主，并适当中耕、除草、施肥或间作绿肥作物。池杉病虫害较少，主要有大袋蛾等，可及时摘除烧毁，或在初龄幼虫期用敌百虫 800～1000 倍液喷射，收效良好。幼林郁闭后，应及时间伐抚育。

【观赏特性和园林用途】　池杉树形优美，树叶秀丽婆娑，秋叶棕褐色，是观赏价值很高的园林树种，特适水滨湿地成片栽植；孤植或丛植为园景树，也可构成园林佳景。此树生长快，抗性强，适应地区广，材质优良，加之树冠狭窄，枝叶稀疏，荫蔽面积小，耐水湿，抗风力强，故特适宜在长江流域及珠江三角洲等农田水网地区、水库附近以及"四旁"造林绿化，以供防风、防浪并生产木材等用。

【经济用途】　池杉材质似水杉，而韧性过之，是建筑、枕木、电杆、家具的用材，适作水桶、蒸笼等用。

（3）墨西哥落羽杉 *Taxodium mucronatum* Tenore

【形态特征】　常绿或半常绿乔木，高达 50m，胸径 4m，基部特膨大，树皮裂成长条形；大枝水平状开展，小枝微下垂，侧生短枝螺旋排列，不呈二列状，在次年春季脱落。叶扁线形，长约 1cm，在侧枝上排列较紧密，斜展，不排列成羽状二列并向上逐渐变短。球果卵圆状，被白粉，径 1.5～2.5cm。

【分布】　原产于墨西哥、美国西南部。

【习性】 多生于湿沼地带，性喜暖热气候，不耐寒，耐水湿。

【繁殖栽培】 中国江苏、浙江、江西、湖北、四川已有引种栽培。

【观赏特性和园林用途】 可用于易洪涝地区的绿化造林。

10.5.5 水杉属 *Metasequoia* Miki ex Hu et Cheng

本属仅 1 种，有的分类学家单列为一科。在白垩纪及第三纪时，本属约有 10 种广布于东亚、西欧和北美，但在第四纪冰河期后，其他地方之本属植物均已绝种。现仅中国有 1 种，1941 年由于铎教授在湖北利川市发现，1946 年王战教授等采标本，经胡先骕、郑万钧二位教授 1948 年定名后，曾引起世界各国植物学家极大的注意。

水杉 *Metasequoia glyptostroboides* Hu et Cheng（图 10-30）

【形态特征】 落叶乔木，树高达 35m，胸径 2.5m；干基常膨大，幼树树冠尖塔形，老树则为广圆头形。树皮灰褐色；大枝近轮生，小枝对生。叶相互对生，叶基扭转排成 2 列，呈羽状，条形，扁平，长 0.8～3.5cm，冬季与无芽小枝一同脱落。雌雄同株，单性；雄球花单生于枝顶和侧方，排成总状或圆锥花序状；雌球花单生于去年生枝顶或近枝顶。珠鳞 11～14 对，交叉对生，每球鳞有 5～9 胚珠。球果近球形，长 1.8～2.5cm，熟时深褐色，下垂，种子扁平，倒卵形，周有狭翅，子叶 2，发芽时出土。花期 2 月；果当年 11 月成熟。

【分布】 产于四川石柱县，湖北利川市磨刀溪、水杉坝一带及湖南龙山、桑植等地海拔 750～1500m，气候温和湿润，沿河酸性土地区沟谷中。60 年来已在国内南北各地及国外 50 个国家引种栽培。

【变种、变型及栽培品种】 ‘垂枝’水杉（‘Pendula’）：与原种的区别是，枝条细长下垂。

‘金叶’水杉（‘Aurea’）：与原种的区别是，叶色金黄色。

图 10-30 水杉

【习性】 喜光树种，喜温暖湿润气候，要求产地 1 月平均气温在 1℃左右，最低气温-8℃，7 月平均气温 24℃左右，年降水量 1500mm。据近年来各地试栽经验来看，具有一定的抗寒性，在北京可露地越冬。在沈阳于小气候良好环境下如行适当防风防寒保护，亦可露地越冬。喜深厚肥沃的酸性土，但在微碱性土壤上亦可生长良好。水杉要求土层深厚、肥沃，尤其湿润而排水良好，不耐涝，对土壤干旱也较敏感。故山东群众说："水杉水杉，干旱不长，积水涝煞"，正说明了它的生态习性。水杉生长速度较快，每年增高 1m 左右，在北京 10 年生者高约 8m。据树干解析材料，在原产地树高连年生长最高峰（1.43m）出现在 10～15 年，胸径连年生长最高峰（2.1cm）出现在 20～25 年。而在引种地区，则树高和胸径连年生长最大值出现得更早，其绝对值也更大，从而显示出水杉速生丰产的特点。如在引种地区用水杉成片造林的，南京中山陵园树龄 24 年时，平均树高 22.5m，平均胸径 26.8cm，最大胸径 39.0cm；湖北潜江县广华寺农场树龄 16 年时，平均树高 11.5m，平均胸径 14.5cm，最大胸径 18.0cm。

【繁殖栽培】 水杉的繁殖，主要有播种和扦插两种方法。由于种源缺乏的关系，常应用扦插较多。水杉种子细小，千粒重 1.75～2.28g，每千克有 32 万～56 万粒。发芽率仅 8% 左右。幼苗细弱，忌旱畏涝，故苗圃要地势平坦，排灌便利，并细致整地。播期在 3 月中下旬，以宽行距（20～30cm）条播为宜。播量每亩 0.8～1.5kg。

扦插分春插、夏插和秋插，而以春插为主。采穗母树以种子起源的多优于扦插起源的，应尽量用播种苗建立采穗圃。从 1～3 年生实生苗上剪取 1 年生枝作插穗。硬木扦插在江南地区以 3 月上中旬为宜，最好插前用 50mg/kg 萘乙酸溶液快浸插穗基部，可有促进生根效果。以往水杉春插后多行遮阴；近年许多生产单位试验全光育苗成功，降低了成本，提高了苗木质量。夏插系嫩枝扦插，5 月底、6 月初进行，须细致管理，设双层荫棚。秋插在 9 月间，用半成熟枝进行，当年生根而不发梢，须用单层荫棚。夏插、秋插均可用萘乙酸 300～500mg/kg 液快浸插穗基部，处理时间 3～5s。

选土层深厚、疏松而肥沃的圃地，分栽培育 1 年生播种苗或春插苗 2～3 年，可采用 70cm×70cm 株行距，亦可在原苗圃中按 50cm×50cm 株行距留床培育部分苗木。这样，前者 3 年出圃，后者 2 年出圃，均可用于城市园林绿化。如用以营建风景林，可用 2 年生苗，初植密度以 2m×3m 为宜。

水杉苗期主要病虫害为立枯病及蛴螬，定植后有大袋蛾等危害，均当及时防治。

【观赏特性和园林用途】 水杉树冠呈圆锥形，姿态优美。叶色秀丽，秋叶转棕褐色，十分美观。宜在园林中丛植、列植或孤植，也可成片林植。水杉生长迅速，是郊区、风景区绿化中的重要树种。

【经济用途】 水杉木材纹理直，质轻软，易于加工，油漆及胶接性能良好，适制桁条、门窗、楼板、家具及造船等用。其管胞长，纤维素含量高，是良好的造纸用材。

10.6　柏科 Cupressaceae

常绿乔木及直立或匍匐灌木。叶交叉对生或三叶轮生，幼苗时期叶刺状，成长后叶为鳞片状或刺状或同株上兼有两种叶形。雌雄同株或异株；雄球花有雄蕊 6～16，每雄蕊有花药 2～6；雌球花有珠鳞 3～16，珠鳞上有 1 至数个直生胚珠；苞鳞与珠鳞结合，仅尖端分离；球果种类木质或革质，开裂，或肉质结合而生；种子有翅或无翅；子叶 2，罕 5～6。

共 22 属，约 150 种，分布于全世界；中国产 8 属 29 种 7 变种，另有引入栽培的 1 属约 15 种。

分属检索表

1 球果的种鳞为木质或革质，熟时开裂。
　2 种鳞扁平或鳞背隆起但不呈瓦形，覆瓦状排列；球果长圆状卵形，当年成熟 ……… I. 侧柏亚科 Subf. Thujoideae
　　3 每种鳞内有种子 2 粒，球果上有种鳞 4～6 对，中间 2～4 对有种子；小枝较窄，背面无明显白粉带。
　　　4 大侧枝直展或斜展；种鳞较厚；种子无翅 ………………………………… 1. 侧柏属 Platycladus
　　　4 大枝平展或微斜状；种鳞较薄；种子有翅 ……………………………………… 2. 崖柏属 Thuja
　　3 每种鳞内有种子 3～5 粒；小枝较阔而扁平；背面有宽大明显的白粉带 ……… 罗汉柏属 Thujopsis
　2 种鳞盾状而隆起，鳞片边缘彼此邻接；球果圆球形，次年或当年成熟 …… Ⅱ. 柏木亚科 Subf. Cupressoideae
　　5 小枝扁平；球果较小，当年冬季成熟，每种鳞内有种子 2～3 粒，罕 4～5 粒 … 3. 扁柏属 Chamaecyparis
　　　6 球果较小，径约 1cm 或不足，当年冬季成熟，每种鳞内有种子 2～3 粒，罕为 4～5 粒。
　　　6 球果径 2～2.5cm，次年 10 月成熟；种鳞有种子 2 粒 …………………… 4. 福建柏属 Fokienia
　　5 小枝圆筒状或四方形，极少为扁平状；球果较大，次年初成熟，每种鳞内有种子 5 至多数 ………………
　　……………………………………………………………………………………… 5. 柏木属 Cupressus
1 球果的种鳞肉质，卵圆或球形，熟时不开裂或仅顶端开裂，每球果有 1～12 无翅种子 ………………………
　………………………………………………………………………………… Ⅲ. 圆柏亚科 Subf. Juniperoideae
　　7 叶单型或二型，鳞叶对生，刺叶 3 枚轮生，刺叶基部无关节，叶基下延生长；冬芽不显著；球花单生枝顶；果内有种子 1～6 粒 …………………………………………………………… 6. 圆柏属（桧属）Sabina
　　7 叶全为刺叶，3 枚轮生，叶基部有关节，不下延生长；冬芽显著；球花单生叶腋；果内通常有种子 3 粒 ……
　　…………………………………………………………………………………………… 7. 刺柏属 Juniperus

10.6.1　侧柏属 Platycladus Spach

本属仅 1 种，为中国特产。

侧柏 Platycladus orientalis（L.）Franco（Biota orientalis Endl.，Thuja orientalis L.）（图 10-31）

【别名】 扁松、扁柏、扁桧、黄柏、香柏。

【形态特征】 常绿乔木，高达二十多米，胸径 1m。幼树树冠尖塔形，老树广圆形；树皮薄，浅褐色，呈薄片状剥离；大枝斜出；小枝直展，扁平，无白粉。叶全为鳞片状。雌雄同株，单性，球花单生小枝顶端；雄球花有 6 对雄蕊，每雄蕊有花药 2～4；雌球花有 4 对珠鳞，中间的 2 对珠鳞各有 1～2 胚珠。球果卵形，长 1.5～2.5cm，熟前绿色，肉质，种鳞顶端反曲尖头，成熟后变木质，开裂，红褐色。种子长卵形，无翅或几无翅；子叶 2，发芽时出土。花期 3～4 月；果 10～11 月成熟。

【分布】 原产于华北、东北，目前全国各地均有栽培，北自吉林经华北，南至广东北部、广西北部，东自沿海，西至四川、云南。朝鲜亦有分布。

【变种、变型及栽培品种】 '千头'柏（'Sieboldii'）：亦称'子孙'柏、'凤尾'柏、'扫帚'柏，与原种的区别是，丛生灌木，无明显主干，高 3～5m，枝密生，树冠呈紧密卵圆形或球形。叶鲜绿色。球果略长圆形；种鳞有锐尖头，被极多白粉。

'金塔'柏（金枝侧柏）（'Beverleyensis'）：与原种的区别是，树冠塔形，叶金黄色。南京、杭州等地有栽培，北京有引种，可在背风向阳处露地过冬，并能开花结实。

'洒金'千头柏（'Aurea Nana'）：与原种的区别是，矮生密丛，圆形至卵圆，高 1.5m。叶淡黄绿色，入冬略转褐绿。杭州等地有栽培。

'北京'侧柏（'Pekinensis'）：与原种的区别是，乔木，高
15～18m，枝较长，略开展；小枝纤细。叶甚小，两边的叶彼此重
叠。球果圆形，径约1cm，通常仅有种鳞8枚。是一个优美品种，福
苕于1861年在北京附近发现，并引入英国。

'金叶'千头柏（'semperaurescens'）：亦称'金黄球'柏，与
原种的区别是，矮型紧密灌木，树冠近于球形，高达3m。叶全年呈
金黄色。

'窄冠'侧柏（'Columnaris'）：与原种的区别是，树冠窄，枝
向上伸展或略上伸展。叶光绿色，生长旺盛。江苏徐州有栽培。

'垂丝'侧柏（'Flagelliformis'）：与原种的区别是，树冠塔形，
分枝稀疏；小枝线状下垂，叶端尖而远离。

【习性】 喜光但有一定耐阴能力，喜温暖湿润气候，但亦耐多
湿，耐旱；较耐寒，在沈阳以南生长良好，能耐−25℃低温，在哈尔
滨市仅能在背风向阳地点行露地保护过冬。侧柏在年降水量1600mm
的广州以及年降水量仅为300mm左右的内蒙古均能生长，故其适应
能力很强。喜排水良好而湿润的深厚土壤，但对土壤要求不严格，无

图10-31　侧柏

论酸性土、中性土或碱性土上均能生长，在土壤瘠薄处和干燥的山岩石路旁亦可见有生长。抗盐性很
强，可在含盐0.2%的土壤上生长。侧柏在自然界，于华北大致生于海拔1500m以下地区。侧柏的根系
发达，虽然在土壤过湿处入土不深，但较油松有较强的耐湿力。生长速度中等而偏慢，但幼年、青年期
生长较快，至成年期以后则生长缓慢，20年生高6～7m。侧柏的寿命极长，可达2000年以上。在河南
登封市嵩阳书院之"二将军"柏，树高18.2m，胸径3.8m，冠幅17.8m，估计树龄达2500年以上。

【繁殖栽培】 用播种法繁殖，每千克种子约4.5万粒，发芽率70%～85%，能保存2年。多在
春季行条播，约经2周发芽。种子发芽后先出针状叶，后出鳞叶，2年生后则全为鳞叶。1年生苗高
15～25cm，次年移植后可达45cm，3年生苗可达60cm左右即可出圃用于栽作绿篱或大面积绿化造
林用。5～6年生者高可达2m左右。侧柏在幼苗期须根发达，易移植成活。在园林中于春季植为绿
篱时，多用带土团的苗，但在雨季造林时可用裸根苗，然而须注意保护根系不受风干日晒。

【观赏特性和园林用途】 侧柏是中国最广泛应用的园林树种之一，自古以来即常栽植于寺庙、陵
墓地和庭院中。北京中山公园有辽代古柏已达千年左右，枝干苍劲，气魄雄伟。此外，由于侧柏寿命
长，树姿美，所以各地多有栽植，因而至今在名山大川常见侧柏古树自成景物。如陕西黄陵县轩辕庙
的"轩辕柏"为轩辕庙八景之一，树高达19m，胸径约2m，推算树龄达2700年以上。又如泰山岱庙
的汉柏，高约19m，干周约5m，传为汉武帝手植。侧柏成林种植时，从生长的角度而言，以与桧
柏、油松、黄栌、臭椿等混交比纯林为佳。但从风景艺术效果而言，以与圆柏混交为佳，如此则能形
成较统一而且宛若纯林并优于纯林的艺术效果，在管理上亦有防止病虫蔓延之效。侧柏在夏季虽碧翠
可爱，但缺点是自11月至次年3月下旬的近5个月期间变成土褐色。

【经济用途】 材质坚韧致密，耐腐，易加工，不翘不裂，可供建筑、桥梁等用。叶磨粉作线香原
料，可提制侧柏精供药用。种子榨油可食，亦可入药。枝、叶、根、皮等均可入药。

10.6.2　崖柏属 *Thuja* L.

常绿乔木或灌木，生鳞叶的侧枝呈平展状。雌雄同株，球花生于小枝顶端。球果长圆形或长卵
形；种鳞较薄，革质，扁平；种子扁平，椭圆形，两侧有翅；子叶2，发芽时出土。共约6种，分布
于北美洲北部及东亚。中国产2种，自国外引入3种。

分种检索表

1 鳞叶先端尖或急尖。
　2 鳞叶先端尖或钝尖，两侧鳞叶较中央者稍短或等长，尖头内弯。
　　3 中央鳞叶尖头下方有明显腺点 ·· (1) 香柏 *T. occidentalis*
　　3 中央鳞叶尖头下方无腺点 ·· (2) 日本香柏 *T. standishii*
　2 鳞叶先端急尖，有长尖头，中央鳞叶尖头下方有时有圆形隆起的透明腺点，或没有；两侧鳞叶较中央者为
　　长，尖头直伸而不内弯 ·· 北美乔柏 *T. plicata*
1 鳞叶先端钝，罕略尖，两侧鳞叶较中间者短，排列紧密。
　4 中央鳞叶尖头下方有明显或不明显的腺点；枝叶下面多少具有白粉 ·············· 朝鲜崖柏 *T. koraiensis*
　4 中央鳞叶无腺点；枝叶下面无白粉 ·· 崖柏 *T. sutchuenensis*

图 10-32 香柏
1，4. 球果枝；2. 种鳞；3. 种子

（1）香柏 *Thuja occidentalis* L.（图 10-32）

【别名】 美国侧柏、美国金钟柏。

【形态特征】 乔木，高 20m，胸径 2m；树冠圆锥形，老树有板根。鳞叶有芳香，主枝上的叶有腺体，侧小枝上者无腺体或很小。

【分布】 原产于北美。

【变种、变型及栽培品种】 '柱形'香柏（'Columna'）：与原种的区别是，树冠柱形，高 4～5m。

'卵圆'香柏（'Hoveyi'）：与原种的区别是，卵圆树冠，高 1.5m。

'金叶'香柏（'Aurea'）：与原种的区别是，叶色金黄色。

'金斑'香柏（'Aureo～variegata'）：与原种的区别是，叶上有金黄色斑点。

'银斑'香柏（'Columbia'）：与原种的区别是，叶上有银白色斑点。

'球形'香柏（'Globosa'）：与原种的区别是，树冠上部球形。

'金球'香柏（'Golden Globe'）：与原种的区别是，树冠球形，小叶金黄色。

'塔形'香柏（'Pyramidalis'）：与原种的区别是，树冠尖塔形。

除上述栽培品种外，还有'伞形'香柏（'Umbraculifera'）、'垂枝'香柏（'Pendula'）、'垂线'香柏（'Filiformis'）、'矮生'香柏（'Pumila'）等。

【习性】 喜光树，有一定耐阴力，耐寒，不择土壤，能生长于潮湿的碱性土壤上。生长较慢。

【繁殖栽培】 用种子繁殖。

【观赏特性和园林用途】 植株耐修剪，广泛应用于规则式园林或整形式园林中。

【经济用途】 材质良好，耐腐而有芳香，可作家具用。

（2）日本香柏 *Thuja standishii*（Gord.）Carr.

【别名】 金钟柏。

【形态特征】 乔木，高达 18m；树冠圆锥形，树皮红褐色，很美观。鳞叶揉碎时无香气。

【分布】 原产于日本，现在各国多有栽培；中国庐山、青岛、南京、杭州等地均有引种栽培，生长良好。

【观赏特性和园林用途】 宜作园景树。

10.6.3 扁柏属 *Chamaecyparis* Spach

常绿乔木，树皮鳞片状，或有深沟槽；生鳞叶的小枝扁平状，互生，排成一平面。叶对生，鳞片状，背面常有白粉。雌雄同株，球花单生枝顶；雄球花有雄蕊 3～4 对，每雄蕊有花药 3～5；雌球花有 3～6 对珠鳞，每珠鳞 1～5 胚珠。球果当年成熟，球形或椭圆形；种鳞盾形，3～6 对，背部有苞鳞的小尖头，每种鳞多有 2～3 粒种子，或 1～5 粒种子；种子小而扁，两侧有翅；子叶 2，发芽时出土。

共 5 种 1 变种，分布于北美、日本及中国台湾地区；中国有 1 种及 1 变种，并引入栽培 4 种。

分种检索表

1 小枝下面鳞叶有显著白粉。

  2 鳞叶先端锐尖。

    3 球果圆球形，径约 6mm ·· （1）日本花柏 *C. pisifeara*

    3 球果长圆或长圆状卵形，长 10～12mm，径 6～9mm ·················· 红桧 *C. formosensis*

  2 鳞叶先端钝，肥厚；球果径 8～10mm（引种栽培）·················· （2）日本扁柏 *C. obtusa*

1 小枝下面鳞叶无或少白粉；鳞叶先端钝尖或略钝，小枝下面之叶略有白粉；雄球花深红色；球果径约 8mm，发育种鳞具种子 2～4 粒（引种栽培）·················· （3）美国扁柏 *C. lawsoniana*

（1）日本花柏 *Chamaecyparis pisifera*（Sieb. et Zucc.）Endl.（*Cupressus pisifera* K. Koch）（图 10-33）

【别名】 花柏。

【形态特征】　常绿巨乔木，在原产地高达 50m，胸径 1m；树冠圆锥形。叶表暗绿色，下面有白色线纹，鳞叶端锐尖，略开展，侧面之前较中间之叶稍长。球果圆球形，径约 6mm。种子三角状卵形，两侧有宽翅。

【分布】　原产于日本。中国东部、中部及西南地区城市园林中有栽培。

图 10-33　1~3. 日本花柏，4~5. 日本扁柏
1, 4. 球果枝；2. 小枝；3, 5. 种子

【变种、变型及栽培品种】　'线柏'（'Filifera'）：与原种的区别是，常绿灌木或小乔木，小枝细长而下垂，华北多盆栽观赏，江南有露地栽培者。用侧柏作砧木进行嫁接法繁殖。

'绒柏'（'Squarrosa'）：与原种的区别是，树冠塔形，大枝近平展，小枝不规则着生，非扁平，而呈苔状；小乔木，高 5m。叶条状刺形，柔软，长 6~8mm，下面有 2 条白色气孔线。

'凤尾'柏（'Plumosa'）：与原种的区别是，小乔木，高 5m；树冠紧密，圆锥形；小枝羽状，近直立，先端向下卷。鳞叶较细长，开展，稍呈刺状，但质软，长 3~4mm，表面绿色，背面粉白色，也偶有呈花柏状枝叶的。枝叶浓密，树姿、叶形俱美。

'银斑凤尾'柏（'Plumosa Argentea'）：与原种的区别是，枝端的叶雪白色，其他性状似'凤尾'柏，杭州等地有栽培。

'金斑凤尾'柏（'Plumosa Aurea'）：与原种的区别是，幼枝新叶金黄色，余似'凤尾'柏。

'黄金花'柏（'Aurea'）：与原种的区别是，树冠尖塔形；鳞叶金黄色，但株里内膛处叶绿色。

'矮金彩'柏（'Nana Aureovariegata'）：与原种的区别是，极矮，平顶而密生灌木，高仅达 50cm，小枝扇形，顶向下弯；叶有金黄条斑，全叶亦带金黄光彩。栽培中性状稳定，系最矮小的松柏之一。

'金晶线'柏（'Golden Spangle'）：与原种的区别是，树冠尖塔形，紧密，高约 5m；小枝短而弯曲，略呈线状；叶金黄色。荷兰 1900 年选育之芽变品种。

'金线'柏（'Filifera Aurea'）：与原种的区别是，似'线'柏，但具金黄色叶，且生长更慢。

'卡'柏（'Squarrosa Intermedia'）：与原种的区别是，幼树平头圆球形；叶全呈幼年性状，如'绒柏'，而 3 叶轮生密着，有白粉。幼株矮生而美观。老株灌丛状，高达 2m；具中央领导枝，有过渡中间型'凤尾'柏状叶；枝下部叶呈幼年状。

除上述栽培品种和变种外，还有'金叶矮生'花柏（'Aurea Nana'）、'密枝'花柏（'Compacta'）、'斑叶密枝'花柏（'Compacta Variegata'）等品种。

【习性】　对阳光的要求属中性而略耐阴；喜温凉湿润气候；喜湿润土壤，不喜干燥土地。生长速度比日本扁柏快。

【繁殖栽培】　可用播种及扦插法繁殖，有些品种可用扦插、压条或嫁接法繁殖。大树移植较容易，但应带土团或于前 1~2 年行断根法。移植的适当时期是秋季；如果当地冬季低温达－10℃以下，则以春季移植为宜；如果在－5℃左右，则春季或秋季均适于移植；若需施行整形修剪，以在初秋为宜。

【观赏特性和园林用途】　在园林中可行独植、丛植或作绿篱用。枝叶纤细，优美秀丽，特别是许多品种具有独特的姿态，观赏价值很高。日本庭院中常见应用。

(2) 日本扁柏 *Chamaecyparis obtusa* (Sieb. et Zucc.) Endl. （图 10-33）

【别名】　扁柏、钝叶扁柏。

【形态特征】　常绿巨乔木，高达 40m，胸径 1.5m；树冠尖塔形；干皮赤褐色。鳞叶先端较钝。球果球形，径 0.8~1cm；种鳞常为 4 对；子叶 2 枚。花期 4 月；球果 10~11 月成熟。

【分布】　原产于日本。中国青岛、南京、上海、杭州、河南鸡公山、江西庐山、台湾、浙江、云南等地均有栽培。

【变种、变型及栽培品种】　台湾扁柏［*C. obtuse* var. *formosana* （Hayata） Rehd.］：与原种的区别是，鳞叶较薄，叶端常钝尖（而非钝圆）；球果较大，径 1~1.1cm；种鳞 4~5 对。是中国台湾省的特有树种和最主要的用材树种。

著名的观赏品种很多，常见的有：

① '云片'柏（'Breviramea'）：亦称'云头'柏，与原种的区别是，着生鳞叶的小枝呈云片状，很别致可爱；

②'洒金云片'柏（'Breviramea Aurea'）：与原种的区别是，小枝延长而窄，顶端呈金黄色；杭州有栽培；

③'黄塔'扁柏（'Crippsli'）：亦称黄叶扁柏，与原种的区别是，树冠阔塔形，枝斜展，小枝宽，云片状，顶端下弯；叶鲜金黄色，树冠内方的叶渐变绿色，小枝延长而窄，顶端呈金黄色；杭州有栽培。枝片下面黄绿色。抗寒性较弱，是英国品种，庐山有引种栽培；

④'石南'扁柏（'Ericoides'）：与原种的区别是，系一幼年性状品种，灌木，树冠呈紧密的阔圆锥形或近球形，高达 1.5m；叶长 3～5mm，较粗，浅亮绿色；多用做盆栽；

⑤'孔雀'柏（'Tetragona'）：与原种的区别是，灌木，较矮生，生长缓慢；枝长伸而窄，小枝短，扁平而密集，外形如凤尾蕨状；鳞叶小而厚，顶端钝，背具脊，极深亮绿色；为日本品种，1860 年左右传至英国。在杭州、上海等地有引种栽培；

⑥'鹤'柏（'Lycopoides'）：亦称鸟柏，与原种的区别是，矮生，灌木状，或呈圆球形，树高 1～2m；枝散展，较细长，小枝不整齐而密集，枝端尤甚，又常压平成鸡冠状；叶在新梢上密生，顶部的叶圆柱形或钝头钻形，螺旋状排列，主梢基部者多少呈鳞片状，对生，压贴，广卵形，覆瓦状排列，亮深绿色。日本品种，1861 年传至英国；

⑦'矮生'扁柏（'Nana'）：与原种的区别是，矮生，树冠球形，平顶，高达 1m，生长极慢；小枝密生，短而近于水平；叶极小，暗绿色。适于作岩石园、假山园及草坪配置用；

⑧'垂枝'扁柏（'Pendula'）：与原种的区别是，是一个很壮丽的品种；枝长，下垂，顶端呈绳索状，为日本及捷克品种；

⑨'金叶方枝'柏（'Tetragona Aurea'）：亦称'金孔雀'柏，与原种的区别是，矮生，圆锥形，紧密，生长慢；枝近直展；着生鳞叶的小枝呈辐射状排成云片形，较短，枝梢鳞叶小枝四棱状；鳞叶背部有纵脊，亮金黄色。庐山、昆明等地有栽培；

⑩'凤尾'柏（'Filicoides'）：与原种的区别是，灌木，小枝短，末端鳞叶枝短而扁平，排列密集，鳞叶端钝，常有腺点；

⑪'金凤尾'柏（'Filicoides Aurea'）：与原种的区别是，新枝叶金黄色，其他特征同凤尾柏；

⑫'金枝'矮扁柏（'Nana Aurea'）：与原种的区别是，外形同矮扁柏，但新枝叶金黄色；

⑬'金叶'扁柏（'Aurea'）：与原种的区别是，新叶金黄色；

⑭'黄叶'扁柏（'Crippsii'）：与原种的区别是，叶淡黄色。

【习性】 对阳光要求中等而略耐阴；喜凉爽而温暖湿润气候；在北京只能生于小气候良好地点，在青岛则生长良好；喜生于排水良好的较干山地，在原产地生于海拔 1050～1350m 的山地，而不见于山腹以下的低湿处。

【繁殖栽培】 原种、变种用播种法，品种用扦插法繁殖。种子发芽率 60% 左右，可保存 1 年。扦插易生根，成活率达 60% 以上。幼苗期不耐日光直射，需设荫棚。最初 4～5 年生长缓慢，至 6～7 年后则生长较快，每年可生长近 1m 左右。在青岛生长者，11 年生可高达 3m，30 年生者可达 10m。在庐山海拔 1000m 处亦生长良好，30 年生纯林高约 11m，干径 12cm。

【观赏特性和园林用途】 树形及枝叶均美丽可观，许多品种具有特殊的枝形和树形，故常用于庭院配置。可作园景树、行道树、树丛、风景林及绿篱用。

【经济用途】 材质坚韧，耐腐，有芳香，宜供建筑及造纸用。

(3) 美国扁柏 *Chamaecyparis lawsoniana*（A. Murr.）Parl.

【别名】 美国花柏、劳森花柏。

【形态特征】 常绿伟乔木，高 60m；径 2m，干皮红褐色。枝扁平。叶紧密相连，有腺体，亮绿色或灰白绿色，背面有不明显的气孔线，叶端钝尖。雄球花深红色。球果球形，径 8mm，红褐色；种鳞 8 枚，有反曲突起；通常有 2～4 种子；种子有宽翅。

【分布】 原产于美国西部；南京、杭州、昆明、庐山等地均有栽培，生长良好。

【变种、变型及栽培品种】 现在园林中应用有许多栽培变种和品种。如'金叶'扁柏（'Aurea'）、'蓝叶'扁柏（'Glauca'）、'银叶'扁柏（'Argentea'）、'垂枝'扁柏（'Pendula'）、'蓝叶垂枝'扁柏（'Intertexta'）、'球形'扁柏（'Globosa'）、'柱形'扁柏（'Colvmnaris'）、'塔形'扁柏（'Pyramidalis'）、'微型'扁柏（'Minima'）、'金叶微型'扁柏（'Minima Aurea'）、'蓝叶柱形'扁柏（'Columnaris Glauca'）。

10.6.4 柏木属 *Cupressus* L.

常绿乔木，罕灌木状。小叶圆筒状或近方形，多不排成一个平面。叶鳞形而小，徒长枝上者常呈刺形。雌雄同株，单性；雄球花单生枝顶，每雄蕊有花药 2～6；雌球花亦单生枝顶，球形，每珠鳞有 5 至多数胚珠。球果次年夏、秋成熟，球形或近球形；种鳞木质，盾形，每种鳞含 5 至多数种子；种子微扁，有棱，两侧具窄翅，子叶 2～5。

本属约 20 种；中国产 5 种，另引入栽培 4 种。

柏木 *Cupressus funebris* Endl.（图 10-34）

【别名】 垂丝柏。

【形态特征】 常绿乔木，高 35m，胸径 2m；树冠狭圆锥形；干皮淡褐灰色，成长条状剥离，小枝下垂，圆柱形，生叶的小枝扁平。鳞叶端尖，叶背中部有纵腺点。球果次年成熟，形小，径 8～12mm，木质；种鳞 4 对，盾形，有尖头，每种鳞内含 5～6 粒种子。种子两侧有狭翅；子叶 2 枚。花期 3～5 月；球果次年 5～6 月成熟。

【分布】 我国特有树种，分布很广，浙江、江西、四川、湖北、贵州、湖南、福建、云南、广东、广西、甘肃南部、陕西南部等地均有生长。

【习性】 柏木为喜光树，能略耐侧方荫蔽。喜暖热湿润气候，不耐寒，是亚热带地区具有代表性的针叶树种，分布区内年均温为 13～19℃，年降水量在 1000mm 以上。对土壤适应力强，以在石灰质土上生长最好，也能在微酸性土上生长良好。

图 10-34　柏木

耐干旱瘠薄，又略耐水湿。在南方自然界的各种石灰质土及钙质紫色土上常成纯林，所以是亚热带针叶树中的钙质土指示植物。在其他土壤上常成混交群落，混交的树种有青冈栎、青栲、枫香、云南樟、麻栎、桤木、檵木、棕榈等。柏木的根系较浅，但侧根十分发达，能沿岩缝伸展。生长较快，20 年生高达 12m，干径 16cm。柏木的天然播种更新能力很强，但幼苗在过于郁闭的条件下生长不良。

【繁殖栽培】 用种子繁殖。每千克种子约 30 万粒，千粒重约 3.3g，发芽率约 65%。因幼苗在酸性土壤中生长不良，苗床土壤 pH 值以中性或微碱性为佳。播前应行 45℃温水浸种一天，然后放入筐中行催芽后再播种。每亩（即 666m²）播量 6～7kg，当年生苗高达 20cm，可产苗逾 10 万株。

柏木树冠较窄，又有耐侧方荫蔽的习性，故定植距离可较近。在 30 年生的柏木林中其树冠约为 2m 左右，而 30 年生的孤立树冠宽不足 4m。

柏木寿命长，在西南各地常可见有古柏，如昆明黑龙潭的一株柏木，传为宋代所植，称为"宋柏"，1976 年 5 月实测，树高 2.8m，胸径 1.9m，冠幅 17m。成都又有孔明手植柏，森森古木蔚然大观。

【观赏特性和园林用途】 柏木树冠整齐，枝叶浓密，树姿优美，能耐侧方荫蔽。最宜群植成林或列植成甬道，形成柏木森森的景色。宜于作公园、建筑前、陵墓、古迹和自然风景区绿化用。

【经济用途】 心材大，材质优，具有香气，耐湿抗腐，是良好的建筑、造船、制水桶、细工等用材。球果、枝、叶、根均可入药。果可治风寒感冒、虚弱吐血、胃痛等症；根、枝、叶均可提炼"柏香油"供出口；叶可治烫伤。

10.6.5　圆柏属（桧属）*Sabina* Mill.

常绿乔木或灌木，冬芽不显著。叶二型，鳞形或刺状，幼树之叶全为刺形，老树之叶刺形或鳞形或二者兼有；鳞形叶交互对生，刺状叶 3 枚轮生，叶基下延生长。雌雄异株或同株，球花单生短枝顶端；雄球花有对生之雄蕊 4～8 对；雌球花有珠 4～8，每珠鳞有胚珠 1～6。球果常次年成熟，罕第 3 年成熟；种鳞合生，肉质，苞鳞与种鳞合生，仅苞鳞尖端分离，果熟时不开裂，内含 1～6 种子；种子无翅；子叶 2～6。

本属约 50 种。中国约产 15 种，5 变种，引入栽培 2 种。

分种检索表

1 全株皆鳞叶，或鳞刺叶兼有，或仅幼株全为刺叶。
　2 球果卵形或近球形，罕倒卵形；刺叶三叶交叉轮生或交叉对生，鳞叶背面腺体位于中部、中下部或近基部；多乔木，罕匍匐灌木。
　　3 鳞叶先端钝，腺体在叶背中部，生鳞叶小枝圆柱状或略四棱状；三刺叶交互轮生或交互对生，等长；球果具种子 1～4 ·· (1) 圆柏 *S. chinensis*
　　3 鳞叶先端急尖或渐尖，腺体在叶背中下部或近中部，生鳞叶小枝常四棱状；幼树上刺叶交互对生，不等长；球果有种子 1～2 ··· (2) 北美圆柏 S. virginiana
　　2 球果常呈倒三角状或叉状球形，顶平截，宽圆或分叉状，部分球果卵形或近球形，壮龄树几全为鳞叶，背面
　　　腺体位于中部；刺叶仅出现于幼树，交叉对生；匍匐灌木 ························· (3) 沙地柏 S. vulgaris
　1 全株皆刺叶，三叶交叉轮生，小枝上部与下部的叶近等长，罕交叉对生；球果具种子 1，罕 2～3。
　4 球果具种子 1；多乔木，罕灌木。
　　5 叶背拱圆或具钝脊，沿脊有细纵槽，或中下部有细槽。
　　　6 小枝下垂；叶背拱圆，仅中下部有细纵槽，叶长 3～6mm（幼树达 12mm），近直伸 ··· 垂枝柏 S. recurva
　　　6 小枝不下垂；叶背具钝脊，沿脊有细纵槽，叶长 5～10mm，常斜伸或平展 ··········· 高山柏 S. squamata
　　5 叶背具明显棱脊；沿脊无纵槽；有叶小枝常呈柱状六棱形，下垂，常较细，乔木 ········ 垂枝香柏 S. pingii
　4 球果具种子 2～3；匍匐灌木 ··· (4) 铺地柏 S. procumbens

(1) 圆柏 Sabina chinensis （L.） Ant. （Juniperus chinensis L.）（图 10-35）

图 10-35　圆柏

【别名】 桧柏、刺柏。

【形态特征】 乔木，高达 20m，胸径达 3.5m；树冠尖塔形或圆锥形，老树则成广卵形、球形或钟形。树皮灰褐色，呈浅纵条剥离，有时呈扭转状。老枝常扭曲状；小枝直立或斜生，亦有略下垂的。冬芽不显著。叶有两种，鳞叶交互对生，多见于老树或老枝上；刺叶常 3 枚轮生，长 0.6～1.2cm，叶上面微凹；有 2 条白色气孔带。雌雄异株，极少同株；雄球花黄色，有雄蕊 5～7 对，对生；雌球花有珠鳞 6～8，对生或轮生。球果球形，径 6～8mm，次年或第 3 年成熟，熟时暗褐色，被白粉，果有 1～4 粒种子，卵圆形。子叶 2，发芽时出土。花期 4 月下旬，果多次年 10～11 月成熟。

【分布】 原产于中国东北南部及华北等地，北自内蒙古及沈阳以南，南至两广北部，东自滨海省份，西至四川、云南均有分布；朝鲜、日本也产。

【变种、变型及栽培品种】 垂枝圆柏 ［S. chinensis f. pendula （Franch.） Cheng et W. T. Wang］：与原种的区别是，枝长，小枝下垂。原产陕南及甘肃东南部，北京等地有栽培。

偃柏 ［S. chinensis var. sargentii （Henry） Cheng et L. K. Fu］：与原种的区别是，系匍匐灌木，小枝上伸成密丛状，树高 0.6～0.8m，冠幅 2.5～3m，老树多鳞叶，幼树之叶常针刺状，刺叶通常交叉对生，长 3～6mm，排列较紧密，略斜展。球果带蓝色，果有白粉，种子 3 粒。耐寒性甚强，亦耐瘠土，可生于高山及海岸岩石缝中，有固沙、保土之效，可栽供岩石园及盆景观赏，又为良好的地被植物，扦插繁殖。

①‘金叶’桧（‘Aurea’）：与原种的区别是，直立窄圆锥形灌木，高 3～5m，枝上伸；小枝具刺叶及鳞叶，刺叶具窄而不显之灰蓝色气孔带，中脉及边缘黄绿色，鳞叶金黄色。

②‘金枝球’柏（‘Aureoglobosa’）：与原种的区别是，丛生灌木，树冠近球形；多为鳞叶，小枝顶端初叶呈金黄色，上海、杭州、南京、北京等地有栽培。

③‘球柏’（‘Globosa’）：与原种的区别是，丛生灌木，近球形，枝密生；全为鳞叶，间有刺叶。

④‘龙柏’（‘Kaizuka’）：与原种的区别是，树形呈圆柱状，小枝略扭曲上伸，小枝密，在枝端成几个等长的密簇状，全为鳞叶，密生，幼叶淡黄绿，后呈翠绿色；球果蓝黑，略有白粉。华北南部及华东各城市常见栽培。用枝插繁殖，或嫁接于侧柏砧木上。

⑤‘金龙’柏（‘Kaizuka Aurea’）：与原种的区别是，叶全为鳞叶，枝端之叶为金黄色。华东一带城市园林中常有栽培。

⑥‘匍地龙’柏（‘Kaizuca-Procumbens’）：与原种的区别是，无直立主干，植株就地平展。系庐山植物园用龙柏侧枝扦插后育成。

⑦‘鹿角桧’（‘Pfitzeriana’）：与原种的区别是，丛生灌木，干枝自地面向四周斜展、上伸，风姿优美，适于自然式园林配置等用。

⑧‘羽桧’（‘Plumosa’）：与原种的区别是，矮生雄株，广阔灌木，树高 1.0～1.5m，主枝常偏于一侧，枝散展；小枝向前伸，枝丛密生，羽状；叶鳞状，密着，暗绿色，在树膛内夹有若干反映幼龄性状的刺叶。

⑨'塔柏'（'Pyramidalis'）：与原种的区别是，树冠圆柱形，枝向上直伸，密生；叶几全为刺形。华北及长江流域有栽培。

⑩'万峰桧'（'Nana'）：与原种的区别是，灌木，树冠近球形；树冠外围着生刺叶的小枝直立向上，呈无数峰状。

另外，还有撒金、撒玉等不同类型。

【习性】　喜光但耐阴性很强。耐寒、耐热，对土壤要求不严，能生于酸性、中性及石灰质土壤上，对土壤的干旱及潮湿均有一定的抗性。但以在中性、深厚而排水良好处生长最佳。深根性，侧根也很发达。生长速度中等而较侧柏略慢，25年生者高8m左右。寿命极长，各地可见到千百余年的古树。对多种有害气体有一定抗性，是针叶树中对Cl_2和HF抗性较强的树种。对SO_2的抗性显著胜过油松。能吸收一定数量的硫和汞，阻尘和隔音效果良好。

【繁殖栽培】　用播种法，发芽率40%。当年采收之种子，次春播下后常发芽率极低或不发芽，故应在1月将洁净种子浸于5%福尔马林液中消毒25min后，用冷开水洗净，然后层积于5℃左右环境中经100d，则种皮开裂开始萌芽，即可播种，2～3周后发芽。当年苗高数厘米，次春移植，满2年者高可达30cm，3年生者高约60cm；即可供作绿篱用。桧柏也可行软材（6月播）或硬材（10月插）扦插法繁殖，河南鄢陵姚家花园于秋末用50cm长粗枝行泥浆扦插法，成活率颇高。一些栽培变种大都可用扦插法繁殖，但初期生长极慢；因此为提早成苗出圃，亦常用嫁接法繁殖，砧木用侧柏。圆柏移植时，需注意勿伤损根部土团。

圆柏常见的病害有桧柏梨锈病、圆柏苹果锈病及桧柏石楠锈病等。这些病以圆柏为越冬寄主。对圆柏本身虽伤害不太严重，但对梨、苹果、海棠、石楠等则危害颇巨，故应注意防治，最好避免在苹果、梨园等附近种植。

【观赏特性和园林用途】　圆柏在庭院中用途极广。性耐修剪又有很强的耐阴性，故作绿篱比侧柏优良，下枝不易枯，冬季颜色不变褐色或黄色，且可植于建筑之北侧阴处。中国古来多配置于庙宇陵墓作墓道树或柏林。其树形优美，青年期呈整齐之圆锥形，老树则干枝扭曲，奇姿百态，堪为独景。在苏州冯异祠有4株古桧，由于姿态奇古，而分别得"清"、"奇"、"古"、"怪"之名，但是现在有的已死去。中山公园中有辽代遗物，高约10m，干周近7m，近千年。山东泰山炳灵殿前有汉武帝手植柏，其左有乾隆题之汉柏碑，生势已弱，干周4.6m，如果确属武帝时所植，则树龄当在2000年以上，可谓国宝，应注意加以保护。英国在1767年以前引入试种，1804年又自广东引入苗木于皇家邱园，现在欧美各国园林中已广为应用。本树为中国自古喜用之园林树种之一，可谓古典民族形式庭院中不可缺少之观赏树，宜与宫殿式建筑相配合。但在配置时应勿与苹果、梨园靠近，以免锈病猖獗。在民间如河南鄢陵、山东菏泽等地尚习于用本种作盘扎整形之材料；又宜作桩景、盆景材料。

【经济用途】　材质致密，坚硬，桃红色，美观而有芳香，极耐久，故宜供作图板、棺木、铅笔、家具或建筑材料。种子可榨油，或入药。因其生长速度中等而偏慢，故除作观赏外，尚少用于大规模造林者。

（2）北美圆柏 *Sabina virginiana*（L.）Ant.

【别名】　铅笔柏。

【形态特征】　大乔木，高达30m，树皮红褐色，树冠柱状圆锥形或圆锥形。鳞叶和刺叶并存，鳞叶长1.5mm，先端急尖或渐尖，叶背中下部有卵形下凹的腺体；刺叶交互对生，长5～6mm，叶表凹，被白粉。球果当年成熟，近球形，径5～6mm，熟时蓝绿色被白粉。

【分布】　原产于北美。中国南京有引种，现在华东地区鲁、豫、苏、皖、浙、闽、赣均有栽植，生长良好，比圆柏快，在南京25年生者高13m，胸径17～24cm，而最大优点为不受苹果、梨锈病冬孢子的寄生，可免果园受害。

【变种、变型及栽培品种】　'塔形'铅笔柏（'Pyramidalis'）、'垂枝'铅笔柏（'Pendula'）、'白斑'叶铅笔柏（'Albo-variegata'）、'灰绿垂枝'铅笔柏（'Glauca Pendula'）、'矮球'铅笔柏（'Globosa'）。

【繁殖栽培】　用种子繁殖。

【观赏特性和园林用途】　木材良好，有香气，耐腐性强，易加工，是值得推广的绿化树种。

（3）砂地柏 *Sabina vulgaris* Ant.（*Juniperus sabina* L.）

【别名】　新疆圆柏、天山圆柏、双子柏、叉子圆柏。

【形态特征】　匍匐性灌木，高不及1m。刺叶常生于幼树上；鳞叶交互对生，斜方形，先端微钝或急尖，背面中部有明显腺体。多雌雄异株；球果熟时褐色、紫蓝或黑色，多少有白粉；种子1～5，多为2～3。

【分布】 产于我国西北及内蒙古。南欧至中亚蒙古也有分布。北京、西安等地有引种栽培。

【习性】 耐旱性强，生于石山坡及砂地、林下。

【观赏特性和园林用途】 为布置岩石园、制作盆景的好材料，也可作园林绿化中的护坡、地被及固沙树种用。

（4）铺地柏 *Sabina procumbens* （Endl.） Iwata et Kusaka （*Juniperus procumbens* Miq.，*J. chinensis* var. *procumbens* Endl.）

【别名】 爬地柏、矮桧、匍地柏、偃柏。

【形态特征】 匍匐小灌木，高达75cm，冠幅逾2m，贴近地面伏生，叶全为刺叶，3叶交叉轮生，叶上面有2条白色气孔线，下面基部有2白色斑点，叶基下延生长，叶长6～8mm；球果球形，内含种子2～3。

【分布】 原产于日本，中国各地园林中常见栽培，亦为习见桩景材料之一。

【习性】 喜光树，能在干燥的沙地上生长良好，喜石灰质的肥沃土壤，忌低湿地点。用扦插法易繁殖。

【观赏特性和园林用途】 在园林中可配置于岩石园或草坪角隅，又为缓土坡的良好地被植物，各地亦经常盆栽观赏。日本庭院中在水面上的传统配置技法"流枝"，即用本种造成。有银枝及金枝等变种。

10.6.6 刺柏属 *Juniperus* L.

常绿乔木或灌木；小枝近圆柱状或四棱状；冬芽显著。叶全为刺形，三叶轮生，基部有关节而不下延生长，披针形或近条形，上面平或凹下，有1～2条气孔带，下面隆起而具纵脊。雌雄同株或异株，球花单生叶腋；雄蕊约5对；雌球花有轮生珠鳞3，胚珠3，生珠鳞间。球果浆果状，近球形，2年或3年成熟；种子常3，卵形而具棱脊，有树脂槽，无翅。

本属约10种，分布于北温带及北寒带。中国产3种，另引入栽培1种。

分种检索表

1 叶上面中脉绿色，两侧各有一条白色气孔带；球果球形或广卵形，熟时淡红褐色；乔木 …… （1）刺柏 *J. formosana*
1 叶上面有一条白色气孔带，无绿色中脉。

　2 叶质厚而硬，上面凹下成深槽，在凹槽中之白粉带较绿色边带为窄，横切面成"V"状；球果球形，淡褐黑色，有白粉；乔木或灌木 ……………………………………… （2）杜松 *J. rigida*
　2 叶质较薄，上面略凹，但不成深槽，长8～16mm，直而不弯；白粉带常较绿色边带为宽，横切面扁平；球果球形或广卵形，熟时蓝黑色；乔木或直立灌木 ……………………… 欧洲刺柏 *J. communis*

（1）刺柏 *Juniperus formosana* Hayata （*J. taxifolia* Parl）（图10-36）

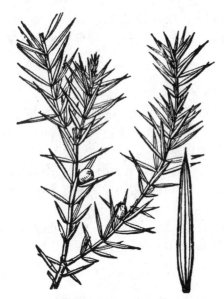

图10-36 刺柏

【别名】 台湾柏、山刺柏、刺松。

【形态特征】 常绿乔木，高达12m，胸径2.5m；树冠狭圆锥形，小枝下垂，树皮灰褐色，叶全刺形，长2～3cm，表面略凹，有2条白色气孔带或在尖端处合二为一，白色带比绿色部分宽，下面有钝纵脊；叶基不下延。球果球形或卵状球形，径6～10mm，果顶有3条辐状纵纹或略开裂；每果有种子3，2年成熟，熟时淡红褐色；种子三角状椭圆形。

【分布】 产于台湾、江苏、安徽、浙江、福建、江西、湖北、湖南、陕西、甘肃、青海、四川、贵州、云南、西藏等高山区，常出现于石灰岩上或石灰质土壤中。

【习性】 性喜光，耐寒性强，喜温暖多雨气候及石灰质土壤。在自然界常散见于海拔1300～3400m地区，但不成大片森林。用种子或嫁接法繁殖，以侧柏为砧木。

【观赏特性和园林用途】 树形美观，宜在园林中观赏其长而下垂之枝。

【经济用途】 材质致密而有芳香，耐水湿，宜作铅笔、家具、桥柱、木船等。

（2）杜松 *Juniperus rigida* Sieb. et Zucc. （*J. communis* Thunb，*J. utilis* Koidz.）（图10-37）

【形态特征】 常绿乔木，高达12m，胸径1.3m；树冠圆柱形，老则圆头状。大枝直立，小枝下垂。叶全为条状刺形，坚硬，长1.2～1.7cm，上面有深槽，内有一条狭窄的白色气孔带，叶下有明显纵脊，无腺体。球果球形，径6～8mm，2年成熟，熟时淡褐黑或蓝黑色，每果内有2～4粒种子。花期5月；果次年10月成熟。

【分布】　产于黑龙江、吉林、辽宁海拔500m以下之低山区及内蒙古乌拉山之海拔1400m地带，以及河北小五台山、华山、山西北部以及华北、西北地区海拔1400～2200m之高山。在日本分布于本州中部以南及四国、九州；朝鲜亦产之。

【变种、变型及栽培品种】　日本杜松（‘Nipponica’）：与原种的区别是，为匍匐性变种。

‘线枝’杜松（‘Filiformis’）：与原种的区别是，具长线状下垂小枝。

‘垂枝’杜松（‘Pendula’）：与原种的区别是，枝细长下垂。

【习性】　为强喜光树，有一定的耐阴性。性喜冷凉气候，比圆柏的耐寒性要强得多；主根长而侧根发达，对土壤要求不严，能生于酸性土，在海边干燥的岩缝间或砂砾地均可生长，但以向阳适湿的沙质壤土最佳。

【繁殖栽培】　可用播种及扦插法繁殖。

【观赏特性和园林用途】　在北方园林中可搭配应用。此树对海潮风有相当强的抗性，是良好的海岸庭院树种之一。也可栽做盆景及绿篱材料。本树亦为梨锈病之中间宿主，应避免在果园附近种植。

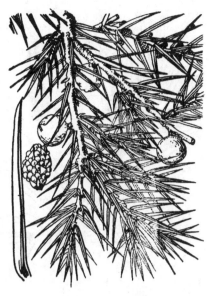

图10-37　杜松

10.7　罗汉松科 Podocarpaceae

常绿乔木或灌木。叶鳞状、针叶条形、披针形或卵圆形。常雌雄异株，稀同株；雄球花顶生或腋生、单生、簇生或穗状分支，雄蕊多数，螺旋状互生，每雄蕊有花药2，花粉粒有气囊；雌球花腋生或顶生，具数珠鳞，顶端或部分珠鳞具1倒生胚珠。种子球形或卵形，外皮多为肉质，基部多由不孕性珠鳞和种柄顶端结合发育呈肉质的种托。子叶2，发芽时出土。

共含8属，约130种以上。分布于热带、亚热带及南温带地区，多数产于南半球。中国产2属14种3变种。

罗汉松属（竹柏属）*Podocarpus* L. Her. ex Persoon

常绿乔木，罕灌木。叶互生或对生，条形或卵形，很少为鳞片状。雌雄异株，罕同株；雄球花柔荑状、单生或簇生叶腋；雌球花多1～2生于叶腋，亦有少数生于短小枝顶端，有柄。种子球形或卵形，完全为肉质外种皮所包，着生于肉质或非肉质的种托上；种子当年成熟。

本属共约100种，主要分布于南半球的热带、亚热带地区；中国有13种3变种。

分种检索表

1 叶同型；种子生于叶腋，有柄。
　2 叶有明显中脉，条形或狭披针形，长5～10cm，宽5～10mm，叶端渐尖或突尖，螺旋状互生或近对生，不排列为两列状；种子较小，生于叶腋；种托肥厚而肉质。
　　3 叶长5～10cm，宽5～10mm；叶端渐尖或突尖 ·············· 1. 罗汉松 *P. macrophyllus*
　　3 叶长7～15cm，宽9～13mm；叶端渐长尖 ·············· 百日青 *P. neriifolius*
　2 叶无明显中脉，有多数平行脉，卵形或披针状卵形，对生或近对生；种子大。
　　4 叶长5～7cm，宽2～2.5mm；种托不肥厚 ·············· 2. 竹柏 *P. nagi*
　　4 叶长9～14cm，宽2.5～4.5mm；种托肥厚 ·············· 肉托竹柏 *P. wallichiana*
1 叶异型，鳞叶排列紧密，条形叶排成两列；种子生于枝顶，无柄 ·············· 鸡毛松 *P. imbricatus*

（1）罗汉松 *Podocarpus macrophyllus* （Thunb.）D. Don（图10-38）

【别名】　罗汉杉、土杉。

【形态特征】　乔木，高达20m，胸径达60cm；树冠广卵形；树皮灰色，浅裂，呈薄鳞片状脱落。枝较短而横斜密生。叶条状披针形，长7～12cm，宽7～10mm，叶端尖，两面中脉显著而缺侧脉，叶表暗绿色，有光泽，叶背淡绿或粉绿色，叶螺旋状互生。雄球花3～5簇生叶腋，圆柱形，3～5cm，雌球花单生于叶腋。种子卵形、长约1cm，未熟时绿色，熟时紫色，外被白粉，着生于膨大的种托上；种托肉质，椭圆形，初时为深红色，后变紫色，略有甜味，可食，有柄。子叶2，发芽时出

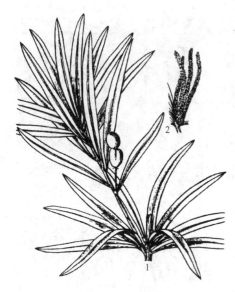

图 10-38 罗汉松
1. 种枝；2. 雄球花枝

土。花期 4～5 月；种子 8～11 月成熟。

【分布】 产于江苏、浙江、福建、安徽、江西、湖南、四川、云南、贵州、广西、广东等地，在长江以南各地均有栽培。日本亦有分布。

【变种、变型及栽培品种】 狭叶罗汉松（*P. macrophyllus* var. *angustifolius*）：与原种的区别是，叶长 5～9cm，宽 3～6mm，叶端渐狭成长尖头，叶基楔形。

小叶罗汉松（*P. macrophllus* var. *maki*）：与原种的区别是，小乔木或灌木，枝直上着生。叶密生，长 2～7cm，较窄，两端略钝圆。

柱冠罗汉松（*P. macrophyllus* var. *chingii*）：与原种的区别是，树冠柱状，叶较狭小。

'短小叶'罗汉松（'Condensatus'）：与原种的区别是，叶特短小，长度短于 3.5cm，密生。

【习性】 较耐阴，为半耐阴树；喜排水良好而湿润的沙质土壤，又耐潮风，在海边也能生长良好。耐寒性较弱，在华北只能盆栽，培养土可用沙和腐殖质土等量配合。本种抗病虫害能力较强。对多种有毒气体抗性较强。寿命很长。

【繁殖栽培】 可用播种及扦插法繁殖。种子发芽率 80％～90％；扦插时以在梅雨季中施行为好，易生根。斑叶品种如"银斑"罗汉松等，可用切接法繁殖。定植时，如是壮龄以上的大树，须在梅雨季带土球移植。罗汉松因较耐阴，故下枝繁茂亦很耐修剪。

【观赏特性和园林用途】 树形优美，绿色的种子下有比其大 10 倍的红色种托，好似许多披着红色袈裟正在打坐参禅的罗汉，故得名。满树上紫红点点，颇富奇趣。宜孤植作庭荫树，或对植、散植于厅、堂之前。罗汉松耐修剪及海岸环境，故特别适宜于海岸边植作美化及防风高篱、工厂绿化等用。'短小叶'罗汉松因叶小枝密，作盆栽或一般绿篱用，很是美观。矮化的及斑叶的品种是作桩景、盆景的极好材料。

【经济用途】 材质致密，富含油质，能耐水湿且不易受虫害，可供制水桶、建筑及海、河土木工程应用。

（2）竹柏 *Podocarpus nagi*（Thunb.）Zoll. et Mor. ex Zoll.（图 10-39）

【别名】 大叶沙木、猪油木。

【形态特征】 常绿乔木，高 20m；树冠圆锥形。叶对生，革质，形状与大小很似竹叶，故名，叶长 3.5～9cm，宽 1.5～2.5cm，平行脉 20～30，无明显中脉。种子球形，径 1.4cm，子叶 2 枚，种子 10 月成熟，熟时紫黑色，外被白粉；种托不膨大，木质。花期 3～5 月。

【分布】 产于浙江、福建、江西、四川、广东、广西、湖南等地。

【变种、变型及栽培品种】 '金叶'竹柏（'Aurea'），叶色呈金黄色。

'白斑'竹柏（'Cacsius'），叶色呈白色斑块或斑点状。

'黄纹'竹柏（'Variegata'），叶上有黄色条纹。

'圆叶'竹柏（'Ovatus'），叶片形状长圆形。

'细叶'竹柏（'Angustifolius'），叶片细长形。

'垂枝'竹柏（'Penula'）：与原种的区别是，小枝下垂状。

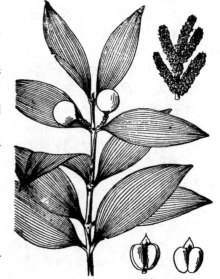

图 10-39 竹柏

【习性】 性喜温热湿润气候，分布于年平均气温 18～26℃，极端最低气温达－7℃，但 1 月平均气温在 6～20℃，年降水量在 1200～1800mm 的地区。竹柏为耐阴性树种，在广西曾见生于阴坡的竹柏比生于阳坡的生长速度快数倍。竹柏对土壤要求较严，在排水好而湿润富含腐殖质的深厚呈酸性的沙壤或轻黏壤上生长良好，在土层浅薄、干旱贫瘠的土地上则生长极差，而在石灰质地区则不见分布。在自然界于富含腐殖质而较湿润的山地下坡、谷旁均生长良好，而在较干旱的台地上生长很慢，在积水处不能生长。有良好的自然更新能力，在竹柏林中和其他阔叶林下常可见到自然播种的幼苗。幼苗初期生长较慢，至 4～5 年后可逐渐变快。一般 10 年生的可高约 5m，胸径 8～10cm。10 年生左右可开始开花结实。

【繁殖栽培】 用播种及扦插法繁殖。种子千粒重约 500g。种子含油多不宜久藏，最好采后即播，发芽率可达 90％以上；切忌暴晒，在强光下仅晒 3 天即可完全丧失发芽能力。一般每公顷需种子 15kg，约能产苗 2 万株。幼苗期应设荫棚，当年苗高可达 25cm。竹柏不耐修剪。

【观赏特性和园林用途】 竹柏的枝叶青翠而有光泽，树冠浓郁，树形美观，是南方应用良好的庭荫树和园林中的行道树，北方多室内盆栽应用。

【经济用途】 材质优良，纹理直，不裂，不翘变，可供建筑、家具、乐器、雕刻等用。种子含油率达 30％，种仁含油率达 50％～55％，油可供食用又可供工业用，是著名的木本油料树种。

10.8 三尖杉科（粗榧科）Cephalotaxaceae

常绿乔木或灌木，髓心中部具树脂道。叶条形，螺旋状着生而基部扭转，故外形成假二列状排列，叶上面中脉隆起，下面有两条宽气孔带，在横切面上维管束下方有一树脂道。雌雄异株；雄球花腋生，雌蕊通常有 3 个花药；雌花具长梗，生于苞片的腋部，每花有苞片 2～20，各有 2 胚珠。种子核果状，全为肉质假种皮所包被。子叶 2，发芽时出土。

含 1 属 9 种，产于东亚。中国为分布中心，共产 7 种 3 变种。

三尖杉属（粗榧属）*Cephalotaxus* Sieb. et Zucc. ex Endl.

常绿乔木或灌木；小枝对生，基部有宿存芽鳞。叶呈假二状排列，两面中脉隆起，上面有 2 条宽气孔带，雄花 6～11 聚为头状花序，单生叶腋，有梗，基部有多数螺旋状排列的苞片，每雄花基部有 1 苞片及 4～16 雄蕊，花丝短，每雄蕊各具花药 2～4，花粉粒无气囊；雌球花着生于小枝基部之苞片腋内，少有生于枝端者，梗端有数对对生的苞片，每苞片有胚珠 2，各生于瓶状的珠鳞中，珠鳞发育成肉质的假种皮。种子核果状，次年成熟，全部为假种皮所包被，卵形或倒卵形，端突尖，基部苞片宿存，外种皮坚硬，内种皮膜质，有胚乳。子叶 2。

分种检索表

1 灌木或小乔木；叶较短，长 2～5cm ································ 1. 粗榧 *C. sinensis*

1 乔木，叶较长，长 5～10（4～13）cm ···················· 2. 三尖杉 *C. fortunei*

（1）粗榧 *Cephalotaxus sinensis*（Rehd. et Wils.）Li（*C. drupacea* var. *sinensis* Rehd. et Wils.）（图 10-40）

【别名】 粗榧杉、中华粗榧杉、中国粗榧。

【形态特征】 灌木或乔木，高达 15m，树皮灰色或灰褐色，呈薄片状脱落。叶条形，通常直，很少微弯，长 2～5cm，宽约 3mm，先端有微急尖或渐尖的短尖头，基部近圆或广楔形，几无柄，上面绿色，下面气孔带白色，较绿色边带宽 3～4 倍。4 月开花；种子次年 10 月成熟，2～5 个着生于总梗上部，卵圆、近圆或椭圆状卵形。

【分布】 为中国特有树种，产于江苏南部、浙江、安徽南部、福建、江西、河南、湖北、湖南、陕西南部、四川、甘肃南部、云南东南部、贵州东北部、广西、广东西南部及海南岛等地，多生于海拔 600～2200m 的花岗岩、砂岩或石灰岩山地。

【习性】 喜光，性强健，较喜温暖，喜生于富含有机质之壤土内，抗虫害能力很强。生长缓慢，但有较强的萌芽力，耐修剪，但不耐移植。有一定耐寒力，近年在北京引种栽培成功。

【繁殖栽培】 种子繁殖，层积处理后行春播。发芽保持能力较差。亦可用扦插法繁殖，多于夏季施行扦插，插穗以选主枝梢部最佳。国外常有用欧洲紫杉（*Taxus baccata* L.）作砧木进行嫁接繁殖者。

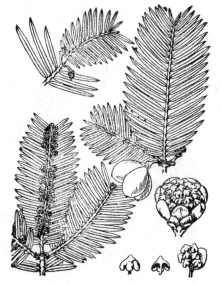

图 10-40 粗榧

【观赏特性和园林用途】 叶色翠绿，四季常青，通常作基础种植用，或在草坪边缘，植于大乔木之下。其园艺品种又宜供作切花装饰材料。

【经济用途】 种子可榨油，供外科治疮疾用，叶、枝、种子及根可提取多种植物碱，对治疗白血

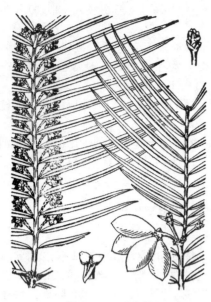

图 10-41 三尖杉

病等有一定疗效。木材坚实，可作工艺品等用。

（2）三尖杉 *Cephalotaxus fortunei* Hook. f.（图 10-41）

【形态特征】 乔木，小枝对生，基部有宿存芽鳞。叶在小枝上排列较稀疏，螺旋状着生成两列状，线状披针形，长 4～13cm，宽 3～4.5mm，微弯曲，叶端尖，叶基楔形，叶背有 2 条白色气孔带，下面白色气孔带比绿色边缘宽 3～5 倍。雄球花 8～10 聚生成头状，单生于叶腋，径约 1cm，梗长 6～8mm；每雄球花有 6～16 雄蕊，基部有 1 苞片；雌球花生于枝基部的苞片腋下，有梗，而稀生于枝端，胚珠常 4～8 个发育成种子。种子椭圆状卵形，长约 2.5cm，成熟时外种皮紫色或紫红色，柄长 1.5～2cm。

【分布】 分布于安徽南部、浙江、福建、江西、湖南、湖北、陕西、甘肃、四川、云南、贵州、广西和广东东北部等地。

【习性】 性喜温暖湿润气候，耐阴，不耐寒。

【繁殖栽培】 用种子及扦插法繁殖。

【观赏特性和园林用途】 可作园林绿化树用。

【经济用途】 材质富弹性。宜作扁担、农具柄用；种子含油率在 30％以上，供工业用；亦可入药，有止咳、润肺、消积之效。

10.9　红豆杉科（紫杉科）Taxaceae

常绿乔木或灌木。叶条形，少数为条状披针形。雌雄异株，罕同株；雄球花单生或成短穗状花序，生于枝顶，雄蕊多数，每雄蕊有花药 3～9；雌球花单生叶腋，顶部的苞片着生 1 个直生胚珠。种子于当年或次年成熟，全包或部分包被于杯状或瓶状的肉质假种皮中，有胚乳；子叶 2。

共 5 属 23 种，有 4 属分布于北半球，1 属分布于南半球；中国产 4 属 12 种 1 变种，另有 1 栽培种。

分属检索表

1 叶上面有明显中脉；雌球花单生叶腋或苞腋，种子生于杯状或囊状假种皮中，上部或顶端尖头露出 …… 1. 红豆杉属 *Taxus*

1 叶上面中脉多不明显；雄球花单生叶腋，花药向外一边排列而有背腹面区别；雌花成对生于叶腋，无梗；种子全部包于肉质假种皮中 ………………………………………………………………… 2. 榧树属 *Torreya*

10.9.1　红豆杉属（紫杉属）*Taxus* L.

常绿乔木或灌木。树皮红色或红褐色，呈长片状或鳞片状剥落。多枝，侧枝不规则互生。冬芽具有覆瓦状鳞片。叶互生或基部扭转排成假二列状，条形，直或略弯；叶上面中脉隆起，下面有 2 条灰绿或淡黄、淡灰色气孔带。雌雄异株，球花单生叶腋；雄球花有盾状雄蕊 6～14，每雄蕊有花药 4～9；雌球花由数枚覆瓦状鳞片组成，最上部有一盘状珠托，着生 1 胚珠。种子坚核果状，卵形或倒卵形，略有棱，内有胚乳，外种皮坚硬，外为红色肉质杯状假种皮所包被，有短梗，或几无梗；子叶 2，发芽时出土。

约 11 种，分布于北半球，中国产 4 种 1 变种。

分种检索表

1 叶通常直形，较密着生，呈不规则两列状排列，长 1.0～2.5cm，宽 2.5～3.0mm；种子有 3～4 棱脊，种脐三角形或四方形 …………………………………………………………………… （1）东北红豆杉 *T. cuspidata*

1 叶通常镰形，较稀疏，呈两列状排列；种子微有 2 棱脊，呈稍扁的倒卵形，种脐椭圆形或近圆形 ……………………………………………………………………………………………… （2）红豆杉 *T. chinensis*

（1）东北红豆杉 *Taxus cuspidata* Sieb. et Zucc.（*T. baccata* L. var. *cuspidata* Carr.）（图 10-42）

【别名】 紫杉。

【形态特征】 乔木，高达 20m，胸径达 1m，树冠阔卵形或倒卵形，雄株树冠较狭而雌株则较开展；树皮赤褐色，呈片状剥裂；大枝近水平伸展，侧枝密生，无毛。芽小而长尖，呈浅绿或褐色，芽鳞较狭，先端锐尖，宿存于小枝基部。叶条形，直或微弯，长 1.0～2.5cm，宽 2.5～3.0mm，先端常突尖，上面深绿色，有光泽，下面有两条灰绿色气孔带；主枝上的叶呈螺旋状排列，侧枝上的叶呈不规则而断面近于 V 形的羽状排列。雄蕊 6～14 聚成头状，各具 5～8 淡黄花药；雌花胚珠淡红色，卵形；花期 5～6 月。种子坚果状，卵形或三角状卵形，微扁，有 3～4 纵棱脊，长约 6mm，赤褐色，假种皮浓红色，杯形，9 月成熟，11 月脱落。

【分布】 产于吉林及辽宁东部长白山区林中。俄罗斯东部，朝鲜北部及日本北部亦有分布。

【变种、变型及栽培品种】 '矮丛'紫杉（'Nana'）：又称'枷罗木'，与原种的区别是，半球状密丛灌木，亦有人认为其为东北红豆杉之变种（T. cuspidata var. umbraculifera Mak.）。

'微型'紫杉（'Minima'）：与原种的区别是，植株高在 45cm 以下。

'金叶'矮紫杉（'Nana Aurea'）：与原种的区别是，叶色金黄色。

'黄果'紫杉（'Luteo-baccata'）：与原种的区别是，假种皮颜色黄色。

'铺地'紫杉（'Prostrata'）：与原种的区别是，植株低矮，铺地性强。

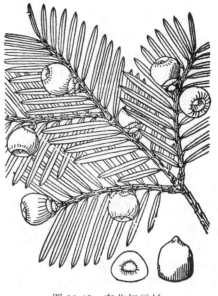

图 10-42 东北红豆杉

【习性】 耐阴树，生长迟缓，浅根性，侧根发达，喜生于富含有机质之潮润土壤中，性耐寒冷，在空气湿度较高处生长良好。本树寿命极长，国外有达千年的古树。

【繁殖栽培】 种子繁殖，最好采后即播或层积贮藏次春播种，而干藏之种子，常有延迟发芽达 1 年之久者。一般发芽率达 70%，可保藏 3 年。条播、散播均可。幼苗生长极为缓慢，1 年生苗高 5～15cm，2 年生苗可移植 1 次，由于其须根稀少，故移植时可将直根略剪短，以促须根发生，夏季应行遮阴。此外，亦可用扦插法繁殖。雨季剪切当年生而带一部分去年枝者作插条，长 15～30cm，插于砂壤中，应设荫棚，保持湿润，即可成活。扦插苗的生长特点与实生苗常有不同，通常易生长歪曲，体形不匀整，尤其用侧枝作插条者更为显著，故在以后之栽培管理中，应注意整形修剪工作。

本树在干燥温暖地区移植困难，但在冷凉而空气湿度较大地区则较易移植成活。如在日本，曾将 1 株高 9.0m，干周 4.5m，年龄约千年的老紫杉树移植成活。

【观赏特性和园林用途】 树形端正，可孤植或群植，又可植为绿篱用，适合于修剪为各种雕塑物式样。由于其生长缓慢，枝叶繁多而不易枯疏，故剪后可较长期保持一定形状，可为各种雕塑式物像或作整形绿篱用。枝繁叶茂，四季常绿，为高纬度地区园林绿化的良好材料。'矮丛'紫杉、'微型'紫杉和'铺地'紫杉等品种，更宜于作高山园、岩石园材料或盆栽装饰用。

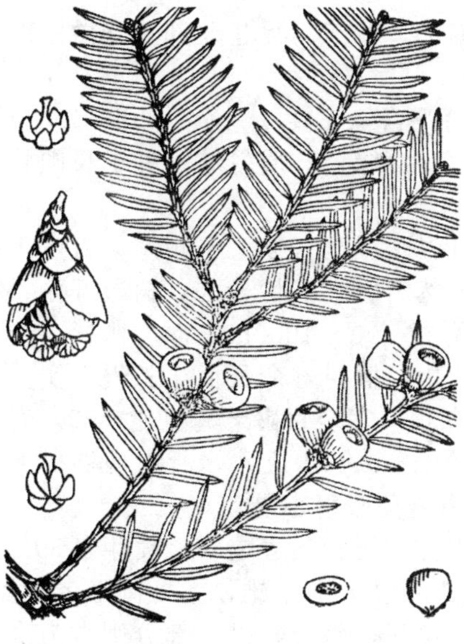

【经济用途】 紫杉木材致密坚硬，材质耐朽，美丽而芳香，不易反翘或开裂，故可供雕刻细工，建筑的室内装修，精美家具及铅笔杆等用。由木材及枝叶中可提取紫杉素，有治疗糖尿病之效。假种皮味甜可食，叶有毒，种子可榨油。

(2) 红豆杉 Taxus chinensis (Pilger) Rehd.（图 10-43）

【别名】 观音杉。

【形态特征】 乔木，高 30m，干径达 1m。叶螺旋状互生，基部扭转为二列，条形，略微弯曲，长 1～2.5cm，宽 2～2.5mm，叶缘微反曲，叶端渐尖，叶背有 2 条宽黄绿色或灰绿色气孔带，中脉上密生有细小凸点，叶缘绿带极窄。雌雄异株，雄球花单生于叶腋；雌球花的胚珠单生于花轴上部侧生短轴的顶端，基部有圆盘状假种皮。种子扁卵圆形，有两棱，种脐卵圆形；假种皮杯状，红色。

【分布】 分布于甘肃南部、陕西南部、湖北西部、四川等地。

图 10-43 红豆杉

【变种、变型及栽培品种】 南方红豆杉（美丽红豆杉）[var. mairei Cheng et L. K. Fu（T. speciosa Florin.）]：与原种的区别是，常绿乔木，高 16m。叶略弯如镰状，长 2～3.5cm，宽 3～

4.5mm，叶背有 2 条较狭的黄绿色气孔带，与原种不同处为叶缘不反卷、叶背绿色边带较宽，中脉带上的凸点较大，呈片状分布，或无凸点，叶长 2～3.5cm。种子卵形或倒卵形，微有二纵棱脊。

【习性】 喜温湿多雨气候及酸性土壤，在中性及钙质土上也能生长，生长慢。

【繁殖栽培】 用播种或扦插法繁殖。

【观赏特性和园林用途】 优良的园林绿化及绿篱树种。

【经济用途】 木材耐腐，可供土木工程用材，优良用材树种。种子含油率达 60%，可供工业用；种子又可入药，有消积食及驱蛔虫之效。

10.9.2 榧树属 *Torreya* Arn.

常绿乔木。树皮纵裂。枝轮生，小枝近对生，基部无宿存芽鳞。冬芽有数枚交互对生的脱落性鳞片。叶螺旋状着生，但扭为二列状，条状披针形；上面中脉不显著，下面有 2 条狭窄灰白或棕褐色气孔带。雌雄异株，罕同株；雄球花单生叶腋，椭圆形或长圆形，有短柄，基部有重叠的多数苞片，雄蕊排成 4～8 轮，每轮 4 枚，每雄蕊有花药 3 或 4；雌球花无柄，成对着生于叶腋，基部有交互对生的苞片两对及外侧有 1 小苞片共 5 枚，通常两花中仅有 1 个发育，每一雌球花有 1 胚珠，直生于鳞被上，授粉后鳞被长大而包被胚珠，次春完成受精，逐渐长大至次年秋成熟。种子核果状，卵形或长椭圆形，全为肉质假种皮所包被，种皮木质；胚乳皱凹状，胚存于胚乳上部，有子叶 2，发芽时不出土。

共 7 种，日本 1 种，北美 2 种，中国产 4 种。

分种检索表

1 叶端有凸出的刺状短尖头，叶基部圆或微圆，叶长 1.1～2.5cm，干后叶表面有 2 条明显纵凹槽；2～3 年枝暗绿黄色或灰褐色，很少微带紫色 ·················· (1) 榧树 *T. grandis*

1 叶端有较长的刺状尖头，叶基微圆或楔形，叶长 2～3cm，干后叶表无纵凹槽；2～3 年枝渐变变为淡红褐色或微带紫色 ·················· (2) 日本榧树 *T. nucifera*

(1) 榧树 *Torreya grandis* Fort. et Lindl. (*T. nucifera* S. et Z. var. *grandis* Pilg.) （图 10-44）

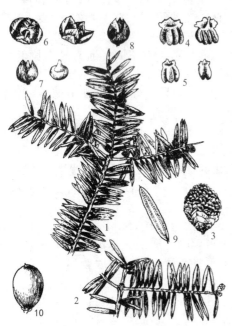

图 10-44 榧树
1. 雄球花枝；2. 枝叶；3. 雄球花；4、5. 雄蕊；6～8. 雄球花及胚珠；9. 叶子；10. 种子

【别名】 榧、野杉、玉榧。

【形态特征】 乔木，高达 25m，胸径 1m；树皮黄灰色纵裂。大枝轮生，1 年生小枝绿色，对生，次年变为黄绿色。叶条形，直而不弯，长 1.1～2.5cm，宽 2.5～3.5mm，先端凸尖，上面绿色而有光泽，中脉不明显，下面有 2 条黄白色气孔带。雄球花生于上年生枝之叶腋，雌球花群生于上年生短枝顶部，白色，4～5 月开放。种子长圆形，卵形或倒卵形，长 2.0～4.5cm，径 1.5～2.5cm，成熟时假种皮淡紫褐色，胚乳微皱；种子次年 10 月左右成熟。发芽时子叶不出土。

【分布】 产于江苏南部、浙江、福建北部、安徽南部及湖南一带。

【变种、变型及栽培品种】 香榧（‘Merrillii’）：与原种的区别是，小枝下垂，叶深绿色，质较软，种子长圆状倒卵形，长 2.7～3.2cm。

【习性】 耐阴树，喜温暖湿润气候，不耐寒，喜生于酸性而肥沃深厚土壤，对自然灾害之抗性较强，树冠开张。在浙江西天目山多分布于海拔 400～1000m，常与柳杉、金钱松、连香树、香果树等混生。榧树寿命长而生长慢，实生苗 8～9 年始结实，但盛果期很长，至百龄老树也能丰产，寿命可达 500 年。由于榧实第 2～3 年才成熟，所以一棵树上同时可见 3 代种实，对预报产量较有利。但采摘时亦较麻烦，须注意避免碰落小果。

【繁殖栽培】 因种子富含油分，保存困难，故常采后即播，但亦有层积后春播者。发芽率 50%～60%；若贮藏期间过干则常延迟 1 年出土或丧失发芽力。播时应选种以区别雌雄，大抵圆形者为雌，长形者为雄。通常点播，株距为 5cm，每穴 1～2 粒，春播当年可发芽一部分，另一部分则常为次年出土，故不可急于移植。雌苗则枝多横展，雄苗则分枝狭小而常分枝。一般多粗放栽培，如春秋施肥产量可显著增高。

【观赏特性和园林用途】 中国特有树种。树冠整齐，枝叶繁密，特适孤植、列植用。耐阴性强，可长期保持树冠外形。在针叶树种中本属植物对烟害的抗性较强，病、虫亦较少，又较能耐湿黏土壤。

【经济用途】 榧实味香美，可生食或炒食，亦可榨油，为在园林中结合果实生产之优良树种之一。木材黄白色，致密而富弹力，耐朽、不翘裂，又少虫蠹，故宜供造船及建筑等用。

（2）日本榧树 *Torreya nucifera* （L.） Sieb. et Zucc.（图 10-45）

【形态特征】 乔木，高达 25m，径 90cm；1 年生小枝绿色，2～3 年枝渐变红褐色。叶条形，长 2～3cm，宽 2.5～3mm，叶端有较长的刺状长尖头，叶下面气孔带黄白色或淡褐黄色，较绿色中脉稍窄或等宽；叶基微圆或楔形。

【分布】 原产于日本。中国青岛、南京、上海、杭州、庐山有引种栽培。

【变种、变型及栽培品种】 ‘斑叶’日本榧树（‘Variegata’）：与原种的区别是，叶有黄斑。

【习性】 阴性，喜酸性、肥沃土壤，也耐微碱性土壤。

图 10-45　日本榧树

第11章　被子植物亚门 ANGIOSPERMAE

11.1　双子叶植物纲 DICOTYLEDONEAE

多为直根系；茎中维管束环状排列，有形成层，能够使茎增粗生长；叶片具网状脉。花各部每轮通常以4～5为基数；胚常具2片子叶。双子叶植物的种类约占被子植物的3/4，其中约有一半的种类是木本植物。

11.1.1　木兰亚纲 Magnolidae

11.1.1.1　木兰科 Magnoliaceae

乔木或灌木，稀藤本，常绿或落叶。单叶互生，全缘，稀浅裂或有齿；托叶有或无。花两性或单性，单生或数朵成花序；萼片3，稀4，常为花瓣状；花瓣6或更多，稀缺乏；雄蕊多数，螺旋状排列，稀为4枚；心皮多数，离生，螺旋状排列，稀轮列；蓇葖果、蒴果或浆果，稀为带翅坚果。

本科共18属，335种，产于亚洲和北美的温带至热带。中国约14属165种。

分属检索表

```
1 叶全缘；聚合蓇葖果。
  2 花顶生、雌蕊群无柄。
    3 每心皮具2胚珠 ················································· 1. 木兰属 Magnolia
    3 每心皮具4以上胚珠。
      4 托叶与叶柄连生，叶柄具托叶痕 ···························· 2. 木莲属 Manglietia
      4 托叶与叶柄离生，叶柄无托叶痕 ···············  华盖木属 Manglietiastrum
  2 花腋生，雌蕊群显具柄。
    5 心皮上部分离，部分不发育；蓇葖疏散成长穗状聚合果 ········· 3. 含笑属 Michelia
    5 心皮合生，全部发育；蓇葖合生成厚木质弯聚合果 ········  观光木属 Tsoongiodendron
1 叶有裂片；聚合带翅坚果 ·········································· 4. 鹅掌楸属 Liriodendron
```

11.1.1.1.1　木兰属 Magnolia L.

乔木或灌木，落叶或常绿。单叶互生，全缘，稀叶端2裂；托叶与叶柄相连并包裹嫩芽，脱落后在枝上留下环状托叶痕。花两性，常大而美丽，单生枝顶，萼片3，常花瓣状，花瓣6～12，雄蕊、雌蕊均多数，螺旋状着生于伸长之花托上。蓇葖果聚合成球果状，各具1～2种子。种子有红色假种皮，成熟时悬挂于丝状种柄上。

本属约有90种；中国约31种。花大而美丽，芳香，多数为观赏树种。

分种检索表

```
1 花药侧向或内侧向开裂；内外轮花被片近似或外轮花被片萼片状。
  2 花被片大小近似，不呈萼片状；先花后叶。
    3 花被片9～12片。
      4 花被片长圆状倒卵形。
        5 花被片白色，外轮与内轮近等长花谢后始发叶 ············ (1) 玉兰 M. denudata
        5 花被片外面淡紫或红色，内面白色，外轮较内轮为短 ·········· (2) 二乔玉兰 M.×soulangeana
      4 花被片近匙形或倒披针形。
        6 叶倒卵状长圆形，叶端具短突尖，侧脉8～10对；花被片白色，中下部淡紫红色····· (3) 宝华玉兰 M. zenii
        6 叶宽倒披针状，叶端渐尖状，侧脉10～13对；花被片红或淡红色··········· (4) 天目木兰 M. amoena
    3 花被片12～14片，玫瑰红色，具紫色纵纹 ················· (5) 武当木兰 M. sprengeri
  2 花被片外轮与内轮大小不等，外轮萼片状，早落。
    7 花叶同放或先花后叶；叶基下延，托叶痕长达叶柄1/2；花被片紫色或紫红色 ······ (6) 木兰 M. liliflora
    7 先花后叶；叶基不下延，脱叶痕长短于叶柄1/2。
      8 聚合果蓇葖分离，常有部分心皮不育而扭曲 ··············· (7) 望春玉兰 M. biondii
      8 聚合果蓇葖紧密结合不弯曲 ························· (8) 黄山木兰 M. cylindrica
1 花药内向开裂，内外轮花被片相似。
```

9 托叶与叶柄连生，叶柄具托叶痕；种子长圆形或心形，侧扁。

  10 落叶；托叶痕为叶柄长 1/3～2/3 或近于叶柄全长；花梗具 1 个苞片痕。

    11 叶近轮生，集于枝端，互生于新枝。

      12 叶端具短尖或钝圆；花直立 ·· (9) 厚朴 *M. officinalis*

      12 叶端显著凹入呈浅片状 ······························ (10) 凹叶厚朴 *M. officinalis* subsp. *biloba*

    11 叶互生；花盛开时平展或下垂。

      13 小枝紫红色，叶中部以下最宽叶椭圆状卵形，长 6.5～12（～20）cm，叶背密被银灰色平伏长柔毛；花盛开时下垂 ·· (11) 西康玉兰 *M. wilsonii*

      13 小枝初被银灰色平伏长柔毛；叶倒卵形，长（6～）9～15（～25）cm，侧脉 4～8 对，叶背具褐色及白色毛及散生金黄色腺点；花盛开时略弯曲 ····················· (12) 天女花 *M. sieboldii*

  10 常绿；托叶痕近于叶柄全长；花梗具 2～4 苞片痕。

    14 叶柄长 4～11cm，叶卵形至椭圆形长 10～20（～32）cm；花梗直立，长 3～4cm ··· (13) 山玉兰 *M. delavayi*

    14 叶柄长 0.5～1cm，叶椭圆形或倒卵状椭圆形，长 7～14（～28）cm；花梗弯曲 ············· (14) 夜香木兰 *M. coco*

  9 叶柄无托叶痕，叶常绿；花大，径 15～20cm；聚合果径 4～5cm ············· (15) 荷花玉兰 *M. grandiflora*

（1）玉兰 *Magnolia denudata* Desr.（图 11-1）

【别名】 白玉兰、望春花、木花树。

【形态特征】 落叶乔木，高达 15m。树冠卵形或近球形。幼枝及芽均有毛。叶倒卵状长椭圆形，长 10～15cm，先端突尖而短钝，基部广楔形或近圆形，幼时背面有毛。花大，径 12～15cm，纯白色，芳香，花萼、花瓣相似，共 9 片。花 3～4 月，叶前开放，花期 8～10d；果 9～10 月成熟。

【分布】 原产于中国中部山野中，现国内外庭院常见栽培。

【变种、变型及栽培品种】 '多瓣'玉兰（'Multitepala'）：与原种的区别是，花朵将开时形如灯泡，花瓣多达 20～30 片，纯白色。

'红脉'玉兰（'Red Nerve'）：与原种的区别是，花被片 9，白色，基部外侧淡红色，脉纹色较浓。

'黄花'玉兰（'Feihuang'）：与原种的区别是，花淡黄至淡黄绿色，花期比玉兰晚 2～3 周。

【习性】 喜光，稍耐阴，颇耐寒，北京地区于背风向阳处能露地越冬。喜肥沃适当湿润而排水良好的弱酸性土壤（pH 5～6），但亦能生长于碱性土（pH 7～8）中。根肉质，畏水淹。生长速度较慢，在北京地区每年生长不过 30cm。在北京于 4 月初萌动，4 月中旬开花，花期约 10 天，花谢后展叶，至 5 月初可形成叶幕。至 10 月中下旬开始落叶，11 月初落净。在长江流域于 3 月开花，在广州则 2 月即可开花。

图 11-1　玉兰
1. 枝叶；2. 花枝；3. 雌雄蕊群

【繁殖栽培】 可用播种、扦插、压条及嫁接等法繁殖。

玉兰不耐移植，在北方更不宜在晚秋或冬季移植。一般以在春季开花前或花谢而刚展叶时进行为佳；秋季则以仲秋为宜，过迟则根系伤口愈合缓慢。移栽时应带土团，并适当疏芽或剪叶，以免蒸腾过盛，剪叶时应留叶柄以便保护幼芽。对已定植的玉兰，欲使其花大香浓，应当在开花前及开花后施以速效液肥，并在秋季落叶后施基肥。因玉兰的愈伤能力差，故一般多不修剪。此外，玉兰尚易于进行促成栽培以供观赏。

【观赏特性和园林用途】 玉兰花大、洁白而芳香，是中国著名的早春花木，因为开花时无叶，故有"木花树"之称。最宜列植堂前，点缀中庭。民间传统的宅院配置中讲究"玉堂春富贵"，其意为吉祥如意、富有和权势。所谓玉即玉兰、堂即海棠、春即迎春、富为牡丹、贵乃桂花。玉兰盛开之际有"莹洁清丽，恍疑冰雪"之赞。如配置于纪念性建筑之前则有"玉洁冰清"象征着品格的高尚和具有崇高理想脱去世俗之意。如丛植于草坪或针叶树丛之前，则能形成春光明媚的景境，给人以青春、喜悦和充满生气的感染力。此外玉兰亦可用于室内瓶插观赏。

【经济用途】 花瓣质厚而清香，可裹面油煎食用，又可糖渍，香甜可口。种子可榨油，树皮可入药。木材可供制小器具或雕刻用。

（2）二乔玉兰 *Magnolia × soulangeana*（Lindl.）Soul. Bod.

【别名】 朱砂玉兰、紫砂玉兰。

【形态特征】 落叶小乔木或灌木，高 7～9m。叶倒卵形至卵状长椭圆形，花大、呈钟状，内面白色，外面淡紫，有芳香，花萼似花瓣，但长仅达其半，亦有呈小形而绿色者。叶前开花，花期与玉兰相若。为玉兰与木兰的杂交种。

【变种、变型及栽培品种】 塔形二乔玉兰（var. *niemetzii* Hort.）：与原种的区别是，树冠柱状。

'大花'二乔玉兰（'Lennei'）：与原种的区别是，灌木，高2.5m；花外侧紫色或鲜红，内侧淡红色，比原种开花早，栽培较多。

'美丽'二乔玉兰（'Speciosa'）：与原种的区别是，花瓣外面白色，但有紫色条纹，花形较小。

'紫'二乔玉兰（'Purpurea'）：与原种的区别是，花被片9，紫色。

'常春'二乔玉兰（'Semperflorens'）：与原种的区别是，一年可开几次花。

'红运'二乔玉兰（'Red Lucky'）：与原种的区别是，花被片6～9，花鲜红或紫色，花期在春夏秋三季。

'紫霞'二乔玉兰（'Chameleon'）：与原种的区别是，叶倒卵状长椭圆形，花蕾长卵形，花被片桃红色。

'红霞'玉兰（'Hongxia'）：与原种的区别是，花被片9，近圆形，深红色至淡紫色。

【习性】 各种二乔玉兰均较玉兰、木兰更为耐寒、耐旱，移植难。

【繁殖栽培】 在国内外庭院中普遍栽培，可用播种、扦插或压条繁殖。

【观赏特性和园林用途】 广泛用于公园、绿地和庭院等孤植观赏。

（3）宝华玉兰 *Magnolia zenii* Cheng（图11-2）

【形态特征】 落叶乔木，高11m，叶倒卵状长圆形，长7～16cm，叶端短突尖，叶基宽楔形，叶背脉上是长弯毛，侧脉8～10对。先花后叶，花被片9，白色，中下部淡紫红色，芳香，花径12cm，花药，内侧向开裂；花期3～4月；果期8～9月。

【分布】 中国特有植物。产于江苏宝华山，是优美的观花树。

【繁殖栽培】 种子繁殖。

【观赏特性和园林用途】 树干挺拔，是非常珍贵的庭院观赏树种。

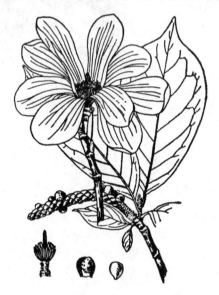

图 11-2　宝华玉兰

图 11-3　天目木兰

（4）天目木兰 *Magnolia amoena* Cheng（图11-3）

【形态特征】 落叶乔木，高达12m。叶宽倒披针状椭圆形，长10～15cm，叶端尾尖，侧脉10～13对。花单生枝顶呈杯状，花被片9，花红色，芳香，径6cm，花期4～5月；果期9～10月。

【分布】 中国特有种。产于安徽、江苏、浙江、江西、湖北，生长于海拔700～1000m山林中。

【繁殖栽培】 种子繁殖。

【观赏特性和园林用途】 花期相对早于其他木兰属植物，花清香，可作为园景树。

（5）武当木兰 *Magnolia sprengeri* Pampan（图11-4）

【形态特征】 落叶乔木，高达21m。叶倒卵形，长10～18cm，叶端短渐尖，托叶痕细小。花被片12（14），红色并具紫色纵纹，芳香，先花后叶，花期3～4月；果期8～9月。

【分布】 产于陕西及甘肃南部、河南、湖北、湖南、四川、贵州等地，生于海拔1300～2400m

山林中。

　　【观赏特性和园林用途】　花美供观赏。

　　【经济用途】　花蕾及树皮可入药。

图 11-4　武当木兰

图 11-5　木兰

1. 花姿；2. 果枝；3. 雌蕊群；4. 雌雄蕊群；5. 雄蕊

　　(6) 木兰 *Magnolia liliflora* Desr. （图 11-5）

　　【别名】　紫玉兰、辛夷、木笔。

　　【形态特征】　落叶大灌木，高 3～5m。大枝近直伸，小枝紫褐色，无毛。叶椭圆形或倒卵状长椭圆形，长 10～18cm，先端渐尖，基部楔形，背面脉上有毛。花大，花瓣 6，外面紫色，内面近白色；萼片 3，黄绿色，披针形，长约为花瓣 1/3，早落，果柄无毛，花期 3～4 月，叶前开放；果 9～10 月成熟。

　　【分布】　原产于中国中部，现除严寒地区外都有栽培。

　　【变种、变型及栽培品种】　'小木兰'（'Gracilis'）：与原种的区别是，灌木，枝较细；叶狭，花瓣也较细小，外侧淡紫色，内侧白色；开花较迟，与叶同放。

　　'红元宝'木兰（'Hongyuanbao'）：与原种的区别是，花瓣较宽圆，两面皆紫红色，花朵形若元宝状，花期夏季。

　　【习性】　喜光，不耐严寒，北京地区需在小气候条件较好处才能露地栽培。喜肥沃、湿润而排水良好之土壤，在过于干燥及碱土、黏土上生长不良。根肉质，怕积水。

　　【繁殖栽培】　通常用分株、压条法繁殖，扦插成活率较低。通常不行短剪，以免剪除花芽，必要时可适当疏剪。

　　【观赏特性和园林用途】　木兰栽培历史较久，早春白花满树，艳丽芳香，为庭院珍贵花木之一。花蕾形大如笔头，故有"木笔"之称。为中国人民所喜爱的传统花木，在古代已传入朝鲜及日本，现被上海人民选作市花。1790 年传入欧洲。宜配置于庭院室前，或丛植于草地边缘。

　　【经济用途】　材质优良，纹理直，结构细，供家具、图板、细木工等用。花可提制芳香浸膏；花蕾入药，有散风寒、止痛、通窍、清脑之功效；树皮可治腰痛、头痛等症。此外，本树可作玉兰、二乔玉兰等之砧木。

　　(7) 望春玉兰 *Magnolia biondii* Pampan

　　【别名】　望春花、迎春树、辛兰。

　　【形态特征】　落叶乔木，高达 12m。叶椭圆状披针形、窄倒卵形或卵形，长 10～18cm，叶端短渐尖，叶基阔楔形或钝圆；托叶痕长为叶柄 1/4 左右。花被 9 片，外 3 片紫红色，长约 1cm，中、内轮白色而基部紫红色、长 4～5cm，芳香。聚合果圆柱形，长 8～14cm，部分心皮不孕而弯曲。花期

3月，先花后叶；果熟期9月。

【分布】 产于陕西、甘肃、河南、湖南、湖北、四川等地，生于海拔600～2000m山林地。是香精和中药资源。

【繁殖栽培】 可用种子、嫁接、扦插繁殖，亦可用压条繁殖。

【观赏特性和园林用途】 树干光滑，枝叶茂密，树形优美，花色素雅，气味浓郁芳香。早春开放，花瓣白色，为绿化庭院、美化环境的优良树种。

(8) 黄山木兰 *Magnolia cylindrica* Wils.

【形态特征】 落叶乔木，高达10m。叶倒卵形，长6～14cm，叶端突尖；托叶痕为叶柄长1/6～1/3；叶背具淡黄色毛。花被9片，外3片萼片状，膜质长小于2cm，中、内2轮，白色、基部常红色、长6.5～10cm。花期5～6月；果期8～9月。

图11-6 厚朴

【分布】 产于河南、安徽、浙江、福建、江西、湖北。生于海拔700～1600m山林中。

(9) 厚朴 *Magnolia officinalis* Rehd. et Wils. （图11-6）

【别名】 重皮、赤朴、烈朴、淡伯、厚皮树、紫朴、紫油朴。

【形态特征】 落叶乔木，高15～20m。树皮紫褐色；新枝有绢状毛，次年脱落变光滑且呈黄灰色。冬芽大，长4～5cm，有黄褐色绒毛。叶簇生于枝端，倒卵状椭圆形，叶大，长30～45cm，宽9～20cm，叶表光滑，叶背初时有毛，后有白粉，网状脉上密生有毛，侧脉20～30对，叶柄粗，托叶痕达叶柄中部以上。花顶生白色，有芳香，径14～20cm，萼片与花瓣共9～12枚或更多。聚合果圆柱形，其上的小蓇葖果全部发育，且先端有鸟嘴状尖头。花期5月，先叶后花；果9月下旬成熟。

【分布】 分布于长江流域和陕西、甘肃南部。

【习性】 性喜光，但能耐侧方庇荫，喜生于空气湿润气候温和之处，不耐严寒酷暑，在多雨及干旱处均不适宜，喜湿润而排水良好的酸性土壤。生长速度中等偏速，15年生高约10m，胸径17cm。

【繁殖栽培】 可用播种法繁殖，发芽率70%～80%，每千克种子约3000粒。播前将干藏之聚合果内种子取出，浸水1周，播后约经45天可出土；当年苗高30cm，次年移植，2年生苗高1m，在气候适宜处每年可长高1m左右。实生苗约经15年乃开始结实。此外，亦可用分蘖法繁殖。

【观赏特性和园林用途】 厚朴叶大荫浓，是良好的观叶类树种，可作庭荫树栽培。

【经济用途】 树皮为著名中药，能温中理气、燥湿散满、治腹胀等症；花的功用与皮同，但效力较弱。芽为妇科药。种子可榨油，供制皂；树皮亦含芳香油。木材轻软、致密、不翘不裂，供细木工、乐器等用。

(10) 凹叶厚朴 *Magnolia officinalis* subsp. *biloba* （Rehd. et Wils.）（Cheng）Law （图11-7）

【形态特征】 落叶乔木，高达15m。树皮较厚朴为薄，色亦较浅。叶因节间短而常集生枝端，革质，狭倒卵形，长15～30cm，顶端呈2钝圆浅裂片（但幼苗时叶端不凹），叶背灰绿色；叶柄上有白色毛。花叶同放，白色，有芳香。聚合果，圆柱状卵形；蓇葖木质。

【分布】 特产我国中部及西部。

【习性】 喜生于温凉、湿润、肥沃而排水良好的酸性砂质土壤。

【经济用途】 皮及花可入药。主治胸腹胀满、吐泻等症。

(11) 西康玉兰 *Magnolia wilsonii* （Finet et Gagn.）Rehd.

【别名】 龙女花。

【形态特征】 落叶小乔木，高达8m。小枝紫红色。叶椭圆状卵形，长6.5～12(20)cm，叶端尖，叶基钝圆；叶背具银灰色长柔毛，叶柄密生褐色长毛；托叶痕长为叶柄4/5。花白色、芳香，盛开时呈浅碟状，径12cm；花期5～6月；果期9～10月。聚合果圆柱状，下垂，长6～10cm，先红后呈紫褐色。

【分布】 星散分布于滇北、川西及中部、黔等地，海拔2000～3300m山林中。花美而香，树皮入药可代替厚朴。

(12) 天女花 *Magnolia sieboldii* K. Koch （图11-8）

【别名】 小花木兰、玉兰香、玉莲、孟兰花、天女木兰。

图 11-7 凹叶厚朴

图 11-8 天女花

【形态特征】 落叶小乔木，高 10m。枝细长无毛，小枝及芽有柔毛。叶宽椭圆形或倒卵状长圆形，长 6~15cm，端钝圆，有尖头，叶基阔楔形，叶背有白粉；侧脉 6~8 对；叶柄幼时有丝状毛。花单生，在新枝上与叶对生，径 7~10cm，花瓣白色，6 枚，有芳香，花萼淡粉红色，3 枚，反卷，花柄细长，4~8cm。聚合果长 5~7cm。花期 6 月；果 9 月成熟。

【分布】 辽宁凤凰山草河口区北大磅子山及安徽的黄山，海拔 1600~1800m 处，常与毛鹅耳枥、椴等混生。朝鲜、日本亦有分布。

【变种、变型及栽培品种】 '多瓣'天女花（'Multitepala'）：与原种的区别是，花被片多至 15~21 片。

【习性】 性喜凉爽湿润气候和肥沃湿润土壤。

【繁殖栽培】 可用播种、扦插、嫁接及分株繁殖，幼苗期间需遮阴。天女花花柄颇长，盛开时随风飘荡，芬芳扑鼻，犹若天女散花，故名。

【观赏特性和园林用途】 在山野间与他树混生或成纯林，能形成引人入胜、极其美丽的自然景色。

【经济用途】 除供观赏外，木材可作农具柄及细工原料，花苞香而味苦，可入药。主治伤风头痛。

(13) 山玉兰 *Magnolia delavayi* Franch.（图 11-9）

【形态特征】 常绿乔木，高达 12m。叶厚革质，卵形，长 10~20（~32）cm；叶端、叶基均钝圆；叶被具长毛和白粉，脉纹明显；叶柄长 3~4cm。花乳白色，大而芳香，径 15~20cm，杯状，花被 9~10 片，叶轮 3 片绿色。聚合果卵状长圆形，长 9~15cm。花期 4~6 月；果期 8~10 月。

【分布】 产于云南、贵州及四川西南部，分布在海拔 1500~2800m 石灰岩地带。

【习性】 性喜温湿气候亦有一定耐旱性，忌积水。是优美的风景树种和造林树种。

(14) 夜香木兰 *Magnolia coco*（Lour.）DC.（*Liriodendron coco* Lour.）

【别名】 夜合花。

【形态特征】 常绿小乔木，高 4m 或灌木状。叶革质，狭倒卵状椭圆形，长 7~14（28）cm，叶端渐尖，叶基楔形，叶绿略反卷；托叶痕达叶柄顶端。花白色，球形，径 3~4cm，夜晚极香；花被 9 片，外 3 片带绿色；花梗弯曲。花期 5~8 月；果期秋季。

【分布】 产于福建、广东，越南有分布。

【习性】 性喜暖热湿润气候，较耐阴，不耐寒。

图 11-9 山玉兰

图 11-10　广玉兰
1. 花姿；2. 聚合果；3. 种子

【经济用途】　花可提制香精；根皮入药有散祛风湿之效。

(15) 广玉兰 Magnolia grandiflora L.（图 11-10）

【别名】　洋玉兰、大花玉兰、荷花玉兰。

【形态特征】　常绿乔木，高 30m。树冠阔圆锥形。芽及小枝有锈色柔毛。叶倒卵状长椭圆形，长 12～20cm，革质，叶端钝，叶基楔形，叶表有光泽，叶背有铁锈色短柔毛，有时具灰毛，叶缘稍微波状；叶柄粗，长约 2cm。花杯形，白色，极大，径达 20～25cm，有芳香，花瓣通常 6 枚，少有达 9～12 枚的；萼片花瓣状，3 枚；花丝紫色。聚合果圆柱状卵形，密被锈色毛，长 7～10cm；种子红色。花期 5～8 月；果 10 月成熟。

【分布】　原产于北美东南部，中国长江流域至珠江流域的园林中常见栽培。

【变种、变型及栽培品种】　披针叶广玉兰（*M. grandiflora* L. var. *lartceolata* Ait.）：与原种的区别是，叶长椭圆状披针形，叶缘不成波状，叶背锈色浅淡，毛较少。耐寒性略强。

【习性】　喜阳光，亦颇耐阴，可谓弱耐阴树种。喜温暖湿润气候，亦有一定的耐寒力，能经受短期的 −19℃ 低温而叶部无显著损害，但在长期的 −12℃ 低温下，则叶会受冻害。喜肥沃润湿而排水良好的土壤，不耐干燥及石灰质土，在土壤干燥处则生长变慢且叶易变黄，在排水不良的黏性土和碱性土上也生长不良，总之以肥沃湿润，富含腐殖质的沙壤土生长最佳。本树对各种自然灾害均有较强的抵抗力，亦能抗烟尘。适用于城市园林。根系深大，故颇抗风，但花朵巨大且富肉质，故花朵最不耐风害。广玉兰生长速度中等，但幼年生长缓慢，达 10 年生后可逐渐加速，每年可加高 0.5m 以上。

【繁殖栽培】　可用播种繁殖，发芽容易，发芽率 80%～90%，但发芽保存能力低，故宜采后即播或层积沙藏。此外亦可用扦插、压条、嫁接等法繁殖。广玉兰移植较难，通常在 4 月下旬至 5 月进行，或于 9 月进行，移栽时应适当摘叶并行裹干措施。作切花栽培者，可用多主枝的整形方式。一般言之，它几乎很少受病虫害侵袭。

【观赏特性和园林用途】　本种叶厚而有光泽，花大而香，树姿雄伟壮丽，叶阔荫浓，花似荷花芳香馥郁，为珍贵的树种之一；其聚合果成熟后，蓇葖开裂露出鲜红色的种子也颇美观。最宜单植在宽广开旷的草坪上或配置成观花的树丛。由于其树冠庞大，花开于枝顶，故在配置上不宜植于狭小的庭院内，否则不能充分发挥其观赏效果。同时，其耐烟抗风，对 SO_2 等有毒气体具有较强抗性，也可用于工矿厂区绿化。亦可室内装饰，用作瓶插材料。

【经济用途】　其材质致密坚实，可作装饰物、运动器具及箱柜等；其叶可入药，主治高血压；白花、叶、嫩梢又可提取挥发油。本种同是提炼香精的良好材料。

11.1.1.1.2　木莲属 Manglietia Bl.

常绿乔木，罕落叶乔木。花顶生，花被片常 9 枚，排成 3 轮；雄蕊多数；雌蕊群无柄，心皮多数螺旋状排列于一延长的花托上，每心皮有胚珠 4 或更多。聚合果近球状；蓇葖成熟时木质，顶端有喙，背裂为 2 瓣。

本属有 30 余种；中国有 22 种，分布于亚洲亚热带及热带。

分种检索表

1 叶常绿革质，叶缘稍内卷；外轮花被片长圆状椭圆形 ……………………(1) 木莲 *M. fordiana*
1 叶常绿薄革质，叶缘波状；外轮花被片倒卵形 ……………………(2) 海南木莲 *M. hainanensis*

(1) 木莲 Manglietia fordiana（Hemsl.）Oliv.（图 11-11）

【形态特征】　常绿乔木，高 20m。嫩枝有褐色绢毛，皮孔及环状纹显著。叶厚革质，长椭圆状披针形，长 8～17cm，端尖，基楔形，叶背灰绿色或有白粉；叶柄红褐色。花白色，单生于枝顶，聚合果卵形，长 4～5cm；蓇葖肉质，深红色，成熟后木质，紫色，表面有疣点。

【分布】　产于中国福建、广东、广西、贵州、云南。

【习性】　喜光和酸性土壤。

【观赏特性及园林用途】　本种为常绿阔叶林中常见的树种。树冠浑圆，枝叶并茂，绿荫如盖，典雅清秀，花初夏盛开，秀丽动人。于草坪、庭院或名胜古迹处孤植、群植，能起到绿荫庇夏，寒冬如春的效果。

【经济用途】 材可制板及细工用；树皮、果实可入药，治便秘及干咳。

（2）海南木莲 Manglietia hainanensis Dandy

【形态特征】 常绿乔木，高达 20m。芽、小枝略有红褐色短毛。叶革质，倒卵形，长 10～16（20）cm，叶缘波状，叶端突尖，叶基楔形。花白色，花被 9 片，外 3 片绿色、薄革质。花期 4～5 月；果期 9～10 月。

习性及观赏价值和园林用途同木莲。

图 11-11 木莲

11.1.1.1.3 含笑属（白兰花属）*Michelia* Linn.

常绿乔木或灌木，枝上有环状托叶痕；叶柄与托叶分离。花两性，单生叶腋，芳香；萼片花瓣状，花被 6～9 片，排为 2～3 轮；雄蕊群与雌蕊群间有间隔，每雌蕊有 2 枚以上胚珠。聚合果中有部分蓇葖不发育，自背部开裂；种子 2 至数粒，红色或褐色。

约 60 种，产于亚洲热带至亚热带；中国约 41 种。

分种检索表

1 托叶与叶柄合生，叶柄上留有托叶痕。
  2 叶柄均长于 5mm 以上；花被片 9～13，3～4 轮。
    3 叶落革质，网脉疏。
      4 叶绿平展或略呈微波状；叶柄上的托叶痕仅达柄长的 1/4～1/3；花白色 ⋯⋯⋯⋯⋯ （1）白兰花 M. alba
      4 叶绿显著呈波状；叶柄上的托叶痕长达柄长 2/3 以上；花淡酪黄色 ⋯⋯⋯⋯⋯ （2）黄兰 M. champaca
    3 叶革质，网脉密。
      5 叶在中部以下最宽；黄被片 11～13；叶狭卵状椭圆形、狭倒卵状椭圆形、披针形，长 7～12cm，宽 2～4cm，叶端尾状渐尖 ⋯⋯⋯⋯⋯ （3）多花含笑 M. floribunda
      5 叶在中部以上最宽；花被片 9（12）。
        6 叶背具淡褐色或白色平伏毛 ⋯⋯⋯⋯⋯ （4）峨眉含笑 M. wilsonii
        6 叶背是红褐色或直生毛 ⋯⋯⋯⋯⋯ （5）川含笑 M. szechuanica
  2 叶柄较短，长在 5mm 以下；花被片 6，2 轮；花被淡黄色，边缘常带紫色 ⋯⋯⋯⋯⋯ （6）含笑 M. figo
1 托叶与叶柄离生，叶柄上无托叶痕。
  7 花被片 6，2 轮，罕 8 片。
    8 小枝具毛，叶柄、叶背、花蕾、花梗均密生褐色绒毛；蓇葖长 2～6cm ⋯⋯⋯ （7）苦梓含笑 M. balansae
    8 小枝无毛；芽、叶背、花梗具平伏短毛；蓇葖长 2cm 以下 ⋯⋯⋯⋯⋯ （8）乐昌含笑 M. chapensis
  7 花被片 9～12，3～4 轮。
    9 叶背具平伏微毛。
      10 叶的中部或中部以上最宽，侧脉 10～15 对，叶常倒卵状椭圆形、倒卵形 ⋯⋯⋯⋯ （9）醉香含笑 M. macclurei
      10 叶中部以下最宽，侧脉 14～26 对。
        11 叶基两侧对称侧脉 14～20 对。花被片白色长约 3cm，雄蕊药隔不伸出 ⋯⋯⋯ （10）亮叶含笑 M. fulgens
        11 叶基两侧不对称侧脉 16～26 对，花被片乳黄色长 6～7cm，雄蕊药隔凸出，长约 2mm ⋯⋯⋯⋯⋯
        ⋯⋯⋯⋯⋯ （11）金叶含笑 M. foveolata
    9 叶背无毛或仅中脉具平伏毛。
      12 叶背粉绿色或具白粉、网脉密；花被 9 片，白色 ⋯⋯⋯⋯⋯ （12）深山含笑 M. maudiae
      12 叶背绿色无白粉，网脉稀疏；花被 12 片，淡黄色 ⋯⋯⋯⋯⋯ （13）台湾含笑 M. compressa

（1）白兰花 Michelia alba DC.（图 11-12）

【别名】 缅桂、白兰、白玉兰。

【形态特征】 常绿乔木，高 17m，胸径 40cm；干皮灰色。新枝及芽有浅白色绢毛，1 年生枝无毛。叶薄革质，长圆状椭圆形或椭圆状披针形，长 10～25cm，宽 4～10cm，两端均渐狭；叶表背均无毛或背面脉上有疏毛；叶柄长 1.5～3cm；托叶痕仅达叶柄中部以下。花白色，极芳香，长 3～4cm，花被片披针形，约为 10 枚以上，通常多不结实，在热带地方果成熟时随着花托的延伸而形成疏生的穗状聚合果。花期 4 月下旬至 9 月下旬，开放不绝。

【分布】 原产于印度尼西亚爪哇；中国华南各地多有栽培，在长江流域及华北有盆栽。

【习性】 性喜光照，怕高温，不耐寒，喜阳光充分、暖热多湿气候及肥沃富含腐殖质而排水良好的微酸性沙质壤土。不耐干旱和水涝，对 SO_2、Cl_2 等有毒气体比较敏感，抗性差。

【繁殖栽培】 可用扦插、压条或以木兰为砧木用靠接法繁殖。时期以 5～8 月为佳。接口以长些为好，一般长约 5cm。接后约 50 天可完全愈合，即可与母株切断分离。有经验的花农常在切口下留 10～15cm 长的白兰枝条，在换盆时将此部分枝条埋入盆土中，以便日后又可于条上生出不定根来，有利于植株的旺盛生长。盆栽白兰冬季需放在阳光充足的室内过冬。一般认为它原产于热带、亚热带，故均放在高温温室过冬，但根据经验，其效果并不很好，不如放在 10℃ 左右之低温温室，只要不使落叶，则来年生长开花均更为旺盛，而且可以节约冬季的能源。这在大规模的生产栽培时值得特别注意。

【观赏特性和园林用途】 本种为著名香花树种，花洁白清香，夏秋间开放，花期长，叶色浓绿，为著名的庭院观赏树种，在华南多作庭荫树及行道树用，是芳香类花园的良好树种。

【经济用途】 材质优良，供制家具用；花可供熏制茶叶和提取香精用。

图 11-12　白兰花

图 11-13　黄兰

（2）黄兰 *Michelia champaca* L.（图 11-13）

【别名】 黄缅兰、黄玉兰。

【形态特征】 常绿乔木，高 10m。叶长 10～20cm，宽 4～9cm；叶缘呈波形；托叶痕达叶柄中部以上。花单生叶腋，奶黄色，极芳香，花被片 15～20。

【分布】 分布于云南南部和西南部；在长江流域及华北有少量盆栽。

【习性】 习性与白兰相似，但生长势不如白兰强，尤其在盆栽时的管理要求比白兰花更为精细些，因此其数量不如白兰多。

【观赏特性和园林用途】 亦为著名的芳香花木。

【经济用途】 木材可供造船用。

（3）多花含笑 *Michelia floribunda* Finet et Gagnep.

【形态特征】 常绿乔木，高达 20m，叶狭卵状椭圆形至披针形或狭倒卵状椭圆形，叶在中部以下最宽，叶长 7～12（14）cm，宽 2～4cm，叶端渐尖或尾状尖，叶基广楔形，叶背苍白色具白色平伏长毛，托叶痕长为叶柄的 1/2 或 1/2 以上；花被片白色，11～13 片，长 2.5～3.5cm，芳香。聚合果长 2～6cm，扭曲。花期 2～4 月；果期 8～9 月。

【分布】 产于湖北、湖南、广西、云南、四川、贵州，生于海拔 1300～2700m 山林中，缅甸有分布。

【习性】 喜温暖阴湿环境。要求土层深厚、排水良好、富含腐殖质的酸性或微酸性土壤。

【观赏特性和园林用途】 多花含笑树姿优美，花大而美丽，有芳香。为优良的园林绿化树种，可作行道树种植或盆栽观赏。

【经济用途】 材质优良。花可提取芳香油。

（4）峨眉含笑 *Michelia wilsonii* Finet et Gagn.

【形态特征】 常绿乔木，高达 20m，叶倒卵形至倒披针形，长 8～15（21）cm，宽 4～6cm，叶端短尖或渐尖，叶被灰白色，叶在中部以上最宽，叶柄长 1.5～4cm，托叶痕长 2～4mm。花被片黄色，芳香，径 5～6cm，9(12) 片，聚合果长 12～15cm。花期 3～5 月；果期 8～9 月。

【分布】 产于四川、贵州、湖北西南部、云南东南部，生于海拔 1000～1500m 的山林中。

（5）川含笑 *Michelia szechuanica* Dandy

【形态特征】 常绿乔木，高达 25m。树冠狭圆锥形。幼枝及叶背具红褐色毛，叶倒卵形，长 9～15cm，叶端短尾状尖，叶基楔形。花蕾具红褐色毛。花被白黄色，9 片，长 2～2.5cm。聚合果长 6～8cm。花期 4 月；果期 9 月。

【分布】 产于四川南部及东南部、湖北西部、贵州北部、云南东北部，生于海拔 1300～1500m 山林中。

【习性】 性喜光、耐半阴，喜温暖湿润气候，较耐空气污染。用播种繁殖，采种后，去除假种皮，随采随播。

（6）含笑 *Michelia figo* (Lour.) Spreng. (*M. fuscata* Blume) （图 11-14）

【别名】 含笑梅、山节子。

【形态特征】 灌木或小乔木，高 2～5m。分枝紧密，小枝有锈褐色茸毛。叶革质，倒卵状椭圆形，长 4～10cm，宽 2～4cm；叶柄极短，长仅 4mm，密被粗毛。花直立，淡黄色而瓣缘常晕紫，香味似香蕉味，花径 2～3cm。蓇葖卵圆形，先端呈鸟嘴状，外有疣点。花期 3～4 月，果期 7～8 月。

【分布】 原产于华南山坡杂木林中，现在自华南至长江流域各地均有栽培。

【习性】 喜弱阴，不耐暴晒和干燥，否则叶易变黄，喜暖热多湿气候及酸性土壤，不耐石灰质土壤。有一定耐寒力，在－13℃左右之低温下虽然会掉落叶子，但不会冻死。

【繁殖栽培】 可用播种、分株、压条和扦插法繁殖。

【观赏特性和园林用途】 本种亦为著名芳香花木，适于在小游园、花园、公园或街道上成丛种植，可配置于草坪边缘或稀疏林丛之下，使游人在休息之中常得芳香气味的享受。古人曾有诗谈到它的芳香："秋来二笑再芬芳，紫笑何如白笑强。只有此花偷不得，无人知处忽然香。"

【经济用途】 花可熏茶用。

图 11-14　含笑

（7）苦梓含笑 *Michelia balansae* (A. DC.) Dandy

【别名】 苦梓、绿楠。

【形态特征】 常绿乔木，高达 18m，胸径 60cm。芽、幼枝、叶柄、叶背、花蕾、花梗均密被褐色绒毛。叶长圆状或倒卵状椭圆形，长 10～20(28)cm，宽 5～10(12)cm，叶端短尖，叶基阔楔形；叶柄长 1.5～4cm；无托叶痕。花被白色略晕绿，6 片，长约 3.6cm，芳香。聚合果长 9～12cm。花期 4～6 月；果期 9～10 月。

【分布】 产于福建南部、广东南部、广西南部、云南东南部、海南。生于海拔 350～1000m 山中，是南亚热带及热带习见的乡土树种。

【习性】 性喜光和暖热湿润气候但亦较耐冷和干旱，抗空气污染，喜排水良好的肥沃土壤，生长较快，略耐瘠土壤。

【繁殖栽培】 用种子繁殖，采后除去假种皮即播易发芽，或沙藏后次春播种。

【观赏特性和园林用途】 树形优美，花美、花期长、芬芳飘逸，是良好的绿化树种。

【经济用途】 材质良好易加工，耐腐，花纹美，是优等的家具、建筑用材。

（8）乐昌含笑 *Michelia chapensis* Dandy （图 11-15）

图 11-15　乐昌含笑
1. 果枝；2～4. 外-内轮花被片；5. 雄蕊；
6. 雌蕊群；7. 雌蕊纵剖

【形态特征】 常绿乔木，高 15～30m，胸径 1m，干皮褐色，平滑。小枝无毛。叶倒卵形，长 6.5～16cm，宽 3.6～6.5cm，叶端突尾尖，叶基阔楔形；叶柄上无托叶痕。花淡黄色。芳香，花被片 6 片，长约 3cm。聚合果长约 10cm。花期 3～4 月；果期 8～9 月。

【分布】 产于江西南部、湖南南部、广西、广东、贵州。生于海拔500～1500m山林中。

【习性】 性喜光但较耐阴，生长较快，适应性强、耐干旱、抗大气污染力较强，喜肥沃湿润而排水良好的土壤。树冠圆锥状，花多、花期长而芳香，是值得发展的园林绿色树种。

（9）醉香含笑 *Michelia macclurei* Dandy（图11-16）

【别名】 火力楠。

【形态特征】 常绿乔木，高达30m，干皮灰白色。叶革质，倒卵状椭圆形，长7～14cm，叶端短渐尖或渐尖，叶基楔形，叶背具平伏微毛，叶的中部以上最宽，侧脉10～15对；叶柄长2.5～4cm，无托叶痕。花白色，芳香，花被片9～12，花多且密，聚合果长3～7cm。花期3～4月；果期9～11月。

【分布】 产于广西、广东、福建、贵州、海南。生于海拔500～1000m的山谷、山坡，形成混交林或小片纯林。

【变种、变型及栽培品种】 展毛含笑（*M. macclurei* Dandy. var. *sublanea* Dandy）：与原种的区别是，芽鳞、幼枝、托叶、苞片均具短绒毛，叶及花均较大，株形更美，适应性更强。

【习性】 性喜光、较耐阴，喜暖热湿润气候但亦能耐－6℃低温，长沙曾有引种，生长正常。喜微酸性排水好的沙质壤土，抗大气污染能力强，萌芽力强，树林有抗火能力，可用于营造防火林。

【观赏特性和园林用途】 树冠广卵圆状，树叶繁茂、生长较快、花蜜香浓、材质优良，是很好的园林绿化树种。

图11-16 醉香含笑

（10）亮叶含笑 *Michelia fulgens* Dandy（图11-17）

【形态特征】 常绿乔木，高达25m。叶革质，狭椭圆状卵形至披针形，长10～20cm，叶的中部以下最宽，叶基之两侧对称，侧脉14～20对。花白色，芳香，花被片9～12，长约3cm。雄蕊之药隔顶端不伸出。聚合果长7～10cm。花期3～4月；果期9～11月。

【分布】 产于广西、广东、云南、海南；越南亦有分布。生于海拔500～1800m山区。

【习性】 性喜光亦较耐阴，适应性及抗性均强，生长较速，树冠卵圆状，新叶叶表是红褐色绒毛而叶背是银灰色绒毛，有动感的色相季相变化。

图11-17 亮叶含笑
1. 花枝；2. 苞片；3～5. 三轮花被片；
6. 雄蕊群（部分）和雌蕊群；7. 聚合果

图11-18 金叶含笑
1. 果枝；2. 花；3. 苞片；4～6. 三轮花被片；
7. 雌、雄蕊群；8. 雄蕊；9. 心皮

（11）金叶含笑 *Michelia foveolata* Merr. ex Dandy（图11-18）

【形态特征】 常绿乔木，高达30m。叶厚革质，长圆状椭圆形，椭圆状卵形或阔披针形，长17～23cm，叶端短渐尖或渐尖，叶基阔楔形，圆或近心形，常两侧不对称，叶表深绿而有光泽，叶背具红褐色短绒毛，侧脉16～26对。花乳黄色，花被片9～12，长6～7cm，雄蕊药隔凸出。聚合果

长 7～20cm。花期 3～5 月；果期 9～10 月。

【分布】 产于湖南、湖北、贵州、云南、广西、海南；越南北部有分布。生于海拔 500～1800m 阴湿山谷中，多与他树组成混交林。

【变种、变型及栽培品种】 灰毛含笑（*M. foveolata* Merr. var. *cinerascens* Law et Y F Wu）：与原种的区别是，芽鳞、幼枝、幼叶及老叶的叶背均具银灰色绒毛。原产于浙江、福建。

【习性】 性喜光又耐阴，适生于暖热湿润气候，适应性强，耐干旱贫瘠，不择土壤，较耐寒，抗空气污染能力强，生长较速。本树叶表亮绿，叶背有红褐色毛，形成美妙的色相变化。

(12) 深山含笑 *Michelia maudiae* Dunn（图 11-19）

【形态特征】 常绿乔木，高 20m，全株无毛。叶宽椭圆形，长 7～18cm，宽 4～8cm；叶表深绿色，叶背有白粉，中脉隆起，网脉明显。花大，直径 10～12cm，白色、芳香，花被 9 片。聚合果长 7～15cm。

【分布】 分布于浙江、福建、湖南、广东、广西、贵州，是常绿阔叶林中常见树种。现在园林中尚少有应用。花可供观赏及药用，亦可提取芳香油。

(13) 台湾含笑 *Michelia compressa*（Maxim.）Sarg.

【别名】 乌心石、台湾白兰花、黄心树。

【形态特征】 常绿乔木，高达 17m。叶革质，狭倒卵状椭圆形或狭椭圆形，长 7～10cm，叶端短尖，侧脉 8～12 对叶被绿色无白粉。花淡黄白色，花被片 12。聚合果长 3～5cm。花期 1 月，果期 10～11 月。

【分布】 产于台湾省，生于海拔 200～2600m 的阔叶林中，是台湾主要用材树种之一。

图 11-19 深山含笑

11.1.1.1.4 鹅掌楸属 *Liriodendron* L.

落叶乔木。冬芽外被 2 芽鳞状托叶。叶马褂形，叶端平截或微凹，两侧各具 1～2 裂；托叶痕不延至叶柄。花两性，单生枝顶，萼片 3；花瓣 6；雄蕊心皮多数，覆瓦状排列于纺锤状花托上，胚珠 2。聚合果纺锤形，由具翅小坚果组成。

本属在新生代有 10 余种，广布于北半球，第四纪冰期后大部灭绝，现仅存 2 种。中国 1 种，北美 1 种。

分种检索表

1 叶两侧通常 1 裂，向中部凹入较深；老叶背面有乳头状白粉点；花丝长约 0.5cm ⋯⋯⋯⋯ (1) 鹅掌楸 *L. chinense*

1 叶两侧各有 1～2 (3) 裂，不向中部凹入；老叶背面无白粉；花丝长 1～1.2cm ⋯⋯⋯⋯ (2) 美国鹅掌楸 *L. tulipifera*

(1) 鹅掌楸 *Liriodendron chinense*（Hemsl.）Sarg.（*L. tulipifera* var. *chinense* Hemsl.）（图 11-20）

【别名】 马褂木。

【形态特征】 落叶大乔木，高 40m，胸径 1m 以上，树冠圆锥状。1 年生枝灰色或灰褐色。叶马褂形，长 4～12(18)cm，各边 1 裂，向中腰部缩入，叶端向中部凹入较深，老叶背部有白色乳状突点。花黄绿色，外面绿色较多而内方黄色较多；花瓣长 3～4cm，花丝短，约 0.5cm。聚合果长 7～9cm，翅状小坚果，先端钝或钝尖。花期 5～6 月；果 10 月成熟。

【分布】 中国特有的珍稀植物。自然分布于长江以南各地山区，大体在海拔 500～1700m 与各种阔叶落叶或阔叶常绿树混生。

【习性】 性喜光及温和湿润气候，有一定的耐寒性，可经受 -15℃ 低温而完全不受伤害。喜深厚肥沃、适湿而排水良好的酸性或微酸性土壤（pH 4.5～6.5），在干旱土地上生长不良，亦忌低湿水涝。生长速度快，在长江流域适宜地点 1 年生苗可达 40cm，10～15 年可开花结实，20 年生者高达 20m，胸径约 30cm。本树种对空气中的 SO_2 气体有中等的抗性。

图 11-20 鹅掌楸

【繁殖栽培】 多用种子繁殖，但发芽率较低，为 10%～20%。据经验，在孤植树上采种者发芽率更低，只有 0～6%，而在群植的树上采种者，可达 20%～

35％。发芽率低的原因主要是受精不良，因为在花未开放时雌蕊已成熟，待开放后已过熟，故若行人工授粉则可提高种子发芽率达70％以上。在10月，果实呈褐色时即可采收，先在室内阴干1周，然后在阳光下晒裂，清整种子后行干藏。但最好是采后即播，每千克种子9000～12000粒。春播于高床上，覆盖稻草防干，经20余日可出土，幼苗期最好适当遮阴。当年苗高可达30cm以上，3年生苗高1.5m。

扦插繁殖暖地可于落叶后秋插，较寒冷地区可行春季扦插，以1～2年生枝条做插穗行硬材扦插，成活率可达80％以上。亦可行软材扦插及压条法繁殖。

本树不耐移植，故移栽后应加强养护。一般不行修剪，如需轻度修剪时应在晚夏，暖地可在初冬。本树具有一定的萌芽力，可行萌芽更新。

病虫害主要有日灼病，还有卷叶蛾、樗蚕及大袋蛾为害。

【观赏特性和园林用途】 树形端正，叶形奇特，花大而美丽，是优美的庭荫树和行道树种。花淡黄绿色，美而不艳，最宜植于园林中的安静休息区的草坪上。秋叶呈金黄色。可独栽或群植，在江南自然风景区中可与木荷、山核桃、板栗等行混交林式种植。

图 11-21 美国鹅掌楸

【经济用途】 木材淡红色，材质细致，软而轻，不易干裂或变形，可供建筑、家具及细工用。叶及树皮可入药，主治风湿症。

（2）美国鹅掌楸 *Liriodendron tulipifera* L.（图 11-21）

【别名】 北美鹅掌楸。

【形态特征】 落叶大乔木，高达60m，胸径3m。树冠广圆锥形。树皮深纵裂，小枝褐色或紫褐色。叶鹅掌形，长7～12cm，两侧各有1～2裂，偶有3～4裂者，裂凹浅平，不向叶中部束入，老叶背无白粉。花瓣长4～5cm，浅黄绿色，在内方近基部有显著的佛焰状橙黄色斑；花丝比前种长，为1～1.5cm。聚合果长6～8cm，翅状小坚果之先端尖或突尖。花期5～6月；果10月成熟。

【分布】 原产北美，世界各国多植为园林树。青岛、南京、上海、杭州等地有栽培。

【变种、变型及栽培品种】 钝裂北美鹅掌楸（*L. tulipifera* var. *obtusilobum*）：与原种的区别是，叶基部各边为一圆裂。

杂种鹅掌楸（*L. chinense* × *L. tulipifera*）：与原种的区别是，20世纪中叶在南京将前述两种杂交而育成，叶形介于两者之间，因具杂种优势生长快，适应平原能力增强，耐寒性较强。

'金边'北美鹅掌楸（'Aureo-marginatum'）：与原种的区别是，叶缘黄色。

'斑叶'北美鹅掌楸（'Variegatum'）：与原种的区别是，叶色呈斑块状绿色。

'全缘'北美鹅掌楸（'Integrifolium'）：与原种的区别是，叶全缘无裂，叶基圆形。

'帚状'北美鹅掌楸（'Fastigiatum'）：与原种的区别是，树具密生向上之小枝，形成窄而尖塔形的树冠。

【习性】 北美鹅掌楸为喜光树，耐寒性比前种强，成年树能耐短期−25～−30℃的严寒，但幼年期耐寒性较弱，在−12℃时会枯梢。喜湿润而排水良好的土壤，在干旱或过湿处均生长不良。生长速度比前种较快，寿命亦长，能达500年左右，对病虫的抗性极强。根系深大，但在地下水位高处或在生长后期直根系死亡后则成浅根系树。枝条较易风折。繁殖可用播种法，最好采后即播，否则发芽力易迅速降低。实生苗约12年可开花。

【观赏特性和园林用途】 本树花朵较前种美丽，树形更高大，为著名的行道树，每当秋季叶变金黄色，是秋色树种之一。

【经济用途】 木材可供建筑、家具用；树皮味苦，可作防腐剂及强壮剂，有驱虫、解热之效。

11.1.1.2 蜡梅科 Calycanthaceae

落叶或常绿，灌木或小乔木。单叶对生，全缘，羽状脉，无托叶。花两性，单生，有或无芳香，花被片多数，无萼片与花瓣之分，螺旋状排列；雄蕊5～30，心皮离生多数，着生于杯状花托内；胚珠1～2，花托发育为坛状果托，小瘦果着生其中。种子无胚乳或微有，子叶旋卷。

本科共2属，7种，产于东亚和北美；中国2属4种2变种。

分属检索表

1 花直径约2.5cm；雄蕊5～6；冬芽有鳞片 ……………………………………………… 1. 蜡梅属 *Chimonanthus*

1 花直径 5～7cm；雄蕊多数；冬芽为裸芽，为叶柄基部所包围 ·········· 2. 夏蜡梅属 *Calycanthus*

11.1.1.2.1 蜡梅属 *Chimonanthus* Lindl. nom. cons.

灌木，鳞芽。叶前开花；雄蕊 5～6，果托坛状。

本属共 3 种及 2 变种，中国特产。

蜡梅 *Chimonanthus praecox* （L.） Link. （*C. fragrans* Lindl.， *Meralia praecox* Rehd. et Wils.）（图 11-22）

图 11-22 蜡梅

【别名】 黄梅花、香梅、腊梅、金梅。

【形态特征】 落叶丛生灌木，在暖地叶半常绿，高达 3m。小枝近方形。叶半革质，椭圆状卵形至卵状披针形，长 7～15cm，叶端渐尖，叶基圆形或广楔形。叶表有硬毛，叶背光滑。花单生，径约 2.5cm；花被外轮蜡黄色，中轮有紫色条纹，有浓香。果托坛状；小瘦果种子状，栗褐色，有光泽。花期 12 月～翌年 3 月，远在叶前开放；果 8 月成熟。

【分布】 产于湖北、陕西等地，现各地有栽培。河南省鄢陵县姚家花园为蜡梅苗木生产之传统中心。

【变种、变型及栽培品种】 狗牙蜡梅（狗蝇梅） （*C. praecox* var. *intermedius* Mak.）：与原种的区别是，叶比原种狭长而尖。花较小，花瓣狭长而尖，中心花瓣呈紫色，香气弱。

磬口蜡梅（*C. praecox* var. *grandiflora* Mak.）：与原种的区别是，叶较宽大，长达 20cm，花较大，径 3～3.5cm，外轮花被片淡黄色，内轮花被片有浓红紫色边缘和条纹。

素心蜡梅（*C. praecox* var. *concolor* Mak.）：与原种的区别是，内外轮花被片均为纯黄色，香味浓。

小花蜡梅（*C. praecox* var. *parviflorus* Turrill）：与原种的区别是，花小，径约 0.9cm，外轮花被片黄白色，内轮有浓红紫色条纹，栽培较少。

'大花素心'蜡梅（'Luteo-grandiflorus'）：与原种的区别是，花大，宽钟形，径达 3.5～4.2cm，花被片全为鲜黄色。

'虎蹄'蜡梅（'Cotyiformus'）：与原种的区别是，花之内轮花被中心有形如虎蹄的紫红色斑而得名，径 3～3.5(4.5)cm。

【习性】 喜光亦略耐阴，较耐寒，耐干旱，忌水湿，花农有"旱不死的蜡梅"的经验，但仍以湿润土壤为好，最宜选深厚、肥沃、排水良好的沙质壤土，如植于黏性土及碱土上均生长不良。蜡梅的生长势强、发枝力强、修剪不当则常易发出徒长枝，宜在栽培上注意控制徒长以促进花芽的分化。蜡梅花期长且开花早，故应植于背风向阳地点。寿命长，可达百年，50～60 年生者高达 3m，干径 15cm。

【繁殖栽培】 主要用嫁接法繁殖。砧木可用实生苗或狗蝇梅。切接可在 3 月当芽刚萌动时进行，接穗选 1 年生粗壮枝条，砧木选粗 1～1.5cm 者为宜。靠接在春夏两季均可进行，而以 5 月最宜。此外软材扦插及压条法亦可采用，但生根困难，成活率低。

为了促进分枝并获得良好的树形，在嫁接成活后，应及时摘顶。花谢后亦应及时进行修剪，每枝留 15～20cm 即可，同时将已谢的花朵摘除，以免因结实消耗养分。

移栽可在秋后或春季带土球移植；当叶芽长大已萌发后即不宜移栽。露地栽培时，每年在冬季或早春施肥 1 次即可；雨季应注意排水，过干时可适当浇水。

为了冬季室内观花，可预先带土球挖出后上盆，干时只浇清水，不需施肥，待花谢后再栽回地上，可免盆栽管理之烦。

蜡梅在园艺造型上可整成屏扇形、龙游形以及单干式、多干式等各种形式。整形的方法是在春天芽萌动时动刀整理树干使其形成基本骨架，到 6 月时，用手扭拧新枝使成一定形姿。民间传统的蜡梅桩景有"疙瘩梅"、"悬枝梅"均为著名的整形法。

【观赏特性和园林用途】 蜡梅花开于寒月早春，花黄如蜡，清香四溢，为冬季观赏佳品。配置于室前、墙隅均极适宜；作为盆花、桩景和瓶花亦独具特色。中国传统上喜用天竺与蜡梅相搭配，可谓色、香、形三者相得益彰，极得造化之妙。也可配置在假山、岩石园等处。

【经济用途】 花可提取香精，花烘制后为名贵药材，有解暑生津之效；采花浸生油中，称"蜡梅油"可敷治水火烫伤；茎、根亦可作镇咳止喘药。

11.1.1.2.2 夏蜡梅属 *Calycanthus* Linn., nom. cons.

落叶灌木，芽为叶柄内裸芽或鳞芽。雄蕊 10~20；花顶生。为特有的单种属。

夏蜡梅 *Calycanthus chinensis* Cheng et S. Y. Chang（图 11-23）

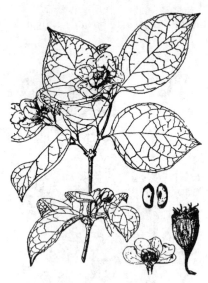

图 11-23 夏蜡梅

【形态特征】 落叶灌木，高达 3m，裸芽包于叶柄基内。单叶，对生，阔卵状椭圆形或倒卵形，长 11~29cm，叶端短尖，全缘或疏生细齿，叶柄长 1.2~1.8cm。单花顶生，无香，径 4.5~7cm，外花被 10~14 片，白色，腹面基部散布淡紫红色细斑纹；雄蕊 18~19，退化雄蕊 11~12；心皮 11~12，生于杯状或坛状花托内。果托钟状，近顶端略收缩，长 3~5cm，径 1.5~3cm，顶端有 14~16 个钻形附属物；瘦果褐色，长 1.2~1.5cm，基部被灰白色毛，花柱宿存。花期 5 月；果期 10 月。

【分布】 产于浙江西北部及东部，在临安市龙荡山、天台县大雪山海拔 600~1000m 山坡、沟边生长，是 20 世纪 50 年代时发现的特产种。

【习性】 性喜阴湿条件，在全光条件下略生长不良，花较大、美丽，宜供背阴处或疏林下观赏用。北京已有少量引种，可以越冬开花。

11.1.1.3 樟科 Lauraceae

乔木或灌木，具油细胞，有香气。单叶互生，稀对生或簇生，全缘，稀有裂；无托叶。花小，两性或单性，呈伞形、总状或圆锥花序；花各部多为 3 基数，花被片常为 6，2 轮排列；雄蕊 3~4，每轮 3，第 4 轮雄蕊通常退化。花药瓣裂；单雌蕊，子房上位，1 室，1 胚珠。核果或浆果；种子无胚乳。

约 45 属，2000~5000 种，分布于全球热带及亚热带地区，主产于东南亚和巴西；中国约产 24 属，约 430 种，分布于长江流域及其以南地区。多为优良用材或特种经济树种。

分属检索表

1 圆锥花序，花两性；叶常绿。
　2 花被片脱落；叶三出脉或羽状脉；果生于肥厚果托上 ·················· 1. 樟属 *Cinnamomum*
　2 花被片宿存；叶为羽状脉；花柄不增粗。
　　3 花被裂片薄而长，向外开展或反曲 ························· 2. 润楠属 *Machilus*
　　3 花被裂片厚而短，直立或紧抱果实基部 ··················· 3. 楠木属 *Phoebe*
1 伞形花序或总状花序；叶常绿或落叶。
　4 花药 4 室，总状花序；落叶性 ·································· 檫木属 *Sassafras*
　4 花药 2 室，总状花序；花雌雄异株。
　　5 花被片 6，发育雄蕊 9；常绿或落叶 ··················· 山胡椒属 *Lindera*
　　5 花被片 4，发育雄蕊常为 12；常绿 ··················· 4. 月桂属 *Laurus*

11.1.1.3.1 樟属 *Cinnamomum* Trew

常绿乔木或灌木；叶互生，稀对生，全缘，三出脉、离基三出脉或羽状脉，脉腋常有腺体。圆锥花序，花两性，稀单生，花被裂片早落。浆果状核果，基部有厚萼筒形成之盘状果托。

约 250 种，中国约产 50 种。

分种检索表

1 脉腋有腺体，叶互生。
　2 叶离基三出脉，叶背灰绿色，无毛，薄革质 ··················· (1) 樟树 *C. camphora*
　2 叶脉羽状或偶为离基三出脉，叶背苍白色，密被平伏毛，革质 ·········· (2) 云南樟 *C. glanduliferum*
1 脉腋无腺体，明显三出脉；叶互生或近对生。
　3 小枝无毛，三主脉在叶表面隆起 ··························· (3) 天竺桂 *C. japonicum*
　3 小枝密被毛，三主脉在叶表面凹下 ······················· (4) 肉桂 *C. cassia*

(1) 樟树 *Cinnamomum camphora*（L.）Presl（图 11-24）

【别名】 香樟、栳樟、臭樟、乌樟。

【形态特征】 常绿乔木，一般 20~30m，最高可达 50m，胸径 4~5m；树冠广卵形。树皮灰褐色，纵裂。叶互生，卵状椭圆形，长 5~8m，薄革质，离基三出脉，脉腋有腺体，全缘，两面无毛，背面灰绿色。圆锥花序腋生于新枝；花被淡黄绿色，6 裂。核果球形，径约 6mm，熟时紫黑色，果托盘状。花期 5 月；果 9~10 月成熟。

【分布】 樟树分布大体以长江为北界，南至两广及西南，尤以江西、浙江、福建、台湾等东南沿海地区为最多。垂直分布可达1000m。在自然界多见于低山、丘陵及村庄附近。朝鲜、日本亦产之。其他各国常有引种栽培。

图 11-24　樟树

【习性】 喜光，稍耐阴；喜温暖湿润气候，耐寒性不强，在-18℃低温下幼枝受冻害。对土壤要求不严，但以深厚、肥沃、湿润的微酸性黏质土最好，较耐水湿，但不耐干旱、瘠薄和盐碱土。主根发达，深根性，能抗风，但在地下水位高的平原生长扎根浅，易遭风害，且多早衰。萌芽力强，耐修剪。生长速度中等偏慢，幼年较快，中年后转慢。10年生树高约6m，50年生树高约15m。寿命长可达千年以上。有一定的抗海潮风、耐烟尘和有毒气体能力，并能吸收多种有毒气体，较能适应城市环境。

【繁殖栽培】 主要用播种繁殖，也可用软材扦插及分栽根蘖等法繁殖。10～11月果实成熟后及时采种，用水浸泡2～3天，搓去果肉，再拌草木灰脱脂12～24h，然后洗净种子，晾干后混沙贮藏，至次年春季（2月底至3月上旬）条播。行距20～25cm，每亩播种量10～13kg。播前若再用温水（50℃）间歇浸种3～4d，可提前10d左右发芽，而且出苗整齐，一般发芽率在80%左右。一年生苗高30～50cm。幼苗喜阴怕冻，冬季要敷草或培土防寒。因樟树主根深而侧根少，故育苗室要注意培育侧根。在苗圃中一般要经过2次移植。小苗移植时剪去主根一段，只留10～15m长即可。大苗移植时要注意少伤根，带土球，并适当疏去1/3枝叶。大树移栽时更应重剪树冠（疏剪枝叶1/2左右），带大土球，且用草绳卷干保湿，充分灌溉和喷洒枝叶，方可保证成活。移植时间以在芽刚开始萌发时为佳。栽植时注意不要过深，以平原地际位置为准。

【观赏特性和园林用途】 本种枝叶茂密，冠大荫浓，树姿雄伟，是城市绿化的优良树种，广泛用作庭荫树、行道树、防护林及风景林。配置于河畔、水边、山坡、平地无不相宜。若孤植于空旷地，让树干充分发展，浓荫覆地，效果更佳。在草地中丛植、群植或作背景树都很合适。香樟树对Cl_2、SO_2、O_3及F_2等有害气体具有抗性，故也可选作厂矿区绿化树种。

【经济用途】 樟树是一种极有经济价值的树种，是生产樟脑的主要原料。木材致密优美，易加工，耐水湿，有香气，抗虫蛀，供建筑、造船、家具、箱柜、雕刻、乐器等用。全树各部均可提制樟脑及樟油，广泛用于化工、医药、香料等方面，是我国重要出口物资。

(2) 云南樟 *Cinnamomum glanduliferum* （Wall.）Nees

【别名】 臭樟。

【形态特征】 常绿小乔木，高5～15m。叶互生，革质，椭圆形至长椭圆形，长6～15m，全缘，羽状脉或偶有离基三出脉，脉腋有腺体，表面绿色有光泽，背面苍白色，密被平伏毛。腋生圆锥花序，花黄色。果球状，黑色，径约1cm；果托膨大，边缘波状。花期4～5月；果9～10月成熟。

【分布】 产于中国西南部；垂直分布一般在600～2500m。印度、缅甸、尼泊尔亦产。

【习性】 喜光，幼树稍耐阴，喜温暖湿润气候；对土壤要求不严，但以湿润而排水良好之土壤生长最好。生长较快，萌芽性强。用播种繁殖，亦可萌蘖更新。

【观赏特性和园林用途】 用途基本与樟树相同。

(3) 天竺桂 *Cinnamomum japonicum* Sieb.（*C. chekiangensis* Nakai）

【别名】 浙江天竺桂。

【形态特征】 常绿乔木或灌木，高10～16m；树冠卵状圆锥状。树皮淡灰褐色，光滑不裂，有芳香及辛辣味。小枝无毛，或幼时稍有细疏毛。叶互生或近对生，长椭圆状广披针形，长5～12cm，离基三主脉近于平行并在表面隆起，脉腋无腺体，背面有白粉及细毛。5月开黄绿色小花；果7～9月成熟，蓝黑色。

【分布】 产于浙江、安徽南部、湖南、江西等地，多生于海拔600m以下较阴湿的山谷杂木林中。

【习性】 中性树种，幼年期耐阴；喜温暖湿润气候及排水良好之微酸性土壤；中性土壤及平原地区也能适应，但不能积水。繁殖用播种法。秋季采种，堆放后熟，泡水搓去果肉，洗净晾干，沙藏至次年春播。移栽在3月中下旬进行，带土球，适当疏剪枝叶。

【观赏特性和园林用途】 本种树干端直，树冠整齐，叶茂荫浓，气势宏伟，在园林绿地中孤植、

图 11-25 肉桂

丛植、列植均相宜。且对 SO_2 抗性强，隔音、防尘效果好，可选作厂矿区绿化及防护林带树种。

【经济用途】 木材坚实，耐水湿，可供建筑、桥梁、车辆、家具等用材；树皮供药用及食用香料用；枝、叶、果可蒸制芳香油。

（4）肉桂 *Cinnamomum cassia* Presl（图 11-25）

【别名】 牡桂、玉树、大桂、辣桂。

【形态特征】 常绿乔木；1 年生枝条圆柱状，当年生小枝四棱形，密被灰黄色绒毛，后渐脱落。叶互生或近对生，厚革质，长椭圆形，长 8～20cm，离基三主脉近于平行，在表面凹下，脉腋无腺体。圆锥花序腋生或近枝端着生，花白色。果椭圆形，长约 1cm，熟时黑紫色；果托浅碗状，边缘浅齿状。花期 5 月；果 11～12 月成熟。

【分布】 产于福建、广东、广西及云南等地；广西东南桂平附近为主要产地，多为人工林；野生树分布在海拔 500m 以下的常绿林中。越南、老挝、印度及印度尼西亚等国亦有分布。

【习性】 成年树喜光，稍耐阴，幼树忌强光；喜暖热多雨气候，怕霜冻；喜湿热肥沃、排水良好、富含有机质的酸性（pH 4.5～5.5）沙壤土。生长较缓慢；深根性，抗风力强。萌芽性强；病虫害少。喜温暖湿润、阳光充足的环境，喜光又耐阴，喜暖热、无霜雪、多雾高温之地，不耐干旱、积水、严寒和空气干燥。

【繁殖栽培】 用播种法繁殖。种子发芽率在 90% 以上，但保存期较短，应采后即播。幼苗需要遮阴。移植时期以发芽前为宜。

【观赏特性和园林用途】 本种树形整齐、美观，在华南地区可栽作庭院绿化树种。但主要是作为特种经济树种栽培。

【经济用途】 6～7 年生树可开始剥取树皮，即"桂皮"，是食用香料和药材，有祛风健胃、活血祛瘀、散寒止痛等功效。嫩枝即"桂枝"，能发汗祛风，通经脉。叶、枝、碎皮及果均可提取"桂油"，既是香料，又可药用。

11.1.1.3.2 润楠属 *Machilus* Nees

常绿乔木，稀落叶或灌木状。顶芽大，有多数覆瓦状鳞片。叶互生，全缘，羽状脉。花两性，顶生或近顶生圆锥花序；花被片薄而长，宿存并开展或反卷。浆果状核果，果柄顶端不肥大。

共约 100 种，产于东南亚及东亚之热带和亚热带。中国产 80 种以上，分布于西南、中南至台湾省，多属优良用材树种。

红楠 *Machilus thunbergii* Sieb. et Zucc.（图 11-26）

【形态特征】 常绿乔木，高达 20m，胸径 1m。树皮幼时灰白色，平滑，后渐变成淡棕灰色。老枝粗糙，嫩枝紫红色，小枝无毛。叶革质，长椭圆状倒卵形至椭圆形，长 5～10cm，全缘，突钝尖，基部楔形，两面无毛，背面有白粉，侧脉 7～10 对；叶柄长 1～2.5cm。果球形，径约 1cm，熟时蓝黑色。花期 2 月；果 9～10 月成熟。

【分布】 产于山东（崂山）、江苏（宜兴）、浙江、安徽南部、江西、福建、台湾、湖南、广东、广西等地；朝鲜、日本及越南北部亦有分布。

【习性】 喜温暖湿润气候，稍耐阴，有一定的耐寒能力，是楠木类中最耐寒者。喜肥沃湿润之中性或微酸性土壤，但也能在石隙或瘠薄地生长。在自然界中多生于低山阴坡湿润处，常与山毛榉科及樟科其他树种混生。有较强的耐盐性及抗海潮风能力。生长尚快，在环境适宜处 10 年生树高可达 10m，胸径逾 10cm。寿命可达 600 年以上。

【繁殖栽培】 用播种和分株法繁殖。

【观赏特性和园林用途】 本种在中国东南沿海低山地区可作用材、绿化及防风林树种。上海、杭州等城市有栽培。

图 11-26 红楠

【经济用途】 木材可供建筑、造船、家具等用；叶可提制芳香油；种子可榨油，供制肥皂及润滑用。

11.1.1.3.3 楠木属 *Phoebe* Nees

常绿乔木或灌木。叶互生，羽状脉，全缘。花两性或杂性，圆锥花序；花被片6，短而厚，宿存，直立或紧抱果实基部。果卵形或椭球形。

共约94种，中国约有38种以上；多为珍贵用材树种。

分种检索表

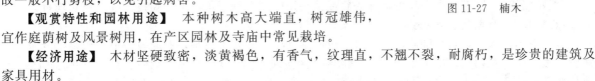

1 小枝有柔毛；叶椭圆形至长椭圆形，长7～10cm，背面密被柔毛 ···················· (1) 楠木 *P. zhennan*
1 小枝密生锈色绒毛；叶倒卵状椭圆形，长8～27cm，背面网脉甚隆起并密被锈色绒毛 ········ (2) 紫楠 *P. sheareri*

(1) 楠木 *Phoebe zhennan* S. Lee et F. N. Wei（图11-27）

【别名】 桢楠。

【形态特征】 常绿乔木，高达30m，胸径1.5m。树干通直；小枝有柔毛。叶革质，椭圆形至长椭圆形，少为披针形或倒披针形，长7～11cm，宽2.5～4cm，先端渐尖，基部楔形，背面密被柔毛，侧脉每边8～13条，横脉及小脉在背面不明显；叶柄长1～2.2cm。花序长7.5～12cm。果卵形或椭球形，径6～7mm。花期4～5月；果9～10月成熟。

【分布】 产于贵州西北部、湖北西部及四川盆地西部；多见于海拔1500m以下之阔叶林中。

【习性】 中性树种，幼时耐阴性较强，喜温暖湿润气候及肥沃、湿润而排水良好之中性或微酸性土壤。生长速度缓慢，寿命长。深根性，有较强的萌蘖力。

【繁殖栽培】 播种繁殖，种子成熟后宜随即播种；若次年春播则需沙藏越冬。1年生苗高约30cm。楠木愈伤速度较慢，故一般不行剪枝，以免引起病害。

【观赏特性和园林用途】 本种树木高大端直，树冠雄伟，宜作庭荫树及风景树用，在产区园林及寺庙中常见栽培。

【经济用途】 木材坚硬致密，淡黄褐色，有香气，纹理直，不翘不裂，耐腐朽，是珍贵的建筑及家具用材。

图11-27 楠木

(2) 紫楠 *Phoebe sheareri*（Hemsl.）Gamble（图11-28）

【形态特征】 常绿大灌木乔木，高达20m，胸径50cm。树皮灰白色；小枝密生锈色绒毛。叶倒卵状椭圆形，革质，长8～22cm，先端突短尖或突渐尖，基部楔形，背面网脉甚隆起并密被锈色绒毛；叶柄长1～2cm。聚伞状圆锥花序，腋生。果卵状椭球形，宿存花被片较大，果熟时蓝黑色，种皮有黑斑。花期5～6月；果10～11月成熟。

【分布】 广泛分布于长江流域及其以南和西南各地，多生于海拔1000m以下的阴湿山谷和杂木林中；中南半岛亦有分布。

【习性】 耐阴树种，喜温暖湿润气候及深厚、肥沃、湿润而排水良好之微酸性及中性土壤；有一定的耐寒能力，南京、上海等地能正常生长。深根性，萌芽性强；生长较慢。

【繁殖栽培】 可用播种及扦插法繁殖。11月采种，堆置后熟，把果皮搓洗掉，再拌草木灰搓揉去种皮的油脂，宜稍晾干后播种。否则也要及早混沙贮藏越冬，次年春播。幼苗需搭棚遮阴。移栽在3月进行，带土球。紫楠侧枝不宜多修，以防树干日灼开裂。

图11-28 紫楠

【观赏特性和园林用途】 紫楠树形端正美观，叶大荫浓，宜作庭荫树及绿化、风景树。在草坪孤植、丛植，或在大型建筑物前后配置，显得雄伟壮观。紫楠还有较好的防风、防火效能，可栽作防护林带。

【经济用途】 木材坚硬、耐腐，是建筑、造船、家具等良材。根、枝、叶均可提炼芳香油，供医药或工业用；种子可榨油，供制皂和润滑油。

11.1.1.3.4　月桂属 *Laurus* L.

常绿小乔木。叶互生，羽状脉。花雌雄异株或两性，伞形花序呈球形，具4枚总苞片；花被片4，发育雄蕊常为12，花药2室。果卵球形，有宿存花被筒。

共2种，产于大西洋加那利群岛、马德拉群岛及地中海沿岸地区；中国引入栽培1种。

图 11-29　月桂

月桂 *Laurus nobilis* L.（图11-29）

【形态特征】　常绿小乔木或灌木，高可达12m；树冠卵形。小枝绿色，具纵向细条纹。叶互生，长椭圆形至广披针形，长4～10cm，先端渐尖，基部楔形，全缘，常呈波状，表面暗绿色，有光泽，背面淡绿色，革质，揉碎有醇香；叶柄带紫色。花小，黄色，呈聚伞状花序簇生于叶腋，4月开放。核果椭圆形，9～10月成熟，黑色或暗紫色。

【分布】　原产于地中海一带；中国浙江、江苏、福建、台湾、四川、云南等地有引种栽培。上海、南京一带常见栽作庭院绿化树种。

【习性】　喜光，稍耐阴；喜温暖湿润气候及疏松肥沃的土壤，对土壤酸碱度要求不严，在酸性、中性及微碱性土上均能适应；耐干旱，并有一定耐寒能力，短期－8℃低温不受冻害。萌芽力强。

【繁殖栽培】　繁殖可用扦插、播种等法。扦插可于3月中下旬采去年生枝插，亦可在6～7月间用软枝插，均以带踵扦插为好。播种法于9月采种，不需处理，带果皮阴干后沙藏，次年春播。小苗移栽要多留宿土，大苗需带土球，在3月中旬至4月上旬进行。

【观赏特性和园林用途】　本种树形圆整，枝叶茂密，四季常青，春天又有黄花缀满枝间，颇为美丽，是良好的庭院绿化树种。孤植、丛植于草坪，列植于路旁、墙边，或对植于门旁都很合适。

【经济用途】　叶有芳香，用做调味香料或罐头调味剂。种子可榨油；树皮、叶、果实均可入药。

11.1.1.4　八角科 Illiciaceae

常绿乔木或灌木，具油细胞，有香气。单叶，互生，常簇生枝顶，有时轮生或近对生，全缘，羽状脉；无托生。花两性，常单生或2～5簇生，腋生或近顶生，红色、黄色稀白色，花梗偶具1～2小苞片；花被片7～21(55)，常具腺点，数轮，覆瓦状排列，外面较小，内面者较大，舌状膜质，或卵形至圆形，内质；雄蕊4～50，离生，1至数轮，花绿舌状或近圆柱状，药室内侧向纵裂，药隔有时具腺体；心皮5～15(21)，离生，1轮，心皮侧扁，柱头钻状，柱头在腹面，无花柱或花柱极短，子房1室1胚珠。聚合蓇葖果由2～20枚单轮呈放射状排列的小果组成。每蓇葖果含1种子。种子卵圆形或椭圆形，侧扁，有光泽，腹面具纵棱，胚乳丰富，含油，胚微小，后熟。子叶出土。

单属科。

八角属　*Illicium* Linn.

属的性状与科同。

约50种，分布与亚洲东南部和北美洲南部；中国约30种。

分种检索表

1 雄蕊6～21。
 2 心皮常为8；蓇葖常为8，先端钝或钝尖；乔木 ……………………………………………… (1) 八角 *I. verum*
 2 心皮7～14；蓇葖常为10～13，先端尖，有尖头。
  3 心皮10～13；雄蕊6～11；小乔或灌木 ……………………………… (2) 披针叶茴香 *I. lanceolatum*
  3 心皮7～8(10)；雄蕊11～14；灌木 …………………………………………… (3) 红茴香 *I. henryi*
1 雄蕊22～30；心皮11～14；花被片10～14 ………………………… 厚皮香八角 *I. ternstroemioides*

(1) 八角 *Illicium verum* Hook. f.（图11-30）

【别名】　大茴香、八角茴香。

【形态特征】　常绿乔木，高14～20m，树冠圆锥形；树皮灰色至红褐色，有不规则裂纹；枝密而平展。叶互生、革质，椭圆状倒卵形，长5～11cm，宽1.5～4cm，叶表有光泽和透明油点，叶背疏生柔毛。花单生叶腋，花被片7～12，粉红色至深红色；雄蕊11～20；心皮8～9，离生，轮状排列。聚合果，径3.5cm，红褐色，蓇葖顶端钝或钝尖而稍反卷。

【分布】　华南及西南等暖热湿润地方。

【习性】 喜冬暖夏凉的亚热带山区气候，成年树能忍耐−4℃的低温，但幼苗在−3℃时就会受冻害。大体上以在年均温为20～23℃，1月平均气温在8～15℃的地区均能生长良好。有相当的耐阴能力，喜生于雨量充沛、空气湿度较高的地点；对土壤要求深厚肥沃、排水良好的酸性沙质壤土，不耐碱性土壤，在干燥瘠薄的地点生长不良。在自然风景区中以选中山或低山地区为宜。因为枝较脆，易风折，应避开风口地带。在大群配置时可与木荷、枫香、银杏、铁杉、建柏等适当混交。

八角在达8龄后可形成较完整的树冠，并开花结实，在条件好的地点盛花盛果期可达60～70年以上，条件差的地点20～30年。八角每年可开花2次，第1次花期在2～3月，果熟于8～9月，第2次花期在8～9月，果在次年3～4月成熟；以第1次的开花结果量最多，果实也硕大，第2次的花果量仅为春花的1/10～2/10而已，且果实瘦小。

此外，因为八角树干的皮较薄，易受日灼，故应选择坡向或在配置以及栽培管理上加以注意。

【繁殖栽培】 播种繁殖。在果实成熟开裂前采下，经风干开裂后取出种子。因种子含油，久藏易降低发芽率，故以采后即播为宜，如必须贮藏则可用沙藏法或将种子浸水使湿后拌以洁净的细黄泥，使成豆粒大小的颗粒而后窖藏。在晚霜过后播种，播后在苗床上盖草，发芽率约60%以上。幼苗期应搭荫棚以免灼伤。1年生苗高约40cm。

【观赏特性和园林用途】 八角树形整齐呈圆锥形，叶丛紧密，亮绿革质，是美丽的观赏树兼经济树种。可作庭荫树及高篱用。

【经济用途】 叶、果皮、种子均含有芳香油称为茴香油或八角油，是著名的调味香料和医药原料，为食品工业和化妆品的重要原料，是出口物资之一。果实即"大料"，是千家万户不可缺少的调料，有健胃、止咳之效，又可治消化不良、神经衰弱和疥癣。木材质地细致而轻软，有香味，无虫蛀，可供家具用。

图 11-30　八角

图 11-31　披针叶茴香
1. 花姿；2. 花；3. 雌蕊群；
4. 雄蕊；5. 聚合果

(2) 披针叶茴香 *Illicium lanceolatum* A. C. Smith（图 11-31）

【别名】 莽草、山木蟹、大茴、红毒茴。

【形态特征】 常绿灌木或小乔木，高3～10m；树皮灰褐色。单叶互生过或偶有聚生于节部，倒披针形或披针形，长6～15cm，宽2～4.5cm，叶端渐尖或短尾状。花红色单生或2～3朵簇生叶腋；花被10～15片；心皮10～13。聚合蓇葖果10～13，顶端有长而弯曲的尖头。花期5～6月，果期8～10月。

【分布】 分布于长江下游、中游及以南各地。常生于林中。叶和果均含芳香油，但根有毒；根可入药，有活血祛瘀及杀虫效果；果、种子均有剧毒。

(3) 红茴香 *Illicium henryi* Diels（图 11-32）

【形态特征】 灌木状，偶小乔木，高达7m。叶互生或2～5簇生枝顶，革质，狭披针形、倒披针形或倒卵状椭圆形，长6～17cm，叶端渐尖，叶楔形，叶表中脉凹，侧脉5～7对，叶柄长1～2cm。花红色，腋生、近顶生或老枝生花，单生或2～3朵簇生，花蕾球形；雄蕊9～20（28）；心皮7～9，聚合果径2～2.5cm；蓇葖7～9，先端尖长3～5mm。花期4～6月；果期8～10月。

图 11-32 红茴香

【分布】 产于陕西、甘肃、河南、湖南、湖北、四川、贵州、云南、广西、安徽。生于 350～2500m 山林沟谷。性喜温湿多光但不过于暴晒之地,是良好的景观植物。可用播种、扦插繁殖。叶和果含芳香油可制化妆品,但果有毒不能食用。根及根皮可入药,有治跌打损伤、祛风湿、治关节炎之效。

11.1.1.5 毛茛科 Ranunculaceae

多为草本,稀为藤本或灌木。单叶或复叶,互生或对生,常无托叶。花两性,稀单性,辐射对称,稀左右对称,单生或排成各种花序;雌雄同株或异株。萼片 4～5,较多或较少,绿色或呈有色花瓣状;花瓣 4～5 或较多或无,常具蜜腺;雄蕊多数,稀少数,花药 2 室或具退化雌蕊;心皮多数,离生或 1 枚,每心皮有 1 至多数倒生胚珠。蓇葖果或瘦果,稀浆果或蒴果,种子胚乳丰富,胚小。

本科约 59 属,2500 种,广布于世界各地。中国 42 属,约 725 种。

铁线莲属 Clematis L.

多年生草本或木本,攀援或直立。叶对生,单叶或羽状复叶,花常呈聚伞或圆锥花序,稀单生;多为两性花;无花瓣;萼片花瓣状,大而呈各种颜色,4～8 枚;雄蕊多数;心皮多数离生;瘦果,通常有宿存之羽毛状花柱。

本属约 300 种。广布于北温带,少数产南半球。中国约 110 种,广布于南北各地而以西南部最多。欧美庭院栽培的铁线莲中的主要种类多出自中国。

铁线莲是园林藤本花木中的重要种类之一,枝叶扶苏,花大色艳,具有独特风格。国外已育成多种杂种大花新品种,国内尚少栽培。

分种检索表

1 花单生或簇生。
  2 小叶或叶全缘,偶有裂;花单生。
    3 春夏季开花于老枝上,花梗较萼片长。
      4 夏季开花,花梗上有 2 枚叶状苞片;结果时花柱无羽状毛 ·········(1) 铁线莲 *C. florida*
      4 春季开花,花梗上无苞片;结果时花柱有羽状毛 ·········(2) 转子莲 *C. patens*
    3 夏秋开花于新梢,花梗较萼片短 ·········(杂种铁线莲 *C.×jackmanii*)
  2 小叶有齿。
    5 花单生,蓝色。
      6 小叶基部圆形;退化雄蕊长度与萼片之半或更短 ·········宽萼铁线莲 *C. platysepala*
      6 小叶基部形至圆形;退化雄蕊长度同于萼片或略短 ·········大瓣铁线莲 *C. macropetala*
    5 花簇生,白色或淡红色 ·········绣球藤 *C. montana*
1 花成腋生或顶生圆锥花序,小叶 3～7 枚,无毛,叶干后绿色 ·········圆锥铁线莲 *C. terniflora*

(1) 铁线莲 Clematis florida Thunb.

【别名】 铁线牡丹、番莲、金包银、山木通、番莲、威灵仙。

【形态特征】 落叶或半常绿藤本,长 1～2m。叶常为 2 回 3 出羽状复叶,小叶卵形或卵状披针形,长 2～5cm,全缘或有少数浅缺刻,叶表暗绿色,两面均不被毛,脉纹不显。花单生于叶腋无花瓣;花梗细长,于近中部处有 2 枚对生的叶状苞片;萼片花瓣状,常 6 枚,乳白色,背有绿色条纹,径 5～8cm;雄蕊暗紫色,无毛;子房有柔毛,花柱上部无毛,结果时不延伸。花白色,花期 1～2 月。

【分布】 产于广西、广东、湖南、湖北、浙江、江苏、山东等地;日本及欧美多有栽培。

【变种、变型及栽培品种】 '重瓣'铁线莲('Plena'):与原种的区别是,花重瓣;雄蕊为绿白色,外轮萼片较长。

'蕊瓣'铁线莲('Sieboldii'):与原种的区别是,雄蕊有部分变为紫色小花瓣状。

【习性】 喜光,但侧方庇荫时生长更好。喜疏松肥沃、排水良好的中性至微酸性土壤。耐寒性较差。在华北常盆栽,温室越冬。

【繁殖栽培】 用播种、压条、分株、扦插及嫁接等法繁殖。播种法仅用于繁殖原种或育种时应用。种子成熟采收后应先层积,然后秋播或春播。压条和分株繁殖,国内普遍采用而以前者为主。于 4～5 月间将枝蔓压入土内或盆中,入土部分至少应有 2 个节,深约 3cm,封土后砸实并压一砖块,经常保持湿润,1 年后即可割离分栽。对于变种或园艺品种,多用于扦插或嫁接法繁殖,尤以后者为多。扦插宜于夏季在冷床内进行,插穗基部以在节间切断为好。嫁接时,可用实生苗或当地野生种作砧木，通常在早春于温室内行根接，待成活后再栽于露地。具体方法是预先在露地掘取砧木的根，切成小段后栽于盆中。用割接法将品种接穗接上，用麻皮扎好后放在嫁接匣中使其在高温高湿的条件下加速愈合。成活后放在中温温室中，待室外较暖后可连盆放置在外面，植株长大后如为露地栽植者，即可脱盆定植。

铁线莲不喜移栽，不论用何法繁殖的幼苗，均以一次定植为好。若必须移栽，则以秋季9～11月、春季2～4月为宜，需视当地气候而定。铁线莲开花于老枝，故修剪宜轻，一般仅在2～3月疏去过密、瘦弱及姿态不宜之枝蔓。本种之变种及品种一般抗寒性都较差，故在淮河以北地区须选背风向阳处栽植。栽前应挖大坑，多施基肥。因本种喜排水良好，故平时不干不浇水，但在春末夏初开花期间则需浇足水，并施饼肥和猪粪混合所泡制的肥水。因铁线莲是蔓茎缠绕，攀援力不强，故需用铁丝扶持方可攀附在墙壁或花架上。

【观赏特性和园林用途】 享有"藤本皇后"的美称，本种花大而美是点缀园墙、棚架、围篱及凉亭等垂直绿化的好材料，亦可与假山、岩石相配置或作盆栽观赏，也可作展览用切花，用于攀援常绿或落叶乔灌木上，或用作地被。

【经济用途】 种子含油18％，可供工业用。植株可药用，可祛瘀。

（2）转子莲 *Clematis patens* Morr.

【别名】 大花铁线莲。

【形态特征】 落叶藤本，长约1m。羽状复叶，小叶3～5枚，卵形至卵状披针形，全缘，叶背脉微有细毛。花单生于侧枝顶端，有一对具长柄之三出叶，花径10～15cm，萼片6～8枚，基部有窄爪；花柱顶端有平贴细毛，下部羽毛状。花白色或莲青至蓝色，花蕊紫红色，4～5月开花。

【分布】 本种原产中国湖北，日本有分布，1836年传至欧洲。久经栽培观赏。

【变种、变型及栽培品种】 '大花'转子莲（'Grandiflora'）：与原种的区别是，花较大。

'蓝花'转子莲（'Sotandishi'）：与原种的区别是，小叶3枚，形小；花径12～14cm，淡蓝紫色。

'多瓣'转子莲（'Fortunei'）：与原种的区别是，花径8～12cm；萼片多数，形较狭，初开时乳白色，后变淡红色。

【习性】 转子莲的生长势较弱，与其他种相比，转子莲最喜微碱性土壤，越冬能力和繁殖栽培以及在园林中的用途均同于铁线莲。

11.1.1.6 小檗科 Berberidaceae

灌木或多年生草本。单叶或复叶，互生，稀对生或基生。花两性，整齐，单生或成总状、聚伞或圆锥花序；花萼花瓣相似，2至多轮，每轮3枚，花瓣常具蜜腺；雄蕊与花瓣同数并与其对生，稀为其2倍，花药瓣裂或纵裂；子房上位。心皮1（稀数个），1室，胚珠少数至多数。浆果或蒴果。种子富含胚乳。

本科共17属，约650种；中国11属，320种，各地均有分布，其中可供庭院观赏的种类很多。

分属检索表

```
1 单叶；枝干节部具针刺 ·········································· 1. 小檗属 Berberis
1 羽状复叶；枝无刺。
  2 1回羽状复叶，小叶缘有刺齿 ·························· 2. 十大功劳属 Mahonia
  2 2～3回羽状复叶，小叶全缘 ····························· 3. 南天竹属 Nandina
```

11.1.1.6.1 小檗属 *Berberis* L.

落叶或常绿灌木，稀乔木。枝常具针状刺。单叶，在短枝上簇生，在幼枝上互生。花黄色，单生、簇生，或成总状、伞状及圆锥花序；萼片6～9，花瓣6，雄蕊6，胚珠1至多数。浆果红色或黑色。

本属约500种，广布于亚、欧、美、非洲。中国约有250种，多分布于西部及西南部。本属各种根皮和茎皮中含有小檗碱，可制黄连素；多数种类可供植于庭院观赏。

分种检索表

```
1 叶全缘。
  2 花1～5朵成簇生状伞形花序；叶小，倒卵形或匙形，长0.5～2cm ········ (1) 小檗 B. thunbergii
  2 花5～10朵略成总状花序或近伞形花序，叶长圆状菱形，长3.5～10cm ········ (2) 庐山小檗 B. virgetorum
1 叶缘有齿。
  3 叶缘有刺毛状细锯齿；花瓣先端微凹 ····················· (3) 阿穆尔小檗 B. amurensis
  3 叶缘有刺状锯齿；花瓣先端不凹 ····························· (4) 刺檗 B. vulgaris
```

（1）小檗 *Berberis thunbergii* DC.（图11-33）

图 11-33 小檗
1. 花枝；2. 花；3. 枝刺

【别名】 日本小檗。

【形态特征】 落叶灌木，高 2～3m。小枝通常红褐色，有沟槽；刺通常不分叉。叶倒卵形或匙形，长 0.5～2cm，先端钝，基部急狭，全缘，表面暗绿色，背面灰绿色。花浅黄色，1～5 朵成簇生状伞形花序。花期 5 月；果 9 月成熟。

【分布】 原产于日本及中国，各大城市都有栽培。

【变种、变型及栽培品种】 ①'紫叶'小檗（'Atropurpurea'）：与原种的区别是，阳光充足的情况下，叶色常年为紫红色，观赏价值极高。

②'矮紫叶'小檗（'Atropurpurea Nana'）：与原种的区别是，植株低矮，高约 60cm，叶色常年紫色。

③'金边紫叶'小檗（'Golden Ring'）：与原种的区别是，叶紫红并有金黄色的边缘，阳光下色彩更艳。

④'花叶'小檗（'Harleguin'）：与原种的区别是，叶紫色，密布白色斑纹。

⑤'红首领'小檗（'Red Chief'）：与原种的区别是，叶绿色，有粉红色斑点。

⑥'银斑'小檗（'Kellerilis'）：与原种的区别是，叶绿色，有银白色斑纹。

⑦'桃红'小檗（'Rose Glow'）：与原种的区别是，叶桃红色，有时还有黄、红褐等色的斑纹镶嵌。

⑧'金叶'小檗（'Aurea'）：与原种的区别是，光照充足的情况下，叶常年保持黄色。

⑨'红柱'小檗（'Red Pillar'）：与原种的区别是，树冠圆柱形，叶酒红色。

⑩'直立'小檗（'Erecta'）：与原种的区别是，枝干直立，小枝开展角度小于 40°。

⑪'铺地'小檗（'Green Carpet'）：与原种的区别是，矮生，枝近铺地，叶绿色。

【习性】 喜光，稍耐阴，耐寒，对土壤要求不严，而以在肥沃而排水良好之沙质壤土上生长最好。萌芽力强，耐修剪。

【繁殖栽培】 主要用播种繁殖，春播或秋播均可。扦插多用半成熟枝条于 7～9 月进行，采用带踵扦插成活率较高。此外，亦可用压条法繁殖。定植时应进行强度修剪，以促其多发枝丛，生长旺盛。

【观赏特性和园林用途】 小檗分枝密，姿态圆整，春开黄花，秋结红果，深秋叶色紫红，果实经冬不落，是花、果、叶俱佳的观赏花木，适于园林中孤植、丛植或栽作绿篱。宜丛植草坪、池畔、岩石旁、墙隔、树下，是植花篱、点缀山石的好材料。此外，也可盆栽观赏或剪取果枝瓶插供室内装饰用。

【经济用途】 根、茎、叶均可入药。根、茎的木质部中含有多种生物碱，其小檗碱可制黄连素，有杀菌消炎之效；茎皮可做黄色染料。

(2) 庐山小檗 *Berberis virgetorum* Schneid.

【形态特征】 落叶灌木，高 2m，老枝灰黄色，幼枝紫褐色；刺单一，偶 3 分叉。叶长圆状菱形，长 4～8cm，叶表中脉稍凸，侧脉显著，叶背灰白色，全缘或略波状；叶柄长 1～2cm。花 3～15 朵排成总状花序，长 1～3cm，总梗长 1～2cm，花黄色，萼片 2 轮。浆果椭圆形，长 0.8～1.2cm，熟时红色。花期 4～5 月；果期 6～10 月。

【分布】 产于陕西、安徽、浙江、湖北、湖南、福建、广西、广东、贵州。生于海拔 250～1800m 的山地灌丛或山谷溪边阴山肥沃的土壤处。

【观赏特性和园林用途】 花量大、果美。

【经济用途】 茎枝、根皮富含小檗碱，可供观赏或制药用。

(3) 黄芦木 *Berberis amurensis* Rupr.（图 11-34）

【别名】 阿穆尔小檗、三颗针。

【形态特征】 落叶灌木，高达 3m。小枝有沟槽灰黄色；刺常为 3 叉，长 1～2cm。叶椭圆形或倒卵形，长 5～10cm，先端急尖或圆钝，基部渐狭，边缘有刺毛状细锯齿，背面网脉明显，有时具白粉。花淡黄色，10～25 朵排成下垂的总状花序。果椭圆形，长约 1cm，亮红色，常被白粉，花期 5 月，果期 7～8 月。

【分布】 产于东北及华北各地；俄罗斯、朝鲜、日本亦有分布。

【习性】 多生于山地边缘、溪边或灌丛中。耐寒性强。

【观赏特性和园林用途】 宜植于庭院观果。

（4）刺檗 *Berberis vulgaris* L.

【形态特征】 落叶灌木，高达 2.5m。小枝较粗，有沟槽，幼时黄色或黄红色，次年变灰色；刺 3 叉，长 1～2cm。叶椭圆状倒卵形，先端钝，基部渐狭长成叶柄，叶缘有刺状锯齿，花黄色，成下垂之总状花序。果椭圆形，长 0.8～1.2cm，红色或紫色，味酸。

【分布】 分布甚广，亚洲温带至欧洲及北美均有；河北、山东、甘肃等地有分布。

【变种、变型及栽培品种】 '紫叶'刺檗（'Atropurpurea'）：与原种的区别是，叶色终年深紫色。

11.1.1.6.2 十大功劳属 *Mahonia* Nutt.

常绿灌木。奇数羽状复叶，互生，小叶缘具刺齿。花黄色，总状花序数条簇生；萼片 9，3 轮；花瓣 6，2 轮；雄蕊 6；胚珠少数。浆果暗蓝色，外被白粉。

图 11-34 黄芦木

本属约 100 种，产亚洲和美洲；中国约 40 种。

分种检索表

1 小叶 5～9 枚，狭披针形，缘有刺齿 6～13 对 ······························ （1）十大功劳 *M. fortunei*
1 小叶 7～15 枚，卵形或卵状椭圆形，缘有刺齿 2～5 对 ······················ （2）阔叶十大功劳 *M. bealei*

（1）十大功劳 *Mahania fortunei*（Lindl.）Fedde（图 11-35）

【别名】 狭叶十大功劳、细叶十大功功劳、黄天竹、猫儿刺、土黄连、八角刺、刺黄柏。

【形态特征】 常绿灌木，高达 2m，全体无毛。小叶 5～9 枚，狭披针形，长 8～12cm，革质而有光泽，缘有刺齿 6～13 对，小叶均无叶柄。花黄色，总状花序 4～8 条簇生。浆果近球形，蓝黑色，被白粉。花期 7～9 月，果期 9～11 月。

【分布】 产于广西、四川、贵州、湖北、江西、浙江；在日本、印度尼西亚和美国等地也有栽培。

【习性】 阴性植物，喜温暖气候，喜排水良好的酸性腐殖土，极不耐碱，怕水涝。耐寒性不强。

【繁殖栽培】 可用播种、枝插、根插及分株等法繁殖。移栽最好在 4～5 月或 10 月进行。

【观赏特性和园林用途】 叶形奇特，黄花似锦，在江南园林常丛植于假山一侧或定植在假山。也可植于庭院、林缘及草地边缘，或作绿篱及基础种植。由于 SO_2 的抗性较强，也是工矿区的优良美化植物，亦可用于盆栽观赏。

【经济用途】 全株供药用，有清凉、解毒、强壮之效。

图 11-35 十大功劳

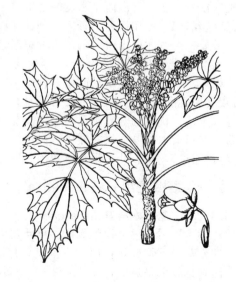

图 11-36 阔叶十大功劳

（2）阔叶十大功劳 *Mahonia bealei*（Fort.）Carr.（图 11-36）

【形态特征】 常绿灌木，高达 4m。小叶 9～15 枚，卵形至卵状椭圆形，长 5～12cm，叶缘反卷，每边有大刺齿 2～5 个，侧生小叶基部歪斜，表面绿色有光泽，背面有白粉，坚硬革质。花黄色，有香气，总状花序直立，6～9 条簇生。浆果卵形，蓝黑色；花期 9 月至翌年 1 月；果 3～5 月。

【分布】 产于陕西、河南、安徽、浙江、江西、福建、湖北、四川、贵州、广东等地；多生于山坡及灌木丛中。

【习性】 性强健，喜温暖湿润气候，耐半阴，不耐严寒，可在酸性土、中性土至弱碱性土壤中生长，但以排水良好的沙质土壤为宜。

【观赏特性和园林用途】 华东、中南各地园林中常见栽培观赏；华北盆栽较多。

【经济用途】 全株入药。能清热解毒、消肿、止泻、治肺结核等。

11.1.1.6.3　南天竹属 *Nandina* Thunb.

属的【形态特征】见种。

本属仅 1 种，产于中国及日本。

南天竹 *Nandina domestica* Thunb.（图 11-37）

图 11-37　南天竹

【别名】 阑天竹、天竺、红枸子、钻石黄。

【形态特征】 常绿灌木，长达 2m，丛生而少分枝。2～3 回羽状复叶，互生，中轴有关节，小叶椭圆状披针形，长 3～10cm，先端渐尖，基部楔形，全缘，两面无毛。花小而白色，成顶生圆锥花序，花期 3～6 月。浆果球形，鲜红色，果 11 月成熟。

【分布】 原产于中国及日本；江苏、浙江、安徽、江西、湖北、四川、陕西、河北、山东等地均有分布。现国内外庭院广泛栽培。

【变种、变型及栽培品种】 ① 白果南天竹［*N. domestica* Thunb. f. *alba*（Clarke）Rehd］：与原种的区别是，果白色。

② '玉果' 南天竹（'Leucocarpa'）：与原种的区别是，果黄白色，叶子冬天不变红。

③ '橙果' 南天竹（'Aurentiaca'）：与原种的区别是，果熟时橙色。

④ '细叶' 南天竹（'Capillaris'）：与原种的区别是，植株较矮小，叶形狭窄如丝。

⑤ '五彩' 南天竹（'Porphyrocarpa'）：与原种的区别是，植株较矮小，叶狭长而密，叶色多变，嫩叶红紫色，渐变为黄绿色，老叶绿色；果成熟时淡紫色。

⑥ '小叶' 南天竹（'Parvifolia'）：与原种的区别是，小叶形小，果红色。

⑦ '矮南天竹'（'Nana'）：与原种的区别是，矮灌木，树冠紧密球形，叶全年着色。

【习性】 喜半阴，最好能上午见光、中午和下午有庇荫；但在强光下亦能生长，唯叶色常发红。喜温暖气候及肥沃、湿润而排水良好之土壤，耐寒性不强，对水分要求不严。生长较慢。

【繁殖栽培】 也用播种、扦插、分株等法。秋季果熟后采下即播，或层积沙藏至次春 3 月播种，播后一般要三个月才能出苗，幼苗需设荫棚遮阴。幼苗生长缓慢，第 1 年高 3～6cm；3～4 年后高约 50cm，始能开花结果。扦插用 1～2 年生枝顶部，长 15～20cm，于 3 月上旬或至 7～8 月雨季进行均可；分株多于春季三月芽萌动时结合移栽或换盆时进行，秋季也可。

【观赏特性和园林用途】 南天竹植株优美，茎干丛生，枝叶扶疏，秋冬叶色变红，更有累累红果，经久不落，优良的赏叶观果类植物。宜丛植于庭院房前，草地边缘或园路转角处。北方寒地多盆栽观赏。又可剪取枝叶或果序瓶插，供室内装饰用。因其形态清雅，也常被用以制作盆景。

【经济用途】 根、叶、果均可药用。果为镇咳药，根、叶能强筋活络、消炎解毒。

11.1.2　金缕梅亚纲 Hamamelidae

11.1.2.1　悬铃木科 Platanaceae

落叶乔木，树干皮呈片状剥落。单叶互生，掌状分裂，叶柄下芽；有托叶，早落。花单性，雌雄同株，花密集成球形头状花序，下垂；萼片 3～8，花瓣与萼片同数；雄花有 3～8 雄蕊，花丝近于无，药隔顶部扩大呈盾形，雌花有 3～8 分离心皮，花柱伸长，子房上位，1 室，有 1～2 胚珠。聚合果呈球形，小坚果有棱角，基部有褐色长毛，内有种子 1 粒。

本科仅 1 属，约 11 种，分布于北温带和亚热带地区；中国引入栽培 3 种。

悬铃木属 *Platanus* L.

属的【形态特征】 同于科。

分种检索表

1 果枝有球状果序 3 个以上，叶深裂，中央裂片长度大于宽度，托叶小于 1cm，花 4 数，坚果之间有突出的绒毛 ··· (1) 三球悬铃木 *P. orientalis*

1 果枝有球状果序 1～2 个，稀 3 个，叶深裂或浅裂，具离基三出脉，托叶长于 1cm，花 4～6 数，坚果之间的毛不突出。

　　2 托叶长约 1.5cm，叶 5～7 掌状深裂，花 4 数，果序常为 2，稀 1 或 3 个 ······ (2) 二球悬铃木 *P. acerifolia*

　　2 托叶长于 2cm，喇叭形，叶多为 3 浅裂，花 4～6 数，果序常单生，稀 2 个 ···············

··· (3) 一球悬铃木 *P. occidentalis*

（1）三球悬铃木 *Platanus orientalis* L.（图 11-38）

【别名】 法桐、法国梧桐、净土树、鸠摩罗什树。

【形态特征】 大乔木，高 20～30m，树冠阔钟形；干皮灰褐绿色至灰白色，呈薄片状剥落。幼枝、幼叶密生褐色星状毛。叶掌状 5～7 裂，深裂达中部，裂片长大于宽，叶基阔楔形或截形，叶缘有齿牙，掌状脉；托叶圆领状。花序头状，黄绿色。多数坚果聚合呈球形，3～6 球成一串，宿存花柱长，呈刺毛状，果柄长而下垂。花期 4～5 月；果 9～10 月成熟。

【变型、变种及栽培品种】 楔叶法桐（*P. orientalis* L. var. *cuneata* Loud.），叶片 2～5 裂。

'掌叶'法桐（'Digitata'），叶 5 深裂。

【分布】 原产于欧洲；亚洲西部、印度及喜马拉雅地区也有分布。我国华北、华东、西北的陕西以及长江以南常见栽培。

【习性】 阳性树种，喜阳光充足、温暖湿润气候，略耐寒。适应多种土壤，酸性、微碱性土壤均能生长良好；对土壤的干湿也有较强的适应性。萌芽力强，耐修剪。对烟尘、有害气体有一定抗性。寿命长，生长迅速，为速生树种之一。

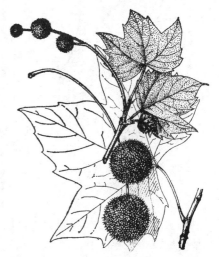

图 11-38　三球悬铃木

【繁殖栽培】 可用播种和扦插等法繁殖。种子繁殖可在秋末采果，去掉外面的刺毛，将净种干藏至次年春播种。扦插法繁殖可于初冬或次年春采条；冬季所剪插条进行埋藏，于次年 3～4 月间行硬枝扦插，成活率可达 90％以上。

【观赏特性和园林用途】 树形雄伟端正，叶大荫浓，树冠广阔，干皮光洁，生长迅速，适应与抗性较强，故世界各国广泛应用，有"行道树之王"的美称，也是优良的庭荫树种。

【经济用途】 果可入药。木材可制作家具。

（2）二球悬铃木 *Platanus acerifolia* Willd.（图 11-39）

【别名】 英桐、英国梧桐。

【形态特征】 本种是法桐和美桐的杂交种（*P. orientalis* × *P. occidentalis*）。树高 35m，胸高于径 4m；枝条开展，幼枝密生褐色绒毛；干皮呈片状剥落。叶裂形状似美桐，叶片广卵形至三角状广卵形，宽 12～25cm，3～5 裂，裂片三角形、卵形或宽三角形，叶裂深度约达全叶的 1/3，叶柄长 3～10cm。球果通常为 2 球 1 串，亦偶有单球或 3 球，果径约 2.5cm，有由宿存花柱形成的刺毛。花期 4～5 月；果 9～10 月成熟。

图 11-39　二球悬铃木

【变型、变种及栽培品种】 '银斑'英桐（'Argento Variegata'），叶有白斑。

'金斑'英桐（'Kelseyana'），叶有黄色斑。

'塔形'英桐（'Pyramidalis'），树冠呈狭圆锥形，叶通常 3 裂，长度常大于宽度，叶基圆形。

【分布】 最初在英国伦敦育成，现已在世界各地广泛栽培。我国北至大连，西北至西安，西南至成都、昆明，南至广州，计有 20 余个省（自治区、直辖市）栽培，生长良好。

【习性】 本树种的特性、繁殖栽培以及观赏特性及用途等方面与三球悬铃木极其近似。但其耐寒力、对土壤的适应能力及对不良环境因子的抗性在本属中最强。萌芽性强，耐重剪，抗烟性强，对 SO_2 及 Cl_2 等有毒气体有较强的抗性。

【繁殖栽培】 播种繁殖，或用硬木扦插或插干法繁殖。

【观赏特性和园林用途】 在街道绿化时，若以树干颜色而言，则法桐皮色最白，老皮易落；英桐干皮虽亦易落，但皮色较暗；美桐的皮色介于二者之间，而皮不易剥落。据经验，扦插苗的干皮颜色效果较实生苗的为优良；这些知识，在绿化实践选择苗木方面，尤其是街道绿化时很重要。

图 11-40　一球悬铃木
1. 果枝；2. 果

【经济用途】 本属 3 种悬铃木的木材在干后均易反翘，材质轻软易腐烂，燃烧时火力亦弱，不适于供薪炭用，故一般本树均仅供观赏绿化用。

(3)　一球悬铃木 *Platanus occidentalis* L. （图 11-40）

【别名】 美桐。

【形态特征】 大乔木，高 40～50m；树冠圆形或卵圆形。叶 3～5 浅裂，宽度大于长度，裂片呈广三角形。球果多数单生，但亦偶有 2 球 1 串的，宿存的花柱短，故球面较平滑；小坚果之间无突伸毛。

【变型、变种及栽培品种】 光叶美桐（*P. occidentalis* var. *glabrata* Sarg.）叶背无毛，叶形较小，深裂，叶基截形。

【分布】 原产于北美东南部。由于其在本属中耐寒力及抗性、适应性最差，幼枝叶毛量最多，故仅在我国石家庄、天津、南京、上海及广州等城市有少量栽培应用。

【习性】 同三球悬铃木。

【繁殖栽培】 与法桐相似。

【观赏特性和园林用途】 与法桐相似。在选择树种时应结合具体情况考虑到星状毛多少的问题。该属 3 种植物中，以法桐毛最少，英桐的毛量中等，美桐毛量最多，但是美桐有个无毛变种。

11.1.2.2　金缕梅科 Hamamelidaceae

乔木或灌木。单叶互生，稀对生；常有托叶。花较小，单性或两性，成头状、穗状或总状花序；萼片、花瓣、雄蕊通常均为 4～5，有时无花瓣；雌蕊由 2 心皮合成，子房通常下位或半下位，2 室，花柱 2，分离，中轴胎座。蒴果木质，2（4）裂。

共 28 属，140 种，丰产于亚洲、北美、中美，非洲及大洋洲有少数分布；中国产 17 属，约 80 种。

分属检索表

1 花无花冠。
　2 落叶性，掌状叶脉，叶有分裂；头状花序 ·························· 1. 枫香树属 *Liquidambar*
　2 常绿性，羽状叶脉，叶不分裂；总状花序 ·························· 2. 蚊母树属 *Distylium*
1 花有花冠；羽状叶脉。
　3 花簇生或呈头状花序；花瓣 4，长条形。
　　4 叶较大，长 7～14cm；萼裂显著，花药 2 室，药隔不突出 ·········· 3. 金缕梅属 *Hamamelis*
　　4 叶较小，长不足 6cm；萼裂不显，花药 4 室，药隔突出呈尖头状 ········ 4. 檵木属 *Loropetalum*
　3 总状花序；花瓣 5，较宽而有爪；蒴果端钝，无皮孔 ················ 蜡瓣花属 *Corylopsis*

11.1.2.2.1　枫香树属 *Liquidambar* L.

落叶乔木，树液芳香。叶互生，掌状 3～5（7）裂，缘有齿；托叶线形，早落。花单性同株，无花瓣；雄花无花被，头状花序常数个排成总状，花间有小鳞片混生；雌花常有数枚刺状萼片，头状花序单生，子房半下位，2 室，每室具数胚珠。果序球形，由木质蒴果集成，每果有宿存花柱，针刺状，成熟时顶端开裂，果内有 1～2 粒具翅发育种子，其余为无翅的不发育种子。

共 5 种，产于北美及亚洲；中国产 2 种，1 变种。

枫香 *Liquidambar formosana* Hance （图 11-41）

【别名】 枫树。

【形态特征】 落叶乔木，高可达 30m，胸径 1.5m；树冠广卵形或略扁平。树皮灰色，浅纵裂，老时不规则深裂。叶常为掌状 3 裂（萌芽枝的叶常为 5～7 裂），长 6～12cm，基部心形或截形，裂片先端尖，缘有锯齿；幼叶有毛，后渐脱落。果序较大，径 3～4cm，宿存花柱长达 1.5cm；刺状萼片宿存。花期 3～4 月；果 10 月成熟。

【变型、变种及栽培品种】 短萼枫香（*L. formosana* Hance var. *brevicalycina* Cheng et P. C. Huang），蒴果之宿存花柱粗短，长不足 1cm，刺状萼片也短，产江苏。

光叶枫香（*L. formosana* Hance var. *monticola* Rehd. et Wils.）幼枝及叶均无毛，叶基截形或

圆形，产湖北西部、四川东部一带。

【分布】 产中国秦岭及淮河以南各省，北起河南、山东，东至台湾，西至四川、云南及西藏，南至广东均有分布；亦见于越南北部、老挝及朝鲜南部。

【习性】 喜光，幼树稍耐阴，喜温暖湿润气候及深厚湿润土壤。抗风，耐干旱、瘠薄，不耐水淹。萌蘖性强，能天然更新。不耐严寒，黄河以北不能露地越冬，不耐盐碱及干旱，在南方湿润肥沃土壤中常长成参天大树，十分壮丽。

【繁殖栽培】 主要用播种繁殖，扦插亦可。10月当果变青褐色时即采收，果实采回摊开暴晒，筛出种子干藏，至次年春季2～3月间播种。移栽时间在秋季落叶后或春季萌芽前。

图 11-41 枫香

【观赏特性及园林用途】 枫香树干通直，气势雄伟，深秋叶色鲜红，美丽壮观。孤植、丛植、群植均宜。南方地区，所在低山、丘陵营造风景林或在园林中作庭荫树。园林中，枫香树的红叶是南方重要的秋景之一，也可作行道树。它对 SO_2、Cl_2 有较强抗性，并具有耐火性，也适合于厂矿区绿化。但因不耐修剪，大树移植又较困难，故一般不宜用做行道树。

【经济用途】 枫香之根、叶、果均可入药，有祛风除湿，通经活络之效，叶为止血良药，树脂可作苏合香之代用品。木材轻软，结构细，易加工，但易翘裂，水湿易腐，可作建筑及器具等材料。

11.1.2.2.2 蚊母树属 *Distylium* Sieb. et Zucc.

常绿乔木或灌木。单叶互生，全缘，稀有齿，羽状脉；托叶早落。花单性或杂性，呈腋生总状花序，花小而无花瓣，萼片1～5或无，雄蕊2～8；子房上位，2室，花柱2，自基部离生。蒴果木质，每室具1种子。

共18种，中国产12种，3变种。

蚊母树 *Distylium racemosum* Sieb. et Zucc. （图 11-42）

图 11-42 蚊母树

【形态特征】 常绿乔本，高可达25m，栽培时常呈灌木状；树冠开展，呈球形。小枝略呈"之"字形曲折，嫩枝端具星状鳞毛；顶芽歪桃形，暗褐色。叶倒卵状长椭圆形，长3～7cm，先端钝或稍圆，全缘，厚革质，光滑无毛，侧脉5～6对，在表面不显著，在背面略隆起。总状花序长约2cm，花药红色。蒴果卵形，长约1cm，密生星状毛，顶端有2宿存花柱。花期4月，果9月成熟。

【变型、变种及栽培品种】 '斑叶'蚊母树（'Variegatum'），叶宽，具有黄白色斑。

【分布】 分布于浙江、福建、台湾、广东沿海；日本也有。长江流域城市园林中常有栽培。

【习性】 喜光，也能耐阴，适生于温暖及潮湿气候、土层深厚之低山丘陵的阳坡、半阳坡。对土壤要求不严，但要求排水良好的酸性、中性和微盐碱土壤地。抗烟尘能力强，萌芽力强，耐修剪。

【繁殖栽培】 播种、扦插均可。播种在9月下旬采种，冬播或贮藏至翌年2～3月春播。扦插多在梅雨季进行。

【观赏特性及园林用途】 蚊母树由于枝叶茂密，四季常青，花小色红。适宜植于路旁、庭前和草地。它对多种有毒气体抗性很强，并且有防尘、隔音的功能，故宜作工矿道路绿篱、建筑基础栽植，也是庭前、草地整形栽植材料。

【经济用途】 其木材坚硬致密，可供雕刻细木工及工艺用材；树皮含单宁丰富，为鞣料工业原料。

11.1.2.2.3 金缕梅属 *Hamamelis* Gronov. ex Linn.

落叶灌木或小乔木；有星状毛。裸芽，有柄。叶互生，有波状齿；托叶大而早落。花两性，数朵簇生于叶腋；花瓣4，长条形，花萼4裂；雄蕊4，有短花丝，与鳞片状退化雄蕊互生，花药2室，药隔不突出；花柱短，分离。蒴果2瓣裂，每瓣又2浅裂，花萼宿存。

共6种，产于北美和东亚；中国产2种。本属树种多于早春开花，颇为美丽，且秋叶常变黄色或红色，故常植为庭院观赏树。

金缕梅 *Hamamelis mollis* Oliv. （图11-43）

图 11-43　金缕梅

【形态特征】　落叶灌木或小乔木，高可达9m。幼枝密生星状绒毛；裸芽有柄。叶倒卵圆形，长8～15cm，先端急尖，基部歪心形，缘有波状齿，表面略粗糙，背面密生绒毛。头状或短穗状花序腋生，花瓣4片，狭长如带，长1.5～2cm，淡黄色，基部带红色，芳香；萼背有锈色绒毛。蒴果卵球形。2～3月叶前开花，果10月成熟。

【变型、变种及栽培品种】　'橙花'金缕梅（'Brevipetala'）花橙色，叶较长。

【分布】　产于安徽、浙江、江西、湖北、湖南、广西等地，多生于山地次生林中。

【习性】　适生于海拔1000m左右的次生林中，喜温暖、湿润气候，喜光但能在半阴下生长，对土壤要求不严，以肥沃、湿润的中性土最宜。

【繁殖栽培】　种子需沙藏两冬一夏始能发芽。一般繁殖常用压条法，压条繁殖土壤需保持湿润，生根后即可与母株分离。移栽宜在10～11月进行，中小苗应保留宿土，大苗需带土球。

【观赏特性及园林用途】　金缕梅于早春先叶开花，花瓣如缕，轻盈婀娜，远望疑似蜡梅，故有"金蜡梅"之称。为园林中重要早春观花树种。适于孤植庭院角隅、池边、溪旁以及树丛边缘。若在山石之间配置，尤觉悦目。同时也是制作盆景的好材料，花枝可作切花。

11.1.2.2.4　木属 *Loropetalum* R. Br.

常绿灌木或小乔木，有锈色星状毛。叶互生，较小，全缘。花两性，头状花序顶生；萼筒与子房愈合，有不显之4裂片；花瓣4，带状线形；雄蕊4，药隔伸出如刺状；子房半下位。蒴果木质，熟时2瓣裂，每瓣又2浅裂，具2黑色有光泽的种子。

共4种，1变种，分布于东亚之亚热带地区；中国有3种。

檵木 *Loropetalum chinense*（R. Br.）Oliv. （图11-44）

【别名】　檵花。

常绿灌木或小乔木，高4～9（12）m。小枝、嫩叶及花萼均有锈色星状短柔毛。叶卵形或椭圆形，长2～5cm，基部歪圆形，先端锐尖，全缘，背面密生星状柔毛。花3～8朵簇生，花瓣带状，浅黄白色，长1～2cm；苞片线形；花3～8朵簇生于小枝端。蒴果褐色，近卵形，长约1cm，有星状毛。花期3～5月；果8月成熟。

【变型、变种及栽培品种】　红檵木［*L. chinense*（R. Br.）Oliv. var. *rubrum* Yieh］：与原种的主要区别在于，新叶在相当长一段时间保持续红色，花红色，通常春秋两季开花。

'斑叶'檵木（'Variegatum'）：有白色边及斑纹。

'大红袍'檵木：叶、花大红色。

'红红袍'檵木：叶绿，花红色。

'淡红袍'檵木：叶、花淡红色。

'紫红袍'檵木：叶、花红紫色。

'珍珠红'檵木：叶小，形如红色珍珠；花大红色。

图 11-44　檵木

【分布】　原产于我国，分布于长江流域以南直到广西中部，四川、贵州、云南亦有野生。日本、印度也有分布。

【习性】　多生于低山丘陵荒坡灌丛中，喜光，稍耐阴，有一定的抗旱性，不耐寒，适应性较强。不耐瘠薄。要求排水良好而肥沃的酸性土壤。耐修剪。

【繁殖栽培】　用播种或压条繁殖。播种繁殖：种子于10月采收，11月即可播种或次年春季播种，经育苗2年可出圃定植。

【观赏特性及园林用途】　树姿优美，叶茂花繁，光彩夺目。其花繁茂，可作自然式花篱、基础种植；因稍耐阴，在树下点缀路边、林缘甚美。在园林绿化中，适宜片植或丛植于公园内山坡地、路旁及道路转角处。其老树桩，经培育可制作树桩盆景。

【经济用途】 可供药用。叶用于止血，根及叶用于跌打损伤，有去瘀生新功效。

11.1.2.3　杜仲科 Eucommiaceae

落叶乔木。树体各部均具胶质。单叶互生，羽状脉，有锯齿；无托叶。花单性异株，无花被，簇生或单生；雄蕊 4～10；雌蕊由 2 心皮合成，子房上位，1 室。翅果，含 1 种子。

本科仅 1 属 1 种，中国特产。

杜仲属 *Eucommia* Oliv.

本属仅杜仲 1 种，特征同科。

杜仲 *Eucommia ulmoides* Oliv.（图 11-45）

【形态特征】 落叶乔木，高达 20m，胸径 0.5m；树冠圆球形。小枝光滑，无顶芽，具片状髓，老枝有明显皮孔。叶椭圆状卵形，长 7～14cm，先端渐尖，基部圆形或广楔形，边缘有锯齿，老叶表面网脉下陷，皱纹状。翅果狭长椭圆形，扁平，长约 3.5cm，顶端 2 裂。本种枝、叶、果及树皮断裂后均有白色弹性丝相连，为其识别要点。花期 4 月，叶前开放或与叶同放；果 10～11 月成熟。

【分布】 原产于我国中部及西部，四川、贵州、湖北为著名产区。多生于海拔 300～500m 的低山、谷地或低坡疏林里，垂直分布可达海拔 1300～1500m。自吉林以南均有栽培。

【习性】 喜光，不耐阴；喜温暖湿润气候及肥沃、湿润、深厚而排水良好土壤。杜仲适应性较强，较耐寒；在酸性、中性及微碱性土壤上均能正常生长，并有一定的耐碱性；在过湿、过干或过于贫瘠的土上则生长不良。根系浅而侧根发达，萌蘖能力强。

【繁殖栽培】 主要用播种法繁殖，扦插、压条及分蘖均可。秋季果熟后及时采收，阴干后装入麻袋内，置于通风处贮藏，至翌年早春播种。扦插用嫩枝插。

图 11-45　杜仲

【观赏特性及园林用途】 枝叶繁茂，树形整齐，生长迅速，可作庭荫树、行道树或片林种植。

【经济用途】 是重要的特种经济树种，枝、叶、果、树皮及根皮等，均可提炼优质杜仲胶，具绝缘、绝热及抗酸碱腐蚀；树皮为重要中药材。

11.1.2.4　榆科 Ulmaceae

落叶乔木或灌木。小枝细，无顶芽。单叶互生，常 2 列状；托叶早落。花小，单被花，单性或两性；雄蕊 4～8，与萼片同数且对生；雌蕊由 2 心皮合成，子房上位，1～2 室，柱头 2 裂，羽状。翅果、坚果或核果。种子通常无胚乳。

约 16 属 230 种，广布热带至温带地区；中国产 8 属 46 种，引入栽培 3 种，广布于全国各地。

分属检索表

1 叶羽状脉，侧脉 7 对以上。
　2 花两性；翅果，翅在扁平果核周围；叶缘常为重锯齿 ………………………………… 1. 榆属 *Ulmus*
　2 花单性；坚果无翅，小而歪斜；叶缘具整齐之单锯齿 ……………………………… 2. 榉属 *Zelkova*
1 叶三出脉，侧脉 6 对以下。
　3 核果球形。
　　4 叶基部全缘，常歪斜，侧脉不伸入齿端 ………………………………………… 3. 朴属 *Celtis*
　　4 叶基部全缘，不歪斜，侧脉直达齿端 ……………………………………… 4. 糙叶树属 *Aphananthe*
　3 坚果周围有翅；叶之侧脉向上弯，不直达齿端 ……………………………… 5. 青檀属 *Pteroceltis*

11.1.2.4.1　榆属 *Ulmus* L.

乔木，稀灌木。芽鳞紫褐色，花芽近球形。叶多为重锯齿，羽状脉。花两性，簇生或成短总状花序。翅果扁平，翅在果核周围，顶端有缺口。

约 30 种，广布于北半球；中国约 25 种，6 变种，南北均产。适应性强，多生于石灰岩山地。广泛用做城乡绿化树种。

分种检索表

1 花在早春展叶前开放，生于去年生枝上。

2 果核位于翅果中部或近中部，不接近缺口。

    3 翅果较小，长 1～2cm，无毛；小枝无木栓翅；叶具单锯齿 ·············· (1) 榆树 U. pumila

    3 翅果较大，长 2～3.5cm，有毛；小枝有时具木栓翅；叶具重锯齿 ·············· 大果榆 U. macrocarpa

2 果核位于翅果上部或接近缺口 ······························ 黑榆 U. davidiana

1 花在秋季开放，簇生于叶腋，花萼深裂 ····························· (2) 榔榆 U. parvifolia

(1) 榆树 *Ulmus pumila* L. （图 11-46）

图 11-46　榆树

【别名】　白榆、家榆。

【形态特征】　落叶乔木，高达 25m，胸径 1m；树冠圆球形。树皮暗灰色，纵裂，粗糙。小枝灰色，细长，排成 2 列状。叶卵状长椭圆形，长 2～6cm，先端渐尖，基部稍歪，缘有不规则之单锯齿。早春叶前开花，簇生于去年生枝的叶腋。翅果近圆形，种子位于翅果中部。花期 3～4 月；果 4～6 月成熟。

【变型、变种及栽培品种】　'垂枝' 榆（'Pendula'）：树干上部的主干不明显，分枝较多，树冠伞形；树皮灰白色，较光滑；一至三年生枝下垂而不卷曲或扭曲。以榆树为砧木进行嫁接繁殖。中国西北和华北地区有栽培。

'龙爪' 榆（'Tortuosa'）：与榆树的主要区别在于小枝卷曲或扭曲而下垂，可用榆树为砧木嫁接繁殖。

'钻天' 榆（'Pyramidalis'）：树干直，树冠窄。产于河南孟州市等地。

【分布】　分布于我国东北、华北、西北、华东及华中等地，华北及淮北平原地区栽培尤为普遍。俄罗斯、蒙古及朝鲜也有分布。

【习性】　喜光，耐寒，抗旱，能适应干凉气候；喜肥沃、湿润而排水良好的土壤，亦耐瘠薄，在沙地和轻盐碱地也能生长，但不耐水湿；主根深，侧根发达，抗风；萌芽力强，耐修剪；生长快，寿命长；对烟尘及 HF 等有毒气体有较强的抗性。

【繁殖栽培】　繁殖以播种为主，分蘖亦可。苗期管理要注意经常修剪侧枝，以促其主干向上生长，并保持树干通直。

【观赏特性及园林用途】　树干通直，树形高大，绿荫较浓，适应性强，生长快，是城乡绿化的重要树种，适用于行道树、庭荫树、防护林及 "四旁" 绿化用。在干瘠、严寒之地常呈灌木状，可用做绿篱。又因其老茎残根萌芽力强，可自野外掘取制作盆景。在林业上也是营造防风林、水土保持林和盐碱地造林的主要树种之一。

【经济用途】　木材纹理直，结构较粗，但很坚韧，可供家具、农具、车辆、建筑等用。幼叶、嫩果可食；树皮磨粉可救荒。果、树皮、叶均可入药。此外，榆树又是重要蜜源树种之一。

(2) 榔榆 *Ulmus parvifolia* Jacq. （图 11-47）

【形态特征】　落叶或半常绿乔木，高达 25m，胸径 1m；树冠扁球形至卵圆形，树干基部有时呈板状根。树皮灰褐色，不规则薄鳞片状剥离露出红褐色内皮。叶较小而质厚，长椭圆形至卵状椭圆形，长 2～5cm，先端尖，基部歪斜，缘具单锯齿（萌芽枝之叶常有重锯齿）。花簇生叶腋。翅果长椭圆形至卵形，长 0.8～1cm，种子位于翅果中央，无毛。花期 8～9 月；果 10～11 月成熟。

【变型、变种及栽培品种】　'白斑' 榔榆（'Variegata'）：叶有白色斑纹。

'金斑' 榔榆（'Aurea'）：叶片黄色，但叶脉绿色。

'金叶' 榔榆（'Golden Sun'）：嫩枝红色，幼叶余金黄或橙黄色，老叶变绿色。

'锦叶' 榔榆（'Rainbow'）：春季新芽红色，幼叶有白色或奶黄色斑纹，老叶变绿色。

'白齿' 榔榆（'Golden Sun'）：灌木，叶缘有白色锯齿。

'垂枝' 榔榆（'Pendula'）：枝条下垂。

图 11-47　榔榆

'红果'榔榆（'Erythrocarpus'）：果熟时红色。

【分布】 主产于长江流域及其以南地区，东至台湾，西至四川，南到广东；河北、山西、山东、河南、陕西等省亦有分布。日本、朝鲜亦有分布。

【习性】 喜光，耐干旱，在酸性、中性及碱性土上均能生长，但以气候温暖，土壤肥沃、排水良好的中性土壤为最适宜的生境。对 SO_2 等有毒气体及烟尘的抗性较强。

【繁殖栽培】 种子繁殖。果熟及时采种，随采随播或干藏至翌年春播。

【观赏特性及园林用途】 树形优美，姿态潇洒，树皮斑驳，枝叶细密，具有较高的观赏价值。宜在庭院中孤植、丛植，或与亭榭、山石配置。可作行道树和庭荫树，也是制作盆景的良好材料。因抗性较强，还可选作厂矿区绿化树种。

【经济用途】 其木材细致坚韧，经久耐用，可作车、船、农具等用材。树皮、根皮、嫩叶均可入药。消肿解毒，治肿痛、牙疼。

11.1.2.4.2 榉属 *Zelkova* Spach

落叶乔木。冬芽卵形，先端不贴近小枝。单叶互生，羽状脉，具整齐之单锯齿。花单性同株，雄花簇生于新枝下部，雌花单生或簇生于新枝上部，柱头偏生。坚果小而歪斜，无翅。

共约 10 种，产亚洲各地；中国产 3 种。木材坚实，树形优美，是优良的用材及绿化、观赏树种。

榉树 *Zelkova serrata*（*Thunb.*）Makino（图 11-48）

【别名】 大叶榉。

【形态特征】 落叶乔木，高达 35m，胸径达 80cm；树冠倒卵状伞形。树皮深灰色，不裂，老时薄鳞片状剥落后仍光滑。小枝细，有毛。叶卵状长椭圆形，长 2～8cm，先端渐尖，基部广楔形，近桃形锯齿整齐，侧脉 10～14 对，表面粗糙，背面密生淡灰色柔毛。坚果小，径 2.5～4mm，歪斜且有皱纹。花期 3～4 月；果 10～11 月成熟。

图 11-48　榉树

【分布】 黄河流域以南，华中、华南及西南各省区普遍分布，在日本和朝鲜也有分布。

【习性】 喜光，喜温暖气候及肥沃湿润土壤，在酸性、中性及石灰性土壤上均可生长；忌积水，不耐干瘠；耐烟尘，抗有毒气体；抗病虫害能力较强；深根性，侧根广展，抗风力强。

【繁殖栽培】 播种繁殖。秋末采果阴干贮藏，翌年早春播种，播种前用清水浸种 1～2 天。

【观赏特性及园林用途】 枝细叶美，绿荫浓密，树形雄伟，观赏价值比榆树高，在园林绿地中孤植、丛植、列植皆宜。可作庭荫树和行道树，也是制作桩景的好材料。

【经济用途】 木材坚实细致，耐水湿，纹理美，有光泽，是珍贵用材，可供高档家具、造船、建筑、桥梁等用。茎皮纤维强韧，可作人造棉及制绳索的原料。

11.1.2.4.3 朴属 *Celtis* L.

乔木，稀灌木；树皮不裂。冬芽小，卵形，先端贴枝。单叶互生，基部全缘，3 出脉，侧脉弧曲向上，不伸入齿端。花杂性同株。核果近球形，果肉味甜。

约 60 种，产于北温带至热带；中国产 11 种，2 变种，南北各地均有分布。多生长于平原和浅山区，常用做城乡绿化树种。

分种检索表

1 小枝无毛或幼时有毛而后脱落。

　2 叶背沿脉及脉腋疏生毛，先端短尖；果熟时橙红色，果柄与叶柄近等长 ················· (1) 朴树 *C. sinensis*

　2 叶两面无毛，先端渐长尖，锯齿浅钝；果熟时紫黑色，果柄长为叶柄长之 2 倍或更长 ·················

　　 ·· (2) 小叶朴 *C. bungeana*

1 小枝，叶背密被黄褐色绒毛，叶较宽大，长 6～14cm ··················· (3) 珊瑚朴 *C. julianae*

(1) 朴树 *Celtis sinensis* Pers.（图 11-49）

【别名】 沙朴。

【形态特征】 落叶乔木，高达 20m，胸径 1m；树冠扁球形。小枝幼时有毛，后渐脱落。叶卵状椭圆形，长 4～8cm，先端短尖，基部不对称，锯齿钝，表面有光泽，背脉隆起并疏生毛。果熟时橙红色，径 4～5mm，果柄与叶柄近等长，果核表面有凹点及棱脊。花期 4 月；果 9～10 月成熟。

图 11-49　朴树

【变型、变种及栽培品种】　'垂枝'朴树（'Pendula'）：枝条下垂。

【分布】　自黄河流域以南，经长江流域中下游至华南各省（自治区）均有分布；常散生于平原及低山区，村旁附近常见。

【习性】　喜光，适温暖湿润气候，适生于肥沃平坦之地。对土壤要求不严，有一定耐干旱能力，亦耐水湿及瘠薄土壤，适应力较强。

【繁殖栽培】　播种繁殖。果熟采种，搓洗去果肉后阴干，秋播或湿沙层积贮藏至翌年春播。

【观赏特性和园林用途】　树形美观，绿荫浓郁，是城乡绿化的重要树种。宜用作庭荫树、行道树，并可选作厂矿区绿化及防风、护堤树种，亦是制作盆景的常用树种。

【经济用途】　根、皮、嫩叶入药有消肿止痛、解毒治热的功效，外敷治水火烫伤；叶制土农药，可杀红蜘蛛。

（2）小叶朴 *Celtis bungeana* Bl.（图 11-50）

【别名】　黑弹树。

【形态特征】　落叶乔木，高达 20m；树冠倒广卵形至扁球形。树皮灰褐色，平滑。小叶通常无毛。叶革质，长卵形，长 4～8cm，先端渐长尖，锯齿浅钝，两面无毛，或仅幼树及萌芽枝之叶背面沿脉有毛；叶柄长 0.3～1cm。核果近球形，常单生叶腋，径 4～7mm；熟时紫黑色，果核常平滑，果柄长为叶柄长之 2 倍或 2 倍以上。花期 5～6 月；果 9～10 月成熟。

【分布】　产于东北南部、华北、华东、中南和西南等地。

【习性】　喜光，稍耐阴，耐寒；喜深厚、湿润的中性黏质土壤。深根性，萌蘖力强，生长较慢。对病虫害、烟尘污染等抗性强。中性，耐寒，耐干旱，抗有毒气体，生长慢，寿命长。

【繁殖栽培】　种子繁殖。

【观赏特性和园林用途】　可孤植、丛植作庭荫树，亦可列植作行道树，又是厂区绿化树种。

【经济用途】　树皮纤维可代麻用或做造纸和人造棉原料，木材供建筑用，树干可药用，主治支气管哮喘及慢性气管炎。

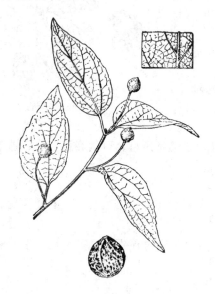

图 11-50　小叶朴

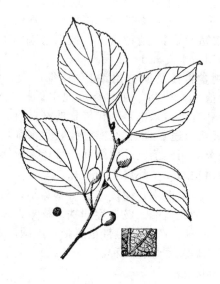

图 11-51　珊瑚朴

（3）珊瑚朴 *Celtis julianae* Schneid.（图 11-51）

【形态特征】　落叶乔木，高达 25～30m，胸径 1m；树冠圆球形。树皮灰色，平滑。小枝、叶背、叶柄均密被黄褐色绒毛。叶较宽大，广卵形、卵状椭圆形或倒卵状椭圆形，长 6～14cm，先端短尖，基部近圆形，锯齿钝。核果大，径 1～1.3cm，熟时橙红色，味甜可食。花期 4 月，10 月果熟。

【分布】　产于浙江、安徽、湖北、贵州及陕西南部。

【习性】　喜光，稍耐阴，喜温暖气候及湿润、肥沃土壤，但亦能耐干旱和瘠薄，在微酸性、中性及石灰性土壤上都能生长。深根性，抗烟尘及有毒气体，少病虫害，较能适应城市环境。生长速度中等偏快，寿命较长。

【繁殖栽培】 秋播或将种子沙藏至次年春播，1年生苗高可达1m以上。

【观赏特性和园林用途】 树高干直，冠大荫浓，树姿雄伟，春日枝上生满红褐色花序，状如珊瑚，入秋又有红果，均颇美观。在园林绿地中栽作庭荫树及观赏树，孤植、丛植或列植都很合适。亦可用做厂矿区绿化、街坊绿化及四旁绿化树种。

【经济用途】 木材坚实，可作器具、家具等用。树皮纤维可制绳索、织袋、造纸和作人造棉原料。

11.1.2.4.4 糙叶树属 *Aphananthe* Planch.

乔木或灌木。冬芽卵形，先端尖且贴近小枝。叶基部以上有锯齿，三出脉，侧脉直达齿端。花单性同株，雄花成总状或伞房花序，生于新枝基部；雌花单生于新枝上部叶腋。核果近球形。

共5种，产于东亚及澳大利亚；中国产2种，1变种，分布于西南至台湾。

糙叶树 *Aphananthe aspera*（Thunb.）Planch.（图11-52）

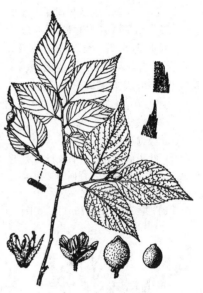

图 11-52 糙叶树

【形态特征】 落叶乔木，高达25m，胸径50cm以上；树冠圆球形。树皮灰棕色，老时浅纵裂（似构树皮而较细）。单叶互生，卵形至椭圆状卵形，长5～12cm，基部3出脉（两侧主脉外又有平行支脉），侧脉直达齿端，两面有平伏硬毛，粗糙。核果近球形，径约8mm，熟时黑色。花期4～5月；果9～10月成熟。

【变型、变种及栽培品种】 柔毛糙叶树〔*A. aspera*（Thunb.）Planch. var. *pubescens* C. J. Chen〕，本变种与糙叶树的区别在于叶背密被直立的柔毛，叶柄和幼枝被伸展的灰色柔毛。

【分布】 分布于华北南部、华东、华中、华南、西南。

【习性】 喜光，略耐阴，喜温暖湿润气候及潮湿、肥沃而深厚之酸性土，在山区沟谷、溪边及平原地区均能适应；寿命长。

【繁殖栽培】 播种繁殖。10月采收果实，去皮得净种，秋播或种子沙藏至翌年春播。

【观赏特性及园林用途】 本种树干挺拔，树冠开展，枝叶茂密，是良好的庭荫树及谷地、溪边绿化树种。

【经济用途】 其木材坚硬，纹理直，结构细，可供车辆、家具、器具等用；树皮坚韧，其纤维供作人造棉及造纸原料；叶制土农药，可防治棉铃虫。

11.1.2.4.5 青檀属（翼朴属）*Pteroceltis* Maxim.

本属仅1种，中国特产。

青檀 *Pteroceltis tatarinowii* Maxim.（图11-53）

【别名】 翼朴。

图 11-53 青檀

【形态特征】 落叶乔木，高达20m，胸径0.7～1m。干皮暗灰色，薄长片状剥落。单叶互生，卵形，长3.5～13cm，基部全缘，3出脉，侧脉不直达齿端，先端长尖或渐尖，基部广楔形或近圆形，背面脉腋有簇毛。花单性同株。小坚果周围有薄翅。花期4月；果8～9月成熟。

【分布】 自长城以南、华北、西北、华中、华南以至西南各地均有分布。

【习性】 喜光，稍耐阴，耐干旱瘠薄，常生于石灰岩的低山区及河流溪谷两岸，根系发达，萌芽性强，寿命长。

【繁殖栽培】 播种繁殖。播前需层积沙藏处理，当年苗高约70cm。

【观赏特性及园林用途】 石灰岩山地绿化造林树种，亦可栽作庭荫树或试作行道树。

【经济用途】 其木材坚硬，纹理直，结构细，韧性强，耐磨损，可供家具、车辆、建筑及细木工用材；树皮纤维优良，是制造宣纸的上等原料。

11.1.2.5 桑科 Moraceae

木本，稀草本；常有乳汁。单叶互生，稀对生，托叶早落。花小，单性同株或异株，常集成头状花序、柔荑花序或隐头花序；花被片通常4，雄蕊与花被片同数且对生；子房上位，稀下位，通常1室，每室有一悬垂胚珠，花柱2。小瘦果或核果，每瘦果外包有肉质花被，许多瘦果组成聚花果，或瘦果包藏于肉质花序托内，因此叫隐花果。种子通常有胚乳，胚多弯曲。

约53属，1400种，主产于热带和亚热带，少数产于温带；中国产10属149余种，主要分布于长江以南各地。

分类检索表

1 柔荑花序或头状花序。
  2 至少雄花序为柔荑花序；叶缘有锯齿。
    3 雌雄花均呈柔荑花序；聚花果圆柱形 ·· 1. 桑属 *Morus*
    3 雄花呈柔荑花序；雌花呈头状花序 ·· 2. 构属 *Broussonetia*
  2 雌雄花均成头状花序；叶全缘或3裂。
    4 枝有刺；花雌雄异株，雄蕊4 ·· 3. 柘属 *Cudrania*
    4 枝无刺；花雌雄同株，雄蕊1 ·· 波罗蜜属 *Artocarpus*
1 隐头花序；小枝有环状托叶痕 ·· 4. 榕属 *Ficus*

11.1.2.5.1 桑属 *Morus* L.

落叶乔木或灌木。枝无顶芽，芽鳞3～6。叶互生，有锯齿或缺裂；托叶披针形，花单性，异株或同株，组成柔荑花序。花被4片，雄蕊4枚。小瘦果包藏于肉质花被内，集成圆柱形聚花果。

约16种，主产北温带；中国产11种，各地均有分布。

分类检索表

1 叶缘锯齿尖或钝。
  2 叶表面近光滑，背面脉腋有毛；花柱极短，柱头2裂 ······················· (1) 桑树 *M. alba*
  2 叶表面粗糙，背面密被短柔毛；花柱明显，长约4mm，柱头2裂，与花柱等长 ······ (2) 鸡桑 *M. australis*
1 叶缘锯齿先端刺芒状 ··· (3) 蒙桑 *M. mongolica*

(1) 桑 *Morus alba* L. （图11-54）

图11-54　桑

【别名】　家桑。

【形态特征】　落叶乔木，高达16m，胸径可达0.5m以上；树冠倒广卵形。树皮厚，灰褐色；根鲜黄色。叶卵形或卵圆形，长6～15cm，先端尖，基部圆形或心形，锯齿粗钝，幼树之叶有时分裂，表面光滑，有光泽，背面脉腋有簇毛。花雌雄异株，花柱极短或无，柱头2，宿存。聚花果长卵形至圆柱形，熟时紫黑色、红色或近白色，汁多味甜。花期4月；果5～6（7）月成熟。

【变型、变种及栽培品种】　'龙'桑（'Tortuosa'）：枝条扭曲，状如龙游。

'垂枝'桑（'Pendula'）：枝细长下垂。

'裂叶'桑（'Laciniata'）：叶具深裂。

【分布】　本种原产于我国中部和北部，现由东北至西南各省区，西北直至新疆均有栽培。朝鲜、日本、蒙古、中亚各国、俄罗斯、欧洲等地以及印度、越南亦均有栽培。

【习性】　喜光，喜温暖。适应性强，耐干旱、瘠薄和水湿，在微酸性（pH 5以上）、中性、石灰质和轻盐碱（含盐0.2％以下）土壤土均能生长。根系发达，萌蘖性强，耐修剪，易更新。

【繁殖栽培】　常用根插、枝插和播种繁殖。根插易活，枝插法宜用软材扦插，春季至5月均可进行。优良品种宜用芽接法。移植在春、秋两季进行。在生长期视土壤干湿程度浇肥水2～3次，每年冬季需修剪顶枝，促进分枝，发叶茂盛，便于采摘桑叶。

【观赏特性及园林用途】　树冠宽阔，枝叶繁茂，秋季叶色变黄，颇为美观，且能抗烟尘，适于城市、厂矿绿化，或栽作防护林。其观赏品种如垂枝桑、龙桑等更适于庭院栽培。园林中可用为观果或引招鸟类活动。

【经济用途】　主要是营造桑园供采叶饲养家蚕。桑树木材黄色，坚硬、有弹性，耐腐，可供家具、雕刻、乐器等用。树皮纤维细柔，可供纺织和造纸原料。桑葚可生食或酿酒，有滋补肝肾、养血、明目和安神等功效；根皮为利尿、镇咳药；叶有祛风、清热和补中功用；桑枝可治高血压和手足麻木等症。在有些地区主要为生产桑枝而栽培桑树。此外我国广泛栽培桑树，多为饲养蚕用和药用，亦有取其果实食用或酿酒。

（2）鸡桑 *Morus australis* Poir（图 11-55）

【形态特征】 落叶灌木或小乔木，冬芽大。叶卵形，长 6～17cm，先端急尖或渐尖，基部平截或近心形，缘具粗齿，有时 3～5 裂，表面粗糙，背面有毛。雌雄异株，花柱明显，长约 4mm，柱头 2 裂，与花柱等长，宿存。聚花果长 1～1.5cm，熟时暗紫色。

【分布】 我国河北以南各省区。日本、朝鲜、越南、老挝、柬埔寨有栽培。

【习性】 阳性，耐旱，耐寒，怕涝，抗风。

【繁殖栽培】 播种繁殖。

【观赏特性及园林用途】 树冠开展，枝叶茂密，果实红艳可作绿化观赏树种，也是石灰岩山地绿化造林树种。

【经济用途】 茎皮纤维可制优质纸和人造棉。果可生食、酿酒、制醋等。叶亦可饲蚕。

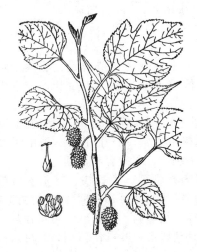

图 11-55 鸡桑

图 11-56 蒙桑

（3）蒙桑 *Morus mongolica*（Bureau）Schneid.（图 11-56）

【别名】 崖桑。

【形态特征】 落叶小乔木或灌木，树皮灰褐色，纵裂。叶卵形或椭圆状卵形，长 8～18cm，常有不规则裂片，锯齿有刺芒状尖头，叶先端尾状尖，基部心形，表面光滑无毛，背面脉腋常有簇毛。雌雄异株，花柱明显，柱头 2 裂。聚花果圆柱形，成熟时红色或近紫黑色。

【变型、变种及栽培品种】 山桑（*M. mongolica* Schneid. var. *diabolica* Koidz.）：叶表面粗糙，背面有柔毛，常为深裂。

圆叶蒙桑（*M. mongolica* Schneid. var. *rotundifolia* Wu Yu-bi）：本变种叶近圆形，顶端圆钝或微凹，不具尾尖，与原变种不同。

马尔康桑 [*M. mongolica* Schneid. var. *barkamensis*（S. S. Chang）C. Y. Wu et Cao]：本变种和原变种的区别在于叶较小，长 5～9cm，宽 4～7cm，叶基心形或平截，叶缘齿端具极短的刺芒。

尾叶蒙桑（*M. mongolica* Schneid. var. *longicaudata* Cao）：本变种和原变种的区别在于叶卵状披针形，顶端具长尾尖（长可达 3～4cm），叶基截形，叶柄长而纤细，具微柔毛；花序柄纤细。

云南桑 [*M. mongolica* Schneid. var. *yunnanensis*（Koidz.）C. Y. Wu et Cao]：本变种和原变种的区别在于叶广卵形至近圆形，顶端具短尾尖，叶两面被柔毛，或仅背面被柔毛，叶缘锯齿圆钝，顶端具短刺芒。

【分布】 产于东北、内蒙古、华北至华中及西南各地；朝鲜亦有。

【习性】 同鸡桑。

【繁殖栽培】 同鸡桑。

【观赏特性及园林用途】 同鸡桑。

【经济用途】 韧皮纤维系高级造纸原料，脱胶后可作纺织原料；根皮入药。茎皮纤维造高级纸，脱胶后作混纺和单纺原料；根皮入药，为消炎利尿剂；果实可酿酒。

11.1.2.5.2 构属 *Broussonetia* L' Her. ex Vent.

落叶乔木或灌木，有乳汁。枝无顶芽，侧芽小。单叶互生，有锯齿；托叶早落。雌雄异株，雄花成柔黄花序，稀成头状花序，雄蕊 4；雌花成球形头状花序，花柱线状。聚花果圆球形，熟时橙红色。

共 4 种，产于东亚及太平洋岛屿；中国产 4 种，南北均有。茎皮为纤维原料。

构树 Broussonetia papyrifera (L.) L' Her. ex Vent. （图 11-57）

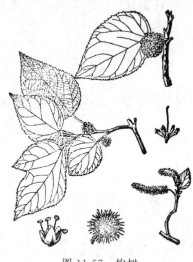

图 11-57　构树

【别名】 楮。

【形态特征】 落叶乔木，高 10～20m，胸径 60cm。树皮浅灰色，不易裂。小枝密被丝状刚毛。叶互生，有时近对生，卵形，长 7～20cm，先端渐尖，基部圆形或近心形，边缘有锯齿，不裂或有不规则 2～5 裂，两面密生柔毛。托叶大，卵形。聚花果球形，径 2～2.5cm，熟时橙红色。花期 4～5 月；果 8～9 月成熟。

【变型、变种及栽培品种】 白果构树 （B. papyrifera f. leucocarpa H. W. Jen）：果白色，产于北京。

'斑叶'构树 （'Variegata'）：叶有白斑。

【分布】 我国山西以南各省区。印度、越南、日本、美国等地也有分布。

【习性】 喜光，适应性强，耐干旱瘠薄，也能生于水边，多生于石灰岩山地，也能在酸性土及中性土上生长；耐烟尘，抗大气污染力强。

【繁殖栽培】 埋根、扦插、分蘖和压条等法繁殖。繁殖容易，种子多而生活力强，在母树附近常多自生小苗。采用营养繁殖可有意避免雌株，选择具有优良性状雄株进行繁殖。构树幼苗生长快，移栽容易成活。

【观赏特性及园林用途】 外貌虽较粗野，但枝叶茂密且有抗性强、生长快、繁殖容易等许多优点，是城乡绿化的重要树种，尤其适合用做工矿区及荒山坡地绿化，亦可选作庭荫树及防护林用。

【经济用途】 树皮是优质造纸及纺织原料。木材结构中等，纹理斜，质松软，可供器具、家具和薪柴用。树皮浆汁可治癣和神经性皮炎；果为强壮剂；根皮是利尿剂；叶可作猪饲料，可入药。

11.1.2.5.3　柘属 Cudrania Trec.

乔木或灌木，有时攀援状，常具枝刺，有乳汁。单叶互生，全缘或 3 裂；托叶早落。雌雄异株，雌、雄花均为腋生球形头状花序，聚花果球形，肉质。

共约 6 种，中国产 5 种。

柘树 Cudrania tricuspidata (Carr.) Bur. ex Lavallee （图 11-58）

【别名】 柘刺、柘桑。

【形态特征】 落叶小乔木，常呈灌木状。树皮灰褐色，薄片状剥落。小枝常有枝刺。叶卵形至倒卵形，长 3.5～11cm，全缘，有时 3 裂，表面深绿色，背面绿白色。头状花序。聚花果近球形，径约 2.5cm，熟时红色，肉质。花期 5 月，果 9～10 月成熟。

【分布】 主产于华东、中南及西南，北至山东、河北南部和陕西；朝鲜、日本亦有分布。

【习性】 喜光亦耐阴。耐寒，喜钙土树种，耐干旱瘠薄，多生于山脊的石缝中，适生性很强，根系发达，生长较慢。

【繁殖栽培】 繁殖用播种、扦插或分蘖法均可。

【观赏特性及园林用途】 柘树叶秀果丽，适应性强，可在公园的边角、背阴处、街头绿地作庭荫树或刺篱，是风景区绿化荒滩保持水土的先锋树种。

【经济用途】 木材黄色坚硬，供器具及细木工等用材。树皮纤维供造纸、纺织及制绳索原料。叶可饲蚕；果可食及酿酒；根皮入药，有清热、凉血和通经络等功效。

图 11-58　柘树

11.1.2.5.4　榕属 Ficus L.

乔木、灌木或藤本，多为常绿，常具气生根。托叶合生，包被顶芽，脱落后在枝上留下环状托叶痕。叶多互生、全缘。雌雄同株，花小，生于中空的肉质花序托内，形成隐头花序。隐花果肉质，内具小瘦果。

1000 余种，分布于热带和亚热带；中国约有 100 种，主产于长江以南各地。

分种检索表

1 乔木或灌木。

2 叶有锯齿及分裂，叶表面粗糙，隐花果较大，径 3～5cm ┈┈┈┈┈┈┈┈┈┈┈ (1) 无花果 F. carica
　　2 叶全缘，不裂，叶表面光滑；隐花果较小。
　　　3 叶较小，长 4～8cm，侧脉 5～6 对；常有下垂气生根 ┈┈┈┈┈┈ (2) 榕树 F. microcarpa
　　　3 叶较大，长 8～30cm，侧脉 7 对以上。
　　　　4 叶厚革质，侧脉多数，平行而直伸 ┈┈┈┈┈┈┈┈┈┈┈┈┈ (3) 印度胶榕 F. elastica
　　　　4 叶薄革质，侧脉 7～10 对 ┈┈┈┈┈┈┈┈┈┈┈┈┈┈┈┈ (4) 黄葛树 F. virens
　1 常绿藤木；叶基 3 出脉，先端圆钝 ┈┈┈┈┈┈┈┈┈┈┈┈┈┈┈┈┈┈ (5) 薜荔 F. pumila

(1) 无花果 Ficus carica L. （图 11-59）

【形态特征】 落叶灌木，高可达 10m。树皮灰褐色，皮孔明显。小枝粗壮。叶广卵形或近圆形，长 10～20cm，常 3～5 掌状裂，边缘波状或成粗齿，表面粗糙，背面有柔毛。隐花果梨形，长 5～8cm，绿黄色。花果期 5～7 月。

【分布】 原产于地中海沿岸，栽培历史悠久，4000 年前叙利亚即有栽培；中国各地有栽培。

【习性】 喜光，喜温暖湿润气候，不耐寒。对土壤要求不严，能耐旱，在酸性、中性和石灰性土上均可生长，肥沃的沙质壤土栽培最宜。根系发达，但分布较浅。

【繁殖栽培】 用扦插、分株和压条繁殖，尤以扦插繁殖为主。

【观赏特性及园林用途】 无花果树势优雅，是庭院和公园的观赏树木。其叶片大，呈掌状裂，叶面粗糙，具有良好的吸尘效果，如与其他植物配置在一起，还可以形成良好的防噪声屏障。无花果树能抵抗一般植物不能忍受的有毒气体和大气污染，是化工污染区绿化的好树种。此外，无花果适应性强，抗风、耐旱、耐盐碱，在干旱的沙荒地区栽植，可以起到防风固沙和绿化荒滩的作用。

图 11-59 无花果

【经济用途】 无花果还是目前世界上投产最快的果树之一，而且产量高，没有大小年，病虫害少，栽培管理容易。

(2) 榕树 Ficus microcarpa L. f. （图 11-60）

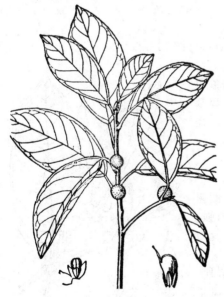

图 11-60 榕树

【别名】 细叶榕、万年青。

【形态特征】 常绿乔木，冠幅广展；枝具下垂须状气生根。叶椭圆形至倒卵形，长 4～10cm，基部楔形，全缘或浅波状，羽状脉，侧脉 5～6 对，革质，无毛。隐花果腋生，径约 8mm。广州花期 5 月；果 7～9 月成熟。

【变种、变型及栽培品种】 厚叶榕树 [F. microcarpa var. crassifolia (Shieh) J. C. Liao]：叶倒卵状椭圆形，先端钝或圆，厚革质，有光泽。

'黄金'榕 ('Golden Leaves')：嫩叶金黄色，日照越强，叶色越明艳，老叶逐渐转绿色。

'金边'榕 ('Yellow Stripe')：叶大部分为黄色，间有不规则绿斑纹。

'乳斑'榕 ('Milky Stripe')：叶边有不规则的乳白或乳黄色斑，枝下垂。

【分布】 我国东南部、南部至西南部。亚洲南部至大洋洲也有。

【习性】 生于低海拔的林中或旷地。野生或广泛种植。喜温暖多雨气候和肥沃、湿润、酸性土壤。怕旱，生长较快。

【繁殖栽培】 以扦插和压条繁殖为主。

【观赏特性和园林用途】 榕树在我国广州为重要绿化树种。因树形高大，浓荫蔽地，分枝较低，有丝状下垂气根，具有热带风情。宜作庭荫树或行道树，为制盆景的常用材料，在风景区宜群植成林，亦适用于湖岸绿化，为风景树及防风树。

【经济用途】 其叶能清热利湿；气根能发汗散湿，外敷治跌打损伤，止痛；树皮有固齿和止牙痛的功效；乳状汁液能明目。

（3）印度胶榕 *Ficus elastica* Roxb.（图 11-61）

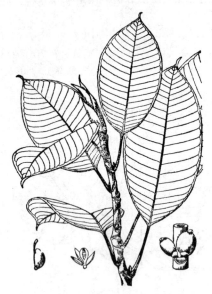

图 11-61　印度胶榕

【别名】　印度橡皮树、橡皮树。

【形态特征】　常绿乔木，高达 45m；含乳汁，全体无毛。叶厚革质，有光泽，长椭圆形，长 10～30cm，全缘，中脉显著，羽状侧脉多而细且平行直伸；托叶大，淡红色，包被幼芽。

【变种、变型及栽培品种】　印度榕变种较多，如比利时印度榕（var. *belgica* L. H. Bailey & E. Z. Bailey）、棕红印度榕（var. *benghalensis* Blume）、华美印度榕（var. *decora* Guillaumin）、花叶印度榕（var. *variegata* Roxb. ex Hornem.）、金边叶印度榕（var. *aureo-marginata* Hort.）等，另有许多栽培品种，如：

‘美丽’胶榕（‘Decora’）：叶较宽而厚，幼叶背面中肋及叶柄皆为红色；

‘斑叶’胶榕（‘Variegata’）：叶面有黄或黄白色斑；

‘三色’胶榕（‘Tricolor’）：绿叶上有黄白色或粉红色斑；

‘黑紫’胶榕（‘Decora Burgundy’）：叶紫黑色；

‘大叶’胶榕（‘Robusta’）：叶宽大，长约 30cm，芽及幼叶均为红色。

【分布】　我国南部及四川省有少量栽培。原产于印度、马来西亚等地；常栽植于热带和亚热带地区。

【习性】　适应性较强，不怕暑热，不甚耐寒，喜阳光和温暖、湿润气候，亦能耐阴。在黏土中生长不良，能耐碱和微酸，在 pH 6～7 的土壤中均能正常生长。喜大水大肥，不耐瘠薄和干旱，要求较高的空气湿度。

【繁殖栽培】　用播种、扦插或压条繁殖均可。播种在春季进行。扦插在春、夏、秋季均可，温度在 15℃以上就可进行，但 5～9 月为适宜。

【观赏特性和园林用途】　本种叶片肥厚而绮丽，红色的顶芽、托叶开裂后，远望如红缨倒垂，观赏价值高，宜作盆栽。布置厅堂，如宾馆、会议室、接待厅、家居客厅。华南地区可栽作风景树、庭荫树或行道树。

【经济用途】　树干上流出的乳状汁液，可制成硬性树胶。

（4）黄葛树 *Ficus virens* Ait. var. *sublanceolata*（Miq.）Corner（图 11-62）

【别名】　黄桷树。

【形态特征】　落叶乔木，高 15～26m，胸径 3～5m。叶薄革质或坚纸质，长椭圆形或卵状椭圆形，长 8～16cm，先端短渐尖，基部圆形或近心形，全缘，侧脉 7～10 对，无毛。隐花果近球形，径 5～8mm，熟时黄色或红色。

【分布】　黄葛树原产中国华南和西南地区，尤以重庆、四川、湖北等地最多。

【习性】　喜光，有气生根。生于疏林中或溪边湿地，为阳性树种，喜温暖、高温湿润气候，耐旱而不耐寒，耐寒性比榕树稍强。抗风，抗大气污染，耐瘠薄，对土质要求不严，生长迅速，萌发力强，易栽植。

图 11-62　黄葛树

【观赏特性和园林用途】　新叶展放后鲜红色的托叶纷纷落地，甚为美观。园林应用中适宜栽植于公园湖畔、草坪、河岸边、风景区，可孤植或群植造景，提供人们游憩、纳凉的场所，也可用作行道树。

【经济用途】　木材轻软，纹理粗，可供器具、家具等用；树皮纤维可制棉絮和纺织。

（5）薜荔 *Ficus pumila* L.（图 11-63）

【形态特征】　常绿藤木或匍匐灌木，借气根攀援；含乳汁。小枝有褐色绒毛。结果枝和不结果枝叶型有差异，互生，结果枝上为卵状椭圆形，长 4～10cm；不结果枝上为卵状心形，长约 2.5cm。全缘，基部 3 出脉，革质，表面光滑，背面网脉隆起并构成显著小凹眼。隐花果梨形或倒卵形，径 3～5cm。

【变种、变型及栽培品种】 爱玉子 ［*Ficus pumila* L. var. *awkeotsang*（Mak）Corner］：叶椭圆状卵形，背面密被锈色毛；果椭球形，先端略尖，表面有毛，绿色并有白点。

'小叶'薜荔（'Minima'）：叶特细小，是点缀假山及矮墙的理想材料。

'斑叶'薜荔（'Variegata'）：绿叶上有白斑。

'雪叶'薜荔（'Sonny'）：叶边有不规则白斑。

【分布】 产于华东、华中及西南；日本、印度也有生产。

【习性】 喜温暖湿润气候，常生于平原、丘陵和山麓。耐阴，耐旱，不耐寒；在酸性、中性土上都能生长。

【繁殖栽培】 可用播种、扦插和压条等法繁殖。

【观赏特性和园林用途】 在园林中可用做点缀假山石及绿化墙垣和树干的好材料，结果枝为主的植株可以修剪作为绿篱使用。

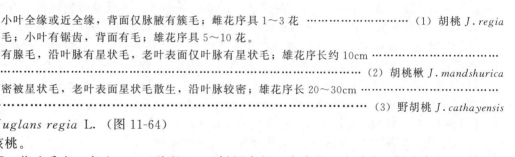

图 11-63　薜荔

【经济用途】 果实富含果胶，可制凉粉食用；根、茎、叶、果均可药用，有祛风除湿、活血通络、消肿解毒、补肾和通乳等功效。

11.1.2.6　胡桃科 Juglandaceae

落叶乔木，很少常绿或灌木。羽状复叶，互生；无托叶。花单性同株，单被或无被；雄花成柔荑花序；雌蕊由 2 心皮合成，子房下位，1 室，基生 1 胚珠。核果或坚果；种子无胚乳。

9 属，约 60 种，主产于北温带，少数分布至亚洲热带。中国产 7 属，27 种，1 变种，引入 2 种；南北均有分布。

分类检索表

1 枝髓片状。

 2 鳞芽；肉质核果 …………………………………………………………… 1. 胡桃属 *Juglans*

 2 裸芽或鳞芽；坚果有翅 ……………………………………………… 2. 枫杨属 *Pterocarya*

1 枝髓充实。

 3 雄花序下垂；核果，外果皮木质，4 瓣裂 …………………………… 3. 山核桃属 *Carya*

 3 雄花序直立；坚果有翅，果序球果状 ……………………………… 4. 化香属 *Platycarya*

11.1.2.6.1　胡桃属（核桃属）*Juglans* L.

落叶乔木。小枝粗壮，具片状髓；鳞芽。奇数羽状复叶，互生，有香气。雄蕊 8～40；子房不完全 2～4 室。核果大形，肉质，果核具不规则皱沟。

共约 20 种，产北温带及热带地区；中国产 4 种，引入栽培 2 种。

分类检索表

1 小枝无毛；小叶全缘或近全缘，背面仅脉腋有簇毛；雌花序具 1～3 花 ………… （1）胡桃 *J. regia*

1 小枝明显有毛；小叶有锯齿，背面有毛；雄花序具 5～10 花。

 2 幼叶表面有腺毛，沿叶脉有星状毛，老叶表面仅叶脉有星状毛；雄花序长约 10cm …………

 ………………………………………………………………………… （2）胡桃楸 *J. mandshurica*

 2 幼叶表面密被星状毛，老叶表面星状毛散生，沿叶脉较密；雄花序长 20～30cm …………

 ………………………………………………………………………… （3）野胡桃 *J. cathayensis*

（1）胡桃 *Juglans regia* L. （图 11-64）

【别名】 核桃。

【形态特征】 落叶乔木，高达 30m，胸径 1m。树冠宽阔，广卵形至扁球形。树皮灰白色，老时纵向浅裂。1 年生枝绿色，无毛或近无毛。小叶 5～9，椭圆形、卵状椭圆形至倒卵形，长 6～14cm，顶端钝圆或急尖、短渐尖，基部钝圆或偏斜，全缘，幼树及萌芽枝上之叶有锯齿，侧脉 11～15 对，表面光滑，背面脉腋有簇毛，幼叶背面有油腺点。雄花为柔荑花序，下垂生于上年生枝侧，花被 6 裂，雄蕊 6～30；雌花 1～3（5）朵成顶生穗状花序，花被 4 裂。核果球形，径 4～5cm，果核近球形，先端钝，有不规则浅刻纹及 2 纵脊。花期 4～5 月；果 9～11 月成熟。

【变种、变型及栽培品种】 有'裂叶'胡桃（'Laciniata'）和'垂枝'胡桃（'Pendula'）等品种。

【分布】 我国有 2000 多年的栽培历史，北起辽宁、南至广西、东达沿海、西抵新疆广为栽培，以西北、华北为主产区；新疆霍城有野生分布。伊朗、阿富汗也有分布。

【习性】 喜光，喜温暖凉爽气候，耐干冷，不耐湿热，喜深厚、肥沃、湿润而排水良好的微酸性至微碱性土壤。在瘠薄、盐田、酸性较强及地下水过高处均生长不良，怕水淹。一般 6～8 年生开始结果，20～30 年达盛果期，若生境及栽培条件良好，也可见有二三百年的大树仍结果繁茂。

【繁殖栽培】 胡桃可用播种及嫁接法繁殖。北方多春播，暖地可秋播。春播前应催芽处理。嫁接繁殖可采用芽接和枝接法。枝接应在砧木发芽后进行，常采用劈接和插皮舌接法。接穗应从优良母株上选取粗壮而芽饱满的 1 年生枝条；砧木可用胡桃实生苗、胡桃楸和枫杨等。用枫杨作砧嫁接的胡桃较能耐低湿。

【观赏特性及园林用途】 胡桃树冠庞大雄伟，枝叶茂密，绿荫覆地，加之灰白洁净的树干，亦颇宜人，是良好的庭荫树。孤植、丛植于草地或园中隙地都很合适。也可成片、成林栽植于风景疗养区。

【经济用途】 胡桃仁含多种维生素、蛋白质和脂肪，是营养丰富的滋补强壮剂；其含油量达 60%～70%，是优良食用油之一，也可用于制药、油漆等工业。胡桃木材优良，坚韧致密而富弹性，纹理美，有光泽，不翘不裂，耐冲撞，是枪托、航空器材及优良家具用材。有时树干上生有树瘤，坚实而纹理美，是贵重之贴面装饰材料。树皮、叶及果皮均富含单宁，可提制鞣酸。胡桃壳可制活性炭。

图 11-64 胡桃

图 11-65 胡桃楸

（2）胡桃楸 *Juglans mandshurica* Maxim.（图 11-65）

【别名】 核桃楸。

【形态特征】 乔木，高达 20m，胸径 60cm；树冠扁圆形。小枝幼时密被毛。奇数羽状复叶，小叶 9～17，卵状矩圆形或矩圆形，长 6～16cm，缘有细齿，表面幼时有腺毛，后脱落，仅叶脉有星状毛，背面密被星状毛。雌花序具花 5～10 朵；雄花序长约 10cm。核果卵形，顶端尖，有腺毛；果核长卵形，具 8 条纵脊，其中 2 条较显著，各棱间有不规则皱区及凹穴。花期 4～5 月；果熟期 8～9 月。

【分布】 分布于我国东北小兴安岭、长白山海拔 1000m 以下，多生于沟谷两岸及山麓与其他树种组成混交林；内蒙古、河北、山西、山东、河南等地有少量分布。俄罗斯、朝鲜、日本也有。

【习性】 强阳性树，不耐庇荫，耐寒性强，喜湿润、深厚、肥沃而排水良好之土壤，不耐干旱和瘠薄；根系强大，深根性，能抗风，有萌蘖性；生长速度中等。

【繁殖栽培】 播种繁殖。

【观赏特性及园林用途】 核桃楸树干通直，树冠宽卵形，枝叶茂密，可用作庭荫树。孤植、丛植于草坪或列植路边均很适宜。也是北方地区常用作嫁接核桃的优良砧木。

（3）野胡桃 *Juglans cathayensis* Dode（图 11-66）

【别名】 野核桃。

【形态特征】 乔木，高达 25m。树皮灰褐色，浅纵裂。小枝、叶柄、果实均密被褐色腺毛。小叶 9～17，无柄，卵状长椭圆形，长 8～15cm，先端渐尖，基部圆形或近心形，边缘有细齿，两面有灰色星状毛，背面尤密。雄花序长 20～30cm；雌花序具花 5～10 朵。核果卵形，先端尖，有腺毛；果核具 6～8 钝纵脊。花期 4～5 月；果熟期 9～10 月。

【变种、变型及栽培品种】 华东野核桃 ［*J. cathayensis* Dode var. *formosana*（Hayata）A. M. Lu et R. H. Chang]，与野核桃的区别在于：果核较平滑，仅有两条纵向棱脊，皱纹不明显，无刺状凸起及深凹窝。产于浙江、江苏、安徽、江西、福建、台湾。生于山谷或山坡林中。

【分布】 产于陕西、甘肃、安徽、江苏、浙江、湖北、湖南、四川、云南等地；多生于海拔 800～2000m 的山谷或山坡之土壤肥沃湿润处。

【习性】 喜光，深根性。

【繁殖栽培】 种子发芽率高，种子繁殖。

【经济用途】 可作南方地区嫁接核桃之砧木。木材坚硬，纹理美观，可制枪托和精致家具。种仁含油 34%，可供食用、制皂及润滑剂。树皮及外果皮含单宁，可提制栲胶。

图 11-66　野胡桃

11.1.2.6.2　枫杨属 *Pterocarya* Kunth

落叶乔木。枝髓片状；冬芽有柄，裸露或具数脱落鳞片。奇数羽状复叶，小叶有锯齿。雄花序单生于上年生枝侧，雄花生于苞腋，萼片 1～4，雄蕊 6～18；雌花序单生于新枝顶端，雌花 1 苞片和 2 小苞片。果序下垂，坚果有由 2 小苞片发育而成之翅。子叶 2 枚，4 裂，出土。

共约 8 种，分布于北温带；中国约产 7 种。

枫杨 *Ptercarya stenoptera* C. DC.　（图 11-67）

【形态特征】 乔木，高达 30m，胸径 1m 以上。枝具片状髓；裸芽。羽状复叶之叶轴有翼，小叶 9～23，长椭圆形，长 5～10cm，边缘有细锯齿，顶生小叶有时不发育。果序下垂，长 20～30cm；坚果近球形，具 2 长圆形或长圆状披针形之果翅，长 2～3cm，斜展。花期 4～5 月；果熟期 8～9 月。

【分布】 广布于华北、华中、华南和西南各地，在长江流域和淮河流域最为常见；朝鲜亦有分布。

【习性】 喜光，喜温暖湿润气候，也较耐寒；耐湿性强，但不宜长期积水。对土壤要求不严，在酸性至微碱性土上均可生长，而以深厚、肥沃、湿润的土壤上生长最好。深根性，主根明显，侧根发达；萌芽力强。

【繁殖栽培】 播种繁殖。于 9 月果成熟后采下晒干、去杂后干藏至 11 月播种；春播最好层积处理后播种。

【观赏特性及园林用途】 枫杨树冠宽广，枝叶茂密，生长快，适应性强，在江淮流域多栽为遮阴树及行道树。又因枫杨根系发达，较耐水湿，常作水边护岸固堤及防风林树种。此外，对烟尘和 SO_2 等有毒气体有一定抗性，也适合用做工厂绿化。

【经济用途】 木材轻软，不易翘裂，但不耐腐朽，可制作家具、农具和火柴杆等。树皮富含纤维，可制上等绳索。树皮煎水，可治疥癣和皮肤病。叶有毒，可作农药杀虫剂。枫杨苗木可作嫁接胡桃之砧木。

图 11-67　枫杨

11.1.2.6.3　山核桃属 *Carya* Nutt.

落叶乔木。小枝髓心充实；裸芽或鳞芽。奇数羽状复叶，互生，小叶有锯齿。雄花为 3 出下垂柔荑花序，花腋生于 3 裂之苞片内，花萼 3～6 裂，雄蕊 3～10；雌花 2～10 朵成穗状花序，无花柄，子房 1 室，外有 4 裂之总苞。核果，外果皮近木质，熟时开裂成 4 瓣；果核有纵棱脊，子叶不出土。

约 15 种，产于北美及东亚；中国产 4 种，引入 1 种。

分类检索表

1 裸芽，密被褐黄色腺鳞；小叶 5～7，背面密被褐黄色腺鳞；果卵圆形 ……………………（1）山核桃 *C. cathayensis*
1 鳞芽，有毛；小叶 11～17，无腺鳞，有毛；果长圆形 …………………………………（2）薄壳山核桃 *C. illinoensis*

（1）山核桃 *Carya cathayensis* Sarg.　（图 11-68）

【形态特征】 落叶乔木，高达 10～20m，胸径 30～60cm；树冠开展，呈扁球形。干皮光滑，灰白色。裸芽、幼枝、叶背及果实均密被橙黄色腺体。小叶 5～7，长椭圆状倒披针形，长 7.5～22cm，边缘有细锯齿。果倒卵形，核壳较厚。花期 4 月；果期 9 月。

【分布】 中国特产，分布于长江以南、南岭以北的广大山区和丘陵。尤其集中分布于浙西北和皖东南一带山区，海拔可达 400～1200m 的山麓或山谷平地，并常与杉木、马尾松、枫香、槠树、麻栎、油桐、乌桕等混生。

【习性】 喜光，但较耐侧方庇荫。喜温暖湿润夏季凉爽、雨量充沛、光照不太强烈的山区环境。

【繁殖栽培】 播种或嫁接繁殖。秋播或春播，幼苗需遮阴。7～8 年生开始结果，11～12 年以后进入盛果期，结果期可保持 100～200 年。嫁接可用化香树为砧木。

【经济用途】 山核桃为中国南方山区重要木本油料和干果树种。果核炒熟后供食用，味香美；榨油为最好食用油之一。木材坚韧，纹理直，是优良军工、建筑、车辆及农具柄等用材。

图 11-68　山核桃

图 11-69　薄壳山核桃
1. 花枝；2. 果枝；3. 叶下面片断；
4,5. 雌花；6. 雄花；7. 裂开的果

（2）薄壳山核桃 *Carya illinoensis* K.Koch（图 11-69）

【别名】 长山核桃、美国山核桃。

【形态特征】 落叶乔木，在原产地高达 50m，胸径 2.5m。树皮初为黑褐色，随着树龄增加具有鳞片状树皮。树冠初为圆锥形，后变长圆形至广卵形。鳞芽被黄色短柔毛。小叶 11～17，为不对称之卵状披针形，常镰状弯曲，长 7～18cm，无腺鳞。果长圆形，较大，核壳较薄。5 月开花，10～11 月果熟。

【分布】 原产于北美密西西比河河谷及墨西哥；我国约 1900 年引入栽培，目前自北京至海南均有栽培，但以福建、浙江及江苏南部一带较集中。

【习性】 喜光，喜温暖湿润气候，最适年平均温度 15～20℃，在夏热而冬寒的气候下，生长更好；喜土层深厚及排水良好之土壤，也能适应微酸性及碱性土壤；深根性，根萌蘖力强，生长速度中等；寿命长。

【栽培繁殖】 播种、嫁接、分根和扦插等法繁殖。

【观赏特性及园林用途】 薄壳山核桃树体高大，枝叶茂密，树姿优美，是优良的城乡绿化树种。在长江中下游地区可栽作行道树、庭荫树或大片造林。

【经济用途】 果实味美，营养丰富，核仁含油 71%，是优良的木本油料和干果树种。木材坚实、耐久，纹理直，是枪托、飞机、建筑、家具等优良用材。

11.1.2.6.4　化香属 *Platycarya* **Sieb. et Zucc**

落叶乔木；枝髓充实，鳞芽。奇数羽状复叶，小叶有齿。花无花被，雄花成直立腋生柔荑花序，雌花序球果状，顶生。小坚果有翅，生于苞腋内而成一球果状体。

共 2 种，产于中国和日本。

化香 *Platycarya strobilacea* Sieb. et Zucc.（图 11-70）

【形态特征】 落叶乔木，高可达 20m，但通常不足 10m。树皮灰色，浅纵裂。小叶 7～23，卵状长椭圆形。长 5～14cm，缘有重锯齿，基部歪斜。果序球果状，果苞内生扁平有翅小坚果。花期 5～6 月；果熟期 8 月。

【分布】 主要分布于长江流域及西南各地，是低山丘陵常见树种；日本、朝鲜亦有分布。

【习性】 为喜光性树种，喜温暖湿润气候和深厚肥沃的沙质土壤，对土壤的要求不严，酸性、中性、钙质土壤均可生长。耐干旱瘠薄，深根性，萌芽力强。

【观赏特性及园林用途】 羽状复叶，穗状花序，果序呈球果状，直立枝端经久不落，在落叶阔叶树种中具有特殊的观赏价值，在园林绿化中可作为点缀树种应用。

【经济价值】 果序及树皮富含单宁，为重要栲胶树种。又可作为嫁接胡桃、山核桃和薄壳山核桃之砧木。

11.1.2.7 山毛榉科（壳斗科）Fagaceae

乔木，稀灌木；落叶或常绿。单叶互生，侧脉羽状；托叶早落。花单性，雌雄同株，单被花，雄花序多为柔荑状，稀为头状；雌花1～3朵生于总苞中，子房下位，3～6室，每室具2胚珠；总苞在果熟时木质化，并形成盘状、杯状或球状之"壳斗"，外有刺或鳞片。每壳斗具1～3坚果，种子无胚乳，子叶肥大，不出土。

图11-70 化香

8属，约900种，除非洲中南部外广布全球。中国产7属，约320种；其中落叶树类主产于东北、华北及高山地区；常绿树类产于秦岭和淮河以南，在华南、西南地区最盛，是亚热带常绿阔叶林的主要树种。

分属检索表

1 雄花序为直立或斜伸之柔荑花序。

　2 落叶；枝无顶芽；总苞球状，密被针刺，内含1～3坚果 ·················· 1. 栗属 *Castanea*
　2 常绿；枝具顶芽

　　3 总苞球状，稀杯状，内含1～3坚果；叶2列，全缘或有齿 ············· 2. 栲属 *Castanopsis*
　　3 总苞盘状或杯状，稀球状，内含1坚果；叶不为2列，通常全缘 ········· 3. 石栎属 *Lithocarpus*

1 雄花序为下垂之柔荑花序；总苞杯状或盘状。

　4 总苞之鳞片分离，不结合成环状；落叶，稀常绿 ················· 4. 栎属 *Quercus*
　4 总苞之鳞片结合成多条环状；常绿 ·············· 5. 青冈栎属 *Cyclobalanopsis*

11.1.2.7.1 栗属 *Castanea* Mill

落叶乔木，稀灌木。枝无顶芽，芽鳞2～3。叶2列，缘有芒状锯齿。雄花序为直立或斜伸之柔荑花序；雌花生于雄花序之基部或单独成花序；总苞（壳斗）球形，密被长针刺，熟时开裂，内含1～3大形褐色之坚果。

10～17种，分布于北温带；中国产3种，1变种，引入栽培1种。果实富含淀粉和糖类，是优良的干果树种；木材坚实，耐湿、耐腐性强，为优良用材。

分种检索表

1 总苞内含1～3坚果，坚果至少一侧扁平；雌花通常生于雄花序基部；小枝至少幼枝有毛 ·················
······································· (1) 板栗 *C. mollissima*
1 坚果单生于总苞内，卵圆形，先端尖；雌花单独成花序；小枝无毛·············· (2) 锥栗 *C. henryi*

(1) 板栗 *Castanea mollissima* Bl.（*C. bungeana* Bl.）（图11-71）

【别名】 栗。

【形态特征】 乔木，高达20m，胸径1m；树冠扁球形。树皮灰褐色，交错纵深裂，小枝有灰色绒毛；无顶芽。叶椭圆形至椭圆状披针形，长9～18cm，先端渐尖，基部圆形或广楔形，缘齿尖芒状，背面常有灰白色柔毛。雄花序直立，长10～20cm；总苞球形，直径6～8cm，密被长针刺，内含1～3坚果。花期5～6月；果熟期9～10月。

【分布】 辽宁以南各地，除青海、新疆以外，广泛栽培，但以华北和长江流域栽培集中，河北是著名产区。多分布于丘陵山地的谷地、缓坡和河滩地，垂直分布可达2600m，越南和日本均有分布。

【习性】 喜光，阳性树种。北方品种较能耐寒、耐旱；南方品种喜温暖而不怕炎热，但耐寒、耐旱性较差。对土壤要求不严，以肥沃潮湿、排水良好富含有机质的壤土生长良好，在黏重土、钙质土、盐碱土生长不良。深根性、根系发达，根萌蘖能力强。寿命长，可达200～300年。对有毒气体（SO_2、Cl_2）有较强的抵抗力。

【繁殖栽培】 播种和嫁接法繁殖，分蘖也可。种子播种：随采随播，亦可沙藏至翌年春季春播。嫁接繁殖：砧木用2～3年实生苗，接穗选优良品种，在4月中下旬嫁接，切接、腹接或插皮接，一般插皮接成活率高。

【观赏特性及园林用途】 板栗树冠圆广，枝茂叶大，在公园草坪及坡地孤植或群植均适宜；也可用作山区绿化造林和水土保持树种。现在主要用于干果生产栽培，是山区致富的重要树种。

【经济用途】 板栗栗果营养丰富，味美可口，富含淀粉和糖，是优良的副食品，传统的出口商品；木材坚硬耐磨，材质粗，易受虫蛀。可提取栲胶，叶可饲养蚕。板栗树下可养蘑菇，味美营养成分高。

图 11-71　板栗

图 11-72　锥栗

（2）锥栗 *Castanea henryi* Rehd. et Wils.（图 11-72）

【别名】 珍珠栗。

【形态特征】 乔木，高达 30m，胸径 1m。小枝无毛，常紫褐色。叶披针形或卵状长椭圆形，长 8～16cm，先端长渐尖，基部圆形或广楔形，边缘具芒状齿，背面略有星状毛或无毛。雌花序单独生于小枝上部。总苞内仅 1 坚果，卵形，先端尖。花期 5 月；果 10 月成熟。

【分布】 产于我国浙江、安徽、江西、湖南、湖北、福建、广东、广西、四川、贵州、云南各地。

【习性】 喜光，喜温暖湿润气候及深厚、肥沃、排水良好的酸性土壤，适于海拔 100～1800m 的山地。

【栽培繁殖】 播种或嫁接繁殖。

【观赏特性及园林用途】 树干高大端直，秋叶金黄，常作彩色叶树种栽植。

【经济用途】 木材坚实耐用，耐水湿，生长迅速，是群众喜爱的珍贵用材树种和造林树种，也是果、材两用树种。

11.1.2.7.2 栲属（苦槠属）*Castanopsis* Spach

常绿乔木。枝具顶芽，芽鳞多数。叶 2 列，全缘或有齿，革质。雄花序细长而直立，雄花常 3 朵聚生，萼片 5～6 裂，雄蕊 10～12；雌花子房 3 室，总苞多近球形，稀杯状，外部具刺，稀为瘤状或鳞状。坚果 1～3，第 2 年或当年成熟。

约 120 种，主产于亚洲，以东亚的亚热带为分布中心；中国约产 63 种，主要分布于长江以南温暖地区。多数种类是中国南方常绿阔叶林的建群种或成纯林。多为大乔木，为重要用材树。树皮、壳斗富含鞣质，可提取栲胶。

分种检索表

1 叶长 7～14cm，背面有灰白色或浅褐色蜡层 ···························（1）苦槠 *C. sclerophylla*

1 叶较大，长 15～30cm，背面密被红褐色鳞秕，后脱落呈银灰色 ·············（2）钩栗 *C. tibetana*

（1）苦槠 *Castanopsis sclerophylla*（Lindl.）Schott.（图 11-73）

【形态特征】 常绿乔木，高 5～10m，稀达 15m；树冠圆球形。树皮暗灰色，浅纵裂。小枝灰色，散生皮孔，无毛，常有棱沟。叶长椭圆形，长 7～14cm，中上部有齿，背面有灰白色或浅褐色蜡层，革质。雄花序穗状，直立。坚果单生于球状总苞内，总苞外有环列之瘤状苞片；果苞成串生于枝上。花期 5 月；果 10 月成熟。

【分布】 主产于长江以南各地，多生于海拔 1000m 以下的低山丘陵和村庄附近。是南方常绿阔叶林组成树种之一，亦是本属中分布最北（至陕西南部）的一种。

【习性】 喜雨量充沛和温暖气候，能耐阴，喜深厚、湿润之中性和酸性土，亦耐干旱和瘠薄。深根性，萌芽性强。生长速度中等偏慢，寿命长。对 SO_2 等有毒气体抗性强。

【繁殖栽培】 用播种繁殖。10 月采种，随即秋播或混沙贮藏至次春（2～3 月）播种。移栽须带土球，宜在 2 月下旬至 3 月下旬进行，并剪去部分枝叶，以减少水分蒸腾，保证成活。

【观赏特性及园林用途】 本种枝叶繁密，树冠圆浑，颇为美观，宜于草坪孤植、丛植，亦可于山麓坡地成片栽植，构成以常绿阔叶树为基调的风景林，或作为花木的背景树。又因抗毒、防尘、隔声及防火性能好，适宜用做工厂绿化及防护林带。

【经济用途】 木材致密、坚韧、富弹性，可作建筑、桥梁、枕木、家具、体育用具等用材。果含大量淀粉、糖、蛋白质和脂肪，但含单宁较多，味苦，需浸提后才可食用，常制成"苦槠豆腐"食用。果苞可提取栲胶。

图 11-73 苦槠

图 11-74 钩栗
1. 果枝；2. 果

（2）钩栗 *Castanopsis tibetana* Hance（图 11-74）

【别名】 大叶锥栗。

【形态特征】 常绿乔木，高达 30m，胸径达 2m。树皮灰褐色，大片状剥离。叶大而坚硬，长椭圆形，长 15～30cm，中部以上有疏齿，表面深绿光亮，背面密被红锈色鳞秕，后脱落呈银灰色。5～6 月开花；总苞密生粗刺，内具单生坚果，次年 9～10 月成熟。

【分布】 广布于长江以南各地。

【习性】 喜温暖湿润气候，能耐阴，多生于山谷腹地富含腐殖质而排水良好的沙质壤土上。萌芽力强。

【繁殖栽培】 与苦槠基本相同。

【观赏特性及园林用途】 本种树冠球形，叶大荫浓，颇为壮观。可用于园林绿地及风景区、厂矿区绿化。

【经济用途】 木材坚韧，可供建筑、枕木、家具等用。果可生食或炒食。树皮及总苞含单宁，可提取栲胶。

11.1.2.7.3 石栎属 *Lithocarpus* Bl.

常绿乔木。叶螺旋状互生，不为 2 列，全缘，稀有齿。雄花序直立；雌花在雄花序之下部，子房下位，3 室，每室 2 胚珠。总苞盘状或杯状，稀球形；内含 1 坚果，次年成熟。

约 300 种，主产于东南亚；中国约产 100 种，分布于长江以南各地，是常绿阔叶林主要成分之一。

石栎 *Lithocarpus glaber*（Thunb.）Nakai（图 11-75）

【形态特征】 常绿乔木，高达 15m；胸径 40cm，树冠半球形。干皮青灰色，不裂；小枝密生灰黄色绒毛。叶革质，长椭圆形，长 8～12cm，先端尾状尖，基部楔形，全缘或近端部略有浅裂齿，叶背面有灰白色蜡层，侧脉 6～10 对，叶脉粗。总苞浅碗状，鳞片三角形；坚果椭圆形，具白粉。花期 7～11 月；果次年

图 11-75 石栎
1. 花枝；2. 雄花及雌花；3. 果枝；
4,5. 壳斗；6. 坚果

同期成熟。

【分布】 分布于我国长江以南各省区；生于海拔1500m以下山地阔叶林中。

【习性】 稍耐阴，喜温暖气候及湿润、深厚土壤，但也较耐干旱和瘠薄。它是本属较耐寒的树种。萌芽力强。

【栽培繁殖】 种子繁殖。

【观赏特性及园林用途】 本种枝叶茂密，绿荫深浓，宜做庭荫树。在草坪、山坡中孤植、丛植或成片栽植，或作其他花木背景树都很合适。

【经济用途】 石栎木材坚硬致密，有弹性，可供建筑、农具、车、船等用材。种子富含淀粉，可作饲料或酿酒。叶及壳斗可提取栲胶。

11.1.2.7.4 栎属（麻栎属）*Quercus* L.

落叶或常绿乔木，稀灌木。枝有顶芽，芽鳞多数。叶缘有锯齿或波状，稀全缘。雄花序为下垂柔荑花序；坚果单生，总苞盘状或杯状，其鳞片离生，不结合成环状。

共约300种，主产于北半球温带及亚热带；中国约产51种，南北均有分布，多为温带阔叶林的主要成分。木材坚硬耐久，是优良硬木用材。

分种检索表

1 叶卵状披针形至长椭圆形，锯齿尖芒状；总苞鳞片粗刺状；果次年成熟。
  2 叶背密被灰白色毛；小枝无毛，树皮有厚木栓层 ·················· (1) 栓皮栎 *Q. variabilis*
  2 叶背淡绿色，无毛或略有毛；小枝幼时有毛，树皮坚硬，深纵裂 ·············· (2) 麻栎 *Q. acutissima*
1 叶倒卵形，边缘波状或波状裂，无芒齿；果当年成熟。
  3 小枝及叶背密被毛，叶无柄或极短；总苞鳞片披针形，显著反卷 ·········· (3) 槲树 *Q. dentata*
  3 小枝及叶背无毛或疏生毛，叶具柄；总苞鳞片细鳞状或小瘤状。
    4 叶背面有毛。
     5 小枝密生绒毛；叶柄短，长3～5mm，被褐黄色绒毛 ··············· (4) 白栎 *Q. fabri*
     5 小枝无毛；叶柄长1～3cm，无毛，叶端钝或微凹 ··············· (5) 槲栎 *Q. aliena*
    4 叶背无毛，或仅沿脉有疏毛。
     6 叶之侧脉8～15对，叶柄有毛；总苞鳞片背部呈瘤状突起 ·········· (6) 蒙古栎 *Q. mongolica*
     6 叶之侧脉5～10对，叶柄无毛；总苞鳞片背部不呈瘤状突起 ········· (7) 辽东栎 *Q. wutaishanica*

(1) 栓皮栎 *Quercus variabilis* Bl. （图11-76）

图11-76 栓皮栎

【形态特征】 落叶乔木，高达30m，胸径1m；树冠广卵形。树皮灰褐色，深纵裂，木栓层发达。小枝淡褐黄色，无毛；冬芽圆锥形。叶长椭圆形或长椭圆状披针形，长8～15cm，先端渐尖，基部楔形，边缘有芒状锯齿，背面被灰白色星状毛。雄花序生于当年生枝下部，雌花单生或双生于新枝上端叶腋。总苞杯状，鳞片反卷，有毛。坚果卵球形或椭球形。花期3～4月；果次年9～10月成熟。

【变种、变型及栽培品种】 塔形栓皮栎（var. *pyramidalis* T.B Chao et al.）树冠塔形。

【分布】 我国产区北自辽宁、河北、山西、陕西及甘肃东部，南自广东、广西、云南，东自台湾、福建，西自四川西部等地，而以鄂西、秦岭、大别山区为其分布中心，朝鲜日本亦有分布。

【习性】 喜光，幼苗耐阴。主根发达，萌芽性强。抗旱、抗火、抗风。能耐−20℃的低温，对土壤的适应性强，在pH 4～8的酸性、中性或石灰质土壤中均能生长。

【繁殖栽培】 繁殖以播种法为主。一般采用直播造林或用穴状点播。

【观赏特性及园林用途】 栓皮栎树干通直，枝条广展，树冠雄伟，浓荫如盖，秋季叶色转为橙褐色，季相变化明显，是良好的绿化观赏树种。孤植、丛植，或与它树混交成林，均甚适宜。因根系发达，适应性强，树皮不易燃烧，又是营造防风林、水源涵养林及防火林的优良树种。

【经济用途】 木材坚韧耐磨，纹理直，耐水湿，结构略粗，是重要用材，可供建筑、车、船、家具、枕木等用。栓皮可作绝缘、隔热、隔音、瓶塞等原材料。种子含大量淀粉，可提取浆纱或酿酒，其副产品可作饲料。总苞可提取单宁和黑色染料。枝干还是培植银耳、木耳、香菇等的好材料。

(2) 麻栎 *Quercus acutissima* Carr. （图11-77）

【形态特征】 落叶乔木，高达30m，胸径1m。干皮交错深纵裂；小枝黄褐色，初有毛，后脱落。叶长椭圆状披针形，长8～18cm，先端渐尖，基部近圆形，边缘有刺芒状锐锯齿，叶片两面同色，幼时被柔毛，老时无毛或叶背脉上有柔毛。坚果球形；总苞碗状，鳞片木质刺状，反卷。花期3~4月；果次年10月成熟。

　　【分布】　分布很广，在我国北自东北南部，南达两广，西自甘肃、四川、云南等省区均有分布，日本、朝鲜亦有。生长于海拔2200m以下的山地丘陵之中。

　　【习性】　喜光，喜温湿气候，较耐寒、耐旱，对土壤要求不严，但不耐盐碱土。以深厚、肥沃、湿润而排水良好的中性至微酸性土的低山缓坡地带生长最为适宜。深根性，萌芽力强。生长速度中等。

　　【繁殖栽培】　播种繁殖或萌芽更新。用种子育苗，种子宜进行混沙湿藏催芽处理。

　　【观赏特性及园林用途】　树干通直，枝条广展，树冠雄伟，浓荫如盖，绿叶鲜亮，秋天变为橙褐色，季相变化明显，是优良绿化观赏树种。孤植、丛植或与它树混交成林，均甚适宜。

　　【经济用途】　木材坚重，耐久，耐湿，纹理美观，可供建筑、车、船、家具、枕木等用。叶为本属饲养柞蚕最好的一种。枝及朽木是培养香菇、木耳、银耳的好材料。种子含淀粉，可入药、酿酒或作饲料；总苞及树皮含单宁。

　　(3) 槲树 *Quercus dentata* Thunb.（图11-78）

　　【别名】　菠萝叶。

　　【形态特征】　落叶乔木，高达25m，胸径1m；树冠椭圆形。小枝粗壮，有沟棱，密生黄褐色绒毛。叶倒卵形，长15~25cm，先端圆钝，基部耳形或楔形，边缘具波状裂片，侧脉8~10对，背面灰绿色，有星状毛；叶柄甚短，长仅2~5mm，密生毛。坚果总苞之鳞片披针形，反卷。花期5月；果10月成熟。

　　【分布】　产于我国辽宁、华北、华东、华中、华南及西南各省区，垂直分布华北在1000m以下，云南可达2500m。

　　【习性】　喜光，稍耐阴、耐寒、耐干旱瘠薄，喜酸性至中性的湿润、深厚排水良好的土壤，是暖温带落叶阔叶林主要树种之一。

　　【繁殖栽培】　播种繁殖。

　　【观赏特性及园林用途】　是北方荒山造林树种，园林绿地中亦可栽植观赏，并可用于工矿区绿化。

　　【经济用途】　木材坚硬，供建筑、枕木、家具等用，但干后易裂。幼叶可饲养柞蚕。

 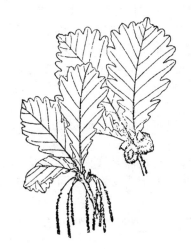 

图11-77　麻栎　　　　　图11-78　槲树　　　　　图11-79　白栎

　　(4) 白栎 *Quercus fabri* Hance（图11-79）

　　【形态特征】　落叶乔木，高达20m。树皮灰褐色，深纵裂，小枝密生灰色至灰褐色绒毛。叶倒卵形至椭圆状倒卵形，长7~15cm，先端钝或短渐尖，基部楔形至窄圆形，叶缘有波状粗钝齿，背面灰白色，密被星状毛，网脉明显，侧脉8~12对；叶柄短，仅3~5mm，被褐黄色绒毛。总苞杯形，鳞片形小；坚果长椭球形。花期4月；果10月成熟。

　　【分布】　广布于淮河以南、长江流域至华南、西南各地，多生于山坡杂木林中。

　　【习性】　喜光，喜温暖气候，耐干旱瘠薄，但在肥沃湿润处生长最好。萌芽力强。

　　【繁殖栽培】　播种繁殖。

　　【观赏特性及园林用途】　白栎枝叶繁茂、终冬不落，宜作庭荫树于草坪中孤植、丛植，或在山坡上成片种植，也可作为其他花灌木的背景树。

【经济用途】 木材坚硬；树枝可培植香菇；种子含淀粉；树皮及总苞含单宁，可提取栲胶。

（5）槲栎 *Quercus aliena* Bl.（图 11-80）

图 11-80 槲栎
1. 果枝；2. 果；3. 壳斗

【形态特征】 落叶乔木，高达 30m，胸径 1m；树皮暗灰色，深纵裂。树冠广卵形。小枝无毛，芽有灰毛。叶倒卵状椭圆形，长 10～22cm，先端钝圆，基部耳形或圆形，缘具波状缺刻，侧脉 10～14 对，背面灰绿色，有星状毛，叶柄长 1～1.3cm。总苞碗状，鳞片短小。花期 4～5 月；果 10 月成熟。

【变种、变型及栽培品种】 锐齿栅栎（ *Q. aliena* BI. var. *acuteserrata* Maxim.）具波状粗齿，先端尖锐，内弯，叶密被灰白色细绒毛。

北京槲栎（ *Q. aliena* BI. var. *pekingensis* Schott.）波状齿不尖锐，叶基不对称，叶下面无毛，侧脉 7～10 对。

【分布】 产于辽宁、华北、华中、华南及西南各地；垂直分布华北在 1000m 以下，云南可达 2500m。

【习性】 喜光，稍耐阴，耐寒，耐干旱瘠薄，喜酸性至中性的湿润深厚而排水良好的土壤，是暖温带落叶阔叶林主要树种之一。

【观赏特性及园林用途】 槲栎叶片大且肥厚，叶形奇特、美观，叶色翠绿油亮、枝叶稠密，属于美丽的观叶树种。适宜浅山风景区造景之用。

【经济用途】 木材坚硬，耐腐，纹理致密，供建筑、家具及薪炭等用材；种子富含淀粉，可酿酒，也可制凉皮、粉条和做豆腐及酱油等，也可榨油。壳斗、树皮富含单宁。

（6）蒙古栎 *Quercus mongolica* Fisch.（图 11-81）

【形态特征】 落叶乔木，高达 30m；树皮灰褐色，纵裂。小枝粗壮，栗褐色，无毛。叶常集生枝端，倒卵形，长 7～20cm，先端钝圆，基部窄或近耳形，边缘具深波状缺刻，侧脉 7～11 对，仅背面脉上有毛；叶柄短，仅 2～8mm，疏生绒毛。坚果卵形；总苞浅碗状，鳞片呈瘤状。花期 5～6 月；果 9～10 月成熟。

【分布】 产于中国黑龙江、吉林、辽宁、内蒙古、河北、山东等省区。俄罗斯、朝鲜、日本也有分布，世界多地有栽种。

【习性】 喜光，耐寒性强，喜凉爽气候；耐干旱、瘠薄，喜中性至酸性土壤。通常多生于向阳干燥山坡。

【繁殖栽培】 播种繁殖。

【观赏特性及园林用途】 园林中可植作园景树或行道树，树形好者可为孤植树做观赏用。

【经济用途】 生长速度中等偏慢；树皮厚，抗火性强。是北方荒山造林树种之一。木材坚重耐朽，但干后易裂。叶可饲养柞蚕。种子含淀粉，可作饲料。

（7）辽东栎 *Quercus wutaishanica* H. Mayr（*Quercus liaotungensis* Koidz）

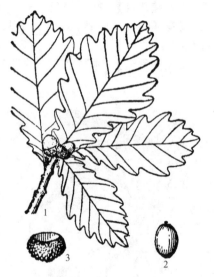

图 11-81 蒙古栎
1. 果枝；2. 果；3. 壳斗

【形态特征】 落叶乔木，高达 15m，有时呈灌木状。小枝幼时有毛，后渐脱落。叶多集生枝端，长倒卵形，长 5～14cm，先端钝圆，基部耳形，缘有波状疏齿，侧脉 5～7（10）对，背面无毛或沿脉微有毛；叶柄长 2～4mm，无毛。坚果卵形或椭圆形；总苞碗状，鳞片背部不呈瘤状突起。花期 5 月；果 9～10 月成熟。

【分布】 产于东北东部及南部至黄河流域各地，西到甘肃、青海、四川。垂直分布在海拔 600～2500m 地带。

【习性】 喜光，耐寒，抗旱性特强。

用途同蒙古栎。

11. 1. 2. 7. 5 青冈栎属 *Cyclobalanopsis* **Oerst.**

常绿乔木。枝有顶芽，侧芽常集生于近端处，芽鳞多数。雄花序下垂；雌花花柱 2～4。总苞杯状或盘状，鳞片结合成数条环带。坚果当年或次年成熟。

约 150 种，主产于亚洲热带和亚热带；中国约产 77 种，多分布于秦岭及淮河以南各地，是组成南方常绿阔叶林的主要成分之一。

青冈栎 *Cyclobalanopsis glauca*（Thunb.）Oerst.（*Quercus glauca* Thunb.）（图 11-82）

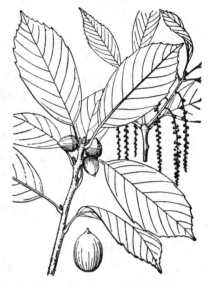

图 11-82　青冈栎

【形态特征】　常绿乔木，高达 20m，胸径 1m。树皮平滑不裂；小枝青褐色，无棱，幼时有毛，后脱落。叶长椭圆形或倒卵状长椭圆形，长 6～13cm，先端渐尖，基部广楔形，叶缘中部以上有疏齿，中部以下全缘，背面灰绿色，有平伏毛，侧脉 8～12 对，叶柄长 1～2.5cm。总苞单生或 2～3 个集生，杯状，鳞片结合成 5～8 条环带。坚果卵形或近球形，无毛。花期 4～5 月；果 10～11 月成熟。

【分布】　分布很广，我国北至青海、陕西、甘肃、河南等省南部，东至江苏、福建、台湾，西至西藏，南至广东、广西、云南等地，生于海拔 2600m 以下的山坡和沟谷。此外，朝鲜、日本、印度亦产。

【习性】　喜温暖多雨气候，较耐阴；喜钙质土，常生于石灰岩山地，在排水良好、腐殖质深厚的酸性土壤上亦生长很好。萌芽力强，耐修剪；深根性。抗有毒气体能力较强。

【繁殖栽培】　播种繁殖。10～11 月间种子成熟时采收，去总苞后摊放通风处阴干即可播种。亦可混沙贮藏至次年 2～3 月春播。

【观赏特性及园林用途】　本种枝叶茂密，树姿优美，终年常青，是良好的绿化、观赏及造林树种。因性好阴，宜丛植、群植或与其他常绿树混交成林，一般不宜孤植。又因萌芽力强、具有较好的抗有毒气体、隔音和防火能力，可用做绿篱、绿墙、厂矿绿化、防风林和防火林等。

【经济用途】　木材坚韧，结构细，纹理直，富弹性，易加工，可供建筑、桥梁、车辆、器械和农具柄等用。种子含淀粉，可作饲料或酿酒等；树皮及总苞含单宁，可提取栲胶。

11.1.2.8　桦木科 Betulaceae

落叶乔木或灌木。单叶互生；托叶早落。花单性，雌雄同株；雄花为下垂柔黄花序，1～3 朵生于苞腋，雄蕊 2～20；雌花为球果状、穗状或柔黄状，花被萼筒状或无，2～3 朵生于苞腋，雌蕊由 2 心皮合成，子房下位，2 室，每室有 1 倒生胚珠。坚果有翅或无翅，外具总苞；种子无胚乳。

6 属，150～200 种，主产于北半球温带及较冷地区；6 属在中国均有分布，88 种，14 变种。一些学者将桦木科分为桦木科与榛科，参见下面的分属检索表。

分属检索表

```
1 小坚果扁平，具翅，包藏于木质鳞片状果苞内，组成球果状或柔黄状果序；雄花萼片 4 深裂，雄蕊 2～4 ……
　………………………………………………………………………………………………（桦木科 Betulaceae）
　2 果苞薄，3 裂，脱落；冬芽无柄 ……………………………………………………… 1. 桦木属 Betula
　2 果苞厚，木质，5 裂，宿存；冬芽常有柄 ………………………………………………… 2. 赤杨属 Alnus
1 坚果卵形或球形，无翅，包藏于叶状或囊状草质总苞内，组成簇生或穗状果序；雄花无花被，雄蕊 2 ………
　……………………………………………………………………………………………（榛科 Corylaceae）
　3 果实小而数多，集生成下垂之穗状，总苞叶状 ……………………………………… 3. 鹅耳枥属 Carpinus
　3 果实较大，簇生，外被叶状、囊状或刺状总苞 ……………………………………………… 4. 榛属 Corylus
```

11.1.2.8.1　桦木属 Betula L.

落叶乔木，稀灌木。树皮多光滑，常多层纸状剥离，皮孔横扁。冬芽无柄，芽鳞多数。雄花有花萼，1～4 齿裂，雄蕊 2，花丝 2 深裂，各具 1 花药；雌花无花被，每 3 朵生于苞腋。小坚果扁，常具膜质翅；果苞革质，3 裂，脱落。

约 100 种，主产于北半球；中国产 31 种，4 变种，主要分布于东北、华北至西南高山地区，是中国主要森林树种之一。树形优美，干皮雅致，欧美庭院中常植为观赏树。

分种检索表

```
1 叶具侧脉 5～8 对。
　2 树皮白色；小枝具腺毛；叶三角状卵形，无毛；果翅宽于坚果 ……………………… (1) 白桦 B. platyphylla
　2 树皮灰褐色；小枝光滑或有柔毛；叶多为菱状卵形；坚果宽于果翅 …………………… 黑桦 B. dahurica
1 叶具侧脉 8～16 对。
　3 树皮橘红色或肉红色，层裂；冬芽通常无毛；果翅与坚果等宽 ………………… (2) 红桦 B. albosinensis
```

3 树皮暗灰色，不层裂；冬芽密被细毛；果翅极窄 ……………………………………… 坚桦 B. chinensis

（1）白桦 *Betula platyphylla* Suk.（图 11-83）

图 11-83　白桦

【形态特征】　落叶乔木，高达 27m，胸径 50cm；树冠卵圆形。树皮灰白色，纸状分层剥离，皮孔黄色。小枝细，红褐色，无毛，外被白色蜡层。叶三角状卵形或菱状卵形，先端渐尖，基部广楔形，边缘有不规则重锯齿，侧脉 5～8 对，上面于幼时疏被毛和腺点，成熟后无毛和腺点，背面无毛，密生腺点，脉腋有毛。果序单生，圆柱形，下垂。坚果小而扁，两侧具宽翅。花期 5～6 月；8～10 月果熟。

【分布】　产于东北大、小兴安岭、长白山及华北高山地区；垂直分布在东北海拔 1000m 以下，华北为 1300～4100m。俄罗斯西伯利亚东部、朝鲜及日本北部亦有分布。

【习性】　强喜光，耐严寒，喜酸性土（pH 5～6），耐瘠薄。适应性强，在沼泽地、干燥阳坡及湿润之阴坡均能生长，但在平原及低海拔地区常生长不良。

【繁殖栽培】　用播种法繁殖。果熟采种，翌年春播，播前拌沙土催芽 1 周。

【观赏特性及园林用途】　白桦枝叶扶疏，树姿优美，树干通直，洁白雅致，孤植、丛植于庭院、公园之草坪、池畔、湖滨或列植于道旁均宜。可在山地、丘陵坡地成片栽植作风景林。

【经济用途】　白桦是中国东北地区主要阔叶树种之一。其木材黄白色，纹理直，结构细，但不耐腐，供制胶合板、造纸、火柴杆及建筑等用。树皮可提取桦油、供化妆品香料用，并含单宁 11%，可提取栲胶。

（2）红桦 *Betula albosinensis* Burk.（图 11-84）

【别名】　纸皮桦。

【形态特征】　落叶乔木，高达 30m，胸径 1m。树皮淡红褐色或紫红色，有光泽和白粉，纸状多层剥离。枝条红褐色，小枝紫红色，无毛。叶卵形或椭圆状卵形，长 3～8cm，先端渐尖，基部广楔形，边缘具不规则重锯齿，侧脉 9～14 对，沿脉常有白色长柔毛。果穗单生，稀 2 个并生，短圆柱形，直立。果翅较坚果稍窄，为其 1/2～2/3。

【分布】　产于河北、山西、甘肃、湖北、四川及云南等地，垂直分布于海拔 1000～3500m 处。

【习性】　较耐阴，耐寒冷，喜湿润。多生于高山阴坡及半阴坡，常与冷杉、云杉、山杨等混生或自成纯林。生长较快，20 年生即可成材。

【繁殖栽培】　与白桦相似。

【观赏特性及用途】　本种树冠端丽，橘红色而又光洁的干皮可与白桦媲美，宜植于园林绿地观赏。

【经济用途】　木材坚硬，红褐色，结构细致，为细木工、家具、枪托、枕木等优良用材。

图 11-84　红桦

11.1.2.8.2　赤杨属 *Alnus* B. Ehrh

落叶乔木或灌木。树皮鳞状开裂。冬芽有柄；小枝有棱脊。单叶互生，边缘多具单锯齿。雄花具 4 深裂之花萼；雌花无花被，每 2 朵生于苞腋。果序球果状；坚果小而扁，两侧有窄翅；果苞厚，木质，宿存，先端 5 浅裂。

约 40 种，产于北半球寒温带至亚热带；中国约 10 种，除西北外各地均有分布，是喜光、速生、湿生（少数耐旱）树种，常有根瘤，能固氮。

分种检索表

1 小枝具树脂点；果序 2～6 个集生；叶狭椭圆形至长椭圆状披针形 ……………………（1）赤杨 A. japonica
1 小枝无树脂点；果序单生；叶倒卵形至椭圆形 ……………………………………（2）桤木 A. cremastogyne

（1）日本桤木 *Alnus japonica*（Thunb.）Steud.

【别名】　赤杨、水柯子。

【形态特征】　落叶乔木，高达 6～15m，较少达 20m，胸径 60cm。小枝褐色无毛，具腺点。叶长椭圆形至长椭圆状披针形，长3～10cm，先端渐尖，基部楔形，边缘具细尖单锯齿，背脉隆起并有腺点。果序椭圆形或卵圆形，长1.5～2cm，2～9个集生于一总柄上。花期3月；果熟期7～8月。

【分布】 产于我国辽宁南部、吉林、河北、山东、安徽南部、台湾；日本、朝鲜也有。

【习性】 喜水湿，常生于低湿滩地、河谷、溪边，成纯林或与枫杨、乌桕等混生。喜光，生长快，10年树胸径可达20cm，萌芽性强。

【繁殖栽培】 通常用种子繁殖也可分蘖繁殖。

【观赏特性及园林用途】 本种枝叶繁茂，适用低洼地、河岸湖畔绿化，能起护堤岸固土坡、改良土壤等作用；也作造林树种。

【经济用途】 赤杨材质轻软，红褐色，供建筑、乐器、家具、器具、火柴杆、箱板等用。木炭为无烟火药原料。果序、树皮含鞣质，可提取栲胶。

(2) 桤木 *Alnus cremastogyne* Burk.（图11-85）

【形态特征】 落叶乔木，高可达30～40m，胸径1m。树皮褐色，幼时光滑，老则斑状开裂。小枝较细，无树脂点，幼时被灰白色毛，后渐脱落。叶倒卵形至倒卵状椭圆形，长6～17cm，基部楔形或近圆形，边缘疏生钝齿。雌、雄花序均单生。果序单生叶腋下垂，果梗长2～8cm；果翅膜质，宽为果之1/2。花期3月；果熟期8～10月。

【分布】 中国特有种，分布于四川、贵州和陕西等地。生于海拔500～3000m的山坡或岸边林中，在海拔1500m地带可成纯林。

图11-85 桤木

【习性】 喜光，喜温暖气候，耐水湿。对土壤适应性较强，在较干燥的荒山、荒地以及酸性、中性至微碱性土均能生长，但以深厚、肥沃、湿润的土壤生长最快。速生，1年生苗高1m以上，一般3年郁闭成林。

【观赏特性及园林用途】 桤木生长快速，枝叶浓密，常作行道树或在水滨和湖岸边种植。

【经济用途】 可作用材林、薪炭林。木材耐水湿，为良好用材树种。叶、树皮、嫩芽药用，可治腹泻及止血。

11.1.2.8.3 鹅耳枥属 *Carpinus* L.

落叶乔木或灌木；单叶互生，叶缘常具细尖重锯齿，羽状脉整齐。雄花无花被，雄蕊3～13，花丝2叉，花药有毛。小坚果卵圆形，有纵纹，每2枚着生于叶状果苞基部；果序穗状，下垂；果苞不对称，淡绿色，有锯齿。

约50种，分布于北温带，主产于东亚；中国约产33种，8变种，广布全国各地，喜生于石灰岩母质发育的土壤上。

图11-86 鹅耳枥

鹅耳枥 *Carpinus turczaninowii* Hance（图11-86）

【别名】 北鹅耳枥。

【形态特征】 落叶小乔木或灌木状，高5～10m；树冠紧密而不整齐。树皮灰褐色，浅裂。小枝细，有毛；冬芽红褐色。叶卵形，长3～5cm，先端渐尖，基部圆形或近心形，边缘有重锯齿，表面光亮，背面脉腋及叶柄有毛，侧脉8～12对。果穗稀疏，下垂；果苞叶状，偏长卵形，一边全缘，一边有齿；坚果卵圆形，具肋条，疏生油腺点。花期4～5月；果熟期9～10月。

【分布】 广布于我国东北南部、华北至西南各省，垂直分布于海拔500～2300m的山坡或山谷林中。

【习性】 稍耐阴，喜生于背阴之山坡及沟谷中，喜肥沃湿润的中性及石灰质土壤，也能耐干旱瘠薄。

【繁殖栽培】 种子繁殖或萌蘖更新。移栽易成活。

【观赏特性及园林用途】 枝叶茂密，叶形秀丽，果穗奇特，颇为美观，可作庭荫树或行道树，也可作盆景。

【经济用途】 木材坚硬致密，可供家具、农具及薪材等用。

11.1.2.8.4 榛属 *Corylus* L.

落叶灌木或乔木。单叶互生，具不规则之重锯齿或缺裂。雄花无花被，雄蕊4～8，花丝2叉，花药有毛；雌花簇生或单生。坚果较大，球形或卵形，部分或全部为叶状、囊状或刺状总苞所包。子叶不出土。

约 20 种，分布于北温带；中国产 7 种，3 变种。

榛 *Corylus heterophylla* Fisch. ex Bess. （图 11-87）

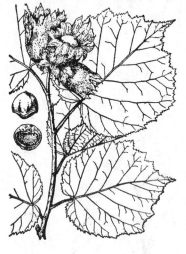

图 11-87　榛

【别名】　榛子、平榛。

【形态特征】　灌木或小乔木，高达 7m。树皮灰褐色；有光泽。小枝有腺毛。叶形多变异，圆卵形至倒广卵形，长 4～13cm，先端突尖，近截形或有凹缺及缺裂，基部心形，边缘有不规则重锯齿，背面有毛。坚果常 3 枚簇生；总苞钟状，端部 6～9 裂。花期 4～5月；果熟期 9 月。

【变种、变型及栽培品种】　川榛（*C. heterophylla* Fisch. ex Bess. var. *sutchuenensis* Franch.）叶椭圆形、宽卵形或几圆形，顶端尾状；果苞裂片的边缘具疏齿，很少全缘；花药红色。

【分布】　分布于中国东北、内蒙古、华北、西北山地；俄罗斯、朝鲜、日本亦有分布。

【习性】　性喜光，耐寒，耐旱，喜肥沃之酸性土壤，但在钙质土、轻度盐碱土及干燥瘠薄之地亦可生长。多生于向阳山坡及林缘。耐火烧，萌芽力强。

【繁殖栽培】　有播种育苗，分株、根蘖育苗和压条育苗。

【经济用途】　本种是北方山区绿化及水土保持的重要树种。种子可食用、榨油及药用。木材坚硬致密，供作手杖、伞柄、农具等用。

11.1.3　石竹亚纲 Caryophyllidae

紫茉莉科 Nyctaginaceae

草本或木本。单叶对生或互生，全缘；无托叶。花序聚伞状，或簇生；花两性，稀单性；苞片显著，呈萼状；花单被，常花瓣状，钟形、管形或高脚碟形；雄蕊 3～30；子房 1 室，1 胚珠。瘦果；种子有胚乳。

共 30 属，300 余种，主产于美洲热带；中国产 7 属 11 种，1 变种；引入 2 属 4 种，常栽培观赏。

叶子花属 *Bougainvillea* Comm. ex Juss.

藤状灌木，茎多具枝刺。叶互生，有柄。花常 3 朵聚生，为 3 片美丽的叶状大苞片所包围，花总梗连生于苞片中脉上；花被管状，顶端 5～6 裂，雄蕊 6～8，子房具柄。瘦果具 5 棱。

共 18 余种，主产于南美热带及亚热带；中国引入栽培 2 种，为极美丽的观赏植物。

分种检索表

1 枝叶无毛或稍有毛；花之苞片暗红色或紫色 ·············· (1) 光叶子花 *B. glabra*

1 枝叶密生柔毛；花之苞片鲜红色 ·············· (2) 叶子花 *B. spectabilis*

(1) 光叶子花 *Bougainvillea glabra* Choisy （图 11-88）

【别名】　宝巾、光三角花。

【形态特征】　常绿攀援灌木；枝有利刺。枝条常拱形下垂，无毛或稍有柔毛。单叶互生，卵形或卵状椭圆形，长 5～10cm，先端渐尖，基部圆形至广楔形，全缘，表面无毛，背面幼时疏生短柔毛；叶柄长 1～2.5cm。花顶生，常 3 朵簇生，各具 1 枚叶状大苞片，紫红色，椭圆形，长 3～3.5cm；花被管长 1.5～2cm，淡绿色，疏生柔毛，顶端 5 裂。瘦果有 5 棱。

【变种、变型及栽培品种】　品种很多，就花苞片颜色而言就有粉红（'Thomasii'）、橙红（'Pretoria'）、橙黄（'Goldenglow'）等，此外还有红花重瓣（'Rubra Plena'）、白花重瓣（'Alba Plena'）、斑叶（'Variegata'）等品种。

【分布】　原产于巴西，浙江、福建、广东、广西、云南等省区均有栽培，植于庭院内或盆栽，现世界各地常见栽培。

【习性】　喜高温、湿润、阳光充足的环境，不耐寒，低温易落叶，光照太弱不能开花。对土壤要求不严，只要保水良好而不积水，具一定肥力的土壤都能生长，但以富含有机质的山泥或沙质壤

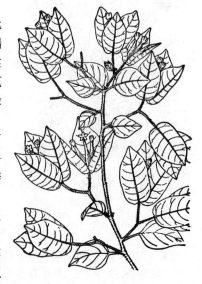

图 11-88　光叶子花

土栽培最好。萌芽力强，耐修剪，忌水浸。

【繁殖栽培】 多用扦插繁殖，在春、秋两季进行。选取 1～2 年生枝条，剪成长 8～10cm，下方用利刀削成斜面，插于沙中，保持湿润，1～2 月便可生根。但在自然条件下生根率和成活率都较低。如用调配的基质和植物生长调节剂处理，则可提高插条的生根率和成活率。

（2）叶子花 *Bougainvillea spectabilis* Willd.

【别名】 毛宝巾、三角花、九重葛。

【形态特征】 外形与上种近似，但枝、叶密生柔毛；苞片鲜红色。

【变种、变型及栽培品种】 砖红叶子花（*B. spectabilis* Willd. var. *lateritia* Lem.）之苞片为砖红色；另有斑叶（'Variegata'）、金叶（'Aurea'）、黄花（'Salmonea'）、白花（'Snow White'）、茄色（'Brazil'）、玫红（'Alexandra'）等不同品种。

【分布】 原产于巴西，中国各地有栽培。

习性、繁殖、用途等均同光叶子花。

11.1.4 五桠果亚纲 Dilleniidae

11.1.4.1 牡丹科 Paeoniaceae

【形态特征】 见属，为单属科。

芍药属 *Paeonia* L.

灌木。叶二回或三回羽状复叶；叶柄长 10～15cm；小叶 19～33 枚，卵状披针形，多全缘，少数 3 裂。花顶生，单朵，瓣基或有 1 大形紫斑；花盘革质，全包心皮，花药黄色；花期 4 月下旬至 5 月中旬。

产于甘肃东南、鄂西、陕南等地海拔千余米的疏林或林缘处。

分种检索表

1 花单生于当年生枝顶端。花盘发达，革质，全包被心皮之外。

  2 心皮密生淡黄色柔毛；顶端小叶片长 2.5～8cm，不裂或分裂。

    3 叶为 2 回三出复叶；小叶常 9 片，小叶片长 4.5～8cm，顶生小叶 3 裂；花瓣内面基部无紫斑 ·········
    ··（1）牡丹 *P. suffruticosa*

    3 叶为 3 回（稀二回）复叶；小叶（17）19～33 片，小叶片长 2.5～4cm，顶生小叶不裂；花瓣内面基部有紫斑 ··（2）紫斑牡丹 *P. papaveracea*

  2 心皮光滑无毛；叶为 3 回或 4 回羽状复叶；小叶（29）33～63 片，小叶全部分裂。顶端小叶片长 2.5～4cm，3 裂达中部或更深 ···（3）四川牡丹 *P. szechuanica*

1 花数朵生于当年生枝顶，腋生；花盘肉质，仅包于心皮基部；心皮平滑无毛；小叶裂片为狭披针形。

  4 花红紫色 ··（4）野牡丹 *P. delavayi*

  4 花黄色，有时基部或边缘紫红色 ··（5）黄牡丹 *P. lutea*

（1）牡丹 *Paeonia suffruticosa* Andr.（*P. Moutan* Sims.）（图 11-89）

【别名】 富贵花、木本芍药、洛阳花。

【形态特征】 落叶灌木，高达 2m。枝多而粗壮。叶呈 2 回羽状复叶，小叶长 4.5～8cm，阔卵形至卵状长椭圆形，先端 3～5 裂，基部全缘，叶背有白粉，平滑无毛。花单生枝顶，大形，径 10～30cm；花型有多种；花色丰富，有紫、深红、粉红、黄、白、豆绿等色；雄蕊多数；心皮 5 枚，有毛，其周围为花盘所包。花期 4 月下旬至 5 月；果 9 月成熟。

【变种、变型及栽培品种】 矮牡丹（*P. suffruticosa* Andr. var. *Spontanea* Rehd.），高 0.5～1m；叶片纸质，叶背及叶轴有短柔毛，顶端小叶宽椭圆形，长 4～5.5cm，3 深裂，裂片再浅裂。花白色或浅粉色，单瓣型，直径约 11cm。

寒牡丹（*P. suffruticosa* Andr. var. *hiberniflora* Makino），叶小，花白色或紫色，小形，直径 8～10cm。

牡丹的品种十分丰富，在 1031 年欧阳修的《洛阳牡丹记》中已载有 40 余品种，在以后的《群芳谱》中载有 183 个品种，现在约有 300 多个品种。

品种分类：牡丹的品种分类有多种方法，常见的有以下几种。

图 11-89 牡丹

按花色分类：	按花期分类：
白花种：'白玉'、'宋白'、'崑山夜光'等。	
黄花种：'姚黄'、'御衣黄'、'大叶黄'等。	早花种：'大金粉'、'白玉'、'赵粉'等。
粉花种：'大金粉'、'瑶池春'、'粉二乔'等。	中花种：'蓝田玉'、'二乔'、'掌花案'等。
紫花种：'魏紫'、'葛巾紫'、'墨魁'等。	晚花种：'葛巾紫'、'豆绿'、'崑山夜光'等。
绿花种：'豆绿'、'娇容三变'等。	

按花型分类：各国有许多分法、繁简不一，但基本上均是按照花瓣层数、雌雄蕊的瓣化程度及花朵外形来分类。

【分布】 原产于中国西部及北部，在秦岭伏牛山、中条山、嵩山均有野生。现各地有栽培，以洛阳牡丹最为著名。

【习性】 喜温暖而不酷热气候，较耐寒；喜光但忌夏季暴晒。牡丹为深根性的肉质根，喜深厚肥沃、排水良好、略带湿润的沙质壤土，最忌黏土及积水之地；较耐碱，在 pH 值为 8 的土壤中能正常生长。

【繁殖栽培】 可用播种、分株和嫁接法。

① 播种法 常用于大量繁殖苗木或培育新品种。多用于单瓣或半重瓣品种中。在 8 月于蓇葖果即将成熟开裂前采下，晒 1～2d，即可裂开取得种子。种子随采随播。

② 分株法 分株或移植的时期应在秋季的 9～10 月上旬；在土壤封冻以前或早春虽也能进行，但往往生长不良或成活率降低。

③ 嫁接法 砧木通常用"粗种"牡丹或芍药的肉质根。根砧选粗约 2cm，长 15～20cm 且带有须根的肉质根为好。

【栽培管理】 栽培牡丹最重要的问题是选择和创造适合其生长的环境条件。适当肥沃、深厚而排水良好的壤土或沙质壤土和地下水位较低而略有倾斜的向阳、背风地区栽植牡丹最为理想。株行距一般 80～100cm。定植前应先整地和施肥，植穴大小和深度 30～50cm，栽植深度以根颈部平于或略低于地面为准。栽后应及时灌水和封土。

图 11-90 紫斑牡丹

【观赏特性和园林用途】 牡丹花大且美，香色俱佳，故有"国色天香"的美称，更被赏花者评为"花中之王"。在园林中常作专类花园及供重点美化用。又可植于花台、花池观赏。亦可行自然式孤植或丛植于岩旁、草坪边缘或配置于庭院。此外，亦可盆栽作室内观赏或作切花瓶插用。

【经济用途】 根皮叫"丹皮"，可供药用；叶可作染料；花可食用或浸酒用。

(2) 紫斑牡丹 *P. papaveracea* Andr. [*Paeonia suffruticosa* Andr. var. *papaveracea*（Andr.）Kerner]（图 11-90）

【形态特征】 高 0.5～1.5m。2～4 回羽状复叶，小叶不裂或 2～4 浅裂，叶背疏生柔毛。花大，花生枝顶，花瓣约 10 片。白色或粉红色，内侧基部有深紫色斑块；花盘、花丝黄白色。

【分布】 产于四川北部、甘肃、陕西、河南西部，中国西北一些地区有少量栽培。

(3) 四川牡丹 *Paeonia decomposita* Hand.-Mazz.（*P. szechuanica* Fang.）（图 11-91）

【形态特征】 灌木，高 1～2m。叶为 3 回或 4 回羽状复叶；小叶 29～63 枚，顶生小叶菱形，常 3 深裂，裂片有疏齿牙或全缘。花单生于枝顶，直径 8～14cm，单瓣型，粉红色或淡紫色；子房光滑无毛。花期 4 月下旬到 6 月上旬。

【分布】 特产于四川马尔康和金川一带海拔 2600～3100m 的山坡及河旁。

(4) 野牡丹 *Paeonia delavayi* Franch.

【别名】 紫牡丹。

【形态特征】 灌木，高约 1m，全体平滑无毛。叶 2 回羽状深裂，裂片披针形或卵状披针形，基部下延，全缘或有少数锯齿，背面带白色。花常数朵簇生，杯状，径 5～6cm，花瓣 5～9 枚，暗紫色或绒状猩红色，半圆形至阔椭圆形，质坚韧；子房平滑无毛。花期 5～6 月，果期 8～9 月。

【分布】 产于云南西北部、四川西南部及西藏东南部，见于海拔 2300～3700m 山地。国外曾用此种与牡丹杂交培育新品种。

(5) 黄牡丹 *Paeonia lutea* Franch.

【形态特征】 灌木，高约1m。花黄色，有时瓣缘红色或基部有紫斑，花径约6.3cm；心皮3～4。

【变种、变型及栽培品种】 大花黄牡丹（*P. lutea* Franch. var. *ludlowii* Stern）较大，径达12.5cm，可孕心皮仅1～2。植株较高，达2.4m；花期较原种约早3周。

【分布】 产于云南、四川西南部，见于海拔2500～3500m山地林缘。在国外已用于和牡丹杂交产生许多开金黄色花朵的新品种。

11.1.4.2 山茶科 Theaceae

常绿或半常绿，乔木或灌木。单叶革质，互生，羽状脉；无托叶。花常为两性，多单生叶腋，稀形成花序；萼片5～7，常宿存；花瓣5，稀4或更多；雄蕊多数，有时基部合生或成束；子房上位，2～10室，每室2至多数胚珠，中轴胎座。蒴果，室背开裂，浆果或核果状而不开裂。

本科约36属，700余种，产于热带至亚热带；中国产15属，500种，主产于长江流域以南。

图 11-91　四川牡丹

分属检索表

1 蒴果，开裂。

　2 种子大，无翅；芽鳞多数 ·················· 1. 山茶属 *Camellia*

　2 种子小而扁，边缘有翅；芽鳞少数 ·················· 2. 木荷属 *Schima*

1 果浆果状，不开裂；芽鳞多数；叶之侧脉不明显 ·················· 3. 厚皮香属 *Ternstroemia*

11.1.4.2.1 山茶属 *Camellia* L.

常绿小乔木或灌木。芽鳞多数。叶有锯齿，具短柄。花两性单生叶腋；萼片大小不等；雄蕊多数，2轮，外轮花丝连合，着生于花瓣基部，内轮花丝分离；子房上位，3～5室，每室有4～6悬垂胚珠。蒴果，室背开裂，种子1至多数，形大，无翅。

约280种；中国产240种，分布于南部及西南部。

分种检索表

1 花不为黄色。

　2 花较大，无梗或近无梗，萼片脱落。

　　3 花径6～19cm；全株无毛。

　　　4 叶表面有光泽，网脉不显著 ·················· (1) 山茶 *C. japonica*

　　　4 叶表面无光泽，网脉显著 ·················· (2) 滇山茶 *C. reticulata*

　　3 花径4～6.5cm；芽鳞、叶柄、子房、果皮均有毛。

　　　5 芽鳞表面有粗长毛；叶卵状椭圆形 ·················· (3) 油茶 *C. oleifera*

　　　5 芽鳞表面有倒生柔毛；叶椭圆形至长椭圆状卵形 ·················· (4) 茶梅 *C. sasanqua*

　2 花小，具下弯花梗；萼片宿存 ·················· (5) 茶 *C. sinensis*

1 花黄色 ·················· (6) 金花茶 *C. chrysantha*

(1) 山茶 *Camellia japonica* L.（图11-92）

【别名】 曼陀罗树、晚山茶、耐冬、川茶、海石榴。

【形态特征】 常绿灌木或小乔木，高达10～15m。叶卵形、倒卵形或椭圆形，长5～11cm，叶端短钝渐尖，叶基楔形，叶缘有细齿，叶表有光泽。花单生，成对生于枝顶或叶腋，大红色，径6～12cm，无梗，花瓣5～7，但亦有重瓣的，花瓣近圆形，顶端微凹；萼密被短毛，边缘膜质；花丝及子房均无毛。蒴果近球形，径2～3cm，无宿存花萼；种子椭圆形。花期2～4月；果秋季成熟。

【分布】 产于中国和日本，中国中部及南方各地露地多有栽培，北部则行温室栽培。

【变种、变型及栽培品种】 常见的变种有：

白山茶（*C. japonica* L. var. *alba* Lodd.）：花白色。

白洋茶（*C. japonica* L. var. *alba-plena* Lodd）：花白色；重瓣，6～10轮，外瓣大、内瓣小，呈规则的覆瓦状排列。

红山茶（*C. japonica* L. var. *anemoniflora* Curtis）：花红色，花型似秋牡丹，有5枚大花瓣，雄蕊有变成狭小花瓣者。

紫山茶（*C. japonica* L. var. *lilifolia* Mak.）：花紫色；叶呈狭披针形，有似百合的叶形。

图 11-92　山茶

玫瑰山茶 (*C. japonica* L. var. *magnoliaeflora* Hort.)：花玫瑰色，近于重瓣。

重瓣花山茶 (*C. japonica* L. var. *polypetala* Mak.)：花白色而有红纹，重瓣；枝密生，叶圆形；扦插易生根。

金鱼茶 (鱼尾山茶) (*C. japonica* L. var. *spontanea forma trifida* Mak.)：花红色，单瓣或半重瓣；叶端 3 裂如鱼尾状，又常有斑纹，为观赏珍品。可扦插繁殖。

朱顶红 (*C. japonica* L. var. *chutingghung* Yu)：花型似红山茶，但呈朱红色，雄蕊仅余 2~3 枚。

鱼血红 (*C. japonica* L. var. *yuxiehung* Yu)：花色深红，花形整齐，花瓣覆瓦状排列，有时外轮的 1~2 瓣带白斑。

什样锦 (*C. japonica* L. var. *shiyangchin* Yu)：花色粉红，常有白色或红色的条纹与斑点，花形整齐，花瓣呈覆瓦状排列。

另外，山茶品种已达 3000 以上。

【习性】　喜半阴，最好为侧方庇荫。喜温暖湿润气候，喜肥沃湿润、排水良好的微酸性土壤 (pH 5~6.5)，不耐碱性土。

【繁殖栽培】　可用播种、压条、扦插和嫁接等法繁殖。

【观赏特性和园林用途】　山茶是中国传统的名花。叶色翠绿而有光泽，四季常青，花朵大，花色美，品种繁多，从 11 月即可开始观赏早花品种，而晚花品种至次年 3 月始盛开，故观赏期长达 5 个多月。其开花期正值其他花较少的季节，故更为珍贵。在欧美及日本亦备受珍视，常用于庭院及室内装饰。

【经济用途】　木材供细工用；种子含油 45% 以上，榨油可食用；花及根均可入药，性凉，有清热、敛血之效，可治吐血、血崩、白带等症。

(2) 滇山茶 *Camellia reticulata* Lindl. (图 11-93)

【别名】　云南山茶花。

【形态特征】　常绿小乔木至大灌木，高可达 15m。树皮灰褐色，小枝无毛，棕褐色。叶椭圆状卵形至卵状披针形，长 7~12cm，宽 2~5cm，锯齿细尖，叶表深绿而无光泽，网状脉显著，叶背深褐色。花 2~3 朵，直生于叶腋，无花柄，形大，径 8~19cm，花色自淡红至深紫，花瓣 15~20，内瓣倒卵形，外瓣阔倒卵形或圆形，叶缘常波状；萼片形大，内方数枚呈花瓣状；子房密生柔毛。蒴果扁球形，无宿存萼片，木质，熟时茶褐色，内含种子 1~3 粒。花期极长，在原产地早花种自 12 月下旬开始，晚花种能开到 4 月上旬。

【变种、变型及栽培品种】　红花油茶 (*C. reticulata* f. *simplex* Sealy)：是既有观赏价值又有很高经济价值的种类。据古籍记载，有 72 个品种，现在云南有百余个品种。在园艺上对品种分类有以下几种方法。

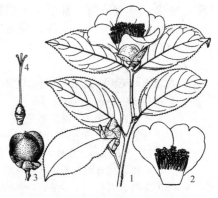

图 11-93　滇山茶
1. 花枝；2. 花瓣连生雄蕊；3. 果；4. 雌蕊

A. 按花型分：

① 单瓣型　花瓣仅为 1 层。

② 复瓣型 (半重瓣型)　花瓣 2~3 层。

③ 蔷薇型　花瓣 6~10 层，外方者大，愈向内方者愈小，全花呈整齐的覆瓦状排列；几乎全变为花瓣状。

④ 秋牡丹型　外层花瓣宽平，内层为由雄蕊变成的细小而呈密簇状的花瓣。

⑤ 攒心花型　雄蕊分为 3~5~7 组，散生于细碎的内层花瓣中，因此形成 3 心、5 心和 7 心等品种。

B. 按花色分：

① 桃红色　如'大桃红'等。

② 银红色　如'大银红'等。

③ 艳红色　如'大理茶'等。

④ 白色微带红晕　如'童子面'等。

⑤ 红白相间 如'大玛瑙'等。

C. 按花期分：

① 早花种 11月下旬开始开放。

② 中花种 1月上旬开始开放。

③ 晚花种 2月中下旬开始开放。

D. 按花瓣特征分：

① 曲瓣种 花瓣弯曲起伏，呈不规则状排列。

② 平瓣种 花瓣平坦，排列整齐。

【分布】 原产于中国云南，在江苏、浙江、广东等地均有栽培，在北方各地有少量盆栽。

【习性】 喜温暖湿润气候，最宜在夏季不过热、冬季不严寒的高山地区生长。在自然界常生于疏林间。抗寒性比山茶为弱。

【繁殖栽培】 种子繁殖法：多用于培育新品种或培养砧木用。靠接法：在云南当地习惯用靠接法；砧木多用3～5年生的白洋茶扦插苗。

【观赏特性和园林用途】 滇山茶是中国的特产。叶常绿不凋，花极美艳，大者过于牡丹，而且花朵繁密如锦，可谓一树万苞，妍丽可爱，每年花开时，如火烧云霞，形成一片花海。在园林中最宜与庭荫树互相配置，例如植于茶室、凉棚旁的供休息的林荫下以及花架与亭旁等处。

【经济用途】 种子可榨油供食用，亦可入药，有滋补身体治虚弱之效；尤其红花油茶的种子含油率达31%以上，茶油不会增加人体的胆固醇，最宜患高血压病人食用。花可入药，有收敛之效。

(3) 油茶 Camellia oleifera Abel. （图11-94）

【别名】 茶子树、白花茶。

【形态特征】 小乔木或灌木，高达7～8m。冬芽鳞片有黄色长毛，嫩枝略有毛。叶卵状椭圆形，长3.5～9cm，叶缘有锯齿；叶柄长4～7mm，有毛。花白色，径3～6cm，1～3朵腋生或顶生，无花梗；萼片多数，脱落；花瓣5～7，顶端2裂；雄蕊多数，外轮花丝仅基部合生；子房密生白色丝状绒毛。蒴果径约2～3cm，果瓣厚木质，2～3裂；种子1～3粒，黑褐色，有棱角。花期10～12月；果次年9～10月成熟。

图11-94 油茶

【变种、变型及栽培品种】 主要有'大籽'油茶、'小籽'油茶等。

【分布】 主要分布于长江流域及其以南各地。大抵北界为河南南部，南界可达海南岛，纬度18°21′～34°34′之间。

【习性】 喜温暖湿润气候，喜光，幼年期较耐阴。对土壤要求不严，较耐瘠薄土壤，但以深厚、排水良好的沙质土壤为最宜。喜酸性土，不耐盐碱土。

【繁殖栽培】 可用播种及扦插法繁殖。

【观赏特性和园林用途】 叶常绿，花色纯白，能形成素淡恬静的气氛，可在园林中丛植或作花篱用；在大面积的风景区中还可结合景观与生产进行栽培；又为防火带的优良树种。

【经济用途】 种子含油率达25%～33.5%，种仁含油率可高达52.5%，是重要的木本油料树种。茶油色清而有香味，可供食用、调制罐头食品、制人造黄油以及供工业及医药用，是国际市场上受欢迎的物资。茶子饼可作肥料且有防虫害的效果。果壳可制活性炭、栲胶。木材坚实可作农具。花有蜜为蜜源植物。

(4) 茶梅 Camellia sasanqua Thunb.

【形态特征】 小乔木或灌木，高3～13m，分枝稀疏，嫩枝有粗毛。芽鳞表面有倒生柔毛。叶椭圆形至长卵形，长4～8cm，叶端短锐尖，叶缘有齿，叶表有光泽，脉上略有毛。花白色，径3.5～7cm，略有芳香，无柄；子房密被白色毛。蒴果直径2.5～3cm，略有毛，无宿存花萼，内有种子3粒。花期11月至次年1月。

【分布】 产于长江以南地区；日本有分布。

【变种、变型及栽培品种】 变种及品种达百余种，大都为白花，红花者较少。

【习性】 性强健，喜光，也稍耐阴，但以阳光充足处花朵更为繁茂。喜温暖气候，富含腐殖质而排水良好的酸性土壤。有一定抗旱性。

【繁殖栽培】 可用播种、扦插、嫁接等法繁殖。

【观赏特性和园林用途】 茶梅可作基础种植及常绿篱垣材料，开花时为花篱、落花后又为常绿绿篱，故很受欢迎。亦可盆栽观赏。

(5) 茶 Camellia sinensis (L.) O. Ktze（图 11-95）

图 11-95 茶

【形态特征】 灌木或乔木，高可达 15m，但通常呈丛生灌木状。叶革质，长椭圆形，长 4～12cm，叶端渐尖或微凹，基部楔形，叶缘有锯齿，叶脉明显，有时背面稍有毛；叶柄长 2～8mm。花白色，径 2.5～3cm，芳香，1～4 朵腋生；花梗长 6～10mm。下弯；萼片 5～7，宿存；花瓣 5～9。蒴果扁球形，径约 2.5cm，熟时 3 裂；种子棕褐色。花期 10 月至次年 2 月；果至次年 10 月末成熟。

【分布】 原产于中国，北自山东、南至海南岛均有栽培，而以浙江、湖南、安徽、四川、台湾为主要产区；日本、印度、尼泊尔、斯里兰卡、非洲均有引种栽培。

【习性】 喜温暖湿润气候，喜光，略耐阴。喜酸性土壤，pH 4～6.5 为宜；深厚肥沃排水良好的土壤生长最佳。在盐碱土上不能生长。

【繁殖栽培】 可用播种和扦插等法进行繁殖。播种可在冬或春季进行，在南方以冬播为好，发芽率较高。每亩用种子约 60kg。扦插法可在 3～10 月间进行，以夏季扦插最易成活，现在多采用带 1 片叶子的单芽扦插法。插后注意喷雾和遮阴，约 1 个月可发根。

【观赏特性和园林用途】 茶花色白而芳香，在园林中可作绿篱用，既有观赏价值又有经济收入。

【经济用途】 茶树是中国的特有经济树种。喝茶有助于消化，能降血压、增强血管壁、提神、增强心脏、减少肌肉疲劳、杀菌消炎、增强抗病力、预防和治疗辐射损伤以及增加多种维生素等好处。茶籽可榨油；根可入药，治肝炎、心脏病及扁桃体炎等症。

(6) 金花茶 Camellia chrysantha (Hu) Tuyama（图 11-96）

【形态特征】 常绿小乔木，高 2～5m，干皮灰白色，平滑。叶长椭圆形至宽披针形，长 11～17cm。宽 2.5～5cm，叶端尖尾状，叶基楔形，叶表侧脉显著下凹。花黄色至金黄色，花径 7～8cm，1～3 朵腋生；花梗长 1～1.5cm；苞片革质，5 枚，呈黄绿色，宿存；花瓣 10～12 枚，较厚；雄蕊多数；花柱 3～4 枚，分离达基部。蒴果扁圆形，端凹，横径 6～8cm，纵径 4～5cm。花期 11 月至次年 3 月。

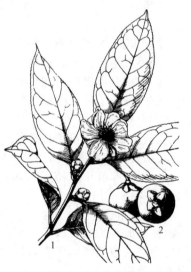

图 11-96 金花茶
1. 花枝；2. 果

【变种、变型及栽培品种】 大叶金花茶（C. chrysantha var. macrophlla S. L. Mo et S. L. Huang）常绿灌木，高 2～4m；干皮黄褐色。叶椭圆形，长 16～25cm，叶端急尖尾状，叶基圆形，叶缘微向背部反卷且具硬质小锯齿。花纯黄色，径达 7cm，单生叶腋；花梗长 0.5cm；花瓣 7～8 枚。蒴果扁球形或三角状扁球形。径 4～5.5cm，紫红色，花期 3 月至次年 1 月。

小果金花茶（C. chrysantha var. microcarpa S. L. Mo et S. Z. Huang）常绿灌木，高 2～3m；干皮黄至灰褐色。长椭圆形至倒卵状椭圆形，长 10～15cm，宽 4～6cm，叶端急尖或尾尖，叶基楔形。花淡黄色，径 2.5～3cm，单生或 2～3 朵腋生；花梗长 0.4cm；苞片 5～6 枚；萼片 4～5 枚；花瓣 8～9 枚；雄蕊多数；花柱 3～4 枚离生。蒴果扁球形至三角状扁球形，径 1.5～2.5cm。花期 10～11 月。

【繁殖栽培】 可用播种、扦插及嫁接法繁殖，在栽培管理上应较山茶、滇山茶更加仔细。

【分布】 产于广西东兴市、邕宁区。

【观赏特性和园林用途】 其蜡质的绿叶晶莹光洁，瓣呈透明，坚挺亮滑，一尘不染；花蕾浑圆，流金溢彩；花瓣重叠重密，鲜丽俏艳，点缀于玉叶琼枝间，风姿绰约，金瓣玉蕊，美艳怡人，赏心悦目，其观赏价值无与伦比。

11.1.4.2.2 木荷属 *Schima* Reinw. ex Bl.

常绿乔木。芽鳞少数，小枝皮孔显著。单叶互生，全缘或有钝齿。花两性，单生于叶腋，具长柄；萼片5，宿存；花瓣5，白色；雄蕊多数，花丝附生于花瓣基部；子房5室，每室具2～6胚珠。蒴果球形，木质，5裂；种子肾形，扁平，边缘有翅。

共30种；中国有19种，主产于南部及西南部。

木荷 *Schima superba* Gardn. et Champ（图11-97）

【别名】 荷树、荷木。

【形态特征】 常绿乔木，高20～30m；树冠广卵形；树皮褐色，纵裂；嫩枝带紫色，略有毛。叶革质，卵状长椭圆形至矩圆形，长6～15cm，叶端渐尖或短尖，叶基楔形，锯齿钝，叶背绿色无毛。花白色，芳香，径约3cm，单生于枝顶叶腋或成短总状。蒴果球形，径1.5～2cm。花期6～8月；果9～11月成熟。

【分布】 安徽、浙江、福建、江西、湖南、四川、广东、贵州、台湾等地均有分布。

【习性】 喜暖热湿润气候，性喜光但幼树能耐阴；对土壤的适应性强，能耐干旱瘠薄土地，但在深厚、肥沃的酸性沙质土壤上生长最快，30年可达20m高，胸径25cm。深根性，生长速度中等；寿命长可达200年以上。

【繁殖栽培】 用播种法繁殖，在蒴果开裂前及时采集，经过晒果，风选，取得种子后可干藏；种子发芽率约40%。对大树养护应注意剪除根际萌蘖。

【观赏特性和园林用途】 树冠浓荫，花有芳香，可作庭荫树及风景林。由于叶片为厚革质，耐火烧，萌芽力又强，故可植作防火带树种。若与松树混植，尚有防止松毛虫蔓延之效。

【经济用途】 是珍贵的木材之一，材质稍重，结构均匀细致，加工容易，较耐腐，充分干燥后不易变形，最适于制造纱锭、纱管；又为细工之上等用材。也可供建筑、家具、车船及制胶合板用。树皮及树叶可提取单宁供制革等工业用。

11.1.4.2.3 厚皮香属 *Ternstroemia* Mutis ex Linn. f.

常绿乔木或灌木。叶常簇生于枝顶，全缘，侧脉不明显。花两性，单生叶腋；萼片5，宿存；花瓣5；雄蕊多数，成1～2轮排列，花丝连合，花药底着；子房2～4室，每室胚珠2或多数；花柱1。果为浆果状；种子扁，2～4粒。

共150种，中国有20种，主产于南部及西南部。

图11-97 木荷

图11-98 厚皮香
1. 花枝；2. 花果枝；3. 花；4. 花瓣连生雄蕊；5. 花萼；6. 种子

厚皮香 *Ternstroemia gymnanthera*（Wight et Arn.）Spragua（图11-98）

【形态特征】 小乔木或灌木，高3～8m。叶革质，倒卵状椭圆形，长5～10cm，叶端钝尖，叶基渐窄而下延，叶表中脉显著下凹，侧脉不明显。花淡黄色，径约2cm。果球形，径约1.5cm，花柱及萼片均宿存。花期5～7月。

【分布】 分布于湖北、湖南、贵州、云南、广西、福建、广东、台湾等地；日本、柬埔寨和印度也有分布。

【习性】 性喜温热湿润气候，不耐寒；喜光也较耐阴；在自然界多生于海拔 700~3500m 的酸性土山坡及林地。

【观赏特性和园林用途】 由于植株树冠整齐，叶青绿可爱，故可丛植庭院观赏用。

【经济用途】 种子可榨油供工业上制润滑油及肥皂用；树皮可提取栲胶。

11.1.4.3 猕猴桃科 Actinidiaceae

乔木或灌木，常为攀援性。单叶互生，有齿或全缘。花两性，有时杂性或单性异株，常成腋生聚伞或圆锥花序；萼片、花瓣常为 5，覆瓦状排列；雄蕊多数或少至 10，离生或基部合生；子房由 1 至多数心皮组成，合生；花柱与心皮同数，离生或合生。浆果或蒴果。

本科共 4 属，约 380 种，主产于热带、大洋洲。

猕猴桃属 Actinidia L.

落叶藤本；冬芽甚小，包被于膨大之叶柄内。叶互生，具长柄，边缘有齿或偶为全缘。托叶小而早落，或无托叶。花杂性或单性异株，单生或成腋生聚伞花序；雄蕊多数，背着药；子房上位，多室；花柱多数为放射状。浆果；种子多而细小，有胚乳，胚较大。

约 64 种，中国产约 57 种，主产于黄河流域以南地区。

猕猴桃 *Actinidia chinensis* Planch. （图 11-99）

图 11-99 猕猴桃

【别名】 中华猕猴桃。

【形态特征】 落叶缠绕藤本。小枝幼时密生灰棕色柔毛，老时渐脱落；髓大，白色，片状。叶纸质，圆形、卵圆形或倒卵形，长 5~17cm，顶端突尖、微凹或平截，边缘有刺毛状细齿，表面仅脉上有疏毛，背面密生灰棕色星状绒毛。花乳白色，后变黄色，径 3.5~5cm。浆果椭球形或卵形，长 3~5cm，有棕色绒毛，黄褐绿色。花期 6 月；果熟期 8~10 月。

【分布】 广布于长江流域及其以南各地区，北至陕西、河南等地亦有分布。

【习性】 喜阳光，略耐阴；喜温暖气候，也有一定耐寒能力，喜深厚、肥沃、湿润而排水良好的土壤。

【繁殖栽培】 通常用播种法繁殖和扦插法繁殖。将成熟的浆果捣烂，在水中用细筛淘洗，取出种子后阴干保存。播种前与湿沙混合装入盆内，保持温度在 2~8℃，经沙藏 50 天后即可播种。

【观赏特性和园林用途】 花大，美丽而又有芳香，是良好的棚架材料，既可观赏又有经济收益，最适合在自然式公园中配置应用。

【经济用途】 果实含多种糖类和维生素，可生食或加工制成果汁、果酱、果脯、罐头、果酒等饮料和食品。其果汁对致癌物质亚硝吗啉的阻断率高达 98.5%，故有益于身体保健作用。根、藤、叶均可入药，有清热利水，散瘀止血之效。茎皮及髓含胶质，可作造纸胶料。花可供提取香料用。

11.1.4.4 藤黄科 Guttiferae

乔木、灌木、罕草本，含白色或黄色黏液。单叶，对生或轮生，全缘，常无托叶。花排成聚伞状或圆锥状花序或单生；花两性、单性或杂性；萼片 4~5，罕 2 或 6，覆瓦状排列或十字对生；花瓣 4~5 罕 2 或 6，离生，覆瓦状排列；雄蕊多生成数束；子房上位，1~12 室；胎座为中轴，侧生或基生；花柱 1~5 或无，柱头 1~12，呈放射状。蒴果、浆果或核果。种子 1 至多数，具假种皮或无；胚乳无。

约 40 属，1000 种；中国 8 属，约 87 种。

分属检索表

1 浆果或核果不裂，罕蒴果顶端 2~4 裂 ······························ 1. 藤黄属 *Garcinia*

1 蒴果，室间开裂；种子无翅；金黄色，极罕白色 ················ 2. 金丝桃属 *Hypericum*

11.1.4.4.1 藤黄属（山竹子属） *Garcinia* Linn.

常绿乔木或灌木，具黄色树脂。叶对生。花杂性，罕单性或两性，同株或异株，单花或排成聚伞或圆锥花序。萼片与花瓣 4 或 5，覆瓦状排列；雄花具退化雌蕊；雌花具退化雄蕊；雄蕊多数，花丝分离或合生成 1~4（5）束；雌花子房 1~12 室，每室 1 胚珠。浆果；种子具多汁的假种皮。

约 450 种，中国约 20 种。

多花山竹子 *Garcinia multiflora* Champ. ex Benth. （图 11-100）

【别名】 木竹子、白树仔。

【形态特征】 常绿乔木，高达 12m；小枝绿色或晕紫红色。叶革质，长圆状倒卵形或长圆状卵形，长 7～16cm，宽 3～7cm，叶表中脉凹下，侧脉 10（12）～15（20）对，叶柄长 0.6～1.2cm。花单性、杂性、同株；雄花序或圆锥状聚伞花序，长 5～7cm；雄花径 2～3cm，萼片 2 大 2 小；花瓣橙黄色，长为萼片的 1.5 倍，花丝合成 4 束，每束花药约 50，聚合为头状；退化雌蕊柱状；雄花序具 1～5 花，退化雄蕊束短，子房 2 室，无花柱。果卵圆形，长 3～5cm，径 2.5～3cm，黄色。花期 6～8 月；果期 11～12 月。

【分布】 产于台湾、福建、江西、湖南、广东、广西、贵州、云南；越南也有分布。

【习性】 性喜暖热湿润气候，喜光亦较耐阴，在广东、海南低海拔山地中常与其他树种混生成林，处于第二、三层林冠中。

【观赏特性和园林用途】 本种树干通直，皮呈灰白色，可用作风景林中景观树种。

【经济用途】 材质坚实，可供建筑、家具用；种仁含油 55.6%，可供工业用；果实酸甜可食；树皮入药，有消炎效果。

图 11-100 多花山竹子

11.1.4.4.2 金丝桃属 *Hypericum* L.

多年生草本或灌木。单叶对生，有时轮生，无柄或具短柄，全缘，有透明或黑色腺点。花常黄色，成聚伞花序或单生；萼片 5，斜形，旋转状；雄蕊通常多数，分离或成 3～5 束；子房 1～5 室，有 3～5 侧膜胎座；花柱 3～5，分离或连合。蒴果室间开裂，罕为浆果状；种子圆筒形，无翅。

约 400 种，中国约 55 种。

分种检索表

1 花丝长于花瓣；花柱连合，顶端 5 裂 ……………………………………………… (1) 金丝桃 *H. monogynum*

1 花丝短于花瓣；花柱 5 枚，离生 ………………………………………………………… (2) 金丝梅 *H. patulum*

(1) 金丝桃 *Hypericum monogynum* L.（*Hypericum chinense* L.）（图 11-101）

图 11-101 金丝桃

【形态特征】 常绿、半常绿或落叶灌木，高 0.6～1m。小枝圆柱形，红褐色，光滑无毛。叶无柄，长椭圆形，长 4～8cm，先端钝，基部渐狭而稍抱茎，表面绿色，背面粉绿色。花鲜黄色，径 3～5cm，单生或 3～7 朵成聚伞花序；萼片 5，卵状矩圆形，顶端微钝；花瓣 5，宽倒卵形；雄蕊多数，5 束，较花瓣长；花柱细长，顶端 5 裂。蒴果卵圆形。花期 6～7 月；果熟期 8～9 月。

【分布】 河北、河南、陕西、江苏、浙江、台湾、福建、江西、湖北、四川、广东等地均有分布；日本也有分布。

【习性】 性喜光，略耐阴，喜生于湿润的河谷或半阴坡地沙壤土上；耐寒性不强。

【繁殖栽培】 可用播种、分株及扦插等法繁殖。扦插多于夏秋用嫩枝插于沙床中。北方多盆栽，结合换盆可进行分株；露地宜选大建筑物前避风向阳处栽植，冬季宜在根际培土防寒。花谢后宜剪去花头及过老枝条进行更新。

【观赏特性和园林用途】 本种花叶秀丽，是南方庭院中常见的观赏花木。可植于庭院内、假山旁及路边、草坪等处。华北多行盆栽观赏，也可作为切花材料。

【经济用途】 果及根可入药，果可治百日咳，根有祛风湿、止咳、治腰痛之效。

(2) 金丝梅 *Hypericum patulum* Thunb. ex Murray（图 11-102）

【形态特征】 半常绿或常绿灌木。小枝拱曲，有两棱，红色或暗褐色。叶卵状长椭圆形或广披针形，顶端通常圆钝或尖，基部渐狭或圆形，有极短叶柄，表面绿色，背面淡粉绿色，散布油点。花金黄色，径 4～5cm，雄蕊 5 束，较花瓣短；花柱 5，离生。蒴果卵形，有宿存萼。花期 4～8 月；果熟期 6～10 月。

【分布】 产于陕西、四川、云南、贵州、江西、湖南、湖北、安徽、江苏、浙江、福建等地。

【习性】 性喜光，有一定的耐寒能力，喜湿润土壤，但不可积水。在自然界多生于山坡、山谷林下或灌丛中。萌芽力强。

图 11-102 金丝梅

【繁殖栽培】 多用分株法繁殖，播种和扦插也可。

【观赏特性和园林用途】 同金丝桃。

【经济用途】 根可入药，有舒筋、活血、催乳、利尿之效。

11.1.4.5 杜英科 Elaeocarpaceae

乔木或灌木。单叶，互生或对生；有托叶。花通常两性，常成总状或圆锥花序；萼片 4～5；花瓣 4～5 或无，顶端常撕裂状，镊合状或覆瓦状排列；雄蕊多数，分离，生于花盘上，花药线形，顶孔开裂；子房上位，2 至多室，每室 2 至多数胚珠。蒴果或核果。

约 12 属，400 种，分布于热带和亚热带地区；中国有 2 属，50 余种，产于西南至东部，为常绿阔叶林组成树种。

杜英属 Elaeocarpus L.

常绿乔木。单叶互生，落叶前常变红色。花常两性，成腋生总状花序；萼片 5；花瓣 5，顶端常撕裂状，稀全缘，由环状花盘基部长出；雄蕊多数，花药线形，顶孔开裂；子房 2～5 室，每室有胚珠多粒。核果，3～5 室，或仅 1 室发育，每室仅具 1 种子。

约 200 种，分布于东亚、东南亚及西南太平洋和大洋洲。我国产 38 种，6 变种，主要分布于华南及西南地区，分布的最北界限到达四川峨眉山，是阔叶常绿林的常见的中层乔木。此外，在海南、广东湛江、云南西双版纳等地引种一种可供食用的锡兰榄 (*E. serratus* Linn.)，它原产印度尼西亚至印度东部等地。

值得注意的是，在本属 200 种当中，有 70 种分布于包括华南及中南半岛的华夏植物区系里。其中中南半岛有 48 种，中国有 38 种，两地共同的达 18 种之多。这个事实可以预示着两地的杜英属植物具有共同的起源，并构成了本属的分布中心。

(1) 山杜英 *Elaeocarpus sylvestris* (Lour.) Poir.（图 11-103）

【别名】 杜英、胆八树。

【形态】 常绿乔木，一般高 10～20m，最高可达 26m，胸径 80cm；树冠卵球形。树皮深褐色，平滑不裂；小枝纤细，红褐色，幼时疏生短柔毛，后光滑。叶薄革质，倒卵状长椭圆形，长 4～12cm，基部楔形，边缘有浅钝齿，脉腋有时具腺体，叶柄长 0.5～1.2cm；绿叶中常存有少量鲜红的老叶。腋生总状花序，长 2～6cm；花下垂，花瓣白色，细裂如丝；雄蕊多数；子房有绒毛。核果椭球形，长 1～1.6cm，熟时暗紫色。花期 4～5 月；果 10～12 月成熟。

图 11-103 山杜英

【分布】 产于广东、海南、广西、福建、浙江、江西、湖南、贵州、四川及云南。生于海拔 350～2000m 的常绿林里。越南、老挝、泰国亦有分布。

【习性】 喜温暖、湿润气候，稍耐阴，耐寒性略差于樟树；适生于肥沃、湿润、通气良好的酸性土，不耐水淹，平原引种应选排水良好的坡地。速生树种，对 SO_2 有抗性。

【繁殖栽培】 播种或扦插繁殖。秋季果成熟时采收，堆放待果肉软化后，搓揉淘洗得净种子，捞出阴干后随即播种，或湿沙层积至次年春播。条播行距约 20cm，覆土厚约 2cm，再盖草保湿。当年苗高可达 50cm 以上，在杭州等地冬季需搭棚或覆草防寒。次年春季分栽 1 次，扩大株行距培养。移栽时间在秋初或晚春进行为好，小苗带宿土，大苗带土球，移栽后结合整形适当疏去部分枝叶。

【观赏特性及园林用途】 树冠圆整，枝叶茂盛，秋后叶变红，观赏性颇高。适宜于草坪、坡地、林缘等处丛植，也可用作行道树或植成作背景的风景林。因对 SO_2 抗性强，可选作工矿区绿化和防护林带树种。

【经济用途】 木材暗棕红色，坚实细致，可供建筑、家具及细木工等用材。树皮纤维可造纸；树皮可提取栲胶；根皮供药用，有散瘀消肿之功效。

(2) 杜英 *Elaeocarpus decipiens* Hemsl.（图 11-104）

【别名】 胆八树。

【形态】 常绿乔木，高 5～15m，干皮不裂；嫩枝被微毛。单叶互生，倒披针形至披针形，长 7～12cm，宽 2～3.5cm，先端尖，基部狭而下延，边缘有钝齿，革质，叶柄长约 1cm；绿叶丛中常存有少量鲜红的老叶。花下垂，花瓣 4~5，白色，先端细裂如丝；腋生总状花序，长 5~10cm；花期 6~7 月。核果椭球形，长 2~3cm。

【产地】 产于广东、广西、福建、台湾、浙江、江西、湖南、贵州和云南。生长于海拔 400~700m，在云南上升到海拔 2000m 的林中。日本也有分布。稍耐阴，喜温暖湿润气候及排水良好的酸性土壤；根系发达，萌芽力强，耐修剪；对 SO_2 抗性强。枝叶茂密，常栽作城市绿化及观赏树种。

图 11-104 杜英

11.1.4.6 椴树科 Tiliaceae

乔木或灌木，稀草本；常具星状毛。髓心、皮层具黏液细胞；树皮富含纤维。单叶互生；托叶小而早落。花通常两性，整齐；聚伞花序，或由小聚伞花序组成圆锥状花序；萼片 3~5，镊合状排列；花瓣 5 或无；雄蕊 10 或更多，花丝基部常合生成 5 束或 10 束，花药 2 室，纵裂；子房上位，2~10 室，每室具 1 至数胚珠，中轴胎座。蒴果、核果、坚果或浆果。

约 52 属 500 种，主要分布于热带及亚热带地区。我国有 13 属 85 种。近年来从东南亚引入原产热带美洲的文定果 Muntingia colabura Linn，栽培于广州、海南、台湾及福建等地。

分属检索表

1 花无花盘，花瓣基部无腺体；花序梗有贴生大形舌状苞片；叶柄长 ·················· 1. 椴树属 Tilia
1 花盘发达，花瓣基部有腺体；花序梗上无贴生苞片；叶柄短；核果 ·················· 2. 扁担杆属 Grewia

11.1.4.6.1 椴树属 Tilia L.

落叶乔木。单叶，互生，有长柄，基部常为斜心形，全缘或有锯齿；托叶早落。花两性，白色或黄色，排成聚伞花序，花序柄下半部常与长舌状的苞片合生；萼片 5；花瓣 5，覆瓦状排列，基部常有小鳞片；雄蕊多数，离生或连合成 5 束；退化雄蕊呈花瓣状，与花瓣对生；子房 5 室，每室有胚珠 2 颗，柱头 5 裂。果实圆球形或椭圆形，核果状，稀为浆果状，不开裂，稀干后开裂，有种子 1~2 颗。

约 80 种，主要分布于亚热带和北温带。我国有 32 种，主产于黄河流域以南，五岭以北广大亚热带地区，只少数种类到达北回归线以南，华北及东北。在东北及华北一带，椴树属各种是主要的蜜源植物。此外，我国还在华北及东北等地引种有心叶椴 T. cordata Mill. 及阔叶椴 T. platyphyllus Scop.（T. europaea Linn.）。

分种检索表

1 叶背密被灰白色星状绒毛；小枝有星状毛；叶缘锯齿有芒状尖头 ·················· (1) 糠椴 T. mandshurica
1 叶背无毛，或仅脉腋有毛。
  2 幼枝无毛；叶有时 3 浅裂，缘有粗锯齿。
    3 树皮红褐色；叶基部常为截形或广楔形，稀近心形；花有退化雄蕊 ·················· (2) 蒙椴 T. mongolica
    3 树皮灰色；叶基部常为心形；花无退化雄蕊 ·················· 紫椴 T. amurensis
  2 幼枝有柔毛，后脱落；叶不裂，缘有细锯齿，背面苍绿色 ·················· 心叶椴 T. cordata

(1) 糠椴 Tilia mandshurica Rupr. et Maxim.（图 11-105）

【别名】 大叶椴、辽椴。

【形态特征】 落叶乔木，高达 20m，干径 50cm；树冠广卵形至扁球形。干皮暗灰色，老时浅纵裂。1 年生枝黄绿色，密生灰白色星状毛；2 年生枝紫褐色，无毛。叶广卵形，长 7~15cm，先端短尖，基部歪心形或斜截形，叶缘锯齿粗而有突出尖头，表面有光泽，近无毛；背面密生灰色星状毛，脉腋无簇毛；叶柄长 4~8cm，有毛。花黄色，7~12 朵成下垂聚伞花序，苞片倒披针形。果近球形，径 7~9mm，密被黄褐色星状毛，有不明显 5 纵脊。花期 7~8 月；果 9~10 月成熟。本种有棱果、卵果、瘤果等变种。

【变种、变型及栽培品种】 瘤果辽椴（T. mandshurica var. tuberculata Liou et Li）：苞片较小，长仅 3.5~5.5cm；果实有大形的瘤状突起。产于辽宁千山一带。

卵果辽椴 [T. mandshurica var. ovalis (Nakai) Liou et Li]：叶片较小，边缘的锯齿不具芒刺；果实卵形，无棱，或偶有不明显的棱。产于吉林。日本有分布。

棱果辽椴 [T. mandshurica var. megaphylla (Nakai) Liou et Li]：叶片较原变种略大；果实倒卵形或倒卵状长圆形，有 5 条明显的棱，密被星状毛。产于黑龙江。朝鲜有分布。

【分布】 产于东北各省及河北、内蒙古、山东和江苏北部。朝鲜及俄罗斯西伯利亚南部有分布。在东北小兴安岭及长白山林区海拔 200~500m 落叶阔叶混交林中习见。

图 11-105　糠椴

【习性】　喜光，也相当耐阴；耐寒性强，喜冷凉湿润气候及深厚、肥沃而湿润之土壤，在微酸性、中性和石灰性土壤上均生长良好，但在干瘠、盐渍化或沼泽化土壤上生长不良。适宜于山沟、山坡或平原生长。生长速度中等偏快，寿命长达 200 年以上。深根性，萌蘖性强；不耐烟尘。

【繁殖栽培】　多用播种法繁殖，分株、压条也可。种子有很长的后熟期，采收后需沙藏 1 年（甚至长达 410 天），度过后熟期后始可播种。在种子沙藏的 1 年多时间内要保持一定湿度，并需每隔 1～1.5 个月倒翻 1 次，使种子经历"低温-高温-低温-回暖"的变温阶段，到第 3 年 3 月中旬前后有 20% 左右种子发芽时再播。幼苗畏日灼，需进行适当遮阴。也可将其与豆类间作，既可起到遮阴效果，又能节省设架费用，还能增加土壤肥力。幼苗主干易弯，而萌蘖力强，故需加强修剪养干工作。4～5 年生苗高达 2m 左右即可出圃定植；若要较大规格的苗木，则要留圃培养 7～8 年。定植后应注意及时剪除根蘖，并逐步提高主干高度。常见病虫害有吉丁虫及鳞翅目昆虫的幼虫危害，老树易生腐朽病，均应及时防治。

【观赏特性及园林用途】　本种树冠整齐，枝叶茂密，遮阴效果良好，花黄色而芳香，是北方优良的庭荫树及行道树种，但目前城市绿地及园林中应用尚少。

【经济用途】　木材较轻软，易加工，不翘不裂，可作胶合板、家具、铅笔杆、造纸等用。树皮纤维可代麻用；花供药用，有发汗、解热等功效。花内含蜜，是良好的蜜源植物。

（2）蒙椴 *Tilia mongolica* Maxim.（图 11-106）

【别名】　小叶椴。

【形态】　落叶小乔木，高 6～10m，树皮淡灰色，有不规则薄片状脱落；小枝光滑无毛。叶广卵形至三角状卵形，长 3～6（10）cm，缘具不整齐粗锯齿，有时 3 浅裂，先端突渐尖或近尾尖，基部截形或广楔形，有时心形，仅背面脉腋有簇毛，侧脉 4～5 对；叶柄细，长 1.5～3.5cm。花 6～12 朵排成聚伞花序；苞片狭矩圆形，长 2～5cm，具柄；花黄色，雄蕊多数，有 5 退化雄蕊。坚果倒卵形，长 5～7mm，外被黄色绒毛。花期 7 月；果 9 月成熟。

【分布】　产于内蒙古、河北、河南、山西及辽宁西部。在北方山区落叶阔叶混交林中习见。

图 11-106　蒙椴

习性及繁殖栽培均似糠椴，唯因树形较矮，只宜在公园、庭院及风景区栽植，不宜作大街的行道树。

11.1.4.6.2　扁担杆属 *Grewia* L.

落叶乔木或灌木，有星状毛。冬芽小，有狭长芽鳞。单叶互生，基脉 3～5 条；托叶小。花单生或成聚伞花序；花萼显著，花瓣基部有腺体，雄蕊多数，全育；子房 5 室，每室 2 至多数胚珠。核果，2～4 裂，1～4 核；种子有丰富胚乳。

约 90 种，分布于东半球热带。我国有 26 种，主产长江流域以南各地。

扁担杆 *Grewia biloba* G. Don（图 11-107）

【形态特征】　落叶灌木，高达 3m；小枝有星状毛。叶狭菱状卵形，长 4～10cm，先端尖，基部 3 出脉，广楔形至近圆形，边缘有细重锯齿，表面几无毛，背面疏生星状毛。花序腋生；花淡黄绿色，径不足 1cm。果橙黄至橙红色，径约 1cm，无毛，2 裂，每裂有 2 核。花期 6～7 月；果 9～10 月成熟。

【变种、变型及栽培品种】　小叶扁担木（*G. biloba* var. *parviflora* Hand.-Mazz.），叶较宽大，两面均有星状短柔毛，背面毛更密；花较小，径约 2cm。主产于中国北部，华东、西南也有。

【分布】　产于江西、湖南、浙江、广东、台湾、安徽、四川等省。

【观赏特性及园林用途】　扁担杆果实橙红鲜丽，且可宿存枝头达数月之久。为良好的观果树种。宜于园林丛植、篱植或与假山、岩石配置，也可作疏林下木。枝叶药用，可治小儿疳积等症；茎皮纤维色白、质地软，可作人造棉，宜混纺或单纺；去皮茎秆可作编织用。

11.1.4.7 梧桐科 Sterculiaceae

乔木或灌木，稀为藤本或草本。通常为单叶互生；托叶早落。花两性或单性，通常整齐，常成聚伞或圆锥花序，花萼 3～5 裂，花瓣 5 或缺；雄蕊 5 至多数，排成 2 轮，外轮常退化，花丝合生成筒状或柱状；子房上位，雌蕊 5（2～10）个合生或离生心皮组成，中轴胎座。多为蒴果或蓇葖果。

本科约 68 属，1500 种，分布在东、西两半球的热带和亚热带地区，只有个别种可分布到温带地区。中国梧桐科植物，连栽培的种类在内，共有 19 属 82 种 3 变种，其分布范围一般不超过长江以北，并以北回归线以南分布最多。只梧桐可栽培至华北和西北地区。

图 11-107 扁担杆

梧桐属 _Firmiana_ Mars.

落叶乔木。叶掌状分裂，互生。圆锥花序顶生；花单性同株，花萼 5 深裂，无花瓣；雄蕊 10～15，合生成筒状；雌蕊 5 心皮，基部离生，花柱合生；子房有柄，基部具退化雄蕊。蓇葖果成熟前沿腹缝线开裂；种子球形，3～4 枚着生于果皮边缘。

本属约有 15 种，分布在亚洲和非洲东部。我国有 3 种，主要分布在广东、广西和云南。

梧桐 _Firmiana platanifolia_（L. F.）Marsili（图 11-108）

图 11-108 梧桐

【别名】 青桐。

【形态特征】 落叶乔木，高 15～20m；树冠卵圆形。树干端直，树皮灰绿色，通常不裂；侧枝每年阶状轮生；小枝粗壮，翠绿色。叶 3～5 掌状裂，叶长 15～20cm，基部心形，裂片全缘，先端渐尖，表面光滑，背面有星状毛；叶柄约与叶片等长。花萼裂片条形，长约 1cm，淡黄绿色，开展或反卷，外面密被淡黄色短柔毛。花后心皮分离成 5 蓇葖果，远在成熟前即开裂呈舟形；种子棕黄色，大如豌豆，表面皱缩，着生于果皮边缘。花期 6～7 月；果 9～10 月成熟。

【分布】 原产于中国及日本；华北至华南、西南各地区广泛栽培。

【习性】 喜光，喜温暖、湿润气候，喜肥沃、湿润、深厚、排水良好的土壤，生长尚快。寿命较长，达百年以上。在酸性、中性及钙质土上均能生长，但不宜在积水洼地或盐碱地栽种，又不耐草荒。肉质根，不耐积水。通常在平原、丘陵、山沟及山谷生长较好。深根性，直根粗壮。萌芽力弱，一般不宜修剪。发叶较晚，落叶早。对多种有毒气体都有较强抗性。

【繁殖栽培】 通常用播种法繁殖，扦插、分根也可。秋季果熟时采收，晒干脱粒后当年秋播，也可干藏或沙藏至次年春播。条播行距 25cm，覆土厚 3～5cm，每亩播种量约 15kg。沙藏种子发芽较整齐；干藏种子常发芽不齐，故在播前最好先用温水浸种催芽处理。1 年生苗高可达 50cm 以上，次年春季分栽培养，3 年生苗木即可出圃定植。梧桐栽培容易，管理简单，一般不需要特殊修剪。病虫害常有梧桐木虱、霜天蛾、刺蛾等食叶害虫，要注意及早防治。在北方，冬季对幼树要包草防寒。如条件许可，每年入冬前和早春各施肥、灌水 1 次。

【观赏特性及园林用途】 梧桐树干端直，树皮光滑绿色，叶大而形美，绿荫浓密，洁净可爱。《群芳谱》云："梧桐，又名青桐，皮青如翠，叶缺如花，妍雅华净，赏心悦目，人家斋阁多种之。"可见梧桐很早就被植为庭院观赏树。该树种是我国栽培最普遍的绿荫树之一。民间有"凤凰非梧桐不栖"之说，固誉风月之孤傲，亦赞梧桐之不凡也。因其树干挺直，皮色青翠，枝条舒展，叶大荫浓，真可谓亭亭玉立，无可挑剔之处。作为行道树，不用修剪，自成圆满树冠。夏季浓荫蔽日，冬季阳光通透，处处迎合人们需要，无怪乎受到大家的珍视。中国长江流域各地栽培尤多。入秋叶凋落最早，故有"梧桐一叶落，天下尽知秋"之说。适于草坪、庭院、宅前、坡地、湖畔孤植或丛植；在园林中与棕榈、修竹和芭蕉等配置尤感协调，且颇具中国民族风味。也可栽作行道树及居民区、工厂区绿化树种。特别要指出的是，老百姓常说的"法国梧桐"，南京的"梧桐雨"等，实指悬铃木科的一种，而非此梧桐科的梧桐，切勿混淆。

【经济用途】 木材轻韧，纹理美观，可供乐器、箱盒、家具等用材。种子可炒食及榨油；叶、花、根及种子等均可入药，有清热解毒、祛湿健脾等效。

11.1.4.8 锦葵科 Malvaceae

草本、灌木或乔木。单叶，互生，常为掌状脉及掌状裂；有托叶。花两性，形大，单生或成蝎尾状聚伞花序；萼5裂，常具副萼；花瓣5，在芽内旋转状；雄蕊多数，花丝合生成筒状，花药1室，花粉有刺；子房上位，2至多室，中轴胎座。蒴果，室背开裂或分裂为数果瓣。种子多具油质胚乳。

本科约有50属，约1000种，分布于热带至温带。我国有16属，计81种和36变种或变型，产全国各地，以热带和亚热带地区种类较多。

木槿属 Hibiscus L.

落叶乔木。掌状复叶，小叶全缘，无毛。花单生。先叶开放；花萼杯状，不规则。本属200余种，分布于热带和亚热带。我国有24种和16变种或变型（包括引入栽培种）。产于全国各地。本属的多数种类有着大型美丽的花朵，是主要的园林观赏花灌木，如木芙蓉、木槿、朱槿、吊灯花等；有些种类的皮层纤维发达，是群众习用的纤维植物，如大叶木槿、大麻槿等；有些种类也作药用，如木槿、木芙蓉等。

分种检索表

```
1 总苞状副萼离生。
  2 花瓣不分裂，副萼长达5mm以上。
    3 叶卵形或菱状卵形，不裂或端部3浅裂。
      4 叶菱状卵形，端部常3浅裂；蒴果密生星状绒毛 ·············· (1) 木槿 H. syriacus
      4 叶卵形，不裂；蒴果无毛 ····································· (2) 扶桑 H. rosa-sinensis
    3 叶卵状心形，掌状3～5（7）裂，密被星状毛和短柔毛 ········· (3) 木芙蓉 H. mutabilis
  2 花瓣细裂如流苏状，副萼长不过2mm ························· (4) 吊灯花 H. schizopetalus
1 总苞状副萼基部合生，上部9～10齿裂；叶广卵形；花黄色 ··········· 黄槿 H. tiliaceus
```

（1）木槿 Hibiscus syriacus L. （图11-109）

图11-109 木槿

【形态特征】 落叶灌木或小乔木，高3～4（6）m。小枝幼时密被绒毛，后渐脱落。叶菱状卵形，长3～6cm，基部楔形，端部常3裂，边缘有钝齿，仅背面脉上稍有毛；叶柄长0.5～2.5cm。花单生叶腋，径5～8cm，单瓣或重瓣，有淡紫、红、白等色。蒴果卵圆形，径约1.5cm，密生星状绒毛。花期6～9月；果9～11月成熟。

【变种、变型及栽培品种】 栽培品种繁多，有单瓣品种，如纯白色'Totus Albus'、皱瓣纯白'W. R. Smith'、大花纯白'Diana'（花径约12cm，多花）、白花褐心'Monstrosus'、白花红心'Red Heart'、蓝花红心'Blue Bird'、玫瑰红'Woodbridge'（花玫瑰粉红色，中心变深）等；重瓣和半重瓣的品种，如粉花重瓣'Flore-plenus'（花瓣白色带粉红晕）、美丽重瓣'Speciosus Plenus'（粉花重瓣，中间花瓣小）、白花重瓣'Albo-plenus'、白花褐心重瓣'Elegantissimus'、桃红重瓣'Paeoniflorus'（花桃色而带红晕）等品种。

【分布】 台湾、福建、广东、广西、云南、贵州、四川、湖南、湖北、安徽、江西、浙江、江苏、山东、河北、河南、陕西等省区，均有栽培，系我国中部各省原产。

【习性】 喜光，耐半阴；喜温暖湿润气候，也颇耐寒；适应性强，耐干旱及瘠薄土壤，但不耐积水。萌蘖性强，耐修剪。对SO_2、Cl_2等抗性较强。

【繁殖栽培】 可用播种、扦插、压条等法繁殖，而以扦插为主。硬枝插、软枝插均易生根。加速育苗，园林苗圃常采用纸钵插。纸钵用两层报纸卷成筒状，高约15cm，直径约4cm，钵内装由园土、草灰和积肥混合的培养土，于3月中旬采1年生枝作插条，为促使生根可用500mg/L吲哚丁酸蘸插条下部后再插。插好后，将纸钵在背风向阳之苗床中排列整齐。灌透水后床上覆罩塑料棚。利用日光增温，夜晚用草帘保温，约经20天即可生根。4月底或5月初即可将钵苗移栽露地培养，当年苗木可高达1m。木槿在北京地区小苗阶段冬季要采取保护措施，否则易遭冻害，但在小气候较好处2年生以上的苗木即可不必防寒。为培养丛生状苗木，可在次年春季截干，促其基部分枝，这样2年生苗即可养成理想树形，供园林绿化栽植之用。本种栽培容易，可粗放管理。

【观赏特性及园林用途】 木槿夏秋开花，花期长而花朵大，且有许多不同花色、花形的变种和品种，是优良的园林观花树种。常作围篱及基础种植材料，也宜丛植于草坪、路边或林缘。因具有较强抗性，也是工厂绿化的好树种。木槿是韩国的国花，被称为"无穷花"，它拥有坚韧无比，生机勃勃的特性，象征着一种历尽磨难而矢志弥坚的民族精神。

【经济用途】 全株各部均可入药，有清热、凉血、利尿等功效；茎皮富含纤维，供造纸原料；入药治疗皮肤癣疮。

（2）扶桑 *Hibiscus rosa-sinensis* L.（图 11-110）

【别名】 朱槿、佛桑、大红花。

【形态特征】 常绿灌木，高可达 6m，一般温室栽培者高约 1m。叶广卵形至长卵形，长 4～9cm，先端尖，边缘有粗齿，基部近圆形且全缘，两面无毛或背面沿脉有疏毛，表面有光泽。花冠通常鲜红色，径 6～10cm；雄蕊柱和花柱长，伸出花冠外；花梗长 3～5cm，近顶端有关节。蒴果卵球形，径约 2.5cm，顶端有短喙。北方夏秋开花，南方温暖地区或室内栽培，终年开花不断。

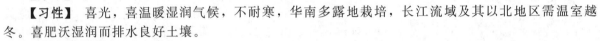

【变种、变型及栽培品种】 '红色重瓣'朱槿（'Rubroplenus'）：花重瓣，红色。

'桃红色重瓣'朱槿（'Kermosiniplenus'）：花重瓣，桃红色。

'黄色'扶桑（'Toreador'）：花重瓣，黄色。

'锦叶'朱槿（'Cooperi'）：小枝赤红色，叶长卵形或卷曲缺裂，叶片有白、红、淡红、黄、淡绿等不规则斑纹，花红色，单瓣。

图 11-110 扶桑

【分布】 广东、云南、台湾、福建、广西、四川等省区栽培。

【习性】 喜光，喜温暖湿润气候，不耐寒，华南多露地栽培，长江流域及其以北地区需温室越冬。喜肥沃湿润而排水良好土壤。

【繁殖栽培】 繁殖通常用扦插法。

【观赏特性及园林用途】 朱槿为美丽的观赏花木，花大色艳，花期长，除红色外，还有粉红、橙黄、黄、粉边红心及白色等不同品种；除单瓣外，还有重瓣品种。盆栽朱槿是布置节日公园、花坛、宾馆、会场及家庭养花的最好花木之一。朱槿在南方多栽植于池畔、亭前、道旁和墙边，全年大红花开花不断，异常热闹。长江流域和北方常以盆栽点缀阳台或小庭院，在光照充足条件下，观赏期特别长。也是夏秋公共场所摆放的主要开花盆栽植物之一。

【经济用途】 根、叶、花均可入药，有清热利水、解毒消肿的功效。

（3）木芙蓉 *Hibiscus mutabilis* L.（图 11-111）

【别名】 芙蓉花、拒霜花。

【形态特征】 落叶灌木或小乔木，高 2～5m；茎具星状毛及短柔毛。叶广卵形，宽 7～15cm，掌状 3～5（7）裂，基部心形，边缘有浅钝齿，两面均有星状毛。花大，径约 8cm，单生枝端叶腋；花冠通常为淡红色，后变深红色；花梗长 5～8cm，近顶端有关节。蒴果扁球形，径约 2.5cm，有黄色刚毛及绵毛，果瓣 5；种子肾形，有长毛。花期 9～10月；果 10～11 月成熟。

图 11-111 木芙蓉

【变种、变型及栽培品种】 '红花'木芙蓉（'Rubra'）：花红色，单瓣。

'白花'木芙蓉（'Alba'）：花白色，单瓣。

'重瓣'木芙蓉（'Plenus'）：花重瓣，由粉红变紫红色。

'醉芙蓉'（'Versicolor'）：花在一日之中，初开为纯白色，渐变淡黄、粉红，最后成红色。

【分布】 我国辽宁、河北、山东、陕西、安徽、江苏、浙江、江西、福建、台湾、广东、广西、湖南、湖北、四川、贵州和云南等省区栽培，系我国湖南原产。日本和东南亚各国也有栽培。

【习性】 喜光，稍耐阴；喜肥沃、湿润而排水良好之中性或微酸性沙质壤土；喜温暖气候，不耐寒，在长江流域及其以北地区露地栽培时，冬季地上部分常冻死，但次年春季能从根部萌发新条，秋季能正常开花。生长较快，萌蘖性强。对 SO_2 抗性特强，对 Cl_2、HCl 也有一定抗性。

【繁殖栽培】 常用扦插和压条法繁殖，分株、播种也可进行。长江流域及其以北地区在秋季落叶后结合修剪选取粗壮当年生枝条，剪成长 15cm 左右的插条，分级捆扎沙藏越冬，次年春季取出扦插，株行距为 8cm×25cm，插前应先打孔，以免伤皮。当年苗高可达 1m 以上，秋季把扦插苗挖起假植越冬，翌春即可用于绿化栽植，秋季便可开花。压条多于初秋进行，约 1 个月后即可与母株切离。分株在春季进行，先在基部以上 10cm 处截干，然后分株栽植。木芙蓉栽培养护简易，移植栽种成活率高。因性畏寒，在长江流域及其以北地区应选择背风向阳处栽植，每年入冬前将地上部分全部剪去，并适当壅土防寒，春暖后扒开壅土，即会自根部抽发新枝，这样能使秋季开花整齐。在华南暖地则可作小乔木栽培。

【观赏特性及园林用途】 木芙蓉秋季开花，花大色艳，因而有诗云："千林扫作一番黄，只有芙蓉独自芳"。其花色、花型随品种不同有丰富变化，是一种很好的观花树种。由于性喜近水，种在池旁水畔最为适宜。花开时水影花光，互相掩映，自觉潇洒有致，因此有"照水芙蓉"之称。《长物志》云："芙蓉宜植池岸，临水为佳。"《花镜》云："芙蓉丽而闲，宜寒江秋沼。"苏东坡也有"溪边野芙蓉，花水相媚好"的诗句。此外，植于庭院、坡地、路边、林缘及建筑前，或栽作花篱，都很合适。在寒冷的北方也可盆栽观赏。

【经济用途】 茎皮纤维洁白柔韧，可供纺织、制绳、造纸等用；花、叶及根皮入药，有清热凉血、消肿解毒之效。

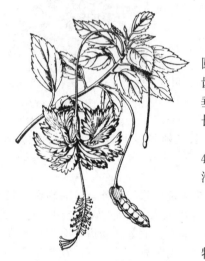

图 11-112 吊灯花

（4）吊灯花 *Hibiscus schizopetalus*（Mast.）Hook. f.（图 11-112）

【别名】 拱手花篮，裂瓣朱槿。

【形态】 常绿灌木，高 1～4m，枝细长拱垂，光滑无毛。叶椭圆形或卵状椭圆形，长 4～7cm，先端尖，基部广楔形，边缘有粗齿，两面无毛。花单朵腋生，花梗细长，中部有关节；花大而下垂，径 5～7cm；花瓣红色，深细裂成流苏状，向上反卷；雄蕊柱长而突出；副萼极小，长 1～2mm。

【分布】 产于广西、广东、湖南和四川等省区。生长于海拔 400～500m 溪旁、山谷疏林中。泰国也有分布。模式标本采自广东沿海岛屿。

【习性】 不耐寒，长江流域及其以北各城市常温室盆栽观赏。

【繁殖】 通常用扦插繁殖。

【观赏特性及园林用途】 几乎全年开花，是极美丽的观赏植物。适宜庭院绿化，可栽于路边、林缘。

【经济用途】 药用全株，治癣癫。

11.1.4.9 柽柳科 Tamaricaceae

落叶小乔木、灌木或草本。小枝纤细。叶小，多为鳞形，互生；无托叶。花小，两性；整齐，萼片、花瓣各 4～5，覆瓦状排列；雄蕊与花瓣同数或为其 2 倍，或多数而成数群；有花盘，子房上位，心皮 2～5 合生，1 室，侧膜或基底胎座，有多数上升胚珠。蒴果 3～5 裂；种子有毛。

本科有 3 属，约 110 种。主要分布于旧大陆草原和荒漠地区。我国有 3 属 32 种。

柽柳属 *Tamarix* L.

小乔木或灌木。叶鳞形，先端尖，无芽小枝秋季常与叶具落。总状花序，或再集生为圆锥状复花序；萼片、花瓣各 4～5；雄蕊 4～5，罕 8～12，花丝分离，较花瓣长；花盘有缺裂，花柱 2～5。蒴果 3～5 裂；种子小，多数，端具无柄的簇生毛，无胚乳。

约 90 种。主要分布于亚洲大陆和北非，部分分布于欧洲的干旱和半干旱区域，沿盐碱化河岸滩地到森林地带，间断分布于南非西海岸。大约分布在西经 10°到东经 145°，北半球北纬 20°～50°，南半球高纬 12°～55°（非洲）。我国约产 18 种 1 变种，主要分布于西北、内蒙古及华北。

本属植物抗旱、抗盐、抗热、喜砂、喜水，主要生长在干旱、半干旱地区的冲积、淤积盐碱化平原和滩地上。大多数种类生长在平原上，少数种类可生长在山区（天山 1200～2000m），见于沿河和泉水露头的地方。

分种检索表

1 春季开花后于夏季或秋季又可再行开花；春季为单个之总状花序侧生于去年生的木质化枝条上；夏、秋季为大圆锥花序顶生于当年生枝上；花盘 10 裂（5 深裂，5 浅裂）…………………………（1）柽柳 *T. chinensis*

1 仅一季开花。

  2 仅春季开花，总状花序侧生于去年生枝上，花盘 5 裂（裂端或微凹）…………（2）桧柽柳 *T. juniperina*

  2 仅夏季或秋季开花，总状花序集生成稀疏的圆锥花序，生于当年枝顶；花盘 5 裂 ……………………

……………………………………………………………………………………………（3）红柳 *T. ramosissima*

（1）柽柳 *Tamarix chinensis* Lour.（图 11-113）

【别名】 三春柳、西湖柳、观音柳。

【形态特征】 灌木或小乔木，高 5～7m。树皮红褐色；枝细长而常下垂，带紫色。叶卵状披针形，长 1～3mm，叶端尖，叶背有隆起的脊。总状花序侧生于去年生枝上者，春季开花，和总状花序集成顶生大圆锥花序者夏、秋开花；花粉红色，苞片条状钻形，萼片、花瓣及雄蕊各为 5；花盘 10 裂（5 深 5 浅），罕为 5 裂；柱头 3，棍棒状。蒴果 3 裂，长 3.5mm。主要在夏秋开花；果 10 月成熟。

【分布】 野生于辽宁、河北、河南、山东、江苏（北部）、安徽（北部）等省；栽培于我国东部至西南部各省区。喜生于河流冲积平原，海滨、滩头、潮湿盐碱地和沙荒地。日本、美国也有栽培。

【习性】 性喜光，耐寒、耐热、耐烈日暴晒，耐干又耐水湿，抗风又耐盐碱土，能在含盐量达 1% 的重盐碱地上生长。深根性，根系发达，萌芽力强，耐修剪和刈割；生长较速。

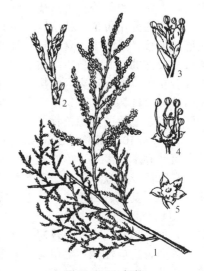

图 11-113　柽柳
1. 花枝；2. 枝条放大；3. 花；4. 去花瓣，示雄蕊和雌蕊；5. 花盘及花萼

【繁殖栽培】 可用播种、扦插、分株、压条等法繁殖，通常多用扦插法。如用播种法时，应注意及时采收种子，经干藏后次春播种。每平方米播 10g 带果壳的种子，3～4 天可出土，当年苗高可达 50～80cm。扦插法是选 1 年生粗约 1cm 的萌条，剪成 20cm 长作插穗。成活率很高。秋插者应在上端封埋土堆过冬，次春再扒开；春插者可在土面露出 1/5～1/4。成活后当年可高达 1m 以上。

柽柳在定植后不需特殊管理，在园林中栽植者可适当整形修剪以培育和保持优美的树形。在大面积栽植为采条或防风固沙用者，应注意保护芽条健壮生长，适当疏剪细弱冗枝，冬季适当根际培土。

【观赏特性和园林用途】 柽柳姿态婆娑、枝叶纤秀，花期很长，可作篱垣用。其枝叶纤细悬垂，婀娜可爱，一年开花三次，鲜绿的叶与粉红花相映成趣，多栽于庭院、公园等处作观赏用。又是优秀的防风固沙植物；也是良好的改良盐碱土树种，在盐碱地上种柽柳后可有效地降低土壤的含盐量。亦可植于水边供观赏。

【经济用途】 本种适于温带海滨、河畔等处湿润盐碱地、沙荒地作造林之用。材质密而重，可作薪炭柴，亦可作农具用材。其细枝柔韧耐磨，多用来编筐，坚实耐用。枝叶药用为解表发汗药，有去除麻疹之效。

（2）桧柽柳 *Tamarix juniperina* Bunge

【别名】 华北柽柳。

【形态特征】 灌木或小乔木，高 5m；树皮红色；枝条细长、暗紫色；叶长椭圆状披针形，长 1.5～1.8mm。总状花序，长 3～6cm，侧生于前 1 年的枝条上，苞片线状披针形；花粉红色，萼片 5；花瓣 5，宿存；雄蕊 5；花盘 5 裂，顶端圆或微凹。蒴果圆锥形 3 裂；种子顶端刺尖状，有白色长毛。花期 5 月。

【分布】 分布于东北、华北、西北、内蒙古、新疆，尤以沙漠地区普遍。台湾于 1600 年代时便引进栽植。

【习性】 耐酷热干旱及严寒。抗沙埋性很强，易生不定根。

繁殖栽培及用途同于柽柳。

（3）红柳 *Tamarix ramosissima* Ledeb.

【别名】 多枝柽柳、西河柳。

【形态特征】 灌木或小乔木，高可达 6m；分枝多，枝细长，红棕色。叶披针形至卵形至三角状心形，长 2～5mm。总状花序，长 3～8cm，密生于当年生枝上形成顶生的大圆锥花序；苞片卵状披针形，花淡红、紫红或白色；萼片 5；花瓣 5，宿存；雄蕊 5；花盘 5 裂；花柱 3。蒴果三角状圆锥形，果形大，长 3～4mm，超出花萼 3～4 倍。花期长，由夏至秋一直开放。

【分布】 分布于东北、华北、西北，尤以沙漠地区为普遍。

【习性】 红柳较柽柳更为耐酷热干旱及严寒，可耐吐鲁番盆地 47.6℃ 的高温及 −40℃ 的低温。根系深达十余米。抗沙埋性很强，易生不定根，易萌发不定芽。寿命可长达百年以上。

繁殖法与园林用途同于柽柳。

【经济用途】 红柳具有很高的经济价值，在中国西北地区，农家用纤长的红柳枝编制笋筐、漏斗、筛子、耢耱等使用器件；还可以用纤细的红柳枝编制盖房子用的房席、炕席。红柳叶是很好的畜牧饲料，含有粗纤维和蛋白质，牲畜食用后耐饥、蓄膘；春季的嫩枝、嫩叶、嫩花可以治疗风湿病，具有较高的药用价值。秋季家畜不喜食其粗硬的枝条。青鲜时其他家畜不食；秋后山羊和绵羊采食其脱落的细枝，马和牛不食红柳。红柳的嫩枝叶富含无氮浸出物和灰分，粗蛋白质含量中等，而粗纤维含量是较低的。其蛋白质品质是中等的，9 种必需氨基酸总量占其干物质的 4%，大体同谷实玉米中所含者相仿。综合论之，红柳可评为中等的饲用植物。红柳当前除饲用外，主要用于营造农田防护林和固沙林。红柳 5 月下旬至 7 月开花，花期一直延续到 9 月底至 10 月初，蜜粉比较丰富，有利于蜜蜂繁殖，是重要的蜜源植物。

11.1.4.10 杨柳科 Salicaceae

落叶乔木或灌木。单叶互生，稀对生，有托叶。花单性异株，成柔荑花序；花无被，单生于苞腋，有腺体或花盘，雄蕊 2 至多数，子房上位，1 室，2 心皮，侧膜胎座，胚珠多数。蒴果 2～4 裂；种子细小，基部有白色丝状长毛，无胚乳。

3 属，620 多种，分布于寒温带、温带和亚热带。我国 3 属均有，320 余种，各省（区）均有分布，尤以山地和北方较为普遍。

喜光，适应性强；常用无性繁殖，或萌芽更新，也可用种子繁殖，但易丧失发芽力，应及时播种或注意贮存；根系发达，速生。

木材轻软，纤维细长。为我国北方重要防护林、用材林和绿化树种。本科树种雌雄异株，极易杂交，多先叶开花，花期短，叶形多变化，在识别上造成较大困难。

分属检索表

1 小枝顶芽发达，芽鳞数枚；叶形较宽，叶柄长，花序下垂，风媒传粉 ……………………………… (1) 杨属 *Populus*
1 小枝无顶芽，芽鳞 1 枚；叶形狭长，叶柄短，花序直立，虫媒传粉 ……………………………… (2) 柳属 *Salix*

11.1.4.10.1 杨属 *Populus* L.

乔木。树干通常端直；树皮光滑或纵裂，常为灰白色。有顶芽（胡杨无），芽鳞多数，常有黏脂。枝有长短枝之分，圆柱状或具棱线。叶互生，多为卵圆形、卵圆状披针形或三角状卵形，在不同的枝（如长枝、短枝、萌枝）上常为不同的形状，齿状缘；叶柄长，侧扁或圆柱形，先端有或无腺点。柔荑花序下垂，常先叶开放；雄花序较雌花序稍早开放；苞片先端尖裂或条裂，膜质，早落，花盘斜杯状；雄花有雄蕊 4 至多数，着生于花盘内，花药暗红色，花丝较短，离生；子房花柱短，柱头 2～4 裂。蒴果 2～4（5）裂。种子小，多数，子叶椭圆形。

100 多种，广泛分布于欧、亚、北美。一般在北纬 30°～72°范围；垂直分布多在海拔 3000m 以下。我国约 62 种（包括 6 杂交种），其中分布我国的有 57 种，引入栽培的约 4 种，此外还有很多变种、变型和引种的品系。

本属较柳属为原始，表现在：①全为乔木；②有顶芽，单轴（总状）分枝；③雄蕊多数。本属的模式种：银白杨 *Populus alba* L.。

分种检索表

1 长枝之叶背面密被白色或灰白色绒毛；芽有柔毛。
　2 叶不裂，老叶背面毛渐脱落 …………………………………… (1) 毛白杨 *P. tomentosa*
　2 叶掌状 3～5 裂，老叶背面仍有白毛 ……………………………… (2) 银白杨 *P. alba*
1 叶背无毛或仅有短柔毛，或幼叶背面有稀疏毛；芽无毛。
　3 叶边缘半透明，叶柄扁形。
　　4 树冠宽大；叶较大，叶缘具睫毛，叶基有时具、稀无腺体 ……………… (3) 加拿大杨 *P. canadensis*
　　4 树冠圆柱形，叶较小，叶缘无睫毛，叶基无腺体 ………………………… (4) 黑杨 *P. nigra*
　3 叶边缘不透明，叶柄扁或圆柱形。
　　5 叶柄圆柱形。
　　　6 小枝有角棱。
　　　　7 叶菱状倒卵形，长 4～12cm ………………………………… (5) 小叶杨 *P. simonii*
　　　　7 叶卵形或长卵形，长 12～20cm ………………………… 滇杨 *P. yunnanensis*
　　　6 小枝圆或幼时有棱；叶卵形，芽有黏胶 ……………………… 青杨 *P. cathayana*
　　5 叶柄扁形。
　　　8 叶柄端具 2 大腺体，叶卵状三角形，先端长渐尖 ………………… 响叶杨 *P. adenopoda*
　　　8 叶柄端无腺体，叶近圆形，先端短或钝。
　　　　9 树皮灰白色，叶缘具波状或不规则缺裂 ………………… 河北杨 *P. hopeiensis*
　　　　9 树皮灰绿色；叶缘具波状浅齿 ………………………… 山杨 *P. davidiana*

(1) 毛白杨 *Populus tomentosa* Carr.（图 11-114）

【形态特征】 乔木，高达 30～40m，胸径 1.5～2m；树冠卵圆形或卵形。树皮幼时青白色，皮孔菱形；老时树皮纵裂，呈暗灰色。嫩枝灰绿色，密被灰白色绒毛。长枝之叶三角状卵形，先端渐尖，基部心形或截形，边缘具缺刻或锯齿，表面光滑或稍有毛，背面密被白绒毛，后渐脱落；叶柄扁平，先端常具腺体。短枝之叶三角状卵圆形，边缘具波状缺刻，幼时有毛，后全脱落；叶柄常无腺体。雌株大枝较为平展，花芽小而稀疏；雄株大枝则多斜生，花芽大而密集。花期 3～4 月，叶前开放。蒴果小，三角形，4 月下旬成熟。

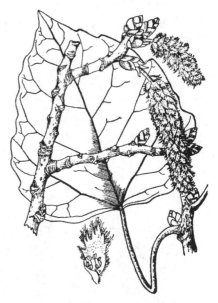

图 11-114 毛白杨

【变种、变型及栽培品种】 北京林业大学培育出的三倍体毛白杨（‘B01’等），具有生长快、抗性强、无毛絮污染的优点。

‘抱头’毛白杨（“Fastigiata”），侧枝直立向上，形成紧密狭长的树冠，山东、河北等地有分布；北京紫竹院公园有少量栽培。

【分布】 分布广泛，在辽宁（南部）、河北、山东、山西、陕西、甘肃、河南、安徽、江苏、浙江等省均有分布，以黄河流域中、下游为中心分布区。喜生于海拔 1500m 以下的温和平原地区。模式标本采自北京南口、西拐子（八达岭）。雌株以河南省中部最为常见，山东次之，其他地区较少，北京近年来引有雌株。

【习性】 喜光，要求凉爽和较湿润气候，年平均气温 11～15.5℃，年降水量 500～800mm，对土壤要求不严，在酸性至碱性土上均能生长，在深厚肥沃、湿润的土壤上生长最好，但在特别干瘠或低洼积水处生长不良。一般在 20 年生之前高生长旺盛，此后则减弱，而加粗生长变快。15 年生树高可达 18m，胸径约 22cm。萌芽性强，易抽生夏梢和秋梢。寿命为杨属中最长者，可达 200 年以上，但用营养繁殖者常至 40 年生左右即开始衰老。抗烟尘和抗污染能力强。

【繁殖栽培】 毛白杨是天然杂种，种子稀少，仅在其分布中心（河南中部、北部和山东西部等地）可采到成熟种子。而且播种后苗木参差不齐，故很少采用播种繁殖。主要采用埋条、扦插、嫁接、留根、分蘖等法繁殖。

① 埋条法 北京地区通常采用此法，一般于冬季 11～12 月间土地封冻前采当年生枝条，长 1～2m，粗 1～2cm，除去过嫩而生有花芽之顶部，成捆假植沟中埋藏。次春 3 月下旬至 4 月上旬取出枝条，平埋于深 2～4cm 沟中，条的方向要一致，沟距 70cm 左右，覆土厚度与条粗相等，覆土后踏实灌水。出芽期间要保持土壤湿润，防止地表板结，出芽后应及时摘芽间苗。上述埋条法也叫“平埋法”。另有“点埋法”，即把枝条平放于沟内后，每隔 40cm 左右压一段土，土高 8～10cm，段间露出 2～3 个芽。这样既可保证埋条一定的湿度，又利于枝芽萌发抽条，此法对华北春旱地区特别适用。

② 扦插法 毛白杨扦插不易生根，一般成活率都低于 50%。近年各地试验扦插繁殖，取得了不少经验，如插前用 0.5%～5% 蔗糖液处理插穗 24h，或浸水 3～7 天（白天泡水，夜间捞起）后再插，成活率可显著提高。此外要求插条粗壮而长（17～20cm），并尽量选用母条基部段，也很重要。

③ 嫁接法 在母条缺少的情况下可采用此法，砧木用加拿大杨、合作杨、小叶杨等。切接、腹接、芽接均可，成活率高达 90% 以上。

④ 留根法 在原来埋条或扦插繁殖的圃地中，待秋季苗木出圃后，进行适当松土、施肥，但要注意别损伤留下的苗根。然后在原来的行间作埂筑床，以便灌水和经常管理。次春，留下的苗根便可陆续长出萌条，经间苗、摘除侧芽等管理，秋季即可成苗出圃或移植。此法一般可连续采用 5 年。

毛白杨在苗圃期间，主要管理工作是及时摘除侧芽，保护顶芽，促其高生长。6～7 月间最好施肥 1 次。为了培育壮苗，可在当年秋末在近地面处剪去苗株，使次年重新萌发新苗，这样秋后苗木高可达 2.5～3m，最高可达 4m，而且粗壮通直。为了获得行道树或庭荫树之大苗，需在次年秋末或第 3 年早春移植 1 次，扩大株行距，并注意整枝、修剪等抚育管理工作，这样在第 3 年秋即可出圃定植。

毛白杨的栽植时期在早春或晚秋，宜稍深栽。栽大苗时最好将侧枝从 30～50cm 处截去，并用草绳卷干。幼树栽后 3 年内生长较慢，要注意水肥管理和病虫害防治。毛白杨常见病虫害有毛白杨锈病、破腹病、根癌病、杨树天社蛾、透翅蛾、潜叶蛾、天牛蚜虫、介壳虫等，要注意及早防治。

【观赏特性及园林用途】 毛白杨树干灰白、端直，树形高大广阔，颇具雄伟气概，大形深绿色的叶片在微风吹拂时能发出欢快的响声，给人以豪爽之感。在园林绿地中很适宜作行道树及庭荫树。若孤植或丛植于旷地及草坪上，更能显出其特有的风姿。在广场、干道两侧规则式列植，则气势严整壮观。毛白杨也是工厂绿化、"四旁"绿化及防护林、用材林的重要树种。

【经济用途】 木材白色，纹理直，纤维含量高，易干燥，易加工，油漆及胶结性能好；可做建筑、家具、箱板及火柴杆、造纸等用材，是人造纤维的原料，树皮含鞣质 5.18%，可提制栲胶。北京居民用雄花序喂猪，花序入药叫做"闹羊花"（陕西武功）。毛白杨材质好，生长快，寿命长，较耐干旱和盐碱，树姿雄壮，冠形优美，为各地群众所喜欢栽植的优良庭院绿化或行道树、也为华北地区速生用材造林树种，应大力推广。

（2）银白杨 *Populus alba* L.（图 11-115）

图 11-115 银白杨

【形态特征】 乔木，高可达 35m，胸径 2m；树冠广卵形或圆球形。树皮灰白色，光滑，老时纵深裂。幼枝叶及芽密被白色绒毛。长枝之叶广卵形或三角状卵形，常掌状 3～5 浅裂，裂片先端钝尖，边缘有粗齿或缺刻，叶基截形或近心形；短枝之叶较小，卵形或椭圆状卵形，边缘有不规则波状钝齿；叶柄微扁，无腺体，老叶背面及叶柄密被白色绒毛。蒴果长圆锥形，2 裂。花期 3～4 月；果熟期 4 月（华北）～5 月（新疆）。

【变种、变型及栽培品种】 '新疆'杨（Bolle's poplar）[*Populus alba* L. var *pyrimidalis* Bunge（*P. bolleana* Lauche.，*P. alba* var. *bolleana* Lauche.）]：乔木，高达 30m；枝直立向上，形成圆柱形树冠。干皮灰绿色，老时灰白色，光滑，很少开裂。主要分布在新疆，尤以南疆地区较多，近年中国北方诸地多有引种，生长良好。此外，俄罗斯南部、小亚细亚及欧洲等地也有栽培。喜光，耐干旱，耐盐渍；适应大陆性气候，在高温多雨地区生长不良；耐寒性不如银白杨。生长快，根系较深，萌芽性强，对烟尘有一定的抗性。通常用扦插或埋条法繁殖，扦插比银白杨成活率高。若嫁接在胡杨（*P. euphratica* Oliv）上，不仅生长良好，还可以扩大栽培范围。'新疆'杨是优美的风景树、行道树，但寿命较短，易衰老。

光皮银白杨 [*Populus alba* L. var. *bachofenii*（Wieezb et Roch.）Wesmael.]：枝成钝角似银白杨，树皮、叶、花似新疆杨。原产中亚，新疆伊宁及南疆普遍栽培。

另外，国外还有其他品种，如：

'Globosa'：球形低矮灌木，幼叶粉红色，叶背具灰毛；

'Richadii'：小乔木或灌木，叶黄色。

【分布】 辽宁南部、山东、河南、河北、山西、陕西、宁夏、甘肃、青海等省区栽培，仅新疆（额尔齐斯河）有野生。欧洲、北非、亚洲西部和北部也有分布。

【习性】 喜光，不耐庇荫；抗寒性强，在新疆－40℃条件下无冻害；耐干旱，但不耐湿热。适于大陆性气候。能在较贫瘠的沙荒及轻碱地上生长，若在湿润肥沃土壤或地下水较浅之沙地生长尤佳，但在黏重和过于瘠薄的土壤上生长不良。在新疆南部阿克苏地区，20 年生树高 19.2m，胸径 30.5cm；40 年生树高 24.7m，胸径 41cm。在湿热的长江流域及其以南地区生长不良，主干弯曲并常呈灌木状，且易遭病虫危害。深根性，根系发达，根萌蘖力强。正常寿命可达 90 年以上。

【繁殖栽培】 银白杨可用播种、分蘖、扦插等法繁殖。一般扦插成活率不高，若秋季采条，湿沙贮藏越冬，并于春季插前对插穗进行浸水催根和生长素处理等，可提高成活率。银白杨苗木侧枝多，生长期间应注意及时修枝、摘芽，以提高苗木质量。此外，银白杨可采用插干造林。

【观赏特性及园林用途】 银白色的叶片和灰白色的树干部与众不同，叶子在微风中飘动有特殊的闪烁效果，高大的树形及卵圆形的树冠亦颇美观。在园林中用作庭荫树、行道树，或于草坪孤植、丛植均甚适宜。同时，由于根系发达、根萌蘖力强，还可用做固沙、保土、护岸固堤及荒沙造林树种。

【经济用途】 银白杨木材纹理直，结构细，质轻软，可供建筑、家具、造纸等用。树皮可制栲胶；叶磨碎可驱臭虫。为西北地区平原沙荒造林树种。

（3）加拿大杨 *Populus canadensis* Moench Verz. Ausl. Baume Weissent（图 11-116）

【别名】 加杨。

【形态特征】 乔木，高达 30m，胸径 1m，树冠开展呈卵圆形。树皮灰褐色，粗糙，纵裂。小枝在叶柄下具 3 条棱脊，冬芽先端不贴紧枝条。叶近正三角形，长 7～10cm，先端渐尖，基部截形，边缘半透明，具钝齿，两面无毛；叶柄扁平而长，有时顶端具 1～2 腺体。花期 4 月，果熟期 5 月。

图 11-116　加拿大杨

【分布】　本种系美洲黑杨（*P. deltoides* Marsh）与欧洲黑杨（*P. nigra* L.）之杂交种，现广植于欧、亚、美各洲。19 世纪中叶引入中国，各地普遍栽培，而以华北、东北及长江流域最多。

【习性】　杂种优势明显，生长势和适应性均较强。性喜光，颇耐寒，喜湿润而排水良好之冲积土，对水涝、盐碱和瘠薄土地均有一定耐性，能适应暖热气候。对 SO_2 抗性强，并有吸收能力。生长快，在水肥条件好的地方 12 年生树高可达 20m 以上，胸径 34.2cm。萌芽力、萌蘖力均较强。寿命较短。

【繁殖栽培】　本种雄株多，雌株少见。一般都采用扦插繁殖，极易成活。扦插苗当年秋季落叶后掘起，经分级后入沟假植，次春移植，行距 1.2m，株距 0.8～1m，生长季加强水肥管理并注意及时摘去干上萌蘖，2～3 年后苗木胸径可达 4～5cm，即可出圃定植。加拿大杨易受光肩天牛及白杨透翅蛾幼虫危害枝干，刺蛾和潜叶蛾幼虫危害树叶，应注意及时防治。

【观赏特性及园林用途】　加拿大杨树体高大，树冠宽阔，叶片大而具光泽，夏季绿荫浓密，很适合作行道树、庭荫树及防护林用。同时，也是工矿区绿化及"四旁"绿化的好树种。由于它具有适应性强、生长快等特点，已成为中国华北及江淮平原最常见的绿化树种之一。

【经济用途】　木材轻软，纹理较细，易加工，可供建筑、造纸、火柴杆、包装箱等用材。

（4）黑杨 *Populus nigra* L.

【形态特征】　乔木，高 30m；侧枝开展，树冠阔椭圆形，树皮暗灰色，老时深沟裂；小枝圆筒形，淡黄色，无毛，2 年生枝淡灰色。叶在长短枝上同形，薄革质，菱形、菱状卵圆形、三角形或卵形，先端长渐尖，基部楔形或阔楔形，稀截形，边缘具细密圆锯齿；叶柄略等于或长于叶片，两侧扁，无毛。雄花序长 5～6cm，雄蕊 15～30，花药紫红色，雌花序长 6～8（12）cm。花期 4～5 月；果期 6 月。

【变种、变型及栽培品种】　'钻天'杨（美杨）［*Populus nigra* 'Italica'（*P. pyramidalis* Roz.）］：乔木，高达 30m；树冠圆柱形。树皮灰褐色，老时纵裂。枝贴近树干直立向上。1 年生枝黄绿色或黄棕色；冬芽长卵形，贴枝，有黏胶。叶扁三角状卵形或菱状卵形，先端突尖，基部广楔形，边缘具钝锯齿，无毛；叶柄扁而长，无腺体。花期 4 月；果熟期 5 月。

'钻天'杨起源不明，有人认为是黑杨的无性系，仅见雄株。广布于欧洲、亚洲及北美洲，中国东北自哈尔滨以南，华北、西北至长江流域均有栽培。喜光，喜湿润土壤，耐寒，耐空气干燥和轻盐碱。不适应南方之湿热气候。生长快，但寿命短，40 年左右即衰老。抗病虫害能力较差，多蛀干害虫，易遭风折，故近年栽培不多。通常用扦插法繁殖。

本种树形圆柱状，丛植于草地或列植堤岸、路边，有高耸挺拔之感，在北方园林中常见，也常作行道树、防护林用。又是杨树育种常用的亲本之一。木材松软，可供火柴杆和造纸等用。

'箭杆'杨［*Populus nigra* 'Afghanica'（'Thevestina'）］：外形与钻天杨相似，枝直立向上形成狭圆柱形树冠。但树皮灰白色，幼时光滑，老则基部稍裂。叶形变化较大，三角状卵形至菱形，基部广楔形至近圆形，先端渐尖至长渐尖。

【分布】　分布于我国新疆（额尔齐斯河和乌伦古河流域）。我国北方地区也有少量引种。分布于俄罗斯中南部（中亚、高加索）、西亚一部分（阿富汗、伊朗）、巴尔干、欧洲等地区。天然生长在河岸、河湾，少在沿岸沙丘。常成带状或片林。

【习性】　喜光，耐寒，抗大气干旱，稍耐盐碱；生长快。扦插繁殖，容易成活。

【观赏特性及园林用途】　黑杨生长快，树冠窄，根幅小，树形美观，在中国西北地区很受人们喜爱，常作公路行道树、农田防护林及"四旁"绿化树种。

【经济用途】　黑杨边材白色，心材淡赤褐色，边材宽于心材，材质轻软，比重 0.4～0.6。木材供家具和建筑用；皮可提取单宁，并可作黄色染料；芽药用。黑杨也是杨树育种的优良亲本之一。许多杂种后代在国内外广泛栽培。

（5）小叶杨 *Populus simonii* Carr.（图 11-117）

【别名】　南京白杨。

【形态特征】　乔木，高约达 20m，胸径 50cm 以上；树冠广卵形。树干往往不直，树皮灰褐色，

图 11-117 小叶杨

老时变粗糙，纵裂。小枝光滑，长枝有显著角棱；冬芽瘦而尖，有黏胶。叶菱状倒卵形、菱状卵圆形，或菱状椭圆形，长 5～10cm，基部楔形，先端短尖，边缘具细钝齿，两面无毛；叶柄短而不扁，常带红色，无腺体。花期 3～4 月；果熟期 4～5 月。

【变种、变型及栽培品种】 小叶杨常见有以下 2 个观赏品种与变型。

垂枝小叶杨（*P. simonii* Carr. f. *pendula* Schneid）：侧枝平展，小枝下垂，并在横切面略呈棱角状。产于河北、甘肃、青海、四川、湖北、河南等地。

‘塔形’小叶杨（‘Fastigiata’）：枝条近直立向上，形成塔形树冠。产于河北，北京等地有栽培，常作行道树。

［附］小钻杨 *P.* × *xiaozuanica* W. Y. Hsu et Liang：高达 30m，是小叶杨与钻天杨的自然杂种，性状介于两者之间，适应性强，材质好，生长快。是优良速生用材及四旁绿化树种，栽培面积广。并演化出‘赤峰杨’、‘白城杨’、‘双阳快杨’、‘八里庄杨’、‘大官杨’、‘小意杨’、‘合作杨’等栽培品种。

【分布】 在我国分布广泛，东北、华北、华中、西北及西南各省区均产。垂直分布一般多生在 2000m 以下，最高可达 2500m；沿溪沟可见。

【习性】 喜光，耐寒，亦能耐热；喜肥沃湿润土壤，亦能耐干旱、瘠薄和盐碱土壤。生长较快，寿命较短；根系发达，但主根不明显；萌芽力强。

【繁殖栽培】 繁殖可用播种、扦插、埋条等法。扦插易成活，枝插、干插均可。栽培无特殊要求。常有叶锈病、褐斑病及杨天社蛾、大透翅蝶、黄斑星天牛等病虫危害，应注意及早防治。

【观赏特性及园林用途】 为防风固沙、护堤固土、绿化观赏的树种，也是东北和西北防护林和用材林主要树种之一；城郊可选作行道树和防护林。

【经济用途】 木材轻软细致，供民用建筑、家具、火柴杆、造纸等用。

11. 1. 4. 10. 2 柳属 *Salix* L.

落叶乔木或灌木；小枝细，髓近圆形，无顶芽，芽鳞 1 枚。叶互生，稀对生，通常较狭长，叶柄较短。花序直立，苞片全缘，花无杯状花盘，有腺体；雄蕊 1～12，花丝较长。蒴果，2 瓣裂；种子细小，基部围有白色长毛。

本属多为灌木，稀乔木。无顶芽，合轴分枝，雄蕊数目较少，虫媒花等特征表明，本属较杨属与钻天柳属进化。本属世界 520 多种，主产北半球温带地区，寒带次之，亚热带和南半球极少，大洋洲无野生种。我国 257 种，122 变种，33 变型。各省区均产。

本属植物多喜湿润。生于水边者常有水生根；一般扦插极易成活。本属木材轻柔，主供小板材、小木器、矿柱材、民用建筑材、农具材和薪炭材用，有些种类的木炭为制造火药的原料；枝条多细长而柔，可编制筐、篮、包、家具、柳条箱、安全帽；树皮含单宁，供工业用或药用；嫩枝、叶为野生动物饲料；个别种的叶子可作家畜饲料或饲柞蚕；为保持水土、固堤、防沙和四旁绿化及美化环境的优良树种；有的是早春蜜源植物。

分种检索表

1 乔木。
  2 叶狭长，披针形至线状披针形，雄蕊 2。
    3 枝条直伸或斜展，黄绿色，叶长 5～10cm，叶柄短，2～4mm；子房背腹面各具 1 腺体 ·················
    ·· (1) 旱柳 *S. matsudana*
    3 小枝细长下垂，黄褐色，叶长 8～16cm，叶柄长 0.5～1.5cm；子房仅覆面具 1 腺体 ·················
    ·· (2) 垂柳 *S. babylonica*
  2 叶较宽大，卵状披针形至长椭圆形，雄蕊 3～12。
    4 叶质地较厚，锯齿较钝；雄蕊 8～12 ····························· 滇柳 *S. cavaleriei*
    4 叶质地较薄，锯齿较尖；雄蕊 3～5 ······················· (3) 河柳 *S. chaenomeloides*
1 灌木；叶互生，长椭圆形；雄花序粗大，密被白色光泽绢毛 ·············· (4) 银芽柳 *S. leucopithecia*

(1) 旱柳 *Salix matsudana* Koidz（图 11-118）

【别名】 柳树、立柳。

【形态特征】 乔木，高达 18m；树冠卵圆形至倒卵形。树皮灰黑色，纵裂。枝条直伸或斜展。叶披针形至狭披针形，长 5～10cm，先端长渐尖，基部楔形，边缘有细锯齿，背面微被白粉；叶柄短，2~4mm；托叶披针形，早落。雄花序轴有毛，苞片宽卵形；雄蕊2，花丝分离，基部有毛；雌花子房背腹面各具1腺体。花期3~4月；果熟期4~5月。

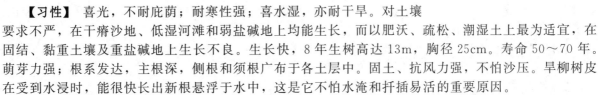

图 11-118 旱柳

【变种、变型及栽培品种】 '馒头'柳（'Umbraculifera'）：分枝密，端梢齐整，形成半圆形树冠，状如馒头。北京园林中常见栽培，其观赏效果较原种好。

'绦'柳（'Pendula'）：枝条细长下垂，华北园林中习见栽培，常被误认为是垂柳。小枝黄色，叶无毛，叶柄长5~8mm，雌花有2腺体。

'龙须'柳（'Tortuosa'）：亦称龙爪柳，枝条扭曲向上，各地时见栽培观赏。生长势较弱，树体较小，易衰老，寿命短。

【分布】 产于东北、华北平原、西北黄土高原，西至甘肃、青海，南至淮河流域以及浙江、江苏。为平原地区常见树种。朝鲜、日本、俄罗斯远东地区也有分布。垂直分布在海拔1500m以下。

【习性】 喜光，不耐庇荫；耐寒性强；喜水湿，亦耐干旱。对土壤要求不严，在干瘠沙地、低湿河滩和弱盐碱地上均能生长，而以肥沃、疏松、潮湿土上最为适宜，在固结、黏重土壤及重盐碱地上生长不良。生长快，8年生树高达13m，胸径25cm。寿命50~70年。萌芽力强；根系发达，主根深，侧根和须根广布于各土层中。固土、抗风力强，不怕沙压。旱柳树皮在受到水浸时，能很快长出新根悬浮于水中，这是它不怕水淹和扦插易活的重要原因。

【繁殖栽培】 繁殖以扦插为主，播种亦可。柳树扦插极易成活，除一般的枝插外，实践中人们常用大枝埋插以代替大苗，称"插干"或"插柳棍"。扦插在春、秋和雨季均可进行，北方以春季土地解冻后进行为好；南方土地不结冻地区以12月至次年1月进行较好。由于长期营养繁殖，柳树20年左右便出现心腐、枯梢等衰老现象，故宜提倡种子繁殖。播种在4月种子成熟时，随采随播。种子用量每亩（1亩=667m²）0.25~0.5kg，在幼苗长出第1对真叶时即可进行间苗，苗高3~5cm时定苗，当年苗高可达60~100cm。用做城乡绿化的柳树，最好选用高2.5~3m，粗3.5cm以上的大苗。因此在苗圃育苗期间要注意培养主干，对插条苗要及时进行除蘖，并适当修剪侧枝，以达到一定的干高。栽植柳树宜在冬季落叶后至次年早春芽未萌动时进行，栽后要充分浇水并立支柱。当树龄较大，出现衰老现象时，可进行平头状重剪更新。柳树主要病虫害有柳锈病、烟煤病、腐心病及天牛、柳木蠹蛾、柳天蛾、柳毒蛾、柳金花虫等，应注意及早防治。

图 11-119 垂柳

【观赏特性及园林用途】 柳树历来为中国人民所喜爱，其柔软嫩绿的枝叶，丰满的树冠，还有许多多姿的栽培变种，都给人以亲切优美之感。加之最易成活、生长迅速、发叶早、落叶迟、适应性强等优点，自古以来就成为重要的园林及城乡绿化树种。最宜沿河湖岸边及低湿处、草地上栽植；亦可作行道树、防护林及沙荒造林等用。但由于柳絮繁多、飘扬时间又长，故在精密仪器厂、幼儿园及城市街道等地均以种植雄株为宜。

【经济用途】 木材白色，质轻软，比重0.45，供建筑器具、造纸、人造棉、火药等用；细枝可编筐；为早春蜜源树，又为固沙保土绿化树种。叶为冬季羊饲料。

(2) 垂柳 *Salix babylonica* L. （图11-119）

【形态特征】 乔木，高达18m，树冠倒广卵形。小枝细长下垂。叶狭披针形至线状披针形，长8~16cm，先端渐长尖，边缘有细锯齿，表面绿色，背面蓝灰绿色；叶柄长约1cm；托叶阔镰形，早落。雄花具2雄蕊，2腺体；雌花子房仅腹面具1腺体，花期3~4月；果熟期4~5月。

【变种、变型及栽培品种】 'Aurea'，枝条为金色；'Crispa'叶卷曲；'Tortuosa'枝条扭曲。

【分布】 产于长江流域与黄河流域，其他各地均栽培，为道旁、水边等绿化树种。在亚洲、欧洲、美洲各国均有引种。

【习性】 喜光，喜温暖湿润气候及潮湿深厚之酸性及中性土壤。较耐寒，特耐水湿，但亦能生于土层深厚之高燥地区。萌芽力强，根系发达。生长迅速，15年生树高达13m，胸径24cm。寿命较短，30年后渐趋衰老。

【繁殖栽培】 繁殖以扦插为主，亦可用种子繁殖。扦插于早春进行，选择生长快、无病虫害、姿态优美的雄株作为采条母株，剪取 2～3 年生粗壮枝条，截成 15～17cm 长作为插穗。株行距 20cm×30cm，直播，插后充分浇水，并经常保持土壤湿润，成活率极高。垂柳主要有光肩天牛危害树干，被害严重时易遭风折枯死。此外，还有星天牛、柳毒蛾、柳叶甲等害虫，应注意及时防治。

【观赏特性及园林用途】 垂柳枝条细长，柔软下垂，随风飘舞，姿态优美潇洒，植于河岸及湖池边最为理想，柔条依依拂水，别有风致，自古即为重要的庭院观赏树。亦可用做行道树、庭荫树、固岸护堤树及平原造林树种。此外，垂柳对有毒气体抗性较强，并能吸收 SO_2，故也适用于工厂区绿化。

【经济用途】 木材白色，韧性大，可作小农具、小器具等；枝条可编筐；树皮含鞣质，可提制栲胶。叶可作羊饲料。枝、叶、花、果及须根均可入药。

（3）河柳 *Salix Chaenomeloides* Kimura（图 11-120）

【别名】 腺柳，大叶柳。

【形态特征】 小乔木，有时呈灌木状，高约 10m，枝暗褐色或红褐色，有光泽。托叶半圆形或肾形，边缘有腺锯齿，早落，叶柄幼时有短绒毛，后渐变光滑，先端有腺点；叶片椭圆形、卵圆形或椭圆状披针形，长 4～8cm，宽 1.8～3.5（4）cm，基部楔形，边缘有腺锯齿，两面光滑，表面绿色，背面苍白色或灰白色。花期 4 月；果期 5 月。

【分布】 分布于辽宁（丹东）及黄河下、中游流域诸省。多生于海拔 1000m 以下的（在辽宁海拔仅几十米）山沟水旁。朝鲜、日本也有分布。

【习性】 喜光，喜水湿。

【观赏特性及园林用途】 适合河岸、岛屿绿化。叶片较宽大，嫩叶常紫红色，具有观赏价值。

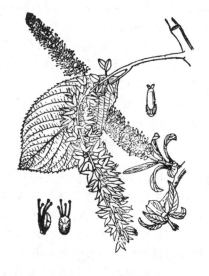

图 11-120 河柳

图 11-121 银芽柳

（4）银芽柳 *Salix leucopithecia* Kimura（图 11-121）

【别名】 棉花柳。

【形态特征】 灌木，高 2～3m，分枝稀疏。枝条绿褐色，具红晕，幼时具绢毛，老时脱落。冬芽红紫色，有光泽。叶长椭圆形，长 9～15cm，先端尖，基部近圆形，缘具细浅齿，表面微皱，深绿色，背面密被白毛，半革质。雄花序椭圆状圆柱形，长 3～6cm，早春叶前开放，初开时芽鳞疏展，包被于花序基部，红色而有光泽，盛开时花序密被银白色绢毛，颇为美观。

【分布】 原产于日本；中国上海、南京、杭州一带有栽培。

【习性】 喜光，喜湿润土地，颇耐寒。北京可露地越冬。用扦插法繁殖。栽培后每年需重剪，促使萌发多数长枝条。

【观赏特性及园林用途】 其花芽萌发成花序时十分美观，供春节前后瓶插观赏。

11.1.4.11 杜鹃花科 Ericaceae

常绿或落叶灌木，罕为小乔木或乔木。单叶互生，罕对生或轮生；全缘，罕有锯齿；无托叶。花两性，辐射对称，或稍两侧对称，单生或簇生，常排成总状、穗状、伞形或圆锥花序；花萼宿存，4～5 裂；花冠合瓣，4～5 裂，罕离瓣；雄蕊为花冠裂片之 2 倍，罕同数或较多，花药孔裂，罕纵裂，常层状或具芒；具花盘；子房上位，数室，每室胚珠多数，罕单生，着生于中轴胎座上；花柱单生。

蒴果，罕浆果或核果。种子细小。

约 103 属 3350 种（D. J. Mabberley，1996. The Plant-Book.），全世界分布，除沙漠地区外，广布于南、北半球的温带及北半球亚寒带，少数属、种环北极或北极分布，也分布于热带高山，大洋洲种类极少。我国有 15 属，约 757 种，分布全国各地，主产地在西南部山区，尤以四川、云南、西藏三省区相邻地区为盛，这里也是杜鹃属 Rhododendron、树萝卜属 Agapetes 的多样化中心，且极富特有类群。

本科的许多属、种是著名的园林观赏植物，已为世界各地广为利用。

分属检索表

1 子房上位，果为蒴果。

  2 蒴果室间开裂；花大，花冠钟形、漏斗状或管状，裂片稍两侧对称 ………………… 1. 杜鹃花属 Rhododendron

  2 蒴果室背开裂；花小，花冠钟形、坛状或卵状圆筒形，裂片辐射对称。

    3 花药有芒；蒴果缝线不加厚。

      4 花药顶部的芒直立或上升；花冠钟形；花排成顶生伞形成伞房状花序，多下垂；落叶罕半常绿灌木或小乔木，叶、枝轮生；果柄常弯向上方 …………………………………………… 吊钟花属 Enkianthus

      4 花药背面的芒反折向下弯；花冠卵状坛形，5 浅裂；花排成顶生的多花圆锥花序，常绿灌木或小乔木，叶及枝互生；果柄直立 ………………………………… 2. 马醉木属 Pieris

    3 花药无芒（有时花丝近顶处有 2 距）；蒴果缝线明显加厚（有 1 浅白色宽纵线条）；花排成腋生总状花序 …
    ………………………………………………………………………………………… 南烛属 Lyonia

1 子房下位；果为浆果；花冠坛状；雄蕊内藏不抱花柱 ……………………………………… 3. 越橘属 Vaccinium

11. 1. 4. 11. 1　杜鹃花属 Rhododendron L.

常绿或落叶灌木，罕小乔木。叶互生，全缘，罕为毛状小锯齿。花常多朵组成顶生伞形花序式的总状花序，偶有单生或簇生；萼片小而 5 深裂，罕 6～10 裂，花后不断增大；花冠钟形、漏斗状或管状，裂片与萼片同数；雄蕊 5～10 枚，罕更多，花药背生，顶孔开裂；花盘厚。子房上位，5～10 室或更多，每室具多数胚珠。蒴果。

约 960 种，广泛分布于欧洲、亚洲、北美洲，主产于东亚和东南亚，形成本属的两个分布中心。2 种分布至北极地区；1 种产于大洋洲，非洲和南美洲不产。我国约 542 种（不包括种下等级），除新疆、宁夏外，各地均有，但集中产于西南、华南。

本属是杜鹃花科中最大的属，也是中国和喜马拉雅植物区系中的大属之一。本属植物在园艺学上占有重要的位置，被引种栽培的杜鹃已不下 600 种，遍及世界许多国家。由于杜鹃属植物在自然界杂交现象普遍，栽培条件下亦易于杂交变异，大量的杂交种不断被育出，且观赏价值胜于野生种。

分种检索表

1 落叶灌木或半常绿灌木。

  2 落叶灌木。

    3 雄蕊 10 枚。

      4 叶散生；花 2～6 朵簇生枝顶；子房及蒴果有糙伏毛鳞片。

        5 枝有褐色扁平糙伏毛；叶、子房、蒴果均被糙伏毛；花 2～6 朵簇生枝顶，蔷薇色、鲜红色、深红色 ……
        ………………………………………………………………………………… (1) 杜鹃花 R. simsii

        5 枝疏生鳞片；叶、子房、蒴果均有鳞片；花 2～5 朵簇生枝顶，淡红紫色 ………………
        ………………………………………………………………………… (2) 蓝荆子 R. mucronulatum

      4 叶常 3 枚轮生枝顶（俗称三叶杜鹃）；花通常双生枝顶，罕 3 朵；子房及蒴果均密生长柔毛 ………
      ………………………………………………………………………………… (3) 满山红 R. mariesii

    3 雄蕊 5 枚；花金黄色，常多朵成顶生伞形总状花序；叶矩圆形，长 6～12cm，叶缘有睫毛 …………
    ………………………………………………………………………………… (4) 羊踯躅 R. molle

  2 半常绿灌木；花 1～3 朵顶生，纯白色；花梗密生柔毛、刚毛及腺毛；幼枝密生灰色柔毛、腺毛，叶两面有毛 ……………………………………………… (5) 白花杜鹃 R. mucronatum

1 常绿灌木或小乔木。

  6 雄蕊 5 枚。

    7 花单生于枝顶叶腋，花冠盘状，白色或淡紫色，有粉红色斑点；叶卵形，全缘，端有明显凸尖头 ………
    ………………………………………………………………………………… (6) 马银花 R. ovatum

    7 花 2～3 朵与新梢发自顶芽，花冠漏斗状，橙红至亮红色，有浓红色斑；叶椭圆形，缘有睫毛，端钝 ……
    ………………………………………………………………………………… (7) 石岩 R. obtusum

  6 雄蕊 10 枚或更多。

    8 雄蕊 10 枚。

      9 花顶生枝端。

10 顶生总状花序密集或伞形花序。
    11 花顶生呈密总状花序，径 1cm，乳白色；叶厚革质，倒披针形；幼枝有疏鳞片 ························
        ·· (8) 照山白 *R. micranthum*
    11 花顶生伞形花序，花 10～20 朵，径 4～5cm，深红色；叶厚革质 ········ (9) 马缨杜鹃 *R. delavayi*
10 花 1～3 朵顶生枝端，径 6cm，蔷薇紫色，有深紫色斑点；叶纸质；幼枝密生淡棕色扁平伏毛 ·········
    ·· (10) 锦绣杜鹃 *R. pulchrum*
  9 花腋生，单生枝顶叶腋，花梗下有苞片多枚；花堇粉色，有黄绿色斑点；叶革质，小枝无毛 ·········
    ·· 麂角杜鹃 *R. latoucheae*
  8 雄蕊 14～16 枚；花排成疏松的顶生伞形总状花序；叶厚革质。
    12 雄蕊 14 枚；花 6～12 朵，粉红色；幼枝绿色，粗壮 ················ (11) 云锦杜鹃 *R. fortunei*
    12 雄蕊 16 枚；花 20～25 朵，蔷薇色带紫色；幼枝有灰白色毛 ·········· (12) 大树杜鹃 *R. giganteum*

关于杜鹃花属各种类的习性、繁殖栽培、园林用途等，将在后文统一介绍。现在先分述下列常见种类的形态、分布及变种。

（1）杜鹃花 Rhododendron simsii Planch. （*R. indicum* var. *simsii* Maxim. ；*Azalea indica* Sims. non L. ；*R. indicum* var. *formosana* Hayata）（图 11-122）

图 11-122 杜鹃花
1. 花枝；2. 雄蕊；3. 雌蕊；4. 果

【别名】 映山红、照山红、野山红。

【形态特征】 落叶灌木，高可达 3m；分枝多，枝细而直，有亮棕色或褐色扁平糙伏毛。叶纸质，卵状椭圆形或椭圆状披针形，长 3～5cm，叶表之糙伏毛较稀，叶背者较密。花 2～6 朵簇生枝端，蔷薇色、鲜红色或深红色，有紫斑；雄蕊 10 枚，花药紫色；萼片小，有毛；子房密被伏毛。蒴果密被糙伏毛、卵形。花期 4～5 月；果 6～8 月成熟。

【变种、变型及栽培品种】 白花杜鹃 （var. *eriocarpum* Hort.）：花白色或浅粉红色。

紫斑杜鹃 （var. *mesembrinum* Rehd.）：花较小，白色而有紫色斑点。

彩纹杜鹃 （var. *vittatum* Wils.）：花有白色或紫色条纹。

值得一提的是在 20 世纪初期欧洲栽培的杜鹃花品种，无论是常绿的或半常绿的均是日本所产的东亚杜鹃，又叫'皋月杜鹃'或'仙客'或'谢豹花'（*R. indicum* Sweet）系统；东亚杜鹃是常绿至半常绿灌木，花紫红色，上部花瓣有紫斑，花期 6～8 月，是本属各种开花最迟的种类。这个系统的品种均难以进行催花栽培，但是中国产的杜鹃花（*R. simsii*）则很易催花；所以在 1850 年罗伯特·福穹（Robert Fortune）将本种引入欧洲，作为杂交育种的新种质。正由于本种血统的加入，使欧洲的品种大放异彩，由于当时工作的中心是在比利时的根特市，故欧洲园艺界习称为'比利时杜鹃'，以后，许多国家每年都向比利时定购供圣诞节催花用的杜鹃。

【分布】 产于江苏、安徽、浙江、江西、福建、台湾、湖北、湖南、广东、广西、四川、贵州和云南。生于海拔 500～1200 （～2500）m 的山地疏灌丛或松林下，为我国中南及西南典型的酸性土指示植物。

【观赏特性及园林用途】 杜鹃花的栽培历史很久，故园艺品种极多，较耐热，不耐寒，在华北地区多行盆栽。

【经济用途】 本种全株供药用：行气活血、补虚，治疗内伤咳嗽、肾虚耳聋、月经不调、风湿等疾病。

（2）蓝荆子 Rhododendron mucronulatum Turcz. （图 11-123）

【别名】 迎红杜鹃、迎山红。

【形态特征】 落叶灌木，高 1.5m 左右，分枝多，小枝细长，疏生鳞片。叶长椭圆状披针形，长 3～8cm，疏生鳞片。花淡红紫色，径 3～4cm，2～5 朵簇生枝顶，先叶开放；花芽鳞在花期宿存；雄蕊 10。蒴果圆柱形，长 1.3cm，褐色，有密鳞片。花期 4～5 月；果 6 月成熟。

【变种、变型及栽培品种】 有数变种，中国产的有一变种，即毛叶蓝荆子，亦称毛叶迎红杜鹃，（*R. mucronulatum* Turcz. var. *ciliatum* Nakai）：叶表疏生粗毛。产于东北南部，分布较原种为多；开花期也略早于原种。

【分布】 产于内蒙古（北达满洲里）、辽宁、河北、山东、江苏北部。生于山地灌丛。蒙古、日本、朝鲜、俄罗斯（西伯利亚东南、阿穆尔）有分布。

【习性】　蓝荆子性喜光，耐寒，喜空气湿润和排水良好地点。

【观赏特性及园林用途】　本种具有早花习性，可作催花用，在欧洲很受重视。在北京郊区山上有野生。美国于 1883 年自北京将种子引入阿诺德树木园，现已推广普遍栽培。在园林中可与迎春相配置，紫、黄相映，能加强表现出春光明媚的欢悦气氛。又朝鲜有过"重三"节的风俗，即每年 3 月 3 日，这时正值蓝荆子盛开，采花与糯米粉做成团子，用香油煎食，男女老少相携去郊外春游，特称为"花游节"，是个很喜庆富有生气的节日。

【经济用途】　蓝荆子花亦可生食，略有酸味。本种全株可入药，主治急慢性支气管炎、感冒、咳嗽等症，效果显著。

（3）满山红 *Rhododendron mariesii* Hemsl. et Wils.（图 11-124）

【别名】　山石榴、石郎头。

【形态特征】　落叶乔木，高 1～2m，枝轮生，幼枝有黄褐色毛，后变光滑。叶厚纸质，常 3 枚轮生枝顶，故又叫三叶杜鹃，卵圆形，长 4～8cm，先端急尖，叶基圆钝。花通常成双生枝顶（少有 3 朵），花冠蔷薇紫色，上侧裂片有红紫色点；花梗直立，有硬毛；花萼小，有棕色伏毛；雄蕊 10。子房密生棕色长柔毛。蒴果圆柱形，被密毛。花期 4 月，果熟 8 月。

【分布】　产于河北、陕西、江苏、安徽、浙江、江西、福建、台湾、河南、湖北、湖南、广东、广西、四川和贵州。生于海拔 600～1500m 的山地稀疏灌丛。

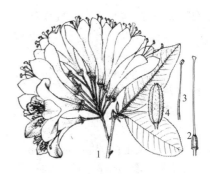

图 11-123　蓝荆子
1. 花；2. 叶

图 11-124　满山红

图 11-125　羊踯躅
1. 花枝；2. 雌蕊；3. 雄蕊；4. 果实

（4）羊踯躅 *Rhododendron molle* G. Don.（图 11-125）

【别名】　闹羊花、黄杜鹃、六轴子。

【形态特征】　落叶灌木，高 1.4m。分枝稀疏，幼时有短柔毛和刚毛。叶纸质，长椭圆形或椭圆状倒披针形，长 6～12cm，先端钝，有小突尖，边缘有睫毛，叶表背均有毛。顶生伞形总状花序可多达 9 朵，花金黄色，径 5～6cm；雄蕊 5，与花冠等长。子房有柔毛。蒴果圆柱形，长达 2.5cm。花期 4～5 月；果 7 月成熟。

【分布】　产于江苏、安徽、浙江、江西、福建、河南、湖北、湖南、广东、广西、四川、贵州和云南。生于海拔 1000m 的山坡草地或丘陵地带的灌丛或山脊杂木林下。

【经济用途】　本种为著名的有毒植物之一。《神农本草》及《植物名实图考》把它列入毒草类，可治疗风湿性关节炎，跌打损伤。民间通常称"闹羊花"。植物体各部含有闹羊花毒素（Rhodojaponin）和马醉木毒素（Asebotoxin），Ericolin 和 Andromedotoxin 等成分，误食令人腹泻，呕吐或痉挛；羊食时往往踯躅而死亡，故此得名。近年来在医药工业上用作麻醉剂、镇疼药；全株还可做农药。

（5）白花杜鹃 *Rhododendron mucronatum* G. Don.

【别名】　毛白杜鹃、白杜鹃。

【形态特征】 半常绿灌木，高1～2m。分枝密，小枝有密而开展的灰柔毛及黏质腺毛。叶长椭圆形，长3～6cm，叶背有黏质腺毛。花白色，芳香，1～3朵簇生枝端，径约5cm；花梗及花萼上都混生有腺毛；雄蕊10枚；花芽鳞片黏质。蒴果长卵形，长1cm。花期4～5月。品种很多，有大朵、重瓣及玫瑰色等变种。

【分布】 产于湖北。杭州园林中大片露地栽植，各地盆栽观赏很多。

（6）马银花 Rhododendron ovatum（Lindl）Planch. ex Maxim.（图11-126）

图11-126 马银花
1. 花枝；2. 花萼及雌蕊

【形态特征】 常绿灌木，高达4m，枝叶光滑无毛。叶革质，卵形，先端急尖或钝，有明显的凸尖头，基部圆形。花单一，生于枝顶叶腋间，花浅紫色，有粉红色斑点，花冠深裂近基部；花梗有短柄腺体和白粉；花萼小，在短萼筒外面有白粉和腺体；雄蕊5枚。子房有短刚毛。蒴果长0.8cm，宽卵形。花期5月。

【分布】 产于江苏、安徽、浙江、江西、福建、台湾、湖北、湖南、广东、广西、四川和贵州。生于海拔1000m以下的灌丛中。

（7）石岩 Rhododendron obtusum（Lindl.）Planch.

【别名】 山岩、锦光花、钝叶杜鹃。

【形态特征】 常绿或半常绿（在寒冷地区）灌木，高1～3m，有时呈平卧状，分枝多，幼枝上密生褐色毛。春叶椭圆形，先端钝，叶基楔形，边缘有睫毛，叶柄有毛，叶表、背均有毛而以中腺为多；秋叶狭长倒卵形或椭圆状披针形，质厚而有光泽，长1～2.5cm，宽0.6cm。花2～3朵与新梢发自顶芽，花冠橙红至亮红色，上瓣有浓红色斑，漏斗形，径2.5～4cm；雄蕊5枚，花药黄色；萼片小，卵形，淡绿色，有细毛。蒴果卵形，长0.6～0.7cm。花期5月。

【变种、变型及栽培品种】 本种原为日本育成的栽培杂交种，故无野生者，有多数变种和大量的园艺品种。著名的变种有：

石榴杜鹃（山牡丹）［R. obtusum var. kaempferi（Planch）Wils.］：花暗红色，重瓣性极高，上海、杭州有露地栽培。

矮红杜鹃（R. obtusum f. amoenum Komastu）：花朵顶生，紫红色有2层花瓣，正瓣有浓紫色斑，花丝淡紫色，叶小。

久留米杜鹃（R. obtusum var. sakamotoi Koniatsu）：为日本久留米地方所栽的杜鹃总称，品种繁多，按其叶形、花色及花型进行分类，不下数百种。

（8）照山白 Rhododendron micranthum Turcz（图11-127）

【别名】 照白杜鹃、铁石茶、白镜子。

【形态特征】 常绿灌木，高1～2m。小枝细，具短毛及腺鳞。叶厚革质，倒披针形，长3～4cm，两面有腺鳞，背面更多，边缘略反卷。花小，白色，径约1cm，呈顶生密总状花序，雄蕊10。蒴果矩圆形，长达0.8cm。花期5～6月。

本种有剧毒，幼叶更毒，牲畜误食，易中毒死亡。

【分布】 广布我国东北、华北及西北地区及山东、河南、湖北、湖南、四川等省。生于山坡灌丛、山谷、峭壁及石岩上，海拔1000～3000m。朝鲜也有。

（9）马缨杜鹃 Rhododendron delavayi Fr.（图11-128）

【别名】 马缨花、马鼻缨。

【形态特征】 常绿灌木至小乔木，高2～12m；树皮呈不规则状剥落。叶革质，簇生枝顶，长圆状披针形，长6～15cm，宽1.5～4cm，叶表深绿色，叶背密被灰白色至淡棕色薄毡毛，中脉和侧脉在叶表凹下，在叶背凸起。花10～20朵排成顶生伞形花序，苞片厚，椭圆形，花梗长约1cm，有毛；花萼小，5裂；花冠钟状、深红色，长4～5cm，肉质，基部有5蜜腺囊；雄蕊10，无毛；子房密被褐色绒毛。蒴果圆柱形，长1.5～2cm。花期2～5月；果10～11月成熟。

【分布】 产于广西西北部、四川西南部及贵州西部、云南全省和西藏南部。生于海拔1200～3200m的常绿阔叶林或灌木丛中。越南北部、泰国、缅甸和印度东北部也有分布。在广西、四川和西藏系本种分布的新记录。

（10）锦绣杜鹃 Rhododendron pulchrum Sweet.（图11-129）

图 11-127　照山白　　　　　　图 11-128　马缨杜鹃　　　　　图 11-129　锦绣杜鹃
1. 花枝；2. 花；3. 叶下面

【别名】　鲜艳杜鹃。

【形态特征】　常绿灌木，高 1～2m；分枝稀疏，嫩枝有褐色毛。春叶纸质，狭长倒卵形或椭圆形，长 1～2cm，幼叶表背有褐色短毛，成长叶表面变光滑；秋叶革质，形大而多毛，长 3～6cm，宽 2～4cm。花 1～3 朵发于顶芽，花冠浅蔷薇紫色，径 4.5～7cm，有紫斑，裂片 5；雄蕊 10，长短不一或等长，均较花冠略短，花丝下部有毛；子房有褐色毛；花萼大，长 1～1.5cm，5 裂，有褐色毛；花梗长 6～12mm，密生棕色毛。蒴果长卵圆形，长 1cm，呈星状开裂，萼片宿存。花期 5 月。

【分布】　产于江苏、浙江、江西、福建、湖北、湖南、广东和广西。栽培变种和品种繁多，但至今未见野生植株。

【习性】　当最低气温在 -8℃ 时则成落叶性灌木，在温暖处则成为常绿性。

(11)　云锦杜鹃 *Rhododendron fortunei* Lindl.　（图 11-130）

【别名】　天目杜鹃。

【形态特征】　常绿灌木，高 3～4m。枝粗壮，浅绿色，无毛。叶厚革质，簇生枝顶，长椭圆形，长 10～20cm，叶端圆尖，叶基圆形或近心形，全缘，叶背略有白粉。花大而芳香，浅粉红色，6～12 朵排成顶生伞形总状花序，花冠 7 裂；花梗长 2～3cm，有蜜腺体；花萼小，有腺体，雄蕊 14 枚；子房 10 室。蒴果长圆形，长 2～3cm，粗 1～1.5cm。花期 5 月。

【分布】　分布于陕西、湖北、湖南、河南、安徽、浙江、江西、福建、广东、广西、四川、贵州及云南东北部。生于海拔 620～3000m 的山脊阳处或林下。

(12)　大树杜鹃 *Rhododendron protistum* Balf. f. et Forrest var. *giganteum* (Tagg) Chamb. ex Cullen et Chamb.

【形态特征】　常绿大乔木，高达 25m，胸径 37cm，干皮呈片状剥落。叶厚革质，长圆形或倒披针形，长 20～45cm，宽 7～20cm；叶端钝，叶基阔楔形，叶表无毛，叶背疏被浅棕黄色毡毛，不脱落；叶柄长 2～4cm，上面略有沟。花 20～30 朵排成顶生伞形花序，序长 20～25cm，总梗长 4～8cm；花冠钟形，径 5～8cm，

图 11-130　云锦杜鹃
1. 花枝；2. 果

水红色，裂片 8，有 8 蜜腺体；雄蕊 16 枚，不等长；子房 16 室，密被有毛；花萼小，8 齿裂。蒴果长圆柱形，长 4cm，有褐色毛。花期 3～5 月；果 10 月成熟。

【分布】　产于云南西南部腾冲县高黎贡山西坡海拔 2800～3300m 的常绿阔叶林中，与樟科、木兰科、山茶科、金缕梅科等混生而为上层树种。

【杜鹃属植物的习性】　由于杜鹃花属植物多自然分布于亚热带、温带高海拔山区的林下、林缘及河谷、水溪旁，故杜鹃花生态习性为喜冷凉、多雾、湿润气候，忌高温干旱，最适温度为 20～22℃ 左右，气温高于 30℃ 或低于 5℃ 不利于其生长；最适湿度 80% 左右，大气湿度不足会影响其生长发

育和生理过程。性喜富含有机质的酸性、疏松、森林腐殖土，忌盐碱黏性土壤，pH 值以 5.5～6.5 为宜，少量种类能生于石灰岩土壤上。杜鹃花忌强光、较耐阴，光照过强常引起植株失水、叶片黄化，甚至造成日灼，光照不足影响光合作用和开花结果数量。

关于杜鹃类耐阴程度问题，根据在杭州植物园和上海的观察，种植在阔叶常绿树紫楠林和密植的槭林下的白杜鹃和锦绣杜鹃，由于树荫过于浓郁而生长极弱奄奄待毙。但在臭椿、马尾松、黄山栾等枝下高较高而株行距大的疏林下栽植的白杜鹃和锦绣杜鹃则生长开花繁茂。通过对光合补偿点的测定，知白杜鹃的补偿点为 1400lx。根据林内外光照程度而言，当林内照度为全光照的 1/15～1/10 时，杜鹃类生长衰弱，不能开花；为全光照的 1/4 时，可少量开花；为全光照的 2/3 时，可大量开花。

中国的各种杜鹃按其分布及生态习性大体可分为下述几类。

① 北方耐寒类　主要分布于东北、西北及华北北部。多生于山林中或山脊上。冬季有的为雪所覆盖，有的则挺立于寒风中，均极耐寒，有的在早春冰雪未尽时即可见花。其中落叶类有大字杜鹃（*R. schlippenbachii*）、迎红杜鹃（*R. mucronulatum*）；半常绿的有兴安杜鹃（*R. dauricum*）；常绿的有照山白（*R. micranthum*）、小叶杜鹃（*R. parvifolium*）、头花杜鹃（*R. capitatum*）及牛皮茶（*R. chrysanthum*）等。

② 温暖地带低山丘陵、中山地区类　主要分布于中纬度的温暖地带，耐热性较强，亦较耐旱，多生于丘陵、山坡疏林中，如杜鹃花、满山红、羊踯躅、白杜鹃、马银花。

③ 亚热带山地、高原杜鹃类　主要分布于中国西南部较低纬度地区。根据冯国楣先生等人的调查可分为 5 型：附生灌木型、山地季雨林乔（灌）木型、旱生灌木型、高山湿生灌木型及高山垫状灌木型。

【杜鹃属植物的品种】　现在世界各国园林界所栽培的杜鹃品种已达数千种，在中国通常栽培的也达数百种。但细致地考察这些品种后，可以发现主要是属于前述 3 个类别中的第 2 类，而属于第 1 及第 3 类者颇少。这样看来，杜鹃的发展潜力是极大的。

在欧美及日本等国，园艺界习惯上将杜鹃分为两大类，即落叶杜鹃类（Azalea）及常绿杜鹃类（Eurhododendron）。在中国对后一类栽培较少，但是中国的资源却非常多，许多优美的种类早已在欧洲庭院中大量应用、栽培了，而在中国却仍然弃之荒山而未充分利用，这种情况亟待园林工作者努力扭转。目前中国在栽培上习惯地将盆栽的杜鹃按花期及来源分为春鹃、夏鹃、春夏鹃及西洋鹃等类。春鹃均为展叶前开花，花期大多在 4 月左右；夏鹃在发叶以后始开花，花期在 5 月下旬至 6 月上旬开花；春夏鹃则从春至夏开花不绝，花期最长，几乎全是春鹃和夏鹃的杂交种；西洋鹃是泛指从欧洲引入的品种。

杜鹃品种按花的形状可分为筒形、漏斗形、喇叭形、碗形、瓮形、钟形、碟形、辐射形、叠花形等。按照花冠裂片及花蕊瓣化程度可分为单瓣型、半重瓣型、重瓣型及套瓣型（即叠花形）。按照花冠裂片可分为平瓣、波瓣、皱瓣。按照花径可分为小花、中花、大花、巨花等型；其小者直径仅几毫米，其巨者达 10cm 以上。

目前国内栽培杜鹃以丹东市最著名，此外无锡、上海、成都、昆明、重庆亦均有特色，尤其昆明地处野生高山常绿杜鹃王国之中，将来必大有发展前途。

较有名的品种有：'白牡丹'、'富贵集'、'红珊瑚'、'紫凤朝阳'、'五宝珠'、'王冠'、'仙女舞'、'锦凤'、'凤鸣锦'、'醉杨妃'、'四海波'、'晓山'等。

【杜鹃属植物的繁殖栽培】　杜鹃类可用播种、扦插、压条及嫁接等法繁殖。

杜鹃类是典型的酸性土植物，故无论露地种植或盆栽均应特别注意土质，最忌碱性及黏质土，土壤反应以 pH 4.5～6.5 为佳，但亦视种类而有变化。盆栽时，可用腐殖质土、苔藓、山泥等以 2：1：7 的比例混合应用。盆栽管理上需注意排水、浇水、喷雾等工作，施肥时应注意宜淡不宜浓，因为杜鹃根极纤细，施浓肥易烂根。东北及江南的水多为中性及微酸性，可以正常浇用，华北地区的水多呈微碱性，故应适时施浇矾肥水。矾肥水是用黑矾（硫酸亚铁）3kg、猪粪 20kg、油柏饼 5kg 加水 200kg 配成，约经 1 个月腐熟后即可稀释浇用。江、浙一带又常用鱼腥水作肥料。开花后的生长发枝期要求氮肥适当增多。在夏季酷暑期应适当遮阴；暴雨前应放倒盆或雨后立即将盆中积水倾出。

【杜鹃属植物的观赏特性和园林用途】　杜鹃是中国的传统名花，早在公元 492 年即南北朝时，陶弘景在《本草经集注》中就曾记载过羊踯躅，清代陈淏子的《花镜》（公元 1688 年）中更详述了杜鹃花的习性和栽培方法。古人诗中对杜鹃花的描述常带忧伤的情调，如"杜鹃啼血"、"征人泪"等，这是与诗人当时的国情及其处境有关，"莫怪行人频怅望，杜鹃不是故乡花"。实际上，杜鹃花开时，满山遍野，灿烂夺目，是令人欢乐惊叹的景色，诗句"何须名苑看春风，一路山花不负侬。日日锦江呈锦样，清溪倒照映山红"正道出山花烂漫的意境。杜鹃类最宜成丛配置于林下、溪旁、池畔、岩边、缓坡、陡壁形成自然美，又宜在庭院或与园林建筑相配置，如洞门前、阶石旁、粉墙前。又如设计成杜鹃专类园一定会形成令人流连忘返的景境。杜鹃花不仅可露地栽培于庭院，而且耐阴，为极佳的林下花灌木；既可单株种植、丛植，也可成片、成林种植，形成杜鹃花的海洋；还可模仿高山自然景观，依山就石布置成岩石园，更显其妖媚多姿；若培育成盆花，制作成盆景，置于室内，或为案头清供，则更显风趣。

此外，可盆栽或加以整形修剪，培养成各式桩景，一定会使人叹为观止。沈阳市曾用大株进行多品种嫁接获得各地的赞赏。

【经济用途】 杜鹃花属中的常绿小叶有鳞片的一些高山种类，如百里香（千里香）、草原、腋花等杜鹃，其叶片富含香味，是提炼芳香油的好材料；有些种类含有黄酮类、毒素类化学成分，如羊踯躅、日本羊踯躅、满山红，可用于治疗疾病或作为提取杀虫剂的材料；有些种类，如大白花、锈叶、粗柄等杜鹃的花可用作蔬菜食用；有些种类，如映山红、长蕊、牛皮等杜鹃，其叶、根茎内含有较高的单宁成分，是工业栲胶的重要原料；有些乔木类杜鹃，如马缨花、大树、凸尖等杜鹃，材质色泽俱佳，是制作手工艺品的好材料；同时杜鹃花属植物通常植株矮小、枝条密集、根系发达，常丛生成密不可分的灌木林，极耐恶劣的高山气候，对保持高山土壤、防止雨水冲刷和砾石滚落等能起到固定作用，是优良的山地水土保持植物。

11.1.4.11.2 马醉木属 *Pieris* D. Don.

常绿灌木或小乔木。叶互生，很少对生，无柄，有锯齿，罕全缘。顶生圆锥花序，罕小总状花序；萼片分离；花冠壶状，有5个短裂片；雄蕊10枚，内藏，花药在背面有一对下弯的芒。蒴果近球形，室背开裂为5个果瓣。种子小，多数，纺锤状。

约7种，产于亚洲东部（尼泊尔经中国、日本、千岛群岛、南堪察加半岛和科曼多尔群岛）、北美东部、西印度群岛。我国现有3种，产东部及西南部。

美丽马醉木 *Pieris formosa* （Wall） D. Don.

【形态特征】 常绿灌木，罕小乔木，高3～6m；叶常聚生枝顶，革质，长圆形、披针形，稀倒披针形，长3～14cm，叶端尖，叶基楔形，叶缘有锯齿，叶的表、背两面网脉明显，叶柄长1～1.5cm，新叶常带红色。花白色，花冠筒形坛状，长5～8mm，排成顶生圆锥花序。蒴果卵圆形，径4mm。花期5～6月，果期7～9月。

【变种、变型及栽培品种】 变种 *P. formosa* var. *forrestii* Airy-Shaw：幼枝及叶橙红至亮红色，美丽，产于云南。

【分布】 产于浙江、江西、湖北、湖南、广东、广西、四川、贵州、云南等省区。生于海拔900～2300m的灌丛中。越南、缅甸、尼泊尔、不丹、印度也有。

【习性】 性喜温暖气候和半阴环境，喜生于富含腐殖质、排水良好的沙质壤土。在西南和华南地区海拔1600～1700m山林，可见混生于矮林中。

【繁殖栽培】 可用播种法繁殖，于早春播于沙质腐殖土，或于夏末秋初用扦插法，或于秋季用压条法。移栽期宜于9～10月或4月末至5月。管理上，如见枝条过密时，可于花后行疏剪，通常则短剪过长的枝条，保持树形即可。美丽马醉木初发嫩叶呈红色，白色小花排成大花序均可形成美丽的景色，为大自然增添许多妙趣。美丽马醉木有毒，动物采食茎叶后流涎、呕吐、腹痛、腹泻、呼吸困难、身躯麻痹，各种动物均可发生，绵羊最易感，其次为山羊，牛、马等发病较少。早春季节，由于青绿饲料缺乏，动物常常采食美丽马醉木的茎、叶而发生中毒。

11.1.4.11.3 越橘属（乌饭树属）*Vaccinium* L.

落叶或常绿灌木，很少为小乔木。叶互生，全缘或有齿。花顶生或腋生，排成总状花序，有时单生，苞片宿存或脱落；花萼4～5浅裂或不明显；花冠圆筒形或坛形，4～5浅裂；雄蕊8～10，花药有或无芒状附属物，顶端伸长成管状，顶端孔裂；子房下位，4～10室，每室有数颗胚珠。浆果球形，顶端有宿存萼齿。

约450种以上，分布于亚洲、美洲、欧洲和非洲；中国约产91种，南、北各地均有分布。

越橘 *Vaccinium vitis-idaea* L.

【别名】 红豆、牙疙瘩。

【形态特征】 常绿匍匐性矮小灌木，有长的匍匐性地下茎，地上茎高十余厘米，直立，略有白毛。叶革质，椭圆形或倒卵形，长1～2cm，宽约1cm，叶端圆，常微凹，叶基楔形，叶缘有睫毛，上部有微波状齿，叶背浅绿色有腺体，叶柄短。花2～8朵排成总状序：生于去年生的枝端；小苞片2，脱落性，总梗和花梗均密生毛；萼钟状，4裂；花冠钟状，白色或粉红色，径0.5cm，4裂；雄蕊8，花丝有毛，花药无距；子房下位。浆果球形，径约7mm，红色。

【分布】 分布于黑龙江、吉林、内蒙古、陕西、新疆。常见于落叶松林下、白桦林下、高山草原或水湿台地，海拔900～3200m处常成片生长。环北极分布，自北欧、中欧、俄罗斯、北美至西格陵兰，在亚洲分布于东北部的蒙古、朝鲜、日本、俄罗斯西伯利亚至远东部分，如堪察加、千岛群岛、萨哈林岛（库页岛）；生于高山沼地、石南灌丛、针叶林、亚高山牧场和北极地区的冻原，通常生于稍干燥的生境，但也生于相当潮湿的泥炭土。

【习性】 性耐寒、喜生湿润富有机质的酸性土中，在自然界常见于亚寒带针叶林中，在海拔900～3200m落叶松林及白桦林可见。花、果及秋叶均美，可供观赏。移植期在4月末，可用播种、分割地下茎或扦插繁殖；扦插时最好有低温设施；亦可用压条法繁殖。叶可代茶饮用；浆果可食用。

【经济用途】 以叶、果入药。全年采叶，阴干或鲜用；果秋后采，晒干。叶利尿，解毒。用于尿道炎，膀胱炎；果止痢，用于肠炎，痢疾。

11.1.4.12 柿树科 Ebenaceae

乔木或灌木。单叶互生，罕对生，全缘，无托叶。花单性异株或杂性，辐射对称，单生或排成聚伞花序，腋生；萼3～7裂，宿存；花冠3～7裂；雄花具退化雌蕊，雄蕊为花冠裂片的2～4倍，罕同数，生于花冠管的基部，花丝短，花药2室，药隔显著，纵裂；雌花有退化雄蕊4～8；子房上位，2～16室，花柱2～8枚，分离或基部合生，每室1～2胚珠。浆果多肉质；种子具硬质胚乳；子叶大，叶状，种脐小。

共3属，500余种，主要分布于热带和亚热带地区；中国产1属，约57种。

柿树属 *Diospyros* L.

落叶或常绿乔木或灌木；无顶芽，芽鳞2～3。叶互生。花单性异株，罕杂性；雄花为聚伞花序，雄蕊4～16，子房不发育；雌花常单生叶腋，退化雄蕊1～16枚，花柱2～6；花的基数为4～5；萼常4深裂，绿色；花冠壶形或钟形，白色，4～5裂，罕3～7裂，子房4～12室。浆果肉质，基部有增大的宿萼；种子扁压状。

约500种，主产于全世界的热带地区。我国有57种，6变种，1变型，1栽培种，北至辽宁，南至广东、广西和云南，主要分布于西南部至东南部。

分种检索表

1 无枝刺；叶椭圆形、长圆形或卵形；萼片宿存，先端钝圆；枝有毛。
  2 叶表面无毛或近无毛。
    3 幼枝、叶背有褐黄色毛；冬芽先端钝；果大，橙红色或橙黄色，径3.5～7cm ············ (1) 柿树 *D. kaki*
    3 幼枝、叶背有灰色毛；冬芽先端尖；果小，蓝黑色，径1.2～1.8cm ·················· (2) 君迁子 *D. lotus*
  2 叶表背二面有灰色或灰黄色毛；果径4cm ······················ (3) 油柿 *D. oleifera*
1 有枝刺；叶菱状倒卵形、倒拔针形；萼片宿存，先端渐尖。
  4 落叶灌木；叶卵形、菱形至倒卵形，最宽处在叶片中部以上，长4～5.5cm，宽2～4cm ··················
    ······························ 老鸦柿 *D. rhombifolia*
  4 半常绿或常绿灌木；叶倒拔针形或长椭圆形，最宽处在叶片上部，长3～6.5cm ······ (4) 瓶兰 *D. armata*

(1) 柿树 *Diospyros kaki* Thunb. （图11-131）

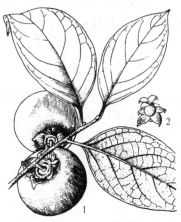

图 11-131 柿树
1. 果枝；2. 花

【别名】 朱果、猴枣。

【形态特征】 落叶乔木，高达15m；树皮暗灰色，呈长方形小块状裂纹。冬芽先端钝。小枝密生褐色或棕色柔毛，后渐脱落。叶椭圆形、阔椭圆形或倒卵形，长6～18cm，近革质；叶端渐尖，叶基阔楔形或近圆形，叶表深绿色有光泽，叶背淡绿色。雌雄异株或同株，花四基数，花冠钟状，黄白色，4裂，有毛；雄花3朵排成小聚伞花序；雌花单生叶腋；花萼4深裂，花后增大；雌花有退化雄蕊8枚，子房8室，花柱自基部分离，子房上位。浆果卵圆形或扁球形，直径2.5～8cm，橙黄色或鲜黄色，宿存萼卵圆形，先端钝圆。花期5～6月；果9～10月成熟。

【变种、变型及栽培品种】 中国有二三百个品种。从分布上来看，可分为南、北二型。南型类的品种耐寒力弱，喜温暖气候，不耐干旱；果实较小，皮厚，色深，多呈红色。北型类品种则较耐寒，耐干旱；果实较大，皮厚，多呈橙黄色。现将主要品种简述如下。

野柿（*D. kaki* var. *silvestris* Mak.）：枝叶密生短柔毛；叶较小而薄；果径不及2cm。产于我国中南、西南及沿海各省区。果可食，也可制柿漆。

'磨盘'柿('盖'柿)：果形扁圆，体大，近基部有环状凹痕，脱涩后甜而多汁，品质极佳，树势强健耐寒，寿长而丰产，分布于冀、鲁、陕等地。

'高桩'柿：果的纵横径相近，亦有环状凹痕，果形较小，果肉较紧实，品质上等，树势强健耐寒，丰产，多见于华北低山区及园林中。

'镜面'柿：果圆形，萼洼深，果橘红色，汁多而甜，品质极佳，宜生食及制柿饼，树势强，树冠开展，主产于山东菏泽，著名的曹州"耿饼"主要是用本品种的果实制成。

'尖'柿：果实呈圆锥形，呈橙红色，果顶尖形，果汁浓而味甜，树势强健，寿长而丰产，每株产量达500～1000kg，抗逆性强，不易落果。主产于陕西富平县。著名的"合儿柿饼"即本品种果实制成。

'鸡心'柿：果呈圆锥形，果顶钝尖，橙黄色，甜而多汁。树性强健，寿长，丰产。果实脱涩后果肉硬实而不软，是著名品种之一。主产于陕西省三原县。

'华南牛心'柿：果呈心脏形，橙红色，略具白色蜡粉，汁多味甜，品质上等。主产于广东省番禺县及广西阳朔、临桂一带。为良好的生食品种。

'斯文'柿：果椭圆形，果顶圆形，橙红色，味甜而芳香，不必经脱涩即可生食。主产于广东番禺。

【分布】 原产我国长江流域，现在在辽宁西部、长城一线经甘肃南部，折入四川、云南，在此线以南，东至台湾省，各省、区多有栽培。朝鲜、日本、东南亚、大洋洲、北非的阿尔及利亚、法国、美国等有栽培。

【习性】 性强健，南自广东，北至华北北部均有栽培，大抵北界在北纬40°的长城以南地区。凡属年平均温度在9℃，绝对低温在−20℃以上的地区均能生长；生长季节4～11月的平均气温在17℃左右，成熟期平均温度在18～19℃时则果实品质即可佳良。其垂直分布，因纬度而异，在河北省即北纬36°～40°间可生长于海拔100～850m间，在北京东北密云县则多生长在200～250m间，在陕西勉县即北纬33°～40°间多生长在海拔1600m以下地区，而在四川安宁河流域即北纬27°～28°间，柿可分布到海拔2800m高。

柿喜温暖湿润气候，也耐干旱，生长期的年降水量应在500mm以上，如盛夏时久旱不雨则会引起落果，但在夏秋季果实正在发育时期如果雨水过多则会使枝叶徒长，有碍花芽形成，也不利果实生长。在5～6月开花时如多雨，则有碍授粉，会影响产量。在幼果期如阴雨连绵，日照不足，则会引起生理落果。

柿树寿命很长，一般在嫁接后4～6年开始结果，15年后达盛果期。柿树不但结果早而且结果年限长，100年生的大树仍能丰产，300年生的老树仍可结果。

柿树对HF有较强的抗性。

【繁殖栽培】 用嫁接法繁殖，砧木在北方及西南地区多用君迁子，在江南多用油柿、老鸦柿及野柿。枝接时期应在树液刚开始流动时为好，北京地区以在清明后（4月中旬）为宜，在广东则在2月初为宜；芽接应在生长缓慢时期，因为树液流动越盛则所含单宁物质越易氧化凝固而妨碍愈合，而幼树一年中有2个生长周期，即第1个生长周期在6月中旬停止，第2个生长周期在9月中旬停止，在停止时其树液流动最缓，所以芽接适期就在5月下旬至6月上旬以及在8月下旬至9月上旬。在河北省，群众的经验是在开花期行芽接，成活率最高，而整个芽接期即从枝上出现花蕾起直到果实长至胡桃大小的一段期间均可行芽接。方法以用方块芽接法较好。

定植期可在深秋或春季，株距以6～8m为宜，但在园林中不受此限。定植后应在休眠期施基肥，在萌芽期、果实发育期和花芽分化期施追肥，并适当灌溉，避免干旱，因为柿树的落果现象较严重，适当灌溉可减少落果，提高产量。

主要病虫害有角斑病、圆斑病和柿蒂虫。

【观赏特性及园林用途】 柿树为中国原产，栽培历史悠久；在《诗经·豳风》及3000年前的《尔雅》中均有记载。树形优美；叶大，呈浓绿色而有光泽，在秋季又变红色，是良好的庭荫树。在9月中旬以后，果实渐变橙黄或橙红色，累累佳实悬于绿荫丛中，极为美观，而因果实不易脱落，虽至11月落叶以后仍能悬于树上故观赏期极长，观赏价值很高，是极好的园林结合生产树种，既适宜于城市园林又适于山区自然风景点中配置应用。

【经济用途】 柿树木材的边材含量大，收缩大，干燥困难，耐腐性不很强，但致密质硬，强度大，韧性强，施工不很困难，表面光滑，耐磨损，可作纺织木梭、芋子、线轴，又可作家具、箱盒、装饰用材和小用具、提琴的指板和弦轴等。果实的营养价值较高，有"木本粮食"之称。有降血压、治胃病、醒酒的作用。除少数品种外，一般均需脱涩后始能生食，如脱涩不良而空腹多食时由于含单宁过多而产生结石造成肠梗死的急发症。脱涩的方法有多种，常用的方法是将涩柿用50℃温水浸泡24h（应保温），或浸于10%的石灰乳中3～4天则既脱涩、果肉又甜脆，亦可用75%的酒精与涩柿同时密封于容器中，经5～6天即可脱涩变甜软。柿果除生食外，又可加工制成柿酒、柿醋、柿饼等。在制柿饼的过程中又可产生柿霜，甜甘可口并有治喉痛、口疮的效果。柿子可提取柿漆（又名柿油或柿涩），用于涂渔网、雨具，填补船缝和作建筑材料的防腐剂等。

在医药上，柿子能止血润便，缓和痔疾肿痛，降血压。柿饼可以润脾补胃，润肺止血。柿霜饼和柿霜能润肺生津，祛痰镇咳，压胃热，解酒，疗口疮。柿蒂下气止呃，治呃逆和夜尿症。

(2) 君迁子 *Diospyros lotus* L.（图 11-132）

图 11-132　君迁子

【别名】　黑枣、软枣、红兰枣。

【形态特征】　落叶乔木，高达20m；树皮灰色，呈方块状深裂；幼枝被灰色毛；冬芽先端尖。叶长椭圆形、长椭圆状卵形，长6～13cm；叶端渐尖，叶基楔形或圆形，叶表光滑，叶背灰绿色，有灰色毛。花淡橙色或绿白色。果球形或圆卵形，径1.2～1.8cm，幼时橙色，熟时变蓝黑色，外被白粉；宿存萼的先端钝圆形。花期4～5月；果9～10月成熟。

【分布】　分布于山东、辽宁、河南、河北、山西、陕西、甘肃、江苏、浙江、安徽、江西、湖南、湖北、贵州、四川、云南、西藏等省区；生于海拔500～2300m左右的山地、山坡、山谷的灌丛中，或在林缘。亚洲西部、小亚细亚、欧洲南部亦有分布，在地中海各国已经驯化。

【习性】　性强健、喜光、耐半阴；耐寒及耐旱性比柿树强；很耐湿。喜肥沃深厚土壤，但对瘠薄土、中等碱土及石灰质土地也有一定的忍耐力。寿命长；根系发达但较浅；生长较迅速。对 SO_2 的抗性强。

【繁殖栽培】　用播种法繁殖。将成熟的果实晒干或堆放待腐烂后取出种子，可混沙贮藏或阴干后干藏；至次春播种；播前应浸种1～2天，待种子膨胀再播。当年较粗的苗即可作柿树的砧木行芽接，或在次年的春季行枝接、在夏季行芽接。

【观赏特性及园林用途】　君迁子树干挺直，树冠圆整，适应性强，可供园林绿化用。

【经济用途】　成熟果实可供食用，亦可制成柿饼，入药可去烦热；又可供制糖，酿酒，制醋；果实、嫩叶均可供提取维生素；未熟果实可提制柿漆，供医药和涂料用。木材质硬，耐磨损，可作纺织木梭、雕刻、小用具等，又材色淡褐，纹理美丽，可作精美家具和文具。树皮可供提取单宁和制人造棉。本种的实生苗常用作柿树的砧木，但有角斑病严重危害，受病果蒂很多，易使柿树传染受害，须注意防除。

(3) 油柿 *Diospyrus oleifera* Cheng.

【形态特征】　落叶乔木，高达14m；树皮暗灰色或褐灰色，裂成大块薄片剥落，内皮白色。壮龄期树皮灰褐色，不开裂。幼枝密生绒毛，初时白色后变浅棕色。叶较薄，长圆形至长圆状倒卵形，长7～16cm，两面密生棕色绒毛，叶端渐尖，叶基圆形或阔楔形；叶柄长约1cm。雄花序有3～5花。果扁球形成卵圆形，径4～7cm，有4纵槽，幼果密生毛，近熟时毛变少并有黏液渗出故称油柿。花期9月；果10～11月成熟。

【分布】　主要产浙江中部以南、安徽南部、江西、福建、湖南、广东北部和广西；通常栽培在村中、果园、路边、河畔等温暖湿润肥沃处。

【习性】　本种适应性强，较耐水湿，但不如君迁子耐寒，通常做南方柿树的砧木。

【观赏特性及园林用途】　暗灰色树皮与剥落后的白色内皮相间颇有一定的观赏价值，可作庭荫树及行道树。

【经济用途】　果可供食用，广西桂林附近六塘所产冻柿的风味，和通常栽培的水柿、牛心柿等不同，水分较多，糖味浓郁，在树上成熟时变软，能自然脱涩；亦有在果未熟时摘下，经过去涩后食用的。果蒂（宿存花萼）入药。广西桂林一带群众，常用本种作为柿树的砧木。在江苏太湖洞庭西山、浙西诸暨、杭州市等地多有栽培，供取柿漆用。

(4) 瓶兰 *Diospyros armata* Hemsl.

【形态特征】　半常绿或常绿灌木，高2～4m；枝有刺。叶倒披针形至长椭圆形，长3～6.5cm，叶端钝，叶基楔形，最宽处在叶片上部。雄花为聚伞花序；花冠乳白色，壶形，芳香。果近球形，径约 2cm，熟时黄色，果柄长约 1cm，有刚毛；宿存萼片略宽。

【分布】 分布于浙江、湖北。

【习性】 本种较耐阴，可生于稀疏的林下和林缘。

【观赏特性及园林用途】 在上海及杭州园林中有栽培，赏其香花及果实；又可盆栽或作树桩盆景用。

11.1.4.13 安息香科（野茉莉科）Styracaceae

乔木或灌木，植物体通常具星状毛或鳞片。单叶互生，无托叶。花辐射对称，两性，稀杂性，总状花序或圆锥花序，有时呈聚伞状排列，很少单生；花萼钟状或管状，4～5 裂，宿存；花冠 4～5（8）裂，基部常合生；雄蕊为花冠裂片的 2 倍，稀同数，花丝常合生成筒；子房上位、半下位或下位，3～5 室。核果或蒴果。

约 11 属，180 种，主要分布于亚洲东南部至马来西亚和美洲东南部（从墨西哥至南美洲热带）；只有少数分布至地中海沿岸。我国产 9 属，50 种，9 变种，分布北起辽宁东南部南至海南岛，东自台湾，西达西藏；垂直分布一般从海拔 50～2500m，超越这个界限，种类则逐渐稀少。

分属检索表

1 果为不规则 8 瓣裂，宿存萼与果分离；子房上位 ·············· 1. 野茉莉属 Styrax
1 果不裂，宿存萼与果不分离；子房下位或半下位。
  2 伞房状圆锥花序；果有翅 ·············· 2. 白辛树属 Pterostyrax
  2 聚伞花序；果平滑无翅 ·············· 3. 秤锤树属 Sinojackia

11.1.4.13.1 野茉莉属 Styrax L.

灌木或乔木。叶全缘或稍有锯齿，被星状毛，叶柄较短。花排成腋生或顶生的总状或圆锥花序；萼钟状，微 5 裂，宿存；花冠 5 深裂；雄蕊 10 枚，花丝基部合生；子房上位。核果球形或椭圆形。

约 130 种，主要分布于亚洲东部至马来西亚和北美洲的东南部经墨西哥至安第斯山，只有 1 种分布至欧洲地中海周围。我国约有 30 种，7 变种，除少数种类分布至东北或西北地区外，其余主产于长江流域以南各省区。

分种检索表

1 叶两面无毛，仅背面脉腋有簇生星状毛，花冠白色 ·············· (1) 野茉莉 S. japonicus
1 叶背密被灰白色星状毛，叶柄基部膨大包芽，花白色或带粉红色 ·············· (2) 玉铃花 S. obassia

(1) 野茉莉（安息香）Styrax japonicus Sieb.（图 11-133）

【形态特征】 落叶小乔木，高达 10m；树皮灰褐色或黑色。小枝细长，嫩枝及叶有星状毛，后脱落。叶椭圆形或倒卵状椭圆形，长 4～10cm，前端微突尖或渐尖，基楔形，缘有浅齿，两面无毛，仅背面脉腋有簇生星状毛。花单生叶腋或 2～4 朵成总状花序，下垂；花萼钟状，无毛；花冠白色，5 深裂；雄蕊 10，等长。核果近球形。花期 6～7 月。

【分布】 本种为本属在我国分布最广的一种，北自秦岭和黄河以南，东起山东、福建，西至云南东北部和四川东部，南至广东和广西北部。朝鲜和日本也有。

【习性】 喜光，耐贫瘠土壤；生长快。

【观赏特性及园林用途】 野茉莉花、果下垂，白色花朵掩映于绿叶中，饶有风趣，宜作庭院栽植观赏，也可作行道树。

【经济用途】 木材为散孔材，黄白色至淡褐色，纹理致密，材质稍坚硬，可作器具、雕刻等细工用材；种子油可作肥皂或机器润滑油，油粕可作肥料。

图 11-133 野茉莉
1. 花枝；2. 花

(2) 玉铃花 Styrax obassia Sieb. et Zucc.（图 11-134）

【形态特征】 落叶小乔木，高 4～10(14)m。单叶互生或小枝最下两叶近对生，叶柄基部膨大包芽；叶椭圆形至倒卵形，缘有锯齿，叶背密被灰白色星状毛。花白色或带粉红色，长约 2cm，单生于枝上部叶腋或 10 余朵成顶生总状花序，花垂向花序一侧。核果卵球形，长 1.4～1.8cm，端凸尖。花期 5～6 月。

【分布】 本种是本属植物分布至我国最北的一种，可达辽宁东南部（凤城），向南见于山东（烟台）、安徽（黄山、岳西）、浙江（孝丰、昌化、天目山）、湖北（含丰）、江西（婺源、修水）。

【习性】 属阳性树种，生长在海拔700～1500m的林中，适于较平坦或稍倾斜的土地生长，以湿润而肥沃的土壤生长较好。朝鲜和日本也有。喜光，较耐寒。

【观赏特性及园林用途】 花美丽，芳香，适宜植于庭院观赏。

【经济用途】 木材为散孔材，边材和心材无区别，浅黄色至黄褐色，材质坚硬，富弹性，纹理致密，加工容易；木材可作器具材、雕刻材等细工用材；花美丽、芳香，可提取芳香油及观赏；种子油可供制肥皂及润滑油。

11.1.4.13.2 白辛树属 *Pterostyrax* Sieb. et Zucc.

落叶乔木或灌木。叶缘有锯齿。伞房状圆锥花序生于侧枝顶端；花萼5齿裂，两面均被绒毛；花瓣5，离生或基部稍合生；雄蕊10，5长5短，花丝下部合生或近于分离；子房近下位。核果，果皮干硬，具棱或窄翅。

约4种，产我国、日本和缅甸。我国产2种。

图 11-134 玉铃花

图 11-135 小叶白辛树

小叶白辛树 *Pterostyrax corybosus* Sieb. et Zucc. （图 11-135）

【形态特征】 灌木至小乔木，高10m。幼枝被灰色星状毛。叶椭圆形至宽卵形或宽倒卵形，长6～12m，缘有细锯齿，疏生星状短毛。圆锥花序着生于分枝的一侧，长8～12cm，被星状毛；花梗极短，顶具一关节；花冠白色，裂片5；雄蕊10，5长5短。果倒卵形，具4～5狭翅，顶端喙状，密生星状短毛。花期5月。

【分布】 产于江苏、浙江（遂昌、天目山、昌化）、江西（庐山、安远、井冈山、瑞金、新建、石城）、湖南（宜章、湘西、衡山、南岳、永顺）、福建（德化、光泽）、广东（乳源）。生于海拔400～1600m的山区河边以及山坡低凹而湿润的地方。日本也有。

【观赏特性与园林用途】 该种花白色、美丽、芳香，可栽于庭院观赏。目前应用不多，具有引种及推广价值。

【经济用途】 散孔材，木材淡黄色，边材和心材无区别，材质轻软，可作一般器具用材；本种生长迅速，可利用作为低湿河流两岸造林树种。

11.1.4.13.3 秤锤树属 *Sinojackia* Hu

落叶乔木或灌木。冬芽裸露。叶互生，近无柄或具短柄，边缘有硬质锯齿，无托叶。总状聚伞花序开展，生于侧生小枝顶端；花白色，常下垂；花梗长而纤细，与花萼之间有关节；萼管倒圆锥状或倒长圆锥状，几全部与子房合生，萼齿4～7，宿存；花冠4～7裂，裂片在花蕾时作覆瓦状排列；雄蕊8～14枚，一列，着生于花冠基部；花丝等长或5长5短，下部联合成短管，上部分离，花药长圆形，药室内向，纵裂，药隔稍突出；子房下位，3～4室，每室有胚珠6～8颗，排成两行，斜向上，柱头不明显3裂。果实木质，除喙外几乎全部为宿存花萼所包围并与其合生，外果皮肉质，不开裂，具皮孔，中果皮木栓质，内果皮坚硬，木质；种子1颗，长圆状线形，种皮硬骨质；胚乳肉质。

产于我国中部、南部和西南部。

分种检索表

1 果无棱，无毛；萼筒倒圆锥形，长4～5mm。
　2 果卵形，具圆锥状喙；萼筒长约4mm ……………………………………………………………… 秤锤树 *S. xylocarpa*
　2 果椭圆状圆柱形具长渐尖的喙；萼筒长约5mm ………………………………………… 狭果秤锤树 *S. rehderiana*
1 果具8～12棱，疏被紧贴星状毛；萼筒长倒圆锥形，长约6mm …………………… 棱果秤锤树 *S. henryi*

秤锤树 *Sinojackia xylocarpa* Hu. （图 11-136）

【形态特征】 落叶小乔木，高达 7m。单叶互生，椭圆形至椭圆状倒卵形，长 3～9cm，缘有硬骨质细锯齿，无毛或仅脉上疏生星状毛，叶脉在背面显著凸起。花白色，径约 2.5cm，花冠 5～7裂，基部合生，雄蕊 10～14，成轮着生于花冠基部；花柄细长下垂，长 2.5～3cm；成腋生聚伞花序。果卵形，木质，有白色花纹，具钝或凸尖的喙；花期 4～5 月；果期 10～11 月。

【分布】 产于江苏（南京），杭州、上海、武汉等曾有栽培。生于海拔 500～800m 林缘或疏林中。

【观赏特性及园林用途】 花白色而美丽，果形奇特似秤锤，可作为园林绿化及观赏树种。

图 11-136　秤锤树
1. 花枝；2. 果枝；3. 花；
4. 雄蕊；5. 雌蕊

11.1.4.14　山矾科 Symplocaceae

常绿或落叶，灌木或乔木。叶为单叶，互生，无托叶。花辐射对称，两性，稀杂性，排成穗状花序、总状花序、圆锥花序、团伞花序或有时单生；花萼 5 裂，常宿存；花冠裂片 3～11，通常 5 片，裂至近基部或中部；雄蕊常为多数，排成 1～4 列，花丝分离或基部合生成束，着生于花冠上；子房下位或半下位，2～5 室，花柱单一，纤细，柱头小，头状或 3 裂。浆果状核果，果顶具宿萼，通常基部具宿存的苞片和小苞片。

1 属，约 300 种，广布于亚洲、大洋洲和美洲的热带和亚热带，非洲不产。我国有 77 种，主要分布于西南部至东南部，以西南部的种类较多，东北部仅有 1 种。

山矾属 *Symplocos* Jacq.

落叶灌木或小乔木。嫩枝、叶两面、叶柄和花序均被柔毛。叶椭圆形或倒卵形，长 3～11cm，端急尖或渐尖，基部楔形，边缘有细尖锯齿，纸质。圆锥花序，长 4～8cm，花均有长柄；花萼裂片有睫毛；花冠白色，芳香，5 深裂，筒极短；雄蕊约 30 枚，花丝基部合生成五体雄蕊；子房无毛。核果卵形，蓝黑色。花期 5 月。

约 300 种，广布于亚洲、大洋洲和美洲的热带和亚热带，非洲不产。我国有 77 种，主要分布于西南部至东南部，以西南部的种类较多，东北部仅有 1 种。

分种检索表

```
1 落叶灌木或小乔木；叶纸质；圆锥花序生于新枝顶端或叶腋 ……………………………… (1) 白檀 S . paniculata
1 常绿乔木。
    2 小枝圆，髓部具横隔，团伞花序着生于 2 年生枝上 ……………………………… 老鼠矢 S. stellaris
    2 小枝具数棱，腋生圆花序 ……………………………… (2) 棱角山矾 S. tetragona
```

(1) 白檀 *Symplocos paniculata*（Thunb.）Miq.（图 11-137）

图 11-137　白檀
1. 花枝；2. 果序；3. 叶；4. 花冠和
雄蕊展开；5. 雌蕊；6. 果

【形态特征】 落叶灌木或小乔木。嫩枝、叶两面、叶柄和花序均被柔毛。叶椭圆形或倒卵形，长 3～11cm，端急尖或渐尖，基部楔形，边缘有细尖锯齿，纸质。圆锥花序，长 4～8cm，花均有长柄；花萼裂片有睫毛；花冠白色，芳香，5 深裂，筒极短；雄蕊约 30 枚，花丝基部合生成五体雄蕊；子房无毛。核果卵形，蓝黑色。花期 5 月。

【分布】 分布于东北、华北、华中、华南、西南各地。生于海拔 760～2500m 的山坡、路边、疏林或密林中。朝鲜、日本、印度也有。北美有栽培。

【观赏特性及园林用途】 本种开花繁茂，满树白花，观赏效果较好，但目前园林中尚罕见应用，有引种推广价值。

【经济用途】 叶药用；根皮与叶作农药用。

(2) 棱角山矾 *Symplocos tetragona* Chen ex Y. F. Wu

【别名】 留春树。

【形态特征】 常绿乔木，高达 10m，树冠圆球形。小枝黄绿色，具数棱。单叶互生，厚革质，长椭圆形，长 15～25cm，缘具疏齿，表面绿色有光泽。腋生圆锥花序，花小，白色。3～4 月开花。果蓝黑色。花期 3～4 月，果期 9～10 月。

【分布】 产于湖南（道县）、江西（庐山）、浙江（杭州玉泉后山有栽培），生于海拔 1000m 以下的杂木林中。

【习性】 喜光，稍耐阴。喜生于凉爽湿润的山地，对有毒气体抗性较强。

【观赏特性及园林用途】 棱角山矾枝叶茂密，终年常青，树形美观，可做园林绿化树。

11.1.4.15 紫金牛科 Myrsinaceae

乔木或灌木，罕藤本。单叶，互生，罕对生，波状缘或锯齿状，通常有腺点，无托叶。花两性或单性，辐射对称，排成圆锥花序或伞形花序，腋生或顶生；常有腺点；萼4～5裂，通常宿存；花冠通常合生，偶有离瓣的，4～5裂；雄蕊4～5，与花冠裂片对生，分离或合生，着生于花冠筒上；子房上位或半下位，1室，胚珠多数生于特立中央胎座上；花柱和柱头单生。核果或浆果，罕为蒴果。

30余属，1000余种，分布于热带及亚热带地区；中国产6属约129种。

紫金牛属 *Ardisia* Sw.

小乔木、灌木或亚灌木。叶通常互生，间有对生或轮生的。花两性，为腋生或顶生的总状花序、伞形花序或圆锥花序；萼通常5裂，罕4裂；花冠通常5深裂，裂片扩展或外翻，旋转排列；雄蕊与花冠裂片同数，着生于花冠筒基部，花丝极短；子房上位，花柱线形，胚珠3～12颗或更多。浆果球形，种子1颗。

约300种，分布于热带美洲，太平洋诸岛，印度半岛东部及亚洲东部至南部，少数分布于大洋洲，非洲不产，我国68种，12变种，分布于长江流域以南各地。

本属植物多供药用，对跌打、风湿、痨咳及各种炎症有良效；有的果可食，种子可榨油，叶可作野菜；有的亦为园圃中的花卉。

分种检索表

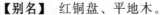

1 植株高30～150cm；叶椭圆状披针形或倒披针形，长6～13cm，叶缘有波状圆齿 ⋯⋯⋯(1) 朱砂根 *A. crenata*
1 植株高10～30cm；叶狭椭圆形至宽椭圆形，长4～7cm；叶缘有尖锯齿 ⋯⋯⋯⋯⋯(2) 紫金牛 *A. japonica*

(1) 朱砂根 *Ardisia crenata* Sims. （图11-138）

图11-138 朱砂根

【别名】 红铜盘、平地木。

【形态特征】 常绿灌木，高30～150cm，匍匐根状茎肥壮。根断面有小红点，故称朱砂根。茎直立，无毛。单叶，纸质，互生，有柄，椭圆状披针形至倒披针形，长6～13cm，叶端钝尖，叶基楔形，叶缘有皱波状圆齿，齿间有黑色腺点，叶两面有突起、稀疏的大腺点，侧脉10～20对。花序伞形或聚伞状；总花梗细长；花小，淡紫白色，有深色腺点；花萼5裂，花冠5裂，裂片披针状卵形，急尖，有黑腺点；雄蕊短于花冠裂片，5枚，花丝短，花药箭形长大；子房上位，1室。核果球形，直径6～7mm，熟时红色，具斑点，有宿存花萼和细长花柱。花期5～6月；果7～10月成熟。

【变种、变型及栽培品种】 有白果 "Leucocarpa"、黄果 "Xanthocarpa"、粉果 "Pink" 以及斑叶 "Variegata" 等栽培变种。

【分布】 产于我国西藏东南部至台湾，湖北至海南岛等地区，海拔90～2400m的疏、密林下荫湿的灌木丛中。印度、缅甸经马来半岛、印度尼西亚至日本均有。

【习性】 性喜温暖潮湿气候，忌干旱，较耐阴，喜生于肥沃、疏松、富含腐殖质的沙质壤土上。在自然界常见于山地的常绿阔叶林中或溪边阴润的灌木丛中。

【繁殖栽培】 用种子繁殖。种子应混沙贮藏，在北方至次春3月取出播种。用条播或撒播，注意遮阴，约2周可出苗。在南方亦可采后即播。

【观赏特性及园林用途】 本种主要观赏其鲜红的果实。北方做盆栽，南方温暖地区可做露地观果地被。

【经济用途】 本种为民间常用的中草药之一，根、叶可祛风除湿，散瘀止痛，通经活络，用于跌打风湿、消化不良、咽喉炎及月经不调等症。果可食，亦可榨油，出油率20%～25%，油可供制肥皂。

(2) 紫金牛 *Ardisia japonica* （Thunb.） Bl. （图11-139）

【别名】 矮地茶、平地木。

【形态特征】 常绿小灌木，高10～30cm；根状茎长而横走，暗红色，下面生根，上出地上茎；茎直立，不分枝，表面紫褐色，具短腺毛，幼嫩时毛密而显。叶常成对或3～4（～7）枚集生茎顶，坚纸质，椭圆形，长4～7cm，叶端急尖，叶基楔形或圆形，叶缘有尖锯齿，两面有腺点，侧脉5～6

对，叶背中脉处有微柔毛。短总状花序近伞形，通常2～6朵，腋生或顶生；萼片5；花冠青白色，径1cm，先端5裂，裂片卵形，有红色腺点；雄蕊5，着生于花冠喉部，花丝短；子房上位。核果球形，熟时红色，有宿存花萼和花柱，径5～6mm，有黑色腺点。花期4、5月；果期6～11月。

【分布】 分布广，产于陕西及长江流域以南各省区，海南岛未发现，习见于海拔约1200m以下的山间林下或竹林下，阴湿的地方。朝鲜、日本均有。

【习性】 性喜温暖潮湿气候，多生于林下、溪谷旁之阴湿处。

【观赏特性及园林用途】 由于果实丰多、鲜红可爱且经久不落，故可作林下地被或盆栽观赏，亦可与岩石相配作小盆景用。用播种或扦插法繁殖。

【经济用途】 全株及根供药用，治肺结核、咯血、咳嗽、慢性气管炎效果很好；亦治跌打风湿、黄疸肝炎、睾丸炎、白带、闭经、尿路感染等症，为我国民间常用的中草药。

图 11-139　紫金牛

11.1.5　蔷薇亚纲 Rosidae

11.1.5.1　海桐科 Pittosporaceae

乔木或灌木。单叶互生；无托叶。花两性，整齐，萼片、花瓣、雄蕊均为5；雌蕊由2或3～5心皮合生而成，子房上位，花柱单一。蒴果，或为浆果；种子通常多数，生于黏质的果肉中。

约9属，约300种，广布于东半球的热带和亚热带地区；中国产1属，约34种。

海桐属 Pittosporum Banks

常绿灌木或乔木。单叶互生，有时轮生状，全缘或具波状齿。花较小，单生成呈顶生圆锥或伞房花序；花瓣离生或基部合生，常向外反卷；子房通常为不完全的2室。蒴果，具2至多数种子；种子藏于红色黏质瓤内。

约300种，广布于大洋洲，西南太平洋各岛屿，东南亚及亚洲东部的亚热带。中国有44种8变种。

本属某些种的根及果实常供药用。根皮治毒蛇咬伤，有镇痛、消炎等作用。种子在中药里作山栀子用，有镇静、收敛、止咳等功效，亦可榨油，为工业用油脂原料。

海桐 *Pittosporum tobira* (Thunb.) Ait.（图11-140）

【别名】 海桐花。

【形态特征】 常绿灌木或小乔木，高2～6cm；树冠圆球形。叶革质，倒卵状椭圆形，长5～12cm，先端圆钝或微凹，基部楔形，边缘反卷，全缘，无毛，表面深绿而有光泽。顶生伞房花序，花白色或淡黄绿色，径约1cm，芳香。蒴果卵球形，长1～1.5cm，有棱角，熟时3瓣裂；种子鲜红色。花期5月；果10月成熟。

【变种、变型及栽培品种】 '银边'海桐（'Variegatum'）：叶之边缘有白斑。

'Nanum'：矮生品种，适合小庭院或种植钵种植。

图 11-140　海桐

【分布】 分布于长江以南滨海各省，内地多为栽培供观赏；亦见于日本及朝鲜。

【习性】 喜光，略耐阴；喜温暖湿润气候及肥沃湿润土壤，有一定耐寒性，华北地区小气候保护能露地越冬。对土壤要求不严，黏土、沙土及轻盐碱土均能适应。萌芽力强。耐修剪。抗海潮风及SO_2等有毒气体能力较强。

【繁殖栽培】 可用播种法繁殖，扦插也易成活。10～11月采收开裂蒴果，因种子外有黏汁，要用草木灰拌搓脱粒，随即播种，或洗净后阴干沙藏，至次年2～3月播种。一般采用条播，行距约20cm，覆土厚约1cm，上盖草。春播约2个月后出苗，要及时揭草和搭棚遮阴。1年生苗高约15cm，冬季要撒乱草防寒；2年生苗高30cm以上，要4～5年生方可出圃定植。若要培养成海桐球，应自小去其顶，并注意整形。移植一般在春季3月间进行，也可在秋季10月前后进行，均需带土球。海桐栽培容易，不需要特别管理。唯易遭介壳虫危害，要注意及早防治。

【观赏特性及园林用途】 海桐枝叶茂密，树冠球形，下枝覆地；叶色浓绿而有光泽，经冬不凋；初夏花朵清丽芳香，入秋果熟开裂时露出红色种子。也颇美观，是南方城市及庭院习见之绿化观赏树种。通常用作房屋基础种植及绿篱材料，孤植、丛植于草坪边缘、林缘或对植于门旁、列植路边也很合适。因有抗海潮风及有毒气体能力，故又为海岸防潮林、防风林及厂矿区绿化树种，并宜作城市隔噪声和防火林带之下木。华北多行盆栽观赏，低温温室越冬。

【经济用途】 木材可作器具；其叶可代矾染色，故有"山矾"之别名。

11.1.5.2 绣球花科 Hydrangeaceae

灌木或草本，稀小乔木或藤本。单叶，对生或互生，稀轮生，常有锯齿，稀全缘，羽状脉或基脉3～5出；无托叶。花两性或杂性异株，有时具不育放射花；总状花序、伞房状或圆锥状复聚伞花序，顶生；稀单花。萼筒与子房合生，稀分离，花瓣4～5（8～10），分离，多白色；雄蕊4至多数，花丝分离或基部连合，花药2室；雌蕊具2～5（10）心皮，子房下位、半下位或上位，1～7室，中轴或侧膜胎座，倒生胚珠多数，花柱1～7，分离或连合。蒴果，室背或顶部开裂，稀浆果。种子多数，细小，胚乳肉质，胚直伸。

17属，约250种，主产于北温带至亚热带，少数至热带；中国11属，120余种。

分属检索表

1 花同型，均发育。
　2 萼片、花瓣为4，雄蕊多数，植物体通常无星状毛 ……………………………… 1. 山梅花属 Philadelphus
　2 萼片、花瓣为5，雄蕊10，植物体有星状毛 …………………………………………… 2. 溲疏属 Deutzia
1 花二型，可育花小，不育花大，并常位于花序边缘 …………………… 3. 绣球花属（八仙花属）Hydrangea

11.1.5.2.1 山梅花属 Philadelphus Linn.

落叶灌木。枝具白髓；茎皮通常剥落。单叶对生，基部3～5主脉，全缘或有齿；无托叶。花白色，常成总状花序，或聚伞状，稀为圆锥状；萼片、花瓣各4，雄蕊20～40；子房下位或半下位，4室。蒴果，4瓣裂。种子细小而多。

本属70多种，产于北温带，尤以东亚较多，欧洲仅1种，北美洲延至墨西哥。我国有22种17变种，几全国均产，但主产西南部各省区。本属植物花多，美丽而芳香，多栽培供观赏。

分种检索表

1 萼外面无毛；叶背无毛或仅近基部处有毛。
　2 叶通常两面均无毛，或幼叶背面脉腋有毛；叶柄常带紫色，花淡黄白色 …………… (1) 太平花 P. pekinensis
　2 叶背脉腋有毛，有时脉上有毛；花雪白 ……………………………………………… (2) 西洋山梅花 P. coronarius
1 萼外面有毛；叶背密生灰色柔毛，脉上特多；花柱基部无毛 ………………………… (3) 山梅花 P. incanus

(1) 太平花 Philadelphus pekinensis Rupr.（图11-141）

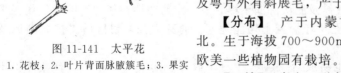

图 11-141　太平花
1. 花枝；2. 叶片背面脉腋簇毛；3. 果实

【别名】 京山梅花。

【形态特征】 落叶丛生灌木，高达2m。树皮栗褐色，薄片状剥落，小枝光滑无毛，常带紫褐色。叶卵状椭圆形，长3～6cm，基部广楔形或近圆形，三主脉，先端渐尖，缘疏生小齿，通常两面无毛，或有时背面脉腋有簇毛；叶柄带紫色。花5～9朵成总状花序，花淡黄白色，径2～3cm，微有香气，萼外面无毛，里面沿边有短毛。蒴果陀螺形。花期6月；9～10月果熟。

【变种、变型及栽培品种】 毛太平花（P. pekinensis Rupr. var. brachybotrys Koehne）：又称宝仙，小枝及叶两面均有硬毛，叶柄通常绿色，花序通常具5朵花，短而密集，产于陕西华山。

毛萼太平花（P. pekinensis Rupr. var. dascalyx Rehd）：花托及萼片外有斜展毛，产于山西及河南西部。

【分布】 产于内蒙古、辽宁、河北、河南、山西、陕西、湖北。生于海拔700～900m山坡杂木林中或灌丛中。朝鲜亦有分布，欧美一些植物园有栽培。

【习性】 喜光，耐寒，多生于肥沃、湿润之山谷或溪沟两侧排水良好处，亦能生长在向阳的干瘠土地上，不耐积水。

【繁殖栽培】 可用播种、分株、压条、扦插等法繁殖。扦插可用硬材或软材，而以5月下旬至6月上旬用软材插最易生根，需在保有相当湿度的荫棚下、冷床或扦插箱内进行。硬材插以及压条、分株都在春季芽萌动前进行。播种法于 10 月采果，日晒开裂后，筛出种子密封贮藏，至次年 3 月播种。因种子细小，一般采用盆播或箱播，覆土以不见种子为度，务必保持湿润和遮阴，灌水最好用盆浸法，数日即可发芽。苗高 10cm 左右即可分苗，移入荫棚下苗床培苗。实生苗 3～4 年生即可开花，营养繁殖苗可提早开花。太平花宜栽植于向阳而排水良好之处。春季发芽前施以适量腐熟堆肥，可促使开花茂盛。花谢后如不留种，应及时将花序剪除，以节省养料。

【观赏特性及园林用途】 本种枝叶茂密，花乳白而有清香，多朵聚集，花期较久，颇为美丽。宜丛植于草地、林缘、园路拐角和建筑物前，亦可作自然式花篱或大型花坛之中心栽植材料。在古典园林中于假山石旁点缀，尤为得体。太平花在中国栽培历史很久，宋仁宗时始植于宫庭，据传宋仁宗赐名"太平瑞圣花"，流传至今。北京故宫御花园中所植太平花，相传为明代遗物。

(2) 西洋山梅花 *Philadelphus coronarius* L.

【形态特征】 落叶灌木，高达 3m。树皮栗褐色，片状剥落；小枝光滑无毛，或幼时疏生有毛。叶卵形至卵状长椭圆形，长 4～8cm，缘具疏齿，除背面脉腋有毛外均近光滑无毛。花乳白色，较大，径 2.5～3.5cm，芳香，5～7 朵成总状花序；花梗、花萼通常均光滑无毛。花期 5～6 月。

【变种、变型及栽培品种】 变种及栽培品种颇多，如'金叶'('Aureus')、'矮生'('Nanus')、'斑叶'('Variegatus')、小叶（var. *pumilus* West.）及'重瓣'('Deutziflorus')等。北京、上海、杭州、南京一带庭院有栽培。

【分布】 原产于南欧及小亚细亚一带。

习性、栽培及用途与太平花相近，但生长较为旺盛，花朵较大，且色香均胜过太平花。

(3) 山梅花 *Philadelphus incanus* Koehne（图 11-142）

【形态特征】 落叶灌木，高达 3～5m。树皮褐色，薄片状剥落；小枝幼时密生柔毛，后渐脱落。叶卵形至卵状长椭圆形，长 3～6 (10) cm，缘具细尖齿，表面疏生短毛，背面密生柔毛，脉上毛尤多。花白色，径 2.5～3cm，无香，萼外有柔毛，花柱无毛；5～7 (11) 朵成总状花序。花期 (5) 6～7 月；果 8～9 月成熟。

图 11-142 山梅花
1. 开花枝；2. 叶片表面柔毛；3. 果实

【变种、变型及栽培品种】 其变种牯岭山梅花（var. *sargentiana* Koehne），高 2～3m，小枝紫褐色；叶卵状椭圆形至椭圆状披针形，缘具疏齿；花白色。产于江西庐山牯岭附近。

【分布】 产于山西、陕西、甘肃、河南、湖北、安徽和四川。生于海拔 1200～1700m 林缘灌丛中。欧美各地的一些植物园有引种栽培。

【习性】 喜光，较耐寒，耐旱，怕水湿，不择土壤，生长快。

【繁殖栽培】 可用播种、分株、扦插等法繁殖。性强健，管理粗放。适时剪除枯老枝可强壮树势，开花更好。

【观赏特性及园林用途】 本种花朵洁白如雪，虽无香气，但花期长，经久不谢。可作庭院及风景区绿化观赏材料，宜成丛、成片栽植于草地、山坡及林缘，若与建筑、山石等配置也很合适。

11.1.5.2.2 溲疏属 *Deutzia* Thunb.

落叶灌木，稀常绿；通常有星状毛。小枝中空。单叶对生，有锯齿；无托叶。圆锥或聚伞花序；萼片、花瓣各为 5，雄蕊 10，很少更多，花丝顶端常有 2 尖齿；子房下位，花柱 3～5，离生。蒴果 3～5 瓣裂，具多数细小种子。

本属有 60 多种，分布于温带东亚、墨西哥及中美。我国有 53 种（其中 2 种为引种或已归化种）1 亚种 19 变种，各省区都有分布，但以西南部最多。

本属植物花多美丽，常栽培作为观赏植物。

分种检索表

1 花瓣在芽内镊合状。

　2 圆锥花序 ··· (1) 溲疏 D. *scabra*

　2 花 1～3 朵聚伞状 ··· (2) 大花溲疏 D. *grandiflora*

1 花瓣在芽内覆瓦状，伞房花序 ······································ (3) 小花溲疏 D. *parviflora*

(1) 溲疏 *Deutzia scabra* Thunb.（图 11-143）

【形态特征】 灌木，高达 2.5m。树皮薄片状剥落。小枝红褐色，幼时有星状柔毛。叶长卵状椭圆形，长 3～8cm，叶缘有不显小刺尖状齿，两面有星状毛，粗糙。花白色，或外面略带粉红色，花柱 3，稀为 5，萼裂片短于筒部；直立圆锥花序，长 5～12cm。蒴果近球形，顶端截形，长约 5mm。花期 5～6 月；果 10～11 月成熟。

【分布】 产于中国长江流域各地；日本亦有分布。

① '白花重瓣' 溲疏（'Candidissima'）：花重瓣，纯白色。

② '紫花重瓣' 溲疏（'Flore Pleno'）：花重瓣，外面带玫瑰紫色。

③ '粉花重瓣' 溲疏（'Godsall Pink'）：花重瓣，粉色。

【习性】 喜光，稍耐阴；喜温暖气候，也有一定的耐寒力，在北京小气候良好处能露地生长，但每年枝梢干枯；喜富含腐殖质的微酸性和中性土壤。在自然界多生于山谷溪边、山坡灌丛中或林缘。性强健，萌芽力强，耐修剪。

【繁殖栽培】 可用扦插、播种、压条、分株等法繁殖。扦插极易成活，6～7 月间用软材插，半月即可生根；也可在春季萌芽前用硬材插，成活率均达 90%。播种于 10～11 月采种，晒干脱粒后密封干藏，次年春播。撒播或条播，条距 12～15cm，每亩用种量约 0.25kg。覆土以不见种子为度，播后盖草，待幼苗出土后揭草搭棚遮阴。幼苗生长缓慢，1 年生苗高约 20cm，需留圃培养 3～4 年方可出圃定植。溲疏在园林中可粗放管理。因小枝寿命较短。故经数年后应将植株重剪更新，这样可以促使生长旺盛而开花多。

【观赏特性及园林用途】 溲疏夏季开白花，繁密而素雅，其重瓣变种更加美丽。国内外庭院久经栽培。宜丛植于草坪、林缘及山坡，也可作花篱及岩石园种植材料。花枝可供瓶插观赏。

【经济用途】 木材坚硬，不易腐朽；叶、根可供药用。

图 11-143 溲疏

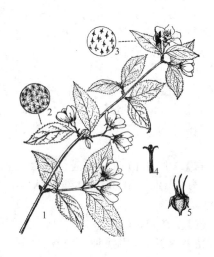

图 11-144 大花溲疏
1. 开花枝；2,3. 叶片上下表面星
状毛；4. 花柱；5. 果实

（2）大花溲疏 *Deutzia grandiflora* Bunge（图 11-144）

【形态特征】 灌木，高达 2m。树皮通常灰褐色。叶卵形，长 2.5～5cm，先端急尖或短渐尖，基部圆形，缘有小齿，表面散生星状毛，背面密被白色星状毛。花白色，较大，径 2.5～3cm，1～3 朵聚伞状；雄蕊 10，花丝端部两侧具勾状齿牙；花柱 3，长于雄蕊；萼片线状披针形，比花托长。花期 4 月中下旬；果 6 月成熟。

【分布】 产于辽宁、内蒙古、河北、山西、陕西、甘肃、山东、江苏、河南、湖北等省区。生于海拔 800～1600m 的山坡、山谷和路旁灌丛中。喜光，稍耐阴，耐寒，耐旱，对土壤要求不严。可用播种、分株等法繁殖。本种花朵大而开花早，颇为美丽，宜植于庭院观赏；也可作山坡地水土保持树种。

（3）小花溲疏 *Deutzia parviflora* Bunge（图 11-145）

【形态特征】 灌木，高达 2m。小枝疏生星状毛。叶卵形至狭卵形，长 3～8cm，先端短渐尖，基部广楔形或圆形，缘有短芒状尖齿，两面疏生星状毛。花白色，较小，径约 1.2cm，萼裂片稍短于筒部，花丝顶端无齿牙，花柱 3，短于雄蕊；花序伞房状，具花多数。花期 5～6 月。

【分布】 主产于吉林、辽宁、内蒙古、河北、山西、陕西、甘肃、河南、湖北。生于海拔 1000～1500m 山谷林缘。朝鲜和俄罗斯亦产。

【习性】 性喜光，稍耐阴，耐寒性强。

【观赏特性及园林用途】 花虽小而繁密，且正值初夏少花季节，宜植于庭院观赏。

11.1.5.2.3 绣球花属（八仙花属） *Hydrangea* L.

落叶灌木，稀攀援状。树皮片状剥落；小枝通常具白色或黄棕色髓心。单叶对生，常有齿，稀有裂；无托叶。花两性，呈顶生聚伞或圆锥花序，花序边缘具大形不育花；不育花具 3～5，花瓣状萼片；可育花萼片、花瓣各为 4～5，雄蕊 8～20，通常为 10；子房下位或半下位，花柱 2～5，较短。蒴果；种子多而细小。

本属约有 73 种，分布于亚洲东部至东南部、北美洲东南部至中美洲和南美洲西部。我国有 46 种 10 变种，除南部海南，东北部黑龙江、吉林，西北部新疆等省区外，全国各地均有分布，尤以西南部至东南部种类最多。

图 11-145　小花溲疏
1. 果枝；2. 叶面星状毛；
3. 花；4. 花柱；5. 果实

分种检索表

```
1 直立灌木。
  2 伞房花序，扁平或半球形。
    3 叶近光滑无毛；可育花蓝色或水红色 ·················· (1) 八仙花 H. macrophylla
    3 叶背密生柔毛；可育花白色 ························· (2) 东陵八仙花 H. bretschneideri
  2 圆锥花序 ························································· (3) 圆锥八仙花 H. paniculata
1 藤本或蔓性灌木，常具气根 ··································· (4) 蔓性八仙花 H. anomala
```

(1) 八仙花 *Hydrangea macrophylla* （Thunb.） Seringe （图 11-146）

图 11-146　八仙花

【别名】 绣球花，阴绣球。

【形态特征】 灌木，高达 3～4m。小枝粗壮，无毛，皮孔明显。叶对生，大而有光泽，倒卵形至椭圆形，长 7～15cm，缘有粗锯齿，两面无毛或仅背脉有毛。顶生伞房花序近球形，径可达 20cm；几乎全部为不育花，扩大之萼片 4，卵圆形，全缘，粉红色、蓝色或白色，极美丽。花期 6～7 月。

【分布】 产于山东、江苏、安徽、浙江、福建、河南、湖北、湖南、广东及其沿海岛屿、广西、四川、贵州、云南等省区。野生或栽培。生于山谷溪旁或山顶疏林中，海拔 380～1700m。日本、朝鲜有分布。

【变种、变型及栽培品种】 银边八仙花 ［*H. macrophylla* （Thunb.） Seringe. var. *maculata* Wils.］：叶具白边，花序兼具可育小花和不育花边，常作盆栽观赏。

'紫阳花'（'Otaksa'）：植株较矮，高约 1.5m，叶质较厚，花序中全为不育性花，状如绣球，极为美丽，是盆栽佳品，栽培最多。

'Nigra'：茎黑色。

'All Summer Beauty'：当年生枝条上开花，可以种植在较冷的地区。

【习性】 喜阴，喜温暖气候，耐寒性不强，华北地区只能盆栽，于温室越冬。喜湿润、富含腐殖质而排水良好之酸性土壤。性颇健壮，少病虫害。

【繁殖栽培】 可用扦插、压条、分株等法繁殖。初夏用嫩枝插很易生根。压条春季或夏季均可进行。八仙花为肉质根，盆栽时不宜浇水过多，以防烂根。雨季时要防盆内积水，冬季只维持土壤有 3 成湿即可。由于每年开花都在新枝顶端，一般在花后进行短剪，以促生新枝，待新枝长出 8～10cm 时，行第 2 次短剪，使侧芽充实，以利于次年长出花枝。八仙花之花色因土壤酸碱度的变化而变化，一般在 pH 4～6 时为蓝色，pH 在 7 以上则为红色。如培养得当，花期可由 7～8 月直至下霜时节。

【观赏特性及园林用途】 本种花球大而美丽，且有许多园艺品种，耐阴性较强，是极好的观赏花木。在暖地可配置于林下、路缘、棚架边及建筑物之北面。盆栽八仙花则常作室内布置用，是窗台绿化和家庭养花的好材料。

【经济用途】 本种花和叶含八仙花苷，水解后产生八仙花醇，有清热抗疟作用，也可治心脏病。

（2）东陵八仙花 *Hydrangea bretschneideri* Dippel

【别名】 柏氏八仙花。

【形态特征】 灌木，高达3m。树皮薄片状剥裂；小枝较细，幼时有毛。叶椭圆形或倒卵状椭圆形，长8～12cm，先端尖，基部楔形，缘有锯齿，背面密生灰色卷曲长毛；叶柄常带红色。伞房花序，径10～15cm，其边缘有不育花，先白色，后变浅粉紫色；可育花白色，子房半下位。蒴果具宿存萼。花期6～7月；果8～9月成熟。

【分布】 分布于河北、山西、陕西、宁夏、甘肃、青海、河南等省区。生于山谷溪边或山坡密林或疏林中，海拔1200～2800m。

【习性】 喜光，稍耐阴，耐寒，喜湿润而排水良好之土壤。

【繁殖栽培】 可用扦插、压条、分株、播种等法繁殖。

【观赏特性及园林用途】 开花时颇为美丽，可作庭院、公园或风景区绿化观赏材料，最宜成丛栽植。

【经济用途】 木材致密坚硬，可作农具柄等用。

（3）圆锥八仙花 *Hydrangea paniculata* Sieb.（图11-147）

图11-147 圆锥八仙花
1.花枝；2.花；3.果实

【别名】 水亚木。

【形态特征】 灌木或小乔木，高可达8m。小枝粗壮，略方形，有短柔毛。叶对生，有时上部3叶轮生，椭圆形或卵状椭圆形，长5～10cm，先端渐尖，基部圆形或广楔形。缘有内曲之细锯齿，表面幼时有毛，背面有刚毛及短柔毛，脉上尤多。圆锥花序，长10～20cm；不育花具4萼片，全缘，白色，后变淡紫色；可育花白色，芳香。花期8～9月。

【变种、变型及栽培品种】 栽培品种有'圆锥'绣球（'Grandiflora'）：圆锥花序全部或大部为大形不育花组成，长达30～40cm，且开花持久，由白色渐变浅粉红色，常于庭院栽培观赏。

'Burgundy Lace'和'Pink Diamond'也较为流行，全为不育花，花序长25cm，花色粉红，并随开放时间逐渐变深。

'Limelight'：花初开时绿色，随着花的衰老渐渐变成深粉色，绿色和粉色花序同时生长在一株植株上，十分美丽。

'早花圆锥'八仙花（'Praecox'）：植株较小；花期7月，比原种早4～6周，圆锥花序达25cm。

'晚花圆锥'八仙花（'Tardiva'）：花期较晚。

【分布】 产于西北（甘肃）、华东、华中、华南、西南等地区。生于山谷、山坡疏林下或山脊灌丛中，海拔360～2100m。日本也有分布。

【习性】 多生于溪边或较湿处，耐寒性不强。

【观赏特性及园林用途】 宜栽于庭院观赏，国外栽培颇多。

【经济用途】 全株含黏液，可作糊料。根可制烟斗，为著名土特产原料。

（4）蔓性八仙花 *Hydrangea anomala* D. Don

【别名】 盖冠八仙花。

【形态特征】 落叶藤本，气根攀援，长可达20m。小枝无毛。叶卵形至椭圆形，长8～12cm，先端尖，基部圆形成广楔形，缘有细尖齿，两面无毛或背面脉上及脉腋有毛；叶柄长达4～5cm。伞房式聚伞花序顶生。不育花缺或仅有少数，萼缘通常有齿；可育花之花瓣连合成一冠盖，整个脱落，雄蕊10，花柱2。花期4～6月；果7～8月成熟。

【变种、变型及栽培品种】 亚种藤八仙花（*H. anomala* ssp. *petiolaris* Mc Clint.）：聚伞花序较大，径15～20cm，可育花雄蕊15～20，不育花较大，径约3cm，花瓣状萼片3～4，全缘。原产日本、朝鲜南部和中国台湾。耐阴性强，庭院栽培较普遍。

【分布】 产于甘肃、陕西、安徽、浙江、江西、福建、台湾、河南、湖北、湖南、广东、广西、贵州、四川、云南和西藏。生于山谷溪边或山腰石旁，密林或疏林中，海拔500～2900m。印度北部、尼泊尔、不丹以及缅甸北部均有分布。

【习性】 多生于山谷、溪边或林下较阴湿处。

【观赏特性及园林用途】 可植于园墙或假山边，令其攀援而上，以点缀园景。

【经济用途】 本种的叶可入药，有清热抗疟作用。

11.1.5.3　茶藨子科 Grossulariaceae

乔木或灌木。单叶，互生或对生，稀轮生，常具齿或掌状分裂，稀全缘；无托叶或有托叶。总状、聚伞或圆锥花序，稀单生。花两性、稀单性，雌雄异株或杂性；萼片下部合生 4～5 裂，宿存；花瓣 4～5，分离或合生成短筒；雄蕊 4～5，着生花盘上，有时具退化雄蕊；子房下位、半下位或上位，1～6 室，胚珠多数，中轴或侧膜胎座，花柱 1～6。蒴果或浆果。种子富含胚乳。

8 属，约 300 种分布于热带至温带，主产于南美及澳大利亚；中国 3 属，77 种。

茶藨子属 Ribes L.

落叶灌木，稀常绿。枝无刺或有刺。单叶互生或簇生，常掌状裂，具长柄；无托叶。花两性或单性异株，总状花序或簇生，稀单生；花 4～5 基数，花萼管状，4～5 裂，花瓣小或无；雄蕊与萼片同数且与其对生，子房下位，1 室，胚珠多数，花柱 2。浆果球形，常有宿存之花萼；种子多数，有胚乳。

此属全球有 160 余种，主要分布于北半球温带和较寒冷地区，少数种类延伸到亚热带和热带山地，直至南美洲的南端。非洲仅于西北部的阿特拉斯山区有 2 种，大洋洲无分布。我国产 59 种 30 变种，隶属于 4 亚属 10 组 15 系，主产西南部、西北部至东北部。

此属植物具有较高的经济价值，果实富含各种维生素、糖类和有机酸等，可供生食及制作果酒、饮料、糖果和果酱等，也可作提取维生素的原料。某些种的根和种子供药用。枝、叶繁茂，春季着花满枝，秋季结实累累，是良好的绿化观赏植物。

该属植物喜温和气候，但耐寒冷和干旱。繁殖用种子、分根、插条和压条等，栽植容易，管理省工。在欧美各国已久经栽培，培育出许多商用品种。近年来在我国东北地区已引种栽培，有些种类的果实成为制作饮料和糖果等的重要原料，某些种已作为东北和华北地区的观赏植物。在我国东北、西北和西南地区有大量野生资源，尚未开发利用。

分种检索表

```
1 枝及果无刺。
  2 总状花序，具多花，花两性。
    3 花萼黄色，萼筒管形 ················································· (1) 香茶藨子 R. odoratum
    3 花萼浅绿或带黄色，萼筒盆形或杯形 ··············· (2) 东北茶藨子 R. mandshuricum
  2 花簇生，单性异抹 ······································· 华茶藨子 R. fasciculatum var. chinense
1 枝及果有刺；花 1～2 朵腋生，萼筒钟形 ························· (3) 刺果茶藨子 R. burejense
```

(1) 香茶藨子 Ribes odoratum H. Wendl.

【别名】 黄丁香、黄花茶藨子、野芹菜。

【形态特征】 落叶灌木，高 1～2m；幼枝密被白色柔毛。单叶互生，卵形，肾圆形至倒卵形。宽 3～8cm，3～5 裂。裂片有粗齿，基部截形至广楔形，表面无毛，背面被短柔毛并疏生棕褐色斑点。花两性，芳香；花萼花瓣状，黄色，萼筒细长，萼裂片 5，开展或反折；花瓣 5，形小，紫红色；5～10 朵成松散下垂的总状花序；花期 4～5 月。浆果球形，径 8～10mm，熟时黑色。

【分布】 原产于北美洲。生于山地河流沿岸。我国辽宁和黑龙江等地公园及植物园中均有栽植。

【习性】 喜光，稍耐阴，耐寒，喜肥沃土壤；根萌蘖性强。

【观赏特性及园林用途】 花芳香而美丽，宜置于庭院观赏。

(2) 东北茶藨子 Ribes mandshuricum (Maxim.) Kom. （图 11-148）

【形态特征】 落叶灌木，高 2m。枝皮褐色，剥裂。叶掌状 3 裂，长 5～10cm，先端尖，基部心形，缘有尖齿，表面散生细毛，背面密生白色绒毛。总状花序长 2.5～10（20）cm，初直立，后下垂，花多至 40 朵；花绿黄色，萼裂片 5，反卷，花瓣短小，花托短。浆果球形，径 7～9mm，红色。花期 5～6 月；果 7～8 月成熟。

【分布】 分布于黑龙江、吉林、辽宁、内蒙古、河北、山西、陕西、甘肃、河南。生于山坡或山谷针、阔叶混交林下或杂木林内，海拔 300～1800m。朝鲜北部和西伯利亚也有分布。

【习性】 喜光，稍耐阴，耐寒性强，怕热。

【繁殖栽培】 可用播种、分株、压条等法繁殖。

【观赏特性及园林用途】 夏秋红果颇为美丽，宜在北方自然风景区或森林公园中配置，饶有野趣；亦可植于庭院观赏。果味酸，可生食，或制果酱、酿酒。

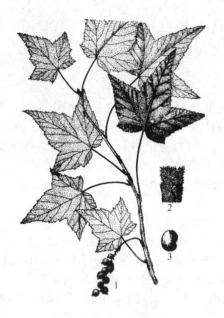

图 11-148　东北茶藨子
1. 果枝；2. 叶背绒毛；3. 果实

图 11-149　刺果茶藨子
1. 果枝；2. 幼枝；3. 花

(3) 刺果茶藨子 *Ribes burejense* Fr. Schmidt. （图 11-149）

【别名】 醋栗。

【形态特征】 落叶灌木，高 1m 左右。小枝灰黄色，密生刺，在叶基集生之刺长 0.5～1cm。叶近圆形，掌状 3～5 裂，长 1.5～4cm，基部心形或截形，缘有圆齿，两面有毛；叶柄疏生腺毛。花 1～2 朵腋生，较大，红褐色，花萼、花瓣各为 5，子房有刺和毛。浆果绿色，径 1～1.5cm，具黄褐色长刺和宿存萼片。花期 5～6 月；果 7～8 月成熟。

【分布】 产于黑龙江、吉林、辽宁、内蒙古、河北、山西、陕西（商县）、甘肃、河南。生于山地针叶林、阔叶林或针、阔叶混交林下及林缘，也见于山坡灌丛及溪流旁，海拔 900～2300m。蒙古、朝鲜、远东地区也有分布。

【习性】 喜光，极耐寒，喜排水良好而适当湿润之肥沃土壤。可用播种、分株等法繁殖。在北方庭院中可植为刺篱。

【经济用途】 果实有刺，味酸，可供食用，但以制作果汁和果酒为宜，我国东北地区民间也用其根浸酒饮用。

11.1.5.4　蔷薇科 Rosaceae

草本、灌木或乔木，落叶或常绿，有刺或无刺。冬芽常具数个鳞片，有时仅具 2 个。叶互生，稀对生，单叶或复叶，有显明托叶，稀无托叶。花两性，稀单性。通常整齐，周位花或上位花；花轴上端发育成碟状、钟状、杯状、坛状或圆筒状的花托（一称萼筒），在花托边缘着生萼片、花瓣和雄蕊；萼片和花瓣同数，通常 4～5，覆瓦状排列，稀无花瓣，萼片有时具副萼；雄蕊 5 至多数，稀 1 或 2，花丝离生，稀合生；心皮 1 至多数，离生或合生，有时与花托连合，每心皮有 1 至数个直立的或悬垂的倒生胚珠；花柱与心皮同数，有时连合，顶生、侧生或基生。果实为蓇葖果、瘦果、梨果或核果，稀蒴果；种子通常不含胚乳，极稀具少量胚乳；子叶为肉质，背部隆起，稀对褶或呈席卷状。

本科约有 124 属 3300 余种，分布于全世界，北温带较多。我国有 51 属 1000 余种，产于全国各地。

本科许多种类富于经济价值，温带的果品以属于本科者为多，如苹果、沙果、海棠、梨、桃、李、杏、梅、樱桃、枇杷、榅桲、山楂、草莓和树莓等，都是著名的水果，扁桃仁和杏仁等都是著名的干果，各有很多优良品种，在世界各地普遍栽培。不少种类的果实富有维生素、糖和有机酸，可作果干、果脯、果酱、果酒、果糕、果汁、果丹皮等果品加工原料。桃仁、杏仁和扁核木仁等可以榨取油料。地榆、龙牙草、翻白草、郁李仁、金樱子和木瓜等可以入药。各种悬钩子、野蔷薇和地榆的根可以提取单宁。玫瑰、香水月季等的花可以提取芳香挥发油。乔木种类的木材多坚硬，具有多种用途，如梨木可作优良雕刻板材，桃木、樱桃木、枇杷木和石楠木等适宜作农具柄材。本科植物作观赏用的更多，如各种绣线菊、绣线梅、珍珠梅、蔷薇、月季、海棠、梅花、樱花、碧桃、花楸、棣棠和白鹃梅等，或具美丽可爱的枝叶和花朵，或具鲜艳多彩的果实，在全世界各地庭院中均占重要位置。

分亚科检索表

1 果为开裂之蓇葖果或蒴果；单叶或复叶，通常无托叶 ·············· I. 绣线菊亚科 Spiraeoideae
1 果不开裂；叶有托叶。
  2 子房下位，萼筒与花托在果时变成肉质之梨果，有时浆果状 ·············· II. 梨亚科 Pomoideae
  2 子房上位。
    3 心皮通常多数，生于膨大之花托上，聚合瘦果或小核果（若仅 1～2 心皮，则不为核果状）；萼宿存；常为
      复叶 ····································· III. 蔷薇亚科 Rosoideae
    3 心皮常为 1，稀 2 或 5；核果；萼常脱落；单叶 ·············· IV. 李亚科 Prunoideae

各亚科分属检索表

I. 绣线菊亚科 Spiraeoideae
1 蓇葖果；种子无翅；花径不超过 2cm。
  2 单叶。
    3 蓇葖果不胀大，仅沿腹线开裂 ··················· 1. 绣线菊属 *Spiraea*
    3 蓇葖果胀大，沿腹背两缝线开裂 ················· 2. 风箱果属 *Physocarpus*
  2 羽状复叶，有托叶 ························· 3. 珍珠梅属 *Sorbaria*
1 蒴果，种子有翅；花径约 4cm；单叶，无托叶 ············· 4. 白鹃梅属 *Exochorda*

II. 梨亚科 Pomoideae
1 心皮成熟时为坚硬骨质，果具 1～5 小硬核。
  2 枝无刺；叶常全缘 ························· 5. 栒子属 *Cotoneaster*
  2 枝常有刺；叶常有齿或裂。
    3 常绿灌木；叶具钝齿或全缘；心皮 5，各具成熟胚珠 2 ······· 6. 火棘属 *Pyracantha*
    3 落叶小乔木；叶具锯齿并常分裂；心皮 1～5，各具成熟胚珠 1 ··· 7. 山楂属 *Crataegus*
1 心皮成熟时具革质或纸质壁，梨果 1～5 室。
  4 复伞房花序或圆锥花序。
    5 心皮完全合生，圆锥花序；梨果内含 1 至少数大型种子，常绿 ····· 8. 枇杷属 *Eriobotrya*
    5 心皮部分离生，伞房花序或伞房状圆锥花序。
      6 花梗及花序无瘤状物；落叶 ··············· 9. 花楸属 *Sorbus*
      6 花梗及花序常具瘤状物；叶多常绿 ············ 10. 石楠属 *Photinia*
  4 伞形或总形花序，有时花单生。
    7 各心皮内含 4 至多数种子。
      8 花柱基部合生；叶有齿，枝条有刺 ············ 11. 木瓜属 *Chaenomeles*
      8 花柱分离；叶全缘；枝条无刺 ················· 榅桲属 *Cydonia*
    7 各心皮内含 1～2 种子。
      9 叶凋落，伞房花序。
        10 花柱基部合生；果无石细胞 ············· 12. 苹果属 *Malus*
        10 花柱基部离生；果有多数石细胞 ··········· 13. 梨属 *Pyrus*
      9 叶常绿，总状花序或圆锥花序 ··············· 石斑木属 *Rhaphiolepis*

III. 蔷薇亚科 Rosoideae
1 有刺灌木或藤本。
  2 羽状复叶，罕单叶；瘦果多数，生于坛壶状花托内，特称"蔷薇果" ····· 14. 蔷薇属 *Rosa*
  2 单叶、3 小叶、掌状或羽状复叶；聚合小核果，花托凸起不为坛、壶状 ··· 15. 悬钩子属 *Rubus*
1 无刺落叶灌木；瘦果着生扁平或微凹花托基部。
  3 单叶，托叶不与叶柄连合。
    4 叶互生；花黄色，5 基数，无副萼；心皮 5～8，各含 1 胚珠 ······ 16. 棣棠属 *Kerria*
    4 叶对生；花白色，4 基数，有副萼；心皮 4，各含 2 胚珠 ······ 17. 鸡麻属 *Rhodotypos*
  3 羽状复叶；托叶常与叶柄连合，瘦果着生于球形花托上 ········· 18. 委陵菜属 *Potentilla*

IV. 李亚科 Prunoideae
1 乔木或灌木，无刺；枝条髓部坚实，花柱顶生。幼叶多席卷，罕对折；果具沟，被毛或蜡粉。
  2 侧芽 3 个，两侧者为花芽，具顶芽；花 1～2 朵，罕具梗；子房和果被毛，罕无毛；果核具凹穴，罕光滑；幼
    叶对折；先花后叶 ························· 19. 桃属 *Amygdalus*
  2 侧芽单生，无顶芽；果核光滑或粗糙或具不明显凹穴。
    3 子房和果常被柔毛；花无梗或具短梗，先花后叶 ········· 20. 杏属 *Armeniaca*
    3 子房和果均无毛，常被蜡粉；花常具梗；花叶近于同放 ······· 21. 李属 *Prunus*
1 乔木或灌木，无刺；枝条髓部坚实，花柱顶生。幼叶多对折；果无沟，无蜡粉；枝具顶芽。
  4 花较大，数花形成伞形、伞房状或短总状花序，罕单生，基部常有苞片；子房光滑；果核光滑、具沟，罕具
    凹穴 ····································· 22. 樱属 *Cerasus*

4 花较小，多朵形成顶生总状花序，序梗常具叶 ·· 23. 稠李属 *Padus*

11.1.5.4.1 绣线菊属 *Spiraea* L.

落叶灌木；冬芽小，具2～8外露的鳞片。单叶互生，边缘有锯齿或缺刻，有时分裂。稀全缘，羽状叶脉，或基部有3～5出脉，通常具短叶柄，无托叶。花两性，稀杂性，成伞形、伞形总状、伞房或圆锥花序；萼筒钟状；萼片5，通常稍短于萼筒；花瓣5，常圆形，较萼片长；雄蕊15～60，着生在花盘和萼片之间；心皮5（3～8），离生。蓇葖果5，常沿腹缝线开裂，内具数粒细小种子；种子线形至长圆形，种皮膜质，胚乳少或无。

本属有100余种，分布在北半球温带至亚热带山区，我国有50余种。

多数种类耐寒，具美丽的花朵和细致的叶片，是庭院中常见栽培的观赏灌木。

分种检索表

1 伞形或总状花序，花白色。
 2 伞形花序，无总梗，有极小的叶状苞位于花序基部。
  3 叶椭圆形至卵形，背面常有毛 ·· (1) 笑靥花 *S. prunifolia*
  3 叶线状披针形，光滑无毛 ·· (2) 珍珠花 *S. thunbergii*
 2 伞形总状花序，着生于多叶的小枝上。
  4 叶端尖，菱状长圆形至披针形，羽状脉 ·························· (3) 麻叶绣线菊 *S. cantoniensis*
  4 叶端钝，3出脉或羽状脉。
   5 叶近圆形，通常3裂，基脉3～5出 ······················ (4) 三桠绣线菊 *S. trilobata*
   5 叶菱状卵形至倒卵形，羽状脉 ·························· 补氏绣线菊 *S. blumei*
1 复伞房花序或圆锥花序，花粉红至红色。
 6 复伞房花序 ·· (5) 粉花绣线菊 *S. japonica*
 6 圆锥花序 ·· (6) 绣线菊 *S. salicifolia*

（1）笑靥花 *Spiraea prunifolia* Sieb. et Zucc.（图11-150）

图11-150　笑靥花

【别名】　花镜、李叶绣线菊。

【形态特征】　灌木，高达3m；小枝细长，稍有棱角，幼时被短柔毛，以后逐渐脱落，老时近无毛；冬芽小，卵形，无毛，有数枚鳞片。叶片卵形至长圆披针形，长1.5～3cm，宽0.7～1.4cm，先端急尖，基部楔形，边缘有细锐单锯齿，上面幼时微被短柔毛，老时仅下面有短柔毛，具羽状脉；叶柄长2～4mm，被短柔毛。伞形花序无总梗，具花3～6朵，基部着生数枚小形叶片；花梗长6～10mm，有短柔毛；花重瓣，直径达1cm，白色。花期3～5月。

【变种、变型及栽培品种】　单瓣笑靥花（*S. prunifolia* Sieb. et Zucc. var. *simpliciflora* Nakai）：花单瓣，径约6mm。极少栽培。

【分布】　产于陕西、湖北、湖南、山东、江苏、浙江、江西、安徽、贵州、四川。朝鲜、日本也有分布。

【习性】　生长健壮，喜阳光和温暖湿润土壤，尚耐寒。

【繁殖栽培】　早春可行播种繁殖，夏季可用当年生的新梢进行软枝扦插，晚秋可进行分株或硬枝扦插（寒地可改为早春）。此花生长健壮，因此不需精细管理，一般为了次年开花繁茂，可在前一年秋季或初冬施腐熟厩肥。花后宜疏剪老枝、密枝。

【观赏特性及园林用途】　晚春翠叶、白花，繁密似雪；秋叶橙黄色，亦粲然可观。可丛植于池畔、山坡、路旁、崖边。多作基础种植用，或在草坪角隅应用。

（2）珍珠花 *Spiraea thunbergii* Sieb.（图11-151）

【别名】　雪柳、喷雪花、珍珠绣线菊。

【形态特征】　高达1.5m，小枝幼时有柔毛。叶腺状披针形，长2～4cm。两面光滑无毛；花序伞形，无总梗，具3～5朵花，白色，径约8mm；花梗细长。花期4月下旬（北京）。

【分布】　产于台湾、福建、湖南、广东、广西、四川、贵州、云南、西藏等省区。生于海拔700～2800m的林中。巴基斯坦、尼泊尔、不丹、印度（北部）、泰国、马来半岛也有。

【习性】　性强健，喜阳光，好温暖，宜润湿而排水良好土壤。

【繁殖栽培】　分株、硬枝扦插及播种繁殖均可。易栽培，管理一般。

【观赏特性及园林用途】　本种叶形似柳，花白如雪，故又称"雪柳"。通常多丛植草坪角隅或作基础种植，亦可作切花用。

图 11-151　珍珠花
1. 花枝；2. 花

图 11-152　麻叶绣线菊

(3) 麻叶绣线菊 *Spiraea cantoniensis* Lour.（图 11-152）

【别名】　石棒子、麻叶绣球。

【形态特征】　高达 1.5m，枝细长，拱形，平滑无毛。叶菱状长椭圆形至菱状披针形，长 3～5cm，有深切裂锯齿，两面光滑，表面暗绿色，背面青蓝色，基部楔形。4～5 月开白花，花序伞形总状，光滑；果期 7～9 月。

【变种、变型及栽培品种】　重瓣麻叶绣线菊（*S. cantoniensis* Lour. var. *lanceata* Zabel）：叶片披针形，仅先端有少数稀疏细锯齿，花重瓣。枝叶治疥癣。

杂种绣线菊 [*S.* × *vanhouttei*（Briot）Zabel]：又称菱叶绣线菊，是麻叶绣线菊与三桠绣线菊的杂交种，1982 年在法国育成，较似前种，叶菱状卵形，长 2～3.5cm，叶背青蓝色，两面无毛，花纯白色，5～6 月开花；各地常有栽培。

【分布】　产于广东、广西、福建、浙江、江西。在河北、河南、山东、陕西、安徽、江苏、四川均有栽培。日本也有分布。

【观赏特征及园林用途】　供庭院栽培观赏。花序密集，花色洁白，早春盛开如积雪，甚美丽。

(4) 三桠绣线菊 *Spiraea trilobata* L.（图 11-153）

【别名】　团叶绣球、三裂绣线菊、三桠绣球。

【形态特征】　高达 1.5m，平滑无毛。叶近圆形，长 1.5～3cm，基部圆形，有时近心脏形，有深切裂，圆形，通常 3 裂，具掌状脉，背面淡蓝绿色。伞房花序，多数白花密集。花期 5～6 月；果期 7～8 月。

【分布】　产于黑龙江、辽宁、内蒙古、山东、山西、河北、河南、安徽、陕西、甘肃。生于海拔 450～2400m 多岩石向阳坡地或灌木丛中。西伯利亚也有分布。

图 11-153　三桠绣线菊

【习性】　稍耐阴，在北京附近山区阴坡、半阴坡岩石隙缝间野生甚多。性健壮，生长迅速。

【繁殖栽培】　常用播种、分株或扦插繁殖。

【观赏特性及园林用途】　常用于庭院栽培观赏，植于岩石园尤为适宜。

【经济用途】　本种为鞣料植物，根茎含单宁。

(5) 粉花绣线菊 *Spiraea japonica* L.（图 11-154）

【别名】　日本绣线菊。

【形态特征】　高可达 1.5m；枝光滑，或幼时具细毛。叶卵形至卵状长椭圆形，长 2～8cm，先端尖，叶缘有缺刻状重锯齿，叶背灰蓝色，脉上常有短柔毛；花淡粉红至深粉红色，偶有白色者，簇聚

图 11-154　粉花绣线菊

1. 花枝；2. 花；3. 花纵剖面；4. 雄蕊

于有短柔毛的复伞房花序上；雄蕊较花瓣为长。花期 6～7 月；果期 8～9 月。

【变种、变型及栽培品种】　品种及杂种甚多，主要有‘光叶’粉花绣线菊（‘Fortunei’）：植株较原种为高，叶长椭圆状披针形，长 5～10cm，先端渐尖，边缘重锯齿，尖锐而齿尖硬化并内曲，表面有皱纹，背面带白霜，无毛；花粉红色。除此之外还有白花（‘Albiflora’）、矮生（‘Nana’）、斑叶（‘Variegata’）等栽培变种。

【分布】　原产于日本、朝鲜，江西、湖北、贵州等地，庐山有大量野生。我国各地栽培供观赏。

【习性】　性强健，喜光，亦略耐阴，抗寒、耐旱。

【观赏特性及园林用途】　花色娇艳，花朵繁多，可在花坛、花境、草坪及园路角隅等处构成夏日佳景，亦可作基础种植之用。

(6) 绣线菊 *Spiraea salicifolia* L.

【别名】　柳叶绣线菊。

【形态特征】　丛生灌木，高 1～2m。叶长椭圆形至披针形，长 4～8cm，两面无毛。花粉红色，顶生长圆状或金字塔形圆锥花序。花期 6～8 月；果期 8～9 月。

【分布】　产于黑龙江、吉林、辽宁、内蒙古、河北。生长于海拔 200～900m 的河流沿岸、湿草原、空旷地和山沟中。蒙古、日本、朝鲜、俄罗斯、西伯利亚以及欧洲东南部均有分布。

【观赏特性及园林用途】　夏季盛开粉红色鲜艳花朵，栽培供观赏用，又为蜜源植物。

11.1.5.4.2　风箱果属 *Physocarpus* Maxim.

落叶灌木，枝条开展；冬芽小，有数枚互生的鳞片。单叶，互生，边缘有锯齿，通常基部 3 裂，叶脉 3 出，有叶柄和托叶。花序顶生，伞形总状；萼筒杯状，萼片 5，镊合状排列；花瓣 5，略长于萼片，白色或稀粉红色；雄蕊 20～40；雌蕊 1～5，基部合生，子房 1 室。蓇葖果常膨大，沿背腹两缝开裂，内有种子 2～5 粒，种子胚乳丰富。

本属约有 20 种，主要分布于北美。中国产 1 种。

木属植物多具有密集花序，夏季开放，果实膨大，初秋转为红色，可供观赏用。

风箱果 *Physocarpus amurensis* （Maxim.）Maxim.（图 11-155）

【形态特征】　灌木，高约 3m。叶互生，广卵形，长 3.5～5.5cm，宽 3.5cm，叶端尖，叶基心形，稀截形，3～5 浅裂，叶缘有复锯齿，叶背脉有毛。花伞形总状花序，梗长 1～2cm，密被星状绒毛，花白色，径约 1cm；萼筒杯状。蓇葖果膨大，熟时沿背腹两缝开裂。花期 6 月；果期 7～8 月。

【分布】　分布于黑龙江、北京密云、河北；朝鲜、俄罗斯亦有分布。

【习性】　性强健、耐寒，喜生于湿润而排水良好的土壤，一般不需精细的栽培管理。

【繁殖栽培】　常用播种繁殖。

【观赏特性及园林用途】　本种树形开展，在鲜绿色叶丛上面呈现出团团白色的花序。花虽然不美丽但却显得十分朴素淡雅，而在晚夏时膨大的果实又呈红色，故可供园林观赏用。在自然界，常丛生于山沟及树林边缘，故亦宜丛植于自然风景区中。

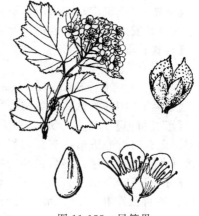

图 11-155　风箱果

【经济用途】　种子亦可榨油用。

11.1.5.4.3　珍珠梅属 *Sorbaria*（Ser.）A. Br. ex Aschers.

落叶灌木；冬芽卵形，具数枚互生外露的鳞片。羽状复叶，互生，小叶有锯齿，具托叶。花小型成顶生圆锥花序；萼筒钟状，萼片 5，反折；花瓣 5，白色，覆瓦状排列；雄蕊 20～50；心皮 5，基部合生，与萼片对生。蓇葖果沿腹缝线开裂，含种子数枚。

本属约有 9 种，分布于亚洲。中国约有 4 种，产东北、华北至西南各省区。

大型灌木，具有羽状复叶和密集圆锥花序，多数可栽培供观赏用。枝及果穗可入药。

（1）华北珍珠梅 Sorbaria kirilowii（Regel）Maxim.（图 11-156）

【别名】 吉氏珍珠梅、珍珠梅。

【形态特征】 灌木，高 2～3m。小叶 13～21 枚，卵状披针形，长 4～7cm，重锯齿，无毛。花小，白色；雄蕊 20 枚，与花瓣等长或稍短。花期 6～8 月。

【分布】 产于河北、山西、山东、河南、陕西、甘肃、内蒙古。

【习性】 喜光又耐阴，耐寒，性强健，不择土壤。萌蘖性强、耐修剪。生长迅速。

【繁殖栽培】 可播种、扦插及分株繁殖。

【观赏特性及园林用途】 花、叶清丽，花期极长且正值夏季少花季节，故园林中多喜应用。

图 11-156 华北珍珠梅（1、2），
珍珠梅（3～6）
1. 果序；2. 花纵剖；3. 花枝；
4. 花纵剖；5. 果；6. 种子

（2）珍珠梅 Sorbaria sorbifolia L. A. Br.（图 11-156）

【别名】 山高粱条子、高楷子、八本条（东北土名），华楸珍珠梅。

【形态特征】 直立落叶灌木，高达 2m。小叶 13～23 枚，披针形或卵状披针形，长 5～10cm，重锯齿，叶背光滑。圆锥花序长 10～25cm，花小，白色，雄蕊 40～50 枚，长约为花瓣长度的 2 倍；蓇葖果，光滑，顶具下弯花柱。花期 6 月中旬至 7 月上旬最盛，但仍可陆续开至 10 月中旬，全部花期共长达 131 天（北京）。

【变种、变型及栽培品种】 变种星毛珍珠梅（*S. sorbifolia* L. A. Br. var. *stellipila* Maxim.）：叶背、叶柄、花萼和果均有星状毛。产于东亚。

【分布】 原产于亚洲北部，自乌拉尔至日本均有分布；中国黑龙江、吉林、辽宁及内蒙古有分布，北京及华北等地多栽培。

【习性】 性强健，喜光，耐寒，也耐阴，对土壤要求不严，但喜肥厚湿润土，生长迅速。花期长，萌蘖性强，耐修剪。

【繁殖栽培】 以分株、扦插为主，成活率高，生长快。种子小，可盆播，但一般较少采用。

【观赏特性及园林用途】 绿叶白花，观花观叶均很美丽；通常成丛栽植在草坪边缘或水边、房前、路旁，亦可单行栽成自然式绿篱，又是适合庭院背阴处种植的重要观赏花木之一。

11.1.5.4.4 白鹃梅属 Exochorda Lindl.

落叶灌木；冬芽卵形，无毛，具有数枚覆瓦状排列鳞片。单叶，互生，全缘或有锯齿，有叶柄，不具托叶或具早落性托叶。两性花，多大形，顶生总状花序；萼筒钟状，萼片 5，短而宽；花瓣 5，白色，宽倒卵形，有爪，覆瓦状排列；雄蕊 15～30，花丝较短，着生在花盘边缘；心皮 5，合生，花柱分离，子房上位。蒴果具 5 脊，倒圆锥形，5 室，沿背腹两缝开裂，每室具种子 1～2 粒；种子扁平有翅。

产亚洲中部到东部，4 种。我国有 3 种。

美丽灌木，花大，色白，春季开放，可栽培供观赏用。

（1）白鹃梅 Exochorda racemose（Lindl.）Rehd.（图 11-157）

【别名】 茧子花、金瓜果。

【形态特征】 灌木，高达 3～5m，全株无毛。叶椭圆形或倒卵状椭圆形，长 3.5～6.5cm，全缘或上部有疏齿，先端钝或具短尖，背面粉蓝色。花白色，径约 4cm，6～10 朵成总状花序；花萼浅钟状，裂片宽三角形，花瓣倒卵形，基部有短爪；雄蕊 15～20，3～4 枚 1 束，着生于花盘边缘，并与花瓣对生。蒴果倒卵形。花期 4～5 月；果 8～9 月成熟。

图 11-157　白鹃梅

【分布】　产于河南、江西、江苏、浙江。生于海拔 250～500m 的山坡阴地。

【习性】　性强健，喜光，耐半阴；喜肥沃、深厚土壤；耐寒性强，在北京可露地越冬。

【繁殖栽培】　常用播种及嫩枝扦插法繁殖。栽培管理比较简单。

【观赏特性及园林用途】　本种春日开花，满树雪白，是美丽的观赏树种。宜作基础栽植，或于草地边缘、林缘路边丛植。

（2）齿叶白鹃梅 *Exochorda serratifolia* S. Moore

【形态特征】　灌木，高 2m。叶椭圆形或长圆状倒卵形，长 5～9cm，中部以上有锐锯齿，下部全缘，叶柄长 1～2cm。总状花序具花 4～7 朵，花梗长 2～3mm；花径 3～4cm；雄蕊 25。蒴果有 5 脊棱。花期 5～6 月；果期 7～8 月。

【分布】　产于辽宁、河北。

【习性】　性喜光亦耐半阴、耐寒、喜沃土亦耐瘠薄，忌积水。

【繁殖栽培】　可用播种和扦插法繁殖。

【观赏特性及园林用途】　花繁茂而秀雅，色白，宜丛植；果形较奇特，极具观赏价值。

11. 1. 5. 4. 5　栒子属 *Cotoneaster* B. Ehrhart

灌木，无刺。单叶互生，全缘；托叶多针形，早落。花两性，成伞房花序，稀单生；雄蕊通常 20；花柱 2～5，离生，子房下位或半下位。小梨果红色或黑色，内含 2～5 小核，具宿存萼片。

本属有 90 余种，分布在亚洲（日本除外）、欧洲和北非的温带地区。主要产地在中国西部和西南部，共 50 余种。

大多数为丛生灌木，夏季开放密集的小型花朵，秋季结成累累成束红色或黑色的果实，在庭院中可作为观赏灌木或剪成绿篱。有些匍匐散生的种类是点缀岩石园和保护堤岸的良好植物材料。园艺上已培育出若干杂种。繁殖用播种、扦插或嫁接。种子在播种后一年、二年或三年发芽。木材坚韧，可作手杖及器物柄。

分种检索表

```
1 花瓣直立而小，倒卵形，粉红色。
  2 茎匍匐；花序具花 1～2 朵；果红色。
    3 茎平铺地面，不规则分枝；叶缘常呈波状 ······························ （1）匍匐栒子 C. adpressus
    3 枝水平开张，成规则 2 列状分枝；叶缘不呈波状 ······························ （2）平枝栒子 C. horizontalis
  2 茎直立；花序具花 2～5 朵；果黑色 ······························ （3）灰栒子 C. acutifolius
1 花瓣开展，近圆形，白色；果红色。
  4 落叶直立灌木；伞房花序具多花 ······························ （4）水栒子 C. multiflorus
  4 常绿匍匐灌木；伞房花序具多花 1～3 朵 ······························ （5）小叶栒子 C. microphyllus
```

（1）匍匐栒子 *Cotoneaster adpressus* Bois.（图 11-158）

【形态特征】　落叶匍匐灌木，茎不规则分枝，平铺地面。小枝红褐色至暗褐色，幼时有粗状毛，后脱落。叶广卵形至倒卵形，长 5～15mm，先端常圆钝，基部广楔形，全缘而常波状，表面暗绿色，背面幼时疏生短柔毛。花 1～2 朵，粉红色，径 7～8mm，近无梗；花瓣倒卵形，直立。果近球形，鲜红色，径 6～7mm，常有 2 小核。花期 6 月；果熟期 9 月。

【分布】　产于陕西、甘肃、青海、湖北、四川、贵州、云南、西藏。生于海拔 1900～4000m 的山坡杂木林边及岩石山坡。印度、缅甸、尼泊尔均有分布。

【习性】　性强健，尚耐寒，喜排水良好之壤土，可在石灰质土壤中生长。

【繁殖栽培】　繁殖以扦插及播种为主，也可秋季压条。扦插以夏季在冷床中进行为好；播种则秋播较好，春播须先层积处理，但发芽率均不高。无须特别管理，在必要时可疏剪过密之枝。

【观赏特性及园林用途】　本种为良好的岩石园种植材料，入秋红

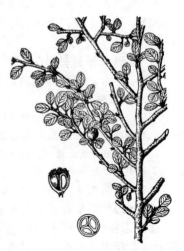

图 11-158　匍匐栒子

果累累，平卧岩壁，极为美观。

（2）平枝栒子 *Cotoneaster horizontalis* Dcne.（图 11-159）

【别名】 铺地蜈蚣。

【形态特征】 落叶或半常绿匍匐灌木；枝水平开张成整齐 2 列，宛如蜈蚣。叶近圆形至倒卵形，长 5～14mm，先端急尖，基部广楔形，表面暗绿色，无毛，背面疏生平贴细毛。花 1～2 朵，粉红色，径 5～7mm，近无梗；花瓣直立，倒卵形。果近球形，径 4～6mm，鲜红色，常有 3 小核。5～6 月开花；果 9～10 月成熟。

【变种、变型及栽培品种】 ‘微型’平枝栒子（‘Minor’）：植株及叶、果均变小。

‘斑叶’平枝栒子（‘Variegatus’）：叶有黄白色斑纹。

【分布】 产于陕西、甘肃、湖北、湖南、四川、贵州、云南。生于海拔 2000～3500m 的灌木丛中或岩石坡上，尼泊尔也有分布。

【繁殖栽培】 繁殖栽培同匍匐栒子。

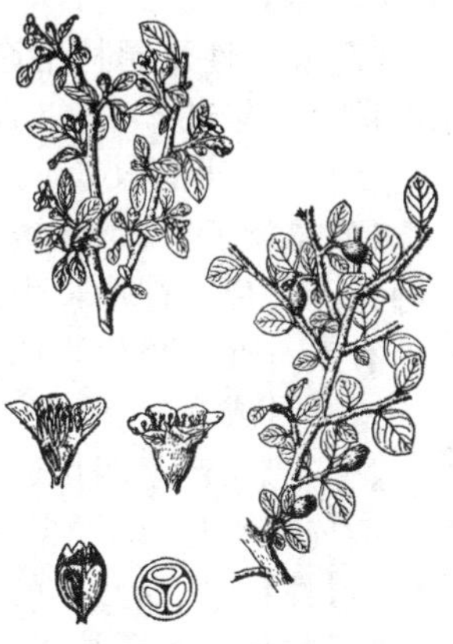

图 11-159　平枝栒子

【观赏特性及园林用途】 本种较匍匐栒子略小而结实较多，最宜作基础种植材料，红果平铺墙壁，经冬至春不落，甚为夺目；也可植于斜坡及岩石园中。

【经济用途】 根或全株可药用。

（3）灰栒子 *Cotoneaster acutifolia* Turcz.（图 11-160）

【形态特征】 落叶灌木，高 3～4m。枝细长开展，棕褐色，幼时有长柔毛。叶卵形至卵状椭圆形，长 3～6cm，先端急尖或渐尖，基部广楔形，表面浓绿色，背面淡绿色，疏生柔毛，后渐脱落。花浅粉红色，径 7～8mm，花瓣直立，花萼有短柔毛；2～5 朵成聚伞花序，有毛。果椭圆形，长约 1cm，黑色，有 2～3 小核。花期 5～6 月；果熟期 9～10 月。

【分布】 产于内蒙古、河北、山西、河南、湖北、陕西、甘肃、青海、西藏。生于海拔 1400～3700m 的山坡、山麓、山沟及丛林中，蒙古也有分布。

【习性】 性强健，耐寒、耐旱。

【观赏特性及园林用途】 宜于草坪边缘或树坛内丛植。

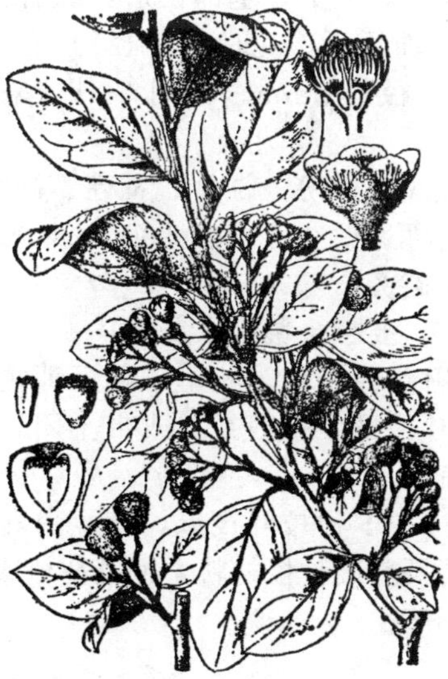

图 11-160　灰栒子

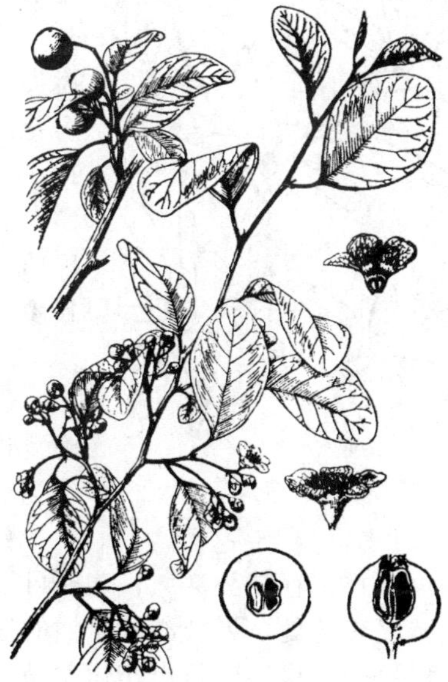

图 11-161　水栒子

（4）水栒子 *Cotoneaster multiflorus* Bge.（图 11-161）

【别名】 多花栒子。

【形态特征】 落叶灌木，高 2～4m。小枝细长拱形，幼时有毛，后变光滑，紫色。叶卵形，长 2～5cm，先端常圆钝，基部广楔形或近圆形，幼时背面有柔毛，后变光滑，无毛。花白色，径 1～1.2cm，花瓣开展，近圆形，花萼无毛；6～21 朵成聚伞花序，无毛。果近球形或倒卵形，径约 8mm，红色，具 1～2 核。花期 5 月；果熟期 9 月。

【分布】 产于黑龙江、辽宁、内蒙古、河北、山西、河南、陕西、甘肃、青海、新疆、四川、云南、西藏。普遍生于海拔 1200～3500m 的沟谷、山坡杂木林中，高加索、西伯利亚以及亚洲中部和西部均有分布。

【习性】 性强健，耐寒，喜光而稍耐阴，对土壤要求不严，极耐干旱和瘠薄；耐修剪。

【观赏特性及园林用途】 高大灌木，生长旺盛，夏季密着白花，秋季结红色果实，经久不凋，可作观赏。近年试作苹果砧木，有矮化之效。

(5) 小叶栒子 *Cotoneaster microphyllus* Wall. ex Lindl.

【形态特征】 常绿矮生灌木；高达 1m，枝开展。叶倒卵形至倒卵状椭圆形，长 4～10mm，先端常圆钝，基部广楔形，表面有光泽，背面有灰白色短柔毛。花白色，径约 1cm，花瓣开展，近圆形，萼外有毛；通常单生，偶有 2～3 朵聚生。果球形，红色，径 5～6mm，常有 2 小核，5～6 月开花；果 9～10 月成熟。

【分布】 产于四川、云南、西藏。普遍生长于海拔 2500～4100m 的多石山坡地、灌木丛中，印度、缅甸、不丹、尼泊尔均有分布。

【习性】 性强健，耐寒，耐旱，既可在岩石中生长，又可在海滨生长，且耐阴。一般不行修剪。

【观赏特性及园林用途】 常绿矮小灌木，春开白花，秋结红果，甚美观，是点缀岩石园的良好植物。

11.1.5.4.6 火棘属 *Pyracantha* Roem.

常绿灌木或小乔木，常具枝刺；芽细小，被短柔毛。单叶互生，具短叶柄，边缘有圆钝锯齿、细锯齿或全缘；托叶细小，早落。花白色，成复伞房花序；萼筒短，萼片 5；花瓣 5，近圆形，开展；雄蕊 15～20，花药黄色；心皮 5，在腹面离生，在背面约 1/2 与萼筒相连，每心皮具 2 胚珠，子房半下位。梨果小，球形，顶端萼片宿存，内含小核 5 粒。

本属共 10 种，产亚洲东部至欧洲南部。中国有 7 种。

常绿多刺灌木，枝叶茂盛，硕果累累，适宜作绿篱栽培，很美观；果实磨粉可代粮食用，嫩叶可作茶叶代用品。茎皮根皮含鞣质，可提栲胶。

火棘 *Pyracantha fortuneana* (Maxim) Li（图 11-162）

图 11-162 火棘

【别名】 火把果、救军粮。

【形态特征】 常绿灌木，高约 3m。枝拱形下垂，幼时有锈色短柔毛，短侧枝常成刺状。叶倒卵形至倒卵状长椭圆形，长 1.5～6cm，先端圆钝微凹，有时有短尖头，基部楔形，缘有圆钝锯齿，齿尖内弯，近基部全缘，两面无毛。花白色。径约 1cm，成复伞房花序。果近球形，红色，径约 5mm。花期 5 月；果熟期 9～10 月。

【分布】 产于陕西、河南、江苏、浙江、福建、湖北、湖南、广西、贵州、云南、四川、西藏。生于海拔 500～2800m 的山地、丘陵地阳坡灌丛草地及河沟路旁。

【习性】 喜光，不耐寒，要求土壤排水良好。

【繁殖栽培】 一般采用播种繁殖，秋季采种后即播；也可在晚夏进行软枝扦插。移植时尽量少伤根系，或带土团。定植后要适当重剪，成活后不需精细管理。

【观赏特性及园林用途】 本种枝叶茂盛，初夏白花繁密，入秋果红如火，且留存枝头甚久，美丽可爱。在庭院中常作绿篱及基础种植材料，也可丛植或孤植于草地边缘或园路转角处。果枝亦是瓶插的好材料，红果可经久不落。

【经济用途】 果实磨粉可作代食品。

11.1.5.4.7 山楂属 *Crataegus* L.

落叶小乔木或灌木，通常有枝刺。叶互生，有齿或裂；托叶较大。花白色，少有红色；呈顶生伞房花序。萼片、花瓣各 5，雄蕊 5～25，心皮 1～5。果实梨果状，内含 1～5 骨质小核。

广泛分布于北半球，北美种类很多。中国约产 17 种。

本属有些种类果实大形而肉质，可供鲜食，或作果冻蜜饯及糖渍食品，有些种类的嫩叶可作茶叶代用品，有些种类的果实可入药，树皮和根部含单宁，可用于染色。木材坚固沉重，可作镟工用材或农具把柄。许多种类可栽培供观赏用，并适宜作绿篱，少数种类可作苹果、梨、楒梓和枇杷果树的砧木。用种子繁殖，但种子有隔年发芽的习性，必须经过层积储藏。栽培品种采用嫁接繁殖。

山楂 *Crataegus pinnatifida* Bge.（图 11-163）

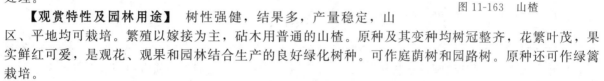

【形态特征】 落叶小乔木，高达 6m。叶三角状卵形至菱状卵形，长 5～12cm，羽状 5～9 裂，裂缘有不规则尖锐锯齿，两面沿脉疏生短柔毛，叶柄细，长 2～6cm；托叶大而有齿。花白色，径约 1.8cm，雄蕊 20；伞房花序有长柔毛。果近球形或梨形，径约 1.5cm，红色，有白色皮孔。花期 5～6 月；果 10 月成熟。

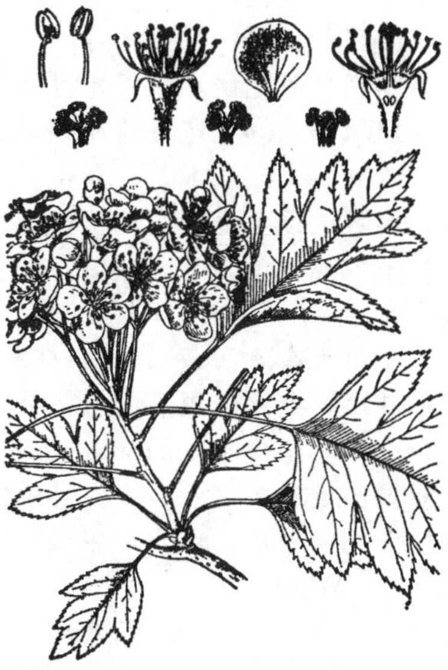

【变种、变型及栽培品种】 山里红（*C. pinnatifida* Bge. var. *major* N. E. Br.），又名大山桔，树形较原种大而健壮；叶较大而厚，羽状 3～5 浅裂；果较大，径约 2.5cm，深红色。在东北南部、华北、南至江苏一带普遍作为果树栽培。

【分布】 产于产黑龙江、吉林、辽宁、内蒙古、河北、河南、山东、山西、陕西、江苏。生于海拔 100～1500m 的山坡林边或灌木丛中。朝鲜和西伯利亚也有分布。

【习性】 性喜光，稍耐阴，耐寒，耐干燥、贫瘠土壤，但以在湿润而排水良好之砂质壤土生长最好。根系发达，萌蘖性强。

【繁殖栽培】 繁殖可用播种和分株法，播前必需沙藏层积处理。

图 11-163　山楂

【观赏特性及园林用途】 树性强健，结果多，产量稳定，山区、平地均可栽培。繁殖以嫁接为主，砧木用普通的山楂。原种及其变种均树冠整齐，花繁叶茂，果实鲜红可爱，是观花、观果和园林结合生产的良好绿化树种。可作庭荫树和园路树。原种还可作绿篱栽培。

【经济用途】 果实酸甜，除生食外，可制糖葫芦、山楂酱、山楂糕等食品；干制后入药，有健胃、消积化滞、舒气散瘀通便之效。

11.1.5.4.8　枇杷属 *Eriobotrya* Lindl.

常绿小乔木或灌木。单叶互生，具短柄或近无柄，缘有齿，羽状侧脉直达齿尖。花白色，成顶生圆锥花序；花萼 5 裂，宿存；花瓣 5，具爪；雄蕊 20；心皮合生，子房下位，2～5 室，每室具 2 胚珠。梨果含 1 至数粒种子。

本属约有 30 种，分布在亚洲温带及亚热带，我国产 13 种。

多数木材硬重坚韧，可供制农具柄及器物之用。有些种类果实可供生食或加工。

枇杷 *Eriobotrya japonica*（Thunb.）Lindl.（图 11-164）

图 11-164　枇杷
1. 花枝；2. 叶片断的下面；3. 花纵剖；
4. 花纵剖示雌蕊；5. 果；6. 种子

【形态特征】 常绿小乔木，高可达 10m。小枝、叶背及花序均密被锈色绒毛。叶粗大革质，常为倒披针状椭圆形，长 12～30cm，先端尖，基部楔形，锯齿粗钝，侧脉 11～21 对，表面多皱而有光泽。花白色，芳香，10～12 月开花，次年初夏果熟。果近球形或梨形，黄色或橙黄色，径 2～5cm。

【分布】 产于甘肃、陕西、河南、江苏、安徽、浙江、江西、湖北、湖南、四川、云南、贵州、广西、广东、福建、台湾。各地广行栽培，四川、湖北有野生者。日本、印度、越南、缅甸、泰国、印度尼西亚也有栽培。

【习性】 喜光，稍耐阴，喜温暖气候及肥沃湿润而排水良好之土壤，不耐寒。生长缓慢，寿命较长；一年能发 3 次新梢。嫁接苗 4～5 年生开始结果，15 年左右进入盛果期，40 年后产量减少。

【繁殖栽培】 繁殖以播种、嫁接为主，扦插、压条也可。优良品种多用嫁接繁殖，砧木用枇杷实生苗或石楠、楹椁苗。播种一般在秋季进行，第 3 年春季进行枝接，接活后当年秋季或次年春季可以移栽。栽植要选向阳避风处，因为枇杷是冬季开花，如果开花时受了冻害，就会影响结果。栽植的株行距为 4～5m。移栽时要带土球，栽后宜疏去部分枝叶，并注意及时灌水。梅雨季节要注意排水防涝。枇杷树冠整齐，层性明显，一般不必在修剪上下功夫，只需将其不适当的枝条稍作调整即可。切不可随意剪去枝条顶端，因为它开花结果都在枝条顶端。为了使其结果良好，要在秋后开花前施 1 次人粪尿或动物粪肥。

【观赏特性及园林用途】 枇杷树形整齐美观，叶大荫浓，常绿而有光泽，冬日白花盛开，初夏黄果累累，南方暖地多于庭院内栽植，是园林结合生产的好树种。

【经济用途】　果味鲜美，酸甜适口，上市早，除生食外，还可酿酒或制成罐头。叶晒干去毛后，可供药用，有化痰止咳、和胃降气等效。花为良好的蜜源。木材红棕色，可作木梳、手杖等用。

11.1.5.4.9　花楸属 *Sorbus* L.

落叶乔木或灌木。叶互生，有托叶，单叶或奇数羽状复叶，在芽中为对折状，稀席卷状。花两性，多数成顶生复伞房花序；萼片和花瓣各 5；雄蕊 15～25；心皮 2～5，部分离生或全部合生；子房半下位或下位，2～5 室，每室具 2 胚珠。果实为 2～5 室小形梨果，子房壁成软骨质，各室具 1～2 种子。

全世界有 80 余种，分布在北半球，亚洲、欧洲、北美洲。中国产 50 余种。多数花楸属植物有密集的花序，点缀着很多白色花朵，秋季结成红色、黄色或白色的果实，挂满枝头，可供观赏之用。有些种类果实中含丰富的维生素和糖分，可作果酱、果糕及酿酒之用。有些种类已成为果树育种和砧木的重要原始材料之一。木材可供作器物；嫩枝和叶可作饲料；种子含脂肪和苦杏仁素，供制肥皂及医药工业用；枝皮含单宁，在鞣皮工业中可以利用。

分种检索表

1 奇数羽状复叶，小叶长椭圆形，花萼宿存 ······························· (1) 百华花楸 *S. pohuashanensis*
1 单叶，卵形至椭圆状卵形；花萼早落 ······································· (2) 水榆花楸 *S. alnifolia*

(1) 百华花楸 *Sorbus pohuashanensis*（Hance）Hedl.（图 11-165）

【别名】　花楸树、臭山槐。

【形态特征】　小乔木，高达 8m。小枝及芽均具绒毛，托叶大，近卵形，有齿缺；奇数羽状复叶，小叶 11～15 枚，长椭圆形至长椭圆状披针形，长 3～8cm，先端尖，通常中部以上有锯齿，背面灰绿色，常有柔毛。花序伞房状，具绒毛；花白色，径 6～8mm。果红色，近球形，径 6～8mm。花期 5 月；果熟期 10 月。

【分布】　产于黑龙江、吉林、辽宁、内蒙古、河北、山西、甘肃、山东。常生于海拔 900～2500m 的山坡或山谷杂木林内。

【习性】　喜湿润之酸性或微酸性土壤，较耐阴。

【繁殖栽培】　播种繁殖，种子采后须先沙藏层积，春天播种。

【观赏特性及园林用途】　本种花叶美丽，入秋红果累累，是优美的庭院风景树。风景林中配置若干，可使山林增色。

【经济用途】　果实可酿酒，制果酱、果醋等，含多种维生素，并作药用。

图 11-165　百华花楸
1. 果枝；2. 花纵切；3. 雌蕊

图 11-166　水榆花楸

(2) 水榆花楸 *Sorbus alnifolia*（Sieb. & Zucc.）K. Koch（图 11-166）

【别名】　水榆、千筋树。

【形态特征】　乔木，高达 20m。树皮光滑，灰色；小枝有灰白色皮孔，光滑或稍有毛。单叶卵形至椭圆状卵形，长 5～10cm，先端锐尖，基部圆形，缘有不整齐尖锐重锯齿，两面无毛或稍有短柔毛。复伞房花序，有花 6～25 朵；花白色，径 1～1.5cm，花柱常为 2。果椭球形或卵形，径 7～10mm，红色或黄色，不具斑点，花期 5 月；果熟期 11 月。

【分布】　产于黑龙江、吉林、辽宁、河北、河南、陕西、甘肃、山东、安徽、湖北、江西、浙江、四川。生于海拔 500～2300m 的山坡、山沟或山顶混交林或灌木丛中。朝鲜和日本也有分布。

【观赏特性及园林用途】 本种树形高大，树冠圆锥形，秋天叶先变黄后转红，加之硕果累累，颇为美观，可作园林风景树栽植。

【经济用途】 果可食用或酿酒。木材供作器具、车辆及模型用，树皮可作染料，纤维供造纸原料。

11.1.5.4.10 石楠属 *Photinia* Lindl.

落叶或常绿，灌木或乔木。单叶，有短柄，边缘常有锯齿，有托叶。花小而白色，呈伞房或圆锥花序；萼片5，宿存；花瓣5，圆形；雄蕊约为20；花柱2，罕3～5，至少基部合生；子房2～4室，近半上位。梨果，含1～4粒种子，顶端圆且凹。

全世界有60余种，分布在亚洲东部及南部，我国产40余种。

本属植物常有密集的花序，夏季开白色花朵，秋季结成多数红色果实，可供观赏之用。木材坚硬，可作伞柄、秤杆、算盘珠、家具和农具等用。

分种检索表

1 叶柄短，长0.5～1.5cm；叶片较小；树干、枝条上有刺 ·················· (1) 椤木石楠 *P. davidsoniae*
1 叶柄长，长2～4cm；叶片较大；干、枝上无刺 ·················· (2) 石楠 *P. serrulata*

(1) 椤木石楠 *Photinia davidsoniae* Rehd. & Wils.（图11-167）

【别名】 椤木。

【形态特征】 常绿乔木，高6～15m，幼枝棕色，贴生短毛，后呈紫褐色，最后呈灰色，无毛。树干及枝条上有刺。叶革质，长圆形至倒卵状披针形，长5～15cm，宽2～5cm，叶端渐尖而有短尖头，叶基楔形，叶缘有带腺的细锯齿；叶柄长0.8～1.5cm。花多而密，呈顶生复伞房花序；花序梗、花柄均贴生短柔毛；花白色，径1～1.2cm。梨果，黄红色，径7～10mm。花期5月；果9～10月成熟。

【分布】 产于陕西、江苏、安徽、浙江、江西、湖南、湖北、四川、云南、福建、广东、广西。生于海拔600～1000m的灌丛中。越南、缅甸、泰国也有分布。

【观赏特性及园林用途】 花、叶均美，可作刺篱用。

【经济用途】 木材可作农具。

图11-167　椤木石楠

(2) 石楠 *Photinia serrulata* Lindl.（图11-168）

【形态特征】 常绿小乔木，高达12m，全株几无毛。叶长椭圆形至倒卵状长椭圆形，长8～20cm，先端尖，基部圆形或广楔形，缘有细尖锯齿，革质有光泽，幼叶带红色。花白色，径6～8mm，成顶生复伞房花序。果球形，径5～6mm，红色。花期5～7月；果熟期10月。

【分布】 产于陕西、甘肃、河南、江苏、安徽、浙江、江西、湖南、湖北、福建、台湾、广东、广西、四川、云南、贵州。生于海拔1000～2500m的杂木林中。日本、印度尼西亚也有分布。

【习性】 喜光，稍耐阴；喜温暖，尚耐寒，能耐短期的-15℃低温，在西安可露地越冬；喜排水良好的肥沃壤土，也耐干旱瘠薄，能生长在石缝中，不耐水湿。生长较慢。

【繁殖栽培】 繁殖以播种为主，种子进行层积，次年春天播种。也可在7～9月进行踵状扦插或于秋季进行压条繁殖。一般无须修剪，也不必特殊管理。

【观赏特性及园林用途】 本种树冠圆形，枝叶浓密，早春嫩叶鲜红，秋冬又有红果，是美丽的观赏树种。园林中孤植、丛植及基础栽植都甚为合适，尤宜配置于整形式园林中。

【经济用途】 木材坚密，可制车轮及器具柄；叶和根供药用为强壮剂、利尿剂，有镇静解热等作用；又可作土农药防治蚜虫，并对马铃薯病菌孢子发芽有抑制作用；种子榨油供制油漆、肥皂或润滑油用；可作枇杷的砧木，用石楠嫁接的枇杷寿命长，耐瘠薄土壤，生长强壮。

图11-168　石楠

11.1.5.4.11 木瓜属 *Chaenomeles* Lindl.

落叶或半常绿，灌木或小乔木，有刺或无刺；冬芽小，具2

枚外露鳞片。单叶，互生，具齿或全缘，有短柄与托叶。花单生或簇生，先于叶开放或迟于叶开放；萼片5，全缘或有齿；花瓣5，大形，雄蕊20或多数排成两轮；花柱5，基部合生，子房5室，每室具有多数胚珠排成两行。梨果大形，萼片脱落，花柱常宿存，内含多数褐色种子；种皮革质，无胚乳。

本属约有5种，产亚洲东部。

重要观赏植物和果品，世界各地均有栽培。

分种检索表

1 枝有刺；花簇生；萼片全缘，直立；托叶大。
  2 小枝平滑，2年生枝无疣状突起。
    3 卵形至椭圆形，幼时背面无毛或稍有毛，锯齿尖锐 ……………………… (1) 贴梗海棠 C. speciosa
    3 长椭圆形至披针形，幼时背面密被褐色绒毛，锯齿刺芒状 ……………… (2) 木瓜海棠 C. cathayensis
  2 小枝粗糙，2年生枝有疣状突起；叶倒卵形至匙形，背面无毛，锯齿圆钝 …(3) 日本贴梗海棠 C. japonica
1 枝无刺；花单生；萼片有细齿；反折；托叶小 …………………………………… (4) 木瓜 C. sinensis

（1）贴梗海棠 Chaenomeles speciosa（Sweet）Nakai（C. lagenaria Koidz.）（图11-169）

图11-169 贴梗海棠

【别名】 贴梗木瓜、皱皮木瓜。

【形态特征】 落叶灌木，高达2m，枝开展，无毛，有刺。叶卵形至椭圆形，长3～8cm，先端尖，基部楔形，缘有尖锐锯齿，齿尖开展，表面无毛，有光泽，背面无毛或脉上稍有毛；托叶大，肾形或半圆形，缘有尖锐重锯齿。花3～5朵簇生于2年生老枝上，朱红、粉红或白色，径3～5cm；萼筒钟状，无毛，萼片直立；花柱基部无毛或稍有毛；花梗粗短或近于无梗。果卵形至球形，径4～6cm，黄色或黄绿色，芳香，萼片脱落。花期3～4月，先叶开放；果熟期9～10月。

【变种、变型及栽培品种】 有白花（'Alba'）、红花（'Rubra'）、红白二色（'Toyonishik'）、重瓣（'Rosea Plena'）、曲枝（'Tortuosa'）、矮生（'Pygmaea'）等栽培品种。

【分布】 产于陕西、甘肃、四川、贵州、云南、广东。缅甸亦有分布。

【习性】 喜光，有一定耐寒能力，北京小气候良好处可露地越冬；对土壤要求不严，但喜排水良好的肥厚壤土，不宜在低洼积水处栽植。

【繁殖栽培】 主要用分株、扦插和压条法繁殖；播种也可，但很少采用。分株在秋季或早春将母株掘起分割，每株2～3个枝干，栽后3年又可再行分株。一般在秋季分株后假植，以促使伤口愈合，次年春天定植。硬枝扦插与分株时期相同；在生长季中进行嫩枝扦插，较易生根。压条也在春、秋两季进行，一个多月即可生根，至秋后或次春可分割移栽。管理比较简单，一般在开花后剪去上年枝条的顶部，只留30cm左右，以促使分枝，增加明年开花数量。如要催花，可于9～10月间掘取合适植株上盆，入冬后移入温室，温度不要过高，经常在枝上喷水，这样在元旦前后即可开花。催花后待天气转暖再回栽露地，经1～2年充分恢复后才可再行催花。

【观赏特性及园林用途】 早春先花后叶，簇生枝间，鲜艳美丽，且有重瓣及半重瓣品种，秋天又有黄色、芳香的硕果，是一种很好的观花、观果灌木。宜于草坪、庭院或花坛内丛植或孤植，又可作为绿篱及基础种植材料，同时亦是盆栽和切花的好材料。

【经济用途】 果实含苹果酸、酒石酸、枸橼酸及维生素C等，干制后入药，有祛风、舒筋、活络、镇痛、消肿、顺气之效。

（2）木瓜海棠 Chaenomeles cathayensis（Hemsl.）Schneid.（C. lagenaria var. cathayensis Rehd.；C. lagenaria var. wilsonii Rehd.）

【别名】 木桃、毛叶木瓜。

【形态特征】 落叶灌木至小乔木，高2～6m。枝直立，具短枝刺。叶长椭圆形至披针形，长5～11cm，缘具芒状细尖锯齿，表面深绿且有光泽，背面幼时密被褐色绒毛，后渐脱落，叶质较厚。花淡红色或近白色，花柱基部有毛；2～3朵簇生于2年生枝上，花梗粗短或近无梗。果卵形至长卵形，长8～12cm，黄色有红晕，芳香。花期3～4月，先叶开放；果熟期9～10月。

【分布】 产于陕西、甘肃、江西、湖北、湖南、四川、云南、贵州、广西。生于海拔900～

2500m 山坡、林边。各地栽培观赏，常植于道旁。

【习性】 耐寒力不及木瓜和贴梗海棠。

【经济用途】 果实入药可作木瓜的代用品。

(3) 日本贴梗海棠 *Chaenomeles japonica* Lindl.

【别名】 倭海棠。

【形态特征】 落叶矮灌木，通常高不及 1m。枝开展，有刺；小枝粗糙，幼时具绒毛，紫红色，2 年生枝有疣状突起，黑褐色。叶广卵形至倒卵形或匙形，长 3～5cm，先端钝或短急尖，缘具圆钝锯齿，两面无毛。花 3～5 朵簇生，砖红色；果近球形，径 3～4cm，黄色。

【分布】 原产于日本；中国各地庭院习见栽培。

【变种、变型及栽培品种】 有白花（‘Alba’）、重瓣（‘Plena’）、斑叶（‘Tricolor’）、大花（‘Grandiflora’）、曲枝（‘Tortuosa’）、匍匐（‘Alpina’）等栽培变种。

(4) 木瓜 *Chaenomeles sinensis* (Thouin) Koehne（图 11-170）

【形态特征】 落叶小乔木，高达 5～10m。干皮成薄皮状剥落；枝无刺，但短小枝常成棘状；小枝幼时有毛。叶卵状椭圆形，长 5～8cm，先端急尖，缘具芒状锐齿，幼时背面有毛，后脱落，革质，叶柄有腺齿。花单生叶腋，粉红色，径 2.5～3cm。果椭圆形，长 10～15cm，暗黄色，木质，有香气。花期 4～5 月，叶后开放；果熟期 8～10 月。

【分布】 产于山东、陕西、湖北、江西、安徽、江苏、浙江、广东、广西。

【习性】 喜光，喜温暖，但有一定的耐寒性，北京在良好小气候条件下可露地越冬；要求土壤排水良好，不耐盐碱和低湿地。

【繁殖栽培】 可用播种及嫁接法繁殖，砧木一般用海棠果。生长较慢，10 年左右才能开花。一般不作修剪，只除去病枝和枯枝即可。

【观赏特性及园林用途】 本种花美果香，常植于庭院观赏。

【经济用途】 果实味涩，水煮或浸渍糖液中供食用，入药有解酒、祛痰、顺气、止痢之效。果皮干燥后仍光滑，不皱缩，故有光皮木瓜之称。木材坚硬可作床柱用。

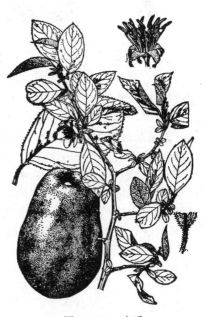

图 11-170 木瓜

11.1.5.4.12 苹果属 *Malus* Mill.

落叶乔木或灌木。叶有锯齿或缺裂，有托叶。花白色、粉红色至紫红色，呈伞形总状花序；雄蕊 15～50，花药通常黄色；子房下位，3～5 室，花柱 2～5，基部合生。梨果，无或稍有石细胞。

本属约有 35 种，广泛分布于北温带，亚洲、欧洲和北美洲均产。我国有 20 余种。多数为重要果树及砧木或观赏用树种。全世界各地均有栽培。

分种检索表

1 萼片宿存（西府海棠间或脱落）。

  2 萼片较萼筒长，先端尖。

    3 叶缘锯齿圆钝；果扁球形或球形，先端常隆起，萼凹下陷，果柄粗短 ·············· (1) 苹果 *M. pumila*

    3 叶缘锯齿尖锐；果卵圆形，先端渐狭不隆起，萼凹微突，果梗细长。

      4 果较大，径 4～5cm，黄色或红果，宿存萼片无毛 ·············· (2) 花红 *M. asiatica*

      4 果较小，径 2～2.5cm，红色，宿存萼片有毛 ·············· (3) 海棠果 *M. prunifolia*

  2 萼片较萼筒短或等长。

    5 叶基部广楔形或近圆形，叶柄长 1～2.5cm；果黄色，基部无凹陷 ·············· (4) 海棠花 *M. spectabilis*

    5 叶基渐狭，叶柄长 2～2.5cm；果红色，基部有凹陷 ·············· (5) 西府海棠 *M. micromalus*

1 萼片脱落。

  6 萼片长于萼筒，狭披针形；花白色，花柱 5，罕为 4 ·············· (6) 山荆子 *M. baccata*

  6 萼片短于萼筒或等长，三角状卵形；花白色或粉红色。

    7 萼片先端尖；花柱 4～5 ·············· (7) 垂丝海棠 *M. halliana*

    7 萼片先端圆钝；花柱 3，罕 4 ·············· 湖北海棠 *M. hupehensis*

(1) 苹果 *Malus pumila* Mill.（图 11-171）

图 11-171　苹果

【形态特征】　乔木，高达 15m。小枝幼时密生绒毛，后变光滑，紫褐色。叶椭圆形至卵形，长 4.5～10cm，先端尖，缘有圆钝锯齿，幼时两面有毛，后表面光滑，暗绿色。花白色带红晕，径 3～4cm，花梗与萼均具灰白绒毛，萼片长尖，宿存，雄蕊 20，花柱 5。果为略扁之球形，径 5cm 以上，两端均凹陷，端部常有棱脊。花期 4～5 月；7～11 月果熟。

【变种、变型及栽培品种】　早熟品种有'黄魁'、'红魁'、'金花'、'早生赤'，中熟品种有'祝'、'旭'、'金冠'、'优花皮'，晚熟品种有'红玉'、'国光'、'白龙'、'元帅'、'香蕉'等。河北出产的'香果'或名'虎拉'车可能为本种与花红的杂交种。

【分布】　原产于欧洲及亚洲中部，栽培历史悠久，全世界温带地区均有种植。在 1870 年开始引入烟台，以后在青岛、威海以及辽宁、河北等地陆续栽培。现在我国苹果的生产以辽宁的熊岳、大连、金县，河北的昌黎、秦皇岛，山东的烟台、龙口、青岛等地为重点产区。适生于海拔 50～2500m 的山坡梯田、平原旷野以及黄土丘陵等处。

【习性】　苹果为温带果树，要求比较冷凉和干燥的气候，喜阳光充足，以肥沃深厚而排水良好的土壤为最好，不耐瘠薄。一般定植后 3～5 年开始结果，树龄可达百余年。

【繁殖栽培】　嫁接繁殖，砧木用山荆子或海棠果。定植深度一般要使接口高出地面少许，埋得太深易得根腐病。苹果作果园经营时，栽培管理要求比较精细，还要考虑品种和授粉树的配置；每个品种的管理技术均有所不同，各有其严格的整形修剪、水肥管理和病虫害防治等措施，方能获得优质高产。在园林中结合生产栽培时，宜选用适应性较强、病虫害较少的品种。

【观赏特性及园林用途】　开花时节颇为可观；果熟季节，累累果实，色彩鲜艳，深受广大群众所喜爱。

(2) 花红 *Malus asiatica* Nakai. （图 11-172）

【别名】　沙果、林檎。

【形态特征】　小乔木，高 4～6m。小枝粗壮，幼时密被绒毛；老枝暗紫色，无毛。叶椭圆形至卵形，长 5～11cm，先端尖，基部圆形或广楔形，缘有细锐锯齿，背面密被短柔毛。花粉红色，径 3～4cm，花柱常为 4。果卵形或近球形，径 4～5cm，黄色或带红色，具隆起宿存萼。

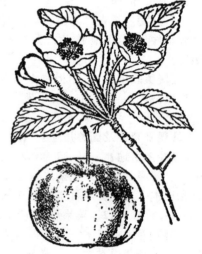

图 11-172　花红

【分布】　产于内蒙古、辽宁、河北、河南、山东、山西、陕西、甘肃、湖北、四川、贵州、云南、新疆。适宜生长于海拔 50～2800m 的山坡阳处、平原沙地。长期作为果树栽培，品种很多。

【习性】　喜光，耐寒，耐干旱，要求土壤排水良好。管理较粗放。

【繁殖栽培】　繁殖以实生苗为砧木进行嫁接，分株也可。

【经济用途】　果实多数不耐储藏运输，供鲜食用，并可加工制果干、果丹皮及酿果酒之用。

(3) 海棠果 *Malus prunifolia* (Willd.) Borkh. （图 11-173）

【别名】　楸子。

【形态特征】　小乔木，高 3～10m；小枝幼时有毛。叶长卵形或椭圆形，长 5～9cm，先端尖，基部广楔形，缘有细锐锯齿，叶柄长 1～5cm。花白色或稍带红色，单瓣，径约 3cm，萼片比萼筒长而尖，宿存。果近球形，红色，径 2～2.5cm。

【分布】　产于河北、山东、山西、河南、陕西、甘肃、辽宁、内蒙古等省区野生或栽培。生于海拔 50～1300m 的山坡、平地或山谷梯田边。

【习性】　适应性强，喜光，抗寒、抗旱，也能耐湿，耐碱，对土壤要求不严格。生长快，树龄长。

【繁殖栽培】　播种或嫁接繁殖，砧木用山荆子。

【观赏特性及园林用途】　本种花、果均甚美丽，是优良的庭院绿化树种。

【经济用途】 本种是苹果的优良砧木。在山东烟台海滨沙滩果园用以嫁接西洋苹果，生长良好，早熟，丰产。在陕西、甘肃的黄土高原上作苹果砧木，生长健壮，寿命很长。经过长期栽培，品种很多，有些果实味甜酸，可供食用及加工。

图 11-173　海棠果

图 11-174　海棠花
1. 花序；2. 果枝

(4) 海棠花 *Malus spectabilis* Borkh.（图 11-174）

【别名】 海棠、西府海棠。

【形态特征】 小乔木，树形峭立，高可达 8m。小枝红褐色，幼时疏生柔毛，叶椭圆形至长椭圆形，长 5～8cm，先端短锐尖，基部广楔形至圆形，缘具紧贴细锯齿，背面幼时有柔毛。花在蕾时甚红艳，开放后呈淡粉红色，径 4～5cm，单瓣或重瓣；萼片较萼筒短或等长，三角状卵形，宿存；花梗长 2～3cm。果近球形，黄色，径约 2cm，基部不凹陷，果味苦。花期 4～5 月；果熟期 9 月。

【变种、变型及栽培品种】 '重瓣粉'海棠（'西府'海棠）（'Riversii'）：叶较宽而大；花重瓣，较大，粉红色。为北京庭院常见之观赏佳品，应注意勿与下述之小果海棠因俗称相同而混误。

'重瓣白'海棠（'Albi-plena'）：花白色，重瓣。

【分布】 产于河北、山东、陕西、江苏、浙江、云南。生长于海拔 50～2000m 的平原或山地。本种为我国著名观赏树种，华北、华东各地习见栽培。

【习性】 喜光，耐寒，耐干旱，忌水湿。在北方干燥地带生长良好。

【繁殖栽培】 可用播种、压条、分株和嫁接等法繁殖。实生苗需 7～8 年才能开花，且多不能保持原来特性，故一般多用营养繁殖法嫁接，以山荆子或海棠果为砧木，芽接或枝接均可。压条、分株多于春季进行。定植后每年秋季可在根际培一些塘泥或肥土。春季进行 1 次修剪，将枯弱枝条剪去。春旱时进行 1～2 次灌水。对病虫害要注意及时防治，在早春喷撒石硫合剂可防治腐烂病等。在桧柏较多之处，易发生赤星病，宜在出叶后喷几次波尔多液进行预防。

【观赏特性与园林用途】 本种春天开花，美丽可爱，为中国的著名观赏花木。适合植于门旁、庭院、亭廊周围、草地、林缘，也可作盆栽及切花材料。

(5) 西府海棠 *Malus micromalus* Makino（图 11-175）

【别名】 小果海棠。

【形态特征】 小乔木，树态峭立；为山荆子与海棠花之杂交种。小枝紫褐色或暗褐色，幼时有短柔毛。叶长椭圆形，长 5～10cm，先端渐尖，基部广楔形，锯齿尖细，背面幼时有毛，叶质硬实，表面有光泽；叶柄细长，2～3cm。花淡红色，径约 4cm，花柱 5，花梗及花萼均具柔毛，萼片短，有时脱落。果红色，径 1～1.5cm，萼洼梗洼均下陷。花期 4 月；果熟期 8～9 月。

【分布】 产于辽宁、河北、山西、山东、陕西、甘肃、云南。

图 11-175　西府海棠

生于海拔 1000～2400m 之地。

【变种、变型及栽培品种】 栽培品种很多，果实形状、大小、颜色和成熟期均有差别，所以有热花红、冷花红、铁花红、紫海棠、红海棠、老海红、八楞海棠等名称。

【观赏特性与园林用途】 为常见栽培的果树及观赏树。树姿直立，花朵密集。

【经济用途】 果味酸甜，可供鲜食及加工用。华北有些地区用作苹果或花红的砧木，生长良好，比山荆子抗旱力强。

（6）山荆子 *Malus baccata* Borkh. （图 11-176）

图 11-176 山荆子

【别名】 山定子。

【形态特征】 乔木，高达 10～14m。小枝细而无毛，暗褐色。叶卵状椭圆形，长 3～8cm，先端锐尖，基部楔形至圆形，锯齿细尖，背面疏生柔毛或光滑；叶柄细长；2～5cm。花白色，径 3～3.5cm，花柱 5 或 4；萼片狭披针形，长于筒部，无毛；花梗细，长 1.5～4cm。果近球形，径 8～10mm，红色或黄色，光亮；萼片脱落。花期 4 月下旬；果熟期 9 月。

【变种、变型及栽培品种】 变种有毛山荆子（*M. baccata* Borkh. var. *mandshurica* Schneid.）：叶柄、叶脉、花梗、萼筒外常有疏毛；果倒卵形至椭球形，深红色。产东北、内蒙古至陕西、甘肃一带。

【分布】 产于辽宁、吉林、黑龙江、内蒙古、河北、山西、山东、陕西、甘肃。生海拔 50～1500m 的山坡杂木林中及山谷阴处灌木丛中。蒙古、朝鲜、西伯利亚等地亦有分布。

【习性】 性强健，耐寒、耐旱力均强，但抗涝力较弱；深根性。

【繁殖栽培】 繁殖可用播种、扦插及压条等法。

【观赏特性与园林用途】 本种春天白花满树，秋季红果累累，经久不凋，甚为美观，可栽作庭院观赏树。

【经济用途】 果可酿酒，又因生长健壮、耐寒力强、繁殖容易，中国东北、华北各地多用做苹果、花红、海棠花等的砧木；各种山荆子，尤其是大果型变种，可作培育耐寒苹果品种的原始材料。

（7）垂丝海棠 *Malus halliana* Koehne. （图 11-177）

【形态特征】 小乔木，高 5m，树冠疏散。枝开展，幼时紫色。叶卵形至长卵形，长 3.5～8cm，基部楔形，锯齿细钝或近全缘，质较厚实，表面有光泽；叶柄及中肋常带紫红色。花 4～7 朵簇生于小枝端，鲜玫瑰红色，径 3～3.5cm，花柱 4～5，花萼紫色，萼片比萼筒短而端钝；花梗细长下垂，紫色；花序中常有 1～2 朵花无雌蕊。果倒卵形，径 6～8mm，紫色。花期 4 月，果熟期 9～10 月。

【变种、变型及栽培品种】 变种有重瓣垂丝海棠 ［*M. halliana* Koehne. var. *parkmanii* Rehd.］和白花垂丝海棠 ［*M. halliana* Koehne. var. *spontanea* Rehd.］等。

【分布】 产于江苏、浙江、安徽、陕西、四川、云南。生于海拔 50～1200m 山坡、丛林中或山溪边。

【习性】 喜温暖湿润气候，耐寒性不强，北京在良好的小气候条件下勉强能露地栽植。

【繁殖栽培】 繁殖多用湖北海棠为砧木进行嫁接。

【观赏特性与园林用途】 落叶小乔木，嫩枝、嫩叶均带紫红色，花粉红色，下垂，早春期间甚为美丽。在江南庭院中尤为常见；在北方常盆栽观赏。

图 11-177 垂丝海棠

11.1.5.4.13 梨属 *Pyrus* L.

落叶或半常绿乔木，罕为灌木；有时具枝刺。单叶互生，常有锯齿，罕具裂，在芽内呈席卷状，具叶柄及托叶。花先叶开放或与叶同放，呈伞形总状花序；花白色，罕粉红色；花瓣具爪，近圆形，雄蕊 20～30，花药常红色；花柱 2～5，离生；子房下位，2～5 室，每室具 2 胚珠。梨果显具皮孔，果肉多汁，富石细胞，子房壁软骨质；种子黑色或黑褐色。

全世界约有 25 种，分布亚洲、欧洲至北非，中国有 14 种。

各地普遍栽培重要果树及观赏树，木材坚硬细致具有多种用途。

分种检索表

1 叶缘锯齿尖锐或刺芒状。

  2 锯齿刺芒状；花柱 4～5；果较大，径 2cm 以上。

    3 花萼脱落；花柱无毛。

      4 果黄白色；叶基广楔形 ·· (1) 白梨 *P. bretschneideri*

      4 果褐色；叶基圆形或近心形 ··· 沙梨 *P. pyrifolia*

    3 花萼宿存；花柱 5，基部有毛；果黄色 ···························· 秋子梨 *P. ussuriensis*

  2 锯齿尖锐；花柱 2～3；果小，径约 1cm ····························· (2) 杜梨 *P. betulifolia*

1 叶缘锯齿钝或细钝。

  5 锯齿细钝；果黄绿色，瓢形，径约 5cm，花萼宿存；花柱常为 5 ········ 西洋梨 *P. communis*

  5 锯齿钝；果褐色，径约 1cm，花萼脱落，花柱 2 或 3 ················ (3) 豆梨 *P. calleryana*

(1) 白梨 *Pyrus bretschneideri* Rehd.（图 11-178）

【形态特征】 落叶乔木，高 5～8m。小枝粗壮，幼时有柔毛。叶卵形或卵状椭圆形，长 5～11cm，基部广楔形或近圆形，有刺芒状尖锯齿，齿端微向内曲，幼时两面有绒毛，后变光滑；叶柄长 2.5～7cm。花白色，径 2～3.5cm；花柱 5，罕为 4，无毛；花梗长 1.5～7cm。果卵形或近球形，黄色或黄白色，有细密斑点，果肉软，花萼脱落。花期 4 月；果熟期 8～9 月。

【分布】 原产于中国北部，河北、河南、山东、山西、陕西、甘肃、青海等地皆有分布。栽培遍及华北、东北南部、西北及江苏北部、四川等地。适宜生长在海拔 100～2000m 干旱寒冷的地区或山坡阳处。

【习性】 性喜干燥冷凉，抗寒力较强，但次于秋子梨；喜光；对土壤要求不严，以深厚、疏松、地下水位较低的肥沃沙质壤土为最好，开花期中忌寒冷和阴雨。

【繁殖栽培】 繁殖多用杜梨为砧木进行嫁接。栽培管理与苹果相似，但较为容易。

【变种、变型及栽培品种】 优良品种很多，形成北方梨（或白梨）系统。河北的鸭梨、蜜梨、雪花梨、象牙梨和秋白梨等，山东的茌梨、窝梨、鹅梨、坠子梨和长把梨等，山西的黄梨、油梨、夏梨和红梨等均属于本种的重要栽培品种。

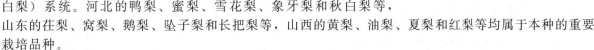

图 11-178 白梨

【观赏特性及园林用途】 春天开花，满树雪白，树姿也美，因此在园林中是观赏结合生产的好树种。

【经济用途】 果除鲜食外，还可制梨酒、梨干、梨膏、罐头等。

(2) 杜梨 *Pyrus betulifolia* Bunge（图 11-179）

【别名】 棠梨。

【形态特征】 落叶乔木，高达 10m。小枝常棘刺状，幼时密生灰白色绒毛。叶菱状卵形或长卵形，长 4～8cm，缘有粗尖齿，幼叶两面具灰白绒毛，老则仅背面有毛。花白色，径 1.5～2cm，花柱 2～3，花梗长 2～2.5cm。果实小，近球形，径约 1cm，褐色；萼片脱落。花期 4 月下旬～5 月上旬；果熟期 8～9 月。

【分布】 产于辽宁、河北、河南、山东、山西、陕西、甘肃、湖北、江苏、安徽、江西。生平原或山坡阳处，海拔 50～1800m。

【习性】 喜光，稍耐阴，耐寒，极耐干旱、瘠薄及碱土，深根性，抗病虫害力强，生长较慢。

【繁殖栽培】 繁殖以播种为主，压条、分株也可。

【观赏特性及园林用途】 树形优美，花色洁白，也常植于庭院观赏。

【经济用途】 本种通常作各种栽培梨的砧木，结果期早，寿命很长，在盐碱、干旱地区尤为适宜；又是华北、西北防护林及沙荒造林树种。木材致密可作各种器物。树皮含鞣质，可提制栲胶并入药。

图 11-179 杜梨

(3) 豆梨 *Pyrus calleryana* Dcne.（图 11-180）

【形态特征】 落叶乔木，高5～8m。小枝褐色，幼时有绒毛，后变光滑。叶广卵形至椭圆形，长4～8cm，缘具细钝锯齿，通常两面无毛。花白色，径2～2.5cm；花柱2，罕为3；雄蕊20；花梗长1.5～3cm，无毛。果近球形，黑褐色，有斑点，径1～2cm，萼片脱落。花期4月；果熟期8～9月。

【分布】 产于山东、河南、江苏、浙江、江西、安徽、湖北、湖南、福建、广东、广西。宜生于海拔80～1800m山坡、平原或山谷杂木林中。越南北部亦有分布。

【习性】 喜温暖潮湿气候，不耐寒；抗病力强。

【经济用途】 木材致密可作器具。通常用作沙梨砧木。

图11-180 豆梨

11.1.5.4.14 蔷薇属 *Rosa* L.

落叶或常绿灌木，茎直立或攀援，通常有皮刺。叶互生，奇数羽状复叶，具托叶，罕为单叶而无托叶。花单生呈伞房花序，生于新梢顶端；萼片及花瓣各5，罕为4；雄蕊多数，生于蕊筒的口部；雌蕊通常多数，包藏于壶状花托内。花托老熟即变为肉质之浆果状假果，特称蔷薇果，内含少数或多数骨质瘦果。

全属约有200种，广泛分布在亚、欧、北非、北美各洲寒温带至亚热带地区。我国产82种。

本属是世界著名的观赏植物之一，庭院普遍栽培。中国蔷薇已有悠久栽培历史，远在1630年王象晋作《群芳谱》，1688年陈淏子作《秘传花镜》，1708年汪灏作《广群芳谱》，已有蔷薇、月季花、玫瑰花、木香花等品种的记载。欧洲蔷薇在18世纪以前只有法国蔷薇、百叶蔷薇、和突厥蔷薇等少数种类，但缺少四季开花的品种，又没有开黄花的品种。中国蔷薇在18～19世纪间输入英法后，大受西方人士重视。他们用中国蔷薇和原有的品种杂交和反复回交，培育出许多优美新品种。中国原产蔷薇植物特别是月季花、香水月季，蔷薇、光叶蔷薇和玫瑰在创造现代蔷薇新品种中起着重要的作用。蔷薇属植物花香宜人，许多种可供提炼珍贵芳香油之用，常用品种为突厥蔷薇、玫瑰花、山刺玫、野蔷薇等。果实成熟后味酸甜可食、富含维生素C，为治疗心血管病等重要药品，其中如玫瑰、缫丝花、山刺玫、弯刺蔷薇、腺齿蔷薇等大果类型最为著名。此外本属中月季花（花、叶、根）、玫瑰花（花瓣）、金樱子（果、叶、根）、小果蔷薇（根）、西北蔷薇（果）、缫丝花（果、根）、野蔷薇（叶、花、果、根）、硕苞蔷薇（花、果、根）等均为各地常用的中草药，各有特效。

分种检索表

1 单叶，无托叶，花单生，黄色 ·················· 小檗叶蔷薇 *R. berberifolia*
1 羽状复叶，有托叶；花常组成花序或单生。
  2 萼筒杯状；瘦果着生于萼筒突起基部；花柱离生，不外伸 ·········· (1) 缫丝花 *R. roxburghii*
  2 萼筒坛状；瘦果着生于萼筒周边及基部。
    3 托叶大部贴生于叶柄，宿存。
      4 花柱离生，不外伸或稍伸出萼筒口部，比雄蕊短。
        5 花单生，无苞片，罕数花簇生，无苞片。
          6 萼片及花瓣均为5。
            7 花瓣黄色。
              8 叶边缘为单锯齿，叶背无腺。
                9 叶宽卵形或近圆形，罕椭圆形，叶背有柔毛，叶缘圆钝锯齿；花径3～4.5cm；枝条基部无针刺 ·················· (2) 黄刺玫 *R. xanthina*
                9 叶卵形、椭圆形或倒卵形；叶背无毛，叶缘锐齿尖锐；花径4～5.5cm；枝条基部有时有针刺 ·················· (3) 黄蔷薇 *R. hugonis*
              8 叶边缘为锯齿，叶背有腺点 ·················· (4) 报春蔷薇 *R. primula*
            7 花瓣白色或红色。
              10 花瓣白色，径2.5～3m；花梗上无毛；小叶11～13 ·················· 秦岭蔷薇 *R. tsinglingensis*
              10 花瓣红色；小叶3～5 (7)。
                11 刺等长；叶缘为单锯齿，无腺齿 ·················· (5) 突厥蔷薇 *R. damascena*
                11 刺甚不等长；叶缘为具腺的重锯齿 ·················· (6) 法国蔷薇 *R. gallica*
          6 萼片及花瓣均为4；果熟时果柄肥水；小叶9～13 (17)，叶背有柔毛或无毛，无腺点；小枝有小皮刺；基部稍膨大但非翼状 ·················· 峨眉蔷薇 *R. omeiensis*
        5 花多朵成伞房花序或单生或少花，均有苞片；萼筒上部、萼片、花盘、花柱等在果熟时均不脱落。
          12 托叶下面无皮刺。
            13 小枝和皮刺被绒毛；小叶厚叶表有皱褶；叶背密被绒毛和腺毛 ·················· (7) 玫瑰 *R. rugosa*

13 小枝和皮刺无毛；小叶背有白霜及腺点，小叶长 1.5～3.5cm ………… (8) 山刺玫 *R. davurica*

12 托叶下面有皮刺。小叶 7～9，罕 5；果椭圆，顶端短颈状 ……………… (9) 美蔷薇 *R. bella*

4 花柱离生或合生成束，伸出萼筒口处。

14 花柱离生或半离生。

15 花不香或微香；萼片通常羽裂。

16 生长季中连续开花。

17 花较大，径多在 5cm 以上。

18 植株较矮，枝纤弱，花梗细，常下垂，花多紫红、粉红，径约 5cm，淡香；叶较小而薄，常 3～5 枚 …………………………………… (10) 月季花 *R. chinensis*

18 植株较高，枝粗壮；花梗粗而直立；花具各色，径 5～10cm，香味中等为浓；叶较大且厚 ……………………………………… (11) 杂种香水月季（Hybrid Ten Rose）

17 花较大，径<5cm，多朵排成圆锥状聚伞花序，香味淡 …………………………………… ……………………………………………………… (12) 杂种小花月季（Hybrid Polyanth Rosa）

16 生长季中开 1～2 季花，多为紫、粉或白色；植株健壮；叶大 ……………………………… ………………………………………………………… (13) 杂种长春月季（Hybrid Perpetual Rose）

15 花极香，径 5～10cm；萼片常全缘 ………… (14) 香水月季 *R. odorata*（Tea Rose）

14 花柱结合成束。

19 托叶齿状。

20 托叶篦齿状；花柱无毛，花重瓣 …………………………… (15) 野蔷薇 *R. multiflora*

20 托叶为不规则齿状；花柱有毛，花径 2～3cm；小叶 5～9；花单瓣 ………… ……………………………………………………… (16) 光叶蔷薇 *R. wichuraiana*

19 托叶全缘，常有腺毛；小叶 7，叶背有稀柔毛，叶端渐尖；萼片披针形 …… 悬钩子蔷薇 *R. rubus*

3 托叶离生或近离生、早落。

21 小叶 3～5（7），椭圆状卵形或长圆状披针形；花黄或白色，径 1.5～2cm，成伞房花序，重瓣至半重瓣；花梗及萼筒无刺毛 …………………… (17) 木香 *R. banksiae*

21 小叶 3（5），椭圆状卵形成倒卵形，花白色，径 5～7cm，单生；花梗及萼筒外面密生刺毛 *R. laevigata* ………………………………………………… (18) 金樱子 *R. laevigata*

(1) 缫丝花 *Rosa roxburghii* Tratt.（见图 11-181）

【别名】 刺梨。

【形态特征】 落叶或半常绿灌木，高达 2.5m。小叶 9～15，小叶椭圆或长圆形，长 1～2cm。缘具细尖齿，叶背中脉常具小刺；叶柄及叶轴疏生皮刺，无毛；托叶边缘有腺毛，大部与叶柄连合。花 1～2 朵生于短枝，重瓣至半重瓣浅粉色，微香，径 4～6cm；花梗短，具刺毛；花托杯状，密生刺毛；萼片密被刺毛，内面密被绒毛；花柱离生，柱头微突出。果扁球形，红色，径 3～4cm，密生刺毛；宿萼直立。花期5～7月；果期9～10 月。

图 11-181 缫丝花
1. 果实横切面；2. 花枝；
3. 果枝

【变种、变型及栽培品种】 单瓣缫丝花（*R. roxburghii* Tratt. f. *normalis* Rehd. et Wils.）：花单瓣，实为本种的原始类型。

【分布】 产于陕西、甘肃、江西、安徽、浙江、福建、湖南、湖北、四川、云南、贵州、西藏等省区，均有野生或栽培。也见于日本。

【观赏特性及园林用途】 花朵美丽，栽培供观赏用。枝干多刺可以为绿篱。

【经济用途】 果实味甜酸，含大量维生素，可供食用及药用，还可作为熬糖酿酒的原料，根煮水治痢疾。

(2) 黄刺玫 *Rosa xanthina* Lindl.（图 11-182）

【形态特征】 落叶丛生灌木，高 1～3m；小枝褐色，有硬直皮刺，无刺毛。小叶 7～13，广卵形至近圆形，长 0.8～1.5cm，先端钝或微凹，缘有钝锯齿，背面幼时微有柔毛，但无腺。花单生，黄色，重瓣或单瓣，径 4.5～5cm。果近球形，红褐色，径 1cm。花期 4 月下旬至 5 月中旬。

【变种、变型及栽培品种】 单瓣黄刺玫（*R. xanthina* Lindl. f. *normalis* Rehd.）：产于我国北部山地及朝鲜、蒙古至土耳其一带；生向阳山坡或灌木丛中；栽培较少。

【分布】 产于东北、华北至西北；朝鲜也有；东北、华北各地庭院习见栽培。

【习性】 性强健，喜光，耐寒、耐旱，耐瘠薄；少病虫害。

【繁殖栽培】 多用分株、压条及扦插法。选日照充分和排水良好处栽植，管理简单。

【观赏特性及园林用途】 春天开金黄色花朵，而且花期较长，实为北方园林春景添色不少。宜于草坪、林缘、路边丛植，也可作绿篱及基础种植。

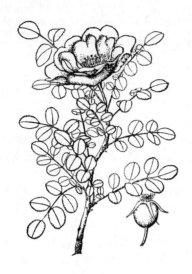

图 11-182　黄刺玫　　　　　　　　　　　　　图 11-183　黄蔷薇

（3）黄蔷薇 *Rosa hugonis* Hemsl.（图 11-183）

【形态特征】　落叶灌木，高达 2.5m；枝拱形，有直而扁平之刺，并常有刺毛混生。小叶 5～13，卵状椭圆形至倒卵形，长 0.8～2cm，先端微尖或圆钝，基部圆形，缘具锐齿，两面无毛，花单生，淡黄色，微香，径约 5cm，单瓣。果扁球形，径 1～1.5cm，红褐色，具宿存萼片。花期 4～5 月；果熟期 7 月。

【分布】　产于山西、陕西、甘肃、青海、四川。生于海拔 600～2300m 山坡向阳处、林边灌丛中。

【繁殖栽培】　秋季扦插易活，也可用分株及播种法繁殖。

【观赏特性及园林用途】　传至国外后广泛应用于园林，多依篱栅或墙垣种植，春季开花繁密，为单瓣黄色蔷薇中最受欢迎的种类之一。

（4）报春蔷薇 *Rosa primula* Bouleng.

【别名】　樱草蔷薇、报春刺玫。

【形态特征】　落叶直立灌木，高达 2m。小枝细，有多数宽大而扁平之直刺。叶有异味，幼时或雨后尤显；小叶 9～15，椭圆形至倒卵形，长 0.6～2cm，边缘有细尖而齿端具腺的重锯齿，两面无毛，背面有腺点。花单生，淡黄至黄白色，径 3～5cm。果近球形，暗红色，径约 1cm，萼片宿存而反曲。花期 4～5 月；果熟期 6～7 月。

【分布】　产于河北、河南、山西、甘肃、陕西、四川。多生于海拔 1400～3450m 的山坡、林下、路旁或灌丛中。

【繁殖栽培】　繁殖栽培及园林用途均与黄刺玫相似。

（5）突厥蔷薇 *Rosa damascena* Mill.

【别名】　香水玫瑰、大马士革蔷薇。

【形态特征】　直立强健灌木，高达 2m；茎通常有多数粗壮钩刺，有时杂以腺状刺毛。小叶通常 5，稀 7，叶缘单锯齿，无腺齿，叶表面光滑，背面密被短柔毛。花浓香，径 3～5cm，6～12 朵排成伞房花序，粉色至红色，单瓣或复瓣，花柱离生，夏、秋开花。果梨形，熟时红色。

【变种、变型及栽培品种】　'变色'突厥蔷薇（'Versicolor'）：花半重瓣，白色、粉色或桃红色。

【分布】　原产小亚细亚，我国各地已有引种栽培。

【经济用途】　在南欧栽培悠久，供制香精原料，经济价值很高，供观赏及提取香精用。也是近代月季品种的亲本之一。近年引入之香水玫瑰 1 至 4 号，即为东欧之著名品种。在北京栽培尚耐寒，繁殖栽培与玫瑰相似。

（6）法国蔷薇 *Rosa gallica* L.

【形态特征】　小灌木，高 1～1.5m；具钩刺、刺毛和腺毛。小叶通常 5，有时 3，椭圆形，长 2.5～5cm，缘有钝的重锯齿，叶厚而皱，背面有短柔毛；托叶显著，大部贴生于叶柄，有腺齿。花单生或 2～4 朵簇生，淡红或深红色，半重瓣或重瓣，径 5～7.5cm；萼片多裂，缘有腺，脱落性。果近球形至梨形，暗红色。花期 6 月。

【变种、变型及栽培品种】 '药用'法国蔷薇（'Officinalis'）：针刺少；花深粉红色，半重瓣，雄蕊黄色，花大而香。

'变色'法国蔷薇（'Versicolor'）：花半重瓣，紫色而混有白粉或红色条纹，雄蕊亦为黄色。

【分布】 原产中欧、南欧及西亚，栽培历史悠久，园艺品种很多。有重瓣及半重瓣者。我国各地均有栽培。

【观赏特性及园林用途】 久经栽培，供观赏用，法国并用以蒸馏香精。也是近代月季品种的亲本之一。

【繁殖栽培】 同玫瑰。

(7) 玫瑰 *Rosa rugosa* Thunb. （图 11-184）

【形态特征】 落叶直立丛生灌木，高达 2m；茎枝灰褐色，密生刚毛与倒刺。小叶 5～9，椭圆形至椭圆状倒卵形，长 2～5cm，缘有钝齿，质厚；表面亮绿色，多皱，无毛，背面有柔毛及刺毛；托叶大部附着于叶柄上。花单生或数朵聚生，常为紫色，芳香，径 6～8cm。果扁球形，径 2～2.5cm，砖红色，具宿存萼片。花期 5～6 月，7～8 月零星开放；果 9～10 月成熟。

【变种、变型及栽培品种】 紫玫瑰（*R. rugosa* Thunb. var. *typica* Reg.）：花玫瑰紫色。

红玫瑰（*R. rugosa* Thunb. var. *rosea* Rehd.）：花玫瑰红色。

白玫瑰（*R. rugosa* Thunb. var. *alba* W. Robins.）：花白色。

重瓣紫玫瑰〔*Rosa rugosa* Thunb. f. *Plena*（Regel）Byhouwer〕：花玫瑰紫色，重瓣，香气馥郁，品质优良，多不结实或种子瘦小。各地栽培最广。

重瓣白玫瑰（*R. rugosa* Thunb. f. *albo-plena* Rehd.）：花白色，重瓣。

图 11-184 玫瑰

此外，还有一类杂种玫瑰（Hybrid Rugosa），包括玫瑰与杂种长春月季、法国蔷薇、野蔷薇及小花月季之杂交种，内容相当丰富，抗性也较强。各地生态类型与品种，在形态、产量、品质等方面皆有相当差异。

【分布】 原产于我国华北以及日本和朝鲜。我国各地均有栽培。

【习性】 玫瑰生长健壮，适应性很强，耐寒、耐旱，对土壤要求不严，在微碱性土上也能生长。喜阳光充足、凉爽而通风及排水良好之处。

【繁殖栽培】 玫瑰繁殖方法较多，一般以分株、扦插为主。分株多于秋季落叶后春季发芽前的休眠期进行。

扦插用硬枝、嫩枝均可，南方气候温暖、潮湿，均可在露地进行。北方多行嫩枝插，在冷床中进行，经常使玻璃框下的空间保持高湿状态，也可保证大部分成活。此外，还可用嫁接和埋条法繁殖。

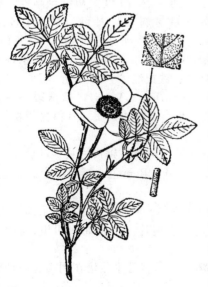

图 11-185 山刺玫

【观赏特性及园林用途】 玫瑰色艳花香，适应性强，最宜作花篱、花境、花坛及坡地栽植。

【经济用途】 鲜花可以蒸制芳香油，油的主要成分为左旋香芳醇，含量最高可达千分之六，供食用及化妆品用，花瓣可以制饼馅、玫瑰酒、玫瑰糖浆，干制后可以泡茶，花蕾入药可治肝、胃气痛、胸腹胀满和月经不调。果实含丰富的维生素 C、葡萄糖、果糖、蔗糖、枸橼酸、苹果酸及胡萝卜素等。种子含油约 14%。

(8) 山刺玫 *Rosa davurica* Pall. （图 11-185）

【别名】 刺玫蔷薇。

【形态特征】 直立灌木，高 1.5m。小叶 7～9，长圆形或宽披针形，长 1.5～3.5cm，叶缘单齿或重锯齿，叶表中脉和侧脉下凹，叶背灰绿色，有腺点和疏毛；叶柄叶轴有腺毛、柔毛和疏皮刺；托叶大部贴生于叶柄，离生部分卵形且具有腺齿。花单生叶腋或 2～3 朵簇生，花粉红色，径 3～4cm；苞片卵形，具腺齿；花梗长 5～8cm；花萼无毛；萼片披针形，端呈叶状；花梗离生，有毛，短于雄蕊。蔷薇果近球形或卵圆形，径约

1.5cm，熟时红色，光滑，宿萼直立。花期6～7月；果期8～9月。

【变种、变型及栽培品种】 光叶山刺玫（*R. davurica* Pall. var. *glabra* Liou），小叶长达4cm，叶背无粒状腺体，通常无毛，仅沿脉有短柔毛。

【分布】 产于黑龙江、吉林、辽宁、内蒙古、河北、山西等省区。多生于海拔430～2500m的山坡阳处或杂木林边、丘陵草地。朝鲜、西伯利亚东部、蒙古南部也有分布。

【习性】 性强健，耐寒、旱，喜光。

【繁殖栽培】 可用播种、扦插、分株等法。

【经济用途】 果含多种维生素、果胶、糖分及鞣质等，入药健脾胃，助消化。根主要含儿茶类鞣质，止咳祛痰，止痢，止血。

(9) 美蔷薇 Rosa bella Rehd. et Wils.

【别名】 油瓶子。

【形态特征】 灌木，高1～3m，小枝散生有细直皮刺；托叶下常有一对粗壮针刺。小叶7（5）～9（11），卵形，椭圆形或长圆形，长1～3cm，叶缘单锯齿，两面无毛或叶背沿脉有毛；小叶柄和叶轴无毛或有稀疏毛、腺毛及小皮刺；托叶大部贴生于叶柄，离生部分卵形，边缘有腺齿；叶下有皮刺。花单生或2～3朵簇生，粉红色，径5cm，芳香，花梗长近1cm，与萼均有腺毛。蔷薇果椭圆形，长1.5～2cm，顶端呈短颈状，熟时红色。花期6月；果期8～9月。

【变种、变型及栽培品种】 变种光叶美蔷薇（*R. bella* Rehd. et Wils. var. *nuda* Yu at Tsai），花略小，花梗与萼均无腺毛。

【分布】 产于吉林、内蒙古、河北、山西、河南等省区。多生灌丛中，山脚下或河沟旁等处，海拔可达1700m。

【习性】 喜光亦稍耐阴凉，耐寒、耐旱、耐瘠薄。

【繁殖栽培】 可播种及扦插繁殖。

【经济用途】 花可提取芳香油并制玫瑰酱。花果均入药，花能理气、活血、调经、健胃；果能养血活血。河北、山西用本种果实代替金樱子入药。

(10) 月季花 Rosa chinensis Jacq. （图11-186）

图11-186　月季花

【形态特征】 常绿或半常绿直立灌木，通常具钩状皮刺。小叶3～5，广卵至卵状椭圆形，长2.5～6cm，先端尖，缘有锐锯齿，两面无毛，表面有光泽；叶柄和叶轴散生皮刺和短腺毛，托叶大部附生在叶柄上，边缘具腺纤毛。花常数朵簇生，罕单生，径约5cm，深红、粉红至近白色，微香；萼片常羽裂，缘有腺毛；花梗多细长，有腺毛。果卵形至球形，长1.5～2cm，红色。花期4月下旬至10月；果熟期9～11月。

【分布】 原产于中国，各地普遍栽培。

【变种、变型及栽培品种】 园艺品种很多，其中尤以原种及月月红为多。原种及多数变种早在18世纪末19世纪初传至国外，成为近代月季杂交育种的重要原始材料。月月红（*R. chinensis* Jacq. var. *semperflorens* Koehne）：茎较纤细，常带紫红晕，有刺或近无刺；小叶较薄，常带紫晕；花多单生，紫色至深粉红色，花梗细长而常下垂。品种有大红月季、铁把红等。

小月季（*R. chinensis* Jacq. var. *minima* Voss）：植株矮小，多分枝，高一般不过25cm；叶小而狭；花也较小，径约3cm，玫瑰红色，单瓣或重瓣。宜作盆景材料。栽培品种不多，但在小花月季矮化育种中起着重要作用。

绿月季（*Rosa chinensis* Jacq. var. *viridiflora* Dipp）：花淡绿色，花瓣呈带锯齿之狭绿叶状。

变色月季（*Rosa chinensis* Jacq. f. *mutabilis* Rehd.）：花单瓣，初开时硫黄色，继变橙色、红色，最后呈暗红色，径4.5～6cm。

单瓣月季 [*Rosa chinensis* Jacq. var. *spontanea* (Rehd. et Wils.) Yü et Ku]：本变种枝条圆筒状，有宽扁皮刺，小叶片3～5，花瓣红色，单瓣，萼片常全缘，稀具少数裂片。产湖北、四川、贵州。此为月季花原始种。

【习性】 月季喜日照充足、空气流通、排水良好、避风的环境。切忌将月季栽培在阴山、高墙或树荫之下。然而，在盛夏炎热时需适当遮阴。月季对土壤要求虽不甚严，但以疏松、肥沃富含有机质、微酸性的壤土较为适宜。大多数品种最适温度白天为15～26℃，晚上为10～15℃。冬季气温低于5℃时即进入休眠，夏季高温持续30℃以上，生长减慢，开花减少，进入半休眠状态。月季对水分比较敏感，在整个生长过程中不能脱水，尤其从萌芽开始至茎叶生长、开花，消耗水分较多应充分浇水，保持盆土湿润，有利于茎叶生长、花朵肥大、花色鲜艳；进入休眠期后，要控制水分，不宜过多。

【繁殖栽培】　月季多用扦插或嫁接法繁殖。硬枝、嫩枝扦插均易成活，一般在春、秋两季进行。嫁接采用枝接、芽接、根接均可，砧木用野蔷薇、白玉棠、刺玫等。此外还可采用分株及播种法繁殖。栽培管理比较简单，新栽植株要重剪，以后每年初冬也要根据当地气候情况适当重剪。一般老枝仅留2～4芽，弱枝、枯枝、病枝及过密枝则齐基剪除，这样来年就可发枝粗壮，形成丰满株形。淮河流域及其以南地区可以安全越冬，不必封土；华北地区须在初冬先灌冬水，重剪后封土保护越冬。但在小气候良好处或希望长成较高植株时，可不重剪和封土，而采用适当包草、基部培土的方法越冬。月季在生长季中发芽开花多次，消耗养料较多，因此要注意多施肥。一般入冬施1次基肥，生长季施2～3次追肥，平时浇水也可掺施少量液肥。这样既可助长发育，使叶茂花大，又可增强对病虫害的抵抗力。月季主要易受白粉病危害，宜选通风、日照良好、地势高燥处栽种，并注意经常进行养护管理等。如已发生白粉病，应及早剪除病枝，集中烧毁。

【观赏特性与园林用途】　花期长，花色艳丽，宜作花坛、花境、基础种植或绿篱用，也适于草坪、庭院等处栽植。藤本月季还可供攀援，绿化栅架、门廊等；很多栽培品种为世界著名的切花，还有许多适于盆栽的品种。地被月季因其紧密的株型特性而作为有效的地被，挡住土表阳光从而抑制杂草萌发，最佳的观赏效果是垂铺于矮墙、坡、堤或容器边缘。灌木月季以其高度、开张性以及多刺的特征使其极适宜作树篱。混植花境中与古代花园月季匹配，许多灌木月季具有夏季可多次开花的优越性。

【经济用途】　花、根、叶均可入药。花含挥发油、槲皮苷鞣质、没食子酸、色素等，可治月经不调、痛经、痛疖肿毒。叶治跌打损伤。鲜花或叶外用，捣烂敷患处。

(11) 杂种香水月季（Hybrid Tea Rose）

【形态特征】　杂种香水月季是近代月季中最主要的一类，其直接来源是以香水月季与杂种长春月季杂交而成。其形态特点主要是花蕾多卵尖而秀美，花大而色形丰富，且具芳香，花梗多长而坚韧，在生长季中开花不绝。大多为灌木，也有少数为藤本；落叶性或半常绿性。

【变种、变型及栽培品种】　杂种香水月季自1867年首次出现后，经过不断选育和反复杂交，至今成为最受欢迎，品种最多的一个类别。全世界品种多达5000种以上，包括大量极为美丽而切合各类园林应用需要的优良品种。中国上海、南京、杭州、常州、北京、天津等地栽培较集中，品种曾达300种以上。其中属于普纳月季（Pernetiana Rose）者，系1900年培育成的杂种香水月季一个支系。其来源是将波斯黄蔷薇（R. *foetia* var. *persiana*）与一种紫红杂种长春月季杂交而得'苏来娥'（'So-leild Or'），然后再用它与杂种香水月季杂交而成普纳月季。其特点为生长势特强，多坚刺；叶常厚而有光泽；花色丰富而艳丽，有金黄、火红、古铜、橙黄、粉红等色。普纳月季一度甚为流行，名种有'和平'（'Peace'）、'塔里斯曼'（'Talisman'）等。但到20世纪30年代以后它就在多次与杂种香水月季的杂交中被吸收融化了，然而它那丰富而明亮的色彩也渗入到所有现代月季中去了。现将不同色系之杂种香水月季的代表性品种列举如下。

白色：'天晴'（'White Killerney'）、'波雪夫人'（'Madame Jules Bouch's'）。

粉色：'贵妃醉酒'（'Radiance'）、'蝴蝶夫人'（'Madame Butterfly'）。

红色：'良辰'（'Better Times'）、'国色天香'（'Gruss an Tepitz'）、'藤墨红'（'Climbing Crimson Glory'）。

橙黄：'金背大红'（'Condesa de Sastago'）、'金黎明'（'Golden Dawn'）、'藤和平'（'Climbing Peace'）。

杂种香水月季栽培遍及全世界，除严寒、酷暑之地均有之。国内则在北京以南地区可露地栽培，在京、津一带可选小气候良好处栽种，采取堆土等防寒措施越冬。

【习性】　与月季花相似，但生长势更强而较嗜肥，其中攀援性品种抗寒性较弱。

【繁殖栽培】　也与月季花相似，但优良品种常不易扦插成活，故更多用嫁接法繁殖。在灌水、施肥、修剪和病虫害防治等方面要求更精细些。如施肥，以每周施用稀薄人粪尿为好。自早春发芽起至土地冻结前2个月为止；在春季及花前5～6周施肥量可稍增。多次开花性品种应在花后及时将花枝留3～4个芽短剪，促使抽新枝继续开花。新栽植的植株必须强度修剪，可留3～5个主枝各留2～4芽短剪。以后每年冬季或早春均须进行重剪1次。老枝经几年开花后，须以新枝更新之。蔓性品种，如'藤墨红'等修剪宜较轻，各枝可留10～12个芽，如芽留太少，势将影响开花。寒地月季越冬仍以全埋土中为妥，可结合修剪、灌冻水等在初冬进行。病虫害除白粉病外，还要注意及时防治黑斑病、蚜虫及红蜘蛛等。

【观赏特性及园林用途】 均似月季花，而在花境、花坛、专类花园（月季园）、庭院、机关、学校方面应用更广。

(12) 杂种小花月季（Hybrid Polyantha Rose）

【形态特征】 小花月季是1909年开创的一类月季品种，主要品系有矮月季、野蔷薇、粉团蔷薇、七姊妹、波邦蔷薇以及月季花和突厥蔷薇的自然杂交种，也是杂种香水月季等品种经过反复杂交选育而成。其主要特点是：植株低矮，分枝细密，花多而较小，排成大花丛，连续开花。品种很多，包括多种艳丽之花色与奇特之花型。

【变种、变型及栽培品种】 著名品种有'爱莎普生'（'Else Poulsen'）、'多来先'（'Donald Prior'）、'小古铜'（'Mayo Koster'）等。

【习性】 杂种小花月季适应性较强，尤其是有较强之耐寒性，故在世界各地普遍栽培，尤以北欧及北美较多。在北京可露地越冬，不必堆土防寒。

【繁殖栽培】 扦插容易成活，管理比较简单。耐热性也较强，在长江流域夏季不断开花。

【观赏特性及园林用途】 由于植株较矮，生长季又连续开大量之花，故特适合布置花境、花坛、月季园，也是盆栽和切花的好材料。

(13) 杂种长春月季（Hybrid Perpetual Rose）

系来源十分复杂的一类月季，是近代月季之先驱。其育种过程大致如下：月季花与突厥蔷薇杂交得波邦蔷薇，再与法国蔷薇等杂交而得杂种波邦（Hybrid Bourbon），后者复与月季花及其变种杂交，终于1837年在巴黎附近育成两个杂种长春月季的早期品种。以后又育成更多的品种，并广泛应用于欧洲及北美园林中，直到19世纪末才让位给后起之秀——杂种香水月季。

【形态特征】 植株高大，生长旺盛，枝条粗壮而多直立，也有带蔓性者，小叶多为5枚，常呈暗绿色而无光泽，大而较厚。花蕾肥大而秀美，开放后形大，复瓣或重瓣，以紫、红、粉、白色为多。基本上以春季一次开大量花为主，在其余季节里仅开少量零星的花，或秋季有一次较多量的花。

【变种、变型及栽培品种】 品种曾经很多，但由于它花色有限和不能四季连续多次开花等缺点，目前园林应用已不多。常见有白花品种如'德国白'（'Frau Karl Druschki'），粉花品种如'阳台梦'（'Paul Neyron'），红花品种如'贾克将军'（'General Jacqueminot'）等，它们的繁殖栽培及园林用途等均基本与杂种香水月季相同。

(14) 香水月季 *Rosa odorata*（Andr.）Sweet.

【形态特征】 常绿或半常绿灌木；枝条长，多少具攀援性，有散生钩状皮刺。小叶5～7，常为卵状椭圆形，长3～7cm，先端尖，基部近圆形，缘有锐锯齿，两面无毛，表面有光泽；叶柄和叶轴均疏生钩刺和短腺毛；新叶及嫩梢常带古铜色晕。花蕾秀美，花梗细长，单生或2～3朵聚生，有粉红、浅黄、橙黄、白等色，径5～8cm或更大，芳香浓烈。果近球形，红色。

【变种、变型及栽培品种】 淡黄香水月季 [*R. odorata*（Andr.）Sweet. f. *ochroleuca* Rehd.]：花重瓣，淡黄色。

橙黄香水月季 [*R. odorata*（Andr.）Sweet. var. *Pseudlindica*（Lindl.）Rehd.]：花重瓣，肉红黄色，外面带红晕，径7～10cm。

大花香水月季 [*R. odorata*（Andr.）Sweet. var. *gigantea*（Crep.）Rehd. et Wils.]：植株粗壮高大，枝长而蔓性，有时长达10m。花乳白至淡黄色，有的水红色，单瓣，径10～15cm；花梗、花托均平滑无毛，产于中国云南，缅甸也有分布。

粉红香水月季 [*R. odorata*（Andr.）Sweet. F. *erubescens*（Focke）Yu et Ku]：花较小，淡红色，产云南。

【分布】 香水月季原产于中国西南部，久经栽培，1810年传入欧洲后，培育成很多品种，统称'Tea Rose'（原指花具有压碎的新鲜茶叶之香味），19世纪至20世纪初在欧洲及北美温暖地区栽培很普遍。有若干品种目前仍在栽培，如'西王殿'、'千里香'及北京栽培之'平头白'、'黄月季'、'疏枝醉酒'等。

【习性】 似月季花而较娇弱，喜水、肥，怕热、畏寒。新梢自春至秋不断生长，只需有20℃以上的温度，即可次第着蕾开花。

【繁殖栽培】 多用嫁接法。管理要求较为精细，夏季要注意通风，冬季要注意防寒。

【观赏特性及园林用途】 香水月季具有花蕾秀美、花形优雅、色香俱佳及连续开花等优良性状，在近代月季杂交育种中起过重大作用。但由于它秉性娇弱，尤其是不耐寒成为其发展的主要障碍，到

20世纪初在欧美月季舞台上就逐渐让位给其较耐寒的品系——杂种香水月季。

(15) 野蔷薇 Rosa multiflora Thunb.（图 11-187）

【形态特征】 落叶灌木；茎长，偃伏或攀援，托叶下有刺。小叶 5~9（11），倒卵形至椭圆形，长 1.5~3cm，缘有齿，两面有毛；托叶明显，边缘篦齿状。花多朵呈密集圆锥状伞房花序，白色或略带粉晕，芳香，径约 2cm，萼片有毛，花后反折。果近球形，径约 6mm，褐红色。花期 5~6 月，果熟期 10~11 月。

【变种、变型及栽培品种】 粉团蔷薇（R. multiflora Thunb. var. cathyensis Rehd. et Wils）：小叶较大，通常 5~7；花较大，径 3~4cm，单瓣，粉红至玫瑰红色，数朵或多朵呈平顶之伞房花序。

七姊妹（R. multiflora Thunb. var. carnea Thory）：叶较大；花重瓣，深红色，常 6~7 朵呈扁伞房花序，栽培供观赏，还可作护坡及棚架之用。

白玉棠（R. multiflora Thunb. var. albo-plena Yu et Ku）：枝上刺较少；小叶倒广卵形；花白色，重瓣，多朵簇生，有淡香。北京常见。扦插易生根，常作嫁接月季花的砧木。

图 11-187　野蔷薇
1. 花枝；2. 花；3. 果实

以上变种与变型还有不同品种和品系，有色有香，丰富多彩，广泛栽植于园林，多作花柱、花门、花筒、花架、基础种植以及斜坡悬垂材料，也可盆栽或切花观赏。栽培管理粗放，必要时略行疏剪或轻度短剪。一些品种易罹患白粉病，可用石灰硫黄合剂防治。

【分布】 产于江苏、山东、河南等省。日本、朝鲜常见。

【习性】 性强健，喜光，耐寒，对土壤要求不严，在黏重土壤中也可正常生长。

【繁殖栽培】 用播种、扦插或分根均易成活。

【观赏特性及园林用途】 在园林中最宜植为花篱，坡地丛栽也颇有野趣，且有助于水土保持。原种作各类月季、蔷薇的砧木时亲和力很强，故国内外普遍应用。

(16) 光叶蔷薇 Rosa wichuraiana Crep.

【形态特征】 半常绿灌木，有细长平卧之枝，散生硬钩刺。小叶 7~9，广卵形至倒卵形，长 1~2.5cm，表面暗绿。两面无毛，有光泽；托叶全缘或有腺齿。花白色，单瓣，芳香，径 4~5cm，花柱合生，有柔毛；萼片内侧密生白毛；数朵呈圆锥状伞房花序。果卵圆形，径约 6mm，紫红色。花期 7~9 月。

【变种、变型及栽培品种】 本种 1893 年传入美国，后与杂种香水月季等杂交，育成若干杂种光叶蔷薇品种（Hybrid Wichuraianas），为藤本，叶近常绿而有光泽，花大，多为单瓣，有各种色彩，能连续开花，而抗性特强。如'花旗藤'（'American Pillar'）就是光叶蔷薇与 R. Setigera Michx. 的杂交种，开玫瑰粉色而具白心之大型单瓣花。

图 11-188　木香

【分布】 产于浙江、广东、广西、福建、台湾，海拔分布 150~500m。日本、朝鲜有分布。

【习性】 生长健壮，在北京可露地越冬。

【繁殖栽培】 扦插易活，也可用野蔷薇或'白玉棠'为砧木进行嫁接。

【观赏特性及园林用途】 本种植株平卧，有长匍枝，花期较长，叶片光亮，花朵较密，并有香气，为园艺家所重视，是地面覆盖和杂交育种的好材料。现已培育出很多园艺品种，广泛栽培。用于覆盖墙垣、石坡和棚架。

(17) 木香 Rosa banksiae Ait.（图 11-188）

【形态特征】 常绿攀援灌木，高达 6m，枝细长，绿色，光滑而少刺。小叶 3~5，罕 7，卵状长椭圆形至披针形，长 2.5~5cm，先端尖或钝，缘有细锐齿，表面暗绿而有光泽，背面中肋常微有柔毛；托叶线形，与叶柄离生，早落。花常为白色，径约 2.5cm，芳香，萼片全缘，花梗细长，光滑；3~15 朵排成伞形花序。果近球形，红色，径 3~4mm，萼片脱落。花期 4~5 月。

【变种、变型及栽培品种】　重瓣白木香（*R. banksiae* Ait. var. *albo-plena* Rehd. ）：花白色，重瓣，香味浓烈；常为 3 小叶，久经栽培，应用最广。

重瓣黄木香（*R. banksiae* Ait. var. *lutea* Lindl. ）：花淡黄色，重瓣，香味甚淡；常为 5 小叶；较少栽培。

单瓣黄木香（*R. banksiae* Ait. f. *lutescens* Voss. ）：花黄色，单瓣，罕见，产四川。

单瓣白木香（*R. banksiae* Ait. var. *normalis* Regel）：花白色，单瓣，味香；果球形至卵球形，直径 5～7mm，红黄色至黑褐色，萼片脱落，此为木香花野生原始类型。产于河南、甘肃、陕西、湖北、四川、云南、贵州。生于海拔 500～1500m 的沟谷中。根皮含鞣质 19％，可供制栲胶，又供药用，称红根，能活血、调经、消肿。

金樱木香（*R. fortuneana* Lindl. ）：可能是木香与金樱子（*R. laevigata* Michx. ）的杂交种，藤本，小叶 3～5，有光泽；花单生，大形，重瓣，白色，香味极淡，花梗有刚毛。

【分布】　产于四川、云南。生于海拔 500～1300m 的溪边、路旁或山坡灌丛中，全国各地均有栽培。

【习性】　性喜阳光，耐寒性不强，北京须选背风向阳处栽植。

【繁殖栽培】　多用压条或嫁接法；扦插虽可，但较难成活。木香生长迅速，管理简单，开花繁茂而芳香，花后略行修剪即可。

【观赏特性及园林用途】　在中国长江流域各地普遍栽作棚架、花篱材料；在北方也常盆栽并编扎成"拍子"形等。花含芳香油，可供配制香精化妆品用。著名观赏植物，常栽培供攀援棚架之用。性不耐寒，在华北、东北只能作盆栽，冬季移入室内防冻。

（18）金樱子 *Rosa laevigata* Michx. （图 11-189）

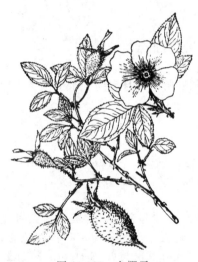

图 11-189　金樱子

【别名】　刺梨子。

【形态特征】　常绿攀援性灌木，高达 5m。小枝散生扁平弯皮刺。小叶革质，通常 3，稀 5，小叶椭圆状卵形或披针形，长 2～6cm，叶缘锐锯齿，叶端急尖、渐尖或圆钝，叶表无毛，叶背黄绿色，网脉明显，小叶柄及叶轴有皮刺和腺毛；托叶离生或仅基部与叶柄合生，披针形，早落。花单生侧枝顶端，白色，芳香，径 5～7cm；萼片直立，近全缘；心皮多数，花柱离生，有毛，柱头矮于花托口，比雄蕊短；花梗及萼筒密被刺毛；蔷薇果梨形或倒卵形，长 2～4cm，熟时紫褐色，与果梗均具刺毛。萼片宿存。花期 5～7 月；果期 8～10 月。

【变种、变型及栽培品种】　重瓣金樱子（*Rosa laevigata* Michx. f. *semiplena* Yu et Ku），花半重瓣，花较大，径 5～9cm。

【分布】　产于陕西、安徽、江西、江苏、浙江、湖北、湖南、广东、广西、台湾、福建、四川、云南、贵州等省区。喜生于海拔 200～1600m 的向阳山坡、田边、溪畔灌木丛中。

【习性】　性喜光及温润气候，对土壤要求不严。

【繁殖栽培】　可用播种和扦插法繁殖。

【经济用途】　根皮含鞣质，可制栲胶，果实可熬糖及酿酒。根、叶、果均可入药，根有活血散瘀、祛风除湿、解毒收敛及杀虫等功效；叶外用可治疮疖、烧烫伤；果能止腹泻并对流感病毒有抑制作用。

11. 1. 5. 4. 15　悬钩子属 *Rubus* L.

落叶或常绿、半常绿，灌木、亚灌木或多年生草本。茎直立、攀附、拱曲或匍匐，常具皮刺，罕无刺。叶互生，单叶、3 小叶、掌状或羽状复叶；有托叶。花两性，罕单性异株，常呈总状、伞房或圆锥花序，或数朵簇生或单生，常顶生，罕腋生；苞片与托叶相似，全缘或分裂；花萼 5（4～8）裂，宿存；花瓣 5，罕稍多或无花瓣，常为白色或红色；雄蕊多数，宿生于花萼口部；心皮多数，分离，着生于凸起的花托上，子房 1 室，每室 2 胚珠，花柱近顶生，子房上位。果为由小核果或瘦果集生于花托而形成的聚合果，花托肉质或干燥，红色、黄色或黑色。

本属现知 700 余种，分布于全世界，主要产地在北半球温带，少数分布到热带和南半球，我国有 194 种。

本属植物有些种类的果实多浆，味甜酸，可供食用，在欧美已长期栽培作重要水果；有些种类的果实、种子、根及叶可入药；茎皮、根皮可提制栲胶；少数种类庭院栽培供观赏。本属植物种类繁多，变异性大，类型复杂，而且存在无融合生殖类型，常出现多倍体，仅据外部形态分类比较困难。

分种检索表

1 单叶。
  2 花单生叶腋成为顶生总状花序；叶缘锯齿尖细，叶背疏被灰色绒毛 ………………………… 太平莓 *R. pacificus*
  2 花 2～6 朵集生枝顶或成短伞房花序 ……………………………… (1) 牛迭肚 *R. crataegifolius*
1 叶为 3 小叶复叶；花单生叶腋或成总状花序生于叶腋，或成为顶生的总状花序或圆锥花序，叶背被灰白色绒毛
………………………………………………………………………………… (2) 复盆子 *R. idaeus*

(1) 牛迭肚 *Rubus crataegifolius* Bge.（图 11-190）

【别名】 托盘、牛叠肚。

【形态特征】 落叶灌木，高达 3m。小枝红褐色，有棱；幼枝有毛及钩刺。单叶，宽卵形或近圆形，长 5～12cm，3～5 掌状分裂，叶缘具不整齐粗锯齿，叶背中脉有小皮刺；叶柄长 2～5cm，散生小钩刺。花 2～6 朵集生或成短伞房花序；花白色，径 1～1.5cm；萼片卵形，反曲。聚合果近球形，径约 1cm，熟时红色。花期 5～7 月；果期 7～9 月。

【分布】 产于黑龙江、辽宁、吉林、河北、河南、山西、山东。生于海拔 300～2500m 的向阳山坡灌木丛中或林缘，常在山沟、路边成群生长。朝鲜、日本、俄罗斯远东地区也有。

【习性】 性喜光、耐寒、喜润土但不耐积水之地。

【观赏特性及园林用途】 可用作风景区山地绿化树种或园林中作刺篱。

【经济用途】 果酸甜，可生食、制果酱或酿酒；全株含单宁，可提取栲胶；茎皮含纤维，可作造纸及制纤维板原料；果和根入药，可补肝肾，祛风湿。

图 11-190 牛迭肚

(2) 复盆子 *Rubus idaeus* L.

【形态特征】 落叶灌木，高 1～2m。幼枝被柔毛，疏生皮刺。羽状复叶，小叶 3（5），卵形或椭圆形，长 2～10cm，叶缘粗重锯齿，叶背被灰白色绒毛和小钩刺；叶柄，叶轴均被小刺。单花或总状花序腋生，总状序或圆锥花序顶生，花白色，萼片、花梗、总梗均被柔毛及皮刺。聚合果近球形，径 1.2cm，熟时红色。花期 5～7 月；果期 7～9 月。

【变种、变型及栽培品种】 华北复盆子（*Rubus ialaeus* L. var. *borealisinensis* Yu et Lu）：枝、叶柄、总花梗、花梗和花萼外面具稀疏针刺或几无刺，枝和叶柄均无腺毛，仅总花梗、花梗和花萼外面具腺毛。产于内蒙古（大青山、凉城）、河北西部、山西东部至西部。生于海拔 1250～2500m 的山谷阴处、山坡林间或密林下、白桦林缘或草甸中。

无毛复盆子（*Rubus idaeus* L. var. *glabratus* Yu et Lu）：枝、叶柄和花梗具极稀疏小刺，均无毛，也无腺毛。产于黑龙江南部。生于路边杂木林下，在齐齐哈尔试验场有栽培。

【分布】 产于吉林、辽宁、河北、山西、新疆。生于海拔 500～2000m 的山地杂木林边、灌丛或荒野。日本、俄罗斯、中亚、北美和欧洲也有分布。

【习性】 性强健且耐寒，喜光亦略耐阴，可植庭院。

【经济用途】 果供食用，在欧洲久经栽培，有多数栽培品种作水果用；又可入药，有明目、补肾作用。

11.1.5.4.16 棣棠属 Kerria DC.

灌木，小枝细长，冬芽具数个鳞片。单叶，互生，具重锯齿；托叶钻形，早落；花两性，大而单生；萼筒短，碟形，萼片 5，覆瓦状排列；花瓣黄色，长圆形或近圆形，具短爪；雄蕊多数，排列成数组，花盘环状，被疏柔毛；雌蕊 5～8，分离，生于萼筒内；花柱顶生，直立，细长，顶端截形；每心皮有 1 胚珠，侧生于缝合线中部。瘦果侧扁，无毛。染色体基数 $x = 9$。

仅有 1 种，产于中国和日本。欧美各地引种栽培。

美丽的观赏植物，供庭院绿化和药用。

棣棠 *Kerria japonica*（L.）DC.（图 11-191）

【形态特征】 落叶丛生无刺灌木，高 1.5～2m；小枝绿色，光滑，有棱。叶卵形至卵状椭圆形，长 4～8cm，先端长尖，基部楔形或近圆形，缘有尖锐重锯齿，背面略有短柔毛。花金黄色，径 3～4.5cm，单生于侧枝顶端；瘦果黑褐色，生于盘状花托上，萼片宿存。花期 4 月下旬至 5 月底。

图 11-191 棣棠

【变种、变型及栽培品种】 重瓣棣棠［*Kerria japonica* (L.) DC. f. *Pleniflora* (Witte) Rehd.］：花重瓣。

金边棣棠［*Kerria japonica* (L.) DC. f. *aureo-variegata* Rehd.］：叶缘黄色。

银边棣棠［*Kerria japonica* (L.) DC. f. *picta* (Sieb.) Rehd.］：叶缘白色，观赏价值更高，并可作切花材料，在园林和庭院中栽培更普遍。

此外，尚有若干斑叶、彩枝等变种，较为罕见。

【分布】 产于甘肃、陕西、山东、河南、湖北、江苏、安徽、浙江、福建、江西、湖南、四川、贵州、云南。生于海拔200～3000m的山坡灌丛中。日本也有分布。

【习性】 性喜温暖、半阴而略湿之地。在野生状态多在山涧、岩石旁、灌丛中或乔木林下生长。南方庭院中栽培较多，华北其他城市须选背风向阳或建筑物前栽种。

【繁殖栽培】 多用分株法，于晚秋或早春进行。也可用硬枝或嫩枝分别于早春、晚夏扦插。若要大量繁殖原种，则可采用播种法。栽培管理比较简单。因花芽是在新梢上形成，故宜隔二三年剪除老枝1次，以促使发新枝，多开花。

【观赏特性及园林用途】 棣棠花、叶、枝俱美，丛植于篱边、墙际、水畔、坡地、林缘及草坪边缘，或栽作花境、花篱或与假山配置，都很合适。

【经济用途】 茎髓作为通草代用品入药，有催乳利尿之效。

11.1.5.4.17 鸡麻属 Rhodotypos Sieb. et Zucc.

灌木；单叶对生，缘具重锯齿，有托叶；花单生，白色。萼片4，卵形，有锯齿，基具4互生副萼。花瓣4，近圆形，雄蕊多数，心皮通常4；核果熟时干燥，黑色，外绕大宿存萼。

本属仅1种，产于中国及日本。

鸡麻 *Rhodotypos scandens* (Thunb.) Mrkino. （图 11-192）

【形态特征】 落叶灌木，高2～3m。枝开展，紫褐色，无毛。叶卵形至卵状椭圆形，长4～8cm，端锐尖，基圆形，缘具尖锐重锯齿，表面皱，背面至少幼时有柔毛；叶柄长3～5mm。花纯白色，径3～5cm，单生新枝顶端。核果4，倒卵形，长约8mm，亮黑色。花期4～5月。

【分布】 产于辽宁、陕西、甘肃、山东、河南、江苏、安徽、浙江、湖北。生于海拔100～800m的山坡疏林中及山谷林下阴处。日本和朝鲜也有分布。

【繁殖栽培】 多用分株法繁殖。

【观赏特性及园林用途】 我国南北各地栽培供庭院绿化用。

【经济用途】 根和果入药，治血虚肾亏。

11.1.5.4.18 委陵菜（金露梅）属 Potentilla L.

落叶小灌木或亚灌木，多年生草或一二年生草本。羽状或掌状复叶。托叶常连于叶柄并成鞘状。花单生或顶生，成聚伞或聚伞圆锥花序；萼片5，基具5互生苞片；花瓣5，圆形；雄蕊10～

图 11-192 鸡麻

30；雌蕊多生于一较低的圆锥形花托上，后各变为干瘦果；花柱脱落。

全世界200余种，大多分布北半球温带、寒带及高山地区，极少数种类接近赤道。我国有80多种，全国各地均产，但主要分布在东北、西北和西南各省区。有些高山种类形成垫状，为高山草甸植被重要成分。

本属过去曾一度将木本与草本分开，将木本另列为 *Dasiphora* 属，新系统又将二者合并，仍恢复原来 *Potentilla* 名。

有些种类根含淀粉可作代食品，有些种类全草可供药用，多数种类根含鞣质，可提制栲胶。

分种检索表

1 灌木0.5～2 (3) m；小叶3～7，通常5枚。

　　2 花黄色 ·· (1) 金露梅 *P. fruticosa*

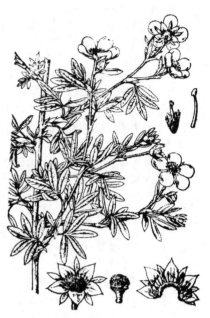

图 11-193　金露梅

　　2 花白色 ·· （2）银露梅 *P. glabra*

1 灌木低矮，0.2～1.5m，小叶 5～9 枚 ··············· 小叶金露梅 *P. parvifolia*

　　（1）金露梅 *Potentilla fruticosa* L.（*Dasiphora fruticosa* L.）（图 11-193）

　　【别名】　金老梅、金蜡梅。

　　【形态特征】　落叶灌木，高可达 2m，树皮纵向剥落，分枝多，幼枝有丝状毛。羽状复叶，小叶 3～7，通常 5 枚，长椭圆形至线状长圆形，长 1～2cm，宽 3～6cm，全缘，两面微有毛，上面 1 对小叶基部下延于叶轴；叶柄短；托叶膜质。花单生或数朵呈聚伞序，花黄色，径 2～3cm；副萼片披针形，萼片卵形；花瓣圆形；瘦果密生长柔毛。花期 7～8 月，果期 9～10 月。

　　【变种、变型及栽培品种】　白毛金露梅（*P. fruticosa* L. var. *albicans* Rehd & Wils.），叶背密生银白色毛。还有其他栽培变种，如：开白色花的 'Mandschurica'、开橙色花的 'Red Ace'、开橙黄色花的 'Tangerine'、开象牙白色花的 'Vilmoriniana' 等。

　　【分布】　产于黑龙江、吉林、辽宁、内蒙古、河北、山西、陕西、甘肃、新疆、四川、云南、西藏。生于海拔 1000～4000m 的山坡草地、砾石坡、灌丛及林缘。

　　（2）银露梅 *Potentilla glabra* Lodd.（*Potentilla davurica* Nestl.）

　　【别名】　达乌里金老梅。

　　【形态特征】　灌木，高可达 2m。小叶长约 1cm，叶表疏生丝状毛或近无毛；托叶褐色，具膜质缘，顶具丛毛。花单生或数朵顶生，白色，径 1.5～2.5cm；萼广卵形；副萼小，倒卵长披针形，苞常椭圆形。花期 6～8 月，果期 9～10 月。

　　【变种、变型及栽培品种】　长瓣银露梅（*P. glabra* Lodd. var. *longipetala* Yu et Li）：小叶披针形或长圆披针形；花较大，直径 2.5～3cm，萼片三角状披针形，顶端长渐尖，副萼片披针形或狭披针形，顶端渐尖，与萼片近等长；花瓣匙状倒卵长圆形，顶端圆钝，基部有长爪，比萼片长 1 倍，易与其他变种区别。

　　伏毛银露梅［*P. glabra* Lodd. var. *veitchii*（Wils.）Hand.-Mazz.］：与原变种区别在于，小叶上面伏生白色绢毛，下面疏被白色绢毛或脱落几无毛，花梗较粗，密被白色绢状柔毛。花果期 7～8 月。产于四川、云南。生于海拔 2600～4100m 的高山草地、开旷地、岩石边及林缘。

　　白毛银露梅［*P. glabra* Lodd. var. *mandshurica*（Maxim.）Hand. Mazz.］：本变种与原变种区别主要在于，小叶上面或多或少伏生柔毛，下面密被白色绒毛或绢毛。花果期 5～9 月。此外尚有许多变种，可供栽培。

　　【分布】　产于内蒙古、河北、山西、陕西、甘肃、青海、安徽、湖北、四川、云南。生于海拔 1400～4200m 的山坡草地、河谷岩石缝中、灌丛及林中。朝鲜、俄罗斯、蒙古也有分布。

　　【习性】　生性强健，耐寒，耐干旱，常分布于高山。

　　【观赏特性及园林用途】　植株紧密，花色艳丽。为良好的观花树种，可配置于高山园或岩石园。用种子繁殖，栽培粗放。

　　11.1.5.4.19　桃属 *Amygdalus* L.（*Prunus* L.）

　　落叶乔木或灌木；枝无刺或有刺。腋芽常 3 个或 2～3 个并生，两侧为花芽，中间是叶芽。幼叶在芽中呈对折状，先花后叶，稀花叶同放，叶柄或叶边常具腺体。花单生，稀 2 朵生于 1 芽内，粉红色，罕白色，几无梗或具短梗，稀有较长梗；雄蕊多数；雌蕊 1 枚，子房常具柔毛，1 室具 2 胚珠。果实为核果，外被毛，极稀无毛，成熟时果肉多汁不开裂，或干燥开裂，腹部有明显的缝合线，梗洼较大；核扁圆、圆形至椭圆形，与果肉粘连或分离，表面具深浅不同的纵、横沟纹和孔穴，极稀平滑；种皮厚，种仁味苦或甜。

　　桃属全世界有 40 多种，分布于亚洲中部至地中海地区，栽培品种广泛分布于寒温带、暖温带至亚热带地区。我国有 12 种，主要产于西部和西北部，栽培品种全国各地均有。

　　桃是我国原产植物，已有三千多年的栽培历史，培育成为数众多的栽培品种，除作果树外，又是绿化和美化环境的优良树种。果实除供生食外，还可制作罐头、桃脯、桃酱及桃干等。桃树的根、叶、花、种仁等均可入药。桃胶可作黏结剂。

分种检索表

1 核果熟时肉质多汁，不裂，稀果肉干燥。
 2 叶背脉腋有少数柔毛，稀无毛，叶侧脉在叶缘合成网状；萼被毛；果肉厚而多汁；果核两侧扁平，端渐尖…
  ………………………………………………………………………………………… (1) 桃 *A. persica*
 2 叶背和花萼无毛；果肉薄而干燥；叶基楔形，叶缘具细锐齿；核果及核近球形 …… (2) 山桃 *A. davidiana*
1 核果熟时干燥无汁，开裂。
 3 枝无刺。
  4 萼筒圆筒形；叶长圆形或披针形或幼时疏生柔毛；花梗长 2～4mm。
   5 中乔木或灌木，高 3～10m；叶椭圆状或倒卵披针形，幼叶疏被柔毛，后无毛；叶柄长 1～3cm；核果长
    圆状卵形或斜卵形，密被毛；核略平滑，具蜂窝状穴 ……………………………… (3) 扁桃 *A. communis*
   5 小灌木，高约 1.5m；叶披针形或长圆状披针形，无毛；叶柄长 4～7mm；核果卵圆形，密被长柔毛；核
    光滑，无孔穴，具不明显浅沟纹 ………………………………………………………… 矮扁桃 *A. nana*
  4 萼筒宽钟形；叶近圆形或倒卵形，被柔毛；花梗长 4～8mm。
   6 灌木，罕小乔木，高 2～3m，叶端常 3 裂，叶缘粗锯齿或重锯齿；果核近球形，两端钝圆，具网纹……
    ……………………………………………………………………………………… (4) 榆叶梅 *A. triloba*
   6 小灌木高 1～2m；叶端不裂，叶缘具不整齐粗锯齿；果核宽卵圆形，顶端具小突尖头，平滑或稍有皱纹
    ……………………………………………………………………………………… 长梗扁桃 *A. Pedunculata*
 3 枝具刺。小枝被柔毛；叶宽椭圆形、近圆形或倒卵形，长 0.8～1.5cm，侧脉常 4 对；核果宽卵圆形，径约
  1cm ……………………………………………………………………………………… 蒙古扁桃 *A. mongolica*

(1) 桃 *Amygdalus persica* L. ［*Prunus persica* (L.) Batsch］（图 11-194）

图 11-194 桃

【形态特征】 落叶小乔木，高达 8m，小枝红褐色或褐绿色，无毛；芽密被灰色绒毛。叶椭圆状披针形，长 7～15cm，先端渐尖，基部阔楔形。缘有细锯齿，两面无毛或背面脉腋有毛；叶柄长 1～1.5cm，有腺体。花单生，径约 3cm，粉红色，近无柄，萼外被毛。果近球形，径 5～7cm，表面密被绒毛。花期 3～4 月，先叶开放；果 6～9 月成熟。

【变种、变型和品种】 桃树栽培历史悠久，长达 3000 年以上，中国桃的品种约 1000 个。根据果实品质及花、叶观赏价值而分为食用桃与观赏桃两大类。兹将中国主要栽培变种、变型与代表性品种简介于下。

Ⅰ. 食用桃——常见有以下变种与变型：

① 油桃（*A. persica* L. var. *nectarina* Maxim），果实成熟时光滑无毛，形较小，叶片锯齿较尖锐。如新疆的'黄李光'桃、甘肃的'紫胭'桃等。

② 蟠桃（*A. persica* L. var. *compressa* Bean），果实扁平，两端均凹入，核小而不规则。品种以江、浙一带为多，华北略有栽培。

③ 黏核桃（*A. persica* L. f. *scleropersica* Voss），果肉黏核，品种甚多，如北方的'肥城佛'桃、南方的'上海水蜜'等。

④ 离核桃（*A. persica* L. f. *aganopersica* Voss），果肉与核分离。如北方的'青州蜜'桃、南方的'红心离核'等。

其他还有黄肉桃、冬桃等。

Ⅱ. 观赏桃——常见有以下变型：

① 白桃（*A. persica* L. f. *alba* Schneid.），花白色；单瓣。

② 白碧桃（*A. persica* L. f. *albo-plena* Schneid.），花白色，复瓣或重瓣。

③ 碧桃（*A. persica* L. f. *duplex* Rehd.），花淡红，重瓣。

④ 绛桃（*A. persica* L. f. *camelliaeflora* Dipp.），花深红色，复瓣。

⑤ 红碧桃（*A. persica* L. f. *rubro-plena* Schneid.），花红色，复瓣，萼片常为 10。

⑥ 复瓣碧桃（*A. persica* L. f. *dianthiflora* Dipp.），花淡红色，复瓣。

⑦ 绯桃（*A. persica* L. f. *magnifica* Schneid.），花鲜红色，重瓣。

⑧ 洒金碧桃（*A. persica* L. f. *versicolor* Voss.），花复瓣或近重瓣，白色或粉红色，同一株上花有二色，或同朵花上有二色，乃至同一花瓣上有粉、白二色。

⑨ 紫叶桃（*A. persica* L. f. *atropurpurea* Schneid.），叶为紫红色；花为单瓣或重瓣，淡红色。

⑩ 垂枝桃（*A. persica* L. f. *pendula* Dipp.），枝下垂。

⑪ 寿星桃（*A. persica* L. f. *densa* Mak.），树形矮小紧密，节间短；花多重瓣。有'红花寿星'桃、'白花寿星'桃等品种。

⑫ 塔形桃（*A. persica* L. f. *pyramidalis* Dipp.），树形呈窄塔状。较为罕见。

【分布】 原产于我国，各省区广泛栽培。世界各地均有栽植。在华北、华中、西南等地山区仍有野生桃树。

【习性】 桃花是喜光性很强的小乔木，自然生长时，中干容易衰老，枝条开张。栽培条件下，一般培养成自然开心形。一般定植 2～3 年后即可开花，5～6 年可进入盛花期，20～25 年树势衰退，花量减少。桃花寿命一般较短，常与品种、砧木、土壤、气候和栽培条件有关。桃花萌芽力和发枝力都很强，芽具有早熟性。花芽腋生，有单芽和复芽。芽的异质性很明显。浅根性。桃花开花平均需要 10.3℃，最适宜平均温度为 12～14℃。同一种品种的开花延续期为 6～12 天，也有长达 15～17 天的。

【繁殖栽培】 繁殖以嫁接为主，各地多用切接或盾状芽接。砧木北方多用山桃，南方多用毛桃；如用杏砧寿命长而病虫少，唯起初生长略慢。寿星桃可作其他桃的矮化砧；郁李也有矮化性，但常需用李作中间砧。此外，还可用播种、压条法繁殖，扦插一般不用。桃花施肥分为基肥和追肥。基肥一般以秋施基肥比较好，并结合土壤进行深翻，秋施基肥可使来年开花早、花量多，基肥以迟效性的有机肥为主；追肥是在生长季施用，分为花前追肥、花后追肥、花芽分化期追肥和后期追肥。在北方灌水的重点是春季萌芽期，夏季虽然需水量大，但雨水充沛。另一方面，桃花非常怕涝，雨季要注意排水。桃树作为果园经营时，要注意早、中、晚熟品种和授粉树的搭配，株行距 3～5m；需较多施肥、灌水等管理措施。观赏品种的栽培可稀可密，视品种习性及配景要求而定。

修剪宜轻，且以疏剪为主，根据品种不同而有所差异，一般桃花多采用自然开心形的修剪方式。其要点为留三大主枝，树冠开张，主、侧枝分明，充分利用光照。桃花专类园中的大部分桃花采用了这种修剪方式。对于一些桃花的修剪，可以适当甩放小枝，使开花繁茂。施肥、灌水多在冬、春施行。桃树栽植，南方多秋植，北方多春植；要施足基肥，灌足定根水。雨季要注意排水。病虫害有蚜虫、浮尘子、红蜘蛛、桃缩叶病、桃腐病等，应及早防治。

【观赏特性及园林用途】 桃花烂漫芳菲，妩媚可爱，不论食用种、观赏种，盛开时节皆"桃之夭夭，灼灼其华"，加之品种繁多，着花繁密，栽培简易，故南北园林皆多应用。园林中食用桃可在风景区大片栽种或在园林中游人少到处辟专园种植。观赏种则山坡、水畔、石旁、墙际、庭院、草坪边俱宜，唯须注意选阳光充足处，且注意与背景之间的色彩衬托关系。此外，碧桃尚宜盆栽、催花、切花或作桩景等用。中国园林中习惯以桃、柳间植水滨，以形成"桃红柳绿"之景色。但要注意避免柳树遮了桃树的阳光，同时也要将桃植于较高燥处，方能生长良好，故以适当加大株距或将桃向外移种为妥。

【经济用途】 桃树干上分泌的胶质，俗称桃胶，可用作黏结剂等，为一种聚糖类物质，水解能生成阿拉伯糖、半乳糖、木糖、鼠李糖、葡萄糖醛酸等，可食用，也供药用，有破血、和血和益气之效。

（2） 山桃 *Amygdalus davidiana* （Carr.） C. de Vos ex Henry [*Prunus davidiana* （Carr.）Franch.]（图 11-195）

【形态特征】 落叶小乔木，高达 10m；树皮紫褐色而有光泽。小枝细而无毛，多直立或斜伸。叶狭卵状披针形，长 6～10cm，先端长渐尖，基部广楔形，锯齿细尖，两面无毛；叶柄长 1～2cm，罕具腺体。花单生，淡粉红色，花萼无毛。果球形，径约 3cm，果肉薄而干燥，离核，不堪食。花期 3～4 月，先叶开放；果 7 月成熟。

【变种、变型和品种】 白花山桃 [*A. davidiana* （Carr.） C. de Vos ex Henry var. *alba* Bean]：花白色，单瓣。

红花山桃 [*A. davidiana* （Carr.） C. de Vos ex Henry var. *rubra* Bean]：花玫瑰红色。

龙爪山桃 [*A. davidiana* （Carr.） C. de Vos ex Henry var. *tortuosa*]。

陕甘山桃 [*A. davidiana* （Carr.） C. de Vos ex Henry var. *potanini* （Batal.） Yu et Lu]：叶片基部圆形至宽楔形，边缘锯齿较细钝；果实及核均为椭圆形或长圆形。

图 11-195　山桃

‘白花山碧桃’（‘Alba-plena’）：树体较大而开展，树皮光滑，似山桃；花白色，重瓣，颇似白碧桃，但是萼外近无毛，且花期较白碧桃早半月左右。北京园林绿地有栽培，是桃花和碧桃的天然杂交种，也有学者将其归入桃花（P. persica）类。

【分布】 主要分布于黄河流域各地，西南也有。多生于向阳的石灰岩山地。

【习性】 本种抗旱耐寒，耐盐碱土壤。

【观赏特性及园林用途】 花期早，花时美丽可观，并有曲枝、白花、柱形等变异类型。园林中宜成片植于山坡并以苍松翠柏为背景，方可充分显示其娇艳之美。在庭院、草坪、水际、林缘和建筑物前零星栽植也很合适。

【经济用途】 在华北地区作桃、梅、李等果树的砧木。木材质硬而重，可作各种细工及手杖。果核可做玩具或念珠。种仁可榨油供食用。

（3）扁桃 Amygdalus communis L. ［A. dulcis Mill，Prunus dulcis（Mill）D A Webb，Prunus amygdalus Stokes］（图 11-196）

图 11-196　扁桃

【别名】 巴旦杏。

【形态特征】 乔木或灌木，高 3～6（10）m。小枝灰绿色，无毛；芽卵形，无毛或芽鳞顶部边缘有短毛。叶倒卵状或椭圆状披针形，长 3～6（12）cm，叶端尖或渐尖，叶基阔楔形，叶缘锯齿钝；叶柄长 1～2（3）cm，无毛，柄顶及叶片基部常具 2～4 腺体。花单生或 2 朵并生先花后叶，花梗长 3～4mm；萼筒圆筒形，无毛，萼片边缘具毛；花粉红或白色，瓣长圆形或倒卵圆形，长 1.5～2cm；雄蕊 25～40，子房密被毛，花柱上半部无毛。核果斜卵形或长圆状卵形，长 3～4.5cm，径 2～2.5cm，密生绒毛，较扁，果顶尖或稍钝，果基近平截，果柄长 0.4～1cm，果肉薄，熟时开裂；核两侧扁，端尖，有纵纹沟，基部有数小穴，种仁味甜或苦。花期 3～4 月；果期 7～8 月。

【变种、变型和品种】 栽培供观赏的扁桃，主要有以下类型。

白花扁桃 ［A. communis L. f. alto-plena（Schneid.）Rehd.］：花重瓣，白色。

粉红扁桃 ［A. communis L. f. roseo-plena（Schneid.）Rehd.］：花重瓣，粉红色。

紫花扁桃 ［A. communis L. f. purpurea（Schneid.）Rehd.］：花紫红色。

垂枝扁桃 ［A. communis L. f. pendula hort. ex Jager］：枝下垂。

彩叶扁桃 ［A. communis L. f. variegata（Schneid.）Rehd.］：叶有各种彩色条纹。

【分布】 我国新疆、陕西、甘肃等地区有少量栽培，在新疆主要产于北纬 36°～40°之间，尤以西南部分布较广。原产于亚洲西部，生于低至中海拔的山区，常见于多石砾的干旱坡地。现今在新、旧大陆的许多地区均有栽培，特别适宜生长于温暖干旱地区。

【习性】 性强健，耐寒，耐干旱。在冬季能耐 -20℃低温，在达 -21～-24℃时亦仅枝梢略受轻微冻伤。亦耐干旱和高温，在年平均降水量 100～150mm，夏季气温达 40.5℃地区可正常生长。性喜砂质壤土，忌黏性及过湿土地，能在土层浅薄的卵石荒漠和石山坡上生长。喜光，不耐阴。萌芽力强，生长速度较快，在水肥条件较好处当年新条可长达 50cm 以上。树龄较长，可达百年左右。

【繁殖栽培】 可用播种法，3 年生苗可开始开花，10 年生植株可年产干果 5～10kg。亦可用嫁接法繁殖。

【经济用途】 扁桃可作桃和杏的砧木。木材坚硬，浅红色，磨光性好，可制作小家具和施工用具。扁桃仁含脂肪（40%～70%）、苦杏仁酶、苦杏仁素、配糖类等，可作糖果、糕点、制药和化妆品工业的有价值原料。核壳中提出的物质可作酒类的着色剂和增进特别的风味。

（4）榆叶梅 Amygdalus triloba（Lindl.）Ricker（Prunus triloba Lindl.）（图 11-197）

【别名】 榆梅（南京）。

【形态特征】 落叶灌木，高 2～5m。小枝细，无毛或幼时稍有柔毛。叶椭圆形至倒卵形，叶端尖或有的 3 浅裂，基部阔楔形，缘具粗重锯齿，两面多少有毛。花 1～2 朵，粉红色，先花后叶，径 2～3cm；萼筒钟状，萼片卵形，有齿。核果球形，径 1～1.5cm，红色。花期 4 月；果 7 月成熟。

【变种、变型和品种】 鸾枝 ［A. triloba（Lindl.）Ricker var. Petzoldii（K. Koch）Bailey］：小

枝紫红色；花1～2朵，罕3朵，单瓣或重瓣，紫红色，萼片5～10；雄蕊25～35，北京多栽培，尤以重瓣者为多。

单瓣榆叶梅 [A. triloba (Lindl.) Ricker f. normalis Rehd.]：花单瓣，萼瓣各5，近野生种，少栽培。

复瓣榆叶梅 [A. triloba (Lindl.) Ricker f. multiplex (Bge.) Rehd.]：花复瓣，粉红色；萼片多为10，有时5；花瓣10或更多。

重瓣榆叶梅 [A. triloba (Lindl.) Ricker f. plena Dipp.]：花大，径达3cm或更大，深粉红色，雌蕊1～3，萼片通常10，花瓣很多，花梗与花萼皆带红晕。花朵密集艳丽，观赏价值很高，北京常见栽培。

榆叶梅品种极为丰富，据初步调查，北京即有40余个品种，且有花瓣多达100枚以上者，还有长梗等类型。

图11-197　榆叶梅

【分布】　产于黑龙江、吉林、辽宁、内蒙古、河北、山西、陕西、甘肃、山东、江西、江苏、浙江等省区。生于低至中海拔的坡地或沟旁的林下或林缘。目前全国各地多数公园内均有栽植。俄罗斯、中亚也有。

【习性】　性喜光，耐寒，耐旱，对轻碱土也能适应，不耐水涝。

【繁殖栽培】　用嫁接或播种法，砧木用山桃、杏或榆叶梅实生苗，芽接或枝接均可。为了养成乔木状单干观赏树，可用方块芽接法在山桃干上高接。栽植宜在早春进行，花后应短剪。榆叶梅栽培管理简易。

【观赏特性及园林用途】　北方园林中最宜大量应用，以反映春光明媚、花团锦簇的欣欣向荣景象。在园林或庭院中最好以苍松翠柏作背景丛植，或与连翘配置。此外，还可作盆栽、切花或催花材料。

11.1.5.4.20　杏属 Armeniaca Mill.（Prunus L.）

落叶乔木，极稀灌木；枝无刺，极少有刺；叶芽和花芽并生，2～3个簇生于叶腋。幼叶在芽中席卷；叶柄常具腺体。花常单生，稀2朵，先于叶开放，近无梗或有短梗；萼5裂；花瓣5，着生于花萼口部；雄蕊15～45；心皮1，花柱顶生；子房具毛，1室，具2胚珠。果实为核果，两侧多少扁平，有明显纵沟，果肉肉质而有汁液，成熟时不开裂，稀干燥而开裂，外被短柔毛，稀无毛，离核或粘核；核两侧扁平，表面光滑、粗糙或呈网状，罕具蜂窝状孔穴；种仁味苦或甜；子叶扁平。

此属约8种。分布于东亚、中亚、小亚细亚和高加索。我国有7种，分布范围大致以秦岭和淮河为界，淮河以北杏的栽培渐多，尤以黄河流域各省为其分布中心，淮河以南杏树栽植较少。

杏是我国原产，久经栽培，品种很多，具有重要的经济价值。树性强健，耐干旱，除作果树和观赏植物以外，还可作为防护林和水土保持用的优良树种。木材坚硬，适宜制作器物。果实富含营养和维生素，除供生食和浸渍用外，还适宜加工制作杏干、杏脯、杏酱等。种仁（杏仁）含脂肪和蛋白质，可供食用及作医药和轻工业的原料。

分种检索表

1 一年生枝灰褐色或红褐色；核常无蜂窝状穴。

　2 叶缘单锯齿。

　　3 叶两面无毛，宽卵形，叶基圆或近心形；花单生或2朵。白色略带红晕；核粗糙或平滑，腹棱较钝圆……
　　……………………………………………………………………………（1）杏 A. vulgaris

　　3 叶两面亦无毛，卵形或近圆形，叶端长尾尖，叶基圆或近心形；花常单生，白或粉红色；果干燥，熟时开裂……………………………………………………………西伯利亚杏 A. sibirica

　2 叶缘具不整齐的细长尖锐重锯齿，叶端渐尖；核果熟时黄色并向阳面红晕；花单生，粉红或白色；叶背脉腋有柔毛 ……………………………………………………东北杏 A. mandshurica

1 一年生枝绿色；叶具细小锐锯齿，卵形或椭圆形，叶端尾尖，叶背脉腋有柔毛；花单生或2朵，白或粉红色；核具蜂窝状穴 ……………………………………………………（2）梅 A. mume

（1）杏 Armmeniaca vulgaris Lam.（Prunus armeniaca L.）（图11-198）

【别名】　杏树、杏花、归勒斯（蒙语）。

【形态特征】　落叶乔木，高达10m，树冠圆整。小枝红褐色或褐色。叶广卵形或圆卵形，长5～10cm，先端短锐尖，基部圆形或近心形，锯齿细钝，两面无毛或背面脉腋有簇毛；叶柄多带红色，长2～3cm。花单生，先叶开放，白色至淡粉红色，径约2.5cm；萼鲜绛红色。果球形，径2.5～3cm，黄色而常一边带红晕，表面有细柔毛；核略扁而平滑。花期3～4月；果熟期6月。

图 11-198　杏

【变种、变型和品种】　山杏（华北野杏）　［*A. vulgaris* Lam. var. *ansu*（Maxim.）Yu et Lu］：叶较小，长 4～5cm；花 2 朵并生，平 3 朵簇生。果密被毛，橙红色，径约 2cm；核网纹明显，性更耐寒、旱和瘠薄土地，宜作沙荒地和山地绿化用。

垂枝杏［*A. vulgaris* Lam. var. *pendula*（Jager）Rehd.］：枝条下垂，供观赏用。

斑叶杏［*A. vulgaris* Lam. f. *variegata*（West.）Zabel］：叶有斑纹，观叶及观花用。

杏树优良品种很多，如'兰州大接'杏，大树株产 200～350kg。此外，尚有"仁用杏"与"鲜食用杏"之分。

【分布】　产于全国各地，多数为栽培，尤以华北、西北和华东地区种植较多，少数地区逸为野生，在新疆伊犁一带野生成纯林或与新疆野苹果林混生，海拔可达 3000m。世界各地也均有栽培。

【习性】　喜光，耐寒能耐－40℃的低温，也能耐高温，耐旱，对土壤要求不严，可在轻盐碱地上栽种。极不耐涝，也不喜空气湿度过高。春季寒潮侵袭也会对开花结实产生不利的影响。杏树最宜在土层深厚、排水良好的沙壤土或砾沙壤土中生长。杏是核果类果树中寿命较长的种，在适宜条件下可活二三百年以上。实生苗 3～4 年即开花结果。杏树树冠大，盛果期长。兰州安宁堡 1 株 100 多年生之'金妈妈'杏，高约 10m，冠幅 12m，1956 年株产 600kg 多。杏根系发达，既深且广。但萌芽力及发枝力皆较桃树等为弱，故不宜过分重剪，一般多采用自然形整枝。

【繁殖栽培】　繁殖用播种、嫁接均可。嫁接一般用野杏作砧木。杏树生长强健，管理简单。仁用杏一般不用灌溉，鲜食种则应在开花前及时灌水，方可丰产。病虫害主要有天幕毛虫等危害叶片；杏实象鼻虫食嫩芽及花蕾，并产卵危害果实；杏仁蜂蛀食杏果，杏疔病使嫩梢、叶、花、果畸形等，应及时注意防治。

【观赏特性及园林用途】　杏树为中国原产，栽培历史达 2500 年以上。早春开花，繁茂美观，北方栽植尤多，故有"南梅、北杏"之称。除在庭院少量种植外，宜群植、林植于山坡、水畔。张仲素《春游曲》云："万树江边杏，新开一夜风；满园深浅色，尽在绿坡中。"又有"十里杏花村"的说法，这都是杏树构成佳景的例子。此外，杏树又宜作大面积沙荒及荒山造林树种。

【经济用途】　杏久经栽培，我国杏的主要栽培品种，按用途可分以下三类。

Ⅰ. 食用杏类：果实大形，肥厚多汁，甜酸适度，着色鲜艳，主要供生食，也可加工用。在华北、西北各地的栽培品种有 200 个以上。按果皮、果肉色泽约可分为三类：果皮黄白色的品种，如北京水晶杏、河北大香白杏；果皮黄色者，如甘肃'金妈妈'杏、山东历城大峪杏和青岛辘轴鲜等；果皮近红色的品种，如河北关老爷脸杏、山西永济红梅杏和清徐沙金红杏等。这些都是优良的食用品种。

Ⅱ. 仁用杏类：果实较小，果肉薄。种仁肥大，味甜或苦，主要采用杏仁，供食用及药用，但有些品种的果肉也可干制。甜仁的优良品种，如河北的白玉扁、龙王扁、北山大扁、陕西的迟梆子、克拉拉等。苦仁的优良品种，如河北的西山大扁、冀东小扁等。

Ⅲ. 加工用杏类：果肉厚，糖分多，便于干制。有些甜仁品种，可肉、仁兼用。例如新疆的阿克西米西、克孜尔苦曼提、克孜尔达拉斯等，都是鲜食、制干和取仁的优良品种。

（2）梅 *Armeniaca mume* Sieb.（*Prunus mume* Sieb. et Zucc.）（图 11-199）

【形态特征】　落叶乔木，高达 10m。树干灰褐色有纵驳纹；小枝细而无毛，多为绿色。叶广卵形至卵形，长 4～10cm，先端渐长尖或尾尖，基部广楔形或近圆形，锯齿细尖，多仅叶背脉上有毛。花 1～2 朵，具短梗，淡粉或白色，有芳香，在冬季或早春叶前开放。果球形，绿黄色，密被细毛，径 2～3cm，核面有凹点甚多，果肉黏核，味酸。果熟期 5～6 月。

【变种、变型及栽培品种】　过去记载的变种、变型甚多，但与品种分类未加联系。陈俊愉教授对中国的梅花品种，根据品种的演进顺序发表了二元分类系统，简要介绍如下。

图 11-199　梅

A. 真梅系（True Mume Branch），包括以下 3 类。

Ⅰ. 直枝梅类（Upright Mei Group）：为梅花的典型变种，枝条直上斜伸。

① 品字梅型（Pheiocarpa Form），每花可结 3 果或更多。如'品字'、'炒豆品字'等品种。

② 小细梅型（Microcapa & Cryptopetala Form），花、叶、果均很小，如'北京小'、'黄金'等品种。

③ 江梅型（Single-Flowered Form），花呈碟形；单瓣；呈纯白、水红、桃红、肉红等色；萼多为绛紫色或在绿底上洒绛紫晕。属于本型者有'单粉'、'江梅'、'寒红梅'等品种。

④ 宫粉型（Pink Double Form），花呈碟或碗形；复瓣或重瓣；粉红至大红色；萼绛紫色。本型中共有'小宫粉'、'大羽'、'矫枝'、'桃红台阁'等品种。本型品种的生长势均较旺盛。

⑤ 玉蝶型（Albo-plena Form），花碟形，复瓣或重瓣；花白色；萼绛紫或在绛紫中略现绿底。本型中共有'紫蒂白'、'徽州檀香'、'素白台阁'、'三轮玉蝶'等品种。

⑥ 黄香型（Flavescens Form），花较小而繁密，复瓣至重瓣，花色微黄，萼绛紫色，别具一种芳香。例如'黄香梅'。

⑦ 绿萼型（Green Calyx Form），花碟形，单瓣或复瓣，罕复瓣，花白色，萼绿色；小枝青绿无紫晕。本型共有，'小绿萼'、'飞绿萼'、'金钱绿萼'等品种。

⑧ 洒金型（Versicolor Form），花碟形；单瓣或复瓣；在一树上能开出粉红及白色的两种花朵以及若干具斑点、条纹的二色花；萼绛紫色；绿枝上或具有金黄色条纹斑。本型有'单瓣跳枝'、'复瓣跳枝'等品种。

⑨ 朱砂型（Cinnabar Purple Form），花碟形；单瓣、复瓣或重瓣；花呈紫红色；萼绛紫色；枝内新生木质部，呈淡紫金色。有'粉红朱砂'、'白须朱砂'、'乌羽玉'、'铁骨红'等品种。本型的各品种均较难繁殖，耐寒性也稍差。

Ⅱ. 垂枝梅类（Pendulous Mei Group），（*A. mume* Sieb. var. *pendula* Sieb.）：枝条下垂，开花时花朵向下。本类包含 5 型。

① 粉花垂枝型（Fink Pendant Form），花碟形；单瓣至重瓣；白或粉红色。本型中有'单粉照水'等品种。

② 五宝垂枝型（Versicolor Pendent），花单瓣至重瓣，复色，如'跳血垂枝'品种。

③ 残雪垂枝型（Albiflora Pendant Form），花碟形；复瓣；白色；萼多为绛紫色。例如'残雪'等品种。

④ 白碧垂枝型（Viridiflora Pendant Form），花碟形；单瓣或复瓣，白色；萼绿色。本型中有'双碧垂枝'、'单碧垂枝'等品种。

⑤ 骨红垂枝型（Atropurpurea Pendant Form），花碟形，单瓣至重瓣；深紫红色；萼绛紫色。本型中有'骨红垂枝'、'锦江垂枝'等品种。

Ⅲ. 龙游梅类（Tortuos Dragon Group）：枝条自然扭曲，花碟形；复瓣，白色。本类仅有'龙游'一个品种。

玉蝶龙游型：如'龙游'品种。

B. 杏梅系（Apricot Mei Branch）：仅 1 类。

杏梅类（Bungo Group）：枝、叶均似山杏或杏。花呈杏花形；多为复瓣；水红色；瓣爪细长；花托肿大；几乎无香味。本类中有单瓣杏梅型、丰后型、送春型等品种。这些品种应是梅与杏或山杏的天然杂交种，抗寒性均较强。

① 单瓣杏梅型（Simplex Bungo Form），枝、叶似杏，花单瓣，如'中山杏'、'燕杏'和一些果梅品种。

② 春后型（Sping Over Form），树势旺，叶花均较大，有红、粉、白等色，复瓣或重瓣，例如'送春'、'丰后'和一些果梅品种。

C. 樱李梅种系（Blireiana Branch）：仅 1 类。

樱李梅类（Blireiana Mei Group）。

美人梅型（Mairen Mei Form），如'美人'、'小美人'等品种。

【分布】 野生于西南山区，曾在四川省汶川海拔 1300～2500m、丹巴海拔 1900～2000m、会理海拔 1900m、湖北省宜昌海拔 300～1000m、广西兴安县以及西藏波密海拔 2100m 等地山区沟谷中均曾发现野生梅。栽培的梅树在黄河以南地区可露地安全越冬，经杂交选育的梅花已成功在北京露地栽培。华北以北则只见盆栽；日本、朝鲜亦有栽培，在欧、美则少见栽培。有的植物学家认为日本有原产的野生梅，有的植物学家则持怀疑态度。

【习性】　性喜温暖而略潮湿的气候，梅花虽能傲霜斗雪，我国南方可露地栽培，但在北方仍要维持温度，宜在6℃左右中越冬，严寒期最好将盆梅移入阳光充足的大棚或暖室内防止冻害。梅花喜欢阳光充足、通风良好的环境，充足的光照能满足光合作用需要，生长健壮，开出既多又大的鲜艳花朵。对土壤要求不严格，较耐瘠薄土壤，亦能在轻碱性土中正常生长。根据江南经验，栽植在砾质黏土及砾质壤土等下层土质紧密的土壤上，梅之枝条充实，开花结实繁盛，而生长在疏松的沙壤或沙质土上的枝条常不够充实。梅花喜湿润又怕涝，水过多会缺氧烂根致死，但脱水过久会落叶，花芽发育不良，掉蕾，甚至死亡。忌在风口处栽培。

梅的寿命很长，可达数百年至千年。如浙江天台山国清寺有1株隋梅，至今已1300余年。梅的发育较快，实生苗在3～4年生即可开花，7～8年后花果渐盛。嫁接苗如培养得法，1～2年即可开花。梅树的生长势在最初的40～50年内最旺，以后渐趋缓慢。梅花可在长花枝、中花枝、短花枝及花束状枝上着生花芽，每处1～3朵，至于在何种花枝上着生最多及其开花的繁茂程度则视品种习性及栽培管理条件而定。

【繁殖栽培】　最常用的是嫁接法，其次为扦插、压条法，最少用的是播种法。嫁接时可用桃、山桃、杏、山杏及梅的实生苗等作砧木。桃及山桃易得种子，作砧木行嫁接也易成活，故目前普遍采用，但缺点是成活后寿命短，易罹病虫害，故实际上不如后三者作砧木为佳。至于在嫁接方法上，则因地区及目的而常有差异。例如北京因天旱风大，所以多在"处暑"及"白露"期间行方块芽接。如用盾形芽接，必须不带本质部或将木质部削得很薄方易成活。若在北方进行枝接，则培土灌水等均需注意方可保证一定的成活率。在江南多于春季发芽前行切接、腹接，或在"秋分"前后行腹接。在苏州，为了制作梅桩，多用果梅的老根行靠接法。在江南地区行盾形芽接梅花时，木质部虽带得较厚亦不难成活，这是南北气候不同所造成的结果。扦插繁殖法多在江南地区于秋冬间施行，方法是将1年生的充实枝条切成10～20cm长，采用泥浆扦插法，不必遮阴，对宫粉型等品种可获80%以上的成活率。压条繁殖法多在早春施行。播种繁殖法则以秋播为好，如必须行春播时，应先在秋季用湿沙层积种子。

梅花露地栽培时，整形方式以造成美观而不呆板的自然开心形为原则。修剪的方法是以疏剪为主；短截则以轻剪为宜。如过分重剪会影响下季花芽的形成。一般在花前疏剪病枝、枯枝及徒长枝等，而在花后适当进行全面的整理树形，必要时也行部分短剪。

常见的病害有炭疽病、流胶病、穿孔病、白粉病、黑斑病、烟霉病和缩叶病。防治措施：加强管理，排水系统要完善；多施有机肥，如土质偏酸，适当加石灰；防冻害日灼：冬季主干、主枝涂白，涂白剂为生石灰＋食盐＋水＋动（植）物油按5：2：20：0.1的比例配制。常用防病药剂波尔多液、多菌灵等。

常见的有蚜虫、毛虫、介壳虫、卷叶蛾、红蜘蛛等虫害。注意消灭越冬虫源，可选用敌敌畏、菊酯类农药进行喷杀。介壳虫以若虫分散转移期用药效果最佳，此时虫体无蜡粉和介壳，抗药力最弱。

【观赏特性及园林用途】　梅原产于我国南方，为中国传统的果树和名花，已有三千多年的栽培历史，无论作观赏或果树均有许多品种。许多类型不但露地栽培供观赏，还可以栽为盆花，制作梅桩。由于它具有古朴的树姿，素雅的花色，秀丽的花态，恬淡的清香和丰盛的果实，所以自古以来就为广大人民所喜爱，为历代著名文人所讴歌。梅花在江南吐红于冬末，开花于早春，虽残雪犹存却已报来春光，象征着不畏风刀雪剑的困难环境而永葆青春的乐观主义精神。但是因时代的不同，人们对它的体会、理解也有不同。在封建社会时代，常被称为"清客"，誉为君子或隐士，故有"疏影横斜"、"暗香浮动"、"茅舍竹篱短，梅花吐未齐。晚来溪径侧，雪压小桥低。"等句。此外，更有"梅妻鹤子"的传说，大抵均带有离世却俗，孤高自赏或惆怅孤寂的情调。但在民间亦有欢乐、生气勃勃的场面，如苏州邓尉的香雪海，每当梅林盛开之际香闻数十里，可谓盛极一时，正是"江都车马满斜晖，争赴城南未掩扉。要识梅花无尽藏，人人襟袖带香归。"

在配置上，梅花最宜植于庭院、草坪、低山丘陵，可孤植、丛植及群植。传统的用法常是以松、竹、梅为"岁寒三友"而配置成景色的。梅树又可盆栽观赏或加以整剪做成各式桩景。或作切花瓶插供室内装饰用。

【经济用途】　鲜花可提取香精，花、叶、根和种仁均可入药。果实可食、盐渍或干制，或熏制成乌梅入药，有止咳、止泻、生津、止渴之效。梅又能抗根线虫危害，可作核果类果树的砧木。

11.1.5.4.21　李属 *Prunus* L.

落叶小乔木或灌木。分枝较多，枝无顶芽，腋芽单生。单叶互生，幼叶在芽中席卷或对折；叶基边缘或叶柄顶端常有2腺体；托叶早落。花单生或2～3朵簇生，具短梗；小苞片早落。萼片5，花瓣5，覆瓦状排列；雄蕊20～30，雌蕊1，周位花，子房上位，无毛。核果有沟，无毛，常被蜡粉；

核两侧扁平，光滑，稀有皱纹或沟。

本属有 30 余种，主要分布北半球温带，现已广泛栽培，我国原产及习见栽培者有 7 种，栽培品种很多。

本属为温带的重要果树之一，除生食外，还可做李脯、李干或酿成果酒和制成罐头。早春开鲜艳的花朵，亦可做庭院观赏植物和绿化树种；也是优良的蜜源植物。木材也可做家具等器物。

分种检索表

1 叶披针形或倒卵状披针形，两面无毛或叶背中脉基部有簇生毛；花 3 朵簇生 ·················· (1) 李 P. salicina
1 叶卵状椭圆形或倒卵状椭圆形，叶端急尖，叶背无毛或中脉基部有簇生毛；花单生，罕 2 朵并生 ··············
··· (2) 樱桃李 P. cerasifera

(1) 李 Prunus salicina Lindl.（图 11-200）

【形态特征】 乔木，高达 12m。叶多呈倒卵状椭圆形，长 6～10cm，叶端渐尖，叶基楔形，叶缘有细钝重锯齿，叶背脉腋有簇毛；叶柄长 1～1.5cm，近端处有 2～3 腺体。花白色，径 1.5～2cm，常 3 朵簇生；花梗长 1～1.5cm，无毛；萼筒钟状，无毛，裂片有细齿。果卵球形，径 4～7cm，黄绿色至紫色，无毛，外被蜡粉。花期 3～4 月；果熟期 7 月。

【变种、变型及栽培品种】 毛梗李 ［P. salicina Lindl. var. pubipes (Kaehe) Bailey］：小枝、叶背、叶柄、花梗和萼筒基部均密被柔毛。产于甘、川、滇山林中。

【分布】 产于陕西、甘肃、四川、云南、贵州、湖南、湖北、江苏、浙江、江西、福建、广东、广西和台湾。生于海拔 400～2600m 的山坡灌丛中、山谷疏林中或水边、沟底、路旁等处。

【习性】 喜光，也能耐半阴。耐寒，能耐 −35℃ 的低温，喜肥沃湿润之黏质壤土，在酸性土、钙质土中均能生长，不耐干旱和瘠薄，也不宜在长期积水处栽种。浅根性，吸收根主要分布在 20～40cm 深处，但根系水平发展较广。幼龄期生长迅速，一般 3～4 年即可进入结果期；寿命可达 40 年左右。

图 11-200 李

【繁殖栽培】 繁殖多用嫁接、分株和播种等法。嫁接可用桃、梅、山桃、杏及李之实生苗作砧木。在福建亦有用当年春梢在 11 月行扦插者，以幼树的春植较易生根。一般可将李树整为自然开心形。因为萌芽力很强，对 1 年生枝条可适当短剪。李树主要由花束状枝结果，修剪时要注意保留。此外，多数品种都有自花不孕的特性，故应配置授粉树。其他肥水管理及病虫害防治等大致与梅、桃相似。

【观赏特性及园林用途】 中国栽培李树已达三千多年。李树花色白而丰盛繁茂，花的观赏效果极佳，故有"艳如桃李"之句。果又丰产，故《尔雅》载"李，木之多子者，故从子"，所以又是自古以来普遍栽培的果树之一。在庭院、宅旁、村旁或风景区栽植都很合适。

图 11-201 樱桃李

【经济用途】 我国各省及世界各地均有栽培，为重要温带果树之一。除鲜果供食用外，核仁可榨油、药用，根、叶、花、树胶也可药用。

(2) 樱桃李 Prunus cerasifera Ehrhart（图 11-201）

【别名】 欧洲樱李。

【形态特征】 小乔木，高达 4m，小枝带紫绿色，无毛。叶倒卵状椭圆形或卵状椭圆形，长 3～4.5cm，叶端急尖，叶基楔形，锯齿钝，叶背脉腋具簇生毛；叶柄长 0.4～1.3cm，无毛；托叶早落。花单生，罕 2 朵并生，先花后叶或花叶同放，花梗长 5～8mm；萼片无毛；花白色，雄蕊 25，子房及花柱无毛。果球形，熟时黄色、紫色或红色，径 2.5～3cm，微被白霜，果肉厚；核两侧扁，椭圆形，棱脊钝，中间有深纵沟。花期 5 月，果期 8 月。

【变种、变型及栽培品种】 紫叶李 ［Prunus cerasifera var. atropurpurea (Jacq.) Rehd］：高 5～8m，叶重锯齿，终生长季紫红色。花淡粉红色，单生，径约 2.5cm。果球形，暗红色；花期 4～5 月。嫁接繁殖。

'黑紫叶'李（'Nigra'）：叶深紫色。

'红叶'李（'Newportill'）：叶红色。

【分布】 产于新疆。生于海拔 800～2000m 的山坡林中或多石砾的坡地以及峡谷水边等处，中亚、天山、伊朗、小亚细亚、巴尔干半岛均有分布。

【观赏特性及园林用途】 常年叶片紫色，引人注目。

11.1.5.4.22 樱属 *Cerasus* Mill.

落叶乔木或灌木；腋芽单生或三个并生，中间为叶芽，两侧为花芽。幼叶在芽中为对折状，后于花开放或与花同时开放；叶有叶柄和脱落的托叶，叶边有锯齿或缺刻状锯齿，叶柄、托叶和锯齿常有腺体。花常数朵着生在伞形、伞房状或短总状花序上，或 1～2 花生于叶腋内，常有花梗，花序基部有芽鳞宿存或有明显苞片；萼筒钟状或管状，萼片反折或直立开张；花瓣白色或粉红色，先端圆钝、微缺或深裂；雄蕊 15～50；雌蕊 1 枚，花柱和子房有毛或无毛。核果成熟时肉质多汁，不开裂；核球形或卵球形，核面平滑或稍有皱纹。

樱属有百余种，分布北半球温和地带，亚洲、欧洲至北美洲均有记录，主要种类分布在我国西部和西南部以及日本和朝鲜，由于分类学者意见不一致，因此种的总数颇有出入，有待深入调查研究。

供观赏用的樱花，分属于山樱花和东京樱花两种，在我国各地庭院均有种植，日本十分珍视，作为国花，大量培育园艺品种，五颜六色，全世界知名。

分种检索表

```
1 腋芽 3；灌木。
  2 花近无梗，花萼筒状；小枝及叶背密被绒毛 ·········· (1) 毛樱桃 C. tomentosa
  2 花具中长梗，花萼钟状。
    3 叶卵形至卵状披针形，先端渐尖，基部圆形，锯齿重尖 ······ (2) 郁李 C. japonica
    3 叶卵状长椭圆形至椭圆状披针形，叶端急尖，基部广楔形，锯齿细钝。
      4 叶中部或近中部最宽；花柱基部无毛或被疏柔毛 ······ (3) 麦李 C. glandulosa
      4 叶中部以上最宽；花柱无毛 ·········· (4) 欧李 C. humilis
1 腋芽单生；乔木或小乔木。
  5 苞片小而脱落，叶缘重锯齿尖，具腺而无芒；花白色，果红色 ······ (5) 樱桃 C. pseudocerasus
  5 苞片大而常宿存；叶缘具芒状重锯齿。
    6 花先开，后生叶；花梗及萼均有毛。
      7 花萼筒状，下部不膨大 ·········· (6) 东京樱花 C. yedoensis
      7 花萼下部膨大 ·········· (7) 日本早樱 C. subhirtella
    6 花与叶同时开放；花梗及萼均无毛。
      8 花无香气；叶缘齿无芒或有短芒。
        9 花色浓红、红，花形较大；萼、苞、花梗等均有黏液，缘齿无芒 ······ (8) 大山樱 C. sargentii
        9 花色淡红或白色，花形较小；花梗无毛；缘齿有短芒 ······ (9) 樱花 C. serrulata
      8 花有香气；叶缘齿端有长芒 ··········
        ·········· (10) 日本晚樱 C. serrulata var. lannesiana
```

(1) 毛樱桃 *Cerasus tomentosa*（Thunb.）Wall. ex Hook. f.（*Prunus tomentosa* Thunb.）（图 11-202）

【别名】 山豆子。

【形态特征】 落叶灌木，高 2～3m；幼枝密生绒毛。叶倒卵形至椭圆状卵形，长 5～7cm，先端尖，锯齿常不整齐，表面皱，有柔毛，背面密生绒毛。花白色或略带粉色，径 1.5～2cm，无梗或近无梗，萼红色，有毛。核果近球形，径约 1cm，红色，稍有毛。花期 4 月，稍先叶开放；果 6 月成熟。

【变种、变型及栽培品种】 '白果'毛樱桃（'Leucocarpa'）：果较大而白。

【分布】 主产于黑龙江、吉林、辽宁、内蒙古、河北、山西、陕西、甘肃、宁夏、青海、山东、四川、云南、西藏。生于海拔 100～3200m 的山坡林中、林缘、灌丛中或草地。

【习性】 性喜光，耐寒，耐干旱、瘠薄及轻碱土。

【繁殖栽培】 播种或分株繁殖。

【观赏特性及园林用途】 我国河北、新疆、江苏等地城市庭院常见栽培，供观赏用。

【经济用途】 本种果实微酸甜，可食及酿酒；种仁含油率达 43% 左右，可制肥皂及润滑油用。种仁又可入药，商品名大李仁，有润肠利水之效。

(2) 郁李 *Cerasus japonica*（Thunb.）Lois.（*Prunus japonica* Thunb.）（图 11-203）

图 11-202　毛樱桃

图 11-203　郁李

【形态特征】　落叶灌木，高达 1.5m。枝细密，冬芽 3 枚，并生。叶卵形至卵状椭圆形，长 4～7cm，先端长尾状，基部圆形，缘有锐重锯齿，无毛或仅背脉有短柔毛；叶柄长 2～3mm。花粉红或近白色，径 1.5～2cm，花梗长 5～10mm，春天与叶同放。果似球形，径约 1cm，深红色。

【变种、变型及栽培品种】　常见有以下 2 变种。

北郁李（*C. japonica* Lois. var. *engleri* Koehne）：叶基心形，背脉有短硬毛；花梗长 7～13mm；果径 1～1.5cm。产于东北各地，庭院栽培观赏。

重瓣郁李（*C. japonica* Lois. var. *Kerii* Koehne）：叶背无毛，花半重瓣，花梗短，仅 3mm。产于东南诸地，又名南郁李，观赏价值较高，常作盆栽及切花材料。

【分布】　产于华北、华中至华南；日本、朝鲜也有分布。

【习性】　本种喜阳耐严寒，抗旱抗湿力均强。

【繁殖栽培】　一般土地均可栽植，以分株繁殖为主，也可压条。对重瓣品种可用毛桃或山桃作砧木，用嫁接法繁殖。

【观赏特性及园林用途】　郁李花朵繁茂，在庭院中多丛植赏花用。

【经济用途】　种仁入药，名郁李仁。郁李、郁李仁配剂有显著降压作用。

(3) 麦李 *Cerasus glandulosa*（Thunb.）Lois.（*Prunus glandulosa* Thunb.）（图 11-204）

【形态特征】　落叶灌木，高达 2m。叶卵状长椭圆形至椭圆状披针形，长 5～8cm，先端急尖而常圆钝，基部广楔形，缘有细钝齿，两面无毛或背面中肋疏生柔毛；叶柄长 4～6mm。花粉红或近白色，径约 2cm，花梗长约 1cm。果近球形，径 1～1.5cm，红色。花期 4 月，先叶开放或与叶同放。

【变种、变型及栽培品种】　本种野生状态下特别是在栽培中变化较大，有人根据花色、单瓣或重瓣、花梗、小枝及花柱被毛等变异又划分若干品种。主要有：

图 11-204　麦李

'白花'麦李（'Alba'），花纯白色，单瓣；

'粉花'麦李（'Rosea'），花粉红色，单瓣；

'重瓣白'麦李（'Albo-plena'），亦称'小桃白'，花重瓣，白色；

'重瓣粉红'麦李（'Sinensis'），亦称'小桃红'，花重瓣，粉红色。

【分布】　产于陕西、河南、山东、江苏、安徽、浙江、福建、广东、广西、湖南、湖北、四川、贵州、云南。生于海拔 800～2300m 的山坡、沟边或灌丛中，也有庭院栽培。日本有分布。

【习性】　有一定耐寒性，北京可露地栽培过冬。

【繁殖栽培】　常用分株或嫁接法繁殖，砧木用山桃。

【观赏特性及园林用途】　麦李，尤其是重瓣品种春天开花时满株灿烂，甚为美观，各地庭院常见栽培观赏。宜于草坪、路边、假山旁及林缘丛栽，也可作基础种植、盆栽或催花、切花材料。

第 11 章　被子植物亚门 ANGIOSPERMAE　　　**265**

（4）欧李 *Cerasus humilis* Bge. Sok. （*Prunus humilis* Bge.）（图 11-205）

图 11-205 欧李

【形态特征】 灌木，高达 1.5m。小枝被短柔毛。冬芽疏被短柔毛或几无毛。叶倒卵状长椭圆形或倒卵状披针形，长 2.5～5cm，叶之中部以上最宽，叶端尖或短渐尖，叶基楔形，叶缘单锯齿或重锯齿，叶表无毛，叶背浅绿色无毛或被疏短柔毛，侧脉 6～8 对；叶柄长 2～4mm，无毛或被疏短柔毛；托叶条形，缘有腺体。花单生或 2～3 朵簇生，花白色或粉红色，花叶同放，径 1.5～1.8cm；花梗长 0.5～1cm，被疏柔毛；萼筒长宽均约 3mm，被稀疏柔毛；雄蕊 30～35，花柱无毛。核果近球形，熟时红色或紫红色，径 1.5～1.8cm；核除棱脊两侧外无纹。花期 4～5 月；果期 6～10 月。

【分布】 产于黑龙江、吉林、辽宁、内蒙古、河北、山东、河南。生于海拔 100～1800m 的阳坡沙地、山地灌丛中。

【习性】 本种喜较湿润环境，耐严寒，在肥沃的沙质壤土或轻黏壤土种植为宜。

【繁殖栽培】 种子繁殖，也可分根繁殖。

【观赏特性及园林用途】 花美可赏，常作庭院栽培。

【经济用途】 果含糖 5%，酸甜可食、可酿酒；种仁入药，作郁李仁，有利尿、缓下作用，主治大便燥结、小便不利。果味酸，可食。

（5）樱桃 *Cerasus pseudocerasus* （Lindl.）G. Don （图 11-206）

【形态特征】 落叶小乔木，高可达 8m。叶卵形至卵状椭圆形，长 7～12cm，先端锐尖，基部圆形，缘有大小不等重锯齿，齿尖有腺，上面无毛或微有毛，背面疏生柔毛。花白色，径 1.5～2.5cm，萼筒有毛；3～6 朵簇生成总状花序。果近球形，径 1～1.5cm，红色。花期 4 月，先叶开放；果 5～6 月成熟。

【分布】 产于辽宁、河北、陕西、甘肃、山东、河南、江苏、浙江、江西、四川。生于海拔 300～600m 的山坡向阳处或沟边。

【习性】 喜日照充足，温暖而略湿润之气候及肥沃而排水良好之砂壤土，有一定的耐寒与耐旱力，华北栽培较普遍。萌蘖力强，生长迅速。

【繁殖栽培】 繁殖可用分株、扦插及压条等法；栽培管理简单。

图 11-206 樱桃

【观赏特性及园林用途】 花先叶开放，也颇可观，花果美丽，适宜作绿化观赏树种。

【经济用途】 樱桃是落叶果树中成熟最早的一种，果实中含蛋白质、糖、磷、铁、胡萝卜素及维生素 C 等都比苹果为多，营养价值很高，除供生食外，宜于加工，制作果酱、果酒、果汁、蜜饯以及罐头等。由于果实保鲜期短，不便运输，宜在城市郊区和工矿区栽培，便于供应。枝、叶、根、花也可供药用。

　　我国樱桃栽培已有两千年以上历史，古书《礼记》已有记载，主要为中国樱桃，至今全国各地分布甚广。同时引种西洋樱桃，包括欧洲甜樱桃和欧洲酸樱桃，主要产地在华东沿海各省。东北和西北各省高寒地区多栽培毛樱桃。

（6）东京樱花 *Cerasus yedoensis* （Matsum.）Yu et Li

【别名】 日本樱花、江户樱花。

【形态特征】 落叶乔木，高可达 16m。树皮暗褐色，平滑；小枝幼时有毛。叶卵状椭圆形至倒卵形，长 5～12cm。叶端急渐尖，叶基圆形至广楔形，叶缘有细尖重锯齿，叶背脉上及叶柄有柔毛。花白色至淡粉红色，径 2～3cm，常为单瓣，微香；萼筒管状，有毛；花梗长约 2cm，有短柔毛；3～6 朵排成短总状花序。核果，近球形，径约 1cm，黑色。花期 4 月，叶前或与叶同时开放。

【变种、变型及栽培品种】 对于本种的来源，有人主张是园艺上的栽培种，亦有人认为在朝鲜济州岛上有野生的原种。

　　翠绿东京樱花［*C. yedoensis* （Matsum）Yu et Li var. *nikaii* Honda （*P. nikaii* Koidz.）］；乔

木，嫩枝无毛。叶卵状椭圆形，长 4.5~12cm，叶背脉上和叶柄有毛；叶与花均似原种，但新叶、花柄、萼均为绿色，花为纯白色，而且花期要比原种早开半月。

垂枝东京樱花 [C. yedoensis (Matsum) Yu et Li f. perpendens Wilson]：小枝长而下垂。

此外尚有光萼、粉萼和重瓣等变种。

【分布】 原产于日本；中国多有栽培，尤以华北及长江流域各城市为多。园艺品种很多。

【习性】 东京樱花性喜光、较耐寒，在北京能露地越冬。生长较快，但树龄较短；盛花期在 20~30 龄，至 50~60 龄则进入衰老期。

【繁殖栽培】 用嫁接法繁殖，砧木可用樱桃、山樱花、尾叶樱及桃、杏等实生苗。栽培管理较简单。

【观赏特性及园林用途】 本种春天开花时满树灿烂，很美观，但花期很短、仅能保持 1 周左右即凋谢；宜于山坡、庭院、建筑物前及园路旁栽植。

(7) 日本早樱 Cerasus subhirtella (Miq.) Sok. (P. subhirtella Miq., P. pendula var. ascendens Rehd. not Mak.)

【别名】 彼岸樱。

【形态特征】 小乔木，高 5m，枝斜上生长，较细，树姿优美。干皮呈细密横纹状，老树皮则纵裂；新枝有伏毛。叶倒卵形至椭圆形，长 3~8cm，宽 2~4cm，叶端呈短尾状尖头，叶基楔形，叶缘有毛锯齿，齿端有小腺体，叶片基部有黄白色腺体，叶脉有 6~9（11）对；新叶绿色有伏毛，叶的两面特别是背脉上有显著伏毛；叶柄有伏毛；托叶披针形。花 2~5 朵排成无总梗的伞形花序；红或淡红色，径 2~2.5cm，花蕾红色；鳞苞 3~4 枚，暗褐色，卵形，脱落或宿存；萼下部稍膨大，卵形，有少数白色细毛或无毛，萼筒壶形；花瓣圆形，5 枚，瓣端凹头，长 1~1.5cm；雄蕊 20~30，花柱无毛或基部有少数粗毛；花梗长 0.5~2cm，有斜生毛，梗基为苞片所包被。果广椭圆形，熟时紫黑色。

【变种、变型及栽培品种】 主要有以下变种和品种。

① 十月樱 [C. subhirtella (Miq.) Sok. var. autumnalis Makino]：花重瓣，每年开花两季，一季是早春 4 月开出繁茂的花朵，另一季是从 10 月开，直到冬季，但冬季的花形较小，花梗短，花色淡红或白色，径 1.5~2cm。

② 垂枝早樱 [C. subhirtella (Miq.) Sok. var. pendula (Tanaka) Yu et Li]：大乔木，高达 20m，干径达 1m 以上；枝横出，小枝垂直下垂。叶狭椭圆形，端尖，叶基楔形，叶缘锯齿尖锐，叶长 7~9cm，叶背主脉及叶柄均有短毛。花先于叶开放，白色或淡红色，径 1.7cm，1~4 朵排成花序，花梗有毛；萼带红色，花柱基部有毛。果球形，熟时黑红色。花期 3 月；果 6 月成熟。

不少学者认为垂枝早樱并非野生的变种，而是从下述的密枝早樱中人工培育出的园艺品种。在园艺上又有‘大垂枝’早樱、‘小垂枝’早樱、‘重瓣垂枝’樱、‘单瓣垂枝’樱、‘红垂枝’樱、‘白垂枝’樱等品种。

③ 密枝早樱（拟）[C. subhirtella (Miq.) Sok. var. pendula Tanaka f. ascenduns Ohwi]：乔木，高 15m，小枝细而密生。叶长椭圆形至狭倒卵形，叶端尾状长尖，叶缘锯齿尖锐，侧脉 10~14 对，叶长 5~9cm，叶片、叶柄均有毛，有一对腺体。花 1~4 朵，径 1.5~2cm，白色或红色；花柄长而带红色；萼及花柱的下半部有毛（注原种早樱则无毛），萼筒筒状或漏斗状，略膨大，有毛，带红褐色；花瓣 5 枚，半开，圆形，端凹。果球形，径 1cm。产于日本的本州、四国、九州的山地；中国及朝鲜也有分布。

④ 密花早樱 [C. subhirtella (Miq.) Sok. f. aggregata (Miyos.) Nemoto]：3~5 花密集着生，初开时淡红色，后变白色，径 2.5cm。

⑤ 薄红早樱 [C. subhirtella (Miq.) Sok. f. albo-rubescens (Miyos.) Nemoto]：花白色，瓣端呈淡红色。

⑥ 大叶早樱 [C. subhirtella (Miq.) Sok. var. ascendens Wils.]：树体高大，高 10~20m；叶也比较大，长椭圆形，长 6~10cm。产于日本、朝鲜及我国西部山地。

【分布】 产于浙江、安徽、江西、四川等地，也见于栽培。原种产于日本。

【观赏特性及园林用途】 日本早樱的花期比一般樱花早，故称为早樱，在暖地于 3 月下旬开放，在日本东京是 4 月上中旬开花，花朵很繁盛，呈淡红色，很是美观，在日本一些地方作行道树用。本种 1894 年引入美国，在 1895 年引入英国。

(8) 大山樱 Cerasus sargentii (Rehder) H. Ohba (Prunus sargentii Rehd., P. serrulata Lindl. Var. sachalinensis Makino)

【形态特征】　乔木，高 12～20m；干皮栗褐色；枝暗紫褐色，斜上方伸展；小枝粗而无毛。叶互生，椭圆形至卵状椭圆形或倒卵状椭圆形；叶长 6～14cm，宽 4～9cm，叶端急锐尖，叶基圆形或浅心形，质厚，叶缘锯齿粗大呈斜三角形，叶表浓绿色无毛或有散毛，叶背略呈粉白色，无毛；叶柄常呈紫红色，无毛，上部有 1 对红色腺体。花 2～4 朵，呈伞形花序，总梗极短而近于无总梗；花红色，径 3～4.5cm，无芳香；萼筒呈筒状或略呈倒圆锥状，无毛，萼片全缘；花瓣开时平展，卵圆形；花梗无毛，花先于叶或与叶同时开放。果球形，径 1.1～1.3cm，7 月成熟，熟时紫黑色。本种的特点是在新叶、萼、花梗、苞片、芽鳞等各部位均有黏性；由本种所育成的园艺品种中亦具有此特征。

【变种、变型及栽培品种】　晓樱［*C. sargentii*（Rehder）H. Ohba var. *compta*（Koidz.）Hara］：花白色，与新叶同放。产于日本北海道及本州北部。

毛樱［*C. sargentii*（Rehder）H. Ohba var. *pubescens* Tatewaki］：在叶柄、花梗及叶背脉上均有毛。产于北海道及本州的北部及中部。

初雪樱［*C. sargentii*（Rehder）H. Ohba f. *albida*（Miyos.）］：红芽；花略白色，径 4.2cm；花梗短。

栀子樱［*C. sargentii*（Rehder）H. Ohba f. *angustipetala*（Miyos.）］：淡红芽；花淡红色，径 3.8cm，花瓣狭。

大花樱（拟）（布袋樱［日名］）［*C. sargentii* f. *grandiflora*（Miyos.）］：褐芽；花淡红色，径 4.3cm，花梗很长。

野中樱［*C. sargentii*（Rehder）H. Ohba f. *microflora*（Miyos.）］：红褐芽；花红色，径约 4cm。

红梅樱［*C. sargentii*（Rehder）H. Ohba f. *macropetala*（Miyos.）］：红褐芽；花淡红色，径 2.3cm。其中花径较大的品种为'锦樱'。

常盘樱［*C. sargentii*（Rehder）H. Ohba f. *multipes*（Miyos.）］：红褐芽；花淡红色，径 3cm，2～5 花略呈伞房状。

明星樱［*C. sargentii*（Rehder）H. Ohba f. *radiate*（Miyos.）］：黄褐芽；花纯白色，径 3.5cm。

团扇樱［*C. sargentii*（Rehder）H. Ohba f. *umbellate*（Miyos.）］：红芽；花淡红色，径 3.5cm。

【分布】　原产于日本北海道，朝鲜有分布；中国引入栽培。

【习性】　喜光，稍耐阴，耐寒性强，喜湿润气候及排水良好的肥沃土壤。

【繁殖栽培】　大山樱的根系特别怕积水，根系排水不良易导致腐烂或者生长停滞、不易发生新根。所以定植地点一定要选排水和透气性良好的砂性土质。幼苗在 pH 7 以上的碱性土中生长会受影响，但成株根系能够适应 pH 7～8 的土壤。大山樱是浅根性树木，所以栽植时覆土勿过厚，一般不超过 20cm 为佳，否则不利根系生长。对肥分要求不高。大山樱不能过度修剪。敌敌畏对大山樱会产生严重药害，马拉硫磷有轻度药害，以使用鱼藤精、波尔多液、石硫合剂、杀虫脒等较安全。

（9）樱花 *Cerasus serrulata*（Lindl.）G. Don ex London（*Prunus serrulata* Lindl.，*P. pseudocerasus* Hort. not Lindl.）（图 11-207）

【别名】　山樱桃。

图 11-207　樱花

【形态特征】　乔木，高 15～25m，直径达 1m。树皮暗栗褐色，光滑；小枝无毛或有短柔毛，赤褐色。冬芽在枝端丛生数个或单生；芽鳞密生，黑褐色，有光泽。叶卵形至卵状椭圆形，长 6～12cm，叶端尾状，叶缘具尖锐重或单锯齿，齿端短刺芒状，叶表浓绿色，有光泽，叶背色稍淡，两面无毛；幼叶淡绿褐色；叶柄长 1.5～3cm，无毛或有软毛，常有 2～4 腺体，罕 1。花白色或淡红色，很少为黄绿色，径 2.5～4cm，无香味；苞片呈篦形至圆形，大小不等，边缘有带腺的软毛；萼筒钟状，无毛，萼裂片有细锯齿，裂片卵形或披针形，呈水平展开；花瓣倒卵状圆形或倒卵状椭圆形，先端有缺凹；雄蕊多数；花柱平滑；常 3～5 朵排成短伞房总状花序。核果球形，径 6～8mm，先红而后变紫褐色，稍有涩味，但可食。花期 4 月，与叶同时开放；果 7 月成熟。

【变种、变型及栽培品种】　变种及变型很多，常见如下。

重瓣白樱花 [*C. serrulata* (Lindl.) G. Don ex London f. *albo-plena* Schneid.]：花较大，径 3～4cm，白色、重瓣。在华南有悠久的栽培历史。约一百多年前即被引种于欧、美。

红白樱花 [*C. serrulata* (Lindl.) G. Don ex London f. *albo-rosea* Wils.]：花重瓣，花先粉红后变白色，有 2 叶状心皮。

垂枝樱花 [*C. serrulata* (Lindl.) G. Don ex London f. *pendula* Bean.]：枝开展而下垂；花粉红色，瓣数多达 50 以上，花萼有时为 10 片。

重瓣红樱花 [*C. serrulata* (Lindl.) G. Don ex London f. *rosea* Wils.]：花粉红色，重瓣。

瑰丽樱花 [*C. serrulata* (Lindl.) G. Don ex London f. *superba* Wils.]：花甚大，淡红色，重瓣；有长梗。

毛樱花 [*C. serrulata* (Lindl.) G. Don ex London var. *pubescens* Wils.]：与下列的山樱花相似，但叶两面、叶柄、花梗及萼均多少有毛；花瓣长 1.2～1.6cm。产于长江流域、黄河下游；中国、朝鲜、日本有野生分布。

山樱花 [*C. serrulata* (Lindl.) G. Don ex London var. *spontanea* Wils.]：花单瓣，形较小，径约 2cm，白色或粉红色，花梗及萼均无毛，2～3 朵排成总状花序。产于长江流域；中国、朝鲜、日本有野生分布。

【分布】 产于黑龙江、河北、山东、江苏、浙江、安徽、江西、湖南、贵州。生于海拔500～1500m 的山谷林中或栽培。日本、朝鲜也有分布。

【习性】 樱花喜阳光，喜深厚肥沃而排水良好的土壤；对烟尘、有害气体及海潮风的抵抗力均较弱。有一定耐寒能力，但栽培品种在北京仍需选小气候良好处种植。根系较浅。

【繁殖栽培】 栽培简易，繁殖方法与东京樱花相似。

(10) 日本晚樱 *Cerasus serrulata* (Lindl.) G. Don ex London var. *lannesiana* (Carr.) Makino（图 11-208）

【别名】 里樱。

【形态特征】 乔木，高达 10m。干皮淡灰色，较粗糙；小枝较粗壮而开展，无毛。叶常为倒卵形，长 5～15cm，宽 3～8cm，叶端渐尖，呈长尾状，叶缘锯齿单一或重锯齿，齿端有长芒，叶背淡绿色，无毛；叶柄上部有 1 对腺体，叶柄长 1～2.5cm；新叶无毛，略带红褐色。花形大而芳香，单瓣或重瓣，常下垂，粉红或近白色；1～5 朵排成伞房花序，小苞片叶状，无毛；花之总梗短，长 2～4cm，有时无总梗，花梗长 1.5～2cm，均无毛；萼筒短，无毛；花瓣端凹形；花期长，4 月中下旬开放，果卵形，熟时黑色，有光泽。

图 11-208　日本晚樱
1. 花枝；2. 叶背面

【变种、变型及栽培品种】 日本晚樱的原始种是单瓣花，但变种及栽培品种的花多为重瓣花；栽培种的花期较原始种更迟。晚樱有许多变种及品种，主要有：

① 白花晚樱（var. *albida* Wils.），花白色、单瓣，数十年前已引种于南京；

② 绯红晚樱（var. *hatazakura* Wils.），花半重瓣，白色而染有绯红色，南京有引种栽培；

③ 大岛晚樱 [var. *speciose* (Koidz.) Mak.]，花白色，单瓣，端 2 裂，径 3～4cm，有香气。3、4 月间与叶同放；果紫黑色。产于日本伊豆诸岛，野生。本变种生长迅速、健壮，适于海滨栽培，又具有极强的耐煤烟能力，故为值得引入并发展的树种，是滨海城市及矿山城市绿化用的极好观花树种。

日本晚樱的园艺品种有百余种，在品种分类上一般是首先按花色分为白花、红花（包括粉红及浓红色）、绿花（包括带浅黄绿色的种类）三大类；再按幼叶的颜色分为绿芽、黄芽、褐芽、红芽等，分为四群作为第二级；又依花型分为单瓣、复瓣、重瓣，以及小花种、大花种等分成系或种，作为第三级；此外，又按各品种的特殊特征分为直生性、菊花型、有毛类等作为其他类别来描述。现在将一些著名的品种介绍如下。

A. 白花类

Ⅰ. 绿芽群

a. 单瓣型

① 大岛之樱 [f. *stellate* Makino]：5 个花瓣互相分离。本品种名是指生长于伊豆大岛泉津村的老树而言。

② 虎尾樱 [f. *caudate*（Miyos.）Nemoto]：在长枝的上部成丛地着生短花序，有如尾状；花白色或粉红色，花径 4cm。红色花的品种叫'红虎尾'，白色花的称为'白虎尾'，这是晚樱中的珍品。

③ 满月（f. *mangetsu* Nemnto）：花径 5.5cm；花瓣圆形，有 1～2 旗瓣；芳香。

④ 千里香 [f. *senriko*（Koidz.）Wilson]：褐绿芽；花白色而带浅红，径 4.5cm；花瓣 5～8 枚，圆形而呈波状，很美观；有芳香；易结实。

b. 重瓣型

① 雨宿 [f. *amayadori*（Koidz.）Wils.]：花序下垂；花梗粗；花径 4cm；花瓣排为 3～4 层。

② 万里香 [f. *excelsa*（Miyos.）Wils.]：花色纯白；径 4cm；有芳香；重瓣，瓣约 15 枚，但也有单瓣者，瓣宽广；花朵数很多。

③ 晓樱 [f. *megalantha*（Miyos.）Nemoto]：褐绿芽；花白色带淡红；花大，径达 6.5cm；瓣 10～12 枚，圆形，偶有旗瓣；花梗细长。

Ⅱ. 黄芽群

大芝山 [f. *osibayama*（Koidz.）Wilson]：花白色带浅红，径 4.8cm；瓣 5～10 枚，平展，常有旗瓣。

Ⅲ. 褐芽群

a. 单瓣型

① 明月（f. *sancta* Miyos.）：花白色，瓣边带浅红色，径约 4cm。

② 鹫尾 [f. *wasinowo*（Koidz.）Wilson]：花径 5cm；瓣 5～6，有旗瓣，皱瓣，花梗短。

b. 重瓣型

① 大提灯（f. *ojochin* Wils.）：花白色或带浅红色，径 5cm；瓣 5～12 枚，圆形，皱瓣；花序长。

② 真樱（白花真樱）[f. *multiplex* Miyos. Hara]：浅褐色芽；花径约 4.5cm；瓣 12～15 枚，有旗瓣。本品种是三倍体植物，树形直立，小枝多，生长旺盛，易发根，所以长期以来一直作砧木用。其中花色淡红的称为红花真樱。

③ 牡丹樱 [f. *moutan* Miyos. Wilson]：浅褐色芽；花白色而带浅红，径 5cm，瓣约 15 枚，有旗瓣；花梗粗而短。有芳香，很美丽。

Ⅳ. 红芽群

四季樱（拟）（白子不断樱）[f. *fudanzakura*（Koidz.）Wilson]：浅红芽；花单瓣，白色，径 3～3.5cm；在一年中可陆续不断开花；春、秋季的花花柄长，呈伞房花序，冬季的花花柄极短，冬季亦有叶，在发新叶时结实，是稀有的珍贵品种。在日本伊势地方的'白子观音'自古以来即著名。

B. 红花类

Ⅰ. 绿芽群

① 日暮 [f. *amabilis*（Miyos.）Wilson]：黄绿芽；花心白色，外部红色，径 4.5cm；瓣 20 枚左右，圆形，花朵繁密，有芳香。

② 福禄寿 [f. *contorta*（Miyos.）Wilson]：花浅红色，径约 5cm；瓣 20 枚，厚而屈曲。花朵常聚生于小枝顶部。

③ 松月 [f. *superba*（Miyos.）Hara]：树形伞状；花先浅红后变近白色，径 5cm；瓣约 30 枚；雌蕊亦瓣化为 2 枚花瓣；花梗细长；花下垂。

Ⅱ. 褐芽群

① 金龙樱 [f. kinryu（Miyos.）Hara]：红褐色芽；花浅红色，径 4～5cm，单瓣或重瓣型，重瓣型的有花瓣 10 枚，有旗瓣。

② 一叶 [f. hisakura（Koehne）Hara]：花初时淡红色，后近白色，径 4.5cm；瓣约 25 枚，花心有 1 枚瓣化雌蕊伸出，故得此名。花很美，在日本东京附近栽植很多。

③ 杨贵妃 [f. *mollis*（Miyos.）Hara]：淡褐色芽；花淡红色，外部较浓，径 5cm；瓣约 20 枚；花密集着生。日本在上野公园慈眼堂附近有 1 株古树。

④ 涡樱 [f. *spiralis*（Miyos.）Hara]：花浅红色，径 3cm；瓣约 30 枚，略呈螺旋状排列；花期较晚。

Ⅲ. 红芽群

① 紫樱 [f. *purpurea*（Miyos.）Nemoto]：花紫红色，径 3.5cm；单瓣型，亦有瓣 5～9 枚的重瓣种，称为重瓣紫樱。

② 麒麟 [f. *kirin* (Koidz.) Hara]：花浓红色，径 4.5cm；瓣约 30 枚；花心有瓣化雌蕊与下述之关山相似，但树形不同，在枝的各部生有不规则的疣状物。

③ 关山 [f. *sekiyama* (Koidz.) Hara]：花浓红色，径 6cm；瓣约 30 枚，由花心伸出 2 枚瓣化雌蕊；花梗粗且长；小枝多而向上弯曲。本品种是樱花中最美的品种之一，在日本首都东京附近栽植很多。

C. 绿花类

① 郁金（黄樱）[f. *grandiflora* (Wagner) Wilson]：褐芽，有单瓣和重瓣之分，而以重瓣的为多，花浅黄绿色，瓣约 15 枚，质稍硬，最外方的花瓣背部带淡红色，径约 4cm，常有旗瓣。对其中花色最浅的又另列为一品种，称为'浅黄'。

② 御衣黄 [f. *gioiko* (Koidz.) Wilson]：褐色芽；花径 4cm；瓣约 15 枚，质稍硬，色淡黄与淡绿相交，有红色纵纹。花期迟而下垂；花似郁金而略小，且黄色纹较浓绿纹为多。

D. 其他类

Ⅰ. 直生类

① 筥帚樱（天河、天之川）[f. *erecta* (Miyos.) Wils.]：枝直立，花梗亦向上，花瓣及雌雄蕊亦均斜向上着生。幼叶浅褐色；花浅红色，径约 4.5cm；瓣约 15 枚；有芳香。

② 七夕 (f. *albida* Nemoto)：筥帚樱中开白色花的称'七夕'，有芳香。

Ⅱ. 菊花型类：花瓣数极多，花型似重瓣的菊花状；花期迟，一般在 5 月上旬左右开放。

① 白菊樱 [f. *capitata* (Miyos.) Nemoto]：绿芽；花白色，径 4.5cm；萼片 12 枚；花瓣约 150 枚，花心有由 100 左右个淡黄色小鳞片形成的小花冠，往往在花心中央有 2 枚绿色的小叶；花柄长 6～7cm。

② 菊樱 (f. *chrysanthemoides* Miyos)：绿芽；花红色，或深或浅，径 4cm；萼片 10 枚；花瓣 200 枚左右，花心由 100 余淡黄色小鳞片组成，通常在中央有 2 枚绿色小叶。

③ 小菊樱 [f. *singularis* (Miyos.) Nemoto]：淡红芽；花白色或淡红色，径 3.7cm；萼片 6 枚；花瓣约 50 枚；雄蕊约 60 枚；无雌蕊；蕾浓红色；花托漏斗状。

④ 垂枝菊樱（菊枝垂）[f. *pleno-pendula* (Miyos.) Hara.]：枝条下垂；绿芽；花红色，径 3cm；花瓣约 50 枚；雄蕊少数；心皮 1 枚；在日本东北地区常可见到。

Ⅲ. 有毛类

① 早花樱 [f. *praecox* (Miyos.) Nemoto]：褐绿芽；花白色，瓣缘带红色，径 3.5cm；花梗短且散生有毛；花期长，由秋天开始开至冬季，甚至开到 4 月上旬，但冬季时期花朵少；花梗特别短。

② 薄墨 [f. *nigrescens* (Miyos.) Nemoto]：绿芽；花白色，径 4.5cm，单瓣；花梗上有长毛。

由以上列举的种类来看，可知晚樱的花型颇富变化，观赏价值极高，尤其重瓣品种开花时朵朵下垂，向着游人，真可谓芳香扑鼻、艳丽多姿；在日本，一般习称为'八重樱'或'牡丹樱'，于 1870 年曾输入法国，于 1912 年输入于美国，现在华盛顿湖畔的樱花即为日本晚樱。

日本晚樱发育较快，树龄较短，花期较晚但花期的延续时间在各种樱花中却属最长的种类。由于重瓣品种不能结实，故多用嫁接法繁殖。

【分布】　原产于日本，在伊豆半岛有野生，日本庭院中常见栽培；中国引入栽培。

【习性】　日本晚樱喜光，应种植于光照充足处，在背阴处和大树下会因光照不足而生长缓慢，叶片小而黄，花小或无花，即使有花也色彩不艳，重者甚至死亡；根系较浅，既不耐旱也不耐涝，喜湿润而不积水的环境，在草坪中种植生长旺盛，不宜种植在沟渠边和低洼处，在这两种地方种植常会因为根系腐烂而死亡；适合种植在透水、透气性好的沙质壤土中，在黏土中生长不良，喜肥沃而不耐瘠薄，有一定的耐盐碱力，甚至在 pH 值为 8.7、含盐量为 0.15% 的轻度盐碱土中也能正常生长，未见不良反应；对空气质量要求相对较高，对烟尘、SO_2 等有毒有害气体的抗性较差，不宜应用于工矿区绿化；喜温暖环境，在华北地区及东北南部应尽量选择背风向阳处种植，幼苗在空旷处和风口处种植极易发生抽条。

【繁殖栽培】　樱花类可用播种、扦插、嫁接、分蘖等法繁殖。

关于定植后的栽培管理法，可按一般的树木管理法处理。在日本的经验是樱花类不耐修剪，日本花农有谚语意谓不剪梅花是笨人，修剪樱花亦笨人。但是在中国尚未发现有何严重影响，然而在修剪较粗的枝条后，仍以涂抹防腐剂为好。

樱花类的病虫害主要有：樱花天狗巢病、樱花穿孔性褐斑病、樱花叶枯病、樱花菌核病、樱花癌肿病、小透翅蛾、梅毛虫、介壳虫，另外在 4 月下旬可见金龟子、金花虫、桑刺尺蠖，可捕杀或喷

800～1000 倍的 25％鱼藤精或 600 倍的 223 乳剂。5 月初捕杀蒙古灰象甲。6 月上旬对小灰象甲喷
400 倍 223 乳剂；6 月中旬对蚜虫喷 500～800 倍鱼藤精。7 月中旬治红蜘蛛可用 0.2°～0.3°石硫合剂，
或 1200 倍乐果或 500 倍杀虫脒。8 月上旬对刺蛾喷 800～1000 倍鱼藤精或 1000 倍杀虫脒。

【观赏特性及园林用途】 中国是樱花的原产地，栽培历史悠久。据史料记载，秦汉时樱花已栽培
应用于宫苑之中，距今已有 2000 年的栽培历史，唐朝已普遍栽培于私家花园中，以后历代都有种植。
有关樱属植物名称最早的文字记录是见于《尔雅》所载"朱樱、交樱、樱桃"等。以后各朝代，如明
朝李时珍《本草纲目》、清朝吴其濬《植物名实图考》和陈淏子《花镜》、近代杜亚泉《植物学大词
典》、陈嵘《中国树木分类学》等都有相关记载。从白居易诗："小园新种红樱树，闲绕花枝便当游。"
及古诗："樱桃千万枝，照耀如雪天。王孙宴其下，隔水疑神仙。"、"山樱抱石荫松枝，比并余花发更
迟。赖有春风嫌寂寞，吹香度水报人知。"等句中亦可见其观赏价值了。因此，如果梅花是以清雅著
称，桃花是以浓艳取胜，则樱花类既有梅之幽香又有桃之艳丽，品种更多达数百种，所以应给以重
视，加以大力发展。在日本则定为国花，每当樱花盛开之时，全国欢度樱花节，扶老携幼，红男绿女
在樱花林下载歌载舞，呈现一片举国欢乐、喜庆而富于朝气的场面。

11.1.5.4.23 稠李属 *Padus* Mill.

落叶小乔木或灌木。冬芽卵圆形，芽鳞覆瓦状排列。单叶互生，幼叶在芽内对折。叶片具锯齿，
罕全缘；叶柄顶端或叶基部常有 2 腺体；托叶早落。花多朵成总状花序，顶生，序基有叶或无叶；苞
片早落；萼筒钟状；花白色，瓣端齿啮状；雄蕊 10 至多数；雌蕊 1，周位花，子房上位，心皮 1。核
果无纵沟，中果皮骨质。

本属有 20 余种，主要分布于北温带。我国有 14 种，全国各地均有，但以长江流域、陕西和甘肃
南部较为集中。

本属有长的总状花序，花瓣白色，花朵密集，花期较早，为早春观赏植物之一。

稠李 *Padus racemosa* (Lam.) Gilib. （图 11-209）

图 11-209 稠李

【别名】 稠梨。

【形态特征】 落叶乔木，高达 15m。小枝紫褐色；嫩枝有毛
或无毛。叶卵状长椭圆形至倒卵形，长 6～14cm，叶端突渐尖，
叶基圆形或近心形，叶缘有细锐锯齿，叶表深绿色，叶背灰绿
色，无毛或仅背面脉腋有丛毛；叶柄长 1～1.5cm，无毛，近端
部常有 2 腺体。花小，白色，径 1～1.5cm，芳香，花瓣长为雄
蕊 2 倍以上；数朵排成下垂之总状花序，基部有叶。果近球形，
径 6～8mm，黑色，有光泽；核有明显皱纹。花期 4 月，与叶同
时开放；果 9 月成熟。

【变种、变型及栽培品种】 毛叶稠李 ［*P. racemosa* (Lam.)
Gilib. var. *pubescens* (Regel & Tiling) Schneid.］：小枝、叶背、
叶柄均有柔毛。在欧洲和北亚长期栽培，有垂枝、花叶、大花、
小花、重瓣、黄果和红果等变种。

【分布】 产于黑龙江、吉林、辽宁、内蒙古、河北、山西、
河南、山东等地。生于海拔 880～2500m 的山坡、山谷或灌丛中。朝鲜、日本、俄罗斯也有分布。

【习性】 性喜光、尚耐阴，耐寒性较强，喜湿润土壤，在河岸沙壤土上生长良好。

【繁殖栽培】 用播种法繁殖。

【观赏特性及园林用途】 花序长而美丽，秋叶变黄红色，果成熟时亮黑色，是一种耐寒性较强的
观赏树。

【经济用途】 木材优良；叶可入药，有镇咳之效；花有蜜，是蜜源树种。

11.1.5.5 含羞草科 Mimosaceae

常绿或落叶乔木或灌木或藤本，罕草本。叶互生，常 2 回羽状复叶，稀为 1 回羽状复叶或变为叶
状柄、鳞叶或无；叶柄显具叶枕；羽片常对生；叶轴或叶柄上常有腺体；托叶有或无，或成针刺状。
花小，两性，罕单性，辐射对称，组成头状、穗状或总状花序或再排成圆锥花序；苞片小，生在花序
梗的基部或上部，通常脱落，小苞片早落或无。花萼管状，稀萼片分离，常 5 齿裂，罕 3～4 或 6～7
齿裂，裂片镊合状稀覆瓦状排列；花瓣与萼齿同数，镊合状排列，分离或合生成管状；雄蕊 5～10
（常与花冠裂片同数或为其倍数）或多数，突出于花被之外，分离或连合成管或与花冠相连，花药小，
2 室纵裂；心皮 1，稀 2～15，子房上位，1 室，胚珠数枚，花柱细长，柱头小。荚果开裂或不裂，有
时具节或横裂，荚直或旋转。种子扁平，坚硬，具马蹄形痕或无。

约 64 属，2950 种；中国原产及引入栽培共 15 属，约 66 种。

分属检索表

1 雄蕊多数，通常在 10 枚以上。
 2 花丝连合呈管状。
  3 荚果扁而直，不开裂或迟裂 ·················· 1. 合欢属 *Albizia*
  3 荚果 2 瓣裂并自顶端向基部翻转；种子长圆形扁压状 ·········· 朱缨花属 *Calliandra*
 2 花丝分离或仅基部稍连合 ·················· 2. 金合欢属 *Acacia*
1 雄蕊 10 或较少，离生或有时仅基部合生。
 4 药隔顶端无腺体；荚果呈带状，熟时沿缝线纵裂呈 2 瓣 ·········· 3. 银合欢属 *Leucaena*
 4 药隔顶端常有脱落性腺体；小叶互生；荚果扁平，熟时 2 瓣裂，果瓣旋卷·········· 海红豆属 *Adenanthera*

11.1.5.5.1 合欢属 *Albizzia* Durazz.

落叶乔木或灌木。2 回羽状复叶，互生，叶总柄下有腺体；羽片及小叶均对生；全缘，近无柄；中脉常偏于一边。头状或穗状花序，花序柄细长；萼筒状，端 5 裂；花冠小，5 裂，深达中部以上；雄蕊多数，花丝细长突出花冠之外，基部合生。荚果呈带状，成熟后宿存枝梢，通常不开裂或迟裂。

约 150 种，产亚洲、非洲、大洋洲及美洲的热带、亚热带地区。我国有 17 种，大部分产西南部、南部及东南部各省区。

本属花序中的花常有两种类型，位于中央的花常较边缘的为大，但不结实。本属植物作庭院绿化，其经济用途主要在木材、单宁提取原料以及用作紫胶虫寄主树。

分种检索表

1 花有柄。
 2 羽片 4～12 对；小叶 10～30 对；花粉色 ·············· (1) 合欢 *A. julibrissin*
 2 羽叶少于 4 对。
  3 羽片 2～3 对；小叶 5～14 对；花白色 ·············· (2) 山合欢 *A. kalkora*
  3 羽片 2～4 对；小叶 4～8 对；花绿黄色 ·············· (3) 阔荚合欢 *A. lebbeck*
1 花无柄。
 4 小叶的中脉紧靠上边缘；头状花序 ·············· (4) 楹树 *A. chinensis*
 4 小叶的中脉偏于上边缘；穗状花序 ·············· (5) 南洋楹 *A. falcataria*

(1) 合欢 *Albizzia julibrissin* Durazz.（图 11-210）

【别名】绒花树、合昏、夜合花。

【形态特征】乔木，高达 16m，树冠扁圆形，常呈伞状。树皮褐灰色，主枝较低。叶为 2 回偶数羽状复叶，羽片 4～12 对，各有小叶 10～30 对；小叶镰刀状长圆形，长 6～12mm，宽 1～4mm，中脉明显偏于一边，叶背中脉处有毛。花序头状，多数，细长之总柄排成伞房状，腋生或顶生；萼及花瓣均黄绿色；雄蕊多数，长 25～40mm，如绒缨状。荚果扁条形，长 9～17cm。花期 6～7 月；果 9～10 月成熟；花丝粉红色。

【分布】产于我国东北至华南及西南部各省区。生于山坡或栽培。非洲、中亚至东亚均有分布；北美亦有栽培。

【习性】性喜光，但树干皮薄畏暴晒，易开裂。耐寒性略差，在华北宜选平原或低山区之小气候较好处栽植。对土壤要求不严，能耐干旱、瘠薄，但不耐水涝。生长迅速，枝条开展，树冠常偏斜，分枝点较低。

图 11-210 合欢

【繁殖栽培】主要用播种法繁殖，3～4 月播种。播种前 10 天，用 80℃热水浸种，次日换水 1 次，第 3 天捞出，混以等量的湿沙，堆于温暖背风处，厚约 30cm，上盖稻草、麻袋等以保湿润。经 7～8 天的堆积，发芽率可提高到 70%～80%。苗床应选不致遭水淹之处，条播每亩播种量 4～5kg，行距 60cm，播后 3～5 天即可出苗。在良好的培育条件下，当年苗高可达 1.5～2m。合欢幼苗主干常易倾斜而分枝过低，为使主干通直，分枝点适当，育苗期间可合理密植或与高秆作物间作，并注意及时剪除侧枝和扶直其主干。对生长较弱的苗可在次年春季发芽前齐地面截干，促使发出粗壮通直的主干。1～2 年生苗，在华北北部需防寒过冬，3～4 年生苗可以出圃。定植后应注意对腐朽病的防治，该病多由断枝处或伤口侵入，引起树皮流胶或表面十分粗糙。定植后加强管理，5～6 年生苗可开始开花。

【观赏特性及园林用途】合欢树姿优美，叶形雅致，盛夏绒花满树，有色有香，能形成轻柔舒畅的气氛，宜作庭荫树、行道树，植于林缘、房前、草坪、山坡等地。

图 11-211 山合欢

【经济用途】 心材黄灰褐色，边材黄白色，耐久，多用于制家具；嫩叶可食，老叶可以洗衣服；树皮供药用，有驱虫之效。

(2) 山合欢 *Albizzia kalkora* (Roxb.) Prain (图 11-211)

【别名】 山槐、白合欢。

【形态特征】 乔木，高 4～15m。羽片 2～3 对；小叶 5～14 对，长 1.5～4.5cm，宽 1～1.8cm，两面密生短柔毛。头状花序多数排成顶生的伞房状或 2～3 个侧生于叶腋。花有花梗，花丝白色。荚果深棕色，长 7～17cm，阔 1.5～3cm，疏生短毛。

【分布】 分布于我国华北、西北、华东、华南至西南部各省区。生于山坡灌丛、疏林中。越南、缅甸、印度亦有分布。本种生长快，能耐干旱及瘠薄地。

【观赏特性及园林用途】 花美丽，可作风景树栽培。

【经济用途】 木材耐水湿；树皮含单宁，纤维可造纸，花入药有镇静安眠之效；根及茎皮入药有补气活血之效；种子可榨油。

(3) 阔荚合欢 *Albizzia lebbeck* (Linn.) Benth. (图 11-212)

【别名】 大叶合欢、缅甸合欢。

【形态特征】 大乔木，高 8～20m。叶柄近基部有大腺体 1 枚，羽片 2～4 对，最下一对的总轴上有或无腺体；每羽片有小叶 4～8 对，小叶长 2.5～4cm，宽 9～17mm，叶端圆或微浅凹。头状花序 2～4 个成腋生伞房状芳香，总花梗长 5～10cm；小花有柄；花丝黄绿色。荚果长 10～25cm，宽 2～5cm，黄褐色，无毛。花期 5～7 月；果期 8～10 月。

【分布】 我国广东、广西、福建、台湾有栽培。原产热带非洲，现广植于两半球热带、亚热带地区。生于海拔高达 2100m 的潮湿处岩石缝中。

【繁殖栽培】 多行播种法繁殖。

【观赏特性及园林用途】 本种生长迅速，枝叶茂密，为良好的庭院观赏植物及行道树。

【经济用途】 边材白色，心材暗褐色，光亮而有斑纹，质坚硬，耐朽力强，适为家具、车轮、船艇、支柱、建筑之用。叶可作家畜的饲料。

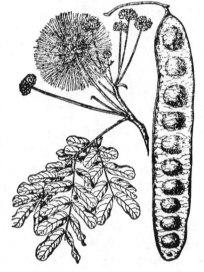

图 11-212 阔荚合欢

(4) 楹树 *Albizzia chinensis* (Osbeck) Merr. (图 11-213)

【别名】 华楹。

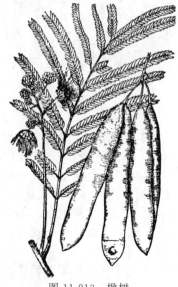

图 11-213 楹树

【形态特征】 落叶大乔木，高达 20m，小枝有灰黄色柔毛。叶柄基部及总轴上有腺体；羽片 6～18 对；小叶 20～40 对，小叶长 6～8mm，宽约 2mm，叶背粉绿色；托叶膜质，心形，长达 2.5cm，早落。头状花序 3～6 个排成圆锥状，顶生或腋生；雄蕊绿白色，长 2.5cm。荚果长 10～15cm，宽约 2cm。花期 3～5 月；果期 6～8 月。

【分布】 原产于热带及亚热带，分布于福建、湖南、广东、广西、云南、西藏。多生于林中，亦见于旷野，但以谷地、河溪边等地方最适宜其生长。南亚至东南亚亦有分布。

【繁殖栽培】 秋季采种子，于次年春播繁殖。

【观赏特性及园林用途】 本种生长迅速，枝叶茂盛，适作行道树及庭荫树。

【经济用途】 木材褐色，色泽美，质柔软，耐朽力弱，可作家具、箱板等用；树皮含单宁。

(5) 南洋楹 *Albizzia falcata* (Linn.) Fosberg (图 11-214)

【别名】 仁人木。

【形态特征】 常绿乔木，高达 45m。叶柄近基部及总轴中部有腺体；羽片 11～20 对，上部的常对生，下部的有时互生；小叶 18～20 对，菱状矩圆形，中脉直，基部有 3 小脉；托叶锥形，早落。花无柄，排成腋生的穗状花序或由数个穗状花序再排成圆锥花序；花淡白色。荚果长 10～13cm。花期 4～5 月；种子 7～9 月成熟。

图 11-214　南洋楹
1. 枝（示二回羽状复叶）；
2. 小叶；3. 花序

【分布】 我国福建、广东、广西有栽培。原产马六甲及印度尼西亚马鲁古群岛，现广植于各热带地区。

【习性】 热带树种，喜高温多湿气候，其天然分布区为年平均气温为 25～27℃、年降水量2000～3000mm 的赤道静风带。根据其在中国栽植的情况看，在年均气温 20～28℃，极端最低温 2～（−2℃）、年降水量 1500～2000mm 的区域内均能生长良好。对土壤要求不严，在适湿而排水良好的红壤及沙质壤土上均能生长良好。在黏土、低洼积水或干旱瘠薄处生长不良。pH 5～6 为宜。本树为强喜光树种，不耐阴。抗风力弱，在 7 级风下枝条即可折断，9～10 级风下会拔倒。树皮薄，抗火焚能力很弱。

本树在适宜条件下生长极速，例如在南洋，6 年生即高达 25m，10 年生达 35m，是世界著名的速生树种。在中国的生长情况也很好，例如在海南岛，其胸径的年生长量达 8cm 以上，在广州达 6cm 以上，在厦门达 5cm 以上。生长速度比桉树、木麻黄快 2～3 倍，比杉木快 6～8 倍。在广州，10 年生时树高达 25.6m，年生长量为 2.56m，属生长旺盛期；15 年生时，树高 30m，年生长量 1m；至 20 年生时树高 32.6m，年平均生长量仅 0.2m，即进入衰老期了。南洋楹虽生长快，但寿命短，约为 25 年。

【繁殖栽培】 播种法繁殖。当荚果变黑开裂时即已成熟，荚虽开但种子并不落出。采后搓出种子，每千克约 6 万粒，可干藏。播前如只用冷水浸种，发芽率极低，不足 10%；有效的经验是用 3～4 倍于种量的 80℃热水浸种，除去外种皮的黏液，待水变冷后再换冷水浸 1 昼夜，则播后的发芽率可达 80% 以上，且出芽整齐。南洋楹的根有根瘤菌，其生长迅速与其根系的发达和有丰富的根瘤有关，故在苗期应当接种根瘤菌以利生长。一般言之，1 年生苗可高达 2m 以上。应注意修剪下枝，以免主干过矮。

【观赏特性及园林用途】 为优美的庭荫树和行道树。树冠广阔，雄伟壮观，最适孤植草坪上或对植于大门、入口两侧，或列植于宽广的街道上。

【经济用途】 木材适于作一般家具、室内建筑、箱板、农具、火柴等。木材纤维含量高，是造纸、人造丝的优良材料；幼龄树皮含单宁，可提制栲胶。本种还是白木耳生产的优良段木。

11.1.5.5.2　金合欢属 *Acacia* Mill.

小乔木、灌木或藤本，具托叶刺或皮刺，罕无刺，托叶罕为膜质。叶为偶数 2 回羽状复叶；总叶柄及叶轴上常有腺体；小叶小而多对，或叶片退化，叶柄变成叶片状（叶状柄）。花小，两性或杂性，3～5 基数，黄色或白色，常约 50 朵，最多 400 朵，组成柱形的穗状花序或圆球形的头状花序，1 序至数序簇生叶腋或在枝顶重组成圆锥花序；序梗上有总苞片。花萼钟状，具齿裂，镊合状排列，花瓣分离或基部合生；雄蕊 50 枚以上，花丝分离或仅基部稍连合；子房有或无柄，胚珠多数，花柱丝状。荚果多形，常长圆形，扁平，直或弯，熟时开裂或不裂。种子扁平，皮硬而光滑。

800～900 种，分布于全世界的热带和亚热带地区，尤以大洋洲及非洲的种类最多。我国连引入栽培的有 18 种，产西南部至东部。此外，近年来各地还陆续从国外引进一些种类试种，因数量不多，营林价值尚未肯定。

本属植物具有很大的经济价值，一些种类可提取单宁、树胶、染料，供制硝皮、染物、药品等用，一些种类为重要的荒山绿化树种、用材及风景树种。

分种检索表

1 叶片退化，叶柄变成叶片状（叶状柄），长 6～10cm；花组成圆珠形头状花序；无刺乔木 …………………………………………………………………………………………… (1) 台湾相思 *A. confusa*

1 叶片存在；小枝上无针刺，而只有由托叶变成的托叶刺，小枝呈 "之" 字形弯曲；有托叶刺灌木 ……………………………………………………………………………………… (2) 金合欢 *A. farnesiana*

(1) 台湾相思 *Acacia confusa* Merr.（图 11-215）

【别名】 相思树、相思子、台湾柳。

图 11-215　台湾相思

【形态特征】　常绿乔木，高 6～15m；小枝无刺，无毛。幼苗具羽状复叶，长大后小叶退化，仅存 1 叶状柄，狭披针形，长 6～10cm，具 3～5 平行脉，革质，全缘。头状花序 1～3 个腋生，径约 1cm；花黄色，微香。荚果扁带状，长 5～10cm，种子间略缢缩。花期 4～6 月；果 7～8 月成熟。

【分布】　产于我国台湾、福建、广东、广西、云南；野生或栽培。菲律宾、印度尼西亚、斐济亦有分布。

【习性】　性强健，喜暖热气候。能耐瘠薄土壤，在沙质土及黏质土壤上均可生长。喜酸性土，在石灰质土上生长不良。耐干旱又耐短期水淹。极喜光，不耐阴，为强喜光树种。根深而枝条韧性强，能耐 12 级台风而无倒折现象。生长迅速，萌芽力强，能耐多次砍伐。由于根系发达且具根瘤，故为良好的水土保持树种。本树属速生树种，定植后的头 3～4 年每年生长量约 0.7m，此后则逐渐加快，年生长量可达 1m 左右。

【繁殖栽培】　用种子繁殖。在 8 月左右荚果成熟而未开裂时采集，取出种子后可充分晾晒，拌以石灰或草木灰加以干藏。每千克种子 3 万～4 万粒。发芽率可达 80% 以上。播种前用 80℃ 热水浸种约 1min，再入凉水浸泡 1 昼夜后播种。每亩条播需 5～6kg 种子。1 年生苗可高达 70cm。

台湾相思主干略乏通直且分枝很多，故应注意整形修枝以养成通直的主干。

虫害有金龟子、蝼蛄、吹绵蚧等为害，对后者可用大红瓢虫进行生物防治；对蝼蛄可用毒饵杀死；对金龟子可喷 500 倍的 50% 马拉松乳剂。

【观赏特性及园林用途】　本树生长迅速，抗逆性强，适作荒山绿化的先锋树。又可作防风林带，水土保持林带用。在华南亦常作公路两旁的行道树，颇具特色。

【经济用途】　材质坚硬，可为车轮，桨橹及农具等用；树皮含单宁；花含芳香油，可作调香原料。

（2）金合欢 *Acacia farnesiana*（Linn.）Willd.（图 11-216）

【别名】　荆毽花、鸭皂树、牛角花。

【形态特征】　灌木，多枝，有刺，高 2～4m，枝略呈左右曲折状；托叶刺长 6～12mm。羽片 4～8 对，小叶 10～20 对，细狭长圆形，长 2～6mm，宽 1～1.5mm。头状花序腋生，单生或 2～3 个簇生，球形，径 1cm，花黄色，极芳香；花序梗长 1～3cm。荚果圆筒形，膨胀，长 4～10cm，直径 1～1.5cm，直或弯曲。花期 10 月。

【分布】　产于浙江、台湾、福建、广东、广西、云南、四川。多生于阳光充足，土壤较肥沃、疏松的地方。原产于热带美洲，现广布于热带地区。

【观赏特性及园林用途】　本种多枝、多刺，可植作绿篱。金合欢早在 1912 年就被澳大利亚定为国花。

【经济用途】　木材坚硬，可制作贵重器材；根及荚果含丹宁，可作黑色染料，入药能收敛、清热；花可提香精；茎流出的树脂可供美工用及药用，品质较阿拉伯胶优良。

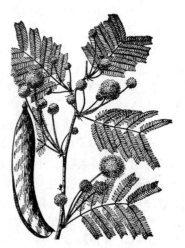

图 11-216　金合欢

11.1.5.5.3　银合欢属 *Leucaena* Benth.

常绿、无刺灌木或乔木。托叶刚毛状或小形，早落。二回羽状复叶；小叶小而多或大而少，偏斜；总叶柄常具腺体。花白色，通常两性，5 基数，无梗，组成密集、球形、腋生的头状花序，单生或簇生于叶腋；苞片通常 2 枚；萼管钟状，具短裂齿；花瓣分离；雄蕊 10 枚，分离，伸出于花冠之外；花药顶端无腺体，常被柔毛；子房具柄，胚珠多颗，花柱线形。荚果劲直，扁平，光滑，革质，带状，成熟后 2 瓣裂，无横隔膜；种子多数，横生，卵形，扁平。

约 40 种，大部产美洲。我国有 1 种，产于台湾、福建、广东、广西和云南。

银合欢 *Leucaena leucocephala*（Lam.）de Wit（图 11-217）

【形态特征】　常绿灌木或小乔木，高达 8m，树冠顶平。羽片 4～10 对，小叶 10～15 对，条状长圆形，长 0.6～1.3cm，中脉偏向上缘，两侧不等宽。头状花序 1～3 腋生，径 2～3cm，序梗长 2～4cm；花白色；花萼长 3mm，花瓣狭倒披针形，长约 5mm；雄蕊 10，长 7mm，常被疏柔毛。荚果带状，长 10～18cm，果顶凸尖，纵裂。种子 6～25。花期 4～7月；果期 8～10月。

【变种、变型及栽培品种】 新银合欢（'Salvador'），又称萨尔瓦多银合欢，羽片 5～17 对；小叶 11～17 对，长 17mm，宽约 5mm；荚果长约 24cm。华南近年有引种。生长较原种快，可经营速生丰产用材林和薪炭林。

【分布】 产于台湾、福建、广东、广西和云南。生于低海拔的荒地或疏林中。原产于热带美洲，现广布于各热带地区。

【习性】 适应性强，抗旱，不择土壤，耐瘠薄，耐盐碱，无病虫害。

【观赏特性及园林用途】 本种耐旱力强，适为荒山造林树种，亦可作咖啡或可可的荫蔽树种或植作绿篱。

【经济用途】 木质坚硬，为良好之薪炭材。叶可作绿肥及家畜饲料。

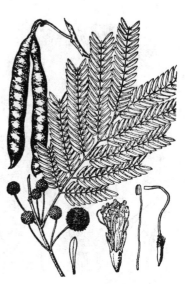

图 11-217　银合欢

11.1.5.6 云实科（苏木科）Caesalpiniaceae

乔木、灌木或藤本，罕草本。叶互生，1 或 2 回羽状复叶，罕单叶，托叶早落或无。花两性，稀单性或杂性异株，略为两侧对称，稀为辐射对称，常组成总状花序或圆锥花序，罕组成穗状花序；小苞片小或大而呈花萼状；花托极短；萼片（4）5，离生或下部离生，常覆瓦状排列；花瓣常为 5，罕为 1 或无，在蕾时覆瓦状排列，上面的 1 片被侧生的 2 片所覆叠；雄蕊 10 或较少，罕多数，花丝离生或合生，花药 2 室，花粉单粒；子房有柄或无；胚珠倒生，1 至多数。荚果开裂或不裂而呈核果状或翅果状。种子偶具假种皮。

约 180 属 3000 种。分布于全世界热带和亚热带地区，少数属（如皂荚属 *Gleditsia* Linn. 和肥皂荚属 *Gymnocladus* Lam.），分布于温带地区。我国连引入栽培的有 21 属，约 113 种，4 亚种，12 变种，主产南部和西南部。

分属检索表

```
1 叶为 2 回羽状复叶，稀兼有 1 回羽状复叶（皂荚属）。
  2 花杂性或单性异株。
    3 植株无刺；荚果肥厚，2 瓣裂 ⋯⋯⋯⋯⋯⋯⋯ 1. 肥皂荚属 Gymnocladus
    3 植株具分枝的枝刺；荚果扁平，不裂或迟开裂 ⋯⋯⋯⋯⋯ 2. 皂荚属 Gleditsia
  2 花两性。
    4 乔木无刺；花大，径 7cm 以上，萼裂片镊合状排列 ⋯⋯⋯⋯ 3. 凤凰木属 Delonix
    4 藤本、灌木或乔木，多有刺；萼裂片覆瓦状排列 ⋯⋯⋯⋯ 4. 云实属 Caesalpinia
1 叶为单叶或 1 回羽状复叶，或仅具单小叶。
  5 叶为单叶，全缘或 2 裂，有时裂为 2 小叶。
    6 可育雄蕊 10；单叶全缘；果腹缝线具窄翅 ⋯⋯⋯⋯⋯ 5. 紫荆属 Cercis
    6 可育雄蕊 3～5，若为 10 枚时则花为白色、淡黄色；单叶 2 裂；果腹缝线上无翅 ⋯ 6. 羊蹄甲属 Bauhinia
  5 叶为 1 回羽状复叶，偶仅具 1 对小叶或单叶。
    7 花瓣 5；小叶 3～5 对 ⋯⋯⋯⋯⋯⋯⋯⋯⋯⋯ 7. 决明属 Cassia
    7 花瓣 3；小叶 10～20 对 ⋯⋯⋯⋯⋯⋯⋯⋯⋯ 酸豆属 Tamarinus
```

11.1.5.6.1 肥皂荚属 *Gymnocladus* Lam.

落叶乔木，无刺。顶芽无，腋芽叠生。2 回偶数羽状复叶，互生；羽片对生；小叶互生；托叶小，早落。总状花序或圆锥花序顶生。花淡白色，杂性同株或单性异株，辐射对称；花萼管状，裂片 5；花瓣 4～5，比萼片稍长，长圆形，覆瓦状排列，最上方的 1 片偶或消失；雄蕊 10，离生，5 长 5 短，较花冠短，花丝粗，被长柔毛；子房在雄花中退化或不存在，在雌花或两性花中无柄，胚珠 4～8，花柱直稍粗而扁，柱头偏斜。荚果扁平、肥厚、有瓤。2 瓣裂。种子大，外种皮革质。

全世界 3～4 种。分布于亚洲中国、缅甸和美洲北部。我国产 1 种。

肥皂荚 *Gymnocladus chinensis* Baill（图 11-218）

【别名】 肥皂树（本草纲目）。

【形态特征】 落叶乔木，无刺，高 12m，树皮具明显白色皮孔，当年枝被锈色或白色短柔毛，后变无毛。2 回羽状复叶，长 20～25cm，叶轴有槽，羽片 5～10 对，对生或互生，小叶 8～12 对，互生，长圆形，长 2.5～5cm，两端圆钝，叶端偶微凹，叶基稍斜，全缘，幼叶两面被银白色毛，老叶被平伏毛。总状花序顶生，花杂性，白色或带淡紫色，有花梗、下垂，与叶同放；花萼管长 6mm，

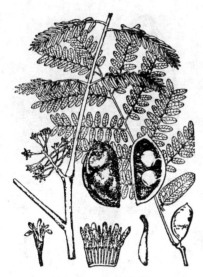

图 11-218　肥皂荚

被短毛；花瓣长圆形。荚果长圆形，长 7～10cm，扁平或膨胀、无毛，顶端有短喙，内含 2～4 种子。种子近球形，略扁，径约 2cm，黑色。花期 4～5 月；果期 9～10 月。

【分布】　分布于江苏、浙江、江西、安徽、福建、湖北、湖南、广东、广西、四川等省区。生于海拔 150～1500m 山坡、山腰、杂木林中、竹林中以及岩边、村旁、宅旁和路边等。

【习性】　性较喜光和温暖气候，主要分布于长江以南地区。生长较快，适于做城乡绿化树种。

【繁殖栽培】　繁殖可用播种法。

【经济用途】　果含皂素，可洗涤丝绸，亦可入药，治疮癣、肿毒等症。种子油可作油漆等工业用油。

11.1.5.6.2　皂荚属 *Gleditsia* Linn.

落叶乔木，罕为灌木。树皮糙而不裂；干及枝上常具分歧之枝刺。枝无顶芽，侧芽叠生。1 回或兼有 2 回偶数羽状复叶，互生小叶近对生或互生。花杂性，或单性异株；近整齐，萼、瓣各为 3～5；雄蕊 6～10。荚果长带状或较小；种子具角质胚乳。

全世界约 16 种。分布于亚洲中部和东南部和南北美洲。我国产 6 种 2 变种，广布于南北各省区。本属植物木材多坚硬，常用于制作器具；荚果煎汁可代肥皂供洗涤用。

分种检索表

1 枝刺圆柱形；荚果直，不扭曲；1 回羽状复叶 ························ (1) 皂荚 *G. sinensis*
1 枝刺扁；荚果扭曲；萌芽枝常有 2 回羽状复叶 ···················· (2) 山皂荚 *G. japonica*

(1) 皂荚 *Gleditsia sinensis* Lam.（图 11-219）

【别名】　皂角。

【形态特征】　乔木，高达 15～30m，树冠扁球形。枝刺圆而有分歧。1 回羽状复叶，小叶 6～14 枚，卵形至卵状长椭圆形，长 3～8cm，叶端钝而具短尖头，叶缘有细钝锯齿，叶背网脉明显。总状花序腋生；萼、瓣各为 4。荚果较肥厚，直而不扭转，长 12～30cm，黑棕色，被白粉。花期 5～6 月；果 10 月成熟。

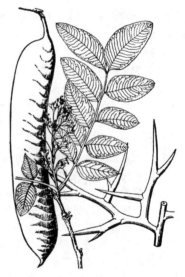

图 11-219　皂荚

【分布】　分布极广，产于河北、山东、河南、山西、陕西、甘肃、江苏、安徽、浙江、江西、湖南、湖北、福建、广东、广西、四川、贵州、云南等省区。生于海拔 2500m 以下的山坡林中或谷地、路旁，常栽培于庭院或宅旁。

【习性】　性喜光而稍耐阴，喜温暖湿润气候及深厚肥沃适当湿润土壤，但对土壤要求不严，深根性在石灰质及盐碱性土壤甚至黏土或沙土上均能正常生长。生长速度较慢但寿命较长，可达六七百年。属深根性树种。播种后经 7～8 年可开花结果。结实期长达数百年。

【繁殖栽培】　用播种法繁殖。种子保藏期可达 4 年。1kg 种子约 2200 粒。因种皮厚，发芽慢且不整齐，故在播前 1 个多月进行浸种，每隔 4～5d 换水 1 次，待种子充分吸水种皮变软时与湿沙层积，待种衣开裂后播种。当年生苗可高达 0.5m 以上。幼苗培养期间应注意修枝，使长成通直之主干。对 1 年生小苗，在华北北部于冬季应培土防寒。

【观赏特性及园林用途】　树冠广宽，叶密荫浓，宜作庭荫树及"四旁"绿化或造林用。

【经济用途】　本种木材坚硬，为车辆、家具用材；荚果煎汁可代肥皂用以洗涤丝毛织物；嫩芽油盐调食，其子煮熟糖渍可食。荚、子、刺均入药，具祛痰通窍、镇咳利尿、消肿排脓、杀虫治癣之效。

(2) 山皂荚 *G. leditsia japonica* Miq.（*G. horrida* Mak.）

【别名】　日本皂荚。

【形态特征】　乔木，高达 20～25m，枝刺扁，小枝淡紫色。1 回偶数羽状复叶，小叶 6～10 对，卵形至卵状披针形，长 2～6.5cm，疏生钝锯齿或近全缘；萌芽枝上常为 2 回羽状复叶。花杂性异株，穗状花序，花柄极短。荚果薄而扭曲或为镰刀状，长 18～30cm。花期 5～7 月；果 10～11 月成熟。

【变种、变型及栽培品种】　无刺山皂荚（*G. japonica* Miq. var. *inermis* Fuh.），枝干无刺或近无

刺。东北地区有栽培。尤宜作庭荫树及行道树。

【分布】 产于辽宁、河北、山东、河南、江苏、安徽、浙江、江西、湖南。生于海拔100～1000m的向阳山坡或谷地、溪边路旁。常见栽培。日本、朝鲜也有分布。

【习性】 性喜光，多生于山地林缘或沟谷旁，在酸性土及石灰质土壤上均可生长良好。

【繁殖栽培】 繁殖栽培及用途等与皂荚相同。

【观赏特性及园林用途】 在苏北沿海的轻盐碱土上可以用来营造海防林，亦可截干使其萌生成灌木状作刺篱用。

【经济用途】 本种荚果含皂素，可代肥皂用以洗涤，并可作染料，种子入药，嫩叶可食；木材坚实，心材带粉红色，色泽美丽，纹理粗，可作建筑、器具、支柱等用材。

11.1.5.6.3 凤凰木属 *Delonix* Raf.

大乔木。2回偶数羽状复叶，小叶对生，形小，多数。花两性，大而显著，顶生或腋生，呈伞房总状花序；萼5深裂，镊合状排列；花瓣5，圆形，具长爪；雄蕊10，花丝分离；子房无柄，胚珠多数。荚果大，扁带形，木质。

全世界2～3种。分布于非洲东部、马达加斯加至热带亚洲。我国引种栽培1种，见于广东、广西、云南、福建和台湾等省区。

凤凰木 *Delonix regia* (Bojer) Raf. （图11-220）

【形态特征】 落叶乔木，高达20m，树冠开展如伞状。复叶具羽片10～24对，对生；小叶20～40对，对生，近矩圆形，长5～8mm，宽2～3mm，先端钝圆，基部歪斜，表面中脉凹下，侧脉不显，两面均有毛。花萼绿色；花冠鲜红色，上部的花瓣有黄色条纹。荚果木质，长达50cm，花期5～8月。

【变种、变型及栽培品种】 ‘金花’凤凰木（‘Flavida’），花金黄色。

【分布】 原产于马达加斯加，世界热带地区常栽种。我国云南、广西、广东、福建、台湾等省栽培。

【观赏特性及园林用途】 本种在我国南方城市的植物园和公园栽种颇盛，作为观赏树或行道树。树冠扁圆而开展，枝叶茂密，花大而色泽鲜艳，盛开时红花与绿叶相映，色彩夺目，特别艳丽，故名凤凰木。

【习性】 性喜光，不耐寒，生长迅速，根系发达。耐烟尘性差。

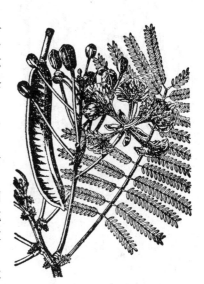

图11-220 凤凰木

【繁殖栽培】 用播种法繁殖；移植易活。

【经济用途】 树脂能溶于水，用于工艺；木材轻软，富有弹性和特殊木纹，可作小型家具和工艺原料。种子有毒，忌食。

11.1.5.6.4 云实属 （苏木属）*Caesalpinia* Linn.

落叶乔木或灌木，有时为藤本，有刺或无刺。叶为2回偶数羽状复叶。总状或圆锥状花序，腋生或顶生；花两性，不整齐；花萼5齿，基部合生，最下方1齿突出，最外方者最大；花瓣5，有爪，最上之1瓣最小；雄蕊10，分离，花丝基部有腺体或毛；子房近于无柄或无柄，有少数胚珠。荚果长圆形，革质或木质，扁平或肿胀，光滑或有刺或毛，开裂或不裂。

约100种。分布热带和亚热带地区。我国产17种，除少数种分布较广外，主要产地在南部和西南部。

云实 *Caesalpinia decapetala* (Roth) Alston （图11-221）

【别名】 牛王刺。

【形态特征】 攀援灌木，密生倒钩状刺。叶为2回羽状复叶，羽片3～10对，小叶6～12对，长椭圆形，叶表绿色，叶背有白粉。花黄色，排成顶生总状花序；雄蕊略长于花冠。荚果长圆形，木质，长6～12cm，宽2.3～3cm，荚顶有短尖，沿腹缝线有宽3～4mm的窄翅；种子6～9粒。花期5月；果8～10月成熟。

图11-221 云实

【分布】 产于广东、广西、云南、四川、贵州、湖南、湖北、江西、福建、浙江、江苏、安徽、河南、河北、陕西、甘肃等省区。亚洲热带和温带地区有分布。生于山坡灌丛中及平原、丘陵、河旁等地。

【观赏特性及园林用途】 性强健、萌生力强，是良好刺篱树种。

【经济用途】 根、茎及果药用，性温、味苦、涩、无毒，有发表散寒、活血通经、解毒杀虫之效，治筋骨疼痛、跌打损伤。果皮和树皮含单宁，种子含油 35%，可制肥皂及润滑油。

11.1.5.6.5 紫荆属 *Cercis* Linn.

落叶乔木或灌木。芽叠生。单叶互生，全缘；叶脉掌状。花萼 5 齿裂，紫红色；花冠假蝶形，上部 1 瓣较小，下部 2 瓣较大；雄蕊 10，花丝分离。荚果扁带形；种子扁形。

约 8 种。其中 2 种分布于北美，1 种分布于欧洲东部和南部，5 种分布于我国。通常生于温带地区。

分种检索表

1 花 4~10 朵簇生于老枝上 ·································· (1) 紫荆 *C. chinensis*
1 花排成下垂的总状花序 ·································· (2) 垂丝紫荆 *C. racemosa*

(1) 紫荆 *Cercis chinensis* Bunge（图 11-222）

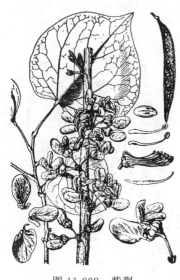

图 11-222 紫荆

【别名】 满条红。

【形态特征】 乔木，高达 15m，胸径 50cm，但在栽培情况下多呈灌木状。叶近圆形，长 6~14cm，叶端急尖，叶基心形，全缘，两面无毛。花紫红色，4~10 朵簇生于老枝上。荚果长 5~14cm，沿腹缝线有窄翅。花期 4 月，叶前开放；果 10 月成熟。

【变种、变型及栽培变种】 白花紫荆（*C. chinensis* Bunge f. *alba* Hsu）：花白色，上海、北京等地偶见栽培。

短毛紫荆（*C. chinensis* Bunge f. *pubescens* Wei）：灌木，高 2~3m。幼枝、叶柄以及叶下面沿脉上均被短柔毛。产于江苏、浙江、安徽、湖北、贵州和云南。通常栽培。

【分布】 产于我国东南部，北至河北，南至广东、广西，西至云南、四川，西北至陕西，东至浙江、江苏和山东等省区。为常见的栽培植物，多植于庭院、屋旁、寺街边，少数生于密林或石灰岩地区。

【习性】 性喜光，有一定耐寒性，北京需植于背风向阳地点。喜肥沃、排水良好土壤，不耐淹。萌蘖性强，耐修剪。

【繁殖栽培】 用播种、分株、扦插、压条等法，而以播种为主。播前将种子进行 80 天左右的层积处理；春播后出芽很快。亦可在播前用温水浸种 1 昼夜，播后约 1 个月可出芽。在华北 1 年生幼苗应覆土防寒过冬，次年冬仍需适当保护。实生苗一般 3 年后可以开花。移栽一般在春季芽未萌动前或秋季落叶后，需适当带土球，以保证成活。

【观赏特性及园林用途】 早春叶前开花，无论枝、干布满紫花，艳丽可爱。叶片心形，圆整而有光泽，光影相互掩映，颇为动人。宜丛植庭院、建筑物前及草坪边缘。因开花时，叶尚未发出，故宜与常绿之松柏配置为前景或植于浅色的物体前面，如白粉墙之前或岩石旁。

【经济用途】 树皮可入药，有清热解毒，活血行气，消肿止痛之功效，可治产后血气痛、疔疮肿毒、喉痹；花可治风湿筋骨痛。

(2) 垂丝紫荆 *Cercis racemosa* Oliver（图 11-223）

【形态特征】 乔木，高 12m。叶阔卵形，长 5~14cm，宽 4.5~9cm，叶端突尖，叶基截形或心形，叶表无毛，叶背疏生短毛或近无毛，叶柄长 2~3cm。总状花序下垂，花序长 2.5~10cm；先花后叶或同时开放；总梗长 1~2cm；萼杯形，歪斜，最下方 1 裂片显著突出；花冠玫瑰红色，旗瓣具深红色斑点。荚果长 6~12cm，含种子 2~4 粒。花期 5 月；果期 10 月。

【分布】 产于湖北西部、四川东部和贵州西部至云南东北部。生于海拔 1000~1800m 的山地密林中，路旁或村落附近。

【观赏特性及园林用途】 由于本种花多而美丽，是一种优良的观赏植物。

【经济用途】 树皮纤维质韧，可制人造棉和麻类代用品。

图 11-223 垂丝紫荆

11.1.5.6.6　羊蹄甲属 *Bauhinia* Linn.

乔木、灌木或藤本。单叶互生，顶端常 2 深裂或裂为 2 小叶。花两性，罕单性，单生或排为伞房、总状、圆锥花序；萼全缘，呈佛焰苞状或 2～5 齿裂；花瓣 5，稍不相等；雄蕊 10 或退化为 5 或 3，罕 1，花丝分离。荚果长圆形、带状线形，熟时开裂。种子卵圆形扁平。

约 600 种，遍布于世界热带地区。我国有 40 种，4 亚种，11 变种，主产南部和西南部。

分种检索表

1 乔木或灌木。
　2 可育雄蕊 3（4）；花冠玫瑰红色，花瓣倒披针形，具长瓣柄 ·················· (1) 羊蹄甲 *B. purpurea*
　2 可育雄蕊 5；花冠紫红或淡红色，花瓣倒卵形或倒披针形，具短瓣柄。
　　3 总状花序具少数花，短缩呈伞房花序状；花冠淡红或紫红色，花瓣倒卵形，罕倒披针形，长 4～5cm，能正常结实 ······························· (2) 洋紫荆 *B. variegata*
　　3 总状花序具多花，有时组成圆锥状；花冠红紫色；花瓣倒披针形，长 5～8cm，通常不结实 ································· (3) 红花羊蹄甲 *B. blakeana*
1 藤本，具卷须；花大，花瓣长 8mm 以上，组成短的伞房式总状花序，可育雄蕊 3 ·············
··· (4) 首冠藤 *B. corymbosa*

（1）羊蹄甲 *Bauhinia purpurea* L.（图 11-224）

【别名】　紫羊蹄甲、白紫荆。

【形态特征】　常绿乔木，高 6～8（10）m。叶近革质，广椭圆形至近圆形，长 10～12（18）cm，端 2 裂，裂片为全长的 1/3～1/2，裂片端钝或略尖，有掌状脉 9～11 条，两面无毛。伞房花序顶生；花玫瑰红色，有时白色，花萼裂为几乎相等的 2 裂片；花瓣倒披针形，长 4～5cm，宽小于 1cm；发育雄蕊 3～4。荚果扁条形，长 13～24cm，略弯曲。花期 9～11 月；果期 2～3 月。

【分布】　产于我国南部。中南半岛、印度、斯里兰卡有分布。

【繁殖栽培】　可用播种及扦插法繁殖。

【观赏特性及园林用途】　树冠开展，枝丫低垂，花大而美丽，秋冬时开放，叶片形如牛羊的蹄甲，为极具特色的树种。世界亚热带地区广泛栽培于庭院供观赏及作行道树。

【经济用途】　树皮、花和根供药用，为烫伤及脓疮的洗涤剂、嫩叶汁液或粉末可治咳嗽，但根皮剧毒，忌服。

图 11-224　羊蹄甲

（2）洋紫荆 *Bauhinia variegata* L.（图 11-225）

【别名】　羊蹄甲、宫粉羊蹄甲。

【形态特征】　半常绿乔木，高 5～8m。叶革质较厚，圆形至广卵形，长 7～10cm，宽大于长，叶基圆形至心形，叶端 2 裂，裂片为全长的 1/4～1/3，裂片端浑圆，叶基有掌状脉 11～15 条。花大而显著，约 7 朵排成伞房状总状花序；花粉红色，有紫色和黄绿色条纹，芳香；花萼裂成佛焰苞状，先端具 5 小齿；花瓣倒广披针形至倒卵形，长 4～5cm，宽 2cm 以上；发育雄蕊 5 枚。荚果扁条形，长 15～30cm。花期 3～4 月最盛，几近全年，果期 6 月。

【变种、变型及栽培品种】　白花洋紫荆 [*B. variegata* L. var. *candida*（Roxb.）Voigt]，花白色，近轴的一片或有时全部花瓣均杂以淡黄色的斑块；花无退化雄蕊；叶下面通常被短柔毛。常栽培于庭院供观赏。云南常见有野生者。花可食。

【分布】　产于我国南部。印度、中南半岛有分布。

【观赏特性及园林用途】　花美丽而略有香味，花期长，生长快，为良好的观赏及蜜源植物，在热带、亚热带地区广泛栽培。

【经济用途】　木材坚硬，可作农具；树皮含单宁；根皮用水煎服可治消化不良；花芽、嫩叶和幼果可食。

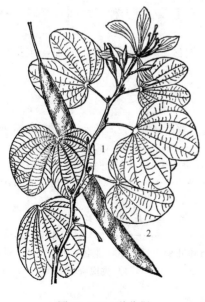

图 11-225　洋紫荆

(3) 红花羊蹄甲 *Bauhinia blakeana* Dunn。

【别名】 洋紫荆。

【形态特征】 半常绿半落叶乔木，高可达 10m 以上。叶近圆形或宽心形，长 8.5～13cm，叶端 2 裂为叶长的 1/4～1/3，叶基心形，基脉 11～13，叶背疏被柔毛。总状花序具多花，顶生或腋生，有时复合成圆锥花序，被短柔毛；花大，美丽，紫红色，可育雄蕊 5，其中 3 长 2 短，花瓣长 5～8cm，有香气，几乎全年开花但以春季 3～4 月及秋季最盛；通常不结果。据 De Wit 的见解，认为是 *B. variegata* 与 *B. purpurea* 的杂交种。

【习性】 性强健，喜光和温暖湿润气候，耐干旱和瘠薄土壤，抗大气污染，但抗风力弱应植避风地点。

【繁殖栽培】 繁殖可用高压、嫁接或扦插法。

【观赏特性及园林用途】 本树在广东冬季开花，花大，紫红色，盛开时繁英满树，为广州主要的庭院树之一。世界各地广泛栽植。

【经济用途】 材质细，易加工，可作家具；树皮含鞣质可供工业用。

本树在香港称为紫荆花，于 1965 年被定为香港市花，1997 年 7 月 1 日香港回归祖国，此花的图案又被定为香港特别行政区的区徽。

(4) 首冠藤 *Bauhinia corymbosa* Roxb. ex DC.

【别名】 深裂叶羊蹄甲（海南岛）。

【形态特征】 藤本；嫩枝、花序、花梗和卷须的一面被锈色毛，枝无毛；卷须单生或成对。叶近圆形，长和宽皆 2～3（4）cm，叶端深裂达叶长的 3/4，裂片先端圆，两面无毛或背面基部和脉上有红棕色粗毛；基出脉 7，柄长 1～2cm。伞房状总状花序生于侧枝顶，长 5cm，有多花。花芳香，花瓣白色，有粉红色脉纹，长 1cm，瓣缘皱，可育雄蕊 3，花丝淡红色。荚果带状长圆而扁平，长 10～16（～25）cm，宽 1.5～2.5cm，具果颈。种子 10 余粒。花期 4～6 月；果期 9～12 月。

【分布】 产于广东（阳春）、海南。生于山谷疏林中或山坡阳处。世界热带、亚热带地区有栽培供观赏。

【习性】 性喜光和暖热湿润气候，抗性强，耐干旱、耐半阴和抗大气污染。

【繁殖栽培】 播种繁殖。

【观赏特性及园林用途】 可绿化棚架或过街天桥，或建筑物的垂直与悬垂绿化，或自然风景区护坡及地被用。

11.1.5.6.7 决明属（铁刀木属、山扁豆属）*Cassia* Linn.

乔木、灌木、亚灌木或草本。叶丛生，偶数羽状复叶；叶柄和叶轴上常有腺体；小叶对生，无柄或具短柄；托叶多样，无小托叶。花近辐射对称，通常黄色，组成腋生的总状花序或顶生的圆锥花序，或有时 1 至数朵簇生于叶腋；苞片与小苞片多样；萼筒很短，裂片 5，覆瓦状排列；花瓣通常 5 片，近相等或下面 2 片较大；雄蕊 4～10 枚，常不相等，其中有些花药退化，花药背着或基着，孔裂或短纵裂；子房纤细，有时弯扭，无柄或有柄，有胚珠多颗，花柱内弯，柱头小。荚果形状多样，圆柱形或扁平，很少具 4 棱或有翅，木质、革质或膜质，2 瓣裂或不开裂，内面于种子之间有横隔；种子横生或纵生，有胚乳。

约 600 种，分布于全世界热带和亚热带地区，少数分布至温带地区；我国原产 10 余种，包括引种栽培的共计 20 余种，广布于南北各省区。

分种检索表

1 小叶长 8～15cm，叶两面几乎同色。
  2 灌木；小叶 6～12 对，倒卵状长圆形或长圆形，叶轴与叶柄上具窄翅；荚果带形，长 10～20cm，果瓣的中央具翅 ·· (1) 翅荚决明 *C. alata*
  2 乔木；小叶 3～4 对，宽卵形、卵形或长圆形；叶轴与叶柄上无翅；荚果圆柱形，长 30～60cm，无翅 ······
    ·· (2) 腊肠树 *C. fistula*
1 小叶长 2.5～8cm，叶背面粉绿色或灰白色。
  3 叶柄和叶轴无腺体；小叶 6～10 对，十端微凹，雄蕊 7 枚能育，3 枚退化；荚果扁平，长 15～30cm ········
    ·· (3) 铁刀木 *C. siamea*
  3 叶柄和叶轴上有腺体 1～3；小叶端圆钝；在叶轴最下 2～3 对小叶间和叶柄上部各有 1 腺体；小叶 7～9 对；荚果扁平，带形，长 7～10cm；雄蕊 10 均可育 ·················· (4) 黄槐决明 *C. surattensis*

(1) 翅荚决明 *Cassia alata* Linn.

【形态特征】 常绿灌木，高 1.5～3m，小枝粗，绿色。叶柄及羽状复叶长 30～60cm，叶轴四棱形，有窄翅；小叶 6～12 对，倒卵状长圆形或长圆形，长 8～15cm，叶端圆钝并有小尖头，两面均为绿色，叶背脉明显突起，叶柄、叶轴均具窄翅。总状花序顶生和腋生，不分枝或短分枝，长 10～50cm，花序梗甚长。花径约 2.5cm，花瓣黄色，有紫色脉纹；雄蕊 10，上部 3 枚退化，下部 7 枚可育。荚果带形，长 10～20cm，宽 1.5cm，在每 1 果瓣的中央有直贯纸质翅。种子 50～60，三角形，略扁。花期 7 月至次年 1 月；果期 10 月到次年 3 月。

【分布】 分布于广东和云南南部地区。生于疏林或较干旱的山坡上。原产于美洲热带地区，现广布于全世界热带地区。

【习性】 性喜光和高温多湿气候，适应性强、耐半阴、喜深厚而排水良好的砂壤土。萌枝力很强。

【观赏特性及园林用途】 叶翠绿，花金黄，花期长，是良好的观花地被植物。

【经济用途】 本种常被用作缓泻剂，种子有驱蛔虫之效。

（2）腊肠树 Cassia fistula Linn. （图 11-226）

【别名】 阿勃勒、牛角树。

【形态特征】 乔木，高达 15m。偶数羽状复叶，长 30～40cm，叶柄及总轴上无腺体；小叶 4～8 对，卵形至椭圆形，长 6～15cm，宽 3.5～8cm。总状花序疏散，下垂，长达 30～50cm；花淡黄色，径约 4cm。荚果圆柱形，长 30～60cm，径约 2cm，黑褐色，有 3 槽纹，不开裂，种子间有横隔膜。花期 6～8 月；果期 9～10 月。

【分布】 我国南部和西南部各省区均有栽培。原产于印度、缅甸和斯里兰卡。

【习性】 性喜光及暖热多湿气候。

【繁殖栽培】 播种及扦插法繁殖。

图 11-226　腊肠树

【观赏特性及园林用途】 初夏开花时，满树长串状金黄色花朵，极为美观，可供庭院观赏用及行道树。

【经济用途】 树皮含单宁，可做红色染料。根、树皮、果瓢和种子均可入药作缓泻剂。木材坚重，耐朽力强，光泽美丽，可作支柱、桥梁、车辆及农具等用材。

（3）铁刀木 Cassia siamea Lam. （图 11-227）

【别名】 黑心树。

【形态特征】 常绿乔木，高 5～20m，树皮灰色，较光滑。偶数羽状复叶，叶长 25～30cm，叶柄和总轴无腺体；小叶 6～10 对，近革质，椭圆形至长圆形，长 4～7cm，宽 1.5～2cm，花序之腋生者呈伞房状的总状花序，顶生者则呈圆锥状花序，序长达 40cm；序轴密生黄色柔毛；苞片线形，坚硬。花瓣 5，长卵形，黄色，长 12mm。荚果扁条形，长 15～30cm，宽 1cm，微弯，内含种子 10～20 粒。花期 7～12 月；果 1～4 月成熟。

【分布】 除云南有野生外，南方各省区均有栽培。印度、缅甸、泰国有分布。

【习性】 喜暖热气候，在年平均温度 19.5～24℃，极端低温在 0℃以上地区均能正常生长，但在有霜冻害地区不能正常生长。而从园林绿化角度来看则可放宽尺度，即使不能正常长成乔木但能成活长成灌木亦是有一定利用价值的。例如在云南思矛，年均温为 17.5℃，

图 11-227　铁刀木

积温 6390℃，最冷月气温 11.1℃，极端低温 −3.4℃，在此等气候下，铁刀木成为落叶灌木状。

性喜光照充足，也有一定耐阴能力。对土壤要求不严，在红壤、黄壤及干燥瘠薄地点均能生长，但以湿润肥沃的石灰质及中性土壤为最佳。忌积水。性强健，能抗烟、抗风，极少病虫害。萌芽力极强，根系强大，发育较快速，实生苗 3～5 年可开花。

【繁殖栽培】 播种法繁殖。3～4 月时自强壮母株采种，经充分翻晒后，干藏于通风良好处可保藏 5～6 年以上。种子的千粒重约 27g。发芽率 30%～50%。播种前用 70℃热水浸种，自然冷却后泡 2d，然后取出盖以湿麻袋，待种子略裂时播种。在大面积绿化山坡时，亦可不浸种而直接播种，每亩用种约 3kg。

铁刀木幼时树干不易通直故最好密植以使干形较直。或经一次自地面的截干使之重新萌生壮条。注意修枝以辅助主干的培养。

【观赏特性和园林用途】　为美丽的庭荫和观花树种，同时又有很高的利用价值，是在热带亚热带地区进行普遍绿化的良好树种，宜作行道树和防护林用。

图 11-228　黄槐决明

【经济用途】　本种在我国栽培历史悠久，木材坚硬致密，耐水湿，不受虫蛀，为上等家具原料。老树木材黑色，纹理甚美，可为乐器装饰。因其生长迅速，萌芽力强，枝干易燃，火力旺，在云南大量栽培作薪炭林，一般每四年轮伐一次。

(4) 黄槐决明 *Cassia surattensis* Burm.（图 11-228）

【形态特征】　灌木或小乔木，高 5～7m，偶数羽状复叶，叶柄及最下部 2～3 对小叶间的叶轴上有 2～3 枚棒状腺体，小叶 7～9 对，长椭圆形至卵形，长 2～5cm，宽 1～1.5cm，叶端圆而微凹，叶基圆形而常偏歪，叶背粉绿色，有短毛；托叶线形，早落。伞房状总状花序，生于枝条上部的叶腋，长 5～8cm；花鲜黄色，花瓣长约 2cm；雄蕊 10，全发育。荚果条形，扁平，长 7～10cm，宽约 1cm，有柄。花期全年不绝。

【分布】　栽培于广西、广东、福建、台湾等省区。原产于印度、斯里兰卡、印度尼西亚、菲律宾和澳大利亚、波利尼西亚地，目前世界各地均有栽培。

【习性】　性喜光但耐半阴，耐干旱，不抗风。

【繁殖栽培】　可用播种法繁殖。

【观赏特性和园林用途】　本种常作绿篱。

11.1.5.7　蝶形花科 Fabaceae（Papilionaceae）

乔、灌、藤或草本，有的具刺。叶互生、对生或轮生，多复叶，稀单叶或退化为鳞片状；托叶有或无或变为刺，小托叶有或无。花两性，两侧对称；萼筒状或钟状，5（4）裂，最下方 1 齿常较长；花瓣 5，稀无，覆瓦状排列，上面最外侧 1 瓣称旗瓣，两侧之各 1 瓣称翼瓣，下部两片称龙骨瓣在最内方，或仅有 1 旗瓣；雄蕊 10（9），花丝全分离或连合成单体或 2 体；单雌蕊，子房上位，1 室，边缘胎座。荚果开裂或不裂。种子无胚乳或有很薄的内胚乳，种脐较显著，种阜或假种皮有时很发达；子叶 2 枚。

约 440 属，12000 种，中国原产及包括引入栽培的约 131 属，约 1380 种和 190 变种、变型。

分属检索表

1 花丝全部分离或近基部略连合，花药同型。
　2 奇数羽状复叶；托叶小或无；花萼常有近等大的 5 齿；乔、灌或藤本。
　　3 荚果呈略扁的圆柱形，种子间缢缩成串珠状，罕具 4 条软木质翅 ························· 1. 槐属 *Sophora*
　　3 荚果两侧压扁或凸起，有时沿缝线有翅。
　　　4 荚果两侧压扁或略凸，两缝线无翅，不明显增厚 ························· 2. 红豆树属 *Ormosia*
　　　4 荚果扁平。
　　　　5 腋芽无芽鳞，包藏于膨大的叶柄内；荚果沿缝线两侧有翅或无翅 ········· 3. 香槐属 *Cladrastis*
　　　　5 腋芽具芽鳞，不为叶柄基所包被；荚果无翅或沿腹缝线有窄翅 ········· 4. 马鞍树属 *Maackia*
　2 掌状（3 小叶）兼有单叶；托叶小钻形或线形，生于叶柄基部两侧，不环茎；花具 2 小苞片，生于花萼下端 ························· 5. 沙冬青属 *Ammopiptanthus*
1 花丝全部或大部连合成雄蕊管，雄蕊单体或二体，二体时是旗瓣的 1 枚花丝与合生的 9 枚花丝的分离；花药同型、近同型或二型。
　6 花药二型，即背着与基着交互，有时长短交互排列。
　　7 小乔木；掌状三出复叶，叶柄长；子房有柄，花柱不上弯 ········· 6. 毒豆属 *Laburnum*
　　7 灌木；单叶，有时为掌状三出复叶，罕无叶；子房无柄，花柱旋曲状 ········· 7. 金雀儿属 *Cytisus*
　6 花药同型或近于同型，即不分成背着或基着，也不分成长短交互排列。
　　8 荚果横向断裂或缢缩成荚节，每荚节具 1 种子；无小托叶；龙骨瓣歪斜，先端平截，翼瓣短，稀与龙骨瓣等长 ························· 8. 岩黄蓍属 *Hedysarum*
　　8 荚果不横向断裂成节荚；种子 1 至多数。
　　　9 雄蕊单体，花丝连合成略闭合的雄蕊管，有时在基部具裂口，但上部均连合。
　　　　10 植株被丁字毛；雄蕊二体，旗瓣外面常具毛；灌木，罕乔木 ········· 9. 木蓝属 *Indigofera*
　　　　10 植株被单毛或无毛；总状花序或圆锥花序。

11 托叶不呈戟形或无，总状花序顶生，下垂，荚果开裂 ·················· 10. 紫藤属 *Wisteria*
11 托叶呈戟形。
　　12 花柱被髯毛，花柱内弯或钩曲，花冠黄或淡褐红色·············· 11. 鱼鳔槐属 *Colutea*
　　12 花柱无毛，有时柱头被油画笔状毛。
　　　　13 偶数羽状复叶；花黄色罕淡紫或浅红色；荚果常呈筒状·············· 12. 锦鸡儿属 *Caragana*
　　　　13 单叶亚灌木；花序梗针刺状；荚果线形，常弯曲·············· 13. 骆驼刺属 *Alhagi*
9 雄蕊二体，通常对旗瓣的 1 枚花丝分离或部分连合，如为单体则上部分离。
　　14 羽状三出复叶。
　　　　15 叶背无腺或透明点。
　　　　　　16 苞片内 2 花；花梗在萼下无关节，龙骨瓣直生状 ·············· 14. 胡枝子属 *Lespedeza*
　　　　　　16 苞片内 1 花；花梗在萼下具关节，龙骨瓣近镰状 ·············· 15. 子梢属 *Campylotropis*
　　　　15 叶背有腺点或透明点。
　　　　　　17 乔或灌木，旗瓣最大，龙骨瓣显著较短；茎及枝有皮刺；小托叶肿胀呈腺体状 ··············
　　　　　　·· 16. 刺桐属 *Erythrina*
　　　　　　17 藤本；花瓣中龙骨瓣最大，花序每节具 2～3 花 ·············· 17. 葛属 *Pueraria*
　　14 羽状复叶。
　　　　18 小叶背有腺点或透明点；花冠仅存旗瓣；果不裂 ·············· 18. 紫穗槐属 *Amorpha*
　　　　18 小叶背无腺点或透明点。
　　　　　　19 荚果开裂；小叶常 10 对以下；托叶刺状或刚毛状 ·············· 19. 刺槐属 *Robinia*
　　　　　　19 荚果不开裂；无小托叶 ·············· 20. 黄檀属 *Dalbergia*

11.1.5.7.1　槐属 *Sophora* Linn.

乔木或灌木，稀为草本。冬芽小，芽鳞不显。奇数羽状复叶，互生，小叶对生，全缘；托叶小。总状或圆锥花序，顶生；花蝶形，萼 5 齿裂；雄蕊 10，离生或仅基部合生。荚果于种子之间缢缩成串珠状，不开裂。

约 80 种，分布于亚洲及北美的温带、亚热带。中国产 23 种。

槐 *Sophora japonica* Linn.（图 11-229）

【别名】　国槐。

【形态特征】　乔木，高达 25m，胸径 1.5m；树冠圆形；干皮暗灰色，小枝绿色，皮孔明显；芽被青紫色毛。小叶 7～17 枚，卵形至卵状披针形，长 2.5～5cm，叶端尖，叶基圆形至广楔形，叶背有白粉及柔毛。花浅黄绿色，排成圆锥花序。荚果串珠状，肉质，长 2～8cm，熟后不开裂，也不脱落。花期 7～8 月；果 10 月成熟。

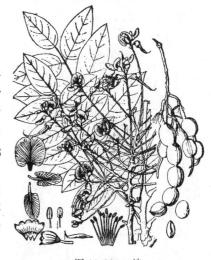

图 11-229　槐

【变种、变型及栽培品种】　紫花槐（*S. japonica* Linn. var. *violacea* Carr.）：与原种的不同是，本变种小叶上面多少被柔毛，翼瓣和龙骨瓣紫色，旗瓣白色或先端带有紫红脉纹与原变种不同。

毛叶紫花槐［*S. japonica* Linn. var. *pubescens*（Tausch.）Bosse］：小叶下面和小叶柄疏被柔毛，中脉基部和小叶柄上毛甚密且较长。

宜昌槐（*S. japonica* Linn. var. *vestita* Rehd.）：小叶上面疏被贴生柔毛，下面密被长柔毛，小枝、小叶柄、叶轴和花序上的茸毛状绒毛到第二年仍宿存，与原变种不同。

'龙爪槐'（'Pendula'）：枝条弯曲下垂，树冠呈伞状，园林中多有栽植。

'曲枝槐'（'Tortuosa'）：枝条扭曲。

'金枝槐'（'Chrysoclada'）：小枝变为金黄色，我国 1998 年从韩国引入栽培。

'金叶槐'（'Chrysophylla'）：嫩叶黄色，后逐渐变为黄绿色。

'五叶槐'（'Oligophylla'）：复叶只有小叶 1～2 对，集生于叶轴先端成为掌状，或仅为规则的掌状分裂，下面常疏被长柔毛。

【分布】　中国北部，北自辽宁，南至广东、台湾，东至山东，西至甘肃、四川、云南均有栽植。

【习性】　性喜光，喜温凉气候和深厚、排水良好的沙质土壤，但在高温多湿或石灰性、酸性及轻盐碱土上均能正常生长，在干燥、瘠薄的山地或低洼积水处生长不良。耐烟尘，能适应城市街道环境，对 SO_2、Cl_2、HCl 气体均有较强的抗性。生长速度中等，根系发达，为深根性树种，萌芽力强，寿命极长，在北京各园林中500年以上的古槐数量相当多。

【繁殖栽培】 一般用播种法繁殖。随采随播或层积至次年春播。也可采用枝接法或方块芽接法进行嫁接；枝接时以休眠芽为接穗，1～2年生新枝为砧木。

五叶槐的种子具有一定的簇生叶遗传性，可自实生苗中选出培育。

槐树性强健，具有很强的萌芽力，即使很粗的主枝锯除后，仍能迅速从粗枝干上萌生不定芽而形成树冠。大树移植时只要进行重剪树冠，均易移栽成活。

【观赏特性和园林用途】 树冠宽广枝叶繁茂，寿命长而又耐城市环境，因而是良好的行道树和庭荫树。由于耐烟毒能力强，又是厂矿区的良好绿化树种。龙爪槐富于民族特色的情调，常成对的用于配置门前或庭院中，又宜植于建筑前或草坪边缘，是中国庭院绿化中的传统树种之一。五叶槐，叶形奇特，宛若千万支绿蝶栖止于树上，堪称奇观，宜独植不宜多植。

【经济用途】 花富蜜汁，是夏季的重要蜜源树种；材质坚韧、稍硬、耐水湿、富弹性，可供建筑、车辆、家具、造船、农具、雕刻等用。依材质及色泽的特点，有白槐、青槐、黑槐3种，以白槐的材质最好，青槐的材质中等，黑槐的材质较差。花蕾、果实、树皮、枝叶均可入药。树皮及根有清泻之效，花蕾可作黄色染料。

11.1.5.7.2 红豆树属 *Ormosia* Jacks.

乔木。芽被大托叶包被或裸芽叶为单叶或奇数羽状复叶，互生，稀对性，小叶对生，常为革质。花为顶生或腋生总状花序或圆锥花序；萼钟形，5裂；花冠略高出于花萼；花瓣5枚，有爪；雄蕊5～10枚，全分离，长短不一，开花时略突出于花冠；子房无柄。荚果革质、木质或肉质，两瓣裂，中无间隔，缝线上无狭翅；种子1至数粒，种皮多呈鲜红色，亦有呈暗红色或间有黑褐色的。

100种以上，主产于热带、亚热带；中国产35种。

分种检索表

1 荚为木质，具隔膜，每荚有种子1～2粒 ·················· (1) 红豆树 *O. hosiei*
1 荚为革质，不具隔膜，每荚有种子1粒 ·················· (2) 软荚红豆 *O. semicastrata*

(1) 红豆树 *Ormosia hosiei* Hemsl. et Wils.（图11-230）

图 11-230 红豆树

【别名】 何氏红豆、鄂西红豆树。

【形态特征】 常绿乔木，高达20m，树皮光滑，灰色。叶奇数羽状复叶，长15～20cm，小叶7～9枚，长卵形至长椭圆状卵形，叶端尖，叶表无毛。圆锥花序顶生或腋生；萼钟状，密生黄棕色毛；花白色或淡红色，芳香。荚果木质，扁平，圆形或椭圆形，长4～6.5cm，宽2.5～4cm，端尖，含种子1～2粒；种子扁圆形，鲜红色而有光泽。花期4月。

【分布】 产于陕西、江苏、湖北、广西、四川、浙江、福建等地。

【习性】 中等喜光树种，幼树较耐阴，适生于肥沃湿润，排水良好的土壤。分枝点较低，侧枝较粗壮，树冠多为伞形，生长速度中等，寿命长，萌芽性较强，根系发达。

【繁殖栽培】 用播种繁殖。种子经温水浸种或浓硫酸处理后层积催芽，发芽率较高。如不浸种则常需1年以上始发芽。

【观赏特性和园林用途】 红豆树冠大荫浓，树姿优雅清秀，枝叶翠绿发亮，种子鲜红色，具有较高的观赏价值。在园林上宜作庭荫树、行道树或作片林栽植。种子色泽鲜艳，耐贮，常被收藏作纪念品。

【经济用途】 木材致密坚硬，有光泽，花纹美丽，是高级家具、室内装饰、工艺雕刻的优质用材，制成品胜过红木和紫檀。种子可入药。

(2) 软荚红豆 *Ormosia semicastrata* Hance.（图11-231）

【别名】 相思子、红豆。

【形态特征】 乔木，高达12m；小枝疏生黄色柔毛。羽状复叶之小叶3～9枚，革质，长椭圆形，长4～14cm，宽2～6cm。圆锥花序腋生，总花梗、花梗、序轴均密生黄柔毛；花萼钟状，密生棕色毛；花瓣白色。荚果革质，小而呈圆形，长1.5～2cm；种子1粒，鲜红色、扁圆形。花期5月。

【变种、变型及栽培品种】 荔枝叶红豆（*O. semicastrata* Hance f. *Litchifolia* How）：树皮白色或暗灰色，小叶2～3对，有时达4对，叶片椭圆形或披针形，上面光亮似荔枝叶。

苍叶红豆（*O. semicastrata* Hance f. *Pallida* How）：树皮青褐色，小叶常为3～4对，有时可达

5 对，叶片长椭圆状披针形或倒披针形，长 4～10（～13）cm，宽 1～3.5cm，基部楔形或稍钝。

【分布】 分布于江西、福建、广西、广东等地。

【习性】 喜光，喜暖热气候，不耐寒。喜肥沃湿润土壤，不耐旱。萌芽力强，根系发达，寿命长。

【繁殖栽培】 播种繁殖。温水浸种后播种发芽率较高，或一年后播种。

【观赏特性和园林用途】 枝叶繁茂，树冠开阔，是南方著名的观赏树种，宜作庭荫树、行道树。在园林中宜孤植、丛植于草坪、林缘、建筑物前。种子红色可供装饰用，或制作纪念品，该树因唐代著名诗人王维的相思诗："红豆生南国，春来发几枝；愿君多采撷，此物最相思。"而出名。

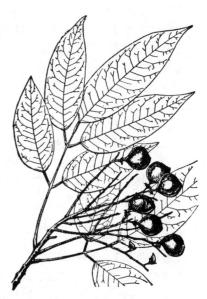

图 11-231 软荚红豆

11.1.5.7.3 香槐属 Cladrastis Rafin.

落叶大乔木，稀为藤本。芽叠生，无芽鳞，包裹于胀大的叶柄基内。奇数羽状复叶，互生，小叶互生。圆锥花序或近总状花序，顶生，常下垂。花白色，旗瓣圆形，翼瓣斜长椭圆形，有两耳，龙骨瓣稍内弯，长椭圆形；雄蕊 10，花丝分离。荚果扁平，两侧无翼或有，缘增厚，迟裂，含 1 至数枚种子。约 7 种，中国 5 种。

香槐 *Cladrastis wilsonii* Takeda（图 11-232）

【形态特征】 乔木，高达 16m。小叶 9～11，顶小叶较大，长 6～10cm，长圆状卵形，叶表绿色无毛，叶背苍白色无毛；叶脉两面隆起，中脉偏向一侧，侧脉 10～13 对。圆锥花序长 10～20cm，顶生或腋生，花白色，芳香。荚果长圆形，扁平，长 5～8cm，两侧无翅，具 2～4 粒种子。花期 5～7 月，果期 8～9 月。

【变种、变型及栽培品种】 翅荚香槐 ［*C. platycarpa*（Maxim.）Makino］，在形态、用途和其他一些方面都与香槐相近。与香槐的主要区别是：荚果两缝线具翅；小叶具小托叶，下面绿色。分布于我国江苏、浙江、湖南、广西、贵州等省区。

【分布】 产于陕、豫、皖、浙、闽、赣、川、桂、湘、鄂、滇等地。在中国西部生长于海拔 2000m 以下山林中。

【习性】 阳性偏中性树种，喜空气湿度较大的环境。在空气过分干燥的环境中易提前落叶和枯枝。生长速度中等偏快。

【繁殖栽培】 播种繁殖。幼苗期应用荫棚适当遮阴。

【观赏特性和园林用途】 香槐枝叶扶疏，花多洁白，气味芳香，是一种有较高开发价值的观赏树种，可作庭荫树或行道树；秋季，叶变黄，可供观赏。

图 11-232 香槐

【经济用途】 木材细致均匀，硬度中等，供家具等用材。根可治关节痛、寄生虫及饮食不洁引起的腹痛，炒食，有催吐作用。

11.1.5.7.4 马鞍树属 Maackia Rupr. et Maxim.

落叶乔木或灌木。鳞芽单生。奇数羽状复叶，互生，无托叶。总状花序顶生，萼筒钟状，4～5 浅齿；花冠蝶形，旗瓣倒卵形，翼瓣斜长椭圆形，龙骨瓣稍弯曲，背部略合生；雄蕊 10，离生，但基部联合。荚果扁平，长椭圆形至线形；种子 1～5 粒。约 10 种，产于亚洲东北部；中国产 8 种。

分种检索表

1 荚果腹缝无翅，罕具 1mm 狭翅，花长 6～9mm ································· (1) 櫰槐 *M. amupensis*

1 荚果腹缝明显有翅，翅宽 2～6mm；花长约 1cm ································· (2) 马鞍树 *M. hupehensis*

(1) 櫰槐（朝鲜槐）*Maackia amurensis* Rupr. et Maxim.（图 11-233）

【形态特征】 乔木，高达 13m。鳞芽不为叶柄基部覆盖。奇数羽状复叶，小叶 7～11 枚，对生，卵状椭圆形，长 3.5～8cm，宽 2～5cm，叶端突尖，叶基阔楔形。复总状花序，长 9～15cm，花冠白色，长约 8mm。荚果扁平，长椭圆形，长 3～7cm，宽 1cm，沿腹缝线有宽 1mm 的狭翅。

【分布】 分布于东北、内蒙古、河北、山东等地；朝鲜也有分布。

【习性】 性喜光，耐寒，喜肥沃而排水良好土壤。

【繁殖栽培】 播种、分株或嫁接繁殖。

【观赏特性和园林用途】 树冠整齐，适作园林中的庭荫树和行道树。

【经济用途】 边材红白色，心材黑褐色，致密坚硬，耐腐朽，有光泽，可供建筑、家具、用具、农具等用材，树皮可作黄色染料。花为蜜源植物。

（2）马鞍树 *Maackia hupehensis* Takeda（*M. chinensis* Takeda）（图 11-234）

【形态特征】 乔木，高 23m，胸径 80cm；树皮暗灰绿色，小枝浅灰绿色，老枝紫褐色。叶长 18～20cm，小叶 9～13，卵形，叶表无毛，叶背密被平伏褐色短柔毛，中脉更密。总状花序长 4～8cm，常 2～6 分枝，花序梗密被淡黄褐色毛；花冠白色，长约 1cm，旗瓣圆形，翼瓣与龙骨瓣稍长于旗瓣。荚果宽椭圆形，扁平，长 4.5～8.4cm，宽 1.6～2.5cm，腹缝翅宽 2～6mm，略被毛。花期 5～7 月；果期 8～9 月。

【分布】 产于豫、皖、苏、浙、赣、湘、鄂、川、陕山山野间。生于山坡或山谷杂木林中。

【习性】 马鞍树性喜光，不耐严寒，适生于湿润肥沃而排水良好的土壤。

【繁殖栽培】 播种繁殖。

【观赏特性和园林用途】 该树种树冠整齐，幼叶密被银白色毛，新叶刚长时，整个树冠银白色，极为壮观。可作行道树、庭荫树和在森林景观改造中作色叶树种。

【经济用途】 木材供建筑、家具等用。

11.1.5.7.5 沙冬青属 *Ammopiptanthus* Cheng f.

属的性状见沙冬青，共 2 种，中国均产。

分种检索表

1 通常 3 小叶，偶为单叶，小叶菱状椭圆形，宽披针形，羽状脉；果扁平 ……………………（1）沙冬青 *A. mongolicus*

1 单叶，罕 3 小叶，小叶宽椭圆形，卵或倒卵形；离基 3 出脉，果微胀 ……………………（2）小沙冬青 *A. nanus*

图 11-233 檬槐　　　　　图 11-234 马鞍树　　　　　图 11-235 沙冬青

（1）沙冬青 *Ammopiptanthus mongolicus*（Maxim.）Cheng f.（图 11-235）

【别名】 蒙古沙冬青、蒙古黄花木。

【形态特征】 常绿灌木，高 2m，宽 3m，皮黄色，小枝密生平贴短柔毛。叶掌状，3 出复叶，稀单叶；托叶小，与叶柄连合而抱茎；叶柄长 5～10mm，密生银白色毛；小叶菱状椭圆形，长 2～4cm，宽 0.6～2cm，叶两面密生银白色绒毛。总状花序顶生，有花 8～12 朵，花黄色；苞片卵形，有白毛；萼筒状，有毛。荚果扁平，长椭圆形，长 5～8cm，含种子 2～5 粒。花期 4 月，果期 5 月。

【分布】 产于豫、皖、苏、浙、赣、湘、鄂、川、陕山。生于山坡或山谷杂木林中。

【习性】 沙冬青性喜光，不耐严寒，适生于湿润肥沃而排水良好的土壤。

【繁殖栽培】 播种繁殖。

【经济用途】 沙冬青抗逆性强，根系发达，固沙保土性能好；根部具有根瘤，改良土壤作用大。沙冬青种子富含油脂，其脂肪酸组成中亚油酸含量高达 87％以上，在食品、化工、医疗保健等方面具有很大的挖掘潜力。沙冬为一年种植，多年受益的植物，为集生态效益和经济效益于一体的优良固沙植物种。

（2）小沙冬青 *Ammopiptanthus nanus*（M. Pop.）Cheng f.

【别名】 新疆沙冬青、矮沙冬青。

【形态特征】 常绿灌木。单叶，稀 3 小叶，叶宽椭圆形，长 1.5～4cm，两面密生银白色短毛，离基 3 出脉。总状花序短，有花 4～15 朵，花黄色。荚果线形，长 3～5cm。花期 6 月；果期 7～8 月。

【分布】 仅见于新疆西南部乌恰县康苏、托云等地。生于海拔 2100～2400m 之间的干旱山谷地带。俄罗斯、中亚地区也有。

【习性】 性耐寒耐旱，多生于砾石河床及山坡，是荒漠地区进行绿化的良好树种。

【观赏特性和园林用途】 荒漠地区唯一的超旱生常绿阔叶灌木树种，集抗旱、抗高温、抗冻、耐盐碱、耐腐蚀等多种抗逆性于一身，在林木抗逆性研究领域具有极其重要的科研价值。

11.1.5.7.6 毒豆属 *Laburnum* Fabr.

落叶小乔木。掌状 3 出复叶，小叶全缘，托叶小。总状花序顶生于无叶枝端，下垂；苞片小。花萼近 2 唇形或不对称钟形，旗瓣卵或圆形，翼瓣倒卵形，龙骨瓣弯曲，短于翼瓣，雄蕊单体，花丝合生，花药 2 型，子房具柄。荚果线形、扁平，2 瓣裂。共 2 种，产于欧洲、北非、西亚，中国引入 1 种。

毒豆 *Laburnum anagyroides* Medic.

【别名】 金链花。

【形态特征】 小乔木，高 2～7m 或灌木状。嫩枝被平伏毛，枝平展或下垂。3 出复叶，具长柄，长 3～8cm，叶表无毛，叶背具平伏细毛，侧脉 6～7 对。总状花序顶生、下垂，长 10～30cm，多花，花长约 2cm，黄色，翼瓣与旗瓣近等长，龙骨瓣宽镰形，比前二者短约 1/3。荚果长 4～8cm，缝线增厚，被贴伏毛。种子黑色。花期 4～6 月；果期 8 月。

【分布】 原产于欧洲中南部；中国偶有栽培。

【习性】 性喜光，对土壤要求不严，有一定抗寒性，在北京可正常过冬但最好选避风处栽植。喜湿润，排水良好，不积水处；深根性。

【繁殖栽培】 用播种繁殖，因幼苗为直根性，侧根少，为使苗木多发侧根易于栽后成活，故在苗期应行 1～2 次移植以切断直根促发侧根。

【观赏特性和园林用途】 花序长而下垂，鲜黄色，很诱人，可作庭院观花树。欧洲古典庭院中常用作棚架式配置，即用整形修剪法使分枝平展于棚架顶部，则串串金黄花序垂于棚下，游人漫步其中会有沉醉于光明与欢欣之感。本树为蜜源植物，但嫩荚果及种子含有毒素。

11.1.5.7.7 金雀儿属（金雀花属）*Cytisus* Linn.

灌木，罕为小乔木。叶原为 3 小叶，但常退化成 1 小叶。花蝶形，成腋生或顶生的头状或总状花序，黄色、白色或紫色；雄蕊单体；花柱弯曲。荚果扁平、开裂；种子数粒，于种子基部具垫状附属体。

本属约 50 种，主要产于欧洲南部及中部；中国约栽培 2 种。

金雀儿 *Cytisus scoparius* Linn. Link（图 11-236）

【别名】 金雀花。

【形态特征】 直立灌木，高可达 3m；枝丛生，细长，幼时具柔毛。小叶 1 或 3，倒卵形至倒披针形，长 8～15cm，疏具薄柔毛，枝条上部的叶常退化成 1 小叶。花 1～2，鲜黄色，旗瓣圆形，径 2cm。荚果狭长圆形，长 3.5～5cm，缘有长毛，花期 5～7 月。

【分布】 产于欧洲中部及南部，为美丽的花木，欧洲庭院中极为常见，中国常见栽培种。

【观赏特性和园林用途】 花炫丽，供作观赏。

11.1.5.7.8 岩黄蓍属 *Hedysarum* L.

落叶灌木、亚灌木或草本。奇数羽状复叶，小叶全缘，叶表常具亮点。花序总状，罕为头状，腋生，总花梗长；苞片干膜质，小苞片 2，刚毛状，生于萼片基部，花萼钟状，5 齿，花冠紫红色或黄色或黄白色，旗瓣具瓣柄，翼瓣与旗瓣近等长或略长或略短，龙骨瓣通常长于旗瓣，稀略短于旗瓣；

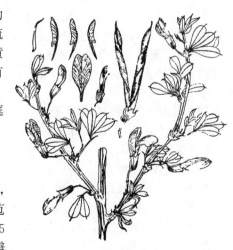

图 11-236 金雀儿

雄蕊 2 体（9＋1）。荚果有 1～6 荚节，不开裂。

约 150 种，中国 41 种。很多为固沙保土树种，并可作饲料。

分种检索表

（1）花棒 Hedysarum scoparium Fisch. et Mey.（图 11-237）

图 11-237　花棒

【别名】　细枝岩黄蓍、牛尾梢。

【形态特征】　灌木或亚灌木，高 1～3（7）m，皮呈条片状剥落。小枝绿色；茎下部的小叶 7～11 枚，植株上部的小叶子 3～5 枚，最上部则无小叶，仅余绿色叶轴或仅具 1 枚顶生小叶；小叶窄，披针形，长 1～4cm，叶两面被平伏毛，叶表有红褐色腺点；托叶连生。总状花序，腋生，花序长 6～8cm，花紫红色，旗瓣长 1.4～1.9cm，端微凹，翼瓣线形，比旗瓣短 1/3，龙骨瓣弯曲。荚果 2～4 节，密被白色毡毛。花期 5～10 月，盛花期 8～9 月；果期 8～10 月。

【分布】　产于蒙、陕、甘、宁、青、新等地；蒙古、俄罗斯亦有分布。

【习性】　性喜光，耐干旱耐高温，极耐寒，抗沙压埋。根系发达，常用播种繁殖，亦可扦插繁殖。种子保存 5～6 年后发芽率仍可达 80％以上。

【观赏特性和园林用途】　本树是良好的防风固沙植物，花期长，既可观赏又为蜜源植物。

【经济用途】　嫩枝叶可作饲料；茎皮强韧可取纤维；枝干含油分，作薪材火力强旺，亦可供作农具或编织用。

（2）踏郎 Hedysarum leave Maxim.

【别名】　三花子。

【形态特征】　灌木，高达 3m，径 5cm。小枝绿色，小叶 9～17，长圆状条形，长 2～3cm，叶表密被红色腺点及疏毛，叶背密被毛。花冠紫红色。荚果扁椭圆形，无毛，有 2～3 荚节。花期 6～8 月；果期 9～10 月。

【分布】　产于内蒙古、陕北、宁夏等处的沙地中。

【习性】　性耐寒，耐干旱，生长力极强，常生于荒漠草原、半固定沙地以及流沙上，一般多在沙丘的背风面和丘间地带。由于发芽力强，亦宜飞机播种进行大面积快速绿化，为保持水土、防风固沙的良好树种。

【经济用途】　枝叶为营养丰富的饲料，花有蜜腺，为蜜源植物。

11.1.5.7.9　木蓝属（马棘属）Indigofera Linn.

落叶灌木、亚灌木或草本，罕乔木，全体有单毛或丁字毛。叶为奇数羽状复叶，罕为单叶或 3 小叶；小叶对生，罕互生，有短柄，全缘；托叶小，针状，基部着生在叶柄上。总状或穗状花序腋生，花淡红色至紫色，罕白色、黄色或绿色；苞片脱落；花萼钟形，端 5 齿裂；花冠易落，旗瓣圆至长圆形，翼瓣卵圆形，略与龙骨瓣相连，龙骨瓣有爪，爪上有 1 矩突；二体雄蕊（9＋1），药隔顶端常有腺体或成 1 簇短毛；子房近于无柄或无柄，花柱内弯，柱头扫帚状。荚果线状、圆筒状或球形，常肿胀；种子数粒，罕 1 或 2 粒。

图 11-238　花木蓝

约 700 种，广布于热带和温带；中国产 120 种，分布很广。

花木蓝 Indigofera kirilowii Maxim. ex Palibin（图 11-238）

【别名】　吉氏木蓝、花槐蓝、山绿豆、山扫帚。

【形态特征】　灌木，高约 1m。枝条有白色丁字毛。小叶 7～11，阔卵形至椭圆形，长 1.5～3cm，宽 1～2cm，两面有白色丁字毛。总状花序腋生，与叶近等长（12cm）；花淡红色；萼杯形，5 裂；花冠长 1.5cm。荚果圆柱形，长 3.5～7cm，棕褐色、无毛。花期 5～7 月；果 8～9 月成熟。

【分布】　分布于东北、华北、华东；朝鲜、日本也有。

【习性】 适应性强，耐贫瘠，耐干旱，抗病性较强，也较耐水湿，对土壤要求不严。常生于山坡灌丛及疏林内或岩缝中。

【繁殖栽培】 播种繁殖。

【观赏特性和园林用途】 花木蓝是北方稀有夏花植物，花色鲜艳，花量大，有芳香，花期长达50～60d。宜做花篱，也适于做公路、铁路、护坡、路旁绿化，亦是良好的花坛、花境材料。

【经济用途】 根入药有消肿止痛、清热解毒、通便利咽之效。茎枝可造纸，叶可作饲料。

11.1.5.7.10 紫藤属 Wistayia Nutt.

落叶藤本。奇数羽状复叶，互生；小叶互生，具小托叶。花序总状下垂，花蓝紫色或白色；萼钟形，5齿裂；花冠蝶形，旗瓣大而反卷，翼瓣镰状，基具耳垂，龙骨瓣端钝；2体雄蕊（9+1）。荚果扁而长，种子数枚，种子间常略紧缩。

共约10种，产于东亚及北美东部；中国约有5种。

分种检索表

1 小叶7～13；花序长不足30cm。
  2 成熟小叶背面几无毛或疏生毛，茎左旋性；总状花序长15～20cm ·············· (1) 紫藤 W. sinensis
  2 成熟小叶背面密生丝状细毛，茎右旋性；总状花序长达30cm ·············· 丝毛紫藤 W. villosa
1 小叶13～19，茎右旋性；花序长30～50cm ·············· (2) 多花紫藤 W. floribunda

(1) 紫藤 Wisteria sinensis（Sims）Sweet（图 11-239）

【别名】 藤萝。

【形态特征】 藤本，长达20m，茎枝为左旋性。小叶7～13，通常11，卵状长圆形至卵状披针形，长4.5～11cm，宽2～5cm，叶基阔楔形，幼叶密生平贴白色细毛，成长后无毛。总状花序长15～25cm，花蓝紫色，长2.5～4cm，小花柄长1～2cm。荚果长10～25cm，表面密生黄色绒毛；种子扁圆形。花期4月。

【变种、变型及栽培品种】 '白花紫藤'（'alba'）：花白色，耐寒性较差。

'粉花'紫藤（'Rosea'）：花粉红至玫瑰粉红色。

'重瓣'紫藤（'Plena'）：花重瓣，堇紫色。

'重瓣白花'紫藤（'Alba Plena'）：花重瓣，白色。

'乌龙藤'（'Black Dragon'）：花暗紫色，重瓣。

'丰花紫藤'（'Prolific'）：开花丰盛，淡紫色，花序长而尖。

图 11-239 紫藤

【分布】 原产于中国，辽宁、内蒙古、河北、河南、江西、山东、江苏、浙江、湖北、湖南、陕西、甘肃、四川、广东等地均有栽培或野生。生于向阳山坡、沟谷、旷地、灌草丛中或疏林下，国外亦有栽培。

【习性】 喜光，略耐阴，较耐寒；喜肥沃、深厚而排水良好的土壤，有一定的耐干旱、瘠薄和水湿的能力。生长快，寿命长，对城市环境的适应件较强。

【繁殖栽培】 播种、扦插繁殖，也可分株、压条繁殖；适时剪除过密枝和细弱枝，有利开花。

【观赏特性和园林用途】 紫藤枝叶茂密，庇荫效果强，春天先叶开花，花多而美丽，有芳香，是优良的棚架、门廊、枯树及山体绿化材料。制成盆景或盆栽可供室内装饰。

【经济用途】 嫩叶及花可食用。茎皮及花尚可入药，有解毒、驱虫、止吐泻之效。花尚可提取芳香油。种子含金雀花碱，亦可入药。

(2) 多花紫藤 Wisteria floribunda（Willd.）DC.（图 11-240）

【别名】 日本紫藤。

【形态特征】 藤本，茎枝较细为右旋性。小叶13～19，卵形、卵状长椭圆形或披针形，叶端渐尖，叶基圆形，叶两面微有毛。花紫色，长约1.5cm，小花柄细长，长2～2.5cm；总状花序长30～50cm，多发自去年生长枝的腋芽。荚果大而扁平，密生细毛；种子扁圆形。花期5月上旬。

【变种、变型及栽培品种】 '白'多花紫藤（'Alba'）：花白色，或稍带淡紫色。

'粉'多花紫藤（'Alborosea'）：花粉红色。

'玫瑰'多花紫藤（'Rosea'）：花淡玫瑰红色，尖端紫色。

'重瓣'多花紫藤（'Violacea Plena'）：花重瓣，蓝紫色。

图 11-240　多花紫藤

'葡萄'多花紫藤（'Macrobotrys'）：花蓝紫色，花序长达 1～1.5m。

'长序'多花紫藤（'Longissima'）：花堇紫色，花序长达 2m。

此外还有'早花'（'Praecox'）、'斑叶'（'Variegata'）、'矮生'（'Nana'）等品种。

【分布】　原产于日本。华北、华中有栽培。

【观赏特性和园林用途】　本种花与叶同时开放，其观花效果虽不如紫藤，但荫蔽力比紫藤大。

11.1.5.7.11　鱼鳔槐属（膀胱豆属）*Colutea* Linn.

灌木或小灌木。奇数羽状复叶，稀羽状 3 小叶；托叶小；小叶全缘，对生，无小托叶。总状花序腋生，具长总花梗；花萼钟状，萼齿 5，近相等或上边 2 齿较短小，外面被毛；花冠黄色或淡褐红色；旗瓣近圆形，瓣柄上方具二折或胼胝体；翼瓣狭镰状长圆形，具短瓣柄；龙骨瓣宽，多内弯，先端钝，具长而合生的瓣柄；二体雄蕊（9＋1）；子房具柄，具多数胚珠；荚果膨胀如膀胱状，先端尖或渐尖，不开裂或仅在顶端 2 瓣裂，基部具长果颈果瓣膜质；种子多数，肾形，无种阜，具丝状珠柄。

约 28 种，分布于南欧及喜马拉雅西部，有 1 种在园林中有栽培。

鱼鳔槐 *Colutea arborescens* L.（图 11-241）

【形态特征】　灌木，高达 4m，小枝幼时有毛。小叶 9～13 枚，椭圆形，长 1.5～3cm，端凹，有突尖，叶背有柔毛。总状花序具 3～8 朵花，旗瓣向后反卷，有红条纹，翼瓣与龙骨瓣等长。荚果扁囊状，有宿存花柱。花鲜黄色，4～5 月间开花。

【分布】　原产于欧洲。大连、北京、青岛、陕西（武功）、南京有零星引种栽培。

【繁殖栽培】　播种或分株繁殖。

【观赏特性和园林用途】　生性强健，花鲜黄色，可丛植于园林供观赏用。

图 11-241　鱼鳔槐

11.1.5.7.12　锦鸡儿属 *Caragana* Fabr.

落叶灌木，偶数羽状复叶，在长枝上互生，短枝上簇生，叶轴端呈刺状。花黄色，稀白色或粉红色，单生或簇生；萼呈筒状或钟状；花冠蝶形，二体雄蕊（9＋1）。荚果细圆筒形或稍扁，有种子数粒。约 60 种，产于亚洲东部及中部；中国约产 50 种，主要分布于黄河流域。

分种检索表

1 小叶常为 2～4 枚。
　2 小叶 4 枚，两两对生，2 对叶之间间距大 ·············· (1) 锦鸡儿 *C. sinica*
　2 小叶 4 枚，紧密簇生呈掌状排列 ·················· (2) 金雀儿 *C. rosea*
1 小叶 8～18 枚。
　3 小叶 8～12 枚，长 1～2.5cm ·················· (3) 树锦鸡儿 *C. arborescens*
　3 小叶 12～18 枚，长 3～8mm ·················· (4) 小叶锦鸡儿 *C. microphylla*

（1）锦鸡儿 *Caragana sinica* Rehd.（图 11-242）

【形态特征】　灌木，高达 1.5m。枝细长，开展，有角棱。托叶针刺状。小叶 4 枚，成远离的 2 对，倒卵形，长 1～3.5cm，叶端圆而微凹。花单性，红黄色，长 2.5～3cm，花梗长约 1cm，中部有关节。荚果长 3～3.5cm。花期 4～5 月。

【分布】　分布于中国长江流域及华北地区的丘陵、山区的向阳坡地，现已作为园林花卉广泛栽培。日本园林中有栽培。

【习性】　性喜光，耐寒，适应性强，不择土壤又能耐干旱瘠薄，可生于岩石缝隙中。忌湿涝。萌芽力、萌蘖力均强，能自然播种繁殖。在深厚肥沃湿润的沙质壤土中生长更佳。

【繁殖栽培】 种子繁殖，亦可用分株、压条、根插法繁殖。一般随采随播，如贮藏春播，应在播种前行浸种催芽。

【观赏特性和园林用途】 本种叶色鲜绿，花亦美丽，在园林中可植于岩石旁、小路边，或作绿篱用，亦可作盆景材料，又是良好的蜜源植物及水土保持植物。

【经济用途】 花和根皮供药用，能祛风活络、除湿利尿、化痰止咳。

（2）金雀儿 *Caragana rosea* Turcz. ex Maxim（图 11-243）

【别名】 红花锦鸡儿。

【形态特征】 灌木，高达 1m，枝直生。小叶 4 枚，紧密簇生呈掌状排列，长圆状倒卵形，长 1～2.5cm；托叶有细刺。花总梗单生，中部有关节；花冠黄色，龙骨瓣玫瑰红色，谢后变红色，花冠长约 2cm。荚果筒状，长约 6cm。

【分布】 产于河北、山东、江苏、浙江、甘肃、陕西等地；俄罗斯西伯利亚亦有分布。

【习性】 性喜光，很耐寒、耐旱，耐瘠薄土地。

【繁殖栽培】 可用播种法繁殖；本种易生吸枝可自行繁衍成片。

【观赏特性和园林用途】 宜作绿篱或地被，可供观赏及作山野地被水土保持植物。

图 11-242　锦鸡儿　　　　　　图 11-243　金雀儿　　　　　　图 11-244　树锦鸡儿

（3）树锦鸡儿 *Caragana arborescens* Lam.（图 11-244）

【形态特征】 灌木或小乔木，高达 6m；枝具托叶刺，幼枝有毛。小叶 8～12 枚，倒卵形至椭圆状长圆形，长 1～2.5cm，叶端钝圆，有小突尖，幼时表、背有毛。花 1～4 朵簇生，黄色，花冠长 1.5～2cm；萼具短齿。荚果长 3.5～5cm。花期 5 月，果熟期 7 月。

【变种、变型及栽培品种】 有'垂枝'（'Pendula'）、'矮生'（'Nana'）等品种。

【分布】 产于中国东北及山东、河北、陕西；俄罗斯西伯利亚亦有分布。

【习性】 性喜光，生性强健，耐寒。

【繁殖栽培】 种子繁殖。

【观赏特性和园林用途】 宜作庭院观赏和绿篱用，亦为水土保持材料。

（4）小叶锦鸡儿 *Caragana microphylla* Lam.（图 11-245）

【形态特征】 灌木，高达 3m，枝斜生，幼枝有丝毛。小叶 12～18 枚，卵形至倒卵形，长 3～8mm，叶端圆或微凹。花 1～2 朵，黄色，长约 2cm，花梗长 1.5～2.5cm；萼疏生柔毛。荚果长 2.5～4cm。花期 5～6 月，果 8 月成熟。

【变种、变型及栽培品种】 毛序锦鸡儿（*C. microphylla* Lam. f. *pallasiana* Kom.）：花序被伏贴柔毛，后期毛脱落。

绿叶锦鸡儿（*C. microphylla* Lam. f. *viridis* Kom.）：小叶、花序绿色；小叶上面近无毛，下面被伏贴疏柔毛，花萼边缘无毛。

兴安锦鸡儿（*C. microphylla* Lam. f. *daurica* Kom.）：小叶长楔状长圆形，先端圆或截平，绿色，疏被柔毛。

灰叶锦鸡儿（*C. microphylla* Lam. f. *cinerea* Kom.）：小叶密被

图 11-245　小叶锦鸡儿

绢状柔毛，花萼外面被短绒毛。

毛枝锦鸡儿（*C. microphylla* Lam. f. *tomentosa* Kom.）：小叶锐尖，倒披针形，小枝嫩时密被绒毛，白色。

【分布】　产于山东、河北、山西、陕西及东北等地；俄罗斯西伯利亚及日本亦有分布。

【习性】　性喜光，强健，耐寒，喜生于通气良好的砂地。萌芽力强，根系发达。

【繁殖栽培】　播种或分根繁殖。

【观赏特性和园林用途】　在北方城市绿化中可丛植、孤植。多用于管理粗放或立地条件差的地区，为良好的防风、固沙植物。

11.1.5.7.13　骆驼刺属 *Alhagi* Gagneb.

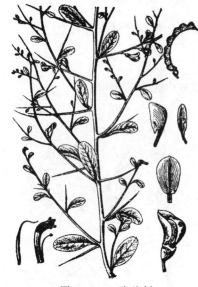

图 11-246　骆驼刺

落叶灌木，具刺。单叶。花排成腋生总状花序；萼钟形，有5齿，近等形；旗瓣倒卵形，翼瓣弯曲，龙骨瓣钝端内曲，三者近等长；上部雄蕊离生；花柱细长，内曲，柱形小。荚果念珠状，线形，不分节。

约5种，产于欧、亚两洲；中国西北产1种。

骆驼刺 *Alhagi sparsifolia* Shap.（图 11-246）

【形态特征】　小灌木，高 0.6～1.3m，枝光滑；刺密生，长1.2～2.5cm。叶单生，着生于枝或刺的基部，长椭圆形或宽倒卵形，长 0.5～2cm，宽 0.4～1.5cm，叶端圆或微凹，叶基楔形，硬革质，表背两面贴生短柔毛。花序总状，腋生，总花梗刺状，具 1～6 花；花红紫色，长约 8mm。荚果直或略弯曲，长 2.5cm，内含种子 1～5 粒，熟时不开裂。

【分布】　分布于内蒙古、甘肃、青海、新疆。

【习性】　性喜光，强健耐寒，耐旱，耐瘠薄土，深根性，深达 20m，喜生于沙漠地带或通气、排水良好处，常呈密集群体，有防止流沙移动之效。

【观赏特性和园林用途】　可作沙性土地区绿篱、刺篱用。

【经济用途】　种子含油约 8%，可榨油，枝叶可作骆驼食用牧草。

11.1.5.7.14　胡枝子属 *Lespedeza* Michx.

落叶灌木、半灌木或多年生草本。羽状复叶具 3 小叶，全缘；托叶宿存，无小托叶。总状花序或头状花序，腋生；花形小，常 2 朵并生于一宿存苞片内；花冠有或无，花梗无关节，二体雄蕊（9＋1）。荚果短小，扁平，含 1 粒种子，不开裂。

约 60 种，产于北美、亚洲和大洋洲；中国产 26 种，分布极广。

（1）胡枝子 *Lespedeza bicolor* Turcz.（图 11-247）

【别名】　二色胡枝子、随军茶。

【形态特征】　灌木，高达 1～3m，分枝细长而多，常拱垂，有棱脊，微有平伏毛。小叶卵形至卵状椭圆形或倒卵形，叶端钝圆或微凹，有小尖头，叶基圆形；叶表疏生平伏毛，叶背灰绿色，毛略密。总状花序腋生；花紫色，花萼密被灰白色平伏毛，萼齿不长于萼筒。荚果斜卵形，长 6～8mm，有柔毛。花期 8 月；果 9～10 月成熟。

【分布】　分布于我国东北、华北、华东、华南及陕西、河南、湖南等省区；生于海拔 100～1000m 的山坡、林缘、路旁、灌丛及杂木林间。朝鲜、日本、俄罗斯（西伯利亚地区）也有。

【习性】　阳性树种，耐寒、耐旱、耐瘠薄，在土壤肥沃、气候湿润处生长更良。生长迅速，萌芽性强，根系发达。

【观赏特性和园林用途】　叶鲜绿，花繁多而呈玫瑰红紫色，十分艳丽。在自然风景区、森林公园可栽植供观赏；也是分布区内水土保持和改良土壤的优良植物。

【经济用途】　嫩叶可作饲料；根入药，有清热解毒之功效，可治疮疖及蛇伤。

（2）美丽胡枝子 *Lespedeza formosa*（Vog.）Koehne

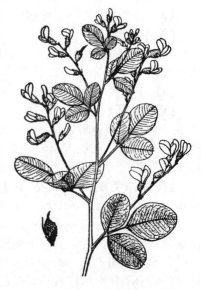

图 11-247　胡枝子

【形态特征】 形态上与胡枝子相近，主要区别在于：小叶片厚纸质或薄革质；花较大、长1～1.3cm，等齿卵形或椭圆形，长于或等长于萼筒；龙骨瓣通常长于旗瓣。

【分布】 分布于我国河北、陕西、甘肃、山东、江苏、安徽、浙江、江西、福建、河南、湖南、湖北、广东、广西、四川、云南等省区；生于海拔2800m以下山坡、路旁及林缘灌丛中。

其生物学生态学特性和用途也与胡枝子相似，唯其耐寒性略差。

11.1.5.7.15 **葖子梢属** *Campylotropis* **Bunge.**

落叶灌木，羽状复叶3小叶。花排成腋生总状花序再集成圆锥状；花梗细长，单生于脱落或宿存之苞内，在花萼下有关节；萼钟形，5裂，有2裂连合；龙骨瓣弯曲，具喙状端。约45种，产于欧、亚二洲；中国产29余种。

图11-248 葖子梢

葖子梢 *Campylotropis macrocarpa* （Bge.）Rehd. （图11-248）

【形态特征】 灌木，高达2m；小枝幼时有丝毛。小叶椭圆形至长圆形，长3～6.5cm，叶端钝或微凹，叶表无毛，叶背有淡黄色柔毛；叶柄长1.5～3.5cm；托叶线形。花紫色，长约1cm，排成腋生密集总状花序；小苞片具脱落性，花梗在萼下有关节。荚果椭圆形，长1.2～1.5cm，有明显网脉。花期5～6月。

【变种、变型及栽培品种】 披针叶葖子梢（f. *lanceolata* P. Y. Fu）：小叶长圆状披针形、狭长圆状披针形或狭长圆形，其他特征同葖子梢。

太白山葖子梢 [f. *giraldii* （Schindl.）K. T. Fu ex P. Y. Fu]：子房及果实被短柔毛或长柔毛，边缘密生纤毛，其他特征同葖子梢原变型。花、果期6～11月。

丝苞葖子梢 [f. *hupehensis* （Pampan.）P. Y. Fu]：苞片丝状至披针形，长2.5～6mm；枝、叶柄、总花梗被绒毛；小叶下面密生长柔毛；其他特征同太白山葖子梢原变型。

小葖子梢 [f. *microphylla* K. T. Fu (in sched.) ex P. Y. Fu]：小叶较小，长1.3～1.6cm，宽0.8～1.1cm，上面贴生短柔毛或微柔毛，下面被短柔毛至长柔毛；荚果较小，长7～9mm，宽3～4mm；其他特征同太白山葖子梢原变型。

长叶葖子梢 [f. *longepedunculata* （Rick.）P. Y. Fu]：小叶长圆形至狭长圆形，长3～7cm，宽1.3～2（3.2）cm；花较小，长7～10mm；果较小，长7～10mm，宽3.5～4mm，果颈长0.7～0.9mm；其他特征同太白山葖子梢原变型。产于贵州。

【分布】 产于河北、山西、陕西、甘肃、山东、江苏、安徽、浙江、江西、福建、河南、湖北、湖南、广西、四川、贵州、云南、西藏等省区。

【习性】 喜生于山坡、山沟、林缘、灌木林中和杂木疏林下。

【观赏特性和园林用途】 花序美丽，可供园林观赏及作水土保持植物。

【经济用途】 本种作为营造防护林与混交林的树种，可起到固氮、改良土壤的作用；枝条可供编织；叶及嫩枝可作绿肥饲料；又为蜜源植物。

11.1.5.7.16 **刺桐属** *Erythrina* **Linn.**

乔本或灌木，很少草本，茎、叶常有刺。羽状复叶互生，小叶3枚；小托叶为腺状体。总状花序，花大，红色，2～3朵成束，排为总状花序；萼偏斜，佛焰状，最后分裂至基部，或成钟形，二唇状；花瓣不等大，旗瓣宽阔或窄，翼瓣小或缺；雄蕊1或2束，上面的1枚花丝离生，其他的花丝至中部合生；子房具柄，胚珠多数；花柱内弯，无毛。荚果线形，肿胀，种子间收缩为念珠状。

约200种，分布于热带、亚热带地区；中国5种，引入栽培5种。

分种检索表

1 萼截头形，钟状；花盛开时旗瓣与翼瓣及龙骨瓣近平行 ························ （1）龙牙花 *E. corallodendron*
1 萼佛焰形，萼口偏斜，由背开裂至基部，花盛开时旗瓣与翼瓣及龙骨瓣成直角 ········ （2）刺桐 *E. variegata*

（1）龙牙花 *Erythrina corallodendron* **Linn.** （图11-249）

【别名】 象牙红、珊瑚树。

【形态特征】 灌木或小乔木，高3～5m。干和枝条散生皮刺；3小叶羽状复叶；小叶菱状卵形，长4～10cm，宽2.5～7cm，下表面中脉有小钩刺。总状花序腋生，长30cm以上；花深红，梗长4～

图 11-249　龙牙花
1. 花枝；2. 花序；3～5 旗瓣；
6. 雄蕊；7. 雌蕊；8. 柱头

6cm；花萼钟状；旗瓣长椭圆形，长约 4.2cm，先端微缺，有时略具瓣柄；翼瓣短，长 1.4cm，龙骨瓣长 2.2cm，均无瓣柄；雄蕊二体，不整齐，略短于旗瓣；子房具柄，被白色短柔毛；荚果长 10cm，先端有喙，在种子间缢缩，具梗；种子多数，深红色，具黑斑。花期 6～11 月。

【分布】　中国广州、桂林、贵阳、西双版纳、杭州和台湾等地有栽培。原产于南美洲。

【习性】　喜阳光充足，能耐半阴。喜温暖，湿润，能耐高温高湿，亦稍能耐寒。对土壤肥力要求不严，但喜湿润、疏松土壤，不耐干旱。干燥土和黏重土生长不良。

【繁殖栽培】　用种子或扦插繁殖，插条易于生根。

【观赏特性和园林用途】　叶鲜绿，花绯红，极为美丽，为著名观赏花木。

【经济用途】　树皮含龙芽花素，药用可作麻醉剂和止痛镇静剂；材质松软，可代软木。

（2）刺桐 *Erythrina variegata* Linn.

【形态特征】　大乔木，高达 20m，干皮灰色，有圆锥形刺。叶大，长 20～30cm，柄长 10～15cm，通常无刺；小叶 3 枚，阔卵形至斜方状卵形，顶端 1 枚宽大于长，长 10～15cm，小托叶变为宿存腺体。总状花序长约 15cm；萼佛焰状，长 2～3cm，萼口偏斜，一边开裂；花冠大红色，旗瓣长 5～6cm，翼瓣与龙骨瓣近相等，短于萼。荚果厚，长 15～30cm，念珠状；种子暗红色。花期 3 月。

【变种、变型及栽培品种】　黄脉刺桐 ［*E. variegata* linn. var. *orientalis* （L.）Merr.］：叶脉黄色。

【分布】　原产于热带亚洲，我国浙江、福建、台湾、广东、海南、广西、贵州有栽培。其生物学、生态学特性与龙牙花相近，但耐寒性较弱。

【观赏特性和园林用途】　可作行道树或庭院观赏树种。

【经济用途】　树皮富纤维，可制绳索，又可入药，有退热之效；叶可作止呕、驱虫药，亦可作饲料用。

11.1.5.7.17　葛属 *Pueraria* DC.

藤本。叶为 3 出羽状复叶；具托叶。总状花序或圆锥花序腋生，有延长具节的总花梗，多花簇生于节上；萼钟状，裂片不等，上 2 齿连合；花天蓝色或紫色；雄蕊有时为单体或 2 体。荚果线形，扁平或圆柱形，两侧无纵肋；种子多数。

约 35 种，分布于日本、马来西亚、印度；中国产 8 种及 2 变种。

葛藤 *Pueraria lobata* （Willd.）Ohwi（图 11-250）

【别名】　野葛、葛根。

【形态特征】　藤本，全株有黄色长硬毛。块根厚大。小叶 3，顶生小叶菱状卵形，长 5.5～19cm，宽 4.5～18cm，前端渐尖，全缘，有时浅裂，叶背有粉霜；侧生小叶偏斜，深裂；托叶盾形。总状花序腋生；萼钟形，萼齿 5，下面 1 齿较长，两面有黄毛；花冠紫红色，长约 1.5cm，翼瓣的耳长大于阔。荚果线形，长 5～10cm，扁平，密生长硬黄毛。花及果期 8～11 月。

【变种、变型及栽培品种】　变种粉葛 ［*P. lobata* （Willd.）Ohwi var. *thomaonii* （Benth.）Van der Maesen］：含粉率可达葛根鲜重的 20%，根富含淀粉。

葛麻姆 ［*P. lobata* （Willd.）Ohwi var. *montana* （Lour.）］：三出复叶，互生，小叶菱状卵形或卵状披针形，叶绿色，先端尖，基部楔形，全缘。总状花序，腋生，花冠紫色。

【分布】　分布极广，除新疆、西藏外几遍全国；朝鲜、日本也有。生于山坡、路边、沟边及疏林中。

【习性】　葛藤对气候的要求不严，适应性较强，多分布于海拔 1700m 以下较温暖潮湿的坡地、沟谷、向阳矮小灌木丛中。以

图 11-250　葛藤
1. 花枝；2. 花萼、雄蕊及雌蕊；
3. 花瓣；4. 果枝；5. 块根

土层深厚、疏松、富含腐殖质的沙质壤土为佳。

【观赏特性和园林用途】 是最优良的水土保持、改良土壤的植物之一，尤其是在非宜林地进行绿化时可优先考虑，在自然风景区和森林公园植被改造中可多行利用。

【经济用途】 葛根制成的淀粉称葛粉，不仅味美可口，并且具有解表退热、生津止渴、止泻的功效，能明显改善高血压病人的许多症状。葛花能解酒毒；其茎的纤维可织布、造纸和制绳索。

11.1.5.7.18 紫穗槐属 *Amorpha* L.

落叶灌木。奇数羽状复叶，互生，小叶对生或近对生。总状花序顶生，直立；萼钟状，5齿裂，具油腺点；旗瓣包被雄蕊，翼瓣及龙骨瓣均退化；雄蕊10，花丝基部合生。荚果小，微弯曲，具油腺点，不开裂，内含1粒种子。

约35种，产于北美至墨西哥；中国引入栽培1种。

紫穗槐 *Amorpha fruticosa* Linn. （图11-251）

【别名】 棉槐。

【形态特征】 丛生灌木，高1～4m，枝条直伸，青灰色，幼时有毛；芽常2个叠生。小叶11～25枚，长椭圆形，长2～4cm，具透明油腺点，幼叶密被毛，老叶毛稀疏；托叶小。花小，蓝紫色，花药黄色，呈顶生密总状花序。荚果短镰形，长7～9mm，密被隆起油腺点。花期5～6月；果9～10月成熟。

【分布】 原产于北美东南部；中国东北中部以南，华北、西北，南至长江流域均有栽培，现在西南高原地带也在试栽中。

图11-251 紫穗槐
1. 花枝；2. 果枝；3. 花；
4. 雄蕊；5. 花瓣；6. 果

【习性】 阳性树种，在郁闭度大于0.5的林下明显生长不良，大于0.7时通常死亡；对水分和温度适应幅度大，在1月均温达−25℃或干旱和绝对气温达40℃均能生长，也能耐一定程度的水涝。对土壤要求不严，但以砂质壤土较好，能耐盐碱，在土壤含盐量达0.3%～0.5%下也能生长。

【繁殖栽培】 播种、扦插法及分株法繁殖均可。种子繁殖在播种前，应碾破荚皮，然后用温水浸种催芽。扦插一般用1年生粗壮萌条，分株法可快速获得大苗。紫穗槐性强健，不需特殊管理，新植者长势过弱，可通过平茬施肥加强长势。此外还可用根插法，成活率极高。

【观赏特性及园林用途】 紫穗槐枝叶繁密，紫花在观赏植物中较少，开花季节紫花绿叶，别有雅趣。生长迅速，根系发达，适应性极强，可作绿篱、工业区立地条件不良处的地被覆盖，又常作荒山、荒地、盐碱地、低湿地、沙地、河岸、铁路和公路两侧坡地绿化和水土保持用，为优良的水土保持、改良土壤树种。

【经济用途】 叶为良好的绿肥，花为蜜源，种子可榨油及提取香精和维生素E，枝条可编筐、篓和作造纸材料。

11.1.5.7.19 刺槐属 *Robinia* Linn.

落叶乔木或灌木。叶柄下芽，无顶芽。奇数羽状复叶互生，小叶全缘，对生或近对生；托叶变为刺。总状花穗腋生，下垂；二体雄蕊（9+1）。荚果带状，开裂。

共约20种，产于北美及墨西哥；中国引入2种。

分种检索表

1 乔木，茎、枝无毛，花白色 ·· (1) 刺槐 *R. pseudoacacia*

1 灌木，茎、枝密生硬刺毛；花粉红色或紫红色 ····················· (2) 毛刺槐 *R. hispida*

(1) 刺槐 *Robinia pseudoacacia* Linn. （图11-252）

【别名】 洋槐。

【形态特征】 乔木，高10～25m；树冠椭圆状倒卵形。树皮灰褐色，纵裂；枝条具托叶刺；冬芽小，奇数羽状复叶，小叶7～19枚，椭圆形至卵状长圆形，长2～5cm，叶端钝或微凹，有小尖头。花蝶形，白色，芳香，成腋生总状花序。荚果扁平，长4～10cm；种子肾形，黑色。花期5月；果10～11月成熟。

【变种、变型及栽培品种】 无刺槐 [*R. pseudoacacia* Linn. f. *inermis* (Mirb.) Rehd.]：树冠开阔，树形帚状，高3～10m，枝条硬挺而无托叶刺。中国在青岛首先发现，用做庭荫树和行道树。用扦插法繁殖。

球槐（伞槐、球冠无刺槐）[*R. pseudoacacia* Linn. f. *umbraculifera* (DC.) Rehd.]：树冠呈球状至卵圆形，分枝细密，近于无刺或刺极小而软。小乔木；不开花或开花极少，基本不结实。

图 11-252 刺槐

'曲枝'刺槐（'Tortuosa'）：枝条明显扭曲。

'金叶'刺槐（'Frisia'）：幼叶金黄色，夏叶绿黄色，秋叶橙黄色。

'红花'刺槐（'Decaisneana'）：花亮玫瑰红色，较刺槐美丽。

'香花'刺槐（'Idaho'）：高 8～10m，枝有少量刺；花紫红至深粉红色，芳香，不结种子。

此外，我国在山东省选出多个类型，已用于绿化的有：细皮刺槐、疣皮刺槐以及箭杆刺槐等。已培育出四倍体品种，叶大而生长迅速，宜作饲料。

【分布】 原产于北美，现欧、亚各国广泛栽培。18 世纪末先在中国青岛引种，后渐扩大栽培，目前已遍布全国各地，尤以黄、淮流域最常见，多植于平原及低山丘陵。

【习性】 强阳性树种。适应较干燥而凉爽的气候，对土壤要求不严，石灰性、酸性以及轻盐碱土均能正常生长，但以肥沃、深厚、湿润而排水良好的冲积沙质壤土生长最佳。刺槐为浅根性，侧根发达，萌蘖性强，寿命较短，自水平根系上可生出萌蘖，故在良好环境下可自然增加密度。

【繁殖栽培】 播种、分蘖或根插繁殖。播种前用 80℃热水搅拌浸泡 1～2min，再加冷水浸泡 1～2 天，然后放入筐内盖湿布催芽，部分种子开始发芽时播种。几个种下等级繁殖只能用无性繁殖。

【观赏特性及园林用途】 可作行道树、遮阴树、庭院观赏树，为常见绿化造林树种。

【经济用途】 木材坚实而有弹性，纹理直、耐湿、耐腐，但易挠曲开裂，适用于作坑木、支柱、桩木、桥梁、车辆、工具把柄等用。也是优良的薪炭材。花含优质蜜，是良好的蜜源植物，花还可以提调香原料。树皮富纤维及单宁，可作造纸、编织及提炼栲胶原料。种子含油量达 12%～13.9%，可榨油供制皂业和油漆业原料。

（2）毛刺槐 *Robinia hispida* Linn.

【别名】 江南槐。

【形态特征】 灌木，高达 2m。茎、小枝、花梗均有红色刺毛；托叶不变为刺状。小叶 7～13，广椭圆形至近圆形，长 2～3.5cm，叶端钝而有小尖头。花粉红或紫红色，长 2.5cm，2～7 朵成稀疏之总状花序。荚果长 5～8cm，被红色硬刺毛，通常不结果。它与刺槐的主要区别在于：小枝、花梗密被红色刺毛；花冠玫瑰红色或淡紫色；荚果被红色硬刺毛。

【分布】 原产于北美；我国栽培范围同刺槐，但远不及刺槐普遍。

【习性】 喜光，耐寒，耐贫瘠，喜排水良好的土壤。萌蘖性强。

【繁殖栽培】 通常用刺槐作砧木，嫁接繁殖。

【观赏特性及园林用途】 花大色美，宜于庭院、草坪边缘、园路旁丛植或孤植观赏，也可作基础种植。

11.1.5.7.20 黄檀属 *Dalbergia* Linn.

乔木、灌木或藤本。奇数羽状复叶或仅 1 小叶；小叶互生，全缘，无小托叶。圆锥花序，花小，白色或黄白色；花萼钟状，5 齿裂；雄蕊 10 或 9，单体或二体，罕多体。荚果短带状，基部渐窄成短柄状，不开裂；种子 1 或 2～3。

共约 100 种，中国约产 28 种。

黄檀 *Dalbergia hupeana* Hance（图 11-253）

【别名】 白檀，不知春。

【形态特征】 落叶乔木，高达 20m。树皮呈窄条状剥落。小叶 7～11，卵状长椭圆形至长圆形，长 3～6cm，叶端钝而微凹，叶基圆形。花序顶生或生在小枝上部叶腋；花黄白色，二体雄蕊（5＋5）。荚果扁平，长圆形，长 3～7cm；种子 1～3 粒。

【分布】 分布广，秦岭、淮河以南至华南、西南等区均有野生。

图 11-253 黄檀

【观赏特性和园林用途】 荒山荒地绿化的先锋树种。可作庭荫树、风景树、行道树应用，可作为石灰质土壤绿化树种。花香，开花能吸引大量蜂蝶。

【经济用途】 木材坚重致密，富弹性和韧性，供车轴、滑轮、农具柄及军工用材，树皮有杀虫效果；又是良好的紫胶虫寄主树。

11.1.5.8　胡颓子科 Elaeagnaceae

木本。常被盾状鳞或星状毛。单叶互生。稀对生，全缘；无托叶。花两性或单性，成总状、穗状花序；花萼4裂，稀2或6裂，无花瓣，雄蕊4或8，子房上位，1室1胚珠。坚果，外被肉质花被筒所包呈核果状。

本科共3属，80余种，分布于北半球温带至亚热带；中国产2属，60种。

分属检索表

1 花两性或杂性，单生成2～4朵簇生；花萼4裂；果实常为长椭圆形 ························· 1. 胡颓子属 *Elaeagnus*
1 花单性，多雌雄异株，成短总状花序；花萼2裂；果实球形 ························· 2. 沙棘属 *Hippophae*

11.1.5.8.1　胡颓子属 *Elaeagnus* Linn.

落叶或常绿，灌木或乔木，常具枝刺，被黄褐色或银白色盾状鳞。叶互生，具短柄，花两性，稀杂性，单生或簇生叶腋，花被筒长，端4裂，雄蕊4，花丝极短；具蜜腺，虫媒传粉。果常为长椭圆形，内具有条纹的核。

约80种；中国产55种。

分种检索表

1 落叶性；春季开花。
　　2 小枝及叶仅具银白色鳞片；果黄色 ························· (1) 沙枣 *E. angustifolia*
　　2 小枝及叶有银白色和褐色鳞片；果红色或橙红色。
　　　　3 枝有刺；果卵圆形，长5～7mm ························· (2) 秋胡颓子 *E. umbellata*
　　　　3 杖无刺；果长倒卵形至椭圆形，长15～45mm；果梗下垂 ························· (3) 木半夏 *E. multiflora*
1 叶常绿；秋季开花；小枝褐色，有刺；叶背面银白色，被褐色鳞片 ························· (4) 胡颓子 *E. pungens*

(1) 沙枣 *Elaeagnus angustifolia* Linn.（图11-254）

【别名】 桂香柳、银柳。

【形态特征】 落叶灌木或小乔本，高5～10m。幼枝银白色，老枝栗褐色，有时具刺。叶椭圆状披针形至狭披针形，长4～8cm，先端尖或钝，基部广楔形，两面均有银白色鳞片，背面更密；叶柄长5～8mm。花1～3朵生于小枝下部叶腋，花被筒钟状，外面银白色，里面黄色，芳香，花柄极短。果椭圆形，长约1.2cm，径约1cm，熟时黄色，果肉粉质。花期6月前后；果9～10月成熟。

图11-254　沙枣
1. 花枝；2. 花纵剖；3. 雌蕊纵剖；
4. 果；5. 鳞片

【变种、变型及栽培品种】 东方沙枣［*E. angustifolia* Linn. var. *orientalis*（L.）Kuntze］：花枝下部叶宽椭圆形，上部叶披针形或椭圆形。

刺沙枣（*E. angustifolia* Linn. var. *spinosa* Ktze）：枝显著具刺。

主要的优良品种如下。

'牛奶头'沙枣：亦称'马奶头'沙枣，果长椭圆形，红褐色至黄褐色，长2～3cm，果两端有8条皱褶，味甜而略带酸味，可鲜食，果厚、核细长。产于新疆喀什、和田及甘肃河西。

'大白'沙枣：果圆卵形，乳白色，长2cm，味甜美，最宜生食，可入药，治咳嗽及夜尿症，产于新疆及甘肃张掖。

'八封'沙枣：果卵圆形，黄棕红色，果表有易脱落之鳞毛，并有皱褶8条，果长1.5cm。果味涩而黏，不宜生食，宜蒸熟食或加工作糕点及酿酒用。树形高大，生长健壮，耐旱性最强。主产于甘肃河西、金塔。

'羊奶头'沙枣：长椭圆形，棕黄色或棕红色，味甜。产于新疆各地和甘肃河西走廊；树性强健，耐旱性强。

【分布】 产于东北、华北及西北；地中海沿岸地区、俄罗斯、印度也有分布。

【习性】 性喜光，耐寒性强、耐干旱也耐水湿又耐盐碱、耐瘠薄，能生长在荒漠、半沙漠和草原上。

【繁殖栽培】 播种繁殖，也可采用扦插繁殖。

【观赏特性和园林用途】 沙枣叶形似柳而色灰绿，叶背有银白色光泽，是个颇有特色的树种。由于具有多种抗性，最宜作盐碱和沙荒地区的绿化用，宜植为防护林。西北地区亦常用做行道树。

【经济用途】 果可生食或加工成果酱或酿酒；叶含蛋白质，可作饲料。为良好的蜜源植物，花又可供提香精用。树汁可制树胶，作阿拉伯胶的代用品。木材质地坚韧，纹理美观可供家具、建筑用。其花、果、枝、叶、树皮均可入药，可治慢性支气管炎、神经衰弱、深化不良、白带等症。

（2）秋胡颓子 *Elaeagnus umbllata* Thunb. （图 11-255）

图 11-255　秋胡颓子

【别名】 牛奶子、甜枣。

【形态特征】 灌木，高 4m，常具刺。幼枝密被银白色鳞片。叶卵状椭圆形至长椭圆形，长 3～5cm，叶表幼时有银白色鳞片，叶背银白色杂有褐色鳞片。花黄白色，有香气，花被筒部较裂片长，2～7 朵成伞形花序腋生。果近球形，径 5～7mm，红色或橙红色。花 4～5 月开；果 9～10 月成熟。

【分布】 分布于辽宁、内蒙古、陕西、甘肃、宁夏、华北至长江流域及西藏、台湾各地；朝鲜、印度亦有。

【习性】 性喜光略耐阴。在自然界常生于山地向阳疏林或灌丛中。

【繁殖栽培】 播种繁殖。

【观赏特性和园林用途】 可作庭院观赏、绿篱及防护林之下木用。

【经济用途】 果可食，亦可入药，有收敛、止血、清热、止泻之功效，亦可加工酿酒用。

（3）木半夏 *Elaeagnus multiflora* Thunb.

【形态特征】 灌木，高 3m，常无刺。枝密被褐色鳞片。叶椭圆形至倒卵状长椭圆形，长 3～7cm，宽 2～4cm，叶端尖，叶基阔楔形，幼叶表有银色鳞片，后脱落，叶背银白色杂有褐色鳞片。花黄白色，1～3 朵腋生，萼筒与裂片等长或稍长。果实椭圆形至长倒卵形，密被锈色鳞片，熟时红色；果梗细长达 3cm。花期 4～5 月；果 6 月成熟。

【变种、变型及栽培品种】 细枝木半夏（*E. multiflora* Thunb. var. *tenuipes* C. Y. Chang）：花萼裂片卵状披针形；小枝纤细；具银白色鳞片。

倒果木半夏（*E. multiflora* Thunb. var. *obovoidea* C. Y. Chang）：果实较小，倒卵形；萼筒漏斗状圆筒形。

长萼木半夏 [*E. multiflora* Thunb var. *siphonantha*（Nakai）C. Y. Chang]：萼筒细弱，长 8～10mm。

【分布】 分布于河北、河南、山东、江苏、安徽、浙江、江西等地。

【习性】 习性及用途近于前种。

【繁殖栽培】 种子繁殖和扦插繁殖均可。幼苗期畏阳光直晒，应适当遮阳，保持一定的空气湿度。幼苗定植后，须保持床面适当湿润，防止板结，同时对幼苗适当遮阳，防治日灼。栽植当年要适时中耕除草和追施肥料促进幼苗生长，以后每年中耕除草 1～2 次。

（4）胡颓子 *Elaeagnus pungens* Thunb.

【形态特征】 常绿灌木，高 4m，树冠开展，具棘刺。小枝锈褐色，被鳞片。叶革质，椭圆形或长圆形，长 5～7cm，叶端钝或尖，叶基圆形，叶缘微波状，叶表初时有鳞片，后变绿色而有光泽；叶背银白色，被褐色鳞片，叶柄长 5～8mm。花银白色，下垂，芳香，萼筒较裂片长，1～3 朵簇生叶腋。果椭圆形，长 1.2～1.5cm，被锈色鳞片，熟时红色。花期 10～11 月。果次年 5 月成熟。

【变种、变型及栽培品种】 有'金边'（'Aureo-marginata'）、'银边'（'Albo-marginata'）、'金心'（'Fredricii'）、'金斑'（'Maculata'）等观叶品种。

【分布】 分布于长江以南各地；生于向阳坡地及疏林中，日本也有。

【习性】 性喜光，耐半阴；喜温暖气候，不耐寒。对土壤适应性强，耐干旱又耐水湿。对毒性抗性强。对有害气体的抗性强。

【繁殖栽培】 可播种或扦插繁殖。不需特殊管理。

【园林用途和观赏特性】 植株枝叶扶疏，色彩斑斓，挂果时间长，可植于庭院观赏或制作盆景。

【经济用途】 果可食及酿酒用；果、根及叶均可入药，有收敛、止泻、镇咳、解毒等效用。

11.1.5.8.2 沙棘属 *Hippophae* Linn.

灌木或乔木，具枝刺，幼嫩部分有银白色或锈色盾状鳞或星状毛。叶互生，狭窄，具短柄。花单性异株，排成短总状或柔荑花序，腋生；雄花无柄，雌花有短柄；花被（筒）短，2 裂，雄蕊 4；风媒传粉。果实球形。

共 5 种，5 亚种；中国产 5 种，4 亚种。

沙棘 *Hippophae rhamnoides* L.（图 11-256）

【别名】 醋柳、酸刺。

【形态特征】 灌木或小乔木，高可达 10m；枝有刺。叶互生或近对生，线形或线状披针形，长 2～6cm，叶端尖或钝，叶基狭楔形，叶背密被银白色鳞片；叶柄极短。花小，淡黄色，先叶开放。果球形或卵形，长 6～8mm，熟时柄黄色或橘红色；种子 1，骨质。花期 3～4 月；果 9～10 月成熟。

图 11-256 沙棘

【分布】 产于欧洲及亚洲西部和中部；华北、西北及西南均有分布。

【习性】 习性喜光，能耐严寒，耐干旱和贫瘠土壤，耐酷热，耐盐碱。喜透气性良好的土壤。根系发达但主根浅；有根瘤菌共生固氮能力大于豆科植物。萌蘖性极强，生长迅速，耐修剪。

【繁殖栽培】 可用播种、扦插、压条及分蘖等法繁殖。春播前，先对种子进行催芽，即用 50℃温水浸 12 天后行混沙层积，种子有一半裂口时即可播种。每亩用种约 5kg。扦插时多用硬枝插法，以 2～3 年生枝条较 1 年生枝易于生根，插穗长 20cm 即可。成活率可达 90％以上。沙棘性强健，定植后无需特殊管理。对生长差的，可平茬重剪，促其发生新枝，达到复壮目的。

【观赏特性和园林用途】 沙棘枝叶繁茂而有刺，宜作刺篱、果篱用，又是极好的防风固沙、保持水土和改良土壤树种，可作防护林带材料。亦是干旱风沙地区进行绿化的先锋树种。

【经济用途】 果味酸，富含维生素，可供生食或加工酿酒、制醋、制果酱。果亦可入药，有活血、补肺之效，可治肺病、胃溃疡、月经不调、风湿、斑疹和皮肤病，又可提制黄色染料。种子可榨油供食用。叶、树皮、果又含单宁可制鞣料。叶、嫩枝可制取黑色染料及作饲料。花含蜜源，又可提取香精油。木材坚硬可作小农具和工艺品；枝可作薪炭用。果枝亦可插瓶供室内观赏用。

11.1.5.9 千屈菜科 Lythraceae

草本或木本。单叶对生，全缘，有托叶。花两性，整齐或两列对称，成总状、圆锥或聚伞花序；萼 4～8（～16）裂，裂片间常有附属体，萼筒常有棱脊，宿存；花瓣与萼片同数或无；雄蕊 4 至多数，生于萼筒上，花丝在芽内内折；于房上位，2～6 室，中轴胎座。蒴果；种子多数，无胚乳。

本科约 25 属，550 种，主产于热带，南美最多；中国 11 属，约 48 种。

紫薇属 *Lagerstroemia* Linn.

常绿或落叶，灌木或乔木。冬芽端尖，具 2 芽鳞。叶对生或在小枝上部互生，叶柄短；托叶小而早落。花两性，整齐，成圆锥花序；花梗具脱落性苞片；萼陀螺状或半球形，具 6（5～8）裂片；花瓣 5～8，通常 6，有长爪，瓣边皱波状；雄蕊多数，花丝长；子房 3～6 室，柱头头状。蒴果室背开裂；种子顶端有翅。

本属共 55 种；中国 16 种，多数产于长江以南。

分种检索表

1 叶较小，长 3～7cm；花径 3～4cm，萼筒无纵棱 ···(1) 紫薇 *L. indica*

1 叶较大，长 10～25cm；花径 5～7.5cm，萼筒有 12 条纵棱 ·····················(2) 大花紫薇 *L. speciosa*

(1) 紫薇 *Lagerstroemia indica* L.（图 11-257）

【别名】 痒痒树、百日红。

【形态特征】 落叶灌木或小乔木，可达 7m。树冠不整齐，枝干多扭曲；树皮淡褐色，薄片状剥落后干特别光滑。小枝四棱，无毛。叶对生或近对生，椭圆形至倒卵状椭圆形，长 3～7cm，先端尖或钝，基部广楔形或圆形，全缘，无毛或背脉有毛，具短柄。花鲜淡红色，径 3～4cm，花瓣 6；萼外光滑，无纵棱；成顶生圆锥花序。蒴果近球形，径约 1.2cm，6 瓣裂，基部有宿存花萼。花期 6～9 月；果 10～11 月成熟。

【变种、变型及栽培品种】 栽培品种丰富，花除紫色的还有白花的银薇（'Alba'）、粉红花的粉薇（'Rosea'）、红花的红薇（'Rubra'）、亮紫色的翠薇（'Purpurea'）、天蓝色的蓝薇（'Caer-

图 11-257　紫薇

ulea'）以及二色紫薇（'Versilolor'）等。此外，还有斑叶紫薇（'Variegata'）、红叶紫薇（'Rubrifolia'）、矮紫薇（'Petile Pinkie'）、红叶矮紫薇（'Nana Rubrifolia'）、匍匐紫薇（'Prostrata'）等品种。

【分布】　产于亚洲南部及大洋洲北部；华东、华中、华南及西南均有分布。各地普遍栽培，北京在小气候良好处亦可栽培。

【习性】　喜光，稍耐阴，耐旱忌涝；对土壤要求不严，喜生于肥沃、湿润而排水良好的石灰性土壤；有较强抗寒力，华北露地栽培尚可安全越冬。萌蘖性强，生长较慢，寿命较长。

【繁殖栽培】　扦插、播种和压条法均可。春季用硬枝或夏季用嫩枝扦插均易成活。播种以春季条播为宜，幼苗初期应适当蔽荫，部分健壮苗当年即可开花，应及时去花蕾，以利生长。播种苗第二年开花时，应按花色归类，按需栽植。北方育苗当年应注意防寒越冬。在出圃前应适时进行树冠造型。盆栽紫薇宜在花后修剪，勿使其结果，以利来年开花。

【观赏特性和园林用途】　紫薇树姿优美、树干光滑洁净，花色艳丽而花期长，夏秋相连，俗称"百日红"，实属观赏佳品。可用作园路行道树，或中庭栽植，或池畔、草地丛植，或制作盆景配以山石，或作桩景均甚相宜。

【经济用途】　紫薇木材坚硬，可供家具用材；根皮、树皮、叶和花可供药用。

（2）大花紫薇 *Lagerstroemia speciosa* Pers.（图 11-258）

【形态特征】　常绿乔木，高达 20m。叶革质，具短柄，椭圆形至卵状长椭圆形，长 10～25cm，先端钝或短渐尖。花大，径 5～7.5cm，初开时淡红色，后变紫色，萼筒有 12 条纵棱；花瓣 6，有短爪；雄蕊 130～300；成大型顶生圆锥花序。蒴果球形，长约 2.5cm。

【分布】　产于华南、印度及澳大利亚。

【习性】　喜暖热气候，很不耐寒。喜光，耐半阴，抗风，喜暖热湿润气候，耐瘠薄土壤。

图 11-258　大花紫薇

【繁殖栽培】　扦插法繁殖很易成活。

【观赏特性和园林用途】　花大而美丽，是极佳的庭院观赏树种。

【经济用途】　木材坚硬，为优质用材；树皮、叶及种子供药用；根含单宁，可作收敛剂。

11.1.5.10　瑞香科 Thymelaeaceae

灌木或乔木，稀草本。单叶对生或互生，全缘，叶柄短；无托叶。花两性，稀单性，整齐，成头状、伞形、穗状或总状花序；萼筒花冠状，4～5 裂；雄蕊为花萼裂片的 2 倍或同数，稀退化为 2，花丝短或无，花药着生于花被筒内壁；子房上位，花瓣通常缺或被鳞片所代替；1 室，稀 2 室，胚珠 1，柱头头状或盘状。坚果或核果，稀浆果。

本科约 24 属，800 种，广布于温带至热带；中国产 9 属，约 100 种。

分属检索表

1 花序头状或短总状；花柱甚短，柱头大，头状 ………………………………………………… 1. 瑞香属 *Daphne*

1 花序头状；花柱甚长，柱头长而线形 …………………………………………………………… 2. 结香属 *Edgeworthia*

11.1.5.10.1　瑞香属 *Daphne* Linn.

灌木；冬芽小。叶互生，稀对生，全缘，具短柄。花两性，芳香，排成短总状花序或簇生成头状；通常具总苞。萼筒花冠状，钟形或筒形，端 4～5 裂；无花冠，雄蕊 8～10，成二轮着生于萼筒内壁；柱头头状，花柱短。核果革质或肉质，内含 1 种子。

共约 80 种；中国 43 种，主要产于西南及西北部。

分种检索表

1 叶互生，常绿，顶生头状花序 ………………………………………………………………………… (1) 瑞香 *D. odora*

1 叶对生，落叶，花簇生枝侧，叶前开花 …………………………………………………………… (2) 芫花 *D. genkwa*

（1）瑞香 *Daphne odora* Thunb.（图 11-259）

【形态特征】 常绿灌木，高 1.5～2m。枝细长，光滑无毛。叶互生，长椭圆形至倒披针形，长 5～8cm，叶端钝或短尖，基部狭楔形，全缘，无毛，质较厚，表面深绿有光泽；叶柄短。花被白色或染淡红紫色，端 4 裂，外面无毛，径约 1.5cm，甚芳香；成顶生具总梗的头状花序。核果肉质，圆球形，红色。花期 3～4 月。

【变种、变型及栽培品种】 白花瑞香（*D. odora* Thunb. var. *leucantha* Makino）：花纯白色。

金边瑞香（*D. odora* Thunb. f. *marginata* Makino）：叶缘金黄，花极香，北京曾有盆栽。

水香（*D. odora* Thunb. var. *rosacea* Makino）：花被裂片的内方白色，背方略带粉红色。

毛瑞香（*D. odora* Thunb. var. *atrocaulis* Rehd.）：高 0.5～1m，枝深紫色；花被外侧被灰黄色绢状毛。

图 11-259 瑞香
1. 花枝；2. 花；3. 花纵剖

【分布】 原产于中国长江流域；江西、湖北、浙江、湖南、四川等地均有分布；宋代即有栽培记载。

【习性】 喜温暖气候和排水良好富于腐殖质之酸性土，畏阳光直射。喜阴凉通风的环境，不耐寒。怕高温伴随的高湿，尤其一些变种，烈日后潮湿易引起萎蔫，甚至死亡。要求排水良好、富含腐殖质的肥沃土壤，忌积水。萌芽力强，耐修剪，易造型。

【繁殖栽培】 通常用压条和扦插法繁殖。压条一般在 3～4 月进行；扦插在春、夏或秋季都可进行。应选半阴半阳、表土深厚而排水良好处栽植。栽时施以堆肥，但施肥量不宜过多，忌用人粪尿。一般在 6～7 月可施 1～2 次追肥，每年冬季适当施基肥。

【观赏特性及园林用途】 瑞香枝干丛生，株形优美，四季常绿、早春开花，香味浓郁，有较高的观赏价值，园林中常见栽培。北方盆栽于温室，冬春赏其花香，南方露地栽于林下明处，随风飘香。宜栽在建筑物、假山的阴面及树丛前侧。也可盆栽，制作盆景。

【经济用途】 根可入药，有活血、散瘀、止疼之效；花可提取芳香油；皮部纤维可造纸。

（2）芫花 *Daphne genkwa* Sieb. et Zucc.（图 11-260）

图 11-260 芫花

【形态特征】 落叶灌木，高达 1m。枝细长直立，幼时密被淡黄色绢状毛。叶对生，或偶为互生，长椭圆形，长 3～4cm，端尖，基部楔形，全缘，背面脉上有绢状毛。花先叶开放，花被淡紫色，长 1.5～2cm，端 4 裂，外面有绢状毛，3～7 朵簇生枝侧，无香气。核果肉质，白色。花期 3 月；果熟期 5～6 月。

【分布】 中国长江流域及山东、河南、陕西等地均有分布。常野生于路旁及山坡林间。

【习性】 喜光，不耐庇荫，耐寒性较强。

【繁殖栽培】 常用分株法繁殖。

【观赏特性和园林用途】 本种春天叶前开花，颇似紫丁香，宜植于庭院观赏。

【经济用途】 茎皮纤维为优质纸和人造棉的原料，花蕾为祛痰、利尿药；根有活血消肿、解毒等功效。

11.1.5.10.2 结香属 *Edgeworthia* Meisn.

落叶灌木；枝疏生而粗壮。单叶互生，全缘，常集生于枝端。头状花序在枝端腋生，先于叶或与叶同时开放；花被筒状，端 4 裂，开展；雄蕊 8，2 层；花盘环状有裂；子房 1 室，具长柔毛，花柱长，柱头长而线形。核果干燥，包于花被基部，果皮革质。

共 5 种，中国产 4 种。

结香 *Edgeworthia chrysantha* Lindl.

【形态特征】 落叶灌木，高 1～2m。枝通常三叉状，棕红色。叶长椭圆形至倒披针形，长 6～15cm，先端急尖，基部楔形并下延，表面疏生柔毛，背面被长硬毛；具短柄。花黄色，芳香，花被筒长瓶状，长约 1.5cm，外被绢状长柔毛。核果卵形。花期 3～4 月，先叶开放。

【分布】 我国长江以南各省区和陕西、河南等地均有分布。

【习性】 暖温带树种，喜半阴，也耐日晒，喜温暖气候和排水良好、肥沃的沙质壤土。根肉质，怕渍水，根颈处易长萌蘖。

【繁殖栽培】 分株或扦插繁殖。分株宜在春季萌芽前进行，极易成活。扦插一般在 2~3 月进行。生长期内必须保持土壤湿润，干旱会引起落叶，影响次年开花。当枝条衰老时要及时修剪更新。移植在冬春季进行，幼株可裸根移植，成丛大苗宜带土球。

【观赏特性和园林用途】 结香树姿清雅，花姿秀丽浓香。适宜庭院孤植、丛植，道旁或点缀于假山岩石之间；枝条柔软，弯之可打结而不断，别具趣味，适宜盆栽和盆景曲枝造型。

【经济用途】 其全株可入药，有消肿止痛，舒筋活络的功效，可治跌打损伤和风湿关节痛；茎皮纤维是制优质纸和人造棉的原料。

11.1.5.11 桃金娘科 Myrtaceae

常绿乔木或灌木；具芳香油。单叶，对生或互生，全缘，具透明油腺点，无托叶。花两性、整齐，单生或集生成花序；萼 4~5 裂，花瓣 4~5；雄蕊多数，分离或成簇与花瓣对生，花丝细长；子房下位，1~10 室，每室 1 至多数胚珠，中轴胎座，花柱 1。浆果，蒴果、稀核果或坚果；种子多有棱，无胚乳。

本科约 100 属 3000 种，浆果类主产于热带美洲，蒴果类主产于大洋洲；中国原产及引入的共 9 属约 126 种。

分属检索表

1 叶互生；蒴果在顶端开裂。
  2 萼片与花瓣均连合成花盖，开花时横裂脱落 ························· 1. 桉属 Eucalyptus
  2 萼片与花瓣分离，不连合成花盖；花无柄，呈穗状花序。
    3 雄蕊合生成束，与花瓣对生，白色 ························· 2. 白千层属 Melaleuca
    3 雄蕊分离，红色 ························· 3. 红千层属 Callistemon
1 叶对生，浆果。
  4 花萼在花蕾时不裂，开花后不规则深裂，子房 4~5 室；种子多数 ········· 番石榴 Psidium
  4 花萼在花蕾时即 4~5 裂，花瓣 4~5；子房 2 室；果具 1 种子 ········· 蒲桃属 Syzygium

11.1.5.11.1 桉属 Eucalyptus L. Herit

常绿乔木，稀灌木。叶常互生而下垂，全缘，羽状侧脉在近叶缘处连成边脉。花单生或成伞形、伞房或圆锥花序，腋生；萼片与花瓣连合成一帽状花盖，开花时花盖横裂脱落；雄蕊多数，分离；子房 3~6 室，每室具多数胚珠。蒴果顶端 3~6 裂；种子多数，细小，有棱。

约 600 种，产于大洋洲；中国引入近百种。

分种检索表

1 树皮薄，光滑，皮呈条状或片状脱落，树干基部偶有斑块状宿存之树皮。
  2 单伞形花序腋生；帽状体长或短；蒴果圆锥形或钟形，稀为壶形；有时为单花。
    3 花大，无梗或极短柄，常单生或有时 2~3 朵聚生于叶腋；花蕾表面有小瘤，被白粉 ·············
      ······························· (1) 蓝桉 E. globulus
    3 花小，有梗，多朵成伞形序，花蕾表面平滑；花蕾 8mm；花梗长 2mm；果缘不突出，果瓣突出，小枝圆形 ··························· (2) 直杆蓝桉 E. maideni
  2 圆锥花序顶生或腋生；帽状体比萼管短蒴果壶形；树干灰蓝色；枝叶有浓郁的柠檬气味 ·············
    ························· (3) 柠檬桉 E. citriodora
1 树皮厚，宿存而粗糙；单伞形花序；蒴果大，长 1~1.5cm，宽大于 1cm，呈卵状壶形，萼管无棱 ·············
  ······························· (4) 大叶桉 E. robusta

图 11-261 蓝桉

(1) 蓝桉 Eucalyptus globulus Labill.（图 11-261）

【别名】 灰杨柳、尤加利。

【形态特征】 常绿乔木；高达 50m 以上；干多扭转，树皮薄片状剥落。叶蓝绿色，异型；萌芽枝及幼苗的叶对生，卵状矩圆形，长 3~10cm，基部心形，有白粉，无叶柄；大树之叶互生，镰状披针形，长 12~30cm，叶柄长 2~4cm。花单生叶腋，径达 4cm，近无柄；萼筒具 4 纵脊，被白粉；帽状体稍扁平，较萼筒短。蒴果倒圆锥形，径 2~2.5cm。在昆明 4~5 月及 10~11 月开花，夏季至冬季果熟。

【分布】 原产于澳大利亚；中国西南部及南部有栽培，主要见于云南、广东、广西及川西。

【习性】 喜温暖气候，但不耐湿热，中国以云南为最多，主要在海拔 1200~2400m 的地带。耐寒性不强，极喜光，稍有遮阴即可影响生长速度。喜肥沃湿润的酸性土，不耐钙质土壤。萌芽力极强，而且萌发树的主干较实生者为通直，生长速度快。

【繁殖栽培】 繁殖用播种法，于11~12月采种，次年春播，也可在7~8月采种而当年播种，种子发芽率达90%以上。

【观赏特性和园林用途】 可作为"四旁"绿化，但缺点是树干扭曲不够通直。

【经济用途】 材质不甚耐久，可制绝缘器材；叶和小枝可提取芳香油；叶及精油可入药，有消炎杀菌、健胃、祛痰、祛风及收敛之效。花有蜜为蜜源植物。木材较硬，抗腐性强但易受虫蛀，干燥后易开裂，可造纸、作矿柱。

（2）直杆蓝桉 *Eucalyptus maideni* F. V. Muell.（图11-262）

【别名】 直杆桉。

【形态特征】 常绿乔木，高达40m以上，树干通直，树皮灰褐色，呈块状脱落而新皮呈灰白色，故新老皮在干上呈显著的斑块。新枝四棱形，有白粉，2年生枝圆形。叶有二形，幼苗及萌芽枝上的叶对生，卵状椭圆形，两面有白粉，无叶柄；大树之叶互生，镰状披针形，叶柄长2~2.5cm。伞形花序，花6~7朵，花梗短厚。蒴果小，径0.8~1cm，杯形。

【分布】 1947年引入四川，后又引至云南、广东、广西、浙江等地栽培。

【习性】 性喜温凉湿润气候，深根性，对土壤要求不严，能在酸性及石灰质土上生长。

【观赏特性和园林用途】 本种生长速度快而干通直，故最宜作"四旁"绿化用。

图11-262 直杆蓝桉

【经济用途】 材质细致，耐腐，心材可抗白蚁，宜作建筑、桥梁、造船、码头、造纸用。花为蜜源植物；叶可提炼桉油。

（3）柠檬桉 *Eucalyptus citriodora* Hook. f.（图11-263）

图11-263 柠檬桉

【形态特征】 常绿大乔木，高28~40m，胸径1.2m；树皮每年呈片状剥落，故干皮光滑呈灰白色或淡红灰色。叶二形，在幼苗及萌蘗枝上的叶呈卵状披针形，叶柄在叶片基部盾状着生，叶及幼枝密被棕红色腺毛；大树之叶窄披针形至披针形或稍呈镰状弯曲，长10~25cm，无毛，具强烈柠檬香气；叶柄长1.5~2cm。花径1.5~2cm，3~5朵成伞形花序后再排成圆锥花序；花盖半球形，顶端具小尖头；萼筒较花盖长2倍。蒴果壶形或坛状，长约1.2cm，果瓣深藏。花期12月至次年5月及7~8月（广东）。

【分布】 原产于澳大利亚东部及东北部无霜冻的海岸地带；在福建、广东、广西、云南、台湾、四川等地区均有栽培。

【习性】 喜生于肥沃壤土，耐高温干旱，但不耐霜冻。喜光，好湿，耐旱，抗热，畏寒，对低温很敏感，不能耐0℃以下低温；能适应各种土壤。根系深；生长迅速。

【繁殖栽培】 用播种、嫁接、扦插和茎尖组织培养等方法繁殖。3~4年植株开始出现花蕾，再经过1~2年开花。果实和种子一般在开花后8~12个月成熟，少数在开花后3个月就能成熟。近年来，我国有些地方以容器育苗代替裸根苗，不但使移栽有较高的成活率，而且栽植后能立即恢复生长，还可在不同季节种植。

【观赏特性及园林用途】 树形高耸，树干洁净，树皮光滑，色彩丰富，有银灰色、淡蓝灰色，非常优美秀丽，树姿优美，四季常青，生长快，果实像葡萄般挂在枝条的先端。宜作园林绿化树种，有"林中仙女"的美誉。

【经济用途】 为优良的速生用材树种，材质坚重、韧性大、易加工，可供车辆、桥梁、枕木等用；枝叶可提取芳香油；精油可供药用，有消炎、止痛、祛风及杀菌效用。

（4）大叶桉 *Eucalyptus robusta* Smith

【形态特征】 常绿乔木，高25~30m；树干挺直，树皮暗褐色，粗糙纵裂，宿存而不剥落。小枝淡红色，略下垂。叶革质，卵状长椭圆形至广披针形，长8~18cm，宽3~7.5cm，叶端渐尖或长尖，叶基圆形；侧脉多而细，与中脉近成直角；叶柄长1~2cm。花4~12朵，成伞形花序，总梗粗而扁，花径1.5～2cm。蒴果碗状，径0.8～1cm。花期4～5月和8～9月，花后约经3个月果成熟。

【分布】　原产于澳大利亚，生长于沼泽地及沿海沙壤土。我国南部各省区多有栽培。

【习性】　喜温暖，阳光充足，黏质沙壤土。

【繁殖栽培】　繁殖用播种，生长迅速。寒冷地区需温室栽培。

【观赏特性和园林用途】　本种树冠庞大，生长迅速，根系深，抗风倒，但因枝脆易风折，不宜作行道树，可用于沿海地区低湿处的防风林。因开花不整齐，花期长达数月，是良好的蜜源植物。

【经济用途】　材质坚硬致密，强度大，耐湿，耐腐朽，可供电杆、桥梁等用。叶及小枝可提取芳香油，作香精及防腐剂用；叶供药用，有解热、祛风、止痛等效用。

图11-264　白千层

11.1.5.11.2　白千层属 Melaleuca Linn.

常绿乔木或灌木。叶互生，稀对生，具1～7条平行纵脉。花无柄，集生于小枝下部，呈头状或穗状，花枝顶能继续生长枝叶。萼筒钟形，5裂；花瓣5；雄蕊多数，基部连合成5束并与花瓣对生；子房有毛，3～5室。蒴果，顶端3～5裂；种子小而多。

本属100种以上，产于大洋洲；中国引入2种。

白千层 Melaleuca leucadendron L.（图11-264）

【形态特征】　乔木；高达20m，树皮灰白色，厚而疏松，多层纸状剥落。叶互生，狭长椭圆形或披针形，长5～10cm，有纵脉3～7条，先端尖，基部狭楔形。花丝长而白色，多花密集成穗状花序，形如试管刷。果碗形，径3～5mm。花期每年3～4次，通常1～2月，4～6月和10～12月。

【分布】　原产于澳大利亚。福建、台湾、广东、广西等地南部有栽培。

【习性】　阳性树种，喜高温高湿气候，耐寒性较弱，要求酸性土壤。主根长，侧根少，不易移植。

【繁殖栽培】　用播种、扦插繁殖。种子发芽适温为16～18℃。扦插可于6～8月进行。

【观赏特性和园林用途】　树冠茂密，树形美丽，花密集聚生，形同瓶子刷；雄蕊伸出，美丽奇特，是一种优良的园林及盆栽观赏植物。

11.1.5.11.3　红千层属 Callistemon R. Br.

灌木或小乔木。叶散生，圆柱形、线形或披针形。头状花序或穗状花序，生于枝之近顶端，后枝顶仍继续生长成为带叶的嫩枝。萼管卵形或钟形，基部与子房合生，裂片5，后脱落；花无柄，花瓣5枚，圆形，脱落；雄蕊多数，分离或基部合生，比花瓣长；子房3～4室，每室含多数胚珠。蒴果包于萼管内，顶开裂。

约20种，产于大洋洲；中国引入约10种。

红千层 Callistemon rigidus R. Br.（图11-265）

【形态特征】　常绿灌木，高2～3m，叶互生，条形，长3～8cm，宽2～5mm，硬而无毛，有透明腺点，中脉显著，无柄。穗状花序长约10cm，似瓶刷状；花红色，无梗，花瓣5；雄蕊多数，红色，长2.5cm。蒴果直径7mm，半球形，顶端平。花期6～8月。

【分布】　原产于大洋洲。性喜暖热气候，华南、西南可露地过冬，在华北多行盆栽观赏。不易移植，如需移植应在幼苗期进行，大苗则易死亡。

【繁殖栽培】　播种繁殖。

【观赏特性和园林用途】　红千层树姿优美，花形奇特，适应性强，观赏价值高，被广泛应用于各类园林绿地中。

11.1.5.12　石榴科 Punicaceae

灌木或小乔木。小枝先端常成刺尖；芽小，具2芽鳞。单叶对生，全缘，无托叶。花两性，整齐，1～5朵集生于枝顶；萼筒肉质而有色彩，端5～8裂，宿存；花瓣5～7，雄蕊多数，花药2室，背着；子房下位。浆果，外果皮革质；种子多数，外种皮肉质多汁，内种皮木质。

本科共1属2种，产于地中海地区至亚洲中部；中国引入1种。

石榴属 Punica Linn.

【形态特征】　与科同。

图11-265　红千层

石榴 *Punica granatum* Linn. （图 11-266）

【别名】 安石榴、海榴。

【形态特征】 落叶灌木或小乔木，高 5～7m。树冠常不整齐；小枝有角棱，无毛，先端常成刺状。叶倒卵状长椭圆形，长 2～8cm，无毛而有光泽，在长枝上对生，在短枝上簇生。花朱红色，径约 3cm；花萼钟形，紫红色，质厚。浆果近球形，径 6～8cm，古铜黄色或古铜红色，具宿存花萼；种子多数，有肉质外种皮。花期 5～6（7）月，果 9～10 月成熟。

图 11-266 石榴

【变种、变型及栽培品种】 白石榴（*P. granatum* Linn. var. *albescens* DC.）：花白色，单瓣。

黄石榴（*P. granatum* Linn. var. *flavescens* Sweet）：花黄色。

玛瑙石榴（*P. granatum* Linn. var. *legrellei* Vanh.）：花重瓣，红色，有黄白色条纹。

重瓣白石榴（*P. granatum* Linn. var. *multiplex* Sweet）：花白色，重瓣。

月季石榴（*P. granatum* Linn. var. *nana* Pers.）：植株矮小，枝条细密而上升，叶、花皆小，重瓣或单瓣，花期长，5～7 月陆续开花不绝，故又称四季石榴。

墨石榴（*P. granatum* Linn. var. *nigra* Hort.）：枝细柔，叶狭小；花也小，多单瓣；果熟时呈紫黑色皮薄；外种皮味酸不堪食。

重瓣红石榴（*P. granatum* Linn. var. *pleniflora* Hayne）：花红色，重瓣。

除上述观赏变种外，尚有许多优良食用品种。

【分布】 原产于伊朗和阿富汗；我国据传为汉代张骞通西域时引入中国，黄河流域及其以南地区均有栽培，其中江苏、河南等地种植面积较大，并培育出许多产果和观赏的优良品种，在我国已有 2000 余年的栽培历史。

【习性】 喜光，喜温暖气候，有一定耐寒能力，在北京地区可于背风向阳处露地栽植，喜肥沃湿润而排水良好之石灰质土壤，有一定的耐旱能力。生长速度中等，寿命较长，可达 200 年以上。

【繁殖栽培】 可用播种、扦插、压条、分株等法繁殖。

① 播种法 将果实贮藏至次年 3～4 月时再取出播种；也可将吃时吐出的种子洗净后阴干，用沙层积贮藏到春天播种。

② 扦插法 用本法很易成活；在早春发芽前约 1 个月时可用硬木插法；或者在夏季剪截 20～30cm 长的半成熟枝行扦插；又可在秋季 8～9 月时将当年生枝条带一部分老枝剪下插于室内。

③ 压条法 在培养桩景时可用粗枝压条法进行繁殖，亦易生根。

④ 分株法 一般的花农，传统上多用此法，即选优良品种植株的根蘖苗进行分栽。

【观赏特性和园林用途】 石榴树姿优美，花色艳丽如火而花期极长，为优良的观赏树种，可在各类公园、庭院、风景区、休疗养地栽植。

【经济用途】 果可生食，有甜、酸、酸甜等品种，维生素 C 的含量高，又富含钙质及磷质。亦可入药，有润燥和收敛之效。果皮内富含单宁，可作工业原料，入药有止泻痢之效；根可除绦虫；叶煮水可洗眼。

11.1.5.13 蓝果树科（紫树科、珙桐科）**Nyssaceae**

落叶乔木，罕灌木。单叶互生，羽状脉，无托叶。花单性或杂性，成伞状或头状花序；萼小；花瓣为 5～8（～10）；雄蕊为花瓣数的 2 倍，子房下位，1（6～10）室，每室 1 下垂胚珠。核果、坚果或翅果，顶端具缩存花萼及花盘，种子 1 枚，胚乳肉质，胚根圆筒状。

本科共 3 属 12 种；中国 3 属 9 种。

分属检索表

1 叶有锯齿；花序有白色大形苞片，无花瓣；核果 ························ 1. 珙桐属 *Davidia*

1 叶全缘（或仅幼树之叶有锯齿）；花序无叶状苞片，花瓣小。

  2 雄花序头状；坚果 ························ 2. 喜树属 *Camptotheca*

  2 雄花序伞形；核果 ························ （蓝果树属 *Nyssa*）

11.1.5.13.1　珙桐属 *Davidia* Baill.

本属仅 1 种，中国特产。形态特征见种。

珙桐 *Davidia involucrata* Baill.（图 11-267）

【别名】　鸽子树。

【形态特征】　落叶乔木，高 20m，树冠呈圆锥形；树皮深灰褐色，呈不规则薄片状脱落。单叶互生，广卵形，长 7～16cm，先端渐长尖，基部心形，缘有粗尖锯齿，背面密生绒毛；叶柄长 4～5cm。花杂性同株，由多数雄花和 1 朵两性花组成顶生头状花序，花序下有 2 片大形白色苞片，苞片卵状椭圆形，长 8～15cm，中上部有疏浅齿，常下垂，花后脱落。花瓣退化或无，雄蕊 1～7，子房 6～10 室。核果椭球形，长 3～4cm，紫绿色，锈色皮孔显著，内含 3～5 核。花期 4～5 月；果 10 月成熟。

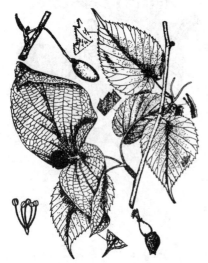

图 11-267　珙桐

【分布】　产于湖北西部、四川、贵州及云南北部。生于海拔 1300～2500m 山地林中。

【变种】　光叶珙桐 [*D. involucrata* Baill var. *vilmoriniana* (Dode) Wanger.]，叶背面脉上及脉腋有毛，其余无毛。

【习性】　半耐阴树种。喜温凉湿润气候，略耐寒；适生于深厚、肥沃、湿润而排水良好的酸性至中性土壤，忌碱性和干燥土壤；不耐炎热和烈日曝晒。

【繁殖栽培】　用种子繁殖，在播前应将果肉除去，并行催芽处理，可试用锉刀去内果皮一小块，让水分能进入，即能在播种当年发芽，否则要隔年发芽，即常需至第 2 年才能发芽。幼苗期应设荫棚否则易受日灼之害。本种在浙江天目山已露地栽培成功，每年都能开花结果。

【观赏特性及园林用途】　珙桐为世界著名珍贵观赏树种，树形高大端整，开花时大形的白色苞片远观似许多白色的鸽子栖息树端，蔚为奇观，有"中国鸽子树"之美称。宜植于温暖地带的较高海拔地区的庭院、山坡、休疗养所、宾馆、展览馆前作庭荫树，有象征和平的含意。单种属，特产我国，为第三纪子遗植物，在科学研究上有重要意义，被列为国家一级珍稀濒危植物。

【经济用途】　木材细致，质地均匀，可供雕刻、玩具及工艺美术品用。

11.1.5.13.2　喜树属 *Camptotheca* Decne.

本属仅 1 种，为中国所特产。

喜树 *Camptotheca acuminata* Decne（图 11-268）

【别名】　旱莲、千丈树。

【形态特征】　落叶乔木，高达 25～30m。单叶互生，椭圆形至长卵形，长 8～20cm，先端突渐尖，基部广楔形，全缘或微呈波状，羽状脉弧形而在表面下凹，表面亮绿色，背面淡绿色，疏生短柔毛，脉上尤密。叶柄长 1.5～3cm，常带红色。花单性同株，头状花序具长柄，雌花花序顶生，雄花序腋生；花萼 5 裂，花瓣 5，淡绿色；雄蕊 10，子房 1 室。坚果香蕉形，有窄翅，长 2～2.5cm，集生成球形。花期 7 月；果 10～11 月成熟。

【分布】　四川、安徽、江苏、河南、江西、福建、湖北、湖南、云南、贵州、广西、广东等长江以南各地及部分长江以北地区均有分布和栽培；垂直分布在 1000m 以下。

【习性】　分布于我国河南。长江流域及以南省区，常见栽培，自然生长为海拔 1000m 以下的林缘或溪边。喜光，稍耐阴湿，不耐干旱瘠薄。

【观赏特性和园林用途】　干通直，树冠宽展，叶荫浓郁，是良好的园林绿化树种。

【经济用途】　材质轻软，易挠裂，可供造纸、板料、火柴杆、家具及包装用材。果实、根、叶、皮含喜树碱，可供药用，有清热、杀虫、治各种癌症和白血病之效。

图 11-268　喜树
1. 花枝；2. 果枝于果序；3. 花；
4. 雌蕊；5. 果

11.1.5.14 山茱萸科 Cornaceae

乔木或灌木，稀草本。单叶对生，轮生，稀互生，通常全缘，多无托叶。花两性，稀单性，排成聚伞、伞形、伞房、头状或圆锥花序；花萼4~5裂或不裂，上位，有时无；花瓣4~5，雄蕊常与花瓣同数并互生；子房下位，通常2室。多为核果，少数为浆果；种子含胚乳。

本科约14属，160余种，主要产于北半球。我国产8属60余种。

分属检索表

```
1 花两性；果为核果。
  2 花序下无总苞片；核果通常近圆球形 ·········································· 1. 梾木属 Swida
  2 花序下有4枚总苞片；核果不为球形。
    3 头状花序；总苞片大，白色，花瓣状；核果状果实椭圆形或卵形 ····· 2. 四照花属 Dendrobenthamia
    3 伞形花序；总苞片小，黄绿色，鳞片状；核果长椭圆形 ················· 3. 山茱萸属 Cornus
1 花单性，雌雄异株；果为浆果状核果。
  4 叶对生；花4数，子房1室 ························································· 4. 桃叶珊瑚属 Aucuba
  4 叶互生；花3~5数；子房3~5室 ················································ 青荚叶属 Helwingia
```

11.1.5.14.1 梾木属 Swida Opiz

乔木、灌木，稀草本，多为落叶性。单叶对生，稀互生，全缘，常具2叉贴生柔毛；有叶柄。花小，两性，排成顶生聚伞花序，花序下无叶状总苞；花部4数；子房下位2室。果为核果，具1~2核。

本属40余种，中国产30余种，分布于东北、华南及西南，主产于西南。

分种检索表

```
1 叶互生；核的顶端有近四方的孔穴 ··············································· (1) 灯台树 Bothrocaryum controversum
1 叶对生；核的顶端无孔穴。
  2 枝皮红色灌木；花柱圆柱形，熟核果乳白色或淡蓝白色 ··············· (2) 红瑞木 S. alba
  2 树皮非红色乔木。
    3 枝不具棱；叶侧脉4~5对 ··················································· (3) 毛梾 S. walteri
    3 枝具棱；叶侧脉6~8对 ····················································· (4) 梾木 S. macrophylla
```

(1) 灯台树 Bothrocaryum controversum（Hemsl.）Pojark.（图11-269）

【别名】 瑞木。

【形态特征】 落叶乔木，高15~20m。树皮暗灰色，老时浅纵裂；枝紫红色，无毛。叶互生，常集生枝梢，卵状椭圆形至广椭圆形，长6~13cm，叶端突渐尖，叶基圆形，侧脉6~8对，叶表深绿，叶背灰绿色疏生贴伏短柔毛；叶柄紫红色，长2~6.5m。伞房状聚伞花序顶生；花小，白色。核果球形，径6~7mm，熟时由紫红色变紫黑色。花期5~6月；果9~10月成熟。

【变种、变型及栽培品种】 '斑叶'灯台树（'Variegatum'）：叶具白色或黄白色边及斑。

'银边'灯台树（'Variegata'）：叶具银白色边。

【分布】 分布于我国辽宁、陕西、甘肃及华北、华东、华中、华南各省区。多分布于海拔400~2500m的山坡、溪谷旁阔叶林中。朝鲜、日本也有。

【习性】 喜光，稍耐阴，喜温暖湿润气候和肥沃、湿润、排水良好的土壤。耐寒，北方不宜植于风口处，否则易发生枯枝现象。在干寒气候及板结土壤上生长不良。生长较快。

【繁殖栽培】 种子繁殖为主，扦插繁殖也易成活。秋季采种后，搓洗去外果皮，可随采随播或沙藏至翌春播种。春季发芽前移植。

【观赏特性及用途】 树干端直，冠形整齐，姿态清雅，侧枝平展，轮状着生，层次分明，冠形圆锥状，宛如灯台，以其整齐优美的树形而受人喜爱。宜孤植于庭院、草坪，或作庭荫树及行道树，也可与其他树种混植。日本园林多用之。

【经济用途】 木材黄白色，有光泽，纹理通直，结构细致，可供建筑、雕刻、文具、家具或胶合板用材。种子可榨油，供制皂及作润滑油用；树皮可提制栲胶；叶可供药用，具消肿止痛功效。

图11-269 灯台树

(2) 红瑞木 Swida alba Opiz（图11-270）

【形态特征】 落叶灌木，高可达3m。枝血红色，无毛，初时常被白粉；髓大而白色。叶对生，

图 11-270 红瑞木

卵形或椭圆形，长 4～9cm，叶端尖，叶基圆形或广楔形，全缘，侧脉 5～6 对，叶表暗绿色，叶背粉绿色，两面疏生柔毛。花小，黄白色，排成顶生的伞房状聚伞花序。核果卵圆形，成熟时白色或稍带蓝色。花期 5～6 月；果 8～9 月成熟。

【变种、变型及栽培品种】 在欧洲已形成不少栽培品种，如：

'珊瑚'红瑞木（'Sibirica'）：茎亮珊瑚红色，冬季尤为美丽；

另有'紫枝'红瑞木（'Kesselringii'）、'金叶'红瑞木（'Aurea'）、'斑叶'红瑞木（'Gouchaultii'）、'银边'红瑞木（'Argenteo-marginata'）和'金边'红瑞木（'Spaethii'）等品种。

【分布】 分布于我国东北、华北各省及陕西、甘肃、青海、山东、江苏、江西、河南等地。生于海拔 600～2700m 的山地溪边、阔叶林及针阔混交林中。各地城市公园常有栽培。朝鲜、俄罗斯的西伯利亚地区也有。

【习性】 性极耐寒，喜光，稍耐阴，适应性强，生长强健，在湿润、疏松、肥沃、富含腐殖质的微酸性土壤中生长最好。萌蘖性较强，耐修剪。根系发达。

【繁殖栽培】 播种、扦插、分株或压条繁殖。种子有隔年发芽习性，需进行湿沙层积催芽处理，至翌年 3 月春播。扦插繁殖可在秋末采下插条，沙藏至 3 月下旬扦插。

【观赏特性和园林用途】 本种不仅枝条终年血红色，极富观赏特色和价值，而且秋叶变鲜红色，果实呈乳白色，十分别致，是温带、寒温带地区园林中重要的观枝兼观叶、观果的优良树种。特别是在百花凋零、万物沉寂的严冬和早春，血红色的枝条与皑皑白雪相映成逐，十分引人注目。庭院中最宜植于草地中、建筑物前或常绿树间，若与梧桐等绿干树种配置，则红绿相衬，别有情趣。如临水栽植于池畔、湖边，效果亦佳。在公园里，还可栽作自然式绿篱，使游人尽赏其枝色、叶色和白果。

(3) 毛梾 Swida walteri（Wanger.）Sojak（图 11-271）

【别名】 车梁木、小六谷。

【形态特征】 落叶乔木，高达 12m，树皮暗灰色，常纵裂成长条。叶对生，卵形至椭圆形，长 4～10cm，叶端渐尖，叶基广楔形，侧脉 4～5 对，叶表有贴伏柔毛，叶被毛更密；叶柄长 1～3cm，伞房状聚伞花序顶生；花白色。核果近球形，熟时黑色。

【分布】 我国南北多数省区均有分布。海拔从东部的 100m 以下到西南的 3300m 均有。

【习性】 喜光树种，在荫蔽环境下结果不良。喜深厚、湿润、肥沃土壤，较耐干旱瘠薄，在中性、酸性及微碱性的石灰岩山上均能正常生长。深根性，根系发达，萌芽性强，当年生萌条可达 2m。耐寒性强。可耐 -23℃ 低温。生长较快，在适宜条件下，6～7 年生，胸径达 10cm。树龄可达 300 多年。

【繁殖栽培】 种子繁殖为主，也可用根插、嫁接、萌芽更新繁殖。播种前需除去果肉油脂，用混沙埋藏、温水浸种或火坑加温等催芽方法，其中以混沙埋藏法效果最好。

【观赏特性及用途】 树干通直，冠形饱满端正，枝叶茂密，花开时节，银花覆树，香气宜人，秋季果熟，满树黑果，蔚为壮观，属优良的园林绿化树种。可作风景林树种或作行道树栽培。也可作庭院的庭荫树，孤植、列植、群植均可。

图 11-271 毛梾

【经济用途】 其果肉与种仁富含油脂，精炼后可供食用、工业用或药用，油渣可作饲料或肥料；木材坚硬，纹理细致，可供建筑、家具、雕刻等用；叶可作饲料；叶及树皮可提制栲胶。

(4) 梾木 Swida macrophylla（Wall.）Sojak（图 11-272）

【别名】 椋子木、大叶梾木。

【形态特征】 乔木，高达 20m，新枝红褐色具棱角，初被灰色伏生短毛，老枝叶痕及皮孔显著。叶对生，卵状长圆形，长 8～16cm，宽 4～8cm，叶缘微波状，侧腺 6～8 对，弧状上升；叶柄长 3～

5cm。伞房状聚伞花序长 5～7cm，顶生，序梗长 2.5～4cm；花白色，径约 1cm，有芳香，萼齿宽三角形，略长于花盘；花瓣长圆形；花柱棍棒状，柱头扁平，有平伏毛。核果近球形，径 4～6mm，熟时黑色。花期 6～7（9）月；果期 7～10（11）月。

【分布】 产于晋、豫、鲁、苏、皖、浙、台、赣、鄂、湘、桂、黔、滇、川、藏等地；阿富汗、印度、尼泊尔、缅甸、巴基斯坦、日本等国亦有分布。

【习性】 性喜光，不择土壤，但在深厚肥沃石灰岩地区生长良好。自然界常见生于海拔 600～2000m 处，而在云南曾见生于海拔 4000m 山坡。

【繁殖栽培】 可扦插、压条、播种。但种子播前应沙藏 3～4 个月。6 年生可开始开花。树寿命长。

【观赏特性和园林用途】 可作庭荫树及行道树。

【经济用途】 花有芳香，是蜜源植物。果肉及种仁含油量达 33%～36%，油可供食用，又因油中含不饱和脂肪酸，其中一些成分对治疗高血脂等症有特效。木材纹理细美、坚硬可作家具和建筑用材；叶可作饲料及绿肥。

图 11-272　梾木

11.1.5.14.2　四照花属 *Dendrobenthamia* Hutch.

四照花 *Dendrobenthamia japonica*（DC.）Fang（图 11-273）

图 11-273　四照花

【形态特征】 落叶灌木至小乔木，高可达 9m。小枝细，绿色，后变褐色，光滑。叶对生，卵状椭圆形或卵形，长 6～12cm，叶端渐尖，叶基圆形或广楔形，侧脉 3～4（～5）对，弧形弯曲；叶表疏生白柔毛；叶背粉绿色，有白柔毛并在脉腋簇生黄色或白色毛。头状花序近球形；白色花瓣状总苞片 4 枚，椭圆状卵形，长 5～6cm，花萼 4 裂，花瓣 4，雄蕊 4，子房 2 室。核果聚为球形的聚合果，成熟后变紫红色。花期 5～6 月；果 9～10 月成熟。

【分布】 分布于我国山西、陕西、甘肃、江苏、安徽、浙江、江西、福建、台湾、河南、湖北、湖南、四川、云南等省区，常生于海拔 400～2100m 溪边、山坡杂木林中。

【习性】 性喜光，稍耐阴，喜温暖湿润气候，有一定耐寒力，在北方背风向阳处可露地越冬并能正常开花；喜湿润而排水良好的沙质壤土。具一定的萌蘖力，耐修剪。

【繁殖栽培】 种子繁殖，也可用扦插或分株及压条法繁殖。因种壳较硬，常需 2 年才能发芽，应进行催芽处理，可分别用水浸泡去除油层和混粗沙磨去蜡层后，再用湿沙层积贮藏至翌春，播前约 20 天时用温水浸泡数天催芽。扦插可于 6 月上旬选取健壮的半熟枝进行。

【观赏特性及园林用途】 树形整齐，叶色清秀，初夏开花，花序下洁白的总苞形如硕大的花朵覆满全树，犹如白雪皑皑，蔚为壮观，入秋时，形似荔枝的果序缀满枝头，令人赏心悦目，是一种十分美丽的庭院观花、观果树种。可在庭院中孤植或列植，也可混植于常绿树间或以常绿树种为背景，丛植于草坪边、路旁、林缘、池畔，充分衬托出其花果，能使人产生清新明丽之美感。

【经济用途】 果可食，可酿酒。木材坚硬，纹理通直而细腻，易于加工，是良好的用材树种，可作农具或工具柄，花、叶可入药。

11.1.5.14.3　山茱萸属 *Cornus* Linn., sensu stricto.

灌木至小乔木。单叶，对生，全缘。花序下有 4 总苞片；花排成伞形花序。核果。

约 5 种，中国产 2 种。

山茱萸 *Cornus officinalis* Sieb. et Zucc.（图 11-274）

【形态特征】 落叶灌木或小乔木；老枝黑褐色，嫩枝绿色。叶对生，卵状椭圆形，长 5～12cm，宽约 7.5cm，叶端渐尖，叶基浑圆或楔形，叶两面有毛，侧脉 6～8 对；脉腋有黄褐色簇毛，叶柄长约 1cm。伞形花序腋生；序下有 4 小总苞片，卵圆形，褐色；花萼 4 裂，裂片宽三角形；花瓣 4，卵形，黄色；花盘环状。核果椭圆形，熟时红色。花期 5～6 月；果 8～10 月成熟。

图 11-274　山茱萸

【分布】　分布于我国山西、陕西、甘肃、山东、安徽、浙江、江西、河南、湖南等省；江苏、四川等省有栽培。生于海拔400～1500m的阴湿溪边、林缘或向阳山坡落叶疏林中。朝鲜、日本也有。

【习性】　暖温带树种，喜温暖气候，大树喜光，苗期耐阴，好凉爽，喜深厚肥沃、疏松透气、湿润及排水良好之沙质壤土，在干燥瘠薄地方生长不良。要求 pH 在 5.5～6.5 之间，过酸过碱则结果不良。耐寒，怕高温干旱，萌蘖力较强。生长较慢，寿命长，尚有 200 年以上古树。

【繁殖栽培】　种子或扦插繁殖，为保持优良品种特性，也有用嫁接法。10 月采收果实，堆放后熟，待果皮软化，捣烂漂洗，取出种子阴干后低温湿沙层积贮藏或直接冬播。因种壳坚硬不透水，且内含发芽抑制物质，休眠期较长，有隔年发芽习性。可进行催芽处理，将种子在播前用 60℃热水浸泡，自然冷却，至第 3 天播种。

【观赏特性和园林用途】　黄花簇簇，十分醒目；红果累累，晶莹欲滴，艳丽无比。为优美的观赏树种。宜配置于林缘或丛植于山麓坡地及自然风景区中，颇具野趣。在山石岩际、假山石边点缀一二，并整其形，使与主景相协调，亦甚美观。也可群植于草坪周侧或林缘，若在其背后植以法国冬青，前植以大叶黄杨，高低均衬以绿色背景，一旦果熟，重重绿叶中托出星星点点红果，特别引人注目。果实经久不落，果枝可作瓶插观赏。

【经济用途】　果肉称"萸肉"，是我国传统珍贵中药材，为收敛强壮剂，有补肝肾、健胃、止汗等功效，可治贫血、腰疼、神经及心脏衰弱等。

11.1.5.14.4　桃叶珊瑚属 *Aucuba* Thunb.

常绿灌木。单叶对生，有齿或全缘。花单性异株，排成顶生圆锥花序；花萼小，4 裂；花瓣 4 片，镊合状；雄花具 4 雄蕊及一大花盘；雌花子房下位，1 室，1 胚珠。浆果状核果，内含 1 粒种子。

约 12 种；中国产 10 种，分布于长江以南。

分种检索表

1 小枝有毛；叶长椭圆形至倒卵状披针形 ······················· (1) 桃叶珊瑚 *A. chinensis*

1 小枝无毛；叶椭圆状卵形至椭圆状披针形 ·················· (2) 东瀛珊瑚 *A. japonica*

(1) 桃叶珊瑚 *Aucuba chinensis* Benth.（图 11-275）

【形态特征】　常绿灌木。小枝被柔毛，老枝具白色皮孔。叶薄革质，长椭圆形至倒卵状披针形；长 10～20cm，叶端具尾尖，叶基楔形，全缘或中上部有疏齿，叶被有硬毛；叶柄长约 3cm。花紫色，排成总状圆锥花序，长 13～15cm。果为浆果状核果，熟时深红色。

【变种、变型及栽培品种】　狭叶桃叶珊瑚（*A. chinensis* Benth. var. *angusta* Wang）：叶片厚革质，较狭窄，常呈线状披针形，长 7～25cm，宽 1.5～3.5cm。

峨眉桃叶珊瑚 [*A. chinensis* Benth. subsp. *omeiensis*（Fang）Fang et Soong]：雄花和雌花在花期时均为黄绿色至黄色，仅花末期时花序梗及花瓣向阳的少部分略带红色，鳞片两侧边缘有时呈红色。

【分布】　分布于湖北、四川、云南、广西、广东、台湾等地，常生于海拔 1000m 左右山地，在四川、云南可高达 2000m。

【习性】　性耐阴，喜温暖湿润气候及肥沃湿润而排水良好土壤，不耐寒。

图 11-275　桃叶珊瑚

【繁殖栽培】　用扦插法繁殖，通常在梅雨季选 2 年生枝插于有遮阴的插床，约经 1 个月可生根。移栽宜在春季，并需带土团。栽培管理无特殊要求。

【观赏特性和园林用途】　本种为良好的耐阴观叶、观果树种，宜配置于林下及阴处。又可盆栽供室内观赏。

（2）东瀛珊瑚 *Aucuba japonica* Thunb.

【别名】 青木。

【形态特征】 常绿灌木，高达 5m。小枝绿色，粗壮，无毛。叶革质，椭圆状卵形至椭圆状披针形，长 8～20cm，叶端尖而钝头，叶基阔楔形，叶缘疏生粗锯齿，叶两面有光泽；叶柄长 1～5cm。花小，紫色；圆锥花序密生刚毛。果鲜红色。花期 4 月；果 12 月成熟。

【变种、变型及栽培品种】 栽培变种洒金东瀛珊瑚（*A. japonica* Thunb. var. *variegate* D'OmBr.），叶面有许多黄色斑点。栽培比较普遍。

此外，还有'洒银'东瀛珊瑚（'Crotonifolia'）、'金边'东瀛珊瑚（'Picta'）、'金叶'东瀛珊瑚（'Goldieana'）、'大黄斑'东瀛珊瑚（'Picurata'）、'狭长叶'东瀛珊瑚（'Longifolia'）、'白果'东瀛珊瑚（'Leucocarpa'）、'黄果'东瀛珊瑚（'Luteocarpa'）和'矮生'东瀛珊瑚（'Nana'）等品种。

【分布】 产于中国浙江、台湾，常生于阴湿、土层深厚的山谷、溪边林下或阴湿岩石下及灌丛中。日本也有分布，世界各国广为栽培。

【习性】 耐阴树种，喜温暖湿润气候，在排水良好、湿润肥沃的酸性土中生长最好。夏季畏日灼，不甚耐寒，北方地区盆栽冬季需入温室越冬。耐修剪。对烟尘和大气污染抗性较强。

【繁殖栽培】 通常用扦插或播种繁殖。扦插一般在梅雨季节用当年生半熟枝作插穗，也可在秋季进行，介质用疏松且排水良好的沙质土或蛭石，插后需遮阴并经常喷雾以保持适当湿度才能生根成活。

【观赏特性及园林用途】 枝繁叶茂，四季常青，斑叶者更为清奇可爱，春季花序紫红色，入冬果实红色，鲜艳悦目，为观叶为主兼具观果、观花的城市园林观赏植物。可配置于庭前、池边、建筑物庇荫处，叶色葱翠，红果如珠，四季可供观赏。也常作室内盆栽，用于布置厅堂、会场均宜。南方地区可露地作绿篱或作林下配置。洒金珊瑚还可用于瓶插观赏。

【经济用途】 其茎、叶可供药用，可治水火烫伤；果实对艾氏腹水癌细胞有抑制作用。

11.1.5.15 卫矛科 Celastraceae

乔木、灌木或藤木。单叶，对生或互生，羽状脉；托叶小而早落或无。花整齐，两性，有时单性，多为聚伞花序；花部通常 4～5 数，萼小，宿存；常具发达之花盘；雄蕊与花瓣同数具互生；子房上位，2～5 室，每室 1～2 胚珠；花柱短或缺。常为蒴果，或浆果、核果、翅果；种子常具假种皮。

约 60 属，850 种，广布于热带、亚热带及温带各地。中国产 12 属，201 种（其中引入 1 属 1 种），全国都有分布。

分属检索表

1 叶对生；蒴果 4～5 室 ·······························1. 卫矛属 *Euonymus*
1 叶互生；蒴果 3 室，藤本 ·························2. 南蛇藤属 *Celastrus*

11.1.5.15.1 卫矛属 *Euonymus* L.

乔木或灌木，稀为藤木。叶对生，极少互生或轮生。花通常两性，成腋生聚伞或复聚伞花序；花各部 4～5 数，花丝短，雄蕊着生于肉质花盘边缘，子房藏于花盘内。蒴果瓣裂，有角棱或翅，每室具 1～2 种子；种子具橘红色肉质假种皮。

共约 220 种；中国约有 111 种，10 变种，4 变型。

分种检索表

1 常绿或半常绿性。
　2 直立灌木或小乔木；小枝近四棱形，无细根及小瘤状突起 ·········（1）大叶黄杨 *E. japonicus*
　2 低矮匍匐或攀援灌木；小枝近圆形，枝上常有细根及小瘤状突起 ·········（2）扶芳藤 *E. fortunei*
1 落叶性。
　3 灌木，小枝常具 2～4 条木栓质阔翅；叶近无柄 ·····················（3）卫矛 *E. alatus*
　3 小乔木，小枝无木栓质阔翅；叶柄长 1.5～3cm ·····················（4）丝棉木 *E. bungeanus*

（1）大叶黄杨 *Euonymus japonicus* Thunb.

【别名】 正木，冬青卫矛。

【形态特征】 常绿灌木或小乔木，高可达 8m。小枝绿色，稍四棱形。叶革质而有光泽，椭圆形至倒卵形，长 3～6cm，缘有细钝齿，两面无毛；叶柄长 6～12m。花绿白色，4 数，5～12 朵成密集聚伞花序，腋生枝条端部。蒴果近球形，径 8～10mm，淡粉红色，熟时 4 瓣裂；假种皮橘红色。花期 5～6 月；果 9～10 月成熟。

【变种、变型及栽培品种】 '金边'大叶黄杨（'Ovatus Aureus'）：叶缘金黄色。

'金心'大叶黄杨（'Aureus'）：叶中脉附近金黄色，有时叶柄及枝端也变为黄色。

'银边'大叶黄杨（'Albo-marginatus'）：叶缘有窄白条边。

'银斑'大叶黄杨（'Latifolius Albo-marginatus'）：叶阔椭圆形，银边甚宽。

'金斑'大叶黄杨（'Albo-marginatus'）：叶较大，卵形，有奶油黄色边及斑。

'杂斑'大叶黄杨（'Virdi-variegatus'）：叶较大，鲜绿色，有深绿色和黄色斑。

'金叶'大叶黄杨（'Aureus'）：叶黄色。

'狭叶'大叶黄杨（'Microphyllus'）：叶较狭小，长 1.2~2.5cm；并有金斑、银斑等品种。

'北海道黄杨'（'Cuzhi'）：枝叶绿，果色艳丽，观赏性及耐寒性均比原种强。

【分布】 原产于日本南部；中国南北各地均有栽培，长江流域各城市尤多。

【习性】 喜光，也能耐阴。喜温暖湿润的海洋性气候及肥沃湿润土壤，耐干旱瘠薄。耐寒性不强，温度低于−17℃左右即受冻害，黄河以南地区可露地栽植。极耐修剪整形；寿命长。对各种有毒气体及烟尘有很强的抗性。

【繁殖栽培】 嫁接、压条、播种及扦插法繁殖均可，一般以扦插法为主。硬枝扦插在春、秋两季进行，嫩枝扦插在夏季进行。园艺变种的繁殖，可用丝绵木作砧木于春季进行靠接。压条宜选用 2 年生或更老的枝条进行。至于播种法，则较少采用。

【观赏特性及园林用途】 枝叶茂密，四季常青，叶色亮绿，且有许多花叶、斑叶变种，是美丽的常绿观叶树种。园林中常用作绿篱及背景种植材料，亦可丛植于草地边缘或列植于园路两旁；若加以修剪整形，更适合于规则式对称配置。目前各地常将其修剪成圆球形或半球形，用于花坛中心或对植于门旁两列及用于城市街道的分车绿带上。同时，它亦是基础种植、工厂绿化的好材料。其花叶、斑叶变种更宜盆栽，可用于室内绿化及会场装饰等。

【经济用途】 木材细腻质坚，色泽洁白，不易断裂，是制作筷子和棋子的上等木料。

(2) 扶芳藤 *Euonymus fortunei*（Turcz.）Hand.-Mazz（图 11-276）

【别名】 爬藤卫矛、小藤仲。

【形态特征】 常绿藤木，茎匍匐或攀援，长可达 10m。枝密生小瘤状突起，并能随处生多数细根。叶革质，长卵形至椭圆状倒卵形，长 2~7cm，缘有钝齿，基部广楔形，表面通常浓绿色，背脉显著；叶柄长约 5mm。聚伞花序分枝端有多数短梗花组成的球状小聚伞；花绿白色，径约 4mm，花部 4 数。蒴果近球形，径约 1cm，黄红色，稍有 4 凹陷；种子有橘红色假种皮。花期 6~7 月；果 10 月成熟。

【变种、变型及栽培品种】 变种颇多，常见有爬行卫矛［*E. fortunei*（Turcz.）Hand.-Mazz var. *radicans* Rehd］，叶较小而厚，背面叶脉不如原种明显。

此外，有'花叶'爬行卫矛（'Gracilis'）：叶似爬行卫矛，但有白色、黄色或粉红色的边缘。

【分布】 产于陕西、山西、河南、山东、安徽、江苏、浙江、江西、湖北、湖南、广西、云南等地；朝鲜、日本也有分布。多生于林缘和村庄附近，攀树、爬墙或匍匐石上。

图 11-276 扶芳藤

【习性】 性耐阴，喜温暖，耐寒性不强，对土壤要求不严，能耐干旱、瘠薄。

【繁殖栽培】 用扦插繁殖极易成活，播种、压条也可进行。栽培管理较粗放，若要控制其枝条过长生长，可于 6 月或 9 月进行适当修剪。

【观赏特性及园林用途】 本种叶色油绿光亮，入秋红艳可爱，又有较强之攀援能力，在园林中用以掩覆墙面、坛缘、山石或攀于老树、花格之上，均极优美。也可盆栽观赏，将其修剪成悬崖式、圆头形等，用做室内绿化颇为雅致。

(3) 卫矛 *Euonymus alatus*（Thunb.）Sieb.（图 11-277）

【别名】 鬼箭羽。

【形态特征】 落叶灌木，高达 3m。小枝具 2~4 条木栓质阔翅。叶对生，倒卵状长椭圆形，长 3~5cm，先端尖，基部楔形，缘具细锯齿，两面无毛；叶柄极短。花黄绿色，径约 6mm，常 3 朵成一具短梗之聚伞花序。蒴果 4 深裂，有时仅 1~3 心皮发育成分离之裂瓣，棕紫色；种子褐色，有橘红色假种皮。花期 5~6 月，果 9~10 月成熟。

【变种、变型及栽培品种】 毛脉卫矛[*E. alatus*(Thunb.) Sieb. var. *pubescens* Maxim.]：叶多为倒卵形，背面脉上有短毛；分布于华北及东北。

无翅卫矛(*E. alatus* var. *apterus* Maxim.)：枝上无木栓质的翅。

【分布】 我国东北、华北以及长江中下游各省区有分布；朝鲜、日本亦产。

【习性】 喜光，稍耐阴；对气候和土壤适应性强，能耐干旱、瘠薄和寒冷。在中性、酸性及石灰性土上均能生长。萌芽力强，耐修剪，对SO_2有较强抗性。

【繁殖栽培】 繁殖以播种为主，扦插、分株也可。秋天采种后，日晒脱粒，用草木灰搓去假种皮，洗净阴干，再混沙层积贮藏。次年春天条播。

【观赏特性及园林用途】 本种枝翅奇特，初春发嫩叶及秋叶均为紫红色，十分艳丽，在落叶后又有紫色小果悬垂枝间，颇为美观，是优良的观叶赏果树种。园林中孤植或丛植于草坪、斜坡、水边或于山石间、亭廊边配置均甚合适。同时，也是绿篱、盆栽及制作盆景的好材料。

图 11-277 卫矛

【经济用途】 枝上的木栓翅为活血化瘀药；种子榨油可供工业用。

(4) 丝棉木 *Euonymus maackii* Rupr. (图 11-278)

图 11-278 丝棉木
1. 花枝；2. 果枝；3. 花蕾；4. 花瓣；
5. 雄蕊；6. 雌蕊及花盘；7. 果

【别名】 白杜、明开夜合。

【形态特征】 落叶小乔木，高达 6~8m；树冠圆形或卵圆形。小枝细长，绿色，无毛。叶对生，卵形至卵状椭圆形，长 5~10cm，先端急长尖，基部近圆形，缘有细锯齿，叶柄细长，2~3.5cm。花淡绿色，径约 7mm，花部 4 数，3~7 朵成聚伞花序。蒴果粉红色，径约 1cm，4 深裂；种子具橘红色假种皮。花期 5 月；果 10 月成熟。

【分布】 产于我国北部、中部及东部，北起辽宁，南至长江流域。栽培遍及全国。

【习性】 喜光，也稍耐阴；耐寒；耐干旱，也耐水湿；对土壤要求不严，以深厚、肥沃、排水良好之土壤生长最好。根系深而发达，能抗风；根蘖萌发力强，生长速度中等偏慢；生于山坡、林缘、路旁，在平原地区栽培生长良好。对SO_2抗性中等。

【繁殖栽培】 繁殖可用播种、分株及硬枝扦插等法。

【观赏特性及园林用途】 本种枝叶秀丽，粉红色蒴果悬挂枝上甚久，亦颇可观，是良好的园林绿化及观赏树种。宜植于林缘、草坪、路旁、湖边及溪畔，也可用做防护林及工厂绿化树种。

【经济用途】 树皮及根皮均含硬橡胶；种子可榨油，供工业用。木材白色，细致，可供雕刻等细木工用。

11.1.5.15.2 南蛇藤属 *Celastrus* L.

藤木。单叶互生，有锯齿。花小，杂性异株，成总状、复总状或聚伞花序；内生花盘杯状。蒴果近球形，通常黄色，3 瓣裂，每瓣有种子 1~2，具肉质红色假种皮。共约 30 种，分布于热带和亚热带；中国约 24 种和 2 变种，全国都有分布，以西南最多。

南蛇藤 *Celastrus orbiculatus* Thunb. (图 11-279)

【形态特征】 落叶藤木，长达 12m。小枝圆，髓心充实白色，皮孔大而隆起。叶近圆形或椭圆状倒卵形，长 4~10cm，先端突短尖或钝尖，基部广楔形或近圆形，缘有钝齿。短总状花序腋生，或在枝端成圆锥状花序与叶对生。蒴果近球形，鲜黄色，径 0.8~1cm；种子白色，外包肉质红色假种皮。花期 5 月；果 9~10 月成熟。

【分布】 东北、华北、华东、西北、西南及华中均有分布，朝鲜、日本也产。垂直分布可达海拔 1500m，常生于山地沟谷及林缘灌木丛中。

【习性】 适应性强，喜光，也耐半阴，耐寒冷，在土壤肥沃而排水良好及气候湿润处生长良好。

【繁殖栽培】 通常用播种法繁殖，种子出苗率可达 95% 以上；扦插、压条也可进行。栽培管理粗放。

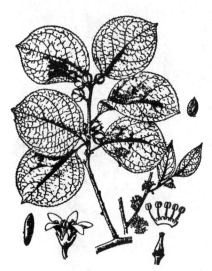

图 11-279　南蛇藤

【观赏特性及园林用途】　本种入秋后叶色变红；鲜黄色的果实开裂后露出鲜红色的假种皮也颇美观。在园林绿地中应用颇具野趣，宜植于湖畔、溪边、坡地、林缘及假山、石隙等处，也可作为棚架绿化及地被植物材料。此外，果枝可作瓶插材料。

【经济用途】　根、茎、叶、果均可入药，有活血行气、消肿解毒等功效；茎皮可制优质纤维；种子含油高达 50%，可榨油，供工业用。

11.1.5.16　冬青科 Aquifoliaceae

乔木或灌木，多为常绿。单叶，通常互生；托叶小而早落，或无托叶。花小，整齐，无花盘，单性或杂性异株，成腋生聚伞、伞形花序，或簇生，稀单生。萼 3～6 裂，常宿存；花瓣 4～6，雄蕊与花瓣同数且互生；子房上位，2 至多室，每室具 1～2 胚珠。核果，具 3～18 核。

共 4 属，400 余种，广泛分布于温暖地区，而以中南美为分布中心；中国产 1 属，约 204 种，多分布于长江以南各地。

冬青属 *Ilex* L.

乔木或灌木，多为常绿性。单叶互生，通常有锯齿或刺状齿，稀全缘；托叶小，早落。花单性异株，稀杂性，成腋生聚伞、伞形或圆锥花序，稀单生；萼裂片、花瓣、雄蕊常为 4，花瓣基部合生。核果球形，通常具 4 核；萼宿存。

约 400 种，中国产 204 种。有不少种类适于庭院栽植，观叶或观果用。为了促进结果良好，应在雌株附近配置雄株。

分种检索表

1 叶有锯齿或刺齿，或在同一株上有全缘叶。
　2 叶缘有尖硬大刺齿 2～3 对 ･････････････････････････ (1) 枸骨 *I. cornuta*
　2 叶缘有锯齿，但非大刺齿。
　　3 叶薄革质，干后呈红褐色 ･････････････････････ (2) 冬青 *I. chinensis*
　　3 叶厚革质，干后非红褐色。
　　　4 叶小，长 1～2.5cm，背面有腺点 ････････････ (3) 钝齿冬青 *I. crenata*
　　　4 叶大，长 8～20cm，背面无腺点 ･･････････････ (4) 大叶冬青 *I. latifolia*
1 叶全缘；小枝有棱，幼枝及叶柄常带紫黑色 ･･････････ (5) 铁冬青 *I. rotunda*

(1) 枸骨 *Ilex cornuta* Lindl. et Paxt.　（图 11-280）

【别名】　鸟不宿、猫儿刺。

【形态特征】　常绿灌木或小乔木，高 3～4m，最高可达 10m 以上。树皮灰白色，平滑不裂；枝开展而密生。叶硬革质，矩圆形，长 4～8cm，宽 2～4cm，顶端扩大并有 3 枚大尖硬刺齿，中央 1 枚向背面弯，基部两侧各有 1～2 枚大刺齿，表面深绿而有光泽，背面淡绿色；叶有时全缘，基部圆形。花小，黄绿色，簇生于 2 年生枝叶腋。核果球形，鲜红色，径 8～10mm，具 4 核。花期 4～5 月；果 9～10（11）月成熟。

【栽培品种】　无刺'枸骨（'National'）：叶缘无刺齿。
'黄果'枸骨（'Luteocarpa'）：果暗黄色和无刺。

【分布】　原产中国长江中下游各地，多生于山坡谷地灌木丛中，现各地庭院常有栽培；朝鲜亦有分布。

【习性】　喜光，稍耐阴；喜温暖气候及肥沃、湿润而排水良好之微酸性土壤，耐寒性不强；颇能适应城市环境，对有害气体有较强抗性。生长缓慢；萌蘖力强，耐修剪。

【繁殖栽培】　可用播种和扦插等法繁殖。秋季（10～11 月）果熟后采收，堆放后熟，待果肉软化后捣烂，淘出种子阴干。因枸骨种子有隔年发芽习性，故生产上常采用低温湿沙层积至次年秋后条播，第 3 年春幼苗出土。扦插一般多在梅雨季用软枝带踵

图 11-280　枸骨
1. 花枝；2. 果枝；
3～5. 花及花展开；6. 花萼

插。移栽可在春秋两季进行，而以春季较好。移时须带土球。因枸骨须根稀少，操作时要特别防止散球，同时要剪去部分枝叶，以减少蒸腾，否则难以成活。枸骨常有红蜡蚧危害枝干，要注意及时防治。

【观赏特性及园林用途】 枸骨枝叶稠密，叶形奇特，深绿光亮，入秋红果累累，经冬不凋，鲜艳美丽，是良好的观叶、观果树种。宜作基础种植及岩石园材料，也可孤植于花坛中心、对植于前庭、路口或丛植于草坪边缘。同时又是很好的绿篱及盆栽材料，选其老桩制作盆景亦饶有风趣。果枝可供瓶插，经久不凋。

【经济用途】 枝、叶、树皮及果是滋补强壮药；种子榨油可制肥皂。

（2）冬青 *Ilex chinensis* Sims（图 11-281）

【形态特征】 常绿乔木，高达 13m；枝叶密生，树形整齐。树皮灰青色，平滑。叶薄革质，长椭圆形至披针形，长 5～11cm，先端渐尖，基部楔形，缘疏生浅齿，表面深绿而有光泽，叶柄常为淡紫红色；叶干后呈红褐色。雌雄异株，聚伞花序着生于当年生嫩枝叶腋；花瓣紫红色或淡紫色。果实深红色，椭球形，长 8～12mm，且 4～5 分核。花期 5～6 月；果 9～10（11）月成熟。

【分布】 产于长江流域及其以南各地，常生于山坡杂木林中；日本亦有分布。

【习性】 喜光，亦能耐阴，喜温暖湿润气候，常生于土层深厚、腐殖质丰富的向阳坡地、山麓疏林中，稍阴湿之地也能适应，积水洼地则生长不良；不耐严寒，但能耐一定的干旱瘠薄。深根性，萌芽性强，耐修剪，生长较慢，具较强的抗风力及对病虫害的抵抗力。

【繁殖栽培】 常用播种法和扦插法繁殖，但种子有隔年发芽习性，且不易打破休眠。为节省用地，可低温湿沙层积 1 年后再播。扦插繁殖生根较慢。栽植注意事项与枸骨相同。对病虫害抵抗力较强。

图 11-281 冬青

【观赏特性及园林用途】 本种枝叶茂密，四季常青，入秋又有累累红果，经冬不落，十分美观。宜作园景树及绿篱植物栽培，也可盆栽或制作盆景观赏。

【经济用途】 木材坚韧致密，可作细木工用料。种子及树皮可供药用，为强壮剂；叶有清热解毒作用，可治气管炎等症。

（3）钝齿冬青 *Ilex crenata* Thunb.（图 11-282）

图 11-282 钝齿冬青

【别名】 波缘冬青。

【形态特征】 常绿灌木或小乔木，高 5m。多分枝，小枝有灰色细毛。叶较小，厚革质，椭圆形至长倒卵形，长 1～2.5cm，先端钝，缘有浅钝齿，背面有腺点。花小，白色；雄花 3～7 朵成聚伞花序生于当年生枝叶腋内，雌花单生。果球形，熟时黑色。花期 5～6 月；果 10 月成熟。

【变种、变型及栽培品种】 龟甲冬青（*I. crenata* Thunb. var. *convexa* Makino）：叶面凸起，俗称豆瓣冬青。

'金叶'钝齿冬青（'Golden Gem'）：金色叶品种，生长缓慢，冬季叶色更亮，合适作绿篱。

此外，还有'斑叶'钝齿冬青（'Variegata'）、'阔叶'钝齿冬青（'Latifolia'）、'白果'钝齿冬青（'Ivory Tower'）等品种。

【分布】 分布于我国浙江、江西、福建、广东等省，山东等地及江南庭院有栽培。日本也有。

【习性】 钝齿冬青喜阳耐阴，也能耐湿、耐干旱。萌芽力强，耐修剪。

【观赏特性和园林用途】 枝密叶小，树冠球形或卵形，适于庭院各处配置，常作绿篱、盆栽或作下木配置。若与红枫、苍松高下搭配，殊为美观，点缀于假山旁、水池边亦十分得体。还可修剪成圆球形、椭圆形或伞形等形态，植于草坪中、园林建筑旁，尤为美丽。

图 11-283　大叶冬青
1. 叶脉；2. 果枝；3. 果核；
4. 果实；5. 雄花枝

【繁殖栽培】　种子或扦插繁殖，具体方法可参考枸骨冬青。

（4）大叶冬青 *Ilex latifolia* Thunb.（图 11-283）

【别名】　苦丁茶。

【形态特征】　常绿乔木，达 20m。树皮灰黑色，全株无毛。小枝粗壮，有纵裂纹和棱。叶厚革质，长圆形或卵状长圆形，长 8～28cm，宽 4.5～7.5cm，先端短减尖或钝，基部宽楔形或圆形，叶缘有疏锯齿，中脉在叶面凹下，侧脉在叶面明显，叶面深绿色，有光泽，背面淡绿色；叶柄粗壮稍扁。花序簇生叶腋，圆锥状，花 4 数。果球形，熟时鲜红色，径约 7mm；分核 4 颗，花期 4～5 月，果期 6～11 月。

【分布】　分布于我国长江流域各省及福建、广东和广西，日本也有分布。

【习性】　耐阴树种，常生于海拔 250～1500m 的山坡、山谷常绿阔叶林中。

【繁殖栽培】　参考冬青。

【观赏特性和园林用途】　树姿雄伟端庄，叶大质厚，枝繁荫浓，叶绿果红，是优良的园林绿化树种。

【经济用途】　叶和果可作药用。

（5）铁冬青 *Ilex rotunda* Thunb.

【形态特征】　常绿乔木，高达 20m，树皮淡灰色，小枝具棱，红褐色，无毛。叶薄革质或纸质，宽椭圆形、椭圆形至长圆形，长 4～10cm，宽 2～4.5cm，先端短渐尖，基部楔形或钝，全缘，稀在萌芽枝上有少数锐齿，中脉在叶面凹下，侧脉 6～9 对，叶面深绿色，有光泽，两面无毛。花序单生叶腋，总花梗与花梗均无毛；花黄白色，芳香，4～7 数。果球形，直径 6～8mm，熟时红色；分核 5～7 颗。花期 3～4 月，果期 9 月至翌年 2 月。

【变种、变型及栽培品种】　小果铁冬青 [*I. rotunda* Sims. var. *microcarpa*（Lindl. ex Paxt.）S. Y. Hu]：与原种主要区别为，总花梗和花均被短柔毛，果较小，径约 5mm。分布与原种大致相同。

【分布】　分布于我国长江流域以南至西南各省及台湾省；生于海拔 800m 以下山坡、谷地林中。日本、朝鲜也有。

【习性】　耐阴树种，喜生于温暖湿润气候和疏松肥沃、排水良好的酸性土壤。适应性较强，耐瘠、耐旱、耐霜冻。

【观赏特性和园林用途】　秋冬时节，绿叶滴翠，红果满枝，十分悦目，是理想的庭院绿化观赏树种。

【经济用途】　树皮、根、叶可供药用，有清热利湿、消肿止痛功效；枝叶可提取胶汁，树皮可提制栲胶；木材坚韧细致，供细木工用材。

11.1.5.17　黄杨科 Buxaceae

常绿灌木或小乔木。单叶，对生或互生；无托叶。花单性，整齐，萼片 4～12 或无，无花瓣，雄蕊 4 或更多；子房上位，常 3 室，每室 1～2 胚珠。蒴果或核果。种子具胚乳。

共 4 属，约 100 种，分布于温带和亚热带；中国产 3 属 27 种，分布于西南至东南部。

黄杨属 Buxus L.

常绿灌木或小乔木，多分枝。单叶对生，羽状脉，全缘，革质。花单性同株，无花瓣，簇生叶腋或枝端，通常花簇中顶生 1 雌花，其余为雄花；雄花萼片、雄蕊各 4；雌花萼片 4～6，子房 3 室；花柱 3，粗而短。蒴果，花柱宿存，室背开裂成 3 瓣，每室含 2 黑色光亮种子。

共约 70 种；中国约有 17 种。

分种检索表

1 小枝节间 1～3.5cm，叶倒椭圆形至卵状长椭圆形，叶中部以下最宽 ……………………（1）黄杨 B. sinica

1 小枝节间 0.7～1.7cm；叶匙形或倒卵状匙形 …………………………………（2）匙叶黄杨 B. harlandii

（1）黄杨 *Buxus sinica*（Rehd. et Wils.）Cheng（图 11-284）

【形态特征】　常绿灌木或小乔木，高达 7m。枝叶较疏散，小枝及冬芽外鳞均有短柔毛。叶倒卵形、倒卵状椭圆形至广卵形，长 2～3.5cm，先端圆或微凹，基部楔形，叶柄及叶背中脉基部有毛。花簇生叶腋或枝端，黄绿色。花期 4 月；果 7 月成熟。

【变种、变型及栽培品种】 珍珠黄杨（*B. microphylla* Sieb. et Zucc. var. *margaritacea* M. Cheng）：灌木，高可达2.5m；分枝密集，节间短。叶细小，椭圆形，长不及1cm，叶面略作龟背状凸起，深绿而有光泽，入秋渐变红色。

尖叶黄杨［ssp. *aemulans*（Rehd. et Wils.）M. Cheng］：叶常呈卵状披针形，质较薄，先端渐尖或急尖。

【分布】 分布于我国中部，各地广泛栽培。

【习性】 喜半阴，在无庇荫处生长叶常发黄；喜温暖湿润气候及肥沃的中性及微酸性土，较耐寒。萌芽能力强，生长缓慢，耐修剪。

【观赏特征与园林用途】 枝叶繁茂，四季常青，多修整成球形树冠，孤植或丛植于草坪、建筑物前或山石旁，也可列植于路旁；因耐修剪，是园林中常见的绿篱材料；也是制作盆景的材料。

图11-284 黄杨

图11-285 匙叶黄杨

（2）匙叶黄杨 *Buxus harlandii* Hance（图11-285）

【别名】 雀舌黄杨、细叶黄杨。

【形态特征】 常绿小灌木，高通常不及1m。分枝多而密集。叶较狭长，倒披针形或倒卵状长椭圆形，长2～4cm，先端钝圆或微凹，革质，有光泽，两面中肋及侧脉均明显隆起；叶柄极短。花小，黄绿色，呈密集短穗状花序，其顶部生一雌花，其余为雄花。蒴果卵圆形，顶端具3宿存之角状花柱，熟时紫黄色。花期4月；果7月成熟。

【分布】 原产于我国华南，各地广泛栽培。

【习性】 喜光，亦耐阴，喜温暖湿润气候，常生于湿润而腐殖质丰富的溪谷岩间；耐寒性不强。浅根性，萌蘖力强；生长极慢。

【繁殖栽培】 繁殖以扦插为主，也可压条和播种。硬枝扦插在3月芽萌动以前进行，以基部带踵插效果较好。软枝扦插6月中下旬至9月上旬均可进行，而以梅雨季扦插成活率最高。

【观赏特性和园林用途】 本种植株低矮，枝叶茂密，且耐修剪，是优良的矮绿篱材料，最适宜布置模纹图案及花坛边缘。若任其自然生长，则适宜点缀草地、山石，或与落叶花木配置。也可盆栽，或制成盆景观赏。

11.1.5.18 大戟科 Euphorbiaceae

乔木、灌木或草本；多数含乳汁。单叶，稀3小叶复叶，常互生；有托叶。花单性，成聚伞、伞房、总状或圆锥花序；常为单被花，萼状，有时无被或萼、瓣俱存；雄蕊1至多数；子房上位，常由3心皮合成，多3室，每室有胚珠1～2，中轴胎座。蒴果，少数为浆果或核果；种子具胚乳。

约300属，5000余种，广布于世界各地；中国有70余属，460余种，主产于长江流域以南各地。

分属检索表

1 三出复叶，木本。

　　2 小叶有锯齿；总状或圆锥花序；果实浆果状 ·················· 1. 重阳木属 *Bischofia*

　　2 小叶全缘；腋生圆锥花序；蒴果 ·················· 橡胶树属 *Hevea*

1 单叶；木本。

3 核果；花大，有花瓣及萼片；叶为掌状脉 ……………………………… 2. 油桐属 *Aleurites*
　　3 蒴果；花小，无花瓣。
　　　4 植株全体无毛；叶全缘；雌雄同株，雄花花萼 2～3 裂，雄蕊 2～3 ……………… 3. 乌桕属 *Sapium*
　　　4 植株全体有毛；叶常有粗齿；雄花有多数雄蕊。
　　　　5 植物体有星状毛；雄蕊多数 ………………………………………………… 野桐属 *Mallotus*
　　　　5 植物体有细柔毛，无星状毛；雄蕊 6～8 ……………………………… 4. 山麻杆属 *Alchornea*

11.1.5.18.1　重阳木属（秋枫属）*Bischofia* Bl.

乔木。3 小叶复叶，互生，小叶有锯齿。花小，单性异株，成腋生圆锥花序；花萼 5～6 枚，无花瓣，雄蕊 5，子房 2～4 室，每室 2 胚珠。浆果球形。

本属共 2 种，产于亚洲及大洋洲之热带及亚热带；中国均产。

分种检索表

1 落叶乔木；小叶有细钝齿（4～5 个/cm）；总状花序；果径 5～7mm，熟时红褐色 ………………………………………………………………………………………… (1) 重阳木 *B. polycarpa*
1 常绿或半常绿乔木；小叶有粗钝齿（2～3 个/cm）；圆锥花序；果径 8～15mm，熟时蓝黑色 …………………………………………………………………………… (2) 秋枫 *B. javanica*

（1）重阳木 *Bischofia polycarpa*（Lévl.）Airy-Shaw（图 11-286）

【形态特征】　落叶乔木，高达 15m。树皮褐色，纵裂。小叶卵形至椭圆状卵形，长 5～11cm，先端突尖或突渐尖，基部圆形或近心形，缘有细钝齿（4～5 个/cm），两面光滑无毛。花小，绿色，成总状花序。浆果球形，径 5～7mm，熟时红褐色。花期 4～5 月；果 9～11 月成熟。

图 11-286　重阳木
1. 果枝；2. 雄花序；3. 雌花；
4. 雌花序；5. 果实；6. 果
实横切面

【分布】　产于秦岭、淮河流域以南至两广北部，在长江中下游平原常见。南亚、东南亚、日本、澳大利亚也有分布。

【习性】　重阳木在我国南方生长甚繁茂。喜湿润、肥沃土壤，稍耐水湿。

【繁殖栽培】　通常用播种法繁殖。自然生长分枝较低，需随时修剪，否则树身矮小，形成灌木状。

【观赏特性及园林用途】　树形优美，翠盖重密，是优良的行道树。广州、上海、南京等地的公园内都有种植。但由于它不耐寒，北方只能温室盆栽培。

【经济用途】　材质略重而坚韧，结构细而匀，有光泽，适于建筑、造船、车辆、家具等用材。果肉可酿酒。种子含油量 30%，可供食用，也可作润滑油和制皂。

（2）秋枫 *Bischofia javanica* Bl.

【形态特征】　常绿或半常绿乔木，高达 40m，胸径可达 2.3m。树皮红褐色，光滑。小叶卵形或长椭圆形，长 7～15cm，先端渐尖，基部楔形，缘具粗钝锯齿（2～3 个/cm）。圆锥花序。果球形，较大，径 8～15mm，熟时蓝黑色。花期 3～4 月；果 9～10 月成熟。

【分布】　产于中国秦岭、淮河流域以南各地，直至越南、印度、印度尼西亚及澳大利亚等地。

【习性】　喜光，耐水湿，耐寒性不如重阳木，生长快。

【繁殖栽培】　播种繁殖为主。

【观赏特性及园林用途】　秋枫树叶繁茂，树冠圆盖形，树姿壮观。宜作庭院树和行道树，也可在草坪、湖畔、溪边、堤岸栽植。

【经济用途】　材质优良，坚硬耐用，深红褐色，供建桥梁、车辆、造船等用。根、树皮及叶入药。全年可采，鲜用或晒干。

11.1.5.18.2　油桐属 *Vernicia* Lour.

乔木。单叶互生，全缘或 1～4 掌状裂；叶基部具 2 腺体。花单性，同株或异株，顶生圆锥状聚伞花序；花萼 2～3 裂，花瓣 5，雄蕊 8～12，子房 2～5 室。核果大，种子富油质。

共 3 种，产于亚洲南部及太平洋诸岛。中国产 2 种，引入 1 种，分布于长江以南各地。

分种检索表

1 叶全缘或 3 浅裂，叶基腺体无柄；果皮平滑；花雌雄同株 ……………………… (1) 油桐 *V. fordii*
1 叶全缘或 3～5 裂，叶基腺体具柄；果皮有皱纹；花多雌雄异株 ………… (2) 木油桐 *V. montana*

（1）油桐 *Vernicia fordii*（Hemsl.）Airy Shaw（图 11-287）

【别名】　桐油树、桐子树、光桐。

【形态特征】　落叶乔木，高达 12m；树冠扁球形。树皮灰褐色；小枝粗壮，无毛。叶卵形，长 7～18cm，全缘，有时 3 浅裂；叶基具 2 紫红色扁平无柄腺体。雌雄同株；花大，径约 3cm，花瓣白色，基部有淡红褐色条斑。果实近球形，径 4～6cm，先端尖，表面平滑；种子3～5粒。花期 3～4 月，稍先于叶开放；果 10 月成熟。

【分布】　油桐原产于我国；长江流域及以南省区广泛栽培。

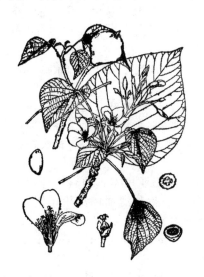

图 11-287　油桐　　　　　　　　　　　　　　　图 11-288　木油桐

【习性】　性喜温暖湿润、避风向阳环境，适生于微酸性疏松肥沃土壤，不耐贫瘠。

【繁殖栽培】　播种或嫁接繁殖，育种或繁殖砧木才用播种法，10 月采种后沙藏越冬，春季播种后 30d 出苗，当年可达 1m。油桐花芽生于去年老枝上，故冬季不宜修剪，花后加以疏删为宜。

【观赏特性及园林用途】　在园林中绿荫如盖，年年繁花似锦十分绚丽。花果均美，是我国长江以南的优良行道树。

（2）木油桐 *Verica montana* Lour.（图 11-288）

【别名】　千年桐。

【形态特征】　落叶乔木，高达 15m 以上。树皮褐色，大枝近轮生；小枝无毛，有明显皮孔。叶广卵圆形，长 8～20cm，先端渐尖，全缘或 3 裂，在裂缺底部常有腺体；叶片基部心形，并具 2 有柄腺体。花大，白色，多为雌雄异株。核果卵圆形，有 3 条明显纵棱和网状皱纹。花期 4～5 月；果 10 月成熟。

【分布】　产于我国浙江、江西、福建、台湾、湖南、广东、海南、广西、贵州、云南等省区。生于海拔 1300m 以下的疏林中。越南、泰国、缅甸也有分布。

【观赏特性及园林用途】　本种在华南亚热带丘陵山地较多栽培；用途同油桐。

11. 1. 5. 18. 3　乌桕属 *Sapium* P. Br.

乔木或灌木，常含白色有毒乳液，全体无毛。单叶互生，羽状脉，通常全缘；叶柄端具 2 腺体。花单性同株，总状复花序顶生，雄花通常 3 朵成小聚伞花序，生于花序上部，雌花 1 至数朵生于花序下部；萼片 2～3 裂，无花瓣，雄蕊 2～3，子房 3 室，每室 1 胚珠，无花盘。蒴果 3 裂，稀浆果状。

共约 120 种，主产于热带；中国约产 9 种。

分种检索表

1 种子被蜡质，无棕褐色斑纹 ··· （1）乌桕 *S. sebiferum*

1 种子有棕褐色斑纹，无蜡质层 ··· （2）白乳木 *S. japonicum*

（1）乌桕 *Sapium sebiferum* Roxb.（图 11-289）

【形态特征】　落叶乔本，高达 15m；树冠圆球形。树皮暗灰色，浅纵裂；小枝纤细。叶互生，纸质，菱状，广卵形，长 5～9cm，先端尾状，基部广楔形，全缘，两面均光滑无毛；叶柄细长，顶端有 2 腺体。花序穗状，顶生，长 6～12cm，花小，黄绿色。蒴果 3 棱状球形，径约 1.5cm，熟时黑色，3 裂，果皮脱落；种子黑色，外被白蜡，固着于中轴上，经冬不落。花期 5～7 月；果 10～11 月成熟。

【分布】　我国分布很广，主产于长江流域及珠江流域，浙江、湖北、四川等地栽培较集中；日本、印度亦有分布。垂直分布一般多在海拔 1000m 以下，在云南可达 2000m 左右。

【习性】　暖温带喜光树种。喜温暖气候及深厚肥沃的微酸性土壤，有一定的耐旱和抗风能力。在排水不良的低洼地和间断性水淹的江、河堤塘两岸生长良好。对土壤要求不严，在沙坡、黏坡、砾质壤土中皆可生长，对酸性土及含盐0.25％的土壤也能适应。北方碱性土、干旱、低温均难以成活。

【繁殖栽培】　繁殖以播种为主，繁殖优良品种也可用嫁接。种子被有蜡质，播种前需进行去蜡处理，否则影响种子吸水、发芽。嫁接繁殖以1年生实生苗为砧木，接穗可从优良品种的母株上选取生长健壮、树冠中上部的1~2年生枝条，于2~3月间行腹接。乌桕宜在萌芽前春暖时期移植，小苗需带宿土，大苗需带土球。

图11-289　乌桕

【观赏特性及园林用途】　乌桕秋季叶色变为紫红、橙红，加上悬于枝顶的白色果实，为秋色增添不少美景。秋叶红艳，绚丽诱人，适宜配置在园林中池畔、河边、草坪中央或边缘，混植林内，红绿相间，尤为可爱。若成片栽植坡谷，秋时霜叶荡谷，灿烂若霞；冬日果实挂满枝头，经久不凋，则又有"喜看柏树梢头白，疑是红梅小着花"的意境。

【经济用途】　是一种重要的工业用木本油料树种，南方各省大面积种植，以取其种子榨油。柏脂和清油广泛用于制肥皂、油漆、油墨和提取硬脂酸等；根皮及乳液又可入药。

（2）白乳木 *Sapium japonicum*（Sieb. et Zucc.）Pax et Hoffm.

【别名】　白木乌桕。

【形态特征】　落叶小乔木；树干平滑，幼枝及叶含白乳汁。叶长卵形至长椭圆状倒卵形，长6~16cm，全缘，背面绿色，近边缘有散生腺体。雄蕊3。种子无蜡质层。

【分布】　广布于山东、安徽、江苏、浙江、福建、江西、湖北、湖南、广东、广西、贵州和四川。生于林中湿润处或溪涧边；朝鲜、日本也有分布。

【观赏特性和园林用途】　秋叶红色美丽，可做绿篱。

【经济用途】　种子可榨油；根皮及叶可入药。

11.1.5.18.4　山麻杆属 *Alchornea* Sw.

乔木或灌木，常有细柔毛。单叶互生，全缘或有齿，基部有2或更多腺体。花小，单性同株或异株，无花瓣，组成总状、穗状或圆锥花序；雄花雄蕊6~8或更多。蒴果分裂成2~3个分果瓣，中轴宿存。

共约50种，主产于热带地区；中国有7种，2变种，广布于中部至南部。

山麻杆 *Alchornea davidii* Franch.（图11-290）

【形态特征】　落叶丛生灌木，高1~2m。茎直而少分枝，常紫红色，有绒毛。叶圆形至广卵形，长7~17cm，缘有锯齿，先端急尖或钝圆，基部心形，3出脉，表面绿色，疏生短毛，背面紫

图11-290　山麻杆

色，密生绒毛。花雌雄同株，雄花密生，成短穗状花序，萼4裂，雄蕊8，花丝分离；雌花疏生，成总状花序，位于雄花序的下面，萼4裂，子房3室，花柱3，细长。蒴果扁球形，密生短柔毛；种子球形。花期4~5（6）月；果7~8月成熟。

【分布】　产于华中、华南及西南各省，常生于山地阳坡灌丛中。

【习性】　喜光，稍耐阴，喜温暖，黄河以北则受冻害，对土壤要求不严，在湿润肥沃土壤上分蘖藥很强。

【繁殖栽培】　扦插及播种均易成功。扦插成活达80％，宜在疏松沙土中进行，松土除草并注意挡强光。

【观赏特性及园林用途】　本种幼叶紫红色，鲜艳夺目，以后逐渐变为绿色，但叶下面为紫色，随风反卷也有色彩变化，茎秆亦美，宜成片种植，取其集体的色彩美：既可露地植于庭院、路边、水滨，又可孤植或盆栽。

【经济用途】　其茎皮可以造纸，叶可入药。

11.1.5.19　鼠李科 Rhamnaceae

乔木或灌木，稀藤木或草本；常有枝刺或托叶刺。单叶互生，稀对生；有托叶。花小，整齐，两性或杂性，成腋生聚伞、圆锥花序，或簇生；萼 4～5 裂，裂片镊合状排列；花瓣 4～5 或无；雄蕊 4～5，与花瓣对生，常为内卷之花瓣所包被；具内生花盘，子房上位或埋藏于花盘，2～4 室，每室 1 胚珠。核果、蒴果或翅状坚果。

约 58 属，900 余种，广布于温带至热带各地；中国产 14 属，133 种，32 变种和 1 变型。

分属检索表

1 花序轴在果期变为肉质并扭曲，叶基三主脉 ·· 1. 枳椇属 Hovenia
1 花序轴在果期不为肉质和扭曲。
　2 叶基 3 出脉，常有托叶刺；果肉质，具 1 核·· 2. 枣属 Ziziphus
　2 叶为羽状脉，无托叶刺。
　　3 直立灌木或小乔木；花有刺，核果具 2～4 核 ·· 3. 鼠李属 Rhamnus
　　3 攀援灌木；花无柄或近无柄；叶缘有齿 ·· 4. 雀梅藤属 Sageretia

11.1.5.19.1　枳　属 Hovenia Thunb.

落叶乔木。单叶互生，基部 3 出脉。花小，两性，聚伞花序；花萼 5 裂；花瓣 5，有爪；雄蕊 5；子房 3 室，花柱 3 裂。核果，有 3 种子；果序分枝肥厚肉质并扭曲。

共约 6 种，均产中国。

枳椇 Hovenia acerba Lindl.　（图 11-291）

【别名】 拐枣。

【形态特征】 落叶乔木，高达 15～25m。树皮灰黑色，深纵裂；小枝红褐色。叶广卵形至卵状椭圆形，长 8～16cm，先端短渐尖，基部近圆形，缘有粗钝锯齿，基部 3 出脉，背面无毛或仅脉上有毛；叶柄长 3～5cm。聚伞花序常顶生，二歧分枝常不对称。果梗肥大肉质，经霜后味甜可食。花期 6 月；果 9～10 月成熟。

【分布】 华北南部至长江流域及其以南地区普遍分布，西至陕西、四川、云南；日本也产。多生于阳光充足的沟边、路旁或山谷中。

【习性】 喜光，有一定的耐寒能力；对土壤要求不严，在土层深厚、湿润而排水良好处生长快，能成大材。深根性，萌芽力强。

【繁殖栽培】 主要用播种繁殖，也可扦插、分蘖繁殖。10 月果熟后采收，除去果梗后晒干碾碎果壳，筛出种子，沙藏越冬，春天条播。条距 20～25cm，覆土厚约 1cm。每亩播种量约 5kg。1 年生苗高可达 50～80cm。用于城市绿化的苗木需要移栽培育 3～4 年方可出圃。栽植在秋季落叶后或春季发芽前进行。

图 11-291　枳椇
1. 花枝；2. 果枝；3. 花；
4. 果横剖面；5. 种子

【观赏特性及园林用途】 本种树态优美，叶大荫浓，生长快，适应性强，是良好的庭荫树、行道树及农村"四旁"绿化树种。

【经济用途】 木材硬度适中，纹理美观，可作建筑、家具、车、船及工艺美术用材。果序梗肥大肉质，富含糖分，可生食和酿酒。果实为清凉、利尿药；树皮、木汁及叶也可供药用。

11.1.5.19.2　枣属 Ziziphus Mill.

灌木或乔木。单叶互生，具短柄，叶基 3 或 5 出脉；托叶常变为刺。花小，两性，成腋生短聚伞花序；花部 5 数，子房上位，埋藏于花盘内，花柱 2（3～4）裂。核果，具 1 核，1～3 室，每室 1 种子。

共约 100 种，广布于温带至热带，中国产 13 种。

枣树 Ziziphus jujuba Mill.　（图 11-292）

【形态特征】 落叶乔木，高达 10m。树皮灰褐色，条裂。枝有长枝、短枝和脱落性小枝 3 种；长枝呈"之"字形曲折，红褐色，光滑，枝常有托叶刺，一枚长而直伸，一枚短而后勾，在 2 年生以上的长枝上互生，脱落性小枝为纤细的无芽枝，颇似羽状复叶之叶轴，簇生于短枝上。在冬季与叶俱落，叶卵形至卵状长椭圆形，长 3～7cm，先端钝尖，缘有细钝齿，基部 3 出脉，两面无毛。花小，黄绿色。核果卵形至矩圆形，长 2～5cm，熟后暗红色，果核坚硬，两端尖。花期 5～6 月；果 8～9

图 11-292　枣树

月成熟。

【变种、变型及栽培品种】　无刺枣（*Z. jujuba* var. *inemmis*）：与原变种的主要区别是，长枝无皮刺；幼枝无托叶刺。花期5～7月，果期8～10月。

酸枣（*Z. jujuba* var. *spinosa*）：本变种常为灌木，叶较小，核果小，近球形或短椭圆形，直径0.7～1.2cm，具薄的中果皮，味酸，核两端钝，与上述的变种截然不同。花期6～7月，果期8～9月。

'葫芦'枣（'Lagenaria'）：与原种的主要区别是，果实中部收缩成葫芦形。

'龙'枣（'Tortuosa'）：与原种的主要区别是，小枝常扭曲上伸，无刺；果柄长，核果较小，直径5mm。

【分布】　在中国分布很广，自东北南部至华南、西南、西北到新疆均有，而以黄河中下游、华北平原栽培最普遍。伊朗、俄罗斯中亚地区、蒙古、日本也有分布。

【习性】　喜光，抗热，耐寒；春季温度13～15℃时才开始发芽、展叶，20～22℃时开花，果实成熟的适温为18～22℃，气温下降至3～5℃时开始落叶。冬眠期能抗低温，−35℃能安全越冬；对土壤适应性较强，耐干瘠、弱酸性和轻度盐碱土壤，喜深厚肥沃沙质土，忌黏土和湿地；根系发达，萌蘖力强，抗风沙。寿命长达200～300年。

【繁殖栽培】　主要用分蘖或根插法繁殖，嫁接也可；砧木用酸枣或枣树实生苗。枣树栽培管理粗放。在北方，早春发芽前结合施肥灌水一次，在开花前后及果实增大期间也要适当施肥灌水，但果实快成熟时不宜洒水，雨水过多易造成裂果。

【观赏特性及园林用途】　枣树是我国栽培历史悠久的果树，品种很多。由于其结果早、寿命长、产量稳定，农民称之为"铁杆庄稼"。树冠整齐，枝叶扶疏，果期果实累累，具有较高的观赏价值，是园林结合生产的良好树种。可栽作庭荫树及园路树。

【经济用途】　其果实富含维生素C、蛋白质和各种糖类，可生食和干制加工成多种食品，也可入药。木材坚韧致密，纹理细，是雕刻、家具、细木工优良用树。也是优良的蜜源树种。

11.1.5.19.3　鼠李属 *Rhamnus* L.

灌木或小乔木；枝端常具刺。单叶互生或近对生，羽状脉，通常有锯齿；托叶小，早落。花小，绿色或黄白色，两性或单性异株，簇生或为伞形、聚伞、总状花序；萼裂、花瓣、雄蕊各为4～5，有时无花瓣；子房上位，2～4室。核果浆果状，具2～4核，每核1种子，种子有沟。

共约200种，主产于北温带；中国约产57种。本属多数果实含黄色染料，种子含油蜡和蛋白质，榨油供制润滑油和肥皂。

分种检索表

1 侧脉2～4对，叶菱状倒卵形或菱状椭圆形 ·······················（1）小叶鼠李 *R. parvifolia*
1 侧脉4～7对。
　2 叶长不及1cm，叶倒卵状圆形或近圆形 ·····························圆叶鼠李 *R. globosa*
　2 叶柄长1.5cm以上，种子背面基部有长为种子1/3以下的短沟。
　　3 叶下面干后淡绿色，无毛，或仅中部以上有白色疏毛，叶柄长1.5～3cm ··········（2）鼠李 *R. davurica*
　　3 叶下面干后常黄色或金黄色，沿脉或脉腋被金黄色柔毛，叶柄长0.5～1.5cm ········（3）冻绿 *R. utilis*

（1）小叶鼠李 *Rhamnus parvifolia* Bunge（图11-293）

【别名】　琉璃枝。

【形态特征】　落叶灌木，高达2m。小枝光滑，顶端成针刺。叶近对生，椭圆状卵形至倒卵形，长1.5～3.5m，先端圆或急尖，基部楔形，缘有细钝齿，两面无毛，侧脉常3对。花单性，聚伞花序。果球形，径3～4mm，熟时黑色。花期5～6月，果8～9月成熟。

【分布】　产于辽宁、内蒙古、河北、山西、山东、甘肃等地；朝鲜、蒙古和俄罗斯也有分布。多生于向阳山坡或多岩石处。可作水土保持及防沙树种。嫩叶可代茶；根可用于根雕；为优良的盆景材料。

（2）鼠李 *Rhamnus davurica* Pall.（图11-294）

【别名】　大绿。

【形态特征】　落叶灌木或小乔木，高可达10m。树皮灰褐色；小枝较粗壮，无毛。叶近对生，倒卵状长椭圆形至卵状椭圆形，长4～10cm，先端锐尖，基部楔形，缘有细圆齿，侧脉4～5对，叶柄长6～25mm。花黄绿色，3～5朵簇生叶腋。果实球形，径约6mm，熟时紫黑色；种子2，卵形，背面有沟。

图11-293　小叶鼠李　　　　　　　　　　　　　　　图11-294　鼠李

【分布】　产于东北、内蒙古及华北；朝鲜、蒙古、俄罗斯也有分布。多生于山坡、沟旁或杂木林中。

【习性】　适应性强，耐寒，耐阴，耐干旱、瘠薄。播种繁殖。无需精细管理。

【观赏特性和园林用途】　本种枝密叶繁，入秋有累累黑果，可植于庭院观赏。

【经济用途】　木材坚实致密，可作家具、车辆及雕刻等用材。种子可榨油供润滑用；果肉可入药；树皮及果可作黄色染料。

(3) 冻绿 *Rhamnus utilis* Decne.（图11-295）

【别名】　红冻、黑狗丹。

【形态特征】　落叶灌木或小乔木，高达4m。小枝无毛，枝端刺状，腋芽小。叶长圆形、椭圆形或倒卵状椭圆形，长4～15cm，宽2～6.5cm，上面无毛或中脉被疏柔毛，下面干后黄色或金黄色，沿脉或脉腋被金黄色柔毛，侧脉5～6对；雄花数朵至30余朵簇生，雌花2～6朵簇生。果近球形，黑色。种子背侧基部有短纵沟。花期4～6月；果期5～10月。

【分布】　产于中国冀、晋、豫、陕、甘、皖、苏、浙、赣、鄂、川、黔、闽、粤、桂等地。

【习性】　稍耐阴，不择土壤。适应性强，耐寒，耐干旱、瘠薄。

【观赏特性和园林用途】　本种树姿优美，可以庭院观赏。

【经济用途】　果和叶内含绿色素，可作绿色染料，此种染料称"冻绿"。明清时期，中国所产的冻绿已闻名国外，被称为"中国绿"。种子油可作润滑油用。果肉入药，能解热、治泻及瘰疬等。茎皮和叶可提取栲胶。

图11-295　冻绿

11.1.5.19.4　雀梅藤属 *Sageretia* Brongn.

有刺或无刺攀援灌木。单叶对生或近对生，羽状脉，缘有细齿；托叶小，早落。花小，无柄或近无柄，萼裂、花瓣、雄蕊各5；子房埋在花盘内，2～3室；穗状花序或排成圆锥花序。核果。

约34种，主要分布于亚洲南部和东部，少数种产于美洲和非洲；中国约产16种。

雀梅藤 *Sageretia thea*（Osbeck）Johnst.（*S. theezans* Brongn.）（图11-296）

【别名】　对节刺、雀梅。

【形态特征】　落叶藤木或灌木；小枝灰色或灰褐色，密生短柔毛，有刺状短枝。叶近对生，卵形或卵状椭圆形，长1～3（4）cm，宽0.8～1.5cm，先端有小尖头，基部近圆形至心形，缘有细锯齿，表面无毛，背面稍有毛，或两面有柔毛，后脱落。穗状圆锥花序密生短柔毛；花小，绿白色，无柄。核果近球形，熟时紫黑色。花期9～10月；次年4～5月果熟。

【分布】　产于长江流域及其以南地区，多生于山坡、路旁。

图 11-296　雀梅藤

【习性】　喜光，稍耐阴；喜温暖湿润气候，耐寒性不强。耐修剪。

【观赏特性和园林用途】　各地常作盆景材料，也可做绿篱。

【经济用途】　嫩叶可代茶；果实酸甜可食。

11.1.5.20　葡萄科 Vitaceae

藤本，常具与叶对生之卷须，稀直立灌木或小乔木。单叶或复叶，互生；有托叶，小而脱落，稀大而宿存。花小，4～5 基数，两性或杂性，同株或异株；成聚伞、伞房或圆锥花序，常与叶对生；花萼 4～5 浅裂；花瓣 4～5，与萼片同数，镊合状排列，分离或基部合生，有时顶端连接成帽状，并早脱落；雄蕊与花瓣同数并对生；在两性花中发育；花盘环状或分离，子房上位，2～6 室，每室 2 胚珠。浆果，有种子 1 至数枚。胚小，胚乳形态各异。

共 15 属，约 700 种，分于热带至温带，中国产 8 属，140 余种，南北均有分布。

分属检索表

1 花瓣在顶部连接成帽状脱落；花序圆锥状；茎无皮孔，老则条状剥裂，髓褐色 ……………………………………………………………… 1. 葡萄属 Vitis

1 花瓣分离，花时开展；花序通常聚伞状；茎有皮孔，不剥裂，髓白色。

2 卷须顶端不扩大；花盘杯形，与子房离生 ……………………………… 2. 蛇葡萄属 Ampelopsis

2 卷须顶端常扩大成吸盘；花盘不明显或无 ……………………………… 3. 爬山虎属 Parthenocissus

11.1.5.20.1　葡萄属 Vitis L.

落叶藤木，卷须与叶对生；单叶、羽叶或掌状复叶，有托叶，通常早落；茎无皮孔，枝髓褐色。花杂性异株，稀同株；圆锥花序与叶对生；花部 5 数，通常杂性异株，稀两性，萼小而明显，成碟形；花瓣顶部黏合成帽状，开花时整体脱落；花盘具 5 蜜腺；子房 2 室。浆果含 2～4 种子。

约 60 种；中国约 38 种，南北均有分布。

葡萄 *Vitis vinifera* L.（图 11-297）

【形态特征】　落叶藤木，小枝无毛或稀疏柔毛，长达 30m。卷须二叉分枝，茎皮红褐色，老时条状剥落；小枝光滑，或幼时有柔毛；卷须间歇性与叶对生。叶互生，近圆形，长 7～15cm，3～5 掌状裂，基部心形，缘具粗齿，两面无毛或背面稍有短柔毛；叶柄长 4～8cm，近无毛。花小，黄绿色；圆锥花序大而长，疏散，基部分枝发达。花萼浅碟形，边缘波状浅裂。花瓣呈帽状黏合脱落。浆果椭球形或圆球形，熟时黄绿色或紫红色，有白粉。花期 5～6 月；果 8～9 月成熟。

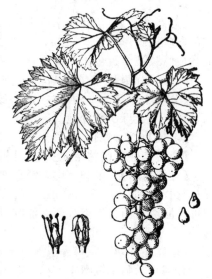

图 11-297　葡萄

【分布】　原产于亚洲西部；中国在 2000 多年前就自新疆引入内地栽培。现辽宁中部以南各地均有栽培，但以长江以北栽培较多。

【习性】　葡萄品种很多，对环境条件的要求和适应能力随品种而异。但总的来说是性喜光，喜干燥及夏季高温的大陆性气候；冬季需要一定低温，但严寒时又必须埋土防寒。以土层深厚、排水良好而湿度适中的微酸性至微碱性沙质或砾质壤土生长最好。耐干旱，怕涝，如降雨过多、空气潮湿，则易罹病害，且易引起徒长、授粉不良、落果或裂果等不良现象。深根性，主根可深入土层 2～3m。生长快，结果早。一般栽后 2～3 年开始结果，4～5 年后进入盛果期。寿命较长。

【繁殖栽培】　繁殖可用扦插、压条、嫁接或播种等法。扦插、压条都较易成活；嫁接在某些特选之砧木上，往往可以增强抗病、抗寒能力及生长势。葡萄作为果园栽培，管理精细，整枝严格，分棚架式、篱壁式、棚篱式等；修剪更随品种特性不同而有差异。近年利用副梢结果，使之一年多次结果，可提高产量。其他栽培措施，如缚蔓、摘心、摘须、疏花、疏果、土壤管理、施肥、病虫害防治、埋土越冬等都有严格要求，可参阅有关果树栽培书籍。

【观赏特性及园林用途】　葡萄是很好的园林棚架植物，既可观赏、遮阴，又可结合果实生产。庭院、公园、疗养院及居民区均可栽植，但最好选用栽培管理较粗放的品种。

【经济用途】 果实多汁,营养丰富,富含糖分和多种维生素,除生食外,还可酿酒及制葡萄干、汁、粉等。种子可榨油;根、叶及茎蔓可入药,有安胎、止呕之效。

11.1.5.20.2 蛇葡萄属(白蔹属)*Ampelopsis* Michaux

落叶木质藤本,卷须 2～3 分枝,稀不分枝或顶端分叉。借卷须攀援,枝具皮孔及白髓。叶互生,单叶或羽状复叶或掌状复叶,具长柄。花小,两性,聚伞花序具长梗,与叶对生或顶生;花部常为 5 数,展开,各自分离脱落,两性或杂性同株,花萼全缘,花瓣离生并开展,雄蕊短,子房 2 室,花柱细长。浆果球形,具 1～4 种子,种子倒卵圆形。胚乳横截面成 W 形。

共约 30 种,产北美洲及亚洲;中国产 17 种。

分种检索表

1 单叶,常 3 浅裂,背面绿色;果成熟时鲜蓝色 ·················· (1) 蛇葡萄 *A. brevipedunculata*
1 掌状复叶或单叶掌状全裂
  2 小叶羽状分裂;果熟时橙红色 ·················· (2) 乌头叶蛇葡萄 *A. aconitifolia*
  2 小叶裂成羽状复叶状,叶轴有宽翅;果熟时蓝色或白色 ·················· (3) 白蔹 *A. japonica*

(1) 蛇葡萄 *Ampelopsis brevipedunculata* (Maxim.) Trautv. (图 11-298)

【别名】 蛇白蔹。

【形态特征】 落叶藤木;幼枝有柔毛,卷须分叉。单叶,纸质,广卵形,长 6～12cm,基部心形,通常 3 浅裂,偶为 5 浅裂或不裂,缘有粗齿,表面深绿色,背面稍淡并有柔毛。聚伞花序与叶对生,梗上有柔毛;花黄绿色。浆果近球形,径 6～8mm,成熟时鲜蓝色。花期 5～6 月;果 8～9 月成熟。

【变种、变型及栽培品种】 国外有彩色叶的栽培品种,如'Elegans',叶片上有白色花纹。

图 11-298 蛇葡萄

图 11-299 乌头叶蛇葡萄

【分布】 产于亚洲东部及北部,中国自东北经河北、山东到长江流域、华南均有分布。多生于山坡、路旁或林缘。

【习性】 性强健,耐寒。

【观赏特性和园林用途】 在园林绿地及风景区可用做棚架绿化材料,颇具野趣。

【经济用途】 果可酿酒;根、茎入药,有清热解毒、消肿祛湿之功效。

(2) 乌头叶蛇葡萄 *Ampelopsis aconitifolia* Bunge. (图 11-299)

【形态特征】 落叶木质藤本;小枝有纵棱纹,被疏柔毛。卷须 2～3 分叉。掌状复叶(有时一部分叶为掌状全裂之单叶),具长柄,小叶常为 5,披针形或菱状披针形,长 4～9cm,常羽状裂,两面无毛或下面被疏柔毛,侧脉 3～6。中央小叶羽裂深达中脉,裂片边缘具少数粗齿,无毛或背脉幼时有毛。花萼蝶形,波状浅裂或全缘。花瓣宽卵形。花盘发达,边缘波状。子房下部与花盘合生。聚伞花序与叶对生,无毛;花黄绿色。浆果近球形,径约 6mm,熟时橙红色。花期 6～7 月;果 9～10 月成熟。

【变种、变型及栽培品种】 掌裂蛇葡萄(*A. aconitifolia* Bunge. var. *globra* Diels),叶掌状 3～5 全裂,中裂片菱形,两侧裂片斜卵形,缘有粗齿或浅裂,通常无毛。分布于华北、华东及东南各地,常生于山坡灌丛或旷野草丛中。也可用做棚架绿化材料。

【分布】 主产于中国北部,河北、山西、山东、河南、陕西、甘肃及内蒙古均有分布。

【观赏特性和园林用途】 本种是优美轻巧的荫棚材料。

图 11-300　白蔹

(3) 白蔹 *Ampelopsis japonica*（Thund.）Makino　（图 11-300）

【形态特征】　落叶木质藤本；卷须不分枝或顶端有短的分叉，幼枝带淡紫色，无毛。3 小叶复叶或 5 小叶掌状复叶。中间小叶又成羽状复叶状，叶轴具宽翅及关节，两侧小叶羽状裂，基部小叶常不裂而形小，叶两面无毛。聚伞花序通常集生，花序梗长 1.5～5cm，常卷曲无毛，花萼蝶形，边缘波状浅裂。花黄绿色，花瓣宽卵形，花盘发达。果实球形或肾形，径约 6mm，熟时蓝色或白色。花期 5～6 月；果 9～10 月成熟。

【分布】　分布于东北、华北、华东及中南各地。多生于山坡林下或草丛中。

【习性】　本种适应性强。

【观赏特性和园林用途】　叶形秀丽，宜植于庭院作小型荫棚材料。

【经济用途】　全株及块根均入药，有清热解毒、消肿止痛功效；外用可治烫伤及冻疮等。

11.1.5.20.3　爬山虎属（地锦属）*Parthenocissus* Planch.

藤木；卷须 4～7 总状分枝，相隔 2 节间断与叶对生，顶端常扩大成吸盘。叶互生，掌状复叶或单叶而常有裂，具长柄。花部常 5 数，两性，组成圆锥状或伞房状多歧聚伞花序，顶生或假顶生。花盘不明显或无，花瓣离生，花柱明显，子房 2 室，每室 2 胚珠。浆果球形，内含 1～4 种子。果柄顶端增粗，多少有瘤状突起。种子倒卵圆形。

共约 13 种，产于北美洲及亚洲；中国约 9 种。

分种检索表

1 单叶，通常 3 裂，或深裂成 3 小叶 ······················· (1) 地锦 *P. tricuspidata*
1 掌状复叶，小叶 5 ······················· (2) 美国地锦 *P. quinquefolia*

(1) 地锦 *Parthenocissus tricuspidata*（Sieb. et Zucc.）Planch.（图 11-301）

【别名】　爬山虎、爬墙虎。

【形态特征】　木质落叶灌本；小枝无毛或嫩时被极稀柔毛。老枝无木栓翅。卷须短而多分枝，5～9 分裂，顶端嫩时成圆形，遇附着物时膨大成吸盘。叶广卵形，长 8～18cm，通常 3 裂，基部心形，缘有粗齿，表面无毛，背面脉上常有柔毛；幼苗期叶常较小，多不分裂；下部枝的叶有分裂成 3 小叶者。聚伞花序通常生于短枝顶端两叶之间，花萼蝶形，边缘全缘或成波状，无毛，花瓣长椭圆形。花淡黄绿色。浆果球形，径 6～8mm，熟时蓝黑色，有白粉。花期 6 月；果 10 月成熟。

【分布】　在我国分布很广，北起吉林，南到广东均有；日本也产。

【习性】　喜阴，耐寒，对土壤及气候适应能力很强；生长快。对 Cl_2 抗性强。常攀附于岩壁、墙垣和树干上。

【繁殖栽培】　用播种或扦插、压条等法繁殖。秋季果熟时采收，堆放数日后搓去果肉，用水洗净种子阴干，秋播或沙藏越冬春播。条播行距约 20cm，覆土厚 1.5cm，上盖草。幼苗出土后及时揭草。扦插在春、夏均可进行，春季 3 月用硬枝插，夏季用半成熟枝插，成活率可达 90% 以上。移栽要在落叶后、发芽前进行，可适当剪去过长藤蔓，以利操作，最好带宿土。

图 11-301　地锦

1. 果枝；2. 深裂的叶；3. 吸盘；
4、5. 花；6. 雄蕊；7. 雌蕊

【观赏特性及园林用途】　本种是一种优美的攀援植物，能借助吸盘爬上墙壁或山石，枝繁叶茂，层层密布，入秋叶色变红，格外美观。常用做垂直绿化建筑物的墙壁、围墙、假山和老树干等，短期内能收到良好的绿化、美化效果。夏季对墙面的降温效果显著。

【经济用途】　根、茎入药，能破瘀血、消肿毒。

(2) 美国地锦 *Parthenocissus quinquefolia* Planch.

【别名】　五叶地锦、美国爬山虎。

【形态特征】　落叶木质藤本；小枝无毛，幼枝带紫红色。卷须与叶对生，5～12 分枝，顶端嫩时成圆形，遇附着物时膨大成吸盘。掌状复叶，具长柄，小叶5，质较厚，卵状长椭圆形至倒长卵形，长4～10cm，先端尖，基部楔形，缘具大齿，表面暗绿色，背面稍具白粉并有毛。聚伞花序集成圆锥状序轴明显，长8～20cm。花序梗长3～5cm，花萼碟形。边缘全缘无毛，花瓣长椭圆形。浆果近球形，径约6mm，成熟时蓝黑色，稍带白粉，具1～3种子。花期7～8月；果9～10月成熟。

【变种、变型及栽培品种】 有花叶品种'Variegate'，叶片上有白色斑块，有时呈浅粉色。

【分布】 原产于美国东部；中国有栽培。

其他特性和用途与爬山虎相似，但攀援力较爬山虎差，易被大风刮落。

11.1.5.21 无患子科 Sapindaceae

常绿或落叶，乔木或灌木，稀藤本。叶互生，羽状复叶，稀掌状复叶或单叶，无托叶。花单性或杂性，整齐或不整齐，成圆锥、总状或伞房花序；萼4～5裂；花瓣4～5，有时无；雄蕊5～10，常8，花丝常有毛；子房上位，多为3室，每室具1～2或更多胚珠；中轴胎座。蒴果、核果、坚果、浆果或翅果。

约150属，2000种，产于热带、亚热带，少数产于温带；中国产25属，56种，主产于长江以南各地。

分属检索表

1 蒴果；奇数羽状复叶。
　2 果皮膜质而膨胀；1～2回奇数羽状复叶 ……………………………………………… 1. 栾树属 Koelreuteria
　2 果皮木质；1回奇数羽状复叶 ……………………………………………… 2. 文冠果属 Xanthoceras
1 核果；偶数羽状复叶，小叶全缘。
　3 果皮肉质，种子无假种皮 ……………………………………………… 3. 无患子属 Sapindus
　3 果皮革质或脆壳质；种子有假种皮，并彼此分离。

11.1.5.21.1 栾树属 *Koelreuteria* Laxm.

落叶乔木。芽鳞2枚。1或2回奇数羽状复叶，互生，小叶有齿或全缘。顶生圆锥花序；花杂性，不整齐，萼5深裂；花瓣5或4，鲜黄色，披针形，基部具2反转附属物；雄蕊5～8；子房3室，每室2胚珠。蒴果具膜质果皮，膨大如膀胱状，成熟时3瓣开裂；种子球形，黑色。

4种，中国产3种，1种产于斐济群岛外。

分种检索表

1 1回羽状复叶，或因部分小叶深裂而成不完全的2回羽状复叶，小叶具粗齿或缺裂………………
　…………………………………………………………………… (1) 栾树 *K. paniculata*
1 2回羽状复叶，小叶全缘或有较细锯齿。
　2 小叶有锯齿 ……………………………………………… (2) 复羽叶栾树 *K. bipinnata*
　2 小叶全缘，偶有疏钝齿 ……………………………… (3) 全缘叶栾树 *K. bipinnata* var. *integrifolia*

(1) 栾树 *Koelreuteria paniculata* Laxm. （图11-302）

【形态特征】 落叶乔木，高达15m；树冠近圆球形。树皮灰褐色，细纵裂；小枝稍有棱，无顶芽，皮孔明显。奇数羽状复叶，有时部分小叶深裂而为不完全的2回羽状复叶，长达40cm；小叶7～15，卵形或卵状椭圆形，缘有不规则粗齿，近基部常有深裂片，背面沿脉有毛。花小，金黄色；顶生圆锥花序宽而疏散。蒴果三角状卵形，长4～5cm。顶端尖，成熟时红褐色或橘红色。花期6～7月；果9～10月成熟。

【变种、变型及栽培品种】 '晚花'栾树（'Serotina'）：花期8月。

'秋花'栾树（'September'）：花期8～9月等。

【分布】 产于东北南部、华北、华东、西南、西北的陕西、甘肃等地，生于海拔1500m以下的山地、山谷和平原地区，适生于石灰岩山地，常和青檀、黄连木等混生成林。

【习性】 喜光，耐寒，耐干旱瘠薄，也能耐盐渍及短期水涝，抗污染，深根性，萌芽能力强，中等速生。

【繁殖栽培】 播种为主，分蘖、根插也可。果实采收后经晾晒去壳净种，发芽率较高。也可层积催芽，出苗良好。

【观赏特性及园林用途】 本种树形端正，树冠广阔荫浓，枝叶茂密而秀丽，嫩叶紫红，夏季花色金黄，秋叶鲜黄，蒴果熟时粉红艳丽，在园林中可孤植、丛植或与其他观花或观叶树种配置，为常见

图11-302 栾树

的行道树和观赏树。宜作庭荫树、行道树及园景树，亦可用作防护林、水土保持及荒山绿化树种。

【经济用途】 木材较脆，易加工，可作板料、器具等。叶可提制栲胶；花可作黄色染料；种子可榨油，供制肥皂及润滑油。

图 11-303 复羽叶栾树

（2） 复羽叶栾树 *Koelreuteria bipinnata* Franch.（图 11-303）

【形态特征】 落叶乔木，高达 20m 以上。2 回羽状复叶，每羽片具小叶 5～15，小叶卵状披针形或椭圆状卵形，长 4～8cm，先端渐尖，基部圆形，缘有锯齿。顶生圆锥花序，长 20～30cm，花黄色。蒴果卵形，长约 4cm，红色。花期 7～9 月，果期 9～10 月。

【分布】 产于西南、华中及华南，河北、陕西、河南、山东等地栽培观赏。多生于海拔 300～1900m 的干旱山地疏林中，在云南高原常见。

【观赏特性和园林用途】 夏季开花，绿叶、黄花、红果可同时出现于一个单株上，极美观，秋季红色果实形似灯笼，挂满树梢，甚美丽。常用作庭荫树、行道树及园景树。

（3） 全缘叶栾树 *Koelreuteria bipinnata varintegrifoliola* T. Chen

【别名】 黄山栾树、山膀胱。

【形态特征】 乔木，树冠广卵形。树皮暗灰色，片状剥落；小枝暗棕色，密生皮孔。2 回羽状复叶，小叶 7～11，长椭圆形或广楔形，全缘，或偶有锯齿。花金黄色，顶生大型圆锥花序。蒴果椭球形，长 4～5cm，顶端钝而有短尖；种子红褐色。花期 9 月，果熟期 10～11 月。

【分布】 原产于江苏南部、浙江、安徽、江西、湖南、广东、广西等地。山东亦有栽培。多生于丘陵、山麓及谷地。

【习性】 喜光，幼年耐阴；喜温暖湿润气候，耐寒性差；山东一年生苗须防寒，否则苗干易抽干，翌春从根茎处萌发新干；对土壤要求不严，微酸性、中性土上均能生长。深根性，不耐修剪。

【繁殖栽培】 播种为主，分根育苗也可。

【观赏特性和园林用途】 本种枝叶茂密，冠大荫浓，初秋开花，金黄夺目，不久就有淡红色灯笼似的果实挂满树梢，十分美丽。宜作庭荫树、行道树及园景树栽植，也可用于居民区、工厂区绿化。

11.1.5.21.2 文冠果属 *Xanthoceras* Bunge

本属仅 1 种，中国特产。

文冠果 *Xanthoceras sorbifolia* Bunge（图 11-304）

【别名】 文官果。

【形态特征】 落叶小乔木或灌木，高达 8m；常见多为 3～5m，并丛生状。树皮灰褐色，粗糙条裂；小枝幼时紫褐色，有毛，后脱落。奇数羽状复叶，互生，小叶 9～19，对生或近对生，长椭圆形

图 11-304 文冠果

至披针形，长 3～5cm，先端尖，基部楔形，缘有锯齿，表面光滑，背面疏生星状柔毛。花杂性，整齐，径约 2cm，萼片 5；花瓣 5，白色，基部有由黄变红之斑晕；花盘 5 裂，裂片背面各有一橙黄色角状附属物；雄蕊 8；子房 3 室，每室 7～8 胚珠。蒴果椭球形，径 4～6cm，具木质厚壁，室背 3 瓣裂。种子球形，径约 1cm，暗褐色。花期 4～5 月；果期 8～9 月。

【分布】 主产于东北南部、内蒙古至长江流域中下游，以内蒙古、陕西、甘肃一带较多，生长于海拔 900～2000m 的黄土高原、丘陵及山地石缝中。是华北地区的重要木本油料树种。

【习性】 喜光，抗旱，抗寒，耐瘠薄，但怕涝、怕风。根系发达，萌蘖力强，病虫害少。在土层深厚的肥沃立地生长快，2～3 年生可开花结实，30～60 年单株可产种子 15～35kg。

【繁殖栽培】 主要用播种法繁殖，分株、压条和根插也可。秋播或将种子层积后次年春播。幼苗怕水涝，可作高床或高坡播种。播后覆土厚 2cm。在生长期有间歇性封顶的习性，要多施追肥，使其正常生长。幼苗生长较慢，可留床 2 年再行移植。移植后要加强养护管理及整形修剪，再培

养 4～5 年后可供绿化用。病虫害少，栽培管理比较简单。土地上冻前进行冬灌，利早春保墒。花谢后适当灌水可减少落果。雨季要注意排水，防止烂根。花后对过密枝、斜乱枝及枯枝要加以适当修剪。

【观赏特性及园林用途】 本种花序大而花朵密，春天白花满树，花期长，树姿秀丽，花期可持续 20 余天，并有紫花品种。可植于庭院、草地、池边，也可作切花材料。也适于山地、水库周围风景区大面积绿化造林，具有绿化、护坡固土作用。

【经济用途】 是较珍贵的观赏兼油料树种。种子可榨油供食用或制肥皂。种子嫩时白色，可食。木材坚实致密，褐色，纹理美，可制家具、器具等。为蜜源树种，嫩叶可制茶。

11.1.5.21.3 无患子属 *Sapindus* L.

乔木或灌木。偶数羽状复叶，互生，小叶全缘，无托叶。花小，杂性，圆锥花序；萼片、花瓣各为 4～5；雄蕊 8～10；子房 3 室，每室具 1 胚珠，通常仅 1 室发育成核果。果球形，中果皮肉质，内果皮革质；种子黑色，无假种皮。约 13 种，分布于美洲、亚洲和大洋洲较温暖的地区。我国 4 种，1 变种。

无患子 *Sapindus mukorossi* Gaertn. （图 11-305）

【别名】 皮皂子。

【形态特征】 落叶或半常绿乔木，高达 20～25m。枝开展，成广卵形或扁球形树冠。树皮灰白色，平滑不裂；小枝无毛，芽两个叠生。羽状复叶互生，小叶 8～14，互生或近对生，卵状披针形或卵状长椭圆形，长 7～15cm，先端尖，基部不对称，全缘，薄革质，无毛。花黄白色或带淡紫色，成顶生多花圆锥花序。核果近球形，径 1.5～2cm，熟时黄色或橙黄色；种子球形，黑色，坚硬。花期 5～6 月；果熟期 9～10 月。

【分布】 分布于我国西南部、南部和东部。印度、中南半岛、日本和朝鲜有栽培。为低山、丘陵及石灰岩山地习见树种，垂直分布在西南地区，海拔可高达 2000m 左右。

【习性】 喜光，稍耐阴；喜湿润、温暖气候，喜疏松、砂质土壤，稍干旱也能生长。深根性，抗风力强，萌芽力弱，不耐修剪。生长尚快，寿命长。对 SO_2 抗性较强。

【繁殖栽培】 播种繁殖，采收后水浸沤烂后搓去果肉，洗净种子后阴干，湿沙层积越冬，春天 3～4 月间播种。春季用软材扦插也可。移栽在春季芽萌动前进行，小苗带些宿土，大苗须带土球。

图 11-305　无患子

【观赏特性及园林用途】 本种树体高大，绿荫华盖，秋叶金黄，常作行道树、庭荫树或在空间开旷的草坪、路旁或建筑物附近孤植、丛植。若与其他秋色叶树种及常绿树种配置，更可为园林秋景增色。

【经济用途】 其野生或人工林多取其种子榨油；根可入药，味苦性凉，有小毒，解表消滞，化痰止咳，果经蒸晒后，研粉，配方治白喉和扁桃体炎；果皮含皂素，可代肥皂；木材可供农具、家具、木梳、箱板等用。

11.1.5.22 七叶树科 Hippocastanaceae

落叶乔木，稀灌木，稀常绿。顶芽大，有树脂或无。掌状复叶对生，小叶 3～9 枚，无托叶；叶柄常长于小叶。圆锥聚伞花序，侧生小花序为蝎尾状聚伞花序或为二歧聚伞花序；花杂性，雄花常与两性花同株，不整齐或近整齐。萼片 4～5 裂，基部连成钟形、管形或离生；花瓣 4～5，大小不等，基部呈窄细爪形；雄蕊 5～9，长短不等，着生于花盘内；外生花盘环状或偏斜，不裂或微裂；子房上位，3 室，每室 2 胚珠；花柱细长，具花盘。蒴果 1～3 室，常室背 3 裂。种子大，球形，多 1 枚，稀 2 枚；种脐大，淡白色，无胚乳。

本科 2 属，30 余种，分布于北温带和热带地区。中国产 1 属，约 10 种，栽培 2 种。本科植物为行道树及优美庭院树；材质优良，树皮纤维较长，具很高的经济价值。

七叶树属 *Aesculus* Linn.

落叶乔木，稀灌木。冬芽大。掌状复叶对生，小叶 5～9，叶柄常长于小叶，小叶有锯齿。大型圆锥花序顶生，直立，侧生小花序为蝎尾状聚伞花序。雄花与两性花同株，不整齐；花萼钟状或管状，上端4～5裂，镊合状排列，大小不等；花瓣基部爪形；花盘微裂或不裂；雄蕊5～8，通常7；子房无柄；柱头扁圆形。蒴果平滑，稀有刺。种子1～2枚，发育良好。

本属约30种，分布于北美、东南亚及欧洲东南部。中国产约10种，引入栽培2种。

分种检索表

1 小叶显具叶柄；蒴果平滑 ·· (1) 七叶树 A. chinensis
1 小叶近无柄或无柄；蒴果有刺或有疣状凸起 ··············· (2) 欧洲七叶树 A. hippocastanum

（1）七叶树 Aesculus chinensis Bunge（图11-306）

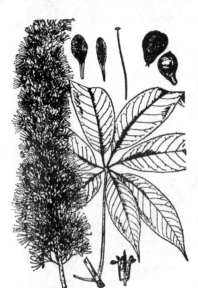

图11-306　七叶树

【别名】　梭椤树、七叶枫树。

【形态特征】　落叶乔木，高可达25m，胸径15cm。树皮灰褐色，片状剥落。小枝粗壮，栗褐色，光滑无毛；冬芽具树脂。小叶5～9，通常为7，叶柄长10～12cm；小叶倒卵状长椭圆形至长椭圆状倒披针形，长8～15cm，先端渐尖，基部楔形，侧脉13～17对，缘具细锯齿，仅背面脉上疏生柔毛；小叶柄长5～17mm。圆锥花序顶生，密集，长20～30cm。花小，白色，花瓣4，上面2瓣常有橘红色或黄色斑纹；雄蕊通常7。蒴果球形或倒卵形，径3～4cm，黄褐色，粗糙，无刺，种子形如板栗。花期5月，果实9～10月成熟。

【变种、变型及栽培品种】　天师栗［A. chinensis var. wilsonii (Rehd.) Turland & N. H. Xia］：又名娑罗果、娑罗子、猴板栗。与原种的区别是，小叶5～7，稀为9；叶片背面均被灰色绒毛或柔毛，长圆状倒卵形、长圆形或长圆状披针形，先端锐尖，基部阔楔形至圆形或近心形，侧脉15～20对。花萼管状。产于华东、华中、华南及西南地区。

【分布】　原产于中国，仅秦岭有野生，常散生于海拔500～1500m山谷林中。黄河流域及东部各地均有栽培。

【习性】　喜光，稍耐阴；喜温暖气候，耐寒性较强；喜深厚肥沃、湿润且排水良好的土壤。深根性，萌芽力弱；生长速度中等偏慢，寿命长。对烟害抗性弱。

【繁殖栽培】　繁殖主要用播种，也可用扦插、高压压条法。种子不耐贮藏，受干易失去发芽力，一般在种子成熟后及时采下，随即播种。也可带果皮阴凉处沙藏至次年春播。播种时，种子多用点播，注意种脐侧向，覆土约3cm，不宜过厚。出苗前切勿灌水，以防表土板结。刚长出的幼苗需适当遮阴。在北方冬季需对幼苗采取防寒措施。春季在温床内根插，也可夏季用当年生枝在沙箱内扦插。高压压条宜在春季4月中旬进行，并进行环状剥皮处理，秋季发根后，入冬即可剪下培养。七叶树生长较慢，实生苗当年高50～80cm，10～15年生高才4～5m。主根深而侧根少，不耐移栽。为保证绿化定植成活率，栽植需带土球，多施基肥，栽后还要用草绳卷干，以防树皮受日灼之害。移栽时间应在深秋落叶后至次春发芽前进行。日常进行常规管理。树皮薄，易受日灼，深秋及早春要在树干上刷白。常有天牛、吉丁虫等幼虫蛀食树干，应注意及时防治。

【观赏特性及园林用途】　本种干直冠阔，姿态雄伟，叶大而形美，遮阴效果好，初夏又有白花开放，观赏效果佳，是世界著名的观赏树种之一，宜栽作庭荫树及行道树。中国许多古刹名寺，如杭州灵隐寺、北京大觉寺、卧佛寺、潭柘寺等，都植有大树。在建筑前对植、路边列植或孤植、丛植于草坪、山坡造景效果都很优美。为防止树干遭受日灼之害，可与其他树种配置。

【经济用途】　七叶树种子可入药，有理气解郁之效，种子榨油可用作制肥皂等。木材细致轻软，不耐腐朽，可供小工艺品及家具等用材。植株整株有毒，人、畜误食可中毒致死。

（2）欧洲七叶树 Aesculus hippocastanum Linn.

【别名】　马栗树。

【形态特征】　落叶乔木，高可达40m。小枝淡绿或淡紫绿色，幼时有棕色长柔毛，后脱落；冬芽卵圆形，有丰富树脂。小叶5～7，无柄，倒卵状长椭圆形至倒卵形，长10～25cm，基部楔形，先端短急尖，边缘有不整齐重锯齿，侧脉约18对，背面绿色，幼时有锈色绒毛，后仅近基部脉腋留有簇毛。圆锥花序顶生，长20～30cm，基部直径约10cm；花萼外被柔毛；花瓣4或5，白色，基部有红、黄色斑；子房被有柄腺体。蒴果近球形，褐色，径约6cm，果皮有刺。花期5～6月；果期9月。

【变种、变型及栽培品种】　'重瓣'欧洲七叶树（'Baumannii'）：与原种的区别是，花重瓣，花期长，不结实。

'斑叶'欧洲七叶树（'Variegata'）：与原种的区别是，叶片上有白色斑块，易灼伤，抗性强。

【分布】　原产于阿尔巴尼亚山区和希腊北部。欧洲各国多栽培，上海、青岛、北京等地有引种栽培。

【习性】　喜光，稍耐阴，耐寒，喜深厚肥沃且排水良好的土壤。

【繁殖栽培】　繁殖主要采用播种法，变种可用芽接繁殖。

【观赏特性及园林用途】　本种树体高大，冠阔荫浓，花序大而美丽，在欧、美各国广泛用作行道树及庭院观赏树。

【经济用途】　木材良好，可制各种家具。

11.1.5.23　漆树科 Anarcardiaceae

乔木或灌木，稀藤本或亚灌木，常绿或落叶。树皮韧皮部具树脂道。叶互生，稀对生，多为羽状复叶，稀单叶，无托叶，稀有托叶。花小，辐射对称，两性、杂性同株或单性异株，圆锥花序；花萼3～5深裂；花瓣常与萼片同数，稀无花瓣，分离或基部合生；雄蕊数目与花瓣数相同或为2倍；子房上位，通常1室，稀2～5室，每室具1枚倒生胚珠，花柱1，稀3～5。核果或坚果；种子多无胚乳，稀具少量胚乳，胚弯曲。

本科约70属，600余种，主要分布于热带、亚热带，少数分布于温带。中国约产16属55种，另引种栽培2属4种。

分属检索表

1 羽状复叶。
　2 常为偶数羽状复叶　·· 1. 黄连木属 Pistacia
　2 奇数羽状复叶　··· 2. 漆属 Toxicodendron
1 单叶互生或兼有奇数羽状复叶、三小叶复叶。
　3 单叶互生；聚伞圆锥花序顶生；花杂性　····································· 3. 黄栌属 Cotinus
　3 奇数羽状复叶、三小叶复叶或单叶互生；圆锥或复穗状花序顶生；花杂性或单性异株 ··· 4. 盐肤木属 Rhus

11.1.5.23.1　黄连木属 Pistacia L.

乔木或灌木。偶数羽状复叶，小叶对生，稀3小叶或单叶互生，全缘。花单性异株，圆锥或总状花序，腋生；苞片1；无花瓣，雄花萼片3～9，雌花萼片4～10；雄蕊3～5，子房1室，花柱3裂。核果近球形；种子扁。

本属共20种，分布于地中海地区、亚洲和北美南部。中国原产2种，引入栽培1种。

黄连木 Pistacia chinensis Bunge（图11-307）

【别名】　楷木。

【形态特征】　落叶乔木，高可达30m。树冠近圆球形，树皮薄片状剥落。通常为偶数羽状复叶，小叶5～7对，披针形或卵状披针形，全缘，长5～10cm，先端渐尖，基部偏斜；小叶柄长1～2mm。雌雄异株，圆锥花序，先叶开花；雄花序紧密，淡绿色，长6～7cm；雌花序疏散，紫红色，长15～20cm，被微柔毛。核果径约6mm，初为黄白色，后变红色至蓝紫色，红色果均为空粒，绿色果内含成熟种子。花期3～4月；果期9～11月。

图11-307　黄连木

【分布】　原产于中国，北自黄河流域，南至两广及西南各地；常散生于低山、丘陵及平原。菲律宾也有分布。

【习性】　喜光，幼时稍耐阴；喜温暖，畏严寒；深根性，主根发达，耐干旱瘠薄，对土壤要求不严，微酸性、中性和微碱性的土壤中均能生长，最宜生长于土层深厚、排水良好的沙壤土中。生长较慢。对 SO_2、HCl 和煤烟的抗性较强。

【繁殖栽培】　繁殖常用播种法，也可采用扦插和分蘖法。秋季果实成熟时采收种子，采回后用草木灰水浸泡数日，揉去果肉，晾干后即可播种；也可沙藏至次年2～3月间播种。幼苗易受冻害的北方地区，要进行越冬假植，待翌年春天再移栽。

【观赏特性及园林用途】　黄连木树冠浑圆，枝叶繁茂秀丽；早春嫩叶红色，入秋变成深红或橙黄色；先叶开放的红色雌花序也极美观。适宜作庭荫树、行道树及山林风景树，也可用作丘陵地区造林树种。在园林中可孤植于草坪、坡地、山谷，也可配置与山石、亭阁之旁或与槭类、枫香等混植构成大片秋色红叶林，观赏效果极佳。

【经济用途】 木材坚韧致密，纹理直，有光泽，易加工，黄色，耐腐，是名贵的建筑、家具、雕刻等用材。种子榨油，用于制作肥皂或润滑剂；嫩叶有香味，可制代茶或腌制作蔬食。叶、树皮可供药用，提制栲胶。

11.1.5.23.2 漆属 *Toxicodendron* （Tourn.） Mill.

落叶乔木或灌木，稀为木质藤本，具白色乳汁，干后变黑，有臭味。叶互生，奇数羽状复叶或掌状 3 小叶；叶轴常无翅。聚伞圆锥状或聚伞总状花序，腋生，果期常下垂或花序轴粗壮而直立；花小，单性异株；苞片披针形，早落；花萼 5 裂，裂片覆瓦状排列，宿存；花瓣 5，覆瓦状排列，通常具褐色羽状脉纹；雄蕊 5，着生于花盘外面基部，花丝钻形或线形；子房基部埋入下凹花盘中，无柄，1 室，1 胚珠；花柱 3，基部多少合生。核果，近球形或侧向压扁，不被腺毛；种子具胚乳，胚大。

本属 20 余种，分布亚洲东部和北美至中美；我国有 15 种，主要分布于长江以南各省区。

漆树 *Toxicodendron vernicifluum* （Stokes） F. A. Barkl. （图 11-308）

【别名】 漆、干漆、大木漆、小木漆、山漆、植苜。

图 11-308 漆树

【形态特征】 落叶乔木，高可达 20m，树皮灰白色，呈不规则纵裂，小枝粗壮，被棕黄色柔毛，后变无毛；具圆形或心形的大叶痕和突起的皮孔；顶芽大而显著，被棕黄色绒毛。奇数羽状复叶，互生，常螺旋状排列，小叶 4～6 对，膜质至薄纸质，卵形或卵状椭圆形或长圆形，长 7～15cm，宽 3～7cm；先端急尖或渐尖，基部偏斜，全缘，叶面通常无毛或仅沿中脉疏被微柔毛；叶轴圆柱形，被微柔毛，侧脉 8～16 对，柄长 7～14cm，近基部膨大。圆锥花序腋生，多少下垂，长 15～30cm，与叶近等长，被灰黄色微柔毛；花黄绿色，花萼无毛，裂片卵形，先端钝；花瓣长圆形，具细密的褐色羽状脉纹，先端钝；雄蕊长约 2.5mm，花丝线形，与花药等长或近等长，无毛；子房球形，花柱 3。核果，肾形或椭圆形，不偏斜，黄色，无毛，具光泽。花期 5～6 月，果期 7～10 月。

【分布】 中国除黑龙江、吉林、内蒙古和新疆外，其余省区均产，生于海拔 800～2800（～3800）m 的向阳山坡林。印度、朝鲜和日本也有分布。

【习性】 喜光，不耐荫蔽；喜温暖湿润气候，耐寒性弱；不择土壤，但宜深厚肥沃、排水良好的土壤，忌水湿。生长速度中等，胸径 15cm 时可采割漆液。萌芽力较强，主根不明显，侧根发达。

【繁殖栽培】 主要采用播种法，嫁接、根插也可以。播种于种子成熟后采种，一般采种后沙藏至次年春天播种。因种子外皮含蜡质，播前应先将种子放入 70℃的草木灰水中（草木灰：水＝3：7）或 70℃的面碱水中（面碱 10g、水 25kg）浸泡，待水冷却后搓去蜡皮，用水冲洗后，再用粗沙将种子揉搓 1～2 次。然后用清水漂净，捞出，最后用湿润的河沙进行层积催芽，至种子裂嘴后播种。

【观赏特性及园林用途】 秋色叶美丽，可用于林植，纯林或与其他色叶树种配置的混合林观赏效果俱佳；但漆液有刺激性，会导致有些人皮肤过敏，故园林中应慎用。

【经济用途】 木材坚实，可供建筑用。树干韧皮部可割取生漆，为防腐、防锈的涂料。种子油可制油墨、肥皂。果皮可取蜡，制作蜡烛和蜡纸。叶可提栲胶。叶、根均可作土农药。干漆可入药，具通经、驱虫、镇咳之功效。

11.1.5.23.3 黄栌属 *Cotinus* Mill.

落叶灌木或小乔木，木质部黄色。单叶互生，全缘或略具锯齿，无托叶；叶柄细。聚伞圆锥花序顶生，花杂性，花梗细长，被长柔毛；苞片披针形，早落；花萼 5 裂，裂片覆瓦状排列，宿存；花瓣 5；雄蕊 5，花药内向纵裂；子房 1 室，偏斜，侧扁；花柱 3，侧生，柱头小。核果小，具脉纹。种子肾形，无胚乳。

本属约 5 种，分布于北温带，中国有 2 种 3 变种，产于西南至西北、华北。

黄栌 *Cotinus coggygria* Scop. （图 11-309）

【别名】 红叶树、栌木、烟树。

【形态特征】 落叶灌木或小乔木，高可达 8m。叶纸质，卵形或倒卵形，全缘，长 3～8cm，先端圆或微凹，基部圆或宽楔形，两面被灰色柔毛，侧脉二叉状。圆锥花序，被柔毛；花瓣卵形或卵状披针形，长 2～2.5mm。果序上有许多伸长成紫色羽毛状的不育性花梗。核果肾形，无毛。花期 4～5

月；果期 7～8 月。

【变种、变型及栽培品种】 毛黄栌（*C. coggygria* var. *pubescens* Engler）：小枝被柔毛。叶宽椭圆形或近圆形，长 5～7cm，宽 4～6cm，背面沿中脉及侧脉密被灰白色柔毛，余处毛较少。花序无毛或稍被毛。花期 5 月。

灰毛黄栌（*C. coggygria* var. *cinerea*）：叶片倒卵形，两面被柔毛，背面尤密，花序被柔毛。花期 2～5 月。

‘垂枝’黄栌（‘Pendula’）：树冠伞形，枝条下垂。

‘紫叶’黄栌（‘Purpureus’）：叶深紫色，光亮似金属光泽，春至秋季叶色稳定。花序被暗紫色毛。耐寒性极强。

‘金叶’黄栌（‘Golden Spirit’）：叶片浓密，叶子金黄色，秋季叶色呈现橘色、红色、珊瑚色。原产欧洲东部。

‘四季花’黄栌（‘Semperflorens’）：花期特长，连续开花直至入秋，可常年观赏紫色羽毛状的不育性花梗。

‘美国红栌’（‘Royal Pulple’）：叶片春、夏季成紫红或红紫色，秋季鲜红色。由美国引进。

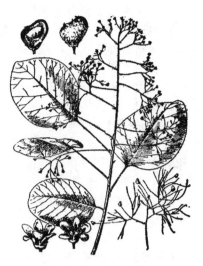

图 11-309 黄栌

【分布】 产于河北、山东、湖北、四川，生长于海拔 700～1700m 阳坡灌丛中或疏林中。

【习性】 喜光，稍耐半阴；耐寒性强；根系发达，耐干旱瘠薄，对土壤要求不严，不耐水湿。萌芽性强。对 SO_2 抗性较强。

【繁殖栽培】 主要采用播种繁殖，压条、根插、分株也可。

【观赏特征】 秋叶红艳，霜重色愈浓，是北方著名观赏红叶树种，北京香山红叶景观多为黄栌。适宜庭院栽植，或散植于草坪上，也可群植，观赏效果俱佳。

【经济用途】 木材黄色，可提取黄色染料。叶含芳香油。树皮和叶可提制栲胶。

11.1.5.23.4 盐肤木属 *Rhus* L.

落叶灌木或小乔木。奇数羽状复叶、三小叶复叶或单叶互生。圆锥花序顶生，花杂性或单性异株；花萼 5 裂，裂片覆瓦状排列；花瓣 5，覆瓦状排列；子房 1 室，1 胚珠，花柱 3 裂。核果小，近球形，熟时红色，被腺毛及柔毛，中果皮肉质，与外果皮连生，内果皮分离，果核骨质。

本属约 250 种，分布于亚热带及暖温带；中国 6 种。

分种检索表

1 叶轴有狭翅，小叶 7～13 ·· (1) 盐肤木 *R. chinensis.*
1 叶轴无翅，小叶 11～13 ·· (2) 火炬树 *R. typhina*

(1) 盐肤木 *Rhus chinensis* Mill（图 11-310）

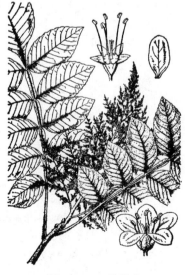

图 11-310 盐肤木

【别名】 五倍子树。

【形态特征】 落叶小乔木或灌木，高可达 10m。树冠圆球形，小枝被锈色柔毛，冬芽被叶痕所包围。奇数羽状复叶，叶轴有狭翅，被柔毛；小叶 7～13，卵状椭圆形或椭圆形，长 6～14cm，宽 3～7cm，边缘具粗锯齿，上面侧脉和细脉凹下，背面密被灰褐色柔毛，小叶无柄。圆锥花序顶生，密被锈色柔毛；花小，乳白色；雄花序长 30～40cm，雌花序较短。核果扁球形，径约 5mm，熟时橘红色，密被毛。花期 7～8 月；果期 10～11 月。

【分布】 产于中国，北自东北南部，南可达广东、广西、海南，西南至四川、贵州、云南；生长于海拔 1600m 以下山区。东南亚、印度、日本、朝鲜半岛也有分布。

【习性】 喜光，喜温暖湿润气候，也能耐寒冷；耐干旱瘠薄，不择土壤，但不耐水湿。深根性，萌蘖力很强。生长快，寿命较短，是山地造林常见树种。

【繁殖栽培】 繁殖可采用播种、分蘖、扦插等方法。果皮厚而有蜡质，种子需经处理才能发芽整齐。一般秋季采种后置于冷凉处混沙贮藏至翌春 3 月，用 80℃ 热水浸种并搅拌约半小时，经 1 昼夜后捞出，与 2 倍的沙混合后堆置在马粪上，催芽约 2 周后再播。

【观赏特性及园林用途】 盐肤木秋叶变为鲜红，果实成熟时也呈橘红色，颇为美观。可植于园林绿地观赏或用来点缀山林风景。

【经济用途】 盐肤木是中国重要的经济树种，其嫩叶受五倍子虫寄生刺激后，局部组织膨大增生而成虫瘿，俗称五倍子，其单宁含量可达45%～77%，主要供药用，也是重要工业原料；树皮也含单宁。种子可榨油供工业用。根可入药，有消炎、利尿等功效。

(2) 火炬树 Rhus typhina L.

【别名】 鹿角漆。

【形态特征】 落叶小乔木，高可达8m，分枝少，树形不整齐。小枝粗壮，密生长绒毛。羽状复叶，叶轴无翅；小叶19～23，长椭圆状披针形，长5～13cm，缘有锯齿，先端长渐尖，背面有白粉。雌雄异株，圆锥花序顶生，长10～20cm，密生绒毛。核果深红色，聚成火炬形，密生绒毛。花期6～7月；果期8～9月。

【变种、变型及栽培品种】 '虎眼'（'Tiger Eyes'）：与原种的区别是，植株矮小，可植于花钵中。

'Taciniata'：与原种的区别是，小叶羽状深裂。

【分布】 原产于北美洲，现欧洲、亚洲及大洋洲许多国家都有栽培。我国华北、西北等许多地区有栽培。

【习性】 喜光，适应性强，不择土壤，抗寒，抗旱，耐盐碱。根系发达，萌蘖力特强。生长快，寿命短。

【繁殖栽培】 通常用播种繁殖，也可用分蘖或埋根法繁殖。种子在播种前可用90℃热水浸烫以除去蜡质，再进行催芽。此种寿命虽短，但自然根蘖更新非常容易，林相保持容易。

【观赏特性及园林用途】 火炬树因雌株圆锥果序红色且形似火炬，颇为奇特。秋季叶色红艳或橙黄，亦是著名的秋色叶树种。适宜丛植于园林中，或用以点缀山林秋色。华北、西北山地曾用于水土保持及固沙树种，但因萌蘖性太强而成为入侵树种，栽种时应慎重。

【经济用途】 木材黄色且具绿色花纹，可用作细木工及装饰用料。树皮内层可作止血药；种子可榨油供工业用。

11.1.5.24 槭树科 Aceraceae

乔木或灌木，落叶，稀常绿。冬芽多具覆瓦状排列的芽鳞。单叶或复叶，对生，具叶柄，叶片不裂或掌状裂；无托叶。花序总状、穗状、伞房状或聚伞状；花单性、杂性或两性，先叶开花或花叶同放，稀叶后开花。萼片4～5；花瓣4～5，稀不发育；雄蕊4～10；花柱2裂；子房上位，2室，每室2胚珠。翅果，成熟时由中间分裂为二，每裂瓣1种子。种子无胚乳，外种皮膜质，胚弯曲。

本科2属，200余种，主要产于北温带地区。中国产2属145种，广泛分布全国。

槭树属 Acer Linn.

乔木或灌木，落叶或常绿。冬芽具芽鳞。叶对生，单叶掌状裂或不裂，稀奇数羽状复叶。花杂性，稀单性。萼片5，花瓣5，稀无花瓣；总状、圆锥状或伞房状花序；雄蕊多为8；子房2室，花柱2裂，稀不裂，柱头常反卷。果实侧面具长翅，成熟时由中间分裂。

本属共200余种，广泛分布于亚洲、欧洲、美洲。中国产143种，广泛分布于全国。

分种检索表

1 单叶。
  2 叶为落叶性，掌状裂。
    3 叶裂片全缘，或疏生浅齿。
      4 叶掌状5～7裂，裂片全缘。
        5 叶5～7裂，基部常截形，稀心形；果翅等于或略长于果核 ·········· (1) 元宝枫 A. truncatum
        5 叶常5裂，基部常心形，有时截形；果翅长为果核之2倍及以上 ········· (2) 五角枫 A. mono
      4 叶掌状3裂，裂片全缘或略有浅齿 ··············· (3) 三角枫 A. buergerianum
    3 叶裂片具明显锯齿。
      6 叶常3裂，稀不裂，缘有重锯齿；两果翅近于平行 ·············· (4) 茶条槭 A. ginnala
      6 叶掌状5～11裂。
        7 叶5～7深裂；叶柄、花梗及子房均光滑无毛 ··········· (5) 鸡爪槭 A. palmatum
        7 叶7～11裂；叶柄、花梗及子房至少幼时有毛 ·········· (6) 日本槭 A. japonicum
  2 叶常绿或半常绿，不裂。
    8 小枝、叶柄和叶背有黄色绒毛 ··············· (7) 樟叶槭 A. cinnamomifolium
    8 小枝、叶柄和叶背均光滑无毛 ·············· (8) 飞蛾槭 A. oblongum

1 羽状复叶，小叶 3~7 ·· (9) 复叶槭 *A. negundo*

（1）元宝枫 *Acer truncatum* Bunge（图 11-311）

【别名】 平基槭，元宝树，华北五角槭。

【形态特征】 落叶小乔木，高可达 13m，树冠伞形或倒广卵形。树皮灰褐色或深褐色，纵裂；一年生小枝绿色，光滑无毛。叶长 5~10cm，宽 8~12cm，掌状 5 裂，稀 7 裂；裂片三角状卵形至披针形，先端渐尖或尾尖，全缘，叶基通常截形；基脉 5，掌状，幼叶下面脉腋具簇生毛；叶柄与叶等长。萼片 5，长圆形，黄绿色；顶生伞房花序，花杂性，花瓣长圆状倒卵形，黄绿色；雄蕊 8。翅果扁平，果翅等于或略长于果核，两翅展开成钝角，形似元宝。花期 4 月，与叶同放；果期 9 月。

图 11-311 元宝枫

【分布】 原产于黄河中、下游各地、东北南部及江苏北部、安徽南部。多生于海拔 1500m 以下的低山丘陵和平地疏林中。

【习性】 弱阳性树种，耐半阴，喜温凉气候且肥沃、湿润、排水良好的土壤，在酸性、中性及钙质土上均能生长，耐旱力一般，不耐涝。深根性，萌蘖性强，有抗风雪能力。耐烟尘及有害气体。

【繁殖栽培】 主要采用播种法繁殖，也可扦插。采收当年成熟翅果，晒干后风选净种，种子干藏越冬；翌年春天播前先用 40~50℃温水浸泡 2h，然后捞出洗净后用 2 倍粗沙掺拌均匀，堆置室内催芽，约 15 天待种子有 1/3 开始发芽时即可播种。幼苗要防止象鼻虫、刺蛾幼虫和蚜虫等危害。

【观赏特性及园林用途】 本种树姿优美，冠大荫浓，叶形美丽，初春嫩叶红色，叶前满树开黄绿色花朵，颇为美观，秋季叶色又呈现橙黄色或红色，是北方重要的观赏树种，华北各地广泛栽作庭荫树和行道树，宜在堤岸、湖边、草地及建筑附近配置，也林植于山地或作风景林。与其他秋色叶树种或常绿树配置，可增加秋景观赏效果。

【经济用途】 元宝枫木材坚硬细腻，纹理细匀，为优良的建筑、家具及雕刻用材树种。种子榨油可供食用及工业用。

（2）五角枫 *Acer mono* Maxim.（图 11-312）

【别名】 色木槭、水色树、地锦槭。

【形态特征】 落叶乔木，高可达 20m；树皮灰色，粗糙且常纵裂；小枝光滑无毛。叶长 4~9cm，宽 9~11cm，掌状 5 裂，先端常渐尖，裂片卵形，全缘，基部心形或近心形，两面无毛或仅背面脉腋有簇毛，网状脉两面明显隆起；叶柄长 3~10cm。顶生伞房花序，花杂性同株，黄绿色；萼片 5，花瓣 5，雄蕊 8。果核扁平或略隆起，果翅长约为果核之 2 倍，展开成钝角。花期 4 月；果期 9~10 月。

图 11-312 五角枫

【分布】 原产于东北南部、华北地区及长江流域各地；蒙古、朝鲜、俄罗斯西伯利亚东部和日本也有分布，为中国槭树科中分布最广的 1 个树种。多生于海拔 1400m 以下的山坡或山谷疏林中。

【习性】 弱阳性树种，稍耐阴，喜温凉湿润气候。对土壤要求不严，但以土层深厚、肥沃及湿润之地生长最好。自然界多生长于阴坡山谷及溪沟两边。深根性，对烟尘及有毒气体抗性较强。

【繁殖栽培】 主要采用种子繁殖，具体方法可参考元宝枫。

【观赏特性及园林用途】 本种树形优美，树冠浓密，叶、果秀丽，入秋叶色变为红色或黄色，宜作庭荫树、行道树或防护林绿化树种，与其他秋色叶树种或常绿树配置可增加秋景色彩之美。

【经济用途】 木材坚韧致密，纹理美观，材质优良，易加工，可供家具及细木工用。茎皮可造人造棉及造纸原料。种子可榨油，供工业原料及食用。

（3）三角枫 *Acer buergerianum* Miq.（图 11-313）

【别名】三角槭、鸭脚枫。

【形态特征】 落叶乔木，高可达 20m。树皮褐色或暗褐色，薄条片开裂。小枝纤细，幼时有短柔毛，后变无毛，稍具白粉。叶片纸质，卵形或倒卵形，3 浅裂，中裂片三角状卵形，全缘，稀具少

图 11-313　三角枫

量锯齿；稀不裂；叶长 4～10cm，先端短渐尖；叶基部圆形或广楔形，3 出脉，背面被白粉，稍被毛。花杂性，顶生伞房花序，具短柔毛；萼片和花瓣皆黄绿色，花瓣窄披针形或匙状披针形；子房密生长柔毛；花柱短，两裂。翅果黄褐色，长 2.5～3cm，果核部分两面凸起，两果翅张开成锐角或近于直立。花期 4 月，果期 9 月。

【分布】　主产于中国长江中下游各地，山东至广东、台湾均有分布，日本也有分布。多生于海拔 1000m 以下之山地及平原的山谷及溪沟旁阔叶林中。

【习性】　喜弱光，稍耐阴；喜温暖湿润气候，宜酸性、中性土壤，较耐水湿；耐寒能力较强，在北京地区可露地越冬。萌芽力强，耐修剪，根系发达。生长速度中等偏快。

【繁殖栽培】　多采用播种繁殖。种子于秋季采收后播种，或去翅干藏，至翌年春天播种前 2 周浸种，湿沙催芽后播种。

【观赏特性及园林用途】　本种枝叶茂密，入秋叶色变红，颇为美观，宜作庭荫树、行道树等，配置于湖岸、溪边、谷地等草坪处，或点缀于亭廊、山石间都很入景。老桩可制成盆景，枝干扭曲，造型奇特。江南一带也可栽作绿篱，枝条彼此连接密合，防护性强。

【经济用途】　木材坚实，材质优良，在干燥处保存期长久，可供制家具等用。

（4）茶条槭 *Acer ginnala* Maxim.　（图 11-314）

【别名】　茶条、华北茶条槭。

【形态特征】　落叶小乔木，高可达 8m。树皮灰色，粗糙。叶卵状椭圆形，长 6～10cm，宽 4～6cm，常 3 裂，中裂特大，先端渐尖或窄长渐尖；有时不裂或具不明显之羽状 5 浅裂；基部圆形或近心形，叶缘具不整齐重锯齿，正面通常无毛，背面叶脉及脉腋微具长柔毛。花杂性，伞房花序圆锥状，顶生；花瓣长圆状卵形，白色；子房密生长柔毛。果核两面突起，果翅张开成锐角或近直立，紫红色。花期 5～6 月，果期 9 月。

【分布】　产于中国东北、华北及长江中下游各地区，多生于海拔 800m 以下之山地林中。蒙古、俄罗斯西伯利亚东部、朝鲜半岛及日本也有分布。

【习性】　喜弱光，耐半阴，喜温凉湿润气候，夏季在烈日下树皮易受灼害；耐寒性强。深根性，萌蘖性强，抗风雪，耐烟尘，对城市环境适应性强。

图 11-314　茶条槭

【繁殖栽培】　多用播种法繁殖。种子于秋季采收后干藏，翌年春季播前用 60℃温水浸种 1 昼夜，捞出后湿沙堆置催芽后再进行播种。生长速度中等。

【观赏特性及园林用途】　本种树干直且树体洁净，花略有清香，秋季叶色呈鲜红色。宜植于庭院观赏，也可栽植用作行道树。

【经济用途】　嫩叶可代茶，有明目之功效。种子榨油可供制工业用途。木材细腻，可作细木工用。

（5）鸡爪槭 *Acer palmatum* Thunb（图 11-315）

【形态特征】　落叶小乔木，高可达 13m，枝条开张，树冠伞形；树皮深灰色，光滑无毛；小枝纤细，紫色或淡紫绿色。叶长和宽近乎相等，各为 5～10cm，掌状 5～9 深裂，基部心形或近心形，裂片卵状长椭圆形至披针形，先端锐尖，缘具尖锐细重锯齿，背面脉腋被白色丛毛；叶柄细长，4～6cm。伞房花序顶生，总花梗长 2～3cm，先叶开放，花杂性，紫色；花萼背有白色长柔毛。翅果长 2～2.5cm，无毛，两翅展开成钝角。花期 5 月，果期 10 月。

【变种、变型及栽培品种】　小叶鸡爪槭（*A. palmatum* var. *thunbergii* Pax）：别名小叶鸡爪槭、蓑衣槭，与原种的区别是，叶较小，宽约 4cm，掌状 7 深裂，裂片窄，缘具尖锐重锯齿，裂片先端长尖。果翅短小。产于中国山东、江苏、浙江、福建、江西、湖南等地区及日本。

垂枝鸡爪槭（*A. palmatum* var. *dissectum* Koidz）：别名羽状槭，与原种的区别是，枝条展开稍下垂。

'紫红'鸡爪槭（'Atropurpureum'）：别名'红枫'，与原种的区别是，叶常年红色至紫红色，株态、叶形等同原种。

'细叶'鸡爪槭（'Dissectum'）：别名'羽毛枫'，与原种的区别是，树体通常较矮小，树冠开展，枝略下垂。叶掌状深裂，裂片几达基部，且狭长又羽状细裂。

'红细叶'鸡爪槭（'Dissectum Ornatum'）：别名'红羽毛枫'，与原种的区别是，株态、叶形同'细叶'鸡爪槭，唯叶色常年红色至紫红色。

'线裂'鸡爪槭（'Linearieobum'）：别名'条裂'鸡爪槭，与原种的区别是，叶掌状深裂，裂片几达基部，线形，缘有疏齿或近全缘。叶色终年绿色或紫红色。

'金叶'鸡爪槭（'Aureum'）：叶片金黄色。

图 11-315　鸡爪槭

【分布】　产于中国长江流域各地、日本和朝鲜；现国内分布广泛。多生于海拔 700～1200m 以下山地、丘陵之林缘或疏林中。

【习性】　喜弱光，耐半阴，在阳光直射处孤植，夏季易遭日灼之害。喜温暖湿润气候，耐寒性不强，北京地区需小气候良好条件下并加以保护才能越冬。不择土壤，酸性、中性及石灰质土均能适应。生长速度中等偏慢。对 SO_2 和烟尘抗性较强。

【繁殖栽培】　原种多用播种法繁殖，园艺变种多采用嫁接法繁殖。秋天果熟采收，晾晒去翅后即可秋播，或沙藏至翌年春播。嫁接可用切接、靠接及芽接等方法，砧木一般常用 3～4 年生鸡爪槭实生苗。切接可在春天 3～4 月砧木芽膨大时进行，砧木宜在离地面 50～80cm 处截断，然后嫁接。芽接以 5～6 月或 9 月中、下旬为宜；若秋季芽接，宜适当提高嫁接部位，多留茎叶，以提高成活率。

【观赏特性及园林用途】　鸡爪槭树姿优美，枝条纤细，叶形轻盈秀丽，园艺品种多样，秋季叶色变红或常年紫红，为珍贵的观叶树种。可植于草坪、山丘、溪边和池畔，也可点缀于墙隅、亭廊、山石间，观赏性较高。也可制成盆景或盆栽植于室内，造型亦极其雅致。

【经济用途】　枝、叶皆可入药，清热解毒、行气止痛，可治疗关节酸痛、腹痛等症状。木材细腻，可供车轮及细木工用材。

(6) 日本槭 *Acer japonicum* Thunb（图 11-316）

【别名】　舞扇槭、羽扇槭。

图 11-316　日本槭
1. 果枝；2. 翅果

【形态特征】　落叶小乔木，树皮光滑，淡灰褐色或浅灰色。幼枝、叶柄、花梗及幼果均被灰白色柔毛。叶较大，近圆形，长 8～13cm；掌状 9 裂，稀 7 或 11 裂，裂片达中部以上，裂片先端渐尖，具锐尖锯齿；叶柄长 3～5cm。顶生伞房花序，花杂性，雄花与两性花同株；花较大，花瓣白色，椭圆形；萼片大而花瓣状，紫色。翅果脉纹显著，密被长柔毛，翅略内弯，果核扁平或略突起，两果翅展开成钝角。花期 4～5 月，与叶同放；果期 9～10 月。

【变种、变型及栽培品种】　'乌头叶'日本槭（'Aconitifolium'）：别名'羽扇槭'，与原种的区别是，叶片深裂达基部，裂片基部狭楔形，上部缺刻状羽裂。

'金叶'羽扇槭（'Aureum'）：叶色常年为黄色。

【分布】　原产于日本和朝鲜半岛，中国华东一些城市有引种栽培。

【习性】　喜弱光，耐半阴，耐寒性不强。生长速度较慢。

【繁殖栽培】　通常采用播种法繁殖，也可扦插繁殖。

【观赏特性及园林用途】　本种展叶期开花，花朵大而呈现紫红色，花梗细长，累累下垂，颇为美观。树态优美，入秋叶色可变为深红，是极其优美的庭院观赏树种。可用于庭院，也很适合作盆栽、盆景及与假山石配置。

【经济用途】　植株茎皮中含芳香成分；木材细腻，可供制作家具。

(7) 樟叶槭 *Acer cinnamomifolium* Hayata, Ic. Pl. Formos.（图 11-317）

【别名】　桂叶槭。

图 11-317　樟叶槭

【形态特征】　常绿乔木，高可达 20m，树皮淡黑褐色或淡黑灰色。小枝淡紫褐色，密被绒毛，老枝淡红褐至褐黑色，近无毛。叶片革质，长圆状椭圆形或长圆状披针形，长 8～12cm，宽 4～5cm，全缘，基部圆、楔形或宽楔形；背面淡绿色，被白粉和淡褐色绒毛，后渐脱落；上面中脉凹下，侧脉 3～4 对，三出基脉。翅果长 2.8～3.2cm，两翅成锐角或近直角；果柄纤细，长 2～2.5cm，被绒毛。果期 7～9 月。

【分布】　产于中国浙江南部、福建、台湾、江西、湖南、湖北、贵州、广州北部以及广西东北部等地区，多生长于海拔 300～1200m 阔叶林中。青岛地区开始有引种栽培。

【习性】　喜光，耐半阴；喜温暖多湿环境；生性强健，对土壤要求不严，忌干旱和积水。

【繁殖栽培】　通常采用播种法繁殖，宜春播。

【观赏特性及园林用途】　本种树形优美，叶密荫浓，为极其优美的庭院观赏树种和行道树种。可用于庭院，也可用作盆栽、盆景及与假山石配置。

【经济用途】　根可药用，具祛风除湿之功效。

（8）飞蛾槭 *Acer oblongum* Wall. ex DC（图 11-318）

【形态特征】　常绿或半常绿乔木，高可达近 20m；树皮灰色或深灰色，薄片状剥落。小枝紫色，老枝褐色，皆近无毛。叶革质，长圆状卵形，长 5～7cm，宽 3～4cm，全缘，基部楔形或近圆形；叶上表面绿色有光泽，背面灰绿色，被白粉；侧脉 6～7 对，基脉 3。花序被毛；萼片 5，长圆形；花瓣 5，倒卵形。翅果长 1.8～2.5cm，翅宽 8mm，两翅夹角近直角。花期 4 月；果期 9 月。

【分布】　产于中国陕西南部、甘肃南部、湖北西部、湖南、福建、广东、广西、四川、贵州、云南及西藏东南部，多生长于海拔 1000～1800m 阔叶林中。尼泊尔和印度北部也有分布。

【观赏特性及园林用途】　可栽培观赏，用作庭荫树等。

【经济用途】　木材可供家具等用，茎皮纤维可供工业原料。

（9）复叶槭 *Acer negundo* L.（图 11-319）

【别名】　桴叶槭、羽叶槭、美国槭、白蜡槭、糖槭。

【形态特征】　落叶乔木，高可达 20m，树冠圆球形；树皮黄褐色或灰褐色；小枝粗壮，无毛，被白粉。奇数羽状复叶对生，小叶 3～7，稀为 9，卵形或椭圆状披针形，长 8～10cm，宽 2～4cm，先端渐尖，缘有不规则缺刻；顶生小叶常 3 浅裂，其叶柄长度为侧生小叶之柄的 5～10 倍，叶背沿脉或脉腋有毛。花单性异株，黄绿色，无花瓣及花盘；雄花为簇生伞房状，雌花为总状花序。果翅狭长，展开成锐角或近直角。花期 3～4 月，叶前开放；果期 8～9 月。

图 11-318　飞蛾槭

【变种、变型及栽培品种】　'金叶'复叶槭（'Aureo-marginatum'）：春季叶金黄色，抗寒能力强。

'金边'复叶槭（'Variegatum'）：叶边缘呈现金黄色。

'银边'复叶槭（'Variegatum'）：叶边缘呈现银白色。

'火烈鸟'复叶槭（'Flamingo'）：别名'粉叶'复叶槭，与原种的区别是，早春新叶桃红色，老叶粉红色、白色相间；叶片质地柔软下垂。

【分布】　原产于北美东南部。中国东北、华北、华中和华东各地区都有引种栽培。

【习性】　喜光，喜冷凉气候，耐干冷，在湿热气候下生长不良且易遭病虫害。喜深厚、肥沃和湿润土壤，稍耐水湿。生长速度较快，寿命较短。抗烟尘能力强。

【繁殖栽培】　主要用种子繁殖，也可采用扦插、分蘖。秋季采种后即行播种，或干藏至翌年春播，播前 2 周浸种、拌湿沙催芽。本种易遭天牛幼虫蛀食树干，应注意及早防治。

【观赏特性及园林用途】　本种枝叶繁茂，入秋叶色变为金黄，颇为美观，宜作庭荫树、行道树及防护林树种；在北方也常用做"四旁"绿化树种，可快速成景。

【经济用途】 木材白色，纹理细腻，有光泽，在气候干燥地区可作家具及细木工用材。树液中含有较多糖分，可制糖；树皮可供药用。

11.1.5.25 苦木科 Simarubaceae

乔木或灌木，树皮有苦味。羽状复叶互生，稀为单叶，罕对生。花小，单性或杂性，整齐，聚伞、圆锥或总状花序；萼3～5裂，花瓣3～5，罕缺失；雄蕊常与花瓣同数或为其数量的2倍；子房上位，常为明显环状花盘所围绕，2～5室，心皮分离或合生，每心皮具1～2胚珠。核果、蒴果或翅果。

本科20属，120种。主要产于热带、亚热带地区，少数产于温带。中国产5属，11种，3变种，分布广泛。

分属检索表

1 小叶13～41枚；花序顶生；果为翅果 ·················· 臭椿属 Ailanthus
1 小叶7～15枚；花序腋生；果为核果 ·················· 苦树属 Picrasma

图11-319 复叶械

臭椿属（樗属）***Ailanthus*** Desf.

落叶乔木，小枝粗壮。奇数羽状复叶互生，小叶对生或近对生，叶边缘基部常具1～4对缺齿，缺齿先端有腺体。圆锥花序顶生，花小，杂性或单性异体，花萼5裂，花瓣5～6，雄蕊10，花盘10裂；子房2～6，靠合，花后分离，基部连合，每室1胚珠。翅果，条状矩圆形，具1扁形种子。

本属约10种，产于亚洲及大洋洲；中国产5种2变种，分布于温带至亚热带地区。

臭椿 *Ailanthus altissima*（Mill.）Swingle（图11-320）

【别名】 樗树、木砻树。

【形态特征】 落叶乔木，高可达30m；树皮不裂。小枝粗壮，顶芽缺；叶痕大而倒卵形，内具9维管束痕。奇数羽状复叶；小叶13～27，卵状披针形，长4～15cm，先端渐长尖，基部两侧各具1～2个粗腺齿，中上部全缘；叶背面稍有白粉，无毛或沿中脉有毛。圆锥花序顶生，花杂性异株。翅果长3～5cm，熟时淡褐黄色或淡红褐色，种子位于果翅中部。花期4～5月；果期9～10月。

【变种、变型及栽培品种】 红叶椿（*A. altissima* 'Hongyechun'）：叶片春季紫红色，可保持到6月上旬；树冠及分枝角度均较小；结实量大。

大果臭椿（*A. altissima* var. *sutchuenensis*）：幼枝红褐色，密布白色皮孔；叶柄基带紫红色。翅果长5～7cm。产于四川、云南、湖北、湖南、广西、江西之山林中。

台湾臭椿［*A. altissima* var. *tanaki*（Hayata）Kanehira & Sasaki］与原种的区别是，叶宽镰状披针形，基部两侧各具1个粗腺齿。产于台湾。

'千头'椿（'Qiantou'）：**树冠整齐，呈圆头形。**

【分布】 产于中国东北南部、华北、西北至长江流域各地，南至广东、广西，多生于低山、丘陵、平原疏林中或荒地。朝鲜、日本也有。

【习性】 喜光，适应性强，分布广，垂直分布在华北可到海拔1500m，在西北可到海拔1800m。很耐干旱、瘠薄，但不耐水湿，长期积水会导致烂根致死。在微酸性、中性和石灰性土壤都能生长，但最适宜排水良好的沙壤土和中壤土，在重黏土及水湿地生长不良。能耐中度盐碱土，在土壤含盐量达0.3%情况下，幼树可生长良好，在含盐量达0.6%处亦可成活生长。耐寒能力强，在西北能耐－35℃的绝对最低温度。对烟尘和SO_2抗性较强。深根性树种，根系发达，萌蘖性强，生长较快。

图11-320 臭椿

【繁殖栽培】 一般用播种繁殖，也可用分蘖及根插繁殖。当翅果成熟时连小枝一起剪下，晒干去杂后干藏，发芽力可保持2年。翌年春天播前可用40℃温水浸种1昼夜，可使种子提前5～6天发芽。为提高分枝点，可在育苗的次年春季进行平茬，并注意及时摘除侧芽，使主干不断延伸，到达定干高度后再让侧芽成枝养成树冠。

【观赏特性和园林用途】 臭椿的树干通直而高大，树冠圆整如半球状，叶大荫浓，秋季红果满树，虽叶及开花时有微臭，但仍为很好的观赏树和庭荫树。在印度、英国、法国、德国、意大利和美国等国家常用作行道树，并被誉为"天堂树"，中国用作行道树较少，但近二十年来逐渐增多。同时，此种又是良好的工矿区绿化树种和山地造林的先锋树种，也是盐碱地的水土保持和土壤改良用树种。

【经济用途】 木材黄白色，轻韧有弹性，纹理通直，有光泽，易加工，不易翘裂，不耐腐，在干燥的空气中较为坚实耐久，可制农具、家具、建筑等。木材的纤维较长，纤维含量达40%，为优良造纸原料。种子含油率35%，可榨油。根皮可入药，用以杀蛔虫、治痢、去疮毒。叶可养樗蚕，并用樗蚕丝织绸。

11.1.5.26 楝科 Meliaceae

乔木或灌木，稀草本。羽状复叶互生，稀对生，罕单叶。圆锥、总状、穗状或复聚伞花序，花整齐，辐射对称，两性，稀单性；花萼4～5（3～7）裂，花瓣与萼裂片同数，分离或基部合生；雄蕊常为花瓣数之2倍，花丝常合生成筒状，或分离；花盘内生或退化；子房上位，2～5室，稀更多；每室2胚珠，稀1或多数。蒴果、核果或浆果；种子有假种皮或具翅。

本科共约50属，1400种，产于热带和亚热带地区，少数产于温带。中国产15属，62种，12变种，多分布于长江以南各地。大部为优良速生用材及绿化树种。

分属检索表

1 2～3回奇数羽状复叶；花丝合生成筒状；核果 ·················· 1. 楝属 Melia
1 1回羽状复叶或3小叶复叶；花丝分离或合生；蒴果或浆果
  2 蒴果，5裂，种子有翅；花丝分离，偶数或奇数羽状复叶 ·········· 2. 香椿属 Toona
  2 浆果，种子无翅；花丝，生成坛状；奇数羽状复叶或3小叶复叶 ······ 3. 米仔兰属 Aglaia

11.1.5.26.1 楝属 Melia L

乔木；小枝具明显的叶痕和皮孔。2～3回奇数羽状复叶互生，小叶有缺齿或锯齿，稀全缘。复聚伞花序腋生，花两性，花萼5～6裂，花瓣5～6，离生；雄蕊为花瓣数之2倍，花丝合生成筒状，顶端具10～12齿裂；子房3～6室，每室2胚珠；花柱细长，柱头3～6裂。核果，种子无翅，种子胚乳薄或无。

本属共约3种，产于东南亚及大洋洲热带和亚热带地区；中国产2种，分布于东南至西南部。

分种检索表

1 小叶有锯齿或裂；核果径1～1.5cm，熟时黄色 ······························ 楝 M. ozedarach
1 小叶全缘或有不明显之疏齿；核果径约2.5cm，果熟时黄色或栗褐色 ············ 川楝 M. toosendan

楝树 *Melia azedarach* Linn.（图11-321）

【别名】 苦楝、楝、紫花树、火捻树。

图11-321 楝树

【形态特征】 落叶乔木，高可达20m；枝条开展，树皮暗褐色，浅纵裂；小枝粗壮，皮孔多而明显。2～3回奇数羽状复叶，小叶卵形至卵状长椭圆形，长3～8cm，先端渐尖，基部常偏斜，楔形或圆形；叶缘有锯齿。圆锥状复聚伞花序，花瓣淡紫色，长约1cm，有香味，花丝筒紫色；子房4～5室。核果椭圆形或近球形，径1～2cm，熟时黄色，宿存树枝，经冬不落。花期4～5月；果期10～11月。

【变种、变型及栽培品种】 '伞形'楝树（'Umbraculifor-mis'）：分枝细密，树冠伞形；叶下垂，小叶狭窄。

【分布】 产于中国黄河以南、长江流域及福建、广东、海南、广西、台湾地区以及印度、巴基斯坦及缅甸等国；多生于低山及平原地带。

【习性】 喜光，不耐庇荫；喜温暖湿润气候，耐寒力不强，华北地区幼树易遭冻害。不择土壤，耐干旱、瘠薄，也能生于水边；但最宜深厚、肥沃、湿润土壤环境。萌芽力强，抗风。生长快，寿命短。耐烟尘，对 SO_2 抗性较强，但对 Cl_2 抗性较弱。

【繁殖栽培】 繁殖多用播种法，也可用分蘖法。果熟后采种，浸水沤烂后捣去果肉，洗净阴干后贮藏在阴凉干燥处，可在暖地冬播或翌年春播；播前可用水浸种2～3天使出苗整齐。苗木根系不甚发达，移栽时不宜对根部修剪过度。栽培管理简单，病虫害较少。

【观赏特性及园林用途】 楝树是华北南部至华南、西南低山、平原地区，尤其是江南地区重要的绿化及速生用材树种。树姿优美,叶形秀丽,春夏之际淡紫色花朵满树,颇为美丽,淡香弥漫,是良好的城市绿化树种,宜作庭荫树及行道树,可在草坪孤植、丛植或配置于池边、路旁、坡地等。耐烟尘、抗 SO_2,因此也是优良的工矿区绿化树种。

【经济用途】 木材轻韧,纹理直,有光泽,易加工,可供家具、建筑、乐器等。树皮、叶和果实均可入药,有驱虫、止痛、收敛等功效,但毒性较强,须慎用。种子可榨油,供制油漆、润滑油和肥皂等。树皮、树叶可提制栲胶。树皮可造纸或作人造棉原料。

11. 1. 5. 26. 2 香椿属 *Toona* Roem.

落叶乔木。羽状复叶,互生;小叶全缘,稀具疏齿。圆锥花序,花小,两性;萼5裂;花瓣和雄蕊也各为5,花丝分离;子房5室,每室6～12胚珠。蒴果5裂,中轴软木质,具5棱;种子扁,有翅;胚乳薄。

本种共约15种,产于亚洲和大洋洲;中国产4种,分布于华北至西南。

分种检索表

1 小叶全缘或有不明显钝锯齿;子房和花盘均无毛;蒴果长1.5～2.5cm,种子上端有膜质长翅 ·················· 香椿 *T. sinensis*

1 小叶全缘;子房和花盘有毛;蒴果长2.5～3.5cm,种子两端有翅 ·················· 红椿 *T. sureni*

香椿 *Toona sinensis* (A. Juss.)Roem. (*Cedrela sinensis* A. Juss.)(图11-322)

【别名】 椿、红椿、春阳树、椿甜树。

【形态特征】 落叶乔木,高可达25m。树皮暗褐色,条片状浅裂。小枝粗壮,幼时被白粉,叶痕大,扁圆形,内有5维管束痕。偶数羽状复叶,稀奇数,有香气;小叶10～22,卵状披针形至广披针形,长8～15cm,先端渐长尖,基部不对称;叶缘疏生细锯齿,稀全缘。花序顶生,花白色,有香气。蒴果倒卵状椭圆形或椭圆形,长1.5～2.5cm,5瓣裂;种子褐色,上端有膜质长翅。花期6～7月;果期10～11月。

【分布】 原产于中国辽宁南部、黄河及长江流域,南至海南、广东、广西北部,西南至四川、贵州、云南、西藏东南部;朝鲜也有分布。

【习性】 喜光,不耐庇荫;土壤适应性强,最适宜深厚、肥沃、湿润之砂质壤土,较耐水湿,能耐轻盐渍,有一定的耐寒力,但宜用本地或邻近地区种苗。深根性,萌芽和萌蘖力均强;生长速度中等偏快。对有毒气体抗性较强。

【繁殖栽培】 繁殖主要用播种法,分蘖、扦插、埋根也可。秋季种子成熟后及时采收,避免蒴果开裂后种子飞散。种子去杂干藏后,翌年春天播种。香椿根蘖性强,利用起苗时剪下的粗根,截成10～15cm长的插穗埋插,很易成苗。

【观赏特性及园林用途】 香椿栽培历史悠久,枝叶茂密,树干耸直,嫩叶红艳,可作庭荫树,配置于庭院、草坪、斜坡、水畔等处。

【经济用途】 木材红褐色,坚重而富弹性,有光泽,纹理直,结构细,不翘不裂而耐水湿,有"中国桃花心木"之美誉,是家具、建筑、造船等优质用材。其嫩芽、嫩叶可作蔬菜食用;种子可榨油,供食用或制肥皂、油漆;根皮及果均有药效,具收敛止血、祛湿止痛之功效。

图11-322 香椿

11. 1. 5. 26. 3 米仔兰属 *Aglaia* Lour.

乔木或灌木。羽状复叶或3小叶复叶;小叶对生,全缘。圆锥花序,花小,近球形,杂性异株;萼4～5齿裂或深裂,花瓣3～5,雄蕊5,花丝合生成坛状;子房1～5室,每室1～2胚珠,无花柱。浆果,常具肉质假种皮。

本属250～300种,主产于印度、马来西亚和大洋洲;中国约7种1变种,分布于华南。

米仔兰 *Aglaia odorata* Lour. (图11-323)

【别名】 树兰、米兰。

【形态特征】 常绿灌木或小乔木,多分枝,高可达7m,幼枝被锈色星状鳞片。羽状复叶,叶轴有狭翅,小叶3～5,倒卵形或长椭圆形,长2～12cm,先端钝,基部楔形;叶片全缘。圆锥花序腋生,花黄色或淡黄色,径2～3mm,极芳香;花萼5裂,花瓣5,花丝筒稍短于花瓣。浆果卵形或近球形,长0.5～1.2cm,无毛。花期5～12月;果期7月至翌年3月。

图 11-323　米仔兰

【变种、变型及栽培品种】　'四季'米仔兰（'Macrophylla'）：四季开花不断。

【分布】　原产于中国南部、西藏东南部，多生长于低海拔疏林中；现世界热带及亚热带地区广泛栽培。长江流域及其以北各大城市常盆栽观赏，温室越冬。

【习性】　喜光，略耐阴，喜暖怕冷，喜深厚肥沃之土壤，不耐干旱。

【繁殖栽培】　可用嫩枝扦插、高压等法繁殖。

【观赏特性及园林用途】　本种枝叶常青、繁密，花香馥郁，花期特长，是优良的庭院树种，可用来布置庭院及作室内观赏。

【经济用途】　花可提取芳香油，用以提炼香精，也可晒干制花茶。木材黄色，细密。可供雕刻、工艺品和家具等用。

11.1.5.27　芸香科 Rutaceae

乔木或灌木，罕为草本，常具挥发性芳香油。单叶或复叶，多互生，稀对生，常有透明油腺点；无托叶。花单生或成聚伞花序，两性，稀单性，常整齐；萼片 4～5 裂，花瓣 4～5；雄蕊常与花瓣同数或为其倍数，着生于花盘基部，花丝分离或基部合生，柱头头状；子房上位，心皮 2～5。柑果、蓇果、蓇葖果、核果、浆果或翅果。

本科共约 155 属，1600 种。多产于热带和亚热带地区，少数产于温带；中国产 28 属，150 余种，28 变种。

分属检索表

1 奇数羽状复叶。
　2 叶互生。
　　3 枝有皮刺；小叶对生；蓇葖果 ·················· 1. 花椒属 Zanthaxylum
　　3 枝无皮刺；小叶互生；果肉质 ·················· 2. 九里香属 Murraya
　2 叶对生。
　　4 奇数羽状复叶对生；枝无刺，具叶柄下芽；核果 ········· 3. 黄檗属 Phellodendron
　　4 3 小叶复叶；茎枝有刺；柑果密被短柔毛 ·········· 4. 枳属 Poncirus
1 单身复叶或单叶。
　5 子房 8～15 室，每室 4～12 胚珠；果较大 ·········· 5. 柑橘属 Citrus
　5 子房 2～6 室，每室 2 胚珠；果较小 ·············· 6. 金柑属 Fortunella

11.1.5.27.1　花椒属 Zanthoxylum L.

落叶或常绿小乔木或灌木，稀为藤本；茎枝具皮刺。奇数羽状复叶互生，稀 3 小叶或单小叶；小叶对生或近对生，边缘具锯齿，齿缝具油点，稀全缘。聚伞花序排成圆锥花序或伞房状复花序，花小，单性异株或杂性，萼片 3～8 裂，花瓣 3～5，稀无花瓣；雄蕊 3～8；子房上位，1～5 心皮，离生或基部合生，每室各具 2 并生胚珠；聚合蓇葖果，外被油腺点，每个蓇葖果具种子 1，黑色而有光泽。

本属约 250 种，广布于东亚和北美；中国约产 41 种，14 变种。

分种检索表

1 总叶柄及叶轴无翅或有狭翅，小叶 5～11，椭圆形 ·········· 花椒 Z. bungeanum
1 总叶柄及叶轴有宽翅，小叶 3～7，椭圆状披针形 ·········· 竹叶椒 Z. armatum

花椒 Zanthoxylum bungeanum Maxim.（图 11-324）

【别名】　秦椒、蔓椒、红花椒、川椒。

【形态特征】　落叶灌木或小乔木，高可达 8m。枝具宽扁而尖锐皮刺。小叶 5～11，卵形至卵状椭圆形，长 2～6cm，宽 1～3.5cm，先端钝尖，基部广楔形或近圆形，边缘具细钝齿，齿缝处有透明油腺点；背面中脉基部两侧常簇生褐色长柔毛；叶轴具窄翅。聚伞状圆锥花序顶生，花单性，花被片 4～8。蓇葖果球形，红色至紫红色，密生疣状腺体。花期 4～5 月；果期 8～10 月。

【分布】　原产于中国北部及中部，北起辽南，至长江流域各地，西至四川，西南至云南、贵州、西藏东南部等地区。

【习性】　喜光，不耐庇荫。喜较温暖气候及肥沃湿润而排水良好的壤土，对土壤要求不严，在酸性、中性及钙质土上均能生长。生长较慢。萌蘖性强，树干也能萌发新枝，耐强修剪。不耐严寒。寿命颇长，可达百年以上。不抗风，极不耐涝，短期积水即死亡。

【繁殖栽培】 采用播种、扦插和分株法均可，以播种为主。在果开裂前采种，阴干脱粒后干藏或层积贮藏，贮藏期要注意防潮和避免种子出油。可采后即行播种或翌年早春进行。春播干藏种子应于 1 个月前用温水浸种 4～5 天，并层积处理。管理简单，无特殊要求。主要虫害有花椒叶甲虫、尺蠖、天牛、黑绒金龟子、蚜虫等，应注意及时防治。

【观赏特性及园林用途】 枝干多刺，耐修剪，是刺篱的好材料。耐瘠薄，也是荒山、荒滩造林、"四旁"绿化及庭院栽植结合经济生产的良好树种。

【经济用途】 花椒为北方著名香料及油料树种。果皮、种子皆为调味香料，并可入药；种子榨油可供食用及制肥皂、油漆等。木材坚实，可作手杖、器具等。

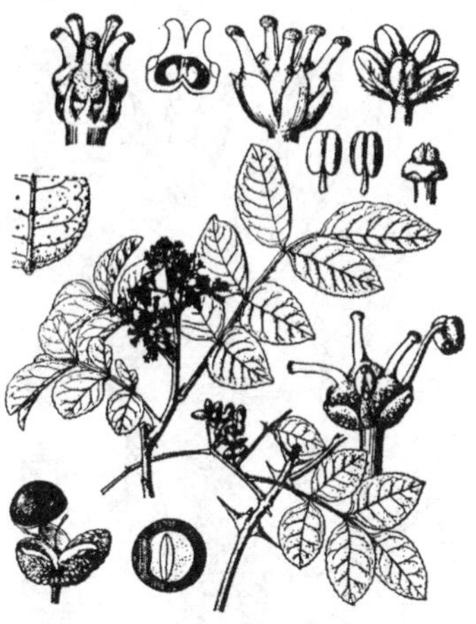

图 11-324 花椒

11.1.5.27.2 九里香属 *Murraya* Koenig ex L.

常绿灌木或小乔木，枝干无刺。奇数羽状复叶互生；小叶互生，有柄，叶轴无翼，罕有翼。聚伞花序腋生或顶生；萼小，4～5 深裂；花瓣4～5，具油腺点；雄蕊 10；子房 2～5 室，每室 1～2 胚珠。浆果，肉质；种子 1～2 粒。

本属约 12 种，产于亚洲、亚热带至大洋洲北部；中国产 9 种，1 变种。

九里香 *Murraya paniculata* (L.) Jack. (*M. exotica* L.)（图 11-325）

【形态特征】 灌木或小乔木，高可达 8m，小枝无毛或略有毛。奇数羽状复叶；小叶 3～7，互生，叶形变异大，卵形、倒卵形至菱形，长 2～7cm，宽 1～3cm，最宽处在叶中部以下，全缘。聚伞花序腋生或顶生，花白色，极芳香，花径 2～3cm，花瓣上半部常反卷；萼极小，5，宿存。果肉质，红色，长 8～12mm，内含种子1～2粒。花期 4～9 月；果期 9～12 月。

图 11-325 九里香

【分布】 产于中国台湾南部、福建南部、广东南部、广西南部，多生于近海沙地疏林下灌丛中。

【习性】 喜暖热气候，喜光亦较耐阴耐旱。

【繁殖栽培】 可用种子及扦插法繁殖。

【观赏特性及园林用途】 树姿优美，四季常青，花朵白且芳香，花期长，果实红色，观赏价值较高。园林中可丛植，用于庭院、水边、公园、草坪等地；也可用作绿篱，或盆栽欣赏其芳香。

【经济用途】 材质坚硬、细致，可供雕刻。全株均可入药，有活血散瘀、消肿止痛、止疮痒、杀疥之功效。

11.1.5.27.3 黄檗属 *Phellodendron* Rupr.

落叶乔木，树皮纵裂，木栓层发达。顶芽缺失，侧芽为叶柄下芽。奇数羽状复叶对生，小叶对生，常有锯齿。圆锥花序顶生，花小，单性，雌雄异株；萼片、花瓣和雄蕊各5；子房5室，各具1～2胚珠。核果浆果状，具5核，每核含1种子。

本属约 9 种，产于亚洲东部。中国产 3 种。

黄檗 *Phellodendron amurense* Rupr. （图 11-326）

【别名】 黄波罗、黄柏、檗木、黄檗木。

【形态特征】 乔木，高可达 25m，树冠广阔，枝条开展；树皮厚，淡灰或灰褐色，木栓质发达，网状深纵裂，内皮鲜黄色；2 年生小枝淡橘黄色或淡黄色，无毛。小叶 5～13，卵状椭圆形至卵状披针形，长 5～12cm，宽 2.5～5cm，叶端长尖，叶基稍不对称；叶缘有细钝齿，齿间有透明油腺点；叶表光滑，叶背中脉基部有毛。花小，黄绿色，花器官均为 5 数。核果球形，黑色，径约 1cm，有特殊香气，干后具 5 棱。花期 5～6 月；果期 10 月成熟。

【分布】 产于中国东北小兴安岭南坡海拔 600m 以下、吉林长白山区及河北省海拔 1000m 以下山区，辽宁、河北北部山区、山西、内蒙古南部、宁夏山区以及朝鲜、俄罗斯、日本也有分布。在自然界常生于山涧、河谷、溪流附近，或混生于杂木林中。

【习性】 性喜光，不耐阴；耐寒性较强，但 5 年生以下幼树之枝梢有时会有枯梢现象。适宜深

图 11-326　黄檗

厚、肥沃湿润、排水良好的中性至酸性土壤。喜肥喜湿性树种，对水、肥较敏感。深根性，主根发达，抗风力强；萌生能力强，易于萌芽更新，根部受伤后易萌出多数根蘖。生长速度中等，寿命可达数百年。

【繁殖栽培】　多用播种法繁殖，也可利用根蘖进行分株繁殖。果实成熟后采果，浸泡使果肉腐烂，洗出种子，然后阴干贮藏至翌年播种；亦可采后即播。春播前 1 个月应混湿沙层积以促进发芽。定植后的栽培管理是注意修枝及除去根蘖。

【观赏特性及园林用途】　本种树冠宽阔，秋色叶黄色，很美观，可植为庭荫树或园景树，可孤植、丛植或成片栽植于草坪、山坡、池畔水溪、建筑周围。北美等地也有用作行道树。在自然风景区中，可与红松、兴安落叶松、花曲柳等混交。

【经济用途】　木材坚韧而有弹性，纹理优美，有光泽，耐水、耐腐，不变形，加工容易，是制造高级家具、室内装饰、飞机、造船、建筑及胶合板的良材。树皮即中药黄柏，有清热泻火、燥湿解毒之效，根亦可入药；树皮之木栓可作软木塞、救生圈及隔热、防震材料；内皮可作黄色染料。种仁可榨油供工业用；叶可提取芳香油。同时，本种又是良好蜜源植物。

11.1.5.27.4　枳属 *Poncirus* Raf.

落叶或常绿灌木或小乔木；小枝绿色，有棱，具枝刺。叶为三出复叶，互生，叶轴具翼；小叶具锯齿，被透明油点。花杂性，雄花和两性花同株或异株；单生或 2 朵并生于叶腋，叶前开放；花瓣白色；萼片、花瓣各 5，雄蕊为花瓣的 4 倍或与花瓣同数，花丝分离；子房 6～8 室，花柱短，柱头头状。柑果近球形，密被短柔毛。果皮粗糙，被油点，果瓣 6～8，内含汁胞。

本属 2 种，均产于中国。

枸橘 *Poncirus trifoliata* (L.) Raf.　（图 11-327）

【别名】　枳、枳实、臭橘、铁篱寨。

【形态特征】　落叶灌木或小乔木，高可达 7m。小枝绿色，稍扁而有棱角；枝刺粗长 1～4cm，基部略扁。小叶 3，近革质，总叶柄有翅，叶缘具细钝齿；顶生小叶大，倒卵形，长 2.5～6cm，叶端钝或微凹，叶基楔形；侧生小叶较小，基稍斜。花白色，径 2～4cm。果球形，黄绿色，径 3～5cm，有芳香。花期 4 月，叶前开放；果期 10 月。

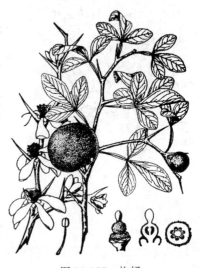

图 11-327　枸橘

【分布】　原产于中国中部，北起秦岭、淮河流域，南至广东、广西北部，西南至四川、贵州，北至山东南部都有分布。

【习性】　性喜光，喜温暖湿润气候，较耐寒，北京小气候良好处可露地栽培。喜微酸性土壤，不耐盐碱。生长速度中等。发枝力强，耐修剪。主根浅，须根多。

【繁殖栽培】　繁殖多采用播种法或扦插法。种子干藏易失去发芽力，宜连同果肉一起贮藏或埋藏，翌年春季播种前再取出种子即刻播下。扦插时，多在雨季用半木质化枝条作接穗。

【观赏特性和园林用途】　枸橘枝条绿色而多刺，春季花朵于叶前开放，秋季黄果累累，十分优美。在园林中多栽作绿篱或屏障树用，也可作花灌木欣赏；耐修剪，可整形为各式篱垣及洞门形状，既发挥了界定园地的功能，又具观花赏果的观赏效果。

【经济用途】　果可入药，有破气消积之效。种子可榨油，供制肥皂及作润滑油用。植株也常作柑橘类的耐寒砧木用。

11.1.5.27.5　柑橘属 *Citrus* L.

常绿乔木或灌木，常具刺。叶互生，原为复叶，后退化成单叶状（即单身复叶）；革质，具油腺点；叶柄常有翼。花常两性，单生或簇生叶腋，或排成聚伞或圆锥花序；花白色或背面带紫红色，常为 5 数；雄蕊 15 或更多，花丝常合生成数束；子房无毛，8～15 室，每室 4～12 胚珠。柑果较大，果皮密被油点。种子萌芽时子叶不出土。

本属约 30 种，产于亚洲热带、亚热带地区。中国原产约 10 种，栽培数种。

柑橘 *Citrus reticulata* Blanco（图 11-328）

【形态特征】 常绿小乔木或灌木，高可达 3m。分枝多，小枝细弱，无毛，刺短或无。叶长卵状披针形，长 4～8cm，宽 2～4cm，叶端尖头凹处有小油点，叶基楔形，全缘或有细钝齿；叶柄翼叶线状或近无翼。花单生或 2～3 朵簇生叶腋，花萼不规则 3～5 浅裂，花瓣 4～5，黄白色；雄蕊 20～25，花丝基部合生成数束。果扁球形，径 5～7cm，橙黄色或橙红色；果皮薄易剥离。花期 4～5 月；果期 10～12 月。

【分布】 原产于中国，广泛分布于长江以南各地。

【习性】 喜光，稍耐侧阴。喜温暖湿润气候，耐寒性较弱。忌积水，适宜山麓缓坡、腐殖质含量中等的红色黏质壤土。

【繁殖栽培】 可用播种、压条、扦插和嫁接法繁殖。

【观赏特性和园林用途】 柑橘四季常青，枝叶茂密，春季满树香花，秋冬黄果累累，极为美丽，宜供庭院、园林绿地及风景区栽植，既有观赏效果，又可获经济收益。

【经济用途】 果皮晒干后可入药，称之为陈皮，有理气化痰、和胃等功效；核仁及叶片也有活血散结、消肿功能。种子可榨油。

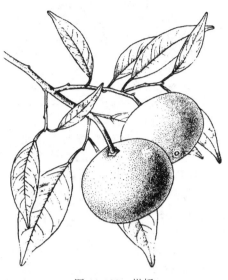

图 11-328 柑橘

11.1.5.27.6 金柑属 *Fortunella* Swingle

常绿灌木或小乔，枝具棱，枝刺腋生或无刺。单身复叶或单叶，互生，叶柄翼叶明显或仅具痕迹。花两性，1 至数朵腋生，芳香；萼片多 5 裂，罕为 4 裂；花瓣 5，罕为 4 或 6；雄蕊 18～20，合生成 4～5 束；子房 3～6 室，每室胚珠 1～2。柑果，果皮肉质，油点多，肉瓣 3～6 瓣，罕为 7。

本属约 6 种，分布于东南亚。中国原产 5 种，分布于长江流域以南等地，现各地常盆栽观赏。

金橘 *Fortunella margarita*（Lour.）Swingle（图 11-329）

【别名】 罗浮、金柑、牛奶金柑。

图 11-329 金橘

【形态特征】 常绿灌木，高可达 3m，通常具刺。单叶，长椭圆状披针形，长 4～9cm，宽 1.8～3cm，先端钝尖，有时尖头微凹，基部楔形，近叶端处有不明显浅齿；叶柄具极狭翼。花 1～3 朵腋生，萼片多 5 裂，花瓣 5，白色，子房 5 室。果卵状椭圆形或倒卵状椭圆形，长约 3cm，熟时橙黄色，果皮肉质。花期春末夏初或多次开花，果期秋末冬初或至春节。

【分布】 分布于华南地区，现各地有盆栽。

【习性】 喜光，稍耐阴；喜温暖湿润气候。性较强健，对旱、病的抗性均较强，亦耐瘠薄土，易开花结实，但耐寒性弱。

【繁殖栽培】 可以扦插繁殖，或以枸橼的扦插苗作砧木行嫁接繁殖。

【观赏特性和园林用途】 果色金黄，清香，挂果时间长，为极好的观果树种，宜植于庭前观赏或丛植于绿地中。北方常用做盆栽观赏。

【经济用途】 果皮厚而肉质，带皮生食，酸甜味，有爽口开胃之效。

11.1.5.28 五加科 Araliaceae

乔木、灌本或藤本，稀草本；通常具刺。单叶或羽状和掌状复叶，互生、对生或轮生；有托叶，常附着于叶柄合生成鞘状，有时不显或无。伞形、头状或穗状花序，再集成各式大型花序；花小，两性或杂性，稀单性，整齐；萼不显，花瓣 5～10，雄蕊与花瓣同数或为其 2 倍数或更多数；子房下位，1～15 室，每室 1 胚珠。浆果或核果，形小，种子形扁，有胚乳。

本科 60 余属，1200 种，产于热带至温带地区。中国 23 属，175 种，分布极广。

分属检索表

1 单叶。

2 常绿藤本，借气根攀援 ··· 1. 常春藤属 Hedera
　　2 直立乔木或灌木。
　　　3 落叶乔木，茎枝具宽扁皮刺；叶掌状 5 (7) 裂 ····························· 2. 刺楸属 Kalopanax
　　　3 常绿灌木或小乔，茎枝无刺；叶掌状 7～12 裂 ······················· 3. 八角金盘属 Fatsia
　1 复叶。
　　4 羽状复叶。
　　　5 灌木，枝有刺 ··· 4. 楤木属 Aralia
　　　5 乔木，枝无刺 ··· 幌伞枫属 Heteropanax
　　4 掌状复叶。
　　　6 枝及叶柄常有刺；子房 2～5 室 ··························· 5. 五加属 Acanthopanax
　　　6 枝及叶柄无刺；子房 5～8 室 ··························· 6. 鹅掌柴属 Schefflera

11.1.5.28.1　常春藤属 *Hedera* Linn.

　　常绿藤本，具气生根。单叶互生，全缘或浅裂，有叶柄，无托叶。伞形花序单生或呈顶生圆锥花序，花两性，花萼全缘或 5 裂，花瓣 5，镊合状排列；雄蕊 5，子房 5 室，花柱合生。浆果状核果，种子 3～5。

　　本属约 5 种，中国产 2 变种，引入 1 种。

分种检索表

1 幼枝具鳞片状柔毛；叶通常较小，全缘或 3 裂 ··················· (1) 常春藤 *H. nepalensis* var. *sinensis*
1 幼枝具星状柔毛；叶通常较大，3～5 裂 ····························· (2) 洋常春藤 *H. helix*

　　(1) 常春藤 *Hedera nepalensis* K. Koch var. *sinensis* (Tobl.) Rehd. （图 11-330）

　　【别名】　中华常春藤。

　　【形态特征】　常绿藤本，长可达 30m。茎可借气生根攀援；嫩枝、叶柄具锈色鳞片状柔毛。叶革质，深绿色，有长柄；营养枝上的叶为三角状卵形，全缘或 3 浅裂；花果枝上的叶为椭圆状卵形，全缘，叶柄细长。伞形花序单生或 2～7 簇生，花淡绿白色，芳香。果球形，橙红至橙黄色，径约 1cm。花期 8～9 月；果期翌年 3～4 月。

图 11-330　常春藤

　　【分布】　分布于华中、华南、西南及甘、陕等地区，江南常栽培。

　　【习性】　喜阴，喜温暖湿润气候；有一定耐寒性，对土壤和水分要求不严，但以中性或酸性土壤为好。生长快，萌芽力强，对烟尘抗性较强。

　　【繁殖栽培】　通常采用扦插或压条法繁殖，极易生根。栽培管理简单。

　　【观赏特性和园林用途】　四季常青，枝叶浓密，具攀援性，在庭院中可用以攀援假山、岩石或在建筑阴面作垂直绿化材料。在华北宜选小气候良好的稍阴环境栽植。同时，也适宜盆栽供室内绿化观赏，攀附或悬垂均甚雅致。

　　【经济用途】　茎叶和果实可入药，具祛风活血、消肿止痛和防治痈肿疮毒等功效。

　　(2) 洋常春藤 *Hedera helix* Linn.

　　【别名】　常春藤。

　　【形态特征】　常绿藤本，可借气生根攀援；幼枝上具柔毛星状。单叶，营养枝上的叶 3～5 浅裂；花果枝上的叶不裂，卵状菱形。伞形花序顶生或成顶生圆锥花序，花黄色，萼筒近全缘。果球形，径约 6mm，熟时黑色。

　　【变种、变型及栽培品种】　'金边'常春藤（'Aureo-variegata'）：叶缘金黄色。

　　'银边'常春藤（'Silver Queen'）：叶缘乳白色，入冬呈粉红色。

　　'金心'常春藤（'Gold Heart'）：叶 3 裂，叶片中心部分呈黄色。

　　'彩叶'常春藤（'Discolor'）：叶较小，具乳白色斑块且带红晕。

　　'斑叶'常春藤（'Vargentio-ariegata'）：叶上表面暗绿色，具白色斑或白色不规则边缘，下表面被星状毛。

　　'三叶'常春藤（'Tricolor'）：叶灰绿色，边缘具不规则黄色斑纹，秋后其变为深玫瑰红色，翌年春季复呈白色，原产英国。

　　'白脉'常春藤（'Pittsburgh'）：叶脉白色。

'绿波'常春藤（'Green Ripples'）：叶缘波状。

'日本'常春藤（'Conglomerata'）：丛生灌木，高 60cm 左右；叶小且密，叶缘波状。

【分布】　原产于欧洲至高加索；中国长江以南普遍栽培。

【习性】　极耐阴，喜温暖湿润气候；有一定耐寒性，对土壤和水分要求不严，但以中性或酸性土壤为好。生长快，抗 SO_2 和 F_2 污染。

【繁殖栽培】　通常采用扦插或压条法繁殖。

【观赏特性和园林用途】　四季常青，枝叶浓密，生长迅速，攀援性强，在庭院中可用以攀援假山、岩石，用作垂直绿化材料，也可作林下地被。同时，也是室内及窗台绿化的好材料。

【经济用途】　茎叶也可当发汗剂以及解热剂；需慎用，其果实、种子和叶子均有毒，误食会引起腹痛、腹泻等症状，严重时会引发肠胃发炎、昏迷，甚至导致呼吸困难等。

11.1.5.28.2　刺楸属 Kalopanax Miq.

落叶乔木；枝条粗壮，具宽扁皮刺。单叶互生，掌状裂，缘具齿，叶柄长。复伞形花序，花两性，花梗细长；花部 5 数，花瓣镊合状排列；花盘凸出。核果，球形，含 2 种子，种子具坚实胚乳。

本属 1 种，产于东亚。

刺楸 Kalopanax septemlobus（Thunb.）Koidz（图 11-331）

【别名】　棘楸、鼓钉刺、刺枫树。

【形态特征】　乔木，高可达 30m；树皮深纵裂，干及枝均具粗大硬棘刺。叶片在长枝上疏散互生，在短枝上簇生；掌状 5～7 裂，径 10～25cm，裂片三角状卵形或卵状长椭圆形，先端尖，缘有锯齿；叶柄较叶片长。复伞形花序顶生，花小，白色；花柱 2，合生成柱状，柱头分离。果近球形，径约 5cm，端有细长宿存花柱。花期 7～8 月，果期 9～10 月。

【变种、变型及栽培品种】　深裂叶刺楸［K. septemlobus var. maximowiczii（V. Houtte）Hand.-Mazz.］：裂片深达叶片中部以下，长圆状披针形，先端常渐尖；背面被毛较多，叶脉处尤甚。产于浙江、湖北、四川和云南等地；日本也有分布。

毛叶刺楸［K. septemlobus var. magnificus（Zabel）Hand.-Mazz.］：枝条刺较少或无刺，叶片较宽大，径 10～35cm，裂片卵形；叶背面密生短柔毛，叶脉处尤甚。

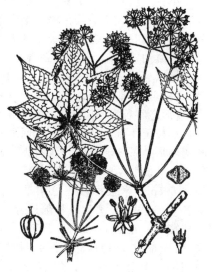

图 11-331　刺楸

【分布】　分布广，中国从东北至华南、西南均有分布；朝鲜、日本及俄罗斯也有分布。多生于向阳坡森林、灌丛和林缘，在四川、云南垂直分布可达 1200～2500m。

【习性】　喜光，喜土层深厚湿润的酸性土或中性土，对气候适应性较强；耐寒、耐旱性强，但不耐水湿；多生于山地疏林中。生长速度快。

【繁殖栽培】　一般采用播种及根插法繁殖。

【观赏特性和园林用途】　本种树体高耸，冠大荫浓，树皮具粗大硬棘刺，颇为壮观；夏季白花满树，秋叶黄色或红色，宜作园景树、庭荫树、行道树种，也可用于自然风景区绿化，又能用于低山区重要造林树种。

【经济用途】　木材坚实，纹理细致，有光泽，可供建筑、枕木、桥梁、车舟、家具等用。嫩叶可食；根皮及枝可入药，有清热祛痰、收敛镇痛之功效。种子含油量高，可榨油制肥皂。

11.1.5.28.3　八角金盘属 Fatsia Decne. Planch.

常绿灌木或小乔木，枝髓大。叶大，掌状 5～9 裂，裂片有锯齿，叶柄基部膨大；托叶无。伞形花序再集成大圆锥花序顶生，花两性或杂性；花部 5 数，花盘宽圆锥形。浆果近球形，黑色，肉质；种子扁平，具坚实胚乳。

本属 2 种，1 种产于中国台湾，1 种产于日本。

八角金盘 Fatsia japonica（Thub.）Decne. et Planch.（图 11-332）

【别名】　八角盘、日本八角盘、手树。

【形态特征】　常绿灌木，高可达 5m，常呈丛生状。叶掌状 7～9 裂，径 20～40cm，基部心形或截形，裂片卵状长椭圆形，缘有锯齿；叶表面有光泽；叶柄长 10～30cm。花小，白色。果实紫黑色，径约 8mm。开花夏秋间，果期翌年 5 月。

图 11-332　八角金盘

【变种、变型及栽培品种】　'白边'八角金盘（'Alba-marginata'）：叶缘白色。

'波缘'八角金盘（'Undulata'）：叶缘波状，皱缩。

'白斑'八角金盘（'Alba-variegata'）：叶片具白色斑点。

'黄斑'八角金盘（'Aureo-variegata'）：叶片具黄色斑点。

'黄网纹'八角金盘（'Aureo-reticulata'）：叶片具黄色网纹。

'裂叶'八角金盘（'Lobolata'）：叶片掌状深裂，裂片再裂。

【分布】　原产于日本，中国长江流域及以南地区常见栽培。

【习性】　喜阴，喜温暖湿润气候，耐寒和耐旱力均弱；适宜湿润肥沃土壤。抗污染，能吸收 SO_2。

【繁殖栽培】　常用扦插法繁殖，也可用播种或分枝繁殖。

【观赏特性和园林用途】　植株叶大光亮，耐阴性强，有"庭树下木之王"美誉，适宜植于庭前、窗下、墙隅及建筑阴面，也可点缀林下、水边、桥头等地，或植作绿篱和地被。

【经济用途】　植株有药用价值，具化痰止咳、散风除湿、化瘀止痛等功效。

11.1.5.28.4　木属 *Aralia* Linn.

小乔木、灌木，罕多年生草本，枝干具刺。1～3 回羽状复叶，叶轴有关节；托叶与叶柄基部连合。伞形花序，罕头状花序，罕由伞形花序再组成圆锥状或伞房状花序；花杂性或两性，花梗有关节；萼筒具 5 齿，花瓣和雄蕊各为 5；子房多 5 室；花柱多 5，罕少数。核果，多具 5 棱。

本属约 40 种，中国产 29 种，多为药用植物。

楤木 *Aralia chinensis* L.（图 11-333）

【别名】　鹊不踏。

【形态特征】　小乔木，常灌木状，高可达 8m；干上疏生短粗刺，小枝疏生细刺。叶为 2～3 回羽状复叶，羽片具 5～13 小叶，小叶阔卵形，长 5～13cm，缘有齿，叶上表面被粗毛，背被黄灰色柔毛；小叶侧脉 7～10 对，无柄极短。伞形花序组成圆锥状花序，可长达 60cm，密被棕或灰色柔毛；花白色，芳香，花瓣、雄蕊和子房各 5，花柱 5，离生或基部连合。果球形，径约 3mm，熟时黑色；花柱宿存。花期 7～8 月；果期 9～11 月。

【分布】　产地广泛，西起西藏东南部，东至沿海地带，北起山西南部，南至云南等，都有分布，从东部低海拔区至西部海拔 2800m 山林中均可生长。

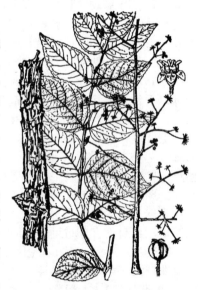

图 11-333　楤木

【习性】　喜光，略耐阴，喜温暖气候，适宜富含腐殖质湿润而排水良好处。适应性强，对有害气体具有较强抗性。

【繁殖栽培】　可用播种及分蘖繁殖。种子有休眠期，须经变温打破休眠才可发芽。

【观赏特性和园林用途】　本种四季常绿，叶大光亮，是优良的观叶树种，是公园、庭院、街道及工厂绿地的适宜树种。北方常盆栽，供室内绿化观赏。

【经济用途】　根皮及树皮均可入药，有治风湿、跌打损伤、骨折裂、糖尿病、肝炎、肾炎、胃炎等症功效。种子可榨油，供工业用。

11.1.5.28.5　五加属 *Acanthopanax* Miq.

落叶灌木或小乔木，枝干常有刺。掌状复叶，小叶 3～5。伞形、头状花序排成复伞或圆锥花序，单生或顶生；花两性或杂性，单生或数序聚生；萼缘多有 5 齿，花瓣多为 5，罕 4，镊合状排列；雄蕊与花瓣同数；子房 2～5 室；花柱 2～5。核果状浆果，侧向扁压状或近球形，花柱宿存。

本属约 30 种，主要产于亚洲东部；中国 18 种，广布于南北各地，多为名贵中药。

分种检索表

1 子房 2 室；枝无刺或在叶柄基部有刺 ･････････････････････････････（1）五加 *A. gracilistylus*

1 子房 3～5 室；小枝密被下弯针刺 ････････････････････････････（2）刺五加 *A. senticosus*

（1）五加 *Acanthopanax gracilistylus* W. W. Smith（图 11-334）

【别名】 五加皮、细柱五加。

【形态特征】 灌木，有时蔓生状，高可达 5m；枝无刺或在叶柄基部有刺。掌状复叶在长枝上互生，在短枝上簇生；小叶 5，罕 3～4，中央小叶最大，长 3～6cm，宽 1.5～3.5cm；小叶缘有锯齿，两面无毛，或叶脉有稀刺毛。伞形花序单生于叶腋或短枝顶端，罕有簇生者；萼缘具 5 齿或全缘，花瓣 5，黄绿色；花柱 2 或 3，离生或仅基部合生。果近圆球形，熟时紫黑色，种子 2 粒。花期 5 月；果期 10 月。

【分布】 产于东北和甘肃南部至云南南部，生于灌木丛林、林缘或山坡路旁等，海拔最高分布可达 3000m。

【习性】 喜光，有一定的耐阴性。喜肥沃疏松的腐殖土。适应性强，北京小环境较好处可安全过冬。

【繁殖栽培】 可采用播种、扦插和分株繁殖。

【观赏特性和园林用途】 冠形美观，枝叶茂密，可丛植园林草坪、坡地及山石间观赏，也可作为疏林的下层灌木配置。

【经济用途】 根皮含挥发油、维生素、棕榈酸、亚麻仁油酸等，泡酒后俗称五加皮酒，有祛风湿、强筋骨等功效。

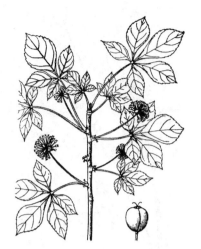

图 11-334　五加

（2）刺五加 *Acanthopanax senticosus*（Rupr. & Maxim.）Harms（图 11-335）

【别名】 细柱五加、五加皮。

图 11-335　刺五加

【形态特征】 灌木，高可达 6m。小枝密被下弯针刺，罕仅节上具刺或无刺。掌状复叶，小叶 3～5，叶柄长 3～12cm，常疏生细刺；叶薄纸质，椭圆状倒卵形，长 5～13cm，上表面粗糙，下表面脉上具短刚毛，侧脉 6～7 对，边缘具尖锐重锯齿或锯齿。伞形花序单生枝顶或 2～6 簇生，花序梗长 5～7cm，花梗长 1～2cm；花瓣 5，黄色带紫晕；子房 5 室，花柱合生成柱状。果近球形或卵形，紫黑色，具 5 棱；花柱宿存。花期 6～7 月；果期 8～10 月。

【分布】 产于辽宁三省、内蒙古、河北、山西、河南等地，生于海拔数百米至 1000m 的森林及灌木丛；朝鲜、日本和俄罗斯也有分布。

【习性】 喜光，喜肥沃疏松的腐殖土。

【繁殖栽培】 多用播种繁殖，也可扦插。

【观赏特性和园林用途】 树冠大且圆整，形如罗伞，很是壮观，可作庭荫树及行道树。

【经济用途】 根是名贵滋补药，俗称五加皮；茎皮亦可入药，具祛风湿、舒筋活血、治关节炎、壮阳之功效。种子可榨油，供工业用。

11.1.5.28.6　鹅掌柴属 *Schefflera* J. R. G. Forst.

常绿乔木或灌木，有时为攀援状，枝干无刺。掌状复叶，托叶与叶柄基部合生。伞形花序、头状花序或总状花序，常再聚成大型圆锥花序；萼全缘或 5 齿裂；花瓣 5～7 枚，镊合状排列；雄蕊为花瓣同数；子房 5～7 室，罕 11。核果近球状，常具 5 棱，种子 5～7 粒。

本属 200 余种，主要产于热带及亚热带地区。中国产 35 种，广布于西南及东南部。

鹅掌柴 *Schefflera octophylla*（Lour.）Harms（图 11-336）

【别名】 鸭脚木。

【形态特征】 常绿乔木或灌木；高可达 15m；小枝粗，幼时被星状毛。掌状复叶，小叶多 6～9 枚，革质，椭圆形至长卵圆形，长 7～17cm，宽 3～6cm；总叶柄较长，8～25cm；小叶柄长 1.5～5cm。伞形花序，又排成大圆锥花序，顶生；花杂性，雄花与两性花同株，花白色，芳香；花萼 5～6 裂，花瓣 5～6，肉质；花柱极短。果球形，径约 3cm。花期 9～12 月；果期 12 月～翌年 2 月。

【分布】 原产华南至西南地区，北可达中国江西和浙江南部。

【习性】 喜光，耐半阴，喜暖热湿润气候，适宜肥沃的酸性土。生长快，稍耐瘠薄。

【繁殖栽培】 采用播种和扦插繁殖。

图 11-336　鹅掌柴

【观赏特性和园林用途】　树冠整齐，植株紧密，掌状复叶犹如鸭脚，是优良的观叶植物。秋冬开花，观赏价值高。在园林中可丛植观赏。北方地区常见盆栽观赏。

【经济用途】　材质轻软、细密，纹理直，可为轻工业及一些手工业提供原料。根皮可泡酒，有祛风、治跌打损伤等功效。

11.1.6　菊亚纲 Asteridae

11.1.6.1　夹竹桃科 Apocynaceae

乔木，灌木或藤本，或多年生草本；植株具乳汁；无刺，稀有刺。单叶对生或轮生，稀互生，叶片全缘，稀有齿；无托叶。花单生或为聚伞花序，花两性，辐射对称；花萼常 5 裂，基部内面常有腺体；花冠 5 裂，稀 4 裂，常覆瓦状排列，喉部常有副花冠或鳞片、毛状附属物；雄蕊 5，稀 4，着生在花冠筒上或花冠喉部，花丝分离；通常有花盘；子房上位，稀半下位，1～2 室，或具 2 离生心皮。果为浆果、核果、蒴果或蓇葖果，种子常一端被毛或有膜质翅。

本科约 155 属 2000 余种，分布于热带、亚热带地区，少数在温带地区。中国产 44 属 145 种，主要分布于长江流域以南地区，北部及西北部也有少量分布；引入栽培多种。本科植物一般有毒性，以种子和乳汁毒性最强。

分属检索表

```
1 叶对生或轮生。
  2 叶对生；藤木 ········································· 1. 络石属 Trachelospermum
  2 叶轮生，兼对生；灌木或乔木。
    3 蒴果；花盘肉质环状 ······························ 2. 黄蝉属 Allamanda
    3 蓇葖果；无花盘。
      4 大灌木；花冠筒喉部具 5 枚阔鳞片状副花冠，裂片在芽内右旋，花药附着生于柱头上；果圆柱形 ···
      ································································· 3. 夹竹桃属 Nerium
      4 乔木；花冠筒喉部被柔毛，裂片在芽内左旋，花药与柱头分离；果条形 ······ 4. 盆架树属 Winchia
1 叶互生。
  5 枝肥厚肉质；花冠筒喉部无鳞片；蓇葖果 ················ 5. 鸡蛋花属 Plumeria
  5 枝不为肉质；花冠筒喉部具被毛的鳞片；核果 ·········· 6. 黄花夹竹桃属 Thevetia
```

11.1.6.1.1　络石属 Trachelospermum Lem.

常绿攀援藤木；植株具白色乳汁。单叶对生，羽状脉，具短柄。聚伞花序顶生或腋生；花萼 5 裂，内面基部具 5～10 枚腺体；花白色，花冠高脚碟状，裂片 5，右旋；雄蕊 5 枚，着生于花冠筒内面中部以上，花丝短；花盘环状。蓇葖果双生，长圆柱形；种子顶端具种毛。

本属约 30 种，多分布于亚洲热带和亚热带地区，稀温带地区。中国产 10 种，6 变种，主要产于长江流域以南地区，现分布广遍全国。

络石 Trachelospermum jasminoides (Lindl.) Lem (图 11-337)

【别名】　万字茉莉、白花藤、石龙藤。

【形态特征】　常绿藤木，借气生根攀援，茎赤褐色，长可达 10m；幼枝有黄色柔毛。单叶对生，椭圆形或卵状披针形，长 2～10cm，全缘，脉间常白色；革质，上表面无毛，背面被柔毛。聚伞花序，腋生；花萼 5 深裂，花后反卷；花冠白色，高脚碟状，5 裂片开展并右旋，形如风车状；芳香，花冠筒喉部有毛。蓇葖果，长 15cm 左右。花期 4～5 月；果期 7～10 月。

【分布】　主产于长江流域，在中国分布极广，江苏、浙江、江西、湖北、四川、陕西、山东、河北、福建、广东、台湾等地均有分布；朝鲜、日本也有。

【变种、变型及栽培品种】　'小叶'络石（'Heterophyllum'）：别名狭叶络石，与原种的区别是，叶通常狭长，披针形。

'斑叶'络石（'Variegatum'）：叶片具白色或浅黄色斑纹，叶缘具乳白色。

'花叶'络石（'Flame'）：别名五彩络石，与原种的区别是，叶片圆形，杂色；早春发芽时咖啡色、粉红、绿白相间等，秋冬变为褐红色。

【分布】　产于中国东南部、黄河流域以及以南地区；朝鲜、日本也有分布。

【习性】　喜光，耐半阴；喜温暖湿润气候，耐寒性一般。对土壤要求不严，抗旱，抗海潮风。萌蘖性较强。对 SO_2、HCl 和氟化物等有害气体有较强抗性。

【繁殖栽培】 繁殖容易，扦插与压条繁殖均可。对老枝进行适当的更新修剪，可促使新枝萌发，使花叶繁密。

【观赏特性及园林用途】 四季常青，叶色浓绿，花繁叶茂，芳香，匍匐性，观赏价值较高。适宜植于枯树、假山、墙垣之旁，枝叶攀援而上，优美自然。具一定耐阴性，也宜作林下或常绿孤立树下的常青地被。

【经济用途】 全株均可药用，俗称"络石藤"，具祛风、活血、止痛、消肿，治风湿等功效；花可提取芳香油，俗称"络石浸膏"。茎皮纤维坚韧，可制绳索及人造棉。注意乳汁有毒，对心脏有毒害作用，应用时谨慎。

图 11-337 络石

11.1.6.1.2 黄蝉属 *Allemanda* Linn.

常绿直立或藤状灌木，有乳液。叶轮生兼或对生。聚伞花序排成总状，顶生；萼片 5 深裂，花冠漏斗状，裂片 5，左旋，下部圆筒形，上部扩大而为钟状；副花冠退化成流苏状被缘毛的鳞片或仅具毛，着生于花冠筒喉部；雄蕊 5，着生于花冠筒喉部，花丝短，花药与柱头分离；花盘肉质球状；子房 1 室，胚珠多数。蒴果卵圆形，有刺，2 瓣裂；种子多数。

本属约 4 种，原产于南美洲，现广泛分布于世界热带及亚热带地区。中国引入 2 种。

分种检索表

1 直立灌木；花冠筒长不超过 2cm，基部膨大 ⋯⋯⋯⋯⋯⋯⋯⋯⋯⋯ (1) 黄蝉 *A. neriifolia*
1 藤状灌木；花冠筒长 3～4cm，基部圆筒状 ⋯⋯⋯⋯⋯⋯⋯⋯ (2) 软枝黄蝉 *A. cathartica*

(1) 黄蝉 *Allemanda neriifolia* Hook.（图 11-338）

图 11-338 黄蝉

【别名】 黄兰蝉。

【形态特征】 常绿灌木，直立，高可达 2m，具乳汁；枝条灰白色。叶 3～5 枚轮生，椭圆形或倒卵状长圆形，长 6～12m，先端渐尖或急尖，基部楔形，全缘；羽状侧脉在近叶缘处相连，背面叶脉被柔毛；叶柄极短。聚伞花序顶生，总花梗和小花梗皆被秕糠状小柔毛；花冠橙黄色，长 5～7cm，漏斗状，裂片左旋，内面具红褐色条纹；花冠筒短，约 2cm，基部膨大。蒴果球形，径约 3cm，密生长刺。花期 5～8 月；果期 10～12 月。

【分布】 原产于巴西；中国南方各地有栽培，长江以北温室盆栽。

【习性】 喜光不耐寒，喜湿润土壤。耐寒性弱，要求排水良好的沙壤土。

【繁殖栽培】 多采用扦插繁殖。

【观赏特性及园林用途】 花大优美，叶片光亮，南方暖地常植于庭院观赏，植于水边、草丛边缘；也可作为屋顶花园材料。

【经济用途】 植物汁有毒，应用时应特别注意。

(2) 软枝黄蝉 *Allamanda cathartica* Linn.（图 11-339）

【形态特征】 常绿藤状灌木，高可达 4m；枝条柔软，弯曲，具白色乳汁。叶 3～4 枚轮生或对生，纸质，全缘，上表面有光泽；长椭圆形至倒披针形，长 10～15cm，无毛或仅在叶背脉上有疏微毛；近无柄。花冠橙黄色，漏斗状，长 7～10cm，内面具红褐色脉纹，花冠筒基部不膨大，冠筒喉部具白色斑点。蒴果球形，径约 3cm，密生长刺。花期 3～8 月；果期 10～12 月。

【变种、变型及栽培品种】 '大花'软枝黄蝉（'Grandiflora'）：植株低矮，枝条密生，花序着花 4～5 朵，花冠比原种大，长 10～14cm，径 9～14cm，喉部具白色斑点。花期春夏两季为盛，秋季有时也开花。

【分布】 原产于巴西及圭亚那地区。中国引种栽培，现广东、广西、福建、台湾等地有分布。

【繁殖栽培】 可采用扦插繁殖。

图 11-339　软枝黄蝉

【观赏特性及园林用途】　枝条柔软下垂，花大，花期久，是岭南地区常见观赏花木，可植于庭院的栅栏、花架、绿廊之处。

【经济用途】　全株有毒。

11.1.6.1.3　夹竹桃属 *Nerium* Linn.

常绿灌木或小乔木，枝条灰绿色，含水液。叶轮生，稀对生，革质，全缘，羽状脉，侧脉密生而平行；具叶柄。聚伞花序排成伞房状，顶生；花萼 5 裂，裂片双盖覆瓦状排列，内面基部有腺体；花冠漏斗状，5 裂，裂片右旋，喉部具有 5 枚阔鳞片状副花冠，且其先端撕裂；雄蕊 5，着生于花冠筒中部以上，花丝短；花药基部具耳，顶端渐尖，药隔延长成丝状，被长柔毛；无花盘；子房 2，心皮离生。蓇葖果长圆状，双生，离生；种子具白色柔毛。

本属约 4 种，分布于地中海沿岸及亚洲热带、亚热带地区；中国引入栽培 2 种 1 变种，长江流域以南各地普遍栽培。

夹竹桃 *Nerium indicum* Mill.（图 11-340）

图 11-340　夹竹桃

【别名】　柳叶桃、红花夹竹桃。

【形态特征】　常绿灌木或小乔木，高可达 5m，含水液。嫩枝具棱，被微毛，后脱落。叶 3～4 枚轮生，枝条下部叶对生；狭披针形，长 11～15cm，先端急尖，基部楔形，叶缘反卷；上表面深绿色，无毛，背面浅绿色；侧脉平行，直达叶缘。聚伞花序顶生；花冠漏斗状，通常粉红色，单瓣、半重瓣或重瓣；单瓣者喉部具 5 片撕裂状副花冠，顶部流苏状；重瓣者 15～18 枚，组成 3 轮，裂片达基部或 2～3 裂片基部合生。蓇葖果长柱形。花期几乎全年，6～10 月最盛；果期 12 月～翌年 1 月。

【变种、变型及栽培品种】　白花'夹竹桃（'Album Maki-no'）：花白色，单瓣。

'淡黄'夹竹桃（'Lutescens'）：花淡黄色，单瓣。

'斑叶'夹竹桃（'Variegatum'）：叶片表面具斑点，花红色，单瓣。

'重瓣'夹竹桃（'Plenum'）：花红色，重瓣。

【分布】　原产于伊朗、印度、尼泊尔等地区，现广泛分布于世界热带、亚热带地区。中国长江以南各地区普遍栽植，北方栽培需在温室越冬。

【习性】　喜光，也能耐半阴；喜温暖湿润气候，耐寒力不强。对土壤适应强，适宜肥沃、排水良好的中性土壤，但微碱性土上也能适应。性强健，生命力强，管理粗放，萌蘖性强，病虫害少。抗烟尘及有毒气体能力较强，被称为"环保卫士"。

【繁殖栽培】　以压条法繁殖为主，也可用扦插法，水插尤易生根。压条一般于雨季进行，把近地表的枝条割伤表皮埋入土中，两个月左右即可生根，然后可与母枝分离独立成株。水插在生长季节中都可进行，剪取 30～40cm 长枝条，在下端用小刀劈开 4～6cm，再插入盛水玻璃杯中，春、秋季温度适宜，2～3 周就能长根；夏季浸泡为防止水体变质，可隔 2 天换清水 1 次。

【观赏特性及园林用途】　本种四季常青，植株枝条舒展，花色艳丽，兼有桃竹之胜，花期自初夏延至秋冬，有香气，对城市自然条件适应性强，是城市绿化的极好树种，常栽植于公园、庭院和街头绿地等处；也是工矿区等生长环境较差地区绿化的好树种。

【经济用途】　茎皮纤维为优良混纺原料。种子含油量高，可制滑润油等。叶、茎皮可提取强心剂，有强心利尿、发汗催吐、镇痛等疗效，但植株有毒，需慎用。叶、茎皮、根、花、种子均含有多种甙类，毒性强，人、畜误食能致死，园林应用时应注意。

11.1.6.1.4　盆架树属 *Winchia* A. DC.

常绿乔木，具乳汁；枝轮生。叶对生或轮生，狭披针形，叶缘反卷；侧脉纤细且密生，近平行。聚伞花序排成伞形，顶生，花序梗长 3～10cm，花梗长 6～10cm；花萼 5 裂，直立；花冠高脚碟状，花冠筒中部膨大，喉部被柔毛；裂片 5，左旋；雄蕊着生于花冠筒中部，与柱头分离；花柱丝状，柱头棍棒状，顶端2裂；无花盘，子房子房合生，2室。蓇葖果2，合生；种子两端被缘毛。

本属共2种，分布于印度、缅甸、越南、印度尼西亚等地；中国1种，产于云南及海南。

盆架树 *Winchia calophylla* A. DC.（图11-341）

【别名】 面盆架树。

【形态特征】 常绿乔木，高可达30m，全株无毛；树皮淡黄色至深黄色，纵裂；大枝轮生，小枝绿色，叶痕明显。叶3~4片轮生，或对生，长圆状椭圆形，长7~20cm，宽2.5~4.5cm，先端渐尖或急尖，基部楔形或钝；薄革质，表面亮绿色，全缘，边缘内卷。聚伞花序顶生，花冠白色，芳香，高脚碟状；花冠5裂，裂片与花冠筒呈90°折角。蓇葖果披针形。花期4~7月；果期9~12月。

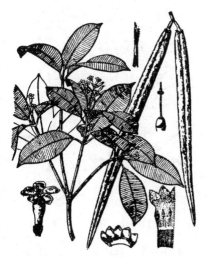

图11-341 盆架树

【分布】 产于云南及海南地区，生长于热带和亚热带山地海拔300~1300m的常绿林、山谷热带雨林中，常成群体生长；亚洲热带地区也有分布。

【习性】 喜光，喜暖热气候；不择土壤，有一定的抗风和耐污染能力。

【繁殖栽培】 播种或扦插繁殖。秋冬果暗成熟时采收，种子可随采随播，也可袋藏至早春播种。

【观赏特性及园林用途】 分枝均匀平展，树形美观，干形直立，叶色亮绿，是华南地区良好的行道树及公园绿化树种，可孤植、丛植或群植观赏。

【经济用途】 材质轻软，淡黄色，纹理通直，有光泽，结构细致，易加工，干燥后少开裂，适宜作文具、小农具、箱板等用材，也可作胶合板用材；材质不耐腐，易受变色菌侵染。树皮、叶等可入药，具有治疗慢性气管炎等功效。

11.1.6.1.5 鸡蛋花属 *Plumeria* Linn.

小乔木，枝条具乳汁，肉质，粗壮，叶痕明显。叶大型，互生，侧脉先端在叶缘连成边脉；叶柄长。聚伞花序顶生；花萼小，5深裂；花冠漏斗状，裂片5，左旋；雄蕊着生于花冠筒基部，花丝短；无花盘；子房由2离生心皮组成。蓇葖果2，长圆形或线形；种子多数，具翅。

本属约7种，原产于美洲和西印度地区，现广泛分布于亚洲热带及亚热带地区。中国引入1种及1栽培变种，分布于华南、西南南部地区。

红花鸡蛋花 *Plumeria rubra* Linn.

【别名】 红花缅栀子。

【形态特征】 落叶小乔木，高可达8m。枝条粗壮，肉质，分枝三叉状，有乳汁。叶互生，常聚生于枝端，长圆状倒披针形或长椭圆形，长20~40cm，宽7~11cm，顶端急尖，基部狭楔形，全缘；侧脉先端在叶缘连成边脉，中脉在下表面显著隆起。聚伞花序顶生，花萼裂片小，不开张；花冠漏斗形，外面白色，有时略带淡红色斑纹，内面黄色，芳香。蓇葖果长圆形；种子长圆形，扁平。花期4~10月，果期7~12月。

【变种、变型及栽培品种】 鸡蛋花 [*P. rubra* var. *acutifolia* (Poir.) L. H. Bailey]：别名缅栀子、寺院树、印度素馨、蛋黄花、大季花，与原种的区别是，花冠外面乳白色，内面鲜黄色，极芳香。

'黄花'鸡蛋花（'Lutea'）：花冠黄色。

'三色'鸡蛋花（'Tricolor'）：花冠白色，内面喉部黄色，花冠裂片外周缘粉色，且裂片外侧有粉色条纹。

【分布】 原产于墨西哥和危地马拉地区，现广泛分布于亚洲热带及亚热带地区。中国两广地区、云南、福建等有栽培，长江流域及其以北地区常温室盆栽。

【习性】 喜光，喜高温湿热气候；不耐寒。耐干旱，适宜生于石灰岩山地。

【繁殖栽培】 可采用扦插或压条繁殖，极易成活。

【观赏特性及园林用途】 树形美观，叶大，花具芳香，常植于华南等地区庭院中观赏。

【经济用途】 花可提炼芳香油，或晒干代茶。花、树皮可药用，具治湿热、下痢、解毒、润肺之功效。

11.1.6.1.6　黄花夹竹桃属 *Thevetia* Linn.

灌木或小乔木，植株具乳汁。叶互生。聚伞花序顶生或腋生；花萼5深裂，内面基部具腺体；花冠漏斗状，裂片左旋，冠筒短，喉部具被毛的鳞片5枚；雄蕊5，着生于花冠筒喉部；无花盘；子房2室，每室2胚珠。核果。

图 11-342　黄花夹竹桃

本属约8种，产于亚洲和美洲热带地区，现在全世界热带及亚热带地区均有栽培。中国引入2种，1栽培变种。

黄花夹竹桃 *Thevetia peruviana*（Pers.）K. Schum（图 11-342）

【别名】　酒杯花。

【形态特征】　常绿灌木或小乔木，高可达6m，植株具乳汁；树皮棕褐色，皮孔明显；小枝下垂。叶互生，纸质，线状披针形，长10～15cm，宽5～12cm，全缘，叶面光亮；边缘稍反卷，中脉下陷，侧脉不明显。聚伞花序顶生，花大，黄色，芳香；花萼绿色，5裂；花冠裂片较花冠筒长。核果扁三角状球形，内果皮木质。花期5～12月；果期8月至翌年春季。

【变种、变型及栽培品种】　红酒杯'（'Aurantiaca'）：花冠红色。

'白酒杯'（'Alba'）：花冠白色。

【分布】　原产于美洲热带地区。中国华南各地区均有栽培，长江流域及以北地区常温室盆栽。

【习性】　喜光，耐半阴；喜干热气候，不耐寒；耐旱力强。对土壤要求不严，适宜肥沃湿润沙壤土、黏壤土。

【繁殖栽培】　一般采用种子繁殖。播前将种子用温水浸泡24h，点播，保持苗床湿润，气温28℃下约25天即可出苗。

【观赏特性及园林用途】　枝条柔软下垂，叶绿光亮，花大鲜黄，花期长，是优良的观赏花木，可植于庭院观赏，配置于池畔、草地、墙隅等处。

【经济用途】　全株有毒；种仁含黄夹苷，剧毒，但有利尿、祛痰、发汗、催吐、消肿、治疗心力衰竭等功效。种子含油量高，可提取不干性油，用作肥皂、杀虫剂和鞣革等用油；种子坚硬，长圆形，也可作镶嵌物。

11.1.6.2　茄科 Solanaceae

草本、灌木或小乔木，有时为藤本，有时具皮刺或棘刺。单叶稀羽状复叶，互生，或在花枝上对生；全缘、齿裂或羽状分裂；无托叶。花单生或簇生；花两性，辐射对称或稍两侧对称；花萼5裂，宿存；花冠钟状、漏斗状或辐射状，常5裂；雄蕊与花冠裂片同数且互生；子房上位，多2室，稀4室，胚珠多数；中轴胎座。浆果或蒴果。

本科约95属2300种，广泛分布于世界温带及热带地区，分布中心为南美洲，种类最为丰富；中国产22属101种，几乎各地都有分布，且以南部热带及亚热带地区种类较多。

分属检索表

1 植株通常有棘刺；花1～3朵腋生 ·· 1. 枸杞属 *Lycium*
1 植株无棘刺；花单生或少数至多数组成花序 ······················· 2. 曼陀罗属 *Datura*

11.1.6.2.1　枸杞属 *Lycium* L.

灌木，植株通常有棘刺。单叶，互生或簇生于短枝上，全缘，具柄或近于无柄。花单生于叶腋或数朵簇生于短枝上，花两性，有花梗；花萼钟状，3～5裂，花后不甚增大，宿存；花冠多漏斗状，先端5裂，稀4裂；雄蕊5，稀4；子房2室，花柱丝状，柱头2浅裂。浆果，长圆形，通常熟时红色。

本属约80种，主要分布于南美洲，欧亚大陆温带有少数；中国7种3变种，主要产于西北和北部。

分种检索表

1 花萼常3中裂或4～5齿裂，花冠筒短于或近等于花冠裂片，裂片边缘有缘毛··········（1）枸杞 *L. chinense*
1 花萼常2中裂，花冠筒明显长于花冠裂片，裂片边缘无缘毛 ····················（2）宁夏枸杞 *L. barbarum*

（1）枸杞 *Lycium chinense* Mill.（图 11-343）

【别名】　枸杞菜、枸杞头。

【形态特征】　落叶灌木，高可达2m，多分枝；枝细长，常弯曲下垂，有纵条棱，具针状棘刺。

单叶互生或 2～4 枚簇生，卵形、卵状菱形至卵状披针形，长 2～5cm，先端急尖，基部楔形。花单生或 2～4 朵簇生叶腋，花梗细，长约 1cm；花萼常 3 中裂或 4～5 齿裂，裂片稍有缘毛；花冠漏斗状，淡紫色，花冠筒稍短于或近等于花冠裂片；雄蕊较花冠稍短，花柱稍长于雄蕊，伸出花冠外。浆果红色或橘红色，卵状。花期 5～10 月；果期 8～11 月。

图 11-343　枸杞

【变种、变型及栽培品种】　北方枸杞（*L. chinense* var. *potaninii*）：叶披针形至狭披针形，花冠裂片疏被缘毛，分布于中国北方。

【分布】　产于中国温带至热带地区，广布于全国各地；多生于山坡、荒地、盐碱地、路边、村旁等处。

【习性】　喜光，稍耐阴；喜温暖，耐寒性强；生性强健，对土壤要求不严，耐干旱、耐碱性，忌黏质土及低湿条件。

【繁殖栽培】　播种、扦插、压条、分株繁殖均可。采用播种繁殖时，可在果实成熟期选择红或橘红色、柔软有浆的果实采收，轻采轻放，防止压伤。3 倍湿沙混拌种子，在室温 20℃左右催芽，种子吸胀后即可播种。

【观赏特性及园林用途】　花朵紫色，花期长，红果满枝，状若珊瑚，为庭院美丽的观赏灌木。可植于池畔、山坡、径旁、石旁或林下等处；根干虬曲多姿，老株常作树桩盆景，雅致美观。

【经济用途】　果实、根皮均可入药，具补肝、益肾功效，并可增加机体免疫力及降血糖；嫩叶可作蔬菜供食用。

（2）宁夏枸杞 *Lycium barbarum* L.

【别名】　中宁枸杞。

【形态特征】　灌木，高可达 2m；分枝细密，枝条开展而略斜升或弓曲；小枝灰白或灰黄色，有纵棱，具棘刺。叶互生或簇生，披针形或长椭圆状披针形，长 2～6cm，宽 4～8mm。花 1～6 朵簇生于叶腋，花梗 1～2cm；花萼钟状，多 2 裂；花冠漏斗状，紫堇色，冠筒明显长于花冠裂片，花冠裂片无缘毛。浆果红色或橙色。花期 5～10 月；果期 5～10 月。

【分布】　产于中国西北部和北部地区，中部、南部地区也有引种栽培；宁夏中宁地区栽培历史悠久，产量高；多生于土层深厚的沟岸、田埂和宅旁。

【习性】　喜光，喜水肥，耐寒、耐旱、耐盐碱，萌蘖性强。

【繁殖栽培】　播种、扦插、压条、分株繁殖均可。

【观赏特性及园林用途】　花朵紫堇色，红果满枝，花期和果期都长，为庭院优良的观赏灌木。可植于山坡、池畔、径旁、石旁或林下等处；根干虬曲多姿，老株常作树桩盆景。此种耐干旱瘠薄，还可用作沙地造林、水土保持树种。

【经济用途】　果实为名贵中药材，俗称枸杞子，具补肝、益气、安神、明目等功效，并可浸制枸杞酒和熬制枸杞膏。根皮和嫩叶也可入药，分别俗称地骨皮和天精草。

11.1.6.2.2　曼陀罗属 *Datura* L.

草本、灌木或小乔木，茎二歧分枝。单叶，互生，具叶柄。花常单生于枝杈间或叶腋，大型；花萼长筒状，具 5 棱，先端 5 裂或佛焰苞状；花冠漏斗型或高脚碟状，白色、黄色或淡紫色，先端 5 浅裂；雄蕊 5，花丝下部贴生于花冠筒，上部不伸出或稍伸出冠筒，花药纵裂；子房 2 室。蒴果大，常有刺。

本属 11 种，分布于南北美洲热带和亚热带地区，温带地区少有分布。中国引种栽培 4 种。

木本曼陀罗 *Datura arborea* L.

【别名】　大花曼陀罗、树曼陀罗、曼陀罗树。

【形态特征】　半常绿小灌木，高可达 2m；茎粗壮，上部分枝。叶大，纸质，卵形、椭圆形或披针形，长 9～22cm，宽 3～9cm，先端渐尖，基部不对称楔形，两面微被毛。花白色，下垂，长可达 23cm；花萼中部稍膨大，花冠长漏斗状喇叭形；香味浓郁。浆果状蒴果，广卵形。花 6～9 月；果期 7～11 月。

【分布】　产于南美洲秘鲁、智利等地区，现广泛分布于热带至亚热带地区。

【习性】　喜光，喜温暖气候，不耐寒，北方地区冬季需温室过冬。对土壤要求不严，耐瘠薄；但适宜土层深厚、排水良好的土壤。

【繁殖栽培】　一般采用播种繁殖，也可扦插。

【观赏特性及园林用途】 枝叶扶疏，花大雅致，花期较长，香味浓郁，为庭院优良的观赏灌木，可植于山坡、石旁、径旁、池畔或林下等处。全株有毒，园林中需慎用。

【经济用途】 叶和花含东莨菪碱和莨菪碱，起致幻作用，是世界上最早、最有效的麻醉剂，具镇痉、镇痛、止咳作用。种子可榨油，供制肥皂。

11.1.6.3 马鞭草科 Verbenaceae

灌木或乔木，有时为藤本，稀为草本；小枝常四棱形。单叶或掌状复叶，少羽状复叶；对生，稀轮生或互生；无托叶。花序为聚伞、总状、穗状、伞房状聚伞或圆锥花序等多种，花两性，两侧对称，稀辐射对称；花萼宿存，杯状、钟状或筒状，常4～5裂；花冠筒圆柱形，花冠裂片二唇形或略不相等的4～5裂，稀多裂；雄蕊4，稀2或5～6，着生于花冠筒上部或基部；子房上位，4室，稀为2～10室；花柱顶生。果为核果、蒴果或浆果状核果。种子无胚乳或具少量胚乳。

本科约90属，2000余种，主要分布于热带、亚热带地区，少数可延至温带。中国现有20属，182种，主产于长江以南地区，各地均有分布；引种栽培2属。

分属检索表

1 总状、穗状或短缩近头状花序。
　　2 茎四棱形，多具倒钩状皮刺；花序穗状或近头状；果实成熟后仅基部为花萼所包围 ………… 1. 马缨丹属 *Lantana*
　　2 茎圆形，有刺或无刺，刺不为倒钩状；花序总状；果实成熟后完全被扩大的花萼所包围 … 2. 假连翘属 *Duranta*
1 聚伞花序，或由聚伞花序再组合为其他各式花序。
　　3 花萼在结果时增大，常有各种美丽的颜色。
　　　　4 花萼由基部向上扩展成漏斗状，端近全缘；花冠筒弯曲 …………………… 冬红属 *Holmskioldia*
　　　　4 花萼钟状、杯状，端平截或具钝齿、深裂；花冠筒不弯曲 ………… 3. 大青属 *Clerodendrum*
　　3 花萼在结果时不显著增大，绿色。
　　　　5 多为掌状复叶；小枝四棱形 ……………………………………………… 4. 牡荆属 *Vitex*
　　　　5 单叶；小枝不为四棱形。
　　　　　　6 核果；花萼和花冠顶端均4裂 …………………………………… 5. 紫珠属 *Callicarpa*
　　　　　　6 蒴果；花萼和花冠顶端均5裂 …………………………………… 6. 莸属 *Caryopteris*

11.1.6.3.1 马缨丹属 *Lantana* Linn.

直立或半藤状灌木，叶片具强烈气味。茎四棱形，多具皮刺。单叶对生，缘有圆钝齿，表面多

图 11-344　马缨丹

皱。花密集成头状，具总梗；苞片长于花萼；花萼小，膜质；花冠筒细长，顶端4～5裂；雄蕊4，内藏，着生于花冠筒中部；子房2室，每室1胚珠；花柱短，柱头歪斜近头状。核果肉质，球形。

本属约150种，主产于热带美洲；中国引种栽培2种。

马缨丹 *Lantana camara* Linn. （图11-344）

【别名】 五色梅、五彩花、臭草。

【形态特征】 常绿直立或半藤状灌木，高可达2m。茎枝均呈四方形，被短柔毛，通常具短而倒钩状刺。单叶对生，卵形至卵状长圆形，长3～9cm，端渐尖，基部圆形；上表面有粗糙皱纹和柔毛，下表面有硬毛；叶片揉烂后散发强烈的气味。头状花序腋生，径1.5～2.5cm；花小，无梗；花冠初开时黄色或粉红色，后颜色变深，呈橙黄色或橘红色、深红色。核果圆球形，熟时紫黑色。花期全年，北京地区盆栽花期7～8月。

【变种、变型及栽培品种】 '黄花'马缨丹（'Flava'）：别名黄色五色梅，与原种的区别是，花黄色。

'白花'马缨丹（'Alba'）：花白色。

'橙红'马缨丹（'Mista'）：花初开时为黄色，后渐变为橙红色。

【分布】 原产于美洲热带地区，现广泛分布世界热带和亚热带地区。中国境内产于海南、台湾、福建、两广等地，常生于海拔80～1500m的海边沙滩和空旷地。

【习性】 喜光，也耐阴；喜温暖湿润气候，不耐寒，耐干旱，适宜疏松、肥沃的沙壤土；在中国南方各地均可露地栽植，华北仅作盆栽。

【繁殖栽培】 播种、扦插繁殖皆可。早春取2年生枝条插入沙土，生根容易。成龄植株开花1～2年后，为使开花繁茂，应强修剪，重发新枝。

【观赏特性及园林用途】 植株低矮，花朵美丽，花期长，加之紫果累累，玲珑剔透，花果兼赏，

适宜作庭院栽植，点缀于草坪、花坛或山石旁；也可集中栽植作开花地被或花篱。北方地区常盆栽观赏。

【经济用途】 根、叶、花均可入药，具解毒、止痛、止痒之功效；茎叶煎水，可洗治皮炎。

11.1.6.3.2 假连翘属 *Duranta* Linn.

灌木或小乔木，枝有刺或无刺。单叶，对生或轮生，全缘或有锯齿。花序总状、穗状或圆锥状，常顶生，稀腋生；苞片小；花萼宿存，顶端5齿裂，结果时增大；花冠筒圆柱形，顶端5裂；雄蕊4，内藏；子房8室，花柱短，柱头为稍偏斜的头状。核果肉质，几乎完全包藏在增大宿存的花萼内；具种子8颗。

本属约36种，分布于美洲热带地区；中国引入栽培1种。

假连翘 *Duranta erecta* Linn.（*D. repens* Linn.）（图11-345）

【别名】 金露花。

【形态特征】 常绿灌木或小乔木，高可达3m；枝细长，常拱形下垂；具皮刺，幼枝具柔毛。叶对生，稀轮生，纸质；卵形或卵状椭圆形，长2～7cm，宽1.5～3.5cm，全缘或中部以上有锯齿；叶柄长约1cm。总状花序，顶生或腋生；花萼两面有毛，花冠蓝色或淡蓝紫色。核果球形，径约5mm，有光泽，熟时橙黄色，有增大花萼包围。花果期5～10月，可终年开花。

图 11-345 假连翘

【变种、变型及栽培品种】 '金叶'假连翘（'Gloden Leaves'）：叶片黄色，入秋尤甚。

'斑叶'假连翘（'Variegah'）：叶缘有不规则白或淡黄色斑。

'矮生'假连翘（'Dwaf-type'）：植株低矮。

'大花'假连翘（'Grandiflora'）：花较大，径可达2cm。

'白花'假连翘（'Alba'）：花冠白色。

【分布】 原产于热带美洲，华南各地均有栽培，且部分已归化为野生状态。

【习性】 喜光，略耐半阴；喜温暖湿润气候，不耐寒；耐水湿，但适宜排水良好的土壤；不耐干旱，生长迅速；萌芽力强，耐修剪。

【繁殖栽培】 播种、扦插繁殖皆可。

【观赏特性及园林用途】 花朵美丽，花期长，植株多刺，为优良的花篱植物，也可进行坡地绿化。华南园林绿地中常见栽培，多作绿篱；华东地区多盆栽观赏。

【经济用途】 花叶、果实均可入药。果具治疗疟疾和跌打胸痛之功效；叶可治疗肿痛、挫伤瘀血、脓肿等。

11.1.6.3.3 大青属 *Clerodendrum* L.

落叶或半常绿小乔木、灌木或藤木。单叶，对生或轮生，全缘或具锯齿。聚伞花序，或再组成伞房状、圆锥状花序，顶生或腋生；花萼宿存，钟状、杯状，有色泽，果期明显增大；花冠筒常细长，顶端5裂；雄蕊4，伸出花冠外，柱头2裂；子房4室，每室1胚珠。核果，浆果状，包于宿存增大的花萼内。

本属约400种，分布于热带和亚热带地区，少数分布于温带。中国有34种14变种，多分布在西南、华南地区，现全国各地均有栽培。

分种检索表

1 藤木；聚伞花序通常腋生；花萼裂片白色 ·· (1) 龙吐珠 *C. thomsonae*
1 灌木；聚伞花序，或再组成伞房状、圆锥状，通常顶生；花萼裂片不为白色。
  2 聚伞花序组成大型的圆锥花序；花萼、花冠均为鲜红色 ·················· (2) 赪桐 *C. japonicum*
  2 聚伞花序组成伞房花序；花萼、花冠不为鲜红色。
    3 花序顶生，为密集的伞房状；花萼小，钟状 ··············· (3) 臭牡丹 *C. bungei*
    3 花序顶生或腋生，为疏松的伞房状；花萼大，5裂，几达基部 ············· (4) 海州常山 *C. trichotomum*

(1) 龙吐珠 *Clerodendrum thomsonae* Balf.（图11-346）

【形态特征】 常绿藤木，高可达5m，茎四棱形，髓中空。叶对生，椭圆状卵形，长6～10cm，全缘。聚伞花序着生于上部叶腋内，花朵下垂；花梗长；花萼长约12cm，呈五角棱状，裂片白色；果期宿存萼不增大，红紫色；花冠裂片深红色；雄蕊及花柱长，伸出花冠外。核果肉质，外果皮光亮，棕黑色，藏于花萼内。花期3～6月；果期9～11月。

图 11-346 龙吐珠

【分布】 原产于热带非洲西部，华南地区可露地栽培。

【习性】 喜光，喜温暖湿润气候，不耐寒。

【繁殖栽培】 播种、扦插繁殖皆可。种子寿命短，一般采后不易久置；播种可于每年的 3 月用浅盆播撒，温度保持在 24℃，10 天可出苗。扦插一般于每年 5～6 月进行，选健壮无病枝条的顶端嫩枝作插穗，也选用老枝剪成 8～10cm 的茎段。

【观赏特性及园林用途】 花形奇特美丽，红色花冠露在花萼之外，犹如蟠龙吐珠，为热带地区优良的观花植物，常植于庭院观赏，可做花架，也可盆栽点缀窗台和夏季小庭院，制作花篮、拱门、凉亭和各种图案等造型；长江流域及其以北地区常作温室盆栽观赏。

【经济用途】 叶可入药，具治疗疔疮疖肿、跌打肿痛及清热解毒、散瘀消肿之功效。

(2) 赪桐 *Clerodendrum japonicum* (Thunb.) Sweet(图 11-347)

【形态特征】 落叶灌木，高可达 4m，小枝有绒毛。叶卵圆形，长 10～35cm，先端尖，基部心形，缘有细齿；叶片上表面疏生伏毛，背面密具锈黄色腺体。聚伞花序组成大型圆锥花序，顶生，长 15～34cm；花萼大红色，5 深裂，宿存；花冠筒细长，花冠鲜红色，顶端 5 裂并开展；雄蕊长，可达花冠筒的 3 倍，与雌蕊花柱均伸出花冠之外。果近球形，蓝黑色；宿萼增大，初包被果实，后向外反折呈星状。花果期 5～11 月。

【变种、变型及栽培品种】 白花赪桐（'Album'）：花白色，产于广东地区。

【分布】 原产于亚洲热带和亚热带地区，长江以南各地均有栽培；印度、马来西亚、日本等地也有分布。

【习性】 喜光，喜温暖湿润气候，耐湿，耐旱；萌蘖力强。

【繁殖栽培】 播种、分株、扦插繁殖皆可。

【观赏特性及园林用途】 花朵鲜红，花果期长，果实蓝色，衬以红色宿萼，观赏效果好，适宜丛植，可植于树丛周围、林缘、竹林和山石附近等。

图 11-347 赪桐

【经济用途】 根、叶、花均可药用，具消肿散瘀之功效。

(3) 臭牡丹 *Clerodendrum bungei* Steud. （图 11-348）

【别名】 臭枫根、大红袍、矮桐子、臭梧桐、臭八宝。

【形态特征】 落叶灌木，高可达 2m；小枝近圆形，皮孔显著；叶具强烈臭味。单叶对生，纸质，广卵形至卵形，长 10～20cm，基部心形，缘有粗齿，两面具少量柔毛。头状聚伞花序，密集，顶生，苞片早落；花芳香，玫瑰红色，花萼短小，花冠筒细长，花柱长度短于雄蕊。核果近球形，成熟时蓝黑色。花果期 6～9 月。

【分布】 产于华北、西北及西南各地；印度北部、越南及马来西亚也有分布。常生于海拔 2500m 以下的山坡、沟谷、林缘、路旁、灌丛湿润处。

【习性】 喜光，也较耐阴；喜湿润环境气候，适应性强，耐寒、耐旱，对水肥要求不严，适宜在肥沃、疏松的腐叶土中生长。抗逆性强。

图 11-348 臭牡丹

【繁殖栽培】 主要采用分株繁殖，也可用根插和播种繁殖。分株宜在秋、冬季落叶后至春季萌芽前进行，挖取地上萌蘖株分栽即可。根插，可于梅雨季节将横走的根蘖切下插于沙土中，一般插后 1～2 周生根。播种采收成熟种子，冬季沙藏后翌春播种。

【观赏特性及园林用途】 叶色浓绿，花朵美丽芳香，花期长，适宜栽于坡地、林下或树丛旁；萌蘖生长密集，还可作为优良的水土保持植物，用于护坡和保持水土。

【经济用途】 根、茎、叶可入药，具祛风解毒，消肿止痛之效。

(4) 海州常山 *Clerodendrum trichotomum* Thunb. （图 11-349）

【别名】 臭梧桐。

【形态特征】 落叶灌木或小乔木，高可达 8m。嫩枝、叶柄、花序轴具黄褐色柔毛，枝髓片隔状。叶阔卵形至三角状卵形，长 5～16cm，先端渐尖，基部多截形；全缘或具波状齿，叶片两面疏生短柔毛或近无毛。伞房状聚伞花序，顶生或腋生，长 8～18cm；花萼紫红色，5 裂几达基部，宿存；花冠白色或带粉红色，冠筒细长，先端 5 裂；花丝与花柱皆伸出花冠之外。核果近球形，成熟时呈蓝紫色，包藏于增大的宿萼内。花期 6～8 月；果期 9～10 月。

【分布】 产于华北、华东至西南各地。朝鲜、日本和菲律宾也有分布。

【习性】 喜光，也稍耐阴；喜凉爽湿润气候，有一定耐寒性，北京地区小气候条件好的地方能露地越冬；对土壤要求不高，耐旱也耐湿。适应性强，对有毒气体抗性强。

【繁殖栽培】 多采用播种繁殖。

【观赏特性及园林用途】 花时白色花冠衬以紫红色花萼，果时增大的紫红宿存萼托以蓝紫色亮果，奇特美丽，观赏期长，是良好的观赏花木，适宜布置庭院，可植于水边、石旁。

图 11-349 海州常山

【经济用途】 嫩枝及叶、花均可入药，具治疗风湿痹痛、高血压病、偏头痛，疟疾、痢疾、痔疮等功效。

11. 1. 6. 3. 4 牡荆属 *Vitex* Linn.

灌木或小乔木，小枝常四棱形。掌状复叶对生，小叶 3～8，稀单叶。聚伞花序，或以聚伞花序组成圆锥状或伞房状花序；花萼钟状或管状，顶端平截或有 5 小齿，有时为二唇形，果时增大，宿存；花冠二唇形，上唇 2 裂，下唇 3 裂且中裂片最长；雄蕊 4，子房 4 室，柱头 2 裂。核果，外面包有宿存的花萼。

本属约 250 种，主要产于热带，少数产于温带地区；中国有 14 种和 7 变种、3 变型，主产于长江以南，少数种类分布于西南和华北等地。

黄荆 *Vitex negundo* Linn. （图 11-350）

【别名】 五指枫、黄荆条。

【形态特征】 落叶灌木或小乔木，高可达 5m；小枝四棱形，密生灰白色绒毛。掌状复叶对生，小叶 5，间有 3 枚；小叶卵状长椭圆形至披针形，全缘或疏生浅齿，背面密生灰白色细绒毛。圆锥状聚伞花序顶生，长 10～27cm；花萼钟状，先端 5 裂；花冠淡

图 11-350 黄荆

紫色，被绒毛，先端 5 裂，二唇形。核果球形，黑色。花期 4～6 月，果期 9～10 月。

【变种、变型及栽培品种】 牡荆 （*V. negundo* var. *cannabifolia* Hand.-Mazz.）：小叶边缘具规则锯齿，背面淡绿色，无毛或疏被柔毛。分布于华东、华北、中南以至西南各地区。

荆条 （*V. negundo* var. *heterophylla* Rehd.）：小叶边缘有缺刻状锯齿、浅裂至深裂，背面密生灰色绒毛。花期 7～9 月。中国东北至西南各地均有分布，为华北极常见的野生灌木。

【分布】 主产于长江以南各地，分布遍及全国；多生于海拔 3200m 以下的山地灌木丛中，常见分布于山坡、路旁及林缘；日本、亚洲东南部、非洲东部及南美洲也有分布。

【习性】 喜光，极耐干旱瘠薄土壤，适应性强，常生于山坡路旁、石隙林边。

【繁殖栽培】 播种、分株繁殖均可。栽培简易，无需特殊管理。

【观赏特性及园林用途】 黄荆，尤其是其变种荆条，叶片秀丽，花序清雅，是点缀风景区的优良花灌木，常植于山坡、路旁，增添无限生机和野趣；该种老枝姿态各异，也是树桩盆景的优良材料。

【经济用途】 枝、叶、种子皆可入药，根具镇咳、祛痰作用，并可扩张支气管及抑菌作用。花含蜜汁，是极好的蜜源植物。枝条柔软，可编织器物。

11. 1. 6. 3. 5 紫珠属 *Callicarpa* Linn.

灌木或乔木，稀藤本；小枝有星状毛、单毛或粗糠状短柔毛。单叶对生，稀 3 叶轮生；边缘有锯齿，稀全缘。聚伞花序腋生，花小，整齐；苞片细小，稀叶状；花萼杯状或钟状，稀筒状，顶端 4 齿裂或平截状，宿存，果时不增大；花冠紫、红或白色，筒状，冠檐 4 裂；雄蕊 4，着生于花冠筒基部，花丝伸出花冠筒或稍短于花冠筒，花药纵裂或顶端孔状缝裂；子房 4 室，每室 1 胚珠；花柱长于

雄蕊，柱头头状或不明显 2 裂。核果浆果状，球形如珠，成熟时常为有光泽的紫色，具 4 分核。种子无胚乳。

本属约 190 种，主产亚洲热带和亚热带、大洋洲，少数分布美洲。中国约 48 种，主产于长江以南地区，少数种可延伸到华北至东北、西北的边缘。

分种检索表

1 叶长 3～7cm，缘中部以上具钝锯齿，叶柄长 3～5mm；总花梗为叶柄长度 3～4 倍 ·················
·· (1) 白棠子树 C. dichotoma
1 叶长 7～15cm，缘自基部起具细锯齿，叶柄长 5～10mm；总花梗与叶柄等长或短于叶柄 ·········
·· (2) 日本紫珠 C. japonica

(1) 白棠子树 Callicarpa dichotoma（Lour.）K. Koch

【别名】 小紫珠。

【形态特征】 落叶灌木，高可达 2m；小枝纤细，带紫红色，具星状毛。叶片倒卵形或披针形，长 3～7cm，顶端急尖，基部楔形，边缘上半部疏生锯齿；上表面稍粗糙，背面密生细小黄色腺点；叶柄长 2～5mm。聚伞花序腋生于枝条上部，花序柄为叶柄长的 3～4 倍；花萼杯状；花冠紫红色。核果球形，蓝紫色，径约 4mm。花期 6～8 月；果期 10～11 月。

【分布】 产于华东及华中、华南、华北地区生长于海拔 150～600m 的低山丘陵灌丛中。

【习性】 喜光，较耐阴；喜温暖湿润环境，适宜肥沃湿润土壤；耐寒性较好，对土壤要求不严。

【繁殖栽培】 扦插或播种繁殖。

【观赏特性及园林用途】 植株矮小，入秋紫果累累，果实美观且有光泽，状如玛瑙，为庭院中优良的观果灌木，可植于假山旁、草坪边缘等；也可用作基础栽植；果枝也可用作切花材料。

【经济用途】 根、茎、叶均可入药，具治疗感冒、跌打损伤、气血瘀滞、妇女闭经、外伤肿痛等功效；根还可治疗关节酸痛、外伤肿痛；叶也可用作止血药。茎叶可提取芳香油。

(2) 日本紫珠 Callicarpa japonica Thunb.

【形态特征】 落叶灌木，高可达 2m。小枝幼时有绒毛，不久即可脱落。叶倒卵形至椭圆形，长 7～15cm，先端急尖或长尾尖，基部楔形，两面通常无毛；叶缘自基部起有细锯齿，叶柄长 5～10mm。聚伞花序，总花柄与叶柄等长；花萼杯状；花冠白或淡紫色。果球形，紫色。花期 6～7 月，果期 8～10 月。

【变种、变型及栽培品种】 窄叶紫珠（C. japonica var. angustata Rehd.）：叶片较窄，倒披针形至披针形。

'白果'紫珠（'leucocarpa'）：果白色。

【分布】 产于东北南部、华北、华中、华东等地。

【习性】 喜光，也较耐阴；喜温暖湿润环境，耐寒性较好；对土壤要求不严，适宜肥沃湿润土壤。

【繁殖栽培】 播种或扦插繁殖。

【观赏特性及园林用途】 果实紫色而光亮，为园林中观果植物，可植于假山旁、草坪边缘等；也可用作基础栽植。

【经济用途】 叶含黄酮及皂苷，植株有毒。

11.1.6.3.6 莸属 Caryopteris Bunge

直立或披散灌木，稀为草本。单叶对生，全缘或有锯齿，常具黄色腺点。聚伞花序，常再组成伞房状或圆锥状，腋生，稀单花；萼钟状，常 5 裂，宿存；花冠 5 裂，2 唇形；雄蕊 4（2 强），伸出花冠筒之外；子房不完全 4 室，每室 1 胚珠；花柱线形，柱头 2 裂。蒴果常球形，成熟后 4 瓣裂。

本属约 17 种，分布于亚洲东部和中部；中国产 14 种，广布于各地区。

莸 Caryopteris incana（Thunb.）Miq.（图 11-351）

【别名】 兰香草。

【形态特征】 落叶灌木，高可达 2m，全株具灰白色绒毛，嫩枝紫褐色。叶条形或卵状披针形，长 2～7cm，宽 1～4cm，先端渐尖，基部楔形或近圆形，边缘有粗齿；两面被柔毛及具黄色腺点，背面尤甚。聚伞花序紧密，腋生于枝条上部或顶生；花萼钟状，5 深裂，外面密被柔毛；花冠淡紫色或淡蓝色，外面具柔毛，2 唇裂，下唇中裂片较大，边缘流苏状。蒴果倒卵状球形，上半部被粗毛，熟时裂成 4 小坚果；种子有翅。花果期 8～10 月。

【变种、变型及栽培品种】 金叶莸（C. incana×C. mongolica 'Worcester Golod'）：莸与蒙古

荒的杂交种，与原种的区别是，叶卵状披针形，上表面金黄色，光滑；背面银白色，有毛，聚伞花序伞房状，蓝紫色，花期夏秋季。

【分布】　产于华东及中南各地，北京和河北地区也有栽培。

【习性】　喜温暖湿润环境，耐寒性较好；对土壤要求不严，适宜肥沃湿润土壤。

【繁殖栽培】　播种或扦插繁殖。

【观赏特性及园林用途】　花色淡雅，夏秋开花，为点缀夏秋景色的好材料，可植于草坪边缘、假山旁、水边、路旁等。

图 11-351　荒

【经济用途】　全株可入药。

11.1.6.4　醉鱼草科（马钱科）Buddlejaceae

灌木、乔木或藤本，稀草本。单叶对生，少有互生或轮生，全缘或具锯齿。花单生或组成聚伞花序、圆锥花序、穗状花序；花两性，整齐；花萼 4～5 裂，裂片镊合状或覆瓦状排列；花冠合瓣，先端 4～5 裂；雄蕊与花冠裂片同数并与之互生，着生于冠筒内壁；子房上位，通常 2 室。蒴果、浆果或核果，种子多数，常有翅。

本科约 35 属 600 种，分布于热带、亚热带和温带地区。中国有 9 属约 60 种。

醉鱼草属 *Buddleja* Linn.

灌木或乔木，稀草本；植物体被线状、星状或鳞片状绒毛；枝对生，圆形或四棱形。叶对生，稀互生，全缘或具锯齿；托叶在叶柄间连生，或常退化成一线痕。圆锥状、穗状、聚伞花序，苞片线形；花萼钟状，4 裂；花冠高脚碟状或漏斗状，4 裂，裂片短于冠筒；雄蕊 4，着生冠筒基部至喉部；子房 2 室；花柱丝状或短，柱头头状、圆锥状或棍棒状。蒴果，2 瓣裂，稀浆果；种子多数，细小，常有翅。

本属约 100 种，分布于热带和亚热带地区；中国约 25 种，产于西北、西南和东部。

分种检索表

1 叶对生；花序生于当年生枝上。
　2 花白色，花冠筒长 2～4mm ……………………………………………………… (1) 驳骨丹 *B. asiatica*
　2 花淡紫、紫色至黄白色，花冠筒长 7～20mm。
　　3 小枝略具四棱；花序圆锥状；雄蕊着生于花冠筒内壁中部。
　　　4 叶大，长 5～25cm，上表面无毛；花淡紫色 ……………………………… (2) 大叶醉鱼草 *B. davidii*
　　　4 叶小，长 5～13cm，表面疏被细星状毛；花淡紫至白色 ……………… (3) 密蒙花 *B. officinalis*
　　3 小枝四棱；花序穗状，扭向一侧；雄蕊着生于花冠内壁下部 ……………… (4) 醉鱼草 *B. lindleyana*
1 叶互生；花簇生于去年生枝上 …………………………………………………… (5) 互叶醉鱼草 *B. alternifolia*

(1) 驳骨丹 *Buddleja asiatica* Lour.

【别名】　白花醉鱼草、白背枫、狭叶醉鱼草。

【形态特征】　直立灌木或小乔木，高可达 8m。小枝四棱，老枝圆柱形，小枝、叶背面、叶柄和花序皆被白色或浅黄色短绒毛。单叶对生，膜质至纸质，狭椭圆形至披针形，长 5～15cm，宽 1～7cm，先端渐尖，基部楔形，有时叶基下延；全缘或有细锯齿，上表面无毛，下表面有白色或浅黄色短绒毛；叶柄长 2～15mm。总状或圆锥花序，顶生或腋生，长 5～20cm，被星状绒毛；花萼 4 深裂，被毛；花冠白色，芳香，花冠筒长 2～4mm，直立，外面有毛，裂片 4；雄蕊 4，着生于花冠筒中部；花柱短。蒴果卵形，长 3～5mm；种子两端具翅。花期 6～9 月，果期 8～12 月。

【分布】　分布于中国西南、中部及东南部海拔 200～3000m 的向阳坡灌木丛、疏林边缘等。亚洲东南部也有分布。

【习性】　喜光，喜排水良好的肥沃土壤。较耐寒，抗干旱，对土壤要求不严，耐粗放管理。

【繁殖栽培】　播种、扦插或分株繁殖。

【观赏特性及园林用途】　适宜植于庭院观赏，配置于山坡草地、桥头、建筑基础处，或作中型绿篱，也可于空旷草地丛植；也宜用作冬季插花材料。

【经济用途】　根和叶可供药用，具祛风除湿、行气活络之功效。花芳香，可提取芳香油。

(2) 大叶醉鱼草 *Buddleia davidii* Franch.（图 11-352）

【别名】　绛花醉鱼草、穆坪醉鱼草、兴山醉鱼草、白背叶醉鱼草、白壶子。

【形态特征】　落叶灌木，高达 5m。小枝略呈四棱形，开展，幼时密被白色星状毛。单叶对生，卵状披针形至披针形，长 5～25cm，先端渐尖，基部圆楔形，边缘疏生细锯齿，上表面无毛，下背面密被白色星状绒毛；叶柄间具 2 枚卵形或半圆形的托叶，有时托叶早落。总状或圆锥状聚伞花序，顶

图 11-352　大叶醉鱼草

生；小苞片线状披针形；花萼 4 裂，裂片披针形，密被星状绒毛；花冠淡紫色，后变黄白至白色，喉部橙黄色，芳香，长约 1cm；冠筒细而直，长 0.7～1cm，先端 4 裂，外被星状绒毛及腺毛；雄蕊 4，着生于花冠筒内壁中部。蒴果狭椭圆形或狭卵形，长 5～9mm，2 瓣裂，无毛，基部有宿存花萼。花期 5～10 月，果期 9～12 月。

【变种、变型及栽培品种】　'紫花'醉鱼草（'Veitchiana'）：大形穗状花序密生，花红紫色而具鲜橙色的花心，花期较早；植株强健。

'绛花'醉鱼草（'Magnifica'）：穗状花序密生，花较大，深绛紫色；花冠筒口部深橙色，裂片边缘反卷。

'大花'醉鱼草（'Superba'）：圆锥花序密生，花较大，深绛紫色；花冠裂片不反卷。

'垂花'醉鱼草（'Wilsonii'）：植株较高，枝条呈拱形；叶狭长。穗状花序稀疏且下垂，有时可达 70cm；花冠较小，红紫色，裂片边缘稍反卷。

【分布】　主产于长江流域一带，西南、西北等地也有，多于生于海拔 800～3000m 的丘陵、沟边、灌丛中；日本、马来西亚、印度尼西亚、美国及非洲也有栽培。

【习性】　喜光，喜温暖气候，喜高燥、排水好的环境。植株萌发力强，耐修剪，性强健，耐寒、耐旱、耐贫瘠及粗放管理。抗寒性极强，可在北京露地越冬。

【繁殖栽培】　多用播种或扦插繁殖。

【观赏特性及园林用途】　枝条柔软多姿，花序较大，花色丰富，且具香气，为优良的庭院观赏植物，在园林中可植于草地、坡地、墙隅、道路边缘处，也可来装饰花坛和作切花用。植株有毒，应用时应注意。

【经济用途】　枝、叶、根皮入药外用，具祛风散寒、止咳、消积止痛之功效，也可作农药。花可提制芳香油。

(3) 密蒙花 *Buddleja officinalis* Maxim.

【别名】　蒙花、小锦花、黄饭花、疙瘩皮树花、鸡骨头花、羊耳朵、蒙花树、米汤花、染饭花、黄花树。

【形态特征】　落叶灌木，高可达 3m，小枝略呈四棱形，全株密生灰白色绒毛。叶对生，纸质，长卵形或长圆状披针形，长 5～13cm，宽 2～8cm，先端渐尖或急尖，基部楔形或阔楔形，有时叶基下延至叶柄基部；全缘或有小齿，上表面有细星状毛，下表面密被灰白色至黄色星状绒毛。聚伞状圆锥花序呈尖塔形，顶生；花萼钟状，长 2.5～4.5mm，外面与花冠外面均密被星状短绒毛和一些腺毛；花冠圆筒形，内面黄色，被疏柔毛；花冠紫堇色，后变白或淡黄白色，喉部橘黄色，有香味；雄蕊着生于花冠管内壁中部，花丝极短；子房卵珠状，中部以上至花柱基部被星状短绒毛，花柱柱头棍棒状。蒴果椭圆状，2 瓣裂，外果皮被星状毛，基部有宿存花被。花期 3～4 月；果期 5～8 月。

【分布】　主产于中国西南及中南部地区的海拔 200～2800m 向阳山坡、河边、村旁的灌木丛、林缘中。不丹、缅甸、越南等地区也有分布。

【习性】　生性强健，适应性较强，不择土壤，石灰岩山地亦能生长。

【繁殖栽培】　可用播种或扦插繁殖。

【观赏特性及园林用途】　花芳香美丽，为优良的庭院观花植物，可植于草坪、山坡、石旁等。

【经济用途】　花可供药，有清热利湿、清肝明目、止咳等功效。根可清热解毒。花芳香，还可提取芳香油，亦可做黄色食品染料。茎皮纤维坚韧，可做造纸原料。

(4) 醉鱼草 *Buddleja lindleyana* Fort.（图 11-353）

【别名】　闹鱼花、雉尾花、土蒙花、痒见消。

【形态特征】　灌木，高可达 3m；小枝具四棱而稍有翅，嫩枝、叶背及花序均密被褐色星状毛。单叶对生，卵形至卵状披针形，长 3～10cm，宽 1～4cm，先端尖或渐尖，基部楔形，全缘或疏生波状齿。聚伞花序穗状，顶生，长 7～20cm，苞片线形；花萼 4 裂，密被星状柔毛和小鳞片；花冠紫色，长 11～17mm，稍弯曲，花冠裂片宽卵圆形；冠筒长 1.5～2cm，密被星状柔毛和小鳞片，筒内面白紫色；雄蕊 4，着生花冠筒下部或近基部；花丝极短。蒴果长圆形，被鳞片，基部常有宿存花萼；种子小，无翅。花期 4～10 月，果期 8 月～翌年 4 月。

【分布】 产于华东、中南和西南各地海拔 200～2700m 的山地林缘、河边灌木丛中；马来西亚、日本和美洲、非洲等均有栽培。

【习性】 喜光，也耐阴，喜温暖湿润的气候和肥沃、排水良好的土壤，不耐水湿；性强健，耐干旱瘠薄。

【繁殖栽培】 播种、分株、压条、扦插法均可。

【观赏特性及园林用途】 叶茂花繁，花期夏季，为优良的夏花观赏植物，常丛植栽培于庭院、路旁、墙隅及草坪边等处。注意植株可麻醉鱼类等，不宜栽植于鱼池边。

【经济用途】 花、叶及根可药用，具祛风除湿、止咳化痰、散瘀之功效。

(5) 互叶醉鱼草 *Buddleja alternifolia* Maxim. （图 11-354）

【别名】 小叶醉鱼草、白芨、白芨梢、白积梢、泽当醉鱼草。

【形态特征】 落叶灌木，高可达 4m，枝细长，开展并拱垂；小枝四棱形或近圆柱形。单叶，在长枝上互生，在短枝上为簇生；长枝上的叶片披针形或线状披针形，长 3～10cm，宽 2～

图 11-353 醉鱼草

10mm，顶端急尖或钝，基部楔形，全缘或有波状齿，上表面幼时被灰白色星状短绒毛，下表面密被灰白色星状短绒毛；在花枝上或短枝上的叶很小，椭圆形或倒卵形，长 5～15mm，宽 2～10mm，顶端圆至钝，基部楔形或下延至叶柄，全缘兼有波状齿，毛被与长枝上的叶片相同。簇生状或圆锥状聚伞花序，密集，常生于二年生的枝条上；花序梗极短，基部通常具有少数小叶；花芳香；花萼钟状，具四棱，外面密被灰白色星状绒毛和腺毛，花萼裂片三角状披针形，内面被疏腺毛；花冠紫蓝色，外面初被星状毛，后变无毛或近无毛；花冠筒喉部初被腺毛，后变无毛，花冠裂片近圆形或宽卵形；雄蕊着生于花冠管内壁中部，花丝极短；花柱长约 1mm，柱头卵状。蒴果椭圆状，无毛；种子多颗，周围边缘有短翅。花期 5～7 月，果期 7～10 月。

【分布】 产于内蒙古西部、河北、河南西部、山西西部、陕西、甘肃、宁夏、青海东部、四川东南部及西藏等地，生于海拔 1500～4000m 干旱山地、河滩灌丛中。

【习性】 喜温暖湿润气候；根系发达，适应性强，耐干旱瘠薄。

【繁殖栽培】 播种或扦插法。扦插选用嫩枝和老枝皆可作为插穗。

【观赏特性及园林用途】 植株端庄而优雅、花朵繁茂、芳香而美丽，为公园常见优良观赏植物，在园林中可植于草地、坡地、墙隅处，也可装点山石、庭院、道路、花坛等，还能够作切花用材。

【经济用途】 花、叶及根均可药用，具收敛止血，消肿生肌和治疗咳血吐血，外伤出血、疮疡肿毒之功效；块茎含黏液质和淀粉等，可入药。

图 11-354 互叶醉鱼草

11.1.6.5 木犀科 Oleaceae

灌木或乔木，稀藤本。叶对生，稀互生，单叶、三出复叶或羽状复叶，稀羽状分裂；具叶柄，无托叶。常聚伞花序排列成圆锥状、总状、伞状、头状花序，顶生或腋生，或聚伞花序簇生于叶腋，稀花单生；花两性，稀单性或杂性，雌雄同株、异株或杂性异株，辐射对称；花萼通常 4 裂，有时多达 12 裂，稀无花萼；花冠合瓣，管状、漏斗状或高脚碟状，先端 4 裂，有时多达 12 裂，浅裂、深裂至近离生；雄蕊通常 2 枚，稀 4 枚，着生于花冠筒上或花冠裂片基部；子房上位，2 室，每室具胚珠多 2 枚。果为核果、蒴果、浆果或翅果。

本科约 28 属 400 余种，广泛分布于温带、亚热带及热带地区，亚洲地区种类尤为丰富。中国有 11 属 170 余种，南北各地均有分布。

分属检索表

1 果为翅果或蒴果。

11.1.6.5.1 雪柳属 *Fontanesia* Labill.

落叶灌木或小乔木，小枝四棱形。单叶对生，常为披针形，全缘或具细锯齿。圆锥花序或总状花序，顶生或腋生；花两性，花萼小，4 裂，宿存；花冠白、黄或淡红白色，深 4 裂，仅基部合生；雄蕊 2 枚，着生于花冠基部，花丝较花瓣长；子房 2 室，每室具下垂胚珠 2 枚；花柱短，柱头 2 裂，宿存。翅果，扁平，环生窄翅，每室通常仅有种子 1 枚。

图 11-355　雪柳
1. 果实；2. 果枝；3. 花；4. 花枝

本属 2 种，主产于亚洲西部。我国产 1 种，分布于中部至东部地区。

雪柳 *Fontanesia fortunei* Carr.（*F. Phillyraeojdes* Labill. ssp. *Fortunei* Yaltirk）（图 11-355）

【别名】　五谷树、挂梁青。

【形态特征】　落叶灌木或小乔木，高可达 8m，枝灰白色，细长，四棱形或具棱角。单叶对生，披针形至狭披针形，长 3～12cm，宽 0.8～2.6cm，先端锐尖至渐尖，基部楔形，全缘，两面无毛，中脉在上面稍凹入或平，下面凸起；叶柄长 1～5mm，上面具沟，光滑无毛。圆锥花序顶生或腋生，苞片锥形或披针形；花两性或杂性同株，花萼杯状，深裂；花冠深裂至近基部，绿白色，微香；雄蕊花丝长 1.5～6mm，伸出或不伸出花冠外，花柱柱头 2 叉。翅果扁平，倒卵形，边缘具窄翅，花柱宿存。花期 4～6 月，果期 6～10 月。

【分布】　产于中国吉林、河北、山东、江苏、安徽、河南、陕西、浙江及湖北东部海拔 800m 以下的水沟、溪边或林中。

【习性】　喜光，稍耐阴；喜温暖气候，耐寒性较强；喜肥沃、排水良好之土壤；根蘖性强。

【繁殖栽培】　播种、扦插和分株繁殖。

【观赏特性及园林用途】　本种枝条稠密柔软，叶细如柳，晚春白花满树，远观如积雪，观赏价值极高，可丛植于庭院观赏，也可群植于森林公园，或散植于溪谷沟边。枝条稠密，也可用作自然式绿篱或防风林之下木，或作隔尘林带。

【经济用途】　嫩叶可代茶；枝条柔软可编筐；茎皮可作织物；也是良好的蜜源植物。

11.1.6.5.2　梣属 *Fraxinus* Linn.

落叶乔木，稀灌木，芽大，冬芽褐色或黑色，多数具芽鳞 2～4 对，稀为裸芽。奇数羽状复叶，对生，叶柄基部常增厚或扩大；小叶 3 至多枚，常具齿或近全缘。圆锥花序顶生或腋生于枝端，或着生于去年生枝上，苞片线形至披针形，早落或缺如；花小、杂性、两性或单性，雌雄同株或异株，芳香；萼小，钟状或杯状，4 裂或为不整齐的裂片状；花冠白色至淡黄色，缺或存在，常深裂至基部，裂片 4；雄蕊常 2 枚，与花冠裂片互生；花丝通常短，或在花期迅速伸长伸出花冠之外；子房 2 室，每室具下垂胚珠 2 枚，花柱柱头 2 裂。翅果，翅长于坚果；种子单生，扁平，长圆形。

本属约 60 种，主要分布于温带地区，少数扩展至热带森林中。中国产 27 种，1 变种，各地均有分布。

分种检索表

1 花序生于当年生枝顶及叶腋，叶后开放。
  2 小叶 3～7 枚，叶片小，长 2～5cm。
    3 小叶 5～9 枚，通常 7 枚 ·· (1) 白蜡树 *F. chinensis*
    3 小叶 3～7 枚，通常 5 枚 ·· (2) 大叶白蜡 *F. rhynchophylla*
  2 小叶 3～7 枚，叶片小，长 2～5cm ······································· (3) 小叶白蜡 *F. bungeana*
1 花序生于 2 年生枝，先叶开放。
  4 幼枝、冬芽通常无毛。
    5 复叶叶轴无窄翼。
      6 小叶 7～13 枚，无小叶柄，小叶基部密生黄褐色绒毛 ·············· (4) 水曲柳 *F. mandschurica*
      6 小叶通常 7 枚，卵状长椭圆形至披针形，长 8～14cm；翅果长 3～6cm ···················
                                            (5) 洋白蜡 *F. pennsylvanica*
    5 复叶叶轴有窄翼 ··· (6) 对节白蜡 *F. hupehensis*
  4 幼枝、冬芽具毛 ·· (7) 绒毛白蜡 *F. velutina*

（1）白蜡树 *Fraxinus chinensis* Roxb.（图 11-356）

【别名】 梣、青榔木、白荆树。

【形态特征】 落叶乔木，高可达 15m，树冠卵圆形，树皮灰褐色；皮孔小，不明显。羽状复叶，对生，叶轴挺直，上面具浅沟，基部膨大；小叶 5～9 枚，多为 7 枚，卵圆形或卵状椭圆形，长 3～10cm，先端渐尖，基部钝圆或楔形，不对称，缘有齿及波状齿，上表面无毛，背面沿脉有短绒毛；中脉和侧脉在下表面凸起，细脉两面凸起。圆锥花序侧生或顶生于当年生枝上，大而疏松；花雌雄异株；雄花密集，花萼小，钟状，无花冠，花药与花丝近等长；雌花疏离，花萼大，筒状，4 浅裂；花柱细长，柱头 2 裂。翅果匙形，长 3～4cm，翅平展，下延至坚果中部；宿存萼紧贴于坚果基部。花期 4～5 月；果期 7～10 月。

【分布】 北自中国东北中南部至福建，西至甘肃均有分布，在川西可达海拔 3100m。朝鲜、越南也有分布。

【习性】 喜光，稍耐阴；喜温暖湿润气候，颇耐寒；耐涝，耐干旱；对土壤要求不严，碱性、中性、酸性土壤均能生长，耐盐碱；抗烟尘，对 SO_2、Cl_2、HF 等有毒气体有较强抗性。萌芽、萌蘖力均强，耐修剪；生长速度较快，寿命可达 200 年以上。

【繁殖栽培】 播种或扦插繁殖。播种繁殖时，采集当年成熟翅果，晒干去翅后即可秋播，或混干沙贮藏至翌春 3 月播种；播前用温水浸泡 24h，或冷水泡 4～5 天，也可混以湿沙室内催芽。扦插繁殖时，于 2～3 月芽膨大时剪取粗细一致的健壮枝条，随采随插。

【观赏特性及园林用途】 树形端正，树干通直，枝繁叶茂，秋叶橙黄，是优良的行道树和庭荫树，可植于路旁、庭院；其又耐水湿，抗烟尘，可用于湖岸和工矿区绿化；也可用作盐碱地和沿海地区的绿化树种。

【经济用途】 材质柔软坚韧，纹理通直，可供制家具；枝条柔软，可编筐。枝、叶可放养白蜡虫，制取白蜡，是中国重要的经济树种之一。树皮可药用，具清热、消炎、收敛之功效。

图 11-356　白蜡树

（2）大叶白蜡 *Fraxinus rhynchophylla* Hance

【别名】 花曲柳、大叶梣。

【形态特征】 落叶大乔木，高可达 15m，树皮灰褐色。羽状复叶对生，长 15～35cm，叶柄长 4～9cm，基部膨大；叶轴上面具浅沟，小叶着生处具关节；小叶 5～7 枚，革质，阔卵形至卵状披针形，长 3～15cm，宽 2～6cm，顶生小叶显著大于侧生小叶；小叶先端渐尖、骤尖或尾尖，基部钝圆、阔楔至心形，两侧略歪斜或下延至小叶柄；叶缘具不规则粗锯齿，通常下部近全缘，上表面中脉略凹入，下表面沿脉腋初被白色柔毛，后渐脱落，细脉在叶片两面均凸起。圆锥花序顶生或腋生当年生枝梢，长约 10cm；花序梗长约 2cm；苞片长披针形，无毛，早落；雄花与两性花异株；花萼浅杯状；无花冠；两性花具雄蕊 2 枚；花柱短，柱头 2 叉深裂；雄花花萼小，花丝细。翅果线形，翅下延至坚果中部，具宿存萼。花期 4～5 月，果期 9～10 月。

【分布】　产于东北和黄河流域各省，适生于海拔 1500m 以下的山坡、河畔和路旁。日本、俄罗斯、朝鲜也有分布。

图 11-357　小叶白蜡

【习性】　喜光，耐寒，对气候和土壤要求不严，适宜肥沃、疏松、排水好的土壤；生长速度较快。

【繁殖栽培】　播种繁殖为主，也可扦插繁殖。

【观赏特性及园林用途】　树干挺直，冠大荫浓，可用作行道树、庭荫树或风景林。

【经济用途】　木材质地硬而致密，纹理美丽，为制作家具的好材料；树皮可供药用，具清肝明目、收敛止痢之功效；种子可榨油供制肥皂用。

(3) 小叶白蜡 *Fraxinus bungeana* DC. （图 11-357）

【别名】　小叶梣、梣。

【形态特征】　落叶小乔木或灌木，高可达 5m；树皮暗灰色，浅裂；当年生枝淡黄色，去年生枝灰白色，皮孔细小，椭圆形。羽状复叶，叶柄基部增厚；叶轴直，上面具窄沟，被细绒毛；小叶 5～7 枚，硬纸质，阔卵形、菱形至卵状披针形；形小，长 2～5cm，宽 1.5～3cm，先端尾尖，基部阔楔形，叶缘具深锯齿至缺裂状，中脉在两面凸起，叶片两面光滑无毛。圆锥花序顶生或腋生当年生枝条，花序梗扁平，初被绒毛，后渐秃净；雄花花萼小，杯状，花冠白色至淡黄色，裂片线形，雄蕊与裂片几乎等长；两性花花萼较大，花冠裂片长于雄蕊，花柱柱头 2 浅裂。翅果匙状长圆形，圆或微凹，果翅下延至坚果中下部，花萼宿存。花期 5 月，果期 8～9 月。

【分布】　主产于华北及西北地区，多生于海拔 100～1500m 的较干燥向阳的石灰岩山地。

【习性】　喜光，喜钙质土，耐干旱瘠薄，适应性强。

【繁殖栽培】　播种或扦插繁殖。

【观赏特性及园林用途】　枝繁叶茂，秋叶橙黄，是优良的庭荫树，可植于路旁、庭院，也可用于工矿区绿化。

【经济用途】　木材质地坚硬，可供制小农具。树皮可入药（中药"秦皮"），具消炎解热、收敛止泻之功效。

(4) 水曲柳 *Fraxinus mandshurica* Rupr. （图 11-358）

【别名】　满洲白蜡、东北梣。

【形态特征】　落叶大乔木，高可达 30m，树干通直，树皮灰褐色，纵裂；小枝粗壮，黄褐色至灰褐色，略呈四棱形，节膨大，光滑无毛，小皮孔散生，圆形，明显凸起。羽状复叶，叶柄近基部膨大，叶轴上面具平坦的阔沟，沟棱有时呈窄翅状，小叶着生处具关节；小叶 7～13 枚，纸质，无柄，叶轴具狭翅；叶片椭圆状披针形至卵状披针形，长 8～16cm，宽 2～5cm，先端长渐尖，基部楔形至钝圆，稍歪斜，连叶轴处密生黄褐色绒毛；叶片上表面无毛或疏被白色硬毛，下表面沿脉被黄色柔毛；叶缘锯齿细尖，中脉在上面凹入，下面凸起。圆锥花序侧生于去年生枝上，花序梗与分枝具窄翅状锐棱；雄花与两性花异株，皆无花冠和花萼；雄花序紧密，雄蕊 2 枚；两性花序稍松散；花柱短，柱头 2 裂。翅果大而扁，扭曲，果翅下延至坚果基部。花期 4～5 月，果期 8～10 月。

图 11-358　水曲柳

【分布】　分布于东北、华北、陕西、湖北、甘肃等地区，多生于海拔 700～2100m 的山坡疏林、河谷、平缓山地等处；朝鲜、日本、俄罗斯也有分布。

【习性】　喜光，幼时稍能耐阴；喜肥；耐水湿，耐 －40℃ 的严寒；稍耐盐碱，能够在土壤 pH 8.4、含盐量 0.1％～0.15％ 的盐碱地上生长。萌蘖性强，抗风，生长速度较快，寿命较长。

【繁殖栽培】　可用播种、扦插、萌蘖等方法繁殖。播种时，因种子休眠期长，翌年春季播种育苗需经高温催芽处理。

【观赏特性及园林用途】　本种树型优美，树干挺直，叶大荫浓，可作庭荫树和行道树。耐盐碱，也可用作沿海绿化树种。

【经济用途】 材质细致坚韧，纹理美丽，是东北地区名贵的用材树种。

(5) 洋白蜡 *Fraxinus pennsylvanica* Marsh.（图 11-359）

【别名】 美国红梣、毛白蜡。

【形态特征】 落叶乔木，高可达 20m，树皮灰褐色，纵裂；小枝红棕色，被黄色柔毛或秃净，老枝红褐色，光滑无毛。羽状复叶，基部几乎不膨大；叶轴圆柱形，上面具较宽的浅沟，通常密被灰黄色柔毛；小叶通常 7 枚，薄革质，卵状长椭圆形至长圆状披针形，长 4～13cm，宽2～5cm，先端渐尖，基部阔楔形；缘具钝锯齿或近全缘，上表面无毛，下表面疏被绢毛，脉上较密，中脉和侧脉在上面凹入；小叶无柄。圆锥花序生于去年生小枝；花密集，雄花与两性花异株，无花瓣；雄花花萼小，花丝短；两性花花萼较宽，花柱柱头 2 裂。翅果倒披针形，果翅下延至坚果中部。花期 4 月，果期 8～10 月。

【分布】 原产于美国东海岸至落基山脉一带的河湖边岸湿润地带；中国东北、西北、华北至长江下游以北多有引种栽培。

【习性】 喜光，耐寒、耐水湿，也稍耐干旱；对土壤要求不严，适应城市环境能力较强。根系浅，抗风力弱；生长速度快，发叶晚而落叶早。

【繁殖栽培】 多采用播种繁殖。

【观赏特性及园林用途】 本种干直冠大，枝繁叶茂，秋叶金黄，为城市绿化的优良树种，可用作行道树及防护林，也可作湖岸绿化及工矿区绿化树种。

【经济用途】 材质优良，可供制家具；树皮入药，具清热燥湿、清肝明目、化痰之功效。

图 11-359 洋白蜡

(6) 对节白蜡 *Fraxinus hupehensis* Chu, Shang et Su

【别名】 湖北梣、湖北白蜡。

【形态特征】 落叶乔木，高可达 19m；树皮深灰色，老时纵裂；小枝挺直，营养枝常呈棘刺状。复叶叶轴有窄翼，叶柄基部不增厚，小叶着生处多有关节；小叶 7～11 枚，多为 9，革质，披针形至卵状披针形，长 1.7～5cm，宽 0.6～1.8cm，先端渐尖，基部楔形；叶缘锯齿尖锐，上表面无毛，背面沿中脉基部被短柔毛。花杂性，密集簇生于去年生枝上，或组成短的聚伞花序。两性花花萼钟状，雄蕊 2，花丝长于雌蕊，花柱柱头 2 裂。翅果匙状。花期 2～3 月，果期 9 月。

【分布】 本种为 1975 年发现的新种，我国特有种，仅分布在湖北，多生于海拔 600m 以下的低山丘陵地带。

【习性】 喜光，稍耐阴；喜温暖湿润气候，耐寒力弱；对土壤要求不严，耐干旱瘠薄，抗烟尘，病虫害少，适应城市环境能力较强。萌芽力强，耐修剪；生长缓慢，寿命可长达上千年。

【繁殖栽培】 可采用播种、扦插和嫁接繁殖。

【观赏特性及园林用途】 本种树形优美，干直冠大，枝繁叶茂，为城市绿化的优良树种，可丛植于庭院、公园及风景区，也用作行道树。幼枝呈棘刺状，可作绿篱或刺篱；易于攀枝造型，又是很好的盆景制作材料。

【经济用途】 材质细腻，色泽光亮，单株材积可达10m³之多，是很好的用材树种，也宜作根雕。

(7) 绒毛白蜡 *Fraxinus velutina* Torr.

【别名】 津白蜡。

【形态特征】 落叶乔木，高可达 18m；树冠伞形，树皮灰褐色，纵裂；幼枝、冬芽上均密被绒毛。小叶 3～7，通常为 5，顶生小叶较大；叶狭卵形，长 3～8cm，先端尖，基部宽楔形；叶缘中部以上有锯齿，背面被绒毛。圆锥花序生于去年生枝上，雌雄异株，花杂性；花萼 4～5 裂，无花瓣，花萼宿存。翅果长圆形，果翅较果核短，先端常凹。花期 4 月，果期 8～10 月。

【分布】 原产于美洲西南部地区，中国济南、黄河中、下游及长江下游、内蒙古南部、辽宁南部均有引种栽培；适宜海拔 1500m 以下地区。

【习性】 喜光，耐寒、耐旱、耐水涝；不择土壤，耐盐碱，在盐分含量 0.3%～0.5% 的土壤上均能生长；抗 SO_2、石灰粉尘等有害气体能力强，对城市环境适应性强；抗病虫害能力强。深根性树种，侧根发达，生长速度较快。

【繁殖栽培】 播种繁殖和扦插繁殖皆可。果实成熟后可随采随播，也可于翌年春季 4 月下旬播种。种子用 40~50℃ 温水浸泡 24h，然后置于室内催芽，室温保持 25℃，每天用温水冲洗一两次，种子裂口后即可进行播种。扦插育苗选用一至二年生枝春插，成活率较高。

【观赏特性及园林用途】 本种树体高大，枝繁叶茂，是城市绿化的优良树种，可作"四旁"绿化、农田防护林、行道树及庭荫树等，也可作为沿海城市的绿化树种。

【经济用途】 材质优良，可作家具用材。

11.1.6.5.3 连翘属 *Forsythia* Vahl

落叶灌木，枝髓中空或呈薄片状。单叶，稀 3 裂至三出复叶，对生，叶缘具锯齿或全缘，具叶柄。花两性，1~5 朵着生于叶腋，先叶开放；花萼 4 深裂，花冠黄色，钟状，深 4 裂，裂片长于花冠筒；雄蕊 2，着生于花冠管基部；子房 2 室，每室具下垂胚珠多枚，花柱细长，柱头 2 裂。蒴果卵圆形，2 室，每室具种子多枚，种子有狭翅。

本属约 11 种，除 1 种产于欧洲东南部外，其余皆产于亚洲东部，尤以中国最多；中国有 7 种、1 变型。

分种检索表

1 枝髓中空；叶卵形，常有 3 裂或呈羽状三出复叶 ·················· (1) 连翘 *F. suspensa*
1 枝具片状髓；叶椭圆状披针形或卵形。
　　2 叶常为单叶，椭圆状披针形；枝直立 ·················· (2) 金钟花 *F. viridissima*
　　2 单叶有时呈三出；枝直立或拱形；为杂交种 ·················· (3) 金钟连翘 *F. intermedia*

（1）连翘 *Forsythia suspensa*（Thunb.）Vahl.（图 11-360）

【别名】 黄寿丹、黄花杆、黄绶带。

图 11-360　连翘

【形态特征】 落叶灌木，高可达 3m；干直立，枝开展，拱形下垂；小枝黄褐色，稍四棱，髓中空，皮孔疏生。单叶对生，少数叶片 3 裂或裂成 3 小叶状，卵形至椭圆状卵形，长 3~10cm，宽 1.5~5cm，先端锐尖，基部圆至楔形，叶缘具粗或锐锯齿，叶片两面无毛。花常单生，或 2 至数朵着生于叶腋，先叶开放；花萼绿色，裂片 4，边缘具睫毛，与花冠管近等长；花冠黄色，裂片 4；雄蕊 2。蒴果卵圆形，先端喙状渐尖，表面散生疣点。花期 3~4 月；果期 7~9 月。

【变种、变型及栽培品种】 '金叶'连翘（'Aurea'）：叶色金黄，可作为终年异色叶树种应用。

垂枝连翘（*F. suspensa* var. *sieboldii* Zabel.）：枝纤细而下垂，可达地面，并通常可匍匐。花冠裂片较宽，扁平，微开展。姿态优美，宜攀援于其他植物上。

毛连翘（*F. suspense* f. *pubescens* Rehd.）：幼枝、叶柄以及叶片两面表面均被短柔毛，叶片背面尤以叶脉为密。

"三叶"连翘（'Fortunei'）：叶常为 3 小叶或 3 裂，花冠裂片较窄，扭曲。

【分布】 产于中国山西、陕西、河北、山东、安徽西部、河南、湖北、四川北部海拔 250~2200m 的山坡灌丛、山谷、林下草丛中，现各地均有栽培；日本也有栽培。

【习性】 喜光，略耐阴；耐寒，耐干旱瘠薄，忌积水；喜肥沃、排水良好的沙质壤土，但不择土壤，抗病虫害能力强。根系发达。本种有自花授粉不亲和的现象，且不与同一类型的花受精。

【繁殖栽培】 用播种、扦插压条和分株繁殖皆可，以扦插为主。硬枝或嫩枝均可作插穗，于节处剪下，插后易于生根。花后修剪，去除枯弱枝，无须其他特殊管理。

【观赏特性及园林用途】 枝条拱形开展，花朵早春先叶开放，满枝金黄，艳丽可爱，是北方常见优良的早春观花灌木，宜丛植于路旁、溪边、草坪、角隅、岩石假山下，也可作基础种植或作花篱用；亦可群植于向阳坡处、森林公园等；也可作护堤岸绿化。

【经济用途】 种子可入药，具清热解毒、消结排脓之功效外；叶片对于治疗高血压、痢疾、咽喉痛等具有明显疗效。

（2）金钟花 *Forsythia viridissima* Lindl.（图 11-361）

【别名】 迎春柳、迎春条、金梅花、金铃花。

【形态特征】 落叶灌木，高可达 3m；枝直立，皮孔明显；小枝黄绿色，四棱形，髓薄片状。单叶对生，长椭圆形至椭圆状矩圆形，长 3.5~13cm，宽 1~4cm，先端锐尖，基部楔形；叶缘中部以上有粗或锐锯齿；两面无毛，中脉、侧脉在上表面凹入，背面凸起。花 1~4 朵着生于叶腋，先叶开放；花萼裂片绿色，具睫毛；花冠金黄色，内面基部具橘黄色条纹，反卷，裂片较狭长。蒴果卵圆状，基部稍圆，先端喙状渐尖，具皮孔。花期 3～4 月，果期 8～11 月。

【分布】 产于中国江苏、安徽、浙江、江西、福建、湖北、湖南、云南西北部地区，适生于海拔 300～2600m 的山地、谷地、溪沟边、林缘或山坡路旁灌丛中；除华南地区外，全国各地均有栽培。

习性、繁殖栽培、应用皆同连翘。

(3) 金钟连翘 *Forsythia × intermedia* Zabel.

【形态特征】 本种为连翘和金钟花的杂交种，性状介于两者之间。半常绿花灌木；枝拱形，髓成片状，节部实心。叶长椭圆形至卵状披针形，有时 3 深裂或 3 小叶；叶片边缘以上有锯齿或近全缘；绿叶期长。着花繁密，花大，黄色，颜色深浅不一。

图 11-361　金钟花

【分布】 为美国园艺品种，欧洲园林中常见栽培，现世界各地皆有栽培。

【习性】 喜光，略耐阴性；抗寒、耐旱、抗病虫害能力皆优于父母本。耐修剪，适应性强。

【繁殖栽培】 多用扦插、压条、分株繁殖，以扦插为主。扦插选用硬枝或半硬枝作插穗均可，于节处剪下，插后易于生根；春夏秋三季均可扦插，尤以梅雨季节生根率最高。

【观赏特性及园林用途】 早春满枝金黄、艳丽可爱，叶片绿期长，为街道和庭院绿化的优良观花灌木，可将其丛植于草坪、角隅、路缘、岩石假山下、阶前等；也可作护坡和荒山绿化树种。

【经济用途】 种子和叶片可入药，具清热解毒等功效。

11.1.6.5.4　丁香属 *Syringa* Linn.

落叶灌木或小乔木，枝为假二叉分枝；顶芽常缺；小枝近圆柱形或带四棱形，具皮孔。单叶对生，全缘，稀为羽状复叶或羽状深裂；具叶柄。聚伞花序组合为圆锥花序，顶生或侧生，与叶同时抽生或叶后抽生，具花梗或无花梗；花两性，花萼小，钟状，先端 4 齿裂或不规则齿裂，或近截形，宿存；花冠多紫色或白色，漏斗状、高脚碟状，裂片 4 枚，蕾时呈镊合状排列；雄蕊 2 枚，着生于花冠筒喉部至中部。蒴果长圆形，微扁，2 室，室间开裂，种子有翅。

本属约 19 种，分布于亚洲和欧洲，以中国最多；中国产 16 余种，主要分布于西南及黄河流域以北各省区。

分种检索表

1 叶多为单叶，全缘，稀为 3 裂或羽状裂。
  2 花冠筒甚长于萼片。
    3 花序发自顶芽。
      4 花筒漏斗状，筒中部以上渐宽，裂片稍直立。
        5 圆锥花序直立，花淡蓝紫色 ·················· (1) 辽东丁香 *S. wolfii*
        5 圆锥花序下垂，花外红内白 ·················· (2) 西蜀丁香 *S. komarowii*
      4 花冠筒圆筒形，裂片开张 ·················· (3) 红丁香 *S. villosa*
    3 花序发自侧芽，顶芽缺失。
      6 叶背被毛，至少基部具毛；花冠径 6～7mm；果具疣点。
        7 叶大，长 3～7cm，表面光滑，背面仅基部或沿脉有毛；果端多钝。
          8 叶片长 3～7cm，侧脉 3～5 对，叶基突狭；花冠淡紫色或紫色 ·················· (4) 巧玲花 *S. pubescens*
          8 叶片长 2～4cm，侧脉 2～3 对，叶基楔形；花冠深蓝紫色 ·················· (5) 蓝丁香 *S. meyeri*
        7 叶小，阔卵形，长 1～4cm，表面有毛，背面毛更密或仅基部有毛；果端尖 ··················
        ·················· (6) 小叶丁香 *S. microphylla*
      6 叶背光滑或微有毛；花冠径约 12mm；果多无疣点。
        9 叶广卵形或卵形，基部截形或亚心脏形。
          10 叶卵形或广卵形，基部亚心脏形至广楔形 ·················· (7) 欧洲丁香 *S. vulgaris*
          10 叶广卵形，常宽过于长，基亚心脏形 ·················· (8) 紫丁香 *S. oblata*
        9 叶长圆状卵形至长圆状披针形，基部楔形。
          11 叶较小，2～4cm，叶深裂或多少有裂 ·················· (9) 波斯丁香 *S. × persica*
          11 叶较大，5～7cm，全缘 ·················· (10) 什锦丁香 *S. chinensis*
  2 花冠筒部短于或稍长于萼片 ·················· (11) 暴马丁香 *S. reticulota* var. *mandshurica*
1 叶为羽状复叶，具小叶 7～13 枚 ·················· (12) 羽叶丁香 *S. pinnatifolia*

(1) 辽东丁香 *Syringa wolfii* Schneid.

【形态特征】 落叶灌木，高可达 6m；枝较粗壮、直立，无毛，疏生白色皮孔。单叶，椭圆形至卵状长椭圆形，较大，长 3.5～15cm，宽 1.5～7cm，先端尖，稀钝，基部楔形至近圆形，叶缘具睫毛；叶面网脉下凹，背面疏被或密被柔毛。圆锥花序顶生，直立，长可达 30cm，花芳香；花序轴、花梗、花萼被较密的柔毛或短柔毛，稀近无毛；花萼截形或具齿，花冠紫色或紫红色，裂片近直立或开展，先端内弯呈兜状且具喙；花药生于近冠筒喉部以内。蒴果先端钝，光滑，皮孔不明显。花期 5～6 月，果期 8 月。

【分布】 主产于中国东北地区海拔 500～1600m 的山坡杂木林、针阔叶混交林、灌丛、林缘或河畔等，华北地区、朝鲜也有分布。

【习性】 喜半阴，喜冷凉、湿润的环境，耐寒力强，适应性强。

【繁殖栽培】 可采用播种、扦插、嫁接、分株和压条繁殖。

【观赏特性及园林用途】 花色艳丽，芳香，花期晚春，花期长，为优良的观花灌木，可与其他丁香配置成专类园，可延长观赏效果；也可单独配置，用于庭院、公园、风景区等绿化。

【经济用途】 枝条可入药；花可提取芳香油。

(2) 西蜀丁香 *Syringa komarowii* Schneid.

【别名】 牛尾巴。

【形态特征】 落叶灌木，高可达 6m；枝粗壮、直立，具皮孔。单叶，叶片卵状长圆形至长圆状披针形、椭圆状倒卵形，长 5～19cm，宽 1.5～9cm，先端尖或钝，基部楔形至宽楔形，上表面无毛或仅沿中脉被短柔毛，下表面淡黄绿色，疏被短柔毛，且沿叶脉较密；叶柄长 1～3cm，疏被短柔毛或近无毛。圆锥花序顶生，微下垂至下垂，长圆柱形至塔形，花序轴和花梗被短柔毛，或无毛；花萼截形或具萼齿，被短柔毛或无毛；花冠漏斗状，外面紫红色至淡紫色，内面白色或带白色，裂片近直立或略开展，先端稍内弯而具喙或不内弯；花药与花冠管喉部近乎平齐。果熟时常反折，先端锐尖或钝，疏生皮孔或皮孔不明显。花期 5～7 月，果期 7～10 月。

【变种、变型及栽培品种】 垂丝丁香（*Syringa komarowii* var. *reflexa*）：花冠外面呈淡红色或淡紫色，颜色浅于原种；花冠管直径较细，先端裂片常成直角开展。

【分布】 产于湖北西部、四川东北部地区海拔 1800～2900m 的山坡灌丛、林缘或水溪畔林下。

【习性】 喜光，稍耐阴；对土壤的要求不严，喜温暖湿润而排水良好的土壤；耐寒性和耐旱力较强；耐瘠薄，忌积水。

【繁殖栽培】 播种、嫁接、扦插、分株、压条繁殖皆可。播种可采收成熟种子，于春、秋两季在室内盆播或露地畦播。嫁接是常用的繁殖方法，多以小叶女贞或欧洲丁香作砧木，靠接、枝接、芽接均可。扦插可于花后 1 个月，选当年生半木质化健壮枝条作插穗。

图 11-362 红丁香
1. 花枝；2. 花

【观赏特性及园林用途】 花大艳丽，植株姿态优美，适宜庭院栽培，芳香四溢，观赏效果甚佳，也可用作公园和居住区等绿化；常丛植于建筑周围、散植于园路两旁和草坪之中，或与其他丁香配置成专类园，形成花开不绝的风景观赏区；也可用作切花素材。

【经济用途】 叶可以入药，具清热燥湿之功效。

(3) 红丁香 *syringa villosa* Vahl （图 11-362）

【别名】 长毛丁香、香多罗、沙树。

【形态特征】 落叶灌木，高可达 5m；小枝粗壮、直立，具皮孔，有疣状突起。单叶，卵形至倒卵状长椭圆形，长 5～15cm，宽 1.5～11cm，先端尖，基部楔形至近圆形，较皱；上表面无毛，背面有白粉，贴生疏柔毛或沿中脉有柔毛；具叶柄。圆锥花序直立，顶生，密集，长圆形或塔形，长 5～20cm；花序轴、花梗、花萼多无毛，稀被柔毛；花序轴具皮孔；花芳香；花萼萼齿尖或钝；花冠紫红色至近白色，裂片成熟时呈直角开展且端钝，先端内弯呈兜状而具喙，喙凸出；花冠管细弱；花药位于近筒口部。蒴果先端稍尖或钝，皮孔不明显。花期 5～6 月，果期 9 月。

【分布】 产于中国北部河北、山西海拔 1200～2200m 的高山灌丛及山坡砾石地。

【习性】 喜光，耐寒性和耐旱力较强；耐瘠薄。

【繁殖栽培】 播种或嫁接繁殖。

【观赏特性及园林用途】 植株姿态优美，花大美丽，适宜庭院、公园和居住区等绿化。

【经济用途】 叶可以入药。

(4) 巧玲花 *Syringa pubescens* Turcz.

【别名】 毛丁香、雀舌花。

【形态特征】 落叶灌木，高可达 4m。小枝细，稍四棱形，疏生皮孔，无毛或稍具短柔毛。单叶，卵状椭圆形至椭圆状卵形，长 1.5～7cm，宽 1～5cm，先端锐或钝，基部宽楔形至圆形，叶缘具睫毛；上表面无毛，稀被疏短柔毛，背面常沿脉具柔毛；具叶柄。花序直立，常侧生，稀顶生，长 5～12cm；花序轴、花梗、花萼略带紫红色，无毛，稀略被柔毛；花序轴明显四棱形；花冠初开时紫色，盛开后呈淡紫色，后渐近白色，花冠筒细长，近圆柱形，裂片先端略呈兜状而具喙，展开或反折；花药紫色，着生于花冠筒中部略靠上部位。蒴果先端锐尖或具小尖头，皮孔明显。花期 5～6 月，果期 6～8 月。

【变种、变型及栽培品种】 黄药小叶巧玲花 [*S. pubescens* var. *flavoanthera*（X. L. Chen）M. C. Chang]：别名：黄药小叶丁香，与原种的区别是，花白色，花药黄色；花期 5 月，果期 8～9 月。产于陕西佛坪县。

【分布】 产于中国北部，山西、陕西东部、山东西部、河南等地，北京山地有野生。

【习性】 喜光，也稍耐阴；喜温暖、湿润气候；耐寒性和耐旱力较强；耐瘠薄。

【繁殖栽培】 播种、嫁接和扦插繁殖皆可。

【观赏特性及园林用途】 植株姿态优美，花色变化美丽，芳香四溢，可用于庭院、公园和居住区等绿化。

【经济用途】 种子和树皮可入药，花可提制芳香油。

(5) 蓝丁香 *Syringa meyeri* Schneid.

【别名】 南丁香、细管丁香。

【形态特征】 落叶小灌木，高可达 1.5m；枝直立，小枝四棱形，被微柔毛，具皮孔。单叶，椭圆状卵形至近圆形，长 2～5cm，宽1.5～3.5cm，先端尖或钝，基部楔形至近圆形，叶缘具睫毛；下方 2 对侧脉自基部弧曲达上部汇合；叶片上表面无毛，背面无毛或沿叶脉基部被柔毛，叶柄微紫色，无毛或被微柔毛。圆锥花序直立，侧生，稀顶生，花序紧密，花序轴和花梗被微柔毛；花萼暗紫色，萼齿锐尖；花冠蓝紫色，冠管近圆柱形，先端裂片展开，先端内弯呈兜状而具喙；花药带紫色。蒴果先端渐尖，具皮孔。花期 4～5 月和 8～9 月。

【变种、变型及栽培品种】 小叶蓝丁香（*S. meyeri* var. *spontanea* M. C. Chang）：叶近圆或广卵形，长仅 1～2cm；花紫色，花期 5 月。植株可作盆景。

白花小叶蓝丁香 [*S. meyeri* f. *alba*（Wang，Fuh & Chao）M. C. Chang]：花白色；花期 5 月。产于辽宁金县山坡。

【分布】 产于中国华北辽宁金县和尚山海拔 500m 左右的山坡石缝间。北京、沈阳等地也有栽培。

【习性】 喜光，也稍耐阴；喜温暖、湿润气候；耐寒性和耐旱力较强；耐瘠薄。

【繁殖栽培】 播种、嫁接、扦插繁殖皆可。嫁接可选用小叶女贞或北京丁香作砧木嫁接繁殖。

【观赏特性及园林用途】 植株矮小秀丽，花色美丽，为优良观花灌木，可用于庭院、公园和居住区等绿化。

【经济用途】 树皮可入药，具镇咳、利水功效；花可提制芳香油。

(6) 小叶丁香 *Syringa microphylla* Diels.

【别名】 四季丁香、绣球丁香、巧玲花。

【形态特征】 落叶灌木，幼枝具绒毛。叶卵形至卵圆形，长 1～5cm，叶缘具睫毛，上表面无毛或稀疏被柔毛，背面常沿叶脉被柔毛；叶柄细。圆锥花序直立，侧生，稀顶生；花序紧密，花序轴、花梗和花萼稍紫红色，无毛或稀稍被柔毛；芳香；花萼小，截形或萼齿尖或钝；花冠紫色，开后花色逐渐变淡；花冠筒细圆柱形，裂片开展或反折，先端具喙；花药紫色，着生花冠筒中部稍上位置。蒴果小，先端尖，有瘤状突起，皮孔明显。花期 4～5 月，果期 8～9 月。

【分布】 产于中国中部及北部海拔 900～2100m 的阳坡山谷、山坡灌丛中或沟溪边缘。

【习性】 喜光，也耐半阴；适宜排水良好、疏松的中性土壤，忌酸性土。适应性较强，耐寒、耐旱、耐瘠薄，病虫害较少。忌涝，忌湿热气候。

【繁殖栽培】 采用播种、扦插、嫁接和分株繁殖皆可。播种可于春、秋两季进行。扦插宜选当年

图 11-363　欧洲丁香
1. 花枝；2. 花冠及雄蕊；3. 花柱

生半木质化健壮枝条作插穗，于花后 1 个月进行扦插。嫁接砧木多用欧洲丁香或小叶女贞，芽接或枝接皆可，多于 6 月下旬至 7 月中旬进行。

【观赏特性及园林用途】　本种枝干低矮，枝条柔细，树姿秀丽，花朵鲜艳美丽，芳香，宜于庭院栽种。

【经济用途】　种子和树皮可入药，具抗菌抗炎、抗病毒、抗癌、抗氧化等功效；花可提制芳香油。

(7) 欧洲丁香 *Syringa vulgaris* Linn.（图 11-363）

【别名】　欧丁香、洋丁香。

【形态特征】　落叶灌木或小乔木，高可达 7m，树皮灰褐色，小枝略四棱形，疏生皮孔；植株无毛。叶片卵形至长卵形，长 3～13cm，宽 2～9cm，先端渐尖，基部截形至心形，叶柄长 1～3cm。圆锥花序近直立，侧生，长 10～20cm，花序轴疏生皮孔；花芳香；花萼齿锐尖至短渐尖；花冠蓝紫色，裂片呈直角开展，先端略呈兜状；花冠筒近圆柱形，细弱；花药位于花冠筒喉部稍下位置。蒴果，先端渐尖或骤凸，光滑。花期 4～5 月，果期 6～7 月。

【变种、变型及栽培品种】　'白花'欧丁香（'Alba'）：花白色，花期 5 月。

　'紫花'欧丁香（'Purpurea'）：花紫红色，花期 5 月。

　'蓝花'欧丁香（'Coerulea'）：别名蓝花洋丁香，与原种的区别是，花蓝色，花期 5 月。

　'堇紫'欧丁香（'Violacea'）：花堇紫色。

　'红花'欧丁香（'Rubra'）：花红色。

　'重瓣'欧丁香（'Plena'）：花蓝色，重瓣。

　'白花重瓣'欧丁香（'Albo-plena'）：别名佛手丁香，与原种的区别是，花白色，重瓣。

【分布】　原产于东南欧，中国北京、哈尔滨、青岛等华北各地，南京、上海等华东各省市亦有栽培。

【习性】　喜光，喜湿润而排水良好的肥沃土壤。耐寒性较强，不耐热，适宜冷凉气候。

【繁殖栽培】　采用播种、扦插、嫁接和分株繁殖皆可。

【观赏特性及园林用途】　本种枝条秀丽，树姿优美，花朵美丽芳香，宜于庭院栽植。

【经济用途】　种子和树皮可入药；花可提制芳香油。

(8) 紫丁香 *Syringa oblata* Lindl（图 11-364）

【别名】　华北紫丁香、丁香。

【形态特征】　灌木或小乔木，高达 5m；树皮灰褐色或灰色，枝条粗壮无毛，疏生皮孔。叶卵形至肾形，革质或厚纸质，长 2～14cm，先端锐尖，基部心形至近圆形，全缘，两面无毛；叶柄长 1～3cm。圆锥花序直立，侧生，长 6～15cm；花萼钟状，4 齿，萼齿渐尖、锐尖或钝；花冠堇紫色，圆柱形，筒长 0.8～1.7cm，先端 4 裂，裂片直角开展；先端内弯略呈兜状或不内弯；花药生于花冠筒喉部。蒴果倒卵状椭圆形至长圆形，先顶端尖，平滑。花期 4～5 月，果期 6～10 月。

图 11-364　紫丁香

【变种、变型及栽培品种】　'白丁香'（'Alba'）：又称白花丁香，与原种的区别是，花白色，叶较小，基部通常为截形至近心形，叶背面微有柔毛。

　'毛紫'丁香（'Giraldii'）：又称紫萼丁香，与原种的区别是，花序轴和花萼紫蓝色；叶先端狭尖，基部通常为宽楔形至近心形，叶背面微有柔毛。

　'佛手'丁香（'Plena'）：花白色，重瓣。

　'晚花'丁香（'WanHua Zi'）：花粉色，单瓣，花被片常扭转。

　'朝鲜'丁香（'Dilatata'）：叶卵形，长可达 12cm，先端长渐尖，基部通常截形。花序松散，花冠筒长 1.2～1.5cm。产于朝鲜。

　'湖北'丁香（'Hupehensis'）：与原种的区别是，叶卵形，基部楔形；花紫色。产于湖北。

【分布】　产于中国，北起东北、华北、西北（除新疆），西南达四川西北部，都有分布，多生于海拔 300～2600m 山地丛林、溪边、山谷路旁及滩地；长江以北各省市普遍栽培。

【习性】　喜光，稍耐阴；喜湿润、肥沃、排水良好的土壤，耐瘠薄，忌酸性土；耐寒性较强；耐干旱，忌低湿。树势较强健，病虫害少；对 SO_2、HF 的能力较强。

【繁殖栽培】　播种、扦插、嫁接、分株和压条繁殖。播种种子须经层积，翌春播种。扦插可于夏季进行，选用嫩枝作插穗，成活率很高。嫁接为主要的繁殖方法，华北地区常以小叶女贞作砧木，靠接、枝接和芽接均可；华东偏南地区，可以女贞作砧木，进行高接。

【观赏特性及园林用途】　本种枝叶茂密，花朵美丽，颜色特异，芳香，是中国北方各地园林中应用最普遍的观花灌木之一，广泛应用于庭院、机关、厂矿和居民区等的绿化。可丛植于建筑周围，或散植于园路两旁、草坪之中；也可与其他种类丁香配置专类园。植株较低矮，也可用作盆栽、促成栽培、切花等。

【经济用途】　花提制芳香油，嫩叶可代茶；叶、树皮和种子皆可入药，具清热燥湿之功效。

（9）波斯丁香 *Syringa × persica* Linn.（*S. afghanica × S. lanciniata*）

【别名】　花叶丁香。

【形态特征】　落叶灌木，高可达 2m，小枝细长无毛。叶椭圆形至披针形，长 2～4cm，先端渐尖，基部楔形；全缘，偶有 3～9 裂或羽裂，边缘略内卷，叶柄具狭翅。圆锥花序疏散，长 4～8cm，花芳香；花冠淡紫色，筒细长，裂片卵形至矩圆状卵形；花药着生于花冠筒中部略靠上位置。蒴果略呈四棱状，顶端钝或有短喙。花期 5 月，果期 7～9 月。

【变种、变型及栽培品种】　白花波斯丁香（'Alba'）：花白色。

粉花波斯丁香（'Rosea'），花粉色。

【分布】　产于中亚、西亚、地中海地区至欧洲，部分学者认为该种为裂叶丁香与阿富汗丁香的杂交种。也有资料称中国秦岭地区有野生。

【习性】　喜光，稍耐阴；喜湿润、肥沃、排水良好的土壤；耐寒性较强。

【繁殖栽培】　播种、扦插、嫁接繁殖。

【观赏特性及园林用途】　本种植株低矮，枝长叶茂，花朵美丽，芳香，可应用于庭院、公园、居民区等的绿化。

【经济用途】　花可提芳香油。

（10）什锦丁香 *Syringa × chinensis* Schmidt

【形态特征】　落叶灌木，高可达 5m；树皮灰色，枝细长拱形，无毛；小枝幼时呈四棱形，具皮孔。叶卵状披针形，长 2～7cm，宽 0.8～3cm，先端尖，基部楔形至近圆形，两面光滑无毛。圆锥花序直立，侧生，大而疏散，略下垂，长 4～15cm；花芳香，花序轴、花梗、苞片和花萼皆无毛；花萼萼齿常呈三角形，先端尖；花冠淡紫红色，花冠管细弱，圆柱形，裂片呈直角开展；花药着生于花冠管喉部或近喉部。花期 5 月，果期 7～9 月。

【变种、变型及栽培品种】　白花什锦'丁香（'Alba'）：花白色。

'淡玫瑰紫什锦'丁香（'Metensis'）：花呈淡玫瑰紫色。

'红花什锦'丁香（'Sangeana'）：花红色。

'重瓣什锦'丁香（'Duplex'）：花重瓣，紫色。

'矮生什锦'丁香（'Nana'）：植株低矮。

【分布】　原产欧洲；我国也有栽培。

【习性】　喜光，稍耐阴；喜湿润、肥沃和排水良好的土壤；耐寒性较强。

【繁殖栽培】　播种、扦插、嫁接繁殖。

【观赏特性及园林用途】　本种植株低矮，花朵美丽，花色多变，芳香，可应用于庭院、公园、居民区等的绿化。

【经济用途】　花可提芳香油。

（11）暴马丁香 *Syringa reticulata*（Blume）Hara var. *amurensis*（Rupr.）Pringle（图 11-365）

图 11-365　暴马丁香

【别名】　暴马子、阿穆尔丁香、荷花丁香。

【形态特征】　落叶小乔木至大乔木，高可达 15m；树皮紫灰褐色，具细裂纹；枝条无毛，皮孔显著。叶厚纸质，宽卵形至长圆状披针形，长 2.5～13cm，先端尖，基通常圆形至截形；侧脉和细脉明显凹入致使叶面呈皱缩状；叶片两面无毛，或仅背面沿中脉略被柔毛；叶柄长 1~2.5cm，无毛。圆锥花序侧生，大而疏散，长 10~25cm；花序轴具皮孔，花序轴、花梗和花萼均无毛；花冠白色，筒短，仅约 1.5mm，裂片卵形，先端锐尖；花丝细长，近等长或长于裂片。蒴果，矩圆形，先端常钝或凸尖，光滑或具细小皮孔。花期 5~7 月，果期 8~10 月。

【分布】　产于中国东北三省，生于海拔 100~1200m 的山坡灌丛或林边、溪畔、草地以及针阔叶混交林中。远东地区和朝鲜也有分布。

【习性】　喜光；喜深厚、肥沃、潮湿土壤；耐旱、耐瘠薄，耐寒性较强。

【繁殖栽培】　一般采用播种繁殖。

【观赏特性及园林用途】　本种花期较晚，与其他种类丁香配置专类园，可起到延长花期的作用。也可散置于公园、居住区中。

【经济用途】　花有异香，可提取芳香油，也是蜜源植物。种子含淀粉，也可榨油。树皮、树干及茎枝皆入药，具消炎、镇咳、利水之功效。

（12）羽叶丁香 *Syringa pinnatifolia* Hemsl.

【别名】　暴马子、阿穆尔丁香、荷花丁香。

【形态特征】　灌木，高可达 4m；枝干直立，树皮呈片状剥裂；小枝常呈四棱形，无毛，疏生皮孔。叶为羽状复叶，小叶 7~13 枚；复叶总长 2~8cm，宽 1.5~5cm，叶轴有时具狭翅；叶柄长 0.5~1.5cm；小叶对生，卵状披针形至卵形，长 0.5~3cm，宽 0.3~1.5cm，先端锐或钝，或具小尖头，基部楔形至近圆形，常歪斜；叶缘具纤细睫毛，无小叶柄。圆锥花序侧生，稍下垂，长 2~6.5cm，花序轴、花梗和花萼均无毛；花萼萼齿三角形，先端尖或钝；花冠白色至淡红色，略带淡紫色，冠管略呈漏斗状，裂片卵形至近圆形，先端锐尖或圆钝；花药着生于冠管喉部以下约 4mm 处。果长圆形，先端尖，光滑。花期 5~6 月，果期 8~9 月。

【分布】　产于中国内蒙古和宁夏交界的贺兰山地区以及陕西南部、甘肃、青海东部和四川西部地区海拔 2600~3100m 的山坡灌丛中。

【习性】　喜光；喜深厚、肥沃、潮湿土壤；耐干旱瘠薄，耐寒性较强。

【繁殖栽培】　一般采用播种繁殖。

【观赏特性及园林用途】　本种叶片优美，花朵雅致，可散置于公园、居住区中；也可丛植于建筑周围，或散植于园路两旁、草坪之中。

【经济用途】　根或枝干入药，具降气、暖胃等功效。

11.1.6.5.5　流苏树属 *Chionanthus* Linn.

落叶灌木或乔木。单叶，对生，全缘或具小锯齿。圆锥花序侧生，疏松；花较大，两性或单性，花萼 4 裂；花冠白色，花冠管短，4 深裂，裂片狭长，蕾时呈内向镊合状排列；雄蕊多 2 枚，着生于花冠管上，内藏或稍伸出；子房 2 室，每室具下垂胚珠 2 枚；花柱柱头 2 裂。核果肉质，卵圆形，内果皮厚，胚乳肉质；种子 1 枚。

本属共 2 种；1 种产北美，1 种产中国、日本和朝鲜。

流苏树 *Chionanthuas retusus* Lindl. et Paxt.　（图 11-366）

图 11-366　流苏树

【别名】　茶叶树、乌金子、炭栗树、晚皮树、铁黄荆、牛金茨果树、糯米花、如密花、四月雪、油公子、白花菜。

【形态特征】　落叶乔木或灌木，高可达 20m；树干灰色，大枝皮常纸状剥裂，开展。叶革质或薄革质，卵形至倒卵状椭圆形，长 3~12cm，先端钝圆或微凹，基部圆形至楔形，全缘或有小齿，叶缘稍反卷；叶片上表面沿脉被长柔毛，背面密被长柔毛；中脉和侧脉在上面微凹入，下面凸起；叶柄长 0.5~2cm，基部带紫色。花冠白色，4 深裂，裂片线状倒披针形，花冠筒极短；雄蕊藏于管内或稍伸出；子房卵形，柱头稍 2 裂。核果卵圆形，被白粉，蓝黑色。花期 3~6 月，果期 6~11 月。

【分布】　产于中国，北起山西、河北、河南、甘肃、陕西，南至云南、四川、福建、广东、台湾等地，生于海拔 3000m 以下的稀疏混交林中、灌丛、山坡、河边；日本、朝鲜也有分布。

【习性】　喜光；耐寒、抗旱，忌积水；花期怕干旱风。生长速度较慢。

【繁殖栽培】　播种、扦插和嫁接繁殖。本种种子种皮坚厚，播种前须沙藏层积 120d 以上。嫁接繁殖，多以白蜡属树种作砧木，成活率高。

【观赏特性及园林用途】 流苏树花朵稠密，繁花如雪，花形奇特，秀丽可爱，花期可达 20 天左右，观赏价值高，是优美的观赏树种，可于草坪、路旁、水边、建筑前面孤植或丛植，或以常绿树衬托列植，都十分相宜。

【经济用途】 花、嫩叶可代茶，味香；果可榨芳香油；木材坚韧细致，可供制器具。

11.1.6.5.6　女贞属 *Ligustrum* Linn.

落叶或常绿、半常绿灌木、小乔木或乔木。单叶，对生，叶片纸质或革质，全缘；具叶柄。聚伞花序常排列成圆锥花序，顶生，稀腋生；花两性，小，白色；花萼钟状，先端截形或 4 裂；花冠白色，裂片 4，蕾时呈镊合状排列；雄蕊 2，着生于花冠筒管喉部，内藏或伸出；子房近球形，2 室，每室具下垂胚珠 2 枚，花柱柱头常 2 浅裂。核果浆果状，内果皮膜质或纸质，黑色或蓝黑色；种子 1~4 枚，种皮薄。

本属约 45 种，主产于东亚，澳大利亚、欧洲、马来西亚、新几内亚、北美等也均有分布；中国产约 30 种，1 亚种，9 变种，1 变型，其中 2 种系栽培品种，多分布于长江以南及西南地区。

分种检索表

```
1 叶为绿色。
  2 小枝和花轴无毛 ·········································································· (1) 女贞 L. lucidum
  2 小枝和花轴有柔毛或短粗毛。
    3 花冠筒较花冠裂片稍短或近等长。
      4 常绿；小枝疏生短柔毛 ········································ (2) 日本女贞 L. japonicum
      4 落叶或半常绿；小枝密生短柔毛。
        5 无花梗；叶下表面无毛 ····································· (3) 小叶女贞 L. quihoui
        5 具花梗；叶下表面中脉有毛 ······························· (4) 小蜡 L. sinense
    3 花冠筒较花冠裂片长 2~3 倍 ······················· (5) 水蜡树 L. obtusifolium
1 叶为金黄色 ······························································· (6) 金叶女贞 L.×vicary
```

（1）女贞 *Ligustrum lucidum* Ait.（图 11-367）

【别名】 冬青、蜡树、青蜡树、大叶蜡树、白蜡树。

【形态特征】 常绿乔木或灌木，高可达 6m；树皮灰褐色，平滑；枝无毛，具圆形或长圆形皮孔。叶革质，卵形至宽椭圆形，长 6~17cm，宽 3~8cm，先端尖或钝，基部圆形或宽楔形近圆形，全缘，两面无毛；叶柄上面具沟。圆锥花序顶生，长 8~20cm，花序轴及分枝轴无毛；小苞片披针形或线形，凋落；花萼无毛，萼齿不明显或近截形；花白色，花冠裂片反折，与花冠筒近等长。核果长圆形或近肾形，蓝黑色，被白粉。花期 6~7 月，果期 7 月~翌年 5 月。

【变种、变型及栽培品种】 落叶女贞［*S. lucidum* f. *latifolium*（Cheng）Hsu］：叶片纸质，椭圆形至披针形，侧脉 7~11 对，相互平行。

【分布】 产于长江流域及以南各省市，陕西、甘肃南部及华北南部多有栽培；适生于海拔 2900m 以下疏、密林中。朝鲜也有分布，印度、尼泊尔有栽培。

【习性】 喜光，稍耐阴；喜温暖湿润气候，不耐寒；不耐干旱瘠薄，适生于微酸性至微碱性的湿润土壤；对 SO_2、Cl_2、HF 等有毒气体有较强的抗性。生长快，萌芽力强，耐修剪。

【繁殖栽培】 播种和扦插繁殖。播种可于当年 9 月待果熟后采下，晒干，除去果皮贮藏。翌春 3 月底至 4 月初，先用热水浸种，捞出后湿放，4~5 天后即可播种。扦插于春、秋皆可进行，但以春季插者成活率较高。

【观赏特性及园林用途】 本种枝叶清秀，四季常绿，夏日满树白花，且能适应城市气候环境，是长江流域附近常见的绿化树种；常栽于庭院、街坊、宅院，或作园路树，亦可用作绿篱；对多种有毒气体抗性较强，还可作为工矿区的绿化树种。

图 11-367　女贞

【经济用途】 果、树皮、根、叶皆可入药；木材细腻，可制作细木工家具。种子油可制肥皂；花可提取芳香油；果含淀粉，可供制酿酒或制作酱油；枝、叶放养白蜡虫，能生产白蜡；植株还可作丁香、桂花的砧木。

(2) 日本女贞 *Ligustrum japonicum* Thunb.

【形态特征】 常绿灌木，高可达 6m；小枝圆形或长圆形，皮孔明显。叶厚革质，平展，椭圆形或卵状椭圆形，长 4～8cm，宽 2.5～5cm，先端尖，基部楔形至圆形，中脉在上面凹入，下面凸起，常带红色，侧脉两面凸起；叶缘平或微反卷，两面无毛；叶背面具不明显腺点；叶柄长，上面具深而窄的沟，无毛。圆锥花序塔形，顶生，花序轴和分枝轴具棱，小苞片披针形；花萼先端近截形或具不规则齿裂；花白色，裂片与花冠管近等长或稍短，先端稍内折，盔状；雄蕊伸出花冠管外，花丝与花冠裂片几乎等长；花柱柱头先端浅 2 裂。核果椭圆形，直立，紫黑色，外被白粉。花期 6～7 月，果期 11 月。

【变种、变型及栽培品种】 '圆叶'日本女贞（'Rotundifoeium'）：叶片卵形，硬而厚，先端圆钝，叶缘反卷；表面暗绿色，富光泽。中国上海、青岛等省市庭院有栽培。

'斑叶'日本女贞（'Variegatum'）：叶片披针形，具白色斑或白边。

'金森'女贞（'Howardii'）：别名哈娃蒂女贞，与原种的区别是，春季新叶鲜黄色，秋冬季转为金黄色；节间短，枝叶稠密。花期 3～5 月，分布于日本关东以西的本州、四国、九州，我国的台湾也有分布。耐热性强和耐寒性强皆强于原种，可耐 35℃ 以上高温。

【分布】 原产于日本，生于低海拔的树林中或灌丛中；中国长江流域以南地区有栽培；朝鲜南部也有分布。

【习性】 喜光，稍耐阴；耐寒力较女贞为强；对 SO_2 及 Cl_2 的抗性也强。

【繁殖栽培】 播种和扦插繁殖。

【观赏特性及园林用途】 本种株形圆整，四季常绿，常栽植于庭院、工矿区绿化观赏，可用于丛植或片植，常用作绿篱。应用时注意树皮、叶和果实有毒，避免人畜误食。

【经济用途】 叶可入药，具清热解毒之功效，并有降血糖、血脂及抗动脉硬化、抗癌等作用。

(3) 小叶女贞 *Ligustrum quihoui* Carr.（图 11-368）

图 11-368 小叶女贞

【形态特征】 落叶或半常绿灌木，高可达 3m；小枝密被短柔毛，后脱落。叶薄革质，披针形、椭圆形至倒卵状长圆形，长 1.5～5cm，宽 0.5～3cm；先端尖、钝或微凹，基部狭楔形至楔形，叶缘略向外反卷；背面常具腺点，两面无毛，稀沿中脉微被柔毛；中脉和侧脉在上面凹入，下面凸起；叶柄无毛，稀有短柔毛。圆锥花序顶生，长 4～20cm，分枝处常有 1 对叶状苞片，小苞片卵形，具睫毛；花萼无毛，萼齿宽卵形至钝三角形；花白色，芳香，花冠裂片与筒部等长，裂片卵形或椭圆形；雄蕊伸出裂片之外，花丝与花冠裂片近等长或稍长。核果宽椭圆形，紫黑色。花期 5～7 月，果期 8～11 月。

【变种、变型及栽培品种】 '紫叶'小叶女贞（'Purpureus'）：嫩枝上的叶片呈现紫红色。

'花叶'小叶女贞（'Variegatum'）：叶片具黄白色斑块。

【分布】 产于中国东部、中部和西南部，生于海拔 100～2500m 的沟边、路旁或河边灌丛中。

【习性】 喜光，稍耐阴；耐寒性较强，北京地区可露地栽植；对 SO_2、Cl_2、HF、HCl 和 CO_2 等有毒气体具有较强的抗性。生性强健，萌枝力强，叶片再生能力也强，耐修剪。

【繁殖栽培】 一般采用播种和扦插繁殖。

【观赏特性及园林用途】 枝条细密，树冠圆整，夏日满树白花，清香耐修剪，园林中主要作绿篱栽植；能抗多种有毒气体，又是优良的抗污染树种。

【经济用途】 树皮和叶可入药，具清热解毒之功效；治烫伤、外伤。

(4) 小蜡 *Ligustrum sinense* Lour.（图 11-369）

【别名】 山指甲。

【形态特征】 落叶或半常绿灌木或小乔木，高可达 6m；小枝幼时密生短柔毛，后渐脱落。叶片纸质或薄革质，卵形、椭圆形至披针形，或近圆形，长 2～9cm，宽 1～3cm，先端锐尖或钝而微凹，基部楔形至近圆形；两面无毛，或仅沿中脉有短柔毛；中脉和侧脉上面微凹入，下面略凸起；叶柄被短柔毛。圆锥花序顶生或腋生，塔形，长 4～10cm，花序轴和花梗被较密淡短柔毛，或近无毛；花萼无毛，先端截形或浅波状；花白色，芳香，裂片卵状椭圆形，稍长于筒部；雄蕊超出花冠裂片，花丝与裂片近等长。核果，近圆形。花期 4～5 月，果期 9～12 月。

【变种、变型及栽培品种】 '红药'小蜡（'Multiflorum'）：花药红色，花冠白色，颜色搭配十分美丽。

'银边'小蜡（'Variegatum'）：别名银姬小蜡，叶片上表面灰绿色，边缘乳白色或黄白色。产马来西亚，中国上海等地有引种栽培。

'垂枝'小蜡（'Pendula'）：小枝下垂。

'卵叶'小蜡（'Stauntonii'）：叶卵圆形至卵形，先端钝。

【分布】 产于长江以南各地，生于海拔200～2600m的山坡、山谷、溪边、河旁、路边的树林或混交林中；越南也有分布。

【习性】 喜光，也稍耐阴；耐寒性较强；抗 SO_2 等多种有毒气体。萌芽力强，耐修剪。

【繁殖栽培】 播种和扦插繁殖皆可。

【观赏特性及园林用途】 植株低矮，常植于庭院观赏，可丛植于林缘、池边、石旁，也可用作绿篱，修剪成长、方、圆等几何形体；抗性强，也常栽植于工矿区；干老根古，虬曲多姿，也宜用作树桩盆景。

图 11-369　小蜡

【经济用途】 枝叶可入药，具抗菌抑菌、去腐生肌之功效；茎皮纤维可制人造棉。

（5）水蜡树 *Ligustrum obtusifolium* Sieb. & Zucc. subsp. *suave* Kitag.（图 11-370）

【别名】 辽东水蜡树。

【形态特征】 落叶灌木，高可达3m；分枝多，幼枝有短柔毛。叶纸质，披针状长椭圆形至倒卵状长椭圆形，长1.5～7cm，长0.5～2cm，先端锐尖或钝，有时微凹，基部楔形；两面无毛，或仅沿下面中脉疏被短柔毛；侧脉在上表面微凹入，下面略凸起；叶柄无毛或被短柔毛。圆锥花序顶生，短而常下垂，花序轴、花梗和花萼均被柔毛；花萼截形或萼齿呈浅三角形；花冠裂片狭卵形至披针形，冠筒比花冠裂片长2～3倍；花柱和花冠裂片近等长。核果宽椭圆形，黑色。花期5～6月，果期8～10月。

图 11-370　水蜡树

【变种、变型及栽培品种】 '金叶'水蜡（'Jinye'）：叶形略细长，嫩枝红色，叶金黄，强光下叶片不焦，生长速度比普通水蜡略慢。

【分布】 产于中国黑龙江、辽宁、山东、江苏沿海地区至浙江舟山群岛，生于海拔60～600m的山坡、山沟和山涧林下以及田边、沟旁。

【习性】 喜光，也稍耐阴；对土壤要求不严，适应性强；耐寒性较强。萌芽力强，耐修剪。

【繁殖栽培】 播种和扦插繁殖皆可。

【观赏特性及园林用途】 枝叶密生，落叶晚，耐修剪，常用作绿篱，也可丛植。

【经济用途】 茎皮可抽提纤维。

（6）金叶女贞 *Ligustrum* × *vicaryi* Hort

【形态特征】 落叶或半常绿灌木，高可达2m，是金边卵叶女贞与金叶欧洲女贞的杂交种。单叶对生，叶卵状椭圆形或椭圆形，长2～5cm，嫩叶金黄，后渐变为黄绿色。总状花序，花小，白色。核果阔椭圆形，紫黑色。

【分布】 中国南北方普遍栽培。

【习性】 喜光，稍耐阴；适应性强，对土壤要求不严格，以疏松肥沃、通透性良好的沙壤土为最好；耐寒性较强，不耐高温高湿。抗病力强，很少有病虫危害。

【繁殖栽培】 扦插和嫁接繁殖皆可。

【观赏特性及园林用途】 本种在生长季节叶色呈鲜丽的金黄色，在春秋两季色泽更加璀璨亮丽，可与其他色叶植物组成色块，具极佳的观赏效果；也可修剪成不同的造型。

【经济用途】 植株可药用，具收敛利尿、兴奋、清热解毒、止咳平喘等功效，也可以用来治疗肌肉疼痛。

11.1.6.5.7　木犀属 *Osmanthus* Lour.

常绿灌木或小乔木。单叶对生，叶片革质，全缘或有锯齿，两面常具腺点；具短柄。聚伞花序簇生于叶腋，或再组成圆锥花序，苞片 2 枚，基部合生；花芳香，两性，常因雌或雄蕊不育而成单性花，在叶腋簇生或成短的总状花序；花萼钟状，4 齿裂；花冠白色或黄白色，钟状、圆柱形或坛状，筒短，裂片 4，蕾时呈覆瓦状排列；雄蕊 2，稀为 4，着生于花冠管上部；子房 2 室，每室具下垂胚珠 2 枚；柱头头状或 2 浅裂。核果，椭圆形，内果皮坚硬，常具种子 1 枚。

本属约 30 种，分布于亚洲东南部及北美洲；中国产 25 种，3 变种，产于长江流域以南各地以及西南地区。

分种检索表

1 叶顶端急尖或渐尖，全缘或上半部疏生细锯齿 ·· (1) 桂花 *O. fragans*

1 叶顶端呈刺状，缘具 3～5 对针刺状齿 ·· (2) 柊树 *O. heterophyllus*

(1) 桂花 *Osmanthus fragrans* (Thunb.) Lour. （图 11-371）

【别名】　木犀、岩桂。

【形态特征】　常绿灌木或小乔木、乔木，高可达 15m；树皮灰色，不裂，芽叠生。叶革质，长椭圆形至椭圆状披针形，长 7～14cm，宽 2.6～4.5cm，先端尖，基部楔形，全缘或上半部具细锯齿；两面无毛，腺点在两面连成小水泡状突起；中脉和侧脉皆在上表面凹入，背面凸起；叶柄长 0.8～1.2cm，无毛。聚伞花序簇生于叶腋，苞片宽卵形，质厚，具小尖头；花梗细弱，无毛；花萼裂片稍不整齐；花小，浓香，黄白色、淡黄色、黄色或橘红色；雄蕊着生于花冠管中部，花丝极短。核果椭圆形，歪斜，紫黑色。花期 9～10 月，果期翌年 3 月。

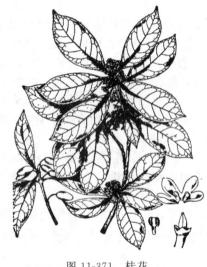

图 11-371　桂花

【变种、变型及栽培品种】　'丹桂'（'Aurantiacus'）：花橘红色或橘黄色，香味弱，发芽较迟，有早花、晚花、圆叶、狭叶、硬叶等品种。

'金桂'（'Thunbergii'）：花黄色至深黄色，香味最浓郁，经济价值高。有早花、晚花、大花、圆瓣、卷叶、亮叶、齿叶等品种。

'银桂'（'Latifolius'）：花近白色或黄白色，香味较金桂淡；叶较宽大。有早花、晚花、柳叶等品种。

'四季桂'（'Semperflorens'）：花白色或黄色，花期 5～9 月，可连续开放，但以秋季开花最盛。其中的'月月桂'品种，子房发育正常，能够结实。

【分布】　原产于中国西南部，现广泛栽培于长江流域各地。

【习性】　喜光，稍耐阴；喜温暖、通风良好的环境，耐寒性稍弱；喜湿润、排水良好的沙质土壤，忌涝，不宜盐碱地和黏重土壤；对 SO_2 和 Cl_2 等抗性中等。

【繁殖栽培】　多用嫁接繁殖，压条、扦插繁殖也可。嫁接多选用小叶女贞、女贞、小叶白蜡等作为砧木。高压法多于春季芽萌动前进行，选 2～3 年生枝环割，然后包以苔藓等保湿材料。扦插宜在 5～6 月份进行，采用软枝扦插。花芽多于当年 6～8 月间形成，有二次开花习性。

【观赏特性及园林用途】　本种四季常青，树干端直，树冠圆整，花期正值秋季，香气馥郁，是中国传统的园林花木。园林中常将桂花植于道路两侧，也可散植于假山、草坪、院落等处；若群植，则可形成"桂花山"、"桂花岭"之景观。与秋色叶树种配置，可点缀秋景。

【经济用途】　花、嫩叶可代茶；花为名贵香料，又是食品加工业的重要原料，也可入药。木材坚重细致，可作器具。

(2) 柊树 *Osmanthus heterophyllus* (G. Don) P. S. Green （图 11-372）

【别名】　刺桂。

【形态特征】　常绿灌木或小乔木，高可达 8m；树皮光滑，灰白色，幼枝被短柔毛。叶硬革质，卵形至长椭圆形，长 4～7cm，宽 1.5～3cm，顶端尖刺状，基部楔形，边缘具 3～5 对大刺齿，稀全缘；叶上表面腺点连成小水泡状，中脉在两面明显凸起，羽状网脉在上面明显凸起；叶柄幼时常被柔毛。花序簇生叶腋，每腋内有花 5～8 朵，苞片被柔毛；花萼裂片大小不等；花略芳香，白色，裂片为花冠管长度的 3 倍左右；雄蕊着生于花冠管基部，与裂片几乎等长；柱头头状，2 裂明显。核果卵形，蓝黑色。花期 11～12 月，果期翌年 5～6 月。

【变种、变型及栽培品种】 '金边'柊树（'Aureo～marginatus'）：叶缘金黄色。

'银边'柊树（'Variegata'）：叶缘银白色或乳白色。

【分布】 产于中国台湾及日本。现中国南北方城市皆有栽植。

【习性】 喜光，稍耐阴；喜温暖、通风良好的环境，耐寒性强于桂花；适应性强，喜湿润、排水良好的砂质土壤，忌涝，忌盐碱地。

【繁殖栽培】 播种和扦插繁殖，也可嫁接。嫁接于丝棉木上，观赏效果极佳。

【观赏特性及园林用途】 本种四季常青，花色雪白，略具香气，可散植于假山、草坪、院落等处；也可制作盆景。

【经济用途】 木材为纹样孔材，质地致密漂亮，可作器具。

图 11-372 柊树

11.1.6.5.8 素馨属 Jasminum Linn.

落叶或常绿小乔木、直立或攀援状灌木；小枝圆柱形或具棱角和沟。叶对生或互生，稀轮生，单叶、三出复叶或奇数羽状复叶，全缘或深裂；叶柄有时具关节，无托叶。聚伞花序，再排列成圆锥状、总状、伞房状、伞状或头状，顶生或腋生；苞片常呈锥形或线形，有时花序基部的苞片呈小叶状；花两性，常芳香；花萼钟状或漏斗状，具齿 4～12 枚；花冠白色或黄色，稀红或紫色，高脚碟状或漏斗状，裂片 4～12 枚，蕾时呈覆瓦状排列；雄蕊 2，生于花冠筒内近中部；花柱常异长，丝状，柱头头状或 2 裂。子房 2 室，每室具向上胚珠 1～2 枚。浆果双生，或其中一个不育而成单生，球形或椭圆形，黑色或蓝黑色。

本属约 200 种，分布于东半球的热带和亚热带地区；中国产 47 种，1 亚种，4 变种，4 变型，其中 2 种系栽培，广布于西南至东部各省区。

分种检索表

1 单叶 ·· (1) 茉莉 J . sambac
1 奇数羽状复叶或 3 小叶。
　2 叶对生。
　　3 3 小叶，花黄色。
　　　4 落叶；花径 2～2.5cm，花单生于去年生枝的叶腋，花冠裂片较筒部为短 ······ (2) 迎春 J . nudiflorum
　　　4 常绿；花径 3～4cm，花单生于具总苞状单叶之小枝端，花冠裂片较筒部为长 ··· (3) 云南黄馨 J . mesnyi
　　3 小叶 5～7 枚，花白色 ······················· (4) 素方花 J . officinale
　2 叶互生，小叶常为 3；花萼裂片线形，与萼筒近等长 ········· (5) 探春 J . floridum

(1) 茉莉 Jasminum sambac（L.）Ait.（图 11-373）

图 11-373 茉莉

【别名】 茉莉花。

【形态特征】 常绿灌木，枝细长呈藤木状，高可达 3m；幼枝有短柔毛。单叶对生，薄纸质，圆形、椭圆形或宽卵形，长 4～12cm，宽 2～7.5cm，先端钝圆，基部圆形或微心形，全缘；侧脉在上表面稍凹入或凹起，下面凸起；仅背面脉腋有簇毛；叶柄被短柔毛，具关节。聚伞花序顶生，花序梗被短柔毛，苞片微小，锥形；花极芳香；花萼裂片8～9，线形；花冠白色，浓香，裂片长圆形至近圆形，裂片略短于花冠管。果球形，紫黑色。花期 5～10 月，果期 7～12 月。

【分布】 原产于印度、伊朗和阿拉伯；中国南方地区和世界各地广泛栽培。

【习性】 喜光，稍耐阴；宜高温潮湿、光照强的环境，喜温暖气候，耐寒性弱，0℃或轻微霜冻时叶会受害，最适生长温度为 25～35℃，空气相对湿度以 80%～90% 为好；不耐旱，忌渍涝；以肥沃、疏松的砂壤及壤土为宜，pH 5.5～7.0。

【繁殖栽培】 扦插、压条、分株均可。扦插适宜气温在 20℃以上；压条多在 5～6 月间进行。盆栽茉莉要严格节制浇水，可施用稀矾肥水，或换盆施肥，以保证叶色正常。多见阳光，合理施肥，可使花叶繁茂。

【观赏特性及园林用途】 本种株形玲珑，枝繁叶茂，叶色亮绿，花朵似玉铃，花期长，香气清雅而持久，为观赏花木之珍品。华南、西双版纳露地栽培，可丛植、群植；长江流域以及以北地区多盆栽观赏。园林中可作下木，也可作花篱植于路旁，也可作花篮、花圈装饰用。

【经济用途】 花极香，为著名的花茶原料，可熏制茉莉花茶；也可提制茉莉花油。花、叶又可药用，具治疗目赤肿痛、止咳化痰之功效。

(2) 迎春 *Jasminum nudiflorum* Lindl. （图11-374）

【形态特征】 落叶灌木，直立或匍匐，高可达5m；枝条下垂，绿色，四棱形，棱上多少具狭翼。三出复叶对生，小枝基部常具单叶；小叶卵形至长圆状卵形，长0.5～3cm，先端急尖，基部楔形，缘有短睫毛，上表面有基部突起的短刺毛；中脉在上面微凹入，下面凸起，侧脉不明显。花单生于去年生小枝的叶腋，先叶开放，苞片小，披针形、卵形或椭圆形；花萼绿色，裂片5～6，窄披针形；花冠黄色，裂片5～6，长度约为花冠筒的1/2。花期2～4月，通常不结果。

图11-374 迎春

【分布】 产于中国北部、西北、西南地区海拔800～2000m的山坡灌丛中；现世界各地普遍栽培。

【习性】 喜光，稍耐阴；耐寒性较强，北京地区可露地过冬；对土壤要求不严，喜湿润、肥沃土壤，耐干旱，耐盐碱，忌积水。根部萌发力强，枝端着地部分也易生根，耐修剪。

【繁殖栽培】 多用扦插、压条和分株法繁殖。繁殖容易，只要注意浇水很易成活。若要培养独干直立树形，可用竹竿挟持幼树，使其直立向上生长，并摘去下部的芽，待长到所需高度后摘去顶芽，就会形成下垂的拱形树冠。

【观赏特性及园林用途】 植株枝条拱形下垂，枝干鲜绿，冬季绿枝婆娑，早春黄花惹人喜欢，可装点冬春之景，中国南北各处园林和庭院都有栽培。花期早，南方可与蜡梅、山茶和水仙配置，构成早春美景，或与银芽柳、山桃配置，增添波光倒影，为山水生色；也常栽植于路旁、山坡及窗下、墙边，或作花篱密植、植于岩石园内，观赏效果皆佳。多年生老树桩可做成盆景。

【经济用途】 花、叶、嫩枝均可入药。

(3) 云南黄馨 *Jasminum mesnyi* Hance

【别名】 南迎春、野迎春、云南黄馨、云南黄素馨、迎春柳花、金腰带、金梅花、金铃花。

【形态特征】 常绿灌木，高可达3m；树形圆整，枝绿色，细长拱形，下垂，四棱具沟，光滑无毛。三出复叶对生，小枝基部常具单叶；叶纸质，叶面光滑，叶缘反卷，具睫毛；小叶片长卵形至长卵状披针形，先端钝或圆，具小尖头，基部楔形；叶柄具沟。花通常单生于叶腋，稀双生或单生于小枝顶端；苞片叶状，倒卵形或披针形；花萼钟状，裂片5～8枚，披针形；花冠黄色，漏斗状，6～8裂，约与花冠筒等长。果椭圆形。花期4月，延续时间长。

【分布】 原产于四川西南部、贵州、云南地区海拔500～2600m的峡谷、林中，南方庭院中常见栽培应用。

【习性】 喜光，宜多湿环境，以沙质壤土最佳，耐寒性不强，北方常温室盆栽。

【繁殖栽培】 多用扦插、压条、分株法。

【观赏特性及园林用途】 四季常青，枝条细长，拱形下垂，春季黄花艳丽，辅以绿叶相衬，宜植于水边驳岸、路缘、坡地、石隙等处，细枝拱形下垂，造景优美；盆栽常编扎成各种形状观赏。

(4) 素方花 *Jasminum officinale* Linn. （图11-375）

【别名】 耶悉茗。

【形态特征】 常绿缠绕藤木，高可达5m；枝绿色，细长，具四棱，无毛，稀被微柔毛。叶对生，羽状深裂或羽状复叶，小枝基部常有不裂的单叶，叶轴常具狭翼；小叶常5～7，椭圆状卵形，长1～3cm，先端尖或钝，稀钝，基部楔形或圆形，无毛。聚伞花序顶生，稀腋生，苞片线形；花萼杯状，5深裂，裂片线形；花冠白色或外红内白，裂片常5枚，花芳香。浆果椭圆形，熟时紫色。花期5～8月，果期9月。

图11-375 素方花

【变种、变型及栽培品种】 素馨花［*J. officinale* f. *grandiflorum*

（L.）Kobuski]：花较大，花冠筒长约 2cm，裂片长约 1.3cm。

大花素方花 [*J. officinale f. affine*（Royle ex Lindl.）Rehd.]：花较大，花冠管可长达 1.7cm，裂片长 0.6～1.2cm，花冠外面及花芽具较深的紫红色。栽培时花更大，且花色更深。花期 5～7 月，果期 7～11 月。

【分布】　产于中国西南部及印度、伊朗等地，生于海拔 1800～3800m 的山谷、沟地、灌丛林中或高山草地。现世界各地广泛栽培。

【习性】　喜光，耐寒性不强；适应性强。

【繁殖栽培】　多用扦插、压条和分株法。

【观赏特性及园林用途】　四季常青，株态轻盈，枝叶秀丽，白花绿叶，芳香弥漫，花期长，是优良的庭院观赏植物，可用作棚架、门廊和枯树等绿化用途。

【经济用途】　根可入药，具解毒杀虫之功效。

（5）探春 *Jasminum floridum* Bunge　（图 11-376）

【别名】　迎夏、鸡蛋黄、牛虱子。

【形态特征】　半常绿灌木，高可达 3m；幼枝绿色，扭曲，四棱，无毛。叶互生，复叶，小叶常为 3，偶有 5 或 7，小枝基部常有单叶；小叶卵状长圆形，长 1～3.5cm，宽 0.5～2cm，先端渐尖，基部楔形或圆形，边缘反卷，两面无毛。聚伞花序或伞状聚伞花序顶生，多花，苞片锥形；花萼裂片 5，线形，与萼筒近等长；花冠黄色，近漏斗状，裂片 5，卵形或长圆形，长为花冠筒长度的 1/3～1/2，边缘具纤毛。浆果近圆形，熟时黑色。花期 5～6 月，果期 9～10 月。

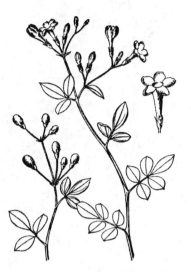

图 11-376　探春

【分布】　产于中国河北、山东、陕西和河南西部、湖北西部、四川、贵州北部地区，生于海拔 2000m 以下的坡地、山谷或林中。

【习性】　耐寒性较强，华北地区露地栽培，冬季稍加保护即可越冬。

【繁殖栽培】　多用扦插、压条和分株法。

【观赏特性及园林用途】　枝条拱形下垂，幼枝鲜绿，黄花艳丽，园林和庭院广为应用，可栽植于路旁、山坡及窗下、墙边，或作花篱密植。

【经济用途】　植株可入药，具舒筋活血，散瘀止痛之功效。

11.1.6.6　玄参科 Scrophulariaceae

草本、灌木或少有乔木。单叶对生，少互生、轮生；托叶无。花序总状、穗状或聚伞状，常再组成圆锥花序；花两性；花萼下位，4～5 裂，宿存；花冠 4～5 裂，裂片多少不等或作二唇形；雄蕊常 4 枚，子房上位，通常 2 室，稀 1 室；胚珠多数，中轴胎座；柱头头状或 2 裂或 2 片状。蒴果，少有浆果状；种子细小，多数，有时具翅或有网状种皮。

本科约 220 属，4500 种，广泛分布于世界各地。中国约产 61 属，680 余种，南北各地均有分布，尤以西南部为多。

泡桐属 Paulownia Sieb. et Zucc.

半常绿乔木，树冠伞形或圆锥形，幼时树皮平滑而具显著皮孔，老时纵裂；枝对生，常无顶芽，假二叉分枝；小枝粗壮，髓腔大。单叶对生，生长旺盛的新枝上有时 3 枚轮生，叶片大而具长柄，心脏形至长卵状心脏形，基部心形，全缘、波状或 3～5 浅裂。花常 3～5 朵组成聚伞花序，再排成圆锥花序，顶生；花萼钟状，5 裂；花冠大，紫或白色，檐部二唇形，上唇 2 裂，多少向后翻卷，下唇 3 裂，伸长；内面常有深紫色斑点，花冠管基部狭缩；雄蕊 4（2 强），不伸出冠筒；子房 2 室，柱头 2 裂。蒴果，室背开裂，果皮木质化或较薄；种子小而多，扁平，具半透明膜质翅。

本属共 7 种，均产于中国，除黑龙江、内蒙古、新疆北部、西藏等地区外，分布及栽培几乎遍布全国；越南、老挝、朝鲜、日本也有分布。

分种检索表

1 花冠鲜紫或蓝紫色；花萼裂片大于萼的 1/2；叶上表面被长毛，背面密被白柔毛 ……（1）毛泡桐 *P. tomentosa*
1 花冠乳白色至微带淡紫色；花萼裂片为萼的 1/4～1/3；叶上表面无毛，背面疏被白柔毛 ……………………………
　…………………………………………………………………………………………………（2）白花泡桐 *P. fortunei*

（1）毛泡桐 *Paulownia tomentosa*（Thunb.）Steud.（图 11-377）

【别名】　紫花泡桐、绒毛泡桐、桐。

【形态特征】　乔木，高可达 20m；树冠宽大伞形，树干耸直；小枝具明显皮孔，幼时常具黏质

图 11-377 毛泡桐
1. 叶；2. 叶下面毛；3. 果序枝；
4，5. 花；6. 种子；7. 果

短腺毛。叶阔卵形或心脏形，长 20～40cm，宽 15～28cm，先端尖，基部心形，全缘或 3～5 波状浅裂，上表面疏被长柔毛、腺毛及分枝毛，背面密被具长柄的白色树枝状毛；叶柄常有黏质短腺毛。金字塔形或狭圆锥形花序，密被黄色毛；花萼浅钟形，裂片为萼片的 1/2 至超过中部，外面绒毛不脱落；花冠漏斗状钟形，长 5～7cm，鲜紫色或蓝紫色，外面有腺毛，内面几无毛；檐部 2 唇形。蒴果卵圆形，长 3～4.5cm，宿萼不反卷。花期 4～5 月，果期 8～9 月。

【变种、变型及栽培品种】 光泡桐 [*P. tomentosa* var. *tsinlingensis* (Pai) Gong Tong]：成熟叶片下面无毛或毛极稀疏，基部圆形至浅心脏形。分布于陕西、甘肃、山西、河北、河南、山东、湖北、四川北部，海拔可达 1700m。

【分布】 分布于中国辽宁南部、河北、河南、山东、江苏、安徽、湖北、江西等地，西部地区有野生，生长于海拔 1800m 高地；日本、朝鲜、欧洲和北美洲也有引种栽培。

【习性】 强喜光树种，不耐庇荫。对温度的适应范围较宽，最适宜温度为 24～29℃，超过 38℃ 以上生长会受阻，低于 -25～-20℃ 时易受冻害。根系近肉质，怕积水，较耐干旱。适宜深厚肥沃、湿润、疏松的土壤，土壤 pH 值以 6～7.5 为好，不耐盐碱，喜肥。对 SO_2、Cl_2、HF、硝酸雾的抗性均强。生长迅速，根系发达，分布较深。

【繁殖栽培】 常采用埋根、播种、埋干、留根等方法繁殖。

【观赏特性及园林用途】 树干通直，冠大荫浓，花大而美，宜作庭荫树、行道树，也是重要的速生用材树种、"四旁"绿化和结合生产的优良树种。

【经济用途】 生长迅速，木材用途广，经济价值高，可制作胶合板、箱板、乐器、模型等，也是中国外贸物资之一。叶、花、种子均可入药，又是良好的饲料和肥料。

(2) 白花泡桐 *Paulowina fortunei* (Seem.) Hemsl. （图 11-378）

【别名】 白花泡桐、泡桐、大果泡桐、华桐、火筒木、沙桐彭、笛螺木、饭桐子、通心条。

【形态特征】 乔木，高可达 30m，树冠圆锥形、宽卵形或圆形，树皮灰褐色；小枝粗壮，中空；幼枝、叶、花序各部和幼果初均被黄褐色星状绒毛，后渐脱落。叶卵形，长 10～25cm，宽 6～15cm，先端渐尖，基部心形，全缘，稀浅裂，上表面无毛，背面密被白色星状绒毛。花序狭长近成圆柱形，小聚伞花序有花 3～8 朵，总花梗几与花梗等长；花萼倒圆锥状钟形，浅裂为萼的 1/4～1/3；花冠漏斗状，乳白色，仅背面稍带紫色或浅紫色，内面密布紫色斑点；雄蕊有疏腺；子房有腺，有时具星毛。蒴果椭圆形，顶端之喙长达 6mm，宿萼开展或呈漏斗状。花期 3～4 月，果期 7～9 月。

图 11-378 白花泡桐

【分布】 主产于长江流域以南各地，东起江苏、浙江、台湾，西南至四川、云南，南至广东、广西；东部生长海拔 120～240m，西南可达 2000m。越南、老挝也有分布。

【习性】 喜光，稍耐阴；喜温暖气候，耐寒性稍弱，尤其幼苗期易受冻害；对黏重瘠薄的土壤适应性强于其他种。适应性较强，生长快，是本属中对丛枝病抗性最强的树种。

【繁殖栽培】 可采用埋根、播种、埋干、留根等方法繁殖。

【观赏特性及园林用途】 主干通直，干形好，冠大荫浓，花大而美，可作庭荫树、行道树，也是重要的速生用材树种、"四旁"绿化树种。

【经济用途】 生长迅速，木材用途广，经济价值高，可制作胶合板、箱板和乐器等。植株可入药，枝叶可作饲料和肥料。

11.1.6.7 紫葳科 Bignoniaceae

落叶或常绿，乔木、灌木、藤木，稀草本。单叶或羽叶复叶，稀掌状复叶；对生，稀互生或轮生，无托叶；顶生小叶或叶轴有时呈卷须状，卷须顶端有时变为钩状或为吸盘而攀援它物。聚伞、总状或圆锥花序，顶生或腋生；花两性，两侧对称；花萼筒状、截平或齿裂；花冠合瓣，钟状至漏斗状，4～5 裂，裂片覆瓦状或镊合状排列，常呈二唇形状；雄蕊与裂片同数而互生，通常 4 枚发育，有时仅 2～3 枚；花盘环状，肉质；子房上位，2 室，稀 1 室。蒴果，少数为浆果状，室间或室背开裂；种子扁平，常有翅或两端有束毛。

本科约 120 属 650 种，多分布于热带、亚热带地区，少数分布于温带；中国原产 12 属，约 35 种，引进栽培 16 属，19 种。

分属检索表

```
1 乔木或灌木。
  2 单叶；发育雄蕊 2 枚；蒴果细长圆柱形 ·········································· 1. 梓属 Catalpa
  2 羽状复叶；发育雄蕊 4 枚；蒴果卵形或近球形 ······················ 2. 蓝花楹属 Jacaranda
1 藤木或半藤状灌木。
  3 植株有卷须，卷须 3 裂；小叶 2～3 枚 ······························ 3. 炮仗藤属 Pyrostegia
  3 植株无卷须，小叶 3 枚或更多。
    4 常绿半藤状灌木；雄蕊伸出花冠筒之外 ···················· 硬骨凌霄属 Tecomaria
    4 落叶藤木；雄蕊内藏 ·································································· 4. 凌霄属 Campsis
```

11.1.6.7.1 梓属 Catalpa Scop.

落叶乔木，无顶芽。单叶对生，稀 3 枚轮生，揉碎有臭气味；全缘或有缺裂，基出脉 3～5，叶背脉腋常具紫色腺斑。总状花序或圆锥花序顶生；花两性；花萼不规则深裂或 2 唇形分裂；花冠钟状，二唇形，上唇 2 裂，下唇 3 裂。发育雄蕊 2，内藏，着生于花冠基部；子房 2 室，胚珠多颗。蒴果，细长柱形，2 瓣开裂；种子多数，薄膜状，两端具长毛。

本属约 13 种，产于亚洲东部以及美洲；中国产 4 种，从北美引入 3 种，除南部外，各地均有，主要分布于长江、黄河流域。

分种检索表

```
1 花淡黄色，长约 2cm；叶通常具 3～5 浅裂 ······························· (1) 梓树 C. ovata
1 花白色或浅粉色，长 2cm 以上；叶通常不裂。
  2 叶长达 15cm，背面光滑；总状花序呈伞房状排列；花浅粉色；花萼裂片顶端 2 尖裂 ··· (2) 楸树 C. bungei
  2 叶长达 30cm，背面有柔毛；圆锥花序；花白色；花萼顶端不裂 ······· (3) 黄金树 C. speciosa
```

(1) 梓树 Catalpa ovata G. Don（图 11-379）

【别名】 楸、花楸、水桐、河楸、臭梧桐、黄花楸、水桐楸、木角豆。

【形态特征】 落叶乔木，高可达 20m；树冠开展，主干通直，树皮灰褐色、纵裂，嫩枝具稀疏柔毛。叶对生或 3 叶轮生，广卵形或近圆形，长 10～30cm，顶端渐尖，基部心形，通常 3～5 浅裂，叶片上面及下面均粗糙，微被柔毛，背面基部脉腋有紫斑。圆锥花序顶生，长 10～20cm；花萼绿色或紫色，2 唇开裂；花冠钟状，淡黄色，长约 2cm，内面有黄色条纹及紫色斑纹；可育雄蕊 2，花丝插生于花冠筒上；子房上位，棒状；花柱丝形，柱头 2 裂。蒴果线形，下垂，细长如筷，长 20～30cm；种子两端具毛。花期 5～6 月，果期 8～10 月。

图 11-379 梓树

【分布】 产于长江流域及以北地区海拔 500～2500m 地带；日本也有。分布很广，中国以黄河中下游为分布中心。

【习性】 喜光，稍耐阴，耐寒性较强，喜冷凉气候，忌暖热；喜深厚、肥沃、湿润土壤，不耐干旱瘠薄；具一定的耐盐碱能力；深根性，幼年速生；对 Cl_2、SO_2 和烟尘的抗性均强。

【繁殖栽培】 播种、扦插和分蘖繁殖。播种繁殖一般于 11 月果熟后采种干藏，翌春 4 月条播。

【观赏特性及园林用途】 树冠开展，主干通直，春夏白花满枝，秋冬蒴果下垂，可作行道树、庭荫树及宅旁绿化材料。古有房前屋后种植桑树、梓树，即"桑梓"之用法。

【经济用途】 材质轻软，耐水湿，可供家具、乐器、雕刻等用。果药用，可利尿，煎水可治浮肿。叶可供作饲料。

（2）楸树 *Catalpa bungei* C. A. Mey（图 11-380）

【别名】 金丝楸、楸、木王。

【形态特征】 落叶乔木，高可达 30m；树干通直，主枝开阔伸展，呈倒卵形树冠；树皮灰褐色，浅细纵裂；小枝灰绿色，无毛。叶三角状卵形，长 6～16cm，宽达 8cm，先端尾尖，基部截形、阔楔形或心形，全缘，有时近基部有 1～3 对尖齿；两面无毛，背面脉腋有 2 个紫色腺斑；叶柄长 2～8cm。总状花序伞房状排列，顶生；萼片蕾时圆球形，2 唇开裂；花冠浅粉色，长 2～3.5cm，内面具黄色条纹及紫红色斑点。蒴果线形，长 25～50cm；种子扁平，两端具长毛。花期 4～5 月，果期 8～10 月。

【分布】 主产于黄河流域和长江流域，北京、河北、内蒙古、安徽、浙江等地也有分布。

【习性】 喜光，幼苗耐庇荫；喜温暖湿润气候，不耐严寒，适宜年平均气温 10～15℃和年降水量 700～1200mm 的环境条件；不耐干旱和水湿；喜深厚、湿润、肥沃、疏松的土壤，在含盐量 0.1% 的轻度盐碱土上能正常生长；对 SO_2 及 Cl_2 有抗性，吸滞灰尘、粉尘能力较强。主根明显、粗壮；根蘖和萌芽力都很强；异花（或异株）授粉植物，单株或同一无性系种植在一起，会产生自花不孕；生长迅速。

图 11-380　楸树

【繁殖栽培】 播种、分蘖、埋根、嫁接均可。播种宜在 10 月果熟后采种，日晒开裂，取出种子干藏，翌年 3 月条播。埋根育苗多在 3 月中下旬进行，选 1～2cm 粗的根，截成长 15cm 的插条，斜埋，即可成活。

【观赏特性及园林用途】 树姿挺拔，主枝开阔伸展，花紫白相间，艳丽悦目，适宜作庭荫树和行道树，也可孤植于草坪中；配置于建筑周围，或点缀于山石岩际、假山石旁，也极其协调美观。

【经济用途】 木材坚硬，为良好的建筑用材。花可炒食，叶可作饲料。茎皮、叶、种子可入药，具除脓血、生肌肤、长筋骨、消食、涩肠下气、治上气咳嗽等功效；果实入药可清热利尿。

（3）黄金树 *Catalpa speciosa*（Barney）（图 11-381）

【别名】 白花梓树。

【形态特征】 落叶乔木，高可达 30m；树冠开展，伞形，树皮灰色，厚鳞片状开裂。叶宽卵形至卵状椭圆形，长 15～30cm，先端长渐尖，基部截形至浅心形，全缘或偶有 1～2 浅裂；上表面无毛，背面密被白色短柔毛，基部脉腋具绿色腺斑；叶柄长 10～15cm。圆锥花序顶生，长约 15cm，苞片 2，线形；花萼 2 裂，无毛；花冠白色，喉部有黄色条纹及紫褐色斑点，裂片开展。蒴果圆柱形，长 30～55cm，宽 1～2cm。花期 5～6 月，果期 8～9 月。

【分布】 原产于美国中部及东部；1911 年引入中国上海，目前华北至华南、新疆、云南都有栽培。

【习性】 喜强光树，耐寒性较弱，喜深厚肥沃、疏松土壤。

【繁殖栽培】 播种、扦插和压条繁殖。

图 11-381　黄金树

【观赏特性及园林用途】 株形优美，花色洁白，园林中多用作庭荫树及行道树；在原产地也作为速生用材树种。

【经济用途】 材质优良，可供建筑用材。植株可入药，可治疗手足痛风等。

11.1.6.7.2　蓝花楹属 *Jacaranda* Juss.

落叶乔木或灌木。叶对生或互生，2 回羽状复叶，稀 1 回；小叶多数，形小，全缘或有齿缺。圆锥花序顶生或腋生；花萼小，先端平截或 5 齿裂，萼齿三角形；花冠蓝或青紫色，漏斗状，花冠筒直或弯曲，裂片 5，檐部稍二唇形，外面密被柔毛；雄蕊 4（2 强）；花盘厚，垫状；子房 2 室，胚珠多数。蒴果，卵形或近球形，木质；种子扁平，周围具透明翅。

本属约 50 种，分布于热带美洲；中国引入栽培 2 种。

蓝花楹 *Jacaranda mimosifoia* D. Don（图 11-382）

【别名】 含羞草叶蓝花楹。

【形态特征】 落叶乔木，高可达 15m。叶对生，2 回羽状复叶，羽片通常在 15 对以上，每一羽片有小叶 15～24 对；小叶椭圆状披针形至长圆状菱形，长 6～12mm，宽 2～7mm，先端急尖，基部楔形，全缘，略被微柔毛。圆锥花序顶生，长 20cm；花萼筒状，顶端 5 齿裂；花冠二唇形，蓝色，花冠筒细长，长 15～18cm，下部微弯，上部膨大；雄蕊 4（2 强），花丝着生于花冠筒中部；子房圆柱形，无毛。蒴果，木质，卵球形；种子小，具翅。花期 5～6 月。

【分布】 原产于巴西、玻利维亚、阿根廷；中国两广、海南和云南南部引入栽培。

【习性】 喜光，喜暖热多湿气候，较耐水湿，不耐干旱，不耐寒；生长适温 22～30℃；适生于肥沃、湿润的砂壤土或壤土。

【繁殖栽培】 播种和扦插繁殖。

【观赏特性及园林用途】 绿荫如伞，叶纤细似羽片，蓝花朵朵，秀丽清雅，花开于少花季节，是少见的蓝花庭院观赏树种，华南城市常栽作庭荫树及行道树；也可丛植于草坪上，风景雅致。

【经济用途】 木材质软而轻，纹理通直，加工容易，可作家具用材。

图 11-382 蓝花楹
1. 花被片；2，3. 小叶；4. 果

11.1.6.7.3 炮仗藤属 Pyrostegia Presl.

常绿藤木，通常以卷须攀援。叶对生，小叶 2～3 枚，顶生小叶常变 3 叉的丝状卷须。聚伞花序，有时呈总状或圆锥花序状，顶生；萼钟状或管状。先端截平或有 5 齿；花橙红色，花冠管状，略弯曲，裂片 5，镊合状排列，花期反折；雄蕊 4 枚（2 强），伸出花冠管；花盘环状或杯状；子房上位，线形，2 室，有胚珠多颗。蒴果长线形，室间开裂；种子具翅。

本属约 5 种，产于南美；中国引入栽培 1 种。

炮仗花 *Pyrostegia venusta*（Ker-Gawl.）Miers（图 11-383）

图 11-383 炮仗花

【别名】 黄鳝藤。

【形态特征】 常绿藤木。茎粗壮，有棱，小枝有 6～8 纵槽纹。复叶对生，小叶 3 枚，顶生小叶变成线形、3 叉的卷须；叶卵状至卵状长椭圆形，长 5～10cm，宽 3～5cm，全缘，表面无毛，背面有穴状腺体。圆锥状聚伞花序顶生，下垂；花萼钟状，先端 5 齿裂；花冠橙红色，筒状，先端 5 裂，稍呈二唇形，裂片先端钝，向外反卷，具明显白色、被绒毛的边；雄蕊 4（2 强），2 枚自筒部伸出，2 枚达花冠裂片基部。花期初春，甚长。

【分布】 原产于巴西和巴拉圭，现全世界温暖地区常见栽培；中国华南、海南、云南南部、厦门等地有栽培。

【习性】 喜光，稍耐阴；喜温暖湿润气候和湿润、肥沃的酸性土壤，不耐干旱，耐寒性不强。

【繁殖栽培】 扦插和压条繁殖。

【观赏特性及园林用途】 花色橙红，着花茂密，累累成串，状如炮仗，花期较长，是华南地区美丽的观赏藤木，多植于建筑物旁、棚架或墙垣上，遮阴、观赏两相宜；也可用于高层建筑的阳台作垂直或铺地绿化。

【经济用途】 花、叶可入药，具润肺止咳、清热利咽之功效。

11.1.6.7.4 凌霄属 Campsis Lour.

落叶藤木，以气生根攀援。1 回奇数羽状复叶对生，小叶有粗锯齿。聚伞或圆锥花序顶生，花大，红或橙红色；花萼钟状，革质，具不等的 5 齿裂；花冠漏斗状钟形，在萼以上扩大，5 裂，稍呈二唇形；雄蕊 4（2 强），弯曲，内藏；子房 2 室，基部围以一大花盘。蒴果长，室背开裂；种子多数，具半透明的膜质翅。

本属共 2 种，1 种产于北美，1 种产于中国和日本。

分种检索表

1 小叶 7～9，两面无毛；叶缘疏生 7～8 齿；花萼裂至中部；花径 5～7cm ·············· (1) 凌霄 *G. grandiflora*
1 小叶 9～13，叶背脉上有柔毛；叶缘疏生 4～5 齿；花萼裂约为 1/3；花径约 4cm ······ (2) 美国凌霄 *G. radicans*

(1) 凌霄 *Campsis grandiflora*（Thunb.）Schum（图 11-384）

图 11-384　凌霄

【别名】　紫葳、女葳花、接骨丹。

【形态特征】　攀援藤木，长可达 10m，借气生根攀援；树皮灰褐色，细条状纵裂；小枝紫褐色。1 回奇数羽状复叶对生，小叶 7～9，卵形至卵状披针形，长 3～9cm，先端尾尖，基部不对称，缘疏生 7～8 锯齿，两面无毛。聚伞状圆锥花序顶生，疏松；花萼绿色，5 裂至中部，裂片披针形，有 5 条纵棱；花冠外面橙黄色，内面鲜红色，唇状漏斗形，裂片半圆形；雄蕊着生花冠筒近基部，花丝和花柱皆线形。蒴果长如荚，顶端钝。花期 5～8 月，果期 10 月。

【分布】　原产于中国中部和东部，现各地有栽培；日本也有分布。

【习性】　喜光，稍耐阴，幼苗宜稍庇荫；喜温暖湿润环境，耐寒性较弱，北京幼苗越冬需加保护；喜微酸性和中性土壤；耐干旱，忌积水。萌蘖力、萌芽力均强，适应性强。

【繁殖栽培】　播种、扦插、埋根、压条和分蘖均可。通常以扦插和埋根育苗为主。扦插多于春季 3 月下旬至 4 月上旬进行，选用硬枝作插穗；也可 6～7 月进行，选用软枝作插穗，都易成活。埋根于落叶期进行，选取健壮根截成长 3～5cm 的插条，直埋法即可。分蘖可于早春挖取老株根际四周萌蘖条进行繁殖。

【观赏特性及园林用途】　干枝虬曲多姿，叶翠花艳，花期长，是理想的城市垂直绿化材料，可用于庭院中棚架、花门绿化，也可攀援墙垣、枯树、石壁，或点缀于假山间隙。修剪、整枝后，也可作灌木状栽培观赏。凌霄花粉有毒，须加注意。

【经济用途】　茎、叶、花均可入药，花可通经、利尿，根可治疗跌打损伤。

(2) 美国凌霄 *Campsis radicans*（L.）Seem.（图 11-385）

【别名】　厚萼凌霄、杜凌霄。

【形态特征】　藤木，长可达 10m。1 回奇数羽状复叶对生，小叶 9～13，椭圆形至卵状椭圆形，长 3～6cm，宽 2～4cm，顶端尾状渐尖，基部楔形，缘疏生 4～5 粗锯齿；叶轴及叶背均生短柔毛。花数朵集生成短圆锥花序，顶生；花萼钟状，棕红色，5 浅裂，裂片约为萼筒的 1/3，质地厚，无纵棱；花冠筒状漏斗形，筒部为花萼长的 3 倍，外面橘红色，裂片鲜红色，花径约 4cm。蒴果筒状长圆形，先端具喙尖。花期 6～8 月，果期 10 月。

【变种、变型及栽培品种】　'黄花'美国凌霄（'Flava'）：花鲜黄色。

【分布】　原产于北美；中国各地引入栽培。

【习性】　喜光，也稍耐阴；耐寒力较强，北京地区能露地越冬；耐干旱，耐水湿；对土壤不严，以排水良好、疏松的中性土壤为宜，能生长在偏碱的土壤上；耐盐性强，在土壤含盐量为 0.31% 时也正常生长。深根性，萌蘖力、萌芽力均强，适应性强。

图 11-385　美国凌霄

【繁殖栽培】　播种、扦插、埋根、压条和分蘖均可。

【观赏特性及园林用途】　枝叶繁茂，花色鲜艳，花形美丽，有很强的攀援能力，优良的大型观花藤本植物，可用于花架、花廊、假山、枯树或墙垣绿化，或点缀于假山间隙。在阳台或西晒墙面攀援生长，既可美化环境，又可遮挡夏日强烈的阳光，降低室内温度。也适宜作为盆栽观赏，可用竹木等材料构筑成各种图形或动物形状，然后在生长过程中对其枝蔓作必要的扶持、导向和固定，可以生长成很美的形体。作自然悬垂栽培，让植株从高处垂挂而下，碧叶橙花，随风摇曳，也别有情趣。

【经济用途】　植株可入药。

11.1.6.8　茜草科 Rubiaceae

乔木、灌木或草本或藤本。单叶对生，有时为轮生，全缘，稀具锯齿；托叶位于叶柄间或叶柄内，宿存或脱落。花单生，或成各式花序，多聚伞花序；两性，稀单性或杂性，常辐射对称；萼筒与子房合生，萼檐平截、齿裂或具裂片，有时裂片扩大而成花状；花冠合瓣，筒状或漏斗状，裂片 4～6（10），雄蕊（2～）4～6（～10），着生于花冠筒上，与裂片同数而互生；花盘极小或肿胀；子房下位，1 至多室，常为 2 室，每室有胚珠 1 至多颗。蒴果、浆果或核果。

本属约 637 属 107000 种，主要产于热带和亚热带地区，少数分布于温带或北极地带；中国产 98属 676 种，5 属自国外引入，大部产于西南部至东南部。

分属检索表

1 子房每室具 2 至多数胚珠 ·· 1. 栀子属 Gardenia
1 子房每室具 1 胚珠。
　2 花由聚伞花序再组成伞房花序式；浆果 ························· 2. 龙船花属 Ixora
　2 花单生或簇生；核果 ··· 3. 白马骨属 Serissa

11.1.6.8.1　栀子属 Gardenia Ellis

灌木，稀小乔木；无刺，稀具刺。叶对生或 3 枚轮生；托叶三角形，基部鞘状，膜质，生于叶柄内侧。花单生、簇生，稀成伞房状聚伞花序；萼筒卵形或倒圆锥形，有棱，萼檐 5～8 裂，裂片宿存，稀脱落；花冠高脚碟状或筒状，5～12 裂，裂片广展，芽时旋转排列；雄蕊 5～12，着生于花冠喉部，花丝极短或缺，内藏；花盘环状或圆锥状；子房下位，1 室，胚珠多数。浆果革质或肉质，常有棱；种子多数，种皮革质或膜质。

本属约 250 种，分布于东半球热带和亚热带地区；中国产 5 种，分布于西南至东部。

栀子 Gardenia jasminoides Ellis（图 11-386）

【别名】 黄栀子、山栀、黄果、山黄枝。

【形态特征】 常绿灌木或小乔木，高可达 3m；干灰色，小枝绿色，有垢状毛。叶长椭圆形，长 3～25cm，宽 1.5～8cm，先端渐尖，基部宽楔形，全缘，无毛，革质而有光泽；叶柄长0.2～1cm。花单生枝端或叶腋，花萼萼筒有纵棱，萼檐筒形，膨大，5～7 裂，裂片披针形或线状披针形，宿存；花冠白至乳黄色，高脚碟状，先端常 6 裂，裂片平展，倒卵形或倒卵状长圆形，浓香；花丝短，柱头纺锤形。浆果卵形至长圆形，具 6 纵棱，熟时黄至橙红色，顶端有宿存萼片。花期 3～7 月，果期 5 月至第二年 2 月。

图 11-386　栀子

【变种、变型及栽培品种】 大花栀子（G. jasminoides f. grandiflora Makino）：叶较大；花大，单瓣，径 7～10cm。园林中应用更为普遍。

雀舌栀子（G. jasminoides var. radicana Makino）：植株较小，枝常平展匍地；叶小、狭长，花较小。

'玉荷花'（'Fortuneana'）：别名重瓣栀子，与原种的区别是，花较大，重瓣，径 7～8cm，庭院栽培较普遍。

'黄斑'栀子（'Aureo-variegata'）：叶片边缘有黄色斑块，甚至全叶呈黄色。

【分布】 产于山东、长江流域以南地区，中国中部及中南部都有分布。

【习性】 喜光，也能耐阴；喜温暖湿润气候，耐热，稍耐寒（－3℃）；耐干旱瘠薄，喜肥沃、排水良好、酸性的轻黏壤土。抗 SO_2 能力较强。萌蘖力、萌芽力均强，耐修剪。

【繁殖栽培】 繁殖以扦插和压条为主，也可分根或种子繁殖。本种枝条很容易生根，扦插时间以南方暖地 3～10 月、北方 5～6 月间为宜，剪取健壮成熟枝条，插于沙床上；也可 4～7 月水插，剪下插穗仅保留顶端的两个叶片和顶芽，成活率接近 100%。压条繁殖宜于 4 月树液开始流动时进行，在成年树上选 2～3 年生、健壮的枝条压条，1 个月左右即可生根。萌芽力强，需适时整修。

【观赏特性及园林用途】 四季常青，叶色亮绿，花大洁白，芳香馥郁，为良好的绿化和美化、香化材料，常用于庭院、街道和厂矿绿化；可丛植于林缘、庭前、院隅、路旁，也可植作花篱，或作阳台绿化、盆花、切花或盆景等。

【经济用途】 木材坚重致密，可供家具、雕刻等用。花含挥发油，可提制浸膏，作香料。果实可作黄色染料。根、花、种子可入药，具清热利尿、解毒、散瘀之功效。

11.1.6.8.2　龙船花属 Ixora Linn.

常绿灌木或小乔木。叶对生，稀 3 叶轮生；托叶在叶柄间，基部宽，常合生成鞘，先端延长或芒尖。聚伞花序再组成伞房花序，顶生，常具苞片和小苞片；花萼筒卵圆形，檐部 4（5）裂，宿存；花冠高脚碟状，4（5）裂，裂片短于筒部，芽时旋转排列；雄蕊与花冠裂片同数，着生于花冠筒喉部，花丝极短或无；花盘肉质；子房下位，2 室，每室具胚珠 1 颗。浆果，球形，革质或肉质。

本属约 400 种，主产于亚洲热带及亚热带地区、非洲、大洋洲，少数产于热带美洲；中国约 10 种，产于西南部至东部，以南部最盛。

图 11-387 龙船花

龙船花 *Ixora chinensis* Lam.（图 11-387）

【别名】 仙丹花。

【形态特征】 灌木，高可达 2m。单叶对生，披针形至倒卵状长椭圆形，长 6～13cm，宽 3～4cm，先端钝尖或钝，基部楔形或浑圆，全缘；叶柄极短或无，托叶基部合生成鞘状。伞房状聚伞花序顶生，花序分枝红色苞片和小苞片微小；花萼檐部 4 裂；花冠红色或橙红色，高脚碟状，筒细长，裂片 4，先端浑圆。浆果近球形，双生，有沟，熟时黑红色。花期几乎全年，以5～7 月为最盛。

【变种、变型及栽培品种】 '白花'龙船花（'Alba'）：花白色。

'暗橙色'龙船花（'Dixiana'）：花暗橙色。

【分布】 原产于中国福建、广东、香港、广西，生于海拔200～800m 山地灌丛中和疏林下。越南、菲律宾、马来西亚、印度尼西亚等热带地区有分布。

【习性】 喜光，也能耐阴；喜温暖湿润气候，耐热，耐寒性弱；对土壤要求不严，耐干旱和水湿，喜肥沃、排水良好的酸性壤土。抗 SO_2 能力较强。萌芽力均强，耐修剪。

【繁殖栽培】 以扦插和分株繁殖为主，也可播种繁殖。

【观赏特性及园林用途】 植株丛生，分枝密集，花色鲜红而美丽，花期长，是南方庭院理想的观赏花木，可散植或丛植于建筑周围、路旁、水边等，也可与山石相配，或植为花篱。北方地区广泛用于盆栽观赏。

【经济用途】 根、茎和花可入药，具散瘀止血、调经、降压之功效。

11.1.6.8.3 白马骨属 *Serissa* Comm. ex A. L. Jussieu

常绿小灌木，分枝多，枝叶及花揉碎有臭味。叶对生，近无柄，通常聚生于短小枝上，近革质，卵形；托叶与叶柄合生成一短鞘，宿存。花腋生或顶生，单朵或多朵丛生，无梗；萼筒倒圆锥形，萼檐 4～6 裂，宿存；花冠白色，漏斗状，顶部 4～6 裂，裂片短，扩展，内曲，镊合状排列，喉部有毛；雄蕊 4～6，着生于花冠筒上部；花丝线形，略与冠管连生；花盘大；子房 2 室，每室具 1 倒生胚珠。核果球形。

本属共 3 种，分布于中国、日本及印度。

六月雪 *Serissa japonica*（Thunb.）Thunb.（图 11-388）

【别名】 白马骨、满天星。

【形态特征】 常绿或半常绿矮小灌木，高不及 1m，丛生，分枝繁多，嫩枝有微毛。单叶对生或簇生于短枝，革质，长椭圆形至倒披针形，长 6～22mm，宽 3～6mm，先端有小突尖，基部渐狭，全缘；两面叶脉、叶缘及叶柄上均有白色毛；叶柄短。花单生或数朵簇生于小枝顶部或腋生，苞片被毛、边缘浅波状；萼檐裂片细小，锥形，被毛；花冠白色或淡粉紫色，裂片扩展，顶端 3裂；雄蕊突出冠管喉部外；花柱长突出，柱头 2。核果小，球形。花期 5～6 月，果期 10 月。

【变种、变型及栽培品种】 阴木（*S. foetida* var. *crassiramea* Makino）：较原种矮小，叶质厚，层层密集；花单瓣，白色带紫晕。

图 11-388 六月雪

'金边'六月雪（'Aureo-marginata'）：叶缘金黄色。

'重瓣'六月雪（'Pleniflora'）：花白色，重瓣。

'花叶'六月雪（'Varie-gata'）：叶面有白色斑纹。

'重瓣'荫木（'Plena'）：枝叶似阴木，但花重瓣。

'粉花'六月雪（'Rubescens'）：花粉红色，单瓣。

【分布】　产于中国中部和南部的江苏、安徽、江西、浙江、福建、广东、香港、广西、四川、云南等省市，生于河溪边或丘陵的杂木林内。日本、越南也有分布。

【习性】　喜阴湿，耐阴，喜温暖气候；对土壤要求不严，中性、微酸性土均能适应，喜肥，宜肥沃的砂质土。萌芽力、萌蘖力均强，耐修剪。

【繁殖栽培】　扦插和分株繁殖均可。

【观赏特性及园林用途】　树形纤巧，分枝繁多，花时宛如白雪满树，玲珑清雅，是优美的观赏灌木，适宜作花坛边界、花篱和下木；也可于庭院路边及步道两侧作花径配置，极为别致；或交错栽植在山石、岩际；也是制作盆景的上好材料。

【经济用途】　全株可入药。

11.1.6.9　忍冬科 Caprifoliaceae

落叶或常绿灌木或木质藤本，稀为小乔木或草本；木质松软，常有发达的髓部。单叶对生，稀轮生，稀羽状复叶；具羽状脉，极少具基部或离基三出脉或掌状脉；通常无托叶。聚伞花序或再组成各式花序，有数朵簇生，或单花；花两性，少杂性，花萼筒与子房合生，顶端4～5裂，宿存或脱落；花冠合瓣，钟状、管状或漏斗状，4～5裂，覆瓦状或稀镊合状排列，有时二唇形；雄蕊与花冠裂片同数且与裂片互生；花盘缺失，或呈环状或为一侧生的腺体；子房下位，2～5室，每室有胚珠1至多枚。浆果、核果或蒴果，具1至多数种子。

本科约13属500余种，主要分布于北温带和热带高海拔山地，尤以亚洲东北部和美洲东北部为多；中国12属300余种，广布于南北各地。

分属检索表

```
1 蒴果开裂 …………………………………………………………………… 1. 锦带花属 Weigela
1 浆果或核果。
　2 瘦果状核果，具1枚种子。
　　3 果两个合生（有时1个不发育），外面密生刺刚毛 ……………………… 2. 猬实属 Kolkwitzia
　　3 果分离，外面无刺刚毛，但具宿存、翅状萼裂片 ………………………… 3. 六道木属 Abelia
　2 浆果或浆果状核果。
　　4 浆果；花成对着生于叶腋或轮生枝顶，花冠二唇形 ……………………… 4. 忍冬属 Lonicera
　　4 浆果状核果；伞房状或圆锥状聚伞花序，花冠辐射对称。
　　　5 奇数羽状复叶 ………………………………………………………… 5. 接骨木属 Sambucus
　　　5 单叶 …………………………………………………………………… 6. 荚蒾属 Viburnum
```

11.1.6.9.1　锦带花属 Weigela Thunb.

落叶灌木，幼枝稍呈四方形，髓心坚实，冬芽具数枚鳞片。单叶对生，边缘有锯齿；无托叶。花单生或由2～6花组成聚伞花序生于侧生短枝上部叶腋或枝顶；萼筒长圆柱形，萼檐5裂，裂片深达中部或基底；花冠白色、粉红色至紫红色，管状钟形或漏斗形，两侧对称，顶端5裂，裂片短于花冠筒；雄蕊5，着生于花冠筒中部，内藏；子房2室，含多数胚珠。蒴果长椭圆形，革质或木质，有喙，2瓣裂；种子小，多数，无翅或有狭翅。

本属约10种，产于亚洲东部；中国2种，另有庭院栽培1～2种。

分种检索表

```
1 花萼裂片披针形，中部以下连合；柱头2裂，种子几无翅。
　2 花冠漏斗形，花期4～5（6）月 ……………………………………………… (1) 锦带花 W. florida
　2 花冠狭钟形，花期4月中下旬 ……………………………………………… 早锦带花 W. praecox
1 花萼裂片线形，裂至基部；柱头头状；种子有翅 ……………………………… (2) 海仙花 W. coraeensis
```

(1) 锦带花 Weigela florida (Bunge) A. DC.（图 11-389）

【别名】　五色海棠、锦带、海仙。

【形态特征】　落叶灌木，高可达3m；枝条开展，幼枝稍四方形，具2列柔毛；芽顶端尖，具3～4对鳞片。叶椭圆形或卵状椭圆形，长5～10cm，先端锐尖，基部阔楔形至圆形，缘有锯齿；上表面疏生短柔毛，脉上毛较密，背面密生短柔毛或绒毛；叶柄短或无。花单生或成聚伞花序生于侧生短枝的叶腋或枝顶；萼片5裂，披针形，深达萼檐中部；花冠紫红色或玫瑰红色，漏斗状钟形，裂片5，不整齐，开展，内面浅红色；外面疏生短柔毛；花柱细长，柱头2裂。蒴果柱形，顶有短柄状喙；种子无翅。花期4～6月，果期10月。

【变种、变型及栽培品种】　'白花'锦带花（W. florida f. alba Rehd.）：花近白色。

'红花'锦带花（'Red Prince'）：别名'红王子'锦带花，与原种的区别是，花鲜红色，繁密而

图 11-389　锦带花

下垂。

'深粉'锦带花（'Pink Princess'）：别名'粉公主'锦带花，与原种的区别是，花深粉红色，花期较一般锦带花提前约 15d，花繁密而色彩亮丽，整体效果好。

'亮粉'锦带花（'Abel Carriere'）：花亮粉色，盛开时植株整体被花朵覆盖。

'变色'锦带花（'Versicolor'）：花色由奶油白渐变为红色。

'紫叶'锦带花（'Purpurea'），植株紧密，高可达 1.5m；花紫粉色，叶带褐紫色。

'花叶'锦带花（'Variegata'）：花粉红色，叶边淡黄白色。

'斑叶'锦带花（'Goldrush'）：花粉紫色；叶金黄色，有绿斑。

【分布】　原产于华北、东北及东北部，生于海拔 100～1450m 的杂木林下或山顶灌木丛中。俄罗斯、朝鲜和日本也有分布。

【习性】　喜光，耐寒；对土壤要求不严，能耐瘠薄土壤，但以深厚、湿润而腐殖质丰富的壤土生长最宜；忌水涝；对 HCl 抗性较强。萌芽力、萌蘖力强，生长迅速。

【繁殖栽培】　常用扦插、分株和压条法繁殖，也可采用播种繁殖。扦插可于春季 2～3 月露地进行，也可于 6～7 月在荫棚地进行，成活率都很高。栽培容易，生长迅速，病虫害少。

【观赏特性及园林用途】　枝叶繁茂，花色艳丽，花期长久，是华北地区春季主要观赏花灌木之一，可庭群植于庭院角隅、湖畔，也可在树丛、林缘作花篱、花丛配置；或点缀于假山、坡地。

（2）海仙花 Weigela coraeensis Thunb.（图 11-390）

【形态特征】　灌木，高可达 5m；小枝粗壮，无毛或近无毛。叶阔椭圆形或倒卵形，长 8～12cm，先端尾状，基部阔楔形，边缘具钝锯齿；上表面深绿色，背面淡绿色，脉间稍有毛。花数朵组成聚伞花序，腋生；萼片线状披针形，裂片达基部；花初时白色、黄白色或淡玫瑰红色，后变为深红色，花冠漏斗状钟形。蒴果柱形，2 瓣裂；种子有翅。花期 5～6 月，果期 10 月。

【变种、变型及栽培品种】　'白花'海仙花（'Alba'）：花初放时淡黄白色，后变为粉红色。

'红花'海仙花（'Rubrifolora'）：花浓红色。

【分布】　产于华东一带；朝鲜、日本也有分布。

【习性】　喜光，稍耐阴；耐寒性弱于锦带花，北京仍能露地越冬；喜湿润肥沃土壤。

【繁殖栽培】　扦插和分株繁殖均可。

【观赏特性及园林用途】　枝叶较粗大，色淡雅，可群植于庭院角隅、湖畔、林缘，或点缀于假山、坡地。

图 11-390　海仙花

11.1.6.9.2　猬实属 Kolkwitzia Graebn.

落叶灌木，冬芽具数对明显被柔毛的鳞片。叶对生，具短柄；无托叶。伞房状聚伞花序顶生或腋生于具叶的侧枝之顶，苞片 2；萼片 5 裂，裂片狭，外面密生长刚毛；花冠钟状，5 裂，裂片开展；雄蕊 4（2 强），着生于花冠筒内；子房 3 室，仅 1 室发育，含 1 枚胚珠。瘦果状核果，两枚合生（有时 1 个不发育），外被刺毛，具宿存的萼裂片。

本属仅 1 种，为中国所特产。

猬实 Kolkwitzia amabilis Graebn.（图 11-391）

【形态特征】　落叶灌木，高可达 3m；干皮薄片状剥裂，小枝幼时疏生柔毛。叶卵形至卵状椭圆形，长 3～7cm，先端渐尖，基部圆形，缘疏生浅齿或近全缘，两面疏生柔毛。伞房状聚伞花序生于侧枝顶端，小花梗具 2 花，其萼筒下部合生，萼筒外部生长柔毛，在子房以上缢缩似颈，裂片 5；花冠钟状，粉红色至紫色，裂片 5，其中 2 片稍宽而短；雄蕊 4（2 强），内藏。核果 2 个合生，有时其中 1 个不发育，外面有刺刚毛，具宿存的萼裂片。花期 5～6 月；果期 8～9 月。

【分布】　中国特有种，产于中国中部及西北部的山西、陕西、甘肃、河南、湖北及安徽等省。

【习性】　喜光；有一定耐寒力，北京地区能露地越冬；耐干旱瘠薄，喜排水良好、肥沃土壤。

【繁殖栽培】 播种、扦插和分株繁殖均可。

【观赏特性及园林用途】 着花茂密，花色娇艳，果形奇特，宛如小刺猬，是著名的观花灌木，宜丛植于草坪、建筑角隅、路旁及假山旁，也可盆栽或作切花用。

11.1.6.9.3 六道木属 *Abelia* R. Br.

落叶灌木，稀常绿；冬芽小，卵圆形，具数对芽鳞。单叶对生，稀3枚轮生，全缘或具齿；具短柄。花1或数朵顶生或生于侧枝叶腋，或组成聚伞花序；花整齐或稍呈二唇形；苞片2～4枚；萼片2～5，裂片扁平，开展，花后增大宿存；花冠白色或淡玫瑰红色，管状、钟状或漏斗状，5裂；雄蕊4（2强），着生于花冠筒基部；子房3室，仅1室发育，有1胚珠；花柱丝状，柱头头状。瘦果革质，顶端冠以宿萼；种子近圆柱形，种皮膜质。

本属约26种，产于中国、日本、中亚及墨西哥；中国产9种。

分种检索表

1 花多数密集成圆锥状聚伞花序；花冠漏斗状，花萼裂片5 ··（1）糯米条 A.chinensis

1 花2朵并生于小枝顶端；花冠钟状高脚碟形，花萼裂片4。

　2 2朵花下无总梗 ······························（2）六道木 A.biflora

　2 2朵花下具总花梗 ··············· 南方六道木 A.dielsii

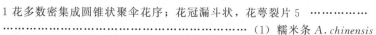
图 11-391　猬实

（1）糯米条 *Abelia chinensis* R. Br.（图 11-392）

图 11-392　糯米条

【别名】 茶条树。

【形态特征】 落叶灌木，多分枝，高可达2m；枝开展，幼枝红褐色，被微毛，老枝树皮纵裂。叶对生，有时3枚轮生，卵形至椭圆状卵形，长2～5cm，宽1～3.5cm，先端尖至短渐尖，基部宽钝至圆形，边缘具浅锯齿；上表面初时疏被短柔毛，背面叶脉基部密生白色柔毛。圆锥状聚伞花序生于小枝上部叶腋，总花梗初被短柔毛；花芳香，具3对小苞片，具睫毛；花萼被短柔毛，裂片5，粉红色，边缘有睫毛；花冠白色至粉红色，漏斗状，裂片5，外面被短柔毛；雄蕊4，着生于花冠筒基部，并伸出花冠。瘦果状核果，具宿存而略增大的萼裂片。花期7～9月，果期10～11月。

【分布】 在中国秦岭以南各地的低山湿润林缘及溪谷岸边多有生长，长江以南各省区广泛分布，生长于海拔170～1500m的山地；长江以北仅在公园、庭院及植物园和温室中栽培。

【习性】 喜光，耐阴性强；喜温暖湿润气候，耐寒性弱，北京地区小气候可露地栽培；对土壤要求不严，酸性、中性土均能生长，有一定的耐旱和耐瘠薄能力。根系发达，适应性强，生长强盛，萌蘖力和萌芽力均强。

【繁殖栽培】 播种或扦插繁殖均可。

【观赏特性及园林用途】 树姿婆娑，花期正值少花季节，花开枝梢，洁莹可爱，粉色萼片宿存枝头，也颇可观；花期特长，花香浓郁，是优良的秋花灌木，可丛植于草坪、建筑角隅、路边和假山旁，或配置于林缘、树下，也可作基础栽植、花篱、花径等。

【经济用途】 植株可入药，具清热解毒、凉血、止血等功效。

（2）六道木 *Abelia biflora* Turcz.（图 11-393）

【形态特征】 落叶灌木，高达3m；枝有明显的6条沟棱，幼枝被倒向刺刚毛。单叶对生，叶长椭圆形至椭圆状披针形，长2～7cm，宽0.5～2cm，先端尖至渐尖，基部楔形，全缘或中部以上羽状浅裂而具1～4对粗齿，两面均疏被柔毛，脉上密被长柔毛，边有睫毛；叶柄短，基部膨大，具刺刚毛。花2朵并生于小枝顶端，无总花梗；花萼疏生短刺刚毛，裂片4，匙形；花冠白色、淡黄色或带红色，高脚碟形，外生短柔毛，杂有倒向刺刚毛，裂片4，裂片圆形，冠筒为裂片长的3倍，内密生硬毛；雄蕊4（2强），着生于花冠筒中部，内藏；子房3室，仅1室发育。瘦果状核果常弯曲，先端宿存4枚增大之花萼。花期5月，果期8～9月。

【变种、变型及栽培品种】 大花六道木 ［*A.grandiflora*（Andre）Rehd］：原产于中国的糯米条（*A.chinensis* R.Br.）和单花六道木（*A.uniflora* R.Br.）杂交而成，半常绿灌木，萼裂片2～5

图 11-393　六道木

枚。国内庭院有栽培。

'金边'大花六道木（'Francis Mason'）：是由大花六道木杂交而成，叶面呈金黄色，小枝条红色，中空。花小，繁茂，并带有淡淡的芳香，是大花六道木中最好的品种之一。

'粉花'六道木（'Edward Goucher'）：是六道木中唯一的一个红花品种，花色粉艳，亮丽异常。叶片较小，枝条细长弯曲成拱形，粉色萼片宿存时间更长。

'日升'六道木（'Sunrise'）：叶片中间为墨绿色，幼小时叶缘带有金黄色条纹，长大后条纹变为乳黄色。是现今唯一的花叶品种，国内还未引进。

'矮白'六道木（'Dwarf White'）：与原种的区别是，为六道木的矮化品种，目前国内已有引进，但数量非常有限。

【分布】　产于河北、山西、辽宁、内蒙古，生于海拔 1000～2000m 的山坡灌丛、林下及沟边。

【习性】　喜光，耐阴性强；耐寒性强；喜湿润土壤。耐干旱、瘠薄，萌蘖力、萌芽力很强盛；生长缓慢。

【繁殖栽培】　播种繁殖。

【观赏特性及园林用途】　树姿婆娑，叶秀花美，可配置在林下、石隙及岩石园中，或栽植在建筑背阴面；修剪成圆球状，可点缀景观；也是北方山区水土保持树种。

【经济用途】　木质坚韧，木面光滑细密，可雕刻工艺品。果可入药，具祛风除湿、消肿解毒之功效。

11.1.6.9.4　忍冬属 Lonicera Linn.

落叶，稀半常绿或常绿灌木，直立或右旋攀援，极少为小乔木；老枝树皮呈纵裂剥落。单叶对生，少数 3～4 枚轮生，全缘，稀有裂，有短柄或无柄；通常无托叶，有时花序下的 1～2 对叶相连成盘状。花通常成对生于腋生的总花梗顶端，或花无柄而呈轮状排列于小枝顶，具总梗或缺，有苞片 2 及小苞片 4；相邻两萼筒分离或部分至全部连合，顶端 5 裂，裂齿常不相等；花冠白色、黄色、淡红色或紫红色，管状，基部常弯曲，唇形或近 5 等裂；雄蕊 5，伸出或内藏；子房 2～3 室，每室有多数胚珠；花柱细长，柱头头状。浆果肉质，红色、蓝黑色或黑色，内有种子 3～8 颗。

本属约 200 种，分布于北半球温带和亚热带地区；中国约 98 种，广布于全国各省区，以西南部最多。

分种检索表

1 花双生于总花梗顶端，花序下无合生叶片。
　2 藤木；苞片叶状卵形 ………………………………………………………（1）金银花 L. japonica
　2 直立灌木；苞片线形或披针形。
　　3 枝中空；苞片线形；相邻两花的萼筒分离。
　　　4 叶多少具毛，基部常呈楔形 …………………………………………（2）金银木 L. maackii
　　　4 叶两面均无毛，基部圆形或近心脏形 ………………………………（3）鞑靼忍冬 L. tatarica
　　3 枝充实；苞片线状披针形；相邻两花萼筒合生达中部以上 …………（4）郁香忍冬 L. fragrantissima
1 花多朵集合成头状、穗状花序，花序下 1～2 对叶基部合生。
　5 常绿；顶生穗状花序，花橘红至深红色。
　　6 常绿缠绕藤木，花冠细长筒形，先端 5 裂片短而近整齐 …………（5）贯月忍冬 L. sempervirens
　　6 落叶或半常绿缠绕藤木，花冠较短，多少二唇形，花冠筒基部稍呈浅囊状 ………布朗忍冬 L×brownii
　5 落叶；顶生头状花序，花淡黄色 …………………………………………（6）盘叶忍冬 L. tragophylla

（1）金银花 Lonicera japonica Thunb.（图 11-394）

【别名】　忍冬、金银藤、银藤、二色花藤、二宝藤、右转藤、子风藤、蜜桷藤、鸳鸯藤、老翁须。

【形态特征】　半常绿缠绕藤木，长可达 9m；枝细长中空，皮棕褐色，条状剥落，幼时密被短柔毛。单叶对生，卵形或椭圆状卵形，长 3～8cm，先端短渐尖至钝，基部圆形至近心形，全缘；幼时两面具短糙毛，老后光滑。花成对腋生，总花梗与叶柄等长或稍较短，密被短柔毛，并夹杂腺毛；苞片叶状；萼筒无毛，萼齿顶端尖而有长毛，外面和边缘都有密毛；花冠初开为白色略带紫晕，后转黄色，芳香，二唇形，上唇 4 裂而直立，下唇反转，花冠筒与裂片等长。浆果球形，离生，黑色。花期 5～7 月，果期 8～10 月。

【变种、变型及栽培品种】 红金银花（*L. japonica* var. *chinensis* Baker）：小枝、叶柄、嫩叶皆带紫红色；叶片近光滑，仅背脉稍有毛；花冠外淡紫红色，上唇的裂片大于1/2。

紫脉金银花（*L. japonica* var. *repens* Rehd.）：叶近光滑，叶脉常带紫色，叶基部有时有裂；花冠白色或带淡紫色，上唇的裂片约为1/3。

'黄脉'金银花（'Aureo-reticulata'）：叶较小，网脉黄色。

'紫叶'金银花（'Purpurea'）：叶紫色。

'斑叶'金银花（'Variegata'）：叶具黄斑。

【分布】 北起辽宁、西至陕西、南达湖南、西南至云南、贵州，均有分布，生于海拔1500m以下的山坡灌丛或疏林中、乱石堆、山足路旁及村庄篱笆边。日本和朝鲜也有分布。

【习性】 喜光，也耐阴；耐寒，耐干旱和水湿；对土壤要求不严，酸性、碱性土壤均能生长。根系发达，生性强健，适应性强；萌蘗力强，茎着地即能生根。

图11-394　金银花

【繁殖栽培】 播种、扦插、压条和分株均可。播种于10月果熟后采种，堆放后熟，洗净阴干，层积贮藏至翌春4月上旬，播前可把种子放在25℃温水中浸泡1昼夜，取出与湿砂混拌置于室内，待30%～40%的种子裂口时可进行播种。扦插于春、夏、秋三季都可进行，以雨季最宜。压条一般在6～10月进行。分株繁殖在春、秋两季皆可进行。

【观赏特性及园林用途】 植株轻盈，藤蔓缭绕，冬叶微红，花色变化，白黄相间，富含清香，是色香皆俱的观赏藤本植物，可缠绕篱垣、花架、花廊等作垂直绿化；或附在山石上、植于沟边、山坡，用做地被，增加自然情趣；花期长，花芳香，是庭院布置夏景的极好材料；植株体轻，也可作为美化屋顶花园的好树种；老桩也可作盆景，姿态古雅。

【经济用途】 花蕾、茎枝可入药，具清热解毒、消炎退肿之功效；植株是优良的蜜源植物。

（2）金银木 *Lonicera maackii*（Rupr.）Maxim.（图11-395）

【别名】 金银忍冬。

【形态特征】 落叶灌木，高可达5m，小枝髓黑褐色，后中空，幼时具微毛。单叶对生，纸质，卵状椭圆形至卵状披针形，长5～8cm，先端渐尖，基部宽楔形或圆形，全缘；两面疏生柔毛。花成对腋生，总花梗短于叶柄，苞片线形，小苞片多少连合成对，长为萼筒的1/2至几相等；相邻两花的萼筒分离，萼檐钟状；花冠花先白后黄，芳香，唇形，冠筒长度为唇瓣的1/2，内被柔毛；雄蕊5，与花柱均达花冠的2/3。浆果红色，合生；种子具蜂窝状微小浅凹点。花期5～6月；果期8～10月。

【变种、变型及栽培品种】 红花金银木（*L. maackii* f. *erubescens* Rehd.）：与原种的区别是，花较大，淡红色；嫩叶也带红色。

【分布】 产于中国东北，分布很广，华北、华东、华中及西北东部、西南北部均有分布，生于海拔1800m以下（云南和西藏达3000m）的林中或林缘溪流附近的灌木丛中。朝鲜、日本和远东地区也有分布。

图11-395　金银木

【习性】 喜光，也耐阴；耐寒，耐旱，喜湿润肥沃及深厚之壤土。性强健，管理粗放，病虫害少。

【繁殖栽培】 播种和扦插繁殖。

【观赏特性及园林用途】 树势旺盛，枝叶丰满，花开初夏，芳香，秋季红果点缀枝头，为优良的观花灌木，可孤植或丛植于林缘、草坪、水边。

【经济用途】 茎皮可制人造棉；花可提取芳香油；种子可榨油，或制肥皂。

（3）鞑靼忍冬 *Lonicera tatarica* Linn.

【别名】 新疆忍冬、桃色忍冬。

【形态特征】 落叶灌木，高可达3m；小枝中空，老枝皮灰白色。单叶对生，纸质，叶卵形或卵状椭圆形，长 2～6cm，先端尖，基部圆形或近心形，稀阔楔形，两侧常稍不对称；边缘有短糙毛，两面均无毛。花成对腋生，总花梗长 1～2cm，苞片条状披针形或条状倒披针形，小苞片分离；相邻两花的萼筒分离，萼檐具三角形或卵形小齿；花冠粉红色或白色，唇形，筒短于唇瓣，外面光滑，里面有毛；雄蕊 5，和花柱皆短于花冠。浆果红色，常合生。花期 5～6 月；果期 7～9 月。

【变种、变型及栽培品种】 '白花' 鞑靼忍冬（'Alba'）：花白色。

'大花纯白' 鞑靼忍冬（'Grandiflora'）：花大，白色。

'大花粉红' 鞑靼忍冬（'Virginalis'）：花大，粉红色。

'浅粉' 鞑靼忍冬（'Albo-rosea'）：花浅粉色。

'深粉' 鞑靼忍冬（'Sibirica'）：花深粉色。

'深红' 鞑靼忍冬（'Arnold Red'）：花深红色。

'黄果' 鞑靼忍冬（'Lutea'）：果黄色。

'橙果' 鞑靼忍冬（'Morden Orange'）：果橙黄色。

'矮生' 鞑靼忍冬（'Nana'）：植株低矮。

【分布】 原产于中国新疆北部，生于海拔 1100～1800m 的石质山坡或沟谷灌丛中，北京、黑龙江和辽宁有栽培。欧洲至西伯利亚地区也有分布。

【习性】 喜光，抗旱、抗寒，耐瘠薄，对不良环境有较强的抗性；对土壤要求不严，对生长环境的要求相对较低；耐修剪。

【繁殖栽培】 播种或扦插法繁殖。

【观赏特性及园林用途】 形态优美，花美叶秀，花香果艳，花期较长，可栽植于庭院观赏，或用来点缀草坪、岩石及假山，配置于庭中堂前、墙下窗前，也极相宜。

(4) 郁香忍冬 *Lonicera fragrantissima* Lindl. et Paxon.（图 11-396）

图 11-396 郁香忍冬

【别名】 香吉利子、羊奶子。

【形态特征】 半常绿灌木，高可达 2m；枝髓充实，幼枝有刺刚毛。单叶对生，厚纸质或带革质，卵状椭圆形至卵状披针形，长 4～10cm，先端尖至渐尖，基部圆形或阔楔形，两面无毛或仅下面中脉有少数刚伏毛；边缘多少有硬睫毛或几无毛。花成对腋生于幼枝基部苞腋，先于叶或与叶同时开放，芳香，苞片线状披针形；相邻两花萼筒合生达中部以上，萼檐近截形或微 5 裂；花冠白色或粉红色，唇形，冠筒内面密生柔毛，基部有浅囊，上唇裂片深达中部，下唇舌状，反曲；雄蕊内藏，花丝长短不一；花柱无毛。浆果红色，两果合生过半；种子褐色，稍扁，有细凹点。花期 2 月中旬～4 月，果期 5～6 月。

【分布】 主产于长江流域，生于海拔 200～1000m 的山坡灌丛。

【习性】 喜光，也耐阴；耐寒，耐旱，忌涝，喜湿润肥沃及深厚之壤土。萌芽性强，性强健，管理粗放，病虫害少。

【繁殖栽培】 分株、压条和扦插繁殖。

【观赏特性及园林用途】 花期早，花色艳丽，芳香，果红艳，华东城市已引种栽培，常植于庭院、草坪边缘、园路旁、角隅、假山前后及亭际附近。

【经济用途】 根、嫩枝、叶皆可入药，具祛风除湿、清热止痛之功效。

(5) 贯月忍冬 *Lonicera sempervirens* Linn.

【别名】 穿叶忍冬。

【形态特征】 常绿缠绕藤本，全体无毛，幼枝、花序梗和萼筒常有白粉。单叶对生，卵形至椭圆形，长 3～7cm，先端钝或圆，基部通常楔形；表面深绿，背面灰白毛，有时被短柔伏毛，小枝顶端的 1～2 对基部相连成盘状；全缘；叶柄短或几不存在。花轮生，每 6 朵为 1 轮，数轮排成顶生穗状花序；花冠细长漏斗形，外面橘红色，内面黄色，先端 5 裂片短而近整齐；雄蕊 5，和花柱稍伸出。浆果球形，红色。花期 4～8 月。

【分布】 原产于北美东南部，为温室栽培观赏植物，我国上海、杭州等城市常有栽植。

【习性】 喜光，不耐寒，适宜排水良好、湿润肥沃疏松土壤。

【繁殖栽培】 分株、压条和扦插繁殖。

【观赏特性及园林用途】 缠绕藤本，可用作棚架，花廊等垂直绿化，形成美丽的花墙、花门和花篱；上海等地常盆栽观赏。

（6）盘叶忍冬 *Lonicera tragophylla* Hemsl.（图 11-397）

【别名】 大叶银花、叶藏花、杜银花、土银花。

【形态特征】 落叶缠绕藤木；小枝光滑无毛。单叶对生，纸质，长椭圆形或卵状矩圆形，长 5～12cm，先端锐尖至钝，基部楔形；表面光滑，背面密生柔毛或至少沿中脉下部有柔毛；花序下的一对叶片基部合生成近圆形或圆卵形的盘；叶柄很短或不存在。3 朵花组成的聚伞花序密集成头状花序生小枝顶端；萼筒壶形，萼齿小；花冠黄色至橙黄色，上部外面略带红色，长 7～8cm，外面无毛，唇形，筒部 2～3 倍长于裂片，裂片唇形；雄蕊 5，伸出花冠外。浆果黄色或红色，后变为深红色，近圆形。花期 6～7 月；果期 9～10 月。

【分布】 产于中国中部及西部，沿秦岭各地山地均有分布，生于海拔 700～3000m 的林下、灌丛中或河滩旁岩缝中。

【习性】 喜阳光，也耐半阴环境；耐寒性极强，耐旱；对土壤要求不严，耐瘠薄。

【繁殖栽培】 播种、扦插、分株或压条法繁殖。

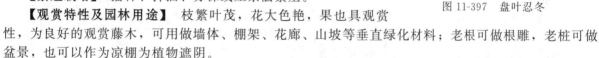

图 11-397 盘叶忍冬

【观赏特性及园林用途】 枝繁叶茂，花大色艳，果也具观赏性，为良好的观赏藤木，可用做墙体、棚架、花廊、山坡等垂直绿化材料；老根可做根雕，老桩可做盆景，也可以作为凉棚为植物遮阴。

【经济用途】 花蕾和带叶嫩枝可供药用，具清热解毒之功效。

11.1.6.9.5 接骨木属 *Sambucus* L.

落叶灌木或小乔木，稀为多年生草本；枝内髓部较大，茎干常有皮孔。奇数羽状复叶对生，小叶有锯齿或分裂；托叶叶状或退化成腺体。聚伞花序排成复伞状花序或圆锥花序，顶生；花小，辐射对称；花萼顶端 3～5 裂，萼筒短；花冠辐射状，3～5 裂；雄蕊 5 枚，花丝短而直立；花柱短或几无，柱头 2～3 裂；子房 3～5 室，每室具 1 胚珠。浆果状核果，黄色或紫黑色，内有 3～5 粒骨质小核，小核内有种子 1。

本属约 20 种，产于温带和亚热带地区。中国 4～5 种；另从国外引种栽培 1～2 种。

分种检索表

1 髓淡黄褐色，小叶 5～11；圆锥花序，果红色或蓝紫色 ·· (1) 接骨木 *S. williamsii*

1 髓白色，小叶（3）5～7；五叉分枝的聚伞花序，果亮黑色 ·················· (2) 西洋接骨木 *S. nigra*

（1）接骨木 *Sambucus williamsii* Hance（图 11-398）

图 11-398 接骨木

【别名】 公道老、扦扦活、木蒴藋、续骨草、九节风。

【形态特征】 落叶灌木至小乔木，高可达 6m；老枝具明显的长椭圆形皮孔，光滑无毛，髓心淡黄棕色。奇数羽状复叶对生，小叶 2～3 对，每个复叶小叶 5～11 枚，椭圆状披针形，长 5～12cm，宽 1.2～7cm，先端尖，基部阔楔形，常不对称，缘具锯齿；两面光滑无毛，叶揉碎后有臭味。圆锥状聚伞花序顶生，长达 7cm，具总花梗；花小而密；萼筒杯状，萼齿三角状披针形，稍短于萼筒；花冠蕾时带粉红色，开放后为白色至淡黄色，辐射状，裂片 5；雄蕊 5，约与花冠等长；子房 3 室，花柱短，柱头 3 裂。浆果状核果，卵圆形或近圆形，黑紫色或红色；分核 2～3 枚，略有皱纹。花期 4～5 月，果期 7～10 月。

【分布】 中国南北各地，北起东北、南至南岭以北、西达甘肃南部和四川、云南东南部，广泛分布，生于海拔 540～1600m 的山坡、灌丛、沟边、路旁和宅边等地。

【习性】 喜光，耐寒，耐旱；性强健，根系发达，萌蘖性强。

【繁殖栽培】 常采用扦插、分株和播种繁殖。栽培容易，管理粗放。

【观赏特性及园林用途】 枝繁叶茂，春季白花满树，秋季红果硕硕，是良好的观赏灌木，可孤植或散植于草坪、林缘或水边；性强健，也可用于城市、工厂的防护林绿化。

【经济用途】　枝叶可入药，具抗菌消炎、清热解毒、祛风除湿、活血止痛和通经接骨等功效。

（2）西洋接骨木 *Sambucus nigra* Linn.（图 11-399）

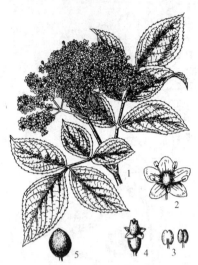

图 11-399　西洋接骨木
1. 花枝；2. 花；3. 雄蕊；4、5. 果

【形态特征】　落叶灌木至小乔木，高可达 8m；幼枝具纵条纹，二年生枝具明显凸起的圆形皮孔；髓心白色。奇数羽状复叶对生，小叶片 1～3 对，通常 2 对，每个复叶小叶（3）5～7，椭圆形或椭圆状卵形，长 4～10cm，宽 2～3.5cm，顶端尖，基部楔形或阔楔形至钝圆而两侧不等，边缘具锯齿；叶揉碎后有恶臭，中脉基部、小叶柄基部及叶轴均被短柔毛；托叶叶状或退化成腺形。圆锥形聚伞花序，五叉分枝，花小而多；萼筒长于萼齿；花黄白色，有臭味，裂片长矩圆形；雄蕊花丝丝状；子房 3 室，花柱短，柱头 3 裂。核果亮黑色。花期 5～6 月，果期 7～10 月。

【变种、变型及栽培品种】　‘粉花’西洋接骨木（‘Roseiflora’）：花粉色。
‘重瓣’西洋接骨木（‘Plena’）：花重瓣。
‘白果’西洋接骨木（‘Alba’）：果白色。
‘金叶’西洋接骨木（‘Aurea’）：叶片金黄色。
‘金边’西洋接骨木（‘Aureo-marginata’）：叶片边缘金黄色。
‘银边’西洋接骨木（‘Albo-marginata’）：叶片边缘白色。

‘紫叶’西洋接骨木（‘Purpurea’）：叶片紫色。

‘裂叶’西洋接骨木（‘Laciniata’）：叶具裂片。

‘矮生’西洋接骨木（‘Nana’）：植株低矮。

【分布】　产于南欧、北美及西亚地区；中国有栽培；常生于林下、灌木丛中或平原路旁。

【习性】　喜光，也耐阴；耐寒，耐旱，忌水涝。根系发达，萌蘖性强。

【繁殖栽培】　常采用扦插、分株和播种繁殖。

【观赏特性及园林用途】　枝繁叶茂，开花美丽，可供观赏，园林中可孤植或散植于建筑周围、草坪、林缘或水边。

【经济用途】　枝叶可入药，具促进发汗、抗炎症和利尿等功效。

11.1.6.9.6　荚　属 *Viburnum* Linn.

落叶或常绿灌木或小乔木，常被簇状毛；茎干有皮孔。单叶对生，稀 3 枚轮生，全缘或有锯齿、分裂；托叶有或无。花序为聚伞花序合成的伞房形式、圆锥式或伞房式，顶生或侧生，很少紧缩成簇状；花少，全发育或花序边缘为不孕花；苞片和小苞片通常微小而早落；萼齿 5，宿存，萼筒短；花冠白色，较少淡红色，钟状、辐状或管状，5 裂，通常开展，很少直立，蕾时覆瓦状排列；雄蕊 5，着生于花冠筒内，与花冠裂片互生；子房通常 1 室，有胚珠 1 至多枚，花柱极短，柱头 3 裂。浆果状核果，具种子 1。

本属约 200 种，分布于北半球温带和亚热带地区，亚洲和南美洲种类较多；中国南北均产，约 74 种，以西南地区最多。

分种检索表
1 常绿性。
　2 叶面较光滑；花冠筒裂片短于筒部 ···（1）珊瑚树 *V. odoratissimum*
　2 叶面皱，叶背密生星状绒毛；花冠筒裂片与筒部近等长 ··············（2）山枇杷 *V. rhytidophyllum*
1 落叶性。
　3 叶不裂，具锯齿，通常羽状脉。
　　4 组成花序的花全为可育花。
　　　5 聚伞花序圆锥状；花冠高脚碟状，长 11～14mm ·······················（3）香荚蒾 *V. farreri*
　　　5 聚伞花序复伞形状；花冠辐状，长约 2.5mm ·····························（4）荚蒾 *V. dilatatum*
　　4 组成花序的花为不孕花，或边缘为不孕花。
　　　6 裸芽；幼枝、叶背密被星状毛；叶表面羽状脉不下陷 ·············（5）木本绣球 *V. macrocepyalum*
　　　6 鳞芽；枝叶疏生星状毛；叶表面羽状脉甚凹下 ·······················（6）蝴蝶绣球 *V. plicatum*
　3 叶 3 裂，裂片有不视则齿；掌状 3 出脉。
　　7 枝皮暗灰色，浅纵裂，略带木栓质；花药紫色 ·························（7）天目琼花 *V. sargentii*
　　7 枝皮浅灰色，光滑；花药黄色 ···（8）欧洲荚蒾 *V. opulus*

（1）珊瑚树 *Viburnum odoratissimum* Ker-Gawl.（图 11-400）

【别名】 法国冬青。

【形态特征】 常绿灌木或小乔木，高可达 10m；全体无毛，树皮灰色，枝有小瘤状凸起的皮孔。单叶对生，叶革质，倒卵状长椭圆形，长 7~15cm，先端急尖或钝，基部阔楔形，全缘或近顶部有不规则的浅波状钝齿；上表面深绿而有光泽，背面浅绿色，脉腋常有集聚簇状毛和趾蹼状小孔；侧脉 5~6 对，弧形，近缘前互相网结，连同中脉下面凸起而显著。圆锥状聚伞花序顶生或生于侧生短枝上，长 5~10cm，花芳香；萼筒钟状，5 小裂，无毛；花冠白色，后变黄白色，有时微红，辐射状，裂片反折，花冠筒裂片短于筒部；雄蕊略超出花冠裂片，柱头头状，不高出萼齿。核果倒卵形，先红后黑。花期 5~6 月，果期 7~9 月。

图 11-400 珊瑚树

【分布】 原产于日本及朝鲜南部；中国长江流域城市都有栽培。

【习性】 喜光，稍能耐阴；喜温暖气候，耐寒性弱；喜湿润肥沃土壤，喜中性土，在酸性和微碱性土中也能生长；对有毒气体 Cl_2 和 SO_2 的抗性较强，对汞和氟有一定的吸收能力；耐烟尘，抗火力强。根系发达，萌蘖力强，耐修剪，耐移植，易整形。生长较快，病虫害少。

【繁殖栽培】 一般扦插繁殖，也可播种繁殖。扦插一般于梅雨季进行，3 周后即能生根，成活率高。

【观赏特性及园林用途】 枝茂叶繁，叶片终年碧绿光亮，春日白花满树，深秋红果累累，状如珊瑚，甚为美观，可作基础栽植或丛植装饰墙角，也可栽作绿篱或绿墙；植株富含水分，耐火力强，可作防火隔离树带；隔音及抗污染能力强，也可用于工厂绿化。

【经济用途】 木材细软，可做锄柄等。根、树皮、叶可入药，具清热祛湿、通经活络和拔毒生肌之功效。

（2）山枇杷 *Viburnum rhytidophyllum* Hemsl.

【别名】 皱叶荚蒾、枇杷叶荚蒾。

【形态特征】 常绿灌木或小乔木，高可达 4m；幼枝、叶背及花序均密生星状绒毛；当年小枝粗壮，稍有棱角，二年生小枝红褐色或灰黑色，散生圆形小皮孔；裸芽。单叶对生，叶大，厚革质，卵状长椭圆形，长 8~20cm，先端钝尖，基部圆形或近心形，全缘或有小齿；叶面皱而有光泽，侧脉近缘处互相网结，不达齿端；叶柄粗壮。聚伞花序稠密，径达 20cm，总花梗粗壮；萼筒筒状钟形，被由黄白色簇状毛组成的绒毛，萼齿微小，宽三角状卵形；花冠黄白色，裂片与筒部近等长；雄蕊高出花冠。核果小，红色，后变黑色。花期 4~5 月，果期 9~10 月。

【分布】 产于陕西南部、湖北西部、四川及贵州，生于海拔 800~2400m 的山坡林下或灌丛中。

【习性】 喜光，耐半阴，有一定的耐寒性。

【繁殖栽培】 采用播种、扦插、压条和分株繁殖均可，多以扦插繁殖为主。

【观赏特性及园林用途】 树姿优美，叶色浓绿，秋季果实美丽，冬季叶片宿存，是华北地区优良的常绿阔叶观赏灌木，可孤植或丛植于公园、小区草坪和路侧等。

【经济用途】 茎皮纤维可作麻及制绳索。

（3）香荚蒾 *Viburnum farreri* W. T. Stearn（V. Fragrans Bunge）（图 11-401）

【别名】 香探春、翘兰、探春、野绣球。

【形态特征】 落叶灌木，高可达 3m；枝褐色，当年小枝绿色，幼时有柔毛。单叶对生，叶纸质，椭圆形，长 4~7cm，先端尖，基部阔楔形或楔形，叶缘具三角形锯齿；羽状脉明显，侧脉直达齿端，连同中脉上面凹陷，下面凸起；叶背侧脉间有簇毛。圆锥花序生于短枝之顶，长 3~5cm；花先叶开放，芳香；苞片条状披针形，具缘毛；萼筒筒状倒圆锥形；花冠蕾时粉红色，开放后白色，芳香，高脚碟状，冠筒长 7~10mm，上部略扩张，裂片 5，开展；雄蕊 5，生于花冠筒内中部以上，花丝极短或不存在，柱头 3 裂。核果矩圆形，鲜红色。花期 4~5 月，果期秋季。

【分布】 原产于中国甘肃（华亭、皋兰）、青海（西宁）及新疆（天山），生于海拔 1650~2750m 的山谷林中，山东、河北、河南、甘肃等地均有分布。

【习性】 喜光；耐寒性强；喜肥沃、湿润、松软土壤，不耐瘠薄，忌积水。

【繁殖栽培】 压条及扦插繁殖。

【观赏特性及园林用途】　花白色而浓香，先叶开放，花期长，是华北地区重要的早春花木，可丛植于草坪边、林缘下、建筑物前；耐半阴，也宜栽植于建筑的东西两侧或北面。

图 11-401　香荚蒾

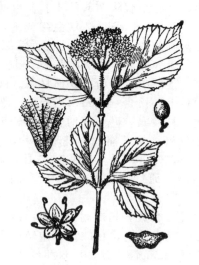

图 11-402　荚蒾

（4）荚蒾 *Viburnum dilatatum* Thunb.（图 11-402）

【形态特征】　落叶灌木，高可达 3m；当年小枝连同芽、叶柄和花序均密被黄绿色小刚毛状粗毛及簇状短毛，老枝红褐色。单叶对生，纸质，宽倒卵形至椭圆形，长 3～10cm，先端渐尖至骤尖，基部圆形至近心形，边缘有尖锯齿；侧脉直达齿端，上面凹陷，下面明显凸起；上表面疏生柔毛，背面近基部两侧有少数腺体和多数细小腺点，脉上有柔毛或星状毛。复伞形式聚伞花序稠密，生于短枝之顶，直径 8～12cm；萼和花冠外面均有簇状糙毛；萼筒狭筒状，有暗红色微细腺点，萼齿卵形；花冠白色，辐射状，5 裂，裂片圆卵形；雄蕊 5，长于花冠。

【变种、变型及栽培品种】　'黄果'荚蒾（'Yantho-carpum'）：果黄色。

【分布】　广布于陕西、河南、河北及长江流域各地，以华东常见，生于海拔 100～1000m 的山坡或山谷疏林下、林缘及山脚灌丛中；日本和朝鲜也有分布。

【习性】　喜光，也耐阴；耐寒性强；对土壤要求不严，喜肥沃、湿润、松软土壤，不耐瘠薄，忌积水。

【繁殖栽培】　压条及扦插繁殖。

【观赏特性及园林用途】　树冠球形，花白色而繁密，果红色而艳丽，叶形美观，入秋变为红色，可栽植于庭院观赏。

【经济用途】　枝条含韧皮纤维，可制绳和人造棉。种子含油量高，可制肥皂和润滑油。果熟时可食，亦可酿酒；茎叶可入药。

图 11-403　木本绣球

（5）木本绣球 *Viburnum macrocephalum* Fort.（图 11-403）

【别名】　大绣球、斗球、荚蒾绣球、绣球、木绣球、八仙花、紫阳花。

【形态特征】　落叶或半常绿灌木，高可达 4m；枝条广展，树冠呈球形；芽、幼枝、叶柄及花序背密被星状毛，老枝灰黑色。单叶对生，纸质，卵形或椭圆形，长 5～8cm，先端钝，基部圆形或有时微心形，边缘有细齿；上表面初时密被簇状短毛，后仅中脉有毛，下面被簇状短毛；侧脉近缘前互相网结，连同中脉上面略凹陷，下面凸起。大型聚伞花序呈球形，几全由白色不孕花组成，直径约 20cm；花萼萼齿与萼筒几等长，无毛；花冠纯白，辐状，裂片圆状倒卵形，筒部甚短；雌蕊不育。花期 4～6 月。

【变种、变型及栽培品种】　琼花（*V. macrocepyalum* f. *keteleeri* Rehd.）：别名八仙花，与原种的区别是，聚伞花序集生成伞房状，直径 10～12cm，中央为两性可育花，仅边缘为大型白色不孕花。核果椭圆形，先红后黑。果期 9～10 月。

【分布】 主产于长江流域，常生于山地林间；中国南北各地都有栽培。

【习性】 喜光，略耐阴；耐寒性较强，华北南部可露地栽培；宜微酸性土壤，也能适应平原向阳而排水较好的中性土壤。性强健，萌芽力、萌蘖力均强。

【繁殖栽培】 扦插、压条和分株繁殖。扦插一般于秋季和早春进行。压条在春季当芽萌动时进行，将去年枝压埋土中，翌年春与母株分离移植即可得到新植株。其变型琼花可播种繁殖。

【观赏特性及园林用途】 树姿开展圆整，春日白花聚簇，团团如球，犹似雪花压树；其变型琼花，花型扁圆，边缘一圈洁白不孕花，宛如群蝶起舞，惹人喜爱。宜孤植于草坪及空旷地，欣赏其个体美；也可群植，花开之时即有白云翻滚之效；或栽于园路两侧，使其拱形枝条形成花廊；也可配置于庭中堂前、墙下窗前，也极相宜。

（6）蝴蝶绣球 *Viburnum plicatum* Thunb.（图 11-404）

【别名】 雪球荚蒾、斗球、日本绣球、粉团。

【形态特征】 落叶灌木，高可达 4m；枝开展，当年小枝浅黄褐色，四角状，疏生星状绒毛；二年生小枝散生圆形皮孔。单叶对生，纸质，叶阔卵形或倒卵圆形，长 4～8cm，先端凸尖，基部圆形，缘具锯齿；侧脉笔直伸至齿端，上面常深凹陷，下面显著凸起；上表面疏被短伏毛，背面密被绒毛，或有时仅侧脉有毛。聚伞花序复伞形，常生于短侧枝上，径 6～12cm，全为大型白色不孕花；花冠白色，辐状，裂片有时仅 4 枚，大小常不相等；雌、雄蕊均不发育。花期 4～5 月。

【变种、变型及栽培品种】 蝴蝶树（*V. plicatum* f. *tomentosum* Rehd.）：亦称蝴蝶荚蒾、蝴蝶戏珠花，与原种的区别是，花序仅边缘有大形白色不孕花，形如蝴蝶。果红色，后变蓝黑色。江南园林中常见栽培，为优良的赏花观果树种。

【分布】 产于中国湖北西部和贵州中部（清镇），各地常有栽培。日本也有分布。

图 11-404 蝴蝶绣球

习性、繁殖栽培、观赏特性及园林用途等同木本绣球。

（7）天目琼花 *Viburnum sargenti* Koehne（*V. opulus* L. var. *calvescens* Hara）

【别名】 鸡树条荚蒾。

【形态特征】 落叶灌木，高可达 3m；树皮暗灰色，浅纵裂，略带木栓质；小枝具明显皮孔。单叶对生，叶广卵形至卵圆形，长 6～12cm，常 3 裂，裂片边缘具不规则的齿，生于分枝上部的叶常为椭圆形至披针形，不裂；掌状 3 出脉；叶柄顶端有 2～4 腺体。聚伞花序复伞形，直径 8～12cm，有白色大型不孕边花；花冠乳白色，辐状；雄蕊 5。核果近球形，红色。花期 5～6 月，果期 9～10 月。

【变种、变型及栽培品种】 '黄果'天目琼花（'Flavum'）：叶背有毛；果黄色，花药也常为黄色。

'天目绣球'（'Sterile'）：花序全部为大型白色不育花组成。

图 11-405 欧洲荚蒾

【分布】 中国东北南部、华北至长江流域均有分布，多生于夏凉湿润多雾的灌丛中。

【习性】 喜光，也耐阴；耐寒，对土壤要求不严，微酸性及中性土都能生长。根系发达，移植容易成活。

【繁殖栽培】 多用播种繁殖，也可扦插。

【观赏特性及园林用途】 姿态清香，叶绿、花白、果红，是优良的观花果的树种，可植于草地、林缘均适宜；耐阴性强，也可植于建筑物阴面。

【经济用途】 嫩枝、叶、果可供药用。种子可榨油，供制肥皂和润滑油。

（8）欧洲荚蒾 *Viburnum opulus* Linn.（图 11-405）

【形态特征】 落叶灌木，高可达 4m；当年小枝有棱，无毛，具明显凸起的皮孔，二年生小枝近圆柱形；树皮质薄而非木栓质，常纵裂。单叶对生，近圆形，长 6～12cm，3 裂，有时 5 裂，裂片有不规则粗齿；背面有毛，叶柄近端处有盘状大腺体；叶柄粗壮。复伞形式聚伞花序，多少扁平，大多周围有大型白色不孕边花；萼筒倒圆锥形，萼齿三角形，均无毛；花药黄色。花冠白色，辐状，裂片近圆形，大小稍不等，筒与裂片几等长，内被长柔毛；雄蕊至少为花冠的1.5倍长，柱头2裂；不孕花白色，有长梗，裂片宽倒卵形或不等形。果近球形，红色。花期5～6月，果期8～9月。

【变种、变型及栽培品种】　'欧洲雪球'（'Roseum'）：花序全为不孕花，绣球形。以观花为主，中国有栽培。

'金叶'欧洲琼花（'Aureum'）：叶片金黄色。

'黄果'欧洲琼花（'Xahtho-carpum'）：果黄色。

'矮生'欧洲琼花（'Nanum'）：植株低矮。

【分布】　原产于新疆西北部，生于海拔1000～1600m的河谷云杉林下。欧洲和高加索与远东地区有分布。

【习性】　喜光，耐寒；适应性强，宜湿润、肥沃土壤及全光照射的条件。

【繁殖栽培】　播种和扦插繁殖。

【观赏特性及园林用途】　花朵美丽，果实亮丽，夏色深绿，并具有光泽，秋叶红艳，是极好的观赏灌木，可广泛植于庭院观赏。

11.2　单子叶植物纲 MONOCOTYLEDONEAE

多为须根系；茎内有不规则排列的散生维管束，无形成层。单叶，有羽状或掌状分裂，全缘，有时裂片上有啮齿状缺刻。平形脉或弧形脉；花各部为3基数；种子的胚具一片顶生的子叶。单子叶植物的种类约占被子植物的1/4，其中草本植物占绝大多数，木本植物仅占约10%。

11.2.1　棕榈科 Palmaceae（Palmae）

常绿乔木或灌木，直立或攀援，茎单生或丛生，实心。叶常聚生茎端，攀援种类则散生枝上，大型，常羽状或掌状分裂；叶柄基部常扩大成具纤维的叶鞘。单花组成圆锥状肉穗花序或肉穗花序，花小，多辐射对称；两性或单性，雌雄同株或异株，有时杂性；萼片、花瓣各3枚，分离或合生，镊合状或覆瓦状排列；雄蕊多6，罕为2，有时多数；子房上位，多1～3室，心皮3枚，分离或仅基部合生；每室具胚珠1枚。浆果、核果或坚果。

分属检索表

1 叶掌状分裂。
　2 丛生灌木，干纤细如指；叶柄两侧光滑无齿或刺，叶裂片30片以下，裂片顶端通常阔而有数个细尖齿 ……………………………………………………………………………………………………… 1. 棕竹属 *Rhapis*
　2 乔木或灌木，干粗15cm以上；叶柄两侧有齿或刺，叶裂片30片以上，裂片顶端常尖而具2裂。
　　3 叶裂片分裂至中上部，先端深裂，可下垂；叶柄两侧有较大的倒钩刺 ……………… 2. 蒲葵属 *Livistona*
　　3 叶裂片分裂至中下部，先端裂较浅，常挺直或下折；叶柄两侧有极细之锯齿 …… 3. 棕榈属 *Trachycarpus*
1 叶羽状分裂。
　4 叶为2～3回羽状全裂，裂片菱形，边缘具不整齐的啮蚀状齿 ………………… 4. 鱼尾葵属 *Caryota*
　4 叶为1回羽状全裂，裂片线形、线状披针形或长方形，边全缘或仅局部具啮蚀状齿。
　　5 叶轴上近基部裂片变成针刺状 ……………………………………………… 5. 刺葵属 *Phoenix*
　　5 叶柄和叶轴均无刺。
　　　6 叶裂片基部耳垂状 ……………………………………………………… 6. 桄榔属 *Arenga*
　　　6 叶裂片基部不呈耳垂状。
　　　　7 果大，中果皮为厚而松软的纤维质；内果皮骨质、坚硬，近基部有萌发孔3枚 …… 7. 椰子属 *Cocos*
　　　　7 果小，中果皮通常薄而非纤维质；内果皮无萌发孔。
　　　　　8 叶裂片在叶轴上排成多列；茎秆幼时基部膨大，后中部膨大 ……………… 8. 王棕属 *Roystonea*
　　　　　8 叶裂片在叶轴上排成2列。茎秆基部膨大。
　　　　　　9 乔木；叶裂片背面有灰色鳞秕状或绒毛状被覆物 ……………… 9. 假槟榔属 *Archontophoenix*
　　　　　　9 丛生灌木；叶裂背面光滑 ……………………………………… 10. 散尾葵属 *Chrysaliaocarpus*

11.2.1.1　棕竹属 *Rhapis* Linn.

丛生灌木；茎直立，上部常为纤维状叶鞘包围。叶聚生茎顶，叶片扇形，折叠状，掌状深裂几达基部，裂片2至多数；叶脉显著；叶柄纤细，上面无凹槽，顶端与叶片连接处有小戟突。肉穗花序，生于叶间，分枝松散；花单性，雌雄异株或杂性，雌雄花序相似，多少具梗，基部有2～3个完全的佛焰苞；花无梗，单生和螺旋状着生于小花枝周围；雄花花萼杯状，3齿裂；花冠倒卵形或棒状，3

浅裂，裂片三角形，镊合状排列，雄蕊6枚，着生于花冠管上，2轮；雌花花萼与雄花相似，花冠则较雄花为短，心皮3枚，分离，胚珠1枚。果球形或卵形，稍肉质。种子单生，球形或近球形。

　　本属约15种，分布于亚洲东部及东南部；中国有7种以上，产于广东、广西、云南、贵州、四川等南部和西南部。

　　分种检索表

1 叶片5～10（14）深裂，裂片较宽短，表面常呈龟甲状隆起，并有光泽；宿存的花冠管不变成实心的柱状体………………………………………………………………………………（1）棕竹 R. excelsa

1 叶片常10～24深裂，裂片较窄长，表面不隆起，无光泽；宿存的花冠管变成实心的柱状体…………………………………………………………………………………………（2）矮棕竹 R. humilis

（1）棕竹 Rhapis excelsa（Thunb.）Henry ex Rehd.（图 11-406）

　　【别名】 筋头竹。

　　【形态特征】 丛生灌木；茎高2m左右，圆柱形，有节，直径2～3cm；上部被叶鞘，但分解成稍松散的马尾状淡黑色粗糙而硬的网状纤维。叶片掌状，4～10深裂；裂片条状披针形，长达30cm，宽2～5cm，先端阔，有不规则齿缺，边缘和主脉上有褐色小锐齿，横脉多而明显；叶柄长8～30cm，两面凸起或上面稍平坦，初被秕糠状毛，稍扁平。肉穗花序多分枝，长达10～30cm；总花序梗及分枝花序基部各有1枚佛焰苞包着，密被褐色弯卷绒毛；2～3个分枝花序，其上有1～2次分枝小花穗，花枝近无毛，花螺旋状着生于小花枝上；雄花序纤细，雄花小，淡黄色，花萼杯状，深3裂，裂片半卵形，花冠3裂，无梗；雌花序较粗壮。浆果近圆形，直径8～10mm，黄褐色，果皮薄；种子球形。花期4～5月。

　　【变种、变型及栽培品种】 山棕竹（R. excelsa var. angustifolius）：叶较窄，厦门有栽培。

图 11-406　棕竹

　　大叶棕竹（R. excelsa var. vastifolius）：叶较大，厦门有栽培。

　　'斑叶'棕竹（'Variegata'）：叶片具白色条状斑纹。

　　'成都'棕竹（'Chengdu'）：叶裂片7～16（21），宽窄不等，叶几乎无光泽，横脉非龟甲状隆起。四川成都平原多栽培。

　　【分布】 产于中国东南部及西南部，广东较多；日本也有分布；野生于林下、林缘、溪边等阴湿处。

　　【习性】 喜散射光，耐阴；喜温暖湿润的环境，耐湿；不耐寒，适宜湿润而排水良好的微酸性。生长强壮，适应性强。

　　【繁殖栽培】 播种、分株均可。早春可将原株丛分成数丛后置于遮阴处，进行分株繁殖。

　　【观赏特性及园林用途】 叶形秀丽，四季青翠，株丛饱满，若剥去叶鞘纤维则杆如细竹，为优良的观赏植物，在植物造景时可作下木，也可植于建筑的庭院及小天井中，栽于建筑角隅以缓和建筑生硬的线条；盆栽可供室内观赏。

　　【经济用途】 茎干可制作手杖及伞柄；根及叶鞘可入药，具祛风除湿、收敛止血之功效。

　　（2）矮棕竹 Rhapis humilis Bl.（图 11-407）

　　【形态特征】 丛生灌木，高可达1m以上；茎圆柱形，有节，上部被紧密的网状纤维的叶鞘，纤维毛发状（或丝状），淡褐色。叶掌状深裂，裂片7～20，条形，长15～25cm，宽1～2cm，先端尖，并有不规则齿缺，缘有细锯齿；横脉疏而不明显；叶柄约与叶片等长，较细，两面凸起，边缘平滑，顶端小戟突呈卵圆形。肉穗花序较长且分枝多；花雌雄异株，雄花序具3～4个分枝花序，花序梗及每分枝基部为一个佛焰苞包着；小花枝纤细，枝条各部分被锈色鳞秕状绒毛，雄花不很紧密地互生或螺旋状着生于小花枝上；花萼杯状钟形，具不整齐的3裂，花冠4～5倍长于花萼，短3裂；雄蕊6枚，花丝贴生于花冠管上；雌花未见。浆果球形，单生或成对生宿存的花冠管上，宿存花冠管变成实心的柱状体。种子1颗，球形。花期7～8月。

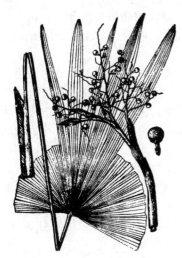

图 11-407　矮棕竹

　　【分布】 产于中国南部及西南部，生山地林下；各地常见栽培。

习性、繁殖栽培、观赏特性及园林用途等均同棕竹。

11.2.1.2 蒲葵属 Livistona R. Br.

乔木或大乔木状，茎直立，有环状叶痕。叶大，近圆形、扇状折叠，掌状分裂至叶片中部附近，亦有浅裂或深裂者；裂片多条形，先端2浅裂或裂；叶鞘具网状纤维，棕色；叶柄长，腹面平，背面圆凸，两侧无刺或多少具刺或齿，顶端的上面有明显的戟突，背面略延伸为细长的叶轴。圆锥状肉穗花序生于叶腋，疏散，具有几个管状佛焰苞，多分枝，结果时下垂；花两性，单生或簇生，小；花萼深3裂或几为萼片3，覆瓦状排列，革质；花冠分裂几达基部，裂片3片；雄蕊6，花丝合生成为一环，心皮3，近乎分离，每个心皮内各有直立基生胚珠1颗；花柱短，分离或连合，柱头点状或微3裂。核果1~3枚，球形至卵状椭圆形。种子1枚，腹面有凹穴。

本属约30种，分布于亚洲及大洋洲的热带地区；中国产约4种，分布于华南、东南部及云南西双版纳地区。

蒲葵 *Livistona chinensis*（Jacq）R. Br.（图11-408）

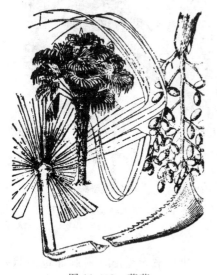

图11-408 蒲葵

【别名】 葵树。

【形态特征】 乔木状，高可达20m，胸径15~30cm；树冠密实，近圆球形，冠幅可达8m。叶阔肾状扇形，长1.2~1.5m，宽1.5~1.8m，掌状浅裂至深裂，通常部分裂深至全叶1/4~2/3，下垂；裂片条状披针形，顶端长渐尖，再深裂为2；叶柄长，两侧具骨质的钩刺；叶鞘褐色，纤维甚多。佛焰花序腋生，排成圆锥花序式，长约1m，2~3回分枝疏散；总梗上有6~7个佛焰苞，约6个分枝花序；花小，两性，通常4朵集生；花萼裂至近基部成3个宽三角形近急尖的裂片，裂片有宽的干膜质的边缘；花冠约2倍长于花萼，先端3裂，几达基部，花瓣近心脏形，直立。核果椭圆形至阔圆形，状如橄榄，两端钝圆，熟时亮紫黑色，外略被白粉。花果期3月中下旬~4月，果期9~10月。

【分布】 原产于中国南部，在广东、广西、福建、台湾栽培普遍，湖南、江西、四川、云南亦多有引种。

【习性】 喜光，略耐阴；喜高温多湿气候，适应性强，耐0℃左右的低温和一定程度的干旱。喜湿润、肥沃、富含有机质的粘土壤，能耐一定程度的水涝及短期浸泡。须根盘结丛生，抗风力强，耐移植，能在海滨、河滨生长而少遭风害。对Cl_2和SO_2等有毒气体抗性强。生长速度中等，寿命可达200年以上。

【繁殖栽培】 多用播种繁殖。选20~30年生健壮母株采种，待果实成熟后采下，不宜暴晒，立即浸水3~5d，洗去果皮阴干后可播种。对病虫害抵抗力强，主要害虫有绿刺蛾和灯蛾，可用乐果等防治。

【观赏特性及园林用途】 树形美观，可在南方园林中丛植、列植、孤植。较耐阴，也可室内盆栽、装饰厅室。

【经济用途】 植株用途广泛。嫩叶可制葵扇，老叶可制蓑衣席子。叶裂片的肋脉可制牙签，树干可做梁柱。果实及根、叶均可入药，果实可治疗癌肿、白血病，根可治疗哮喘，叶治疗功能性子宫出血。

11.2.1.3 棕榈属 Trachycarpus H. Wendl.

乔木或灌木状；叶鞘解体成网状的粗纤维，环抱树干并在顶端延伸成一个细长的干膜质的褐色舌状附属物；茎干多直立，具环状托叶痕。叶簇生干端，半圆、近圆形或肾形，掌状深裂，有皱折，裂片狭长，顶端浅2裂，在芽时内向折叠；叶柄上面近平，下面半圆，两侧具微粗糙的瘤突或细圆齿状的齿，顶端有明显的戟突。花序生于叶丛中，粗壮，佛焰苞多数，革质，压扁状，被绒毛；花杂性或单性，雌雄异株，偶为雌雄同株或杂性；雄花花萼3深裂或几分离，花冠大于花萼，雄蕊6枚，花丝分离；雌花的花萼与花冠如雄花的，雄蕊6枚，花药不育，箭头形，心皮3，分离，有毛，卵形，顶端变狭，成一个短圆锥状的花柱，胚珠基生。果实球形、长圆至肾形；种子直生，腹面有沟，胚乳均匀。

全世界约10种，分布于印度、中南半岛至中国、日本。中国约产6种。本属植物抗寒性较强，分布于棕榈科区域北缘至最北界限。

棕榈 *Trachycarpus fortunei*（Hook. f.）H. Wendl.（图11-409）

【别名】 棕树、山棕。

【形态特征】 常绿乔木状，树干圆柱形，高可达 15m，被不易脱落的老叶柄基部和密集的网状纤维；干径达 24cm，稀分枝。叶簇竖干顶，近圆形，直径 50～70cm，掌状裂深达中下部，裂片先端具短 2 裂或 2 齿；叶柄长 40～100cm，两侧细齿明显，顶端有明显的戟突。圆锥状佛焰花序腋生，常雌雄异株；雄花序具有 2～3 个分枝花序，雄花无梗，黄绿色，卵球形，花萼 3 片，卵状急尖，几分离，花冠约 2 倍长于花萼，花瓣阔卵形，雄蕊 6 枚；雌花序梗长约 40cm，其上有 3 个佛焰苞包着，具 4～5 个圆锥状的分枝花序，2～3 回分枝，雌花淡绿色，花无梗，球形，萼片阔卵形，3 裂，基部合生，花瓣卵状近圆形，长于萼片 1/3，退化雄蕊 6 枚，心皮被银色毛。核果肾状球形，径约 1cm，蓝褐色，被白粉。花期 4～5 月，果期 10～11 月。

图 11-409　棕榈

【分布】 原产于中国长江以南各省区，通常仅见栽培于四旁，罕见野生于疏林中；日本、印度、缅甸也有分布。棕榈在中国分布很广，北起陕西南部、南到两广和云南、西达西藏边界、东至上海和浙江都有分布。

【习性】 喜光，也有较强的耐阴能力；喜肥，喜排水良好、湿润肥沃之中性、石灰性或微酸性的黏质壤土，耐轻盐碱土，也能耐一定的干旱与水湿。棕榈是棕榈科中最耐寒的植物，在上海可耐 −8℃ 低温，但喜温暖湿润气候。耐烟尘，抗 SO_2 及 HF，有很强吸毒能力。根系浅，须根发达。生长缓慢，棕榈寿命长，树龄可达数百年。

【繁殖栽培】 多用播种繁殖。10～11 月待果实充分成熟时采摘，随采随播，或采后置于通风处阴干，或行沙藏，至翌年春 3～4 月播种。自播繁衍能力强。

【观赏特性及园林用途】 植株挺拔秀丽，具南国风光，是园林结合生产的理想树种；适应性强，能抗多种有毒气体，又是工厂绿化优良树种；园林和庭院中可列植、丛植或成片栽植，也常用盆栽或桶栽作室内或建筑前装饰及布置会场之用。

【经济用途】 棕皮用途广泛，棕皮的叶鞘纤维耐拉力强，耐磨、耐腐，可编织蓑衣、渔网、搓绳索、制刷具、地毯及床垫等；老叶可加工制成绳索。树干可作亭柱、水槽，又可制扇骨、木梳等。嫩花葶可食。花、果、种子可入药。种子富含淀粉蛋白质，加工后可作饲料。

11.2.1.4　鱼尾葵属 Caryota Linn.

灌木、小乔木至大乔木状；茎单生或丛生，裸露或被叶鞘，具环状叶痕。叶大，聚生茎顶，2～3 回羽状全裂，芽时外向折叠；裂片菱形、楔形或披针形，先端极偏斜而有不规则齿缺，状如鱼尾；叶鞘纤维质；叶柄基部膨大。佛焰花序生于叶腋内，分枝多而呈圆锥花序式，下垂，佛焰苞 3～5 个，管状；花单性，雌雄同株，通常 3 朵聚生；雄花萼片 3 枚，圆形，离生，覆瓦状排列，花瓣 3 片，镊合状排列，雄蕊 6 枚至多数；雌花萼片 3，圆形，覆瓦状排列，花瓣卵状三角形，镊合状排列，退化雄蕊 0～6；子房 3 室，柱头 3 裂，稀 2 裂。浆果球形，有种子 1～2 颗；种子圆形或半圆形。

本属约 12 种，分布于亚洲热带地区至澳大利亚东北部。中国有 4 种，产于云南南部和广东、广西等地。

图 11-410　鱼尾葵

分种检索表

1 树干单生；花序长约 3m；果粉红色 ················ (1) 鱼尾葵 G. ochlandra
1 树干丛生；花序长不及 1m；果蓝黑色 ·············· (2) 短穗鱼尾葵 G. mitis

(1) 鱼尾葵 Caryota ochlandra Hance（图 11-410）

【别名】 假桃榔、青棕、果株。

【形态特征】 乔木，高可达 20m；茎绿色，被白色的毡状绒毛，具环状叶痕。叶 2 回羽状深裂，长 2～3m，宽 1.15～1.65m，每侧羽片 14～20 片，中部较长，下垂；裂片厚革质，有不规则啮齿状齿缺，酷似鱼鳍，先端延长成长尾尖，互生或近对生；叶轴及羽片轴上均被棕褐色毛及鳞秕；叶鞘长圆筒形，抱茎，长约 1m；叶柄长仅 1.5～3cm。佛焰花序圆锥状，长 1.5～3m，下垂；佛焰苞与花序无糠秕状的鳞秕。雄花花萼与花瓣不被脱落性的毡状绒毛，萼片宽圆形，花瓣椭圆形，雄蕊 30～111 枚；雌花花萼顶端全缘，具退化雄蕊 3 枚，为花冠长的 1/3；子房近卵状三棱形，柱头 2 裂。果球形，径 1.8～2cm，熟时淡红色，有种子 1～2 颗。花期 7 月，果期 8～11 月。

【分布】 产于中国广东、广西、云南、福建等地，生于海拔 450～700m 的山坡或沟谷林中；亚热带地区有分布。

【习性】 耐阴，喜湿润酸性土；耐寒性较强，能耐－5℃短暂低温。

【繁殖栽培】 播种繁殖。本种种子自播繁衍能力很强，果实落地后可自行繁殖。

【观赏特性及园林用途】 树姿优美，叶形奇特，在广西桂林以南地区广泛作为庭院绿化树种，可用作行道树和庭荫树。

图 11-411 短穗鱼尾葵

【经济用途】 边材坚硬，可作家具贴面、手杖或筷子等工艺品。茎含大量淀粉，可作桄榔粉的代用品。根及种子可药用，具强筋健骨作用。

（2）短穗鱼尾葵 *Caryota mitis* Lour.（图 11-411）

【别名】 尾槿棕。

【形态特征】 小乔木状，高可达 9m；干竹节状，在环状叶痕上常有休眠芽，近地面有棕褐色肉质气根。叶片长 2～3m，2 回羽状全裂，淡绿色，羽片 20～25，叶片大小、形状如鱼尾葵；叶鞘长 50～70cm，下部厚被棕黑色绵毛状鳞秕；叶柄长 50cm 以下。佛焰花序圆锥状，分枝密，长仅 25～60cm，总梗弯曲下垂，小穗长 30～40cm；佛焰苞可多达 11 枚，被灰褐或棕褐色鳞秕。雄花萼片宽倒卵形，花瓣革质，长圆形，雄蕊 15～25，几无花丝；雌花萼片宽倒卵形，长约花瓣 1/3，花瓣卵状三角形，退化雄蕊 3～6，长为花瓣的 1/3～1/2，子房近球形，具纵脊 3。果球形，径 1.2～1.5cm，熟时紫红色；种子 1 颗，扁圆形。花期 4～6 月，果期 8～11 月。

【分布】 产于广东、广西及亚洲热带地区，生于山谷林中或植于庭院中。越南、缅甸、印度、马来西亚、菲律宾、印度尼西亚（爪哇）也有分布。

【习性】 喜光，也耐阴；喜湿润酸性土；生长适宜温度为 18～30℃，其抗寒力较散尾葵强，越冬温度为 3℃，为较耐寒的棕榈科热带植物之一。

【繁殖栽培】 播种和分株繁殖。

【观赏特性及园林用途】 植株丛生状生长，树形丰满且富层次，叶片翠绿，花色鲜黄，果实如圆珠成串，为优美的庭院树种，可栽培于公园，庭院中观赏，也可盆栽作室内装饰用。

【经济用途】 茎的髓心含淀粉，可供食用；花序汁液含糖分，可制糖和制酒。

11.2.1.5 刺葵属 *Phoenix* Linn.

灌木或乔木状；茎单生或丛生，直立或倾斜，通常被有老叶柄的基部或脱落的叶痕。叶羽状全裂，裂片条状披针形至条形，芽时内向折叠，基部退化成针状刺。花序生于叶丛中，直立，结果时下垂；佛焰苞鞘状，革质；花单性，雌雄异株，花小，黄色；雄花花萼碟状，顶端具 3 齿，花瓣 3，镊合状排列，雄蕊 6，或 3～9 枚，花丝极短；雌花球形，花萼碟状，且花后增长，花瓣 3 片，覆瓦状排列，退化雄蕊 6，心皮 3，离生，无花柱。果长圆形，种子 1，腹面有槽纹。

本属约 17 种，分布于亚洲和非洲的热带和亚热带地区；中国 2 种，产台湾、广东、海南、广西、云南等省区，另引入 3 种。

枣椰子 *Phoenix dactylifera* Linn.（图 11-412）

【别名】 伊拉克蜜枣、海枣、波斯枣、无漏子、番枣、海棕、仙枣。

【形态特征】 乔木状，高可达 35m，树冠头状；茎单生，具宿存的叶柄基部，基部萌蘖丛生。叶大，长可达 6m，羽状全裂，裂片条状披针形，先端渐尖，具明显的龙骨突起，缘有极细微之波状齿，基部裂片退化成坚硬锐刺；叶柄细长而纤细，扁平。圆锥花序密集，佛焰苞长、大而肥厚；雌雄异株，花单性；雄花白色，具短柄，花萼杯状，顶端具 3 钝齿，花瓣 3，雄蕊 6，花丝极短；雌花近球形，

图 11-412 枣椰子
1. 树形；2，3. 雌花及花图式；
4，5. 雄花及花图式；6. 果纵剖；7. 果

具短柄，花萼与雄花的相似，但花后增大，短于花冠1～2倍，花瓣圆形，退化雄蕊6，呈鳞片状。果长圆形，宿存花瓣扁圆形，橙黄色，先端圆钝或浅凹；种子1颗，长圆形。花期3～4月，果期9～10月。

【分布】　原产于西亚和北非，中国福建、广东、广西、云南等省区有引种栽培。本种为全球最古老果树之一，有5000年以上栽培历史。

【习性】　喜光，喜高温干燥气候及排水良好轻软的沙壤土；生长最低温度至－6.7℃，结实期要在29℃以上；耐盐碱性强，在盐分含量小于3％的土壤中可以生长；忌结果初期下雨，尤畏阴雨连绵。寿命长，树龄可达200年。

【繁殖栽培】　萌蘖繁殖和播种繁殖均可。萌蘖繁殖可采用10～20年生枣椰子进行繁殖。种子繁殖产量低。管理粗放，每年只需剪除枯叶，6年生苗及以上树龄的，每年冬季可修剪掉下面一排的叶。

【观赏特性及园林用途】　茎直冠浓，为良好的行道树、庭荫树及园景树。

【经济用途】　本种是干热地区重要果树作物之一，果除生食外，可制蜜饯酿酒。种子打碎可作骆驼、山羊、牛和马的饲料。嫩芽可作蔬菜，成熟叶可制席、扇笼和绳等。干可做屋柱梁等。

11.2.1.6　桄榔属 *Arenga* Labill.

乔木或灌木状，单干或丛生；茎干覆被黑色、粗纤维状叶鞘残体。叶聚生干顶，常为奇数羽状全裂，裂片顶端常具不整齐啮蚀状，基部一侧或两侧呈耳垂状。肉穗花序生于叶腋，总梗短，多分枝而下垂，花序梗为多个佛焰苞所包被；花单性同株，或极罕见为雌雄异株，通常单生或3朵聚生；雄花花萼3，覆瓦状排列，花冠在极基部合生，裂片3，镊合状排列，雄蕊常多至15枚以上，花丝短，无退化雌蕊；雌花通常球形，花萼与花冠在花后膨大，萼片3，覆瓦状排列，花瓣3片，合生至中部，顶端镊合状排列，退化雄蕊3～10；子房3室，柱头2～3。果倒卵形至球形，常具三棱，顶端具柱头残留物，具种子2～3粒。

本属约18种，分布于亚洲南部、东南部至大洋洲热带地区；中国产4种，分布于云南、广东、广西、福建、西藏和台湾等地。

桄榔 *Arenga pinnata* (Wurmb.) Merr. （图11-413）

【形态特征】　乔木状，高可达17m，茎较粗壮。叶聚生于茎顶，斜出，长4～9m，羽状全裂，羽片呈2列排列，线形或线状披针形，顶端不整齐啮蚀状，缘疏生不整齐啮蚀状齿缺，基部两侧耳垂状；叶鞘具黑色强壮的网状纤维和针刺状纤维；叶柄粗壮。肉穗花序腋生，下弯，长约1.7m，分枝多，佛焰苞5～6枚，软革质，螺旋状排列于花序梗上；雄花大，长1.5～2cm，花萼、花瓣各3，雄蕊多达100枚以上；雌花花萼及花瓣各3，花后膨大。果倒卵状球形，长3.5～6.0cm，棕黑色；种子3粒，阔椭圆形。花期6月，果实约在开花后2～3年时间成熟。

图 11-413　桄榔

【分布】　产于海南、广西及云南西部至东南部；中南半岛及东南亚一带亦产，印度、斯里兰卡、缅甸、印度尼西亚、马来西亚、菲律宾和澳大利亚等地有分布，常野生于密林、山谷中及石灰质石山上。

【习性】　喜阳，喜阴湿环境，不耐寒，年平均温度在20～30℃生长良好。

【繁殖栽培】　播种繁殖。

【观赏特性及园林用途】　叶片巨大，茎挺直，树姿雄伟优美，宜孤植、对植、丛植于公园和街道绿地，也可作行道树。

【经济用途】　茎髓部含淀粉高达44.5％，可制淀粉及粉丝；幼嫩花序割伤后流出汁液，可煎熬成砂糖或酿酒。幼嫩茎尖可作蔬菜；叶片坚韧，可编织凉帽和扇子等；叶鞘上黑色纤维耐水浸，可作绳索、刷子和扫帚。

11.2.1.7　椰子属 *Cocos* Linn.

乔木或灌木状，茎上有明显的环状叶痕及叶鞘残基。叶大，簇生干顶，羽状全裂，裂片多数，近线形至不整齐的波状椭圆形或近菱形，基部楔形，在一侧或两侧常呈耳垂状，先端通常呈不整齐的啮蚀状。圆锥花序式肉穗花序生于叶丛中，多分枝，花序梗为多个佛焰苞所包被；花单性同株，稀雌雄异株；雄花小，多数，聚生穗状分枝的上部及中部；雌花大，少数生于分枝基部，或有时雌雄花在下部混生；雄花萼片和花瓣皆 3，软革质，萼片覆瓦状排列，花瓣镊合状排列，雄蕊 6，内藏；雌花萼片和花瓣也各 3，均较雄花大，革质，覆瓦状排列，子房 3 室，各有胚珠 1，常仅 1 室发育。坚果极大，倒卵形或近球形，常具三棱，顶端具柱头残留物；外果皮薄，革质，中果皮松厚，系纤维层，内果皮骨质而坚硬，椰壳，近基部有萌发孔 3；种子多颗，与内果皮黏着。胚乳（即椰肉）大，空腔内贮存丰富的浆汁，即椰水。

本属 1 种，现广布于热带海岸，我国福建、台湾、广东沿海岛屿、海南及云南有分布或栽培。

椰子 *Cocos nucifera* Linn.（图 11-414）

图 11-414　椰子

【别名】　椰树、可可椰子。

【形态特征】　乔木状，高可达 35m，单干，茎干粗壮，有环状托叶痕，基部增粗。叶长 3～7m，羽状全裂，裂片多数，外向折叠，革质，线状披针形；叶柄粗壮，长 1m 余，基部有网状褐色棕皮。肉穗花序腋生，长 1.5～2m；佛焰苞纺锤形，厚木质；雄花萼片 3，鳞片状，花瓣 3，卵状长圆形，雄蕊 6，花丝极短；雌花基部有小苞片数枚，萼片阔圆形，花瓣与萼片相似，但较小。坚果每 10～20 聚为一束，极大，直径 15～25cm，顶端微具三棱，基部有 3 孔，其中的 1 孔与胚相对，萌发时即由此孔穿出。几乎全年开花，果熟期 7～9 月。

【分布】　主要产于中国广东南部诸岛及雷州半岛、海南、台湾及云南南部热带地区，栽培椰子已有 2000 年以上的历史。

【习性】　喜光，喜高温、湿润的海边环境，最适年平均温度是 26～27℃，温差小，最低温度大于 10℃，才能正常开花结实；适宜年降水量 1500～2000mm，且分布均匀；不耐干旱和长期水涝；适宜海滨和河岸的深厚冲积土，次为砂壤土，要求土壤排水良好，地下水位在 1～2.5m。抗风力强，6～7 级强风对椰子生长和产量影响轻微，10～12 级台风可造成风折、风倒。

【繁殖栽培】　播种繁殖。

【观赏特性及园林用途】　苍翠挺拔，叶大荫浓，为在热带和南亚热带风景区，尤其是海滨区为主要的园林绿化树种，可作行道树，也可丛植和片植。

【经济用途】　椰子全身是宝，有"宝树"之称。树干坚硬，可作家具和桥桩等建筑材料。椰水是清凉饮料，椰肉烘干成椰干是重要的油源，可食用或制成椰茸、椰奶，配成椰子糖、椰子酱等。花序可割取糖液，供制饮料。椰壳可作工艺品及乐器。椰衣可制绳索、扫帚、地毯和船缆等，其细纤维又是沙发椅、床垫、隔音板的优良垫料。叶可编席。根可提染料。

11.2.1.8　王棕属 *Roystonea* O. F. Cook

乔木状，茎单生，直立，圆柱状，近基部或中部膨大。叶极大，羽状全裂，裂片线状披针形；叶鞘长筒状，包茎。花序巨大，着生于叶下冠茎叶鞘的基部，多分枝，花序梗短，具 2 个大的佛焰苞；花小，单性同株，单生、并生或 3 朵聚生；雄花萼片 3，极小，薄革质，雄蕊 6～12，具退化雌蕊；雌花花冠壶状，萼片 3，分离，花瓣 3，近基部合生，具退化雄蕊；子房近球形，1 室，1 胚珠。果近球形或长圆形，长不过 1.2cm，宿存柱头在近基部；种子 1 颗。

本属约 17 种，原产于中美洲、西印度群岛及南美洲；中国引入栽培 2 种，分布于南部诸省区及台湾地区。

王棕 *Roystonea regia*（Kunth）O. F. Cook（图 11-415）

【别名】　大王椰子。

【形态特征】　乔木状，高可达 20m；茎直立，淡褐灰色，具整齐的环状叶鞘痕，幼时基部明显膨大，老时中部不规则膨大，向上部渐狭。叶聚生茎顶，长约 4m，羽状全裂，裂片常 4 列排列，条状披针形，软革质，先端渐尖或 2 裂，基部外向折叠；叶鞘长 1.5m，光滑，叶柄短。肉穗花序排成圆锥花序式，3 回分枝，佛焰苞 2 枚，外面 1 枚短而早落，里面 1 枚舟形；花小，雌雄同株；小穗长 12～28cm，基部或中部以下有雌花，中部以上全为雄花；雄花淡黄色，花瓣镊合排列，雄蕊 6～12；雌花花冠壶状，3 裂至中部，具扁平之退化雄蕊 6，柱头 3。果近球形，长 8～13mm，红褐色至淡紫色；种子 1 颗，卵形，压扁。花期 3～4

图 11-415　王棕

月，果期 10 月。

【分布】 原产于古巴，现广植于世界各热带地区；中国广东、广西、台湾、云南及福建等省市均有栽培。

【习性】 喜阳，喜温暖气候，不耐寒；对土壤适应性强，但以疏松、湿润、排水良好且土层深厚、富含机质的肥沃冲积土或黏壤土最为理想。适应性强，耐粗放管理。

【繁殖栽培】 播种繁殖。

【观赏特性及园林用途】 树形优美，我国南部热区常见栽培，广泛作行道树和庭院绿化树种，孤植、丛植和片植均具良好效果。

【经济用途】 果实含油，可作猪饲料；种子可作鸽子饲料。茎和叶可作为茅舍建造的材料。

11.2.1.9　假槟榔属 *Archontophoenix* H. Wendl. et Drude

乔木状，茎单生，高而细，无刺，具明显环状叶痕。叶生于茎顶，羽状全裂，裂片条状披针形，中脉及细中脉均极显著，叶背及叶轴背面有鳞秕状绒毛被覆物；叶柄上面具沟槽，背面圆形，叶鞘管状，形成明显的冠茎，常常在基部稍膨大。肉穗花序生于叶鞘束下方之干上，具短花序梗，三回分枝；花序梗的佛焰苞管状，早落，花序轴上的佛焰苞具波缘或突出锐利的齿，小穗轴上的小佛焰苞基部杯状；花无梗，单性，花雌雄同株，多次开花结实；小穗轴下部的花 3 朵聚生（2 雄 1 雌），上部的为雄花；雄花三角状，萼片 3，覆瓦状排列，具 1 退化雌蕊，花瓣 3，镊合状排列，雄蕊 9～24，花丝近基部合生；雌花近球形，小于雄花，花后花被增大，萼片 3，覆瓦状排列，花瓣 3，较萼片小，退化雄蕊 6 或 0，子房三角状卵形，1 室，柱头 3。坚果小，球形或椭圆状球形，果皮纤维质。

本属 4 种，原产于澳大利亚东部热带、亚热带地区；中国常见栽培 1 种。

假槟榔 *Archontophoenix alexandrae* (F. Muell.) H. Wendl. et Drude （图 11-416）

【别名】 亚历山大椰子。

【形态特征】 乔木状，高可达 30m；茎干粗约 15cm，具阶梯状环纹，干之基部膨大。叶长 2～3m，羽状全裂，裂片呈 2 列排列，线状披针形，先端渐尖而略 2 浅裂，边全缘；具明显隆起之中脉及纵侧脉，叶背略被灰褐色鳞秕，叶轴背面密被褐色鳞秕状绒毛；叶鞘长 1m，膨大抱茎，革质；叶柄短。肉穗花序生于叶鞘下，呈圆锥花序式；花序轴略具棱和弯曲，具 2 个鞘状佛焰苞；花雌雄同株，白色；雄花萼片 3，三角状圆形，花瓣 3，斜卵状长圆形，雄蕊 9～10；雌花萼片和花瓣各 3 片，圆形。果卵状球形，长 1.2～1.4cm，红色，种子卵球形。花期 4 月，果期 4～7 月。

图 11-416　假槟榔

【分布】 原产于澳大利亚东部之昆士兰州；中国广东、广西、云南西双版纳、福建及台湾等热带、亚热带地区有栽培。

【习性】 喜光，喜高温多湿气候，不耐寒，生长适温为 24～28℃；喜富含腐殖质的微酸性土壤；根系很浅，吸水能力较差，极不耐旱，也怕水涝；需要较高的空气湿度，若相对湿度低于 75%，叶面就会呈干燥状态而失去光泽。

【繁殖栽培】 播种繁殖。管理粗放。

【观赏特性及园林用途】 树形优美，大树移栽容易成活，为华南、西南地区城市及风景区优良绿化树种，可庭院栽植，也可作行道树，或配置于建筑物旁、水滨、庭院、草坪四周等处，也可在厅堂桶栽。

【经济用途】 叶鞘纤维可入药，具止血作用。

11.2.1.10　散尾葵属 *Chrysalidocarpus* H. Wendl.

丛生灌木，茎无刺，具环状叶痕，有时在茎节上产生气生枝。叶长而柔弱，有多数狭的羽裂片，线形或披针形，外向折叠；叶鞘初时管状，后于叶柄对面劈裂，常常被各式鳞片和蜡；叶柄和叶轴上部有槽，背面圆，常被鳞片或蜡。穗状花序生于叶间或叶鞘下，分枝可达 3～4 级；花单性同株，多次开花结实；花在小穗轴的近基部为每 3 朵（2 雌 1 雄）聚生，近顶端则为单生或成对着生的雄花；雄花花萼和花瓣各 3 片，离生，雄蕊 6，花丝离生，退化子房圆锥状，顶端 3 裂；雌花花萼和花瓣各 3 片，离生，子房球状卵形，柱头 3，退化雄蕊 6，齿状。果稍作陀螺形，近基部具柱头残留物，外果皮光滑，中果皮具网状纤维。

本属约 20 种，产于马达加斯加。中国引入栽培 1 种。

散尾葵 *Chrysalidocarpus lutescens* H. Wendl. （图 11-417）

【别名】 黄椰子。

图 11-417　散尾葵

【形态特征】　丛生灌木，高可达 8m；茎光滑，环状鞘痕明显，基部略膨大。叶长 1.5m 左右，稍曲拱，羽状全裂，裂片条状披针形，常 2 列，背面主脉隆起；叶柄、叶轴、叶鞘均淡黄绿色；叶鞘圆筒形，长而略膨大，包茎；叶柄及叶轴光滑，上面具沟槽，背面凸圆。肉穗花序圆锥状，生于叶鞘下，具 2～3 次分枝；花小，卵球形，金黄色，螺旋状着生于小穗轴上；雄花萼片和花瓣各 3，上面具条纹脉，雄蕊 6；雌花萼片和花瓣与雄花的略同，子房 1 室，具短的花柱和粗的柱头。果实略为陀螺形或倒卵形，种子 1～3，中央有狭长的空腔。花期 5 月，果期 8 月。

【分布】　原产于马达加斯加。中国广州、深圳、台湾等地多用于庭院栽植。

【习性】　喜光，也极耐阴；宜温暖湿润和通风良好的环境；耐寒力弱，怕冷，在广州有时受冻。

【繁殖栽培】　播种和分株繁殖。播种繁殖所用种子多从国外进口。一般盆栽多采用分株繁殖。

【观赏特性及园林用途】　树形优美，叶色青翠，可用于热带地区城市和风景区绿化，散植或丛植于草地、树荫和宅旁，并可配置于建筑阴面。北方各地温室盆栽观赏，可布置厅、堂、会场。

【经济用途】　叶鞘纤维可入药，具收敛止血之功效。

11.2.2　禾本科 Poaceae（Gramineae）

1 年生或多年生草本，有时为木本。地上茎通称秆，秆有显著而实心的节与通常中空的节间。单叶互生，排成 2 列，由包于秆上的叶鞘和通常狭长、全缘的叶片组成；叶鞘与叶片间常有呈膜质或纤毛状的叶舌；叶片基部两侧有时还有叶耳。花序顶生或腋生，由多数小穗排成穗状、总状、头状或圆锥花序；小穗有小花 1 至多朵，排列于小穗轴上，基部有 1～2 片不孕的苞片，称为颖；花通常两性，为外稃和内稃包被着，每小花有 2～3 片透明的小鳞片称为鳞被；雄蕊 1～6 枚，通常 3 枚；雌蕊 1 枚；子房 1 室，花柱通常 2 裂，柱头呈羽毛状。颖果，少数为浆果。

约 700 属，约 1 万种，广布于世界各地；中国约 237 属，1500 多种。

本科经济价值很高，主要粮食作物大多属于禾本科植物。禾本科植物大多富含纤维素，有些可作牧草、药材、绿化或为固堤保土植物。

本科分为竹亚科和禾亚科。

分属检索表

1 秆木质；枝条上的叶片有短柄（竹亚科）。
　2 地下茎为单轴型或复轴型；秆在分枝一侧扁平或具纵沟或呈四方形。
　　3 地下茎为单轴型；秆每节分枝大都为 2，基部数节无气根；秆箨常为革质或厚纸质·······
　　·· 1. 刚竹属 *Phyllostachys*
　　3 地下茎为复轴型；秆每节分枝 3，基部数节各具一圈气根，后变成小刺状或小瘤状突起；秆箨为薄纸质···
　　··· 2. 方竹属 *Chimonobambusa*
　2 地下茎为合轴型或复轴型；秆圆筒形。
　　4 地下茎为合轴型。
　　　5 箨鞘的顶端仅略宽于箨叶基部，箨叶大都直立，若有外反者，则小枝常硬化成刺···3. 箣竹属 *Bambusa*
　　　5 箨鞘的顶端远宽于箨叶基部，箨叶常外反，小枝不硬化成刺。
　　　　6 秆节间表面常被厚层白粉，节间甚长，50～100cm，秆箨硬纸质 ·············· 4. 单竹属 *Lingnania*
　　　　6 秆节间表面幼时略被白粉，节间中等长，10～50cm，秆箨革质 ·············· 5. 慈竹属 *Sinocalamus*
　　4 地下茎为复轴型。
　　　7 花枝短缩，侧生于叶枝（或无叶的枝条）下部的各节上，而不生于正常具叶枝条的顶端 ···············
　　　··· 6. 苦竹属 *Pleioblastus*
　　　7 花序生于叶枝的顶端，稀可生于叶枝下部的节上而花枝延长常超越其所生的叶枝。
　　　　8 主秆每节通常 1 分枝；枝较粗壮，其直径与主秆相似；叶片大形 ·············· 7. 箬竹属 *Indocalamus*
　　　　8 主秆每节分枝 3 个以上（有时不足 3 个）；枝大部细弱；叶片中形或小形···· 8. 箭竹属 *Sinarundinaria*
1 秆草质；枝条上的叶片无短柄（禾亚科）·· 9. 芦竹属 *Arundo*

11.2.2.1　刚竹属 *Phyllostachys* Sieb. et Zucc.

乔木或灌木状；秆散生，圆筒形，节间在分枝一例扁平或有沟槽，每节有 2 分枝。秆箨革质，早落，箨叶明显，有箨舌，箨耳，肩毛发达或无。叶披针形或长披针形，有小横脉，表面光滑，背面稍有灰白色毛。花序圆锥状或头状，由多数小穗组成，小穗外被叶状或苞片状佛焰苞；小花2～6；颖片1～3或不发育；外稃先端锐尖；内稃有2脊，2裂片先端锐尖；鳞被3，形小；雄蕊3；雌蕊花柱细长，柱头3裂，羽毛状。颖果。

约50种，大都分布于东亚；中国为分布中心，约产40种，主要分布在黄河流域以南至南岭以北，不少种类已引至北京、河北和辽宁等地。

本属种类多，面积大，用途广，是中国竹类中最重要的类群。此属中有不少耐寒性较强的竹种，有的可耐−20℃以下的低温，是发展中国北方地区竹林生产的主要引种资源。

分种检索表

1 老秆全部绿色，无其他色彩。
　2 秆下部诸节间不短缩，也不肿胀。
　　3 箨鞘有箨耳或鞘口缘毛。
　　　4 秆环不隆起，竹秆各节仅现1箨环；新秆密被细柔毛和白粉 ┄┄┄┄┄┄┄ (1) 毛竹 *P. edulis*
　　　4 秆环与箨环均隆起，竹秆各节现出2环；新秆无毛无白粉┄┄┄┄┄┄┄ (2) 桂竹 *P. bambusoides*
　　3 箨鞘无箨耳及鞘口缘毛。
　　　5 秆表面在扩大镜下见有晶状凹点；分枝以下竹秆上秆环不明显或低于箨环 ┄┄┄ (3) 刚竹 *P. viridis*
　　　5 秆表面在扩大镜下不见晶状凹点；分枝以下竹秆上秆环均较隆起。
　　　　6 箨鞘无白粉；箨舌截平，暗紫色 ┄┄┄┄┄┄┄┄┄┄┄┄┄┄ (4) 粉绿竹 *P. glauca*
　　　　6 箨鞘有白粉；箨舌弧形，淡褐色 ┄┄┄┄┄┄┄┄┄┄┄┄┄┄ (5) 早园竹 *P. propinqua*
　2 秆下部数节间短缩。
　　7 秆下部数节间交互的斜面连接 ┄┄┄┄┄┄┄┄┄┄ 龟甲竹 *P. pubescens* var. *heterocycla*
　　7 秆下部诸节间作不规则的短缩或畸形肿胀，或节间近于正常而在节下有长约1cm的一段明显膨大区 ┄┄┄┄
　　　┄┄┄┄┄┄┄┄┄┄┄┄┄┄┄┄┄┄┄┄┄┄┄┄┄┄┄┄┄┄ (6) 罗汉竹 *P. aurea*
1 老秆非绿色，或在绿色底上有其他色彩。
　8 老秆全部或部分带紫黑色。
　　9 老秆全部紫黑色 ┄┄┄┄┄┄┄┄┄┄┄┄┄┄┄┄┄┄┄┄┄┄┄┄┄┄┄ (7) 紫竹 *P. nigra*
　　9 老秆绿色底上具大小不等的紫黑色斑纹。
　　　10 紫黑色斑纹外深内浅 ┄┄┄┄┄┄┄┄┄┄┄┄┄┄┄ 筠竹 *P. glauca* f. yunzhu
　　　10 紫黑色斑纹浅深内深 ┄┄┄┄┄┄┄┄┄┄┄┄┄┄┄ 斑竹 *P. bambusoides* f. tanakae
　8 老秆绿色仅沟槽处黄色，或黄色底有绿色纵条。
　　11 秆绿色，而沟槽处为黄色。
　　　12 箨鞘有弯镰形箨耳；秆在放大镜下不见晶状小体 ┄┄┄┄┄┄┄ (8) 黄槽竹 *P. aureosulcata*
　　　12 箨鞘无箨耳；秆在放大镜下可见晶状小体 ┄┄┄┄┄┄ 槽里黄刚竹 *P. viridis* f. houzeauana
　　11 秆黄色，散生绿色纵条。
　　　13 箨鞘有弯镰形箨耳；秆在放大镜下不见晶状小体 ┄┄┄┄┄ 金镶玉竹 *P. aureosulcata* f. spectabilis
　　　13 箨鞘无箨耳；秆在放大镜下可见晶状小体 ┄┄┄┄┄┄ 黄皮刚竹 *P. viridis* f. youngii

(1) 毛竹 *Phyllostachys edulis* （Carr）H. de Lehaie（图11-418）

【别名】 楠竹、孟宗竹、茅竹。

【形态特征】 高大乔木状竹类，秆高10～25m，径12～20cm，中部节间可长达40cm；新秆密被细柔毛，有白粉，老秆无毛，白粉脱落而在节下逐渐变黑色，顶梢下垂；分枝以下秆上秆环不明显，箨环隆起。箨鞘厚革质，棕色底上有褐色斑纹，背面密生棕紫色小刺毛；箨耳小，边缘有长缘毛；箨舌宽短，弓形，两侧下延，边缘有长缘毛；箨叶狭长三角形，向外反曲。枝叶2列状排列，每小枝保留2～3叶，叶较小，披针形，长4～11cm，叶舌隆起；叶耳不明显，有肩毛，后渐脱落。花枝单生，不具叶，小穗丛形如穗状花序，外被有覆瓦状的佛焰苞；小穗含2小花，一成熟一退化。颖果针状。笋期3月底至5月初。

【变种、变型及栽培品种】 龟甲竹（龙鳞竹）（*P. edulis* var. *Heterocycla*）：秆较矮小，下部诸节间极度缩短、肿胀，交错成斜面。

'花秆'毛竹（'Bicolor'）：竹秆以黄色为主，间有宽窄不一的绿色纵条纹，沟槽绿色。

图11-418　毛竹

'绿皮花'毛竹（'Nabeshimana'）：竹秆绿色，间有宽窄不一的黄色纵条纹。

'黄槽'毛竹（'Luteosulcata'）：竹秆绿色，沟槽内为黄色。

'绿槽'毛竹（'Virdisulcata'）：竹秆黄色，沟槽内全为绿色。

'佛肚'毛竹（'Ventricosa'）：秆之中部以下10余节节间膨大。

'梅花'毛竹（'Obtusangula'）：秆具5～7条钝棱，其横断面呈梅花形。

'方秆'毛竹（'Tetrangulata'）：秆钝四棱形。

'金丝'毛竹（'Gracilis'）：秆较矮小，高7～8m，径4～5cm，壁薄。

【分布】 原产于中国秦岭、汉水流域至长江流域以南海拔1000m以下广大酸性土山地，分布很广，东起台湾，西至云南东北部，南自广东和广西中部，北至安徽北部、河南南部；其中浙江、江西、湖南为分布中心。

【习性】 喜温暖湿润的气候，要求年平均温度15～20℃，耐极端最低温－16.7℃，年降水量800～1000mm；喜空气相对湿度大；喜肥沃、深厚、排水良好的酸性沙壤土，干燥的沙荒石砾地、盐碱地、排水不良的低洼地均不利生长。毛竹分布的北缘地区，年平均温度15℃左右，极端最低温为－14℃左右，年降水量为800～1000mm，年蒸发量为1200～1400mm。显然，对毛竹分布和生长起限制作用的主要是水分条件，其次才是温度条件。

毛竹竹鞭的生长靠鞭梢，在疏松、土壤中，一年间鞭梢的钻行生长可达4～5m，竹鞭寿命约14年。

毛竹笋开始出土，要求10℃左右的旬平均温度；从出土到新竹长成约2个月时间，新竹长成后，竹株的干形生长结束，高度、粗度和体积不再有明显的变化，新竹第2年春季换叶，以后每2年换叶1次。

毛竹开花前出现反常预兆，如出笋少甚至不出笋，叶绿素显著减退，竹叶全部脱落或换生变形的新叶。毛竹的花期长，从4～5月至9～10月都有发生，而以5～6月为盛花期；因花的花丝长而花柱短，授粉率低，十花九不孕。毛竹开花初期总是零星发生在少数竹株上，有的全株开花，竹叶脱落，花后死亡；有的部分开花，部分生叶，持续2～3年，直至全株枝条开完后竹秆死亡；一片毛竹林全部开花结实，一般要经历5～6年以上。

毛竹的生长发育周期很长，一般50～60年，从实生苗起，经过长期的无性繁殖，逐渐发展生殖生长，进入性成熟；处于同一生理成熟阶段的毛竹，不论老竹、新竹，或分栽于各地的竹株，都可能先后开花结实，然而外界的环境包括人为影响，对毛竹开花有一定的抑制或促进作用。

【繁殖栽培】 可播种、分株和埋鞭等法繁殖。

【观赏特性和园林用途】 毛竹秆高、叶翠，四季常青，秀丽挺拔，值霜雪而不凋，历四时而常茂，颇无妖艳，雅俗共赏。自古以来常植于庭院曲径、池畔、溪涧、山坡、石际、天井、景门，以至室内盆栽观赏；与松、梅共植，誉为"岁寒三友"，点缀园林。在风景区大面积种植，谷深林茂，云雾缭绕，竹林中有小径穿越，曲折、幽静、深邃，形成"一径万竿绿参天"的景感；湖边植竹，夹以远山、近水、湖面游船，实是一幅幅活动的画面；高大的毛竹也是建筑、水池、花木等的绿色背景；合理栽植，又可分隔园林空间，使境界更觉自然、调和；毛竹根浅质轻，是植于屋顶花园的极好材料；植株无毛无花粉，在精密仪器厂、钟表厂等地栽植也极适宜。

图11-419 桂竹
1. 笋；2，4秆箨；3. 叶枝

【经济用途】 毛竹材质坚韧富弹性，抗压和抗拉性均强，为良好的建筑材料；竹材篾性好，可加工制作各种工具、农具、文具、家具、乐器以及工艺美术品和日常生活用品，有的是中国传统出口商品；竹材纤维含量高，纤维长度长，是造纸工业的好原料；竹材之外，毛竹的鞭、根、枝、箨等都可以加工利用；笋味鲜美可食；毛竹全身都能利用，实为理想的结合生产的绿化树种。

(2) 桂竹 *Phyllostachys bambusoides* Sieb. et Zucc.（图11-419）

【别名】 刚竹、五月季竹。

【形态特征】 秆高11～20m，径8～10cm；秆环、箨环均隆起，新秆绿色，无白粉。箨鞘黄褐色，密被黑紫色斑点或斑块，常疏生直立短硬毛；箨耳小，1枚或2枚，镰形或长倒卵形，有长而弯曲的肩毛；箨舌微隆起；箨叶三角形至带形，橘红色，有绿边，皱折下垂。小枝初生4～6叶，后常为2～3叶；叶带状披针形，长7～15cm。有叶耳和长肩毛。笋期4～6月。

【变种、变型及栽培品种】 '斑'竹（湘妃竹）（'Tankae'）：竹秆和分枝上有紫褐色斑块或斑点，内深外浅，通常栽植于庭院观赏，秆加工成工艺品。

'黄金间碧玉'竹（金明竹）（'Castilloni'）：秆黄色，间有宽绿条带；有些叶片上也有乳白色的纵条纹，原产中国，早年引入日本，并长期栽培。

'碧玉间黄金'竹（银明竹）（'Castilloni-inversa'）：竹秆绿色，间有黄色条带。

【分布】 原产于中国，分布甚广，东自江苏、浙江，西至四川，南自两广北部，北至河南、河北都有栽植。

【习性】 桂竹抗性较强，适生范围大，能耐−18℃的低温，多生长在山坡下部和平地土层深厚肥沃的地方，在黏重土壤土生长较差。

【观赏特性和园林用途】 园林用途同毛竹，通常栽植于庭院观赏。

【经济用途】 仅次于毛竹，秆加工成工艺品，竹笋味美可食。是"南竹北移"的优良竹种。

（3）刚竹 Phyllostachs viridis（Young）McClure（图 11-420）

【形态特征】 秆高 10～15m，径 4～9cm，挺直，淡绿色，分枝以下的秆环不明显；新秆无毛，微被白粉，老秆仅节下有白粉环，秆表面在扩大镜下可见白色晶状小点。箨鞘无毛，乳黄色或淡绿色底上有深绿色纵脉及棕褐色斑纹；无箨耳；箨舌近截平或微弧形，有细纤毛；箨叶狭长三角形至带状，下垂，多少波折。每小枝有 2～6 叶，有发达的叶耳与硬毛，老时可脱落；叶片披针形，长 6～16cm。笋期 5～7 月。

【变种、变型及栽培品种】 绿皮黄槽刚竹（槽里黄刚竹）（P. viridis f. houzeau）：秆绿色，着生分枝一侧的纵槽为金黄色。

黄皮绿槽刚竹（黄皮绿筋竹）（P. viridis f. youngii）：秆常较小，金黄色，节下面有绿色环带。节间有少数绿色纵条；叶片常有淡黄色纵条纹。

黄皮绿筋刚竹（'Robert Young'）：新秆黄绿色，渐变为黄色，间有宽窄不等的绿色纵条纹；叶片也常有淡黄色纵条纹。

【分布】 原产于中国，分布于黄河流域至长江流域以南广大地区。

【习性】 刚竹抗性强，能耐−18℃低温，微耐盐碱，在 pH 8.5 左右的碱土和含盐 0.1% 的盐土上也能生长。

【观赏特性和园林用途】 同毛竹。

【经济用途】 刚竹的材质坚硬，韧性较差，不宜劈篾编织，可供小型建筑及农具柄材使用；笋味略苦，浸水后可食用。

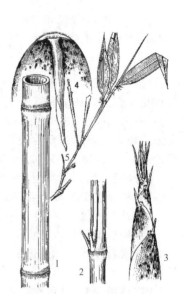

图 11-420 刚竹
1. 竹秆；2. 秆一节（示分枝）；
3. 笋上部；4. 秆箨；5. 叶枝

（4）粉绿竹 Phyllotachys glauca McClure（图 11-421）

【形态特征】 秆高 5～10m，径 2～5cm，无毛，新秆密被白粉而为蓝绿色，老秆绿色，仅节下有白粉环。箨鞘淡红褐或淡绿色，有紫色细纵条纹，无毛，多少有紫褐色斑点；无箨耳；箨舌截平，暗紫色，微有波状齿缺，有短纤毛；箨叶带状披针形，绿色，有紫色细条纹，平直。每小枝 2～3 叶，叶鞘初有叶耳，后渐脱落；叶舌紫色或紫褐色；叶片披针形，长 8～16cm。笋期 4 月中旬至 5 月底。

【变种、变型及栽培品种】 筼竹（P. glauca McClure 'Yunzhu' J. L. Lu）：秆渐次出现紫褐色斑点或斑块，外深内浅。

【分布】 原产于中国，分布在长江、黄河中下游各地而以江苏、山东、河南、陕西等地较多。

【习性】 粉绿竹适应性较强，在−18℃左右的低温条件和轻度的盐碱土上也能正常生长，能耐一定程度的干燥瘠薄和暂时的流水漫渍。

【经济用途】 材质优良，韧性强，篾性好，可编织各种竹器。也作农具柄、晒竿、棚架等。笋味鲜美，供食用。

（5）早园竹 Phyllostachys propinqua McClure.（图 11-422）

【别名】 沙竹。

【形态特征】 秆高 8～10m，胸径 5cm 以下。新秆绿色，具白粉，老秆淡绿色，节下有白粉环，箨环与秆环均略隆起。箨鞘淡紫

图 11-421 粉绿竹

图 11-422　早园竹
1. 叶枝；2. 秆箨背面；3. 秆箨腹面

褐色或深黄褐色，被白粉，有紫褐色斑点及不明显条纹，上部边缘枯焦状；无箨耳；箨舌淡褐色，弧形；箨叶带状披针形，紫褐色，平直反曲。小枝具叶 2～3 片带状披针形，长 7～16cm，宽 1～2cm，背面基部有毛；叶舌弧形隆起。笋期 4～6 月。

【分布】　主产于华东。北京、河南、山西有栽培。

【习性】　抗寒性强，能耐短期的 −20℃ 低温；适应性强，轻碱地、砂土及低洼地均能生长。

【观赏特性和园林用途】　早园竹秆高叶茂，生长强壮，是华北园林中栽培观赏的主要竹种。

【经济用途】　秆质坚韧，篾性好，为柄材、棚架、编织竹器等优良材料。笋味鲜美，可食用。

（6）罗汉竹 *Phyllostachys aurea* Carr. ex A. et C. Riv.

【别名】　人面竹、布袋竹。

【形态特征】　秆高 5～12m，径 2～5cm，中部或以下数节节间作不规则的短缩或畸形肿胀，或其节环交互歪斜，或节间近于正常而于节下有长约 1cm 的一段明显膨大；老秆黄绿色或灰绿色，节下有白粉环。箨鞘无毛。紫色或淡玫瑰的底色上有黑褐色斑点，上部两侧边缘常有枯焦现象，基部有一圈细毛环；无箨耳；箨舌极短，截平或微凸，边缘具长纤毛；箨叶狭长三角形，皱曲。叶狭长披针形，长 6.5～13cm。笋期 4～5 月。

【分布】　原产于中国，长江流域各地都有栽培。耐寒性较强，能耐 −20℃ 低温。

【变种、变型及栽培品种】　'花叶'罗汉竹（'Albo-variegata'）：叶有白色条纹。

'花秆'罗汉竹（'Holochrysa'）：秆黄色而有绿色条纹。

'黄槽'罗汉竹（'Flavescens-inversa'）：秆绿色，沟槽黄色，叶也有条纹。

【观赏特性和园林用途】　常植于庭院观赏，与佛肚竹、方竹等秆形奇特的竹种配置一起，增添景趣。

【经济用途】　秆可作钓鱼竿、手杖及小型工艺品。笋味甘而鲜美，供食用。

（7）紫竹 *Phyllostachys nigra* (Lodd. ex Lindl.) Munro（图 11-423）

【别名】　黑竹、乌竹。

【形态特征】　秆高 3～10m，径 2～4cm，新秆有细毛茸，绿色，老秆则变为棕紫色以至紫黑色。箨鞘淡玫瑰紫色，背部密生毛，无斑点；箨耳镰形、紫色；箨舌长而隆起；箨叶三角状披针形，绿色至淡紫色。叶片 2～3 枚生于小枝顶端，叶鞘初被粗毛，叶片披针形，长 4～10cm，质地较薄。笋期 4～5 月。

【变种、变型及栽培品种】　毛金竹［*P. nigra* (Lodd.) Munro. var. *henonis*］：秆高大，可达 7～18m，秆壁较厚，秆绿色至灰绿色。竹秆可作农具柄等用，粗大者可代毛竹供建筑用，箨性好，可供编织。笋供食用。

【分布】　原产于中国，广布于华北，经长江流域以南至西南等地区。

【习性】　紫竹耐寒性较强，耐 −18℃ 低温，北京紫竹院公园小气候条件下能露地栽植。

图 11-423　紫竹
1. 秆；2. 笋（上部）；3. 秆箨先端（腹面）；4. 秆箨先端（背面）；5. 叶枝

【观赏特性和园林用途】　紫竹秆紫黑，叶翠绿，颇具特色，常植于庭院观赏，与黄槽竹、金镶玉竹、斑竹等秆具色彩的竹种同栽于园中，增添色彩变化。

【经济用途】　秆可制小型家具，细秆可作手杖、笛、箫、烟秆、伞柄及工艺品等。

（8）黄槽竹 *Phyllostachys aureosulcata* McClure（图 11-424）

【形态特征】　秆高 3～6m，径 2～4cm，新秆有白粉，秆绿色或黄绿色，分枝一侧纵槽呈黄色。箨鞘质地较薄，背部无毛，通常无斑点，上部纵脉明显隆起；箨耳镰形，缘有紫褐色长毛，与箨叶明显相连；箨舌宽短、弧形，边缘缘毛较短；箨叶长三角状披针形，初皱折而后平直。叶片披针形，长 7～15cm。笋期 4～5 月。

【变种、变型及栽培品种】　'金镶玉'竹（'Spectablis'）：秆金黄色，纵槽为绿色，秆上有数条绿色纵条。

'京'竹（'Pekinensis'）：秆全为绿色。

'黄秆京'竹（'Aureocaulis'）：秆黄色，纵槽也为黄色，节间时有绿色条纹。

【分布】 原产于中国。北京有栽培。

【习性】 黄槽竹适应性较强，耐−20℃低温，在干旱瘠薄地，植株呈低矮灌木状。

【观赏特性和园林用途】 常植于庭院观赏。

11.2.2.2 方竹属 *Chimonobambusa* Makino

灌木或小乔木状；地下茎复轴型。秆圆筒形或微呈四方形，在分枝一侧常扁平或具沟槽，基部数节常备有一圈瘤状气根；每节具3分枝。箨鞘厚纸质，背部无毛，有斑点；常无箨耳；箨舌膜质，全缘；箨叶细小，直立，三角形或锥形。叶片较坚韧，小横脉显著。花枝紧密簇生，重复分枝或有时不分枝；小穗几无柄；颖1～3片，不等长；外稃膜质带厚纸质；内稃微短于外稃；鳞被3，披针形；雄蕊3；花柱2，分离，柱头羽毛状。坚果状颖果，有坚厚的果皮。

图 11-424　黄槽竹
1. 秆；2. 笋（上部）；3. 秆箨先端（腹面）；4. 秆箨先端（背面）；5. 叶枝

约15种，分布于中国、日本、印度和马来西亚等地；中国约有3种。

方竹 *Chimonobambusa quadrangularis* （Fenzi.）Makino（图11-425）

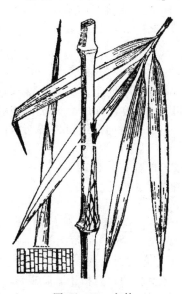

图 11-425　方竹

【形态特征】 秆散生，高3～8m，径1～4cm，幼时密被黄褐色倒向小刺毛，以后脱落，在毛基部留有小疣状突起，使秆表面较粗糙，下部间节四方形；秆环甚隆起，箨环幼时有小刺毛，基部数节常有刺状气根一圈；上部各节初有3分枝，以后增多。箨鞘无毛，背面具多数紫色小斑点；箨耳及箨舌均极不发达；箨叶极小或退化。叶2～5枚着生小枝上；叶鞘无毛；叶舌截平、极短；叶片薄纸质，窄披针形，长8～29cm。肥沃之地，四季可出笋，但通常笋期在8月至次年1月。

【分布】 中国特产，分布于华东、华南以及秦岭南坡。

【习性】 生于低山坡。栽培供庭院观赏。

【经济用途】 秆可作手杖。笋味美可食。

11.2.2.3 簕竹属 *Bambusa* Retz. corr. Schreber

乔木状或灌木状。地下茎合轴型；秆丛生，圆筒形，每节有枝条多数，有时不发育的枝常硬化成棘刺。箨鞘较迟落，厚革质或硬纸质；箨耳发育，近相等或不相等；箨叶直立、宽大。叶片小型至中等，线状披针形至长圆状披针形，小横脉常不明显。小穗簇生于枝条各节，组成大型无叶或有叶的假圆锥花序；小穗有少至多数小花；颖1～4枚；内稃等长或稍长于外稃；鳞被3；雄蕊6枚；子房基部通常有柄，柱头羽毛状。颖果长圆形。

100余种，分布于东亚、中亚、马来西亚及大洋洲等处；中国有60余种，大多分布于华南及西南。

分种检索表

1 植株之秆2型，除正常秆外，尚有畸形肿胀的秆 ·· (1) 佛肚竹 *B. ventricosa*
1 植株之秆仅1型，即仅有正常的秆。

　2 秆之节间绿色，无条纹 ·· (2) 孝顺竹 *B. multiplex*
　2 秆节间鲜黄色，有显著绿色条纹 ··

··· (3) '黄金间碧'竹 *B. Vulgaris* 'Vittata'

(1) 佛肚竹 *Bambusa ventricosa* McClure（图11-426）

【别名】 佛竹、密节竹。

【形态特征】 乔木型或灌木型，高与粗因栽培条件而有变化。秆无毛，幼秆深绿色，稍被白粉，老时橄榄黄色；秆有两种；正常秆高，节间长，圆筒形；畸形秆矮而粗，节间短，下部行间膨大呈瓶状。箨鞘无毛，初时深绿色，老后变成橘红色；箨耳发达，圆形或倒卵形至镰刀形；箨舌极短；箨叶卵状披针形，于秆基部的直立，上部的稍外反，脱落性。每小枝具叶7～13枚，叶片卵状披针形至长圆状披针形，长 12～21cm，背面被柔毛。

　　【分布】　中国广东特产。

　　【习性】　性喜温暖、湿润、不耐寒。宜在肥沃、疏松、湿润、排水良好的沙质壤土中生长。

　　【繁殖栽培】　扦插和分株繁殖。

　　【观赏特性和园林用途】　本种干形奇特，多用于盆栽观赏。

图 11-426　佛肚竹

图 11-427　孝顺竹
1. 秆一段；2. 秆箨；3. 叶枝；4. 花枝

　　(2)　孝顺竹 *Bambusa multiplex* （Lour.）Raeuschel（图 11-427）

　　【别名】　凤凰竹。

　　【形态特征】　秆高 2～7m，径 1～3cm，绿色，老时变黄色。箨鞘硬脆，厚纸质，无毛；箨耳缺或不明显；箨舌甚不显著；箨叶直立，三角形或长三角形。每小枝有叶 5～9 枚，排成 2 列状；叶鞘无毛；叶耳不显；叶舌截平；叶片线状披针形或披针形，长 4～14cm，质薄，表面深绿色，背面粉白色。笋期 6～9 月。

　　【分布】　原产中国、东南亚及日本；中国华南、西南直至长江流域各地都有分布。

　　【变种、变型及栽培品种】　'金秆'孝顺竹（'Golden Goddess'）：竹秆金黄色。

　　'黄纹'孝顺竹（'Yellow-stripe'）：绿秆上有黄色纵条纹。

　　'凤尾'竹（'Fernleaf'）：秆细小而空心，高 1～2m，径不超过 1cm。枝叶稠密、纤细而下弯，每小枝有叶 10 余枚，羽状排列，叶片长 2～5cm。

　　'花秆'孝顺竹（'小琴丝竹'）（'Alphonse'）：秆金黄色，夹有显著绿色之纵条纹。

　　'菲白'孝顺竹（'Albo-variegata'）：叶片在绿底上有白色纵条纹，有较高价值。宜植于庭院观赏。

　　'条纹'凤尾竹（'Stripestem Fernleaf'）：植株颇似凤尾竹，但秆之节间浅黄色，并有不规则深绿色纵条纹，叶绿色。

　　观音竹（实心凤尾竹）[*B. multiplex* （Lour.）Raeuschel var. *riviereorum*]：秆紧密丛生，高 1～3m，径 3～10mm，实心，13～23 片，羽状二列，叶长 1.6～7.5cm，宽 3～8cm。

　　【习性】　孝顺竹性喜温暖湿润气候及排水良好、湿润的土壤，是丛生竹类中分布最广、适应性最强的竹种之一，可以引种北移。

　　【繁殖栽培】　扦插和分株繁殖。

　　【观赏特性和园林用途】　本种植丛秀美，多栽培于庭院供观赏，或种植宅旁做绿篱用，也常在湖边、河岸栽植。

　　【经济用途】　竹秆细长强韧，可作编织、篱笆、造纸等用。

　　(3)　'黄金间碧'竹 *Bambusa vulgaris* 'Vittata'

　　【别名】　'青丝金'竹。

　　【形态特征】　秆高 6～15m，径 4～6cm，鲜黄色，间以绿色纵条纹。箨鞘草黄色，具细条纹，背部密被暗棕色短硬毛，毛易脱落；箨耳近等大；箨舌较短，边缘具细齿或条裂；箨叶直立，卵状三角形或三角形，腹面脉上密被短硬毛。叶披针形或线状披针形，长 9～22cm，两面无毛。

　　【分布】　原产于中国、印度、马来半岛；中国华南庭院中常见栽培。

　　11.2.2.4　单竹属 *Lingnania* McClure

乔木型或灌木型。地下茎合轴型；秆丛生，通常直立；节间圆柱形，极长；秆环几乎不高起；每节具多数分枝，主枝和侧枝粗细相仿，丛生节上。秆箨脱落性；箨鞘顶端甚宽，截平或弓形；箨叶近外反，其基部宽度仅为箨鞘顶端的 1/4～1/2。叶片线状披针形、披针形或卵状披针形，不具小横脉。花序由无柄或近无柄的假小穗簇生于花枝节上组成，小穗有小花数至多朵；颖 1～2 片；外稃宽卵形，无毛而具光泽，内稃与外稃近等长或稍较长，无毛或脊上被纤毛；鳞被通常 3 枚；雄蕊 6 枚；花柱单一，有时极短或近乎缺，柱头 3 枚，极少 2 枚，羽毛状。

约 10 种，分布于中国南部和越南；中国产 7 种。

粉单竹 *Lingnania chungii* McClure（图 11-428）

【形态特征】 高 3～10m，最高可达 16～18m，径 5～8cm。节间圆柱形，淡黄绿色，被白粉，尤以幼秆被粉较多，长 50～100cm；秆环平，箨环木栓质，隆起，其上有倒生的棕色刺毛。箨鞘硬纸质，坚脆，顶端宽，截平，背面多刺毛；箨耳狭长圆形，粗糙；箨舌远比箨叶基部宽；箨叶淡绿色，卵状披针形，边缘内卷，强烈外反。每小枝有叶 6～7 枚，叶片线状披针形至长圆状披针形，大小变化较大，长 7～21cm，基部歪斜，两侧不等，质地较厚；叶鞘光滑无毛；叶耳较明显，被长缘毛；叶舌较短。笋期 6～8 月。

【分布】 中国南方特产，分布于广东、广西和湖南等地区。

【习性】 喜温暖湿润气候及疏松、肥沃的沙壤土，普遍栽植在溪边、河岸及村旁。

【经济用途】 竹材韧性强，节间长而节平，可供精细编织，竹髓和竹青供药用。

【观赏特性和园林用途】 可植于山坡、院落、道路或立交桥边。

图 11-428 粉单竹
1. 秆一段；2. 秆箨；3. 叶枝；
4. 假小穗；5. 小花；6. 外稃；
7. 内稃；8. 鳞被；9. 雄蕊；10. 雌蕊

11.2.2.5 慈竹属 *Sinocalamus* McClure

乔木型竹类，无刺。地下茎合轴型；秆丛生，梢部呈弧形弯曲或下垂如钩丝状，节间圆筒形。秆箨脱落性；箨鞘硬革质，大型，基部甚宽，顶端截形而两肩宽圆；箨耳缺或不显著；箨舌颇发达，有时极显著地伸出，且具流苏状毛；箨叶小，基部远狭于箨鞘顶部，常为不同程度的外反，极少直立。每节具多数分枝，其中主枝较粗而长。叶片宽大；叶耳通常缺；叶舌显著。假圆锥花序无叶或具叶；小穗簇生或呈头状聚集于花枝每节上，每小穗有花多朵；颖 1～3 片，宽卵形；外稃较颖为大，内稃约与外稃等长而较狭；鳞被通常 3；雄蕊 6；花柱单一，柱头 2～4，羽毛状。

20 余种，多分布于非洲东南部；中国产 10 种。

分种检索表

1 竹秆高大，基部数节有明显气根或根眼，节间无毛；竹壁厚；枝下各节有芽；中心主枝特别粗长；叶片大型…… …………………………………………………………………………………… (1) 麻竹 *S. latiflorus*

1 竹秆大小中等，基部各节无气根或根眼，节间有刺毛；竹壁薄；枝下各节无芽；主侧枝区别不突出；叶片中型…… …………………………………………………………………………………… (2) 慈竹 *S. affinis*

(1) 麻竹 *Sinocalamus latiflorus*（Munro）McClure（图 11-429）

【别名】 龙竹。

【形态特征】 秆高 15～20m，最高可达 25m，径 10～30cm，秆梢弧形弯曲而下垂，节间长 30～45（60）cm；基部 4～6 节有明显气根或根眼；秆环平而微突；箨环木栓质，隆起。箨鞘通常大革质，坚脆，背部平滑，无条纹；箨耳甚小，箨舌齿裂状，箨叶三角形至被针形，向外反倒。小枝先端具叶 7～10 枚；叶鞘长达 19cm；叶耳不明显；叶舌突起。截平；叶片宽大，卵状披针形至长圆状披针形，长 15～35cm，最长可达 50cm，正面无毛，背面中脉突起，具小锯齿。笋期早而长，5 月出土，11～12 月仍有笋萌发。

【分布】 原产于中国，自华南至西南都有分布；越南、缅甸、菲律宾也有栽培。

【习性】 喜温暖湿润气候及肥沃湿润土壤，在黏土上生长不良。

【观赏特性和园林用途】 竹叶繁茂，竹鞭强韧，可作护堤、防风及绿化用。

图 11-429 麻竹

【经济用途】 麻竹秆粗大劲直，是良好的建筑用材；笋期长，笋味美，是主要笋用竹种之一。

（2）慈竹 *Sinocalamus affinis* Rendle McClure（图 11-430）

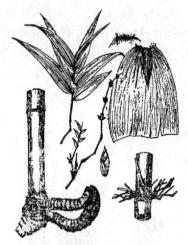

图 11-430 慈竹

【别名】 钓鱼竹。

【形态特征】 秆高 5～10m，径 4～8cm，顶梢细长作弧形下垂。箨鞘革质，背部密被棕黑色刺毛；箨耳缺如；箨舌流苏状；箨叶先端尖，向外反倒，基部收缩略呈圆形，正面多脉，密生白色刺毛，边缘粗糙内卷。叶数至十数枚着生于小枝先端；叶片质薄。长卵状披针形，长 10～30cm。表面暗绿色，背面灰绿色，侧脉 5～10 对，无小横脉。笋期 6 月，持续至 9～10 月。

【分布】 中国原产。分布在云南、贵州、广西、湖南、湖北、四川及陕西南部各地。

【习性】 喜温暖湿润气候及肥沃疏松土壤，干旱瘠薄处生长不良。

【观赏特性和园林用途】 慈竹秆丛生，枝叶茂盛秀丽，于庭院内池旁、石际、窗前、宅后栽植，都极适宜。

【经济用途】 材质柔韧，是编织竹器、扭制竹索以及造纸的好材料；笋味苦，煮后去水，仍可食用。

11.2.2.6 苦竹属 *Pleioblastus* Nakai

灌木状或小乔木状竹类。地下茎复轴型。秆散生或丛生，圆筒形；秆环隆起。每节有 3～7 分枝。箨鞘厚革质，基部常宿存，使箨环上具一圈木栓质环状物；箨叶锥状披针形。每小枝具叶 2～13 片；叶鞘口部常有波状弯曲的刚毛；叶舌较长或较短；叶片有小横脉。总状花序着生于枝下部各节；小穗绿色，具花数朵；颖 2～5，有锐尖头，边缘有纤毛；外稃被针形，近革质，边缘粗糙；内稃背部 2 脊间有沟纹；鳞被 3 片；雄蕊 3 枚，花柱 1，柱头 3，羽毛状。颖果长圆形。

约 90 种，分布于东亚，以日本为多；中国产 10 余种。

分种检索表

1 秆较高，3～7m；每节具 3～6 分枝；叶片绿色 ……………………………（1）苦竹 *P. amarus*

1 秆较矮，高不足 2m；每节 2 至数分枝或下部为 1 分枝 ……………（2）菲白竹 *P. angustifolius*

（1）苦竹 *Pleioblastus amarus*（Keng）Keng f.（图 11-431）

【别名】 伞柄竹。

【形态特征】 秆高 3～7m，径 2～5cm，节间圆筒形，在分枝一侧稍扁平；箨环隆起呈木栓质。箨鞘厚纸质或革质，绿色，有棕色或白色刺毛，边缘密生金黄色纤毛；箨耳细小，深褐色，有直立棕色缘毛；箨舌截平；箨叶细长披针形。叶鞘无毛，有横脉；叶舌坚韧，截平；叶片披针形，长 8～20cm，质坚韧，表面深绿色，背面淡绿色，有微毛。笋期 5～6 月。

【分布】 原产于中国，分布于长江流域及西南部。

【习性】 适应性强，较耐寒，在低山、丘陵、山麓、平地的一般土壤上，均能生长良好。

【观赏特性和园林用途】 苦竹常于庭院栽植观赏。

【经济用途】 秆直而节间长。大者可作伞柄、帐竿、支架等用，小者可作笔管和筷子等；笋味苦，不能食用。

图 11-431 苦竹

（2）菲白竹 *Pleioblastus angustifolius*（Mitford）Nakai

【形态特征】 低矮竹类，秆每节具 2 至数分枝或下部为 1 分枝。叶片狭披针形，绿色底上有黄白色纵条纹，边缘有纤毛，两面近无毛，有明显的小横脉，叶柄极短；叶鞘淡绿色，一侧边缘有明显纤毛，鞘口有数条白缘毛。笋期 4～5 月。

【分布】 原产于日本；中国华东地区有栽培。

【习性】 喜温暖湿润气候，耐阴性较强。

【观赏特性和园林用途】 菲白竹植株低矮，叶片秀美，常植于庭院观赏；栽作地被、绿篱或与假山石相配都很合适；也是盆栽或盆景中配置的好材料。

11.2.2.7 箬竹属 *Indocalamus* Nakai

灌木型或小灌木型竹类。地下茎复轴型。秆散生或丛生。每节有 1～4 分枝，分枝通常与主秆同粗。秆箨宿存性。叶片宽大，有多条次脉及小横脉。花序总状或圆锥状，具苞片或不具苞片；小穗有小花数至多朵；颖卵形或披针形，顶端渐尖至尾状；外稃近革质；内稃稍短于外稃，背部有 2 脊；鳞被 3；雄蕊 3；花柱 2，分离或基部稍离合，柱头羽毛状。

约 20 种，产于东亚，绝大多数种系分布于中国长江流域以南亚热带地区。

阔叶箬竹 *Indocalamus latifolius*（Keng）McClure（图 11-432）

【形态特征】 秆高约 1m，下部直径 5～8mm，节间长 5～20cm，微有毛。秆箨宿存，质坚硬，背部常有积糙的棕紫色小刺毛，边缘内卷；箨舌截平，鞘口顶端有长 1～3mm 流苏状缘毛；箨叶小。每小枝具叶 1～3 片，叶片长椭圆形，长 10～40cm，表面无毛，背面灰白色，略生微毛，小横脉明显，边缘粗糙或一边近平滑。圆锥花序基部常为叶鞘包被，花序分枝与主轴均密生微毛，小穗有 5～9 小花。颖果成熟后古铜色。

【分布】 原产于华东、华中等地。多生于低山、丘陵向阳山坡和河岸。

【观赏特性和园林用途】 阔叶箬竹植株低矮，叶宽大。在园林中栽植观赏或作地被绿化树料，也可植于河边护岸。

【经济用途】 秆可制笔管和竹筷，叶可制斗笠和船篷等防雨用品。

图 11-432 阔叶箬竹

11.2.2.8 箭竹属 *Sinarundinaria* Nakai

灌木状竹类。地下茎复轴型；秆直立，每节具 3 至多分枝。箨鞘宿存，箨叶狭长，箨耳常不发育。圆锥花序开展，其分枝腋间常具小瘤状腺体，并常托以微小之苞片；小穗具柄，含数小花；颖片 2，膜质；外稃顶端渐尖或具锥状小尖头；内稃具 2 脊，顶端 2 齿裂；鳞被 3；雄蕊 3，花丝分离；子房无毛，花柱简短，柱头 2，羽毛状。

约 90 种，分布于亚洲、非洲及南美洲；中国约 70 种，主产西部海拔 1000～3800m 地带，组成高山针叶林下主要灌木，有大面积分布。

箭竹 *Sinarundinaria nitida*（Mitford）Nakai（图 11-433）

【形态特征】 秆高约 3m，径约 1cm。新秆具白粉，箨环显著突出，并常留有残箨，秆环不显。箨鞘具明显紫色脉纹；箨舌弧形，淡紫色；箨叶淡绿色，开展或反曲。小枝具叶 2～4，叶鞘常紫色，具脱落性淡黄色肩毛；叶矩圆状披针形，长 5～13cm，次脉 4 对。笋期 8 月中、下旬。

【分布】 分布丁甘肃南部、陕西、四川、云南、湖北、江西。为高山区野生竹种，生于海拔 1000～3000m 的山坡林缘。

【习性】 适应性强。耐寒冷，耐干旱瘠薄土壤，在避风、空气湿润的山谷生长茂密，有时也生于乔木林冠下。

【经济用途】 秆供编制筐篮等用具及搭置棚架之用。

图 11-433 箭竹

图 11-434 芦竹

11.2.2.9 芦竹属 *Arundo* L.

约12种，分布于热带和温带地区，秆可为篱笆、箫管、箫簧、编织、造纸和建屋等用。多年生粗壮草本；叶片阔；小穗有数小花，两侧压扁，排成顶生、广阔的圆锥花序；小稻轴秃净，脱节于颖之上和小花间；颖梢不等，膜质、渐尖，约与小穗等长；外稃薄，3脉，被长毛，中脉延伸于外成一短而直的芒。

芦竹 *Arundo donax* Linn.（图11-434）

【别名】 荻芦竹。

【形态特征】 多年生粗壮丛生草本，秆直立，高2～6m，径1～2cm；地下茎节间短，叶片条状披针形。长30～60cm，宽2～5cm，基部近叶鞘处接黄色，软骨质，略呈波状；叶鞘长于节间，无毛。圆锥花序顶生，直立，花果期9～12月。

【变种、变型及栽培品种】 '花叶芦竹'（'Versicolor'）：叶片上有黄白色相间的纵条纹。观赏价值较高，常植于水边观赏。

【分布】 原产于中国南部，现各地多见栽培。多生长于河岸、道旁，适应性较高。

【观赏特性和园林用途】 在园林中常植于水边或岛上观赏，可丛植或群植。

11.2.3 百合科 Liliaceae

通常为多年生草本，具鳞茎或根状茎，少数种类为灌木或有卷须的半灌木。茎直立或攀援。叶基生或茎生，茎生叶通常互生，少有对生或轮生，极少退化为鳞片状。花两性，少数为单性或雌雄异株；单生或组成总状、穗状、伞形花序，少数为聚伞花序，顶生或腋生；花钟状、坛状或漏斗状；花被片通常6，少为4，鲜艳，排成两轮，离生或合生；雄蕊通常与花被片同数，花丝分离或连合；子房上位，少有半下位，常3室而为中轴胎座，少有1室而为侧膜胎座。蒴果或浆果；种子多数，成熟后常为黑色。

约240属，4000多种，分布于温带及亚热带；中国有60多属，约600种。

分属检索表

1 叶剑形，质地坚硬；花大，花被片长3cm以上，花被片分离 ·····················
·· 1. 丝兰属 *Yucca*
1 叶非剑形，质地较软；花被片不超过3cm，花被片下部合生。
    2 子房每室具多数胚珠 ······································· 2. 朱蕉属 *Cordyline*
    2 子房每室具1～2胚珠 ··· 龙血树属 *Dracaenna*

11.2.3.1 丝兰属 *Yucca* L.

植株常绿。茎分枝或不分枝。叶片狭长，剑形，顶端尖硬，多基生或集生干端。花杯状或碟状，下垂。在花茎顶端排成一圆锥或总状花序；花被片6，离生或近离生；雄蕊6，远较花被片短；花柱短，柱头3裂。蒴果卵形，通常开裂或肉质不开裂；种子扁平，黑色。

约30种，产美洲，现各国都有栽培；中国引入4种。

分种检索表

1 叶质硬，多直伸而不下垂，叶缘老时有少许丝线 ············ (1) 凤尾兰 *Y. gloriosa*
1 质较软，端常反曲，缘显具白处线 ·························· (2) 丝兰 *Y. smalliana*

(1) 凤尾兰 *Yucca gloriosa* L.（图11-435）

图 11-435 凤尾兰
1. 植株；2. 花序

【别名】 菠萝花。

【形态特征】 灌木或小乔木。干短，有时分枝。高可达5m。叶密集，近莲座状簇生。质坚硬，有白粉，剑形，长40～70cm，顶端硬尖，边缘光滑，老叶有时具疏丝。花葶高大而粗壮。圆锥花序高1m多，花大而下垂，乳白色，常带红晕。蒴果干质，下垂，椭圆状卵形，不开裂。花期6～10月。

【变型、变种及栽培品种】 '花叶'凤尾兰（'Variegata'）：绿叶有黄白色边及条纹。

【分布】 原产于北美东部及东南部，现长江流域各地普遍栽植。

【习性】 适应性强，耐水湿。

【繁殖栽培】 种子繁殖、扦插或分株繁殖均可，地上茎切成片状水养于浅盆中，可发育出芽来做桩景。

【观赏特性与园林用途】 凤尾兰常年浓绿，花、叶皆美，树态奇特，数株成丛，高低不一，叶形如剑，开花时花茎高耸挺立，花色洁白，繁多的白花下垂如铃，姿态优美，花期持久，幽香宜人，是良好的庭院观赏树木，也是良好的鲜切花材料。常植于花坛中央、建筑前、草坪中、池畔、台坡、建筑物、路旁及绿篱等栽植用。

【经济用途】 叶纤维韧性强，可供制缆绳用。

（2）丝兰 *Yucca smalliana* Fern.（图 11-436）

【形态特征】 植株低矮，近无茎。叶丛生，较硬直，线状披针形，长 30～75cm，先端尖成针刺状，基部渐狭，边缘有卷曲白丝。花葶高大而粗壮，圆锥花序宽大直立，花白色、下垂。

【分布】 原产北美洲，热带植物。现温暖地区广泛作露地栽培。中国偶见栽培。

【繁殖栽培】 以分株和扦插法繁殖，易于成活，方法简便。在春、秋季截取地上部分，将基部 10～15cm 处的叶片剪除，可直接用于园株种植绿化。也可用利刀分切成若干株进行栽植。

【观赏特性与园林用途】 花叶俱美的观赏植物。丝兰常年浓绿，花、叶皆美，树态奇特，数株成丛，高低不一，叶形如剑，开花时花茎高耸挺立，花色洁白，繁多的白花下垂如铃，姿态优美，花期持久，幽香宜人，是良好的庭院观赏树木，也是良好的鲜切花材料。常植于花坛中央、建筑前、草坪中、池畔、台坡、建筑物、路旁及绿篱等栽植用。

图 11-436　丝兰
1. 植株；2. 叶

11.2.3.2　朱蕉属 *Cordyline* Comm. Ex Juss

茎较高，呈棕榈状。花排成圆锥花丛；花被片 6，雄蕊 6，子房 3 室。果为浆果。

约 15 种，产于热带及亚热带，各国多栽植供观赏。

朱蕉 *Cordyline fruticosa*（L.）A. Cheval.（图 11-437）

图 11-437　朱蕉

【别名】 铁树。

【形态特征】 灌木，高达 3m，茎通常不分枝。叶常聚生茎顶，绿色或紫红色，长矩圆形至披针状椭圆形，长 30～50cm，中脉明显，侧脉羽状平行，叶端渐尖，叶基狭楔形；叶柄长 10～15cm，腹面有宽槽，基部抱茎。圆锥花序生于上部叶腋，长 30～60cm；花序主轴上有条状披针形苞片，长约 10cm；花淡红色至紫色，罕黄色，近无梗；花被长 1cm 左右，宽约 2mm，互相靠合成花被管。

【变型、变种及栽培品种】 '银线'朱蕉（'Warneckei'）：绿叶有两条白色狭带，有时中肋也白色；栽培比较普遍。

'黄纹'朱蕉（'Warneckei Striata'）：绿叶具宽窄不一的黄色条纹。

'金边'朱蕉（'Roehrs Gold'）：叶绿色，具黄色或黄白色宽边。

'银心'朱蕉（'Longii'）：叶绿色，中间有一条白色宽带。

'密叶'朱蕉（'Compacta'）：叶较宽，广披针形，长约 15cm，绿色，密生于茎干，茎端新叶常旋转状卷曲。

'银纹密叶'朱蕉（'Warneckei Compacta'）：叶较宽段，密集，有白色条纹，茎端新叶常旋转状卷曲。

'月光'朱蕉（'Lemon Lime'）：叶片黄色或黄绿色，近中脉有两条白色条纹。

【分布】 分布于华南地区；印度及太平洋热带岛屿亦产。

【习性】 性喜高温多湿气候。干热地，宜植于半阴处，忌碱土，喜排水良好富含腐殖质土壤。

【繁殖栽培】 可用扦插、分株和播种等法繁殖；性强健，栽培管理容易。

【观赏特性与园林用途】 多作庭院观赏或室内装饰用，赏其常青不凋的翠叶或紫红斑彩的叶色。

参　考　文　献

［1］　Kormondy E J. Concept of Ecology. 4th ed. Upper Saddle River：Prentice Hall，Inc，1996.

［2］　李景文．森林生态学．第2版．北京：中国林业出版社，1994.

［3］　李俊清．森林生态学．第2版．北京：高等教育出版社，2010.

［4］　李振基等．生态学．北京：科学出版社，2000.

［5］　刘常富等．园林生态学．北京：科学出版社，2003.

［6］　苏平．园林植物环境．哈尔滨：东北林业大学出版社，2005.

［7］　苏智先等．生态学概论．北京：高等教育出版社，1993.

［8］　孙儒泳等．普通生态学．北京：高等教育出版社，2000.

［9］　孙儒泳等．动物生态学原理．第3版．北京：北京师范大学出版社，2001.

［10］　孙儒泳等．基础生态学．北京：高等教育出版社，2002.

［11］　唐文跃等．园林生态学．北京：中国科学技术出版社，2006.

［12］　Mackenzie A，Ball A Sm，Virdee S R. Instant Notes in Ecology. Bios Scientific Publishers，1998.

［13］　温国胜等．园林生态学．北京：化学工业出版社，2007.

［14］　杨士弘．城市生态环境．北京：科学出版社，2003.

［15］　杨小波．城市生态学．北京：科学出版社，2000.

［16］　祝延成等．植物生态学．北京：高等教育出版社，1988.

［17］　李吉跃．城市林业．北京：高等教育出版社，2010.

［18］　陈有民．园林树木学．北京：中国林业出版社，1990.

［19］　祁承经等．树木学．北京：中国林业出版社，2005.

［20］　Sckmidt-Nielsen K. Animal Physiology：Adaptation and Environment. 5th ed. Cambridge University Press，1997.

［21］　朱旺生．城市绿地系统树种规划研究．南京：南京林业大学，2011.

［22］　柴思宇．我国城市园林树种规划研究现状．北京：北京林业大学，2011.

［23］　Molles M C. Ecology：Concepts and Applications. 北京：科学出版社，2000.

［24］　庄雪影．园林树木学（华南本）．广州：华南理工大学出版社，2002.

［25］　潘文明．观赏树木．北京：中国农业出版社，2001.

［26］　曹凑贵．生态学概论．北京：高等教育出版社，2002.

［27］　贺庆棠．森林环境学．北京：高等教育出版社，1999.

［28］　贺学礼．植物学．北京：科学出版社，2008.

［29］　孔国辉等．大气污染和植物．北京：中国林业出版社，1992.

［30］　冷平生等．园林生态学．北京：气象出版社，2001.

［31］　李博等．生态学．北京：高等教育出版社，2000.

［32］　陈有民等．园林树木学．第2版．北京：中国林业出版社，2011.

［33］　程杰．被子植物的分类系统类型及其特点．现代农业科技，2012，09：213～215.

［34］　董洪进，刘恩德，彭华．中国植物分类编目的过去、现在和将来．植物科学学报，2011，06：755～762.

［35］　高红．被子植物分类系统的比较研究．安徽教育学院学报：自然科学版，1997，02：62～64.

［36］　胡坚强，夏有根，梅艳，王学勤．古树名木研究概述．福建林业科技，2004，03：151～154.

［37］　李博等．生态学．北京：高等教育出版社，2000.

［38］　李振基等．群落生态学．北京：气象出版社，2011.

［39］　廖海坤．园林古树名木的树体保护与管理．安徽农学通报，2012，24：141～142.

［40］　汝源．判断古树树龄方法的讨论．植物杂志，1991，06：7.

［41］　孙启文．园林树木学．上海：上海交通大学出版社，2003.

［42］　孙儒泳等．基础生态学．北京：高等教育出版社，2002.

［43］　汪劲武．种子植物分类学．第2版．北京：高等教育出版社，2009.

［44］　谢春平，黄群，方彦，徐榕雪．图像处理法在古树名木树龄鉴定中的应用．湖北农业科学，2011，20：4289～4291.

［45］　熊济华等．观赏树木学．北京：中国农业出版社，1998.

［46］　严崇惠．古树名木衰败原因和复壮技术探讨．福建林业科技，2006，01：213～215.

［47］　叶琳．园林植物配置原则．现代园艺，2013，（5）：147～148.

［48］　张德顺．景观植物应用原理与方法．北京：中国建筑工业出版社，2012.

［49］　张国栋，仇道奎，何小弟．诗与画的情趣，意与境的涵蕴-扬州"个园"植物景观配置赏析．中国城市林业，2008，6（5）：65～67.

［50］　张俊玲，王先杰．风景园林艺术原理．北京：中国林业出版社，2012.